工控技术精品丛书

三菱 FX_{3U} PLC 应用基础与编程入门

李金城 编著

電子工業出版社
Publishing House of Electronics Industry
北京 • BEIJING

内 容 简 介

学习 PLC 控制技术已经是电工行业的新常态，故编写一本适合广大电工学习 PLC 控制技术的入门书非常有必要。本书就是针对在生产第一线的具有初中以上文化的广大电工朋友编写的一本完全自学入门书。电工朋友通过自学本书并结合实践操作，能够在较短时间内学到 PLC 相关的基础知识、硬件电路知识、软件操作知识和程序设计知识。学完本书能够具备初步掌握并设计 PLC 开关量控制应用系统的能力，为进一步学习 PLC 在模拟量控制、运动量控制和通信控制中的应用打下了坚实基础。

为便于广大电工朋友自学，本书增加了学习指导、习题和水平测试。学习指导简要地介绍本章知识学习的重点和难点，小节后的习题供读者在学习本节知识后复习和测试用，水平测试是读者对本章知识学习掌握和应用程度的考核。

本书编写深入浅出、通俗易懂、内容详细、知识全面、联系实际、注重实用，书中编写了大量的实例，供读者在实践中参考。

本书对象主要是广大电工朋友，同时，也适合在校或刚毕业工科院校的机电、自动化专业的学生和所有想通过自学掌握 PLC 控制入门的人员。本书也可作为 PLC 控制技术的培训教材和中专、大专等院校相关专业的教学参考用书。

图书在版编目（CIP）数据

三菱 FX3U PLC 应用基础与编程入门 / 李金城编著. —北京：电子工业出版社，2016.8
（工控技术精品丛书）
ISBN 978-7-121-29725-0

Ⅰ. ①三… Ⅱ. ①李… Ⅲ. ①PLC 技术 Ⅳ. ①TM571.61

中国版本图书馆 CIP 数据核字（2016）第 200136 号

策划编辑：陈韦凯
责任编辑：万子芬　　特约编辑：徐　宏
印　　刷：北京七彩京通数码快印有限公司
装　　订：北京七彩京通数码快印有限公司
出版发行：电子工业出版社
　　　　　北京市海淀区万寿路 173 信箱　邮编　100036
开　　本：787×1 092　1/16　印张：39.75　字数：1018 千字
版　　次：2016 年 8 月第 1 版
印　　次：2025 年 2 月第 17 次印刷
定　　价：78.00 元

凡所购买电子工业出版社图书有缺损问题，请向购买书店调换。若书店售缺，请与本社发行部联系，联系及邮购电话：（010）88254888，88258888。

质量投诉请发邮件至 zlts@phei.com.cn，盗版侵权举报请发邮件至 dbqq@phei.com.cn。

本书咨询联系方式：bjcwk@163.com。

致谢 FOREWORD

自 2011 年 1 月至今，我已编写了 5 本关于 PLC 控制技术基础知识及其应用的图书，它们是《PLC 模拟量与通信控制应用实践》、《三菱 FX_{2N} PLC 功能指令应用详解》、《工控技术应用数学》、《三菱 FX 系列 PLC 定位控制应用技术》和《三菱 FX_{3U} PLC 应用基础与编程入门》。在图书的编写和出版过程中，得到了许多人的支持和帮助，我在这里表示衷心的感谢。

首先，特别感谢制造业在线培训第一品牌——技成培训，是技成培训使我在退休后还能发挥余热，为中国的工控事业做出一点小小的贡献；是技成培训给了我把毕生技术体验总结成书并正式出版的机遇；是技成培训使我的晚年生活过得非常充实，非常有意义，非常有活力和非常快乐。

其次，十分感谢技成培训的广大学员。是你们强烈的学习愿望，是你们的期望、鼓励和支持给了我编写工控技术图书的强大动力。当你们告诉我，通过自己努力学习，掌握了工控技术，不但为中国的制造业做出了贡献，还得到了升职加薪、买房买车，当起了老板，过上了小康生活，我真是感到无比高兴和十分自豪。

诚挚感谢深圳技成科技有限公司 CEO 蒋绍恒先生和钟武先生，中华工控网副总经理杨志强先生，他们在我编写书稿的过程中给了我百分之百的、非常具体的帮助、鼓励和支持。感谢技成培训的丁先群、付明忠和唐倩老师，他们对书稿的内容提出了非常宝贵的指导意见。感谢李金龙、李震涛、曾鑫、杨勇珍、庞丽、薛碧怡等人，他们为书稿的整理付出了辛勤的劳动。

非常感谢电子工业出版社陈韦凯编辑，感谢他对书稿的编写给予了宝贵的指导，使我少走了很多弯路，感谢他为图书的出版发行和版权维护付出了很大的精力。同时感谢 5 本书的责任编辑刘凡、康霞等，是他们认真负责的态度和辛勤付出使图书减少了很多文字和内容上的差错。

感谢我的家人对我的支持。特别感谢我的太太吴少娇女士，是她在我写稿的过程中，对我的生活起居无微不至的关怀和细心周到的照顾，使我才能专心致志埋头于编写书稿之中，可以说，没有她的支持就没有这 5 本书的出版，更不可能以平均每年 1 本书的速度出版。

在编写这些书的过程中参考了大量的网上、网下资料，在此向所有资料的作者、编者表示衷心的感谢。

李金城

2016 年 6 月

目录 CONTENTS

第 0 章　谈谈工控技术的学习

很多电工朋友希望我能谈谈如何学习工控技术，为此，我编写了本章，作为全书的开头。

工控技术是一门应用技术，也是一个知识体系，内容十分丰富，而且还在不断发展中。和所有的知识体系一样，在学习过程中，要处理好基础和提高、理论和实践的关系，要克服一些学习障碍。下面就以上几点谈谈自己的认识和体会。

基础知识的学习

任何知识，从入门到精通，都需要一个循序渐进的过程，这个过程的本质就是一个从基础到提高的过程。在这个过程中，基础是一个平台，提高只能在这个平台上提高，例如,PLC 的基本知识是 PLC 应用知识的平台，很难想象一个连梯形图都不懂的人会把 PLC 应用到模拟量控制中去。掌握基础知识非常重要，怎么强调基础知识的重要性都不为过。初学者往往不能深刻体会基础知识的重要性，而已经掌握技术的成熟高手则体会很深。

那么，学习工控技术需要哪些基础知识？这一点与知识体系有关。在知识体系中，有三种基础知识。

第一种是公共基础知识，也就是中学所学的语文、数学和外语知识。语文知识是将来阅读和学习理解各种资料的基础，数学知识是涉及数学分析和运算的基础，外语知识则是将来阅读和学习理解外文资料的基础。公共基础知识是所有学科知识（工科、理科、文科等）的平台。

第二种是工科中电类学科的基础知识，它们是电工、电路和电子技术知识。工控技术是电类学科中的一个分支，而掌握电工、电路和电子技术知识则对学习工控技术非常重要，完全不懂这些知识是不能真正学会工控技术及其应用的。一般来说，电工多少都有一点这些知识，只是没有系统学习而已。有条件的话，最好能系统地进行学习。不能系统地学习，也可以缺什么补什么，分散来学。

第三种是专业的基础知识，也就是本专业的入门知识和应用基础知识。例如，学习 PLC 控制系统及其应用，则 PLC 的应用基础知识和编程入门就是它的基础知识。专业入门知识是构建在前两种基础知识的平台上，而它本身则是专业具体应用的知识平台。想学习 PLC 在各种领域中的应用（模拟量、运动量和通信），必须要先学习 PLC 应用基础和编程入门。专业基础知识是在专业上稳步发展的一个保障。只有很好地掌握了专业基础知识，才能逐步精通专业上的应用。编者认为，对于专业基础知识，必须要系统学、结合实践学，必须学深、学精、学透。希望电工朋友对学习专业基础知识一定要予以足够的重视。

重视实践，不能忽视学习

工控技术本身是一门应用技术，所学的任何知识最后都必须放到实践中去检验。俗话说：“学得好不好，做做就知道，看你行不行，动手见分明。”可以说，实践比学习基础知识更为重要。实践的重要性在于：

（1）实践是检验学习效果的唯一标准。有没有学懂、学会，对知识的理解对不对，都只能在实践中检验。

（2）实践不但增加感性认识，同时还能补充所学知识的不足。任何资料，任何老师都不可能把所学的知识全部讲到，很多知识只有通过实践才能学到，也有很多知识只有通过实践才能有进一步的深刻理解。

（3）实践会发现一些新的知识空白（特别是实践中本身出现的问题，例如，干扰等）。反过来又能促进理论研究的发展。

工控技术从入门到精通的学习全过程都必须与实践相结合，不论是初级课程还是高级课程，最好的也是最快的学习方法就是边学边做，边做边学。实践是需要时间的，实践知识是时间沉淀的结果，常说没有三五年，练不成工控高手，就是这个道理。

重视实践但也不能够忽视学习，甚至不学习。常常有这样一些电工朋友，在某个工作岗位上维修同一台设备多年，具有丰富的设备维修经验，这台设备一出故障，他根据多年的实践经验能非常快地排除故障，但是，他不重视学习，甚至认为不学习也是一样，所以，只知道凭经验维修设备，不知道为什么会发生这样的故障，为什么这样做能排除故障，因此，他的经验只局限于这台设备。换一个岗位，换一台设备，他会束手无策，显得很无能。如果他能在多年工作的同时，加强对基础知识的学习，即使换一个岗位，凭着所掌握的基础知识，也能很快上手。

如上所述，基础是一个平台，你只有站在这个平台上，才能进一步地发展，单凭工作经验局限性非常大。

没时间学只是借口

常常听到一些学员说：“我很想学好工控技术，但总没有时间学”。“没时间学”这已成了很多人学习工控技术的一个障碍。真的没时间学吗？我看不是的。时间是非常公平的，不管是谁，穷人与富人、老板与员工、男人和女人，一天都是 24 小时，谁也不多，谁也不少。没有时间，那时间到哪儿去了？实际上，每个人每天都在消费这 24 小时，只不过每个人的消费用途不同而已。可以这么说，每个人都把时间花在他认为最重要的事情上。如果认为学习重要，就会把时间花在学习上。同样，如果认为打牌、玩游戏、看微信重要，一定会把时间花在聊天、打牌、玩游戏、看微信上。有些学员的确很忙，上班忙工作，下班忙家务，工作、家庭责任都很重，但就是这样，如果想学习，也一定会找出时间来学习。所以

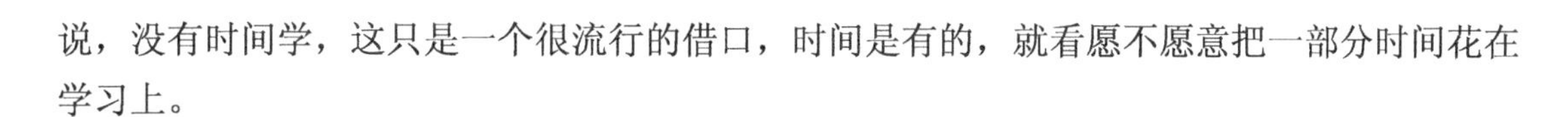

说，没有时间学，这只是一个很流行的借口，时间是有的，就看愿不愿意把一部分时间花在学习上。

我能学会吗

常常有些学员问："我年纪大了，已经快 40 岁了，能不能学会 PLC？""老师，我才初中文化，PLC 这么难，能学会吗？"……这些问题归根到底是一个有没有信心学的问题。说实话，学习是需要信心的，没有信心，学习一碰到困难，就会知难而退，半途而废。

那么，如何才能有学习信心呢？这就要首先问一下自己，为什么要学习工控技术？学习工控技术的目的是什么？也就是说，学习的动力有没有？学习的动力足不足？当然，不同的人学习目的会不同，其动力也不一样，但想学好工控技术，必须有动力，动力就是信心。有了动力，很多困难都会得到解决。年纪大，记忆差，工作家庭责任重，这些都是客观存在，但如果感到不学工控技术就会被淘汰，对升职、加薪都会影响很大，一定要改变自己目前的处境，就有动力，在具体学习上就会比别人多花时间，会有一种非学会不可的信心。遇到困难也不会打退堂鼓，而是知难而上，一点一点地去克服各种困难。同样，文化程度低，对学习工控技术来说，的确是一种阻力，但如果有动力，不想当一辈子普通电工，要改变自己的知识结构，为找到更好的工作而储备知识，那么文化程度低会由阻力变成动力。通过学习工控技术同时也会提高自己的文化知识，何乐而不为呢？"从没有接触过工控技术，也不是电工，能学会吗？"如果对机电接触甚少，那必须有这样的思想准备，要比别人花更多的时间，费更多的精力，比别人有更强的毅力和韧性，在学习工控技术的同时，还要学习很多与工控技术相关的各种基础知识。这样，也能学会工控技术。学是为了用，编者认为，如果仅仅是兴趣（当然，兴趣也是一种动力），学会以后，并不想从事工控行业的工作，那还是不要学。因为，学而不用，会忘得很快。

三个月能学会工控技术吗

有很多刚开始学工控技术的学员问我："老师，三个月能学会工控技术吗？""老师，刚刚老板给我一个任务，用到伺服电机，我一点也不懂，你能教我在半个月内完成吗？"还有些学员总是在问："学工控有没有捷径？""怎么学才能在很短的时间里掌握工控技术？"……的确，在较短的时间内学会和掌握应用工控技术是每个学员的愿望，但是，在很短的几个月时间内完全学会和掌握大部分工控技术是不现实的，为什么呢？因为工控技术是一门实用的技术，很多知识必须通过实践才能完全理解掌握，不是看看书，看看视频就可以解决的。而实践就需要时间，实践知识就是时间沉淀的结果。短短的几个月是不可能把许多工控技术都实践一遍的。就算能，也不可能深入理解和掌握，更谈不上应用了。一个普通电工，从开始学习 PLC、变频器到完全能独立设计控制系统，进行调试维护，没有三五年时间是做不到的。如果说学习工控技术有什么捷径的话，这个捷径就是边学边做，边做边学，不能只学不做，也不能只做不学。只有学习与实践相结合，才能学得又快又好。

关 于 本 书

除了正文外，考虑到本书的读者大多数是电工，为了使他们更快地掌握 PLC 应用的基本知识，本书在结构上增加了“学习指导”、“试试，你行的”（习题）和“本章水平测试”等环节。对这些增加的环节，在这里一并说明。

1. 关于“学习指导”

在每一章的最前面都有一篇本章“学习指导”，顾名思义，它针对本章的学习给读者提出了一些指导性意见，供读者在学习本章知识时参考。无论是 PLC 的初学者，还是已经对 PLC 有了一些基本知识的读者，都必须要认真阅读“学习指导”。“学习指导”的主要内容是把本章知识点进行了总结性说明，指出哪些基本知识是必须学习和掌握的，哪些知识点只需要了解了解；哪些知识是可学可不学的；哪些知识是对某些层次的读者是可以不学的。同时也指出了知识的重点和难点。不同层次的读者，通过阅读学习指导，可做到学习时心中有数。学习的针对性更强，从而达到提高学习效率的目的。

2. 关于“试试，你行的”（习题）

在每一章的每一节后都布置了有习题“试试，你行的”。其目的是让读者在学习本节知识后进行一下自我测试，了解一下对所讲的知识是否理解和掌握了。这些习题主要是针对必须掌握的知识设计的。当然，也会有一些针对知识难点的习题。有部分习题还涉及 PLC 的其他相关知识，需要读者一并学习。有些习题还必须通过编程软件或上机实践才能回答。读者在做这些习题时，可以通过反复学习，反复思考来完成。总之，达到真正掌握知识的目的就行。必须说明，习题的数量不多，并不能反映全面知识，如果全部都会做，也并不等于已经全面掌握了所学知识；如果全部不会做，也并不等于一点知识也没掌握，但它至少说明学习的难点所在和知识学习还存在欠缺，必须反复学习，直到会做为止。

3. 关于“本章水平测试”

水平测试是本书的一大特色，它是通过大量的选择题来测试读者掌握本章知识的水平，其评分及测试说明如下。

题型：全部测试题均为选择题，读者只要根据答案选择即可。选择题分单选和多选两种类型，但哪一题是单选，哪一题是多选均不说明，由读者自己判断。

评分标准：单选题单选对为对，单选错或选成多选为错。多选题多选对为对，选成单选或多选有错为错。

评分：测试题每题 1 分，全部答对为满分，满分 100 分，未全部答对则按比例得分，例如，某章测试题为 80 题，全部答对为 100 分。答对 50 题，则得分为 $50\div80\times100=62.5$ 分，以此类推。

水平测试：学习水平由得分来体现。

90 分以上，恭喜你，通过辛勤努力、刻苦学习，你已经基本掌握了本章知识，快乐地

学习下一章吧。

80 分以上，不错，你学得还可以，已经初步掌握了本章知识，但是还不够，还有一些知识没有掌握，很可能这些知识正是学习的难点。你具备克服这些难点的能力，只是要再花一点时间和精力，补充一下这些知识，然后，接着学习下一章。

70 分以上，怎么说呢？目前的水平说明你理解并掌握了部分基本的知识，但如果在实践中应用，这些知识是远远不够的。知识还未学完，同志仍需努力。你的水平还说明你有学好全部知识的能力，功底还可以。只是由于某种原因，暂时还未学会而已。努力！加油！你一定会在很短时间内学好并掌握本章全部知识。

70 分以下，从要求来看，你目前的水平是比较低的。分数越少，水平越低。这其中可能有一定的理由，理解能力差，缺少实践，学习时间少，等等，不管多少理由，都不是学不好知识的理由。你目前的水平不代表将来的水平。不管怎么说，你已经进入 PLC 的学习，多多少少已经学到了一些知识，这就是你能学好 PLC 技术的坚固基础。天道酬勤，花更多的时间，花更多的精力，只要努力，没有学不会的知识，可不能中途而废！好，再把本章知识好好重新学一遍，再来做一次水平测试，一定有进步，相信自己的努力！

在本书编写过程中，参考了大量的网上、网下资料，限于篇幅，不能一一列出。在此也向有关资料的作者表示衷心的感谢！同时，由于编者学识水平有限，书中一定会有很多疏漏之处，难免会存在各种错误，恳请广大读者朋友和广大工控技术人员批评指正。

在阅读过程中，读者如有问题，欢迎与作者联系，电子邮箱：jc1350284@163.com。

第1章　PLC学习基础

学习指导：

这一章主要学习 PLC 的相关基础知识，不仅是一些必要的非常基础的知识，也是所有品牌 PLC 共同的基础知识。有些知识在学习 PLC 时马上会用到，有些暂时用不上，但随着 PLC 学习的深入一定会用上。

这些基础知识相互之间没有关联，都是相对比较独立的知识点。因此，读者在阅读时，无须按章节进行。建议读者先泛读，对这些知识点有大致的了解（讲些什么，属于哪个知识的范畴），并铭记在心。在以后的学习中，用到这些知识时，再回过头来反复学习，直到掌握。当然，对 PLC 已有一定基础的读者可以挑选来学，也可以跳过这一章，直接进入第 2 章的学习。

俗话说："万丈高楼平地起，工控技术基础始。"编者的体会是，学好基础知识可以缩短掌握 PLC 应用技术的时间，加深对 PLC 应用技术的理解。

1.1 节要点

- 数制是数字电路基本知识之一。数制知识贯穿在所有的数字电子技术中，包括工业自动化控制技术，如 PLC、单片机、单板工控机、变频器、模拟量、通信、伺服、步进等。学习这些知识不需要高深的数理知识，初中以上水平就可以理解掌握，只要努力学习就行。因此，学习 PLC 首先要学好数制知识。
- 在数制知识中，重点是掌握数制三要素：基数，位权，复位和进位。掌握二进制、十进制、十六进制的表示及它们之间的转换。
- 在 PLC 中，所有的数（正数，负数，零，整数，小数）都是以二进制形式表示的。在数字电子技术中引入十进制、十六进制数是为了阅读、书写和交流的方便。
- 数的运算对初学者来说并不重要，但掌握也很容易，不妨一看，在学习通信技术时会用到。
- 码制也是数字电路基本知识之一。码制的知识要求掌握各种码制的特点及其应用。

学习这些知识最好有一定的 PLC 应用实践基础。在逻辑量控制中应用较少，因此，读者也可以跳过这一节。当然，有兴趣的读者也可一看。

- 基本逻辑运算是逻辑代数的基础，逻辑代数又是分析开关电路和数字逻辑电路的基础。本书主要讨论开关量控制，在梯形图上，驱动条件本质上就是触点开关量的逻辑组合，因此，学好这些基础知识对将来梯形图的分析和设计是非常有帮助的。当然，这是非常基础的知识，掌握并不困难。

1.2 节要点

- 在这一节中，主要是通过对 PLC 的结构、工作原理、性能指标和编程语言等进行通俗易懂的讲解，使大家对 PLC 有一个基本的感性认识。在这些知识中，最重要的是 PLC 的工作原理，即循环扫描工作原理，它将贯穿在 PLC 的学习和应用全过程中。如

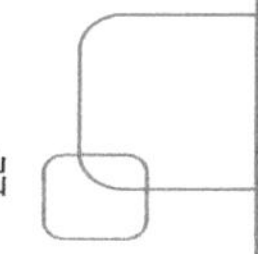

果对 PLC 已有所了解，其他知识可以不看，但循环扫描工作原理仍然要再学习一次。

- PLC 中数的表示，这是必学的知识，在以后的 PLC 应用控制技术学习中非常有用。

1.3 节要点

- 在自动控制系统中，PLC 是一个控制器，好比人的大脑。它必须有像眼、鼻、耳这样的外部“设备”去收集现场的各种信息，然后通过用户程序向手、足、身体等外部“设备”发出执行命令完成控制任务。因此，单纯学习 PLC 知识是不够的，还必须学习 PLC 的外部设备知识。掌握外部设备应用知识的多少，也代表了一个人的 PLC 应用水平。
- 在 PLC 外部设备中，I/O 端口所连接的设备对于从事电工及自动化职业的读者来说，都是非常熟悉的元器件设备，可以跳过这一部分内容。如果是非电工职业或刚入行的初级电工，则必须学习这一部分知识，它不但有助于学习 PLC 技术，对电工技术都非常有帮助。
- PLC 扩展和通信端口连接设备，在 PLC 具体应用时，必须掌握这些设备的知识和应用。这里，仅仅介绍有哪些主要设备。

1.4 节要点

- PLC 的全部功能都是通过具体的电子电路来完成的，涉及非常丰富的电子电路知识；但对初学者来说，PLC 仅是一门应用技术，只需要懂得 PLC 的应用知识就可以使用它，不需要去系统地学习电子电路知识。在 PLC 应用知识中，PLC 与外部设备或元器件连接时，特别是与有源电子开关连接时，会涉及一些基本的电子电路知识。编者认为这些知识是初学者应该要学习和掌握的。掌握这些知识，才能正确地进行 I/O 端口的连接。这些知识包括常用元器件的开关特性，常用开关电路的结构及其连接等。
- 如果对数字电子技术已经基本掌握，则可跳过这一节。

1.1　数制、码制和逻辑运算

1.1.1　数制及其表示

1. 数制三要素

数制，就是数的计数方法，也就是数的进位法。在数字电子技术中，数制是必须掌握的基础知识。

数的计数方法，其基本内容有两个：如何表示一个数以及如何表示数的进位。公元 400 年，印度数学家最早提出了十进制计数系统，当然，这种计数系统与人的手指有关。这种计数系统（就是数制）的特点是逢 10 进 1，由 10 个不同的数码表示数（也就是 0~9 共 10 个阿拉伯数字），我们把这个计数系统称为十进制。十进制计数内容已经包含了数制的三要素：基数，位权，复位和进位。下面我们就以十进制为例来讲解数制的三要素。

表 1.1-1 是一个十进制表示的数 6505 是一个四位数。

表 1.1-1　数制三要素

	MSD			LSD
位	b_3	b_2	b_1	b_0
数	6	5	0	5
位权	10^3	10^2	10^1	10^0
位值	6×10^3	5×10^2	0×10^1	5×10^0

1）基数

其中，6、5、0 是它的数码，也叫数符。我们知道：十进制数有 10 个数符：0～9。我们把这 10 个数符称为十进制数的基数。基数表示数制所包含数码的个数，同时也包含了数制的进位，即逢 10 进 1。N 进制数必须有 N 个数码，逢 N 进 1。每个数位上的数符叫位码。

以 b_0 位，b_1 位，b_2 位，b_3 位表示该四位数各数码所在的位（即日常所说的个位，十位，百位，千位）。

数制中数最左边的位称为最高有效位 MSD（Most Significal Digit），最右边的有效位称为最低有效位 LSD（Least Significal Digit）。在二进制中，常常把 LSD 位称为低位，而把 MSD 位叫高位。

2）位权

规定最右位（个位）为 b_0 位，然后往左依次为 b_1, b_2……容易发现 b_2 位的位码和 b_0 位的位码虽然都是 5，但它们表示的数值是不一样的。b_2 位的 5 表示 500，b_0 位的 5 只表示 5。为什么呢？这是因为不同位的位权是不一样的。位权又叫权值，是数制的三要素之一，表示数码所在位的权值。位权一般是基数的正整数幂，从 0 开始，按位递增。b_0 位位权为 10^0，b_1 位位权为 10^1，以此类推，N 进制的 n 位的位权为 N^n。

位权确定后，该位的位值就等于该位的数码乘以该位的位权。如表 1.1-1，b_0 位的“5”其位值为 $1\times5=5$，而 b_2 的 5，其位值为 $5\times10^2=500$。所以同样的数码，其位不同，位权不同，位值也不同。

3）复位和进位

在计数时，当数中某一位（如 b_0 位）到达最大数码值后，必须产生复位和进位的运转。当 b_0 数到 9（最大数码）后 b_0 位会变为 0，并向 b_1 位进 1。复位和进位是数制必需的计数处理。

我们把基数，位权，进位和复位称为数制三要素。一般情况下，数制的数值由各位数码乘以位权然后相加得到，如 $6505=6\times10^3+5\times10^2+0\times10^1+5\times10^0$。

上面虽然是以十进制来介绍数制的知识的，但是数制的三要素对所有的进制都是适用的。一个 N 进制的 n 位数，其基数为 N，有 N 个不同的数码，逢 N 进 1，其位权由 LSD 位（b_0）到 MSD 位（b_{N-1}）分别为 N^0 到 N^{n-1}。当某位计数到最大数码时，该位复位为最小数

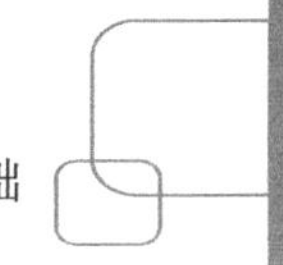

码，并向上一位进 1，其数值为：

数值= $b_{n-1}\times N^{n-1}+b_{n-2}\times N^{n-2}+\cdots+b_1\times N^1+b_0\times N^0$。

2．二进制、十进制、十六进制数

1）二进制数

二进制数基数为 2，有 2 个不同的数码，逢 2 进 1，其数码为 0、1。

既然十进制已经用了 2000 多年，而且也很方便，为什么还要提出二进制呢？这实际是数字电子技术发展的必然。因为在脉冲和数字电路中，所处理的信号只有两种状态：高电位和低电位，这两种状态刚好可以用 0 和 1 来表示。当我们把二进制引入数字电路后，数字电路就可以对数进行运算了，也可以对各种信息进行处理了。可以说，计算机今天能够发挥如此大的作用与二进制数的应用是分不开的。我们要学习数字电子控制技术就必须要学习二进制。

2）十进制数

十进制数基数为 10，有 10 个不同的数码，逢 10 进 1，其数码为 0、1、2、3、4、5、6、7、8、9。

二进制数的优点是只用两个数码，和计算机信号状态相吻合，直接被计算机所利用。它的缺点是表示同样一个数，它需要用到更多的位数。太多的二进制数数位使得阅读和书写都变得非常不方便，例如，11000110 根本看不出是多少，如果是 97，马上就有了数大小的概念。因此，在数字电子技术中引入十进制数就是为了阅读和书写的方便。

3）十六进制数

基数为 16，有 16 个不同的数码，逢 16 进 1，其数码为 0、1、2、3、4、5、6、7、8、9、A、B、C、D、E、F。

引进十六进制数除了表示数的位数更少，更简约之外，还因为它与二进制的转换极其简单方便，这一点会在数制的转换内讲到。

十六进制数，对了解数字控制器的数据存储器的存储内容最为方便。因为目前各种数据存储器都是按照二进制位的 8 位，16 位，32 位制造的，因此，它们所处理的数据就是 8 位，16 位，32 位作为一个整体来进行的（并行运算）。要描述它们所处理的数据内容，用二进制表示，不但阅读和书写十分不便，而且进行人机对话或人与人之间交流都非常困难。用十进制描述，虽然对数值处理十分方便，但对非数值处理（字母、代码等处理）同样不方便。而且它不能马上了解二进制数的各个位的状态。十六进制则不然，它和二进制有着极其简单的对应关系，可以很方便地由十六进制写出二进制数，很快判断出各个二进制位的状态。同时，它转换成十进制数也非常容易。因此，十六进制数在工控技术中得到广泛的应用。

除了上面介绍的二进制、十进制、十六进制外，八进制在约 40 年前比较流行，因为当时很多微型计算机的接口是按八进制设计的（三位为一组），然而今天已经用得不多了。目前，仅在 PLC 上的输入输出（I/O）接口的编址还在使用八进制。

3. 数制中小数部分

上面介绍了数制的整数部分知识，那么小数是如何表示的呢？仍举十进制为例。

表 1.1-2 表示了十进制的小数 0.3203。同样，小数部也有其位、位权、位值，也有进位与复位。

位：小数的位以 B 表示（以示与整数的位 b 区别）。从小数点后面算起，依次为 B_1、B_2、B_3 位。注意，没有 B_0 位。

位权：小数的位权依次为 N^{1}、N^{2}、N^{3} 等。

位值：和整数部分一样为位码×位权。

表 1.1-2 数制中小数

位	B_1	B_2	B_3	B_4
•	3	2	0	3
位权	10^{-1}	10^{-2}	10^{-3}	10^{-4}
位值	3×10^{-1}	2×10^{-2}	0×10^{-3}	3×10^{-4}

小数所表示的数值由所有位的位值相加，如表中：

$$0.3203=3\times10^{-1}+2\times10^{-2}+0\times10^{-3}+3\times10^{-4}。$$

不同的数制，其位码不同、位权不同、位值也不同，但原理是一样的。

4. 数制的表示

本来，*N* 进制数制的基数 *n* 个数码是人为随意规定的，但是目前国际上关于二进制，八进制，十进制，十六进制的基数都已做了明确的规定，如表 1.1-3 所示。

表 1.1-3 二进制，八进制，十进制，十六进制数表示

*N*进制	2	8	10	16
数码	0、1	0～7	0～9	0～9, A～F

我们发现这四个进制的基数有部分相同的，这就出现了数制如何表示的问题，例如，1101 是二进制、八进制、十进制还是十六进制数呢？因此，很有必要对常用数制的表示做出一些规定。目前业界对这种表示没有统一的规定，完全由资料编写者自己决定，有的用括号加下标表示，有的加前后缀符号来表示，显得很混乱。表 1.1-4 中列出了一些常用的表示方法。

表 1.1-4 数制常用表示方法

*N*进制	二进制	十进制	十六进制
电子技术书	$(101)_2$或$(101)_B$	$(101)_{10}$或$(101)_D$	$(101)_{16}$或$(101)_H$
三菱 PLC	B101	K101	H101
西门子 PLC	2#101	10#101	16#101
欧姆龙 PLC	2#101	&101	#101

为了明确区分，本书中采用三菱 PLC 的数制表示方法，在数的前面加上前缀以示区分。例如 B1101 是二进制数，K1101 是十进制数，而 H1101 是十六进制数。

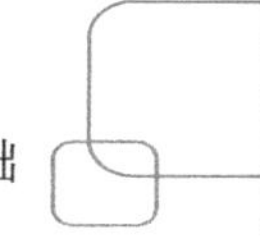

在 PLC 中，常常用二进制和十六进制来表示代码，而不是数制，这是为了与数据相区别。就在数的后面加上后缀表示，例如“H30”表示一个数，而 30H 表示“0”的 ASCII 码等。下面涉及数制及数制间的转换均采用加前缀 B、K、H 表示，不再另行说明。

【试试，你行的】

（1）数制的三要素是什么？

（2）数字技术中处理的是几进制数?为什么？

（3）为什么要在数字技术中引入十进制和十六进制数？

（4）八进制数的基数是几？有几个不同的数码？逢几进 1？如果其数码为 0～7，那么八进制数 1234 表示十进制数多少？八进制小数 0.321 表示十进制小数多少？

（5）三菱 PLC 是如何表示二进制、十进制、十六进制数的？H5A2、B1010110、K5420 各是什么进制数？

1.1.2　数制的转换

在工控技术中，常常要进行不同数制之间的转换，下面仅介绍最常用的二进制、十进制、十六进制数制之间的转换。

1．二进制、十六进制数转换成十进制数

二进制、十六进制数转换成十进制数前面已经有初步的讲解。

一般地说，一个 N 进制数有 n 位整数部分和 m 位小数部分，则其转换为十进制数的公式是：

$$\text{十进制值}= b_{n-1}N^{n-1}+b_{n-2}N^{n-2}+\ldots+b_1N^1+b_0N^0+ B_1N^1+B_2N^2+\ldots+B_{m-1}N^{n+1}+B_mN^m$$

【例 1.1-1】 试把二进制数 B11011 转换成等值的十进制数。

解： $B11011 = 1\times2^4+1\times2^3+0\times2^2+1\times2^1+1\times2^0= K27$

从中可以看出，b_i 为 0 的位，其值也位 0，可以不用加，这样把一个二进制数转换为十进制数只要把位码为 1 的权值相加即可。

【例 1.1-2】 试把十六进制数 H3E8 转换成十进制数。

解： $H3E8 = 3\times16^2+14\times16^1+8\times16^0=K1000$

其转换过程和二进制完全一样。

【例 1.1-3】 试把二进制数 B101.101 转换成十进制数。

解： $B101.101 = 1\times2^2+1\times2^0+1\times2^{-1}+1\times2^{-3}= K5.625$

【例 1.1-4】 试把十六进制数 H28.3F 转换成十进制数。

解： $H28.3F = 2\times16^1+8\times16^0+3\times16^{-1}+15\times16^{-2}$

$$= 32+8+0.1875+0.05859375= K40.2409375$$

当小数进行转换时，会发生位值出现商的位数太多的情况，这时可根据实际需要近似处理。

2. 十进制数转换成二进制、十六进制数

十进制数转换成二进制，十六进制数远比二进制，十六进制数转换成十进制数复杂，其整数部分和小数部分要分开处理。

转换的方法有两种，分别给予介绍。

1）辗转除 N 法：转换原则

整数部分：除 N 取余，逆序排列；

小数部分：乘 N 取整，顺序排列。

【例 1.1-5】 试把十进制数 K200.13 转换成二进制数。

解： 整数部分：200÷2 = 100……0

100÷2 = 50……0

50÷2 = 25……0

25÷2 = 12……1

12÷2 = 6……0

6÷2 = 3……0

3÷2 = 1……1

1÷1=0……1

K200 = B11001000

小数部分：0.13×2 = 0.26　　整数部分 0

0.26×2=0.52　　整数部分 0

0.52×2=1.04　　整数部分 1

K0.13=B.001

则 K200.13≈B11001000.001

小数部分按原则应取乘后为 1.00 为止，但这样二进制数太长了，只能取近似数。

【例 1.1-6】 试把十进制数 K1435.85 转换成十六进制数

解： 整数部分：1435÷16 = 89……11(B)

89÷16 = 5……9

5÷16 = 0……5

K1435 = H59B

小数部分：0.85×16 = 13.6　　整数部分 13(D)

0.6×16 = 9.6　　整数部分 9

0.6×16 = 9.6　　整数部分 9

K0.85 =H0.D99

则 K1435.85≈H59B.D99

2）辗转除权法

辗转除 N 法，在碰到较大整数时，要除多很多次才能给出答案。这就产生了辗转除权法。

辗转除权法，首先要有一张位权表，如表 1.1-5。然后，将数与表中位权相比，找到一个位权比数稍大的位，则从下一位开始辗转除权，取商留余。

表 1.1-5　二进制位权表

b_8	b_7	b_6	b_5	b_4	b_3	b_2	b_1	b_0	位
256	128	64	32	16	8	4	2	1	位权
……			b_{14}	b_{13}	b_{12}	b_{11}	b_{10}	b_9	位
……			16384	8192	4096	2048	1024	512	位权

【例 1.1-7】 试把十进制数 K3695 转换成二进制数。

解： 将 K3695 与表中位权相比，K4096 比 K3695 稍大，故从 b_{11} 位开始辗转除以位权值，取商留余。

3695÷2048 = 1……1647
1647÷1024 = 1……623
623÷512 = 1……111
111÷256 = 0……111
111÷128 = 0……111
111÷64 = 1……47
47÷32 = 1……15
15÷16 = 0……15
15÷8 = 1……7
7÷4 = 1……3
3÷2 = 1……1
1÷1 = 1……0

K3695 = B 111001101111

【例 1.1-8】 试把十进制数 K50000 转换成十六进制数。

解： 十六进制位权表如表 1.1-6。与位权相比，K50000 比 K4096 稍大，从 b_4 位开始辗转相除位权值。

表 1.1-6　十六进制位权表

……	b_5	b_4	b_3	b_2	b_1	位
……	65536	4096	256	16	1	位权

50000÷4096=12(C)……848
848÷256= 3……80
80÷16= 5……0
0÷1= 0……0

K50000 = HC350

这种方法仅对整数转换比较方便，对小数来说，由于小数的位权值位数太多，很不方便，所以如果小数转换仍然采用乘 *N* 取整法。

上面介绍的都是用人工转换的。实际应用时，整数的转换比较多，完全可以采用

Windows 软件中的“附件/计数器”工具自动进行二进制，十进制，十六进制之间的互换；它只能进行正整数转换，不能进行负整数的转换，也不能进行小数的转换。

3. 二进制、十六进制数互换

二进制，十六进制转换比较简单，一位十六进制数和 4 位二进制数正好有一一对应关系，因此只要按表对应即可。二-十六进制数对应表见表 1.1-7。

表 1.1-7　二-十六进制数对应表

二进制	0000	0001	0010	0011	0100	0101	0110	0111
十六进制	0	1	2	3	4	5	6	7
二进制	1000	1001	1010	1011	1100	1101	1110	1111
十六进制	8	9	A	B	C	D	E	F

【例 1.1-9】 试把二进制数 B 11010110111.000111 转换成十六进制数。

解：二进制数转换成十六进制数的方法是：四位并一位，整数部分高位补 0，小数部分低位补 0，按表写数。

$$\underline{0110}\ \underline{1011}\ \underline{0111}.\underline{0001}\ \underline{1100}$$
$$6\quad B\quad 7\ .1\quad C$$

【例 1.1-10】 试把十六进制数 H 3F5D.4A 转换成二进制数

解：十六进制数转换成二进制数的方法是：一位变四位，按数写码。

$$\underline{3}\ \underline{F}\ \underline{5}\ \underline{D}\ .\ \underline{4}\ \underline{A}$$
$$0011\ 1111\ 0101\ 1101\ .\ 0100\ 1010$$

【试试，你行的】

（1）将下面二进制数分别转换成十进制数和十六进制数。

（1）B1011001　　（2）B0.101011　　（3）B1011.0101

（2）将下面十进制数分别转换成二进制数和十六进制数。

（1）K235　　（2）K0.625　　（3）K16.34357

（3）将下面十六进制数分别转换成二进制数和十进制数。

（1）H4E5　　（2）H0.8　　（3）H2A.3

（4）将下面八进制数分别转换成二进制、十进制和十六进制数。

（1）$(35)_8$　　（2）$(0.26)_8$

1.1.3 数的运算

数的运算只讨论二进制、十六进制的加法和减法运算，不讨论乘法和除法运算。

1. 二进制数的运算

二进制数加法的运算法则是逢 2 进 1，即 0+0=0，0+1=1，1+1=10。

【例 1.1-11】 试计算 B1101+B0111=?

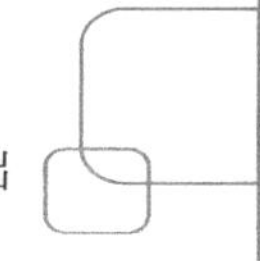

解：

```
     1101
  +  0111
  --------
    10100
```

∴　B1101+B0111=B10100

二进制数减法的运算法则是借 1 当 2，即 0-0=0，1-0=1，10-1=1。

【例 1.1-12】　试计算 B1110-B0111=?

解：

```
     1110
  -  0111
  --------
     0111
```

∴　B1110-B0111=B0111

2．十六进制数的运算

十六进制数的加减法原则同二进制数，即逢 16 进 1，借 1 当 16。但要记住，十六进制数的 0～9 与十进制数的 0～9 同值，而 A～F 相当于十进制数的 10～15。实际运算时，先把十六进制数化成十进制数，再进行十进制数运算。如果结果是 10～15，则答案写成 A～F。

【例 1.1-13】　计算十六进制数加法：HD8+HAC=?

解：

```
     D8
  +  AC
  -------
    184
```

求解过程：

第一列　H8+HC=K8+K12=K20

　　　　K20-K16=K4=H4，进位 1

第二列　HD+HA+H1(进位)=K13+K10+K1=K24

　　　　K24-K16=K8=H8，进位 1

∴　HD8+HAC=H184

【例 1.1-14】　计算十六进制数减法：H84-H2A=?

解：

```
     84
   - 2A
  -------
     5A
```

求解过程：

第一列　H4-HA=K4-K10，不够减，借 1

　　　　K16（借 1）+K4-K10=K10=HA

第二列　H8-H2-H1（借去）=K8-K2-K1=K5=H5

∴　H84-H2A=H5A

十六进制数减法还有一种算法是先把十六进制数转换成二进制数，再用二进制数减法相减，但没有上面的直接相减简单明了。

【试试，你行的】

试计算：

（1）B10001100+B00111001

（2）B11011001-B01100101

（3）H237+H4F

（4）H1C8-HEA

1.1.4 编码

1. 十进制码（BCD 码）

在数字系统中，只有两种状态：1 和 0。但是用这两种状态组成的二进制数不仅仅可以用来表示数量的大小，也可以表示不同的事物和不同的状态。这种用一组 *n* 位二进制数码来表示数据、各种字母符号、文本信息和控制信息的二进制数码的集合称作编码。表示的方式不同，就形成了不同的编码。

常用编码有两类，一类是表示数量多少的编码，这些编码常常用来代替十进制的 0～9，统称为二-十进制编码，又称 BCD 码。一类是用来表示各种字母、符号和控制信息的编码，又叫字符代码。

如何既不改变数字系统处理二进制数的特征，又能在外部显示十进制数字？这就产生了用二进制数表示十进制数的编码——BCD 码。数字 0～9 一共有十种状态。三位二进制数只能表示 8 种不同的状态，显然不行。用四位二进制数来表示十种状态是有余了，因为四位二进制数有 16 种状态组合，还有 6 种状态没有用上。从四位二进制数中取出十种组合表示十进制数的 0～9，可以有很多种方法，因此 BCD 码也有多种，如 8421BCD 码、2421BCD 码、余 3 码等。其中最常用的是 8421BCD 码。

1）纯二进制码

纯二进制码是指用二进制数直接表示数量，0 表示 0，1 表示 1，10 表示 2，11 表示 3……这种表示方法最大的优点是数字系统可以直接应用，但是在输入和显示的时候很不符合人们使用十进制的习惯。数字较大时更不易进行人机对话。

2）8421BCD 码

8421BCD 码是最基本、最常用的一种十进制数的编码方案，习惯上称作 BCD 码。在这种编码方式中，代码中从左到右的每一位中的 1 表示位权 8,4,2,1，所以把这种的编码称为 8421 码。

用四位二进制数来表示一位十进制数的 8421BCD 码码表见表 1.1-8。从表中可以看出，8421BCD 码实际上就是纯二进制数的 0 到 9 来表示十进制数的 0 到 9。四位二进制数的组合中，还有六种组合没有使用，称为未用码，又叫伪码。它们是从 1010 到 1111。在实际应用中，伪码绝对不允许出现在 8421BCD 码的表示中。

为与纯二进制码相区别，在 8421BCD 码的后面加上后缀表示前面的二进制数是

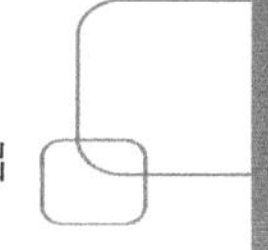

8421BCD 码。

表示一个十进制数，用纯二进制码和 8421BCD 码表示有什么不同呢？下面我们通过一个实例加以说明。

【例 1.1-15】 试写出十进制数 K58 的纯二进制数表示和 8421BCD 码表示。

解：（1）二进制数表示：

K58＝B 111010

（2）8421BCD 码表示：

5	8
0101	1000

K58 ＝ 0101 1000 BCD

【例 1.1-16】 1001010100000010BCD 表示多少？

解：

1001	0101	0000	0010	BCD
9	5	0	2	

1001 0101 0000 0010 BCD = K 9502

除了 8421BCD 码外，十进制数编码常用的还有 2421BCD 码和余 3 码。

3）2421BCD 码

2421BCD 码也是一种有权码，也是用四位二进制数表示 1 位十进制数。不过它从左到右的位权是 2,4,2,1。2421BCD 码具有对称性，即 0 与 9，1 与 8，2 与 7，3 与 6，4 与 5 的代码均互为反码。

2421BCD 码码表见表 1.1-8。

4）余 3 码

余 3 码是一种特殊 BCD 码，它是由 8421BCD 码加上 3（B11）后形成的，所以叫余 3 码。

余 3 码码表见表 1.1-8。

表 1.1-8　BCD 码表示

十进制数	纯二进制	8421BCD	2421BCD	余 3 码
0	0000	0000	0000	0011
1	0001	0001	0001	0100
2	0010	0010	0010	0101
3	0011	0011	0011	0110
4	0100	0100	0100	0111
5	0101	0101	1011	1000
6	0110	0110	1100	1001
7	0111	0111	1101	1010
8	1000	1000	1110	1011
9	1001	1001	1111	1100
伪码	—	1010	0101	0000
		1011	0110	0001
		1100	0111	0010
		1101	1000	1101
		1110	1001	1110
		1111	1010	1111

2. 格雷码

定位控制是自动控制的一个重要内容。精确的位置控制在许多领域有着广泛的应用，例如机器人运动、数控机床的加工、医疗机械和伺服传动控制系统等。

编码器是一种把角位移或直线位移转换成电信号（脉冲信号）的装置。按照其工作原理，可分为增量式和绝对式两种。增量式编码器是将位移产生周期性的电信号转换成计数脉冲，用计数脉冲的个数来表示位移的多少；而绝对式编码器则是用一个确定的二进制码来表示其位置，其位置和二进制码的关系是用一个码盘来传送的。

图 1.1-1（b）为一个仅作说明的三位纯二进制码的码盘示意图。

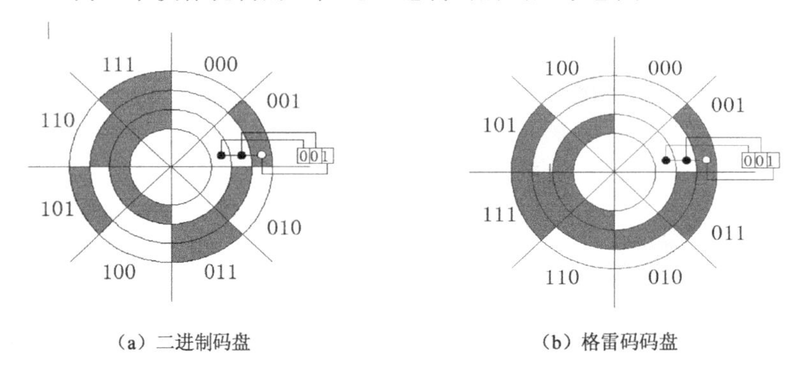

（a）二进制码盘　　（b）格雷码码盘

图 1.1-1　码盘示意图

一组固定的光电二极管用于检测码盘径向一列单元的反射光，每个单元根据其明暗的不同输出相对于二进制数 1 或者 0 的信号电压，当码盘旋转时，输出一系列三位二进制数，每转一圈有 8 个二进制数 000～111。每一个二进制数表示转动的确定位置（角位移量）。图中是以纯二进制编码来设计码盘的。但是这种编码方式在码盘转至某些边界时，编码器输出便出现了问题。例如，当转盘转至 001 到 010 边界时（如图所示），这里有两个编码改变，如果码盘刚好转到理论上的边界位置，编码器输出多少？由于是在边界，001 和 010 都是可以接受的编码。然后由于机械装配的不完美，左边的光电二极管在边界两边都是 0，不会产生异议，而中间和左边的光电二极管则可能会是 1 或者 0；假定中间是 1，左边也是 1，则编码器就会输出 011，这是与编码盘所转到的位置 010 不相同的编码。同理，输出也可能是 000，这也是一个错码。通常在任何边界，只要是一个以上的数位发生变化，都可能产生此类问题，最坏的情况是三位数位都发生变化，如 000～111 边界和 011～100 边界，错码的概率极高。因此，纯二进制编码是不能作为编码器的编码的。

格雷码解决了这个问题。图 1.1-1（a）为一格雷码编制的码盘。与上面纯二进制码相比，格雷码的特点是任何相邻的码组之间只有一位数位变化。这就大大减少了由一个码组转换到相邻码组时在边界上产生错码的可能。因此，格雷码是一种错误少的编码方式，属于可靠性编码。而且格雷码与其所对应的角位移量是绝对唯一的，所以采样格雷格码的编码器又称为绝对式旋转编码器。这种光电编码器已经越来越广泛地应用于各种工业系统中的角度、长度测量和定位控制中。

格雷码是无权码，每一位码没有确定的大小，因此不能直接进行比较大小和算术运算，要利用格雷码进行定位，还必须经过码制转换，变成纯二进制码，再由上位机读取和运算。

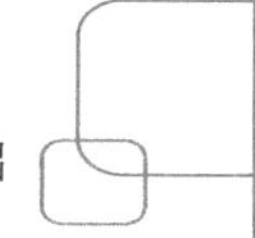

但是格雷码的编制还是有规律的，它的规律是：最后一位的顺序为 01、10、01…，倒数第二位为 0011，1100，0011…倒数第三位为 00001111，11110000，00001111…倒数第四位为 0000000011111111，1111111100000000…以此类推。

表 1.1-9 是四位编制的纯二进制码与格雷码对照表。

表 1.1-9　纯二进制码与格雷码对照表

十 进 制	二 进 制	格 雷 码	十 进 制	二 进 制	格 雷 码
0	0000	0000	8	1000	1100
1	0001	0001	9	1001	1101
2	0010	0011	10	1010	1111
3	0011	0010	11	1011	1110
4	0100	0110	12	1100	1010
5	0101	0111	13	1101	1011
6	0110	0101	14	1110	1001
7	0111	0100	15	1111	1000

格雷码与二进制之间的转换，具体规则如下。

1）二进制码转换成格雷码

（1）最高位不变。

（2）从左到右，逐一将二进制码相邻两位相加（舍去进位）作为格雷码的下一位。

【例 1.1-17】 把二进制码 1011 转换成格雷码。

解： 将二进制码用 $b_3b_2b_1b_0$ 表示，格雷码用 $B_3B_2B_1B_0$ 表示，根据转换规则有：

$B_3=b_3=1$

$B_2=b_3+b_2=1+0=1$

$B_1=b_2+b_1=0+1=1$

$B_0=b_1+b_0=1+1=0$（舍去进位 1）

则转换后格雷码为 1110。

2）格雷码转换成二进制码。

（1）最高位不变。

（2）高位二进制码加上下一位格雷码作为下一位二进制码（舍去进位）。

【例 1.1-18】 将格雷码 1001 转换成二进制码。

解： 仍用 $B_3B_2B_1B_0$ 表示格雷码，$b_3b_2b_1b_0$ 表示二进制码。根据转换规则有：

$b_3= B_3=1$

$b_2= b_3+B_2=1+0=1$

$b_1= b_2+B_1=1+0=1$

$b_0= b_1+B_0=1+1=0$（舍去进位）

则转换后的二进制码为 1110。

3. ASCII 码

上面所讨论的纯二进制码、8421BCD 码、格雷码都是用二进制码来表示数值的，事实上，数字系统处理的绝大部分信息是非数值信息，如字母、符号、控制信息等。如何用二进制码来表示这些字母、符号等，就形成了字符编码，其中 ASCII 码是使用最广泛的字符编码。

ASCII 码是美国国家标准学会制定的信息交换标准代码，它包括 10 个数字、26 个大写字母、26 个小写字母以及大约 25 个特殊符号和一些控制码。ASCII 码规定用 7 位或者 8 位二进制数组合来表示 128 种或 256 种的字符及控制码。标准 ASCII 码是用 7 位二进制组合来表示数字、字母、符号和控制码。标准的 ASCII 码码表见表 1.1-10。

表 1.1-10　标准 ASCII 码码表

	2	000	001	010	011	100	101	110	111
2	16	0	1	2	3	4	5	6	7
0000	0	NUL	DLE	SP	0	@	P	、	P
0001	1	SOH	DC1	!	1	A	Q	a	q
0010	2	STX	DC2	”	2	B	R	b	r
0011	3	ETX	DC3	#	3	C	S	c	s
0100	4	EOT	DC4	$	4	D	T	d	t
0101	5	ENQ	NAK	%	5	E	U	e	u
0110	6	ACK	SYN	&	6	F	V	f	v
0111	7	BEL	ETB	’	7	G	W	g	w
1000	8	BS	CAN	(	8	H	X	h	x
1001	9	HT	EM	)	9	I	Y	i	y
1010	A	LF	SUB	*	:	J	Z	j	z
1011	B	VT	ESC	+	;	K	[	k	{
1100	C	FF	FS	,	〈	L	\	l	:
1101	D	CR	GS	-	=	M	]	m	}
1110	E	SO	RS	.	〉	N	↑	n	~
1111	F	SI	US	/	?	O	—	o	DEL

在 ASCII 码表中，有一部分是表示非打印字符的控制字符的缩写词，例如开始“STX”、回车“CR”、换行“LF”等，也叫控制码。控制码含义如下：

ACK　应答　　BEL　振铃　　BS　退格　　CAN　取消

CR　回车　　DC1～DC4　直接控制　　DEL　删除

DLE　链路数据换码　　EM　媒质终止　　ENQ　询问

EOT　传输终止　　ESC　转义　　ETB　传输块终止　　ETX　文件结束

FF　换页　　FS　文件分隔符　　GS　组分隔符　　HT　横向制表符

LF　换行　　NAK　否认应答　　NUL　零　　RS　记录分隔符

SI　移入　　SO　移出　　SOH　报头开始　　SP　空格

STX　文件开始　　SUB　替代　　SYN　同步空闲　　US　单位分隔符

VT　纵向制表符

ASCII 码表有两种表示方法，一种是二进制表示，这是在数字系统如计算机、PLC 中真

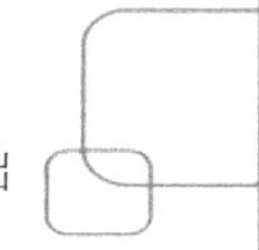

正的表示；一种是十六进制表示，这是为了阅读和书写方便的表示。

如何通过 ASCII 码表查找字符的 ASCII 码？下面举例加以说明。

例如查找数字 E 的 ASCII 码，首先在表中找到“E”，然后向上、向左找到相应的二进制或十六进制数如图 1.1-2 所示。

	2		100	
2	16		4	
			⇧	
0101	5	⇦	E	

图 1.1-2　查找数字 E 的 ASCII 码

“E”的 ASCII 码由上面的和左面的二进制数或十六进制数相拼而成，“E”=B1000101，或“E”=H45。为了和二进制、十六进制数相区别，常常把数制符放在数的后面，即“E”=1000101B 或“E”=45 H。以此类推，可查到“W”=1010111 B 或“W”=57 H 等。

【例 1.1-19】 一组信息的 ASCII 码如下，请问这些信息的内容是什么？

1000011　1001000　1001001　1001110　1000001

解：通过查 ASCII 码表为 CHINA。

标准 ASCII 码表使用七位二进制码，但在数字设备中，常常是按字节（8 位二进制数）进行操作的。因此，实际使用中，常在前面增加“0”或留作为奇偶校验位用。增加“0”时，则用 2 位十六进制数来表示 ASCII 码比较多见。

【例 1.1-20】 下面作为一组 ASCII 码，请问内容是什么？

02H　30H　31H　30H　36H　32H　30H　30H　30H　30H　30H　31H　32H　43H　37H　0DH　0AH

解：经查 ASCII 码码表为 “STX”　0　1　0　6　2　0　0　0　0　0　1　2　C　7　“CR”　“LF”。

其中“STX”为开始，“CR”为回车，“LF”为换行。具体含义由协议规定。

【试试，你行的】

（1）试用 8421BCD 码、2421BCD 码和余 3 码表示十进制数 K3096。

（2）格雷码与纯二进制码相比其特点在哪里？格雷码用在哪里比较多？为什么？

（3）请指出下面一组 ASCII 码信息的内容是什么？

49H　4CH　6FH　76H　65H　59H　6FH　75H

1.1.5　基本逻辑运算

“逻辑”本意是人的一种思维方式，是人通过概念、判断、推理和论证来认识世界的一种思维过程。有一种逻辑是专门研究客观事物“真”与“假”和它们之间关系的知识。1849 年，英国数学家乔治·布尔从数学的角度研究这种客观事物“真”与“假”之间的推理关系，提出了著名的数学研究方法——布尔代数。

在继电控制和数字控制中，研究的对象通常只有两种状态，如开关的“开”与“关”，线圈的“通”与“断”，脉冲的“高电平”和“低电平”等，都是逻辑中的“真”和“假”相对应，因此把布尔代数应用到开关电路和数字电路中是可以的。美国数学家香浓是第一个把布尔代数用于逻辑电路的学者。1938 年，他在对逻辑电路进行分析研究和设计的基础上，发表了题为《继电和开关电路的符号分析》论文。从此，布尔代数就被广泛地应用于解决开关电路和数字逻辑电路的分析与应用，所以也把布尔代数称为开关代数或逻辑代数。

基本逻辑运算是逻辑代数的基础，包括与、或、非三种。这三种关系在电路关系中或梯形图中都可以得到具体的体现。

1. “与”逻辑关系

所谓逻辑关系就是指事物的“因”和“果”的关系，即产生原因和发生的结果之间的关系，如图 1.1-3 所示。

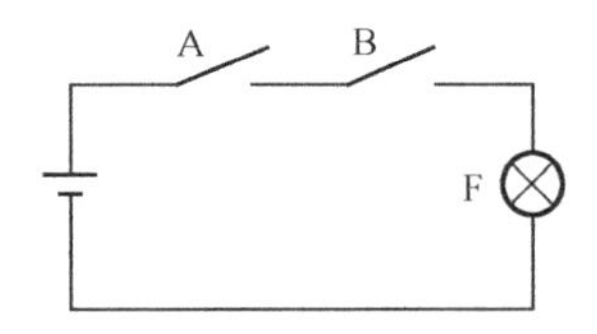

图 1.1-3 “与”逻辑关系示意图

用两个开关控制一个灯。开关 A，B 各有两种状态，而灯 F 也有两种状态。如果要灯亮，则两个关 A，B 必须全部合上，也就是说导致灯 F 亮的结果只有当 A，B 开关都具备合上的条件时才会发生。这种因果关系在逻辑代数中被称为“与”运算。

F 与 A，B 的“与”运算关系可以用下面代数式来表示：

$$F = A \cdot B$$

式中“·”表示 A 与 B 是“与”关系，不是“乘”也不是“点”。这是逻辑关系代数式，可以把 A，B 称作逻辑变量，而把 F 称作逻辑因变量。它们的状态只能有两种状态，即它们的取值只能是两个值。

2. “或”逻辑关系

“与”逻辑是两个开关串联起来控制灯 F，因此常把两个开关相串联的关系称为相“与”。如果 A,B 是并联起来控制一个开关，如图 1.1-4 所示。

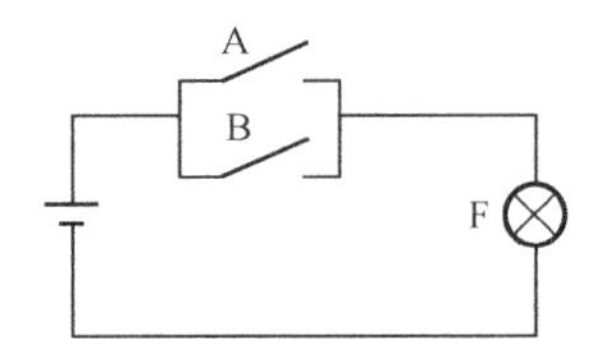

图 1.1-4 “或”逻辑关系示意图

可见，A，B 两个开关中只要有一个开关合上，灯 F 就会亮，除非两个开关都断开灯才不亮。这种导致灯亮结果的条件中只要有一个条件具备时，结果就会发生的逻辑因果关系在逻辑代数中被称为“或”运算。

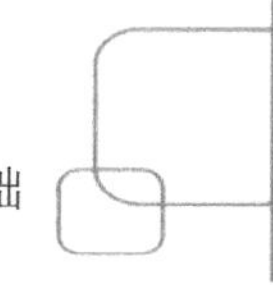

F 与 A，B 的“或”运算关系用下面逻辑代数式表示：

$$F = A + B$$

式中“+”表示 A 与 B 为“或”关系，不是“加”。F 和 A，B 只能有两种取值，把两个开关相关联的关系称为相“或”。

3. “非”逻辑关系

图 1.1-5 为基本逻辑运算中“非”运算的电路实现。当开关接通时，由于开关短路了灯 F，所以灯 F 不亮；而当开关断开时，灯 F 亮。这种灯亮和灯不亮与开关的通断正好相反；如果把灯亮作为结果，而把开关的通断作为条件，则这种当条件具备时，结果不会发生，而当条件不具备时，结果发生了的逻辑因果关系在逻辑代数中被称为“非”运算。

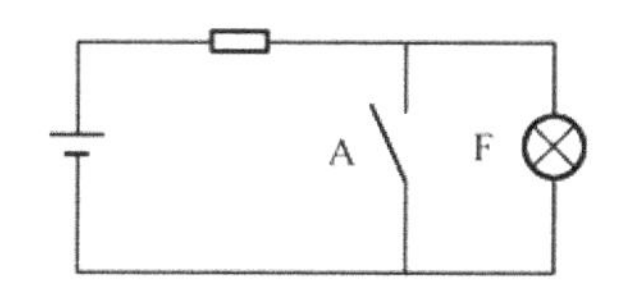

图 1.1-5 “非”逻辑关系示意图

F 与 A 的“非”运算关系的逻辑代数式为：

$$F = \overline{A}$$

A 字上面加一横，表示 A 的“非”，即 F 的取值一定要与 A 的取值相反。在逻辑运算中，因为只有两种状态，两种取值，因此，这两种取值必须是相反意义的，即互为非。

4. 基本逻辑运算

上面的三种逻辑关系，如果把这两种状态取值为“0”和“1”，并且规定开关的通为“1”，断为“0”，灯亮为“1”，不亮为“0”，则有下面的逻辑运算关系，见表 1.1-11。

表 1.1-11　三种基本逻辑运算

A	B	A·B	A+B	$\overline{A}$
0	0	0	0	1
0	1	0	1	1
1	0	0	1	0
1	1	1	1	0

“与”逻辑运算是一种“一票否决”关系，其运算口诀是“见 0 为 0，全 1 为 1”。

“或”逻辑运算是一种“一票赞成”关系，其运算口诀是“见 1 为 1，全 0 为 0”。

“非”逻辑运算是一种“相互对立”关系，其运算口诀是“1 为 0,0 为 1”。

三种基本逻辑运算是全部逻辑代数的基础。

5. 继电控制与梯形图中的逻辑关系体现

在工业电气继电控制线路中，线路的接通和断开都是通过相应电气元器件的触点的动作来完成的，不论是触点的通断还是线圈的通断都是两种状态的转换。因此，从本质上来说，继电控制线路是一种逻辑控制电路，其输出（各种线圈等负载）与输入（各种有源无源开关）之间的关系是一种逻辑关系。而 PLC 的早期应用就是替代复杂的继电控制系统，因此，PLC 的输出与其输入也是一种逻辑关系。

三种基本逻辑运算在继电控制线路或梯形图中都有着相对应的体现。表 1.1-12 为基本逻辑关系与继电控制图及梯形图的对应关系。

表 1.1-12　基本逻辑运算继电控制图及梯形图的对应关系

逻辑关系	继电控制线路	梯形图
A • B	A B	A B
A+B	A B	A B
$\bar{A}$	A	A

【试试，你行的】

（1）小王请假三天（事件 F），但须经车间主任同意（条件 A）、人事部经理同意（条件 B）并报总经理批准（条件 C）后方能准假。A，B，C 之间与 F 是什么逻辑关系？试求 F 与 A，B，C 之间的逻辑关系表达式。

（2）小张出差回来经费报销，王副总签字和李总签字均可报销，问王副总签字（条件 A）和李总签字（条件 B）与报销经费（事件 F）之间是什么逻辑关系？试用逻辑表达式表示。

（3）试举例说明“非”逻辑关系。

1.1.6　逻辑代数

1．逻辑代数式

逻辑代数式是逻辑运算关系的代数符号表示式。上节中所给出的表示逻辑关系的式子即逻辑代数式。基本逻辑运算关系的逻辑代数式如下。

“与”运算 ：$F = A \cdot B$

“或”运算 ：$F = A + B$

“非”运算 ：$F = \bar{A}$

对于“与”“或”运算的表示，“ •”和“+”已得到普遍认可，对此不再有其他异议。但对于“非”运算，不同的资料书籍中表示不相同，除了采用 $\bar{A}$ 外，也有采用~A,A’等，但采用 $\bar{A}$ 较多。“$\bar{A}$”读作“A 非”或“A 反”均可。

逻辑代数式是逻辑函数的一种表示方法。在逻辑代数式中，F 表示逻辑函数的因变量，而 A、B 表示逻辑函数的自变量，统称为逻辑变量。与普通代数变量不同，逻辑变量只有两种取值，“0”和“1”。这里的“0”和“1”表示两种逻辑关系。例如开关的通为 1，断为 0；电机的转为 1，停为 0。与普通的代数函数一样，逻辑自变量的值确定后，其因变量必定有一个唯一的值被确定。

逻辑代数非常方便地在继电控制电路和梯形图上得到应用。

2．逻辑代数在梯形图中的应用

PLC 的输入端口均为开关量端口，而其输出端口也是开关量端口。通常，输出端口（又称驱动输出）的状态是受输入端口的状态（又称驱动条件）所控制的，而它们之间的关系则完全可以用逻辑代数式来表示。

【例 1.1-21】 如图 1.1-6 所示的梯形图，请写出输出 Y0 与输入 X0，X1 和 X2 的逻辑代数表达式。

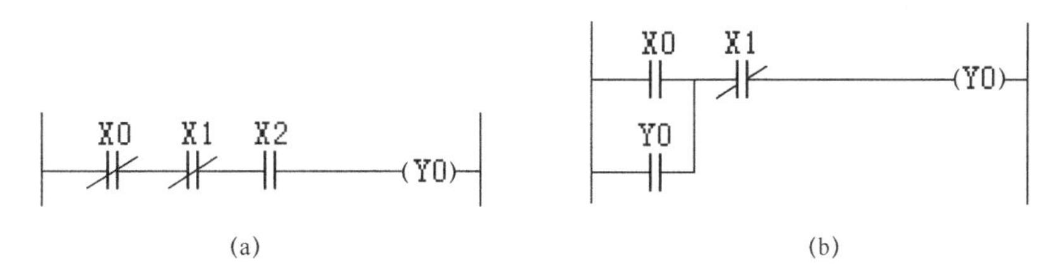

图 1.1-6　梯形图逻辑关系示意图

根据表 1.1-12 的对应关系，很容易写出 Y0 与 X0，X1，X2 的逻辑代数式。

(a)：$Y0=\bar{X}0 \cdot \bar{X}1 \cdot X2$

(b)：$Y0=(X0+Y0) \cdot \bar{X}1$

根据逻辑代数式，很容易分析出各种不同的输入状态情况下，输出 Y0 的状态。例如，对图（a）来说，仅当 X0=0，X1=0，X2=1 时，Y0 才有输出（接通）。X0=X1=0，表示这两个端口是断开的；X2=1，表示其端口是接通的。也就是说，仅当 X0，X1 端口断开且 X2 端口接通，Y0 才接通。

图 1.1-6 所示的两种逻辑关系也代表了逻辑控制关系的两大类型。

图（a）的输出 Y0 的状态仅与输入的当前状态有关，而与输入输出的以前状态无关。这种逻辑控制关系称作组合逻辑控制。

图（b）的输出 Y0 的状态不但与输入的当前状态有关，还和输入输出的过去状态有关。在其逻辑代数式中，不但有输入逻辑变量，还有输出逻辑变量，如式中的（X0+Y0）。这种表达式中含有输出逻辑变量的逻辑控制关系称作时序逻辑控制。

在实际应用中，组合逻辑控制可以直接应用逻辑代数的基本知识，易学易掌握，在梯形图的设计中有一定的方法和步骤。而时序逻辑控制到目前为止仍然没有易学易掌握的方法和步骤。关于这两种逻辑控制的更多知识，读者可参看数字电子技术相关书籍和资料。

下面举例说明组合逻辑控制在梯形图设计中的应用。

【例 1.1-22】 两地控制一盏灯，控制要求是：灯灭时任一处拨动一次开关，灯亮；灯亮时，任一处拨动一次开关，灯灭。

解：设逻辑动作为：开关向下拨为 0，向上拨为 1，灯亮为 1，灯灭为 0。开关不拨动，维持原状。

根据题意可列出其逻辑关系见表 1.1-13。

表 1.1-13　逻辑关系

题　　意	开关 X1	开关 X2	灯 Y0
开关均向下拨，灯灭	0	0	0
任一开关向上拨，灯亮	0	1	1
	1	0	1
开关均向上拨，灯灭	1	1	0

根据表 1.1-13.可知，仅处理灯亮时的逻辑关系。则灯亮与开关 X1，开关 X2 之间的逻辑关系式是

$$Y0=\overline{X1}\cdot X2+X1\cdot\overline{X2}$$

所设计的梯形图如图 1.1-7 所示。

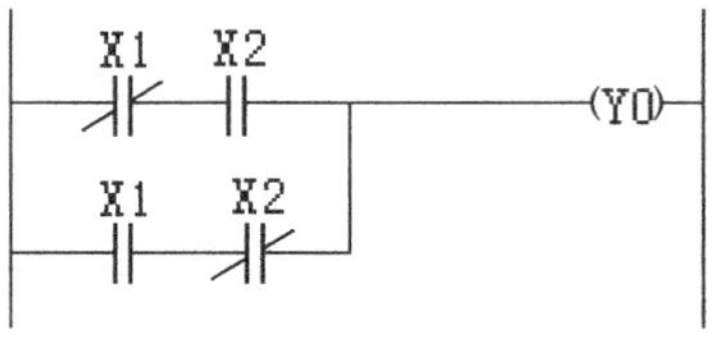

图 1.1-7　例 22 梯形图

【试试，你行的】

（1）在逻辑代数中，所有变量取值的特点是什么？

（2）试说明三种基本逻辑运算的运算口诀。

（3）试写出图 P1-1 所示梯形图的逻辑关系表达式。

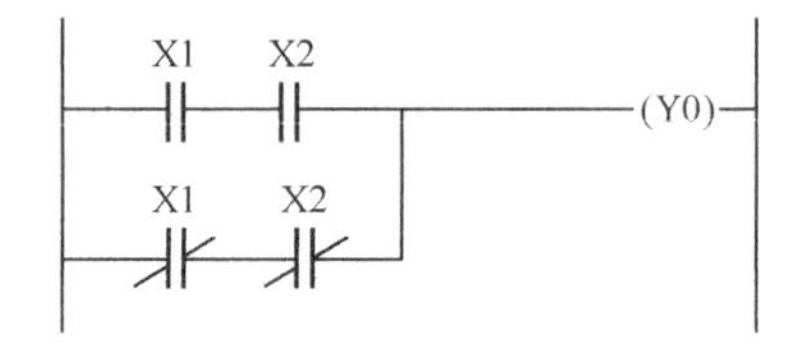

图 P1-1

（4）三个地方 A，B，C 有三个开关，同时控制一盏灯，控制要求是：如果灯是灭的，则按任何一个开关均可将其打开：如果灯是亮的，则按任何一个开关均可将其关闭。试设计梯形图程序。

1.1.7　逻辑位运算

在 PLC 中，除了处理开关量（位元件）外，还可以处理数据量（字元件）。什么是数字量？数字量就是进行统一处理的多位开关量组成的整体。例如，把 4 位（数位），8 位（字节），16 位（字）和 32 位（双字）二进制数组成的一个整体就是一个数据量。前面所述的编码都是数据量。数据量的引入使 PLC 的功能得到了充分的扩充。

在数据量的处理中，经常要把二个 n 位二进制数进行逻辑运算处理，其处理的方法是把两个数的相对应的位进行位与位的逻辑运算，这就称为数据量的逻辑位运算。

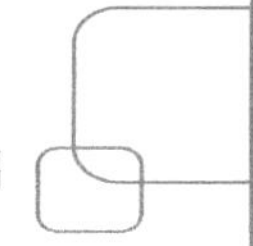

数据量的位运算有位与、位或、位反和按位异或。逻辑位运算的功能是对数据量的全部或部分进行清零、提取、保留和置反等。下面以 16 位二进制数整体（字）进行说明。

1. 位与

参与运算的数据量，如果相对应的两位都为 1，则该位的结果值为 1，否则为 0。口诀：见 0 为 0，全 1 为 1。

$$\begin{array}{r} 0001\ 0010\ 0011\ 0100 \\ \times 0000\ 0101\ 1010\ 1111 \\ \hline 0000\ 0000\ 0010\ 0100 \end{array}$$

“位与”常用于将数据量的某些位清零或提取某些位的值，用“0 与”则清零，用“1 与”则保留或提取位值。

【例 1.1-23】 将数据量 0101 1001 与数据量 0000 1111 进行位与。

$$\begin{array}{r} 0101\ 1001 \\ \times 0000\ 1111 \\ \hline 0000\ 1001 \end{array}$$

高 4 位 0101 与 0000 相位与，结果全部变 0，这就叫清零或复位。低 4 位 1001 与 1111 相位与，结果仍为 1001，这就叫保留或提取。

2. 位或

参与运算数据量，如果相对应的两位都为 0，则该位的结果值为 0，否则为 1，口诀：见 1 为 1，全 0 为 0。

$$\begin{array}{r} 0001\ 0010\ 0011\ 0100 \\ +0000\ 0101\ 1010\ 1111 \\ \hline 0001\ 0111\ 1011\ 1111 \end{array}$$

位或常用于将某个运算量的某些位置 1，用“1 或”则置 1 ，用“0 或”则保留或提取位值。

【例 1.1-24】 将数据量 0101 1001 与数据量 0000 1111 进行位或。

$$\begin{array}{r} 0101\ 1001 \\ +0000\ 1111 \\ \hline 0101\ 1111 \end{array}$$

高 4 位 0101 与 0000 相位或，结果保留 0101。低 4 位与 111 相位或，结果全部变为 1，这就叫置 1 或置位。

3. 位反

将参与运算数据量的相对应位的值取反，即 1 变 0，0 变 1。

$$\begin{array}{l} A\ \ 0001\ 0010\ 0100\ 0101 \\ \hline \overline{A}\ \ 1110\ 1101\ 1011\ 1010 \end{array}$$

4．按位异或

参与运算数据量，如果相对应的两位相异，则该位的结果为 1，否则为 0，口诀：同为 0，异为 1。

$$
\begin{array}{r}
0001\ 0010\ 0100\ 0101 \\
\oplus 0000\ 1011\ 1010\ 1111 \\
\hline
0001\ 1001\ 1110\ 1010
\end{array}
$$

按位异或有“与 1 异或”该位翻转，“与 0 异或”该位不变的规律，即用“异或 1”则置反，用“异或 0”则保留。

【例 1.1-25】 将数据量 0101 1001 与数据量 0000 1111 进行按位异或。

$$
\begin{array}{r}
0101\ 1001 \\
+0000\ 1111 \\
\hline
0101\ 0110
\end{array}
$$

高 4 位 0101 与 0000 相异或，结果保留为 0101。低 4 位 1001 与 1111 相异或，结果为 0110，相当于把 1001 的每一位都进行了求反运算，这就称为置反。

【试试，你行的】

（1）下面是两组二进制数，试写出它们进行位与、位或和按位异或的结果，并分别写出它们各自位反的结果。

A=0010 1100 1001 0100

B=1010 0011 0110 1000

（2）一个二进制数想保留它的高八位，应如何与另一个数进行位运算？二进制数是 1000010001010000，试提供三种方法做到。

（3）将二进制数 11000101 全部变为 1，应如何进行位运算？

1.2　PLC 基础知识

1.2.1　了解 PLC

PLC 到底是什么？为什么做电工的总想学 PLC？在这一章中，我们将通过通俗易懂的讲解使大家对 PLC 有一个基本的认识，初步了解 PLC 的结构、工作原理、性能指标和编程语言等。

1．什么是 PLC

PLC 是 Programmable Logic Controller 的缩写，即可编程逻辑控制器。

IEC 对 PLC 的定义是：PLC 是一种数字运算操作的电子系统，专为在工业环境下应用而设计。它采用可编程序的存储器，用来在其内部存储执行逻辑运算、顺序控制、定时、计

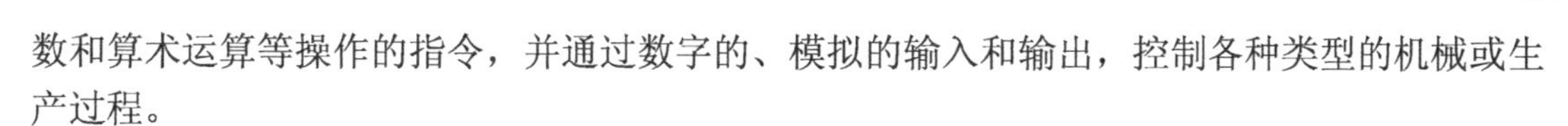

数和算术运算等操作的指令，并通过数字的、模拟的输入和输出，控制各种类型的机械或生产过程。

PLC 是针对继电器系统的缺陷和现代社会对制造业的要求而出现的。

我们知道在继电控制系统中，作为单台装置，继电器本身是比较可靠的，但是对于复杂的控制系统，如果某一个继电器损坏，甚至某一个继电器的某一个触点接触不良，都会影响整个系统的正常运行。查找和排除故障往往是非常困难的，有时可能会花费大量的时间。继电器本身并不贵，但是控制柜内部的安装、接线工作量极大，因此整个控制柜的价格相当的高。如果工艺要求发生变化，控制柜内的元件和接线需要做相应的变动，这种改造工期长、费用高，以至于有的用户宁愿扔掉旧的控制柜，另外制作一台新的控制柜。这就是继电控制系统的缺陷。

现代社会要求制造业对市场需求做出迅速的反应，生产出小批量、多品种、多规格、低成本和高质量的产品。老式的继电器控制系统已经成为实现这一目标的巨大障碍，显然需要寻求一种新的控制装置来取代老式的继电器控制系统，使电气控制系统的工作更加的可靠，更容易维修，更能适应经常变动的工艺条件。

PLC 就是在这种工业需求和市场需求的背景下出现的。从 1969 年美国数字设备公司（DEC）研制出世界上第一台 PLC 以来，也不过才短短的 40 年，但 PLC 控制技术已得到异常迅猛的发展，并在各种工业控制领域、公共事业、新闻传播等各个方面都获得了广泛的应用。由于 PLC 广泛地应用在所有的工业部门，也就迫切需要越来越多的工业技术人员掌握应用 PLC 技术。可以预见，将来，PLC 技术和变频器技术会和普通的电工技术一样为越来越多的电工技术人员所掌握，这也是为什么学好 PLC 技术和变频器技术成为越来越多电工的学习需求。

2．PLC 的特点

1）编程方法简单易学

考虑到企业中一般电气技术人员和技术工人的传统读图习惯，可编程序控制器配备了易于接受和掌握的梯形图语言。梯形图的语言的电路符号和表达方式与继电器电路原理图相当接近，只用 PLC 的二十几条开关量逻辑控制指令就可以实现继电器电路的功能。通过阅读 PLC 的使用手册或接受短期培训，电气技术人员或者技术工人只需几天时间就可以熟悉梯形图语言，并用来编制用户程序。简易编程器的操作和使用也很简单。上述特点是 PLC 近年来获得迅速普及的原因之一。

2）硬件配套齐全，用户使用方便

PLC 配备有品种齐全的各种硬件装置供用户选用，用户不必自己设计和制作。用户在硬件方面的设计工作，只是确定可编程序控制器的硬件配置和设计外部接线图而已。PLC 的安装接线也很方便，各种外部接线都有相应的接线端子。

PLC 的输入/输出端可以直接与 AC220V 或者 DC24V 的强电信号相接，它还具有较强的

负载能力，可以直接驱动一般的电磁阀和交流接触器的线圈。

3）通用性强，适应性强

由于 PLC 的系列化和模块化，硬件配置相当的灵活，可以组成能够满足各种控制要求的控制系统。硬件配置确定后，可以通过修改用户程序，方便快速地适应工艺条件的变化。

4）可靠性高，抗干扰能力强

绝大多数的用户都将可靠性作为选择控制转装置的首要条件。可编程序控制器采取了一系列硬件和软件抗干扰措施，可以直接用于有强烈干扰的工业生产现场。从实际的使用情况来看，用户对 PLC 的可靠性都相当满意。

PLC 用软件取代了继电器系统中容易出现故障的大量触点和接线，这是 PLC 具有可靠性的主要原因之一。除此之外，PLC 还采取了一系列抗干扰、提高可靠性的措施。

5）系统的设计、安装、调试工作量少

PLC 用软件功能取代了控制系统中大量的中间继电器、时间继电器、计数器等器件，使控制柜的设计、安装、接线工作量大大减少。

PLC 的梯形图程序一般采用顺序控制设计法。这种编程方法很有规律，容易掌握。对于复杂的控制系统，设计梯形图所花的时间比设计继电器系统电路图花的时间要少得多。

6）维修工作量小，维修方便

PLC 的故障率很低，并且有完善的诊断和显示功能。PLC 或外部的输入装置和执行机构发生故障时，可以根据 PLC 上的发光二极管或者编程器提供的信息迅速查明故障的原因，用更换模块的方法迅速排除 PLC 的故障。

7）体积小，能耗低

以 OMRON 的 CPM1A 型超小型 PLC（10 个 I/O 点）为例，其底部尺寸仅为 90mm×67mm，功耗≤30VA。由于体积小，PLC 很容易装入机械设备内部，是实现机电一体化的理想的控制设备。

3. PLC 能做什么

在发达的工业国家，PLC 已经广泛地应用在所有的工业部门。随着 PLC 的性能价格比不断提高，过去许多使用专用计算机的场合也可以使用 PLC。PLC 的应用范围不断扩大，主要有以下几个方面。

1）开关量逻辑控制

这是 PLC 最基本最广泛的应用。PLC 的输入信号和输出信号都是只有通/断状态的开关量信号，这种控制与继电器控制最为接近，可以用价格较低、仅有开关量控制功能的 PLC

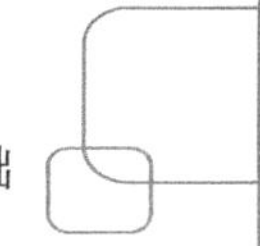

作为继电器控制系统的替代物。开关量逻辑控制可以用于单台设备，也可以用于自动生产线，如各种继电控制、冲压、铸造机械、运输带、包装机械的控制，电梯的控制，化工系统中各种泵和电磁阀的控制，冶金系统的高炉上料系统，轧机，连铸机、飞剪的控制，电镀生产线、啤酒灌装生产线、汽车装配生产线、电视机和收音机生产线的控制等。

2）运动控制

PLC 可用于对直线运动或圆周运动的控制。早期直接用开关量 I/O 模块连接位置传感器和执行机构，现在一般使用专用的运动控制模块。世界上各主要 PLC 厂家生产的 PLC 几乎都有运动控制功能。PLC 的运动控制功能广泛地用于各种机械，如金属切削机床、金属成型机械、装配机械、机器人、电梯等。

3）闭环过程控制

过程控制是指对温度、压力、流量等连续变化的模拟量的闭环控制。PLC 通过模拟量 I/O 模块，实现模拟量（Analog）和数字量（Digital）之间的 A/D 转换和 D/A 转换，并对模拟量实行闭环 PID 控制。现代的大中型 PLC 一般都有 PID 闭环控制功能，这一功能可以用专用的智能 PID 模块来实现，也可以设计 PID 子程序来完成，更多地使用专用 PID 功能指令来完成。PLC 的模拟量 PID 控制功能已经广泛地应用于塑料挤压成型机、加热炉、热处理炉、锅炉等设备，以及轻工、化工、机械、冶金、电力、建材等行业。

4）数据处理

现代的 PLC 具有数学运算（包括矩阵运算、函数运算、逻辑运算等）、数据运算、转换、排序和查表、位操作等功能，可以完成数据的采集、分析和处理。这些数据可以与储存在存储器中的参考值比较，也可以用通信功能传到别的智能装置，或者将其打印制表。数据处理一般用于大型控制系统，如无人柔性制造系统；也可以用于过程控制系统，如造纸、冶金、食品工业中的一些大型控制系统。

5）通信

PLC 的通信包括可编程控制器之间的通信、可编程控制器和其他智能控制设备的通信。随着计算机控制的发展，近年来国外工厂自动化通信网络发展很快，各著名的 PLC 生产厂商都推出了 PLC 之间的网络系统。

并不是所有的 PLC 都有上述全部功能，有些小型可编程控制器只具有上述的部分功能，但是价格较低。

3. PLC 产品分类

PLC 的产品根据硬件结构各部分组成可分为整体式、模块式和混合式。

1）整体式 PLC

整体式又称为单元式或箱体式，它把 CPU 模块、存储器、I/O 模块和电源模块装在一个箱状的机壳内，结构非常的紧凑，体积小，价格低。小型可编程控制一般采用整体式结构。整体式 PLC 提供多种不同的 I/O 点数的基本单元和扩展单元供用户选用，基本单元内有 CPU 模块、I/O 模块和电源，扩展单元内只有自由 I/O 模块和电源，基本单元和扩展单元之间用扁平电缆连接。各单元的输入点和输出点的比例是固定的，有的 PLC 有单输入型和单输出型的扩展单元。选择不同的基本单元和扩展单元可以满足用户的不同要求。

图 1.2-1 是整体式 FX_{2N} 基本单元。

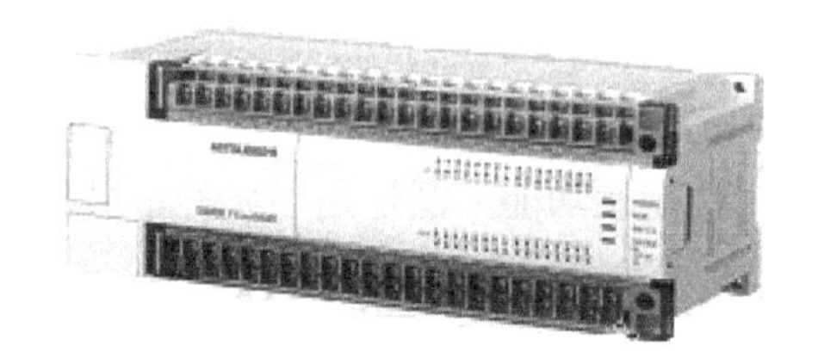

图 1.2-1　整体式 FX_{2N} 基本单元

整体式 PLC 一般配有许多专用的特殊功能单元，如模拟量 I/O 单元、位置控制单元、通信单元等，使 PLC 的功能得到扩展。

2）模块式 PLC

模块式 PLC 用搭积木的方式组成系统，它由框架和模块组成。模块插在模块插座上，模块插座焊在框架中的总线连接板上。PLC 的电源可能是单独的模块，也可能包含在 CPU 模块中。PLC 厂家备有不同槽数的框架供用户选用，如果一个框架容纳不下所有的模块，可以增设一个或数个扩展框架，各框架之间用 I/O 扩展电缆相连。有的可编程控制器没有框架，各种模块安装在基板上。

用户可以选用不同档次的 CPU 模块、品种繁多的 I/O 模块和特殊功能模块，对硬件配置的选择余地较大，维修时更换模块也很方便。模块式 PLC 的价格较高，大、中型 PLC 一般采用模块式结构。

模块式 PLC 如图 1.2-2 所示。

图 1.2-2　模块式 PLC

3）混合式 PLC

混合式 PLC 吸收了上面两种 PLC 的优点，它有整体式的基本单元，又有模块式的扩展单元和特殊应用单元。这些单元等高等宽，仅长度不同。各单元之间用扁平电缆连接，紧密拼装在导轨上，组成一个整齐的长方体，组合形式非常灵活，完全按需要而定。它是模块式的结构，整体式的价格。目前中小型 PLC 均采用混合式结构。

图 1.2-3 混合式 FX_{3u} PLC 示意图。

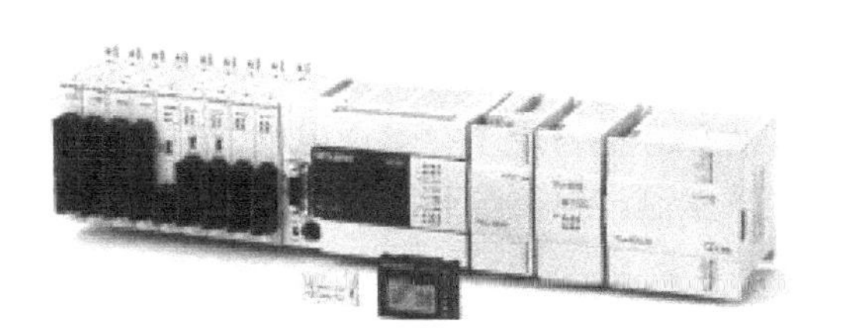

图 1.2-3　混合式 FX_{3u} PLC

【试试，你行的】

（1）试说明 PLC 的特点，它与继电器控制有哪些不同？
（2）PLC 能做什么？试简述之。
（3）PLC 产品分为哪几种？FX_{3U} 属于哪种物理结构的 PLC？它的优点是什么？

1.2.2　PLC 基本结构

1．PLC 硬件结构

PLC 是一种工业电脑，因此，它的结构和电脑类似。

PLC 硬件主要由电源、中央处理单元（CPU）、存储器、输入接口、输出接口、外设接口和扩展接口组成，其结构框图如图 1.2-4 所示。

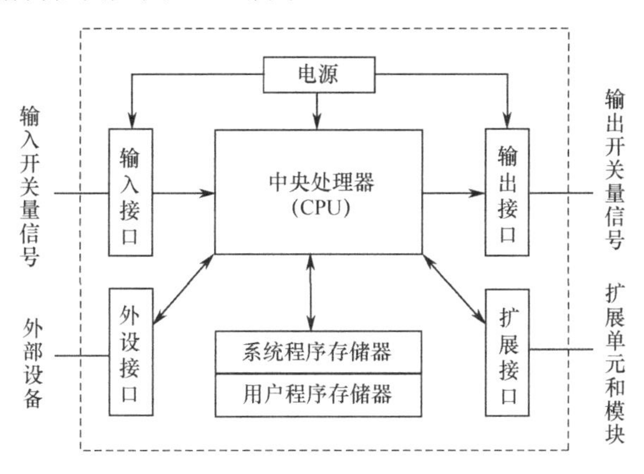

图 1.2-4　PLC 结构框图

1）中央处理单元（CPU）

PLC 中的 CPU 是 PLC 的核心，起神经中枢的作用。每台 PLC 至少有一个 CPU，它按 PLC 的系统程序赋予的功能接收并存贮用户程序和数据，用扫描的方式采集由现场输入装置送来的状态或数据，并存入规定的寄存器中，同时诊断电源和 PLC 内部电路的工作状态和编程过程中的语法错误等。进入运行后，CPU 从用户程序存储器中逐条读取指令，经分析后再按指令规定的任务产生相应的控制信号，去指挥有关的控制电路。

2）存储器

分系统程序存储器和用户程序存储器两种。系统程序存储器主要用于存储系统和监控程序，并能对用户程序作编译处理，其程序由厂家出厂前固化在 PLC 的程序存储器（ROM）中，用户不可改变。用户程序存储器用于存储由电脑、编程器输入用户程序，此程序由程序员根据生产过程和工艺要求编制，存在电可擦除存储器（RAM）中。

3）输入/输出接口（I/O 接口）

输入/输出接口是 PLC 与外部信号相互联系的窗口。输入接口主要用来接收现场设备向 PLC 提供的开关量信号、高速脉冲信号，例如各种按钮、开关继电器触点、数字开关及脉冲发生器发出的信号等；而输出接口是 PLC 向外部设备发出的开关量信号，用以控制外部设备的通断等工作状况，也可向外发出序列脉冲信号，用以控制步进、伺服等电机的运行。

4）外设接口

外设端口主要是指 PLC 的各种通信接口，通过通信接口，PLC 可以与电脑、编程器、PLC、打印机和具有通信功能的终端设备如变频器、温控单元等进行通信控制。

5）扩展接口

扩展接口是用来扩展为 PLC 所开发的各种 I/O 扩展模块、扩展单元和特殊功能模块及其他可以扩展的设备。扩展接口使整体式 PLC 变成了混合式 PLC，使 PLC 功能从开关量控制扩展到模拟量和运动量控制。

6）电源

整机的能源中心。PLC 内部有开关式稳压电源，对电源要求不高，允许电源电压在–15％～10％之间波动。电源以及输入类型有：交流电源，交流 220VAC 或 110VAC；直流电源，常用的为直流 24V 电压。

有些 PLC 中的电源是与 CPU 模块合二为一的，有些是分开的，其主要用途是为 PLC 各模块的集成电路提供工作电源。同时，有的还为输入电路提供 24V 的工作电源。

2. PLC 软件组成

PLC 的软件包含系统软件及应用软件两大部分。

1）系统软件

系统软件含系统管理程序和用户指令的解释程序，另外还包括一些供系统调用的专用标准程序块等。系统管理程序用以完成机内运行相关时间分配、存储空间分配管理、系统自检工作。用户指令的解释程序用以完成用户指令变换为机器码的工作，又叫编译程序。系统软件在用户使用可编程控制器之前就已装入机内 ROM，并永久保存，在各种控制工作中不需要做更改。

2）用户软件

是用户为达到某种控制目的，采用专用编程语言自主编制的程序。用户软件装入机内存储器 RAM 中。RAM 是随机存取存储器，其写入和擦除都很容易。因此用户程序随时可以

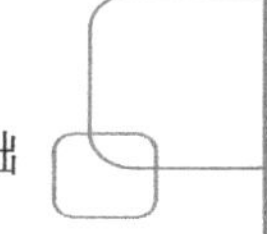

修改，清除和重新写入。断电时，所存储的数据或丢失，为保证应用软件及某些运算数据在 PLC 断电后也能够保持，PLC 中一般都配有锂电池作为 PLC 断电后的应用软件的保持电源。

3. PLC 性能指标

PLC 的性能指标较多，现介绍与构建 PLC 控制系统关系较直接的几个。

1）输入/输出点数

如前所述，输入输出点数是 PLC 组成控制系统时所能接入的输入输出信号的最大数量，表示 PLC 组成系统时可能的最大规模。需要注意的是，在总的点数中，输入点和输出点总是按一定的比例设置的，往往是输入点数大于输出点数，且输入与输出点数不能相互替代。

2）应用程序的存储容量

应用程序的存储容量是存放用户程序的存储器的容量，通常以千字节（KB）为单位，1K=1024。也有的 PLC 直接用所能存放的程序量表示。在一些文献中称 PLC 中存放程序的地址单位为“步”，每一步占用两个字，一条基本指令一般为一步。功能复杂的指令，特别是功能指令，往往有若干步，因而用“步”来表示程序容量，往往以最简单的基本指令为单位，称为多少 K 步。如还是用字节表示，一般小型机内存 1KB 到几千字节，大型机几十千字节甚至可达 1～2MB。

3）扫描速度

一般以执行 1000 条基本指令所需要的时间来衡量，单位为毫秒/千步；也有以执行一步指令时间计的，如微秒/步。一般逻辑指令与运算指令的平均执行时间有较大的差别，因而大多场合扫描速度往往需要标明是执行哪类程序。

以下是扫描速度的参考值：由目前 PLC 采用的 CPU 的主频考虑，扫描速度比较慢的为 2.2ms/k 逻辑运算程序；更快的能够达到 0.75ms/k 逻辑运算程序或更短。

4）编程语言

编程语言是指用户与 PLC 进行信息交换的方法，方法越多则容易被更多人使用。IEC 在 1994 年 5 月公布了 PLC 编程语言的标准 IEC1131—3，其详细说明了 PLC 可使用的五种编程语言：指令表（IL），梯形图（LD），顺序功能图（SFC），功能图（FBD）和结构文本（ST）。目前指令表、梯形图、顺序功能图是使用最多的编程语言。特别是梯形图，所有的 PLC 都支持这一编程方法。但也必须注意，不同厂家的 PLC 编程语言不同且互不兼容，即使同为梯形图语言、指令表语言也不通用。

5）指令功能

指令功能是编程能力的体现。衡量指令功能的强弱有两个方面：一是指令条数的多少，二是综合性指令的多少。一个综合指令一般能完成一项专门的操作，相当于内置了一个应用子程序，比如PID，CRC指令等。指令的功能越强，使用这些指令完成一定的控制目的就越容易。

此外，PLC的可扩展性、可靠性、易操作性以及性价比等性能指标也常常作为PLC的比较指标。

【试试，你行的】

（1）PLC的硬件是由哪几部分组成的？各起什么作用？

（2）PLC的软件有几种？它们之间的差异在哪里？

（3）PLC的主要性能指标是什么？各表示什么含义？

1.2.3　PLC工作原理

PLC采用循环扫描工作方式，周而复始地按照一定的顺序来完成PLC所承担的系统管理工作和应用程序的执行。

循环扫描工作是一种分时串行处理方式，与继电控制系统的并行处理方式是完全不同的。

1. PLC工作模式

PLC有运行（RUN）与停止（STOP）两种基本工作模式，有内部处理等五种工作处理阶段，如图1.2-5所示。

1）STOP工作模式（编程模式）

在STOP工作模式，PLC反复执行内部处理和通信服务等工作

（1）在内部处理阶段，PLC首先进行系统初始化，清除内部继电器区，复位定时器，然后进行自诊断，检测CPU模块内部的硬件是否正常，将监控定时器复位，以及完成一些别的内部工作任务，以确保系统可靠运行。

（2）在通信服务阶段，PLC主要和外部设备作通信联系，进行用户程序的编写和修改，更新显示内容。

2）RUN工作模式（运行模式）

在RUN工作模式，PLC也是反复执行五个阶段的操作，而输入处理、程序处理、输出处理，则是PLC执行用户程序的三个阶段。

当PLC投入运行后，其用户程序工作过程一般分为三个阶段，即输入处理、用户程序执行和输出处理。在整个运行期间，PLC的CPU以一定的扫描速度重复执行上述三个阶段，如图1.2-6所示。

（1）输入采样处理阶段。PLC的CPU不能直接与外部接线端子联系。送到PLC输入端子上的输入信号，经电平转换、光电隔离、滤波处理等一系列电路进入缓冲器等待采样，没有CPU的采样信号，外部信号不能进入映像寄存器。

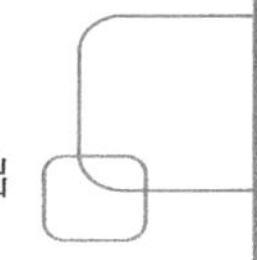

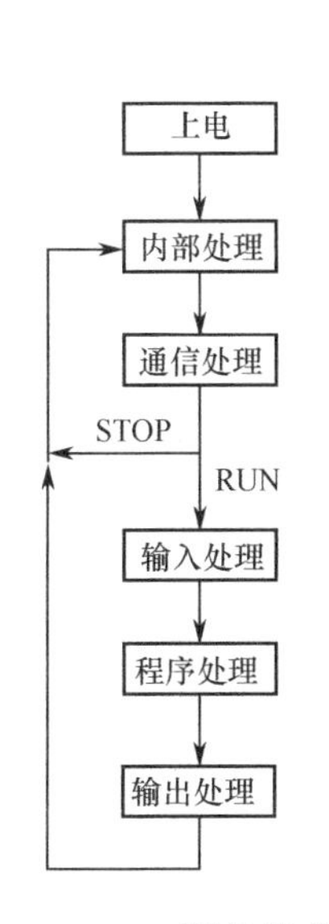

图 1.2-5 PLC 硬件组成

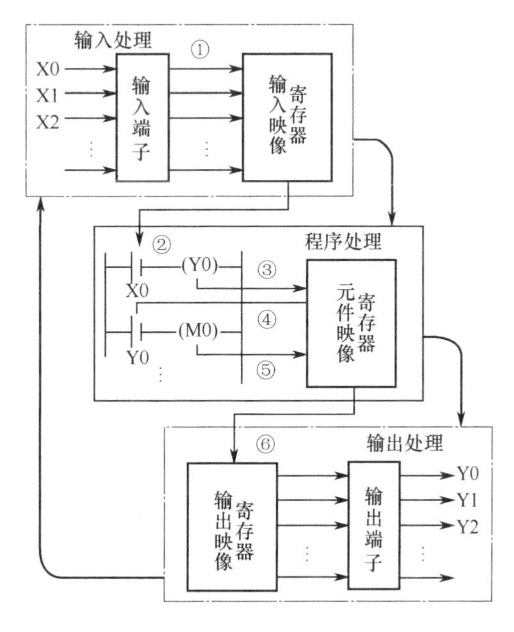

图 1.2-6 PLC 工作原理

在输入采样阶段，PLC 以扫描方式依次读入所有输入状态和数据，并将它们存入 I/O 映像区中的相应映像寄存器内。在此，输入映像寄存器被刷新。输入采样结束后，转入用户程序执行和输出刷新阶段。在这两个阶段中，即使输入状态和数据发生变化，I/O 映像区中的相应单元的状态和数据也不会改变，直至下一个扫描周期的输入采样阶段。因此，如果输入是脉冲信号，则该脉冲信号的宽度必须大于一个扫描周期，才能保证在任何情况下，该输入均能被读入，如图中①。

（2）用户程序执行处理阶段。在用户程序执行阶段，PLC 总是按由上而下的顺序依次扫描用户程序（梯形图）。在扫描每一条梯形图时，又总是先扫描梯形图左边的由各触点构成的控制线路，并按先左后右、先上后下的顺序对由触点构成的控制线路进行逻辑运算，然后根据逻辑运算的结果，刷新该逻辑线圈在系统 RAM 存储区中对应位的状态；或者刷新该输出线圈在 I/O 映像区中对应位的状态；或者确定是否要执行该梯形图所规定的特殊功能指令。即在用户程序执行过程中，只有输入点在 I/O 映像区内的状态和数据不会发生变化，而其他输出点和软设备在 I/O 映像区或系统 RAM 存储区内的状态和数据都有可能发生变化，而且排在上面的梯形图，其程序执行结果会对排在下面的用到这些线圈或数据的梯形图起作用；相反，排在下面的梯形图，其被刷新的逻辑线圈的状态或数据只能到下一个扫描周期才能对排在其上面的程序起作用，如图中②、③、④、⑤。

（3）输出刷新处理阶段。当扫描用户程序结束后，PLC 就进入输出刷新阶段。在此期间，CPU 按照 I/O 映像区内对应的状态和数据集中刷新所有的输出锁存电路，然后传送到各相应的输出端子，再经输出电路驱动相应的实际负载。这才是 PLC 的真正输出，这是一种集中输出的方式，输出端口的状态要保存一个扫描周期，如图中⑥。

用户程序执行过程，集中采样与集中输出的方式是 PLC 的一大特点。在采样期间，将所有输入信号一起读入，此后在整个程序处理过程中，PLC 系统与外界隔离，直至集中输出控制信号。外界信号状态的变换要到下一个工作周期才能被 PLC 采样，这样就从根本上提高了系统的抗干扰能力，提高了工作的可靠性。

2. PLC 的循环扫描工作方式

1）循环扫描工作方式及其特点

由上所知 PLC 不论处于哪种工作模式，其总是在反复执行处理阶段所规定的任务。我们把 PLC 这种按一定顺序周而复始的循环工作方式称作扫描工作方式。

PLC 的工作原理与计算机的工作原理是基本一致的。PLC 基本上也是一台小型的工业计算机，但是它与计算机的工作方式有所不同。计算机一般预先不知道要执行什么任务，因此采用等待输入命令（键盘、鼠标等人机界面输入），当有命令输入时，则中断处理器转入相应的程序处理。而 PLC 则不同，应用程序一旦输入，就成为一种专用的完成特定任务的计算机。它需要不断地检查输入信号的变化，以通过执行应用程序来不断地改变输出信号的状态，完成控制任务。

PLC 的这种扫描工作方式与传统的继电器控制系统工作方式有本质的区别。传统的继电器控制系统是一种类似“并行”工作方式，即如果忽略电磁滞后及机械滞后的话，对同一个继电器来说，它的所有触点动作是和其线圈通电或断电同时发生的（所谓并行）。PLC 则不同，由于 PLC 是扫描方式工作，在程序执行阶段，即使输入信号发生了变化，也要等到下一个周期的输入处理阶段才能改变输入信号的变化；同样，输入信号即使影响到输出信号的状态，也不能马上改变，而要等到一个循环周期结束，CPU 才能将这些改变了的输出状态送出去；同时，就是在执行程序的同一扫描周期里；工作线圈和它的触点也不是同时动作的，如果线圈在前，触点在后，当扫描到线圈接通时，要等到扫描到它的触点时，它的触点才动作。相比于并行，我们认为 PLC 是串行工作的。

PLC 的这种串行工作的特点避免了继电器控制系统中的触点竞争和时序失配问题，因此，其可靠性远比继电控制高，抗干扰能力强。但是，由于是分时扫描，其响应有滞后、反应不及时、速度慢等缺点。PLC 是以降低响应速度来获取高可靠性的。

PLC 的这种控制响应的滞后性，在一般的工业控制系统中，是无关紧要的，因为滞后的时间仅仅只有数十毫秒左右，但是对某些 I/O 快速响应的系统，则应采取相应措施减少滞后时间。

2）扫描周期

PLC 在 RUN 的工作模式时，执行一次从内部处理到输出处理五个阶段扫描操作所需要的时间称为扫描周期，

一个 PLC 的扫描周期长短，主要和用户程序的容量及 CPU 的主频有关。用户程序容量大，表示其程序步多，执行时间就长；而指令的执行速度与 CPU 的主频有关，主频越高，则指令的执行时间就越短，同样的程序容量其扫描周期也短。

一般 PLC 应用程序扫描周期应在 100ms 以内。如果扫描周期超过 200ms，这样的程序

不建议采用。

3）输入/输出滞后时间

输入/输出滞后时间又称系统响应时间，是指可编程序控制器的外部输入信号发生变化的时刻至它控制的有关外部输出信号发生变化的时刻之间的时间间隔，由输入电路滤波时间、输出电路的滞后时间和因扫描工作方式产生的滞后时间三部分组成。

输入模块的 RC 滤波电路用来滤除由输入端引入的干扰噪声，消除因外接输入触点动作时产生的抖动引起的不良影响，滤波电路的时间常数决定了输入滤波时间的长短，其典型值为 10ms 左右。

输出模块的滞后时间与模块的类型有关，继电器型输出电路的滞后时间一般在 10ms 左右；双向可控硅型输出电路在负载接通时的滞后时间约为 1ms，负载由导通到断开时的最大滞后时间为 10ms；晶体管型输出电路的滞后时间一般在 1ms 左右。

由扫描工作方式引起的滞后时间最长可达两个多扫描周期。

可编程控制器总的响应延迟时间一般只有几十毫秒，对于一般的系统是无关紧要的。要求输入-输出信号之间的滞后时间尽量短的系统，可以选用扫描速度快的可编程控制器或采取其他措施。

【试试，你行的】

（1）PLC 有哪两种工作模式？每个工作模式执行哪些工作阶段？

（2）如果想读写 PLC 的用户程序，应把 PLC 置于哪个工作模式？

（3）PLC 的扫描工作方式特点是什么？扫描周期的长短与哪些因素有关？

（4）PLC 刚把输入 X0 的状态送到输入映像寄存器，X0 的状态又发生了改变，X0 的变化状态对输出的影响是

A．马上影响输出变化

B．等一个扫描周期后，才影响输出变化

C．等两个扫描周期后，才影响输出变化

1.2.4　PLC 中数的表示

1．正数与负数

上面所讨论的数制及数都是正数，没有讨论数的符号问题。在数字系统中（如 PLC）不可能只能处理正数，不能处理负数；只能处理整数，不能处理小数。这就涉及数的表示问题。在讨论数的表示之前，先要说明一下二进制数码制及数的码制表示。

在通常运算中，正数用“+”号表示，负数用“-”号表示，如+8，-5 等。一个数只能有两种可能，不是正数就是负数（0 除外），正好是两种对立状态，而数字系统正好有 0 和 1 两种状态，用它来表示正、负完全可以。参照符号一般是在数字的最前面，在数字系统中，把一组二进制数的最高位拿出来作为符号位，最高位为 0，表示后面的二进制数是正数；最

高位为1，表示后面的二进制数为负数。

2. 数的表示

符号位确定后，正负数的表示方法又有原码、反码及补码表示。

1）原码表示

二进制数的原码就是指纯二进制数，把它的最高位作为符号位：0 为正，1 为负，即为二进制数的原码表示。

例如，十进制数+25，-25 的原码表示为：

纯二进制数　K25=11001

十进制数　+25，　　-25

二进制原码　011001　111001

用原码表示，显然，同样位数的二进制数，由于其首位为符号位，后面才是真正的数。因此，与纯二进制数相比，数的范围缩小了，这也是为什么 8 位二进制数正数最大不是 255 而是 127 的原因。原码表示正、负数仅符号位不同，后面的数是一样的。原码表示出现了+0 和-0，+0 为 000000，-0 为 100000（以 5 位二进制为例），正 0 不等于负 0，给计算机操作带来了很大的麻烦。

2）反码表示

什么叫反码？反码就是把原码按位求反（1 变 0，0 变 1）所得的二进制数。例如，K25 的反码表示为：

纯二进码　+25=11001

原码　11001

反码　00110

正负数的反码表示法是：最高位为符号位，0 为正，1 为负。如为正数，则仍用原码表示；如为负数，则用反码表示。仍举+25，−25 为例。

纯二进制码　+25=11001

十进制数　+25　　　　　−25

原码表示　0　11001　　　1　11001

反码表示　0　11001　　　1　00110

实际上，反码负数是把原码带符号位一起求反得到。

3）补码表示

什么叫补码？补码就是先把原码求反，然后在 b_0 位加 1，也就是通常所说的“求反加1”。例如，K25 的补码是：

纯二进制数　+25=11001

原码　011001

求反　100110

加 1　100111

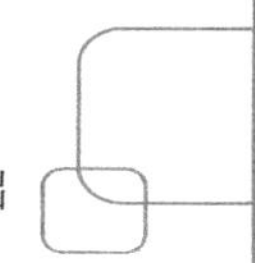

正负数的补码表示法是：最高位为符号位，0 为正，1 为负，如为正数，仍用原码表示；如为负数，则用原码的补码表示（含符号位）。

纯二进制数　K25=11001

十进制数　+25　　　　−25

原码表示　0 11001　　　1 11001

反码表示　0 11001　　　1 00110

补码表示　0 11001　　　1 00111

目前，在数字系统中，正数和负数的表示就是采用补码表示法。补码表示的优点如下。

（1）补码表示，正数和负数互为补码。例如，−25 为 100111，如求其补码，100111 求反为 011000，加 1 后为 011001，正好是+25。

（2）补码表示，解决了 0 有+0 和-0 两种不同编码的困惑。在补码表示中，0 的表示是唯一的，即全为 0；而在原码和反码表示中，+0 和-0 是两个编码，这样就少了一种表示。例如，四位二进制数有 16 种组合，应该表示 16 个不同的数，但在原码和反码表示中，却只能表示+7～-7（+0 和-0 为两种表示，只代表 1 个数）共 15 个数。但在补码表示中，可以表示-8～+7 共 16 个数，其中规定 1000 为-8，这也是在 PLC 中，确定数的范围时，负数总比正数多 1 的原因。例如：

8 位带符号二进制数　-128～+127；

16 位带符号 二进制数　-32 768～+32 767；

32 位带符号二进制数　-2 147 483 648～2 147 483 647。

（3）补码表示最大的优点是符号位和数值位能一起参与加法运算。若产生进位，则将进位丢失，不用像原码和反码那样，先要进行符号位判别，然后还要比较大小，还要作进位判别等，使运算电路设计变得十分复杂。补码表示则不需要做上述处理，从而大大简化了电路设计，运算速度也大大加快，这就是为什么数字系统都采用补码表示的根本原因。

【例 1.2-1】 试用 8 位二进制补码表示计算：

①25+18　②25-18　③18-25　④-25-18

解：先写出+25，-25，+8，-8 的补码表示。

+25　00011001

−25　11100111

+18　00010010

−18　11101110

① 25+18=43

00011001+00010010=00101011（K43）

② 25-18=25+（-18）=7

00011001+11101110=00000111（K7）

进位被丢弃

③ 18-25=18+（-25）=-7

00010010+11100111=11111001（K-7）

④ -25-18=（-25）+（-18）=-43

11100111+11101110=11010101（K-43）

进位被丢弃

（4）几个特殊的补码表示

在补码表示的带符号数中，有几个数的表示要记住，下面以8位带符号二进制数说明。

+127　01111111

+1　00000001

0　00000000

-1　11111111

-127　10000001

-128　10000000

【试试，你行的】

（1）试写出十进制数K109和K-37的8位二进制原码、反码和补码表示。

（2）在计算机技术中，用补码来表示正数和负数有什么优点？

（3）为什么在补码表示中，负数范围要比正数范围多1？

（4）试用8位二进制补码表示计算：

① 68+22　② 68-22　③ 22-68　④ -68-22

1.2.5　PLC编程语言

PLC 是一种工业控制计算机，其软件必然是通过编程语言来编辑的。

目前 PLC 常用的编程语言有梯形图、指令语句表和顺序功能图。功能块图和结构文本高级语言则存在于某些PLC中。

1．指令表（IL）

指令语句表也叫助记符或列表，是基于字母符号的一种语言，类似于计算机的汇编语言。

这种编程语言是用一系列操作指令组成的语句表将控制流程描述出来，并通过编程器或者编程软件送到 PLC 中去。指令语句表是由若干条指令语句组成的程序，指令语句是程序的最小单元。一个操作功能是由一条或若干条指令语句来完成的。PLC 的指令系统比计算机的汇编语言简单很多，但表达形式类似，也是由地址、操作码和操作数三部分组成，关于 FX_{3U} PLC的基本指令系统将在第3章中给予详细讲解。

下面为指令语句表程序（FX_{3U}　PLC）：

```
0  LD X0
1  OR Y0
2  ANI X1
3  OUT Y0
4  END
```

如果把指令表的逻辑关系写成逻辑表达式则为 $Y0=(X0+Y0)\cdot\overline{X}1$。

不同品牌的 PLC 其指令表的形式是相同的，但是指令的符号表示、各编程元件表示则

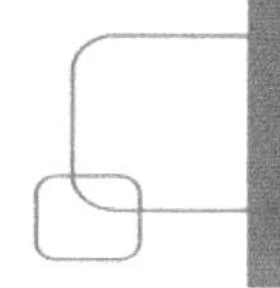

相差很大。

指令语句表编程语言是最基本的程序设计语言，它具有容易记忆、便于操作的特点，可以用最简单的编程工具——手持编程器进行编程。它与其他语言多有一一对应的关系，而且，一些其他语言无法表达的程序用它都可以进行表达。它的缺点是阅读困难，其中的操作功能很难一眼看出，不便于工控人员之间进行交流和沟通。

早期，在电脑和编程软件普及前，一般都是先用梯形图设计程序，然后再手工编译成指令表程序，最后用手持编程器将程序送入 PLC。现在，电脑和编程软件已经普及，在编程软件上，只要编好梯形图程序，软件会自动编译成指令表程序。所以，后续重点是梯形图编程语言的学习和编程软件的操作，对指令表编程语言则不作进一步讲解。但是，PLC 的各种操作指令的学习则是必不可少的编程基础。

2．梯形图（LD）

梯形图编程语言习惯上称为梯形图，其源自继电控制系统电气原理图的形式，也可以说，梯形图是在电气控制原理图上对常用的继电器、接触器等逻辑控制基础上简化了符号演变而来的。

由于 PLC 的结构和工作原理都和继电器控制系统截然不同，因而它们之间必定存在着许多差异。初学者可以通过继电器控制电路图切入梯形图，但一旦入了门，则必须完全离开继电控制电路图。

图 1.2-7 为根据这一节中的指令表程序所画出的梯形图，其功能和指令表程序一样，但理解却容易多了，电工师傅们一看就知道，这是一个电动机启保停控制程序。

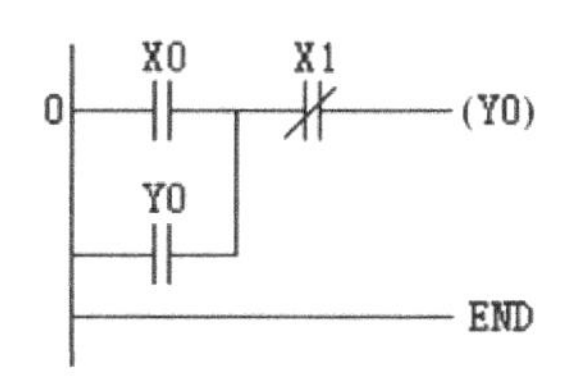

图 1.2-7 PLC 梯形图

和指令表编程语言一样，尽管都是梯形图，但各个厂家 PLC 对梯形图的画法还是有差别的。对最基本的逻辑控制指令差别并不大，但对功能指令（实现数据操作的指令）的表达上差别非常大。这也是为什么学习三菱 PLC 后再学习西门子 S7-300/400，很多人感到不好学的原因之一。

梯形图语言优点非常突出，形象、直观、易学、实用，电气人员容易接受，是目前所有 PLC 都具备的编程语言，也是用得最多的一种 PLC 编程语言。

3．顺序功能图（SFC）

顺序功能图语言是近来发展起来的一种程序设计语言，又叫状态转移图或功能表图。它把程序分成若干“步”，每步执行若干动作，“步”与“步”之间的转移由转移条件实现，如图 1.2-8 所示。

顺序功能图主要用来编制顺序控制程序。由于在实际逻辑控制中，大部分都可以用顺序控制来描述，所以顺序功能图得到了广泛的应用。

目前，大多数 PLC 都能在编程软件上使用顺序功能图编程语言，但和指令表及梯形图不同，顺序功能图不能像指令表或梯形图那样直接输入 PLC，而仅仅作为组织编程的工具，也就是说，先根据顺序控制要求画出顺序功能图，然后再根据顺序功能图人工或用编程软件转换成梯形图。

我们将在第 6 章中对顺序功能图编程语言及顺序控制程序设计进行专门的讲解。

4. 功能块图（FBD）

功能块编程语言是一种对应于逻辑电路的图形语言，广泛地用于过程控制。功能块语言是用图形化的方法，以功能模块为单位，来描述控制功能。

图 1.2-9 为一西门子 PLC 的功能块图。

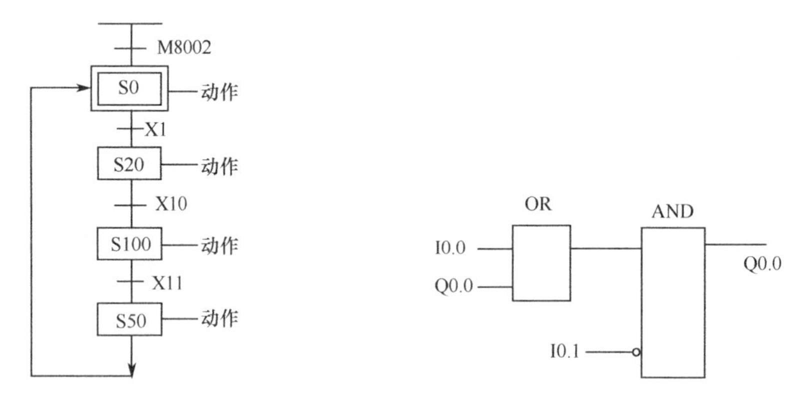

图 1.2-8　PLC 顺序功能图　　　　图 1.2-9　PLC 功能块图

它由两个功能块组成，一是逻辑“或（OR）”功能块，一是“与（AND）”功能块，其逻辑关系式 I0.0 与 Q0.0 相或，或的结果再与 I0.1 的非（图中用—◦表示）相与，结果为输出 Q0.0。如果用逻辑或表示为

$$Q0.0=(I0.0+Q0.0)\overline{I0.1}$$

和上面指令表、梯形图所完成的功能一样。

功能块语言表达简练，逻辑关系清晰，使控制过程的分析和理解变得容易，特别适合于规模较大，控制关系复杂的系统。

三菱 FX_{3U} PLC 不支持功能块编程语言，这里不过多介绍。

5. 结构文本（ST）

结构文本是基于文本的高级程序设计语言，和计算机语言 BASIC，PASCAl 及 C 语言类似。

结构文本编程语言对程序设计人员的知识要求较高，普通电气人员无法完成，而且目前应用也不普及，仅个别 PLC 提供这种语言。

【试试，你行的】

PLC 有哪几种编程语言？最常用的是哪三种？

1.3　PLC 外部设备知识

1.3.1　PLC 外部设备简述

在自动控制系统中，PLC 是作为一个核心器件——控制器而存在的。它好比人的大脑，但光有大脑是不行的，大脑必须依靠眼、鼻、耳等器官去感知外部世界的信息，这些信息送入大脑后，经过大脑的收集、整理、思考和分析，大脑又向手、足、身体等器官发出指令，指挥它们去完成一件事。PLC 同样也必须有像眼、鼻、耳和手、足、身体这样的外部设备去收集控制现场的各种信息，然后通过用户程序向现场的执行机构发出命令，完成控制任务。因此，单纯学习 PLC 知识是不行的，还必须学习 PLC 的外部设备知识。例如，有哪些外部设备？它们是如何与 PLC 连接的？在 PLC 控制系统中它们表示了什么？等等。现以图 1.3-1 为例简要说明这些外部设备的种类和 PLC 的连接。

图 1.3-1 为 FX3U PLC 基本单元的端口示意图。由图可知，PLC 是通过输入端口、输出端口、扩展端口和通信端口与各种外部元器件和设备相连的。

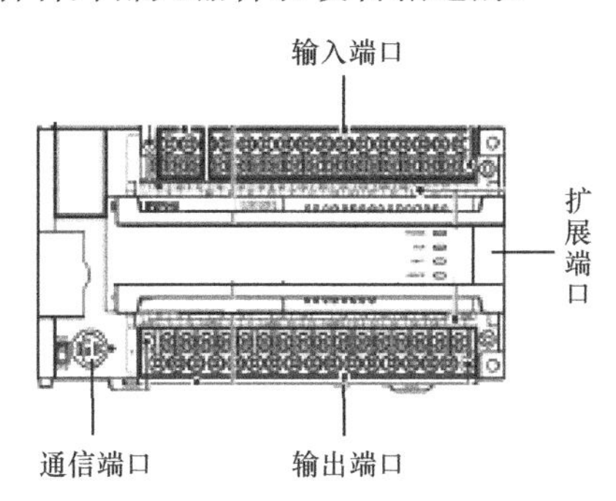

图 1.3-1　PLC 端口示意图

1）输入端口

输入端口为开关量端口，主要接收现场各种元器件向 PLC 提供的开关量信号、数据量信号和脉冲信号。这些元器件有按钮、旋钮、各种操作开关、限位开关、继电器触点、接近开关、拨码开关、编码器等。

2）输出端口

输出端口也是开关量端口，主要向外发出开关量信号、脉冲信号和数据量信号，用以控制继电器、接触器、电磁阀等电感性负载和指示灯等阻性负载。输出脉冲信号则用来连接步进电机驱动器或伺服驱动器构成定位控制系统。数字量信号可以连接打印机、数码管等外部设备和元器件。

3）扩展端口

PLC 的扩展端口用来连接专门为 PLC 开发的各种扩展数字量输入/输出点的模块和单元，以及各种特殊功能模块和单元。PLC 通过这些特殊功能模块连接能够提供模拟量信号（电压、电流）的设备，从而输入模拟量信号；或向外提供模拟量信号控制相应的设备。PLC 还可以通过特殊功能模块组成三菱 CC—Link 控制总线，对分散的远程 I/O 设备进行集中控制。

4）通信端口

PLC 均设有通信端口。通过通信端口，PLC 可与众多的外部设备相连。例如，通过连接电脑，手持编程器可以写入/读出用户程序和监控程序的运行；连接触摸屏终端显示单元可以操作和显示 PLC 的运行；连接打印机可以打印 PLC 运行过程中的各种状态。

【试试，你行的】

PLC 有几种连接端口？这些端口各连接哪些外部设备？

1.3.2 I/O 端口连接元器件和设备

1. 输入端口连接元器件

输入端口连接元器件分无源开关元器件、有源开关元器件和脉冲信号元器件。

1）无源开关元器件

无源开关信号指有触点的接触型开关信号，通过外力使触点动作而产生开关信号，常用的有按钮、旋钮、限位开关、各种组合开关、继电器（接触器）和各种物理量控制继电器等。它们的共同特点是，开关的接通和断开均是在外力作用下进行的，开关本身不需要电源，在使用时可以直接将开关接入输入信号回路中。开关的接入有常开接入和常闭接入两种形式，当开关动作时，其常开触点闭合，而常闭触点断开。一般无源开关的触点可直接接入 PLC 的输入端口。

● 按钮、旋钮

按钮一般叫按钮开关，其结构分为两部分，一部分是机械执行机构，另一部分是作为电气部分的触点装置。触点分为常开（NO）和常闭（NC）两种状态，当用外力按动时，其常开触点动合，而常闭触头动断，向外发出一个控制信号。触点根据其组成不同分为单个常开、单个常闭、一组常开常闭、多组常开常闭等，以适应不同的控制要求。

按钮开关根据其机械结构不同分为复位型和自锁型。复位型又称瞬时动作型，按下按钮，触点状态改变，而当外力取消后，在弹簧的作用下，按钮又回到初始位置，触点状态也恢复到初始状态，即所谓“一按就通，一松就断”。自锁型又称位置保持型，按下按钮后，内部锁定机构能将按钮的位置保持不变，直到再次按下按钮后，按钮才自动回到初始位置。

按钮的触点动作方式有直动式和微动式两种。直动式其触点动作速度与按钮按动速度有

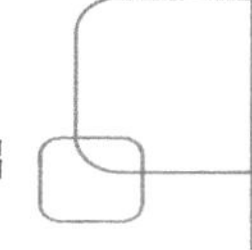

关。微动式又称快速式，其触点动作速度与动触点的变形簧片有关，按钮受力后，簧片可迅速变形，快速将动触点弹向上方，实现触点瞬间动作。

一般按钮外形分成平型和蘑菇头型，如图 1.3-2 所示。平型按钮多用于启动、停止、复位、点动等场合，蘑菇头型多用于急停。实际使用时，按钮的颜色也是选择参数。在一些标准中，规定了不同的功能用不同颜色的按钮，不能随意选择。

图 1.3-2　按钮图示

旋钮开关也叫选择开关，其内部结构和按钮类似，分机械结构和触点装置两部分。其触点也有单个常开、单个常闭、单组常开常闭和多组常开常闭，触点动作方式也有直动式和微动式，外形如图 1.3-3 所示。

图 1.3-3　旋钮图示

旋钮开关通常都为位置保持型。在使用上，不同位置之间有互锁功能。因此，常用在如“手动—自动”、“正转—停止—反转”等场合。

旋钮开关根据其旋转轴位置的不同分为二位式和三位式两种。超过三个挡位的称作组合开关、转换开关或波段开关，此时，它们各个触点之间的动作与位置的关系比较复杂。通常用列表图示它们之间的动作关系。

- 微动开关和限位开关

微动开关是一种用很微小的力在微小距离内进行动作的开关，小的比黄豆粒还小，大的也不过几十毫米，广泛应用在科学技术及日常生活各个领域。在工业控制领域，微动开关体积比较大，控制电流也大，但它的动作行程仍然很小。其外形及工作原理见图 1.3-4。

当外力作用在操作钮上，压动拉钩，将力传递至动簧片上，作动簧片的位移达到一定距离时，产生瞬时动作，使其末端的动触头快速动作，完成动断和动合的开关动作。外力消失后，动簧片在弹簧作用下产生反向动作力，反向动作力使动簧片位移达到一定距离时，瞬时产生反向复位动作。微动开关的触点间距很小，动作行程很短，动作非常迅速，其动触点的速度与外力施加速度无关，是一种高灵敏度的开关元器件。

微动开关可以直接应用在各种设备上，如计算机设备和家用电器等，在工业控制中更多的是与各种相应的机械结构做成各种限位开关和物理量控制继电器。

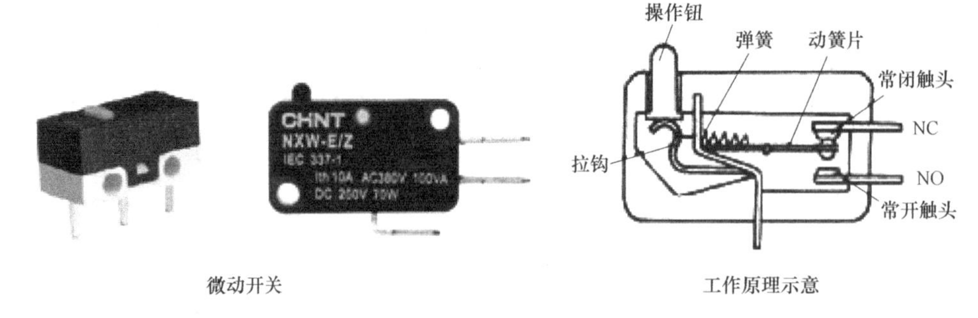

图 1.3-4　微动开关图示

限位开关又称行程开关，其应用范围极广。它是一种利用机械运动部件的碰撞使其触头动作来实现接通或分断控制电路和发出控制指令信号等，从而达到一定的控制目的的常用开关元器件。它的作用原理与按钮类似，不同之处在于一个是手动，另一个则由运动部件的撞块碰撞。它可以被安装在静止物体或运动的物体上，当两个物体发生相对运动时，行程开关可感知两者之间位移并以机构驱动开关触点闭合或断开，以此控制电路和机构的动作。通常，这类开关被用来进行位置状态的检测和限制机械运动的位置或行程，使运动机械按一定位置或行程自动停止、反向运动、变速运动或自动往返运动和发出控制指令等。

行程开关结构一般由操作头、机械机构、微动开关和罩壳组成。操作头和机械机构根据实际控制需要做成各种形式，如图 1.3-5 所示。其触点大多内置一个微动开关代替。行程开关也有复位型和位置保持型之分。触点也有单个常开、单个常闭、一组常开常闭之分。

按钮、旋钮和限位开关，这是 PLC 输入端口最常用的两大类元器件。

图 1.3-5　限位开关图示

- 继电器触点

按钮和限位开关均是通过人为或外部机械动力使触点动作。利用物质的物理性质使触点工作的元器件称为继电器。其大致可分为电磁继电器和物理量控制继电器两大类。

电磁继电器按触头功率的大小分为中间控制继电器和接触器，如图 1.3-6 所示。它们的工作原理基本上都是一样的，见图 1.3-6 工作原理示意。

图 1.3-6 中，1、2 为电磁铁线圈。线圈在未通电时，其常开触点为 5、4，常闭触点为 5、3。当 1、2 两端加以电压，线圈通电后产生一定强度的磁场，磁场所产生的电磁力大于弹簧拉力时，吸引衔铁向下动作，衔铁带动动触点 5 动作，使 5、4 动合，而 5、3 动断。当线圈的电压下降或去除时，电磁力消失，衔铁在弹簧的拉力下复位，触点恢复原来状态。继电器一般有 2～4 组常开/常闭触点。

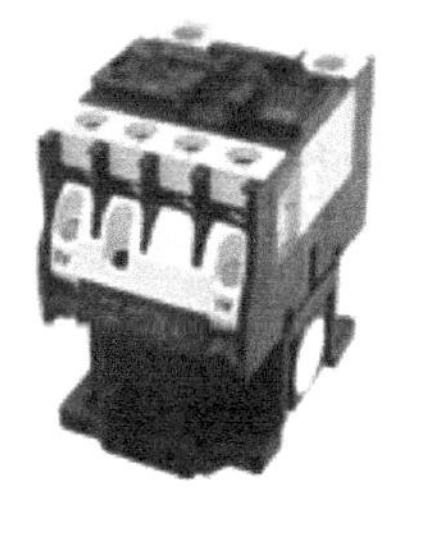

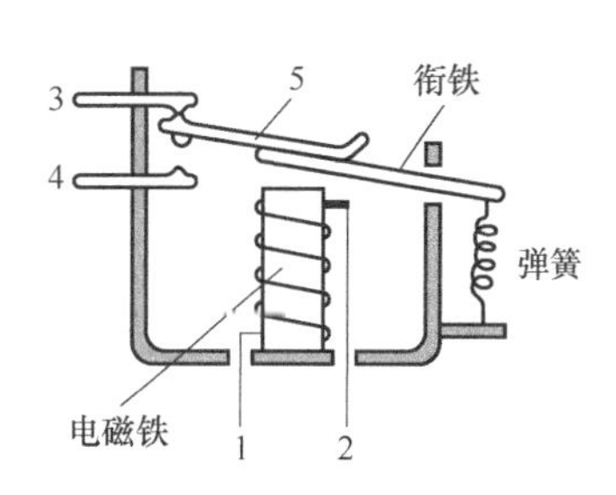

中间继电器　　　　接触器　　　　工作原理示意

图 1.3-6　继电器、接触器及工作原理图示

在工业控制中，物理量控制继电器是指利用物质的各种物理、化学特性控制触点产生动作的特殊的元器件，如电压继电器、电流继电器、热继电器、时间继电器、压力继电器、温度继电器、速度继电器、液位继电器等。图 1.3-7 为部分物理量控制继电器图示。

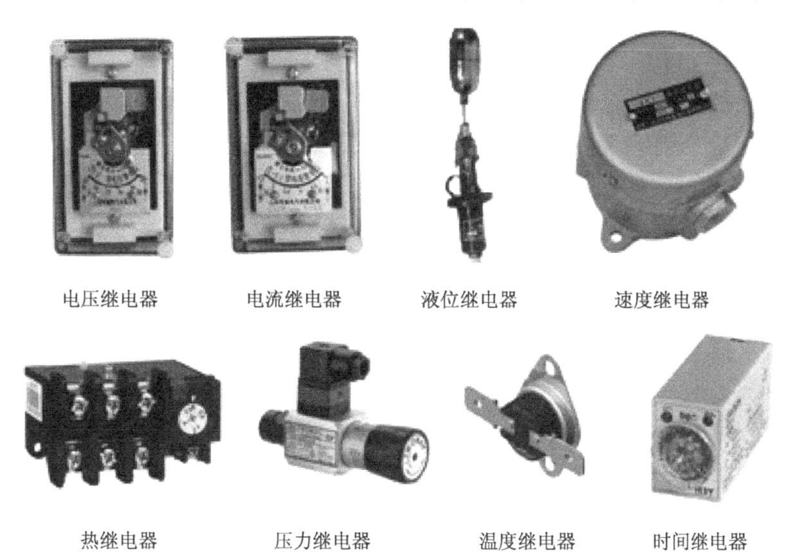

图 1.3-7　物理量控制继电器图示

现以图 1.3-8 所示压力（气压）继电器为例说明物理量控制继电器的工作原理。图中，压缩空气进入压力继电器后，会克服弹簧的压力而推动柱塞向上滑动，压力增加后，右边的钢球被柱塞挤动而向右移动，压力越大，柱塞向上滑动位移越大，钢球向右移动距离也越大，到达一定压力后，钢球会压下微动开关，微动开关快速动作而使触头状态发生改变。压力调节螺钉可以调整弹簧的压力，实际上是调整使微动开关动作的空气压力值。

物理量控制继电器常用来作为控制系统的安全、保护、报警和指令信号。

2）有源开关量元器件

上面所介绍的各种按钮、旋钮和各种限位开关、继电器触点等都具有三大特点：一是它们都有触点开关，信号是通过触点的动作完成的；二是它们的触点动作都是通过与外力直接接触而完成的；三是开关本身不需要附加电源，一般称为有触点无源开关。有触点开关的缺点是由于存在可动作的触头部件，动作时会产生电弧或火花，不适合在复杂环境下工作；触点会磨损，使用寿命短；触头动作需要时间，开关的使用频率受到限制；由于开关需要直接接触才能工作，因此开关体积大，耗材多，应用环境受到限制。

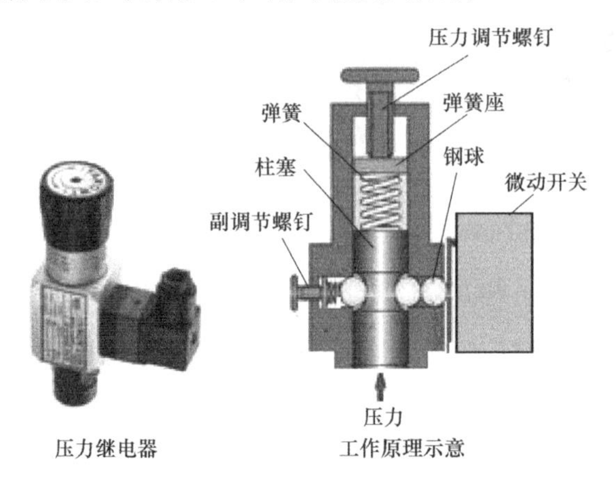

图 1.3-8　压力继电器及工作原理图示

有触点开关的这些缺点在无触点开关上得到了根本性的改善。什么是无触点开关？无触点开关实际上是一个由电子器件组成的电子开关，利用电子器件（二极管、晶体管、晶闸管等）的导通和截止特性完成开关的功能。详细的工作原理读者可参看有关的电工电子书籍和资料。无触点开关是在电子器件内部完成开关的转换，因此，不会有火花和噪声；开关的响应时间短，使用的频率可达每秒万次以上，完全满足工业控制要求。开关的体积可以很小，利用物质的物理性质可以做到无直接接触而完成开关动作的转换。为保证开关电路的正常工作，无触点开关本身是需要电源的，所以一般称为有源开关。下面对在工业控制中最常用的接近开关——光电开关予以介绍。

- 接近开关

接近开关又称接近传感器，它是一种无需与运动部件进行直接机械接触就可以操作的限位开关，当检测物体接近到开关的感应面一定距离时，即可使开关动作。接近开关是种开关型传感器，它具有行程开关、微动开关的特性，同时具有动作可靠、性能稳定、频率响应快、应用寿命长、抗干扰能力强、安装调整方便和对恶劣环境适应性强等优点，是一般有触点行程开关所不能相比的。它广泛地应用在工业生产的各行各业中，产品有电感式、电容式、霍尔式等，如图 1.3-9 所示。

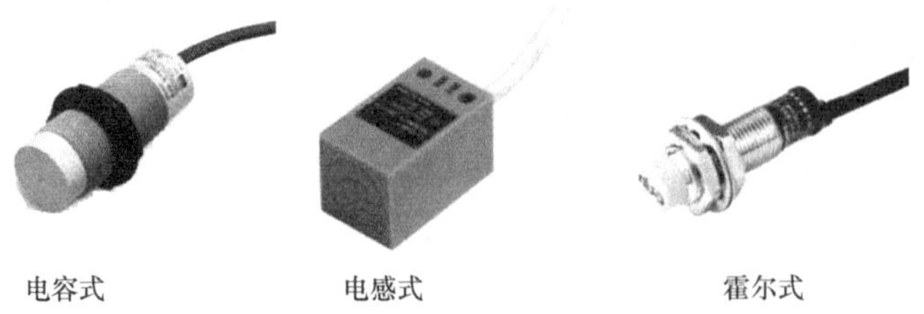

图 1.3-9　接近开关图示

① 电感式接近开关

电感式接近开关内置有一高频振荡器，高频振荡器在工作时会产生一个高频磁场，当被测物体接近开关时，其表面会受高频磁场的影响而产生一个涡电流；这个涡电流又会引发出

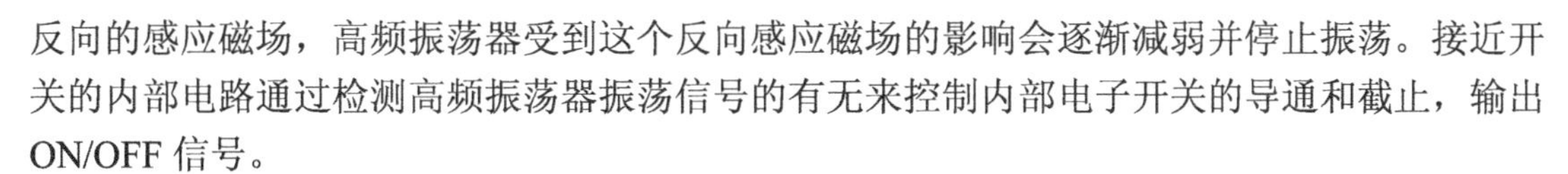

反向的感应磁场，高频振荡器受到这个反向感应磁场的影响会逐渐减弱并停止振荡。接近开关的内部电路通过检测高频振荡器振荡信号的有无来控制内部电子开关的导通和截止，输出 ON/OFF 信号。

这类接近开关检测的物体必须具备产生感应涡电流的能力。由于检测距离也与感应涡电流的能力强弱成正比，因此，电感式接近开关多数用来检测金属材料物体，特别是对铁镍型材质最灵敏，检测距离也较长，而对于铝、黄铜和不锈钢之类材质，其检测灵敏度就较低。

电感式接近开关有屏蔽式和非屏蔽式之分，屏蔽式其磁通集中在接近开关的前部，检测线圈侧面用金属覆盖，安装时全部埋入金属中。而非屏蔽式磁通广泛发生在接近开关的前部，易受周围金属的影响，选择安装场所时要多加注意。

接近开关按其外形分有圆形、方形、沟形、穿孔形等多种，最常用的为圆形和方形，其中以圆形为多。接近开关按其供电方式分有直流和交流两种，按输出形式又可分为二线制、三线制、四线制等。

② 电容式接近开关

电容式接近开关的工作原理是：根据检测物体的有无，接近开关的检测面（正电极）与大地之间静电电容会发生变化。该电容串接在开关的振荡回路中，电源接通后振荡器不工作。当电容增加时，会引起振荡器发生振荡。检测振荡的有无边便可检测物体是否存在，振荡信号经过电路的处理控制电子开关的导通和截止，向外输出 ON/OFF 信号。

电容式接近开关能检测金属物体，也能检测非金属物体，对金属物体可以获得最大的动作距离，通常用来检测非金属材料和检测各种导电或不导电的液体或固体，如木材、纸张、塑料、油、玻璃和水等。对非金属物体动作距离取决于材料的介电常数，材料的介电常数越大，可获得的动作距离越大。

③ 霍尔式接近开关

当一块通有电流的金属或半导体薄片垂直地放在磁场中时，薄片的两端就会产生电位差，这种现象称为霍尔效应。

霍尔元件是一种磁敏元件。利用霍尔元件做成的开关称为霍尔开关。当磁性物件移近霍尔开关时，开关检测面上的霍尔元件因产生霍尔效应而使开关内部电路状态发生变化，由此识别附近有磁性物体存在，进而控制开关的通或断。这种接近开关的检测对象必须是磁性物体。能在各类恶劣环境下可靠地工作。若检测体为金属，当检测灵敏度要求不高时，可选用价格低廉的霍尔式接近开关。

④ 接近开关应用

检验距离。检测电梯、升降设备的停止、启动、通过位置；检测车辆的位置，防止两车相撞；检测工作机械的设定位置，以及移动机器或部件的极限位置；检测回转体的停止位置，阀门的开或关位置。

尺寸控制。金属板冲剪的尺寸控制装置；自动选择、鉴别金属件长度；检测自动装卸时堆物高度；检测物品的长、宽、高和体积。

- 检测物体的存在。检测生产包装线上有无产品包装箱；检测有无产品零件。
- 转速与速度控制。控制传送带的速度，控制旋转机械的转速，与各种脉冲发生器一起控制转速和转数。

计数及控制。检测生产线上流过的产品数；高速旋转轴或盘的转数计量；零部件计数。

检测异常。检测瓶盖有无；产品合格与不合格判断；检测包装盒内的金属制品缺乏与否；区分金属与非金属零件；产品有无标牌检测；起重机危险区报警；安全扶梯自动启停。

计量控制。产品或零件的自动计量；检测计量器、仪表的指针范围而控制数或流量；检测浮标控制面高度、流量；检测不锈钢桶中的铁浮标；仪表量程上限或下限的控制；流量控制，水平面控制。

- 光电开关

光电开关又称为无接触检测和控制开关。它利用物质对光束的遮蔽、吸收或反射等作用，对物体的位置、形状、标志、符号等进行检测。

光电开关是一种新兴的控制开关。在光电开关中最重要的是光电器件，是把光照强弱的变化转换为电信号的传感元件。光电器件主要有发光二极管、光敏电阻、光电晶体管、光电耦合器等，它们构成了光电开关的传感系统。

光电开关按检测方式可分为对射式、反射式和镜面反射式三种类型。反射式的工作距离被限定在光束的交点附近，以避免背景影响。镜面反射式的反射距离较远，适宜作远距离检测，也可检测透明或半透明物体。

对射式由发射器和接收器组成，结构上两者是相互分离的，如图 1.3-10 所示。在光束被中断的情况下会产生一个开关信号变化，典型的方式是位于同一轴线上的光电开关可以相互分开达 50m。

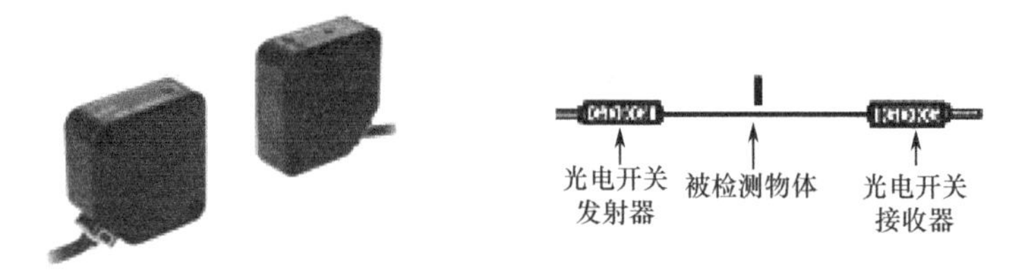

图 1.3-10　对射式光电开关图示

特征：辨别不透明的反光物体；有效距离大，因为光束跨越感应距离的时间仅一次；不易受干扰，可以可靠地使用在野外或者有灰尘的环境中；装置的消耗高，两个单元都必须敷设电缆。

漫反射式是把发射器和接收器做成一体，发射器发射的光直接照射到被检测物体上，检测物体产生漫反射，接收器根据反射的情况使开关状态发生变化，如图 1.3-11 所示。这是类似于人的眼睛的一种检测器，与对射式相比作用距离较短，但仅需配单线即可，是常用的光电开关。

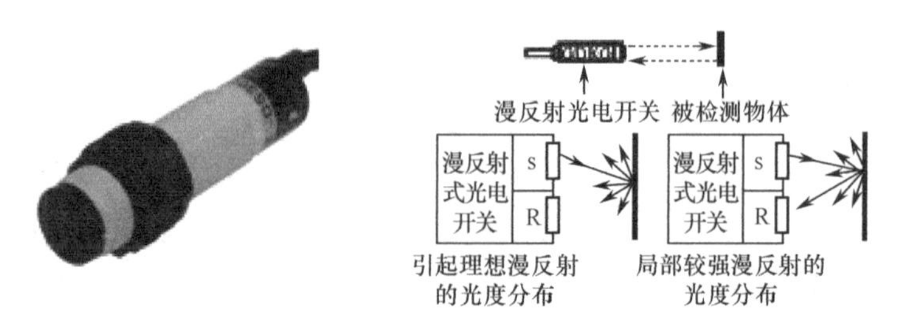

图 1.3-11　漫反射式光电开关图示

特征：有效作用距离由目标的反射能力决定，由目标表面性质和颜色决定；较小的装配开支，当开关由单个元件组成时，通常可以达到粗定位；采用背景抑制功能调节测量距离；对目标上的灰尘敏感，对目标变化了的反射性能敏感。

镜面反射式也是把发射器和接收器做成一体的光电开关。它与漫反射式不同的是，多了一块多棱反射镜，当被测物体在光电发射器与反射镜之间通过时，光路被遮断，使开关状态发生变化，如图 1.3-12 所示。这种检测形式作用距离比对射式短，长于漫反射式，只需要配单线即可。其调整也比对射式方便。它的缺点是如果被测物体表面平整且有光泽，则容易产生误动作。

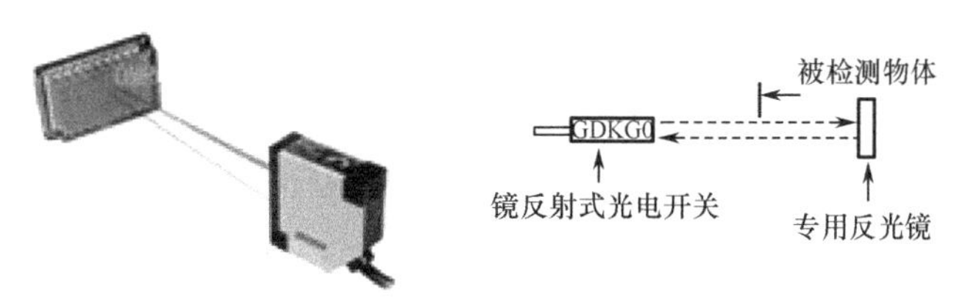

图 1.3-12　镜面反射式光电开关图示

特征：辨别不透明的物体；借助反射镜部件，形成高的有效距离范围；不易受干扰，可以可靠地使用在野外或者有灰尘的环境中。

槽式光电开关是一种把发射器和接收器做成一体的对射式光电开关，通常是标准的 U 字结构，其发射器和接收器分别位于 U 形槽的两边，并形成一光轴，当被检测物体经过 U 形槽且阻断光轴时，光电开关就产生了检测到的开关量信号，如图 1.3-13 所示。槽式光电开关可以比较安全可靠地检测高速变化，分辨透明与半透明物体。

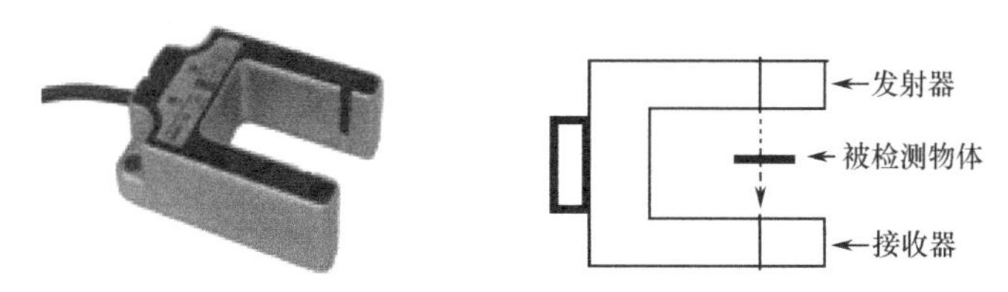

图 1.3-13　槽式光电开关图示

如果被检测物体是一个圆周上有许多小孔的测速码盘，则测速码盘旋转时，槽式光电开关能够输出一个高速脉冲串。

光纤式光电开关采用塑料或玻璃光纤传感器来引导光线，以实现被检测物体不在相近区域的检测，如图 1.3-14 所示。通常光纤传感器也分为对射式和漫反射式。

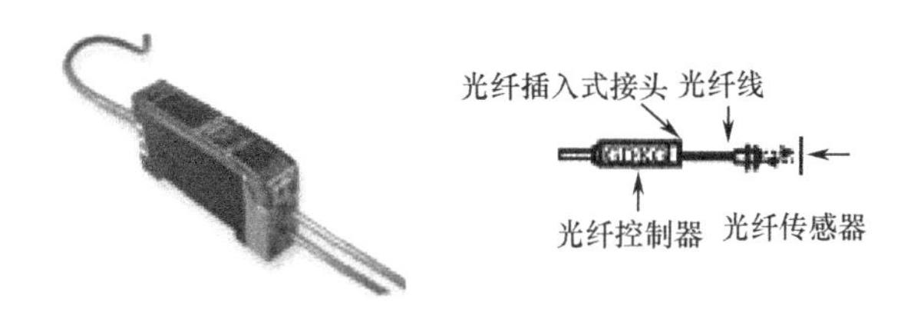

图 1.3-14　光纤式光电开关图示

光电开关能非接触、无损伤地检测各种固体、液体、透明体、烟雾等。它具有体积小、功能多、寿命长、功耗低、精度高、响应速度快、检测距离远和抗光、电、磁干扰性能好等优点。它广泛应用于各种生产设备中，用于物体检测、液位检测、行程控制、产品计数、速度监测、尺寸控制、宽度鉴别、色斑与标记识别、自动门、人体接近开关和防盗警戒等，成为自动控制系统和生产线中不可缺少的重要元件。

3）数据量元器件

数据量指从输入端口输入一组二进制开关量整体，也就是说从输入端口输入的是一个 *N* 位二进制数。常用的数据量输入设备有拨码开关、数字开关和编码器等，如图 1.3-15 所示。数据量元器件也叫脉冲信号元器件。

拨码开关

数字开关

绝对式编码器

图 1.3-15　拨码开关、数字开关和绝对式编码器图示

拨码开关是一组独立的开关。把它们与输入端口顺序连接时，可以组成一组 *N* 位二进制数（*N* 为开关的个数），PLC 可以通过指令将该 *N* 位二进制读入到内存中，二进制数的值由开关的通断状态组合确定。这是 PLC 早期人机对话的方式。

数字开关是一个 4 位拨码开关组合，占用 4 个输入端口。拨动其显示十进制数（0～9），把一个用 8421 BCD 编码的状态组合送入 PLC。人机对话比拨码开关方便很多。

编码器是把一个高速脉冲串或一组高速脉冲串通过输入端口送入 PLC，用来表示定位控制中物体位置值。

拨码开关和数字开关为无源数据量元器件，而编码器为有源数据量元器件。

为了防止输入触点的振动和干扰噪音影响，通常会在 PLC 的数字量输入端口设置 RC 滤波器或数字滤波器。但是，这种滤波方式是需要一定时间的，而对一些无触点的电子开关来说，它们没有抖动和干扰噪音，可以高速输入，输入滤波时间的延迟影响了这些开关信号的高速输入。为此，许多 PLC 都针对特定的数字量输入端口设置了滤波时间调整功能，使这些指定的输入端口允许输入高速脉冲信号。

2. 输出端口连接元器件

PLC 输出端口有三种输出方式：继电器输出、晶体管输出和可控硅输出。三种输出方式连接的端口设备（又称负载）会略有不同。

1）开关量输出负载

PLC 的输出端口仅仅是一个控制开关（继电器输出为有触点开关，晶体管输出和可控硅输出为无触点开关）。当控制外接负载时，负载的电源也必须由外部提供。根据负载使用电源的性质，负载可分为直流负载和交流负载。继电器输出可以直接接直流负载，也可以接交流负载，晶体管输出只能接直流负载，可控硅输出只能接交流负载。

根据负载特性，开关量端口的负载有阻性负载和感性负载两大类。阻性负载有指示灯、电阻丝等，感性负载有各种电磁继电器、接触器、各种控制电磁阀、电磁铁（图 1.3-16）、交流报警器等。为保护输出开关触点和电子开关，在直接直流感性负载时，应加接续流二极管；在连接交流感性负载时，应加接阻容浪涌吸收器。

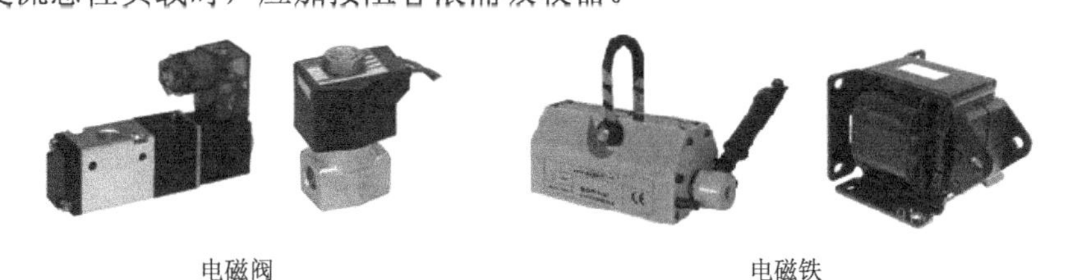

图 1.3-16　电磁阀、电磁铁图示

2）数据量输出元器件

把连续编号的一组输出开关量作为一个整体输出就是一个二进制数据量输出。这种输出常用来控制如七段数码显示管（图 1.3-17）或打印机等类似的元器件。数字量输出必须用晶体管输出型 PLC。

图 1.3-17　七段数码显示器图示

3）脉冲信号输出设备

PLC 指定了 2～4 个输出口为高速脉冲输出口。具有高速脉冲输出口的 PLC 必须是晶体管型 PLC。这个高速脉冲输出口主要用来与伺服驱动器或步进驱动机（图 1.3-18）相连接，通过发送高速脉冲驱动伺服电机或步进电机作定位控制运行。

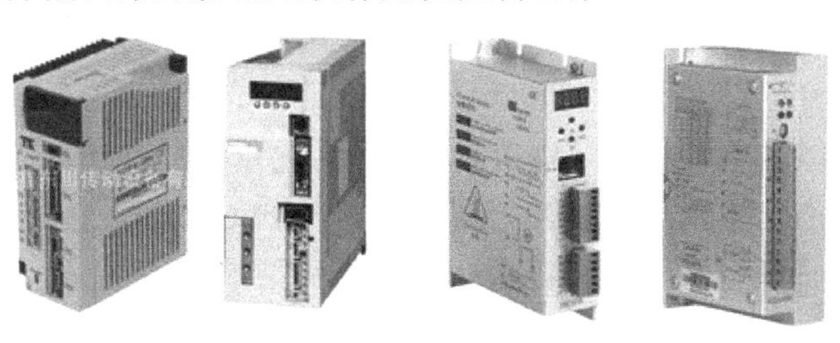

图 1.3-18　伺服驱动器、步进驱动器图示

【试试，你行的】

（1）PLC 输入端口可连接哪些外部无源开关量元器件？这些元器件是以什么方式接入 PLC 的？

（2）当物体通过行程限位开关停止和通过靠近接近开关停止有什么区别？

（3）电容式接近开关能检测金属物体吗？电感式接近开关能检测非金属物体吗？

（4）试简述接近开关的应用？你能举例说明吗？

（5）光电开关按检测方式分几种类型？你用过光电开关吗？用在哪里？做什么用的？

（6）PLC 输出端口连接的负载有哪几种？试举例说明。

1.3.3　扩展和通信端口连接设备

1．扩展端口连接设备

当 PLC 基本单元输入/输出点（I/O 口）不够用时，可以通过扩展端口连接扩展单元和扩展模块来扩充 I/O 端口。扩展单元是本身带有电源模块的 I/O 扩展设备，而扩展模块则是本身不带有电源模块的 I/O 扩展设备。扩展模块有输入扩展模块、输出扩展模块和输入、输出混合的扩展模块，见图 1.3-19。

（a）输入扩展模块　（b）输出扩展模块　（c）I/O 扩展模块　（d）I/O 扩展单元

图 1.3-19　FX PLC 扩展模块

扩展端口还可以连接专门为 PLC 开发的各种特殊功能模块，如图 1.3-20 所示。

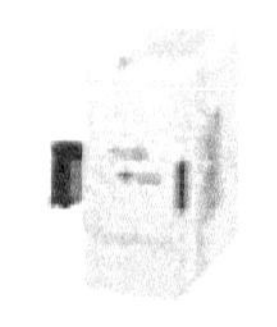

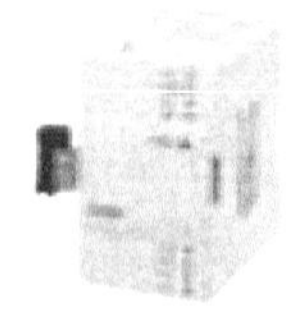
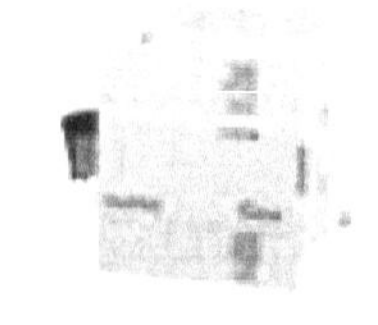

（a）模拟量模块　（b）温控模块　（c）定位模块　（d）通信/网络模块

图 1.3-20　FX PLC 特殊功能模块

模拟量模块用来输入模拟量（电压或电流）和输出模拟量（电压或电流）。输入的电压或电流是由外部设备如直流电源、变送器等产生的。PLC 通过连接这些设备可以进行各种模拟量系统的控制。而模拟量输出则可连接各种比例调节阀、变频器、直流电动机测量仪等外部设备，对它们进行控制和检测。

温度控制模块是专门用来进行温度调节的。它可以直接与温度传感器、热电偶、热电阻相连接。把外部的温度信号转化成相应的数字量后送入 PLC。

定位模块一般是高速脉冲输出模块，它通过连接步进驱动器或伺服驱动器来控制步进电动机或伺服电动机进行定位控制。

通信/网络模块主要指为三菱 CC-Link 总线系统开发的各种主站模块和接口模块。当 PLC 作为 CC-Link 总线系统的主站时，通过主站模块可以连接多个远程 I/O 站和远程设备站，并通过这些远程 I/O 站和设备站连接各种开关量输入/输出元器件及变频器、伺服驱动器、传感器、变送器、电磁阀、比例阀、温控仪、测量仪等多种外部设备。

PLC 的通信端口通过串行异步通信方式与外部设备相连接时，必须通过通信扩展选件，该选件连接在 PLC 的左边扩展端口。通信扩展选件主要有简易通信扩展板和通信适配器两种，可适用于 RS-232C，RS-422 和 RS-485 接口标准。

FX-232/422/485BD 是 FX PLC 的一个简易通信模块，直接安装在 PLC 的面板上，用于 FX PLC 与 PC、PLC 与 PLC、PLC 与控制设备之间进行 RS-232/422/485 标准接口串行数据传送，如图 1.3-21 所示为 FX 系列 485-BD 通信板外形。

（a）FX1N-485-BD　　（b）FX2N-485-BD　　（c）FX3U-485-BD

图 1.3-21　FX 系列 485-BD 通信板外形

通信适配器也是通信扩展选件，其功能和通信扩展板一样。但它是在 PLC 左侧的扩展端口与 PLC 相连接，如图 1.3-22 所示为 2 种通信适配器的外形。

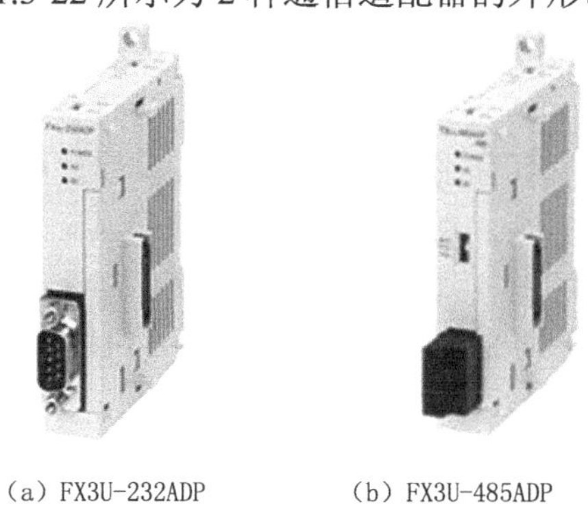

（a）FX3U-232ADP　　（b）FX3U-485ADP

图 1.3-22　FX 系列通信适配器外形

2．通信端口连接设备

PLC 的通信端口通过串行异步通信方式与外部设备相连接。这些外部设备包括两类：PLC 的外围选件和 PLC 通信控制设备。

1）PLC 外围选件

PLC 的外围选件是指与 PLC 相连接的对 PLC 进行编程、监控、数据输入、显示和维护用的设备。这些选件常用的有手持编程器、计算机、触摸屏和显示模块等，如图 1.3-23 所示。这些选件并非是 PLC 运行所必需的，但手持编程器和计算机却是必备的。

手持编程器

计算机

触摸屏

显示模块

图 1.3-23 PLC 外围选件

● 手持编程器

手持编程器是 PLC 早期专门开发的编程工具，在计算机普及前，是工控技术人员经常使用的现场程序修改、监控工具。一般手持编程器只能用指令语句表（列表）方式对 PLC 进行编程。它可以写入和读取 PLC 程序，可以对内部软件进行监视、测试和修改，还可以实现程序检查、程序传送、设置 PLC 参数、批量替换软元件、程序加密和解密等功能。随着计算机的普及应用，目前手持编程器已越来越少被工控人员使用了。

● 计算机

目前，计算机是 PLC 最重要的外部选件，PLC 的编程软件、仿真软件、模块设置软件、调速软件等都是通过计算机完成的。学习和应用 PLC，一步也离不开计算机，其重要性不言而喻，这里不作阐述。

● 触摸屏

触摸屏又称人机界面（HMI），是进行人机对话的极其重要的选件，是工业控制系统极其重要的组成部分。工控人员可以通过触摸屏和 PLC 进行各种信息的传递和交换，比如可以将 PLC 中的各种位元件、字元件用指示灯、按钮、文字注释、图形动画等易被人们识别的手段显示出来。除了显示功能外，触摸屏还可进行报警及记录、数据采集和显示文档手册等，还可以实现程序列表编辑、梯形图监视和直接与变频器、温控器进行通信控制功能。三菱触摸屏还开发了 FA 透明传输功能，即计算机中的软件可以通过 USB 连接到触摸屏，并透过触摸屏访问 PLC 或其他设备。

● 显示模块

显示模块一般称为文本显示器，可以直接安装在 PLC 的面板上，也可以通过延长电缆安装在配电柜的柜体表面或方便操作的任意地方。

显示模块表面带有按键和显示屏，通过按键可以对 PLC 内部软件进行修改和监视，诊断 PLC 错误，显示用户信息（告警、计时、计数等），是一台成本低廉、简单易用的人机界面，在一些小型简易的设备上常用来代替触摸屏。

2）PLC 通信控制设备

PLC 的通信端口还可以通过通信扩展选件与具有通信功能的外部设备如变频器、温控器、变送器等连接，如图 1.3-24 所示。这时，PLC 可以使用通信指令通过编制通信程序对外部设备进行运行控制、参数读写等各种操作。

变频器

温控器

变送器

图 1.3-24　PLC 通信控制设备

【试试，你行的】

（1）通过扩展端口可以连接哪些类型的设备？
（2）通过扩展端口可以连接哪些类型的特殊功能模块？
（3）触摸屏和显示模块有什么区别？
（4）PLC 有哪些外围选件？当 PLC 与计算机相连接时，计算机能做些什么？
（5）PLC 能和变频器连接吗？PLC 是如何控制变频器工作的？

1.4　电子电路知识

1.4.1　常用半导体元件及其开关特性

PLC 的全部功能都是通过具体的电子电路来完成的，涉及非常丰富的电子电路知识，但对初学者来说，PLC 仅是一门应用技术，只需要懂得 PLC 的应用知识就可以使用它，不需要去系统地学习电子电路知识。在 PLC 应用知识中，PLC 与外部设备或元器件连接时，特别是与有源电子开关连接时，会涉及一些基本的电子电路知识。编者认为这些知识是初学者应该学习和掌握的。掌握这些知识，才能正确地进行 I/O 端口的连接。这些知识包括常用元器件的开关特性、常用开关电路的结构及其连接等。

1．半导体二极管及其单向导电性

半导体二极管是一个含有一个 PN 结的电子元件，把它的 P 区和 N 区均接上电极引线，并用外壳封装，就制成了一个半导体二极管。从 P 区引出的电极称为二极管的阳极（或正极），从 N 区引出的电极称为二极管的阴极（或负极）。其电路符号如图 1.4-1 所示。

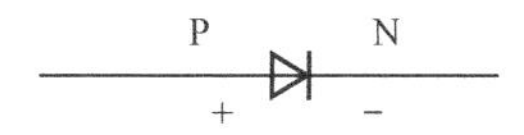

图 1.4-1　二极管图示

二极管的单向导电性指当二极管加上正向电压又叫正向偏置（P 接+，N 接-）时，二极管中有较大电流流过，灯泡会亮；而加反向电压又叫反向偏置（P 接-，N 接+）时，二极管没有电流流过，灯泡不亮。这种单向导电性在电路中起到了一个开关的作用，如图 1.4-2 所示。加正向电压，相当于开关接近，如图 1.4-2（a）；加反向电压（或正向电压≤0.3V）

时，相当于开关断开，如图 1.4-2（b）。

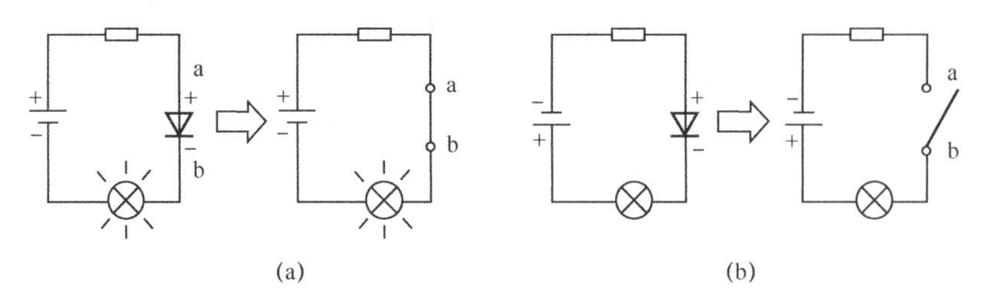

图 1.4-2　二极管单向导电性

二极管的应用十分广泛，在电子电路中可以组成整流电路、限幅电路、稳压电路、检波电路、开关电路等。

二极管的种类也非常多，有整流二极管、开关二极管、稳压二极管、变亮二极管、发光二极管等。发光二极管与光敏二极管组成的光电耦合器在 PLC 的输入电路中得到了广泛应用。

2. 晶体管及其开关特性

晶体管是 20 世纪科学技术领域具有划时代意义的发明。它的发明使自动化和信息化发生了根本性的变革。晶体管的发明者获得了 1956 年诺贝尔物理奖。

晶体管又称三极管，是一种具有三个引出极的半导体器件。这三个极分别是基极 B、集电极 C 和发射极 E。在电路中，三极管可以起到电流放大和电子开关的作用。电流放大作用是指当三极管工作在放大区时，一个较小的基极电流 i_B 的变化可引起一个集电极电流 i_C 的较大变化。电子开关作用则是指，当三极管工作在饱和区和截止区时，其集电极 C 和发射极 E，相当于一个开关的接通和断开。

三极管按其结构分为 NPN 型和 PNP 型，其符号如图 1.4-3 所示。结构的区别在图上表现为其发射极的箭头指向不同。NPN 型为箭头指向 E 极（向外），PNP 型为箭头指向极板（向内）。箭头表示了三极管中电流的流向。对 NPN 型来说，电流由 C 极流向 E 极，因此，在电路中，集电极 C 连接电源正极，发射极 E 连接电源负极。而 PNP 型正好相反，电流由 E 极流向 C 极，发射极 E 接电源正极，而集电极 C 接电源负极。

三极管的开关特性可以用图 1.4-4 NPN 型三极管电路来说明。当其基极电压 V_B 足够大（略大于 0.7V）时，三极管工作在饱和区，这时，集电极—发射极 $V_{CE}\approx0.3V$，相当于 C-E 间短接，如图 1.4-4（a）。当基极电压 $V_B=0V$ 时，三极管工作在截止区，集电极电流很小，接近于 0，这时，V_{CE} 为电源电压 V，相当于 C-E 间开路，如图 1.4-4（b）。只要适当控制基极电压 V_B 的大小，就可以使三极管的 C-E 处于导通或截止状态，这就是三极管的开关特性。

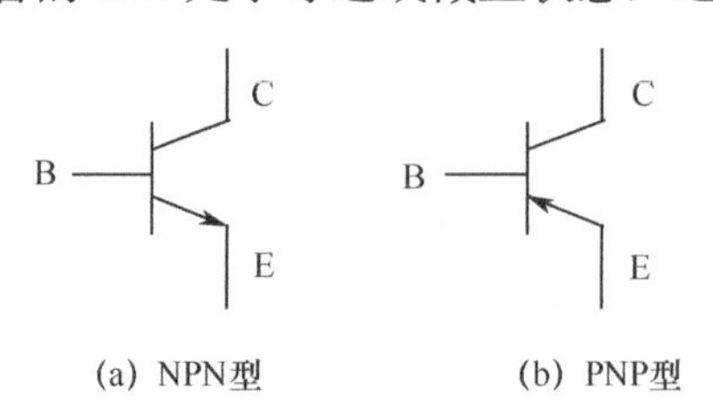

(a) NPN型　　(b) PNP型

图 1.4-3　三极管图示

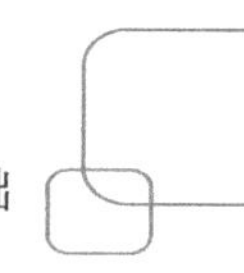

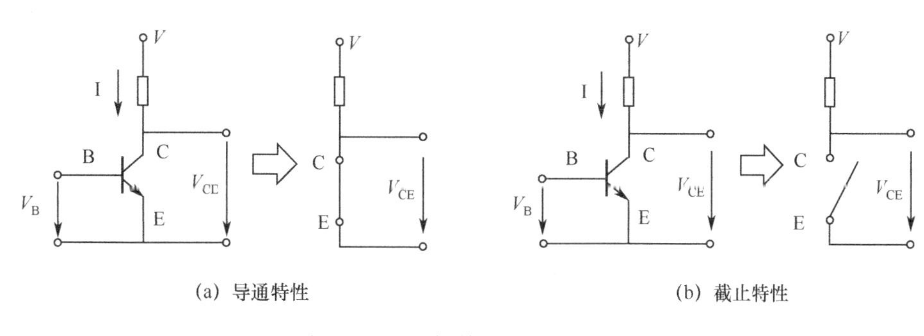

图 1.4-4　三极管开关特性

上面讲到的有源电子开关如接近开关、光电开关、霍尔开关等，一般来说，其开关信号都是由晶体管构成的开关电路产生的。根据半导体类型构成，晶体管开关可分为两种类型：NPN 型和 PNP 型。

图 1.4-5（a）为 NPN 型集电极开路电子开关输出电路结构。图中 24V 电源为电子开关本身内部控制电路电源，而信号回路电源则要另外提供。开关信号在晶体管集电极—发射极间形成，因此，信号源两端是“输出”端和“0V”端。形成回路电流时，电流必须流入电子开关，这是一种电流输入型电子开关电路结构。而图 1.4-5（b）为 PNP 型集电极开路电子开关电路，其信号输出端口为“+24V”端和“输出”端。电流是流出的，是一种电流输出型电子开关电路结构。

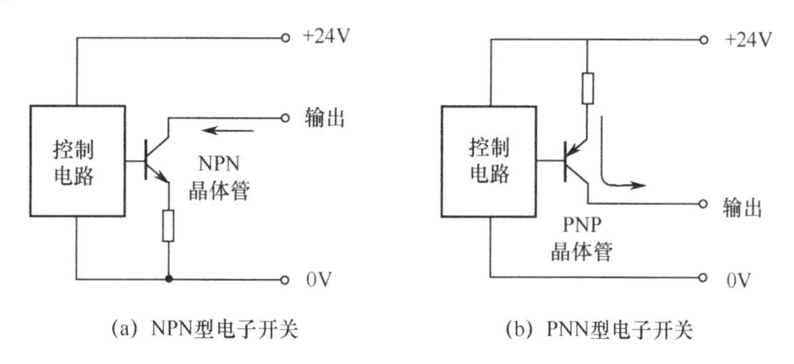

图 1.4-5　有源电子开关电路

上面所述的电子开关输出有三条线，一般称为三线制电子开关，此外还有二线制输出电子开关。

二线制有源开关仅有两根线，它既是电源线，也是开关信号线，有直流和交流两种规格。如图 1.4-6 所示。

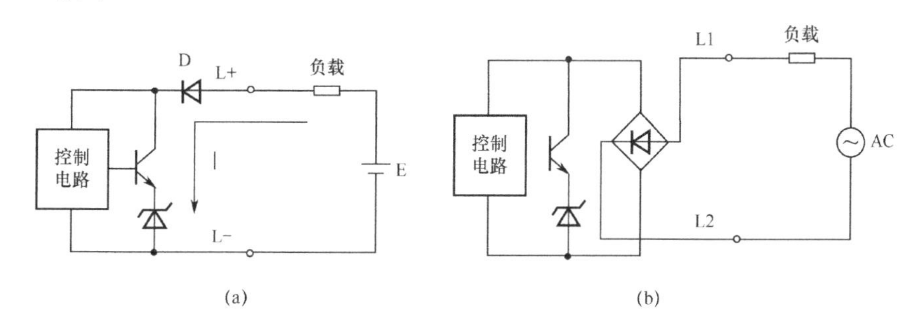

图 1.4-6　二线制有源开关

图 1.4-6（a）中，D 为极性保护二极管，防止电源接反时击穿晶体管。由图可知，当晶体管饱和导通时，产生负载回路电流 I，负载得电。反之，晶体管截止，负载失电。

与三线制电子开关不同。二线制电子开关在晶体管截止时，负载、二极管 D 和内部电路仍然存在一个负载电流回路，这个回路的电流称之为二线制开关的静态泄漏电流。这个指标非常重要，如果泄漏电流过大，负载也会得电，造成误动作。三线制电子开关也存在泄漏电流，但它不经过负载，所以可以不考虑。为了保证二线制开关的正常工作，通常要求泄漏电流小于 1mA。直流二线制开关的两根线是有极性的。在实际接线中，L+必须接电源正极，L-必须接电源负极，不能搞错。

图 1.4-6（b）为交流二线制电子开关电路结构，由于整流桥本身有极性保护，所以去掉了二极管 D。其电源为交流电，当负载为继电器线圈时，可以利用继电器触点来替代电子开关的开关功能。

3. 光电耦合器及其应用

在脉冲数字电路中，用于接通和关断电路的二极管又称开关二极管，它的特点是反向恢复时间短，能满足高频和超高频应用的需要。而发光二极管（LED）是一种特殊品种的二极管，在正向偏置情况下，只要流过发光二极管的正向工作电流在所规定的范围内，二极管会发出一定颜色、一定亮度的光。

光敏三极管是根据半导体中光发生伏特效应而研制的一种受到光照时会产生较大电流的特殊品种三极管，又叫光电三极管。

把发光二极管和光敏三极管组成一体形成的光电器件又称光电耦合器，其工作原理如图 1.4-7 所示。给发光二极管加上正向偏置电压，发光二极管中有电流 I_F 流过，发出的光照射到光敏三极管上时，光敏三极管如加有电压，则会有电流 I_L 产生，表示其 C-E 间为导通状态。当发光二极管没有电流 I_F 流过（表示外加偏置电压为 0）时，它没有光发出，光敏三极管无电流产生，表示 C-E 间相当于开路状态。由工作原理分析可知，光电耦合器是一种以光为媒介来传输电信号的电-光-电转换器件。在信号传输的过程中，输入信号电路和输出信号电路不存在电路上的联系，也就是说，光电耦合器的输入电路和输出电路在电气上是绝缘的，互相隔离的。对于开关电路，往往要求控制电路和开关电路之间要有很好的电隔离，这对于一般的电子开关来说是很难做到的，但采用光电耦合器就很容易实现了。光电耦合器的另一个重要特点是信号只能从输入端向输出端传输。信号的传递是单向的，这就使得光电耦合有了很强的抗干扰能力，工作稳定可靠，响应速度快，所以，它在各种电路中得到了广泛的应用。目前它已成为种类最多、用途最广的光电器件之一，几乎所有 PLC 均采用光电耦合器作为开关量输入电路。

图 1.4-8 所示是一种两个发光二极管反向并接组成输入电路的光电耦合器。它的特点是输入端只要有电压（与极性无关）就会产生输入电流，信号的传输与外加电源极性无关，可适应不同电源需要的电路。三菱 FX PLC 就采用了这种形式的光电耦合电路。

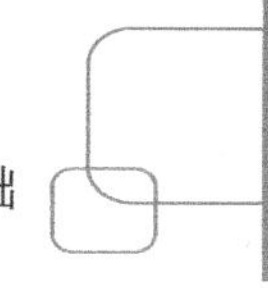

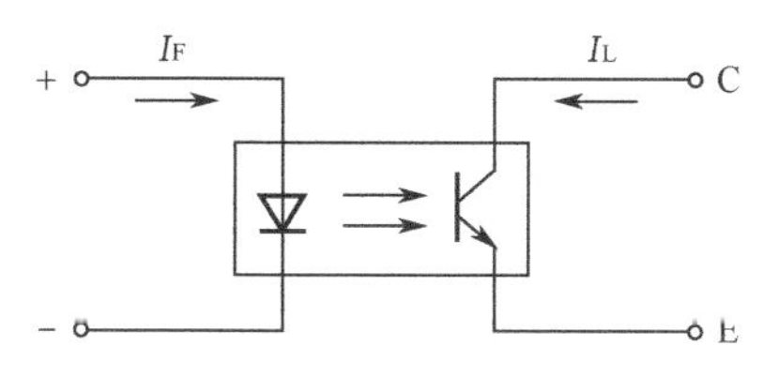

图 1.4-7　光电耦合器工作原理

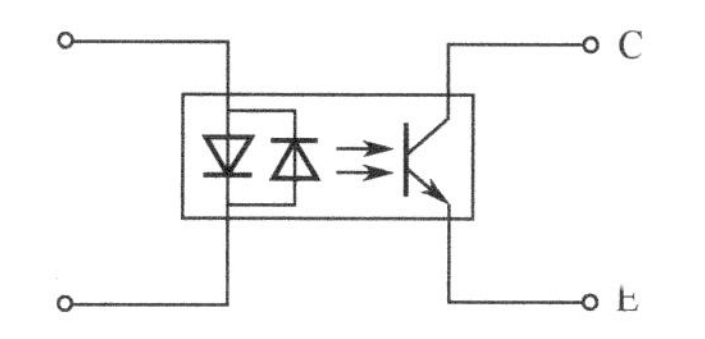

图 1.4-8　反向并接输入光电耦合器

【试试，你行的】

（1）你学过电工及电子学的相关知识吗？如没有学过，希望你能学习这些知识。

（2）试简述半导体二极管的单向导电性。

（3）三极管有哪两种类型？它们的电路图表示是什么？你能区别它们吗？

（4）试叙述三极管的开关特性。

（5）光电耦合器的最大特点是什么？

1.4.2　信号传输电路组成与回路分析法

1. 信号传输电路组成

在数字电路中，信号传输电路由信号传输电源、信号发生电路和信号接收电路组成，如图 1.4-9 所示。

信号发生电路是指能产生开关量信号或脉冲序列信号的电路，如电子开关。信号发生电路本身也需要电源供给。信号接收电路是指能对传输的开关量信号和脉冲序列信号产生相对应信号的电路，一般为电子开关电路，其本身也需要电源供给。

图 1.4-9 中电源是指信号传输回路的电源供给，在实际电路中，上述三种电路电源可以是各自独立的，也可以共用一个电源，视具体电路结构与连接而定。

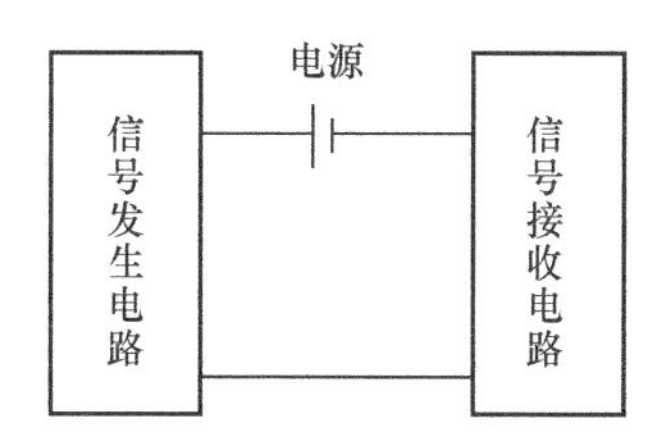

图 1.4-9　脉冲信号传输电路组成

目前，PLC 的输入端口均采用光电耦合电路作为信号接收电路。输入到 PLC 内部的开关量输入信号和脉冲序列信号是由光敏三极管以后的电路完成的，这个电路有独立的电源和控制电路，与发光二极管电路是隔离的，可以不去讨论它。实际的接收电路是发光二极管电路。

2. 信号回路分析法

对信号传输电路的分析包含两个方面的内容，一是信号发生电路和信号接收电路的逻辑电平的电压值要一致，如不一致则需通过电路进行转换（下面的讨论不涉及这个内容）；二是信号传输电路要能够形成正确的信号电流回路，而回路分析法是判断信号传输电路连接是否正确的最基本的分析方法。

回路分析是电子电路最基本的分析方法，任何复杂的电路结构都可以化简成一个个基本回路来分析。因此，掌握基本回路的分析方法在学习电路连接时特别重要。基本回路是由开关、负载和电源组成的一个闭合的回路。具体到开关量控制电路中，开关为信号发生电路，负载为信号接收电路，电源提供信号回路的电流。

信号回路分析有以下两方面的内容：

（1）信号发生电路（开关）、信号接收电路（负载）和电源要能组成一个闭合的回路。具体到实际电路中，就是电源取自哪里，从电源的正极出发能不能经过开关，负载是否形成一条闭合的回路。

（2）信号能正确传输。具体到实际电路中，就是基本回路中，各个元件的连接必须能形成回路电流（仅作定性分析，不作定量考虑）。

图 1.4-10 为一无源开关输入信号回路，端子 1,2 的右面是信号接收电路（相当于 PLC 的数字量输入端口电路），开关则为信号源。由电源正极出发经过开关、端子 1、发光二极管、电阻和端子 2 回到电源负极，组成了一个闭合回路。当开关接通时，发光二极管正向偏置，有电流流过，发光二极管就会导通发光。当开关断开时，发光二极管截止不发光，从而使光电耦合器产生导通和截止，相当于把“0”和“1”送入 PLC 输入端。因此，这个电路连接是正确的。但如果电源极性接反或发光二极管极性接反，这时，虽然也能形成一个闭合回路，但不论开关接通或断开，发光二极管都处于截止状态，不能把开关信号送入 PLC，说明电路连接不正确。

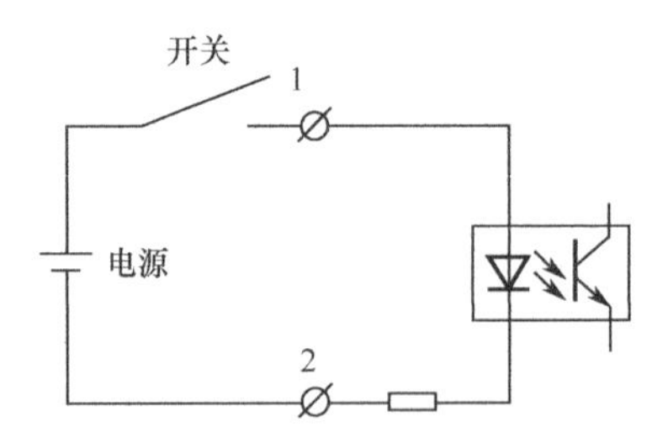

图 1.4-10　无源开关信号传输电路分析

图 1.4-11 为一有源开关信号传输回路，端子 1,2 仍然为信号接收端，而端子 3,4 则为有源 NPN 型电子开关信号源。由图中可以看出，信号回路由电源正极经 NPN 型三极管、电阻和发光二极管回到电源负极，形成了一个闭合回路。同样，当 NPN 型三极管 C,E 两端导通时，发光二极管在正向偏置的情况下，就会导通发光；当三极管截止时，发光二极管截止不发光，而使光电耦合器随三极管开关发出“0”和“1”送入 PLC 输入端。

和无源开关相比，它的另一个特点是开关本身需要电源。因此，在有源开路的信号回路中，就出现了两个电源。一个电源为有源电子开关电源 E2，另一个电源为信号回路电源 E1。有源电子开关的控制电源可以取自外置电源（如图 1.4-11），也可以与信号传输回路共用一个电源。同理，在连接中，电子开关的电源也必须与其控制电路形成一个闭合回路。如果不能形成闭合回路，电子开关不起作用，同样为不正确连接。

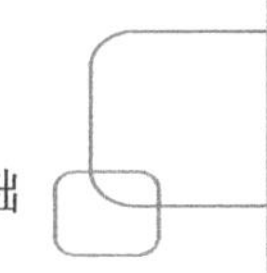

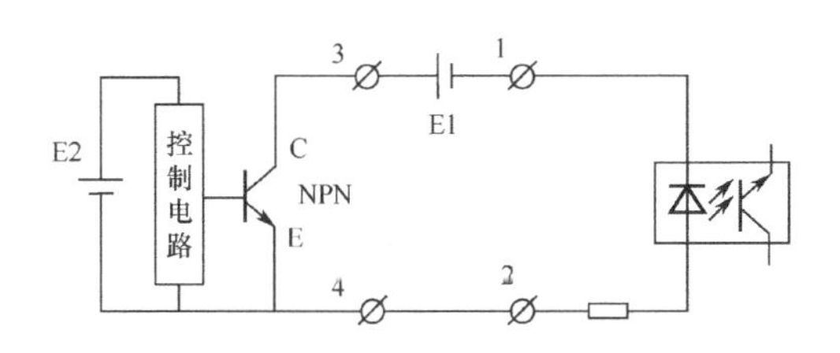

图 1.4-11　有源开关信号传输电路分析

要进行上述分析，就涉及 PLC 输入/输出和外部设备、元器件相关电子电路信息问题。例如 PLC 内部电路结构、信号传输方式、输入端口和输出端口的电流方向，内部有没有电源，能否供外接使用和外部设备、元器件电子电路结构等。没有这些详细资料，就不能进行正确的连接。因此，向供货商索取这些资料或用其他方法获取这些资料是工控人员必须做的工作程序。

【试试，你行的】

（1）信号传输回路分析法包括哪两方面内容？

（2）对于有源开关信号传输电路，要进行几个回路分析？

1.4.3　FX_{2N} PLC 输入端口电路连接

1．FX_{2N} PLC 输入端口电路结构

FX_{2N} PLC 输入端口电路结构如图 1.4-12 所示。它是由两个互为反向并联连接的二极管组成的光电耦合电路。图中仅画了一个输入端口，其余输入端口电路均相同。X0 为输入端口，DC24V 为其内置电源。电源负极为公共端 COM，其正极与光电耦合电路相连。如果利用 X0 和 COM 端作为开关量信号输入端，则内置电源为信号传输回路的电源。对 PLC 来说，其信号电流是流出的，因此，这是一个电流输出型（漏型）端口电路。内置电源的正极同时连接 24+输出端，这样，内置 24V 电源也可通过 24+和 COM 端对外提供 24V 电源。同时，在外置电源情况下，开关量信号也可通过 X0 和 24+端口输入。

2．与无源触点开关的连接

无源触点开关连接比较简单，直接将开关两端接入 X0 和 COM 端。这时，信号传输回路如图 1.4-13 所示（图中黑线所画闭合回路，下同），电源为 24V 内置电源。如果使用外置电源，如图 1.4-14 所示，这时，外置电源可随意接入，图中为电流输出型。如果把电源极性接反，则 X 端口变成电流输入型。

3．与有源电子开关的连接

1）三线制 NPN 型电子开关

图 1.4-15 为 FX_{2N} PLC 与 NPN 型电子开关连接图，信号传输回路电流由 24V 内置电源提供，如图中黑线所示。同时 24V 内置电源也是电子开关控制电路电源，其回路是 24V 电源正极，24+端，+24V 端，控制电路，0V 端，COM 端回到 24V 电源负极。

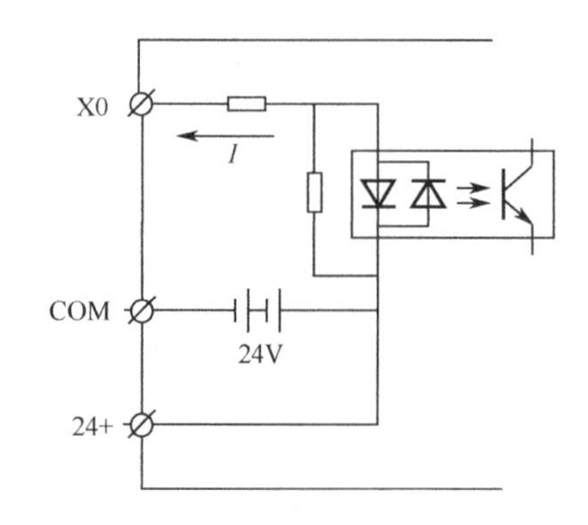

图 1.4-12　FX_{2N} PLC 输入端口电路

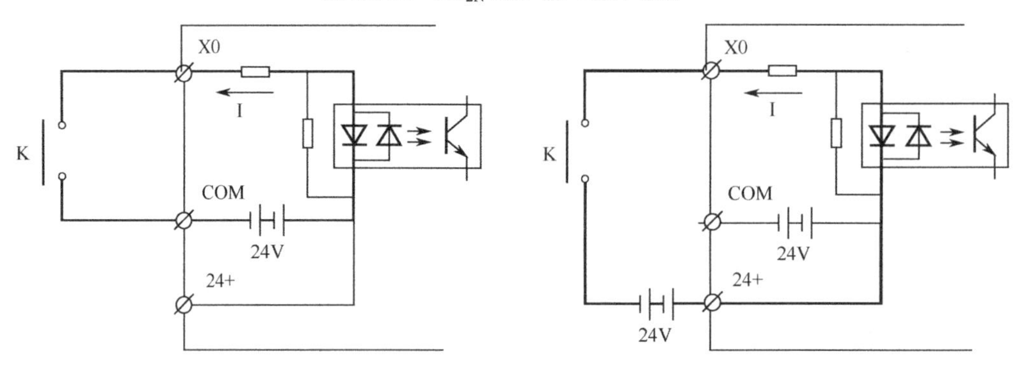

图 1.4-13　无触点开关内置电源的连接　　　　图 1.4-14　无触点开关外置电源的连接

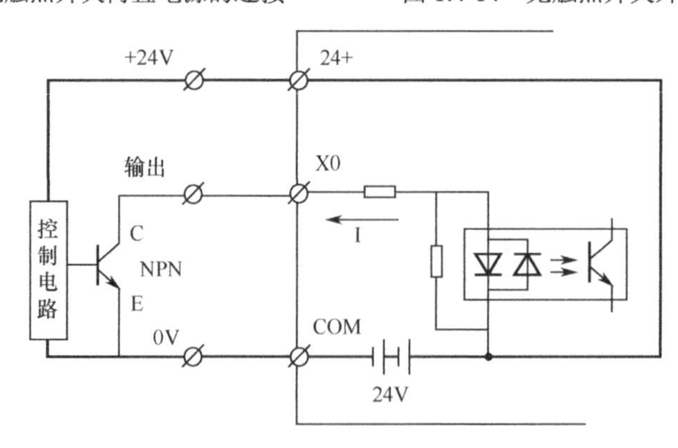

图 1.4-15　FX_{2N} PLC 输入与 NPN 型电子开关内置电源的连接

2）三线制 PNP 型电子开关

当电子开关为 PNP 型时，初学者往往也和 NPN 型的一样接到 PLC 输入端口，如图 1.4-16 所示。这种接法对吗？图中，电子开关的 E,C 虽然和输入端的发光二极管构成了一个闭合回路（如图中黑线），但该信号传输回路中没有电源，不论电子开关的基极是否有控制信号，始终处于截止状态，没有开关量信号送入 PLC 输入端，所以这个连接方式是错误的。

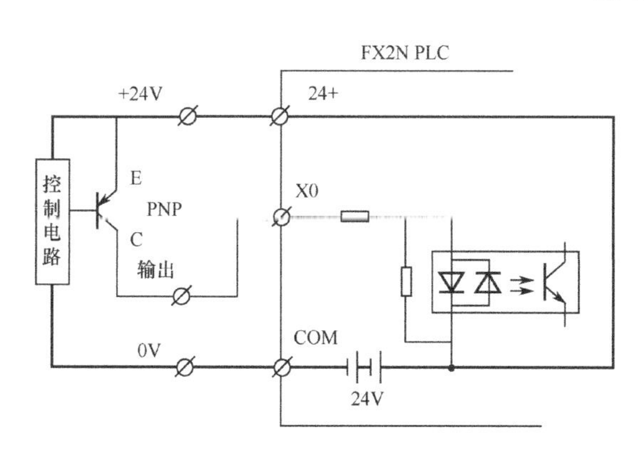

图 1.4-16　FX_{2N} PLC 输入与 PNP 型电子开关的错误连接

正确的连接应如图 1.4-17 所示。这时，PLC 的内置没有用上，必须外置电源。外置电源不但是电子开关控制电路的电源，而且也是信号传输回路的电源，如图中黑线所示。初学者在不了解电路结构的情况下，会认为 PLC 的 24+端子与电子开关的 OV 端连接会引起短路。实际上，24+端子只是一个接线柱而已，开关量信号就是从 X0 和 24+端子输入。

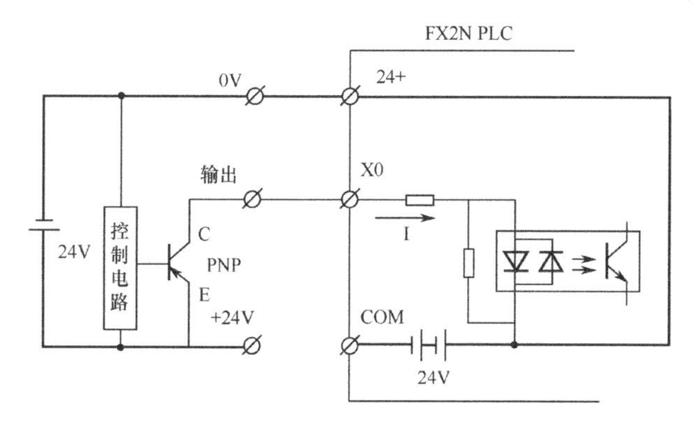

图 1.4-17　FX_{2N} PLC 输入与 PNP 型电子开关的正确连接

3）二线制 NPN 型电子开关

二线制电子开关连接比较简单。其正端 L+一定要与电源的正端（内置或外置）相连，负端 L-和电源的负极相连，如图 1.4-18 所示。内置电源正极通过发光二极管与 L+相连，负极与 L-相连。内置电源既是信号传输回路的电源，也是电子开关控制电路的电源。

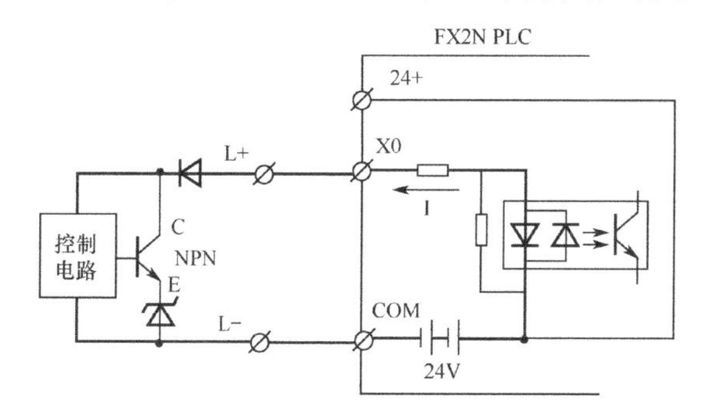

图 1.4-18　20GM 输出端口

【试试，你行的】

（1）用外置电源将NPN型电子开关连接到FX_{2N} PLC的输入端口，试画出连接电路图。

（2）PNP型电子开关与FX_{2N} PLC输入端口相连接，要求电子开关用外置电源，信号传输回路用内置电源，请画出电路图。

本章水平测试

（1）数制三要素是（　　）。

A．基数、数符和复位　　B．基数、数符和进位

C．基数、位权、复位和进位　　D．基数、位权和数符

（2）下面哪个数不是八进制数（　　）。

A．371　　B．4081　　C．54912　　D．234567

（3）二进制数11010110转换成十进制数是（　　）。

A．K216　　B．K214　　C．K212　　D．K218

（4）十进制数K428转换成二进制数是（　　）。

A．010101100　　B．110101101　　C．110101100　　D．110101011

（5）十进制数K523转换成十六进制数是（　　）。

A．H208　　B．H218B　　C．H20D　　D．H20B

（6）十六进制数H52C转换成十进制数是（　　）。

A．K1320　　B．K1325　　C．K1224　　D．K1324

（7）二进制数11010.1101转换成十进制数是（　　）。

A．26.125　　B．26.6125　　C．26.8125　　D．26.25

（8）十六进制数H2A.2D转换成十进制数是（　　）。

A．42.065　　B．42.17578125　　C．42.050078　　D．42.0507815

（9）二进制数B110110110转换成十六进制数是（　　）。

A．H1B6　　B．HD26　　C．H1C6　　D．HDB0

（10）十六进制数H20A转换成二进制数是（　　）。

A．1000011010　　B．001000001010　　C．1100001011　　D．1000001001

（11）八进制数325转换成十进制数是（　　）。

A．300　　B．225　　C．213　　D．210

（12）十进制数K325转换成八进制数是（　　）。

A．502　　B．510　　C．508　　D．505

（13）计算二进制加法：11011+1001-110 =（　　）。

A．11010　　B．100110　　C．11110　　D．10110

（14）计算十六进制加法：H3A+H45-H5D =（　　）。

A．H1A　　B．H15　　C．H24　　D．H22

（15）$(10000110)_{BCD}$等于十进制数（　　）。

A．K96　　B．K85　　C．K86　　D．K95

（16）$(011010010001)_{BCD}$等于二进制数（　　）。

A．1010110011　　B．1010110010　　C．1010101111　　D．1010111110

（17）二进制码 10111 转换成格雷码是（　　）。

A．11000　　B．10100　　C．11100　　D．11101

（18）ASCII 码是（　　）。

A．二-十进制编码　　B．字符编码

C．定位控制码　　D．信息交换代码

（19）F 表达式运算关系为“见 0 为 0，全 1 为 1”的是（　　）。

A．F=AB+C　　B．F=A+B+C　　C．F=ABC　　D．F=（A+B）C

（20）下面梯形图的逻辑表达式是（　　）。

A．$F=A\overline{C}(B+D)$　　B．$F=(B+D)A\overline{C}$

C．$F=\overline{C}(B+D)A$　　D．$F=A(B+D)\overline{C}$

（21）A=10010110，B=01101000　相“位与”后为（　　）。

A．11111110　　B．00000000　　C．11111111　　D．01101001

（22）FX_{3U} PLC 是一个（　　）。

A．模块式 PLC　　B．整体式 PLC　　C．混合式 PLC　　D．以上都不是

（23）在 PLC 硬件组成结构中，担当大脑功能的是（　　）。

A．CPU　　B．存储器　　C．电源　　D．I/O 接口

（24）对 PLC 进行用户程序读写操作时，PLC 必须处于（　　）。

A．运行（RUN）模式　　B．停止（STOP）模式

C．两种模式都行　　D．两种模式都不行

（25）输入采样处理指 PLC 把外部信号送入 I/O 映像区，在 PLC 进行程序扫描时，外部信号发生了变化（　　）。

A．马上将信号变化送入 I/O 映像区　　B．待程序执行结束后送入 I/O 映像区

C．下一个扫描周期送入 I/O 映像区　　D．在输出刷新时送入 I/O 映像区

（26）如以下梯形图，根据扫描工作原理，线圈 M0 接通后， MO 和其常开触点，常闭触点动作的顺序是（　　）。

A．常闭、线圈、常开　　B．线圈、常开、常闭

C．线圈、常闭、常开　　D．三个同时动作

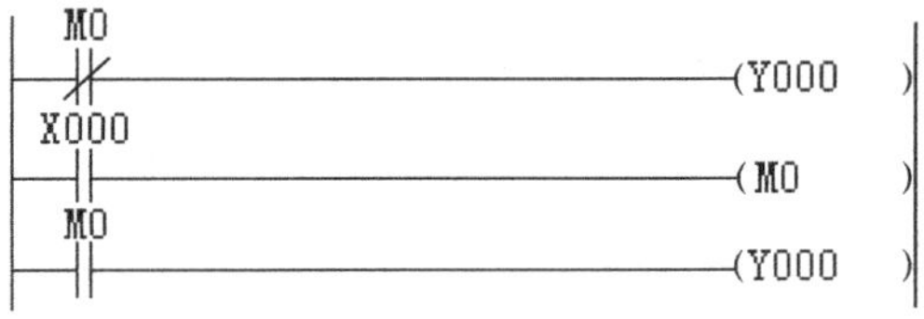

M0 (Y000)
X000 (M0)
M0 (Y000)

（27）在计算机技术中，负数的表示方法是（　　）。

A．原码表示　　B．反码表示
C．补码表示　　D．纯二进制码表示

（28）十进制数K40的补码表示（8位二进制数）是（　　）。

A．00101000　　B．10101000　　C．00101010　　D．10101010

（29）十进制数K-45的补码表示（8位二进制数）是（　　）。

A．10101101　　B．11010010　　C．11010011　　D．10010011

（30）补码表示二进制数11110110的十进制数是（　　）。

A．K10　　B．K-118　　C．K246　　D．K-10

（31）补码表示二进制数10000001的十进制数是（　　）。

A．K-1　　B．K-127　　C．K-128　　D．K1

（32）下面哪些器件可以接入PLC的输入端口（　　）。

A．按钮　　B．接近开关　　C．数码管　　D．编码器

（33）下面哪些器件可以接到PLC的输出端口（　　）。

A．继电器　　B．电磁阀　　C．灯泡　　D．电动机

（34）下面哪些器件可以接PLC的扩展端口（　　）。

A．扩展模块　　B．变频器　　C．温控仪　　D．定位模块

（35）一个变频器可以通过下面哪个PLC端口与PLC连接（　　）。

A．输入端口　　B．输出端口　　C．通信端口　　D．扩展端口

（36）触摸屏应连接到PLC的（　　）。

A．输入端口　　B．输出端口　　C．通信端口　　D．扩展端口

（37）二极管处于截止状态时，是因为（　　）。

A．加了正向电压　　B．加了反向电压
C．加正向电压≤0.3伏　　D．没有电流流过

（38）三极管处于导通状态时，是指（　　）。

A．三极管工作在饱和区　　B．三极管工作在截止区
C．C极—E极间电压为0.3V　　D．C极—E极电压为电源电压

（39）光电耦合器是由哪两种电子器件组成的一体（　　）。

A．二极管+三极管　　B．二极管+光敏三极管
C．发光二极管+三极管　　D．发光二极管+光敏三极管

（40）信号回路分析法的要点是（　　）。

A．信号发生和信号接收能组成一个闭合回路
B．信号发生，信号接收和电源能组成一个闭合回路
C．电路的连接能形成回路电流
D．信号发生电路和信号接收电路要直接连接。

第 2 章　PLC 应用基础

学习指导：

本章主要介绍 FX_{3U} 系列 PLC 硬件方面的应用知识，而所有的应用程序必须有相应的硬件处理才是有效的。因此，学习 PLC 的应用，这一章的知识是必须认真学习和掌握的。

2.1 节要点

- FX_{3U} 系列 PLC 的型号及产品规格不必强记，用时可以查阅，但一些基本知识还是要记忆的，如基本单元的点数、输出方式的表示等。
- 初学者对 FX_{3U} 系列 PLC 各部分名称及功能这一节是必须看的，最好是对照实物阅读，这样能较快掌握 PLC 的各部位组成、名称及其功能，增加感性认识。
- 本章中有许多关于 FX_{3U} 系列 PLC 的表格，这些表格是为读者查用而罗列的，读者只要了解表格中各项说明的含义及如何查用它们就行。
- 衡量一个人工控水平的重要方面是其处理资料的能力，当碰到问题时，他是如何寻找相关的资料，通过对资料的学习获得知识，又是如何通过学到的知识解决实际碰到的问题。因此，学会寻找、收集相关资料是成为工控能手的一项基本功。为方便广大读者，本书把三菱电机为 FX 系列 PLC 的应用编写的众多用户资料列成表 2.1-17 和表 2.1-18，供读者查阅使用。当需要某些资料时，可以先查看一下这两张表，看看有没有需要的资料，然后再去相关网站下载。

2.2 节要点

- I/O 端口与连接是本章必须认真学习和掌握的内容，只要开始使用 PLC，这些知识是首先要了解的。
- I/O 端口的编址学习主要要掌握：（1）编址是按照八进制分配的。（2）端口的编址是自动分配的。基本单元的编址已经标注，而扩展端口的分配是遵循一定原则的。
- 初学者最早涉及 PLC 的应用就是其端口的外部接线，正确接线必须对基本单元上的端子排列和端口标注有充分的理解，这方面重点要掌握的知识：（1）电源有交流、直流之分。（2）PLC 能对外输出 24V 直流电源。（3）S/S 为输入端口公共端。（4）输出端口是以公共端分组输出的。
- 对输入端口的电路连接重点学习 FX_{3U} 系列 PLC 的两种不同输入类型 ——电流输入型（源型）和电流输出型（漏型），而对于各种电子开关与 PLC 的连接则需要一定的电子电路知识才能理解。初学者不具备这方面知识也不要紧，只要弄懂电子开关的各个接线端，再按照本章所列举的各种电子开关连接图进行接线即可。实践有时也是一种实用的快速学习方法。
- 对输出端口的连接则比较复杂，除了端口是以公共端分组输出外，输出端口的接线还与 PLC 的输出方式（MR、MT、MS）所外接的电源规格和负载特性有关，因此，初学者必须认真详细地阅读输出端口与连接这一节内容。实际应用时，还需要进行对比接线，加深理解。初学者牢记：PLC 的输出端口只是一个开关，只起控制外电路通断的作用，电源和负载必须由外电路提供。

2.3 节要点

- 当 FX_{3U} 系列 PLC 基本单元与扩展选件组成较大的 PLC 控制系统时，要受到一定的限制。这一节主要讨论这些限制的规则及其核算方法，这些对初学者来说一般都不会碰到，所以，本节的学习可以大致浏览一下，了解有哪些限制，有需要时再来详细学习。
- 为了增强 PLC 的功能，为扩大其应用范围，PLC 厂家专门开发了与 PLC 配套的品种繁多的特殊用途产品，统称之为扩展选件。PLC 控制系统就是由 PLC 的基本单元和众多的扩展选件所组成。目前对扩展选件的名称、含义并没有统一的说明，本节就三菱电机为 FX 系列 PLC 开发的众多扩展选件进行归类和说明，初学者对这些归类和说明应该了解和掌握。这些扩展选件有扩展单元、扩展模块、特殊功能单元、特殊功能模块、功能扩展板、特殊适配器、存储器盒和显示模块等。
- 控制系统的限制：

  （1）输入输出（I/O）点数的限制。

  （2）特殊功能模块及适配器的扩展限制。

  （3）电源容量与电流消耗的限制。当系统组成后要对以上三点限制进行对比核算，满足限制所列条件，系统才能投入运行。
- 初学者需要掌握和了解的知识在本章的水平测试题中给予了体现。

2.4 节要点

- 测试是对一个新的 PLC 或一个二手 PLC 在使用前所做的一些简单的评估，对 PLC 进行测试必须基本掌握 PLC 的基本知识和应用知识，并熟悉编程软件 GX Developer 的操作方才能进行。因此，初学者可以先了解一下，会与不会都没有关系，可以作为资料备查。
- 把 PLC 及其选件安装在电气柜内，做一次就会了，重点看一下配线和接地。
- 发生故障后如果去排查故障，初学者这从一开始就应同步地学习和总结这方面的知识，通过实践，不断地积累经验和知识，这是一个工控技术人员所必须具备的素质。
- 干扰是所有电子技术和计算机技术应用中非常令人头痛的问题。尽管你掌握了一些排除干扰的知识，但碰到干扰问题仍然会束手无策。书中罗列了很多抗干扰技术，读者要认真学习一下，作为手段，碰到干扰时用得上。在实际生产实践中，不断总结抗干扰技术，并应用于实践中，可以代表一个工控人员的水平。

2.1 型号命名与性能规格

2.1.1 简介

1. FX 系列产品发展

三菱电机小型 PLC 经历了从 F 系列到 FX3 系列的发展历程。

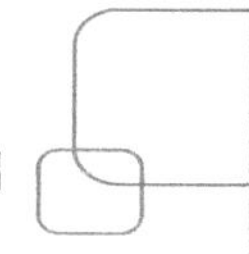

F 系列包括其改进型的 F_1，F_2 系列，为第一代产品，20 世纪 90 年代曾经有很高的市场占有率，目前已经停产，属于淘汰产品，

FX 系列是在 F、F_1、F_2 系列基础上开发的小型 PLC 整体式产品，早期产品有 FX_2 系列、FX_1 和 FX_0 系列，其性能已经比 F 系列有很大的提高，后来又推出来 FX_{2C}、FX_{0s} 和 FX_{0N} 系列产品，接着又推出了 FX_{0S}，FX_{0N} 系列的代替产品 FX_{1S}，FX_{1N} 系列，而 FX_2、FX_1、FX_0、FX_{0s}，FX_{0N} 等系列产品也都已停产和淘汰。FX_{1S}，FX_{1N} 和 FX_{2N}、FX_{2NC} 为其第二代产品。

三菱电机 2005 年开发了 FX_{3U} 系列 PLC，以后又开发了 FX_{3G} 系列和 FX_{3S} 系列 PLC。一般把 FX_{3U}、FX_{3G} 和 FX_{3S} 称之为三菱 FX3 系列 PLC，它们是第三代产品。开发 FX3 系列 PLC 的目的是作为 FX2 系列 PLC 的替代产品，它们完全兼容 FX_{2N},FX_{2NC},FX_{1S},FX_{1N} 和 FX_{1NC} 系列 PLC。2013 年 3 月，三菱电机正式公告 FX_{2N} 系列 PLC 停止生产，建议客户选择 FX_{3U} 系列 PLC 替代，目前，FX_{3U} 系列 PLC 的产品价格下降至 FX_{2N} 系列 PLC 的水平。可以预计，不久的将来，FX_{1S} 系列 PLC 会完全被 FX_{3SA} 系列 PLC 所替代。FX_{1N} 系列 PLC 也会完全被 FX_{3GA} 系列 PLC 所替代。

三菱电机小型 PLC 从 F 系列到 FX3 系列的发展历程如图 2.1-1 所示。

目前三菱销售产品仅有 FX_{1S}/FX_{1N}/FX_{2N}/FX_{3U}/FX_{3GA}/FX_{3SA} 六种基本型号及其同类型紧凑型结构的产品 FX_{1NC}/FX_{2NC}/FX_{3UC}，点数逐渐增多，性能依次增强。

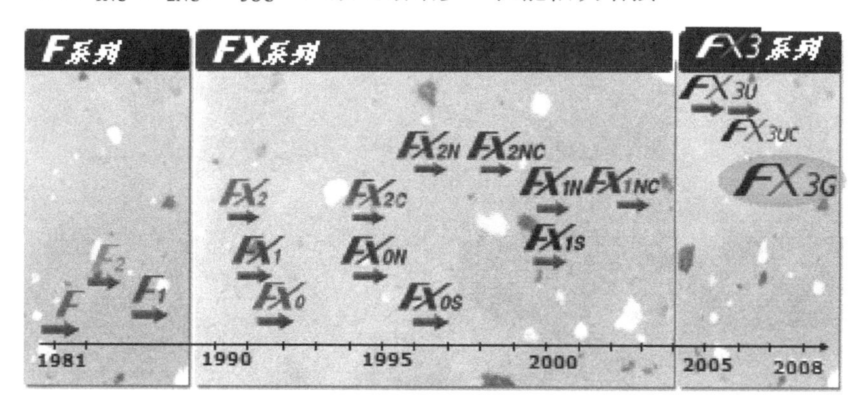

图 2.1-1　三菱 FX 系列 PLC 产品系列

2．FX_{3U} 系列 PLC 性能特点

FX_{3U} 系列 PLC 是三菱公司最新开发的第三代小型 PLC 系列产品，它是目前三菱电机小型 PLC 中性能最高，运算速度最快，定位控制和通信网络控制功能最强，I/O 点数最多的产品，它完全兼容 FX_{1S}/FX_{1N}/FX_{2N} 系列的全部功能。

FX_{3U} 系列的主性能特点如下：

（1）业界最高的运算速度。FX_{3U} 系列基本逻辑指令的执行时间为 0.065μs/条，应用指令的执行时间为 1.25μs/条，是 FX_{2N} 的 2 倍，FX_{1N} 的 10 倍，也是目前各种品牌的小型、微型 PLC 中运算速度最高的。

（2）最多的 I/O 点。基本单元加扩展可以控制本地的 I/O 点数为 256 点，通过远程 I/O 链接，PLC 的最大点数为 384 点。I/O 的链接也可采用源极或漏极（又称汇点输入）两种方式，使外电路设计和外接有源传感器的类型（PNP，NPN）更为灵活方便。

（3）最大的存储容量。用户程序（RAM）的容量可达 64 000 步，还可以扩展采用 16 000 步的闪存（Flash ROM）卡。

（4）通信与网络控制。FX_{3U} 基本单元上带有 RS-422 编程接口，另外，通过扩展不同的通信板，可以转换成 RS-232C/RS-422/RS-485 和 USB 等接口标准，可以很方便地与计算机等外部设备连接，其通信通道也增加了 3 个。

（5）定位控制功能。FX_{3U} 系列在定位控制上也是功能最强大。输入口可接收 100kHz 的高速脉冲信号。高速输出口有 3 个，可独立控制 3 轴定位。最高输出脉冲频率达 100kHz，还开发了网络控制定位扩展模块，与三菱公司的 MR-J3-B 系列伺服驱动器连接，直接进行高速定位控制。

（6）编程功能。FX_{3U} 系列在应用指令上除了全部兼容 FX_{1S}/FX_{1N}/FX_{2N} 系列的全部指令外，还增加了变频器通信、数据块运算、字符串读取等多条指令，使应用指令多达 209 种 486 条，在编程软元件上，不但元件数量大大增加，还增加了扩展寄存器 R，扩展文件寄存器 ER，在应用常数上增加了实数（小数）和字符串的输入。还增加了非常方便应用的字位（字中的位）和缓冲存储器 BFM 直接读写方式。

FX_{3U} 系列 PLC 产品系统组成如图 2.1-2 所示。

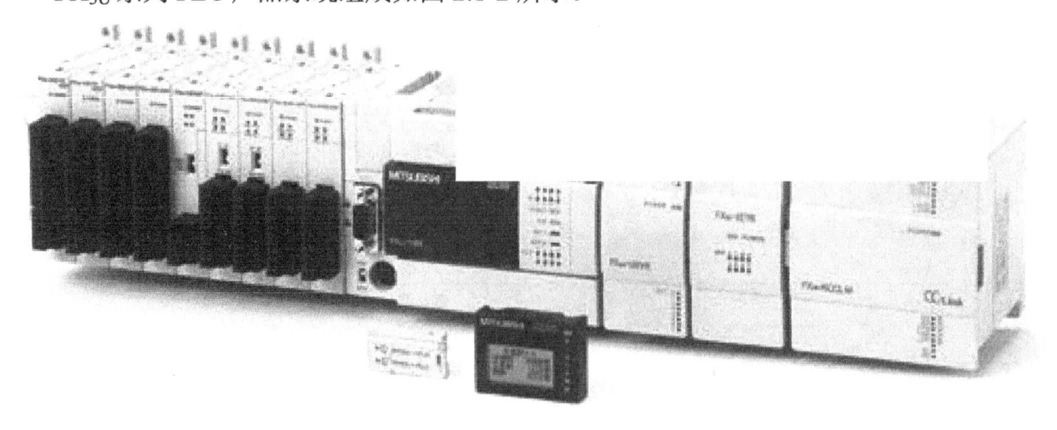

图 2.1-2　FX_{3U} 系列产品系统组成

3. FX_{3U} 系列 PLC 基本性能规格

FX_{3U} 系列 PLC 的基本性能规格见表 2.1-1。

表 2.1-1　FX_{3U} 系列 PLC 性能规格

项　目	性能规格
编程语言	指令表，梯形图、步进梯形图（SFC）
用户存储器容量	内置 RAM64 000 步，扩展存储器盒闪存 16 000 步（存储盒有两种）
基本逻辑控制指令	顺控指令 27 条，步进梯形图指令 2 条

续表

项　目		性 能 规 格
应用指令		209 种
指令处理速度		基本逻辑指令：0.065μs/条，基本应用指令：0.642μs/条
I/O 点数		最大 I/O 点数：384 点
辅助继电器	一般用	M0～M499，共 500 点
	保持性	M500～M7679，共 7180 点
	特殊用	M8000～M8511，共 512 点
状态元件	初始状态	S0～S9，共 10 点
	一般状态	S10～S499，共 490 点
	保持区域	S500～S4095，共 3596 点
定时器	100ms	T0～T199，T250～T255 共 206 点
	10ms	T200～T245，共 46 点
	1ms	T246～T249，T256～T511，共 260 点
计数器	16 位通用	C0～C99，共 100 点(加计数)
	16 位保持	C100～C199，共 100 点(加计数)
	32 位通用	C200～C219，共 20 点(加减计数)
	32 位保持	C220～C234，共 15 点(加减计数)
	32 位高速	C235～C255，可用 8 点(加减计数)
数据寄存器	16 位通用	D0～D199，共 200 点
	16 位保持	D200～D7999，共 7800 点
	文件寄存器	D1000～D7999，最大 7000 点
	16 位特殊	D8000～D8511，共 512 点
	6 位变址	V0～V7，Z0～Z7，共 16 点
指针	跳转用	P0～P4095，共 4096 点
嵌套	主控用	N0～N7，共 8 点
常数输入	十进制	16 位：-32 768～32 767，32 位：-2 147 483 648～2 147 483 647
	十六进制	16 位：0～FFFF，32 位：0～FFFFFFFF
	实数	32 位 -1.0×2^{126}～-1.0×2^{-126}、0、1.0×2^{-126}～-1.0×2^{126}
	字符串	最多可以使用半角 32 个字符

4．FX_{3U} 系列 PLC 各部位名称及功能

图 2.1-3 为 FX_{3U}-32MR 外形图，现通过图 2.1-4～图 2.1-8 对 FX_{3U} 系列 PLC 的各部分名称及功能说明如下。

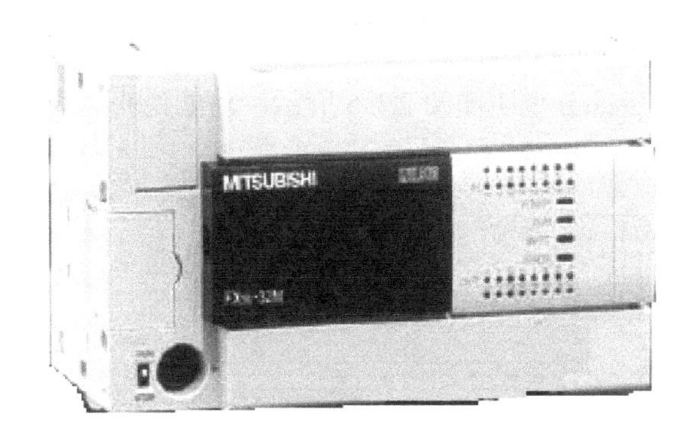

图 2.1-3　FX_{3U}-32MR 外形图

（1）正面各部分说明如图 2.1-4 所示，功能说明见表 2.1-2。

出厂时(标准)

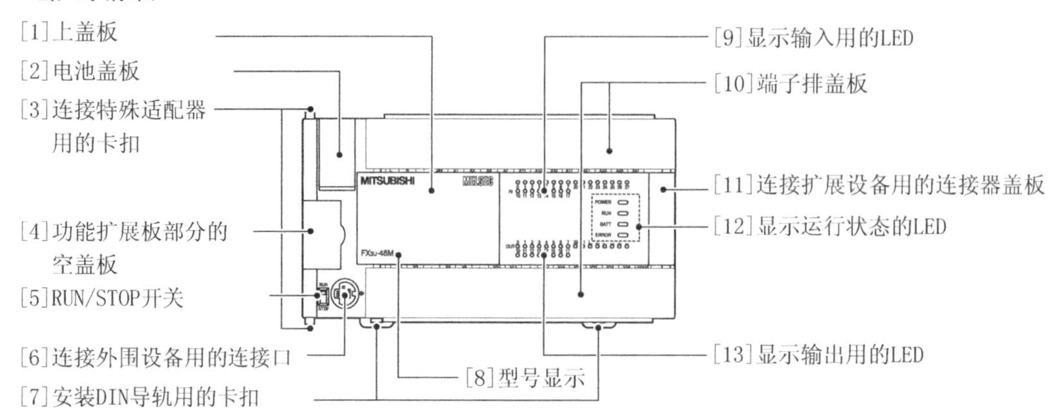

图 2.1-4　FX$_{3U}$系列产品正面各部分说明

表 2.1-2　FX$_{3U}$ 系列 PLC 正面各部分功能说明

序号	名　称	功 能 说 明
1	上盖板	存储器盒安装在这个盖板的下方。如使用 FX$_{3U}$-70M 显示模块时，将这个盖板换成 FX$_{3U}$-70M 的盖板
2	电池盖板	电池（标配）保存在这个盖板上面
3	特殊适配器适用的卡扣	连接特殊适配器时，使用这个卡扣进行固定（上、下各 1 个）
4	功能扩展板部分的空盖板	拆下这个空盖板，安装功能扩展板
5	RUN/STOP 开关	写入（读出）程序及停止运行时，置于 STOP（开关拨到下方），执行程序时，设置于 RUN（开关拨到上方）
6	连接外围设备用连接口	连接编程工具等外围设备的通信口
7	安装 DIN 导轨的卡扣	在宽度为 35mm 的 DIN 导轨上安装基本单元
8	型号显示	显示基本单元的型号名称
9	输入端口 LED 显示	输入端口接通时，灯亮
10	端子排盖板	接线时，可以将盖板打开，运行时，务必将这个盖板盖下
11	连接扩展设备用的连接器盖板	将输入/输出，扩展单元/模块以及特殊功能单元/模块的扩展电缆连接到这个盖板下面的数据线接口上
12	显示运行状态的 LED	可以通过 LED 的显示状态确认 PLC 的运行状态，显示状态位灯亮，闪烁和灯灭
13	显示输出用的 LED	输出端口接通时灯亮

（2）打开端子盖板后各部分说明如图 2.1-5 所示，功能说明见表 2.1-3。

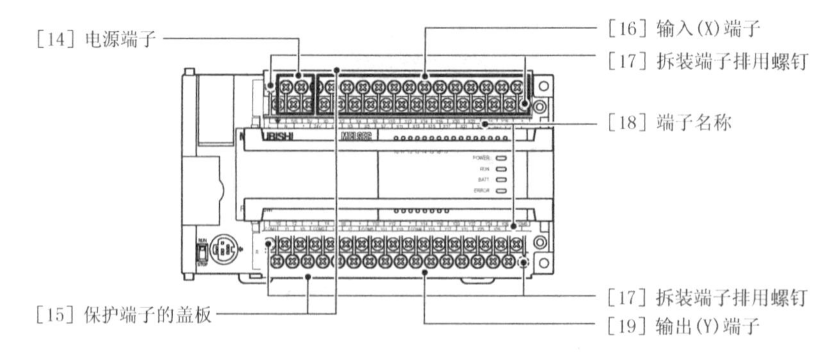

图 2.1-5　FX$_{3U}$系列产品打开端子盖板后各部分说明

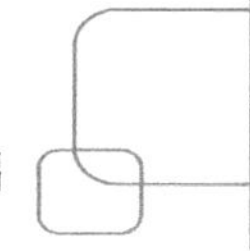

表 2.1-3　FX_{3U} 系列 PLC 端子盖板后各部分功能说明

序号	名　称	功 能 说 明
14	电源端子	基本单元供电电源接线端
15	保护用端子盖板	在端子排的下面，安装了保护用的端子盖板，提高了安全性
16	输入（X）端子	输入开关信号接入处
17	拆装端子排用的螺钉	需要更换基本单元时，松开螺钉，端子排上方会脱开。FX_{3U}-16M 不能拆装
18	端子名称	电源输入端口输出端口对应编号
19	输出（Y）端子	输出负载回路接线处

（3）安装显示模块（FX_{3U}-7DM）后各部分说明如图 2.1-6 所示，功能说明见表 2.1-4。

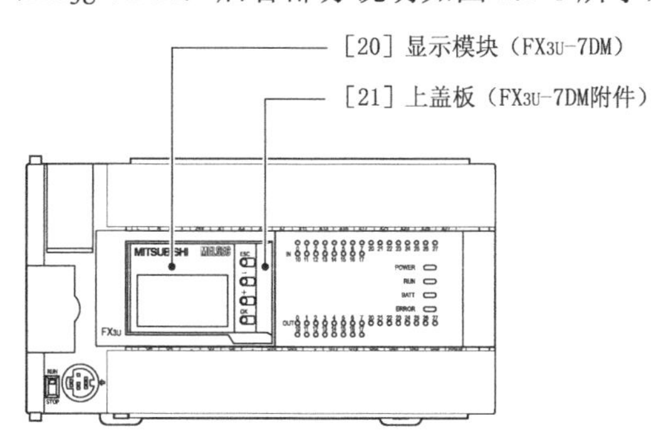

图 2.1-6　FX_{3U} 系列产品安装显示模块(FX_{3U}-7DM)后各部分说明

表 2.1-4　FX_{3U} 系列 PLC 安装显示模块后各部分功能说明

序号	名　称	功 能 说 明
20	显示模块（FX_{3U}-7DM）	可以安装显示模块 FX_{3U}-7DM（附件）
21	上盖板（FX_{3U}-7DM 选件）	有孔盖板，与出厂时盖板交换后使用

（4）侧面各部分说明如图 2.1-7 所示，功能说明见表 2.1-5，铭牌说明如图 2.1-8 所示。

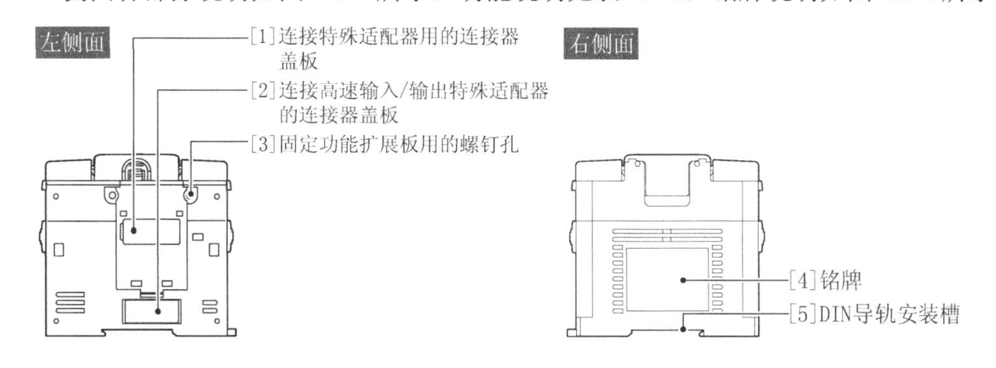

图 2.1-7　FX_{3U} 系列产品侧面各部分说明

表 2.1-5　FX_{3U} 系列 PLC 性能规格

序号	名　称	功 能 说 明
1	连接特殊适配器用的连接口盖板	拆下这个盖板后，将第 1 台特殊适配器连接到连接口（安装功能扩展板连接口盖板时）上
2	连接高速输入/输出适配器用的连接口盖板	拆下这个盖板后，将第 1 台高速输入适配器（FX_{3U}-4HSX-ADP）或是高速输出特殊适配器（FX_{3U}-2HSY-ADP）连接到这个连接口上，不能用于连接通信/模拟量特殊适配器

续表

序号	名　称	功 能 说 明
3	固定功能扩展板用螺丝孔	应用螺钉（附带）固定功能扩展板所需的孔。由于出厂时，安装了功能扩展板的空盖板，请拆下空盖板后进行安装
4	铭牌	产品铭牌，其说明见图 2.1-8
5	DIN 导轨安装槽	安装在宽度为 35mm 的 DIN 导轨上

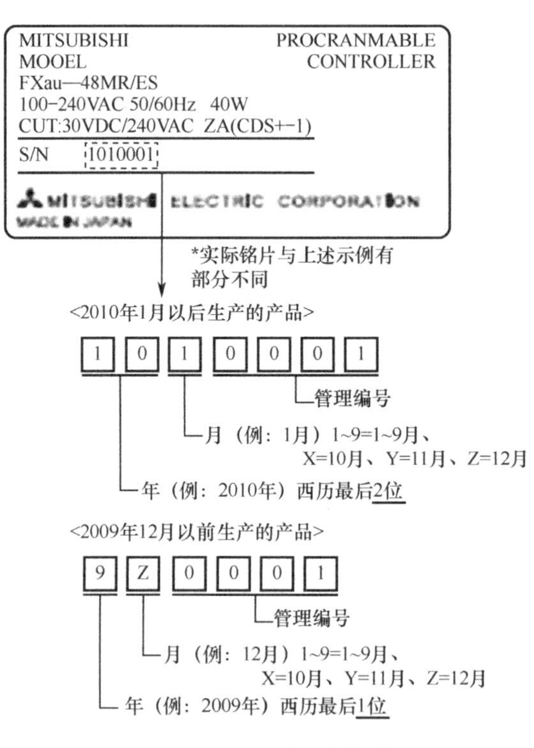

图 2.1-8　FX_{3U}系列铭牌说明

【试试，你行的】

（1）三菱 FX3 系列产品是三菱 PLC 的第几代产品？它们是替代三菱哪些系列的 PLC？

（2）有人说，三菱 FX_{2N} 系列 PLC 已经停产了，过去学的关于 FX_{2N} 的知识都没用了，这话对吗？为什么？

（3）如果条件允许，请使用一个 FX_{3U} 系列 PLC 基本单元，对照本书所介绍的各个部位名称及功能对 FX_{3U} 系列 PLC 做一个全面的了解，并参照图 2.1-8 说明该 PLC 生产日期。

2.1.2　型号命名与产品规格

1. 型号命名

1）基本单元的型号命名

基本单元是内置了 CPU、存储器、I/O 端口和电源的整体式 PLC 产品。在 PLC 组成的控制系统中，必须配备 1 台基本单元。

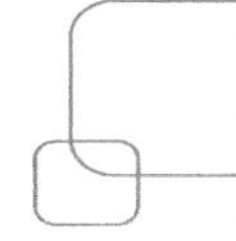

FX_{3U}系列 PLC 的基本单元型号命名如图 2.1-9 所示。I/O 点数合计是指基本单元上输入端口（X）和输出端口（Y）的合计数。对 FX_{3U}系列 PLC 来说，其输入点数和输出点数是相等的，I/O 方式见表 2.1-6。

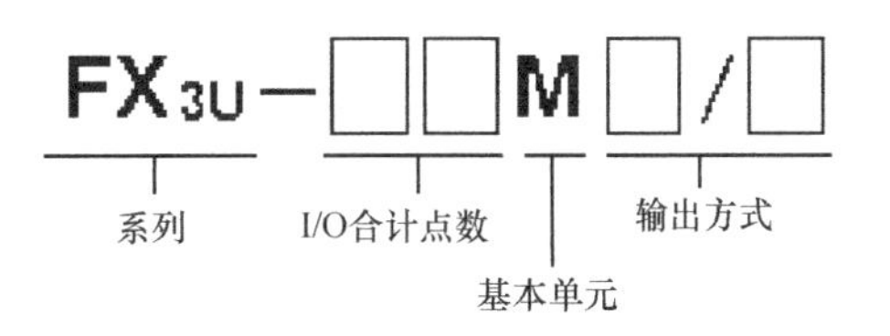

图 2.1-9　FX_{3U} PLC 基本单元型号命名

FX_{3U} 系列 PLC 的输入端口为 S/S 型接法，根据需要可接成源型输入（电流输入型）或漏型输入（电流输出型）电路，其输出端口则分为源型和漏型两种方式。

表 2.1-6　FX_{3U} PLC 基本单元 I/O 方式

符　号	输 入 方 式	输 出 方 式
R/ES	AC 电源 DC24V 输入	继电器
T/ES		晶体管（漏型）
T/ESS		晶体管（源型）
S/ES		晶闸管（SSR）
R/UA1	AC 电源，AC100V 输入	继电器
R/DS	DC 电源 DC24V 输入	继电器
T/DS		晶体管（漏型）
T/DSS		晶体管（源型）

2）扩展单元的型号命名

当基本单元的 I/O 点数不够用时，必须通过连接扩展单元或扩展模块来扩充 I/O 的点数。对 FX_{3U} 系列 PLC 来说，三菱电机并没有为它开发众多配套的扩展单元和扩展模块产品，而是仍然使用为 FX_{2N} 系列 PLC 开发的扩展单元和扩展模块产品。FX_{2N} 系列 PLC 扩展单元型号命名如图 2.1-10 所示。扩展单元 I/O 点数的分配与基本单元一样，其输入端口和输出端口的点数是相等的，而其 I/O 方式远比基本单元复杂，见表 2.1-7。

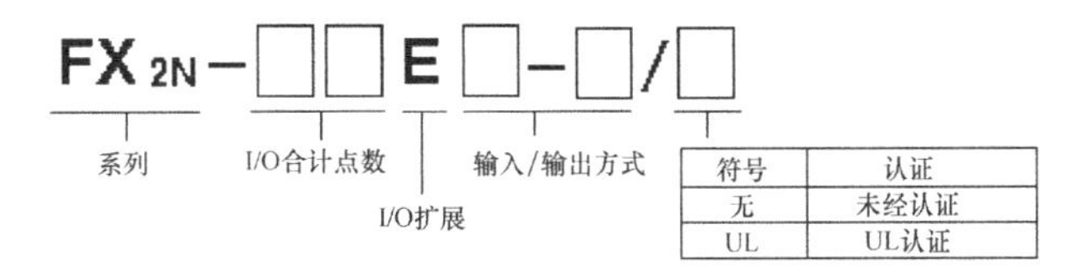

图 2.1-10　FX_{3U} PLC 扩展单元型号命名

表 2.1-7　FX_{2N} PLC 扩展单元 I/O 方式

符　号	电　源	输 入 方 式	输 出 方 式
R	AC 电源	DC24V（漏型）	继电器
S			晶闸管（SSR）
T			晶体管（漏型）
R-ES		DC24V（S/S 型）	继电器
T-ESS			晶体管（源型）
R-UA1		AC100V	继电器
R-D	DC 电源	DC24V（漏型）	继电器
R-DS		DC24V（S/S 型）	继电器
T-D		DC24V（漏型）	晶体管（漏型）
T-DSS		DC24V（S/S 型）	晶体管（源型）

扩展单元本身内置了 DC24V 电源，除了可以给自身输入端口提供电流外，还可以向后面的扩展模块供电。

型号的最后一个符号为认证标志。UL 是美国的一个产品安全标准，产品打有 UL 标志表示该产品已通过 UL 安全标准认证。消费者在选购产品时，一般会优先选择有 UL 认证标志的产品。

3）扩展模块的型号命名

扩展模块与扩展单元的区别在于扩展模块自身不带有 DC24V 电源，其电源是由基本单元或扩展单元提供。

FX_{2N} 系列 PLC 的扩展模块型号命名如图 2.1-11 所示。扩展模块的 I/O 点数比较多样化，有专门的输入端口扩展模块，也有专门的输出端口扩展模块，还有输入、输出端口的混合扩展模块，其 I/O 方式见表 2.1-8 所示。

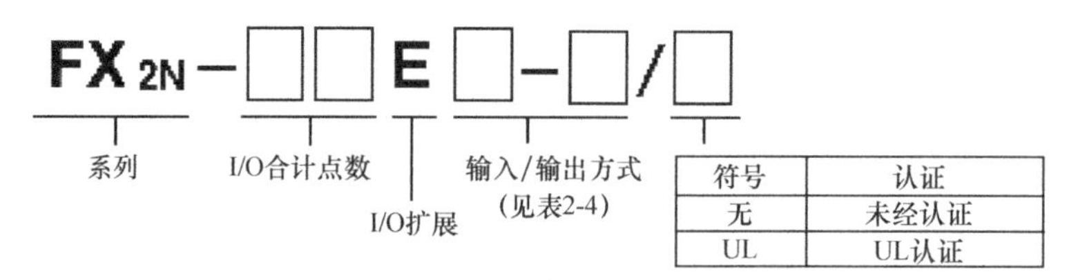

图 2.1-11　FX_{3U} PLC 扩展模块型号命名

表 2.1-8　FX_{2N} PLC 扩展模块 I/O 方式

符　　号	输 入 方 式	输 出 方 式	连 接 方 式
ER	DC24V，漏型输入	继电器输出	端子排
ER-ES	DC24V，S/S 型输入	继电器输出	端子排
X	DC24V，漏型输入		端子排
X-C	DC24V，漏型输入		连接器
XL-C	DC5V 输入		连接器
X-ES	DC24V，S/S 型输入		端子排
X-UA1	AC100V 输入		端子排
YR		继电器输出	端子排
YS		晶闸管（SSR）输出	端子排
YT		晶体管（漏型）输出	端子排
YT-H		晶体管（漏型）输出	端子排
YT-C		晶体管（漏型）输出	连接器
YR-ES		继电器输出	端子排
YT-ESS		晶体管（源型）输出	端子排

2. 产品规格

FX_{3U} 系列 PLC 基本单元的产品规格见表 2.1-9。

FX_{2N} 系列 PLC 扩展单元的产品规格见表 2.1-10。

FX_{2N} 系列 PLC 扩展模块的产品规格见表 2.1-11。

表 2.1-9 FX_{3U} PLC 基本单元产品规格

型号	合计点数	输入点数	输出点数	输出方式
AC 电源、DC 输入型				
FX_{3U}-16MR/ES	16	8	8	继电器
FX_{3U}-16MT/ES	16	8	8	晶体管（漏型）
FX_{3U}-16MT/ESS	16	8	8	晶体管（源型）
FX_{3U}-32MR/ES	32	16	16	继电器
FX_{3U}-32MT/ES	32	16	16	晶体管（漏型）
FX_{3U}-32MT/ESS	32	16	16	晶体管（源型）
FX_{3U}-32MS/ES	32	16	16	晶闸管（SSR）
FX_{3U}-48MR/ES	48	24	24	继电器
FX_{3U}-48MT/ES	48	24	24	晶体管（漏型）
FX_{3U}-48MT/ESS	48	24	24	晶体管（源型）
FX_{3U}-64MR/ES	64	32	32	继电器
FX_{3U}-64MT/ES	64	32	32	晶体管（漏型）
FX_{3U}-64MT/ESS	64	32	32	晶体管（源型）
FX_{3U}-64MS/ES	64	32	32	晶闸管（SSR）
FX_{3U}-80MR/ES	80	40	40	继电器
FX_{3U}-80MT/ES	80	40	40	晶体管（漏型）
FX_{3U}-80MT/ESS	80	40	40	晶体管（源型）
FX_{3U}-128MR/ES	128	64	64	继电器
FX_{3U}-128MT/ES	128	64	64	晶体管（漏型）
FX_{3U}-128MT/ESS	128	64	64	晶体管（源型）
DC 电源、DC 输入型				
FX_{3U}-16MR/DS	16	8	8	继电器
FX_{3U}-16MT/DS	16	8	8	晶体管（漏型）
FX_{3U}-16MT/DSS	16	8	8	晶体管（源型）
FX_{3U}-32MR/DS	32	16	16	继电器
FX_{3U}-32MT/DS	32	16	16	晶体管（漏型）
FX_{3U}-32MT/DSS	32	16	16	晶体管（源型）
FX_{3U}-48MR/DS	48	24	24	继电器
FX_{3U}-48MT/DS	48	24	24	晶体管（漏型）
FX_{3U}-48MT/DSS	48	24	24	晶体管（源型）
FX_{3U}-64MR/DS	64	32	32	继电器
FX_{3U}-64MT/DS	64	32	32	晶体管（漏型）
FX_{3U}-64MT/DSS	64	32	32	晶体管（源型）
FX_{3U}-80MR/DS	80	40	40	继电器
FX_{3U}-80MT/DS	80	40	40	晶体管（漏型）
FX_{3U}-80MT/DSS	80	40	40	晶体管（源型）

表 2.1-10 FX2N PLC 扩展单元产品规格

型　　号	合计点数	输入点数	输出点数	输 入 方 式	输 出 方 式
AC 电源、DC 输入型					
FX_{2N}-32ER	32	16	16	漏型	继电器
FX_{2N}-32ET	32	16	16	漏型	晶体管（漏型）
FX_{2N}-32ES	32	16	16	漏型	晶闸管（SSR）
FX_{2N}-32ER-ES/UL	32	16	16	S/S 型	继电器
FX_{2N}-32ET-ESS/UL	32	16	16	S/S 型	晶体管（源型）
FX_{2N}-48ER	48	24	24	漏型	继电器
FX_{2N}-48ET	48	24	24	漏型	晶体管（漏型）
FX_{2N}-48ER-ES/UL	48	24	24	S/S 型	继电器
FX_{2N}-48ET-ESS/UL	48	24	24	S/S 型	晶体管（源型）
AC 电源、AC 输入型					
FX_{2N}-48ER-UAI/UL	48	24	24	AC 输入	继电器
DC 电源、DC 输入型					
FX_{2N}-48ER-D	48	24	24	漏型	继电器
FX_{2N}-48ET-D	48	24	24	漏型	晶体管（漏型）
FX_{2N}-48ER-DS	48	24	24	S/S 型	继电器
FX_{2N}-48ET-DSS	48	24	24	S/S 型	晶体管（漏型）

表 2.1-11 FX2N PLC 扩展模块产品规格

型　　号	合计点数	输入点数	输出点数	输入方式	输出方式	连接方式
输入输出扩展型						
FX_{2N}-8ER-ES/UL	16*	4	4	S/S 型	继电器	端子排
FX_{2N}-8ER	16*	4	4	漏型	继电器	端子排
输入扩展型						
FX_{2N}-8EX-ES/UL	8	8		漏型		端子排
FX_{2N}-8EX	8	8		漏型		端子排
FX_{2N}-8EX-UAI/UL	8	8		AC		端子排
FX_{2N}-16EX-ES/UL	16	16		漏型		端子排
FX_{2N}-16EX	16	16		漏型		端子排
FX_{2N}-16EX-C	16	16		漏型		连接器
FX_{2N}-16EXL-C	16	16		漏型		连接器
输出扩展型						
FX_{2N}-8EYR-ES/UL		8			继电器	端子排
FX_{2N}-8EYR-S-ES/UL		8			继电器	端子排
FX_{2N}-8EYT-ESS/UL		8			晶体管（源型）	端子排
FX_{2N}-8EYR		8			继电器	端子排
FX_{2N}-8EYT		8			晶体管（漏型）	端子排
FX_{2N}-8EYT-H		8			晶体管（漏型）	端子排
FX_{2N}-16EYR-ES/UL		16			继电器	端子排
FX_{2N}-16EYT-ESS/UL		16			晶体管（源型）	端子排
FX_{2N}-16EYR		16			继电器	端子排
FX_{2N}-16EYS		16			晶闸管（SSR）	端子排
FX_{2N}-16EYT		16			晶体管（漏型）	端子排
FX_{2N}-16EYT-C		16			晶体管（漏型）	连接器

*作为空号，占用输入 4 点，输出 4 点。

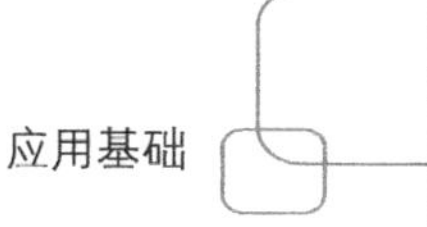

【试试，你行的】

（1）1.FX_{3U} PLC 基本单元型号如图 P2.1-1 所示，试回答：

FX_{3U}－48MT/ES

图 P2.1-1

① 它有多少个 I/O 点？其中 I 点多少？O 点多少？

② 其输出方式是哪种类型？

③ PLC 使用何种电源？其输入端口使用何种电源？

（2）某学员根据控制需要想采购一个符合下面条件的 FX_{3U} PLC，告诉他应该买哪种型号的 FX_{3U} 基本单元。

① 需要输入点数 30 点，输出 16 点。

② 用作定位控制，能够输出高速脉冲。

③ 使用 AC220V 作为基本单元的电源。

（3）扩展单元和扩展模块有什么区别？

（4）当 PLC 基本单元的 I/O 点数不够用时，应通过什么方法来扩充？

2.1.3　性能规格

1．一般规格

一般规格仅摘录了使用环境及内置电源等参数，见表 2.1-12，更详细的内容可参看参考文献[2]。

表 2.1-12　FX_{3U} PLC 一般规格

项　目		规　格	
环境温度		运行时：0～55°C　　保管时：-25～75°C	
相对湿度		5%～95%(不结露)	
使用环境		无腐蚀性、可燃烧气体，导电性尘埃（灰尘）不严重的场合	
使用高度		2000m 以下	
电源	电源电压	AC100～240V	DC24V
	允许范围	AC85～264V	DC16.8～28.8V
	额定频率	50/60Hz	—
	容量	30～65VA	25～45W
	保险丝	3.15A/250V，　5A/250V	3.15A/250V，　5A/250V
内置电源	DC24V	400mA，　600mA	
	DC5V	500mA	

2．输入规格

输入规格仅说明基本单元输入端口 X 的相关规格参数，而扩展单元及扩展模块的相应输入端口规格请参看参考文献[2]。

输入规格见表 2.1-13。

表 2.1-13　FX_{3u} PLC 输入规格

项　目		规　格
输入连接方式		端子排
输入形式		漏型/源型
输入信号电压		DC24V±10%
输入阻抗	X000-X005	3.9kΩ
	X006-X007	3.9kΩ
	X010 以上	34.3kΩ
输入信号电流	X000-X005	6mA/DC24V
	X006-X007	7mA/DC24V
	X010 以上	5mA/DC24V
ON 输入灵敏度电流	X000-X005	3.5 mA 以上
	X006-X007	4.5 mA 以上
	X010 以上	3.5 mA 以上
OFF 输入灵敏度电流		1.5 mA 以下
输入响应时间		约 10ms
输入信号形式		无源开关信号输入 漏型：NPN 型电子开关信号输入 源型：PNP 型电子开关信号输入
输入回路隔离		发光二极管反向并接光电耦合隔离
输入动作显示		光耦被驱动时，面板对应 LED 灯亮

现对表中一些规格参数进行说明。

1）输入响应时间

FX_{3U} 系列 PLC 在输入光电耦合电路的输出信号侧（称作二次回路侧）设置了 C-R 滤波器，这个滤波器是用于防止触点的抖动或输入线混入噪音引起的误动作，但这也给信号响应带来了 10ms 的延迟。即端口信号由 ON 变为 OFF，或由 OFF 变为 ON 时，到 PLC 内部接到信号有 10ms 的延迟。

2）输入灵敏度

输入灵敏度是指当端口输入显示为 ON 时的最小电流值（发光二极管呈现导通状态时的最小电流值）和端口输入显示为 OFF 时的最大电流值（发光二极管在正向电压下电流小于此值时呈现截止状态）。

3. 输出规格

FX_{3U} 系列 PLC 的输出类型有继电器、晶体管和晶闸管(SSR)三种输出方式，它们的规格分别见表 2.1-14、表 2.1-15 和表 2.1-16。

关于三种输出方式的具体说明见 2.2.3 节 I/O 端口与连接。

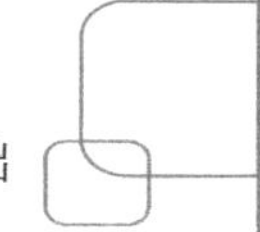

表 2.1-14　FX_{3u} 系列 PLC 继电器输出规格

项　　目		规　　格
输出的连接方式		端子排
输出形式		继电器
外部电源		DC30V 以下，AC250V 以下
最大负载	电阻负载	2A/1 点 每个公共端的合计电流如下所示： 输出 1 点/1 个公共端，2A 以下， 输出 4 点/1 个公共端，8A 以下， 输出 8 点/1 个公共端，8A 以下
	电感性负载	80VA
最小负载		DC5 V　2mA
开路漏电流		—
响应时间	OFF→ON	约 10ms
	ON→OFF	约 10ms
回路隔离		机械隔离
输出动作显示		继电器线圈得电时面板 LED 灯亮

表 2.1-15　FX_{3u} 系列 PLC 晶体管输出规格

项　　目		规　　格
输出的连接方式		端子排
输出形式		漏型/源型
外部电源		DC5-30V
最大负载	电阻负载	0.5A/1 点 每个公共端的合计电流如下所示： 输出 1 点/1 个公共端，0.5A 以下， 输出 4 点/1 个公共端，0.8A 以下， 输出 8 点/1 个公共端，1.6A 以下
	电感性负载	12W/DC24V
最小负载		—
ON 电压		1.5V 以下
开路漏电流		0.1mA 以下/DC30V
响应时间	OFF→ON	Y000-Y002：5μs 以下/10mA 以上（DC5～24V） Y003-：0.2ms 以下/200mA 以上（DC24V）
	ON→OFF	Y000-Y002：5μs 以下/10mA 以上（DC5～24V） Y003-：0.2ms 以下/200mA 以上（DC24V）
回路隔离		光电隔离
输出动作显示		光耦驱动时面板 LED 灯亮

三菱 FX_{3U} 系列 PLC 在基本单元、FX_{2n} 系列 PLC 扩展单元和扩展模块中都有晶闸管输出型产品，表 2.1-16 为基本单元 FX_{3U}-32MS 产品的输出规格。

三种输出方式主要区别在于它们的输出电路结构不同。继电器输出是一种无源触点输出（本质上是实体继电器的触点），而晶体管输出和晶闸管输出是一种有源电子开关（详见 2.2.3 节），因此，它们的特点和应用范围也不同。

继电器输出的特点是负载电流大（2A/点），负载电源可以是交流电源，也可以是直流电源，其缺点是触点响应时间长（10ms），触点寿命有限，经常用于输出频率要求较低，能直接带动各种交、直流负载（中间继电器、电磁阀、木型接触器等）的场合。

表 2.1-16　FX_{3U}-32MS 晶闸管(SSR)输出规格

项　目		规　格
输出的连接方式		端子排
输出形式		可控硅（SSR）
外部电源		AC85-242V
最大负载	电阻负载	0.3A/1 点 每个公共端的合计电流如下所示： 输出 4 点/1 个公共端，0.8A 以下， 输出 8 点/1 个公共端，0.8A 以下，
	电感性负载	15VA/AC100V,　30VA/AC200V
最小负载		0.4VA/AC100V,　1.6VA/AC200V
开路漏电流		1mA/AC100V,　2mA/AC200V
响应时间	OFF→ON	1ms 以下
	ON→OFF	10ms 以下
回路隔离		光电晶闸管隔离
输出动作显示		光耦晶闸管驱动时面板 LED 灯亮

晶体管输出的特点是响应快（高速输出口为微秒级），可以发出高速脉冲，而且，电子开关的寿命远远高于继电器触点，缺点是其负载电流小（0.5A/点），且只能带动直流负载。因此，主要用于定位控制中高速脉冲输出和其他一些响应要求较快的控制场合。

晶闸管输出也是一种电子开关，特点是可以进行双向导通，其负载电流更小（0.3A/点），响应时间比继电器输出快，但远不如晶体管输出，但其双向导通的特点可以用在交流负载上，因此，是一种交流负载的电子开关，通常用在高频、小负载的交流负载场合。

【试试，你行的】

（1）电气设备一般有哪几种接地方式？对 PLC 来说，哪种方式最好，哪种方式不宜采用？

（2）FX_{3U} 系列 PLC 输出触点电流容量与什么有关？型号为 FX_{3U}-32MR/ES 的电流容量是多少？型号为 FX_{3U}-64MT/ES 的电流容量是多少？型号为 FX_{3U}-32MS/ES 的电流容量是多少？

2.1.4　资料手册

三菱电机为 FX 系列 PLC 的应用编写了众多的用户资料手册，这些资料手册基本上分为两类，一类是随机附送的用户手册，一类是专门撰写的资料手册。

随机附送的用户手册是指随用户购买的 FX 系列 PLC 的各种基本单元和扩展选件的硬件手册、安装手册、用户指南和用户手册，这些资料针对性强，说明简单，比较专业，完全看懂需要一定的技术基础知识。

专门撰写的资料手册也有两类，一类是三菱电机根据各种专门应用知识编写的通用性技术手册，这类手册对用户来说是必不可少的，不学习这类技术手册，很难把 PLC 的各种应用技术学好、学懂、学透，而且这类手册平时也可当作工具书查阅；另一类是复杂的扩展选件使用手册，它是针对该扩展选件而编写的，如果用到这类扩展选件，则必须学习其相应的使用手册，否则无法应用。

所有的用户资料手册三菱电机均有电子版供用户下载，读者只要登录三菱电机官方网站 http://cn.mitsubishielectric.com/fa/zh/index.asp 注册为会员后就可下载。

表 2.1-17 为 FX3U 系列 PLC 用户资料手册列表，表 2.1-18 为随机附送用户手册列表，供读者查阅使用。

表 2.1-17　FX_{3U} 系列 PLC 用户资料手册列表

类	手 册 名 称	内　容
通用手册	FX_{3U} 系列用户手册〔硬件篇〕	关于 FX_{3U} 系列 PLC 主机的输入输出规格、接线、安装及维护等硬件方面的详细内容
	FX_{3UC} 系列用户手册〔硬件篇〕	关于 FX_{3UC} 系列 PLC 主机的输入输出规格、接线、安装及维护等硬件方面的详细内容
	FX_{3U}·FX_{3UC} 系列编程手册〔基本·应用指令说明书〕	关于 FX_{3U}·FX_{3UC} PLC 的基本指令说明、功能指令说明，各种软元件说明等于顺控编程相关的内容
	FX 系列用户手册〔通信控制篇〕	关于简易 PLC 间的连接、并联连接、计算机连接无协议通信（RS 指令）、FX_{2N}-232IF 的详细内容
	FX_{3U}·FX_{3UC} 系列用户手册〔模拟量控制篇〕	关于模拟量特殊功能模块（FX_{3UC}-4AD）和模拟量特殊适配器（FX_{3U}-ADP）的详细内容
	FX_{3U}·FX_{3UC} 系列用户手册〔定位控制篇〕	关于 FX·FX_{3UC} 内置定位功能的详细内容
	FX 系列特殊功能模块用户手册	关于 FX 系列 PLC 的 21 种特殊功能模块选件随机附送的用户指南的详细说明
专用选件手册	FX_{2N}-2LC 用户手册	2 通道、温度控制特殊功能模块的详细说明
	FX_{2N}-10PG 用户手册	关于单轴脉冲输出的特殊功能模块的详细内容
	FX_{2N}-10GM·FX_{2N}-20GM 用户手册	关于 1 轴、2 轴的特殊功能模块的详细说明
	FX_{2N}-16CCL-M 用户手册	关于 CC-Link 主站特殊功能模块的详细内容
	FX_{2N}-64CL-M 用户手册〔详细篇〕	关于 CC-Link/LT 主站特殊功能模块的详细内容

表 2.1-18　FX_{3U} PLC 扩展选件随机资料手册列表

手 册 名 称	内　容
FX_{3U} 系列主机	
FX_{3U} 系列硬件手册	关于 FX_{3U} 系列 PLC 主机的输入/输出规格、接线、安装及维护等硬件方面的基本内容
FX_{3UC} 系列硬件手册	关于 FX_{3UC} 系列 PLC 主机的输入/输出规格、接线、安装及维护等硬件方面的基本内容
通信控制	
FX_{3U}-USB-BD 用户手册	USB 通信功能扩展板
FX_{3U}-232-BD 安装手册	RS-232 通信功能扩展板
FX_{3U}-232ADP 安装手册	RS-232 通信特殊适配器
FX_{2N}-232IF 硬件手册	RS-232 通信特殊扩展模块
FX_{3U}-422-BD 安装手册	RS-422 通信功能扩展板
FX_{3U}-485-BD 安装手册	RS-485 通信功能扩展板
FX_{3U}-485ADP 安装手册	RS-485 通信特殊适配器
FX-485PC-IF 硬件手册	RS-232/RS-485 转换接口
CC-Link，MELSEC I/O LINK，AS-i 系统	
FX_{2N}-16CCL-M 用户指南	CC-Link 主站特殊功能模块
FX_{2N}-32CCL 用户手册	CC-Link 远程设备站特殊功能模块

续表

手册名称	内　容
CC-Link，MELSEC I/O LINK，AS-i 系统	
FX_{2N}-64CL-M 用户手册〔硬件篇〕	CC-Link/LT 主站特殊功能模块
FX_{2N}-64CL-M 用户手册〔详细篇〕	
FX_{2N}-16LINK-M 用户手册	MELSEC　I/O　Link 主站特殊功能模块
FX_{2N}-32ASI-M 用户手册	AS-i 系统用主站特殊功能模块
模拟量控制	
FX_{2N}-2AD 用户手册	2 通道模拟量输入特殊功能模块
FX_{3U}-4AD-ADP 用户手册	4 通道模拟量输入特殊适配器
FX_{3UC}-4AD 安装手册	4 通道模拟量输入特殊功能模块
FX_{2N}-4AD 用户手册	4 通道模拟量输入特殊功能模块
FX_{2NC}-4AD 用户手册	4 通道模拟量输入特殊功能模块
FX_{2N}-8AD 用户手册	8 通道模拟量输入（热电偶兼用）特殊功能模块
FX_{3U}-4AD-PT-ADP 用户手册	4 通道 PT-100 温度传感器输入特殊适配器
FX_{2N}-4AD-PT 用户手册	4 通道 PT-100 温度传感器输入特殊功能模块
FX_{3U}-4AD-TC-ADP 用户手册	4 通道热电偶输入特殊适配器
FX_{2N}-4AD-TC 用户手册	4 通道热电偶输入特殊功能模块
FX_{2N}-2LC 用户指南	2 通道温度控制特殊功能模块
FX_{2N}-2DA 用户手册	2 通道模拟量输出特殊扩展功能模块
FX_{3U}-4DA-ADP 用户手册	4 通道模拟量输出特殊适配器
FX_{2N}-4DA 用户手册	4 通道模拟量输出特殊功能模块
FX_{2NC}-4DA 用户手册	4 通道模拟量输出特殊功能模块
FX_{0N}-3A 用户手册	2 通道模拟量输入，1 通道模拟量输出特殊功能模块
FX_{2N}-5A 用户手册	4 通道模拟量输入，1 通道模拟量输出特殊功能模块
高速计数器	
FX_{3U}-4HSX-ADP 安装手册	高速输入特殊适配器
FX_{2N}-1HC 用户手册	1 通道高速计数器特殊功能模块
定位控制	
FX_{3U}-2HSY-ADP 安装手册	高速输出特殊适配器
FX_{2N}/FX-1PG 用户手册	1 轴脉冲输出特殊功能模块
FX_{2N}-10PG 安装手册	1 轴脉冲输出特殊功能模块
FX_{2N}-10GM 用户指南	1　轴定位特殊功能单元
FX_{2N}-20GM 用户指南	2　轴定位特殊功能单元
FX_{2N}-1RM-SET 用户指南	可编程凸轮开关特殊功能单元
其他手册	
FX_{3UC}-1PS-5V 安装手册	5V 电源单元
FX_{3U}-CNV-BD 安装手册	连接器转换功能扩展板

2.2　I/O 端口与连接

2.2.1　端口编号分配与端子排列

1. 端口编号分配

FX_{3U} PLC 的端口编号按照八进制数进行分配，如下所示：

X000～X007，X010～X017，X020～X027，…，X070～X077，X100～X107，…

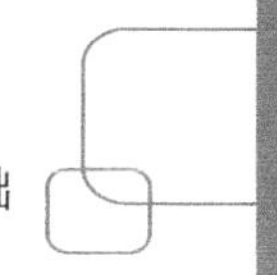

Y000～Y007，Y010～Y017，Y020～Y027，…，Y070～Y077，Y100～Y107，…

注意：编号从 X077 直接跳到 X100，中间没有 X080～X087，X090～X097。

端口的编号是 PLC 自动分配的，基本单元的编号已在端子排列上标注。如果基本单元连接扩展单元或扩展模块时，通电后，PLC 会自动按连接顺序将输入/输出端口编号分配给扩展单元和扩展模块，其分配原则是：

（1）按扩展单元和扩展模块在基本单元左面连接的前后（靠近基本单元的为前）自动进行由小到大编号分配。

（2）输入端口和输出端口的编号是各自独立按顺序分配的。

（3）每一个扩展单元或扩展模块的端口末位数必须从 0 开始，这样有可能会在输入/输出编号中产生空号。

（4）特殊功能模块 FX_{2N}-64CL-M 和 FX_{2N}-16LINK-M 会根据其所连接的远程 I/O 站的情况分配输入/输出端口编号。此外，其他特殊功能模块虽占用 I/O 点数，但不进行编号分配。也不影响扩展单元和扩展模块端口编号的顺序分配。

现举例对端口分配进行说明。分配实例一见图 2.2-1，注意，图中扩展模块 FX_{2N}-8ER 出现了空号。

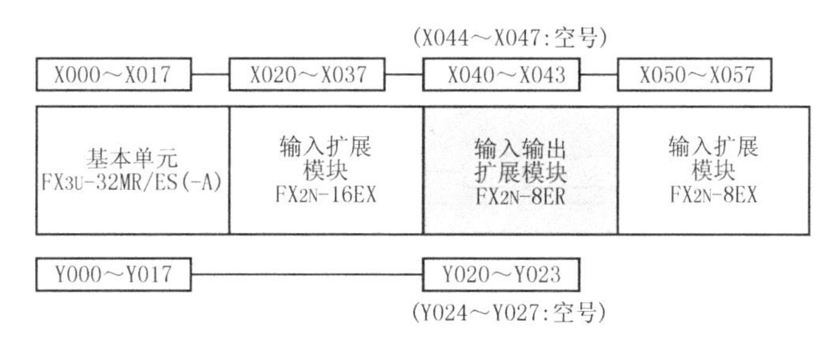

图 2.2-1　端口分配实例一

图 2.2-2 为一个组成 PLC 控制系统的分配实例。

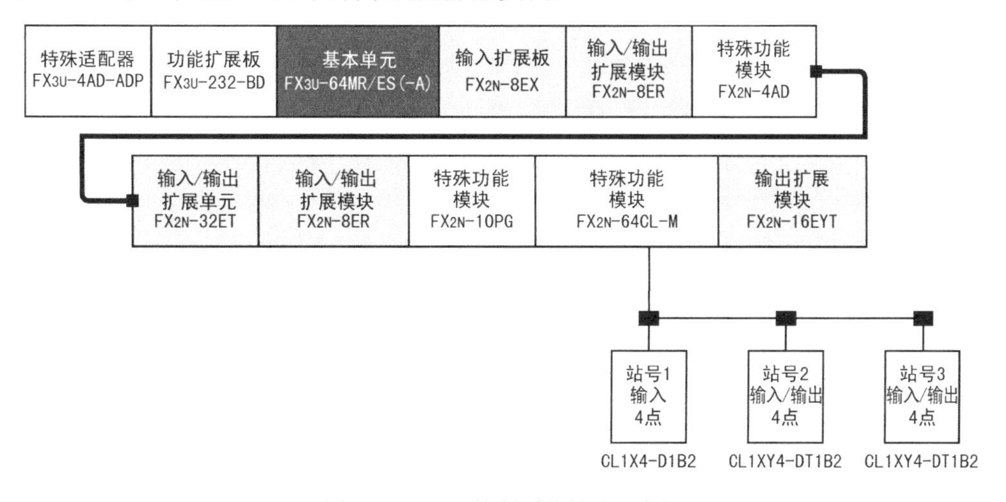

图 2.2-2　PLC 控制系统的分配实例

当连接 16 点输入扩展模块（FX_{2N}-16EX 等）和 16 点输出扩展模块（FX_{2N}-16EYR）

时，其端子会出现两组 X0～X7 或 Y0～Y7 标志，如图 2.2-3 所示。其中，上侧为小号码，下侧为大号码。当分配端口编号时，上侧分配较小编号，下侧分配较大编号，分配实例如图 2.2-4 所示。

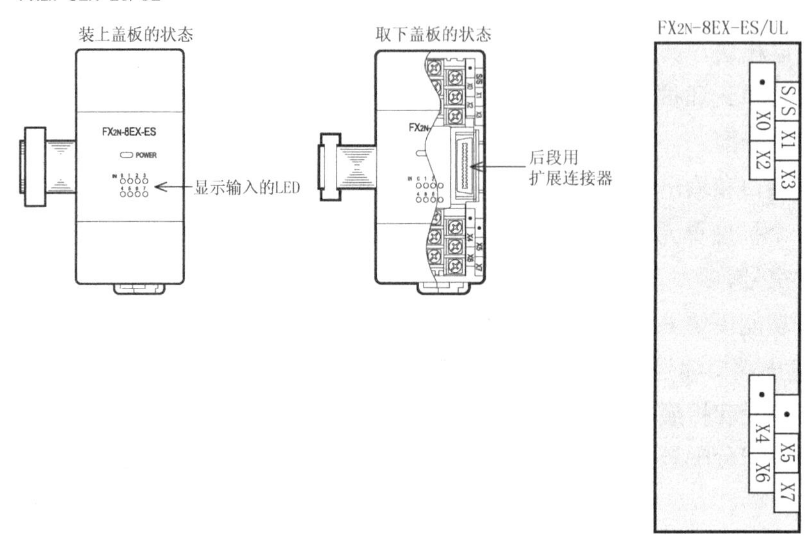

图 2.2-3　FX_{3U}-16EX 端子编号

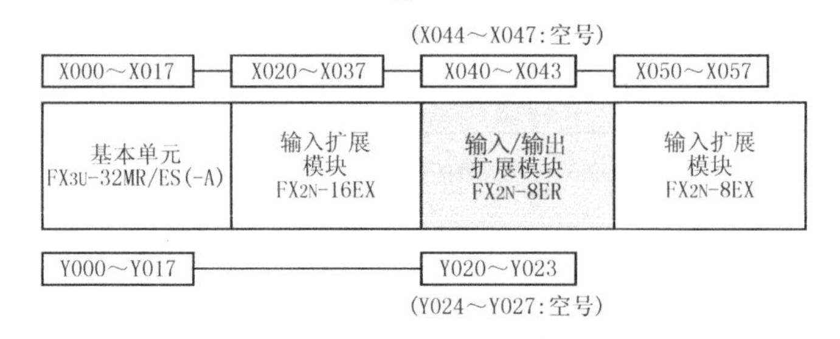

图 2.2-4　FX_{3U}-16EX 端子编号分配

2. 端子排列

现对端子排列的标示做一些说明。

1）电源

基本单元分 AC 电源和 DC 电源两种电源输入单元，在端子排列上其标识是不同的，如图 2.2-5 所示。图中，标识（⏚）为 PLC 接地端，参看 2.1.3 节关于接地方式的说明进行接地处理。

（a）AC 电源　　（b）DC 电源

图 2.2-5　AC 电源和 DC 电源端子标识图示

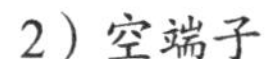

2）空端子

标识为“• ”的端子为空端子，空端子不准接入任何引线。

3）输入端口

S/S：输入端口的公共端。
24V，0V：内置 DC24V 电源，可向输入端口或外部提供 DC24V 电源。
X□：输入端口。

4）输出端口

输出端口是按照 1 点、4 点、8 点共 1 个公共端进行排列的，这种排列的好处是在一个基本单元上可以接不同的负载电源，但同一个公共端上的各个输出端的负载必须是接同一个负载电源。4 点共一个公共端为 Y0～Y3，Y4～Y7，Y10～Y13，Y14～Y17。8 点共一个公共端为 Y20～Y27，Y30～Y37……应用时不要接错。

公共端的标识有三种标记：

（1）对 FX_{3U}-16MR/ES,DS 基本单元，用相同端口编号表明是 1 个输出端。

（2）对 FX_{3U}-□M□/ES,DS 基本单元，用 COM0～COM10 表示公共端子。

（3）对 FX_{3U}-□M□/ESS,DSS 基本单元用 V0～V9 表示公共端子。

FX_{3U} PLC 基本单元的端口端子排列顺序见图 2.2-6～图 2.2-11。

• AC电源/DC输入型

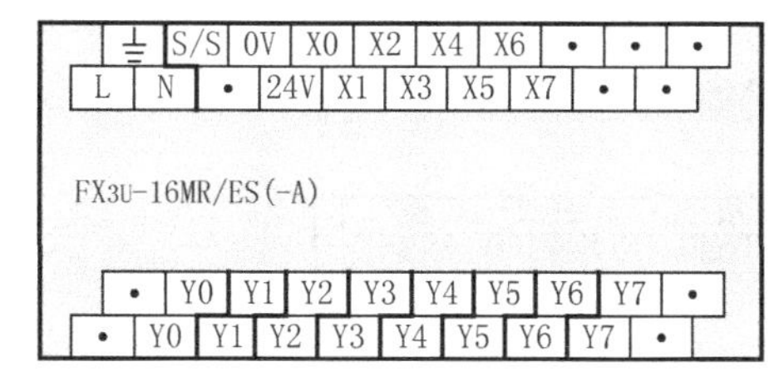

FX3U-16MT/ES(-A)

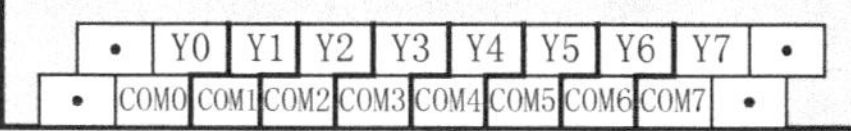

FX3U-16MT/ESS

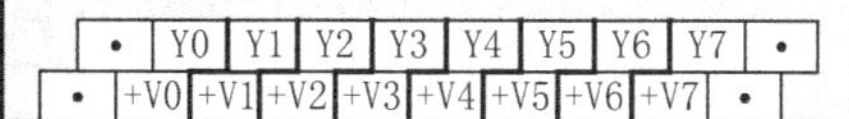

• DC电源/DC输入型

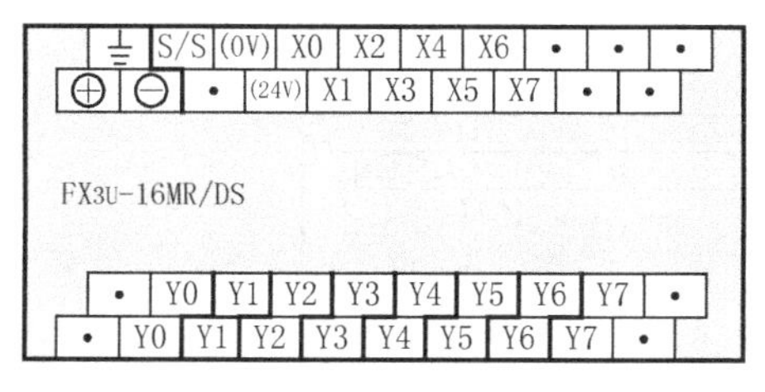

FX3U-16MT/DS

FX3U-16MT/DSS

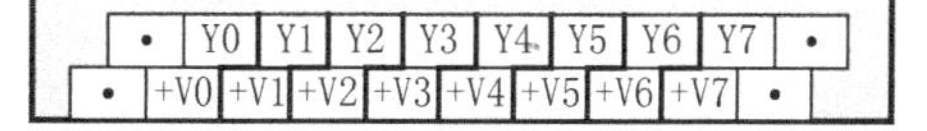

图 2.2-6　FX_{3U}-16M□端子排列

- AC电源/DC输入型

⏚	S/S	0V	X0	X2	X4	X6	X10	X12	X14	X16	•
L	N	•	24V	X1	X3	X5	X7	X11	X13	X15	X17

FX3U-32MR/ES(-A), FX3U-32MT/ES(-A), FX3U-32MS/ES

Y0	Y2	•	Y4	Y6	•	Y10	Y12	•	Y14	Y16	•
COM1	Y1	Y3	COM2	Y5	Y7	COM3	Y11	Y13	COM4	Y15	Y17

FX3U-32MT/ESS

Y0	Y2	•	Y4	Y6	•	Y10	Y12	•	Y14	Y16	•
+V0	Y1	Y3	+V1	Y5	Y7	+V2	Y11	Y13	+V3	Y15	Y17

- DC电源/DC输入型

⏚	S/S	(0V)	X0	X2	X4	X6	X10	X12	X14	X16	•
⊕	⊖	•	(24V)	X1	X3	X5	X7	X11	X13	X15	X17

FX3U-32MR/DS, FX3U-32MT/DS

Y0	Y2	•	Y4	Y6	•	Y10	Y12	•	Y14	Y16	•
COM1	Y1	Y3	COM2	Y5	Y7	COM3	Y11	Y13	COM4	Y15	Y17

FX3U-32MT/DSS

Y0	Y2	•	Y4	Y6	•	Y10	Y12	•	Y14	Y16	•
+V0	Y1	Y3	+V1	Y5	Y7	+V2	Y11	Y13	+V3	Y15	Y17

- AC电源/AC输入型

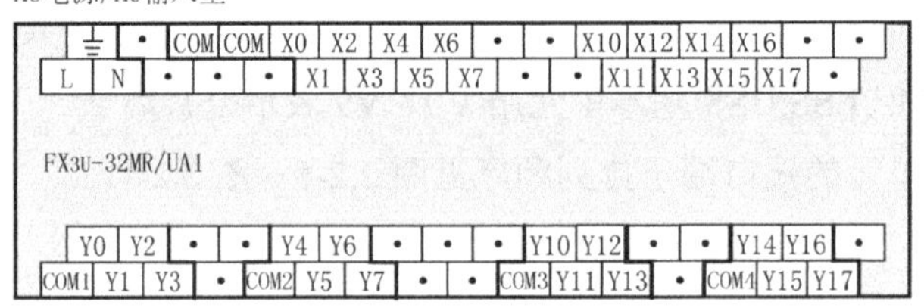

⏚	•	COM	COM	X0	X2	X4	X6	•	•	X10	X12	X14	X16	•	•
L	N	•	•	•	X1	X3	X5	X7	•	•	X11	X13	X15	X17	•

FX3U-32MR/UA1

Y0	Y2	•	•	Y4	Y6	•	•	•	Y10	Y12	•	•	Y14	Y16	•
COM1	Y1	Y3	•	COM2	Y5	Y7	•	•	COM3	Y11	Y13	•	COM4	Y15	Y17

图 2.2-7　FX_{3U}-32M□端子排列

- AC电源/DC输入型

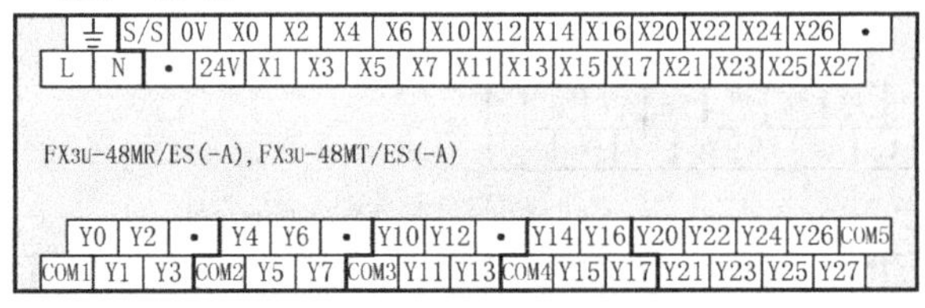

⏚	S/S	0V	X0	X2	X4	X6	X10	X12	X14	X16	X20	X22	X24	X26	•
L	N	•	24V	X1	X3	X5	X7	X11	X13	X15	X17	X21	X23	X25	X27

FX3U-48MR/ES(-A), FX3U-48MT/ES(-A)

Y0	Y2	•	Y4	Y6	•	Y10	Y12	•	Y14	Y16	Y20	Y22	Y24	Y26	COM5
COM1	Y1	Y3	COM2	Y5	Y7	COM3	Y11	Y13	COM4	Y15	Y17	Y21	Y23	Y25	Y27

FX3U-48MT/ESS

Y0	Y2	•	Y4	Y6	•	Y10	Y12	•	Y14	Y16	Y20	Y22	Y24	Y26	+V4
+V0	Y1	Y3	+V1	Y5	Y7	+V2	Y11	Y13	+V3	Y15	Y17	Y21	Y23	Y25	Y27

- DC电源/DC输入型

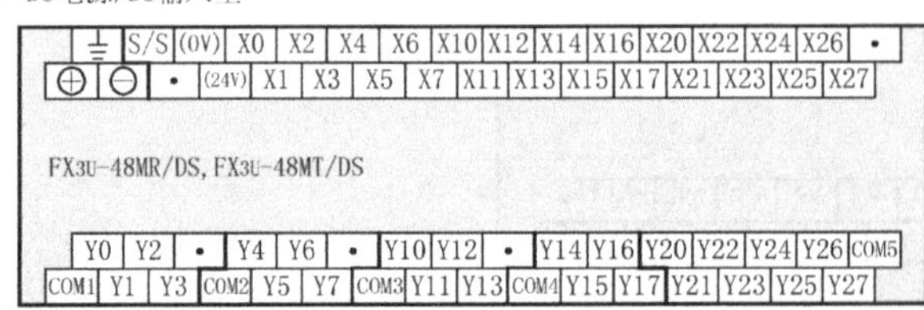

⏚	S/S	(0V)	X0	X2	X4	X6	X10	X12	X14	X16	X20	X22	X24	X26	•
⊕	⊖	•	(24V)	X1	X3	X5	X7	X11	X13	X15	X17	X21	X23	X25	X27

FX3U-48MR/DS, FX3U-48MT/DS

Y0	Y2	•	Y4	Y6	•	Y10	Y12	•	Y14	Y16	Y20	Y22	Y24	Y26	COM5
COM1	Y1	Y3	COM2	Y5	Y7	COM3	Y11	Y13	COM4	Y15	Y17	Y21	Y23	Y25	Y27

FX3U-48MT/DSS

Y0	Y2	•	Y4	Y6	•	Y10	Y12	•	Y14	Y16	Y20	Y22	Y24	Y26	+V4
+V0	Y1	Y3	+V1	Y5	Y7	+V2	Y11	Y13	+V3	Y15	Y17	Y21	Y23	Y25	Y27

图 2.2-8　FX_{3U}-48M□端子排列

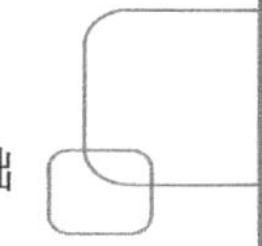

- AC电源/DC输入型

⏚ S/S 0V 0V X0 X2 X4 X6 X10 X12 X14 X16 X20 X22 X24 X26 X30 X32 X34 X36 •
L N • 24V 24V X1 X3 X5 X7 X11 X13 X15 X17 X21 X23 X25 X27 X31 X33 X35 X37

FX3U-64MR/ES(-A), FX3U-64MT/ES(-A), FX3U-64MS/ES

Y0 Y2 • Y4 Y6 • Y10 Y12 • Y14 Y16 • Y20 Y22 Y24 Y26 Y30 Y32 Y34 Y36 COM6
COM1 Y1 Y3 COM2 Y5 Y7 COM3 Y11 Y13 COM4 Y15 Y17 COM5 Y21 Y23 Y25 Y27 Y31 Y33 Y35 Y37

FX3U-64MT/ESS

Y0 Y2 • Y4 Y6 • Y10 Y12 • Y14 Y16 • Y20 Y22 Y24 Y26 Y30 Y32 Y34 Y36 +V5
+V0 Y1 Y3 +V1 Y5 Y7 +V2 Y11 Y13 +V3 Y15 Y17 +V4 Y21 Y23 Y25 Y27 Y31 Y33 Y35 Y37

- DC电源/DC输入型

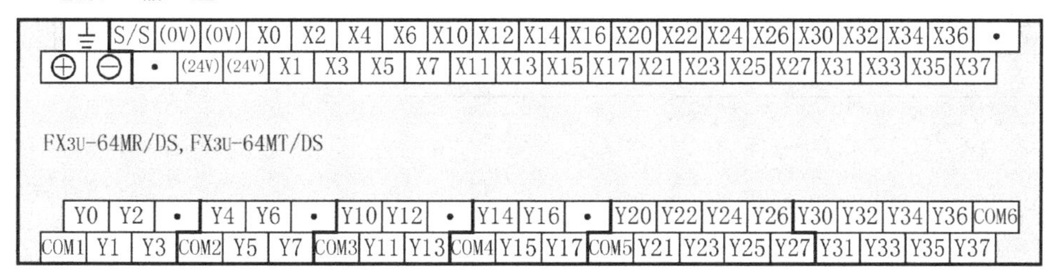

FX3U-64MT/DSS

Y0 Y2 • Y4 Y6 • Y10 Y12 • Y14 Y16 • Y20 Y22 Y24 Y26 Y30 Y32 Y34 Y36 +V5
+V0 Y1 Y3 +V1 Y5 Y7 +V2 Y11 Y13 +V3 Y15 Y17 +V4 Y21 Y23 Y25 Y27 Y31 Y33 Y35 Y37

- AC电源/AC输入型

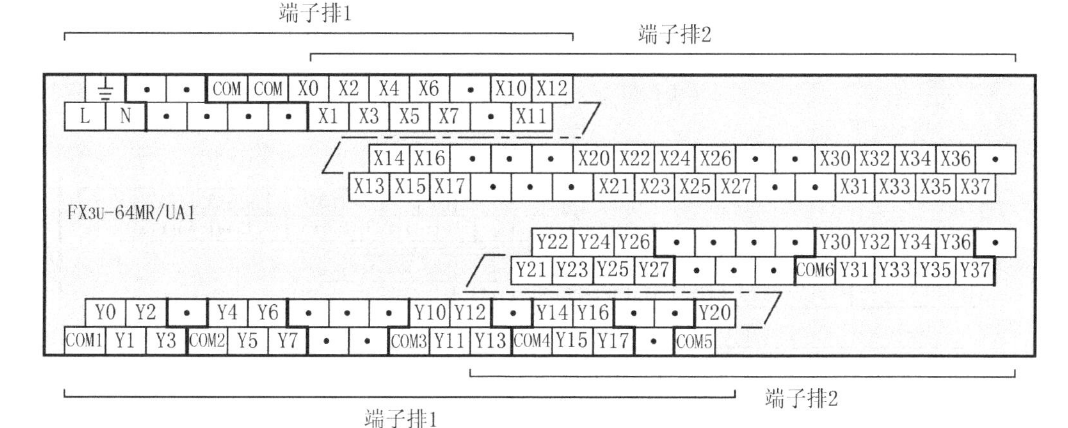

图 2.2-9 FX$_{3U}$-64M□端子排列

- AC电源/DC输入型

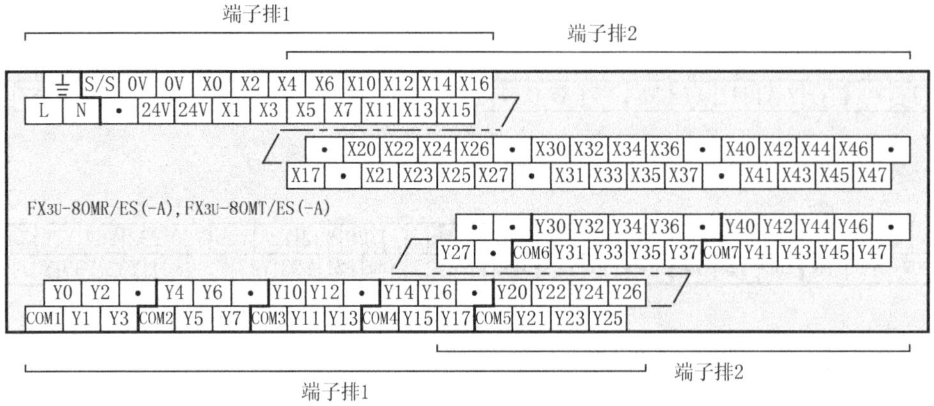

端子排1　端子排2

⏚ S/S 0V 0V X0 X2 X4 X6 X10 X12 X14 X16
L N • 24V 24V X1 X3 X5 X7 X11 X13 X15

• X20 X22 X24 X26 • X30 X32 X34 X36 • X40 X42 X44 X46 •
X17 • X21 X23 X25 X27 • X31 X33 X35 X37 • X41 X43 X45 X47

FX3U-80MR/ES(-A), FX3U-80MT/ES(-A)

• • Y30 Y32 Y34 Y36 • Y40 Y42 Y44 Y46 •
Y27 • COM6 Y31 Y33 Y35 Y37 COM7 Y41 Y43 Y45 Y47

Y0 Y2 • Y4 Y6 • Y10 Y12 • Y14 Y16 • Y20 Y22 Y24 Y26
COM1 Y1 Y3 COM2 Y5 Y7 COM3 Y11 Y13 COM4 Y15 Y17 COM5 Y21 Y23 Y25

端子排2
端子排1

FX3U-80MT/ESS

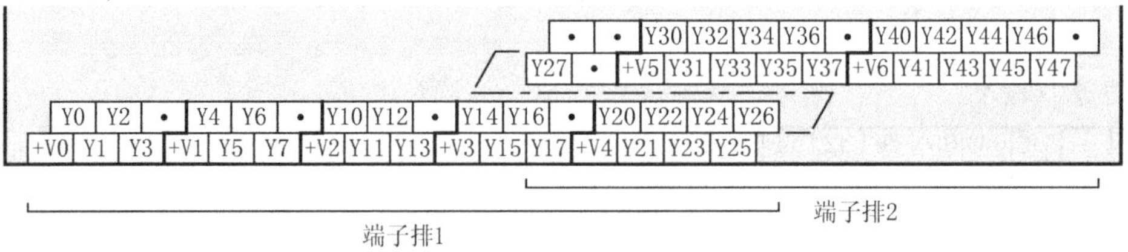

• • Y30 Y32 Y34 Y36 • Y40 Y42 Y44 Y46 •
Y27 • +V5 Y31 Y33 Y35 Y37 +V6 Y41 Y43 Y45 Y47

Y0 Y2 • Y4 Y6 • Y10 Y12 • Y14 Y16 • Y20 Y22 Y24 Y26
+V0 Y1 Y3 +V1 Y5 Y7 +V2 Y11 Y13 +V3 Y15 Y17 +V4 Y21 Y23 Y25

端子排2
端子排1

- DC电源/DC输入型

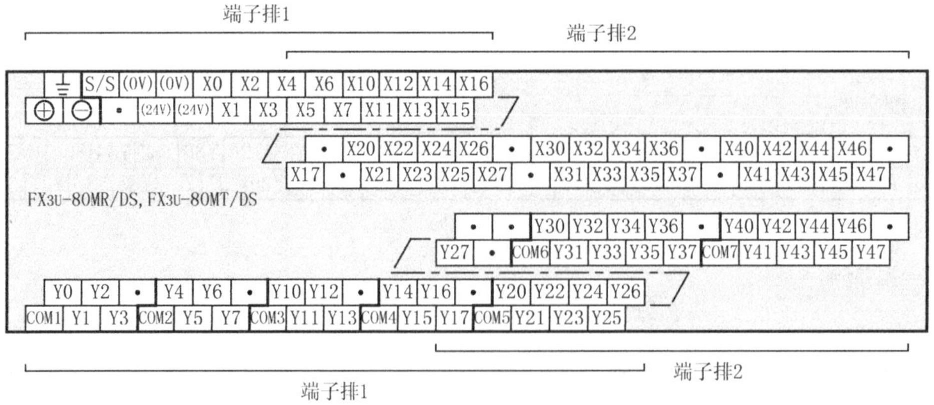

端子排1　端子排2

⏚ S/S (0V) (0V) X0 X2 X4 X6 X10 X12 X14 X16
⊕ ⊖ • (24V) (24V) X1 X3 X5 X7 X11 X13 X15

• X20 X22 X24 X26 • X30 X32 X34 X36 • X40 X42 X44 X46 •
X17 • X21 X23 X25 X27 • X31 X33 X35 X37 • X41 X43 X45 X47

FX3U-80MR/DS, FX3U-80MT/DS

• • Y30 Y32 Y34 Y36 • Y40 Y42 Y44 Y46 •
Y27 • COM6 Y31 Y33 Y35 Y37 COM7 Y41 Y43 Y45 Y47

Y0 Y2 • Y4 Y6 • Y10 Y12 • Y14 Y16 • Y20 Y22 Y24 Y26
COM1 Y1 Y3 COM2 Y5 Y7 COM3 Y11 Y13 COM4 Y15 Y17 COM5 Y21 Y23 Y25

端子排2
端子排1

FX3U-80MT/DSS

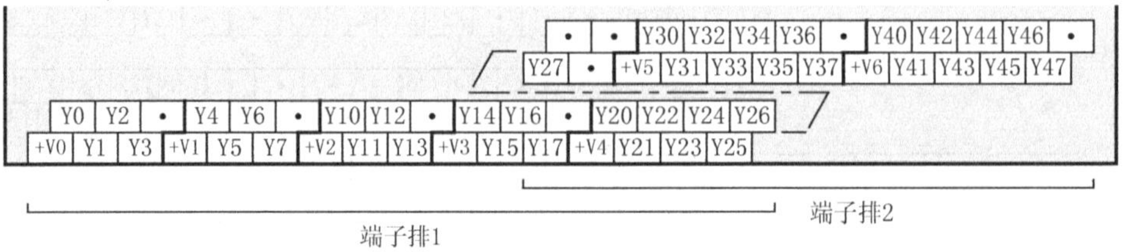

• • Y30 Y32 Y34 Y36 • Y40 Y42 Y44 Y46 •
Y27 • +V5 Y31 Y33 Y35 Y37 +V6 Y41 Y43 Y45 Y47

Y0 Y2 • Y4 Y6 • Y10 Y12 • Y14 Y16 • Y20 Y22 Y24 Y26
+V0 Y1 Y3 +V1 Y5 Y7 +V2 Y11 Y13 +V3 Y15 Y17 +V4 Y21 Y23 Y25

端子排2
端子排1

图 2.2-10　FX$_{3U}$-80M□端子排列

• AC电源/DC输入型

端子排1　端子排2

⏚ S/S 0V 0V X0 X2 X4 X6 X10 X12 X14 X16 X20 X22 X24 X26
L N • 24V 24V X1 X3 X5 X7 X11 X13 X15 X17 X21 X23 X25
X30 X32 X34 X36 X40 X42 X44 X46 X50 X52 X54 X56 X60 X62 X64 X66 X70 X72 X74 X76 •
X27 X31 X33 X35 X37 X41 X43 X45 X47 X51 X53 X55 X57 X61 X63 X65 X67 X71 X73 X75 X77

FX3U-128MR/ES(-A), FX3U-128MT/ES(-A)

Y44 Y46 COM8 Y51 Y53 Y55 Y57 Y60 Y62 Y64 Y66 COM10 Y71 Y73 Y75 Y77
Y43 Y45 Y47 Y50 Y52 Y54 Y56 COM9 Y61 Y63 Y65 Y67 Y70 Y72 Y74 Y76
Y0 Y2 COM2 Y5 Y7 Y10 Y12 COM4 Y15 Y17 Y20 Y22 Y24 Y26 COM6 Y31 Y33 Y35 Y37 Y40 Y42
COM1 Y1 Y3 Y4 Y6 COM3 Y11 Y13 Y14 Y16 COM5 Y21 Y23 Y25 Y27 Y30 Y32 Y34 Y36 COM7 Y41

端子排2　端子排1

FX3U-128MT/ESS

Y44 Y46 +V7 Y51 Y53 Y55 Y57 Y60 Y62 Y64 Y66 +V9 Y71 Y73 Y75 Y77
Y43 Y45 Y47 Y50 Y52 Y54 Y56 +V8 Y61 Y63 Y65 Y67 Y70 Y72 Y74 Y76
Y0 Y2 +V1 Y5 Y7 Y10 Y12 +V3 Y15 Y17 Y20 Y22 Y24 Y26 +V5 Y31 Y33 Y35 Y37 Y40 Y42
+V0 Y1 Y3 Y4 Y6 +V2 Y11 Y13 Y14 Y16 +V4 Y21 Y23 Y25 Y27 Y30 Y32 Y34 Y36 +V6 Y41

端子排2　端子排1

图 2.2-11　FX_{3U}-128M□端子排列

【试试，你行的】

（1）请在图 P2.2-1 空框中填入基本单元和各个扩展模块的输入端口 X 和输出端口 Y 的编号。

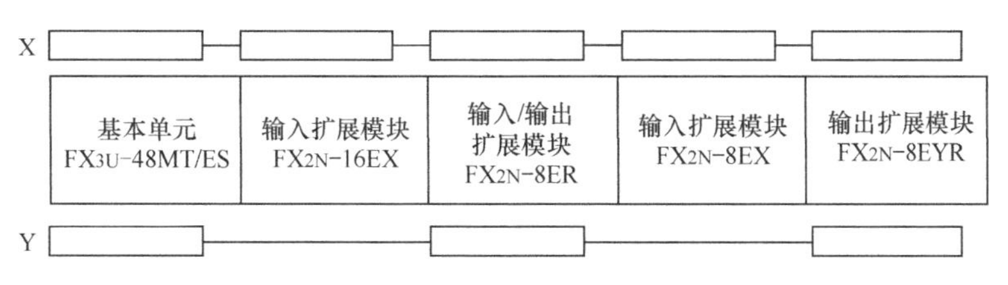

图 P2.2-1

（2）PLC 的电源接入分交流电源（AC）和直流电源（DC）接入两种，这两种接入端口在 PLC 上的标志是什么？

（3）试说明 FX_{3U} 系列 PLC 基本单元上，下面标志的含义“.”，“S/S”，“24V”，“0V”。

（4）FX_{3U} PLC 的输出端端子排列与输入端排列有什么不同？为什么？

2.2.2　输入端口与连接

1．输入端口电路

三菱 FX 系列 PLC 的输入电路都是采用反向并立双发光二极管光电耦合电路结构，如

图 2.2-12（a）所示。但是国内销售的 FX_{1S}、FX_{1N} 和 FX_{2N} 系列产品基本单元都是在内部与内置电源相连接成漏型输入电路产品，而 FX_{3U} 系列基本单元则为 S/S 型产品。S/S 型结构的特点：根据 S/S 端子与内置电源的不同连接方式可组成漏型输入（电流输出型）或源型输入（电流输入型）电流，以适应不同的外接需要，其连接方式如图 2.2-12（b）、（c）所示。

虽然 FX_{3U} 的基本单元可以接成漏型或源型输入电路，但不能混合使用，一台 PLC 仅能接成一种形式的电路。

FX_{3U} 的扩展单元产品有漏型和 S/S 型两种输入方式（见表 2.1-7），使用时应注意。当基本单元或扩展单元连接扩展模块时，则扩展模式应根据基本单元或扩展单元的实际使用方式（源型或漏型）来选择的。

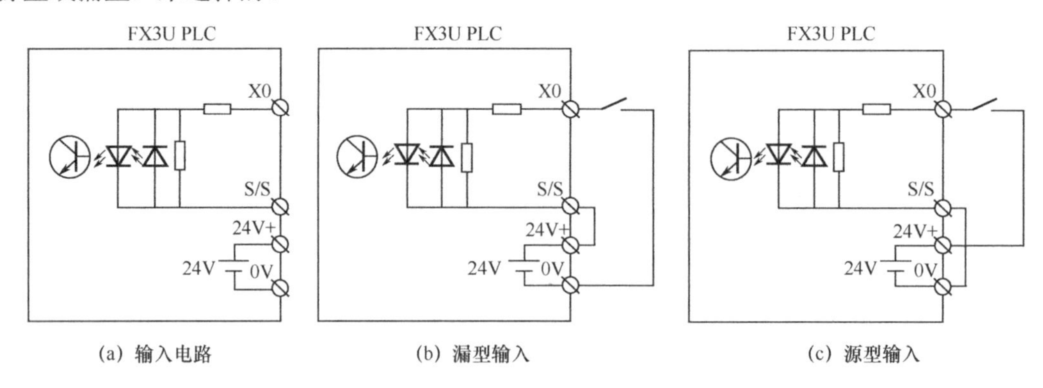

图 2.2-12　FX_{3U} PLC 输入电路

2. FX_{3U} PLC 与 NPN 型电子开关的连接

图 2.2-13 为 FX_{3U} PLC 与 NPN 型电子开关应用内置电源的连接图。图 2.2-14 为 FX_{3U} PLC 与 NPN 型电子开关应用外置电源的连接图。

图中，端口 X0 接一无源开关触点。FX_{3U} PLC 的输入电流根据端口的不同为 7mA/6mA/5mA/DC24，见表 2.1-13，要使用适用这种小电流的无源开关触点，如果使用大电流的接触器触点，可能会出现接触不良现象。

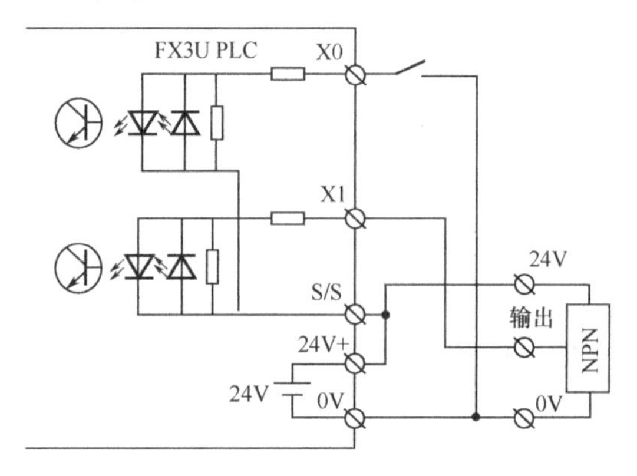

图 2.2-13　FX_{3U} PLC 与 NPN 型电子开关应用内置电源的连接

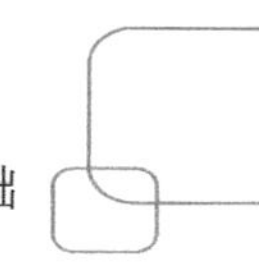

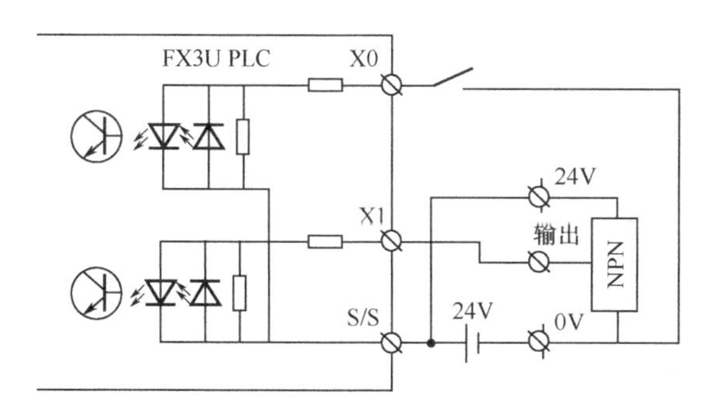

图 2.2-14　FX_{3U} PLC 与 NPN 型电子开关应用外置电源的连接

3．FX_{3U} PLC 与 PNP 型电子开关的连接

图 2.2-15 为 FX_{3U} PLC 与 PNP 型电子开关应用内置电源的连接图。图 2.2-16 为 FX_{3U} PLC 与 PNP 型电子开关应用外置电源的连接图。

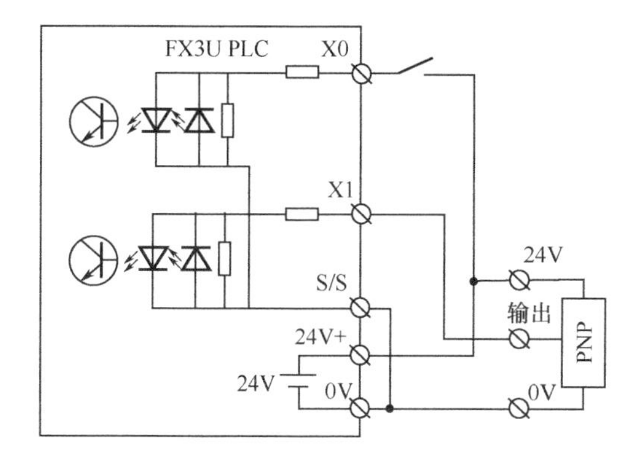

图 2.2-15　FX_{3U} PLC 与 PNP 型电子开关应用内置电源的连接

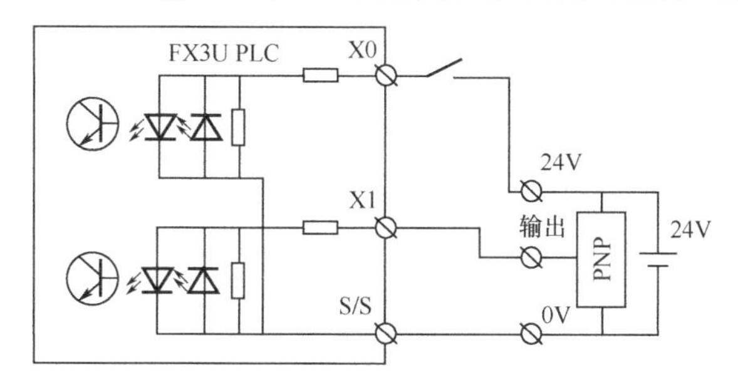

图 2.2-16　FX_{3U} PLC 与 PNP 型电子开关应用外置电源的连接

4．FX_{3U} PLC 与二线制电子开关的连接

二线制有源电子开关在 1.4.1 节中做了介绍。相比三线制 NPN 和 PNP 有源电子开关来说，二线制直流电子开关接入比较方便，它只有两根线，表示接电源正、负极，和普通无源开关接入一样，但必须注意极性，其正极 L+接到内置电源的正，其负极 L-接到内置电源的负，如图 2.2-17（a）所示为 FX_{3U} 接成漏型输入时的接法，图 2.2-17（b)为 FX_{3U} 接成源型输入时的接法。前面介绍过，二线制直流电子开关存在泄漏电流问题，但目前国家标准为小于

1mA，对于 PLC 来说，不需要考虑。相比于三线制电子开关，二线制电子开关故障率较高，寿命也较短，所以不建议采用。

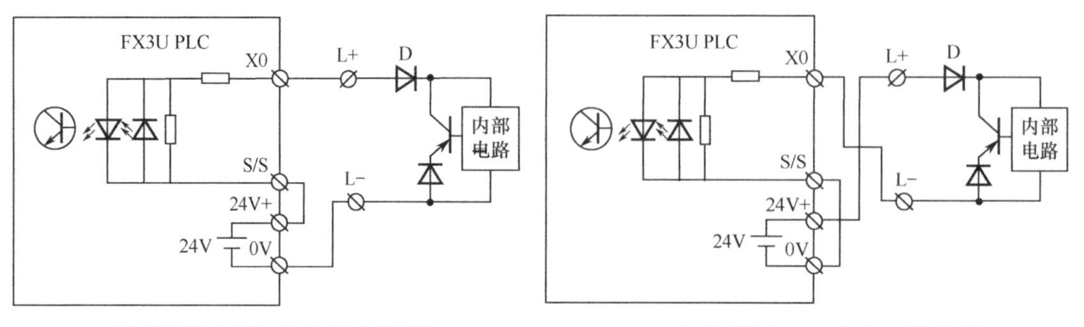

图 2.2-17　FX_{3U} PLC 与二线制电子开关的连接

5. FX_{3U} PLC 与旋转编码器的连接

编码器又称光电角位置传感器，是一种集光、机、电为一体的数字式角度/速度传感器。增量式旋转编码器在旋转时能够发出高速脉冲串，一般 PLC 都设置了专门的高速脉冲信号输入电路，用来接收高速脉冲信号，FX_{3U} PLC 规定 X0～X5 为高速脉冲信号输入端口。

1）单脉冲串输入的连接

由于旋转编码器的脉冲发生电路有 NPN 和 PNP 两种集电极开路输出类型，因此，FX_{3U} 输入电路的接法必须和编码器电路相匹配。对 NPN 型编码器来说，PLC 应接成漏型电路。对 PNP 型的编码器来说，则应接成源型电路。

图 2.2-18 是单脉冲输出的 NPN 型编码器与漏型电路的连接图。

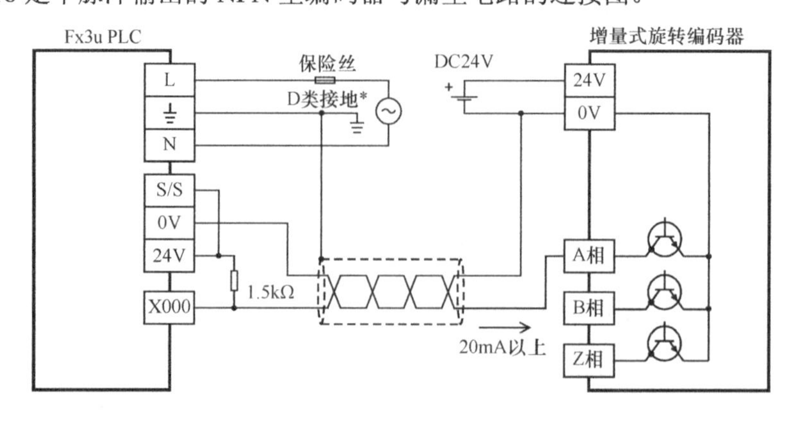

图 2.2-18　FX_{3U} PLC 与单相增量式旋转编码器的连接

旋转编码器的脉冲信号数是由 PLC 中指定的高速计数器读取，当读取 50～100kHz 响应频率的脉冲时，应注意：

（1）接线长度确保在 5m 以下。

（2）使用屏蔽双绞线作为屏蔽电缆。此外，将屏蔽层在 PLC 一侧进行单独接地。

（3）在输入端子中连接 1.5kΩ/1W 的旁路电阻，与 PLC 的输入电流相配合，使编码器的开路集电极输出电路的负载电流在 20mA 以上。

2）二相双输出（A-B 相）脉冲输入的连接

当编码器为二相双输出（A-B 相）脉冲时，与 FX_{3U} 的连接如图 2.2-19 所示。图中表示的漏型输入电路与 NPN 型双脉冲输出编码器的连接。同样，如果是 PNP 型双脉冲输出的编码器，应与源型输入电路相连接。

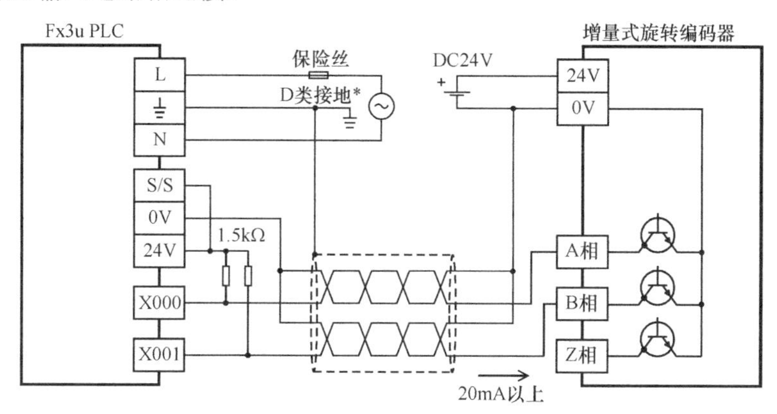

图 2.2-19　FX_{3U} PLC 与双相（A-B)增量式旋转编码器的连接

6. FX_{3U} PLC 与带发光二极管开关信号的连接

在应用中，某些无源开关信号会自身串联成并联发光二极管，用来显示其信号的通断，应用时有一些注意。

如图 2.2-20（a）所示为有串联发光二极管的场合。由于发光二极管导通时会产生压降，为避免开关导通时端口的电流小于其 ON 时输入感应电流，产生误动作，因此，建议在使用带串联发光二极管舌簧开关的情况下，二极管压降在 4V 以下时，串联最多不超过 2 个。实际使用时可串入电流表进行测试。

图 2.2-20（b）为有并联发光二极管的场合。当开关断开时，如果流过发光二极管的电流过大，会引起开关 OFF 时的误动作。为保证电流小于 OFF 时输入灵敏度电流，与二极管串联电阻要大于 15kΩ，如果小于 15 kΩ 时，可按下列公式计算旁路电阻，并按图进行测试。

$$R_b \leqslant \frac{4R_p}{15-R_p}\text{k}\Omega$$

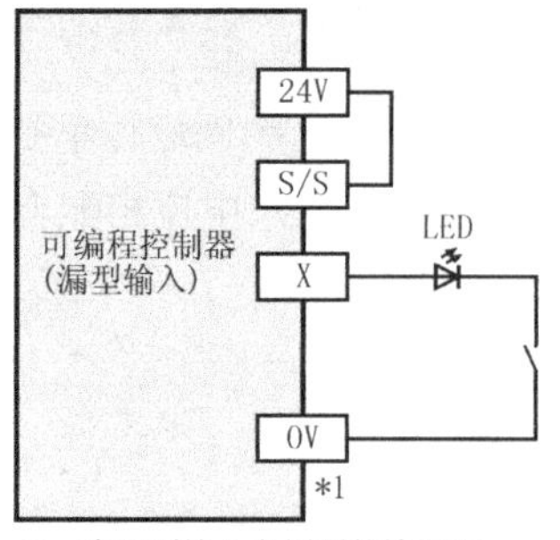

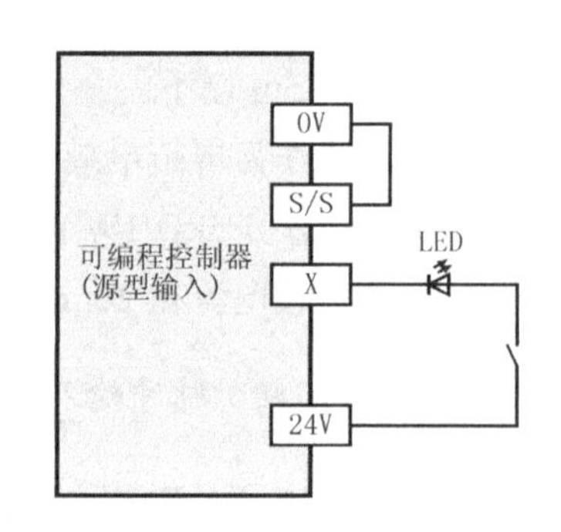

*1　在漏型输入专用型的情况下，连接到COM端子上。

（a）漏型输入

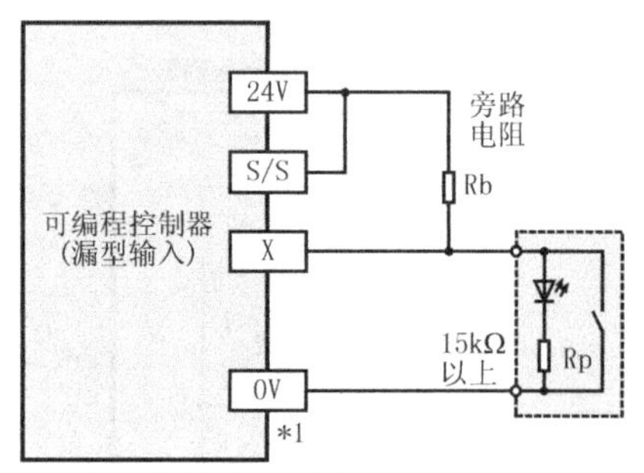

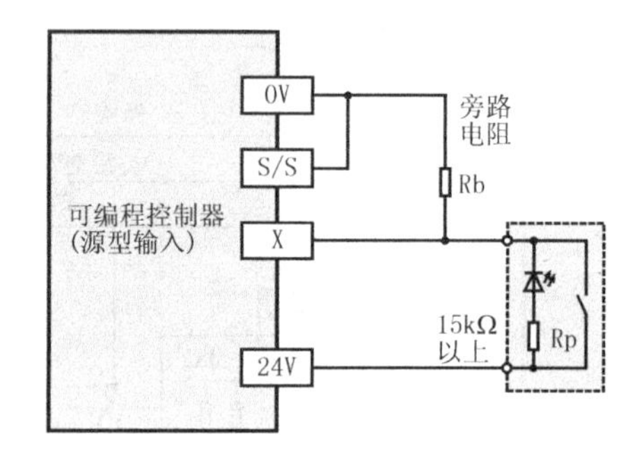

*1　在漏型输入专用型的情况下，连接到COM端子上。

（b）源型输入

图 2.2-20　FX_{3U} PLC 与带发光二极管开关信号的连接

7．基本单元与扩展模块的连接

当基本单元带有扩展模块时，在一般情况下，扩展模块输入端口的电流是由基本单元的内置 24V 电源供电的。这时，基本单元的接法应根据扩展模块的输入方式决定，图 2.2-21 给出了漏型和源型不同的接线方式。

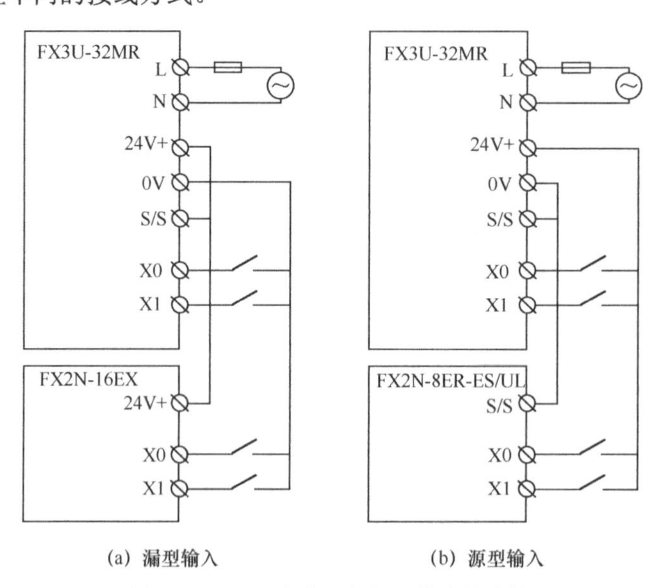

(a) 漏型输入　　(b) 源型输入

图 2.2-21　基本单元与扩展模块的连接

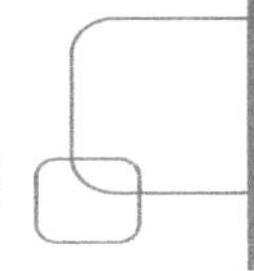

【试试，你行的】

请准备好下列实操物品：FX3U PLC 基本单元 1 个，按钮（或开关）1 个，NPN 型接近开关（或其他电子开关）1 个。PNP 型接近开关（或其他电子开关）1 个，二线制电子开关 1 个。增量式编码器 1 个，24V 开关电源 1 个。万用表 1 个。

参照图 2.2-12～图 2.2-18 的电路分别将各种开关等单独接入 PLC 的输入端口，接通 PLC 电源后，观察并验证：

（1）按钮的漏型和源性接入，当按钮动作时，相应的输入端口指示灯是否点亮或熄灭。用电流表接入输入电路，观察电流的流向是否和理论一致，电流大小是多少。

（2）将 NPN 型和 PNP 型电子开关分别接入 PLC 的输入端口，对于正确接法，观察输入端口指示灯是否随开关动作而正确亮、灭。对于错误接法，观察输入端口指示灯是否没有响应。用电流表测量输入端口的电流方向是否和图中一致，观察电流大小是多少。

（3）将编码器接入 PLC，用手缓慢地转动编码器，观察输入端口指示灯是否随着缓慢转动呈现反复一亮一灭的状态。

上述实操要求读者能掌握各种开关在 PLC 输入端口的正确接入。

2.2.3　输出端口与连接

1．输出端口的三种方式

PLC 的输出有三种方式：继电器输出、晶体管输出和晶闸管（SSR）输出。这三种输出的规格和电路结构均不相同，应用时的注意事项也不完全相同，但其共同点如下所述。

1）分组输出

一般来说，PLC 的输入端子不管是多少都是一个公共端，而 PLC 的输出端子却按照以 1 点，4 点和 8 点共一个公共端的形式分组输出，如图 2.2-22 所示。每一种规格的产品其分组都不同，基本单元的分组可参看图 2.1-6～图 2.1-11。

分组输出的好处是在同一 PLC 上可以连接不同电源规格的负载，但同一组上的输出端口只能连接同一电源规格的负载，如图 2.2-22 所示。

2）负载电源

输出端口仅仅是一个驱动负载的开关（无源触点，开关或有源电子开关），本身并不带有任何电源，因此，外接负载时，负载的电源也必须由外部电路提供。电源的性质（DC/AC）和电源电压必须和负载相匹配，电源的容量一般应大于负载电流 2 倍以上。

很多工控人员在实际连接时都没有加装熔断器，这样做，当负载一旦发生短路故障时，极易烧坏触点或晶体管，还会烧坏输出电路所在的印制电路板，因此，务必在负载回路上加入起短路保护作用的熔断器。

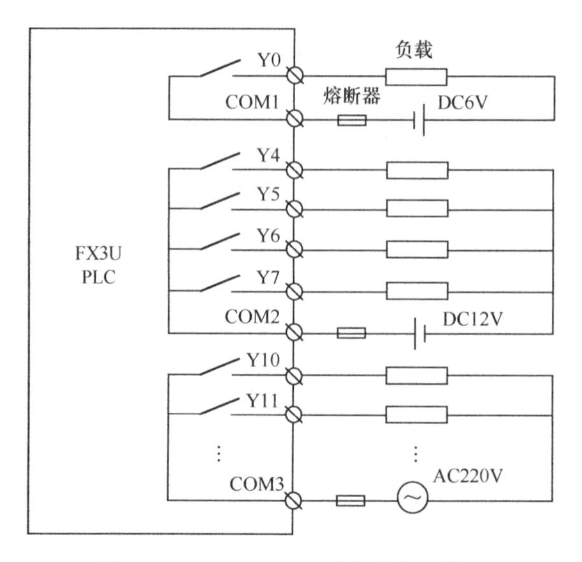

图 2.2-22　FX$_{3U}$ PLC 输出端分组图示

3）回路隔离

三种输出方式在输出回路上都采用了电气隔离措施，详见三种方式说明。

4）互锁

对某些负载，例如，电动机正反转的接触器，其同时接通会引起短路危险。除了在程序中进行互锁外，同时，还要在外部输出电路上采取互锁措施，如图 2.2-23 所示。

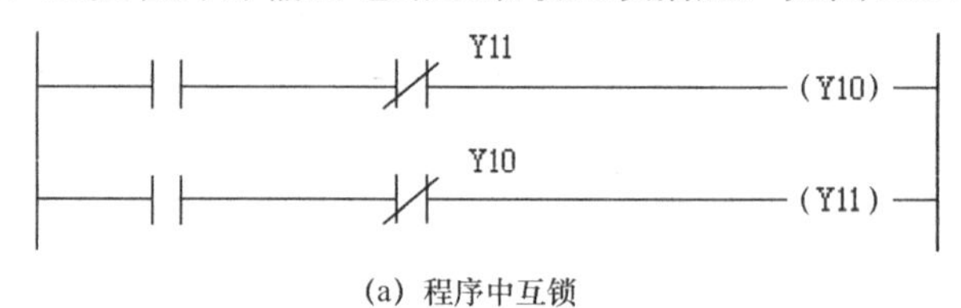

(a) 程序中互锁

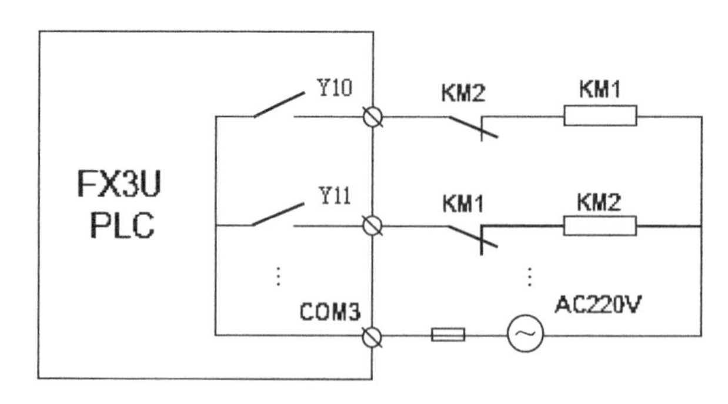

(b) 外部电路互锁

图 2.2-23　程序中互锁与外部电路互锁

下面对三种输出电路连接与应用分别进行说明。

2. 继电器输出电路与连接

关于继电器输出规格的应用说明如下所述。

1）外部电源

继电器输出仅是一个常开触点，因此，驱动负载时必须同时加负载电源，该规格规定了外部负载电源的最大值，DC30V 以下及 AC250V 以下。

2）电阻性负载时的负载电流

继电器输出触点容量是 2A/点，但如果多个输出点共一个公共端（COM）时，则公共端的容量受到规格的限制。例如，输出 8 点/1 个公共端时，其公共端的容量必须在 8A 以下。这就要求除了每个输出点负载电流不能超过 2A 外，这 8 个点的负载电流之和也不能超过 8A。

3）电感性负载时的触点寿命

当负载为接触器、继电器、电磁阀等电感性交流负载时，触点寿命规格是 20VA 以下 50 万次，但据三菱电机公司寿命测试，继电器的目标寿命如表 2.2-1 所示。触点不能承受过大冲击电流，否则其寿命会下降很多。

表 2.2-1　FX_{3u} PLC 继电器输出触点寿命

负载容量		触点寿命
20VA	0.2A/AC100V	300 万次
	0.1A/AC100V	
35VA	0.35A/AC100V	100 万次
	0.17A/AC100V	
80VA	0.8A/AC100V	20 万次
	0.4A/AC100V	

4）回路隔离

继电器输出采取了两种隔离措施，一是在输出继电器线圈和触点之间，在 PLC 内部回路和外部负载回路之间采取了电气上的隔离。二是输出的各个公共端是互相隔离的。

5）触点保护电路

当继电器输出外接电感性负载时，为延长触点寿命，降低电磁干扰，根据所接负载电源的不同，应增加保护措施。

● DC 电源

当电感性负载断开直流电源时，由于电感两端会产生很大的自感电动势，这个自感电动势会使触头延时断开，产生火花或电弧，从而烧坏触头，使触头寿命变短。这时，应在负载两端并联二极管（俗称续流二极管），使自感电动势通过二极管形成电流回路而得到释放。

续流二极管的连接应使其负极与电池正极相连，如图 2.2-24 所示，二极管的选择如表 2.2-2 所示。

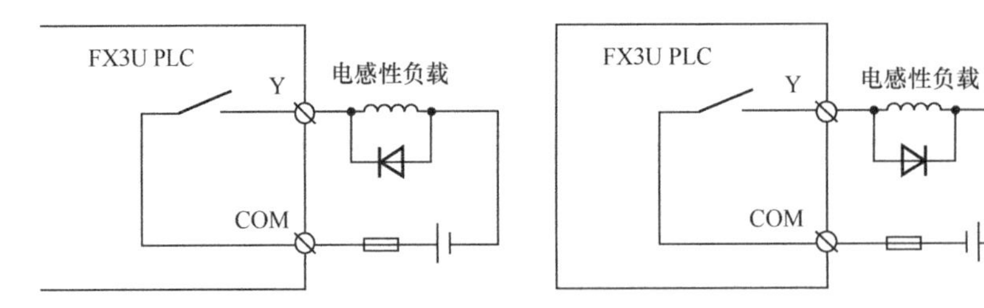

图 2.2-24　续流二极管的连接

表 2.2-2　续流二极管选择

项	规　格
反向耐压	负载电压的 5～10 倍
正向电流	大于负载电流

● AC 电源

当感性负载接入交流电路时，应在负载两端并联 RC 电路，用于抑制过滤电网浪涌冲击（瞬间高电压），保护负载（一般为各种继电器、接触器和电磁阀的线圈），如图 2.2-25 所示。

RC 电路的元件一般电容选择 0.1μF 的聚丙烯无极性电容，电阻为 100～120Ω 左右，电源电压应在 AC240V 以下。

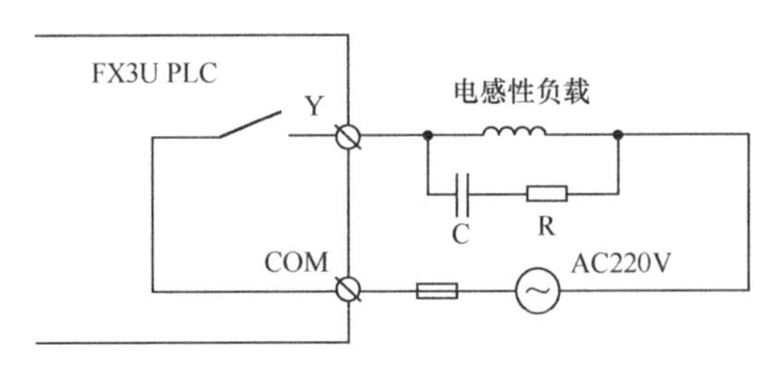

图 2.2-25　感性负载并联 RC 电路

3．晶体管输出电路与连接

晶体管输出电路按其公共端的连接方式不同分为漏型和源型两种输出规格。这两种输出回路在外接 DC 电源的极性时，输入端口的标注不相同。见图 2.2-26。使用时，先要弄清楚是漏型输出还是源型输出，然后再按图进行正确连接。

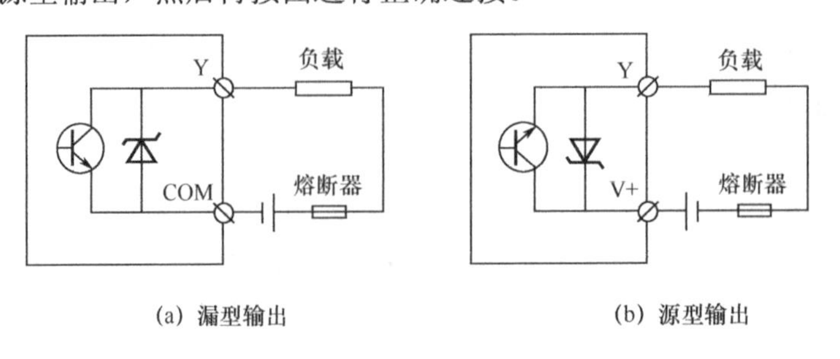

图 2.2-26　漏型和源型输出

关于晶体管输出的应用说明：

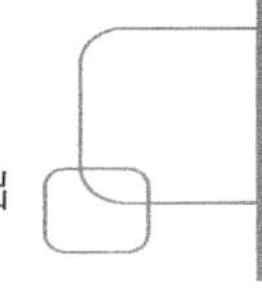

1）外部电源

晶体管输出只能接外部直流电源，外部电源为 DC5～24V 的平滑稳压电源，电流容量应大于负载电流的 2 倍以上。

2）ON 电压

指当输出晶体管导通时，其上有 1.5V 压降，加到负载上的电压就要少 1.5V。这在低压电源（DC5V）时，需要对电源带负载能力进行核算。

3）电阻性负载时的负载电流

晶体管输出开关容量是 0.5A/点，但如果多个输出点共一个公共端时，则公共端的容量受到限制。输出 4 点/1 个公共端时，其公共端的容量必须在 0.8A 以下。输出 8 点/1 个公共端时，其公共端的容量必须在 1.6A 以下。

4）回路隔离

PLC 内部回路与输出晶体管之间采用光电隔离，而且，各个输出公共端之间也相互隔离。

5）触点保护电路

连接感性负载时，应在负载两端并联续流二极管，漏型输出和源型输出的连接如图 2.2-27 所示。

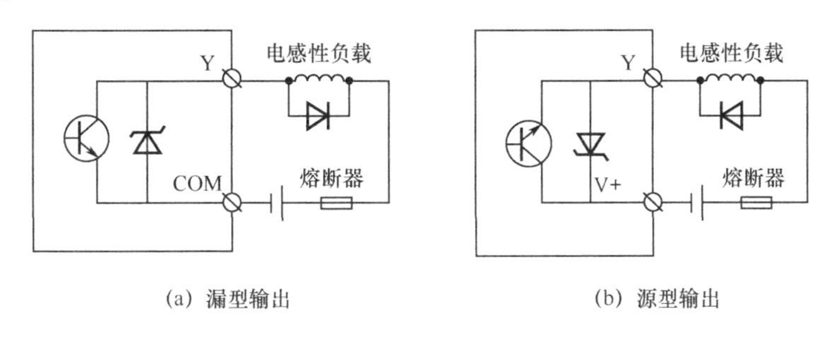

图 2.2-27　感性负载续流二极管连接

4. 晶闸管（SSR）输出电路与连接

晶闸管（SCR）也称可控硅，是一种大功率半导体器件，主要用于可控整流、交流调压和电子开关。利用晶闸管做成的无触点开关称为固态继电器（SSR）。PLC 的晶闸管输出电路实质上就是一个固态继电器电路，其开关通断由 PLC 内部信号控制。通过光电可控硅耦合电路进行隔离，其输出电路如图 2.2-28 所示，并联在双向可控硅两端的 RC 电路和压敏电阻用来抑制可控硅的关断过电压和外部电源的浪涌电压。

晶闸管输出主要用于交流负载电路，是一种交流负载的电子开关。与继电器输出交流负载电路相比，其开关的响应速度远大于继电器输出，但其带负载能力小于继电器输出。因此，晶闸管输出适合于高频小负载场合，而继电器输出适合于低频大负载场合。

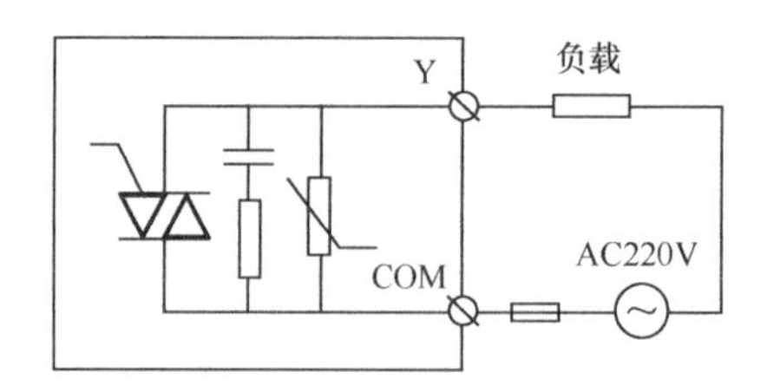

图 2.2-28　晶闸管（SCR）输出电路

关于晶闸管（SSR)输出的应用说明：

1）外部电源

晶闸管输出型主要用于交流电源负载，各个公共端可以驱动不同交流电压电源系统的负载。外部电源的规格为 AC85～242V。

固态继电器（SSR）适用于交流和直流电路控制，但 PLC 的晶闸管输出型最好不要用于直流电路的通断，直流负载应采用晶体管输出型。

2）输出电流

每一点输出中可以流过 0.3A 的电流，但由于受到温度上升的限制，每 4 点为 0.8A（平均每点 0.2A）。当冲击电流的负载频繁通断时，开根号的平均电流要小于 0.2A，如图 2.2-29 所示。

3）开路漏电流

在晶闸管输出电路中，双向可控硅的两端并接 RC 浪涌吸收电路。当可控硅关断时，负载回路会通过 RC 电路形成开路漏电流。电流大小为 1mA/AC100V，2mA/AC220V，这个电流对于额定电流较小的负载来说会产生误动作，即输出为 OFF 时，负载仍然处于 ON 状态。因此，请选择 04VA 以上/AC100V，1.6VA 以上/AC200V 的负载。负载低于这个规格时，可在负载两端并联 RC 浪涌吸收器，如图 2.2-30 所示。

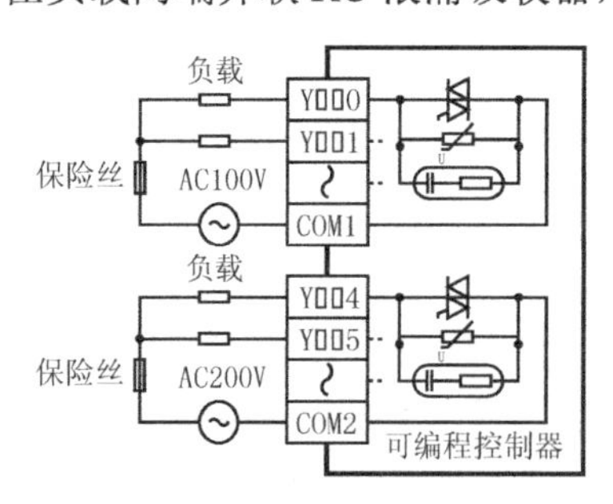

图 2.2-29　输出电流的核算

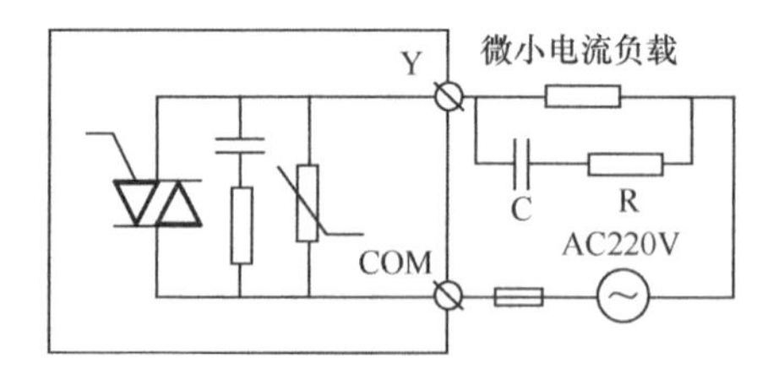

图 2.2-30　负载两端并联 RC 浪涌吸收器

【试试，你行的】

（1）FX_{3U} PLC 的输出端是一个什么性质的端口？它与输入端口有些什么区别？

（2）FX_{3U} PLC 的输出端口有几种类型？在 FX_{3U} 的型号上是如何区分这些类型的？

（3）某人在 FX_{3U}-32MT/ES 的输出端口接了一个 AC220V 中间继电器，当他接入

AC220V 输出电路电源时，会发生什么情况？

（4）试说明下列各种情况下应选择哪种输出类型的 PLC。

① 直接带动 AC220V 的换向电磁阀。

② 能发出 50kHz 的高速脉冲。

③ 每分钟通断 15 次的直流 100mA 的中间继电器。

2.3　系统扩展与组成

2.3.1　PLC 控制系统的扩展

一般来说，PLC 的基本单元由于 I/O 点数较少，只能完成小规模的开关量逻辑控制任务。虽然有扩展单元和扩展模块增加了所使用的 I/O 点数，但仍然主要使用在开关量控制上。很多控制任务（例如，模拟量控制、运动量控制和通信控制等）都无法用仅有开关量输入、输出的 PLC 来完成，为了增强 PLC 的功能，扩大其应用范围，PLC 厂家专门开发了与 PLC 配套的品种繁多的特殊用途模块，统称之扩展选件。扩展选件的多少是进行 PLC 性能比较的一个指标。好的扩展性表示 PLC 的应用范围广，能进行多种方式的控制。PLC 控制系统就是由 PLC 的基本单元和众多的扩展选件所组成。

三菱电机为 FX 系列 PLC 开发了众多的扩展选件，有内置扩展板、扩展模块、扩展单元、特殊功能模块、适配器，等等，现对这些选件做一些说明。

（1）基本单元：为 PLC 控制系统的主机，内含电源、CPU、I/O 接口及程序内存，是控制系统必须有的单元，所有的扩展选件都是在基本单元的基础上进行扩展的。

（2）扩展单元：为基本单元的 I/O 扩展，内置电源。

（3）扩展模块：为基本单元的 I/O 扩展，不带内置电源，需从基本单元、扩展单元获得电源供给。

（4）特殊功能单元：为基本单元的控制功能扩展，内置电源，占用 I/O 点数。一般安装在基本单元的右侧与基本单元连接，特殊功能单元也可作为独立控制单元。

（5）特殊功能模块：为基本单元的控制功能扩展，不带内置电源，需从基本单元、扩展单元或外部获得电源供给，占用 I/O 点数，一般安装在基本单元的右侧与基本单元连接。

（6）功能扩展板：为基本单元的功能扩展，直接内置于基本单元上，每一个基本单元仅能内置一块功能扩展板，不占用 I/O 点。

（7）特殊适配器：将外置信号（模拟量信号、通信信号）直接转换成 PLC 可接收的数字量信号，或用 PLC 指令可以控制的信号接口转换装置扩展选件。特殊适配器不占用 I/O 点数，一般安装在基本单元的左侧与基本单元连接，

（8）存储器盒：是基本单元程序内存的扩充，直接内置于基本单元上，一个基本单元仅能内置一块存储器盒。

（9）显示模块：直接内置于基本单元上的显示选件，可实现实时时钟、错误信息的显示；实现对定时器、计数器和数据寄存器进行监控和设定值修改。

FX_{3U}系列没有自身的I/O扩展单元和扩展模块，但FX_{2N}的全部扩展单元和扩展模块都可以用作FX_{3U}系列的I/O扩展选件。

专为FX_{3U}系列开发的扩展选件甚少，但FX系列的扩展单元和扩展模块基本上都可以用作FX_{3U}系列的扩展选件，见2.1节所述。表2.3-1、2.3-2、2.3-3列出了FX_{3U} PLC除扩展单元和扩展模块选件外可用的扩展选件。

表2.3-1　FX_{3U} PLC功能扩展板

型　号		功　能
内置扩展板	FX_{3U}-232-BD	内置式通信扩展板，RS-232C接口通信
	FX_{3U}-485-BD	内置式通信扩展板，RS-485接口通信
	FX_{3U}-422-BD	内置式通信扩展板，RS-422接口通信
	FX_{3U}-CNV-BD	通信适配器，接口扩展板
	FX_{3U}-USB-BD	内置式通信扩展板，USB接口扩展板
存储器扩展盒	FX_{3U}-FLROM-16	16 000步闪存卡
	FX_{3U}-FLROM-64	64 000步闪存卡
	FX_{3U}-FLROM-64L	带程序传送功能的64 000步闪存卡
显示模块	FX_{3U}-7DM	显示模块
扩展电源单元	FX_{3U}-1PSU-5V	1A/DC5V，0.3A/DC24V

表2.3-2　FX_{3U} PLC特殊适配器

型　号	功　能
FX_{3U}-232ADP	RS-232C通信用适配器（需要FX3U-□□□-BD）
FX_{3U}-485ADP	RS-485通信用适配器（需要FX3U-□□□-BD）
FX_{3U}-4AD-ADP	4通道模拟量输入用适配器（需要FX3U-□□□-BD）
FX_{3U}-4DA-ADP	4通道模拟量输出用适配器（需要FX3U-□□□-BD）
FX_{3U}-4AD-PT-ADP	4通道PT100型温度传感器用适配器（需要FX3U-□□□-BD）
FX_{3U}-4AD-TC-ADP	4通道热电偶型温度传感器用适配器（需要FX3U-□□□-BD）
FX_{3U}-4HSX-ADP	4通道高速输入用适配器
FX_{3U}-2HSY-ADP	2通道高速输出用适配器

表2.3-3　FX_{3U} PLC特殊功能模块/单元

型　号		功　能
模拟量输入/输出	FX_{0N}-3A	2通道：A/D ,1通道D/A，模拟量转换
	FX_{2N}-5A	4通道：A/D ,1通道D/A，模拟量转换
	FX_{2N}-2AD	2通道模拟量输入模块
	FX_{2N}-4AD	4通道模拟量输入模块
	FX_{2N}-8AD	8通道模拟量输入模块
	FX_{3U}-4AD	4通道模拟量输入模块
	FX_{2N}-2DA	2通道模拟量输出模块
	FX_{2N}-4DA	4通道模拟量输出模块
	FX_{3U}-4DA	4通道模拟量输出模块
温度传感器控制	FX_{2N}-4AD-PT	4通道PT100型热电阻温度传感器用模块
	FX_{2N}-4AD-TC	4通道热电偶型温度传感器用模块
	FX_{2N}-2LC	2通道温度控制模块
高速计数	FX_{2N}-1HC	1通道高速计数模块

续表

型　号		功　能
脉冲输出和定位	FX_{2N}-1PG	1 轴用脉冲输出模块
	FX_{2N}-10PG	1 轴用脉冲输出模块
	FX_{2N} 10GM	1 轴用定位单元
	FX_{2N}—20GM	2 轴用定位单元
	FX_{2N}1RM-SET	旋转角度检测单元
	FX_{3U}-20SSC-H	支持 SSCNETIII 的定位模块
通信和网络	FX_{2N}-232IF	RS-232C 通信用模块
	FX_{2N}-16CCL-M	CC-Link 用主站模块
	FX_{2N}-32CCL	CC-Link/LT 用接口模块
	FX_{2N}-64CL-M	CC-Link/LT 用主站模块
	FX_{2N}-16LNK-M	MELSEC-I/O LINK 主站模块
	FX_{2N}-32ASi-M	AS-i 主站模块

【试试，你行的】

（1）FX_{3U} PLC 扩展选件的作用是什么？

（2）FX_{3U} PLC 的扩展选件有哪些类型？它们的作用分别是什么？

（3）扩展模块和扩展单元有什么区别？特殊功能单元和特殊功能模块有什么区别？

（4）哪些扩展选件不占用 PLC 系统的 I/O 点数？哪些扩展选件占用 PLC 系统的 I/O 点数？

（5）如果 PLC 的基本单元程序内存不够用时，应增加哪种扩展选件？

2.3.2　PLC 控制系统的组成

当 FX_{3U} PLC 的基本单元与扩展选件组成 PLC 控制系统时，必须遵守一定的规则。当系统组成后要对下面三点规则进行对比核算，满足规则所列条件，系统才能投入运行。这三点规则是：输入/输出（I/O）点数的限制、特殊功能模块与适配器扩展的限制，以及电流消耗与电源容量的核算。现分别叙述如下。

1．输入/输出（I/O）点数的限制

当由 PLC 基本单元组成控制系统时，其 I/O 的点数有一定的限制。例如，FXN_{1N} 系列合计点数不能超过 128 点，FX_{2N} 系列合计点数不能超过 256 点。因此，当根据要求组成系统后，必须对其 I/O 点数进行核算，核算的目的是不能超过规定的限制，否则必须对系统组成推倒重来。

FX_{3U} 系列的 I/O 点数的限制比较复杂，有多种情况限制，核算时都不能超过。

（1）基本单元+扩展单元/模块时的 I/O 合计点数的限制。

该限制有输入点数的限制、输出点数的限制和合计点数的限制，如图 2.3-1 所示。

上述点数的核算包括空置点数在内。如扩展模块 FX_{2N}-8ER，其实际使用点数为 8 点，但应按 16 点（输入 8 点，输出 8 点）计入，其中 8 点为空置点数。

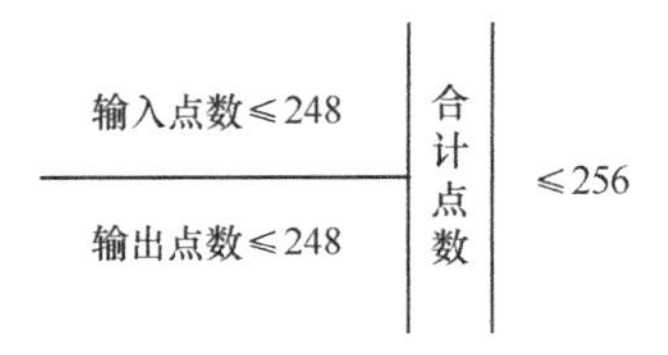

图 2.3-1　I/O 合计点数的限制

（2）基本单元+扩展单元/模块+适配器+特殊功能单元/模块，合计 I/O 点数的限制。

这是一种最常用系统的组成，在这个系统内，适配器不占用系统的点数，但特殊功能单元/模块占用系统的点数。每一台特殊功能单元/模块占用 8 点（计入输入、输出均可），最多占用 64 点。系统的合计点数必须不大于 256 点，如图 2.3-2 所示。但对 FX_{2N}-1RM 来说，可以在系统的最后端连接 3 台，就算连接了 3 台，也只按 1 台的数量计入 8 点。

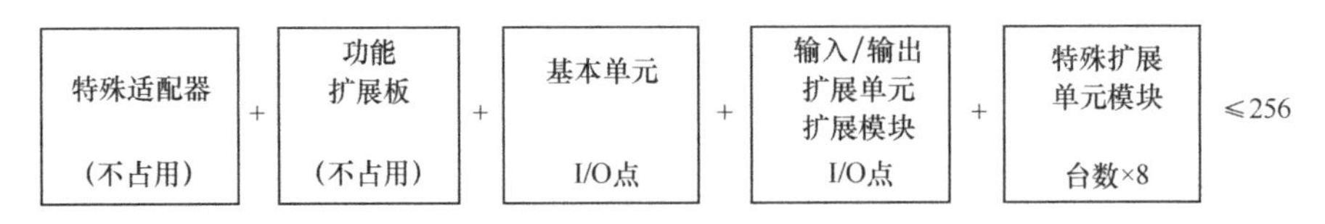

图 2.3-2　系统 I/O 合计点数的限制

（3）当特殊功能模块里含有 CC-Link 主站时，除计算 CC-Link 主站所占用的 8 点外，还必须把 CC-Link 所连接的远程 I/O 站的 I/O 点数计入。对 FX_{2N}-64CL-M 主站，按其实际连接的远程 I/O 站点数计入，而对 FX_{2N}-16CCL-M 主站来说，其所连接的远程 I/O 站不管 I/O 点数多少，一律按每个远程 I/O 站为 32 点计入。上诉各种 I/O 的点数合计必须不大于 384 点。同时，对 FX_{2N}-16CCL-M 主站所连接的远程 I/O 站的合计点数不能超过 224 点。

综上所述，I/O 点数的限制可用图 2.3-3 说明。

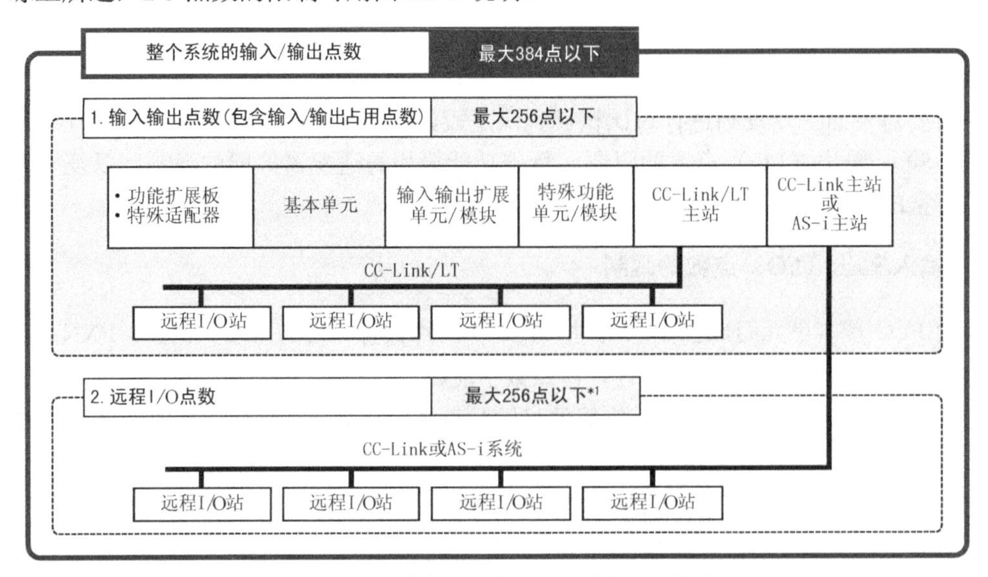

图 2.3-3　I/O 点数的限制总说明图示

下面通过一个实例对 PLC 控制系统 I/O 合计点数的核算进行说明。

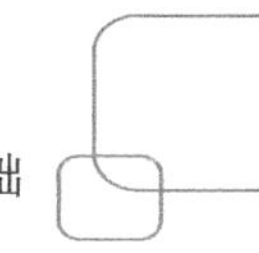

【例 1】 如图 2.3-4 所示为由 FX_{3U}-48MR/ES 组成的 PLC 控制系统，根据要求对其 I/O 点数进行核算，判断系统在 I/O 合计是否满足要求。

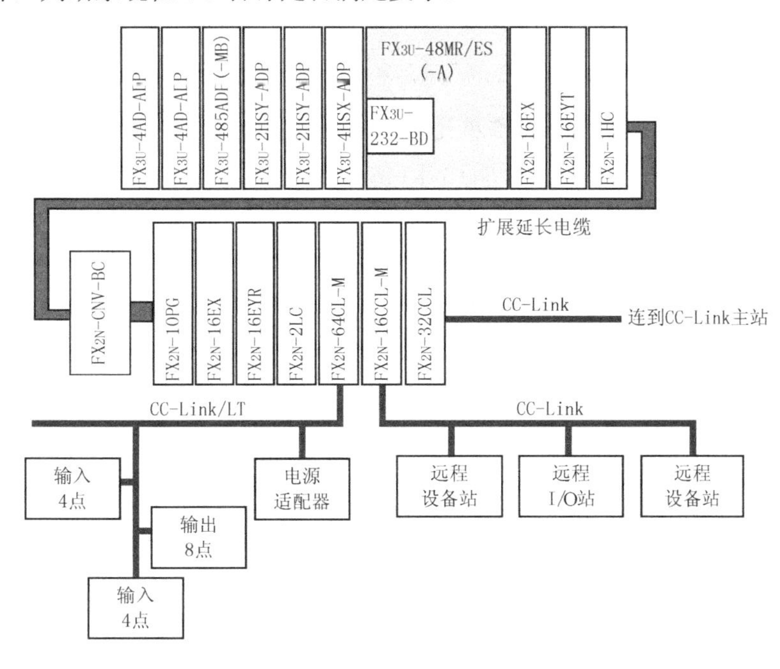

图 2.3-4 【例 1】图

先根据系统组成将基本单元、扩展单元/模块、特殊功能模块/单元和适配器所占用的 I/O 点数列成表 2.3-4。

表 2.3-4　FX_{3U} 系统组成所占用的 I/O 点数

名　称	型　号	输入点	输出点	占用 I/O 点	远程 I/O 点
基本单元	FX_{3U}-48MR/ES	24	24		
扩展单元/模块	FX_{2N}-16EX	16			
	FX_{2N}-16EYT		16		
	FX_{2N}-16EX	16			
	FX_{2N}-16EYR		16		
特殊单元/模块	FX_{2N}-1HC			8	
	FX_{2N}-10PG			8	
	FX_{2N}-2LC			8	16
	FX_{2N}-64CL-M			8	1×32
	FX_{2N}-16CCL-M			8	
功能扩展板	FX_{3U}-232-BD			0	
适配器	FX_{3U}-4HSX-ADP			0	
	FX_{3U}-2HSY-ADP			0	
	FX_{3U}-2HSY-ADP			0	
	FX_{3U}-485ADP			0	
	FX_{3U}-4AD-ADP			0	
	FX_{3U}-4AD-ADP			0	

下面进行各项 I/O 点的合计。

1）基本单元+扩展单元/模块 I/O 点数合计

输入点：24+16+16=56<248

输出点：24+16+16=56<248

I/O 点合计：56+56=112<256

2）基本单元+扩展单元/模块+特殊单元/模块 I/O 点数合计

$$48+64+5\times8+16=168<256$$

3）FX2N-16CCL-M 主站远程 I/O 点的合计

$$1\times32=32<224$$

4）系统总的 I/O 点数合计

$$48+64+5\times8+16+32=200<384$$

该 PLC 系统的 I/O 点数的各项合计均没有超出规定的限制。

2. 特殊功能模块及适配器的扩展

1）扩展的限制

FX_{3U} PLC 对扩展板、特殊适配器和特殊功能单元/模块的扩展台数分别有限制，如图 2.3-5 所示。

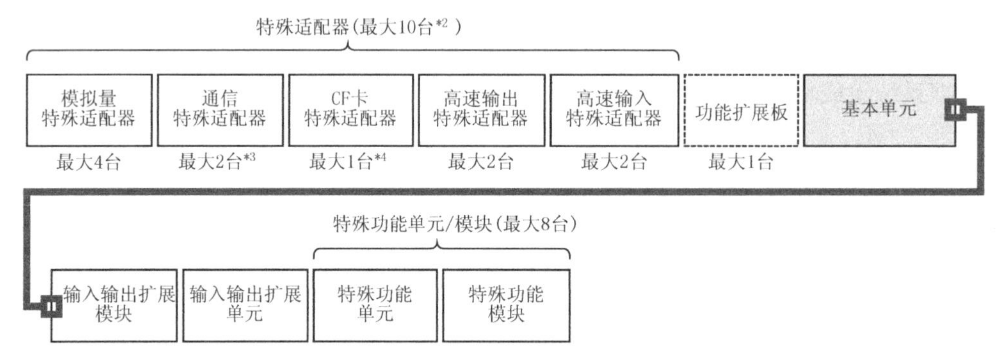

*2. 使用 FX_{3U}-CNV-BD以外的功能扩展板时最多9台，可以连接的通信设备为（通信适配器数量+功能扩展板≤2台）。

*3. 使用FX_{3U}-CNV-BD以外的功能扩展板或CF卡特殊适配器时最多1台，需要比其他适配器更靠近基本单元测侧进行连接。

*4. FX_{3U}-CNV-BD以外的功能扩展板以及通信特殊适配器共使用2台时，不能连接，同时使用模拟量、通信适配器时，需要FX_{3U}-BD型功能扩展板。

图 2.3-5　扩展板，特殊适配器和特殊功能单元/模块的扩展台数限制

在正常情况下，基本单元右侧的扩展选件是通过自带数据线与基本单元相连接的，但如果电气柜的尺寸不能在一层放下所有扩展选件时，必须使用专用的扩展电缆。FX_{3U} PLC 所组成的系统规定在一个系统中只能使用一根扩展延长电缆。根据延长的扩展选件不同，所使用的电缆型号也不同。

图 2.3-6 的延长选件为 I/O 扩展单元时应用的延长电缆型号。图 2.3-17 为延长选件为 I/O 扩展模块和特殊功能模块时应用的延长电缆型号。图 2.3-18 为延长选件为 FX_{2N}-10GM/FX_{2N}-20GM 时的延长电缆型号。

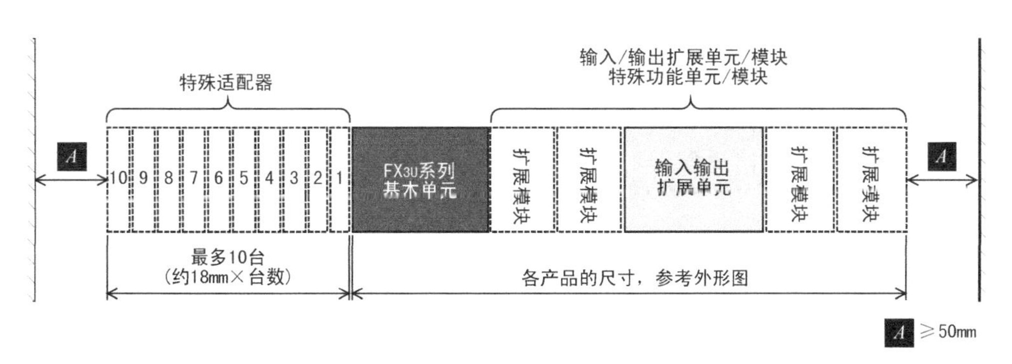

图 2.3-6　延长电缆型号一

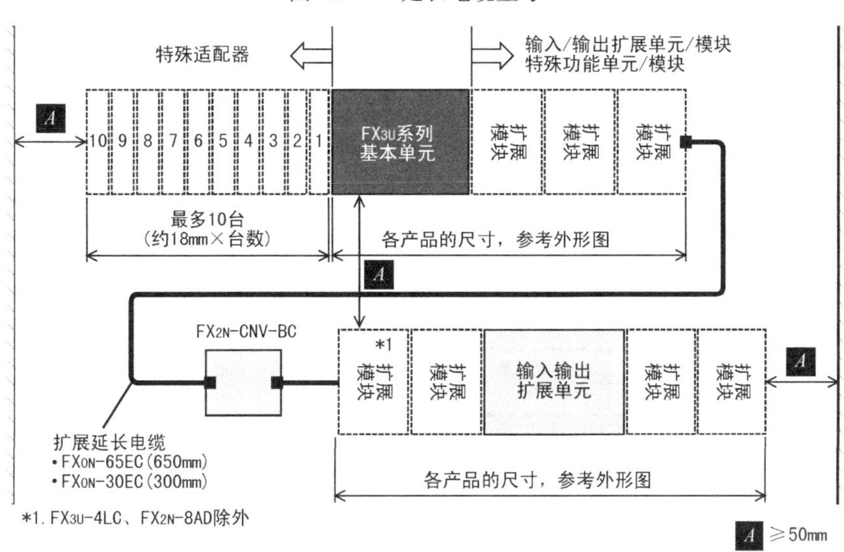

图 2.3-7　延长电缆型号二

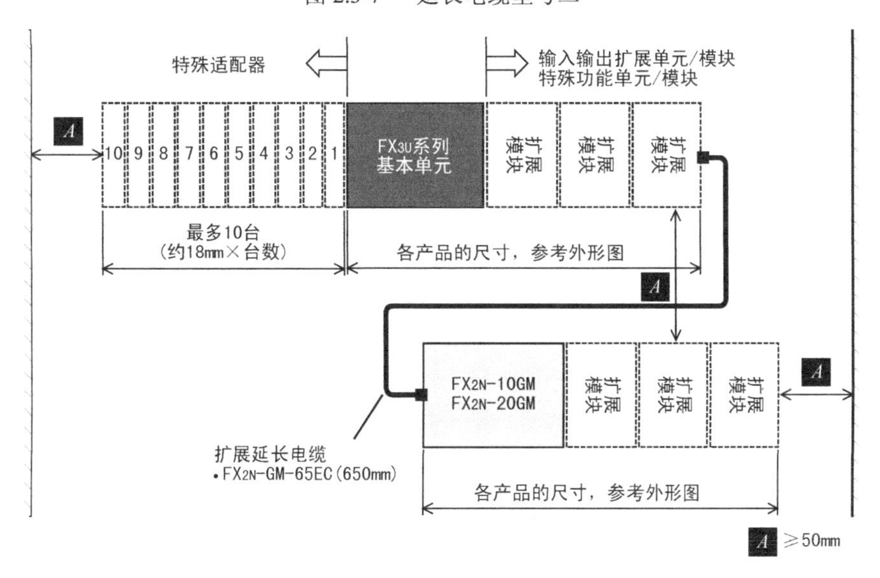

图 2.3-8　延长电缆型号三

2）特殊适配器系统构成限制事项

（1）使用高速输入/输出适配器场合。

仅使用高速输入/输出适配器时，即使不与功能扩展板组合也可以使用，如图 2.3-9 所示。

图 2.3-9　高速输入/输出适配器场合

（2）使用模拟量/通信特殊适配器的场合。

模拟量/通信特殊适配器需要与功能扩展板组合使用，如图 2.3-10 所示。

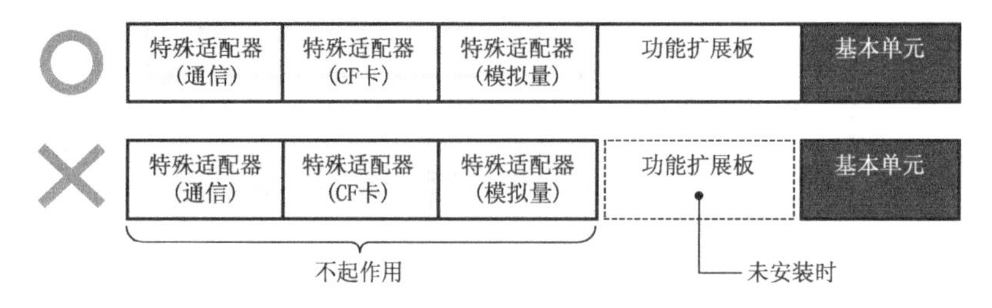

图 2.3-10　模拟量/通信特殊适配器的场合

通信特殊适配器与功能扩展板（FX_{3U}-CNV-BD 除外）组合使用时，只可以使用 1 台，如图 2.3-11 所示。

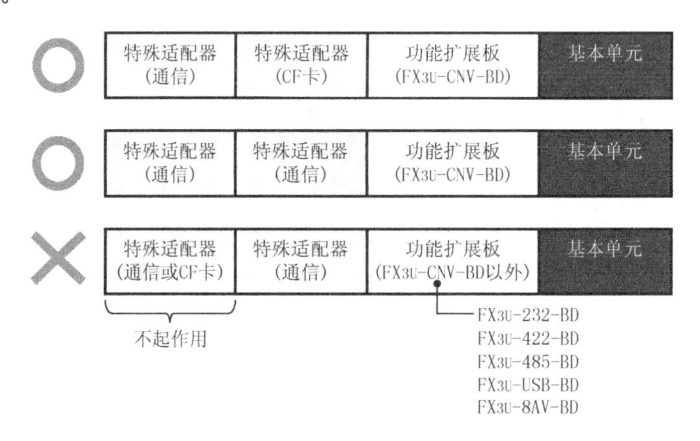

图 2.3-11　通信特殊适配器与功能扩展板组合的场合

（3）同时使用高速输入/输出/模拟量/通信适配器的场合。

特殊适配器的连接顺序是将高速输入/输出适配器从基本单元的左边第 1 台开始顺序连接，不能连接在模拟量/通信适配器的后面，如图 2.3-12 所示。

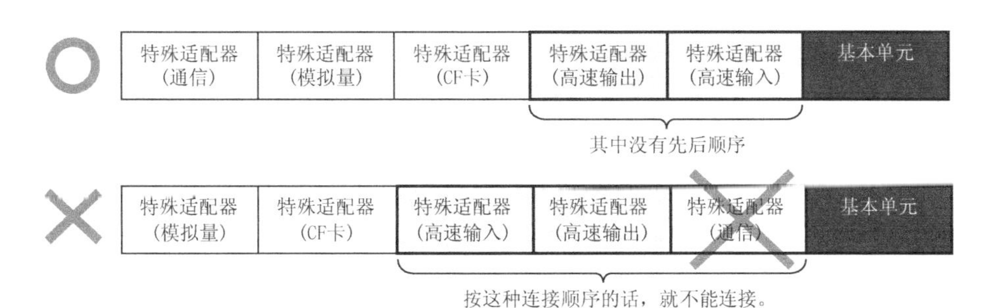

图 2.3-12　高速输入/输出/模拟量/通信适配器的场合

3. 电源容量与电流消耗的核算

FX_{3U} 的基本单元、扩展单元都内置有 DC5V 和 DC24V 的直流电源，这些电源均可对外提供一定容量的电流，它们主要是向扩展模块、特殊功能模块和特殊适配器等扩展选件提供电源。此外，FX_{3U} 还可利用专用的扩展电源对上述扩展选件提供电源。基本单元、扩展单元和扩展电源的内置电源容量见表 2.3-5。

表 2.3-5　基本单元、扩展单元、扩展电源内置电源容量

名　称	型　号	内置电源容量（mA）	
		DC5V	DC24V
基本单元	FX_{3U}-16M□/□	500	400
	FX_{3U}-32M□/□		
	FX_{3U}-48M□/□		600
	FX_{3U}-64M□/□		
	FX_{3U}-80M□/□		
	FX_{3U}-128M□/□		
扩展单元	FX_{2N}-32E□-□□	690	250
	FX_{2N}-48E□-□□		460
扩展电源	FX_{3U}-1PSU-5V	1000	—
	FX_{2n}-20PSU	—	200～2000

DC5V 电源主要对特殊功能模块和特殊适配器供电，DC24V 电源主要对基本单元，扩展模块输入端口供电。如果系统的组成利用基本单元向扩展选件供电的内置电源容量大于扩展选件所消耗的电流容量时，则不需要增加扩展单元来提供电源容量。反之就需要增加扩展单元来提供电源容量。一个系统中，如果同时有基本单元和扩展单元，其各自提供电源的范围是有规定的。基本单元只能向其两边的扩展选件提供电源，而扩展单元只能向其后连接的扩展选件供电，如图 2.3-13 所示。

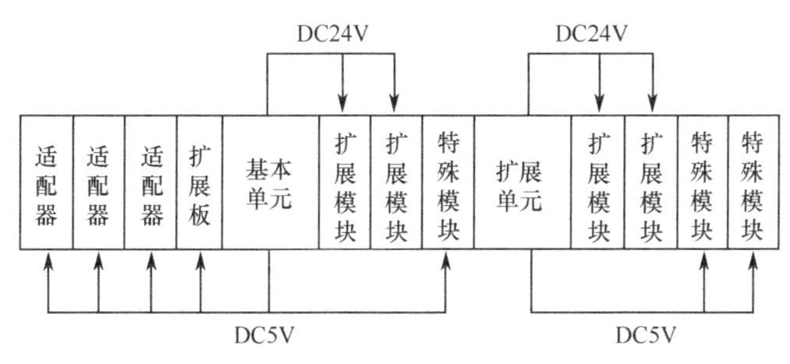

图 2.3-13　内置电源供电

FX_{3U} PLC 系统的各个扩展模块、特殊功能模块、特殊适配器和功能扩展板在运行时所消耗的电流见表 2.3-6、表 2.3-7 和表 2.3-8。

表 2.3-6　FX_{3U} PLC 扩展模块消耗电源

型　号	合计点数	输入点数	输出点数	消耗电流（mA）	
				DC5V	DC24V
FX_{2N}-8ER-ES/UL	16*	4	4	—	125
FX_{2N}-8ER	16*	4	4	—	125
FX_{2N}-8EX-ES/UL	8	8		—	50
FX_{2N}-8EX	8	8		—	50
FX_{2N}-8EX-UAI/UL	8	8		—	50
FX_{2N}-16EX-ES/UL	16	16		—	100
FX_{2N}-16EX	16	16		—	100
FX_{2N}-16EX-C	16	16		—	100
FX_{2N}-16EXL-C	16	16		—	100
FX_{2N}-8EYR-ES/UL		8		—	75
FX_{2N}-8EYT-ESS/UL		8		—	75
FX_{2N}-8EYR		8		—	75
FX_{2N}-8EYT		8		—	75
FX_{2N}-8EYT-H		8		—	75
FX_{2N}-16EYR-ES/UL		16		—	150
FX_{2N}-16EYT-ESS/UL		16		—	150
FX_{2N}-16EYR		16		—	150
FX_{2N}-16EYS		16		—	150
FX_{2N}-16EYT		16		—	150
FX_{2N}-16EYT-C		16		—	150

表 2.3-7　FX_{3U} PLC 特殊适配器/显示模块消耗电流

类　型	型　号	占用点数	消耗电流（mA）		
			DC5V	内部 DC24V	外部 DC24V
功能扩展板	FX_{3U}-232-BD	0	20	0	0
	FX_{3U}-485-BD	0	40	0	0
	FX_{3U}-422-BD	0	20	0	0
	FX_{3U}-CNV-BD	0	0	0	0
	FX_{3U}-USB-BD	0	15	0	0
特殊适配器	FX_{3U}-232ADP	0	30	0	0
	FX_{3U}-485ADP	0	20	0	0
	FX_{3U}-4AD-ADP	0	15	0	40
	FX_{3U}-4DA-ADP	0	15	0	150
	FX_{3U}-4AD-PT-ADP	0	15	0	50
	FX_{3U}-4AD-TC-ADP	0	15	0	45
	FX_{3U}-4HSX-ADP	0	30	30	0
	FX_{3U}-2HSY-ADP	0	30	60	0
显示模块	FX_{3U}-7DM	0	20	0	0

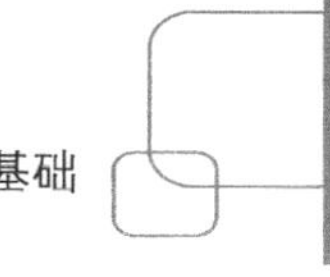

表 2.3-8　FX_{3U} PLC 特殊功能单元/模块消耗电流

类　型	型　号	占用点数	消耗电流（mA）		
			DC5V	内部 DC24V	外部 DC24V
模拟量输入/输出	FX_{0N}-3A	8	30	90	0
	FX_{2N}-5A	8	70	0	90
	FX_{2N}-2AD	8	20	50	0
	FX_{2N}-4AD	8	30	0	55
	FX_{2N}-8AD	8	50	0	80
	FX_{3U}-4AD	8	110	0	90
	FX_{2N}-2DA	8	30	85	0
	FX_{2N}-4DA	8	30	0	200
	FX_{3U}-4DA	8	120	0	160
温度传感器控制	FX_{2N}-4AD-PT	8	30	0	50
	FX_{2N}-4AD-TC	8	30	0	50
	FX_{2N}-2LC	8	70	0	55
高速计数	FX_{2N}-1HC	8	90	0	0
脉冲输出和定位	FX_{2N}-1PG	8	55	0	40
	FX_{2N}-10PG	8	120	0	70
	FX_{2N}-10GM	8	—	—	5W
	FX_{2N}—20GM	8	—	—	10W
	FX_{2N}1RM-SET	8	—	—	5W
	FX_{3U}-20SSC-H	8	100	0	5W
通信和网络	FX_{2N}-232IF	8	40	0	80
	FX_{2N}-16CCL-M	8	0	0	150
	FX_{2N}-32CCL	8	130	0	50
	FX_{2N}-64CL-M	8	190	由 CC-Link/LT 专用电源供电	
	FX_{2N}-16LNK-M	8	200	0	90
	FX_{2N}-32ASi-M	8	150	0	70

PLC 系统电源容量与电流消耗的核算就是指对基本单元和扩展单元所提供的电源容量够不够其所连接的扩展选件的电流消耗，具体核算方法就是对 DC5V 和 DC24V 供电分别进行如下计算。

$$电源容量-电流消耗\geqslant 0,$$

如果电源容量大于电流消耗，表示系统组成可行。多余的电流容量则可用于外部负载（如有源开关）的电源使用。如果计算结果是电源容量小于电流消耗，则说明该系统组成必须推倒重来，重新选择扩展选件，补充扩展单元，增加电源供给。

当一个系统中有基本单元和扩展单元时，要分别对基本单元和扩展单元进行电源容量和电流消耗的核算，两者都能满足电流消耗时，系统才能成立。

现举例说明电源容量与电流消耗核算的过程。

【例 2】 如图 2.3-14 所示为由 FX_{3U}-48MR/ES 组成的 PLC 控制系统，试对其电源容量与电流消耗进行核算，判断系统组成是否满足要求。

根据系统组成将基本单元提供的电源容量和各个扩展选件所消耗的电流列成表 2.3-9。

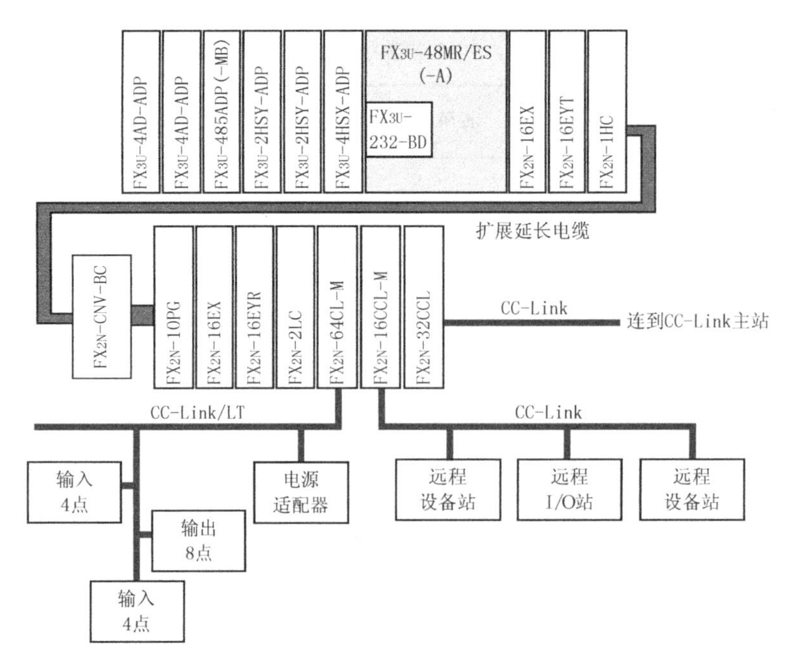

图 2.3-14 【例 2】图

表 2.3-9 电源容量和消耗电流列表

名 称	型 号	电源容量（mA）		电流消耗（mA）	
		DC5V	DC24V	DV5V	DC24V
基本单元	FX_{3U}-48MR/ES	500	600		
扩展单元/模块	FX_{2N}-16EX			0	100
	FX_{2N}-16EYT			0	150
	FX_{2N}-16EX			0	100
	FX_{2N}-16EYR			0	150
特殊单元/模块	FX_{2N}-1HC			90	0
	FX_{2N}-10PG			120	0
	FX_{2N}-2LC			70	0
	FX_{2N}-64CL-M			190	0
	FX_{2N}-16CCL-M			0	0
功能扩展板	FX_{3U}-232-BD			20	0
适配器	FX_{3U}-4HSX-ADP			30	30
	FX_{3U}-2HSY-ADP			30	60
	FX_{3U}-2HSY-ADP			30	60
	FX_{3U}-485ADP			20	0
	FX_{3U}-4AD-ADP			15	0
	FX_{3U}-4AD-ADP			15	0
合计		**500**	**600**	**630**	**650**

由表中合计项进行核算：

DC5V　　500-630=-130≤0

DC25V　　600-650=-50≤0

计算结果说明：不论 DC5V 还是 DC25 的电源容量都不能满足扩展选件电流消耗的需求，因此，必须对系统重新设计，在保证 I/O 点数和其余扩展选件不变的情况下，增加扩展单元以保证电源供给。

重新设计的系统组成如图 2.3-15 所示。

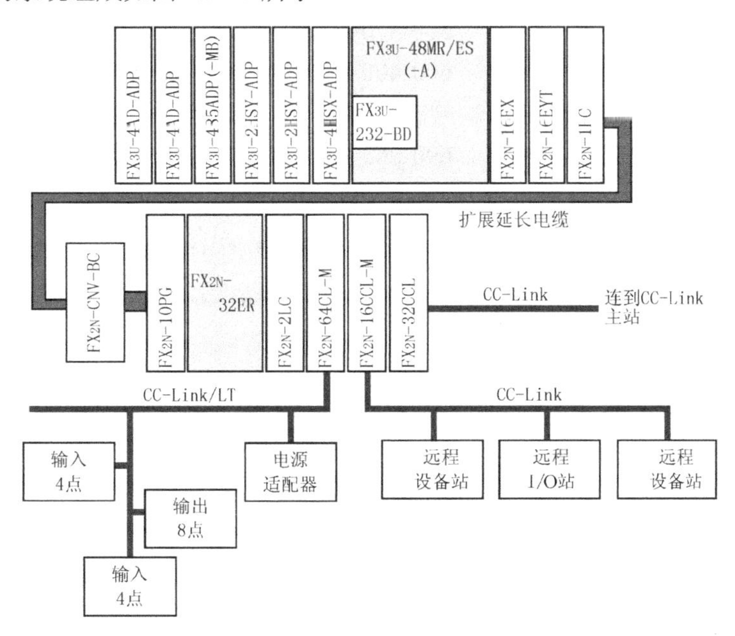

图 2.3-15　重新设计的系统组成图

与原来系统相比，增加了一台扩展单元 FX_{2N}-32ER，去掉了二台扩展模块 FX_{2N}-16EX 和 FX_{2N}-16EYR，这样，系统的 I/O 点数仍然保持变，不需要重新进行输入/输出点数合计核算。

同样，将系统的基本单元和扩展单元电源容量的核算分开列写，如表 2.3-10 所示。

表 2.3-10　电源容量和消耗电流列表

名　称	型　号	电源容量（mA）		电流消耗（mA）	
		DC5V	DC24V	DV5V	DC24V
基本单元	FX_{3U}-48MR/ES	500	600		
扩展模块	FX_{2N}-16EX			0	100
	FX_{2N}-16EYT			0	150
特殊单元/模块	FX_{2N}-1HC			90	0
	FX_{2N}-10PG			120	0
功能扩展板	FX_{3U}-232-BD			20	0
适配器	FX_{3U}-4HSX-ADP			30	30
	FX_{3U}-2HSY-ADP			30	60
	FX_{3U}-2HSY-ADP			30	60
	FX_{3U}-485ADP			20	0
	FX_{3U}-4AD-ADP			15	0
	FX_{3U}-4AD-ADP			15	0
合　计		**500**	**600**	**370**	**400**
扩展单元	FX_{2N}-32ER	690	250		
	FX_{2N}-2LC			70	0
	FX_{2N}-64CL-M			190	0
	FX_{2N}-16CCL-M			0	0
合　计		**690**	**250**	**260**	**0**

对基本单元电源容量进行核算如下：

DC5V　　500-370=130≥0

DC24V　　600-400=200≥0

对扩展单元的电源容量进行核算：

DC5V　　690-260=430≥0

DC24V　　250-0=250≥0

核算结果基本单元和扩展单元容量均在允许范围内，因此，这个系统是可行的。

【试试，你行的】

（1）PLC 系统组成后，要对哪些规则进行核算？

（2）对基本单元+扩展单元/模块的限制：输入点数小于等于（　　）点，输出点数小于等于（　　）点，I/O 合计点数小于（　　）点。

（3）对含有基本单元，扩展单元/模块和/特殊单元/模块的 PLC 系统来说，其 I/O 点数小于等于（　　）点。

（4）每一个特殊功能单元/模块占用多少 I/O 点？是计入输入点还是输出点？

（5）基本单元和扩展单元的内置电源有几种？其主要是向谁提供电源？什么情况下需要增加外置电源提供电源容量？

（6）电源容量的核算内容是什么？

（7）如图 P2.3-1 所示为某 PLC 系统配置组成，试进行

① I/O 点数的核算。

② 特殊功能模块及适配器核算。

③ 内置电源容量的核算。

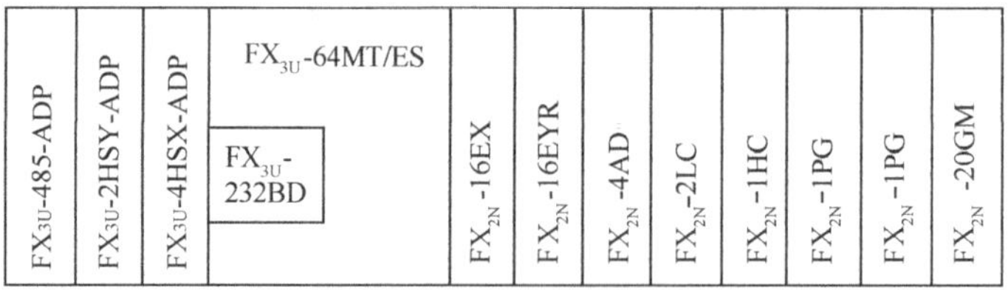

FX_{3U}-485-ADP	FX_{3U}-2HSY-ADP	FX_{3U}-4HSX-ADP	FX_{3U}-64MT/ES（FX_{3U}-232BD）	FX_{2N}-16EX	FX_{2N}-16EYR	FX_{2N}-4AD	FX_{2N}-2LC	FX_{2N}-1HC	FX_{2N}-1PG	FX_{2N}-1PG	FX_{2N}-20GM

图 P2.3-1

2.4　测试、安装、故障与维护保养

2.4.1　测试

测试是对一个新的 PLC 或一个二手 PLC 在使用前所做的一些简单的评估，包括型号的确认、内存的检查、RUN/STOP 模式的操作及 I/O 端口的检查等，这些测试都没有问题，说明 PLC 基本上是好的，可投入使用。

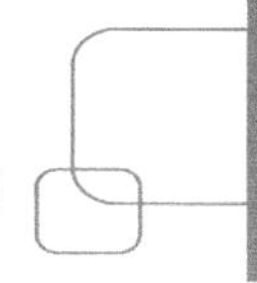

对 PLC 进行测试必须基本掌握 PLC 的基本知识和应用知识，并熟悉编程软件 GX Developer 的操作方能进行。

1．型号确认

三菱 FX 系列 PLC 有三种输出类型：继电器输出，晶体管输出和可控硅输出。这三种输出方式单从 PLC 的外形上是无法区分的，如果要确定其具体型号，可以通过下面两种方法测定，如图 2.4-1 所示。

第一种方法是观察 PLC 右侧面的铭牌。上面清楚地标出 PLC 的型号，但一些二手 PLC，铭牌的标识很可能已经褪色不清楚，这时可以采用第二种方法。

第二种方法是取下 PLC 的上盖板和输出端口端子排盖板，见（b）和（c）图。在输出端口的左侧有一个很小的字母“R”（或“T”或“S”），它表示 PLC 的输出类型。同时，在上盖板的位置上会标 PLC 的具体型号。一般来说，多数是通过第二种方法进行型号确认。

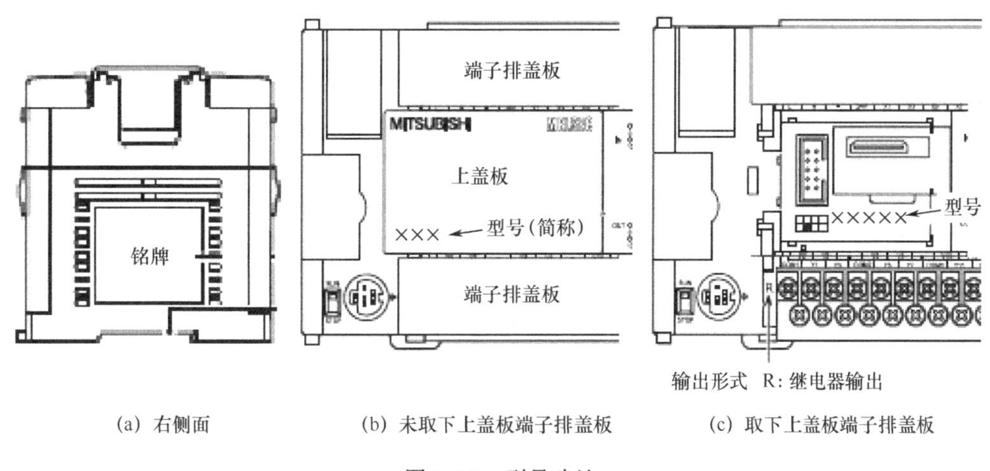

（a）右侧面　　（b）未取下上盖板端子排盖板　　（c）取下上盖板端子排盖板

图 2.4-1　型号确认

2．RUN/STOP 模式操作测试

PLC 通电后有两种工作模式：RUN（运行模式）和 STOP（编程模式）。在运行模式下，执行用户程序；在编程模式下，写入或读出用户程序，用户程序运行停止。

两种工作模式测试均须在 PLC 通电下进行。测试结果通过 PLC 盖板上的指示灯显示验证。当 PLC 处于 STOP 模式时，仅“POWER”指示灯亮，当 PLC 处于 RUN 模式时，指示灯“RUN”同时点亮。如不符上述显示结果，则 PLC 存在问题，必须送修检查。工作模式的测试有三种方法。

1）通过内置 RUN/STOP 开关操作

在 PLC 左侧编程通信口左边有一个开关，如图 2.4-2 所示。这个开关是 PLC 工作模式内置开关，当开关拨到下方时，PLC 置于 STOP 模式，当开关拨到上方时，为 RUN 模式。拨动这个开关，对 PLC 指示灯显示情况进行测试，以判断开关功能是否正常。

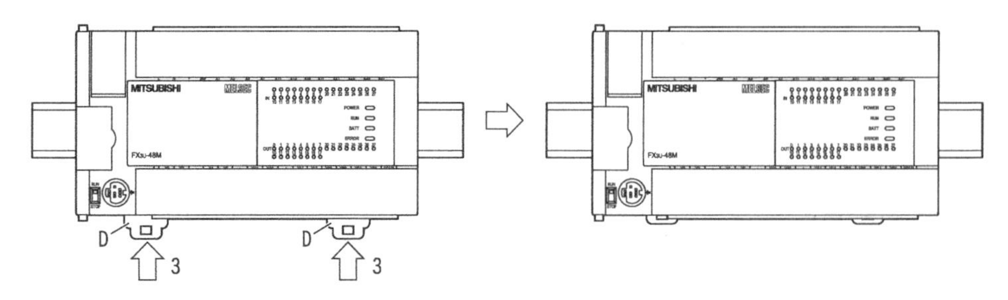

图 2.4-2　内置 RUN/STOP 开关位置

2）通过输入端口外置开关操作

PLC 内部有三个模式（RUN/STOP）控制特殊辅助继电器 M8035、M8036、M8037。如果利用这三个特殊辅助继电器编写程序则可通过外部接线来控制 PLC 的工作模式，其程序编制及外部开关接线和外部开关的操作参看 3.4.3 节常用特殊辅助继电器中关于特殊辅助继电器所述方法进行，这里不再详述。

这种测试必须在 PLC 连接 PC 下，使用编程软件对 PLC 参数进行设置和向 PLC 写入相应梯形图程序后才能进行。

3）通过编程软件远程操作

PLC 的工作模式还可以通过编程软件中的远程操作强制执行。单击编程软件上菜单栏的“在线”，在下拉菜单中，单击“远程操作（0）”，出现如图 2.4-3 所示的“远程操作”对话框。在对话框中，“操作”栏内选择“RUN”或“STOP”，单击“执行”按钮，出现“是否要执行”对话框。单击“是”按钮，这时，PLC 已处于刚选择的模式。

同样，在测试远程操作时，内置开关应至于“STOP”模式。“远程操作”再上电后，之前的操作会失效，PLC 的工作模式仍由内置开关决定。当使用“远程操作”时，内置 RUN/STOP 开关操作仍然有效。

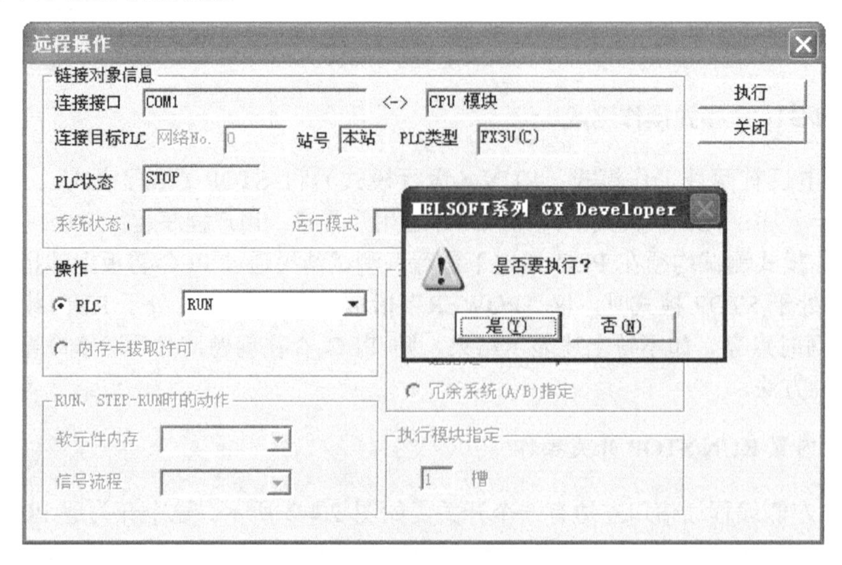

图 2.4-3　“远程操作”对话框

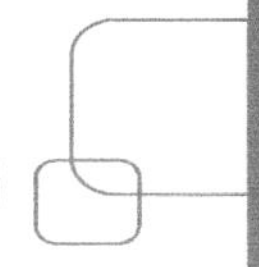

3．用户程序操作测试

用户程序操作测试需在 PLC 接通电源、连接 PLC 后在编程软件下进行。

1）程序写入测试

按照第 7 章编程软件 GX Developer 的使用所讲述的“程序写入”操作，将一个已经编好的程序写入 PLC 中。对于二手 PLC 来说，如果原有的程序进行了登录加密则不能写入新的程序。必须先进行解密。如何解密，可利用一些解密软件尝试一下。

2）程序检查测试

利用编程软件的程序检查功能，对输入 PLC 的程序进行回路错误及语法错误检查。其操作是单击编程软件菜单栏“工具”，在下拉菜单中，单击“程序变换”，出现图 2.4-4 所示“程序检查（MAIN）”对话框，单击“执行”按钮。检查结果会出现在下面的显示框中。若有错，会显示错误所在程序步及错误原因。

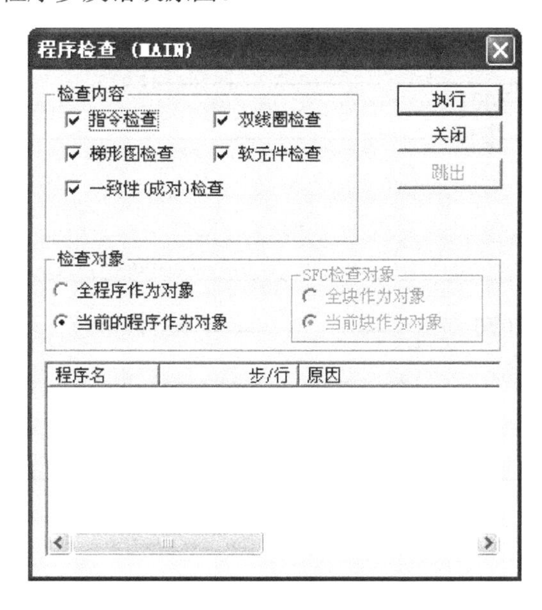

图 2.4-4　“程序检查（MAIN）”对话框

4．I/O 端口测试

1）输入端口测试

输入端口测试主要通过检查 PLC 内置 24V 电源是否正常，对输入 X 端口进行通断操作，观察端口显示是否正常，其步骤是：

（1）PLC 接通电源后，用万用表检查 PLC 的“24V”及“0V”端口之间是否有 24V 电压，如有，则正常。

（2）将 PLC 的“S/S”端与“24V”端相连（也可与“0V”端相连），从“0V”端（或“24V”端）引出一条导线，分别与 PLC 的输入 X 端口进行短接，观察相应的 X 端口显示灯是否点亮，点亮则该端口输入正常。不点亮，说明输入电路存在问题。

（3）有条件的读者可以通过 NPN 型电子开关（或 PNP 型电子开关）连接输入端口进行测试，具体接线请参阅 2.2 节 I/O 端口与连接。

2）输出端口测试

输出端口的检测比较复杂，分别为输出端口不接通（常 OFF）和输出端口不断开（常 ON）两种情况。检测时，如果是二手 PLC，则首先要把 PLC 的用户程序全部清除，检测分为输出显示检测及端口连接检测两部分。

- 输出显示检测

向 PLC 输入如图 2.4-5 所示之梯形图程序，并将 PLC 置于 RUN 模式，接通 X0 端口，观察输出指示灯是否每隔 2s 依次点亮。

这个梯形图程序是针对 FX3U-64M 基本单元设计的，如果是其他点数的 PLC，适当修改定时器 TO 的设定值即可，修正设定值为 PLC 的输出端口数乘以 K20。例如，FX3U-80M PLC，其输出端口为 40 个，则设定值为 K20×40=K800。

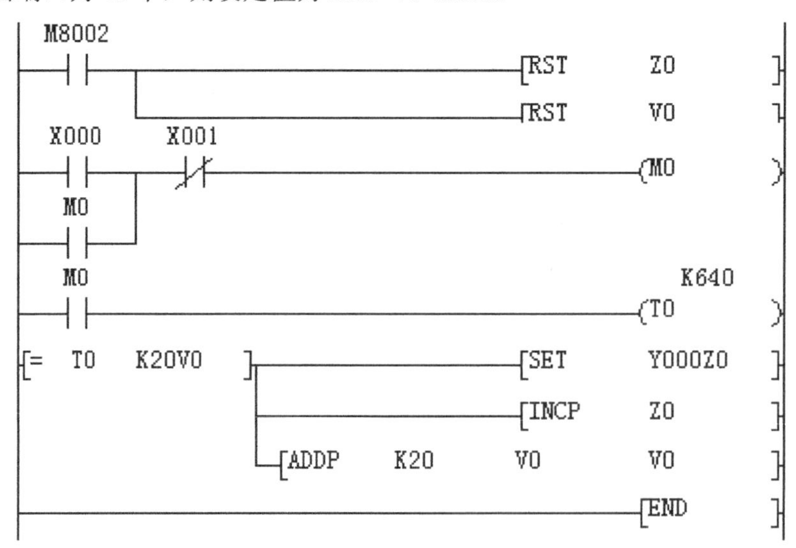

图 2.4-5　PLC 输出端口测试程序

- 输出功能测试

在 PLC 中，输出显示与输出回路往往是分离的。输出显示一般能正确反映出输出回路的功能，但如果输出回路发生损坏情况，则显示不一定正确反映输出回路的功能。这时必须通过对输出回路功能进行强制 ON/OFF 来测试其好坏。

进行强制测试前，应在输出端口连接外围设备，例如，指示灯和电源，具体连接参看 2.2.3 节输出端口与连接。强制测试是通过对编程软件 GX Developer 操作进行的。具体操作：接通 PLC 电源，将 PLC 置于 STOP 模式。在编程软件 GX Developer 菜单栏单击“在线”，出现下拉菜单，单击“调试”，单击“软元件测试”，出现如图 2.4-6 所示“软元件测试”对话框，在对话框中，位软元件栏填入测试端口编址（如 Y0），然后单击“强制 ON”或“强制 OFF”按钮，观察外电路通断情况，以判断输出回路是否损坏。强制 ON/OFF 测试必须保证外电路连接无误方可进行。

输出回路损坏情况只有两种，一种是触点常 ON，当进行强制 OFF 时，则电路仍然导通。一种是触点常 OFF，当进行强制 OFF 时，外电路仍然断开。

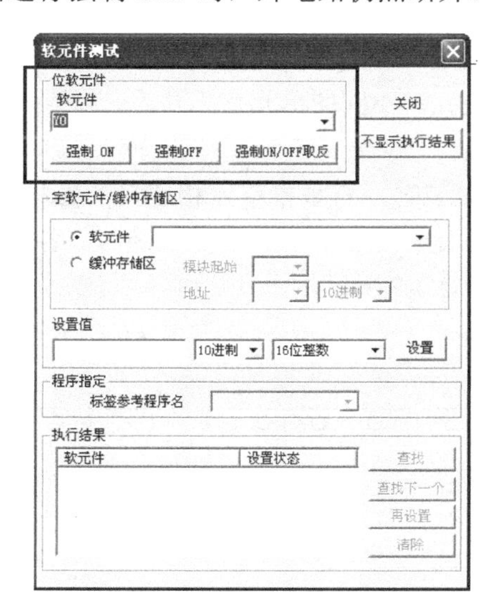

图 2.4-6 “软元件测试”对话框

【试试，你行的】

（1）如果一个三菱 FX 系列 PLC 的铭牌已经褪色而不清，应如何确定其具体型号？确定 PLC 的型号主要是想了解它什么？

（2）试叙述三种测试 PLC 工作模式的方法。有条件的话，请用编程软件远程操作的方法强制 PLC 的工作模式。

（3）如果 PLC 的输出 Y0 在程序中是被驱动输出的，但其输出指示灯并不亮，是不是说明 Y0 的触点坏了，为什么？应如判断输出触点的好坏？

2.4.2 安装

1. 安装环境

PLC 适用于大多数工业现场，但它对使用场合、环境温度等还是有一定要求。控制 PLC 的工作环境，可以有效地提高它的工作效率和寿命。在安装 PLC 时，要避开下列场所：

（1）环境温度超过 0～50℃的范围；

（2）相对湿度超过 85%或者存在露水凝聚（由温度突变或其他因素所引起的）；

（3）太阳光直接照射；

（4）有腐蚀和易燃的气体，例如，氯化氢、硫化氢等；

（5）有大量铁屑、油烟及粉尘；

（6）频繁或连续的振动，振动频率为 10～55Hz，幅度为 0.5mm（峰-峰）；

（7）超过 10g（重力加速度）的冲击。

2. 安装

FX_{3U} 系列 PLC 的安装方式有两种：直接安装和 DIN 导轨安装。

1）直接安装

直接安装就是用 M4 螺丝将 PLC 直接固定在控制柜的底板上。在 PLC 外壳的 4 个角上，均有 4 个（或 2 个）安装孔，不同的单元有不同的安装尺寸，读者只要按照说明书用 M4 螺钉直接固定在底板上即可。

当基本单元用螺钉固定安装时，与基本单元相连接的各种扩展模块/单元、特殊功能模块/单元均可用 M4 螺钉直接固定在底板上。在实际安装时，各种不同型号的产品之间必须空出 1～2mm 的间隔距离，如图 2.4-7 所示。

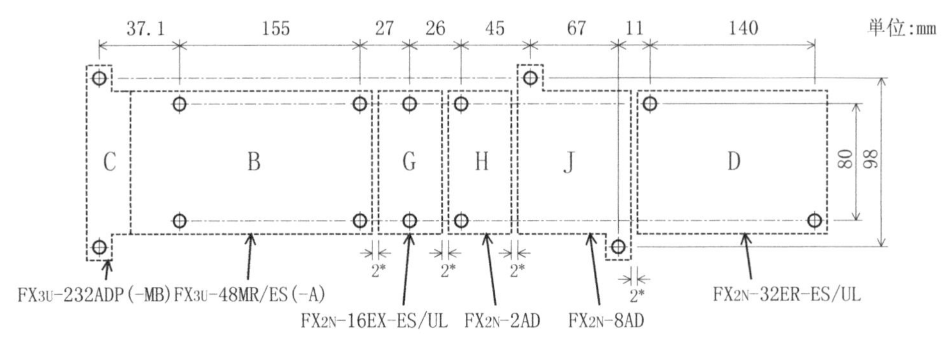

图 2.4-7　直接安装实例

2）DIN 导轨安装

FX_{3U} 系列 PLC 的基本单元及相连接的扩展设备均可装在 DIN46277（宽 35mm）的 DIN 导轨上，但如果 PLC 的扩展有功能扩展板或特殊适配器，则必须先将它们安装到基本单元上，然后再将基本单元及相连接的其他扩展设备逐个安装到 DIN 导轨上。DIN 导轨的安装如下所述。

（1）推出 PLC 基本单元上 DIN 导轨安装用卡扣，如图 2.4-8 所示 A 处。

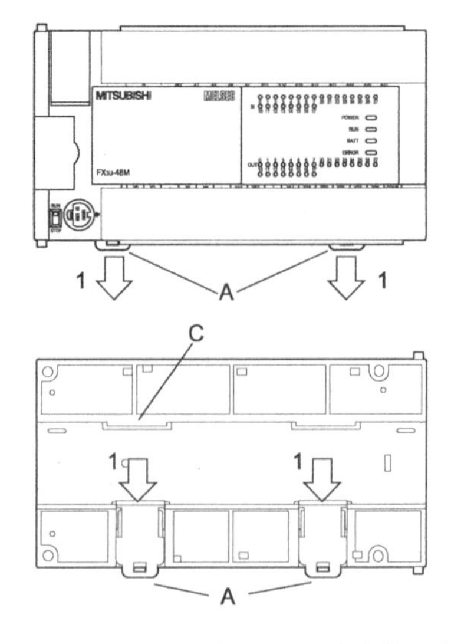

图 2.4-8　推出 PLC 上 DIN 导轨安装用卡扣

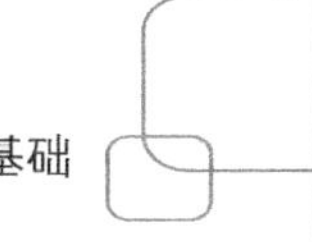

（2）将 PLC 基本单元 DIN 导轨安装槽的上侧（图 2.4-9（a）中 C 处）对准 DIN 导轨后挂上，如图 2.4-9（b）所示。

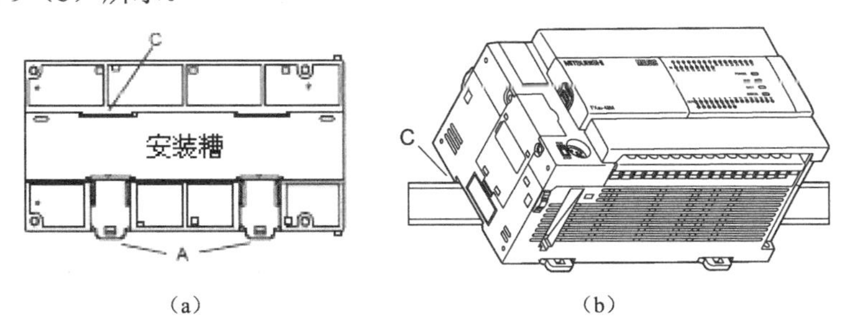

（a）　　　　　　（b）

图 2.4-9　PLC 挂上 DIN 导轨

（3）将 PLC 导入 DIN 导轨上，这时，PLC 的导轨安装扣会自动将 PLC 在 DIN 导轨上锁住，见图 2.4-10。所有具有 DIN 导轨安装扣的扩展设备均可按照上述步骤安装到 DIN 导轨上。

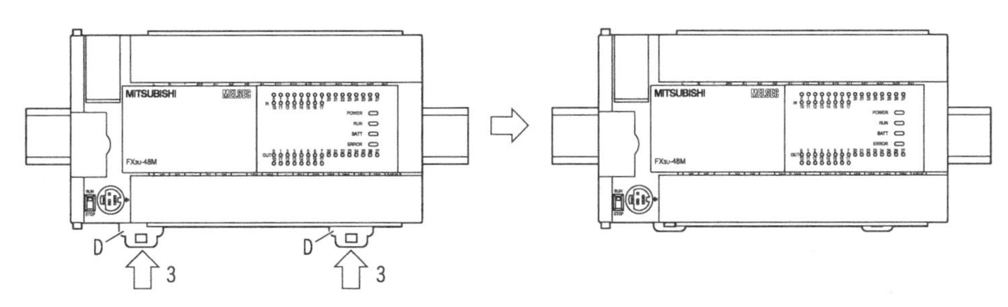

图 2.4-10　PLC 导入到 DIN 导轨

（4）将 PLC 基本单元从 DIN 导轨上拆卸比较简单。拆卸前先将 PLC 上除端子排外的所有接线卸去，然后将输入输出端子排整体卸下，如图 2.4-11 所示。图 2.4-11（a）为先卸下端子排盖板，图中 A 处，再卸下端子排两端螺钉，图中 B 处。端子排连接线可整体卸下，然后，将一字螺丝刀插入 PLC 的导轨安装扣的孔内，图中 C 处，拉出导轨安装扣，这时，PLC 基本单元可一次卸下。

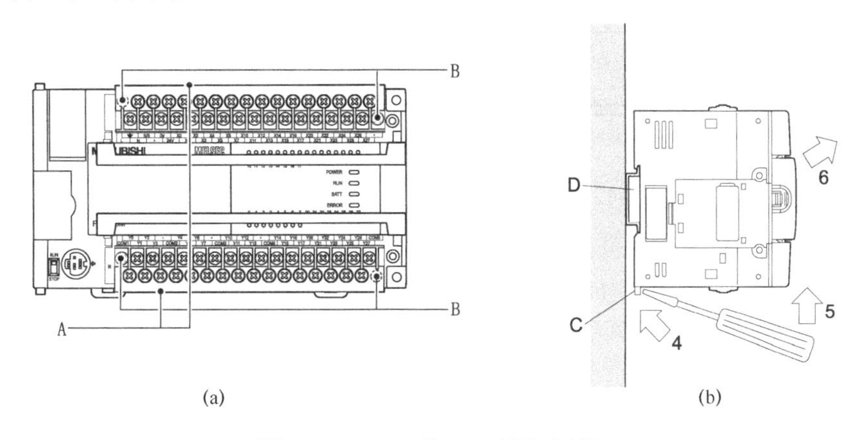

(a)　　　　　　(b)

图 2.4-11　PLC 从 DIN 导轨上拆卸

3）控制柜内安装注意事项

由 PLC 基本单元及其扩展设备组成的 PLC 控制系统一般均安装在控制电柜内，当控制柜内还有其他电气设备时，安装时应注意以下几点：

- 安装空间

PLC 控制系统在控制柜中安装时，必须在其上下左右留出不少于 5cm 的空间，如图 2.4-12（a）所示，当 PLC 控制系统必须在控制柜中安装成上下两段或多段时，段与段之间的距离也必须大于 5cm，而系统与其他设备同样要留出大于 5cm 的空间，如图 2.4-12（b）所示。

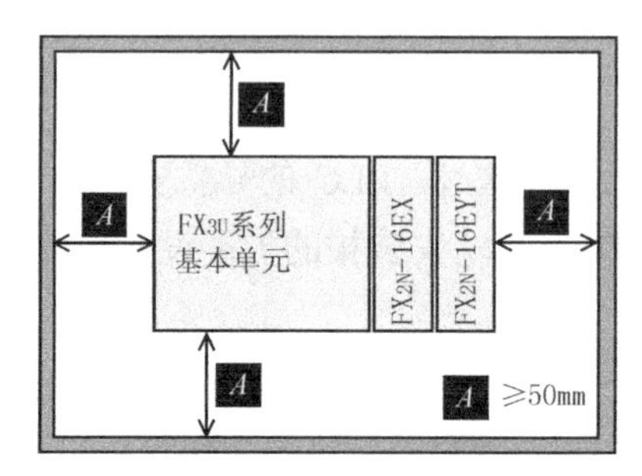

(a) 未使用扩展延长电缆的构成

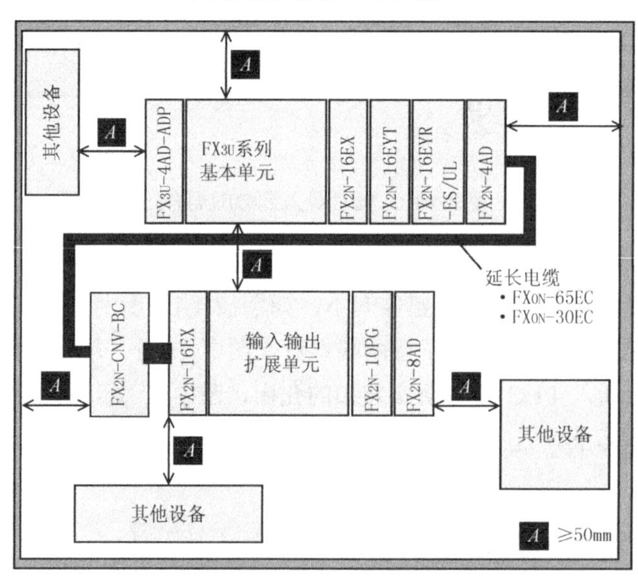

(b) 使用扩展延长电缆扩展成2段的配置构成

图 2.4-12 PLC 控制系统在控制柜中的安装空间

- 通风

控制柜内应有足够的通风空间，如果周围环境超过 55℃，要安装电风扇，强迫通风。也可把柜门打开，使柜内热量得到散发，降低温度。

- 其他

当 PLC 垂直安装时，要严防导线头、铁屑等从通风窗掉入 PLC 内部，造成印制电路板短路，使其不能正常工作，甚至永久损坏。

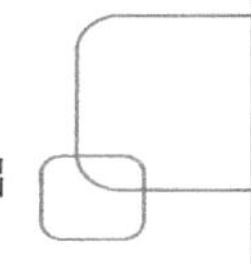

为了避免其他外围设备的电干扰，PLC 应尽可能远离高压电源线和高压设备，PLC 与高压设备和电源线之间应留出至少 200mm 的距离。目前，由于变频器的广泛应用，许多设备都将变频器与 PLC 控制系统安装在同一控制柜中，而变频器工作时，有较强的电磁干扰，对 PLC 运行影响较大。因此，PLC 控制系统应远离变频器，它们之间至少留有 10cm 以上空间，而且变频器的功率越大，空间越大（可现场测试决定）。如果变频器功率大于 7.5kW，最好与 PLC 控制系统分开控制柜安装。

3．接线

1）配线

本书仅讨论 FX_{3U} 系列 PLC 的基本单元和扩展模块/单元的接线。

由于 PLC 本身消耗功率很小，输入端口及输出端口所消耗的电流也不大，因此，其配线的导线线径在 0.3~1mm^2之间选取。为方便在配电柜线槽内走线，一般选用多股软线。

为方便维修，建议采用不同颜色的线标志不同端口的接线。基本单元的端口有电源端口（交流 L，N；直流+，-），内置电源端口（24V，0V），输入端口（X）和输出端口（Y）等。哪种端口采用何种颜色并没有统一标准，各个设备厂家都不相同。建议电源端口 L 用红色，N 用蓝色；内置电源端口 24V 用黄色，0V 用棕色；输入端口 X 用黑色，输出端口 Y 用白色。当然也可与电气原理图上所标颜色相对应。

2）接地

在 PLC 控制系统中，许多人对接地并不重视，在很多情况下甚至不进行接地处理，将 PLC 的接地端子空置。在实践中，这种做法有时对 PLC 控制系统的运行并没有多大影响，特别是对于开关量逻辑控制系统。但是，良好的接地不仅是保护人身和设备安全的重要防护措施，而且也是抑制和减少各种电磁干扰的重要手段。因此，建议在有条件的情况下都应加上接地。

PLC 等电气设备的接地（用符号⏚表示）是指与大地相连的接地。一般称系统地（System Ground 以 PE 表示）。在 PLC 控制系统中，对 PLC 采用专用的接地极（第 3 种接地方式）是最好的方案。如图 2.4-13（a）所示。在无法采用专用接地的情况下，也可以采用图 2.4-13（b）中的并接式共同接地方式（第 2 种接地方式），图中 PE 为公共接地铜板，但不允许采用如图 2.4-13（c）所示的串接式共同接地方式（第 1 种接地方式）。实际上 PLC 的接地方式一般采用第 2 种接地方式。

当采用如图 2.4-13（b）所示的共同接地时，接地铜板（PE）不能和电源的接地线相连。否则，电源会对 PLC 系统产生很大的干扰。

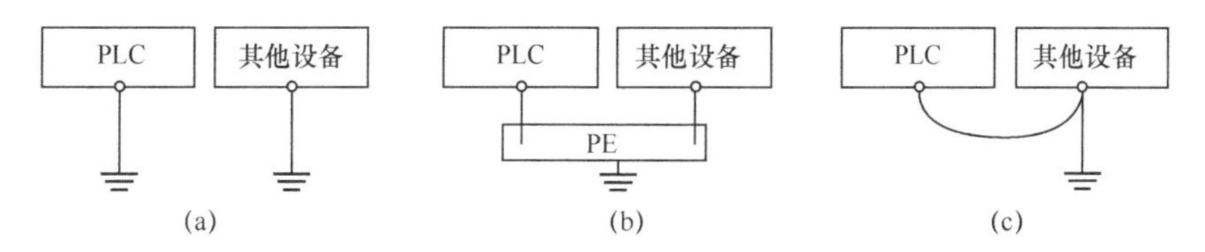

图 2.4-13　PLC 接地处理

当基本单元与PLC的各种扩展设备组成PLC控制系统时，各种扩展设备上的接地可以串联到基本单元的接地端子上，然后将基本单元的接地端进行专用接地或共同接地，如图2.4-14所示。

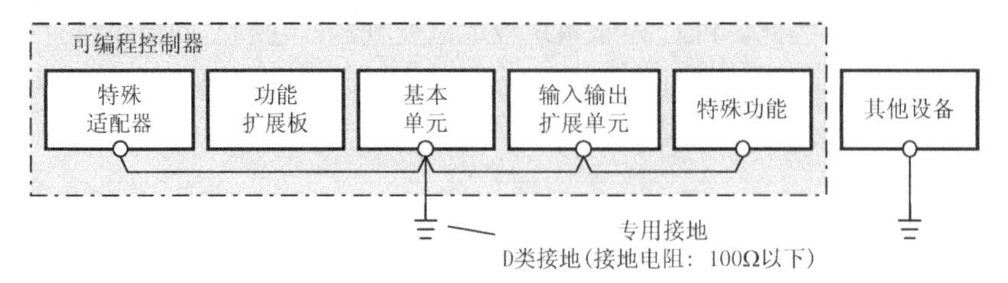

图2.4-14　PLC扩展设备上的接地

不论是采用单独接地还是共同接地，其接地电阻应小于4Ω（有的资料为10Ω）。基本单元的接地线线径应足够大，应使用$2.5mm^2$以上的接地线。接地点应尽可能靠近PLC基本单元，接地线越短越好。

3）接线

（1）PLC对于电源线带来的干扰具有一定的抵制能力。在可靠性要求很高或电源干扰特别严重的环境中，可以安装一台带屏蔽层的隔离变压器，以减少设备与地之间的干扰。

（2）一般PLC都有直流24V输出提供给输入端，当输入端使用外接直流电源时，应选用直流稳压电源。因为由于纹波的影响，普通的整流滤波电源，容易使PLC接收到错误信息。

（3）由于PLC的输出元件被封装在印制电路板上，并且连接至端子板，若将连接输出元件的负载短路，将烧毁印制电路板，因此，应加装熔丝保护电路。

（4）输入接线一般不要超过30m。如果环境干扰较小，电压降不大时，输入接线可适当长些，但也不能大于200m，过长布线，可能因线间电容影响引起漏电流，导致误动作。

（5）输入、输出线不能用同一根电缆，要分开。同时，无论是输入线还是输出线都不要和动力线、主回路线（俗称强电）同槽平行走线。如果同槽平行走线，它们之间至少要有10cm以上距离。在确实无法分槽走线的情况下，建议输入、输出采用屏蔽电缆。

【试试，你行的】

（1）PLC对工作环境有要求吗？有哪些要求？

（2）PLC在控制柜内安装时，其上下左右应留出不少于多少的空间？

（3）PLC接地端子的符号是什么？PLC接地是不是真正接大地？

（4）如图P2-1所示三种接地方式，哪种为PLC所采用的接地方式？

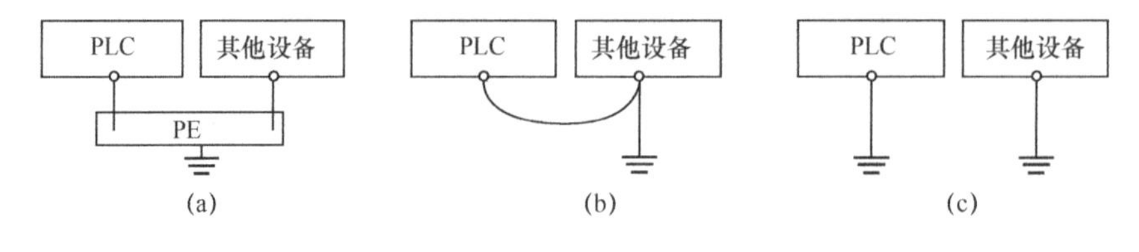

图P2.4-1

2.4.3　故障和干扰

1．故障的确认

PLC 控制系统的故障有外部设备故障（指与 PLC 相连接的各种输入输出设备）、程序故障和 PLC 的硬件故障等。对于外部输入设备故障可以通过观察 PLC 及其扩展单元/模块上的输入指示灯显示是否正常来进行故障判断。重点是检查外部设备的好坏，外部设备的调整是否符合要求，输入端口是否正确及连接线是否存在不良连接等。对于外部连接的输出设备则要先判断是外部设备故障还是 PLC 程序故障，这时，可卸除外部设备，分别进行测试分析。对外部设备的故障，通常采用排查法进行故障查找，即对产生故障的电路上的所有设备逐一进行排查（通过检查和换件确认），直到找出故障为止。当 PLC 连接有特殊功能模块/单元时，通过观察特殊功能模块上的指示灯判断故障所在。

2．通过 LED 判断故障

FX_{3U} 系列 PLC 在其上盖板上有四个显示该行状态的 LED 显示灯，当 PLC 发生故障时，可通过此 LED 的显示状态来确认故障的内容。

1）POWER　LED

表 2.4-1　电源故障内容及解决方法

LED 状态	PLC 状　态	解 决 方 法
灯亮	电源端子中正确供给了规定的电压	电源正常
闪烁	考虑可能是以下状态之一： 1）电源端子上没有供给规定的电压、电流 2）外部接线不正确 3）PLC 内部异常	1）确认电源电压 2）拆下电源接线以外的所有 PLC 连接线，再次上电，确认状态是否有变化。仍未改变，联系三菱电机
灯灭	考虑可能是以下状态之一： 1）电源断开 2）外部接线不正确 3）电源电缆断开 4）电源端子上没有供给规定的电压、电流	1）如果电源没有断开，则确认电源和线路情况。 2）拆下电源接线以外的所有 PLC 连接线，再次上电，确认状态是否有变化。仍未改变，联系三菱电机

2）BATT　LED

表 2.4-2　电池故障内容及解决方法

LED 状态	PLC 状　态	解 决 方 法
灯亮	电池电压下降	尽快更换电池
灯灭	电池电压高于 D8006 中设定值	正常

3）ERROR　LED

表 2.4-3　程序故障内容及解决方法

LED 状态	PLC　状　态	解 决 方 法
灯亮	可能是看门狗定时器出错，也可能是 PLC 硬件损坏	1）停止 PLC 运行，然后再次上电，如果 ERROR 灯灭，则认为是看门狗定时器出错。此时，实施下列对策。 ● 修改程序扫描时间最大值（D8012）不能超出看门狗定时器的设定值（D8000），进行此设置。 ● 使用了输入中断或脉冲捕捉的输入是否在一个扫描周期内反常地频繁多次 ON/OFF。 ● 高速计算器中输入的脉冲（占空比 50%）的频率是否超出了规定的范围。 ● 增加 WDT 指令，在程序中加入多个 WDT 指令，在一个扫描周期内对看门狗定时器进行多次复位。 ● 更改看门狗定时器设定值（D8000），修改为大于扫描时间的最大值（D8012）。 2）拆下 PLC，另外供电， 如 ERROR 灯灭，则认为是受到噪音干扰的影响，此时参考以下对策。 ● 确认接地的地线，修改接线路径以及设置的场所。 ● 在电源线中加噪音滤波器。 3）如果在 1），2）情况下，ERROR 灯仍然不灭，联系三菱电机
闪烁	PLC 中出现以下错误之一 ● 参数出错 ● 语法出错 ● 回路出错	用编程工具执行 PC 诊断和程序检查。关于解决方法，参照错误代码判断及显示内容（见附录）
灯灭	没有发生使 PLC 停止运行的错误	正常

3．通过编程软件 GX Developer 诊断故障

利用编程软件的 PLC 诊断功能，可以对 PLC PROG.E 指示灯亮时的错误内容进行诊断。操作是单击编程软件菜单栏“诊断”，在下拉菜单中，单击“PLC 诊断”，出现图 2.4-15 所示“PLC 诊断”对话框。单击“目前的错误”按钮，出现 PLC 发生的错误。错误代码及错误原因均会出现在显示栏上，通过“CPU 错误”按钮可查询错误代码及原因。

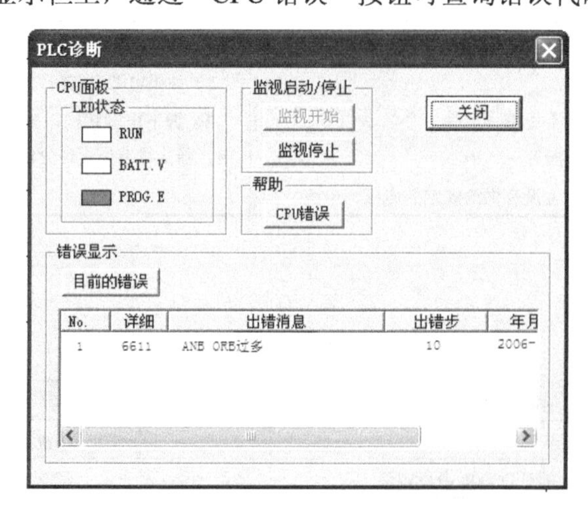

图 2.4-15　“PLC 诊断”对话框

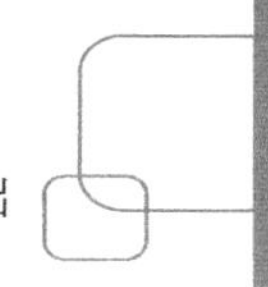

FX_{3U}系列PLC错误代码及错误原因见附录A：FX_{3U}系列PLC错误代码一览表。

4．对干扰的一般认识

PLC控制系统是在一定环境下工作的，在这个环境中，必定存在电磁能量的变化。这种电磁能量的变化就会通过一定的途径进入PLC控制系统中，产生PLC控制系统所不需要的信号，这些信号一般称作干扰，如果在PLC控制系统中出现了干扰，就会影响PLC控制系统的工作。例如，产生测量误差、影响指令执行等。严重时会造成控制失灵和发生控制事故。

PLC控制系统是一个数字控制系统，相对于模拟控制系统来说，本身就具有很强的抗干扰能力，能够适应各种不同的环境。但当它的应用扩展到模拟量控制、运动量控制和通信控制之后，情况就发生了变化，如果工作环境恶劣，设备安装不当，接地处理不好，都会对PLC控制系统产生干扰。当PLC仅用于开关量控制系统，其抗干扰能力非常强，基本不会产生干扰，系统的故障主要来源于外部设备和接线。而PLC用于非开关量控制系统时，就会产生干扰。因此以下的讨论都是针对PLC组成的模拟量控制系统、运动量控制系统和通信控制而言的。

干扰是所有电子技术和计算机技术应用中非常令人头痛的问题。这是因为：第一，很多干扰信号是随机的，没有规律可循。干扰出现的时候，不能一下子就解决，干扰消失的时候，不可能解决，而干扰仍然存在，说不定某个时间又随机出现。第二，产生干扰的原因是复杂的，有环境的，有人为的；有外部的，有内部的；可以是直流产生，也可以是交流产生；有电容性干扰，也有电感性干扰，等等。第三，干扰源的不确定性。干扰产生的原因是多种多样的，而产生干扰的信号却是类似的。因此，一旦产生干扰，不能马上确定源头在哪里，这就给排除干扰带来了困难。不能确定干扰源，只能凭个人经验和专业知识进行排查。第四，排除干扰的困难性。发现有干扰后，由于不能准确地确定干扰源，往往为了排除干扰，要重新安装设备间的相互位置，重新设计控制柜和重新进行布线，时间长，工作量大，的确非常令人头痛。

干扰的这些特性并不是排除干扰束手无策，毫无办法。人们在和干扰长期的较量中，也积累了非常丰富的经验和行之有效的方法，绝大部分干扰都可以通过适当的处理得到解决。特别是在特定的环境、特定的设备所产生的干扰。读者应通过对干扰的排除积累经验，掌握排除干扰方法，并应用其解决具体干扰问题。

5．干扰的主要来源及途径

干扰来源于干扰源。凡是能产生一定能量，并影响周围电子电路正常工作的物体和因素都可以认为是干扰源。一般来说，干扰源可以分为自然界的，电子器件本身的，人为造成的、电器和设备的四种类型。

1）自然界干扰

自然界的干扰源是雷电、太阳黑子活动、大气污染及宇宙射线等。其中除了雷电外，其他干扰并不是经常发生的，但发生了也是无法解决的。一般都不在考虑中，除非是有特殊要求的PLC控制系统。

雷电，由于其能量特别大，产生的电涌电压非常高，如不进行适当防护，会破坏 PLC 控制系统。因此，一般是在电源输入端加装避雷器，如图 2.4-16 所示。安装时，将防雷浪涌吸收器的接地（E1）和 PLC 的接地（E2）分离，选择电源电压上升最多时也不会超过其最大电路允许电压的防雷浪涌吸收器。

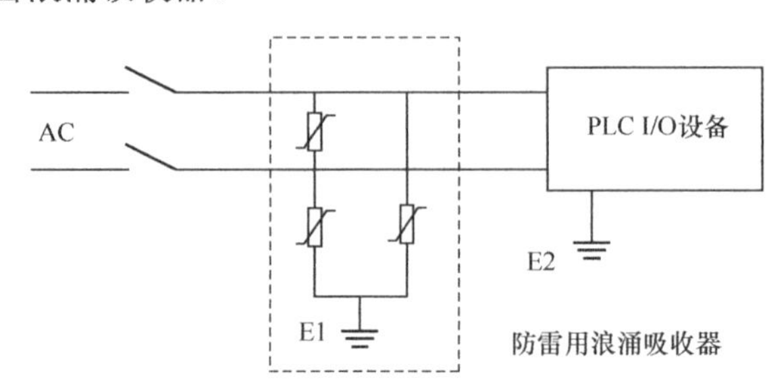

图 2.4-16　避雷器安装

2）PLC 系统内部干扰

PLC 系统内部干扰是指组成电路的各种电子开关（二极管、三极管，晶闸管等）和电路间相互电磁辐射所产生的电子噪声，但是因为通常电子噪声的强度很弱，因此它的影响主要出现在有用信号比较弱的场合，另一方面，这些噪声干扰都属于 PLC 生产厂家在设计时所考虑的问题，用户是难以改变和防止的，在实际情况中，它们的影响也是比较小的。因此，可不必过多考虑。当然，在选择 PLC 系统各种组件时，要选择在这方面经过实际考验的品牌产品。

3）电网和电气设备干扰

一般来说，PLC 控制系统工作的环境还存在其他许多电器和电气设备，这些电器和电气设备会对电网产生影响，有些设备本身也会发出很强的电磁干扰。电网的波动和电气设备都会对 PLC 控制系统产生干扰，如果细分则可分为以下几种。

● 电网干扰

PLC 系统的正常供电电源均由电网供电，由于电网覆盖范围广，它将受到所有空间电磁干扰而在线路上感应电压。尤其是电网内部的变化、电网的电晕量放电，绝缘不良的电弧放电，交流接触器等感性负载触点引起的电火花、刀开关操作浪涌、大型电力设备启停、交直流传动装置引起的谐波、电网短路暂态冲击等，都通过输电线路传到电源原边，直接影响 PLC 控制系统的正常运行。

● 大功率电气设备的干扰

许多大功率电气设备，例如变压器、电焊机、电火花加工机床、变频器、吊车等，在启动时会产生浪涌电流，对电网产生很大影响。它们在工作时，内部晶闸管开关造成的瞬间尖峰电流、内部电路过渡过程所产生的瞬变电压、电流变化等都会成为一个干扰源，产生空间电磁辐射感应，对 PLC 控制系统产生干扰。

4）人为干扰

人为干扰主要是指控制系统在安装时，由于设备相互之间的位置设置不当，安装布线不

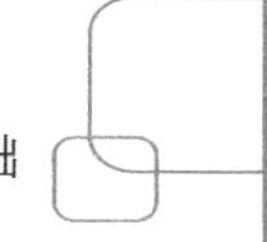

合理、接地不妥和控制柜内高压电器、大电感性负载安排不当等所引起的电磁干扰。人为干扰是目前 PLC 控制系统受到的主要干扰。人为干扰的本质仍然是电磁干扰，只不过由于人为的原因使这些电磁干扰发生了作用，很多排除干扰的措施都是针对人为干扰提出的。

6．防干扰措施

如上所述，干扰发生时，寻找干扰源是一件比较困难的事情，只能通过排查来解决，这就对解决干扰带来很大的麻烦。因此，对待干扰重点是防，而不是事后去补。在 PLC 控制系统现场安装时，精心地从电源、布线、信号输入和接地等多方面采取措施，防患于未然。下面所介绍的各种防干扰措施是专业人员和工控从业人员长期实践中总结出的行之有效的方法，读者可以参考并用于实际生产中。

1）防止电源端引入的干扰措施

PLC 对于电源线带来的干扰具有一定的抵抗能力。在通常情况下，不需要采取防干扰措施，但在可靠性要求很高或电源干扰特别严重的环境中，除了尽可能采用电压波动较小、波形畸变较小的稳压电源外，还可以采取以下措施。

（1）PLC 的供电线路尽可能与其他大功率设备的电子设备或强干扰设备的供电线路分开。

（2）在 PLC 的输入电源之间加装一台带屏蔽层的隔离变压器，由隔离变压器的输出端直接向 PLC 供电，这样可抑制来自电网的干扰。

（3）在 PLC 的输入端加装低通滤波器，滤去交流电源输入的高频干扰和高次谐波。在干扰严重的场合，可同时使用隔离变压器和低通滤波器。

（4）当输入端使用外接直流电源时，应选用直流稳压电源，因为普通的整流滤波电源由于纹波的影响，容易使 PLC 接收到错误信息。

2）防止布线引入的干扰措施

在 PLC 控制系统中，信号线的品质和布线是防止干扰的重要因素。如果选线不当，一定会出现各种不可预测的干扰，因此，选好线、布好线是防止产生干扰的重要保证。

（1）一般来说，PLC 本身具有很强的抗开关量干扰的能力。因此，对开关量选线没有严格要求，可以是单股线、多股线，也可以选择普通电缆线，但当传输距离较远时，为防止压降而引起误动作，应采用交流中间继电器来转接信号。

（2）模拟信号线和高速脉冲信号线应选择屏蔽电缆。通信线应当选择 PLC 厂家提供的专用电缆或光纤电缆。如果是双绞线，建议采用市售品质较好的带屏蔽的双绞线。

（3）布线的基本原则也是最重要的措施是控制信号线（弱电信号线）与动力线（强电功率线）分开线槽走线，但完全分槽走线，成本较高。如果同槽走线，则应保持控制信号线和动力线之间有一定的距离，一般不得少于 20cm。而且，随着同槽走线的铺设长度越长和动力线所流过的电流越大，它们之间的距离也要随之加大，一般大于 60cm。如果在线槽内不能保证两者之间有足够的距离，则应将动力线在槽内穿金属管走线，并将金属管进行接地处理。

在走线时，绝不允许将控制信号线和动力线捆扎在一起放在线槽内，这样会引起干扰。

（4）如果控制信号线采用电缆走线，不同类型的信号（指开关量信号、模拟量信号、高速信号和通信信号）不要安排在同一根多芯电缆内，模拟量信号的电流信号和电压信号也不要安排在同一根多芯电缆内。输入信号、输出信号也不要安排在同一根电缆内。

（5）控制柜内布线也应遵循动力线与控制信号线分槽走线，但 AC220V 电源线可以和控制信号线同槽走线。不同控制信号线之间最好分槽走线，但难以做到，一般都在同一槽中布线。这时，最好模拟量信号线和数字量信号线（高速脉冲，通信）采用屏蔽电缆，而交流线和直流线分别采用不同的电缆。采用电流走线比采用多根单线布线干扰要小很多。

为保证控制柜里布线不会混乱，在控制柜设计时就应结合上述布线要求进行 PLC 各种选件的排布和走线。

（6）不同的信号线最好不用同一个插接件转接，如必须用同一个插接件，要用备用端子或地线端子将它们分隔开，以减少相互干扰。

（7）建议 PLC 控制系统不要和大功率设备、高压电器安装在同一电器柜内。大功率设备如变频器等最好专门安装在一个电器柜内，如因条件限制必须安装在一个电气柜中，PLC 应远离大功率设备，越远越好。

3）防止信号传输引入的干扰措施

PLC 控制系统中各种信号均是通过两线制传输线进行传输的。传输线除了传输有效的信号之外，还常常受到外部干扰产生叠加在有效信号上的干扰信号。这些干扰信号是通过导体传播和空间电磁辐射感应产生的。电磁干扰通常分为差模干扰和共模干扰两大类，它们的防止措施是不相同的。差模干扰信号和共模干扰信号可以用图 2.4-17 来说明。图（a）为差模信号，产生的干扰信号在两根线上振幅相等，方向相反，图（b）为共模信号，产生的干扰信号在两根线上振幅相等，方向相同。

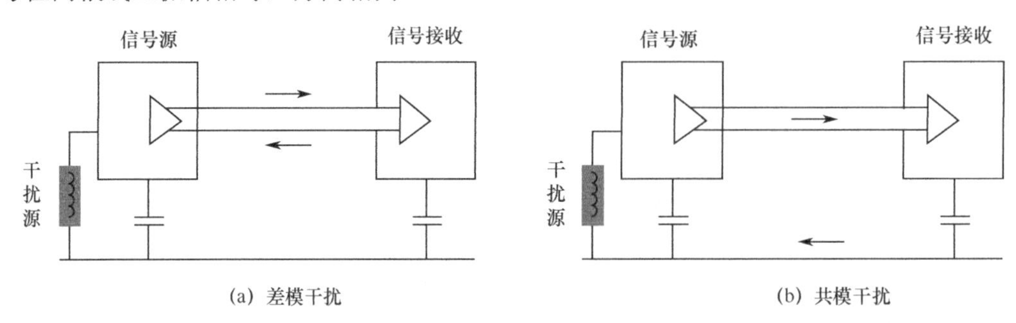

图 2.4-17　差模干扰和共模干扰

（1）模拟量信号目前主要有电压、电流两种信号传输方式。电压信号特别是在低电压信号（<1V）下传输时，易受到各种感应干扰，而电流信号传输则不易受到干扰。因此，模拟信号传输时最好采用 4～20mA 或 0～20mA 电流信号传输。

（2）差模干扰多数是由空间电磁辐射感应及由不平衡电路中共模信号转换所形成的电压构成，但其频率低、幅度小，所造成的干扰也比较少。一般通过低通 RC 或 π 滤波器均可使差模信号得到很好的抑制。所以，在 PLC 的信号输入端口基本上都设计了滤波装置，有效地防止了差模干扰。

（3）共模干扰会严重影响 PLC 控制系统的正常工作，对共模干扰的抑制主要采用正确的接地、屏蔽和抗干扰电路传输信号，其中差分线驱动电路是目前在数字通信中抗共模干扰比较好的电路结构。

差分线性驱动又称做差动线驱动。在电路结构上，不管是采用集电极开路输出还是电压输出电路，其本质上是一种单端输出信号，即脉冲信号的逻辑值是由输出端电压所决定（信号地线电压为 0）。差分信号也是两根线传输信号，但这两根线都传输信号，两个信号的振幅相等，相位相反，称之为差分信号。当差分信号送到接收端时，接收端则比较这两个信号的差值来判断逻辑值，图 2.4-18 为差分信号电路结构和脉冲波形。当采用差分信号作为输出信号时，接收端必须是差分放大电路结构才能接收差分信号。目前，已开发出专门用于差动线传输的发送/接收 IC，如 AM26LS31/32 等。

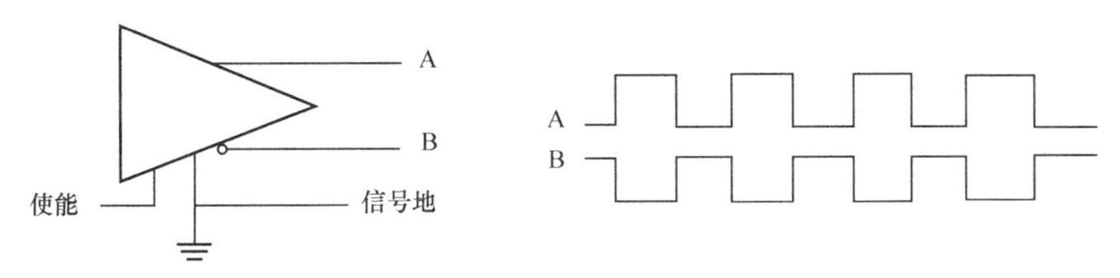

图 2.4-18　差分信号电路结构和脉冲波形

外部输入的干扰信号以共模方式出现时，由于两根传输线上的共模干扰信号相同，因接收器是差分输入，共模信号可以互相抵消。只要接收器有足够的抗共模干扰能力，就能从干扰信号中识别出驱动器输出的有用信号，从而克服外部共模干扰信号的影响。与单端输出相比，差分线驱动的优点是抗干扰能力强，能有效抑制电磁干扰，逻辑值受信号幅值变化影响小，传输距离长（10m）。此外，采用光电隔离的方法，可以消除共模干扰。输入线采用绞合屏蔽线，也能降低共模干扰，

4）变频器干扰及防止对策

目前，变频器作为电动机调速控制器已广泛被应用于各种单机或生产线设备中，由于条件限制，特别是单机设备，往往将变频器与 PLC 控制系统安装在同一电柜中，变频器特别是大功率变频器所产生的干扰则越来越受到人们的重视，这里就变频器所产生的干扰及其抗干扰对策进行说明，供读者在实际工作中参考。

变频器所产生的干扰主要有以下三种。

- 谐波干扰

由于变频器整流和逆变电路中使用了大功率半导体开关器件，在其输入输出电压和电流中，除了基波之外还有高次谐波。这些变频器在启动和运行过程中所产生的谐波会给电网带来干扰，引起电网电压波形畸变，给处于同一电网供电的其他设备包括 PLC 控制系统带来很大干扰。这是一种传导性干扰，这种干扰随着变频器技术的发展已基本得到解决。解决的方法是在变频器的输入侧加装电抗器和滤波器。目前，很多小功率变频器都已内置了滤波器。对一些对电源质量要求较高的 PLC 控制系统来说，最好的方法是将其供电电源与变频器供电电源分开处理。

- 电磁辐射干扰

电磁辐射干扰主要是高频电磁波辐射到空中引起对其他设备的干扰和输出动力线对其他

信号线的电磁感应耦合干扰。对 PLC 控制系统来说，主要是后一种干扰。电磁感应干扰主要通过合理布线、信号接地和屏蔽解决。当变频器电磁辐射干扰过强（在大功率变频器应用时）通过布线等措施并不能完全解决时，可以干脆将整个变频器安装在专门的铁制封闭的箱子中（当然，要同时考虑其散热的问题），并将箱子接地，将其输入、输出电缆也装入铁管中，铁管也接地。

在变频器到电动机之间增加交流电抗器也可以减少变频器输出在能量传输过程中线路产生的电磁辐射。

● 对电动机干扰

由于变频器输出的不是正弦波，而是采用脉冲宽度调制的脉冲波形，这种波形流过电动机，电动机绕组和铁芯将因高次谐波成分而产生噪声和振动。同时，高次谐波还会使电动机在相同频率下电流增加 5%～10%，从而引起电动机过热，这就是变频器应用时电动机的干扰。对于噪声可以适当调节变频器的载波频率，对电动机可能产生的振动点（特别会引起设备的共振点）可利用变频器的频率跳变限制功能参数进行调节。引起电动机过热，则要加强电动机的冷却方式，如外加其他冷却方式，增加冷却能力，或选择更大容量电动机（大马拉小车），采用变频专用电动机等。

7. 工作接地与屏蔽

完善的接地系统是 PLC 控制系统抗电磁干扰的重要措施，反之，如果接地不当，则会对 PLC 控制系统产生干扰。在一个电气系统中，可简单分为安全接地和工作接地两种。

1）安全接地（PE）

安全接地又称保护接地，它是在强电系统（电力电源、输配电、电气设备）中，为了人身和设备的安全而采取的一种保护方法，其做法是将地线直接与大地相连，然后将设备的金属外壳或接地点与地线相接。这样，当设备金属外壳因漏电带电或机壳上积累电荷而产生静电放电危及人身和设备安全时，促使电源开关产生保护动作切断电源，从而保护人身和设备安全。在本章 2.4.2 一节中，曾讨论过 PLC 系统地的连接，就是一种安全接地。

2）工作接地（SG）

工作接地是为电路正常工作而提供的一个基准电位，是各种信号的参考点。该基准电位可以设为电路系统中的某一点、某一段或某一块等。当该基准电位不与大地连接时，视为各种信号相对的零电位。根据电路的性质，控制系统大致有以下几种工作接地。

（1）数字地：也叫逻辑地，是数字电路零电位的公共基准地线。

（2）模拟地：是模拟电路零电位的公共基准地线。

（3）信号地：是各种物理量的传感器和信号源零电位的公共基准地线。

（4）交流地：也叫电源地，是电源零电位的公共基准地线。

（5）直流地：直流供电电源的地。

（6）功率地：是负载电路或功率驱动电路零电位的公共基准地线。

从参考电平的角度看都是同一个地，最终都要接到一起获得相同的参考电位。地的分开主要是从布线的角度看，以防止各种电路在工作中产生互相干扰，使之能相互兼容地工作。

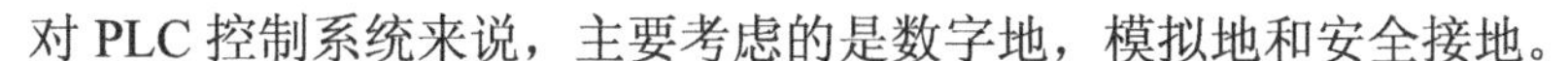

对 PLC 控制系统来说，主要考虑的是数字地，模拟地和安全接地。

在接地方式上，有单点接地和多点接地两种方式。

单点接地是指把整个电路系统中的一个结构点看作接地参考点，所有对地连接都接到这一点上，并设置一个接地螺栓，单点接地可以防止两点接地产生共地阻抗的电路性耦合。多点接地即在该电路系统中用一块接地平板代替电路中每部分各自的地回路。PLC 控制系统工作频率较低，应采用单点接地方式。

在工作接地的处理上，也有三种处理方式（取决于接地的效果）：一是与安全接地不连接，成为浮地式，浮地式即该电路的地与大地无导体连接。其优点是电路不受大地电性能的影响；缺点是该电路易受寄生电容和绝缘电阻的影响，增加了对模拟电路的感应干扰，同时，易产生静电积累而导致静电击穿或强烈的干扰。二是与安全接地直接连接，成为单点接地式；三是通过一个 3μF 电容器与安全接地连接，成为直流浮地式，交流接地式。PLC 控制系统多数采用第二种方法，即信号地通过导线直接与安全接地相连。还有一种处理方法是，如果浮地或连接不会产生大的干扰，则采用浮地，如果产生了干扰，则与安全接地相连接，在三菱 FX 系列的许多特殊功能模块中都有这样的说明。

当一台设备含有多种电路时，才考虑设置不同的地。如果仅有开关量控制，则不需要考虑各种不同的地。典型设备地的设置与接地如图 2.4-19 所示。

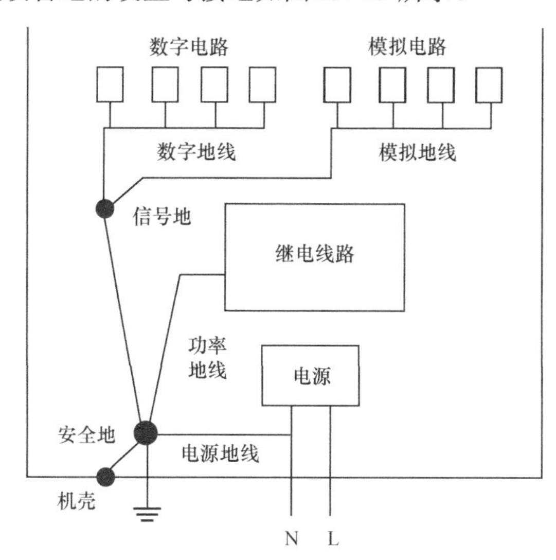

图 2.4-19　设备接地示意图

对于设备接地应当注意以下几点：

（1）无论是信号地还是安全地，在机柜内用接地螺栓表示接地点，所有接地点相互之间，接地点和机壳之间，接地点和电源零线之间均是绝缘的，然后再用导线将各个接地点连上安全接地螺栓。

（2）安全接地螺栓应用较粗导线（不小于 $2.5mm^2$）与接地极相连，接地极要求接地电阻小于 4Ω。

（3）当系统用三相电源供电时，由于各负载用电量和用电的不同时性，必然导致三相不平衡，造成三相电源中心点电位偏移，为此将电源零线接到安全接地螺栓上，迫使三相电源中心点电位保持零电位，从而防止三相电源中心点电位偏移所产生的干扰。

（4）为防止机壳带电，危及人身安全，不许用电源零线作为地线代替机壳地线。

3）屏蔽与接地

屏蔽是一种行之有效的防干扰技术。屏蔽就是用金属导体把被屏蔽的电磁干扰源、电子电路、组合件、信号线包围起来。如果是电磁干扰源，屏蔽可使其电磁干扰不能越过屏蔽层向外辐射，相反，如果是电子电路、组合件、信号线等，屏蔽又是克服电磁场耦合干扰最有效的方法。在PLC控制系统中，用得最多的是信号线的屏蔽，即所谓屏蔽线的使用。

屏蔽与接地配合使用，才能起到屏蔽的效果。对屏蔽线来说，主要是其屏蔽层应如何接地的问题。

PLC控制系统的输入端会接各类模拟量传感器，一般来说，为了提高抗干扰能力，信号线均采用屏蔽线。这里有两种情况，一种是屏蔽层在传感器内部与传感器壳体相连，当传感器安装在电动机等设备上时，屏蔽层一般应与这些设备的外壳相连。如果与PLC控制系统相连，这时应将屏蔽层与PLC的地线相连。但这时必须保证PLC控制系统的接地良好。否则反而会产生干扰。另一种是屏蔽层不与传感器外壳相连，这时，在PLC控制系统侧实施单地接地。

对于采用标准电量（4～20mA/0～5V/0～10V）的模拟信号来说，一般必须采用双绞线屏蔽电缆传输。这时，双绞线屏蔽层原则上应在PLC控制系统一侧与模拟地相连。对于抗干扰要求比较高的场合，具体模拟量信号的接地处理必须严格按照相关操作手册上的要求处理。

通信信号线屏蔽层接地比较复杂，要不要接地，是单点接地还是多点接地等都存在一定的争议，还需要在实践中不断地总结。据有关资料和实践说明，在通信速率较低时，多选用单点接地，而速率较高时，应选用多点接地。

8. PLC软件抗干扰技术

有时只采用硬件措施还不能消除干扰的影响，这时利用PLC程序加以配合可以取得较好的抗干扰效果，利用程序进行抗干扰的方法称之为软件抗干扰技术。

常采用的软件抗干扰技术如下所述。

1）数字滤波

数字滤波又叫软件滤波，它是利用数字控制器的强大而快速的运算功能，对采样信号编制滤波处理程序，由计算机对滤波程序进行运算处理，从而消除或削弱干扰信号的影响，提高采样值的可靠性和精度，达到滤波的目的。常用数字滤波方法如下所述。

（1）非线性滤波法：克服由外部环境偶然因素引起的突变性扰动或内部不稳定造成的尖脉冲干扰是数据处理的第一步。通常采用简单的非线性滤波法，有限幅滤波、中值滤波等。

（2）线性滤波法：抑制小幅度高频电子噪声、电子器件热噪声、A/D量化噪声等。通常采用具有低通特性的线性滤波法，有算术平均滤波法、加权平均滤波法、滑动加权平均滤波法、一阶滞后滤波法等。

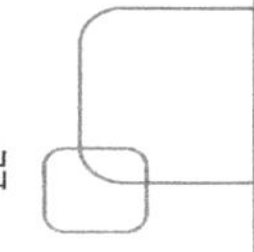

（3）复合滤波法：　在实际应用中，有时既要消除大幅度的脉冲干扰，又要做到数据平滑，因此常把前面介绍的两种以上的方法结合起来使用，形成复合滤波法。有中位值平均滤波法、限幅平均滤波法等。

关于常用数字滤波方法的算法说明及其应用可参看拙著《PLC 模拟量与通信控制应用实践》1.3.3 节常用数字滤波方法。

2）输入延时

对于开关量输入，为防止误动作，可设计软件程序对输入信号延时 20ms，对同一信号做两次以上读入，结果一致确认输入有效。

3）输出锁存

在控制现场，如某些干扰的产生是预知的，例如，大功率电动机，电磁铁等动作，常常会伴随产生火花，电弧等干扰信号，这些干扰信号会影响 PLC 的输入端，产生误动作，这时，可以在 PLC 输出执行产生干扰的时间内，编制程序封锁 PLC 的某些输入信号。在干扰时间过去后，取消封锁。

此外，利用 PLC 丰富的软件资源（无数个常开、常闭触点，几百个定时器和计数器，几千个数据寄存器等）设计故障检测与诊断程序，自处理程序等都是软件抗干扰技术的应用。

【试试，你行的】

（1）试说明 FX3U 系列 PLC 基本单元上状态指示灯正常时灯的状态。

（2）如果状态指示灯“RUN”不亮，是不是说明 PLC 有故障？为什么？

（3）干扰的主要来源有哪些？如何解决？试举例说明。

（4）你在实际工作中碰到过干扰吗？你如何解决？试举例说明。

（5）什么叫安全接地？什么叫工作接地？工作接地有哪几种地？工作地的共同特点是什么？

（6）什么叫单点接地？什么叫多点接地？PLC 应用哪种接地方式？

（7）什么是 PLC 软件抗干扰技术？常用的软件抗干扰技术有哪些？

2.4.4　维护保养

对 PLC 控制系统进行维护保养的目的是尽可能减少设备的故障率，提高设备的运行率，这种不是在发生故障才进行的保养又叫预防性维护保养。预防性维护保养分日常维护保养和定期维护保养。

1．日常维护保养

日常维护保养指经常性（每天，每星期）进行的保养，一般在正常运行中进行，其检修

项目和内容见表 2.4-4。

表 2.4-4　检修项目内容

序　号	检 修 项 目	检 修 内 容
1	基本单元安装状态	安装螺钉是否松动或导轨挂钩是否脱轨
2	扩展选件安装状态	安装螺钉是否松动或导轨挂钩是否脱轨
3	连接状态	端子连接螺钉是否松动
		压接端子之间的距离是否适当
		电缆连接器是否松动
4	“POWER” LED 灯	是否亮灯（灭灯异常）
	“RUN” LED 灯	是否亮灯（灭灯异常）
	“ERR” LED 灯	是否灭灯（亮灯异常）
	“BAT” LED 灯	是否灭灯（亮灯异常）
5	环境	是否有水滴、潮湿

2. 定期检查保养

定期保养是指每半年或每一年进行一次全面的检修，一般在停止运行时进行，其检修项目和内容见表 2.4-5。表中所列是一些常规项目的检查，仅针对 PLC 控制系统而言，不涉及全部电气控制系统的检查，读者应根据实际情况制订更符合实际的定期检查维护项目。

表 2.4-5　定期保养检修项目和内容

序　号	检 修 项 目		检 修 内 容
1	周围环境	周围温度	用温度计、湿度计测量。 测量腐蚀性气体
		周围湿度	
		大气	
2	电源检查	AC10～120V	测量各端子间电压
		AC200～240V	
		DV24V	
3	安装状态	是否松动	动一动基本单元和扩展选件
		异物	目测
4	连接状态	端子螺钉检查	用起子检查
		压接端子安装	目测
		电缆连接器	用工具检查
5	电池		利用软件检测是否需要更换
6	备用品		安装到机器上确认动作
7	用户程序		对保管程序与应用程序进行核对检查
8	模拟量模块		检查零点/增益法是否与设计值相同
9	冷却设备		是否正确运转

3. 电池的维护

在 FX_{3U} 系列 PLC 的基本单元内装有附件电池，电池的作用是在 PLC 断开电源后，利用电池的电压保持内置 RAM 的参数，用户程序、软元件注释和文件寄存器内容，保持停电保持辅助继电器、状态（包含信号报警器用）、累积型定时器的当前值、计数器的当前值和数

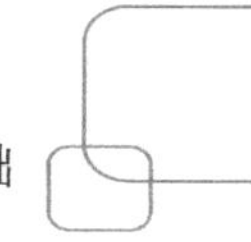

据寄存器内容，保持扩展寄存器内容和采样跟踪结果，同时对 PLC 内部时钟的运行提供动力。

电池的电压为 3V，可以通过监控 D8005 来确认电池的电压。当电池电压过低时，面板上的“BATT”LED 灯会亮红灯。从灯亮开始后 1 个月左右可以保存内存，但不一定会在刚亮红灯时发现。所以，一旦发现亮红灯就必须马上及时更换电池。电池的寿命约 5 年左右，根据不同的环境温度其寿命值会变化。温度越高，寿命越短；如在 50℃下工作，寿命仅为 2～3 年，此外，电池也会自然放电，所以，务必在 4～5 年内更换电池。

电池更换时，选件型号为 FX_{3U}-32BL，它与基本单元本身所带的电池在外观上有一些差别，主要是制造日期标注方式不同，如图 2.4-20、图 2.4-21 所示。

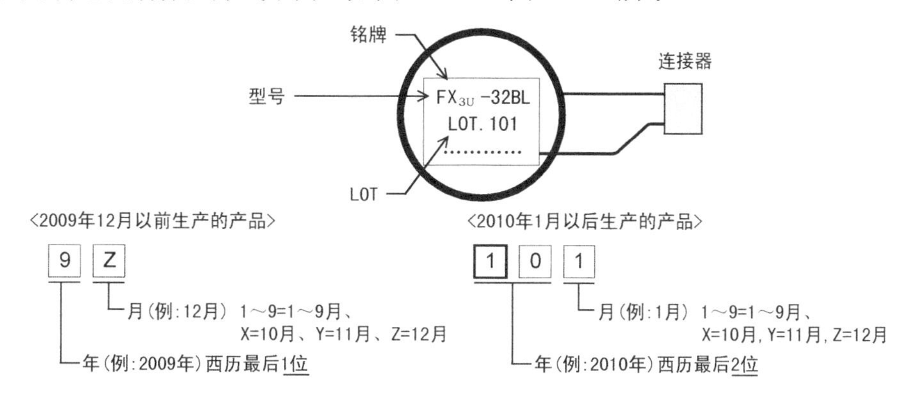

图 2.4-20　选件电池制造年月的标注方法

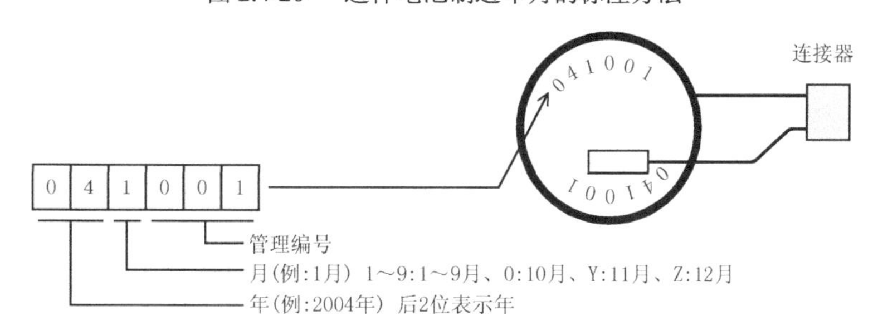

图 2.4-21　基本单元内置电池制造年月的标注方法

电池的更换步骤如下。

（1）断开电源。

（2）取下电池盖板。如图 2.4-22 所示，用手指顶住图中 A 处，将盖板 B 侧掀起少许后，取下电池盖板。

（3）取下旧电池。将旧电池从电池支架（图 2.4-23 中 C）上拔下，并取出电池连接头（图 2.4-23 中 D 处）。

（4）装上新电池。先将电池连接头插入 D 处，再将电池放入电池支架中。注意，更换过程（从取出旧电池连接头到插入新电池连接头）务必在 20s 内完成，超过 20s，存储区中的数据可能会丢失。

（5）装上电池盖板。

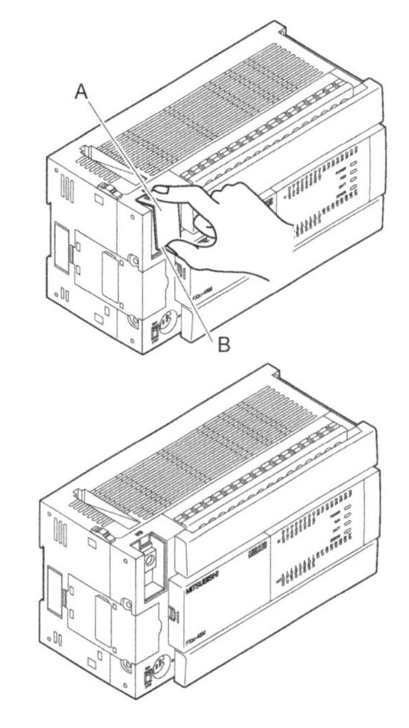

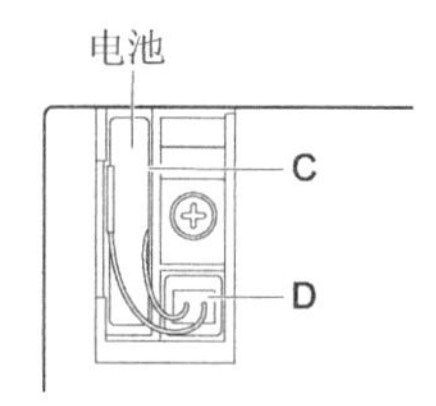

图 2.4-22　取下电池盖板　　　　图 2.4-23　换装新电池

【试试，你行的】

（1）根据实际工作情况，试制订一份日常维护保养计划和定期维护保养计划。

（2）基本单元的电池什么时候进行更换？更换电池动作应在多少时间内完成？

本章水平测试

（1）FX_{3U} 系列 PLC 是三菱电机第几代小型 PLC（　　）。

A．第 2 代　　B．第 3 代　　C．第 4 代　　D．第 5 代

（2）FX_{3U} 系列 PLC 兼容 FX_{2N} PLC 吗？（　　）

A．部分兼容　　B．不兼容　　C．全部兼容　　D．完全不一样

（3）基本单元 FX_{3U}—32MT/ES 的输入端口数与输出方式是（　　）。

A．32 点，继电器输出　　B．32 点，晶体管输出

C．16 点，继电器输出　　D．16 点，晶体管输出

（4）某人欲采购一台 FX_{3U} PLC 基本单元，要求是输入 20 点，输出 12 点，能够提供高速脉冲输出和使用交流电源，他应选择（　　）。

A．FX_{3U}-32MT/ES　　B．FX_{3U}-32MR/ES

C．FX_{3U}-48MT/ES　　D．FX_{3U}-48MR/ES

（5）如图 PLC 应采用哪种接地方式（　　）？

A．不接地　　B．（a）　　C．（b）　　D．（c）

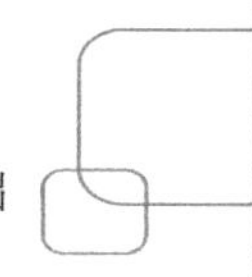

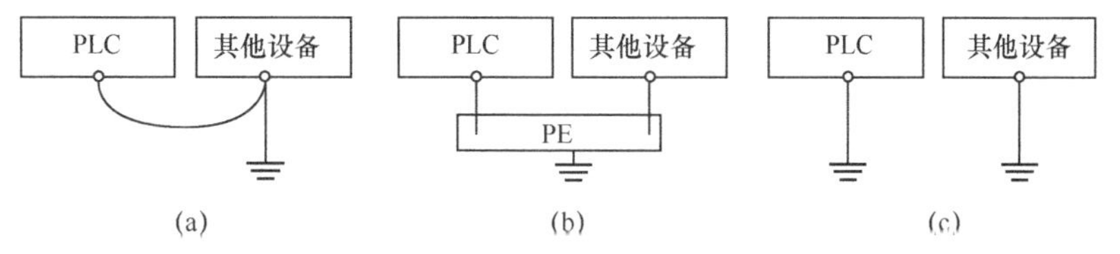

（6）FX_{3U} PLC 的端口编址是按照（　　）分配的。

A．十进制　　B．二进制　　C．八进制　　D．十六进制

（7）如图 PLC 基本单元与扩展模块连接，FX_{2N}-8EX 的输入端口的编址是（　　）。

A．X044～X051　　B．X050～X057　　C．X060～X067　　D．X070～X077

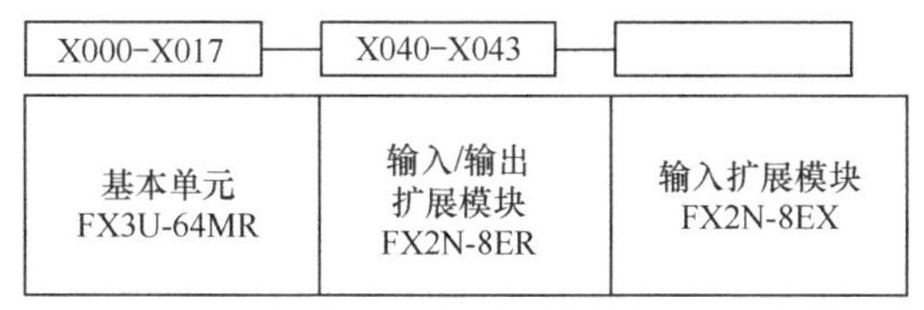

（8）FX_{3U} PLC 基本单元的“S/S”端口为（　　）。

A．输入端口公共端　　B．输出端子公共端

C．空端子　　D．内置电源 0V 端

（9）如图为 FX_{3U} PLC 之输入端连接，这种连接是（　　）。

A．源型接法　　B．漏型接法

C．电流输入型接法　　D．电流输出型接法

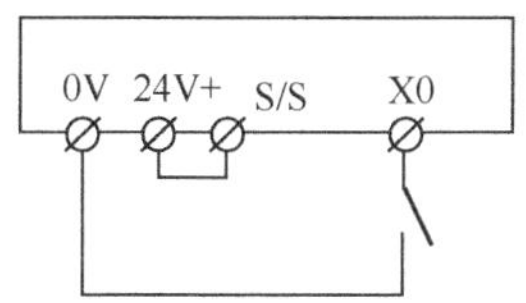

（10）把一个 NPN 型电子开关直接接入输入端口，则 FX_{3U} PLC 应接成（　　）。

A．源型输入　　B．漏型输入

C．A,B 两种输入都可以　　D．A,B 两种输入都不行

（11）把一个 PNP 型电子开关通过外置电源接入输入端口，则 FX_{3U} PLC 应接成（　　）。

A．源型输入　　B．漏型输入

C．A,B 两种输入都可以　　D．A,B 两种输入都不行

（12）FX_{3U} PLC 晶体管输出电路输出方式是（　　）。

A．都是源型输出　　B．都是是漏型输出

C．有源型或漏型输出　　D．由用户决定是源型或漏型输出

（13）基本单元 FX_{3U}-64MT/ES 的输出方式、公共端标注和公共端接电源极性是（　　）。

A．源型，COM，正极　　B．漏型，COM，负极

C．源型，V，负极　　D．漏型，V，负极

（14）基本单元 FX_{3U}-32MT/ESS 的输出方式，公共端标注和公共端接电源极性是（　　）。

A．源型，V，正极　　B．漏型，V，负极

C．源型，COM,正极　　D．漏型，COM，正极

（15）基本单元 FX_{3U}-16MR/ES 如果输出负载是电感性负载，应加装保护电路（　　）。

A．并联续流二极管　　B．串联续流二极管

C．并联 RC 电路　　D．串联 RC 电路

（16）基本单元 FX_{3U}-48MT/ESS 如果输出负载是电感性负载，应加装保护电路（　　）。

A．并联续流二极管　　B．串联续流二极管

C．并联 RC 电路　　D．串联 RC 电路

（17）FX_{3U} PLC 扩展选件中的基本单元、扩展单元和特殊功能单元的共同特点是什么？（　　）

A．占用 I/O 点数　　B．能独立进行控制

C．通过数据线连接　　D．含内置电源

（18）FX_{3U} PLC 组成系统的 I/O 点数最多是（　　）。

A．256 点　　B．248 点　　C．384 点　　D．224 点

（19）FX_{3U} PLC 的基本单元和扩展单元（模块）的 I/O 点最多是（　　）。

A．248 点　　B．256 点　　C．224 点　　D．384 点

（20）下面选件计入 I/O 点数的是（　　）。

A．扩展单元 B．功能扩展板　C．特殊功能块　D．特殊适配器

（21）FX_{3U} PLC 的基本单元最多能扩展几台特殊功能模块？（　　）

A．7 台　　B．8 台　　C．9 台　　D．6 台。

（22）电源容量的核算是指（　　）。

A．交流输入电源　　B．内置 DC5V 电源

C．外置 DC24V 电源　　D．内置 DC24 电源

（23）内置 DC5V 电源主要是对（　　）供电。

A．X 端口　　B．特殊功能模块　　C．特殊适配器　　D．Y 端口 A

（24）内置 DC24V 电源主要是对（　　）供电。

A．扩展单元　　B．X 端口　　C．扩展模块输入端口 D．Y 端口

（25）FX3U-128MR/ES 内置 DC24V 电源的容量是（　　）。

A．500mA　　B．400mA　　C．600mA　　D．1000mA

（26）当 PLC 处于 STOP 模式时，面板上的指示灯（　　）。

A．POWER 灯亮　B．ERROR 灯亮　　C．RUN 灯亮　　D．以上都不亮

（27）PLC 在控制柜内安装时，必须在其上下左右留出（　　）空间。

A．不少于 10cm　B．不少于 5cm　　C．不少于 20cm　　D．不少于 50cm

（28）以下哪种是 PLC 允许的接地（PE）方式？（　　）

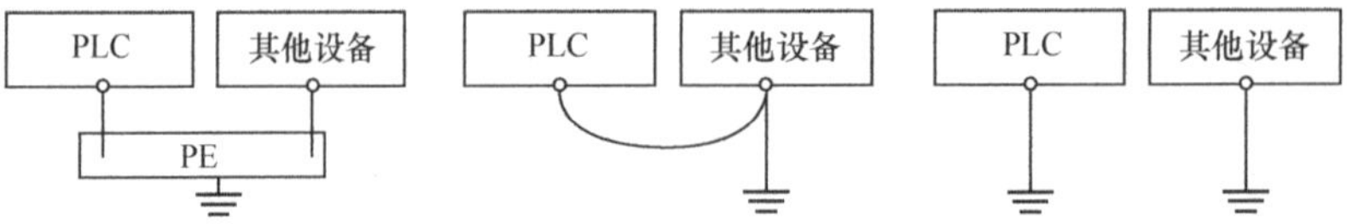

（29）如果基本单元上“BATT”灯亮，则表示（　　）。

A．外部接线不正确　　B．程序有错

C．PLC 处于 STOP 模式　　D．电池电压下降

（30）如果“ERROR”灯闪烁，说明（　　）。

A．程序语法错误　　B．看门狗定时器错

C．程序错误　　D．PLC 硬件损坏

（31）PLC 是一个抗干扰能力很强的控制器，它是针对（　　）而言的。

A．模拟量控制　　B．开关量控制　　C．高速脉冲控制　　D．通信控制

（32）变频器会对 PLC 控制产生干扰，这种干扰属于（　　）。

A．系统内部干扰　　B．自然界干扰

C．电气设备干扰　　D．电网的干扰

（33）防止电源端引起干扰的措施有（　　）。

A．加隔离变压器　　B．加大电源线线径

C．加滤波器　　D．分开电源供电

（34）布线不当会引起严重干扰，下面哪些是较好的布线方式？（　　）

A．把动力线与信号线捆扎在一起走线

B．把动力线和信号线分槽走线

C．把动力线和信号线同槽走线，但动力线穿金属管走线

D．把动力线和信号线同槽走线，但它们之间保留 20cm 以上距离

（35）FX_{3U} 块（　　）下哪些干扰是变频器能产生的干扰？（　　）

A．电网电压波形畸变　　B．电磁感应耦合

C．电动机过热　　D．电磁噪声

（36）工作接地的含义是（　　）。

A．所有信号的公共点　　B．保护人身，设备安全

C．提供一个基准电位　　D．电源零线

（37）PLC 软件抗干扰技术是指（　　）。

A．设计电路进行抗干扰　　B．编制程序进行抗干扰

C．利用屏蔽进行抗干扰　　D．以上都不是

（38）常用软件抗干扰技术有（　　）。

A．故障诊断自处理　　B．输入延时

C．输出锁定　　D．数字滤波

（39）更换电池的时间是（　　）。

A．BATT 灯亮后一个月　　B．一旦发现 BATT 灯亮

C．PLC 使用了 4 年后　　D．电池电压低于 3V

（40）更换电池必须在（　　）内完成。

A．50s　　B．10s　　C．20s　　D．60s

第 3 章　FX_{3U} PLC 编程基础

学习指导

编程基础，顾名思义是程序编制的基础，因此，这一章的重要性是不言而喻的。在学习这一章的同时，读者应对三菱 FX 系列 PLC 编程软件 GX Developer 的操作进行学习（详细讲解请参看第 7 章），要求对本章的所有梯形图程序都能在 GX Developer 编程软件上编辑和仿真。可以说，打好了这一章的基础，以后的学习会很轻松。

3.1 节要点

- 预备知识主要是介绍一些与程序设计相关的基本知识。这些知识与编程关系相当密切，必须要学习，不可错过，但其内容比较多，比较详细，部分内容已经超过了初学者应该掌握的编程知识范围，因此，有些知识可能暂时用不上，了解就行了，以后一定会用上的。这部分知识先浏览一下，需要时，回过头来再看，用多了，自然就掌握了。
- 脉冲信号与时序图

在 PLC 系统中，所传送的信号均为脉冲信号。因此，要掌握脉冲信号的上升沿、下降沿、周期、脉宽、频率和占空比的含义。时序图是分析脉冲信号之间逻辑关系的一个非常有用的工具，读者要逐步学会通过信号的逻辑关系画出它们的时序图，通过时序图来分析它们之间的逻辑关系。

- 指令、指令格式和寻址方式

指令格式和寻址方式是程序编制的必备知识，它在学习功能指令时尤其重要，要重点反复学习和掌握。对于变址寻址，理解可能会困难一些，在初级入门的学习中，用得也较少。因此，读者可根据自身情况来考虑学与不学。

- 位和字

位和字是所有数字技术都会碰到的基本知识，其重点就是理解：位就是 1 位二进制数，它的特点是位只有两种状态，1 或 0，位又称开关量。字就是多个二进制位的组合，它的特点是，该多个二进制位组合是一个整体，它们在同一时刻同时被处理。字又称为数据量，字有数位、字节、字和双字之分。

- 编程软元件

这是本节重点学习的内容，在梯形图程序中，驱动条件和绝大部分指令都涉及编程软件，不会正确使用编程软元件，也不会编制正确的梯形图程序。初级入门教程所学的是基本指令系统，用基本指令系统所编制的程序经常使用的是位元件。因此，读者要重点学习和掌握位元件 X、Y、M、定时器 T、计数器 C、字元件数据寄存器 D 和组合位元件的含义、编址方式，而其他一些编程软元件了解一下就可。

关于字元件定时器 T 和计数器 C 将在第 4 章中详细说明。

- 堆栈与嵌套

这一节可以略过不看，感兴趣的读者可以浏览一下。

3.2节要点

- 梯形图是目前 PLC 应用最广泛的编程语言，用户的所有设计思想、外部接线、控制过程都必须通过梯形图程序来完成，因此它是所有学习 PLC 控制技术的人员必须熟练掌握的语言。在学习梯形图编制前，了解一下梯形图的结构和一些基本的编程规则非常有必要。
- 梯形图源自继电控制系统电气原理图，但又和电气原理图有很多不同之处。如果你是电工，则可以通过继电控制电路图切入梯形图，重点是比较它们的相同之处和不同之处，这样就可以很快掌握梯形图的分析方法，但一旦入了门，则必须完全离开继电控制电路的思维方式，用 PLC 串行工作的思维方式去理解、阅读和设计梯形图程序。
- 梯形图的结构主要有两大部分：驱动条件和输出。驱动条件是各种开关量元件的逻辑关系组合，输出是开关量元件的动作和指令的执行。母线则是模仿电气原理图电源供给以方便分析的两条线，梯级是 PLC 的串行工作原理的体现。掌握以上这几点就掌握了梯形图的分析方法。
- 本节所介绍的编程规则仅是一些最基本的规则，浏览一下，不要记，到了编程出现问题时，可重新看一下，做多了，这些规则自然会掌握。
- 随着计算机和编程软件的普及，在编程软件上，只要编好梯形图程序，软件会自动编译成指令表程序。所以，重点是梯形图编程语言的学习和编程软件的操作，对指令表编程语言则不进一步讲解。

3.3节要点

- 如果说编程基础是本书学习的重点，基本指令系统则是重中之重。基本指令又称基本逻辑处理指令，它是所有品牌 PLC 所必须具备的指令，是程序中使用最多的指令。虽然学的是三菱 FX 系列 PLC 的基本指令系统，但学会了，掌握了，再学其他品牌 PLC 就会有一种触类旁通和得心应手的感觉。
- 从本节开始，读者要一边学习基本指令系统，一边学习三菱编程软件 GX Developer 的编辑操作。学习基本指令系统必须与实践相结合，初学者必须把书上列举的程序直接在编程软件 GX Developer 上进行编辑操作和仿真操作。有条件的读者，最好直接连接一个 FX_{3U} PLC，然后通过编程软件直接对 PLC 进行编程练习操作。这种真刀实枪的理论与实践相结合的学习方法是最有效，它可以使你较快地理解基本指令的内涵，掌握基本指令的功能及其应用。
- 从本节开始，在讲解基本指令的同时，也开始由简单到复杂一步一步地讲解梯形图程序的分析和编辑。使读者通过对基本指令的学习同时了解并掌握简单梯形图程序的分析和编制，为学习定时器和计数器、程序编制入门打下扎实的基础。
- 触点指令和逻辑结果操作指令是组成梯形图程序逻辑控制驱动条件最基本的指令，指令的特点：在梯形图上，不会出现指令的助记符，指令完全是用相应的图形符号和它们在梯形图中的位置来体现的。对于初学者来说，指令的学习重点在下面三个方面。首先，如何在编程软件上编出符合控制要求的梯形图，即重点学习编程软件中梯形图的编辑操作。其次，会分析梯形图上各个触点图形符号之间的逻辑关系，写出驱动条件的逻辑关系表达式。最后，要会根据控制要求写出驱动条件的逻辑表达式并正确编辑梯形图程序。

- 输出及功能操作指令是涉及梯形图输出部分的基本指令。除了关于位元件输出驱动指令 OUT 是用图形符号表示外，其他指令是完整地以指令格式出现在梯形图中。在 PLC 中，输出指令和功能指令的差别是输出指令所指定的位元件被驱动后，其相应的触点（包含 PLC 输出触点）均要发生动作，而功能指令被驱动后仅执行指令所完成的功能。在这一部分指令中，学习的重点放在置位（SET）、复位（RST）和脉冲边沿触发指令，学习的难点是主控指令。
- 在基本指令系统中，电路块指令（ANB，ORB）和堆栈指令（MPS，MRD，MPP）是一组比较特殊的基本指令，是为了解决梯形图中某些复杂结构不能用基本指令区分和产生不能转换成指令语句表程序的问题，但目前使用编程软件把梯形图程序下载到 PLC 中时，编程软件首先把梯形图程序转换成指令语句表程序，然后下载到 PLC 中去。在转换过程中，编程软件会根据不同的梯形图结构，在指令语句表程序的适当位置自动添加电路块指令和堆栈指令，不需要我们考虑如何添加。所以，电路块指令、堆栈指令的内容可以跳过去，不学习这些指令不会妨碍对 PLC 的学习和提高。但作为指令系统的组成部分，进行介绍和讲解是必要的。特别是关于电路块、堆栈的基本知识还是要求大家了解的。

3.4 节要点

- 基本指令主要是针对位元件进行操作的，常用于开关量逻辑控制程序的编制，这样就限制了 PLC 的应用范围。某些控制程序虽然也能用基本指令编制，但程序冗长，占用存储量大，因此，在基本指令的基础上，对其做了小小的补充，增加了触点比较指令、常用功能指令和特殊辅助继电器及特殊数据寄存器的介绍。这样，拓展了利用基本指令进行程序编制的空间，扩展了程序编制的思路，对以后学习功能指令非常有帮助。
- 触点比较指令、传送指令 MOV、比较指令 CMP 和区间复位指令 ZRST 是最常用的功能指令。学习重点是指令可用软元件，指令功能和指令的应用。
- 初学者在学习编程时会很少碰到特殊辅助继电器和特殊数据寄存器。但编者认为，有几个关于 PLC 状态，PLC 控制模式和时钟特殊辅助继电器是应该要了解和掌握的，它们在程序编制时经常用到，它们也可作为学习特殊辅助继电器和特殊数据寄存器的切入点。

3.1 编程预备知识

3.1.1 脉冲信号与时序图

1. 脉冲信号

在数字电子系统中，所有传送的信号均为开关量，即只有两种状态的电信号，这种电信号称作脉冲信号，是所有数字电路中的基本电信号。

一个标准的脉冲信号如图 3.1-1 所示。

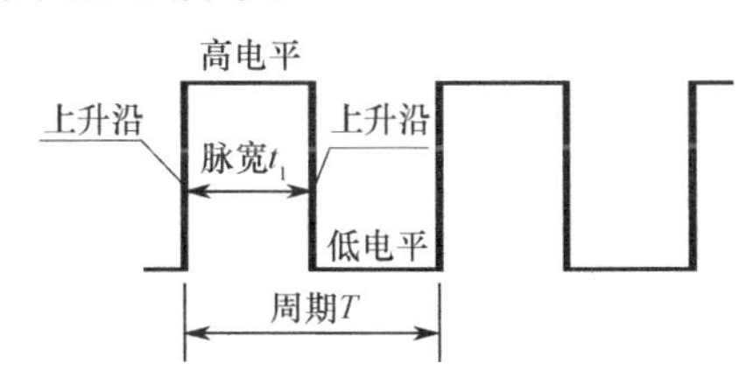

图 3.1-1　脉冲信号各部分名称

脉冲信号的各部分名称说明如下。

高电平、低电平：把电压高的称为高电平，电压低的称为低电平。在实际电路中，高电平是几伏，低电平是几伏，没有严格的规定，例如，在 TTL 电路中，高电平为 3V 左右，低电平为 0.5V 左右，而在 CMOS 电路中，高电平为 3～18V 或者 7～15V，低电平为 0V。

上升沿、下降沿；把脉冲信号由低电压跳变至高电压的脉冲信号边沿称为上升沿，把由高电压跳变至低电压的边沿称为下降沿，有的资料上又称前沿、后沿。

周期 T：脉冲信号变化一次所需要的时间。脉冲信号是一种不断重复变化的信号，每过一个周期，会重复原来的波形。

脉冲宽 t_1：脉冲信号的宽度，即有脉冲信号的时间。

频率 f：指一秒钟内脉冲信号周期变化的次数，即 $f = 1 / t$。周期越小，频率越大。

占空比：指脉冲宽度 t_1 与周期 T 的比例百分比，即 t_1/T %。占空比的含义是脉冲所占据周期的空间，占空比越大，表示脉冲宽度越接近周期 T，也表示脉冲信号的平均值越大。

正逻辑与负逻辑：脉冲信号只有两种状态，高电平和低电平，与数字电路的两种逻辑状态“1”和“0”相对应，但是高电平表示“1”还是低电平表示为“1”可因人而设，如果设定高电平为“1”低电平为“0”则叫正逻辑，如果反过来，设定低电平为“1”高电平为“0”的时候，则为负逻辑。在一般情况下，没有加以特殊说明，我们均采用正逻辑关系。

2．时序图

什么叫时序图？时序图的广义是：用来显示对象之间的关系，并强调对象之间消息的时间顺序，同时显示了对象之间的交互。很难理解，因为时序图可用在很多方面，所处才给出这种抽象的说明。具体到数字电子技术上，时序图就是按照时间顺序画出各个输入、输出脉冲信号的波形对应图。

图 3.1-2 是一个开关控制一盏灯的时序图。这里按钮是输入，灯是输出。我们设定开关断开为“0”，接通为”1”；而灯通电为“1”，断开为“0”。图中，表示了开关和灯的对应关系是开关通，灯亮，开关断，灯灭，非常清楚。非常简约、清楚地表示了两个或多个信号之间的关系，这就是时序图的特点。

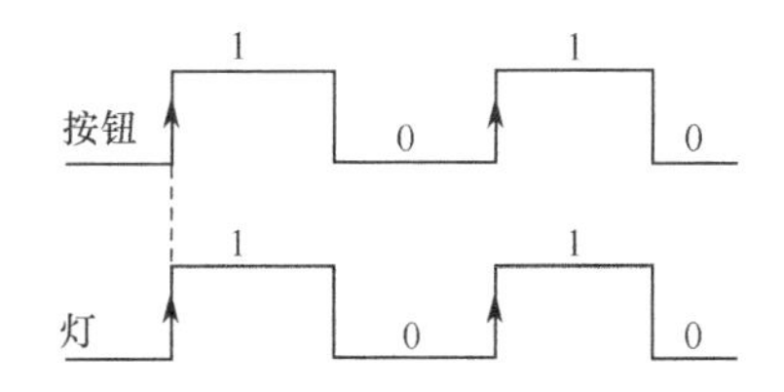

图 3.1-2　一个开关控制一盏灯的时序图

再看图 3.1-3，这也是输出 Y 和输入 X0 的时序图，这个时序图告诉我们，在输入信号的上升沿瞬间，输出 Y 只接通短短的时间，超过这个时间，尽管 X0 仍然接通，Y 没有输出；直到 X0 断开后，又重新接通，重复这样的过程。如果不画时序图，就不能这么清楚地很快理解。

时序图又叫逻辑控制时序图，因为它也可以反映输出与其相应的输入之间的逻辑关系，如图 3.1-4 所示。

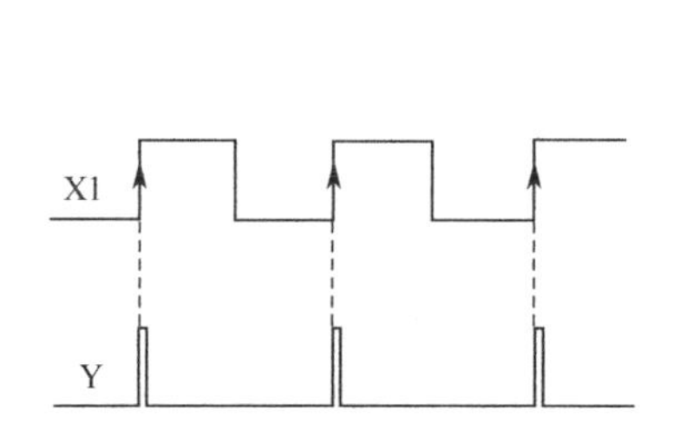

图 3.1-3　输出和输入的时序图

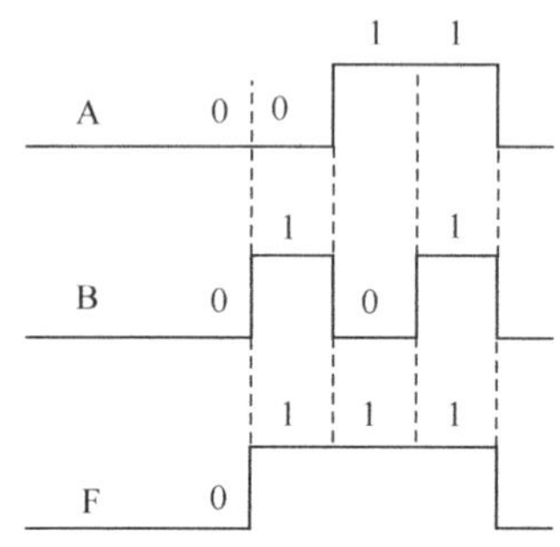

图 3.1-4　输出和输入的时序图

图中，A，B 是 F 的输入，也就是说，F 和 A、B 之间存在一定的逻辑关系，那么如何从时序图中找出它们之间的逻辑关系呢？我们只有按照从上到下，从左到右的顺序关注每一个输入的上升沿和下降沿，写出相应的输入和输出逻辑关系，会得到一张真值表，通过真值表就可分析得到其相应的逻辑关系。

通过上面所讲的方法，可以写出 A、B 和 F 的真值表，如表 3.1-1 所示。

表 3.1-1　真值表

A	B	F
0	0	0
0	1	1
1	0	1
1	1	1

由逻辑电路知识可知，这是一个“或”逻辑关系，即 F=A+B。有了逻辑代数式，就可以设计出完成上述功能的电路；有了逻辑代数式，就可以设计出在 PLC 中能完成上述功能的梯形图程序。

当然，上面是一个最基本的逻辑关系时序图，如果是复杂逻辑关系时序图，同样，也可以先列出输入和输出之间的真值表，再利用逻辑代数的理论进行化简，得到最简的逻辑代数表达式。从而进一步设计出满足逻辑关系的电路图和梯形图程序。进一步的知识大家可参看相关的书籍和资料。

在 PLC 的开关量控制系统中，每一个输出都是一个或多个输入逻辑关系的表达，而时序图是这种关系的最简约的图形表达。在时序图上，可以反映每一时刻各个信号之间的对应关系，我们要注意的也是每个信号的上升沿或下降沿所发生的信号变化。因此，时序图是数字电路和数字电子技术中一个非常有用的工具。

对刚开始 PLC 的学习者来说，学会通过时序图进行逻辑关系分析和根据工程的实际情况所画出的时序图进一步根据时序图设计应用程序，这对加深理解 PLC 及快速提高 PLC 知识都是十分重要的，我们在下面的程序编制学习中，也会紧密结合时序图进行讲解，使大家

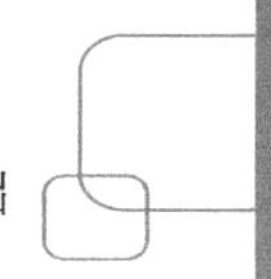

尽快掌握这个工具。

【试试，你行的】

（1）说明下面名词术语的含义：上升沿、下降沿、占空比、正逻辑、负逻辑。

（2）在脉冲信号中，高电平是几伏，低电平是几伏？

（3）时序图在数字电子技术中的含义是什么？

（4）在如图 P3.1-1 所示时序图中，X0，X1 是输入信号，Y0 是输出信号，能说明它们表达的含义吗？

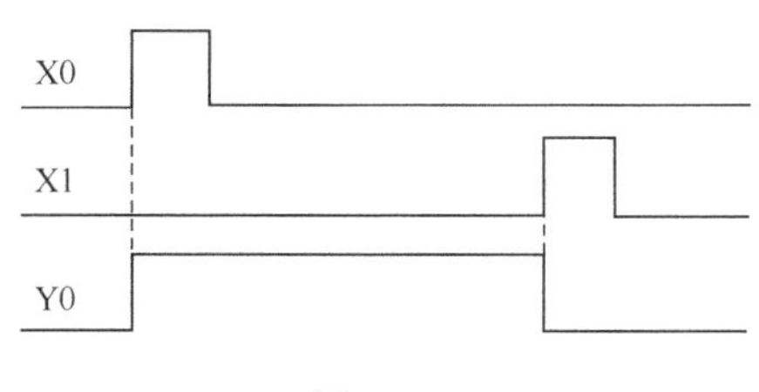

图 P3.1-1

3.1.2　指令、指令格式和寻址方式

1．指令

指令语句表编程语言是所有 PLC 都具有的最基本的编程语言，而指令语句表程序是由一条一条的指令组成的，因此，有必要对指令及 PLC 的指令系统进行进一步的说明和解读

所谓指令就是指对 PLC 的一种操作命令，告诉 PLC 怎么做，做什么。人们设计了一系列的操作命令，并对其进行二进制编码，但是对于人们设计和交流沟通来说，二进制编码十分不便于记忆、阅读和书写，于是进一步又设计出了用符号来表示二进制编码的方法，把这种用符号表示的形式叫助记符。

这就是单片机汇编语言的助记符指令格式，助记符指令十分好记，方便阅读、书写和交流，更方便的是它可以直接用键盘输入。PLC 的 CPU 就是一个单片机，在这方面它沿袭了单片机汇编语言的形式。开发了 PLC 自己的助记符形式的指令及指令表语句表编程语言。当用键盘把一条条助记符指令输入后，PLC 通过内部的编译程序把它变成一系列的二进制操作编码，由 PLC 的 CPU 来执行。因此，PLC 的指令语句表程序和单片机汇编语言程序非常相似。

PLC 所有指令的集合便是 PLC 的指令系统，指令系统按其功能可以分成下面三个类型。

1）基本指令

基本指令也称基本逻辑操作指令，基本指令是对位元件和二进制位进行逻辑操作的指令，是 PLC 最简单、最基本，也是最重要的指令，所有品牌的 PLC 都有这类指令，是初学者必须重点学习和掌握的指令。

基本指令主要处理各个开关量（位元件）之间的逻辑关系，对开关量状态进行读取、置位、复位等操作。基本指令是程序中不可缺少的，使用最广泛的指令。当采用梯形图编程时，可以直接用触点、线圈和连线来表示。仅用基本指令就可以编制出开关量控制系统的用户程序，例如，把继电控制系统电路转换成PLC控制。

基本逻辑操作指令是本书进行详细讲解的指令。

2）步进顺控指令

这是PLC专门为顺序功能控制程序（SFC）而设计的特定指令，由步进顺控指令设计的顺控程序叫STL步进指令梯形图程序，STL指令步进梯形图程序将在本书第6章进行详细讲解。

3）功能指令

功能指令又叫应用指令，是PLC为强化在其他领域中的应用所开发的功能指令，例如，模拟量及PID控制，运动量及定位控制，网络通信控制等功能指令的出现使PLC的应用范围大大扩展。功能指令数众多，它又可分为数据处理、流程控制、I/O处理、通信、监控和内存管理等。某些功能指令还对基本指令程序进行了简化，即一条功能指令可以代替多行指令语句表程序。

一个PLC的指令系统代表PLC的性能或功能。通常，功能强、性能好的PLC，其指令系统必然丰富，不但指令多，而且功能强，所应用的场合也广。需要指出的是，PLC的指令系统是基于硬件的，加上目前国际上对指令语句表语言并没有标准化，所以各厂家PLC的指令系统都不相同；即使是同一厂家，系列型号不同，也不尽相同。特别是助记符符号，相差甚大，功能含义也不尽相同。PLC的指令系统是在程序编制前所必须学习和掌握的，不了解PLC的指令系统和各种指令的功能，就像不懂语法不能写出好文章。

FX_{2N} PLC的功能指令讲解可参考编者编写的《三菱FX_{2N} PLC功能指令应用详解》一书。

2. 指令执行时间

PLC的扫描速度是衡量PLC的主要性能指标，扫描速度越快，PLC的控制功能越强。扫描速度与指令执行时间有很大关系。指令的执行时间是指CPU执行一步指令所需的时间，也有的资料以执行1000步基本指令所需要的时间来衡量。PLC的指令系统少的几十条，多的几百条，不同的指令执行时间也相差很远，三菱FX系列PLC的指令执行时间如表3.1-2所示。

表3.1-2 FX系列PLC指令执行时间

指令	FX_{1S}/FX_{1N}	FX_{2N}	FX_{3U}
基本指令	0.55～0.7μs	0.08μs	0.065μs
功能指令	3.7μs～几百微秒	1.52μs～几百微秒	0.642μs～几百微秒

3. 指令格式

指令格式是指组成操作指令的形式和内容。一般来说，一条指令是由操作码和操作数组成。在助记符形式的指令中，操作码由助记符表示。

助记符表示这条指令的性质和功能。一条指令，操作码是必不可少的。操作数又叫地址码，操作数地址，表示参与操作的数据或数据存储的地址。在 PLC 中，操作数是由指令规定的编程元件或具体的数据组成，操作数可有可无，可多可少，没有操作数的指令只表示完成一种功能。

一条指令中，助记符是要求 PLC 怎么做，操作数是告诉 PLC 做什么，试举例说明。

【例 3.1-1】 试说明指令 LD X0 的功能含义。

LD	X0
↓	↓
助记符	操作数

该指令完成功能：取出 X0 准备逻辑运算。在梯形图上的含义是 X0 常开触点与左母线连接。

【例 3.1-2】 试说明指令 END 的功能含义。

END 没有操作数，表示程序就此结束。

在功能指令中，操作数可以有 0～5 个不等，这时把操作数分为源操作数（源址）和目的操作数（终址）及其他操作数三类。源址表示操作数的来源，终址表示指令操作结果存放地址，指令执行后，源址的内容不改变，而终址的内容会发生改变，其他操作数则是对指令功能的补充说明。

【例 3.1-3】 试说明指令 ADD　DO　D2　D4 的功能含义。

ADD	D0	D2	D4
↓	↓	↓	↓
助记符	操作数 源址	操作数 源址	操作数 终址

这条指令中操作数有三个 D0 、D1、 D2。该指令完成功能是把 D0 和 D1 相加，相加结果放在 D2 里。显然 D0 和 D1 为源址，D2 为终址。

【例 3.1-4】 试说明指令 FROM　K1　K5　D10　K4 的功能含义。

FROM	K1	K5	D10	K4
↓	↓	↓	↓	↓
助记符	操作数 源址	操作数 源址	操作数 终址	其他 操作数

这条功能指令有 4 个操作数，其中 K4 为其他操作数，表示要读出数据个数。该指令的功能是从编号为#1 的特殊功能模块中，把缓冲存储器 BFM#5-BFM#8 的 4 个数据分别读出传送到数据寄存器 D10～D13 中。

4．寻址方式

寻址就是寻找指令操作数的存放地址。大部分指令都有操作数，而寻址方式的快慢直接影响到 PLC 的扫描速度。了解寻找方式也有助于加强对指令特别是功能指令执行过程的理解。单片机、微机中的寻址方式较多，而 PLC 的指令寻址方式相对较少，一般有下面三种。

1）直接寻址

操作数就是存放数据的地址。在基本逻辑指令和功能指令中，很多都是直接寻址方式。例如：

LD　X0　　X0就是操作地址，直接取X0状态。

MOV　D0　D10　源址就是D0，终址就是D10，把D0内的数据传送到D10。

2）立即寻址

其特点是操作数（一般为源址）就是一个十进制或十六进制的常数。立即寻址仅存在于功能指令中，基本指令中没有立即寻址方式。

例如，MOV　K100　D10，源址就是操作数K100，为立即寻址，终址为D10，为直接寻址，把数K100送到D0中。

3）变址寻址

这是一种最复杂的寻址方式，三菱FX系列PLC有两个特别的数据寄存器V，Z，它们主要是用作运算操作数地址的修改。变址寄存器为V0~V7，Z0~Z7共16个，其中V0，Z0也可写成V，Z。利用V0~V7，Z0~Z7来进行地址修改的寻址方式称为变址寻址。变址就是把操作数的地址进行修改，要到修改后的地址（变址）去寻找操作数，而这个功能是由变址操作数完成的。

变址操作数是由两个编程元件组合而成，前一个编程元件为可以进行变址操作的软元件，后一个编程元件为变址寄存器V,Z中的一个。

对FX系列来说，可以进行变址操作的软元件有X，Y，M，S，KnX,，KnY，KnM，KnS，T，C，D，P及常数K，H，因此，下列组合都是合法的变址操作数：

X0V2　D10Z3　K2X10V0　K15Z5　T5Z1　C10V4

变址操作数是如何进行变址的呢？变址寻址的方式规定是：

（1）变址后的操作软元件不变。

（2）变址后的操作数地址为变址操作软元件的编号加上变址寄存器的数值。

下面举例加以说明。

【例3.1-5】 试说明变址操作数的地址。

D5V0　(V0)=K10

D5V0表示操作数的地址存放在从D5开始向后偏移（V0）的寄存器中，V0=K10，则D5V0的地址是把D5向后偏移10个单位，即5+10=15，也就是D15。

K15Z5　(Z5)=K15

K15Z5表示操作数向后偏移（Z5），Z5=K15，即15+15=30则K15Z5表示操作数为30。

X0V0　(V0)=K10

X0V0表示操作数的地址在从X0开始向后偏移（V0）的寄存器中，V0=K10，即0+10=10，也就是X10。但是，输入端口X是八进制编址的，它没有X8，X9，而后偏移K10应为X12，因此，在变址时必须注意变址操作软元件的编址方式。

利用变址寻址方式可以使一些程序设计变得十分简短。

【试试，你行的】

（1）PLC的指令系统是由哪些类型的指令组成的？本书将详细介绍哪些类型的指令？

（2）一条指令是由哪些部分组成的？它们各完成什么样的功能？

（3）减法指令为SUB　D0　D2　D10，它的功能含义是把D0里的数减去D2里的数，结果存D10。问这条指令中，哪个是助记符？哪个是源址？哪个是终址？

（4）PLC的寻址方式有几种？试进行说明。

（5）什么叫变址寻址？三菱FX系列PLC进行变址操作的寄存器有几个，它们的编址是多少？

（6）试指出下面地址操作后的地址是多少。

D10Z3　　(Z3) = K8　　D10Z3 = ？
X5V0　　(V0) = K8　　X5V0 = ？
C10Z4　　(Z4) = K5　　C10Z4 = ？

3.1.3　位和字

在学习或和其他人进行交流时，经常会碰到位、字节、字、双字等这些名词，下面对这些名词术语做一些介绍。这些知识是学习和掌握PLC所必需的，务必正确理解和应用。

PLC是一个只能处理开关量信号（脉冲信号）的数字控制器件，但技术的发展使PLC不但具有对开关量的逻辑处理功能，还具有数据运算和处理功能。那么，PLC是如何进行数据运算和处理的，这就涉及位、字节、字、双字等基本概念。

在1.1节数制、码制和逻辑运算中，曾经对二进制数进行了讲解。二进制数中的每一个二进制位都只能有两种状态“1”或“0”，多个二进制位就可以组成一个二进制数。二进制数和十进制数一样，能够进行各种算术运算。同时，一个多位二进制的不同组合也可以用来进行编码以表示各种字符数据，这就有了“位”和“字”的概念。

“位”就是1位二进制数，它的特点是只有两种状态，“1”或“0”。因此，把凡是只有两种状态的元件称作位元件，具体到PLC控制中，输入端口X，输出端口Y，内部继电器M等都是位元件，“位”又称开关量。

“字”就是多个二进制位的组合。它的特点是该多个二进制位是一个整体，它们在同一时刻同时被处理。该多个二进制位的整体中，每一个二进制位都只有二种状态，“1”或“0”。根据组成“字”的二进制的位数不同，形成了数位、字节、字、双字等名词术语。“字”又称为数据量。

数位：由4个二进制位组成的数据。数位这个名词因4位机很快由8位机所代替，所以几乎没有留下什么记忆，现在也没有这个叫法了。

字节：由8个二进制位组成的数据。8位机曾经存在很长一段时间，并由此派生出来一些高低位的术语，如后所述。

字：由16个二进制位组成的数据。字是目前在PLC中最常用的数据，三菱FX系列PLC的数据存储器就是一个16位的存储单元。

双字：由32个二进制位组成的数据。在FX系列PLC中，双字是由二个相邻的16位存储单元所组成的数据整体。当用字来处理数据时，当所表达的数不够或处理精度不能满足时，就用双字来进行处理。

关于位、字节、字、双字的含义，PLC 基本上是一致的，没有什么不同。但关于位、字节、双字的关系处理，不同的 PLC 是不一样的。

例如，PLC 的数据存储器容量，三菱 FX 系列 PLC 中是以字计的，而西门子则是以字节计，例如，在三菱 FX 系列 PLC 中字节的使用很少，数据的处理一律按 16 位进行，而在西门子 PLC 中，可以以字节、字、双字等单位进行处理。

在对字的数据处理中，会碰到高位和低位的说法。一般把数据按位排列，排在最右面的为最低位（LSD），记作 b0，排在最左面的为最高位（MSD），记作 b*n*，如图 3.1-5 所示。

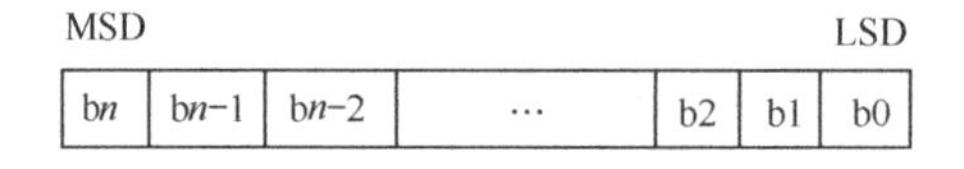

图 3.1-5　数据的按位排列

所谓高位、低位就是一个字从中间分开，包含 MSD 位的一半称高位，包含 LSD 位的一半称低位。图 3.1-6～图 3.1-8 为字节、字、双字高低位的划分。

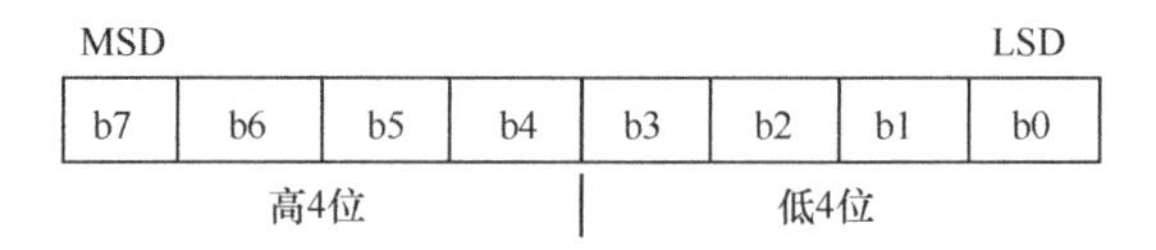

图 3.1-6　字节的高、低位

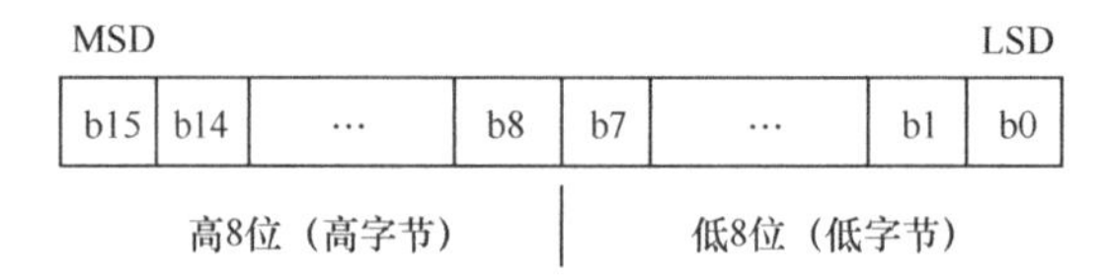

图 3.1-7　字的高、低位

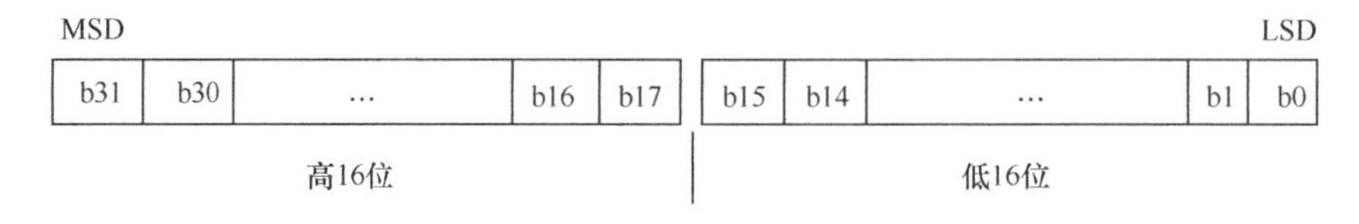

图 3.1-8　双字的高、低位

【试试，你行的】

（1）什么是“位”，什么是“字”？

（2）数位、字节、字和双字分别代表多少位二进制数的整体。

（3）下面是一个 16 位的二进制数整体，试指出其高位是几？低位是几？高字节是几？低字节是几？

1 0 0 1 0 1 0 1 0 0 1 1 1 1 1 0

3.1.4　编程软元件

PLC 内部有许多具有不同功能的器件，这些器件通常都是由电子电路和存储器组成的，

它们都可以作为指令中的操作数地址，在 PLC 中把这些器件统称为 PLC 的编程软元件。下面分别对各种编程软元件做一些简要说明。

三菱 FX 系列 PLC 的编程软元件可以分为位元件、字元件和其他三大类。位元件是只有两种状态的开关量元件，而字元件是以字为单位进行数据处理的软元件。其他是指立即数（十进制数，十六进制数和实数）、字符串、嵌套层数 N 和指针 P/I。

位元件有 X，Y，M，S，C，T 和 D□.b。字元件有 T，C，D，R，ER，V，Z，U□\G□和组合位元件。其中定时器 T 和计数器 C 比较特殊，它们的触点属于位元件，而它们的设定值为字元件。其他编程元件有常数 K/H 和实数 E、字符串、嵌套 N 和指针 P/I。

每一种编程软元件都有很多个，少则几十个，多则几千个，为了区别它们，对每个编程软元件都进行了编号，这称为编程软元件的地址。编号的方式叫做编址，在三菱 FX 系列 PLC 中，除 X、Y 为八进制编址外，其他都是十进制编址。某些特殊的编程元件则按其规定进行编址，编程软元件的编址规定从 0 开始。

1. 编程位元件

FX_{3U}系列 PLC 的编程位元件组成如表 3.1-3 所示。

表 3.1-3　FX_{3U}系列 PLC 的编程位元件组成

位元件	输入继电器 X	输出继电器 Y	辅助继电器 M			
			通用	停电保持用	固定停电保持用	特殊辅助继电器
编址	X0～X367	Y0～Y367	M0～M499	M500～M1023	M1024～M7679	M8000～M8511
可用点数	248	248	500	524	6656	512
位元件	状态继电器 S				位指定 D□.b	定时器 T 计数器 C
	一般用	停电保持用	固定停电保持用	信号报警用		
编址	S0～S499	S500～S899	S1000～S4095	S900～S999	仅能用于数据寄存器 D	限其常开，常闭触点
可用点数	500	400	3096	100		

1）输入继电器 X

输入继电器 X 是 PLC 接收外部开关量信号的一种等效电路表示。可以这样理解，输入继电器 X 有线圈，有常开和常闭触点，而其线圈是否接通，完全由外部所连接的开关量信号控制，当外部开关 ON 时，X 接通，程序中其相应的触点动作，常开动合，常闭动断，反之亦然。

X 是 PLC 的输入口电路和输出口电路软元件的表示，它们是由电子电路和存储器所组成的。从物理结构讲，它们不是继电器结构。但是由于 PLC 的设计初衷是为了代替继电器控制系统，考虑到工程技术人员的习惯，许多名词仍借用了继电器控制系统中经常使用的名称，如母线、能流、继电器等，这样，我们就把位元件称为继电器。

输入继电器的编址是八进制编址，即 X0～X7，X10～X17，等等。

2）输出继电器 Y

输出继电器 Y 是 PLC 内部输出信号控制外部负载的一种等效电路。可以这样理解，输出继电器 Y 是一个受控的开关，其断开和接通均由程序来控制，仅当输出被驱动，才能控制其相应的外部负载。对外仅被看作一个无源的开关，所以要驱动外部负载，还必须外接电源。

输出继电器的编址也是八进制编址，即 Y0～Y7，Y10～Y17，等等。

3）辅助继电器 M

辅助继电器 M 相对于继电控制系统中的中间继电器，和 X，Y 不同的是它既不接收外部输入的开关量信号，也不能直接驱动外部负载，只能在程序中驱动，是一种内部的状态标志。辅助继电器 M 以十进制编址，按其用途可分为通用辅助继电器，停电保持辅助继电器和特殊辅助继电器三大类，现分别介绍如下：

- 通用辅助继电器

通用辅助继电器的作用类似于中间继电器，其主要用途为逻辑运算的中间结果存储或信号类型的变换。PLC 上电时处于复位状态，上电后由程序驱动，它没有断电保持功能，在系统失电时，自动复位。若电源再次接通，除了因外部输入开关信号变化而引起 M 的变化外，其余的皆保持 OFF 状态。

- 停电保持辅助继电器

这类继电器也是通用辅助继电器，但它有记忆功能，在系统断电时，它能保持断电前的状态，而当系统重新上电后，即可重现断电前的状态，并在该基础上继续工作。但要注意，系统重新上电后，仅在第一个扫描周期内保持断电前状态。然后 M 将失电，因此，在实际应用时，还必须加 M 自锁环节，才能真正实现断电保持功能。

停电保持辅助继电器也分两种类型，一种是可以通过参数设置更改为非停电保持型。一种是不能通过参数更改其停电保持性，称之为固定停电保持型。

- 特殊辅助继电器

编址 M8000-M8511 为特殊辅助继电器。特殊辅助继电器用来表示 PLC 的某些状态，提供时钟脉冲和标志位，设定 PLC 的运行方式或者 PLC 用于步进顺控、禁止中断、计数器的加减设定、模拟量控制、定位控制和通信控制中的各种状态标志等，它也分为两类。

① 触点利用型特殊辅助继电器（只读型）

触点利用型特殊辅助继电器为 PLC 的内部状态标志位，PLC 根据本身的工作情况自动改变其状态（1 或 0），用户只能利用其触点，因而在用户程序中不能出现其线圈，但可利用其常开或常闭触点作为驱动条件。在附录特殊软元件一览表中，只读型特殊辅助继电器用带方括号的[M]表示

② 线圈驱动型特殊辅助继电器（可读/写型）

这类特殊继电器用户在程序中驱动其线圈，使 PLC 执行特定的操作，用户也可以在程序中使用它们的触点。

常用的特殊辅助继电器将在 3.4.3 节中给予介绍。

4）状态继电器 S

状态继电器 S 是专门用于编制步进顺序控制程序的一种表示步进状态的编程软元件。它与步进顺控指令 STL 配合使用。当状态继电器不用于步进顺控指令时，状态继电器可作为一般继电器（M）使用。

状态继电器 S 分为一般用和停电保持用，停电保持用也分为可参数改变和不可参数改变两种，含义和辅助继电器 M 一样。告警继电器 S900-S999 是配合功能指令 ANS 和 ANR 使用的专用状态继电器。

状态继电器 S 以十进制编制，S0～S4095。

5）字元件的位指定 D□.b

这是一个为 FX3 系列 PLC 专门开发的针对数据寄存器 D 的二进制位进行直接操作的编程位元件，其内容与取值如表 3.1-4 所示。

表 3.1-4　位元件 D□.b 内容与取值

操　作　数	内容与取值
D□	数据寄存器编号，□ = 0～8511
b	数据寄存器中二进制位编号，b = 0～F

数据寄存器 D 是一个 16 位的寄存器，其二进制位由低位到高位分别编号为 0～F，如图 3.1-9 所示。

D□	F	E	D	C	B	A	9	8	7	6	5	4	3	2	1	0

图 3.1-9　操作数 b 的取值

【例 3.1-6】 试说明位元件 D□.b 的含义。

（1）　D0.3　　数据寄存器 D0 的 b3 位，即第 4 个二进制位。

（1）　D100.0　　数据寄存器 D100 的 b0 位，最低位。

（1）　D350.F　　数据寄存器 D350 的 b15 位，最高位。

（1）　D1002.7　数据寄存器 D1002 的 b7 位，即低 8 位的最高位。

D□.b 是一个位元件，在应用上和辅助继电器 M 一样。有无数个常开，常闭触点，本身也可以作为线圈进行驱动。

6）定时器 T 和计数器 C 的触点

定时器 T 和计数器 C 具有双重性，这是因为定时器的时间设定和计时都是数据（字），计数器的设定和计数也都是数据（字），但它们又都具有开关量性质的常开和常闭触点，它们的触点在程序中作为位元件处理。

定时器 T 和计数 C 的编址为十进制编址。在梯形图中，触点 T0 表示是定时器线圈 T0 KXX 的触点。

2. 编程字元件

1）定时器 T 和计数器 C

一般把定时器 T 和计数器 C 都归入字编程元件，这是因为定时器的时间设定和计时都是数据（字），计数器的设定和计数也都是数据（字）。

关于定时器 T 和计数器 C 将在第 4 章中详细说明，这些不再阐述。

2）数据寄存器 D

PLC 除了能处理开关量外，还能处理数据，即由多个存储器组成存储单元整体。不同的 PLC 这个存储单元整体会有不同的结构。在三菱 FX 系列 PLC 中，这个存储整体就是数据寄存器 D。数据寄存器 D 为一个 16 位寄存器，即参与各种数值处理的是一个 16 位整体的数据。这个 16 位的数据通常称为“字”，也称为字元件。如果一个“字”的数据量所表示的数值和数据的精度不能满足控制要求时，可以采用两个相邻的 16 位寄存器组成“双字”进行扩展，数据寄存器 D 的编址为十进制。

FX_{3U} 系列 PLC 中数据寄存器分为一般用、停电保持用、特殊用和文件寄存用寄存器，其编址如表 3.1-5 所示。

表 3.1-5　数据寄存器 D 编址

一般用	停电保持用	固定停电保持用	特殊用	文件寄存用
D0～D199	D200～D511	D512～D7999	D8000～D8511	D1000 以后
200 个	312 个	7488 个	512 个	最多 7000 个

- 一般用数据寄存器

一般用数据寄存器的存储特点是一旦写入，长期保持，存新除旧，断电归零。数据寄存器一般是用指令或编程工具等外围设备写入数据，写入后则其内容长期保存，但一旦存入新的数据，原有的数据就自动消失。因此在程序中可以反复进行读写，当 PLC 断电或停止运行（由 RUN→STOP）时，数据寄存器马上清零。

- 停电保持用数据寄存器

数据寄存器 D 的停电保持型与固定停电保持型的含义与辅助继电器 M 相同，不再阐述。

- 特殊数据寄存器

特殊寄存器用来存放一些特定的数据，例如，PLC 状态信息、时钟数据、错误信息、功能指令数据存储、变址寄存器当前值等。按照其使用功能可分为两种，一种是只读存储器，用户只能读取其内容，不能改写其内容，例如可以从 D8067 中读出错误代码，找出错误原因。从 D8005 中读取锂电池电压值等；另一种是可以进行读写的特殊存储器，用户可以对其进行读写操作。例如，D8000 为监视扫描时间数据存储，出厂值为 200ms。如程序运行一个扫描周期时间大于 200ms 时，可以修改 D8000 的设定值，使程序扫描时间延长。同样，只读存储器在附录特殊软元件一览表中用[D]表示。

常用的特殊数据寄存器将在 3.4.3 节介绍。

- 文件寄存器 D1000～D7999

什么是文件寄存器？文件寄存器实际上是一类专用数据寄存器，用于存储大量 PLC 应用程序需要用到的数据，例如采集数据、统计计算数据、产品标准数据、数表、多组控制参数等。$FX_{1s}/FX_{1n}/FX_{2n}$ 系列 PLC 是将数据寄存器 D 中专门取出一块区域（D1000～D7999）用作文件寄存器。按每 500 个 D 为一块进行分配，每个为 14 块（7000 个 D）。当然，如果这些区域的数据寄存器 D 不用作文件寄存器，仍然可当作通用寄存器使用。

由于程序存储器容量是一定的（FX_{2N} 为 8K），所以文件存储区所占的容量越大，用户程序区的容量就越少。为此，FX3U 系列 PLC 专门设计了字软元件文件寄存器 R 和扩展文

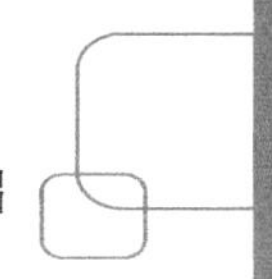

件寄存器 ER。

3）变址寄存器 V、Z

三菱 FX 有两个特别的数据寄存器，它们叫变址寄存器 V 和 Z，寄存器 V 和 Z 各个 8 个，V0～V7，Z0～Z7，共 16 点，V0 和 Z0 也可用 V 和 Z 表示。它们和通用数据寄存器一样，除可以用作数据寄存器外，主要是用作运算操作数地址的修改。利用 V，Z 来进行地址修改的寻址方式叫变址寻址。因此，变址寄存器是有着特殊用途的数据寄存器。

4）文件寄存器 R 和扩展文件寄存器 ER

文件寄存器 R 是对数据寄存器 D 的扩展，而扩展文件寄存器 ER 是在 PLC 系统中使用了扩展的存储器盒时才可以使用的软元件，它们的编址见表 3.1-6。

文件寄存器 R 是一个 16 位的数据存储器，使用相邻的两个文件寄存器可以组成 32 位数据寄存器。

表 3.1-6　数据寄存器 D 编址

软　元　件		文件寄存器 R	文件寄存器 ER
编址		R0～R32767	ER0～ER32767
个数		32 767	32 767
数据存储地点		内置 RAM	存储器盒
访问方法	程序中读出	○	专用指令
	程序中写入	○	专用指令
	显示单元操作	○	○
变更方法	GX 在线测试操作	○	×
	GX 成批写入	○	○
	计算机连接	○	×

5）组合位元件

位元件 X，Y，M，S 是只有两种状态的编程元件，而字元件是以 16 位寄存器为存储单元的处理数据的编程元件。但是字元件也是只有两种状态的位组成的。如果把位元件进行组合，例如用 16 个 M 元件组成一组位元件并规定 M 元件的两种状态分别为“1”和“0”，由 16 个 M 元件组成的 16 位二进制数则也可以看成是一个“字”元件。这样就把位元件和字元件联系起来了，这种由多个连续编址的位元件组成的字元件称为组合位元件。

三菱 FX 系列 PLC 对组合位元件做了以下规定：

（1）组合元件的助记符是 Kn＋ 组件起始号。

其中 n 表示组数，起始号为组件最低编号。

（2）组合位元件的位组规定 4 位为一组，表示 4 位二进制数，多于一组以 4 的倍数增加，例如：

K1X0 表示 1 组 4 位组合位元件 X3～X0，这是一个组合“数位”。

K2Y0 表示 2 组 8 位组合位元件 Y7～Y0，这是一个组合“字”。

K8M10 表示 8 组 32 位组合位元件 M41～M10，这是一个组合“双字”。

在指令中，组合位元件是一个字元件操作数，既可为源操作数，也可为目的操作数，在软元件中，组合位元件是唯一把位元件和字元件紧密联系在一起的操作数。因此，组合位元件给程序编制带来了很大方便。

6）缓冲存储器 BFM 指定字元件 U□＼G□

FX_{3U} 系列 PLC 为方便操作特殊功能模块的缓冲存储器 BFM。特地开发了一个专用的编程软元件：U□\G□，其内容与取值见表 3.1-7。

由于缓冲存储器 BFM 是一个 16 位的寄存器，所以 U□\G□和数据寄存器 D、V、Z 一样是一个字元件。

表 3.1-7　字元件 U□/G□的内容与取值

操　作　数	内容与取值
U□	特殊功能模块位置编号，□=0～7
G□	特殊功能模块缓冲存储器 BFM#编号，□=0～32767

在功能指令中，字元件 U□/G□是作为操作数出现的，这样就给特殊功能模块缓冲存储器 BFM 的操作带来了很大的方便。

3．其他编程元件

1）常数 K/H 和实数 E

在指令的操作数中，可以直接出现常数 K/H 和实数 E（小数）。通常把常数 K/H 和实数 E 也作为字元件对待，如前所述，PLC 中的所有数据全部是以二进制数表示的，引入常数 K/H 和实数 E 仅仅是为了书写，阅读和沟通方便。因此在编程和显示时，基本都是用常数 K/H 和实数 E 表示的。

2）指针 P/I

所谓指针实际上是程序发生转移时要去的入口地址的标号，FX 系列 PLC 中允许使用两种标号。

一种为 P 标号，称指针 P，用于跳转和子程序调用转移去的入口地址。指针 P 的编址为十进制。

一种为 I 标号，称中断指针 I，专用于中断服务子程序的入口地址。中断指针 I 的编址比较特殊，它与中断源的性质有关，其中输入中断指针有 12 个，定时器中断有 3 个，计数器中断有 6 个。编址并不连续，读者想进一步了解可参看拙著《三菱 FX_{2N} PLC 功能指令应用详解》一书 6.1.4 节中断。

3）嵌套 N

嵌套 N 是专为主控指令 MC 在嵌套使用时的嵌套层数设计的，其编址为 N0～N7，也就是说主控指令最多有 8 层嵌套。如没有嵌套，则为 N0。详细应用可参看主控指令章节。

4）字符串

FX_{3U} 系列 PLC 把处理的数据类型从数值扩展到了字符串，字符串是在程序中用二进制

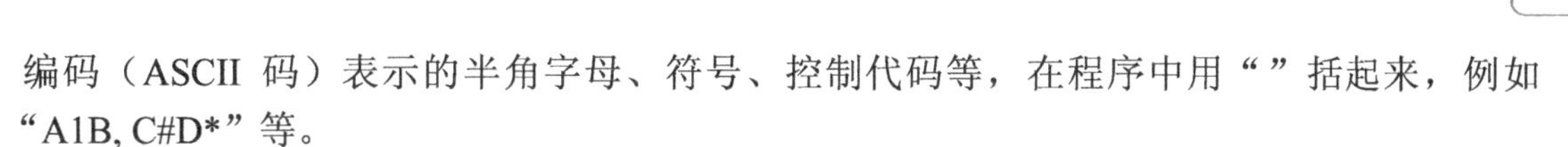

编码（ASCII 码）表示的半角字母、符号、控制代码等，在程序中用“”括起来，例如“A1B, C#D*”等。

在程序中，字符串作为字元件操作数指定，有专门的字符串指令对字符串进行操作。

【试试，你行的】

（1）三菱 FX_{3U} PLC 的编程元件有哪三类，分别写出它们的每一类编程元件的组成。

（2）下面是某个工控人员在梯形图中用的编程元件，请指出哪些是编址错误的编程元件。

X0　Y12　M120　X18　D101　Y35　Y69　Z10　S1000　D10.H　P69　AC10

（3）辅助继电器 M 分为几类？其中停电保持辅助继电器的功能是什么？

（4）特殊辅助继电器的编址是多少？它的作用是什么？它被分为哪两大类？这两类的区别是什么？下面所标志的特殊辅助继电器分别属于哪几个类型？

[M8001]　　M8048

（5）试说明下面位元件的含义。

D20.5　　D300.B

（6）变址寄存器有多少个？编址是多少？它们的特殊用途是什么？

（7）组合位元件是位元件还是字元件？为什么？

（8）试说明下面所示组合位元件所包含的位元件的编址。

K2M0　K8X0　K4S20　K3Y10

（9）编程元件 P 和 I 的作用是什么？

（10）数据存储器有哪几类？它们都是多少位的寄存器？其中特殊数据寄存器的编址范围是多少？它们的特殊作用是什么？

3.1.5　堆栈与嵌套

1．堆栈

堆栈就是货仓，这是计算机技术中借用的一个名词。具体到 PLC 来说，堆栈就是在 PLC 中的一个特定存储区，用来存储某些中间运算结果和存放程序断点及数据等。

堆栈存放数据是一个一个顺序地存入，这个过程称为进栈或压栈。在压栈的过程中，每有一个数据压入堆栈，就放在和前一个单元相连的后面一个单元中。这个区域之中有一个地址指针总指向最后一个压入堆栈的数据所在的数据单元，存放这个地址指针的寄存器就叫做堆栈指示器。开始放入数据的单元称为“栈底”。数据逐个存入，堆栈指示器中的地址自动加 1。读取这些数据时，按照堆栈指示器中的地址读取数据，堆栈指示器中的地址数自动减 1，这个过程称为出栈。

堆栈操作的特点是先进后出，后进先出。这就和家中的米箱类似，先进米箱的米最后吃，最后倒进去的米先吃。如图 3.1-10 所示为一具有 11 个存储单元的堆栈，最下面为栈底，最上面为堆栈指示器，下一个为栈顶。数据从 D100 开始存入，堆栈指示器始终指向最后一个数据存储单元。读出数据时，按照堆栈指示器的指向从相应的存储单元将数据复制到指定的寄存器。堆栈的操作也有其他的方式，这里不作介绍。

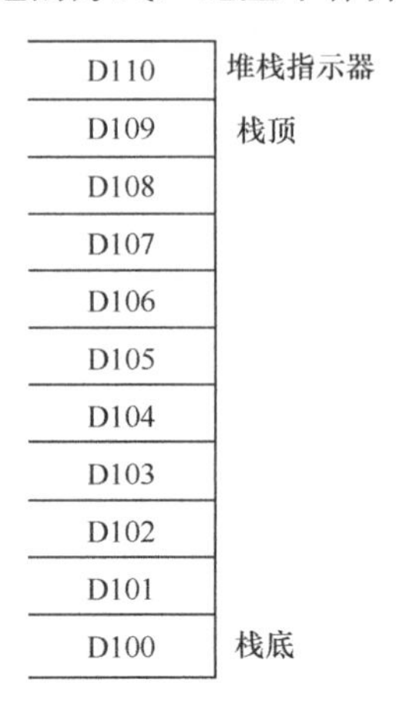

图 3.1-10　堆栈的数据结构

在计算机中，堆栈是一个非常重要的概念，可以帮助我们正确理解许多程序运行的过程。

2. 嵌套

嵌套就是套中套，经常用在循环程序、子程序调用和中断中。例如，在一个大循环中，进入循环后发现其中还有一个小循环要先做，而且每一次大循环都要先做这个小循环，直到大循环做完，这就称为循环嵌套，如图 3.1-11 所示。又如调用子程序，子程序是一段公共程序，可以在主程序的任何地方进行调用，调用完后又回到主程序继续往下运行。如果一个程序在调用子程序时，在子程序运行中又去调用另一个子程序，这就叫子程序嵌套，如图 3.1-12 所示。再如主控指令的嵌套，在主控指令的执行中又碰到一个主控指令，这就叫主控指令嵌套。从上面三个例子可以说明，在 PLC 中，所谓嵌套是指在执行某种功能操作的过程中，再次执行同类型的功能操作，当然操作内容已经不同，这就称为这种操作的嵌套。PLC 对各种内容嵌套的层数都有一定的规定。三菱 FX 系列 PLC 对主控指令的嵌套应用最多 8 层，而对子程序调用嵌套最多 5 层。

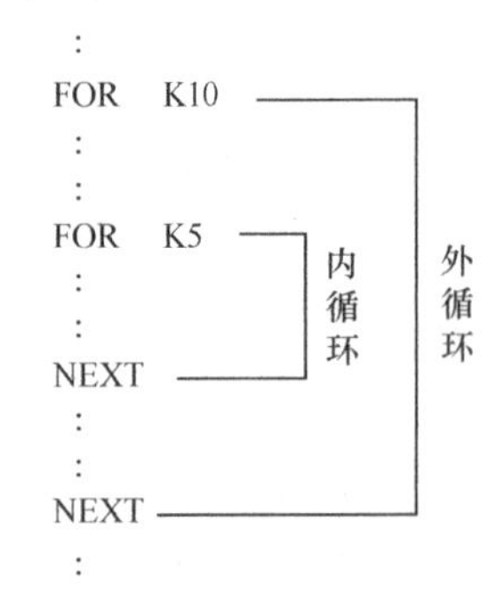

图 3.1-11　循环程序嵌套示意图

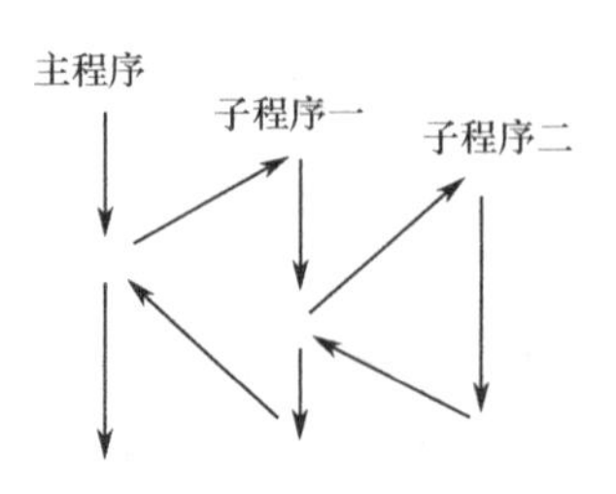

图 3.1-12　子程序嵌套示意图

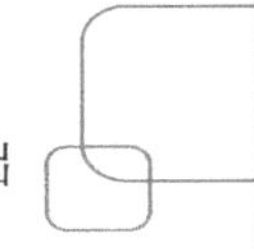

【试试，你行的】

（1）堆栈是什么？它的作用是什么？它的存储特点是什么？

（2）什么是嵌套？试举一例加以说明。

3.2 梯形图

3.2.1 梯形图结构

1. 从继电控制电气原理图到梯形图

梯形图是目前用得最多的 PLC 编程语言，也是要求所有学习 PLC 控制技术的人员必须熟练掌握的语言。

梯形图编程语言习惯上叫梯形图，它源自继电控制系统电气原理图的形式，也可以说，梯形图是在电气控制原理图上对常用的继电器、接触器等简化了符号演变而来，图 3.2-1 为电动机启保停的继电控制电路图和 PLC 控制的梯形图。

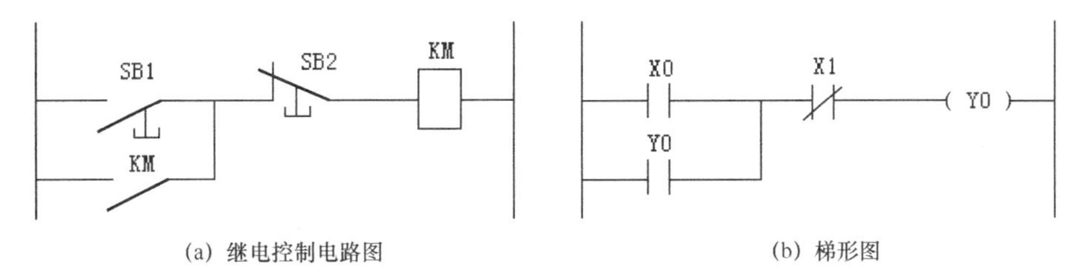

(a) 继电控制电路图　　(b) 梯形图

图 3.2-1 继电控制电路图与 PLC 控制的梯形图

不难看出，它们图形结构形式极其相似，似乎有着一一对应的关系，它们的相似之处如下：

（1）在图形结构上两边都有两条竖直线，由左到右是输出与输入之间的控制关系。全部图形就是由这些输出，输入控制关系，依次由上到下排列组成。

（2）它们的输出和输入之间的控制关系都是开关量逻辑控制关系，因此，梯形图的分析方法基本上和继电控制电路图类似。

正因为梯形图和继电控制电路图有着相似的对应关系，所以易被电气技术人员学习、理解和使用。但梯形图与继电控制电路图虽然在图形结构逻辑关系分析上极其相似，但由于 PLC 在结构、工作原理、图形表示都和继电控制系统截然不同，因而它们之间必定存在许多差异。这些差异主要如下：

（1）在继电控制图中，所有符号均表示器件实体。按钮、开关、接触器、电磁阀等，而且，符号表示也会有区别，而在梯形图中，不存在器件实体，其符号表示的是 PLC 内部称之为编程元件的“软继电器”，表示也大为简化，所有“软继电器”的触点，均为常开、常闭两种表述。

（2）在继电控制图中，可以根据电流的流向来判断负载元件是否得电或失电。在梯形图中，不存在所谓的电流，但可以按电流的方法，假设有一个“信号流”（又叫能流）从左到右、自上而下流动，根据信号流的流向来判断输出继电器的线圈（或指令）是否被驱动（或执行）。

（3）在继电控制图中，线圈得电和触点动作是同时进行的（并行），而在梯形图中，其工作是逐行扫描进行的（串行），因而其触点并不和线圈同时工作，这一点在通常情况下差别并不大而在响应要求较高时，则会明显不同。初学者对这一点可能不是很清楚，现举例加以说明。

图 3.2-2（a）为继电控制，图中，当线圈 KM 得电时，其触点 KM（图中有 4 个）和线圈 KM 是同时动作的，线圈和触点的动作是不分先后的，即为并行工作方式。图 3.2-2（b）为梯形图控制，图中，当输出 Y0 被驱动后，其相应的触点（图中有 4 个）是按照 PLC 的扫描工作方式分别先后动作，而不是同时动作的，即为串行工作方式。这种串行工作方式对梯形图的控制结果是有影响的。关于这点，将在第 5 章中给予适当的讨论。

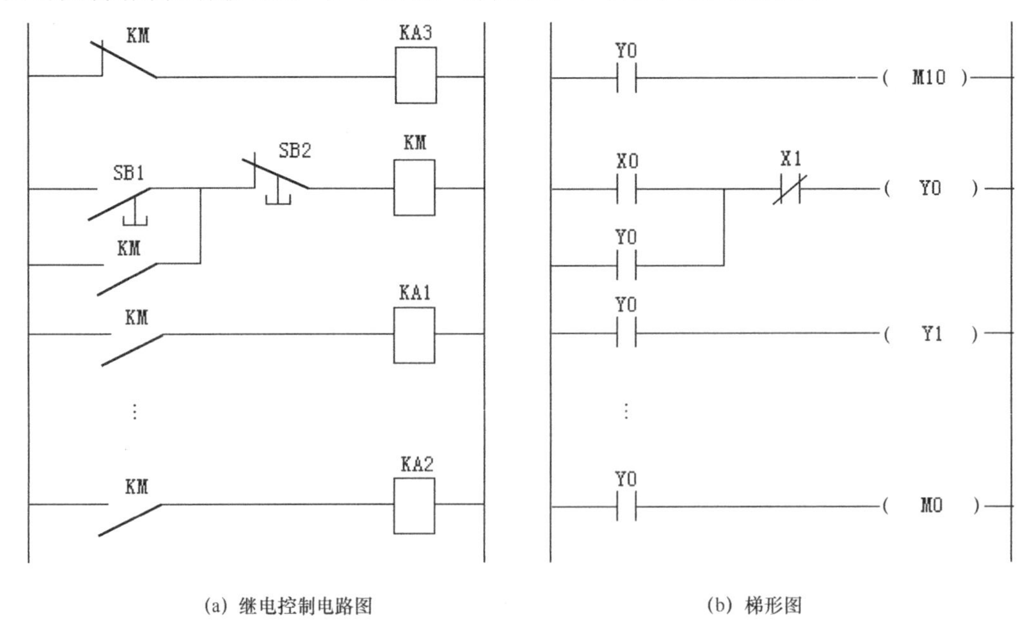

(a) 继电控制电路图　　(b) 梯形图

图 3.2-2　继电控制电路图与 PLC 控制的梯形图

（4）在继电控制图中，继电器的触点是有限的。而在梯形图中，软继电器的触点使用是无限的。但在梯形图中线圈只能出现一次，不允许重复使用，这一点倒是和继电控制一样。

初学者可以通过继电控制电路图切入梯形图，但一旦入了门，则必须完全离开继电控制电路的思维方式，用 PLC 串行工作的思维方式去理解、阅读和设计梯形图程序。

2．梯形图程序结构

梯形图是形象化编程语言，它用各种符号的组合表示条件，用线圈表示输出结果。梯形图中的符号是对继电控制图中元件图形符号的简化和抽象，学习梯形图语言编程，要先对梯形图程序结构有一个了解。

图 3.2-3 为用三菱 GX Developer 编程软件所编制的梯形图程序。现对梯形图程序的各部

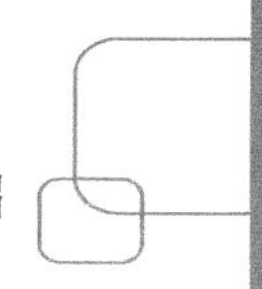

分组成进行如下说明。

1）梯级和分支

梯级是梯形图的基本组成单位。梯级是指从梯形图的左母线出发，经过驱动条件和驱动输出到达右母线所形成的一个完整的信号流回路。每个梯级至少有一个输出元件或指令，全部梯形图就是由多个梯级从上到下连接而成。

对每一个梯级来说，其结构就是与左母线相连的驱动条件和与右母线相连的驱动输出所组成。当驱动条件成立时，相应的输出被驱动。

当一个梯级有多个输出时，其余的输出所在的行称为分支。分支和梯级输出共一个驱动条件时，为一般分支。如分支上本身还有触点等驱动条件，称为堆栈分支。在堆栈分支后的所有分支均为堆栈分支。梯级本身是一行程序行，一个分支也是一行程序行。

梯形图按梯级从上至下编写 ，每一梯级从左到右顺序编写。PLC 对梯形图的执行顺序和梯形图的编写是一样的。

2）步序编址

针对每一个梯级，在左母线左侧有一个数字，这个数字的含义是该梯级的程序步编址首址。什么是程序步？这是三菱 FX 系列 PLC 用来描述其用户程序存储容量的一个术语。每一步占用一个字（WORD）或 2 字节（B）。一条基本指令占用 1 步（或 2 步，3 步）。步的编址是从 0 开始，到 END 结束。用户程序的程序步不能超过 PLC 的用户程序容量程序步。

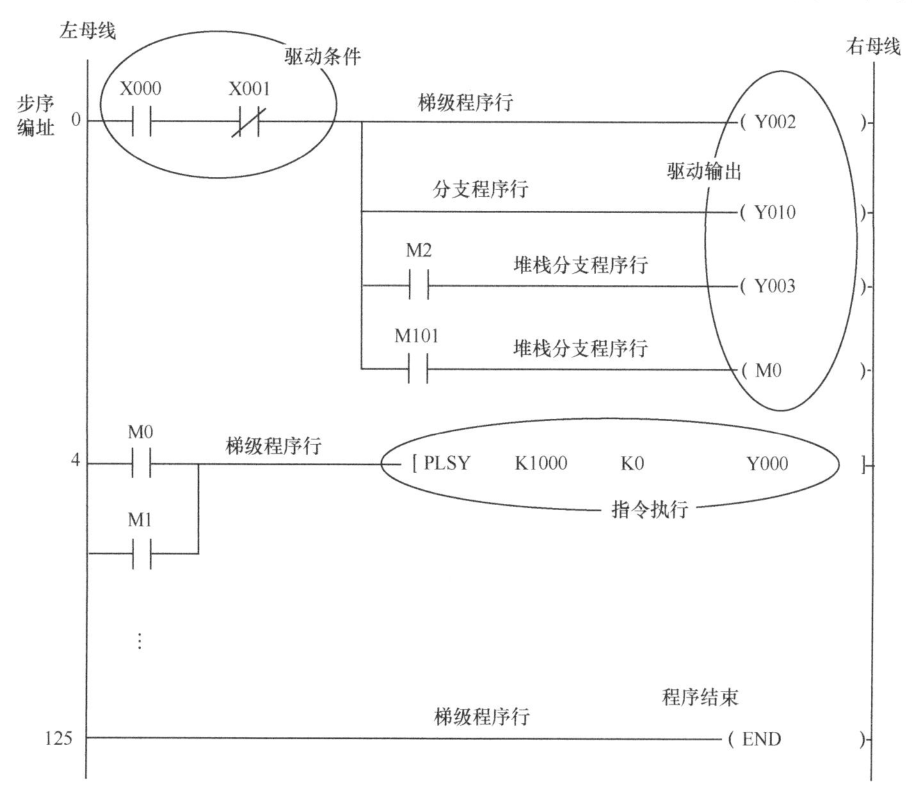

图 3.2-3　梯形图程序结构

在梯形图上，每一梯级左母线前的数字表示该梯级的程序步编址首址。例如图中，第 1 个梯级数字为 0，表示该梯级程序占用程序步编号从 0 开始。而第 2 个梯级数字为 4，表示该梯级程序占用程序步编号从 4 开始。由此，也推算出第 1 个梯级程序占用 4 步存储容量。最后，END 指令的梯级数字为 125，表示全部梯形图程序占用 125 程序步存储容量。

步序编址在编程软件上是自动计算并显示的，不需要用户计算输入。

3）*左母线、右母线*

图中，左右两边的垂直线分别称为左母线、右母线，每一梯级必须从左母线开始，右母线结束。在编程软件中，左右母线是自动出现的。

对梯形图进行分析时，可以假设有一个信号流从左母线自上而下流入，碰到梯级时，会自动从左向右流动，如果驱动条件成立，则信号流流向输出元件（或指令）。表示输出元件被驱动（或指令被执行），通过输出元件（或指令）又流到右母线，从而形成一个信号流回路。如果梯级的驱动条件不成立，则不会产生信号流回路，输出元件（或指令）不会被驱动（或被执行）。

4）*驱动条件*

在梯形图中，驱动条件是指编程位元件的触点逻辑关系组合，仅当这个组合逻辑结果为 ON 时，输出元件才能被驱动。对某些指令来说，可以没有驱动条件，这时指令直接被执行。

梯形图编程元件的触点只有两种，常开和常闭。

5）*输出元件或指令*

在一个梯级程序中，输出元件或指令可以有多个，但至少必须有一个输出元件或指令。

6）*程序结束*

END 指令表示程序结束，一个完整的梯形图必须用 END 指令表示程序到此为止。当 PLC 扫描到 END 指令时，会又返回到 0 步梯级程序，从头开始进行下一轮扫描。

3．梯形图程序的执行

梯形图程序的执行是从程序的起始步（0 步）开始，由上到下逐个梯级地按顺序执行。如果一个梯级中还有分支，也一样由上到下顺序执行。在每个梯级或分支中，则按照从左母线开始到右母线结束的顺序执行。图 3.2-4 显示了梯形图执行的顺序。图中，由①～（15）说明了梯形图串行处理的过程。

4．梯形图与指令语句表程序

指令语句表也叫助记符或列表，是基于字母符号的一种语言，类似于计算机的汇编语言，这种编程语言是用一系列操作指令组成的语句表将控制流程描述出来，并通过编程器或者编程软件送到 PLC 中去，指令语句表是由若干条语句组成的程序，语句是程序的最小单元。一个操作功能是由一条或若干条语句来完成的。PLC 的操作指令系统比计算机的汇编语言简单很多，但表达形式类似，也是由地址、操作码和操作数三部分组成。关于 FX3U PLC

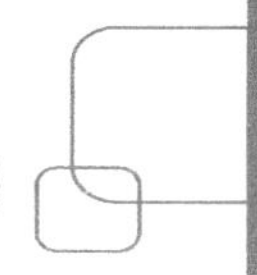

的基本指令系统将在本章中给予详细讲解。不同品牌的 PLC 其指令表的形式是相同的，但是指令的符号、各编程元件表示则相差很大。

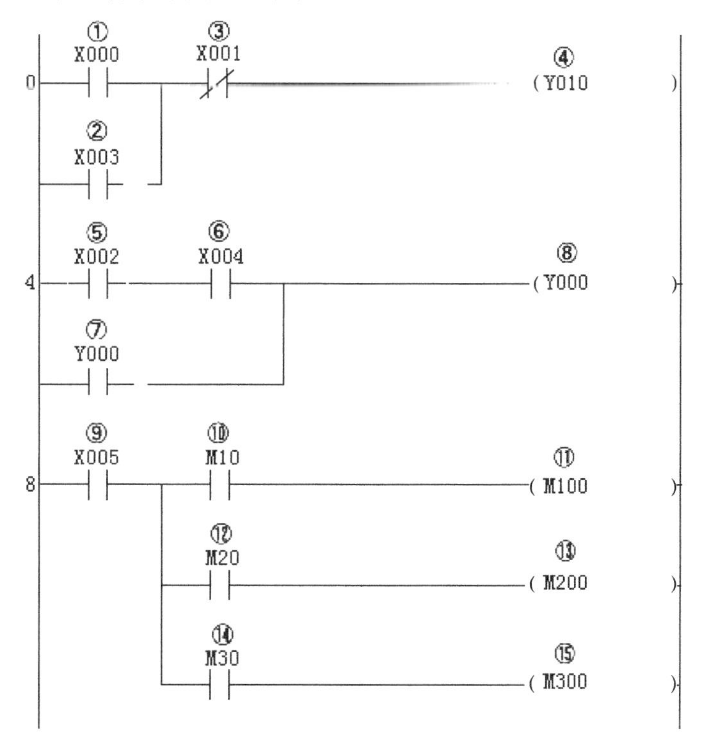

图 3.2-4　梯形图程序执行顺序

指令语句表编程语言是最基本的程序设计语言，它也是 PLC 所能接受并运行的程序语言。所有用其他编程语言编制的程序都必须转换成指令语句表程序送入 PLC。PLC 中的编译程序则对指令语句表程序进行逐行编译，使之成二进制数形式存入 PLC 的相应存储单元中并运行。

指令语句表编程语言具有容易记忆、便于操作的特点，它可以用最简单的编程工具——手持编程器进行编程。它与其他语言多有对应的关系，而且，一些其他语言无法表达的程序用它都可以进行表达。它的缺点是阅读困难，其中的操作功能很难一眼看出，不便于工控人员之间进行交流和沟通

梯形图程序和指令语句表程序有对应的关系，梯形图的各种符号、直线都可以用对应的基本逻辑指令转换成指令语句表程序。图 3.2-5 为一启保停电路的梯形图程序，其对应的指令表程序如右面所示。图 3.2-6 为含有功能指令的梯形图程序，其对应的指令语句表程序如右面所示。

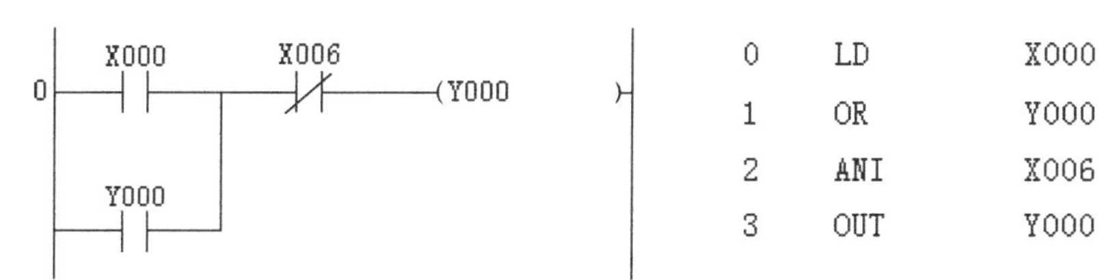

图 3.2-5　启保停电路梯形图程序和指令语句表程序

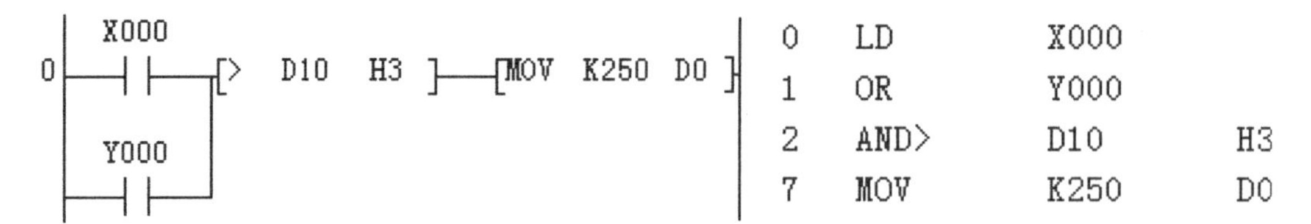

图 3.2-6 功能指令梯形图程序和指令语句表程序

早期，在计算机和编程软件未普及前，一般都是先用梯形图设计程序，然后再手工编译成指令表程序，最后用手持编程器将程序送入 PLC。现在，计算机和编程软件已经普及，在编程软件上，只要编好梯形图程序，软件会自动编译成指令表程序。所以，我们今后重点是梯形图编程语言的学习和编程软件的操作。对指令表编程语言则不进一步讲解。但是，PLC 的各种操作指令的学习是必不可少的编程基础。

【试试，你行的】

（1）梯形图和继电控制电气原理图有哪些相似之处？

（2）在图形的符号表示上，梯形图和继电控制电气原理图有什么不同？哪个图形的表示简单？

（3）在继电控制电气原理图中，是根据什么来判断负载是否得电或失电？在梯形图中，是根据什么来判断线圈是否被驱动？

（4）试说明继电控制电气原理图的并行工作过程和梯形图的串行工作过程。

（5）如果你是电工，试说明图 P3.2-1 中，如果 SB1 和 SB2 同时按下，会出现什么情况。

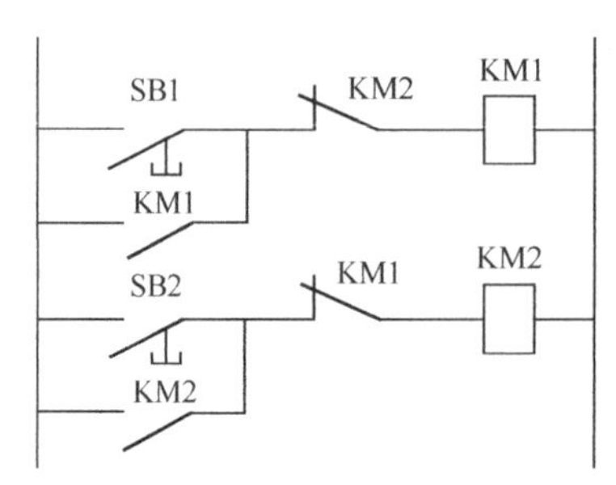

图 P3.2-1

（6）指出图 P3.2-2 中的左母线，右母线，驱动条件，驱动输出和步序编号。驱动输出什么时候才有输出？

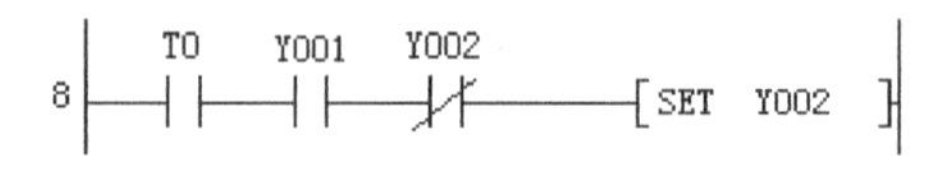

图 P3.2-2

（7）梯形图结束用什么指令表示？在程序中，可以没有程序结束指令吗？

（8）写出图 P3.2-3 梯形图执行顺序。

（9）本书不对指令语句表程序进行深入了解，为什么？

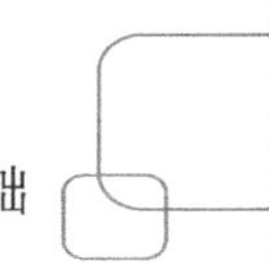

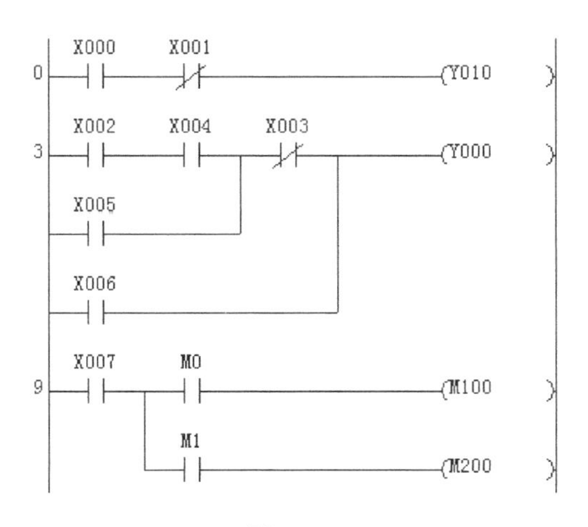

图 P3.2-3

3.2.2　梯形图的编程基本规则

前面介绍的梯形图的组成特点也是梯形图编程的一些基本规则，这里再介绍几条。

（1）触点不能接在线圈的右边。线圈也不能直接与左母线相连，必须通过触点连接，如图 3.2-7 所示。

图 3.2-7　梯形图编程规则 1

（2）在每个逻辑行上，当几条支路并接时，串联触点多的应排在上面；几条支路串联，并联触点多的应排在左面，这样可以减少编程指令，如图 3.2-8 所示。

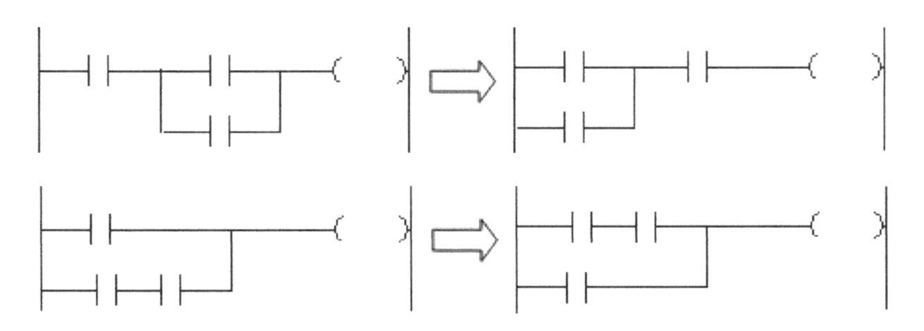

图 3.2-8　梯形图编程规则 2

（3）梯形图的触点应画在水平支路上，不能画成垂直支路上，如图 3.2-9 所示。

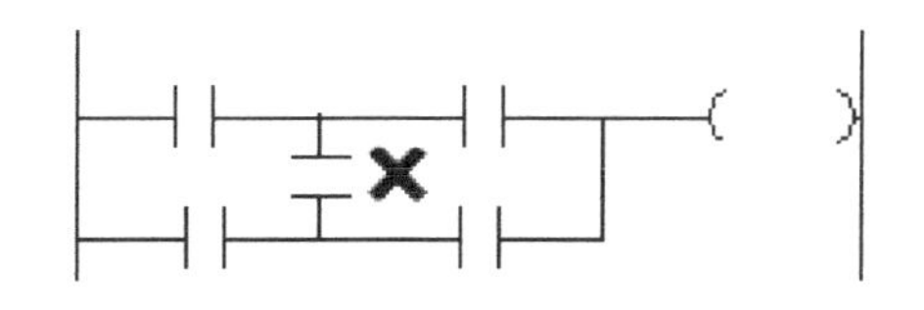

图 3.2-9　梯形图编程规则 3

（4）梯形图的触点可以任意组合，但输出线圈只能并联，不能串联，如图 3.2-10 所示。

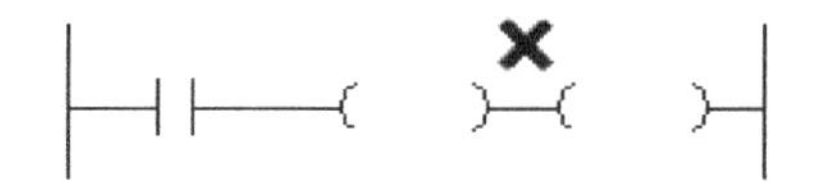

图 3.2-10　梯形图编程规则 4

（5）梯形图中除了输入继电器 X 没有线圈只有触点外，其他继电器既有线圈又有触点，如图 3.2-11 所示。

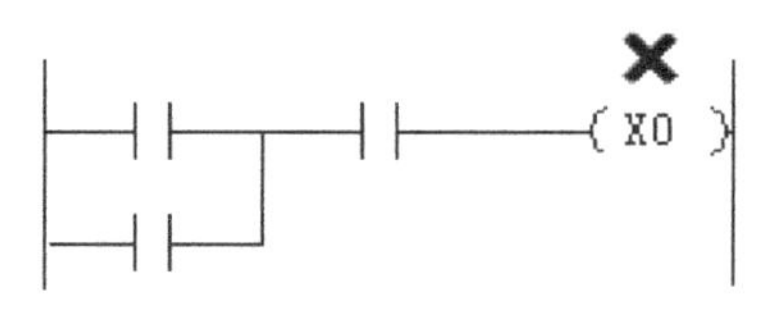

图 3.2-11　梯形图编程规则 5

（6）外部输入、输出继电器、内部继电器、定时器、计数器等器件的触点可多次重复使用，无须用复杂的程序结构来减少接点的使用次数。

（7）不可双线圈输出。双线圈输出是指在一个程序中，同样一个输出线圈不能使用二次和二次以上，如图 3.2-12 所示。为什么不能出现双线圈，其详细讲解见第 5 章。

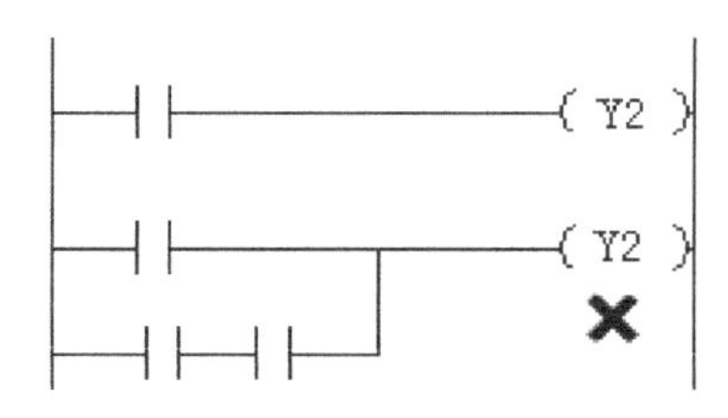

图 3.2-12　梯形图编程规则 7

【试试，你行的】

（1）如图 P3.2-4 所示控制电路，在继电控制电路中它的结构是合理的，但转换成如图 3.2-9 所示之梯形图是不允许的。那么你能画出符合控制电路要求的正确的梯形图吗？

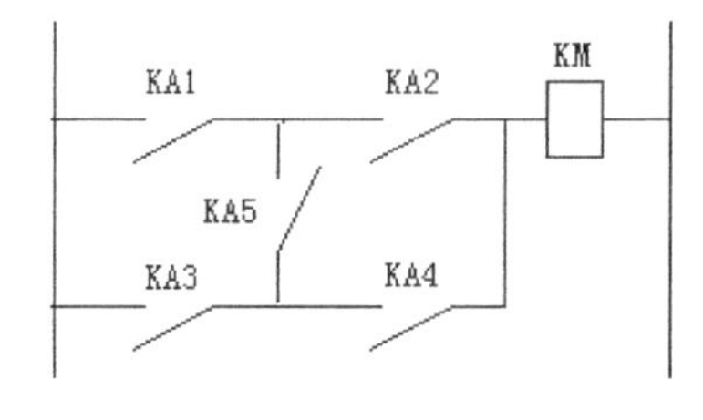

图 P3.2-4

（2）什么是梯形图的双线圈？

3.3.1 简述

1. 基本指令系统分类

基本指令又称基本逻辑处理指令，它是所有品牌 PLC 必须具备的指令，是程序中使用最多的指令。FX$_{3U}$ PLC 基本逻辑处理指令见表 3.3-1。

表 3.3-1　母线相连触点指令可用软元件

分　类	助记符	名　称	功　能
母线相连触点指令	LD	取常开	与母线相连常开触点
	LDI	取常闭	与母线相连常闭触点
	LDP	取常开（脉冲上升沿）	与母线相连常开触点　（上升沿）
	LDF	取常闭（脉冲下降沿）	与母线相连常闭触点（下降沿）
逻辑运算触点指令	AND	相与常开	相串联常开触点
	ANI	相与常闭	相串联常闭触点
	ANDP	相与常开（脉冲上升沿）	相串联常开触点（上升沿）
	ANDF	相与常闭（脉冲下降沿）	相串联常闭触点（下降沿）
	OR	相或常开	相并联常开触点
	ORI	相或常闭	相并联常闭触点
	ORP	相或常开（脉冲上升沿）	相并联常开触点（上升沿）
	ORF	相或常开（脉冲下降沿）	相并联常开触点（下降沿）
逻辑结果操作指令	INV	逻辑反转处理	将前面的逻辑运算结果取反
	MEP	逻辑上升沿处理	将前面的逻辑运算结果在上升沿处理
	MEF	逻辑下降沿处理	将前面的逻辑运算结果在下降沿处理
输出及功能操作指令	OUT	线圈驱动	对位元件、定时器、计数器线圈驱动
	END	程序结束	梯形图程序结束
	SET	置位	置位元件为 ON 输出
	RST	复位	置位元件，字元件为 OFF 输出
	PLS	脉冲上升沿输出	上升沿后操作元件输出一个扫描周期
	PLF	脉冲下降沿输出	下降沿后操作元件输出一个扫描周期
	MC	主控	驱动后，执行从 MC 到 MCR 之间的程序段
	MCR	主控复位	主控程序段结束
	NOP	空操作	无任何操作，占用一个程序步
指令表程序应用指令	ANB	电路块串联	串联电路块
	ORB	电路块并联	并联电路块
	MPS	压栈	压入堆栈
	MRD	读栈	读取堆栈
	MPP	出栈	弹出堆栈

PLC 的基本逻辑处理指令加上定时器和计数器指令的综合应用，基本上可以实现继电器控制系统的程序编制了。

在程序中，这部分指令用触点、线圈及连线可以很方便地在梯形图中表示，指令与梯形图中的符号有很清楚的对应关系。

基本指令系统有不同的分类方法。本书按其功能分类，可把基本指令系统分成驱动条件输入指令、驱动输出指令和指令语句表程序应用指令。

（1）驱动条件输入指令是在梯形图中完成驱动条件的逻辑运算和控制的指令，它们又分为母线相连触点指令，逻辑运算触点指令和逻辑结果操作指令。

（2）驱动输出指令是在梯形图中完成线圈输出和进行功能操作的指令。

（3）指令语句表程序应用指令比较特殊，这些指令在梯形图程序上没有任何体现，而当梯形图程序转换成 PLC 可执行的指令语句表程序时，会在适当的地方自动地添加这些指令。没有这些指令，复杂的逻辑运算关系不能唯一地用驱动条件输入指令来完成指令语句表程序的编制。这些指令在程序中并不表示一定的逻辑运算，而是对复杂逻辑运算的处理。

2. 基本指令系统讲解说明

在后面详细讲解基本逻辑指令时，关于指令的相关公共知识在这里进行一次统一的讲解，后面的讲解不再进行说明。

1）指令格式

LD　S　　连续执行型

LDP　S　　脉冲执行型

END　　连续执行型

在指令格式中，LD, LDI, END 均为指令助记符。

S 为指令操作数，每条指令的操作数可用的软元件是不一样的（见表 3.2-1 所示）。对部分指令来说，可以没有操作数，如 END，ANB，INV 等。

连续执行型：指令输出驱动在每个扫描周期里都得到执行。

脉冲执行型：指令在动作后其所驱动的输出仅执行一个扫描周期，例如，常开触点闭合后，仅执行一个扫描周期，即在随后的扫描周期里，虽然常开触点仍然处于闭合状态，但其所驱动的输出不再有输出。

2）可用软元件

在讲解指令时，其操作数所用的软元件用表来说明，表 3.3-2 为母线相连触点指令 LD, LDI 的操作数可用软元件。对基本逻辑指令来说，除 RST 指令外，其操作软元件都为位元件，使用中又分为可变址使用和不可变址使用两种（关于变址，参看 3.1.2 节）。在可变址使用中，某些位元件的变址会受到一定的限制。

表 3.3-2　母线相连触点指令可用软元件

指令	位元件							变址		
	X	Y	M	S	T	C	D□.b	V	Z	应用
LD	●	●	▲	▲	●	▲	▲			●
LDF	●	●	●	●	●	●	●			

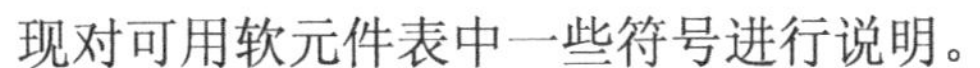

现对可用软元件表中一些符号进行说明。

在变址“应用”栏中，标有•号为该指令的操作数可以用寄存器 V 或 Z 进行变址操作，没有标•号的则不能。

在位元件栏中，标有•和▲的均为该指令可用软元件，但是在具体变址操作中，它们又有差别，标有•的在所有的软元件编址范围里均可进行变址操作，而标有▲的则对变址操作做了一定的限制或不能进行变址操作。这些限制是：特殊辅助继电器（M）不能进行变址操作，32 位计数器不能进行变址操作；状态继电器（S）和字元件位指定（D□.6）不能进行变址操作，以及所有字元件均不能进行变址操作。

3）梯形图表示

基本逻辑指令（除指令语句表程序应用指令外）在梯形图上均可以用相应的触点、符号和连线来表示其功能和它们之间的逻辑关系。目前，在大多数讲解基本指令功能应用的 PLC 相关书籍中，在介绍基本指令时，除了讲解表示它们的梯形图程序外，总会把相应的指令语句程序列出以对照比较，编者认为这样做已无必要。

现在，计算机和编程软件已经普及，在编程软件上，只要编好梯形图程序，软件会自动编译成指令语句表程序。所以，我们今后重点是梯形图编程语言的学习和编程软件的操作。对指令表编程语言则不进一步讲解，也不列出相应的指令语句表程序。但是，PLC 的各种操作指令的学习则是必不可少的编程基础。

4）功能说明与应用

这一部分讲解主要是通过各种例子说明指令的功能和应用。基本逻辑指令的功能一般都可以通过仿真软件进行仿真，程序编制后，都可以在仿真软件上测试其是否满足控制要求。这也是深入理解、掌握基本逻辑指令的行之有效地学习方法。

5）程序步

基本逻辑指令的程序步并不是固定的，它与所用的操作软元件有关，无操作软元件的指令则基本固定为 1 步（其中 MCR 为 2 步），

关于基本逻辑指令的程序步和指定软元件的关系参见附录 A。

【试试，你行的】

（1）基本指令系统分为哪三大类？其中应重点学习哪几类指令？

（2）详细阅读并理解关于指令讲解时所应该知道的相关知识，它们是指令格式、可用软元件、梯形图表示、功能说明和程序步。

3.3.2　触点指令

1. 母线相连触点指令

1）指令格式

LD　S　　取常开触点与左母线相连，连续执行型

LDI　S　　　　取常闭触点与左母线相连，连续执行型
LDP　S　　　　取常开触点上升沿操作，脉冲执行型
LDF　S　　　　取常开触点下降沿操作，脉冲执行型

2）可用软元件

母线相连触点指令可用软元件见表3.3-3。

表3.3-3　母线相连触点指令可用软元件

指令	位元件							变址		
	X	Y	M	S	T	C	D□.b	V	Z	应用
LD	●	●	▲	▲	●	▲	▲			●
LDI	●	●	▲	▲	●	▲	▲			●
LDP	●	●	●	●	●	●	●			
LDF	●	●	●	●	●	●	●			

3）梯形图表示

指令 LD、LDI 在梯形图中为梯级行上与左母线相连的触点指令，其在梯形图上的符号表示如图3.3-1（a）所示。

指令 LDP、LDI 为脉冲边沿微分操作指令，其梯形图上的符号表示如图 3.3-1（b）所示。注意，LD、LDI 为常开、常闭触点的图示，但 LDP、LDF 则仅为常开触点的脉冲边沿操作。

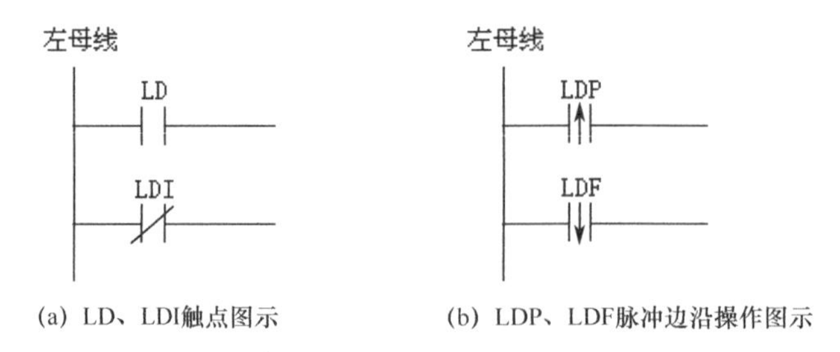

(a) LD、LDI触点图示　　(b) LDP、LDF脉冲边沿操作图示

图3.3-1　母线相连触点指令梯形图表示

在梯形图中，每一梯级与左母线相连的第一个触点必须用取指令 LD（常开）或取反指令 LDI（常闭）完成，或采用脉冲边沿操作指令 LDP、LDF 完成。

4）功能说明与应用

● 应用位置

LD、LDI 指令主要用在与母线相连的第 1 个触点上，但在转换成指令语句表程序时，也可用在电路块的第一个触点上，如图 3.3-2 所示。图中，M0 和 M1，M2 是一个串联电路块，它的第 1 个触点用 LDM0 指令，而 M1，M2 是这个串联电路块的一个并联电路块，它的第 1 个触点也用 LD　M1 指令。

LD、LDI 指令还可用在主控指令与子母线相连的触点上，如图 3.3-3 所示。图中，母线上的触点 Y0 后的母线一般称之主控指令子母线，在触点后直到 MCR N1 指令之间的子母线

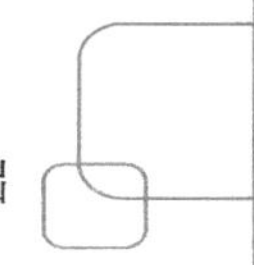

上所有梯级的第 1 个触点均用 LD 指令输入。

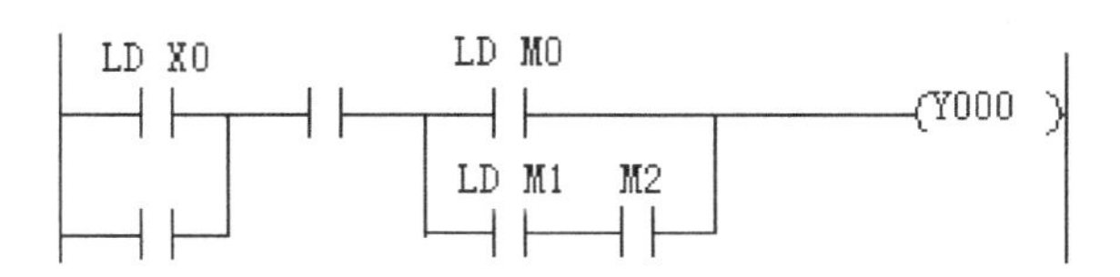

图 3.3-2　母线相连触点指令梯形图应用一

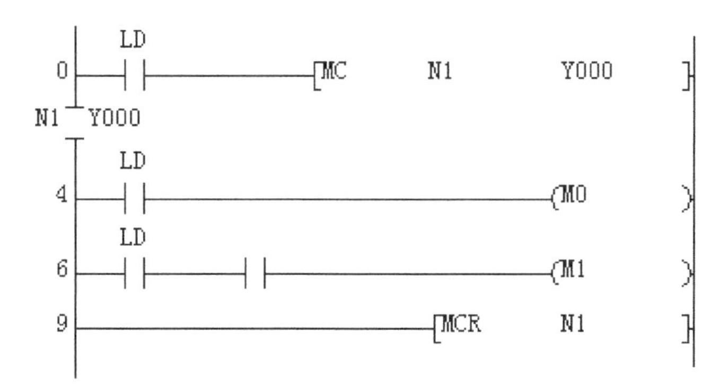

图 3.3-3　母线相连触点指令梯形图应用二

● 变址应用

与 $FX_{1S}/FX_{1N}/FX_{2N}$ 不同的是 FX_{3U} 的位元件可以进行变址使用，这样使程序编制变得更加灵活、方便。

下面举几例说明位元件变址的应用。

【例 3.3-1】 说出下面位元件操作后的地址是多少？下面示例中，用括号括起的变址字元件表示该变址元件的存储值。

（1）LD　M0V0　(V0)=K10

该变址的含义是触点 M0 向后移动 10 个位置为指令真正的地址，0+10=10，即变址后的触点地址是 M10。

（2）LD　X0V0　(V0)=K10

在 PLC 的软元件编址中，输入端口 X 和输出端口 Y 是按八进制编址的，因此，在 X 和 Y 的变址中，应先将变址寄存器的值转换成八进制值，再进行变址，就得到变址后的真实地址。

本例中，（V0）=K10=（12）$_8$，则 0+12=12，所以，变址后的触点地址是 X12。

FX_{3U} PLC 对变址后的地址有一些约束。如果对 X，Y 端口进行变址后的地址在实际的 PLC 控制系统中不存在，则 M8316 为 ON，并发出错误信息。当对 M，T，C 等软元件进行变址时，如果变址后地址不存在时（超出软元件的编制范围），发生运算错误，出错代码为 6706。

【例 3.3-2】 试说明指令 LD　D5.3 的含义。

D5.3 是一个位元件，称之字元件位指定，其详细说明见 3.1.4 节。D5.3 为数据寄存器 D5 的 b3 位，如图 3.3-4 所示。图中，如果 b3 位为“1”，则触点 D5.3 闭合，b3 位为“0”，则触点 D5.3 断开。

	b3															
D5	F	E	D	C	B	A	9	8	7	6	5	4	3	2	1	0

图 3.3-4　字元件位指定 D5.3 含义图示

在梯形图中，由 LD、LDI、LDP、LDF 所指定的触点本身可以单独作为梯级的驱动条件，更多的情况是与其后触点组成开关量逻辑组合驱动条件。

LDP 和 LDF 将在脉冲边沿操作输出指令 PLS、PLF 中统一进行说明。

2. 串并联触点指令

1）指令格式

AND　S	取常开触点相逻辑与，连续执行型
ANI　S	取常闭触点相逻辑与，连续执行型
ANDP　S	取逻辑与常开触点上升沿操作，脉冲执行型
ANDF　S	取逻辑与常开触点下降沿操作，脉冲执行型
OR　S	取常开触点相逻辑或，连续执行型
ORI　S	取常闭触点相逻辑或，连续执行型
ORP　S	取逻辑或常开触点上升沿操作，脉冲执行型
ORF　S	取逻辑或常开触点下降沿操作，脉冲执行型

2）可用软元件

串并联触点指令可用软元件见表 3.3-4。

表 3.3-4　串并联触点指令可用软元件

指令	位元件							变址		
	X	Y	M	S	T	C	D□.b	V	Z	应用
AND	●	●	▲	▲	●	▲	▲			●
ANI	●	●	▲	▲	●	▲	▲			●
ANDP	●	●	●	●	●	●	●			
ANDF	●	●	●	●	●	●	●			
OR	●	●	▲	▲	●	▲	▲			●
ORI	●	●	▲	▲	●	▲	▲			●
ORP	●	●	●	●	●	●	●			
ORF	●	●	●	●	●	●	●			

3）梯形图表示

在梯形图中，AND 和 ANI 表示与 LD、LDI 在同一梯级和分支上相串联的触点输入指令，而 OR、ORI 则为与 LD、LDI 触点相并联的触点指令。在逻辑关系上，AND、ANI 是逻辑与，而 OR、ORI 是逻辑或，如图 3.3-5 所示。

ANDP、ANDF 和 ORP、ORF 为 AND 和 OR 的脉冲边沿微分操作指令，在梯形图上，它们的位置与 AND、OR 的位置是相同的，但其符号不同，如图 3.3-6 所示。

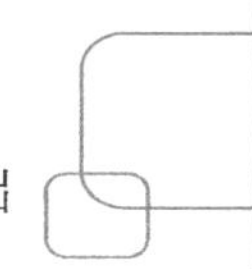

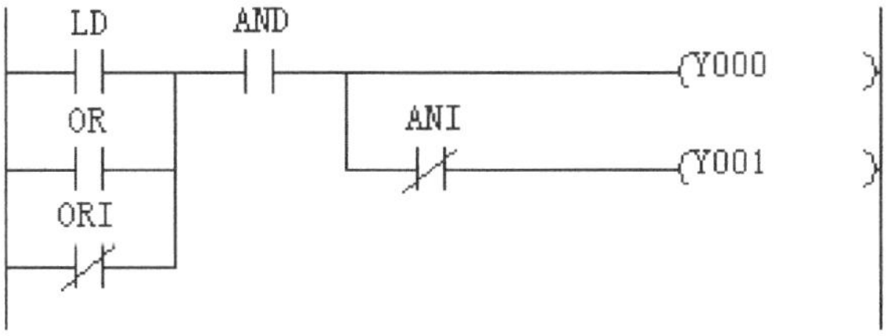

图 3.3-5 串并联触点指令图示

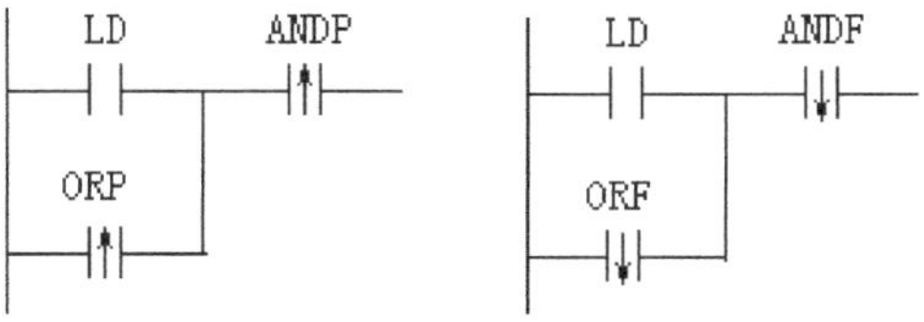

图 3.3-6 脉冲边沿操作指令图示

4）功能说明与应用

（1）串并联触点指令和母线相连触点指令一起组成了复杂的组合逻辑关系驱动条件。它们在梯形图中都是用触点（常开，常闭）表示，但触点的位置不同，使用的指令也不一样。

（2）母线相连触点指令每个梯级行只能有一个，而串并联触点指令使用的次数不受限制，可以反复使用，如图 3.3-7 所示。

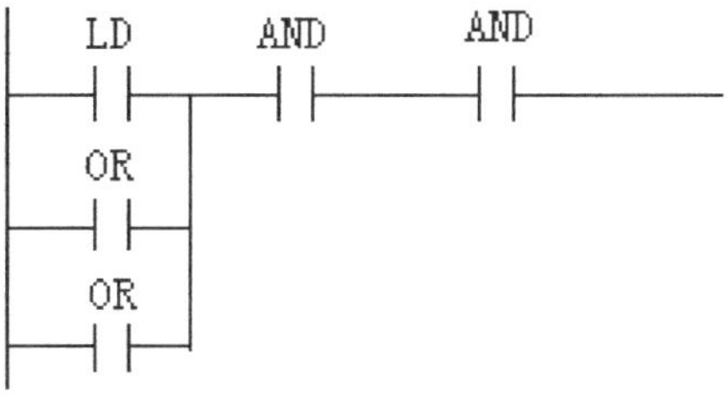

图 3.3-7 串并联触点指令图示

（3）和 LD 一样，AND 和 OR 指令也都存在其脉冲边沿操作指令 ANDP、ANDF、ORP 和 ORF，其说明将在脉冲边沿操作输出指令 PLS 和 PLF 中统一进行讲解。

5）关于触点指令应用的说明

触点指令是组成梯形图程序逻辑控制驱动条件的最基本指令。一般来说，无论是简单的、复杂的组合逻辑控制和时序逻辑控制均可以用触点指令构成。触点指令所组成的指令语句表程序是梯形图上逻辑组合关系驱动条件的体现。目前，绝大部分 PLC 程序都是通过梯形图来编制的，而梯形图是通过编程软件来完成的。编程软件是一个图形编辑软件，只要学会其操作方法，各种图形结构均可以在软件上编制出来，如图 3.3-8 所示的梯形图程序。

这是一个非常复杂的逻辑组合关系驱动条件的多输出梯形图。如果用指令语句表程序编制，不是一般工控人员所能完成的。但如果放到编程软件去编制，只要懂得软件编辑操作的人都可以编制出来，并不需要懂指令，甚至不需要懂 PLC。鉴于这种情况，编者认为，对于初学者来说，触点指令的学习重点在下面三个方面。

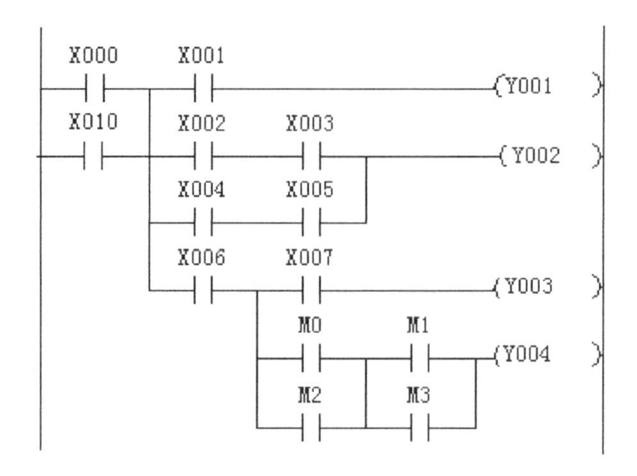

图 3.3-8　触点指令应用梯形图程序结构

首先，不需要去关心触点指令的具体应用，即哪些地方用 LD，哪些地方用 AND，OR 等，重点放在如何在编程软件上编制出符合控制要求的梯形图。也就是说，要重点学习编程软件中梯形图的操作。其次，会分析梯形图上各个触点之间的逻辑关系，即驱动条件的逻辑表达式。例如，图中 Y2、Y4 的驱动输出逻辑表达式为：

$$Y2=(X0+X10)\cdot(X2\cdot X3+X4\cdot X5)$$

$$Y4=(X0+X10)\cdot X6\cdot(M0+M2)\cdot(M1+M3)$$

第三，会根据控制要求所列举的条件，分析它们之间的逻辑关系，写出驱动条件的逻辑表达式，并根据逻辑表达式正确编制梯形图程序。

从本节开始，读者一边学习基本指令系统，一边学习三菱编程软件 GX Developer 的操作，具体的讲解见第 7 章。

【试试，你行的】

（1）在图 P3.3-1 梯形图程序各个触点位置上方标上应用的指令助记符。

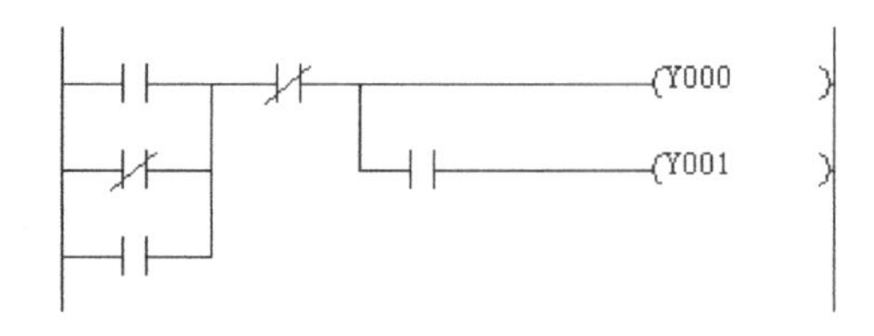

图 P3.3-1

（2）写出如图 P3.3-2 所示输出 Y1，Y2 与输入驱动条件的逻辑关系表达式。

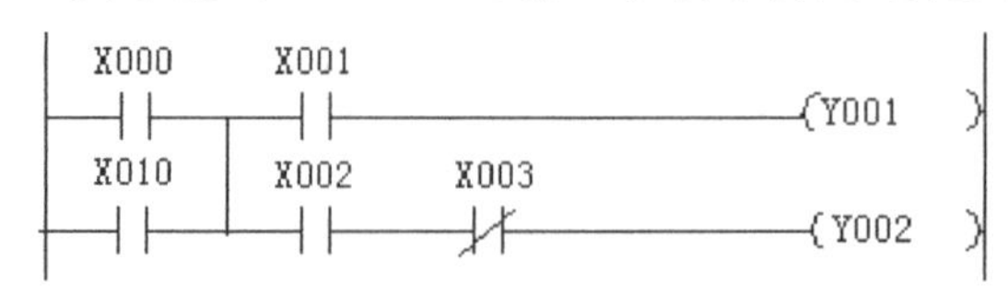

图 P3.3-2

（3）在三菱编程软件 GX Developer 上编制如图 P3.3-1，图 P3.3-2 所示之梯形图程序。

如果不会编，请不要往下学习了，先去学习第 7 章，直到能够编制出如图 P3.3-1、图 P3.3-2 所示的梯形图程序，再继续往下学习。

3.3.3　输出及功能操作指令

1．驱动输出、程序结束指令

1）指令格式

OUT　S　　　　线圈驱动，连续执行型
END　　　　　　程序结束，连续执行型

2）可用软元件

驱动输出、程序结束指令可用软元件见表 3.3-5。

表 3.3-5　驱动输出、程序结束指令可用软元件

指令	位元件							变址		
	X	Y	M	S	T	C	D□.b	V	Z	应用
OUT		●	▲	▲	●	▲	▲			●
END	无操作软元件									

3）梯形图表示

线圈驱动指令 OUT 和程序结束指令 END 在梯形图上的表示如图 3.3-9 所示。

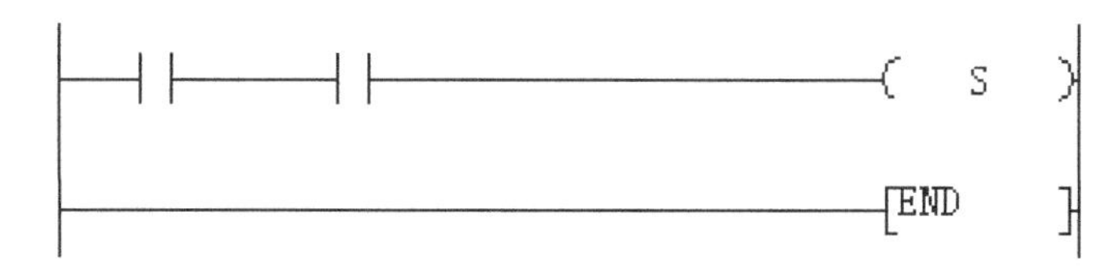

图 3.3-9　OUT 指令和 END 指令图示

4）线圈驱动指令 OUT S 功能应用说明

（1）线圈驱动指令 OUT 所驱动的是位元件 Y、M、S、D□.b 和定时器 T、计数器 C 的线圈，这个线圈不是继电控制电路中实际的物理线圈，它只是 PLC 内部位元件等的一个存储单元。所谓驱动，只是对这些单元进行赋值处理。具体的赋值（驱动输出）是由 OUT 指令相连的驱动条件所决定，当驱动条件为“1”时，所驱动的线圈为“ON”，当驱动条件为“0”时，驱动线圈为“OFF”。不同线圈驱动后的动作是稍有差别的。

对输出接口 Y 来说，当 Y 被驱动后，其对外的相应输出端口 Y 被导通，同时，其在梯形图上的所有相应的常开触点闭合，常闭触点断开。

对位元件 M、S 来说，被驱动后，其在梯形图上所有的相应触点动作，常开变常闭，常闭变常开。

对位元件 D□.b 来说，被驱动后，相当于把字元件 D□的 b 位强制置“1”。同样，梯形图

上相应的触点动作。

对定时器 T 和计数器 C 来说，其线圈被驱动后开始进行计时和计数，相应的触点并不同时动作，这一点，将在第 4 章详细讲解。

OUT 指令和触点指令一起就可以构成一个完整的梯形图上控制梯级（分支）。因此，从这里开始，在讲解基本指令的同时，也开始由简单到复杂逐步的讲解梯形图程序的分析和编辑，使读者能通过对基本指令的学习同时了解并掌握简单梯形图程序的分析和编制。

最简单的梯形图程序是一个开关控制一盏灯的通断，如图 3.3-10 所示。

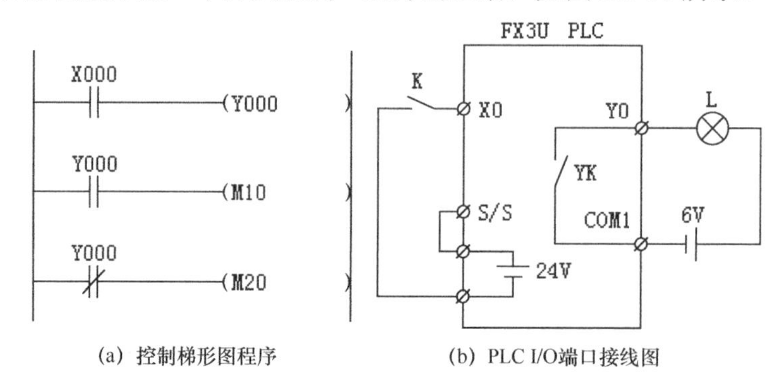

(a) 控制梯形图程序　　(b) PLC I/O端口接线图

图 3.3-10　一个开关控制一盏灯梯形图程序

在图 3.3-10 中，图（a）为控制梯形图程序，图（b）为 PLC I/O 端口接线图。输入端口状态与梯形图中触点的关系是：当端口有信号时（外接开关 K 闭合），梯形图中常开触点闭合，常闭触点断开。当端口无信号时（外接开关断开），则梯形图中常开触点为常开，常闭触点为常闭。可见，梯形图程序分析是一个动态分析过程，这一点是和继电控制电路原理图分析一致的。输出端口则由梯形图中相应的线圈状态所决定。当梯形图中线圈 Y0 因 XO 的闭合而驱动时，其相应的端口 YO 相当于一个开关 YK 闭合，从而接通了外电路，使电灯 L 接通（灯亮），同时其梯形图中相应的触点也动作（常开闭合，常闭断开）。图中，线圈 M10 被驱动，而线圈 M20 则会断开驱动。以上就是梯形图的基本分析方法。在实际控制中，驱动条件多数是各种触点的逻辑组合运算关系，而不像图中这么简单。

用一个开关控制一个输出，输出随开关动作而动作，在控制程序中，叫做“点动”。一点就动，不点不动。点动程序当按钮松开时不能使输出有自动保持功能。

【例 3.3-3】 为了生产和人身安全，冲床操作一般设置两个开关，仅当双手都按住开关时，冲床才会动作。假设开关从 X0 和 X1 端口输入，电动机由 Y0 端口控制，试编制 PLC 梯形图。

分析：由控制要求可知，两个开关之间的逻辑关系是相与，则编制梯形图如图 3.3-11 所示。

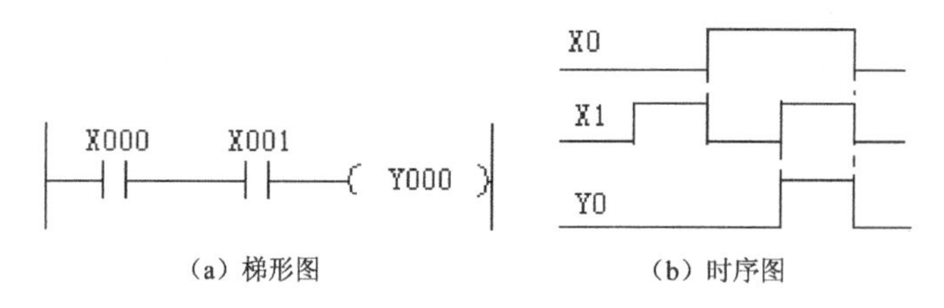

(a) 梯形图　　(b) 时序图

图 3.3-11　触点串联梯形图及时序图

这种用两个（或多个）开关来控制一个输出的程序称为连锁程序，也叫触点串联程序。连锁功能就是“一票否决”功能，在多个串联开关中，只要有一个开关断开，输出就断开。在实际的控制程序中，用得相当多。

【例 3.3-4】 某生产线采用自锁式按钮，需要在三地都可以控制电动机的启停，试编制梯形图程序。

分析：设三个按钮输入端口为 X0，X1，X2；输出端口仍为 YO。分析控制要求可知，三地按钮为或逻辑关系，也叫触点并联关系，编制梯形图如图 3.3-12 所示。

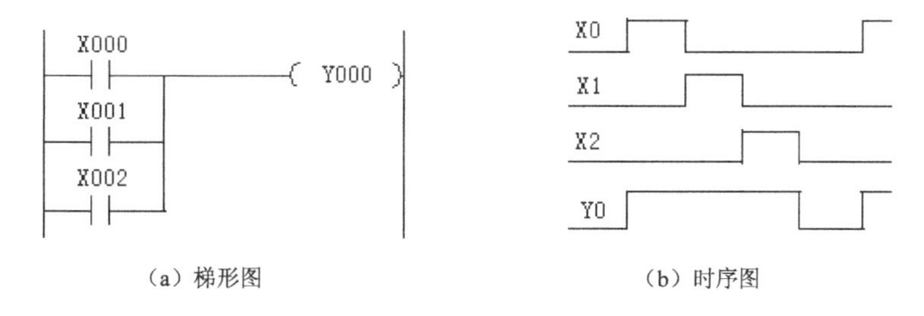

图 3.3-12　触点并联梯形图及时序图

【例 3.3-5】 图 3.3-13 为电动机启保停控制的梯形图程序。启动和停止外部接线均按常开触点接入。触点 Y0 的作用是在启动按钮 X0 复位后，电动机仍然可以通过 Y0，X1 得电保持运转。这种作用称为自保持功能，乂叫自锁电路。这和继电控制电路中的原理是一样的。启保停程序是最基本、最常用的控制程序。可以这样说，所有的逻辑驱动条件都可以看成是启保停程序的扩展。而且，启保停电路仅仅使用与触点和线圈有关的指令，而这类指令是任何一个品牌的 PLC 必须具有的。因此，这是一个通用的程序。

在这个程序中，启动和停止的触点是根据外部 X 端口按常开触点接入方式设计的，如果外部端口触点的接入方式不同，程序中触点使用会有所不同。在本书中，如果没有特殊说明，所有外部端口 X 的接入均按常开触点接入处理，读者在分析程序时务必注意。

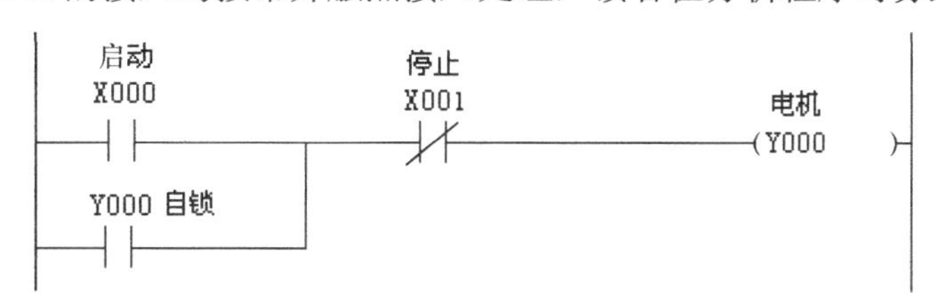

图 3.3-13　启保停控制梯形图程序

【例 3.3-6】 在许多控制场合，不允许两个输出端口同时被驱动输出，例如，电动机正反转控制接触器，绝对不允许它们同时接通，否则，会发生严重短路事故。对这种控制要求，只要在程序中加入互锁环节即可。程序梯形图如图 3.3-14 所示。

正转时，串接 X1 和 Y1 的常闭触点互锁环节。当按 X1 反转启动时，由于 X1 常闭触点断开，正转启动回路被断开，即使这时按下 X0，正转也不能启动。反转启动后，Y1 常闭触点断开，同样断开正转启动回路，在反转期间，正转不可能被启动，这是一种双重互锁环节。这种在程序中利用软元件进行互锁又称为软件互锁，但是软件互锁不可能代替硬件互锁。因此，在外部接线上，还必须按照继电控制电路要求，仍然要进行硬件互锁。

点动、连锁、自锁、互锁和启保停程序这是初学者必须熟练掌握的基本程序结构。

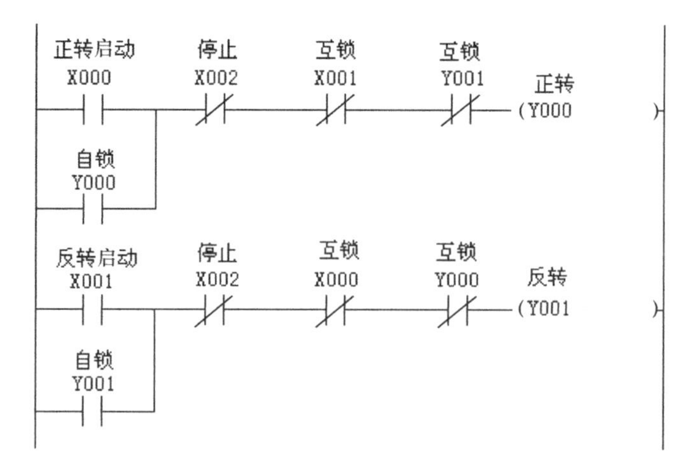

图 3.3-14　自锁、互锁梯形图程序

（2）OUT 指令有两种输出方式：连续型和脉冲型。当触点指令为连续执行型，则其时序如图 3.3-15（a）所示。当触点指令为脉冲执行型时，如图（b）所示，这时输出仅被驱动一个扫描周期。这一点，是继电控制电路没办法做到的。

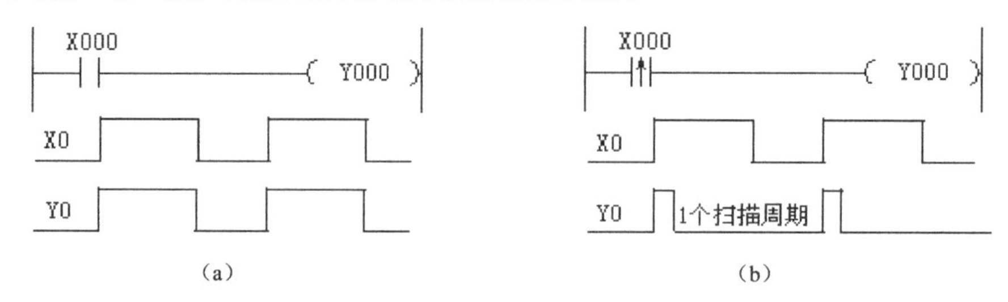

图 3.3-15　OUT 指令两种输出方式

（3）OUT 指令不可在同一梯级上相互串联输出，如图 3.3-16 所示，但可以在同一梯级及其分支上并联输出，如图 3.3-17 所示。这点说明，在梯形图上，一个梯级或一个分支上只能有一个驱动输出。

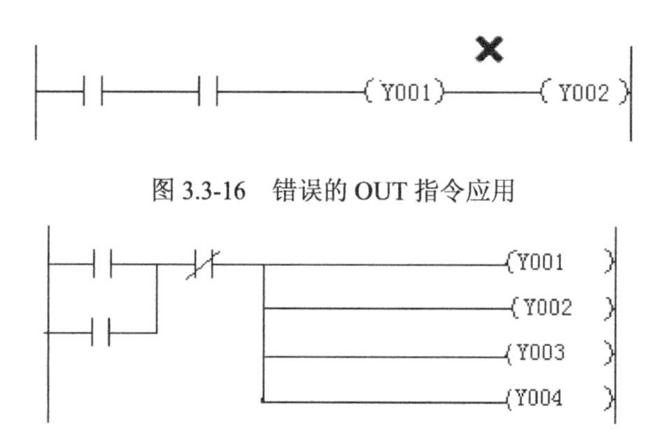

图 3.3-16　错误的 OUT 指令应用

图 3.3-17　OUT 指令的并联输出

（4）OUT 指令不能驱动位元件 X，X 是输入接口符号，在梯形图中，只能利用其触点，而不能利用其线圈。

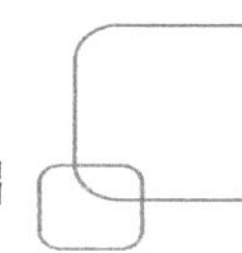

（5）当用 OUT 指令驱动定时器 T 和计数器 C 时，其指令格式为：

OUT　T1　K50.　　OUT　C0　K20

其中，T1，C0 为定时器和计数器的编址，而 K50，K20 为该定时器和计数器的设定值。关于定时器和计数器的讲解详见第 4 章。定时器和计数器的梯形图表示如图 3.3-18 所示。

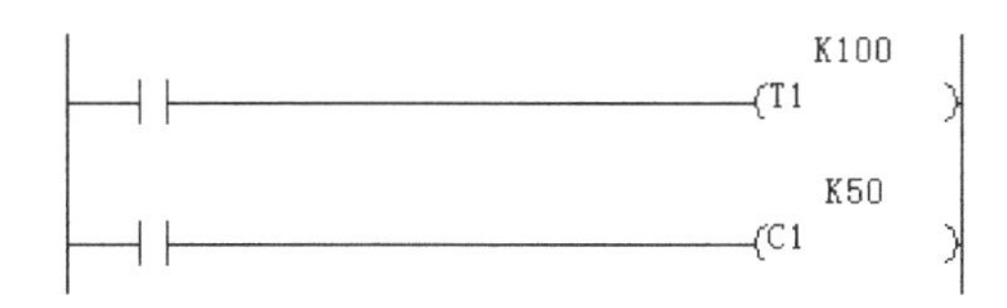

图 3.3-18　定时器和计数器的梯形图表示

（6）OUT 指令也可进行变址操作，其变址过程注意点均与 LD 指令相同，这里不再阐述。

5）程序结束指令 END 功能应用说明

END 指令为程序结束指令，表示应用程序到这里结束，每一个应用程序必须具有且只能有一个 END 指令，它只能放在程序的最后。

PLC 在扫描过程中执行到 END 指令时，对后面的指令不再执行，马上转到输出刷新处理，处理完毕后，又重新开始进行下一次扫描。因此，END 指令在程序中是不能放在程序中间位置的。但有时为了分段调试程序，有意把 END 指令放在适当位置上，对 END 指令之前的程序进行运行调试。

在编程软件 GX 中，END 指令是自动形成的，不需要人工输入。当梯形图程序转换成指令语句表程序时，用户程序存储区在 END 指令后面的存储单元均用 NOP 指令（空操作）填入。

【试试，你行的】

（1）试说明图 P3.3-3 之（a）、（b）、（c）梯形图程序的各自控制含义。

（a）

（b）

（c）

图 P3.3-3

（2）程序设计与所用元器件功能有关，下面两个程序都可以使 Y0 通断，试说明图中 P3.3-4 中 X0，X1，X2 所用的是什么功能按钮。

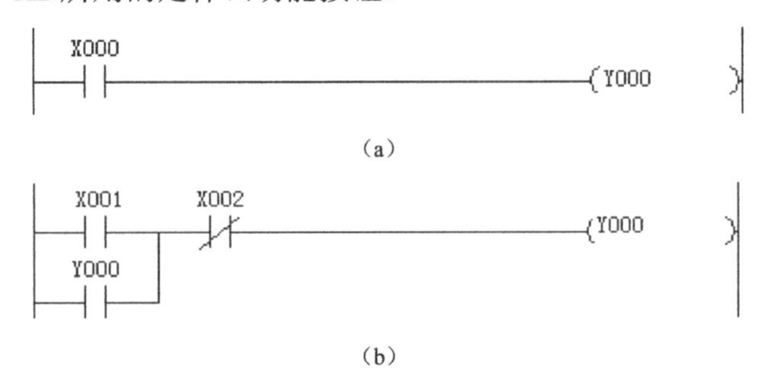

图 P3.3-4

（3）试说明图 P3.3-5 之梯形图程序错在哪里。

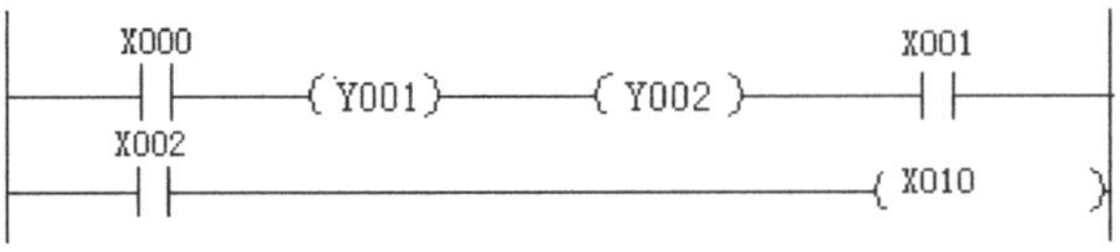

图 P3.3-5

（4）试说明梯形图程序中点动、连锁、自锁、互锁等功能含义。

（5）指出图 P3.3-6 中哪个是点动、自锁、连锁、互锁。

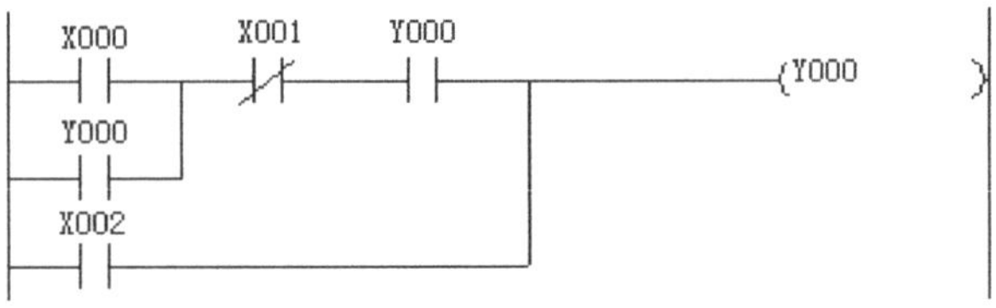

图 P3.3-6

（6）图 3.3-10（a）为 X0 外接一常开开关控制一盏灯通断的梯形图，试编写 X0 外接一常闭开关控制一盏灯通断的梯形图程序。

（7）某单位决策系统仅当李、王、张三人都按下表决按钮（表示同意）时，该决策方案才算通过，试编写决策系统梯形图程序。

（8）有一深水泵，要求在井边及控制室均能控制该深水泵的启停，试编写深水泵控制梯形图程序。

（9）用按钮控制两台电动机。控制要求：两台电动机可以分别独立控制启动和停止，也可以同时对两台电动机进行启动和停止控制，试编制两台电动机的梯形图程序。

（10）如图 P3.3-7 所示为两种互锁方式，试分析它们之间的差别（提示：X0，X1 分别独立操作时的区别，X0，X1 同时接通时的区别）。

（11）程序结束指令 END 的操作功能是什么？如果 END 指令后面还有梯形图程序，PLC 会扫描吗？为什么？END 指令在什么位置上可以起调试程序的作用？

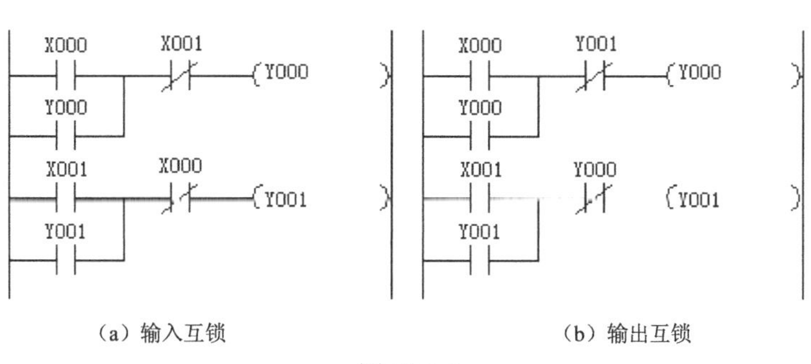

（a）输入互锁　　　　（b）输出互锁

图 P3.3-7

2．置位、复位指令

1）指令格式

SET　S　　　置位，连续执行型

RST　S　　　复位，脉冲执行型

2）可用软元件

置位、复位指令可用软元件见表 3.3-6。

表 3.3-6　置位、复位指令可用软元件

指令	位元件							字元件				变址		
	X	Y	M	S	T	C	D□.b	T	C	D	R	V	Z	应用
SET		●	▲	▲			▲							●
RST		●	▲	▲	●	▲	▲	▲	▲	▲	▲	▲	▲	●

3）梯形图表示

置位指令 SET 和复位指令 RST 的梯形图表示如图 3.3-19 所示。

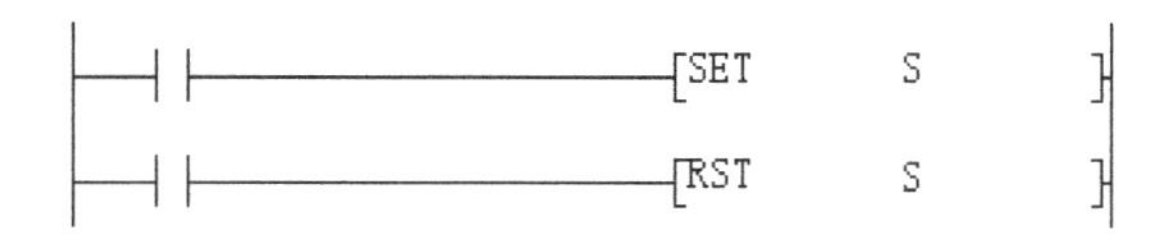

图 3.3-19　SET 指令和 RST 指令图示

4）功能说明与应用

置位和复位指令的功能是对操作元件进行强制操作。置位是把操作元件强制置“1”，即 ON；复位则是把操作元件强制置“0”，即 OFF，强制操作与操作元件的过去状态无关。

（1）SET 指令为置位指令，强制操作元件置“1”，并具有自保持功能，即驱动条件断开后，操作元件仍维持接通状态，其时序如图 3.3-20（b）所示。

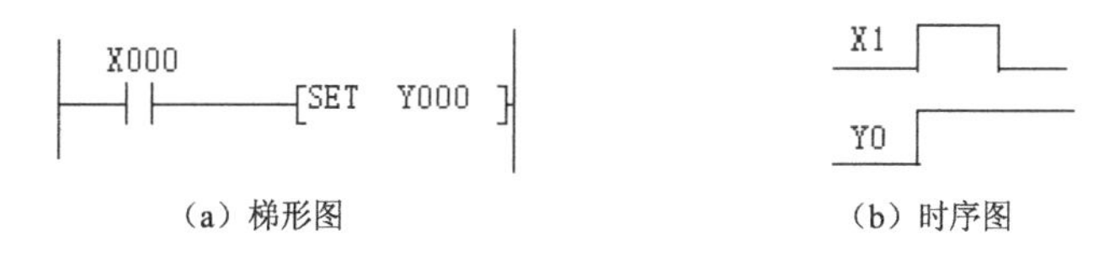

（a）梯形图　　　　（b）时序图

图 3.3-20　SET 指令梯形图和时序图

在实际使用时，尽量不要对同一位元件进行 SET 和 OUT 操作，因为这样虽然不是双线圈输出，但如果 OUT 的驱动条件断开时，SET 的操作不具有自保持功能。如图 3.3-21 所示的梯形图程序，OUT 指令和 SET 指令同时对 Y1 进行操作，这时，如果 X1 为断开状态，则 X2 闭合时，Y1 被驱动输出，但当 X2 断开时，Y1 也随之停止输出，不会产生 SET 指令的自保持功能。

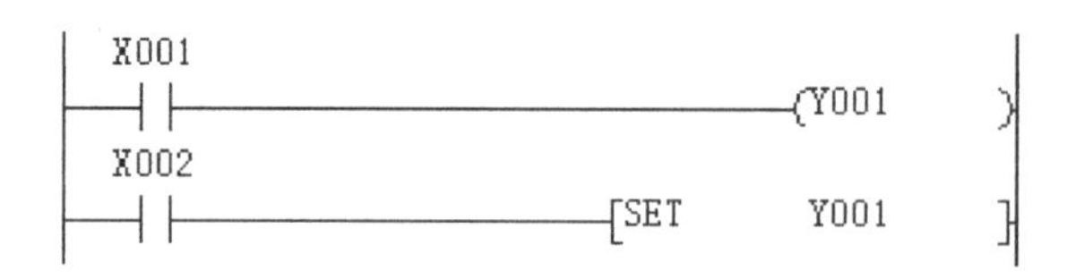

图 3.3-21　OUT 指令和 SET 指令同时操作说明梯形图

（2）RST 为复位指令，强制操作元件置“0”，同样具有自保持功能。RST 指令除了可以对位元件进行置“0”操作外，还可以对字元件和变址进行清零操作。即把字元件和变址数值变为 0。RST 指令对定时器 T 和计数器 C 进行复位操作时，如果 T 和 C 在计时和计数中，则把 T 和 C 的当前值清零，并且，在 RST 指令被执行中，停止计时和计数。如果 T 和 C 已达设定值，则 RST 指令在把设定值清零的同时，也把它们的相应触点进行复位处理。一旦 RST 指令驱动被断开，则 T 和 C 只要其驱动成立，马上又重新开始计时和计数。

（3）对于同一操作位元件可以多次使用 SET、RST 指令，并不构成双线圈输出，SET、RST 指令使用的顺序可任意。但对输出位元件 Y 来说，在同一扫描周期内，如果多次执行 SET、RST 指令，则以离 END 指令最近的那条指令执行的结果为输出。如图 3.3-22 所示的梯形图程序。如果仅有一个 SET（RST）指令被执行，则该指令执行结果为 Y0 输出结果。如果同时有两个或两个以上指令被执行，则以最近 END 指令的那个 SET（RST）指令执行结果为 Y0 输出结果。如图中 X0，X1，X2 同时执行，则 Y0 的输出以最接近 END 指令的 X2 所执行的 SET YO 作为 Y0 的输出结果。

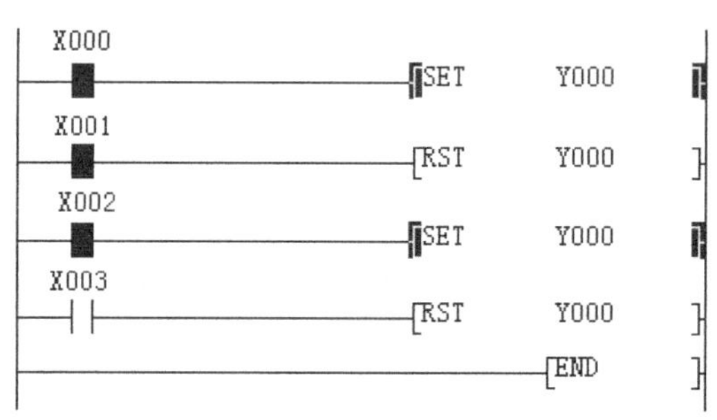

图 3.3-22　多次使用 SET、RST 指令

（4）在程序中，如果用 SET 指令进行置位操作，必须用 RST 指令解除 SET 指令的置位。因此，在程序中，SET 指令和 RST 指令常常是成对出现的，但这并不表示一定要成对出现，RST 指令可以对 SET 指令进行复位。也可对 OUT 指令进行复位操作。

SET，RST 指令可以简化程序的设计，下面举例说明。

【例 3.3-7】 图 3.3-23 为控制电动机启保停的两种梯形图程序。图（a）为双按钮控制电动机启保停程序，图（b）为利用 SET，RST 指令控制电动机启保停程序。可见利用 SET、RST 指令程序简单很多。图（c）为单按钮控制程序，注意应采用自锁型按钮或两位开关接入。

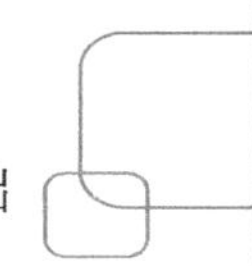

X000　X001　Y000　Y000

(a)

X000　SET　Y000　X001　RST　Y000

(b)

X000　SET　Y000　X000　RST　Y000

(c)

图 3.3-23　启保停的三种梯形图程序

【例 3.3-8】 利用 SET，RST 指令构成的电动机启停程序，很容易将其扩展到多台电动机的顺序启动上。

控制要求：三台电动机顺序启动，逆序停止。按启动按钮，启动第 1 台电动机后，每隔 5s 启动第 2 台、第 3 台电动机。按停止按钮后，第 3 台先停止，每隔 5s 顺序停止第 2 台、第 1 台电动机。

程序梯形图如图 3.3-24 所示。本程序未考虑在启动中停止和在停止中启动的情况。

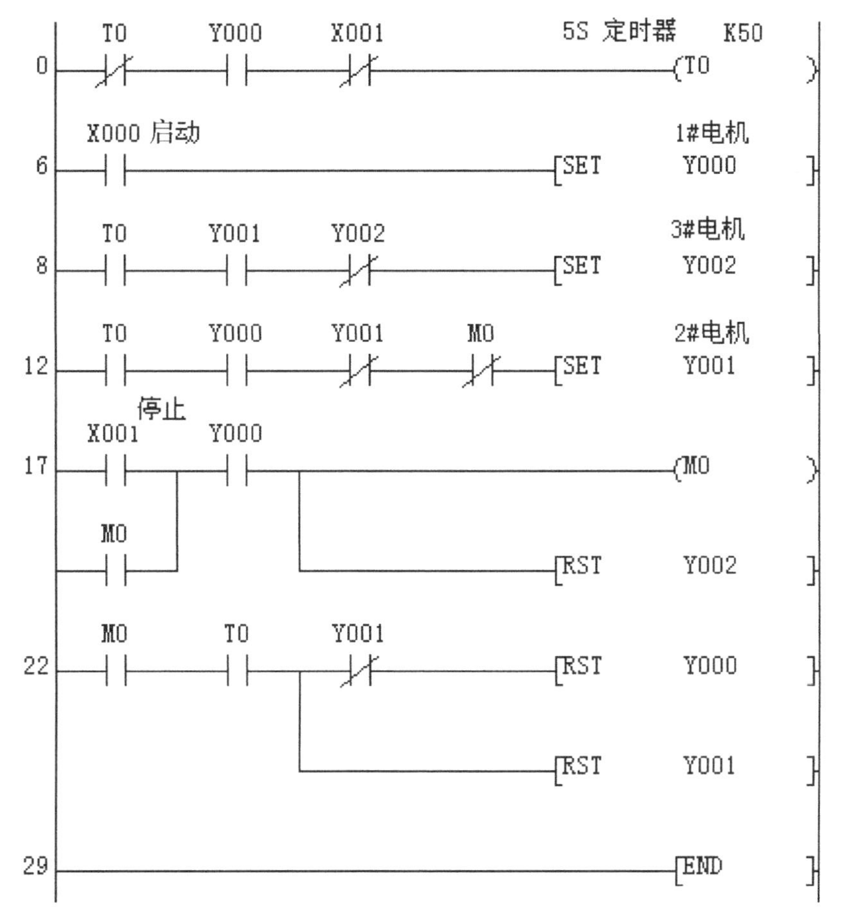

图 3.3-24　三台电动机顺序启动，逆序停止梯形图

【试试，你行的】

（1）SET　Y0 和 OUT　Y0 的区别在哪里？试用时序图给予说明。

（2）RST 指令为强制置 0 操作，试分别说明图 P3.3-8 中，RST 指令对不同软元件的操作含义。

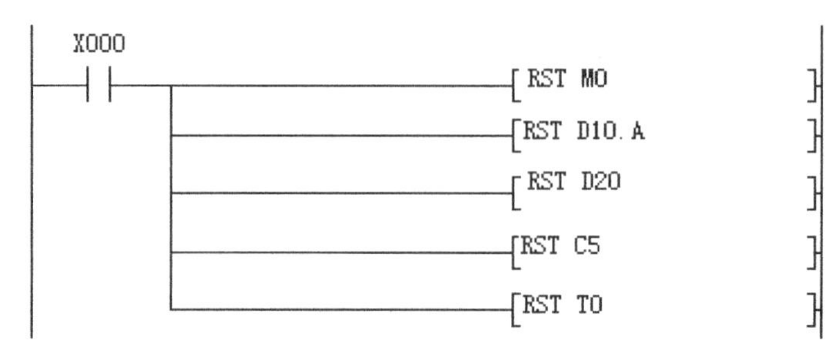

图 P3.3-8

（3）程序中可以多次用 SET、RST 指令对位元件 M 和位元件 Y 进行操作，它们之间的操作区别是什么？

（4）为什么多次用 SET、RST 指令时位元件 Y 的操作以最接近 END 指令的一条 SET 或 RST 的执行结果为 Y 的输出结果？

（5）分别画出图 P3.3-9（a）、（b）两个梯形图程序输出 Y0 的时序图。

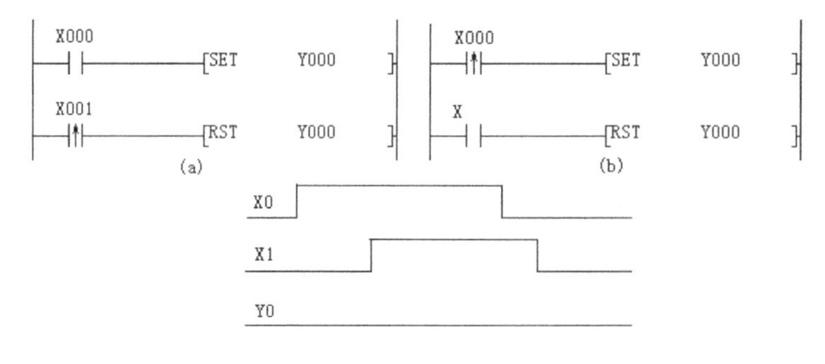

图 P3.3-9

3. 脉冲边沿输出指令

1）指令格式

PLS　S　　脉冲上升沿输出，连续执行型
PLF　S　　脉冲下降沿输出，连续执行型

2）可用软元件

脉冲边沿输出指令可用软元件见表 3.3-7。

表 3.3-7　脉冲边沿输出指令可用软元件

指令	位元件							变址		
	X	Y	M	S	T	C	D□.b	V	Z	应用
PLS		●	▲							●
PLF		●	▲							●

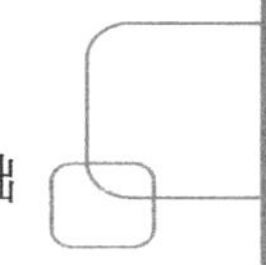

3）梯形图表示

脉冲边沿操作输出指令 PLS、PLF 梯形图如图 3.3-25 所示。

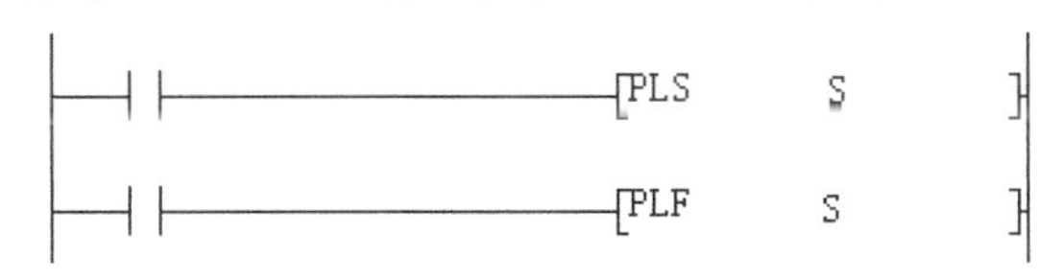

图 3.3-25　PLS、PLF 指令梯形图

4）功能说明与应用

PLS 指令指在驱动条件成立时，在输入信号的上升沿使输出线圈接通一个扫描周期时间。PLF 指令指在驱动条件成立时，在输出信号的下降沿使输出线圈接通一个扫描周期时间。

PLS 指令在输入信号接通后接通一个扫描周期，而 PLF 则是在输入信号断开后接通一个扫描周期，如图 3.3-26 所示。

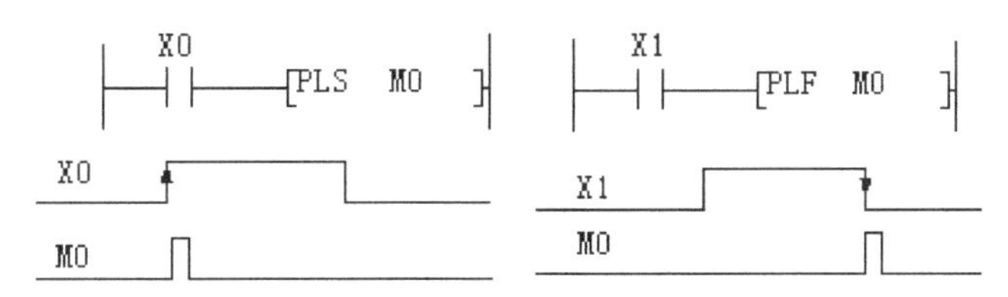

图 3.3-26　PLS、PLF 指令时序图

输入继电器 X 不能进行 PLS 和 PLF 操作。

5）关于脉冲边沿操作指令功能说明

PLC 的工作方式是采用不断循环分时扫描的串行工作方式。CPU 从第一条指令开始执行程序，在无中断或跳转的情况下，按存储地址递增的方向顺序逐条执行用户程序，直到 END 指令结束，然后又从头开始执行，并周而复始地重复执行用户程序。PLC 的这种工作方式称之为扫描工作方式。每扫描一次程序就完成一个扫描周期。PLC 每扫描一次程序，对程序中所有指令都要执行一次。这种执行过程是不符合某些控制要求的。如图 3.3-27 所示的梯形图程序是一个执行加法指令的程序，其控制要求是每按下一次按钮 X0，执行一次加法指令，但由于按钮按下的时间远大过程序的扫描时间，因此，在每个扫描周期，由于 X0 是接通的，加法指令就会被执行一次。这样，按下一次按钮，加法指令被执行多次，这与上面提出的控制要求是不相符的。

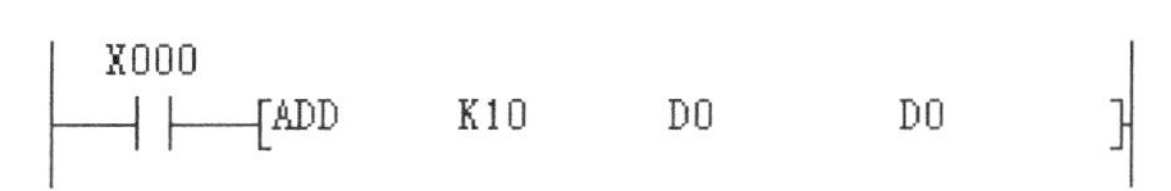

图 3.3-27　连续执行加法指令程序

那么，如何才能做到按钮按下一次，程序仅执行一次？即不管按钮按下多长时间，加法指令仅在第一个扫描周期被执行一次，而在后面的扫描时间内不再执行，早期是通过编制如

图 3.3-28 所示的程序来解决的。

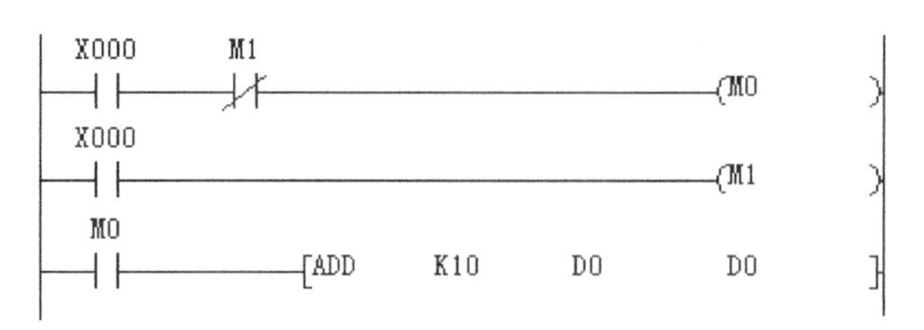

图 3.3-28　执行一次加法指令程序

图中，当 X0 按下后，在第一个扫描周期里，线圈 M0 被接通，同时线圈 M1 也被接通。M1 接通后，在下一个扫描周期里其常闭触点 M1 断开，使线圈 M0 仅接通一个扫描周期，功能指令 ADD 也仅执行一个扫描周期。在以后的扫描周期里，虽然 X0 仍然按下，但由于常闭触点 M1 是断开的，M0 不再被接通，ADD 指令也不再执行。这就保证了 M0 仅接通一个扫描周期，ADD 指令仅接通一个扫描周期。程序的时序图如图 3.3-29（a）所示。

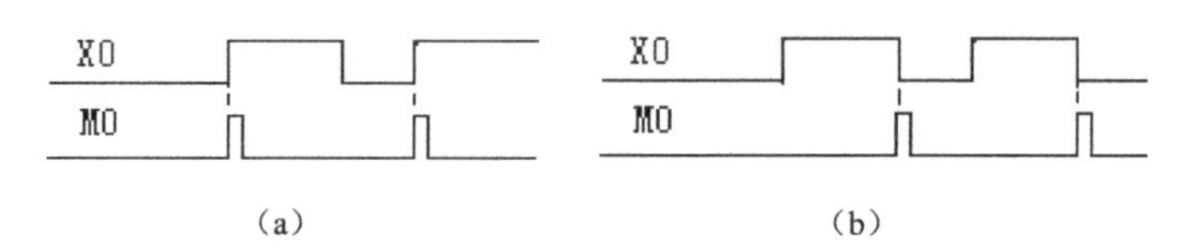

图 3.3-29　接通一个扫描周期的时序图

把这种在驱动条件成立后，其所驱动的输出仅执行一个扫描周期的操作称为脉冲边沿操作。例如，图 3.3-29（a）中，常开触点 X0 闭合后，M0 仅执行一个扫描周期，即在随后的扫描周期内，虽然常开触点 X0 仍然处于闭合状态，但其所驱动的输出 M0 不再有输出。这种在 X0 的上升沿使 M0 仅执行一个扫描周期的操作称为脉冲上升沿操作。同样，如果在 X0 的下降沿（X0 由 ON 变 OFF 时），使 M0 仅执行一个扫描周期的操作，称作脉冲下降沿操作，如图 3.3-29（b）所示。有的资料把这种操作称作脉冲微分输出操作，因为它和微分电路输出一个短暂脉冲波形很相似。

在 FX_{3U} PLC 中，能够完成脉冲边沿操作的指令除 PLS、PLF 外还有很多，表 3.3-8 列出了完成脉冲边沿操作相关的指令。

表 3.3-8　脉冲边沿操作相关的指令

类　别	助 记 符	梯形图表示	功　能
触点指令	LDP	LDP	取脉冲上升沿操作
	LDF	LDF	取脉冲下降沿操作
	ANDP	LD　ANDP	与脉冲上升沿操作
	ANDF	LD　ANDF	与脉冲下降沿操作
	ORP	LD ORP	或脉冲上升沿操作

续表

类　别	助 记 符	梯形图表示	功　能
触点指令	ORF	LD ORF	或脉冲下降沿操作
基本指令	PLS	[PLS M0]	脉冲上升沿操作
	PLF	[PLF M0]	脉冲下降沿操作
	MEP		运算结果脉冲上升沿操作
	MEF		运算结果脉冲下降沿操作
功能指令	功能指令+后缀 P	ADDP，INCP，MOVP……	功能指令脉冲上升沿操作
特殊继电器	M8002	M8002	开机后，仅接通一个扫描周期

表中的脉冲边沿操作指令虽然表现形式不同，但它们执行的操作功能是一样的。因此，在实际应用中，采用何种指令完成脉冲边沿操作会因人而异。图 3.3-30 是操作功能完全一样的梯形图程序，它们应用不同脉冲边沿的操作指令。

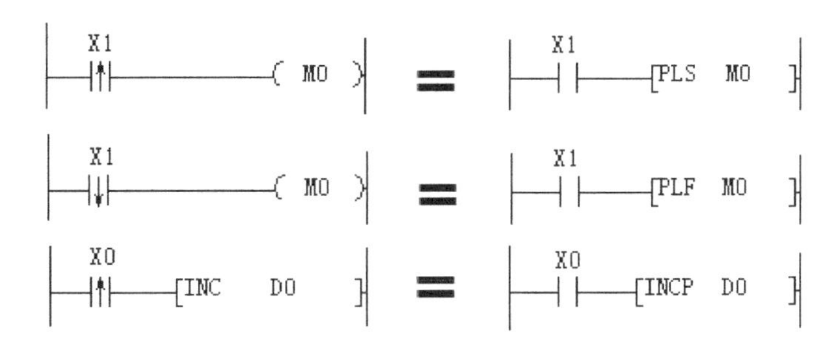

图 3.3-30　操作功能一样的脉冲边沿操作指令梯形图

由图中可以看出，触点脉冲边沿操作指令可以替代 PLS、PLF 指令，也可替代脉冲执行型功能指令。因此，在程序编制中，应用触点脉冲边沿触发指令较多，基本已取代 PLS，PLF 指令。下面重点讨论一下触点脉冲边沿触发指令的使用。

触点脉冲边沿触发指令（以下称触点脉冲指令）有三类，见表 3.3-8，它们仅在梯形图中位置不同而已，功能是完全相同的，每一类又分成了上升沿触发和下降沿触发两种。如图 3.3-31 所示为 LDP，LDF 的梯形图程序及其功能时序图。

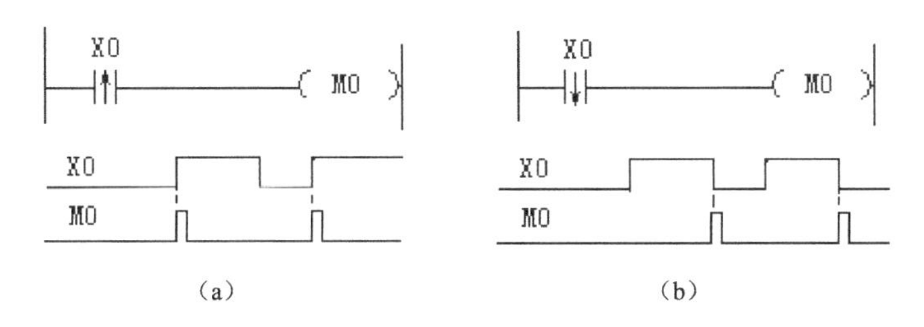

图 3.3-31　LDP，LDF 的梯形图及时序图

在程序中，如图 3.3-31 所示的用法最多，其时序功能非常容易理解。如果触点触发指令后又串接一条普通的常用触点指令，则其操作功能变得十分复杂起来，如图 3.3-32 所示。当

X1 接通后，再接通 X0，则 X0 的触点触发功能发生作用，输出 Y0 接通一个扫描周期，如图中 a 处。如果先接通 X0，由于 X1 是断开的，则 Y0 不被驱动，如图中 b 处。X0 接通后，再接通 X1，按理说，Y0 应该有输出，但实际上 Y0 并没有输出，如图中 c 处。这是因为触点触发指令在程序中仅接通一个扫描周期，在以后的时间里，它应看作断开。触点触发指令的这个性质非常重要，它对分析与触点触发指令相关程序的时序很有帮助。

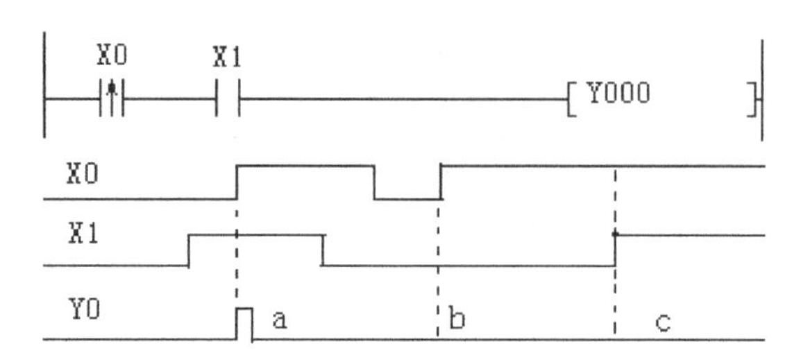

图 3.3-32　触点触发指令串接应用

再看图 3.3-33，两个触点指令相串接。由于触点触发指令接通后仅导通一个扫描周期，只要 X0 和 X1 不是同时接通，Y0 均无输出，仅当 X0 和 X1 同时（在一个扫描周期里）接通，输出 Y0 才导通一个扫描周期，如图中 c 处。与【例 1】所介绍的双手操控冲床工作相比，这个程序更加安全。【例 1】程序如果一只手按住一个按钮，另一只手在放料时，无意中碰到第二个按钮，仍然会发生安全事故。而这个程序，仅当双手一起（一个扫描周期内）同时按下按钮时，冲床才工作。比较起来，安全了很多。

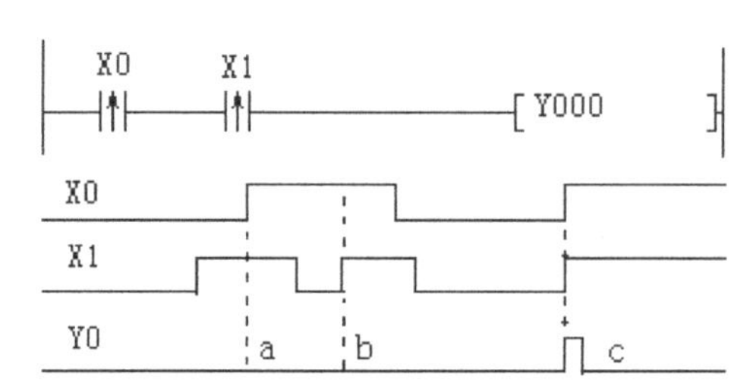

图 3.3-33　双手操控冲床安全程序

上面两个例子说明，触点触发指令的常规用法就是 LDP、LDF 指令单用，不要与其他触点指令或触点触发指令串接使用。如果遇到复杂的逻辑关系，又想采用脉冲边沿操作方式驱动输出，则应采用 MEP、MEF 指令。

如图 3.3-34 所示为 ORP、ORF 指令的应用程序梯形图，其时序图读者可自行分析画出。

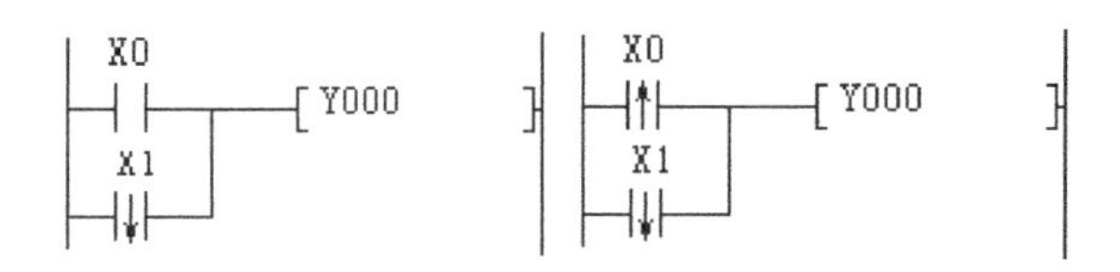

图 3.3-34　ORP、ORF 指令应用程序梯形图

MEP、MEF 为驱动条件逻辑运算结果脉冲边沿操作指令，将在后面的指令讲解里说明。

功能指令加上后缀 P 就变成脉冲上升沿操作功能指令，在功能指令讲解中称为指令的脉冲执行型。这时，不管其驱动条件是否为触点触发指令，功能指令在驱动条件为 ON 时仅执行一个扫描周期。如图 3.3-35 所示，上面梯级为连续执行型加法指令梯形图，下面梯级为脉冲执行型加法指令梯形图。如进行仿真可以发现，上一条指令在 X0 闭合期间不停地反复执行加 5，而下一条指令则仅执行一次加 5。

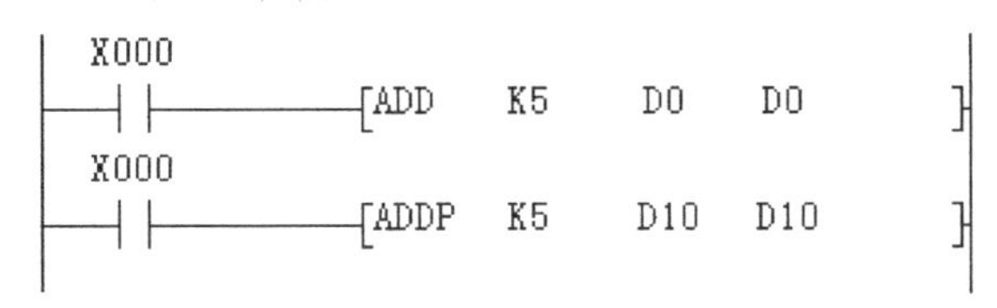

图 3.3-35 加法指令的两种执行

功能指令的脉冲执行型一般是在驱动信号的上升沿执行一个扫描周期，但如果驱动条件为下降沿触点触发指令，则功能指令会变为在驱动信号的下降沿后执行一个扫描周期，如图 3.3-36 所示。

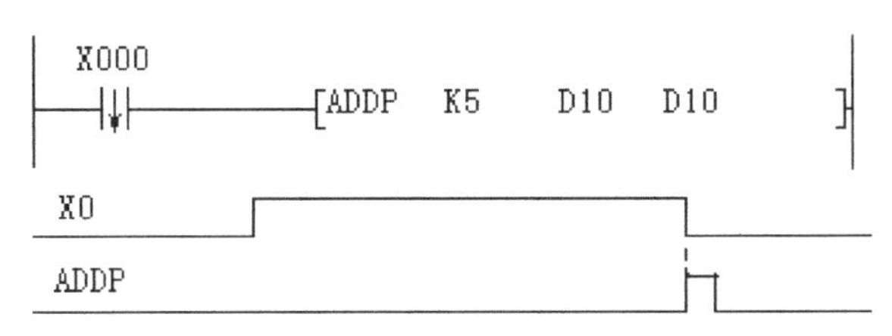

图 3.3-36 功能指令的下降沿触点触发

M8002 是一个特殊辅助继电器，它的功能是当 PLC 接通电源并进入 RUN 状态后，M8002 的常开触点自动导通一个扫描周期，所以，又称开机脉冲继电器，它的动作类似于触点触发指令。

6）脉冲边沿操作功能应用

脉冲边沿操作在程序设计中有下面几方面作用。

● 初始化程序驱动

初始化程序是指在运行前，用户程序需要把一些位元件的状态、各种数据、参数等信息先存储在指定的存储单元中，这种存储过程希望仅在第一个扫描周期内完成。在以后的扫描周期不再执行，这样做可以减少程序的运行时间。一般初始化程序均用 M8002 作为驱动条件，程序运行后，M8002 在开机后的第一个扫描周期内执行初始化程序，而在以后的扫描周期，初始化程序不再被执行。

● 功能指令的脉冲执行

很多功能指令在程序设计中要求驱动条件 ON/OFF 一次，指令仅执行一次，但如果驱动条件由外接无源开关触点确定，由于开关触点接触的时间远大于程序的扫描周期，因此，在开关接触的时间里，功能指令被执行多次，如图 3.3-35 加法指令所示。在这种情况下，应用触点触发指令或功能指令的脉冲执行型就可以解决问题。

某些功能指令在通信控制中，信息要求一次性发送，这时，就必须用脉冲边沿触发指令来做它的驱动条件。

【试试，你行的】

（1）什么叫脉冲边沿操作？它有哪两种操作方式？

（2）试画出图 P3.3-10 之时序图。

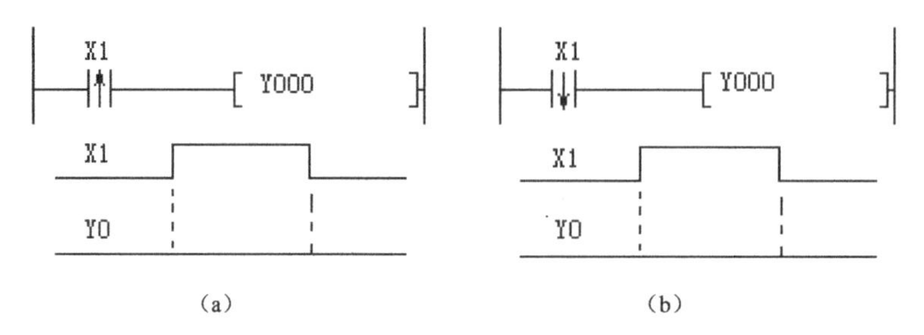

图 P3.3-10

（3）图 3.3-28 为脉冲上升沿操作的梯形图程序，你能设计脉冲下降沿操作的梯形图程序吗？

（4）图 P3.3-11 为四种脉冲边沿操作的梯形图程序，试画出图中（a），（b），（c），（d）之 X0 与输出 M0 的时序图。

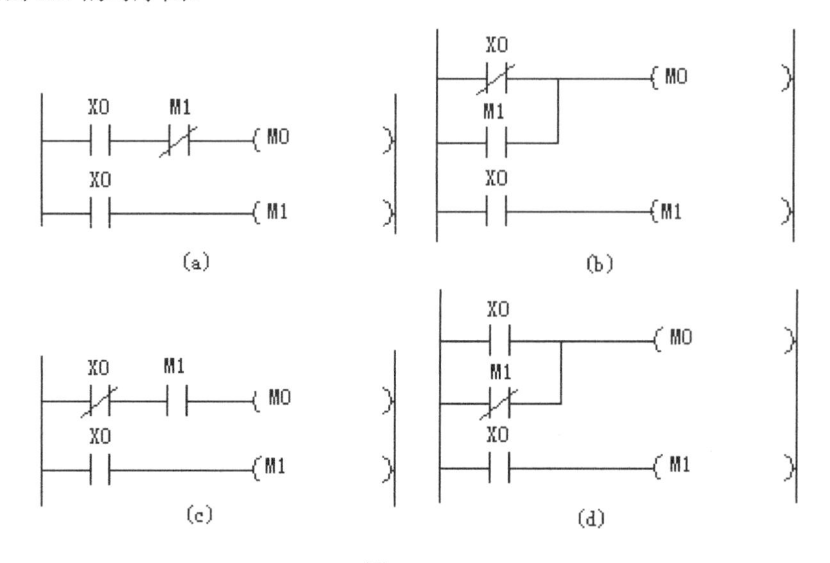

图 P3.3-11

（5）M8002 是一个怎么样的特殊辅助继电器？试说明图 P3.3-12 的程序中 Y0 能够保持输出吗？为什么？

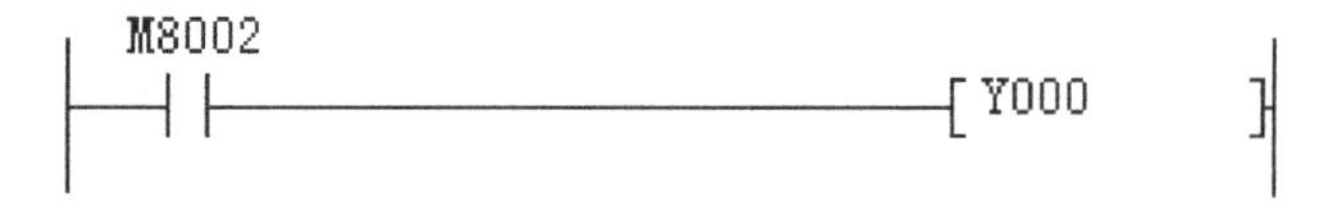

图 P3.3-12

（6）脉冲边沿操作常用在哪些地方？

4．主控指令

1）指令格式

MC N S　　主控程序段开始，连续执行型
MCR N　　主控程序段结束，连续执行型

2）可用软元件

主控指令可用软元件见表 3.3-9。

表 3.3-9 主控指令可用软元件

指令	位元件							变址		
	X	Y	M	S	T	C	D□.b	V	Z	应用
MC		●	▲							
MCR	无操作软元件									

3）梯形图表示

MC N S 又称主控指令，其操作软元件有两个，其中 N 为操作数，取值范围为 N0～N7，共 8 个，它的含义是表示主控指令嵌套层次。关于嵌套的知识请看 3.1.5 节。另一个操作软元件为 S，其含义是主控程序段的主控开关。只能取 Y 或 M。当主控指令的驱动条件成立时，主控开关 S 由常开变常闭。

MCR N 为主控复位指令，其中 N 必须与主控指令的操作数 N 一致。

主控指令 MC N S 和主控复位指令 MCR N 在梯形图中的表示如图 3.3-37 所示。关于两种表示模式将在下面进行说明。

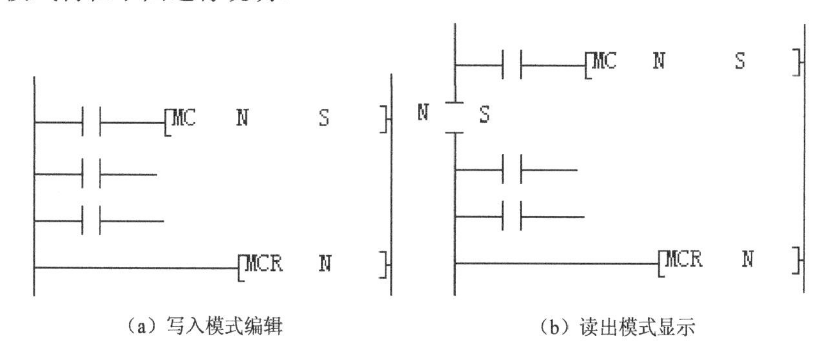

（a）写入模式编辑　　（b）读出模式显示

图 3.3-37 主控指令两种表示模式

4）功能说明

先看如图 3.3-38 所示梯形图程序。

触点 M10 相当于其后电路块（虚线所画）的总开关，M10 闭合，电路块中各个分支程序得到执行；如果 M10 断开，则跳过电路块程序段，直接转入电路块后面的程序执行。像这样的程序，在编辑指令语句表程序时，当然也可以用堆栈指令来完成，但是却多占用很多存储单元，而使用主控指令可以使指令语句表程序得到简化，节省很多存储单元。

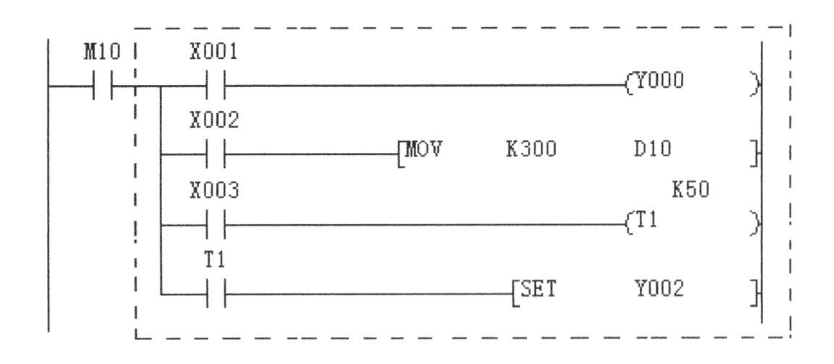

图 3.3-38　梯形图程序

图 3.3-38 应用主控指令的梯形图程序见图 3.3-39。主控指令 MC N M10 相当于主控总开关 M10，MCR　M10 既表示主控程序段结束，也表示了主控程序执行结束，程序的执行过程是：

当 X0 闭合时，执行主控程序段，扫描到 MCR　N0 指令时，继续往下执行。

当 X0 断开时，跳过主控程序段，直接跳转去执行 MCR N0 指令的下一行程序并继续往下执行。

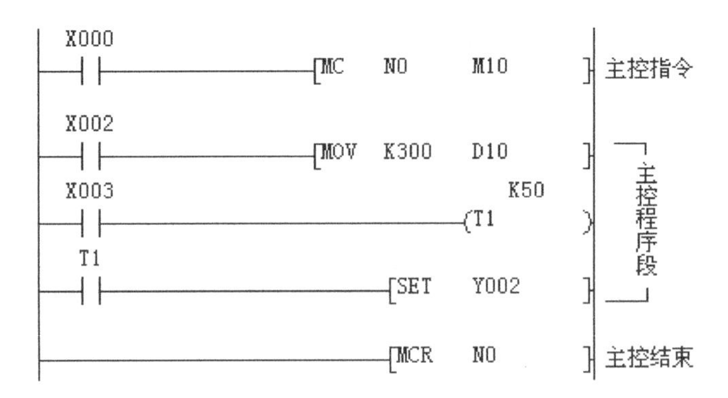

图 3.3-39　图 3.3-38 应用主控指令的梯形图

5）主控指令应用

（1）主控指令 MC　N　S 与主控复位指令 MCR　N 必须成对出现，其 N 值相同。在没有嵌套的时候，一般 N 取 N0，N0 可以多次使用。也就是说，在程序的不同位置上，可以出现各自的主控指令，并且 N 都可取值 N0。

（2）编程软元件处理

当主控指令被驱动时，主控程序段得到执行。如果下一个扫描周期主控指令停止驱动，则主控程序段中的编程元件进行如下处理：

非积算定时器、用 OUT 指令输出的编程元件均被复位。

积算定时器、计数器，用 SET、RST 指令输出的编程元件保持当前状态。

6）主控指令的嵌套

在 MC，MCR 指令的程序中再次使用 MC，MCR 指令称之为 MC 指令的嵌套。看如图 3.3-40 所示梯形图程序，图中，X0 是其后电路块的总开关，在其分支程序中，X1 分支的后面又有一个电路块，这时，X1 相当于其后电路块的总开关，这个电路块不但受到 X1 控制。同时也受到 X0 的控制。因此，在控制上，X1 相当于在总开关 X0 下面的一个分支开关。在这种控制情况下，一般把 X0 控制的电路块作为第一层控制，而把 X1 控制的电路块作为第二层控制，依此类推，还可以有第三层，第四层……电路块，这种电路块中有电路块的结构就是嵌套。用主控指令来编写如图所示程序，就是主控指令嵌套。

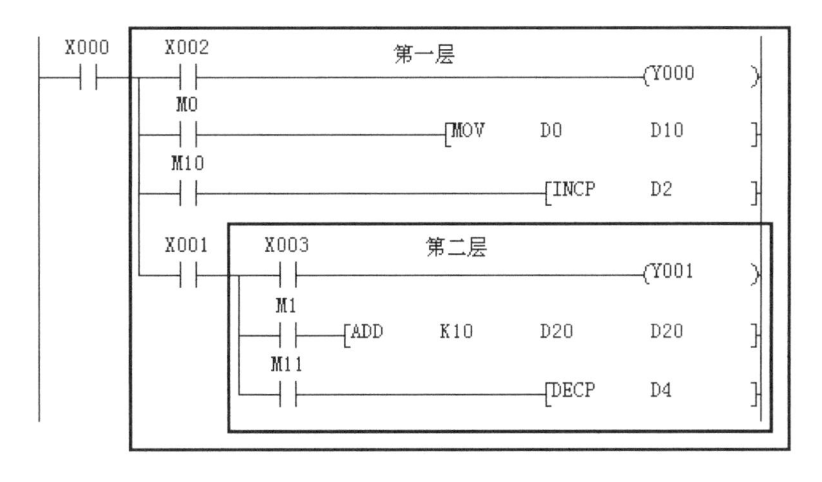

图 3.3-40　主控指令的嵌套示意梯形图

图 3.3-41 为根据图 3.3-40 所编制的两级嵌套梯形图，其外层是 MC N0 主控块，内层是 MC N1 主控块，从逻辑顺序可以看到，当 X0 闭合时，主控块 N0 被执行，而当 X0 闭合且 X10 也闭合时，主控块 N1 才被执行。MCR N1 表示主控块 N1 执行完毕，回到主控块 N0 上，MCR N0 表示主控块 N0 执行完毕。

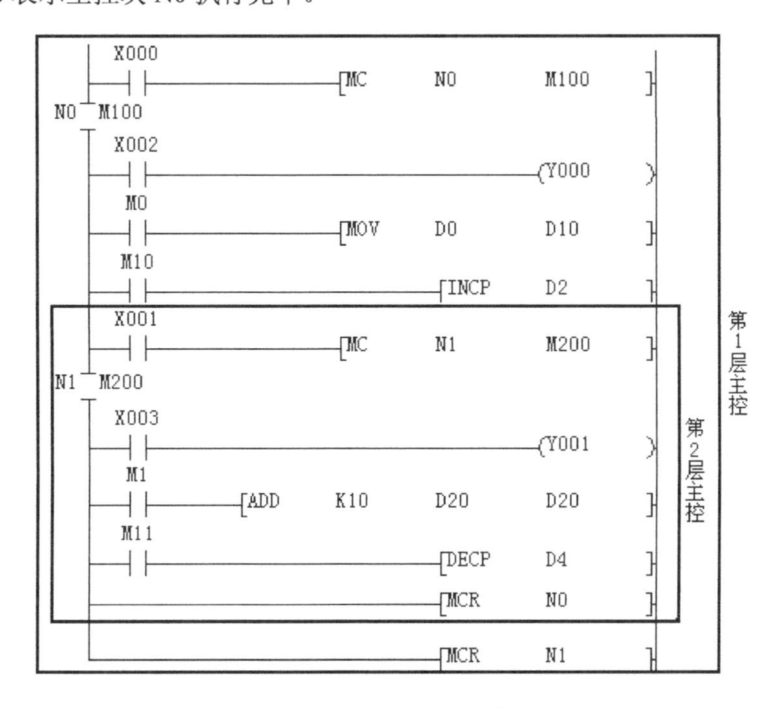

图 3.3-41　主控指令二层嵌套梯形图程序

主控指令 MC 最多可嵌套 8 层。当发生多层嵌套时，操作数 N 的编号必须按照从外层到内层的顺序依 N0，N1，N2，…，N7 排列，而主控复位指令 MCR 必须与主控指令 MC 相对应配对出现。当主控指令 MC N 从外层向内层顺序为 N0，N1，…，N6，N7 排列时，MCR N 指令从内层向外层顺序应为 N7，N6，…，N1，N0 排列，不能弄错配对 N 数，如图 3.3-42 所示。

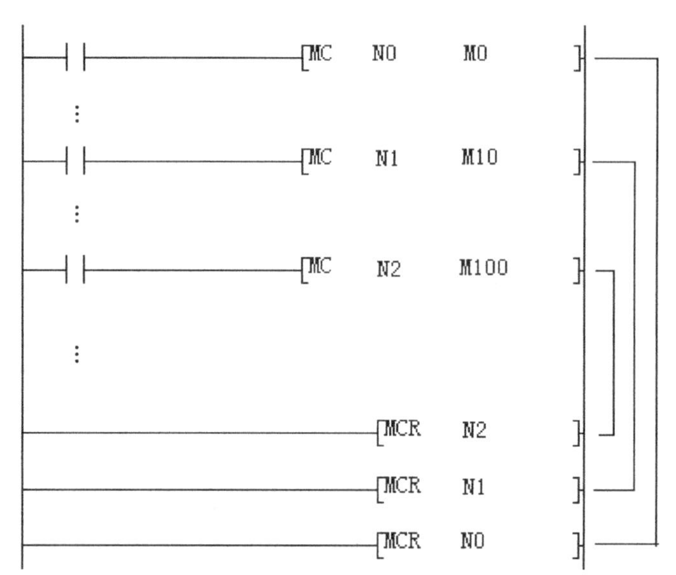

图 3.3-42　主控指令嵌套 MC 和 MCR 配对示意梯形图

7）主控指令的编程软件编辑

在 GX Developer 编程软件上进行主控指令编辑时应在图 3.3-43（a）写入模式下编辑并转换，而编辑软件会自动转换成图 3.3-43（b）的形式写入 PLC。如果编辑完成后单击“读出模式”快捷图标，就会出现图 3.3-43（b）之梯形图形式。GX Developer 编程软件上写入模式和读出模式快捷图标如图 3.3-44 所示。

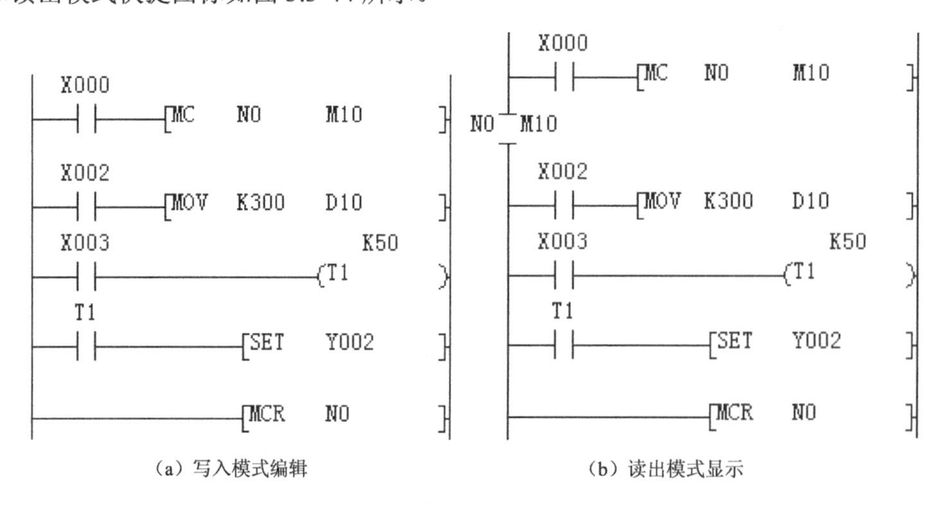

图 3.3-43　主控指令的写入模式编辑和读出模式显示

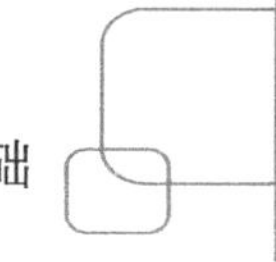

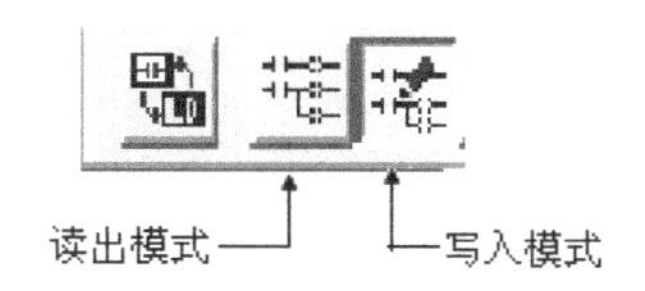

图 3.3-44　主控指令的写入和读出模式快捷图标

主控指令与子程序调用指令的功能十分相似，主控指令 MC 相当于子程序调用指令 CALL，主控程序段相当于子程序段，主控返回指令 MCR 相当于子程序返回指令 SRET。同样，当驱动条件不成立时，相应的程序段均不会被执行。但是，它们在程序结构上是有区别的。主控程序段编制在用户程序的主程序区，而子程序编制在用户的副程序区。它们的执行过程也不同，主控程序是在主程序区进行程序转移执行，而子程序是一种断点程序转移执行。因此，子程序调用比主控指令扫描时间要短。目前，在程序编制上，主控指令 MC 已较少被使用。

【试试，你行的】

（1）具有多个分支的程序既然可以用普通逻辑梯形图编制，为什么还要提出主控指令编辑方法？

（2）针对图 P3.3-13 梯形图程序，回答下面的问题。

```
   X000      X001
|--| |----+---| |-------------------------------(Y000      )
          |  M10
          +---| |--------------[MOV    K7      D0        ]
          |  M11
          +---| |-----------------------[SET   Y010      ]
          |  X004      M20
          +---| |---+---| |----[SUM    D10     D20       ]
                    |  M21                     K500
                    +---| |-------------------(T1        )
                    |  M22
                    +---| |-----------------[RST   Y001      ]
```

图 P3.3-13

① 如果梯形图用主控指令编程，其总开关是哪个软元件？有分开关吗？分开关是哪个软元件？

② 欲执行 SET　Y10 指令，必须满足什么条件？欲执行 RST　Y1 指令，必须满足什么条件？

③ 如果 X0 在下一个扫描周期断开，试说明程序中哪些软元件被复位？哪些软元件被保持为 X0 接通时的状态？

（3）试将 P3.3-13 之梯形图程序用主控指令重新编制。

（4）主控指令嵌套最多有几层？操作数 N 的编号排列顺序是什么？

（5）MC 和 MCR 必须成对出现吗？如图 P3.3-14 所示主控程序错在哪里？

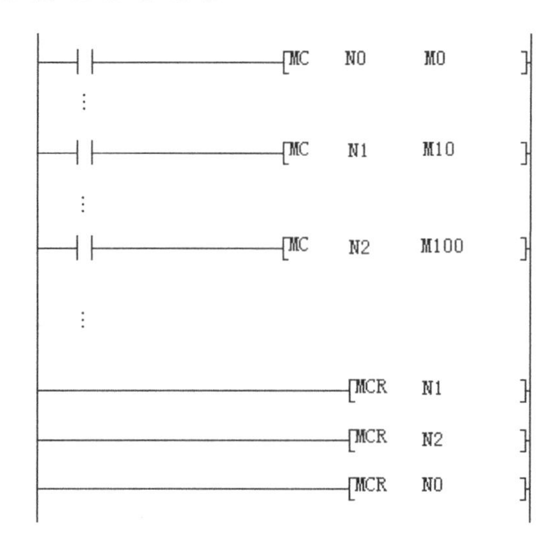

图 P3.3-14

5. 空操作指令

1）指令格式

NOP　　空操作，连续执行型

2）可用软元件

空操作指令可用软元件见表 3.3-10。

表 3.3-10　空操作指令可用软元件

指令	位元件							变址		
	X	Y	M	S	T	C	D□.b	V	Z	应用
NOP	无操作软元件									

3）梯形图表示

在 GX Developer 编程软件上空操作指令不能编写，仅在指令语句表程序上可以添加 NOP 指令。这时，把指令语句表程序转换成梯形图程序后，梯形图程序的步序编址发生了变化。

图 3.3-45 为无 NOP 指令的指令语句表程序和变换后的梯形图程序。注意，梯级 2 的步序编址为 2，如果在梯级 1 和梯级 2 之间加了两 NOP 指令，由图 3.3-46 可见梯形图的结构并未改变，但梯级 2 的步序编址变成了 4。

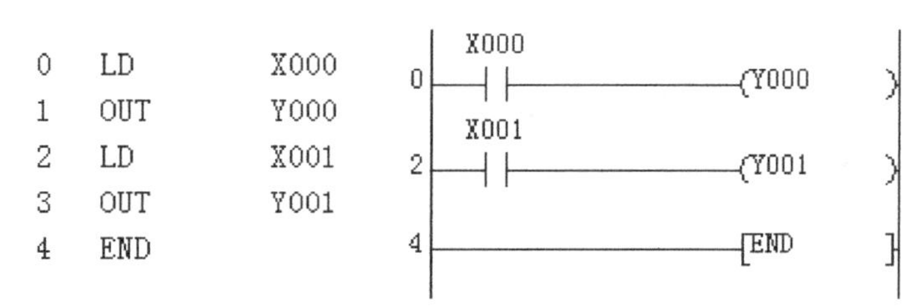

图 3.3-45　无 NOP 指令的指令语句表程序和变换后的梯形图程序

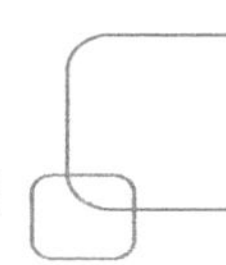

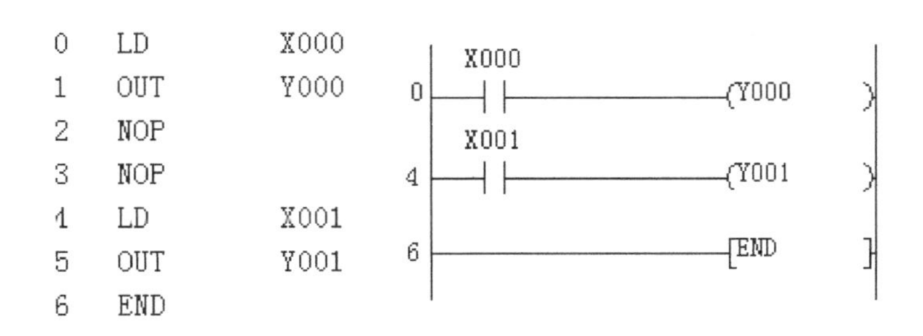

图 3.3-46　有 NOP 指令的指令语句表程序和变换后的梯形图程序

4）功能说明与应用

（1）空操作指令无操作数，也无操作内容，CPU 不执行指令，仅占用一个程序步。

（2）执行程序全部清除操作后，全部指令自动变为 NOP。用户程序在 END 指令以后的存储区全部自动用 NOP 指令填入。

（3）用编程软件编制梯形图程序时，空操作指令并不能输入，因此，目前，几乎不用这个指令了。

3.3.4　逻辑结果操作指令

1. 运算结果取反操作指令

1）指令格式

INV　　　　运算结果取反操作，连续执行型

2）可用软元件

运算结果取反操作指令可用软元件见表 3.3-11。

表 3.3-11　运算结果取反操作指令可用软元件

指令	位元件							变址		
	X	Y	M	S	T	C	D□.b	V	Z	应用
INV	无操作软元件									

3）梯形图表示

INV 指令在梯形图中用一条 45°的短斜线表示，无操作数，如图 3.3-47 所示。

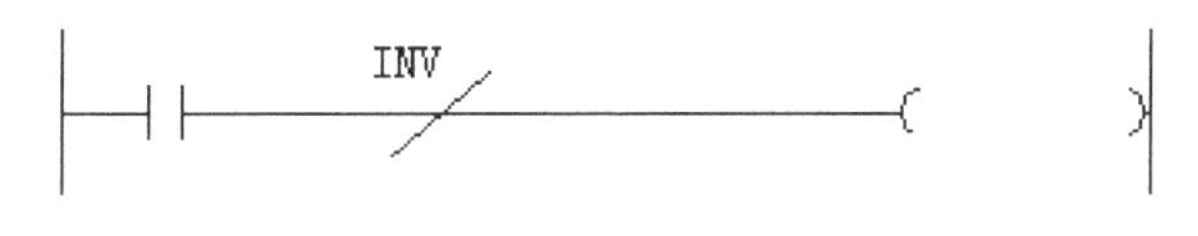

图 3.3-47　INV 指令图示

4）功能说明与应用

（1）INV 指令的功能是将指令之前的逻辑运算结果取反。INV 指令除不能直接与左母线

相连，也不能直接与触点指令并联使用外，可以在任意地方出现。但必须注意，它仅是把所在梯级或分支的指令之前的逻辑运算取反。

如图 3.3-48 所示为含有 INV 指令的梯形图。

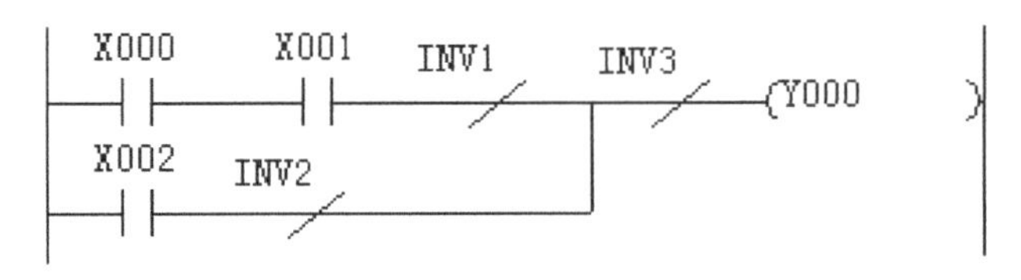

图 3.3-48　含有 INV 指令梯形图程序例

INV1 是 X0 和 X1 逻辑与结果的取反操作，INV2 是 X2 的取反操作，而 INV3 则是 INV1 和 IN2 逻辑或结果的取反操作，它们的逻辑表达式分别为

$$\mathrm{INV1}=\overline{\mathrm{X0}\bullet\mathrm{X1}}$$

$$\mathrm{INV2}=\overline{\mathrm{X2}}$$

$$\mathrm{INV3}=\overline{\mathrm{INV1}+\mathrm{INV2}}=\overline{(\overline{\mathrm{X0}\bullet\mathrm{X1}})+\overline{\mathrm{X2}}}=\mathrm{X0}\bullet\mathrm{X1}\bullet\mathrm{X2}$$

表 3.3-12 为 X0、X1、X2 不同情况之输出 Y0 的结果表。

表 3.3-12　图 3.3-48 执行结果表

X0	X1	INV1	X2	INV2	INV3	Y0
0	0	1	0	1	0	0
0	0	1	1	0	0	0
0	1	1	0	1	0	0
0	1	1	1	0	0	0
1	0	1	0	1	0	0
1	0	1	1	0	0	0
1	1	0	0	1	0	0
1	1	0	1	0	1	1

（2）INV 指令在复杂的梯形图结构中（含有电路块的结构）仅对以 LD、LDI、LDP、LDF 指令以后的逻辑运算取反，这就增加了 INV 指令使用的复杂性。因此，复杂的梯形图结构不主张应用 INV 指令来处理逻辑关系。如图 3.3-49 所示为一个含有串联电路块的梯形图结构。

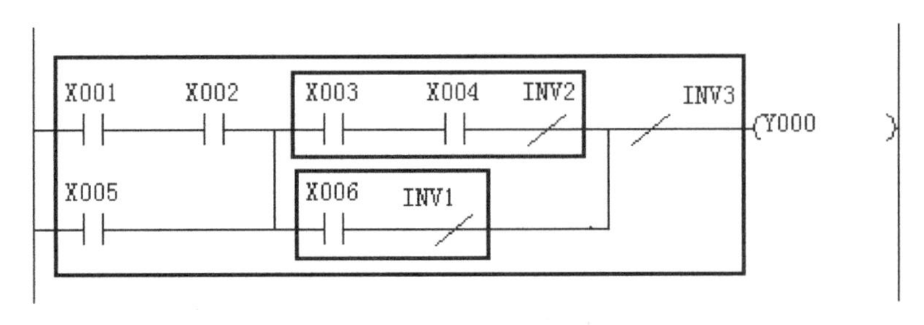

图 3.3-49　复杂的 INV 指令梯形图结构

图中，INV1 指令仅对 X6 取反操作，而 INV2 指令是对 X3·X4 逻辑运算的取反操作。INV3 指令则是对前面所有逻辑运算的取反操作，这样 Y0 与 X5，X6 的逻辑运算表达式应为

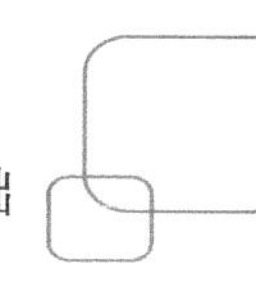

$$Y0=\overline{X5\bullet\overline{X6}}$$

而不是

$$Y0=\overline{\overline{X5\bullet X6}}$$

读者可进行仿真或上机验证。

（3）INV 指令的一个重要应用是可以把常开触点脉冲边沿操作指令变成常闭触点脉冲边沿操作指令，如图 3.3-50 所示。

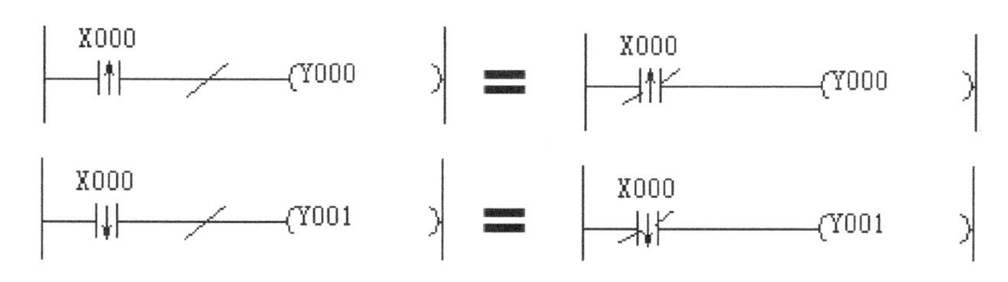

图 3.3-50　常闭触点脉冲边沿操作梯形图

图 3.3-51 为常开触点脉冲边沿操作指令经 INV 指令取反操作后的时序图。由图中可以看出，当外接开关（常开接入）未动作时，由于 INV 指令的取反操作，输出 Y0，Y1 均已被驱动输出。当开关动作后，在其上升沿和下降沿，Y0，Y1 分别被断开一个扫描周期。

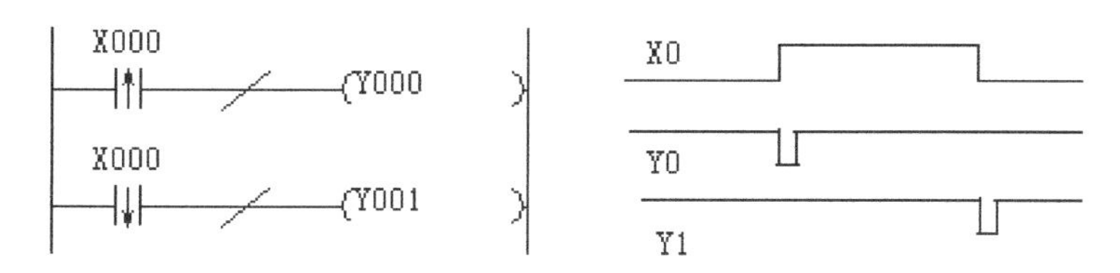

图 3.3-51　常闭触点脉冲边沿操作时序图

【例 3.3-9】 控制要求：电动机（Y0）在启动和停止前均要求发出警示（Y10），试设计梯形图程序。

梯形图程序如图 3.3-52 所示。

分析：当按下 X0 时，Y10 马上接通，发出警示，其下降沿操作的常开触点虽然导通，但并不会使电动机（Y0）被驱动启动，当 X0 松开后，Y10 关断，警示停止。但 Y0 被接通一个扫描周期，其常开触点自锁，电动机启动运转。停止按钮 X1 经 INV 指令反转后，实际上变成了一个下降沿操作的常闭触点。同样，当 X1 按下后，Y10 马上接通。发出警示，而 Y0 并不断开，仅当 X1 松开后，Y0 才断开一个扫描周期，自锁撤销，电动机停止运转。该程序巧妙地利用常开触点和下降沿操作触点之间的时间差完成了控制要求。

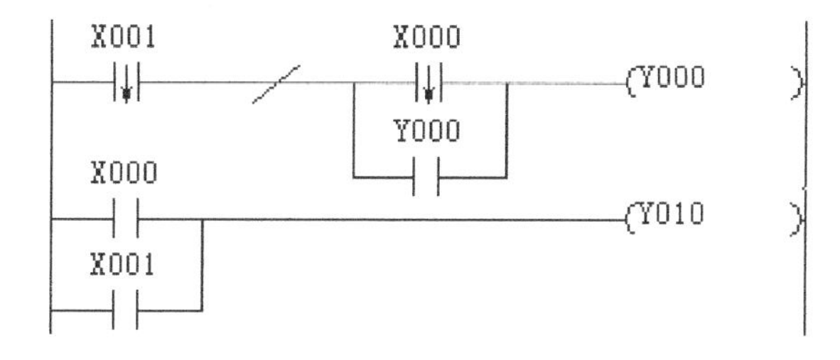

图 3.3-52　【例 3.3-8】梯形图程序

【试试，你行的】

（1）试写出图3.3-15中X0，X1，X2在不同情况下Y0的输出结果。

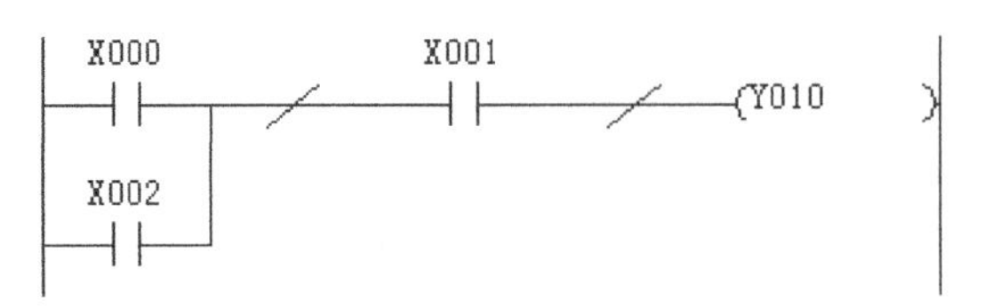

图 P3.3-15

（2）有人说，图P3.3-16中两个梯形图程序的功能是相等的，你说对吗？

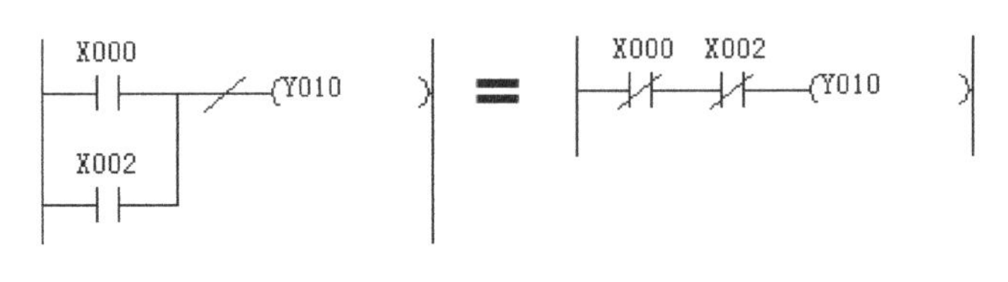

图 P3.3-16

（3）图P3.3-17中含有常闭触点脉冲边沿操作指令，请利用INV指令画出具有相同功能的梯形图程序。

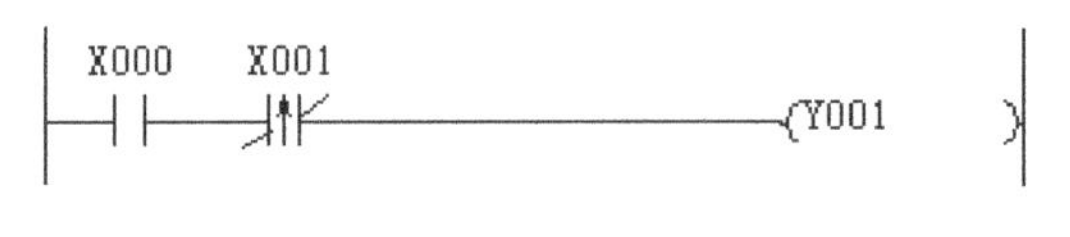

图 P3.3-17

2. 运算结果脉冲边沿操作指令

1）指令格式

MEP　　运算结果上升沿操作，脉冲执行型
MEF　　运算结果下降沿操作，脉冲执行型

2）可用软元件

运算结果脉冲边沿操作指令可用软元件见表3.3-13。

表3.3-13　运算结果脉冲边沿操作指令可用软元件

指令	位元件							变址		
	X	Y	M	S	T	C	D□.b	V	Z	应用
MEP	无操作软元件									
MEF	无操作软元件									

3）梯形图表示

MEP和MEF指令在梯形图用一个穿越梯级或分支线的向上箭头和向下箭头表示，如图3.3-53所示。

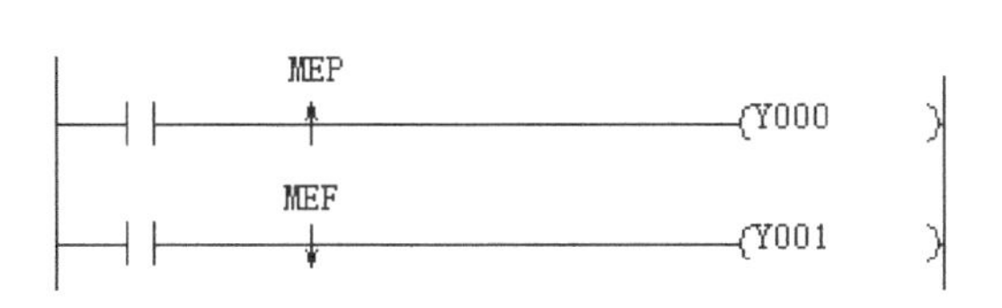

图 3.3-53　MEP 和 MEF 指令图示

4）功能说明

MEP、MEF 指令功能是对其所在梯级前面的驱动条件成立的逻辑运算结果进行脉冲边沿操作。

如图 3.3-54 所示为含有 MEP，MEF 指令之梯形图程序。由其时序图可以看出，当 X0，X1 的逻辑运算结果为 ON 时，只要 X0，X1 中一个引起运算结果变化，其上升沿或下降沿都会使所驱动的输出产生一个扫描周期的导通状态。

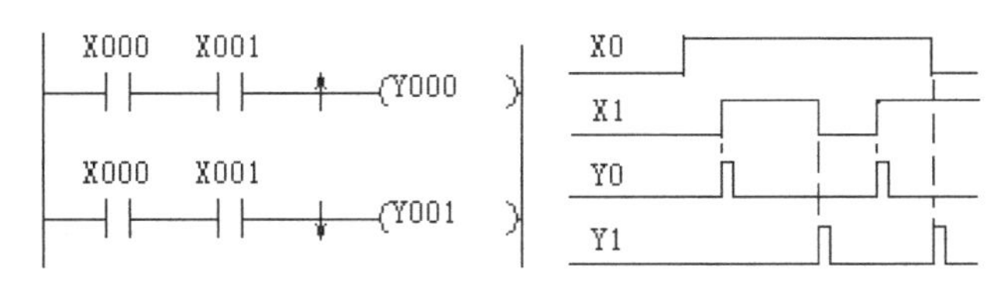

图 3.3-54　MEP、MEF 指令应用梯形图和时序图

5）应用

（1）MEP、MEF 指令是对驱动条件逻辑运算整体进行脉冲边沿操作，因此，它在程序中的位置只能在输出线圈（或功能操作指令）前，它不可以出现在与母线相连的位置上，也不可以出现在触点之间的位置上，如图 3.3-55 所示。

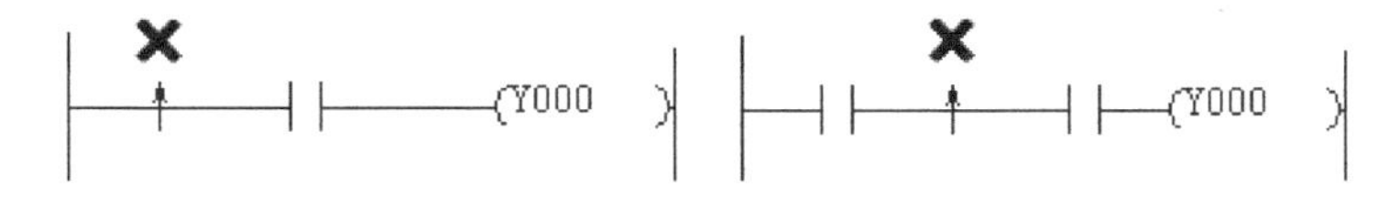

图 3.3-55　MEP、MEF 指令的错误应用

（2）应用 MEP、MEF 指令进行脉冲边沿操作，在它前面的逻辑运算条件中，不能出现脉冲边沿操作指令 LDP、LDF、ANDP、ANDF、ORP、ORF。如果存在，可能会使 MEP、MEF 指令无法正常动作。

（3）MEP、MEF 指令不能用在指令 LD、OR 的位置上，在子程序及 FOR-NEXT 循环程序中，也不要使用 MEP、MEF 指令对用变址修饰的触点进行脉冲边沿操作。

【试试，你行的】

（1）画出 P3.3-18　Y10 与 X0，X1 之时序图。

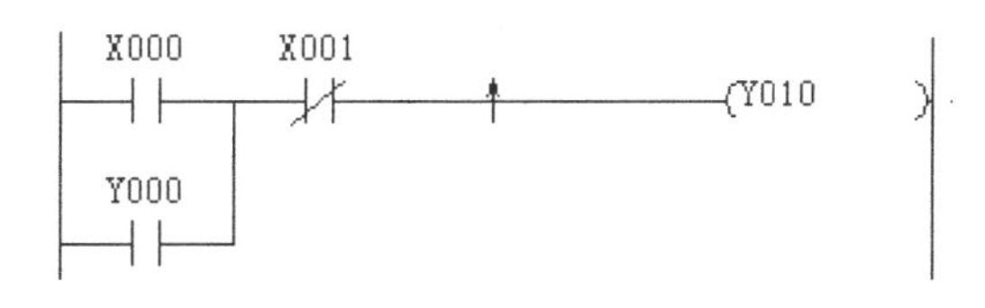

图 P3.3-18

（2）使用 MEP、MEF 指令有哪三点注意事项？

3.3.5 指令语句表程序应用指令

1. 指令表程序应用指令说明

如果光应用上述的基本指令会产生不能转换成指令语句表程序和不能区别的问题，为了解决梯形图中某些复杂控制逻辑关系，在基本指令系统中出现了指令语句表程序应用指令，它是一组比较特殊的基本指令。

早期的 PLC 主要应用于开关量逻辑控制，技术人员根据既定控制线路图很容易转换成梯形图程序，当把梯形图程序转换成指令语句表程序用手持编程器把程序送入 PLC 时，就发现某些梯形图程序结构很难用基本逻辑指令编写，或编写的指令语句表程序所对应的梯形图结构不是唯一的。如图 3.3-56 所示梯形图结构就不能仅用基本逻辑指令来编写指令语句表程序。

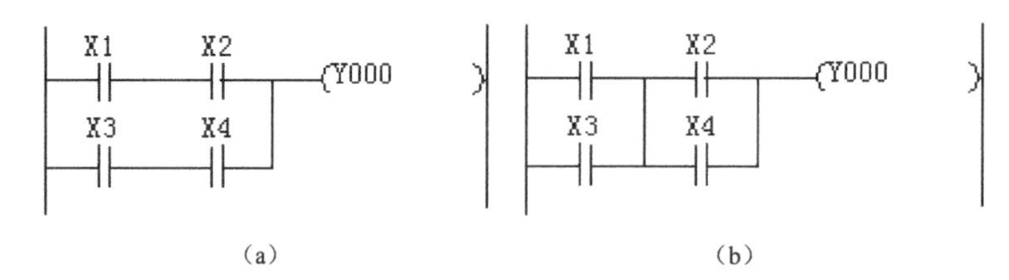

（a）　　（b）

图 3.3-56　不能用基本逻辑指令来编写指令语句表程序结构

对图 3.3-57 来说，如果图（a）转换成指令表，程序为图（b），那么，对图（c）来说，怎么转换才能把它们区别出来呢？

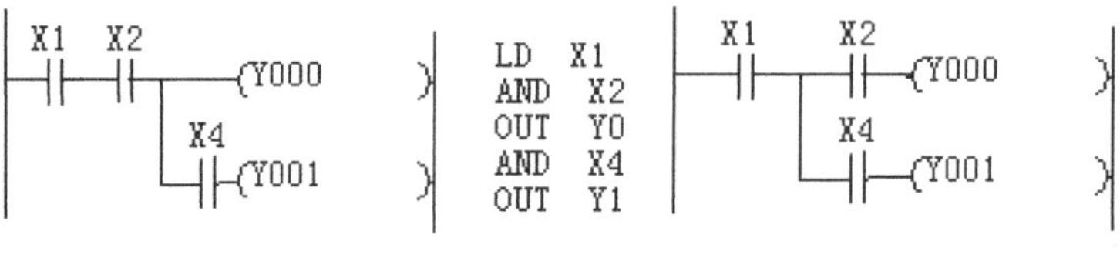

```
LD   X1
AND  X2
OUT  Y0
AND  X4
OUT  Y1
```

（a）　　（b）　　（c）

图 3.3-57　指令表程序无法区别梯形图

电路块指令（ANB，ORB）和堆栈指令（MPS，MRD，MPP）就是为解决上述梯形图程序的正确转换而出现的，其主要应用是在指令语句表程序中，而在梯形图程序中，这些指令没有任何的触点、符号表示。当使用编程软件把梯形图程序下载到 PLC 中时，编程软件首先把梯形图程序转换成指令语句表程序，然后下载到 PLC 中去。在转换过程中，编程软件会根据不同的梯形图结构在指令语句表程序的适当位置上自动添加电路块指令和堆栈指令，这使我们对指令语句表程序应用指令的学习也发生了很大的变化。

在 PLC 应用的早期，用户应用程序编制完成后必须用手持编程器将程序输入 PLC，而手持编程器是用指令语句逐条指令输入的。梯形图程序是不能直接输入 PLC 的。这就需要将梯形图程序转换成指令语句表程序，再用手持编程器输入。后来，出现了计算机（PC）和编程软件，但由于计算机价格较高，普及率受到影响，所以在现场调试程序仍然以手持编程器为主。在这种情况下，要求工程技术人员对梯形图转换成指令语句表程序要非常熟练。特别是对电路块指令和堆栈指令的应用要求较高，要能正确理解和熟练掌握。但是，随着科学技术特别是 IT 技术的迅猛发展，到今天，计算机（包括手提电脑）已经普及了。PLC 的编程软件已成为所有学习和应用 PLC 技术的工程技术人员、教学人员所必须掌握的工具。在编程软件内，只要会编辑梯形图程序（就是不懂 PLC 的人也可以学会输入），编程软件会自动把梯形图转换成指令语句表程序，不需要考虑如何加入电路块指令和堆栈指令。所以，对电路块指令、堆栈指令的理解和应用不熟悉也不要紧，不妨碍我们对 PLC 的学习和提高。但作为指令系统的组成部分，我们必须给以介绍和讲解。特别是关于电路块、堆栈的基本知识还是要求大家学习和了解的。

2. 电路块指令

1）指令格式

ANB　　串联电路块，连续执行型
ORB　　并联电路块，连续执行型

2）可用软元件

电路块指令可用软元件见表 3.3-14。

表 3.3-14　电路块指令可用软元件

指令	位元件							变址		
	X	Y	M	S	T	C	D□.b	V	Z	应用
ANB	无操作软元件									
ORB	无操作软元件									

3）功能说明与应用

● 电路块

当梯形图中触点的串、并联关系稍微复杂一些时，用前面所讲的基本逻辑指令就不能准确、唯一地写出指令语句表程序。例如，如图 3.3-58 所示两种梯形图，就不能够用上述指令来写出指令语句表程序。电路块指令就是为解决这个问题而设置的。电路块指令有两个：并接电路块指令 ORB 和串接电路块指令 ANB。

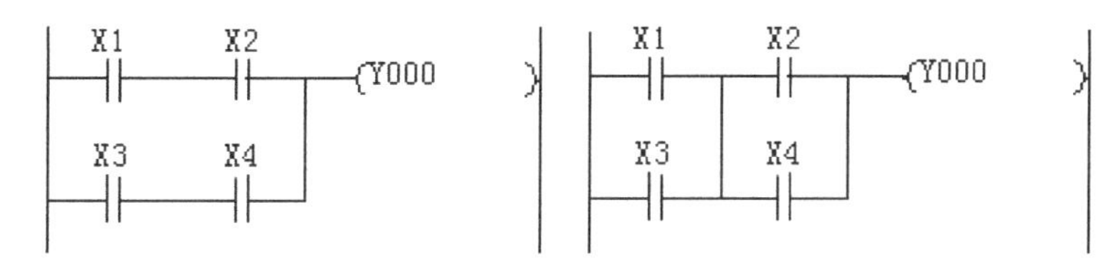

图 3.3-58　含电路块梯形图

什么叫电路块？电路块指当梯形图的梯级出现了分支，而且分支中出现了多于一个触点相串联和并联的情况，我们把这个相串联或相并联的支路称为电路块。两个或两个以上触点相串联叫串联电路块，两个或两个以上触点相并联称为并联电路块，如图 3.3-59 圈中所示。

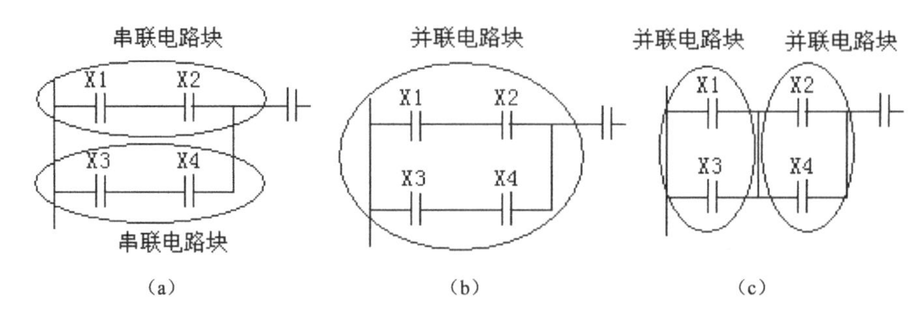

图 3.3-59　串联电路块与并联电路块

由图中可以看出，串联电路块是与其他串联电路块或触点相并联的，而并联电路块是在梯级上与其他触点或并联电路块相串联的。在图 3.3-59（a）中，X1，X2 串联，X3，X4 串联后成了两个串联电路块，这两个串联电路块又在梯级上组成了一个并联电路块，如图 3.3-59（b）所示。在图 3.3-59（c）中，X1，X3 并联，X2，X4 并联组成了两个并联电路块，而它们在梯形图中是相串联的。图 3.3-59 是一些简单的串联电路块与并联电路块梯形图结构。实际上，在复杂的逻辑关系梯形图结构中，常常是并联电路块中有串联电路块，串联电路块中又有并联电路块，如图 3.3-60 所示，并联电路块 1 有 4 个串联电路块，其中最后一个串联电路块又含有 M1，M2 并联的并联电路块。

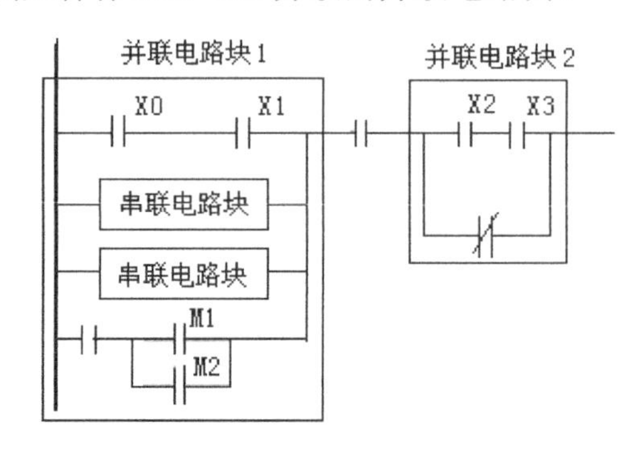

图 3.3-60　含有复杂电路块梯形图结构

在电路块结构中，凡第 1 个出现的电路块称为初始电路块。在图 3.3-59（a）中，X1，X2 的串联电路块为第 1 个串联电路块，所以它是初始电路块，而由 X1，X2，X3，X4 所组成的并联电路块是在本梯级中出现的第 1 个并联电路块，所以它也是初始电路块（见图（b））。同样在图 3.3-60 中，X0，X1 所组成的串联电路块是并联电路块 1 的初始电路块，而并联电路块 1 是梯级上的第 1 个电路块，也是初始电路块。而 X2，X3 组成的串联电路块是并联电路块 2 的初始电路块，并联电路块 2 则不是初始电路块。掌握电路块指令的重点就是在梯形图上找出哪些是串联电路块，哪些是并联电路块，哪些是初始电路块，然后按照电路块指令的编程规则在指令语句表程序的适当位置添加电路块指令。

- 电路块编程规则

电路块指令必须按照下面所述的编程规则编写。

编程规则 1：从梯形图转换指令语句表程序时，其顺序是按梯级上的电路块进行转换，每一个电路块按由左到右，由上到下的顺序进行转换。

编程规则 2：并联电路块与其他电路串联时，电路块起点用 LD、LDI 指令，电路块结束用 ANB 指令。

编程规则 3：串联电路块与其他电路并联时，分支开始用 LD、LDI 指令，分支结束用 ORB 指令。

编程规则 4：凡初始支路或初始电路块均无须结束时使用 ORB 或 ANB。

编程规则 5：凡单个触点与其他电路相串联、并联时，均直接应用触点串并联指令 AND、ANI、OR、ORI，而不再添加电路块指令 ORB、ANB。

编程规则 6：ORB 指令和 ANB 指令在程序中可反复使用，次数不限，但连续重复使用次数应在 8 次以下。

按上述规则可画出如图 3.3-61 所示的示意图。按编程规则 1，先顺序转换并联电路块 1，并联电路块 2 和并联电路块 3 为指令语句表程序。在并联电路块中，应按从左到右，由上到下的顺序转换成指令语句表程序。

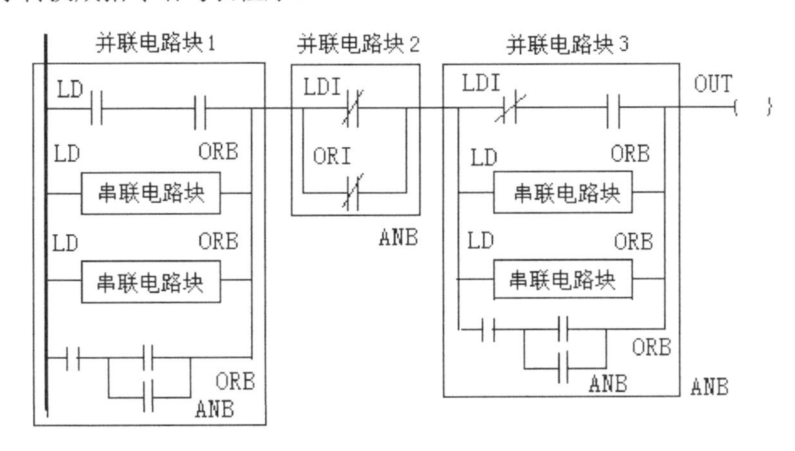

图 3.3-61　电路块编程规则示意图

- 电路块编程应用

下面举例说明电路块指令的应用。

【例 3.3-10】 试写出如图 3.3-62 所示梯形图中的指令语句表程序。

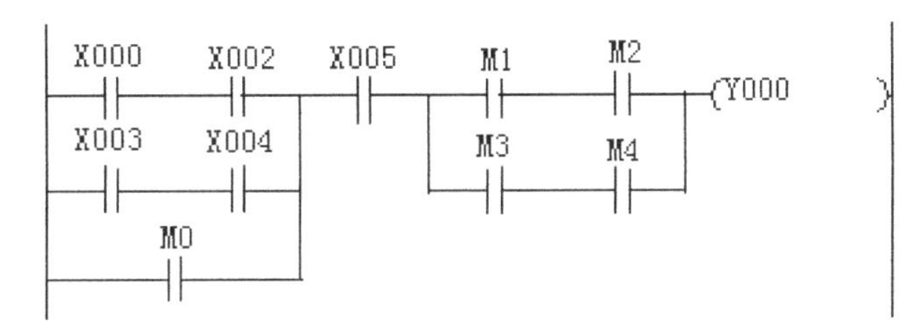

图 3.3-62　梯形图

其电路块分析如图 3.3-63 所示。

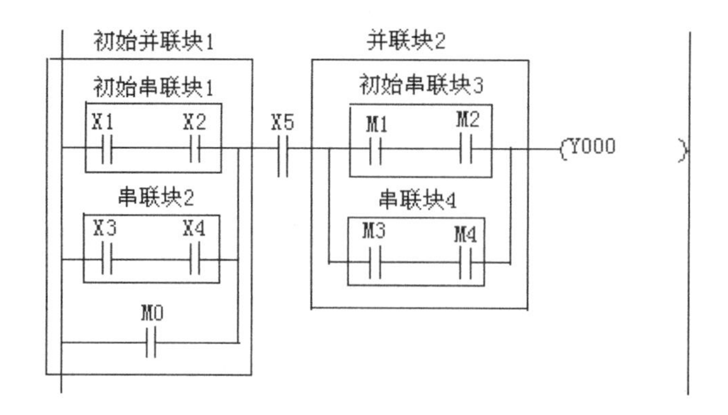

图 3.3-63　梯形图电路块分析

根据电路块编程规则，很快可以写出其指令语句表程序：

步	指令	操作数	说明
0	LD	X001	初始串联块 1，不用 ORB 结束
1	AND	X002	
2	LD	X003	非初始串联块 2，用 ORB 结束
3	AND	X004	
4	ORB		
5	OR	M0	单触点，不用 LD，初始并联块 1，不用 ANB 结束
6	AND	X005	
7	LD	M1	初始串联块 3，不用 ORB 结束
8	AND	M2	
9	LD	M3	非初始串联块 4，用 ORB 结束
10	AND	M4	
11	ORB		
12	ANB		非初始并联块 2，用 AND 结束
13	OUT	Y000	
14	END		

【例 3.3-11】 试写出如图 3.3-64 所示梯形图中的指令语句表程序。

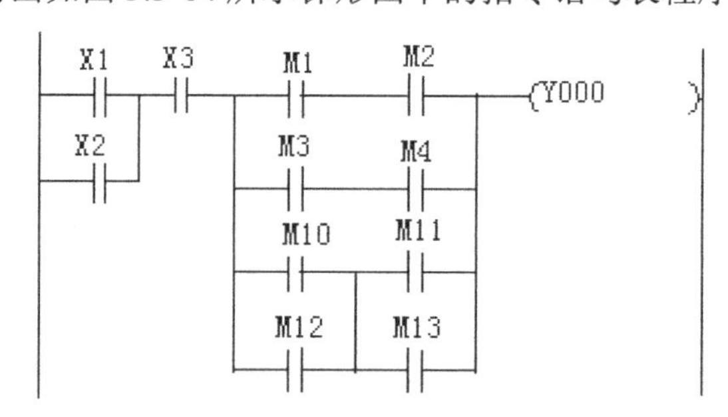

图 3.3-64　【例 3.3-11】梯形图

指令语句表程序如下，电路块指令的应用过程由读者自己去分析。

0	LD	X001	9	OR	M12
1	OR	X002	10	LD	M11
2	AND	X003	11	OR	M13
3	LD	M1	12	ANB	
4	AND	M2	13	ORB	

5	LD	M3	14	ANB	
6	AND	M4	15	OUT	Y000
7	ORB		16	END	
8	LD	M10			

【例 3.3-12】 试写出如图 3.3-65 所示梯形图中的指令语句表程序。

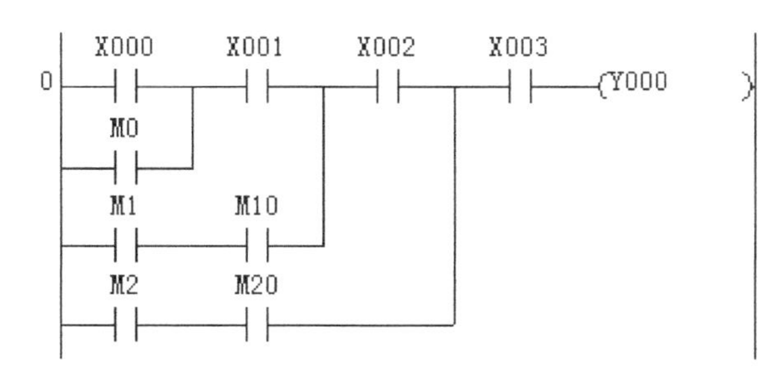

图 3.3-65 【例 3.3-12】梯形图

指令语句表程序如下：

0	LD	X000	6	AND	X002
1	OR	M0	7	LD	M2
2	AND	X001	8	AND	M20
3	LD	M1	9	ORB	
4	AND	M10	10	AND	X003
5	ORB		11	OUT	Y000

【试试，你行的】

（1）什么是电路块？什么是串联电路块？什么是并联电路块？

（2）电路块指令是为解决什么程序编制问题而提出的？在编制梯形图时，需要输入电路块指令吗？

（3）指出图 P3.3-19 中，哪些是串联电路块？哪些是并联电路块？试写出指令语句表程序。

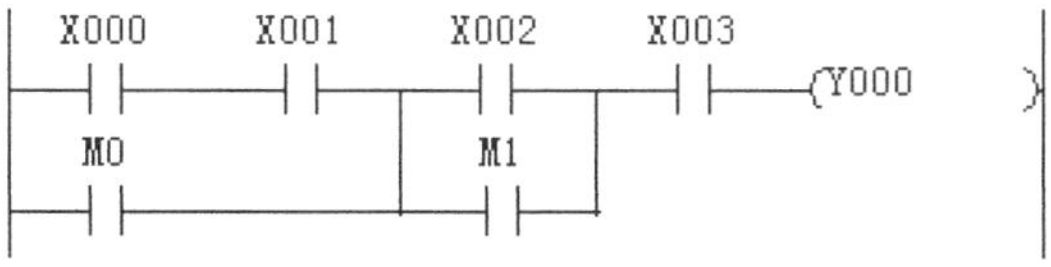

图 P3.3-19

（4）试写出图 P3.3-20 所示梯形图程序的指令语句表程序。

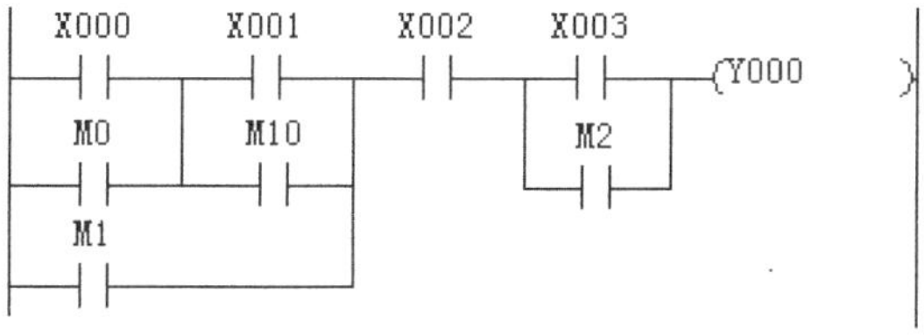

图 P3.3-20

3．堆栈指令

1）指令格式

MPS　压入堆栈，连续执行型
MRD　读取堆栈，连续执行型
MPP　弹出堆栈，连续执行型

2）可用软元件

堆栈指令可用软元件见表3.3-15。

表3.3-15　堆栈指令可用软元件

指令	位元件							变址		
	X	Y	M	S	T	C	D□.b	V	Z	应用
MPS	无操作软元件									
MRD	无操作软元件									
MPP	无操作软元件									

3）功能说明与应用

关于堆栈的知识请参看3.1.5节，堆栈指令是解决梯形图中一个梯级具有多重分支输出的指令语句表程序的编制问题而出现的。

堆栈指令又叫多输出指令。所谓的多输出是指在梯形图中，从一个梯级的一个公共触点分出两条或两条以上支路且每个支路都有自己的触点及输出的结构图形，它也包括从支路上的公共触点又分出新的支路且每个支路都有自己的触点及输出的结构，如图3.3-66所示。

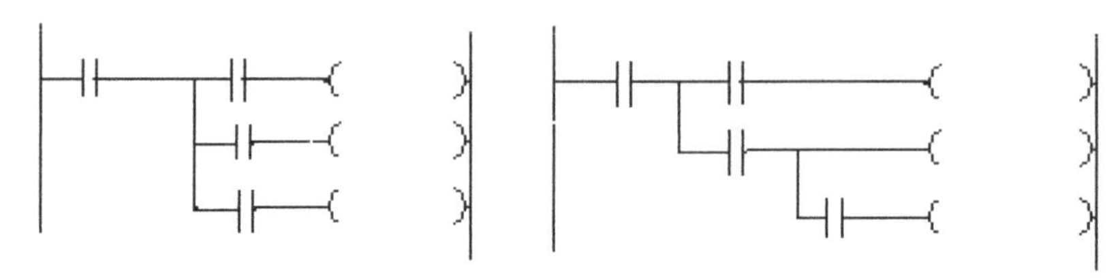

图3.3-66　多输出梯形图

堆栈指令有三个：MPS（入栈）、MRD（读栈）和MPP（出栈），这三个指令的功能通过图3.3-67来说明。

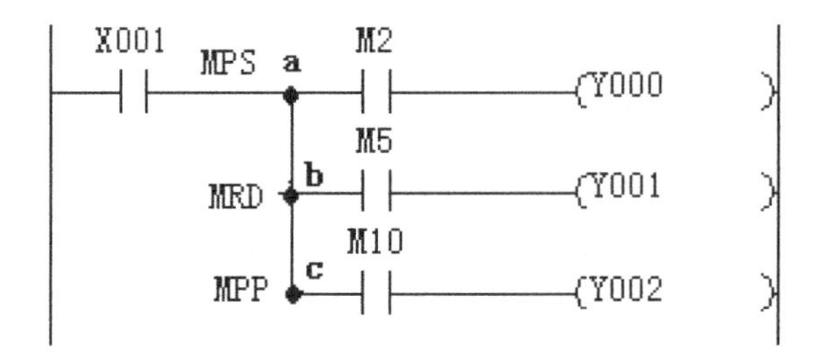

图3.3-67　MPS、MRD和MPP指令说明梯形图

图 3.3-67 是一个具有三个分支输出的梯形图程序，在常开触点 X001 后面出现了分支输出。a 为分支的公共触点，b 为中间分支输出的触点，c 则为最后一条分支输出的触点，这种图形结构的分支称作堆栈分支。

把图 3.3-67 梯形图转换成指令语句表程序如下，由程序解读可以说明堆栈指令的功能。

MPS：进栈指令。其功能是把分支公共触点 a 前的驱动逻辑组合状态（ON/OFF）送入栈顶，同时与梯级上其后的驱动逻辑组合相与后控制输出。

MRD：读栈指令。其功能是把栈顶存储的驱动逻辑组合状态读出，并与触点 b 支路上的驱动逻辑组合相与后控制输出。MRD 为所有中间支路的读栈指令。

MPP：出栈指令。令仅用在最后一个分支输出上，其功能是把栈顶存储的驱动逻辑组合状态读出，并与触点 c 支路上的驱动逻辑组合相与后控制输出，同时，把栈顶的状态推出堆栈。

步	指令	操作数	说明
0	LD	X001	
1	MPS		把 X1 的状态（ON/OFF）读入堆栈
2	AND	M2	X1 的状态与 M2 逻辑与，控制 Y0 输出
3	OUT	Y000	
4	MRD		读出堆栈状态
5	AND	M5	X1 的状态与 M5 逻辑与，控制 Y1 输出
6	OUT	Y001	
7	MPP		读出堆栈状态，并将堆栈内容移出
8	AND	M10	X1 的状态与 M10 逻辑与，控制 Y2 输出
9	OUT	Y002	
10	END		

当分支输出为两个时，仅添加 MPS 和 MPP 指令。当分支输出多于两个以上时，分支公共触点处用 MPS 指令，最后一个分支触点处用 MPP 指令，而中间所有分支触点处均用 MRD 指令，如图 3.3-68 所示。

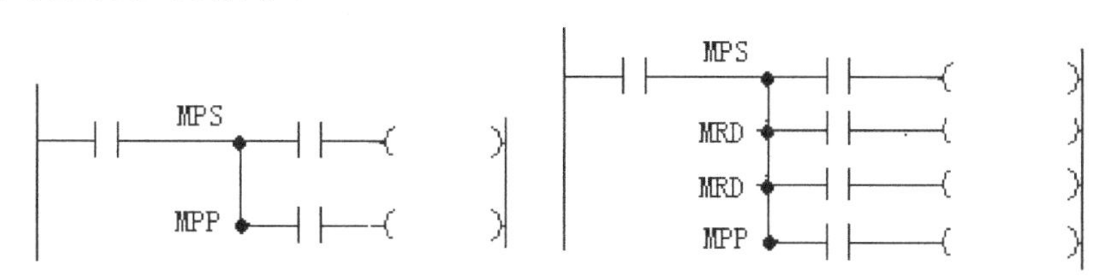

图 3.3-68 分支输出堆栈指令应用

堆栈指令仅适用于分支的公共触点后有常开或常闭触点的支路。如果虽然是分支，但没有触点的支路（直接输出的）则不能应用堆栈指令，而用基本逻辑指令就可以编程，如图 3.3-69 所示。

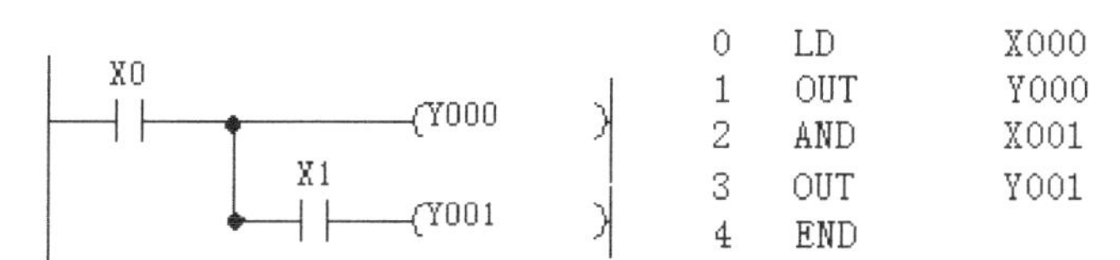

图 3.3-69 基本逻辑指令编程分支图

如图 3.3-70 所示第一条支路虽有分支公共触点，但其后支路没有常开或常闭触点，因此不能用堆栈指令。而第二条支路后有常开触点，该触点后还有两条支路，因此，应为分支公共触点而添加进栈指令 MPS，而在其后的分支中，不管分支后是否存在常开或常闭触点，均应按堆栈分支处理；在中间分支处添加 MRD 指令，在最后一个分支处添加 MPP 指令。

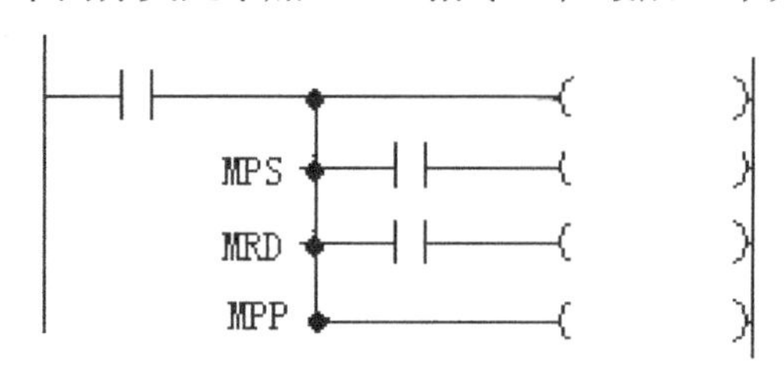

图 3.3-70 堆栈指令编程分支图

4）多层堆栈与程序编制

上面介绍的均为一层堆栈，如果在堆栈分支上又出现了新的堆栈分支，则形成了多层堆栈结构，如图 3.3-71 所示。

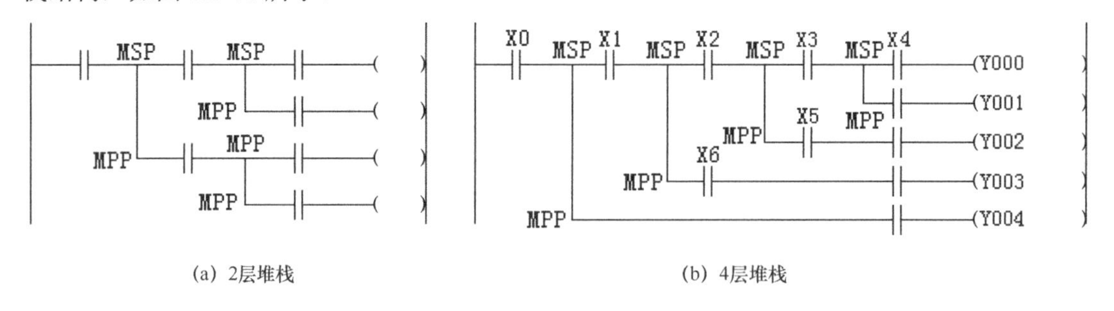

图 3.3-71 多层堆栈指令梯形图

与电路块不同，堆栈指令的程序编制是按堆栈分支支路的顺序由上到下进行指令语句的编制。下面是图 3.3-71（b）4 层堆栈的指令语句表程序，读者可自行比较掌握堆栈指令的编程规则。

步	指令	操作数	说明
0	LD	X000	
1	MPS		
2	AND	X001	
3	MPS		
4	AND	X002	
5	MPS		Y0 输出
6	AND	X003	
7	MPS		
8	AND	X004	
9	OUT	Y000	
10	MPP		Y1 输出
11	OUT	Y001	
12	MPP		
13	AND	X005	Y2 输出
14	OUT	Y002	
15	MPP		
16	AND	X006	Y3 输出
17	OUT	Y003	
18	MPP		Y4 输出
19	OUT	Y004	
20	END		

当堆栈支路中出现电路块结构时，则该支路的指令语句表程序编写按电路块编写规则进行，试举一例说明。

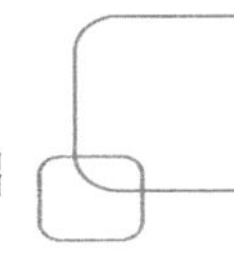

【例 3.3-13】 编写如图 3.3-72 之梯形图程序指令语句表程序。

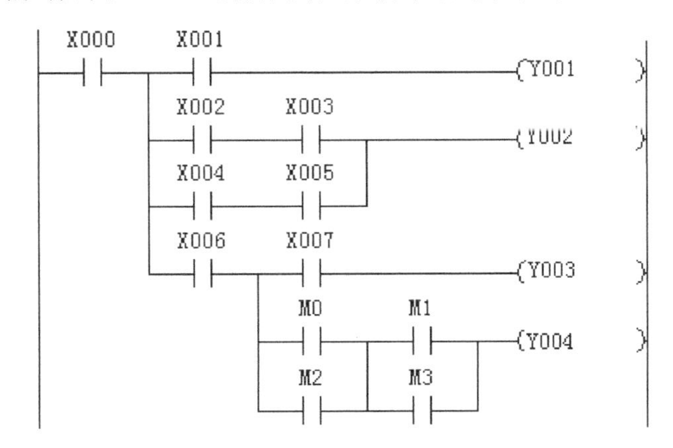

图 3.3-72 【例 3.3-13】梯形图

指令语句表程序如下：

步	指令	元件	步	指令	元件
0	LD	X000	12	MPP	
1	MPS		13	AND	X006
2	AND	X001	14	MPS	
3	OUT	Y001	15	AND	X007
4	MRD		16	OUT	Y003
5	LD	X002	17	MPP	
6	AND	X003	18	LD	M0
7	LD	X004	19	OR	M2
8	AND	X005	20	ANB	
9	ORB		21	LD	M1
10	ANB		22	OR	M3
11	OUT	Y002	23	ANB	
			24	OUT	Y004
			25	END	

【试试，你行的】

（1）堆栈指令是为解决什么程序编制问题而提出的？在编制梯形图时，需要输入堆栈指令吗？

（2）堆栈指令有几个？各用在什么地方？试在图 P3.3-21 适当位置写上堆栈指令？

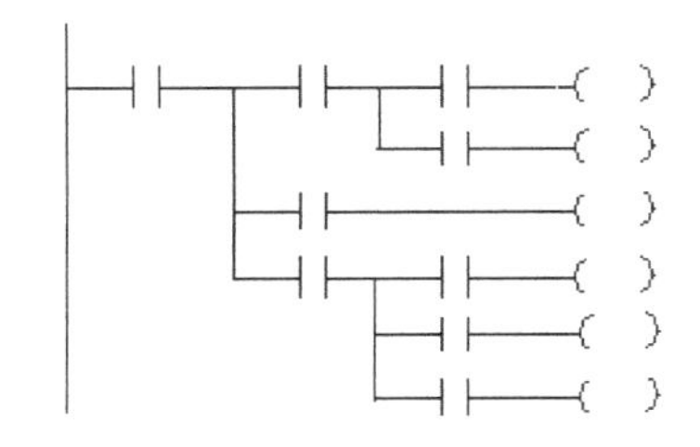

图 P3.3-21

（3）试写出图 P3.3-22 所示梯形图的指令语句表程序。

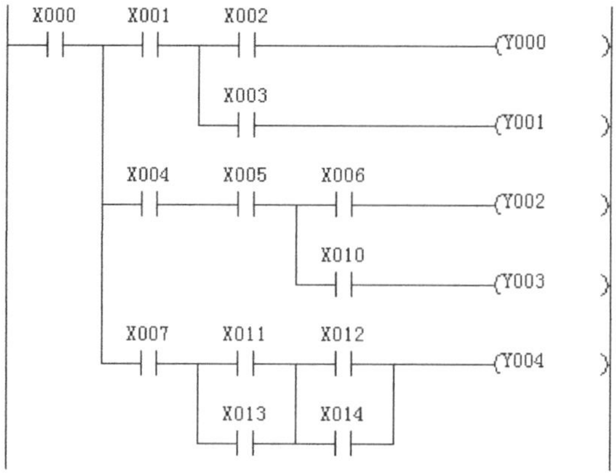

图 P3.3-22

3.4 基本指令系统补充

3.4.1 触点比较指令

触点比较指令是一种特殊的功能指令，它和触点指令一样，用在线圈和指令的驱动条件中，它在程序中实质上是一个触点，只不过影响这个特殊触点动作的不是输入端口的状态或位元件线圈的驱动，而是指令中两个字元件数值比较的结果。如果比较条件成立，则该触点动作，条件不成立，触点不动作。

1. 指令格式

触点比较指令根据触点在梯形图上的位置不同（实际是形成逻辑关系的不同）有三种类型，如下所示。

LD=　S1　S2　　　与母线相连

AND=　S1　S2　　与其他触点相与

OR=　S1　S2　　　与其他触点相或

在指令格式中，仅列出了一种比较方式：相等（=），还有五种比较方式及触点导通条件，见表 3.4-1。

表 3.4-1　触点比较指令格式

名　称	比较方式	导通条件	不导通条件
等于	=　S1　S2	S1=S2	S1≠S2
大于	>　S1　S2	S1>S2	S1≤S2
小于	<　S1　S2	S1<S2	S1≥S2
不等于	<>　S1　S2	S1≠S2	S1=S2
大于等于	<=　S1　S2	S1≤S2	S1>S2
小于等于	>=　S1　S2	S1≥S2	S1<S2

2．可用软元件

可用软元件如表 3.4-2 所示。

表 3.4-2　起始触点比较指令可用软元件

操作数	字元件											常数	
	KnX	KnY	KnM	KnS	T	C	D	R	U□\G□	V	Z	K	H
S1.	●	●	●	●	●	●	●	●	●	●	●	●	●
S2.	●	●	●	●	●	●	●	●	●	●	●	●	●

操作数内容与取值见表 3.4-3。

表 3.4-3　操作数内容与取值

操作数	内容与取值
S1	比较值一数据或数据存储字软元件地址
S2	比较值二数据或数据存储字软元件地址

3．指令梯形图

触点比较指令虽然有 18 种形式，但在梯形图上却只有 6 种图示，它们是 6 种不同的比较方式的体现，与触点比较指令的位置无关。这 6 种梯形图图示也有 16 位比较和 32 位比较之分。如果是 32 位比较指令，其梯形图图示为比较号前加 D，表 3.4-4 为触点比较指令梯形图图示。

表 3.4-4　触点比较指令梯形图图示

名称	16 位梯形图图示	32 位梯形图图示
等于	=　S1　S2	D=　S1　S2
大于	>　S1　S2	D>　S1　S2
小于	<　S1　S2	D<　S1　S2
不等于	<>　S1　S2	D<>　S1　S2
大于等于	<=　S1　S2	D<=　S1　S2
小于等于	>=　S1　S2	D>=　S1　S2

4．指令应用

（1）在梯形图程序中，凡是触点都是位元件的触点，它们用来组合成驱动输出的条件，字元件是不能作为触点使用的。触点比较指令却是由字元件组成的，在梯形图中，触点比较指令等同于一个常开触点，但这个常开触点的 ON/OFF 是由指令的两个字元件 S1 和 S2 的比较结果决定的。比较结果成立时触点闭合，不成立触点断开，如图 3.4-1 所示。

图 3.4-1　LD= 指令等同触点示意图

（2）和触点指令一样，在梯形图程序中，触点比较指令根据其在梯形图中的位置不同，所用助记符也不同，参见指令格式。但是，它们在梯形图中的符号是一样的，如图 3.4-2 所示。

图 3.4-2（a）为与母线相连触点比较指令，助记符为 LD。图 3.4-2（b）为与触点 X1 相与的触点比较指令，助记符为 AND，图 3.4-2（c）为与触点 X1 相或的触点比较指令，助记符为 OR。

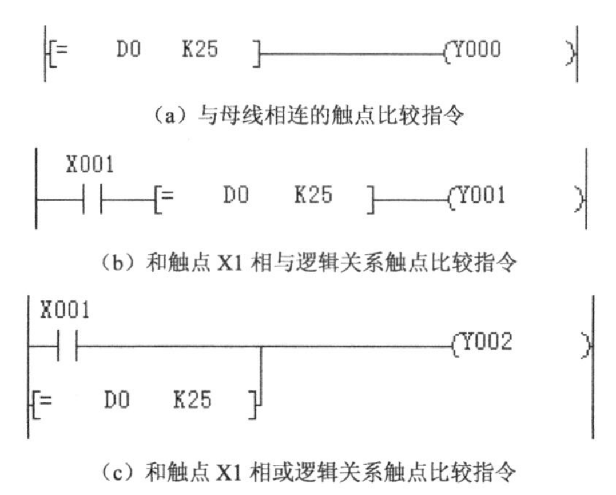

（a）与母线相连的触点比较指令

（b）和触点 X1 相与逻辑关系触点比较指令

（c）和触点 X1 相或逻辑关系触点比较指令

图 3.4-2　三种触点比较指令在梯形图中的位置

实际上，触点比较指令和触点指令一样，可以在任意位置出现，可以独立或与其他触点组成简单的、复杂的组合逻辑驱动条件。

（3）触点比较指令的两个操作数 S1 和 S2 是以带符号二进制数（三菱 PLC 中称为 BIN 数）来进行比较的。也就是说，数的比较实际上是两个整数之间的比较，比较的规则是按照代数法则进行：正数 > 0 > 负数。关于 PLC 中数的表示请参看本书 1.2.4 节 PLC 中数的表示。

（4）当在指令中用到计数器比较时，指令执行形式与使用计数器的位数（16 位或 32 位）务必一致，两个源址都为计数器时，所使用的计数器的位数也必须一致。如果不一致，会发生程序出错（执行形式与位数不一致）或运算出错（计数器位数不一致）。

【例 3.4-1】 试说明图 3.4-3 梯形图程序执行功能。

这是一个 32 位的比较指令，比较数据存放在（D11,D10）和（D13,D12）中。程序执行功能是：如果（D11，D10）的值等于（D13，D12）的值，则触点闭合，驱动 Y0 输出；如果不等，则 Y0 无输出。

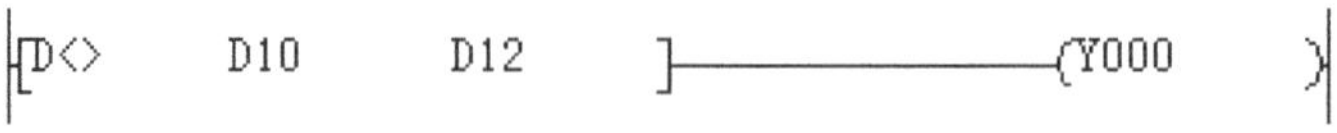

[D<> D10 D12] (Y000)

图 3.4-3　例 3.4-1 梯形图

【例 3.4-2】 试说明图 3.4-4 梯形图程序执行功能。

这是一个与定时器 T0 的当前值进行比较的触点比较指令。定时器 T0 被驱动后，其当前值是变化的，当 T0 的当前值变化到 K500 时，驱动 Y0 输出。但是，当 T0 变化到 K501 时，比较指令触点马上又断开，Y0 仅驱动导通了 100ms。因此，如果希望 Y0 导通后一直保持。可用 SET Y0 或加自锁环节。类似的还有计数器当前值比较，这一点初学者必须注意。

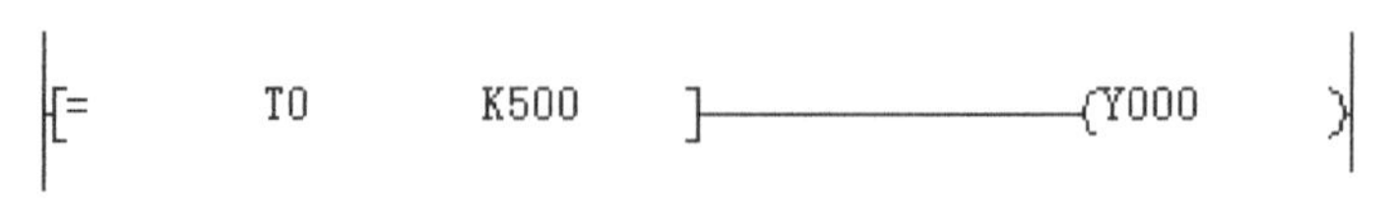

图 3.4-4　例 3.4-2 梯形图

【例 3.4-3】 图 3.4-5 是一个计算从 1 加到 100 的梯形图程序，这种程序一般是用循环指令 FOR-NEXT 设计，应用触点比较指令也可以完成。图中用到三个功能指令，现说明如下：

传送指令 MOV　K1　D0，功能是把 K1 送到 D0，（D0）=K1。关于 MOV 指令详见 3.4.2 节介绍。

加法指令 ADD　D0　D1　D1，功能是把（D0）+（D1）的值又送到 D1 中去。

加一指令 INC　D0，功能是每执行一次，D0 的值加 1 后又送回 D0。加法指令 ADD 和加一指令 INC 均为连续执行型，在驱动条件成立时，一个扫描周期执行一次。具体的程序分析留给读者去完成。

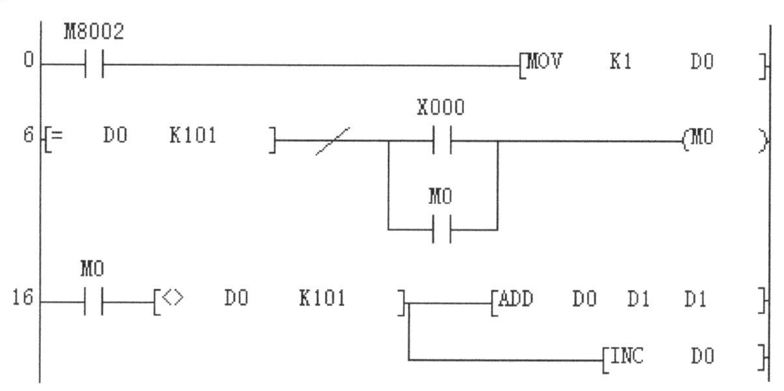

图 3.4-5　例 3.4-3 梯形图

5．触点比较指令的编程输入

使用 GX Developer 编程软件时，不管在什么位置上，都可以采用图 3.4-6（16 位比较）和图 3.4-7（32 位比较）的方式输入编辑，但在梯形图上显示时，16 位不会显示助记符，32 位在比较符号前加 D 表示。比较符号大于等于不能输入≥，应输入≥，同样小于等于应输入≤。

图 3.4-6　16 位触点比较指令编程输入

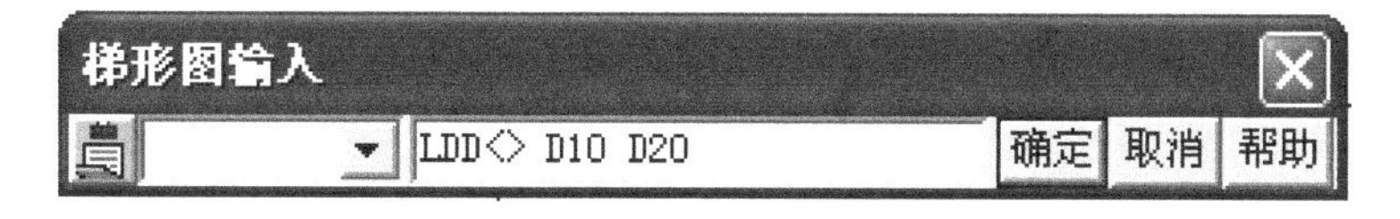

图 3.4-7　32 位触点比较指令编程输入

【试试，你行的】

（1）触点比较指令相当于一个触点，这个触点动作的条件是什么？

（2）触点比较指令的操作数可以是位元件吗？为什么？

（3）试说明图 P3.4-1 程序中各个触点比较指令所在的梯级功能含义。

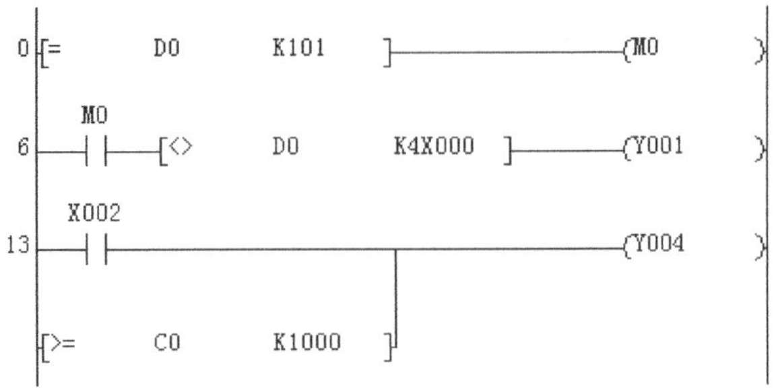

```
 0 [=     D0     K101   ]-----------(M0     )
    M0
 6 -| |--[<>    D0     K4X000 ]------(Y001   )
    X002
13 -| |-----------------+------------(Y004   )
                        |
   [>=    C0     K1000 ]+
```

图 P3.4-1

（4）对图 P3.4-2 的触点比较指令，请回答：

```
—[>=    D0    D1    ]——
```

图 P3.4-2

①（D0）= K120，（D1）= H72，触点为 ON 还是 OFF。

②（D1）= K320，（D0）= K320，触点为 ON 还是 OFF。

③（D0）= K500，（D1）= K501，触点为 ON 还是 OFF。

（5）在编程软件 GX 上编辑如图 P3.4-1 所示梯形图程序。

3.4.2 常用功能指令介绍

有了基本指令系统，加上定时器和计数器可以对开关量主导的继电控制进行编程设计了。但在解决复杂的逻辑控制设计时，仅用几个基本指令会感到力不从心，程序设计非常复杂。而功能指令的出现使程序设计变得相对简单方便，也将应用范围从开关量扩充到模拟量、运动量、通信等方面。本书是基础编程入门书籍，为扩大初学者对编程的学习，仅引入最常用的两个功能指令：传送指令 MOV 和比较指令 CMP。结合这两个指令和触点比较指令，就使程序编制变得简便，应用范围也得到扩充。同时，初学者通过对这两个指令的学习和应用，为今后进一步学习功能指令打下了基础。

1. 传送指令 MOV

1）指令格式

MOV　S　D	16 位连续执行型
MOVP　S　D	16 位脉冲执行型
DMOV　S　D	32 位连续执行型
DMOVP　S　D	32 位脉冲执行型

2）可用软元件

可用软元件如表 3.4-5 所示。

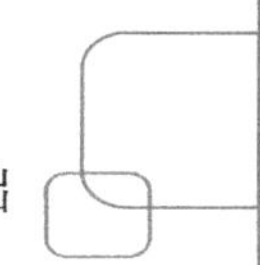

表 3.4-5　MOV 指令可用软元件

操作数	字元件											常数	
	KnX	KnY	KnM	KnS	T	C	D	R	U□\G□	V	Z	K	H
S	●	●	●	●	●	●	●	●	●	●	●	●	●
D		●	●	●	●	●	●	●	●	●	●		

操作数内容与取值见表 3.4-6。

表 3.4-6　MOV 指令操作数内容与取值

操作数	内容与取值
S	传送的数据或数据存储字软元件地址
D	数据传送目标的字软元件地址

3）梯形图表示

指令梯形图如图 3.4-8 所示。

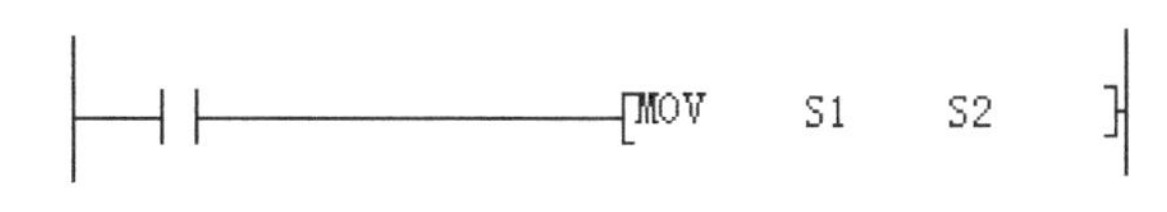

图 3.4-8　MOV 指令梯形图

4）指令功能与应用

● 指令功能

MOV 指令的操作功能：当驱动条件成立时，将源址 S 中的二进制数复制到（统称传送）终址 D 中。操作完毕，源址 S 中的数保持不变，而终址 D 中的数变为和源址 S 相同的数。

● 指令应用

传送指令 MOV 是功能指令中应用最多的基本功能指令，其实质是一个对字元件进行读写操作的指令。应用组合位元件也可以对位元件进行复位和置位操作，现举例给予说明。

【例 3.4-4】 解读指令 MOV　D10　D0 执行功能。

执行功能是将 D10 的值复制到 D0 中去，即（D0）=（D10），且（D10）不变。说明：在 PLC 书籍中，习惯将 D10 表示为寄存器，而（D10）则表示寄存器 D10 存储的二进制数。

这个指令有三层含义。对 D0 来说，是把 D10 的值复制到 D0 中，即对 D0 写入一个数。同时可以认为是把 D10 的数读到 D0 中去，通过 D0 就可知道 D10 是多少，所以，传送指令 MOV 实质上是一个对存储器进行读和写操作的指令。

如果源址是一个数，例 MOV　K25　D0，则就是一个写操作，但指令 MOV　D10　K25 是不存在的。

在程序中，D0 可多次写入，存新除旧，以最后一次写入为准。

【例 3.4-5】 解读指令 MOV　K2　K2Y0 执行功能。

执行功能是将 K2 用二进制数表示，并以其二进制位值控制组合位元件 Y0~Y7 的状态，如图 3.4-9 所示。

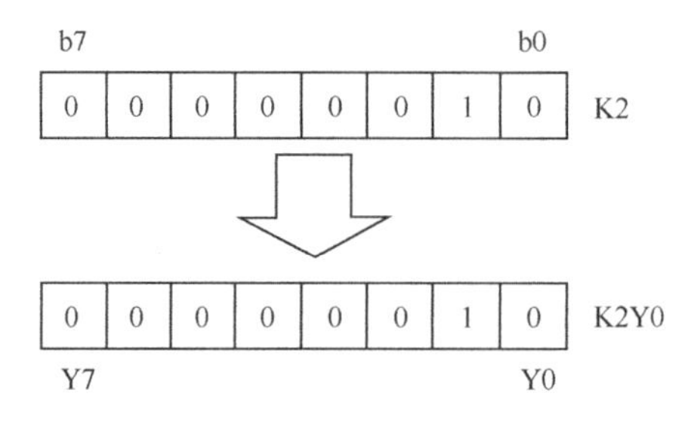

图 3.4-9　例 3.4-5 梯形图

这是利用传送指令对位元件进行复位和置位操作的实例。如果希望得到相应的输出，则其对应的二进制数不同即可。例如，希望 Y0，Y3，Y5 置 1，其余皆置 0，则二进制数为 00101001=K41。

【例 3.4-6】 解读指令 MOV　K2X0　K2Y0 执行功能。

执行功能是输入口的状态控制输出口的状态。如输入口 X 接通（ON），则相应输出口 Y 有输出（ON），反之亦然。如用基本逻辑指令编制，程序要写成 8 行，由此可见，合适的功能指令可以代替烦琐的基本逻辑指令程序编制。

【例 3.4-7】 解读指令 MOV　D2　K4M10 执行功能。

和【例 3.4-5】类似，执行功能是 D2 所存的二进制数的位值控制 M10~M25 的状态。显然控制比【例 3.4-5】灵活，如欲改变输出位元件 M10～M25 的状态，只需改变 D2 值即可。在程序中，利用寄存器 D 存新除旧的性质，常常把 D 作为变量寄存器用，改变 D 的数值，就相当于改变控制值。

【例 3.4-8】 解读指令 MOVP　C1　D20 执行功能。

指令中，C1 为计数器 C1 的当前值，当驱动条件成立时，把计数器 C1 的当前值马上存入 D20。注意，该指令为脉冲执行型，执行功能是在驱动条件成立的扫描周期内仅执行一次把计数器的当前值马上传送到 D20 中存储起来，而且驱动条件每 ON/OFF 一次，执行一次。如果使用连续执行型传送指令 MOV，则驱动条件成立期间，每个扫描周期均会执行一次，这样 C1 的当前值是变化的。根据不同的控制要求，使用不同的指令，在应用时必须加以注意。如果是 32 位计数器 C200~C235，则必须用 32 位指令 DMOV 或 DMOVP。

与计数器 C 类似的应用还有定时器 T。

【例 3.4-9】 解读指令 MOVP　K0　D10 执行功能。

把 K0 送到 D10，即（D10）=0。利用 MOV 指令可以对位元件或字元件进行复位和清零，其功能与 RST 指令相仿。但是不同的是，RST 指令在对定时器和计数器进行复位时，其相应的常开、常闭触点也同时回归复位状态，而 MOV 指令仅能对定时或计数的当前值复位，不能使其相应的触点复位，即相应触点仍然保持执行指令前的状态。

【例 3.4-10】 通过驱动条件的 ON/OFF，可以对定时器设定两个值。当设定值是 2 个以上的时候，则需要使用多个驱动条件 ON/OFF，程序梯形图如图 3.4-10 所示。

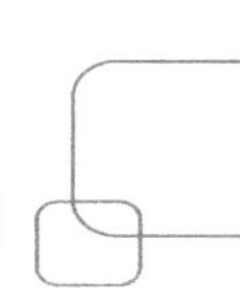

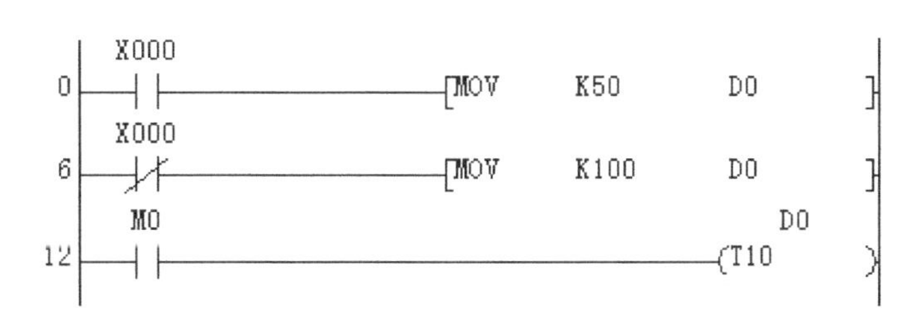

图 3.4-10　例 3.4-10 梯形图

【例 3.4-11】 图 3.4-11 为一输出 Y0，Y2，Y4，Y6 和 Y1，Y3，Y5，Y7 轮流闪烁 2s 的梯形图程序。程序中，把 H55 传送给 Y0～Y7，即 01010101 对应于 Y0，Y2，Y4，Y6，而 HAA 传送给 Y0～Y7 时，为 10101010 对应于 Y1，Y3，Y5，Y7。如果不采用传送指令，程序中要编制 8 个输出。

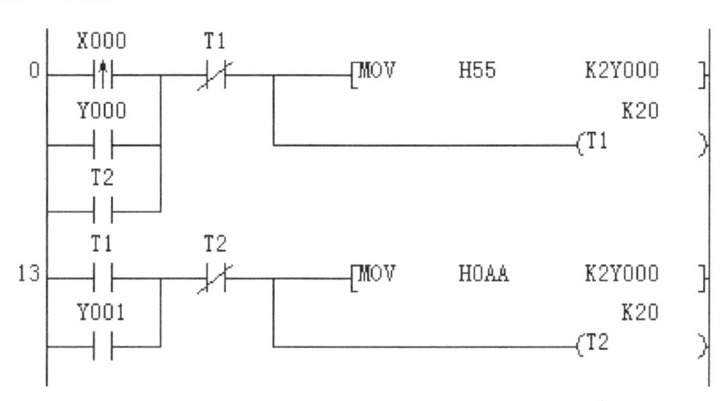

图 3.4-11　例 3.4-11 梯形图

【试试，你行的】

（1）试举例说明传送指令 MOV 对数据寄存器 D 的读写操作功能。

（2）执行指令 MOV　K148　K2M10 后，哪几个继电器 M 的状态置“1”。

（3）欲使继电器 M1，M4，M6，M7 的状态置“1”，试写出传送指令。

（4）欲把（D11，D10）的数值传送给（D21，D20），试写出传送指令。

（5）希望输出 Y10～Y13 随着输入 X0～X3 的状态变化而变化。试用两种程序完成上面的功能。

（6）如图 P3.4-3 所示梯形图程序，当驱动条件成立时（D10），（D20）的值哪个是变化的，哪个是不变的？为什么？

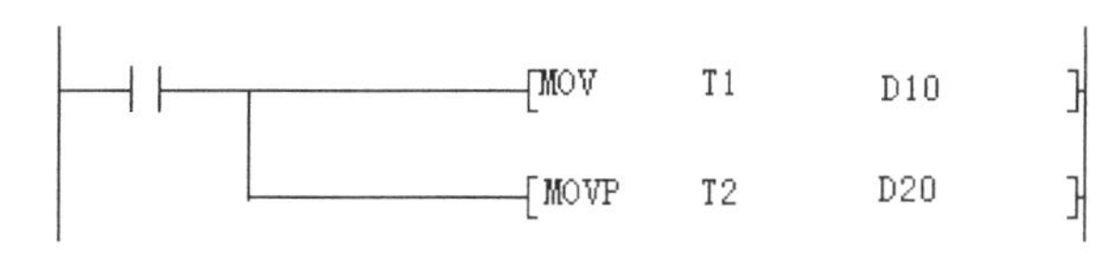

图 P3.4-3

（7）如图 P3.4-4 所示梯形图程序，试分析它的执行功能。图中，K50 表示 5s 定时器。

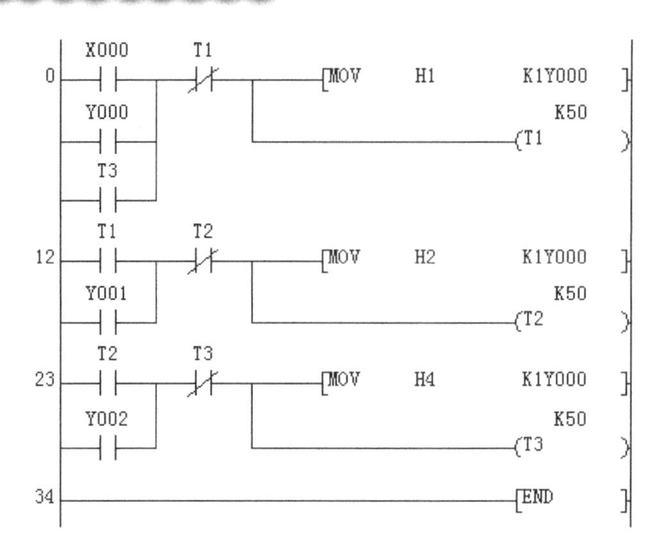

图 P3.4-4

（8）图 P3.4-4 之梯形图程序有一个严重的缺陷，没有设置停止按钮，如设置 X1 为停止按钮，试修改程序，使之完成停止功能，即按下 X1 后，所有输出立即停止。

2. 比较指令 CMP

1）指令格式

CMP　S1　S2　D　　　　16 位连续执行型
CMPP　S1　S2　D　　　　16 位脉冲执行型
DCMP　S1　S2　D　　　　32 位连续执行型
DCMPP　S1　S2　D　　　　32 位脉冲执行型

2）可用软元件

可用软元件如表 3.4-7 所示。

表 3.4-7　CMP 指令可用软元件

操作数					位元件				字元件					常数				
	X	Y	M	S	D□.b	KnX	KnY	KnM	KnS	T	C	D	R	U□\G□	V	Z	K	H	E
S1.						●	●	●	●	●	●	●	●	●	●	●	●	●	●
S2.						●	●	●	●	●	●	●	●	●	●	●	●	●	●
D.		●	●	●	●														

操作数内容与取值见表 3.4-8。

表 3.4-8　CMP 指令操作数内容与取值

操作数	内容与取值
S1.	比较值一数据或数据存储字软元件地址
S2.	比较值二数据或数据存储字软元件地址
D.	比较结果 ON/OFF 位元件首址，占用 3 个点

3）梯形图表示

指令梯形图如图 3.4-12 所示。

X000
[CMP S1 S2 D]
D
S1 > S2 时 ON，转应用程序1
D+1
S1 = S2 时 ON，转应用程序2
D+2
S1 < S2 时 ON，转应用程序3

图 3.4-12　CMP 指令梯形图

4）指令功能与应用

● 指令功能

当驱动条件成立时，将源址 S1 与 S2 按代数形式进行大小比较，并根据比较结果（S1＞S2，S1=S2，S1＜S2）置终址位元件 D，D+1,D+2 其中一个为 ON。

● 指令应用

①根据比较结果，CMP 指令使某一位元件为 ON，执行其后续程序。三个位元件只能有一个接通。一旦指定终址 D 后，三个连续位元件 D，D+1，D+2 已被指令占用，不能再做他用。注意，这里 D 指操作数，不是数据寄存器 D，其可用软元件为位元件 Y、M、S 和 D□·b。

② 指令执行后即使驱动条件 X10 断开，D，D+1，D+2 均会保持当前状态，不会随 X10 断开而改变。如果需要在指令不执行时清除比较结果，用 RST 指令或 ZRST 指令对终址进行复位，如图 3.4-13 所示。ZRST 为区间复位指令，其功能操作是驱动条件成立时，把 M0 到 MZ 之间的所有位元件复位。

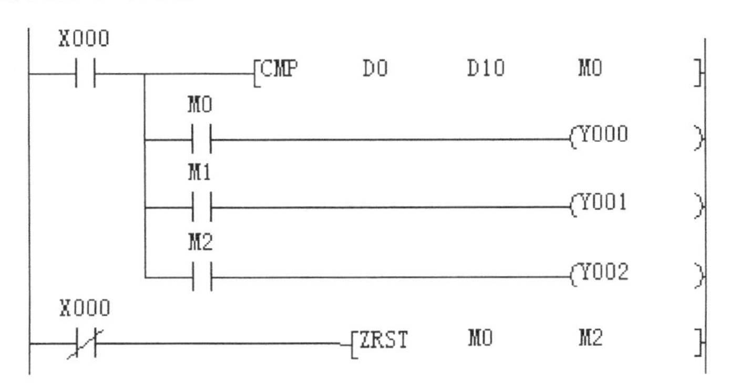

图 3.4-13　终址 D 复位梯形图

③ CMP 指令和 MOV 指令一样，是功能指令常用指令之一，它可以对两个数据进行判别，并根据判别结果进行处理。在实际应用中，常常只需要其中一个判别结果。这时，程序

中只需要编写该判别结果的程序段，终址位元件 D，D+1，D+2 也可直接和母线相连。

④ CMP 指令是对两字元件数据进行比较，如果比较的两个数据是稳定的，则比较结果所置终址位元件是稳定的（常 ON）。但如果比较数据有一个是变化的，则比较结果所置终址位元件会随比较结果变化而变化。这一点在定时器和计数器的当前值比较中就要注意。

⑤ 当操作数 D 采用字元件位指定 D□·b 时，应在使用前将字元件 D□清零，保证其所有位均为 0，如图 3.4-14 所示。这样在使用前后能保证按指令功能执行。如果字元件 D□中有某些位为 1，且与操作数相冲突时，则可能会产生输出错误。

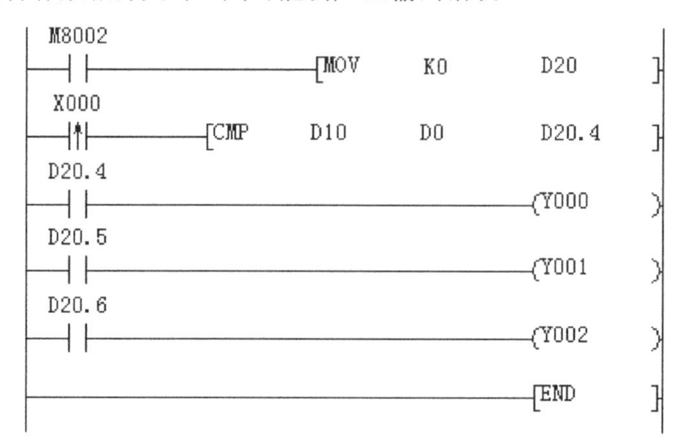

图 3.4-14 字元件位指定 D□·b 应用

【例 3.4-12】 控制要求：三个彩灯分别由 YO，Y1，Y2 输出，当按下启动按钮 X0，2s 后，Y0 亮，2s 后 Y1 亮，2s 后 Y2 亮，再 2s 后全部灯熄灭，又从新开始循环，任意时刻，松开按钮 X0 后，全部输出马上停止，时序如图 3.4-15 所示。

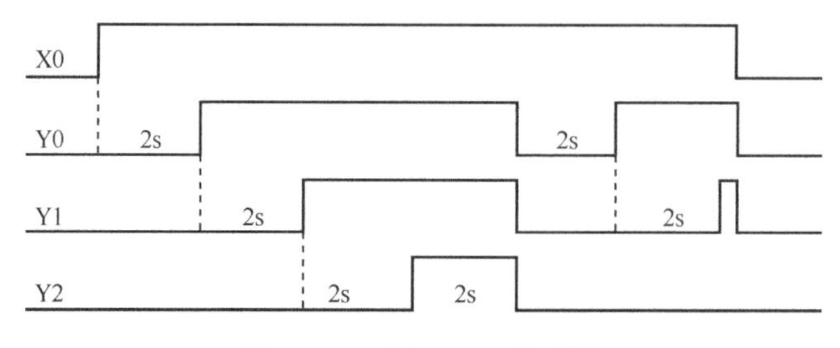

图 3.4-15 例 3.4-12 梯形图

梯形图程序如图 3.4-16，图 3.4-17 和图 3.4-18 所示。

图 3.4-16 是利用基本指令编制的梯形图。它使用了 4 个定时器，顺序输出 YO,Y1，Y2 和进行复位循环工作。

图 3.4-17 是应用 CMP 指令和 ZRST 指令编制的梯形图。它只使用了一个定时器，利用定时器的当前值分别等于 2s，4s，6s 时顺序输出 Y0，Y1 和 Y2。利用等于 8s 时进行复位循环工作。

图 3.4-18 是应用触点比较指令编制的梯形图程序，其原理和应用 CMP 指令程序相同，只是程序更简洁。

X000
T4
K20
0
T1
5
Y000
K20
T2
10
Y001
K20
T3
15
Y002
K20
T4
20
RST Y000
X000
RST Y001
RST Y002
25
END

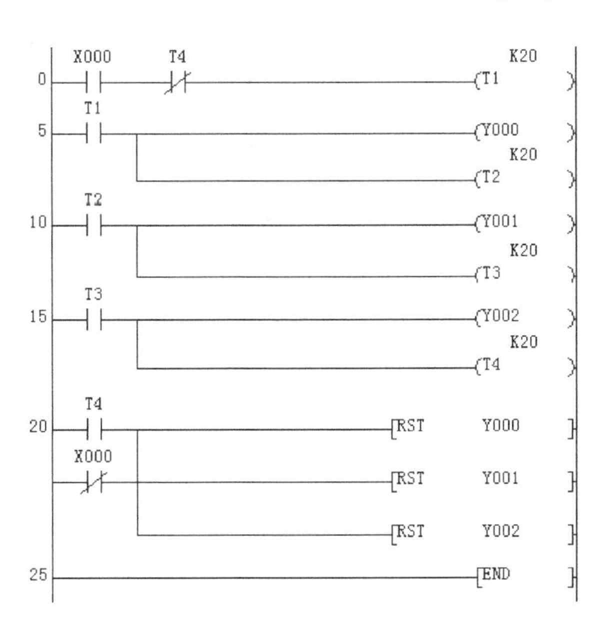

图 3.4-16 基本指令梯形图

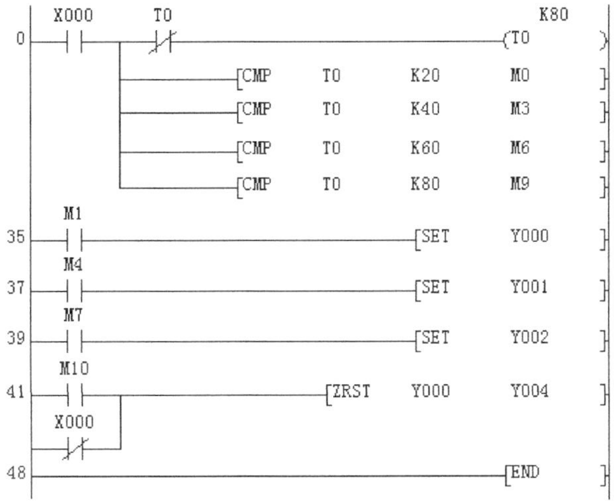

X000
T0
K80
0
T0
CMP T0 K20 M0
CMP T0 K40 M3
CMP T0 K60 M6
CMP T0 K80 M9
M1
35
SET Y000
M4
37
SET Y001
M7
39
SET Y002
M10
41
ZRST Y000 Y004
X000
48
END

图 3.4-17 CMP 指令和 ZRST 指令梯形图

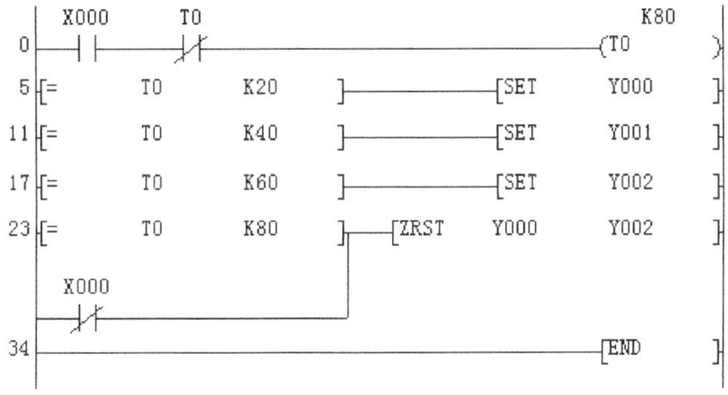

X000
T0
K80
0
T0
5 [= T0 K20]
SET Y000
11 [= T0 K40]
SET Y001
17 [= T0 K60]
SET Y002
23 [= T0 K80]
ZRST Y000 Y002
X000
34
END

图 3.4-18 触点比较指令梯形图

【试试，你行的】

（1）如果（D10）=K25，（D20）=K100，试叙述比较指令 CMP D10 D20 M0 和 CMP D20 D10 M0 之执行功能，它们之间的差别是什么？

（2）有人使用 CMP 指令编制如图 P3.4-6 所示梯形图，此梯形图有错吗？错在哪？

```
X000
─┤ ├──────────[CMP   D0    D10    M0   ]
M0
─┤ ├──────────[MOV   H1    K1Y000      ]
X010
─┤ ├──────────[MOV   K50   D0          ]
 :
 :
```

图 P3.4-6

（3）如图 P3.4-7 所示梯形图程序执行后，（D0），（D10）各为多少？为什么？M10 M11 和 M12 中哪一个闭合？为什么？程序仿真，观察你的解答是否正确？为什么？

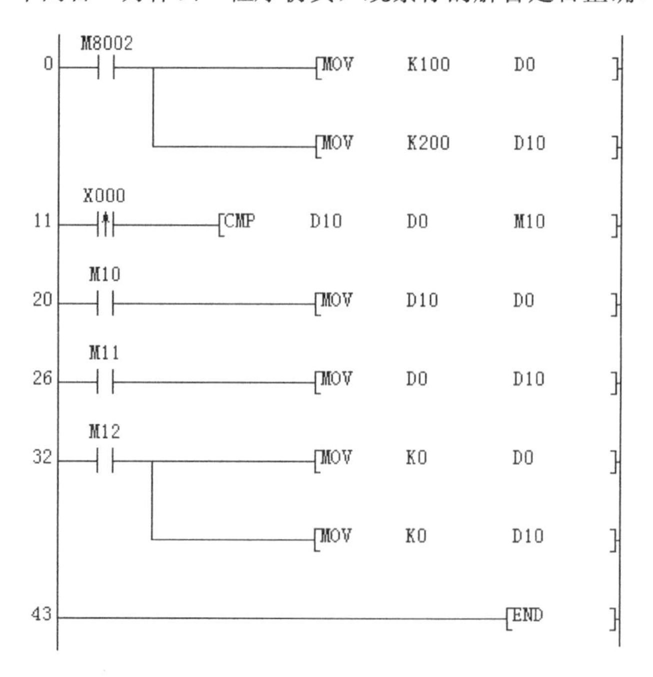

图 P3.4-7

（4）应用比较指令 CMP　T1　K500 应注意什么？

3．监视定时器刷新指令 WDT

1）指令格式

WDT	连续执行型
WDTP	脉冲执行型

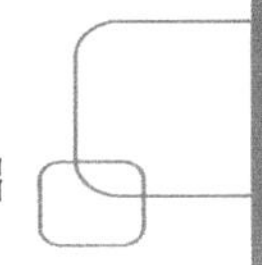

2）可用软元件

WDT 指令可用软元件见表 3.4-9。

表 3.4-9　WDT 指令可用软元件

指令	字元件											常数	
	KnX	KnY	KnM	KnS	T	C	D	R	U□\G□	V	Z	K	H
WDT	无操作软元件												

3）梯形图表示

指令梯形图如图 3.4-19 所示。

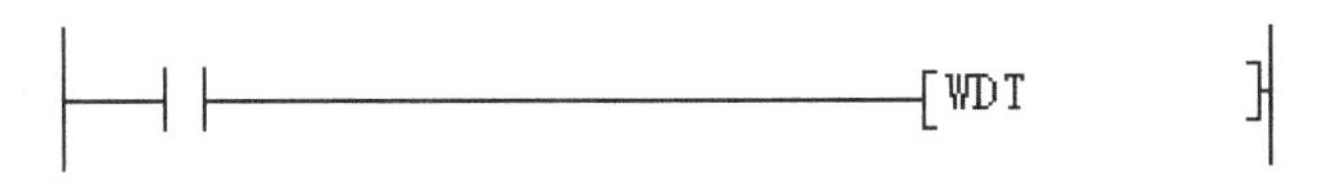

图 3.4-19　WDT 指令梯形图

4）指令功能与应用

在 PLC 内部有一个由系统自行启动运行的定时器，这个定时器称为监视定时器（俗称看门狗定时器或看门狗）。它的主要作用是监视 PLC 程序的运行周期，它随程序从 0 行开始启动计时，到 END 或 FEND 结束计时。如果计时时间一旦超过监视定时器的设定值，PLC 就出现看门狗出错（检测运行异常），然后 CPU 出错，LED 灯亮并停止所有输出。

FX PLC 的看门狗设定值为 200ms，一旦超过 200ms，看门狗就会出错，那么，在程序中有哪些情况会使程序的运行周期超过 200ms 呢？

（1）循环程序运行时间过长或死循环，看门狗最早就是为这类程序设计的。

（2）过多的中断服务程序和过多的子程序调用会延长程序运行时间。

（3）在采用定位、凸轮开关、链接、模拟量等较多特殊扩展设备的系统中，PLC 会执行缓冲存储器的初始化而延长运行时间。

（4）执行多个 FROM/TO 指令，传送多个缓冲存储区数据会使 PLC 的运行时间延长。

（5）编写多个高速计数器，同时对高频进行计数时，运行时间会延长。

在上述情况中，有一些程序是异常的（如死循环），但大多数控制程序是正常的运行时间较长（远超过 200ms）的程序。为了使这类正常程序能够运行，一般采用了两种办法解决。

一是改变监视定时器的设定值，其设定值存储在特殊数据寄存器 D8000 中。二是利用看门狗指令 WDT 对监视定时器不断刷新，让其当前值在不到 200ms 时复位为 0，又重新开始计时，从而达到分段计时不超过 200ms 的目的。

利用改变监视定时器的设定值改变程序扫描时间，程序梯形图如图 3.4-20 所示。

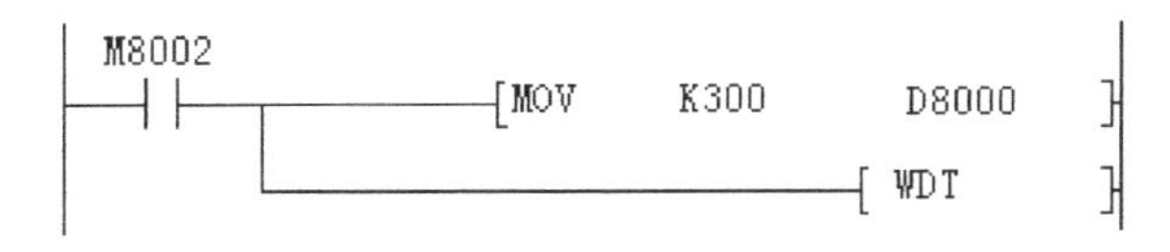

图 3.4-20　扫描时间改变梯形图

该程序应置于程序最前面，以后的看门狗时间就变成了300ms。如果没有编写WDT指令，看门狗时间的改变要等到END指令执行后D8000的时间变为有效。

监视定时器设定值范围最大为32767ms，如果设置过大会导致运算异常检测的延迟，所以一般在运行没有问题情况下，初始化值置200ms。

当一个程序运用周期时间较长时，可在程序中间插入WDT指令，进行分段监视，这时等于把一个较长的时间分成几段进行监视，每一段都不超过200ms，如图3.4-21所示。

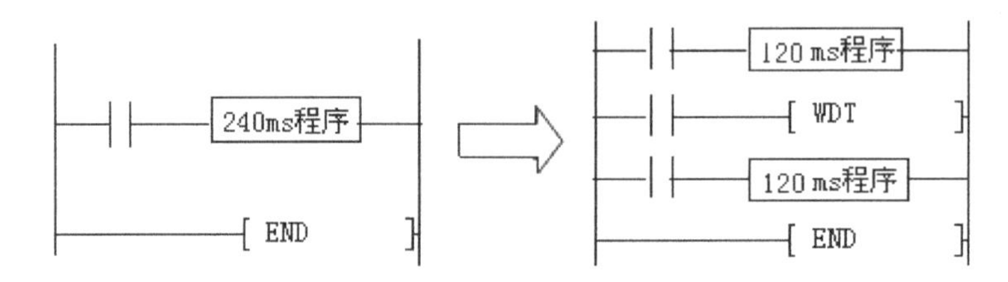

图3.4-21　WDT指令应用梯形图

图中，WDT是监视上面120ms程序的运算时间。执行WDT指令时，将监视定时器当前值复位为0，重新开始对下面120ms程序的监视。因此，当程序运算时间较长时，可以在程序中反复使用WDT指令对监视定时器复位。

【试试，你行的】

（1）什么是看门狗定时器？它的作用是什么？

（2）如果程序运行时间太长，应采用哪些办法解决？

（3）WDT指令的功能是什么？把它放在程序当中，起到什么作用？

3.4.3　常用特殊辅助继电器和特殊数据寄存器

1．常用特殊辅助继电器

编址M8000～M8511为特殊辅助继电器。特殊辅助继电器被PLC用来表示PLC的某些状态，提供时钟脉冲和标志位，设定PLC的运行方式。或者被PLC用于步进顺控，禁止中断，计数器的加减设定，模拟量控制，定位控制和通信控制中的各种状态标志等。对初学者来说，有几个关于PLC状态及时钟的特殊继电器是必须要掌握的，它们在程序编制时会经常用到。

1）PLC开机状态特殊辅助继电器

● RUN监控继电器【M8000】【M8001】

RUN监控继电器有两个：【M8000】和【M8001】，它们的梯形图表示如图3.4-22所示。它们为触点利用型特殊辅助继电器，用户只能利用其触点，因而在用户程序中不能出现其线圈，但可利用其常开或常闭触点作为驱动条件，在标志时加【　】以示区别。

【M8000】为常开触点，【M8001】为常闭触点，触点的动作由PLC运行模式决定，当PLC在运行（RUN）模式时，触点动作，这时，【M8000】为运行闭合，又叫常ON继电

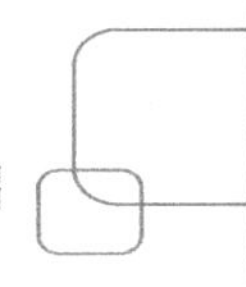

器；而【M8001】为运行断开，又称常 OFF 继电器。如 PLC 在停止（STOP）模式时，则【M8000】常开，【M8001】常闭，时序如图 3.4-23 所示。

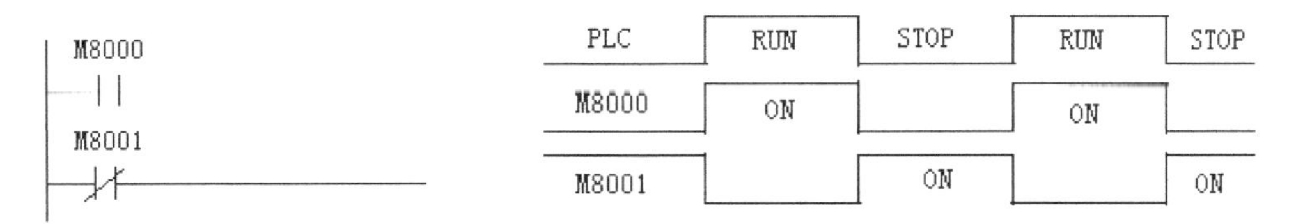

图 3.4-22　M8000、M8001 梯形图表示　　　　图 3.4-23　M8000、M8001 工作时序图

如果 PLC 中没有【M8000】和【M8001】功能的特殊继电器，可以利用图 3.4-24 和图 3.4-25 中的梯形图代替，梯形图中 M0 的作用和【M8000】,【M8001】是一样的。

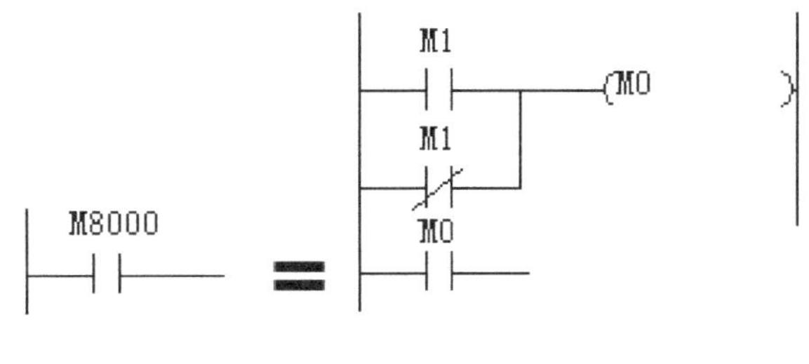

图 3.4-24　M8000 等效梯形图

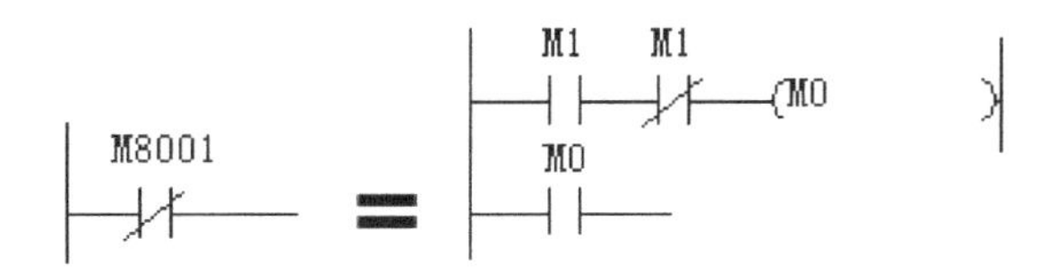

图 3.4-25　M8001 等效梯形图

开机监控继电器【M8000】可以作为线圈和指令的驱动条件。例如，驱动一个指示灯，用来显示 PLC 在运行中，也可以用来驱动每个扫描周期都要进行采集的数据等。

● 开机脉冲继电器【M8002】【M8003】

开机脉冲继电器是指 PLC 在运行后仅动作一个扫描周期的特殊辅助继电器。【M8002】为常开触点开机脉冲，PLC 运行后，仅接通一个扫描周期；【M8003】为常闭触点开机脉冲，PLC 运行后，仅断开一个扫描周期，时序如图 3.4-26 所示。

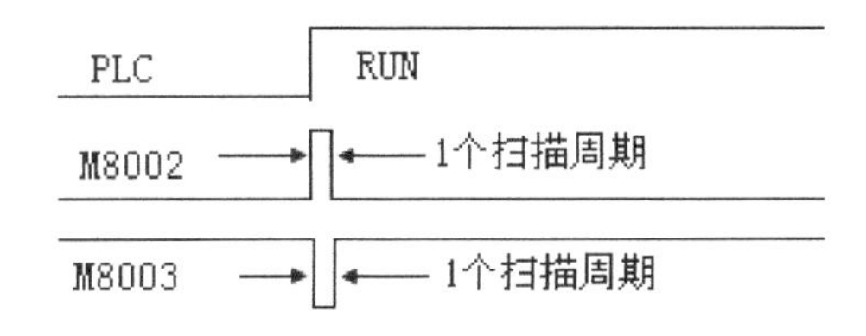

图 3.4-26　M8002、M8003 工作时序图

在程序中，作为驱动条件常用的是常开触点【M8002】，主要应用在程序的初始化处理。例如，程序执行前把所用的位软元件复位和字元件清零，对程序所需要的数据、标志位状态等进行一次性的存储，这种处理希望仅在第一次扫描周期内完成。在以后的扫描周期内

不再执行，这样做可以减少程序的运行时间。一般来说，初始化处理程序都放在应用程序的最前面。

2）时钟脉冲继电器【M8011】【M8012】【M8013】【M8014】

FX 系列 PLC 有几个称之为时钟脉冲的特殊辅助继电器，见表 3.4-10。

表 3.4-10　时钟脉冲特殊辅助继电器

名　称	编　址	动 作 功 能
10ms 时钟	M8011	10ms 周期时钟脉冲、频率 100Hz
100ms 时钟	M8012	100ms 周期时钟脉冲、频率 10Hz
1s 时钟	M8013	1s 周期时钟脉冲、频率 1Hz
1min 时钟	M8014	1min 周期时钟脉冲

时钟脉冲继电器实际上是一个占空比为 50%脉冲振荡器，只要 PLC 通电后，它就保持一定周期的振荡，与 PLC 的工作模式（RUN/STOP）无关。图 3.4-27 为 10ms 时钟脉冲的工作波形。

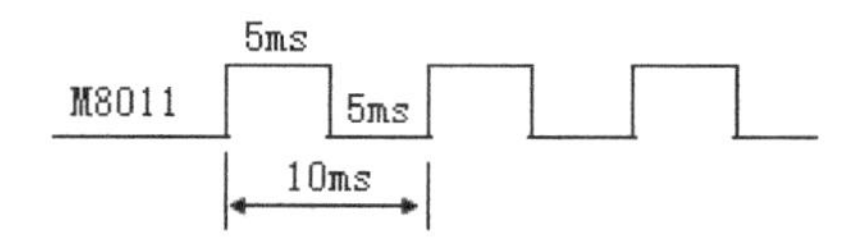

图 3.4-27　10ms 时钟脉冲工作波形

时钟脉冲在程序中非常有用，它可以使程序变得十分简洁，例如，在告警程序中，如果希望发生告警时，告警指示灯 1s 闪烁一次，那么只要在告警驱动条件中传入 M8013 即可，如图 3.4-28 所示。

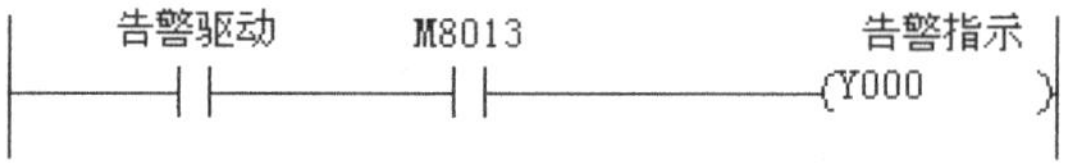

告警驱动　M8013　告警指示
Y000

图 3.4-28　M8003 应用梯形图

【例 3.4-13】 两个指示灯 Y0，Y1 启动后，轮流闪烁 1s。停止时，一起停止闪烁，程序如图 3.4-29 所示。

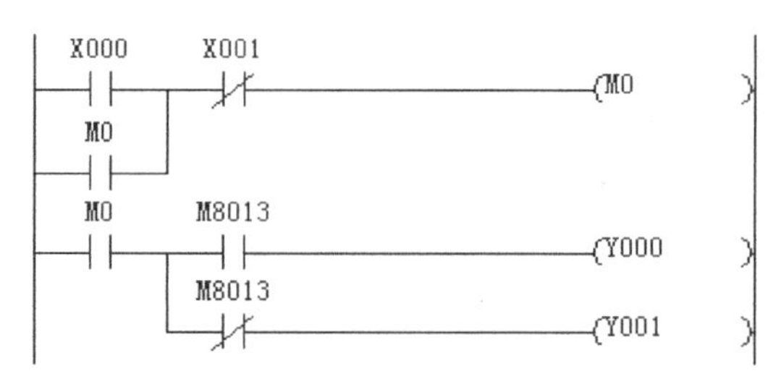

图 3.4-29　例 3.4-13 梯形图

3）PLC 模式特殊辅助继电器

PLC 模式特殊辅助继电器主要是指 PLC 工作模式（RUN/STOP）控制、输出继电器

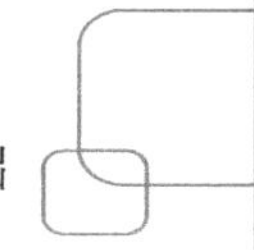

（Y）禁止和恒定扫描等功能的继电器，这几个特殊辅助继电器是线圈驱动型特殊辅助继电器（可读/写型）。这类特殊继电器用户在程序中既可以驱动其线圈，使 PLC 执行特定的操作，也可以在程序中使用它们的触点，在标志时不加【】号。

● PLC 输出禁止继电器 M8034

M8034 驱动后，如图 3.4-30 所示，使所有输出继电器 Y 的触点为 OFF。但 PLC 仍在运行，运行的 Y 结果仅刷新输出线圈 Y 在 I/O 映像区中对应的状态，并不刷新输出锁存电路，也就是说，并不驱动输出继电器 Y 的触点。输出触点一直保持 OFF 状态，直到解除 M8034 的驱动为止。

图 3.4-30　M8034 等效梯形图

● PLC 模式（RUN/STOP）控制继电器 M8035、M8036、M8037

这三个继电器为 PLC 模式控制继电器。PLC 通电后 PLC 有两种工作模式，RUN（运行模式）和 STOP（编程模式）。在运行模式下，执行用户程序；在编程模式下，写入或读出用户程序，用户程序运行停止。在一般情况下，这两种模式可以通过 PLC 基本单元上的内置 RUN/STOP 开关进行转换。其缺点是 PLC 装置在配电箱内，需人工拨动，不能自动执行，如果利用特殊辅助继电器 M8035、M8036、M8037，则可通过外部接线及编写程序来控制 PLC 的运行和停止。

外部接线如图 3.4-31 所示，右侧为梯形图程序，其中 RUN 控制可为基本单元上的 X000～X017 中任一点（FX_{2N}-16M 型为 X000～X007 点），STOP 控制可为任一输入点。

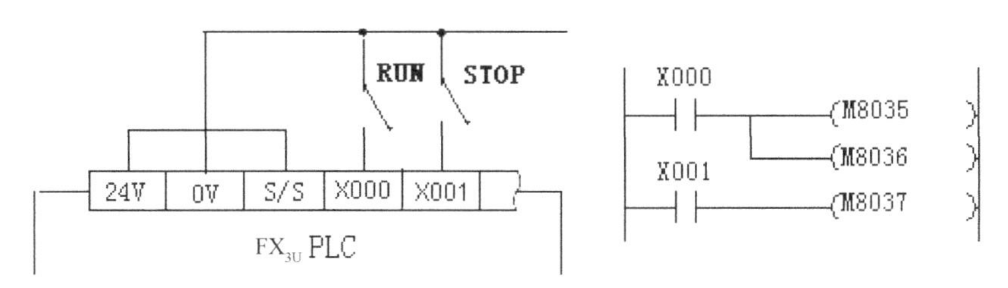

图 3.4-31　RUN/STOP 模式外部控制

使用前还必须对 PLC 参数进行设置，具体操作如下：应用编程软件 GX，单击画面左侧“工程”栏之“参数”前的 ⊞，双击“PLC 参数”选项，出现“FX 参数设置”对话框，单击“PLC 系统（1）”选项，出现如图 3.4-32 所示画面，在“运行端子输入”栏填入 X000，单击“结束设置”选项，参数设置成功。参数设置后，将程序和参数传送到 PLC 中，为了使参数设定有效，可将 PLC 电源 OFF/ON 一次。这时，将内置 RUN/STOP 开关拨向 STOP 模式，PLC 的工作模式就可用外部两个开关进行点动转换。使用时，两个开关不要同时按下，如果同时按下，则 STOP 开关有效。在 PLC 处于 STOP 模式时，如将内置开关置于 RUN 一侧，可使 PLC 运行，但 STOP 模式仍然必须通过 STOP 开关来完成，而且，当用 STOP 开关使 PLC 处于 STOP 模式后，RUN 开关不能使 PLC 再次运行。

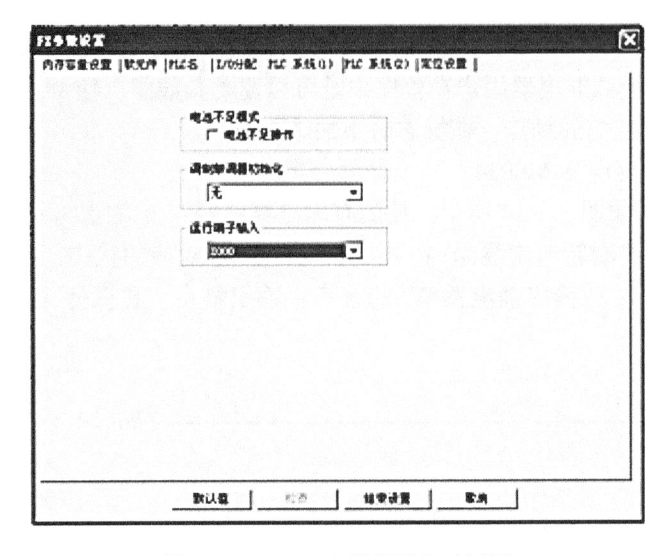

图 3.4-32 “FX 参数设置”对话框

● PLC 恒定扫描继电器 M8039

恒定扫描是指把 PLC 的扫描时间固定为一个常数，使 PLC 的扫描周期不低于这个数。如果 PLC 的实际扫描时间小于这个数，PLC 也要消耗剩余的时间，直到达到恒定扫描时间才返回 0 步。在 PLC 中，有些功能指令是与扫描同步执行的，建议使用恒定扫描时间。

M8039 为恒定扫描时间状态继电器，仅当 M8039 为 ON 时，置于恒定扫描时间存储器 D8039 的值才有效。一般用图 3.4-33 所示梯形图设定恒定扫描时间，时间设定单位为 1ms，图中为 200ms。

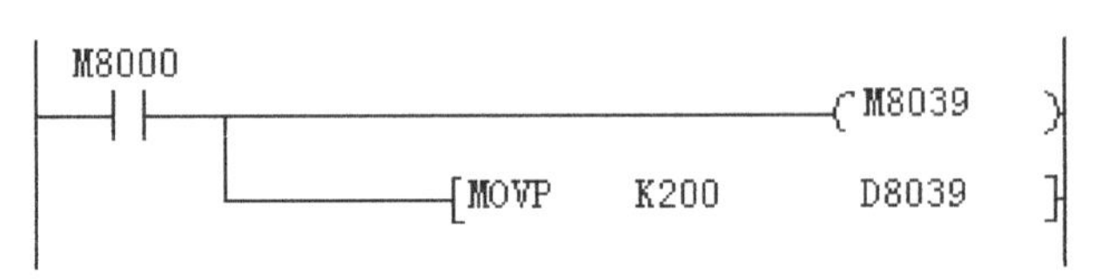

图 3.4-33 恒定扫描时间梯形图

2. 常用特殊数据寄存器

常用特殊数据寄存器较少，初学者只要了解一下监视定时器（看门狗）设定值存储器 D8000 就可以了，其使用参见监视定时器刷新指令 WDT 讲解。

【试试，你行的】

（1）开机后，M8000 是常开还是常闭，M8001 是常开还是常闭？

（2）开机后，M8002 的接通时间是多少？它经常用在程序设计的哪些方面？为什么？

（3）条件许可的话，按照图 3.4-31 所述的外部接线和梯形图程序亲自实践一下 PLC 的外部 RUN/STOP 模式控制，体会前别忘了在 GX 软件上的参数设置操作。

（4）M8034 的功能是什么？当 M8034 被 ON 后，程序停止运行吗？它是如何停止输出的？

本章水平测试

（1）脉冲信号的上升沿是指（　　）。

A．高电压　　B．低电压

C．低电压跳变到高电压　　D．高电压跳变到低电压

（2）某脉冲信号的周期是 0.25ms，它的频率是（　　）。

A．4000Hz　　B．400Hz　　C．40Hz　　D．4Hz

（3）某脉冲信号高电平宽度为 0.15s，低电平宽度为 0.85s，则该脉冲信号的占空比为（　　）。

A．85%　　B．15%　　C．17.6%　　D．82.4%

（4）在数字技术中，时序图是指（　　）。

A．输入，输出信号的波形图

B．输出信号与输入信号按时间顺序的波形对应图

C．输入信号之间按时间顺序的波形对应图

D．输出信号之间按时间顺序的波形对应图

（5）时序图能反映输出信号与输入信号之间的逻辑关系吗？（　　）。

A．能　　B．不能　　C．有时能，有时不能

（6）在脉冲信号中，高电平/低电平的电压是指（　　）。

A．15V/0V　　B．3V/0.5V

C．24V/3V　　D．由具体的电路确定

（7）PLC 的指令系统包括（　　）。

A．基本指令　　B．步进顺控指令　　C．汇编指令　　D．功能指令

（8）指令的执行时间是指 CPU（　　）。

A．执行一条指令的时间　　B．执行一行梯形图的时间

C．执行一步指令的时间

（9）指令 ADD　D1　D10　D20 中，指令的助记符是指（　　）。

A．D1　　B．ADD　　C．D10　　D．D20

（10）下面指令中，哪些指令含有立即寻址方式（　　）。

A．LD　XO　　B．CMP　D2　K10　M10

C．SET　S10　　D．MOV　K50　D13

（11）下面指令中，哪些指令为立即寻址方式（　　）。

A．LDI　M25　　B．ADD　D1　D2　D4

C．OR　D520　　D．MOV　K4M0　D10

（12）D13Z0，（Z0）= K7 指出变址操作后的地址是 D13Z0 是（　　）。

A．D13　　B．D7　　C．Z20　　D．D20

（13）X7V5，（V5）= K10 指出变址操作后的地址 X7V5 是（　　）。

A．X12　　B．X17　　C．X20　　D．X15

（14）“字”是指（　　）。

A．32位二进制位整体　　B．16位二进制位整体

C．8位二进制位整体　　D．4位二进制位整体

（15）在FX系列PLC中，双字是指（　　）。

A．（D11，D12）　　B．（D21，D20）

C．（D31，D20）　　D．（K4M16，K4M0）

（16）在编程软元件中，是位元件的有（　　）。

A．K2M0　　B．S　　C．D10.5　　D．R

（17）在编程软元件中，是字元件的有（　　）。

A．K250　　B．K4Y0　　C．Y1　　D．D500

（18）下面不存在的编程软件是（　　）。

A．M18　　B．X48　　C．V8　　D．Y129

（19）软元件D20.6的含义是（　　）。

A．D20的第6个二进制位　　B．D20的b6位

C．D20的前6个二进制位　　D．D20的低8位的最高位

（20）继电器M510在断电又上电后（　　）。

A．一直保持断电前的状态　　B．仅保持断电前状态一个扫描周期

C．保持断电前状态直到程序改变其状态　D．处于复位状态。

（21）配合步进顺控程序的软元件是（　　）。

A．M　　B．D□.6　　C．X　　D．S

（22）FX系列PLC中的数据寄存器D是（　　）。

A．字元件　　B．32位二进制整体元件

C．16位二进制整体元件　　D．不确定

（23）当一个新的数据存入D后，它原来存储的数据（　　）。

A．被传送到另外一个D　　B．被新数据挤出

C．变为0　　D．自动消失

（24）定时器T和计数器C特点是（　　）。

A．触点是一个位元件　　B．线圈是一个字元件

C．设定值是字元件　　D．当前值是位元件

（25）下面是变址寄存器的是（　　）。

A．Z5　　B．V10　　C．P12　　D．V7

（26）组合位元件K4M15表示的位元件是（　　）。

A．M15～M0　　B．M31～M15　　C．M30～M15　　D．M30～M0

（27）组合位元件K4X12表示的位元件是（　　）。

A．X12～X0　　B．X15～X0　　C．X27～X12　　D．X31～X12

（28）指针P的功能是（　　）。

A．程序跳转地址　B．中断子程序入口地址

C．子程序入口地址　　D．堆栈的栈顶地址

（29）在PLC中，堆栈是一个（　　）。

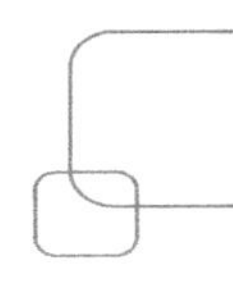

A．输入信号映像区　　B．特定数据存储区

C．中间计算结果存储区　　D．输出信号锁存区

（30）在三菱 FX 系列 PLC 中，嵌套可以出现在（　　）。

A．循环程序中　B．计数程序中　C．主控指令中　D．子程序中

（31）在梯形图中，驱动条件是指（　　）。

A．常开触点　　B．常闭触点

C．触点的逻辑关系组合　　D．以上都不是

（32）在梯形图中，驱动输出是指（　　）。

A．位元件线圈　B．定时器当前值　C．指令　D．计数器线圈

（33）梯形图上步序编址的含义是（　　）。

A．梯级程序步的容量　　B．梯级程序步的编址首址

C．梯级的顺序编址　　D．梯形图的程序转移地址

（34）如图梯形图程序，含有错误的梯形图是（　　）。

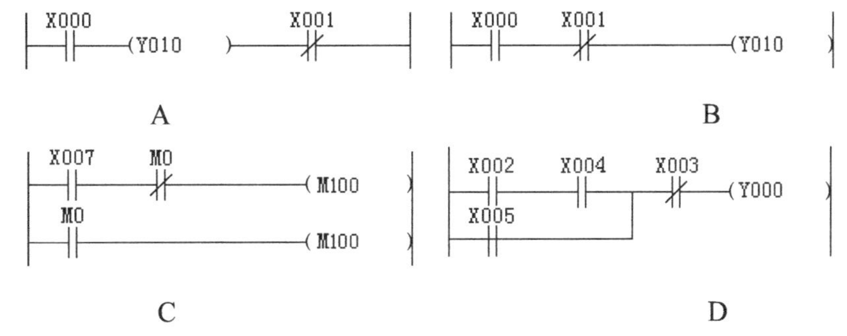

（35）PLC 在执行梯形图程序时，其执行方式是（　　）。

A．线圈和其触点同时动作

B．线圈动作后，其触点同时动作

C．线圈动作后，其触点按扫描方式顺序动作

D．线圈动作后，仅在其后的触点顺序动作

（36）能和左母线相连的触点符号是（　　）。

A．　B．　C．　D．

（37）具有逻辑“与”功能的图形是（　　）。

A．　B．　C．　D．

（38）具有逻辑“或”功能的图形是（　　）。

A．　B．　C．　D．

（39）如图 Y0 的逻辑关系表达式是（　　）。

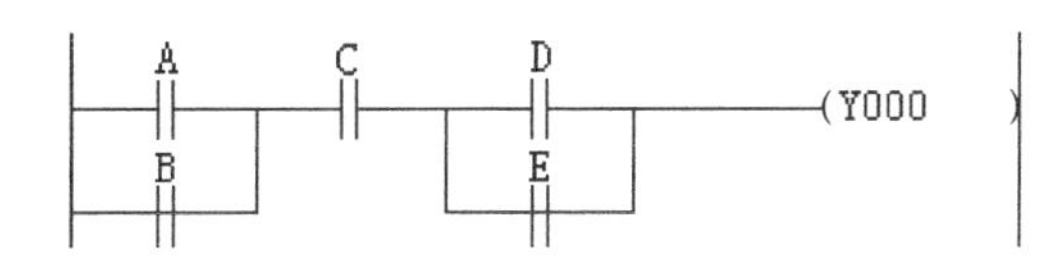

A. Y0=A·B+C+D·E　　　　B. Y0 =(A+B)+C +(D+E)

C. Y0=(A+B)·C·(D+E)　　　　D. Y0=(A+B)·C·D·E

（40）下面图中，哪两个梯形图的逻辑功能是一样的（　　）。

A. 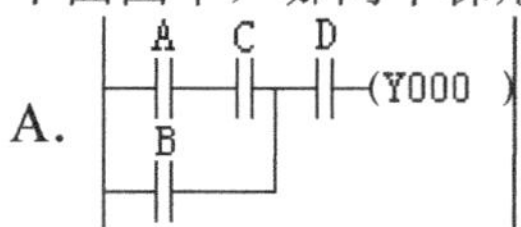

B.

C. 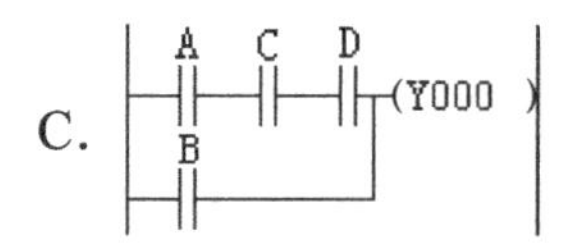

D.

（41）OUT 指令所驱动的软元件是（　　）。

A. Y　　B. D10·A　　C. T　　D. U5\G1

（42）执行 OUT　Y5 指令后（　　）。

A. Y5 的常开触点 ON　　　　B. Y5 的常闭触点 OFF

C. Y5 的端口触点不动作　　　　D. Y5 的端口触点 ON

（43）执行 OUT　T5　K50 指令后（　　）。

A. T5 的常开触点 ON　　　　B. T5 开始计时

C. T5 的常闭触点 OFF　　　　D. T5 准备计时

（44）执行 OUT　D10·B 指令后（　　）。

A. D10 为 K0　　　　B. D10 的 b11 位置 1

C. D10 为全 1　　　　D. D10 的 b12 位置 1

（45）程序最后必须以（　　）指令结束。

A. FEND　　B. OUT　　C. END　　D. RST

（46）下面时序图中，哪个是点动控制（　　）。

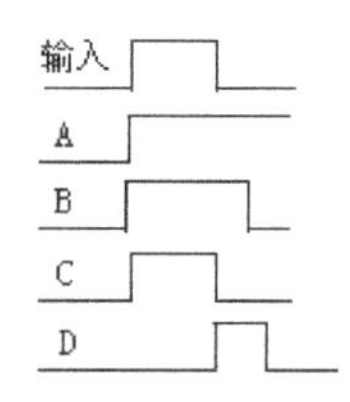

（47）下面梯形图中，具有自锁功能的是（　　）。

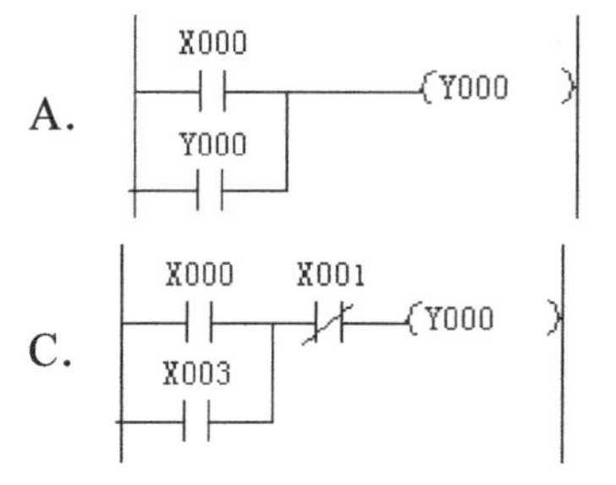

B.

D.

（48）下面梯形图中，具有互锁功能的是（　　）。

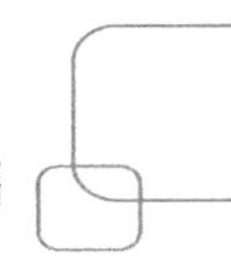

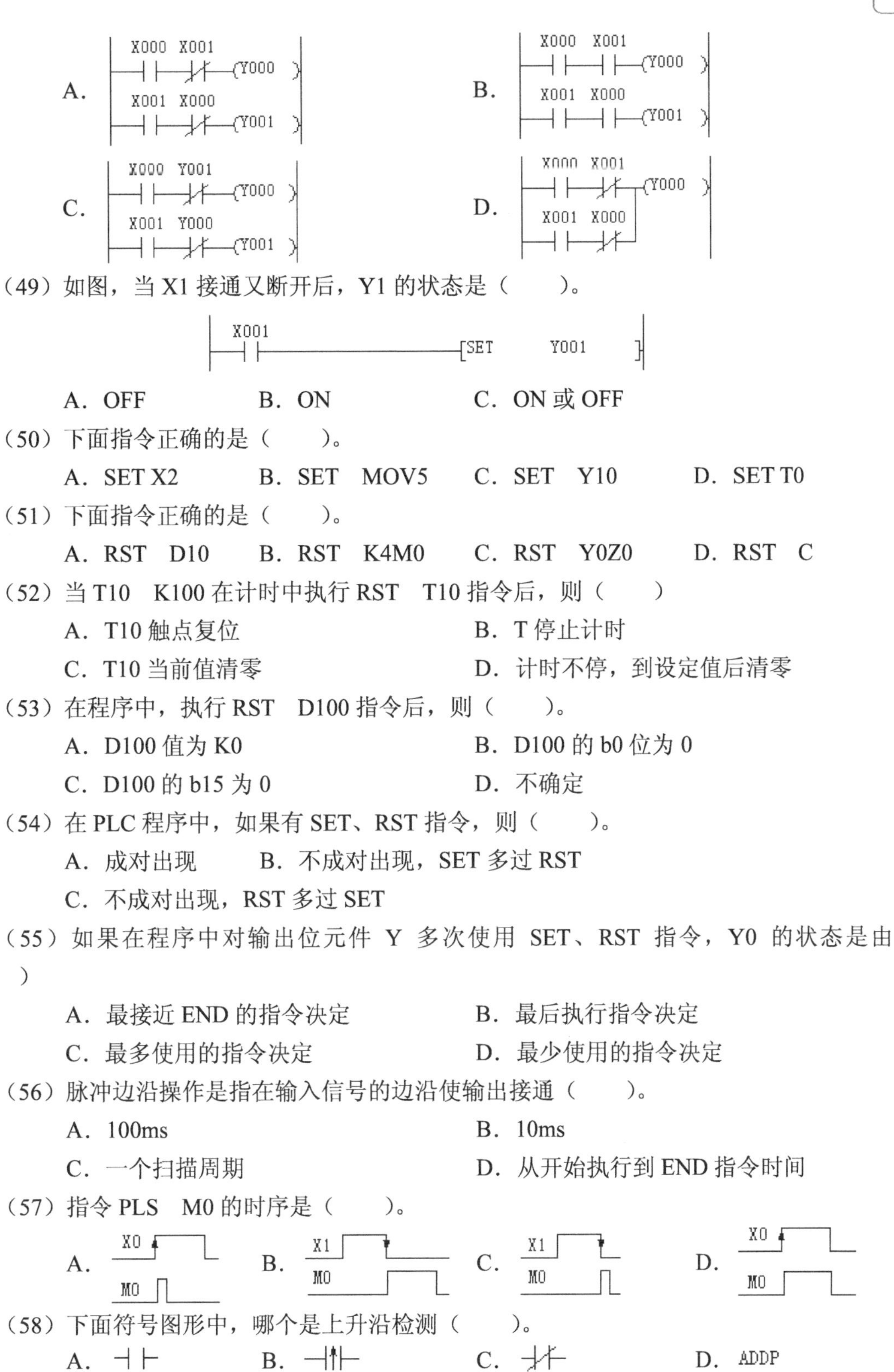

A.

B.

C.

D.

（49）如图，当 X1 接通又断开后，Y1 的状态是（　　）。

A．OFF　　B．ON　　C．ON 或 OFF

（50）下面指令正确的是（　　）。

A．SET X2　　B．SET　MOV5　　C．SET　Y10　　D．SET T0

（51）下面指令正确的是（　　）。

A．RST　D10　　B．RST　K4M0　　C．RST　Y0Z0　　D．RST　C

（52）当 T10　K100 在计时中执行 RST　T10 指令后，则（　　）

A．T10 触点复位　　B．T 停止计时

C．T10 当前值清零　　D．计时不停，到设定值后清零

（53）在程序中，执行 RST　D100 指令后，则（　　）。

A．D100 值为 K0　　B．D100 的 b0 位为 0

C．D100 的 b15 为 0　　D．不确定

（54）在 PLC 程序中，如果有 SET、RST 指令，则（　　）。

A．成对出现　　B．不成对出现，SET 多过 RST

C．不成对出现，RST 多过 SET

（55）如果在程序中对输出位元件 Y 多次使用 SET、RST 指令，Y0 的状态是由（　　）

A．最接近 END 的指令决定　　B．最后执行指令决定

C．最多使用的指令决定　　D．最少使用的指令决定

（56）脉冲边沿操作是指在输入信号的边沿使输出接通（　　）。

A．100ms　　B．10ms

C．一个扫描周期　　D．从开始执行到 END 指令时间

（57）指令 PLS　M0 的时序是（　　）。

A.

B.

C.

D.

（58）下面符号图形中，哪个是上升沿检测（　　）。

A.　B.　C.　D.

（59）能完成脉冲边沿操作功能的有（　　）。

A. M8001　　B. ANDF　　C. MOVP　　D. ORB

（60）如图程序，当M0接通后，再接通M1，这时Y0的输出状态是（　　）。

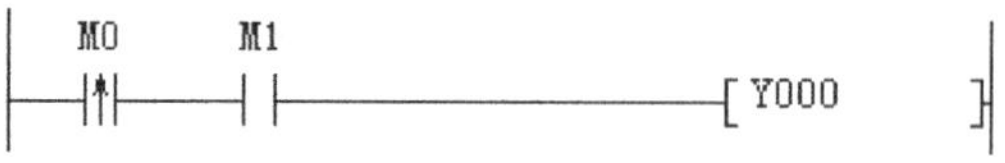

A. ON　　B. OFF　　C. 接通一个扫描周期

（61）开机后常开触点自动接通一个扫描周期的特殊辅助继电器是（　　）。

A. M8000　　B. M8001　　C. M8002　　D. M8003

（62）脉冲边沿操作的功能应用是（　　）。

A. 执行初始化程序　　B. 捕捉脉冲

C. 发出单脉冲信号　　D. 满足仅执行一次指令要求

（63）下面为空操作指令的是（　　）。

A. NOP　　B. ANB　　C. INV　　D. MEF

（64）如图程序，取反操作指令INV是对（　　）取反。

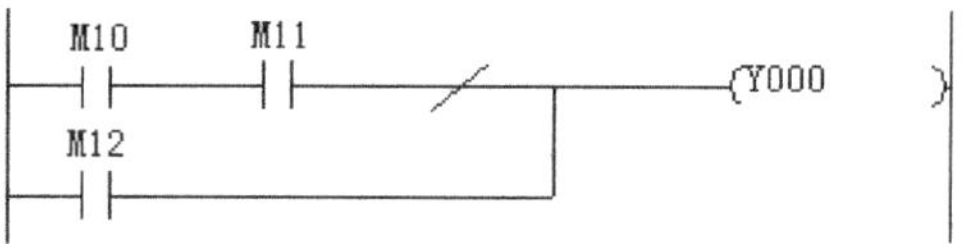

A. M10　　B. M10·M11　　C. M11　　D. M10+M12

（65）能完成如下图功能的梯形图是（　　）。

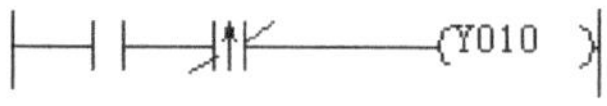

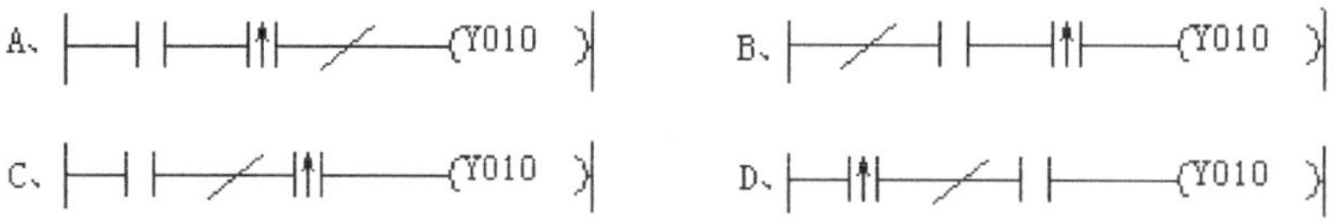

（66）主控指令MC　N1对应的主控复位指令是（　　）。

A. MCR　　B. MCR　N0　　C. MCR　N1　　D. MC　N1

（67）如图主控程序段，如XO接通，执行主控程序，且T1计时到K50后X0断开，这时，T1的当前值为（　　）。

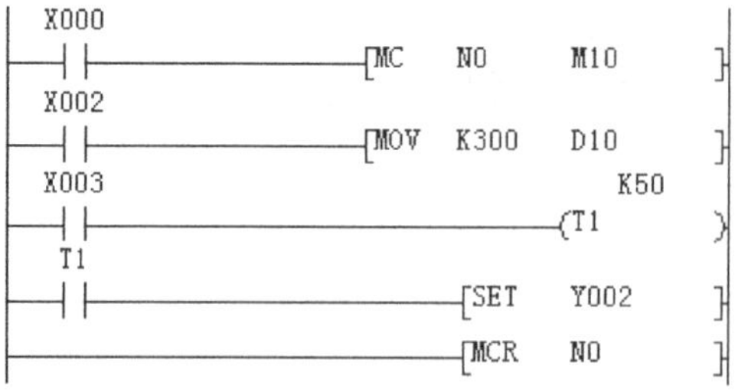

A. K50　　B. K0　　C. K0～K50之间的值

（68）如题67图，说明X0断开后Y2的状态是（　　）。

A. OFF　　B. ON　　C. 不确定

（69）如图中黑框所标为（　　）。

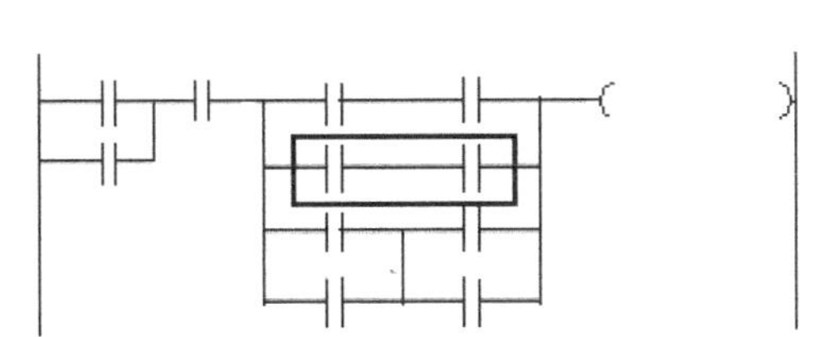

A．串联电路块　　B．并联电路块　　C．都不是

（70）如图中黑框所标为（　　）。

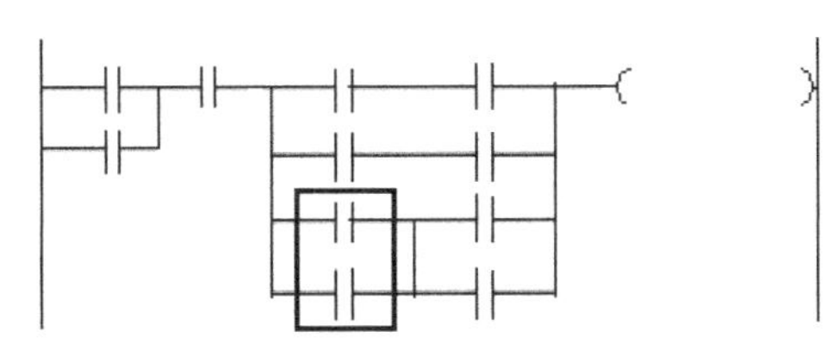

A．串联电路块　　B．并联电路块　　C．都不是

（71）如图梯形图，电路块 M3，M4 的指令语句表程序是（　　）。

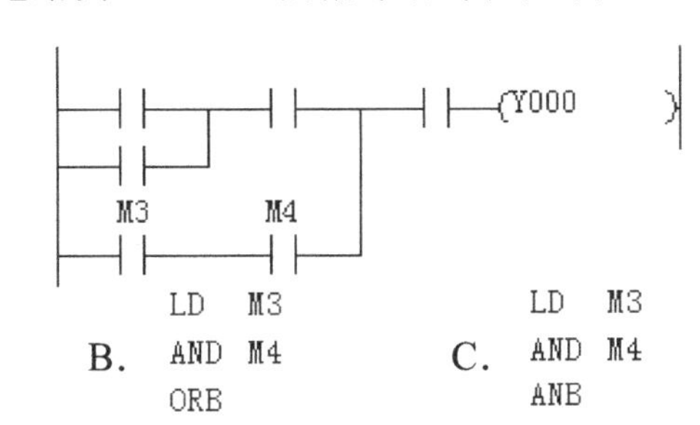

A.
```
LD   M3
AND  M4
```

B.
```
LD   M3
AND  M4
ORB
```

C.
```
LD   M3
AND  M4
ANB
```

（72）如图黑圈之点应添加指令（　　）。

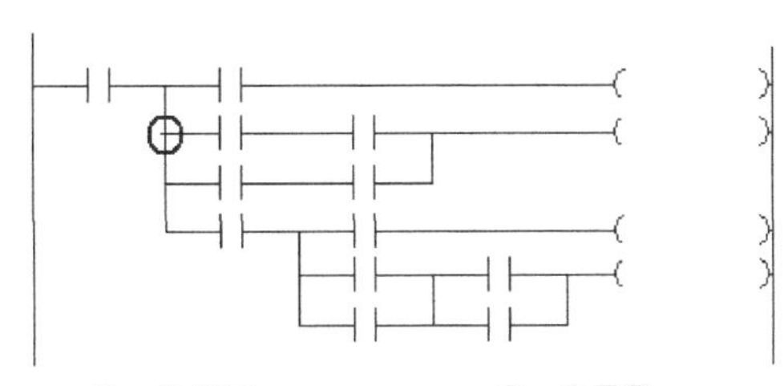

A．MPS　　B．MPD　　C．MPP

（73）如图黑圈之点应添加指令（　　）。

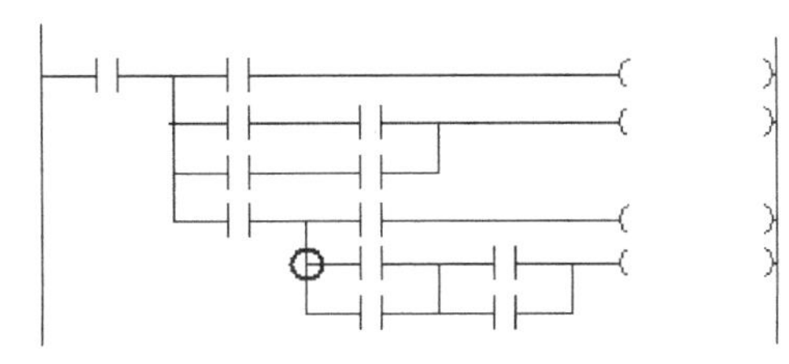

A．MPS　　B．MPD　　C．MPP

（74）下面触点比较指令错误的是（　　）。

A．[=　T0　M0　]　　B．[<>　D10　K4M0　]

C．[=>　T0　K500　]　　D．[D<　D10　D12　]

（75）如图触点比较指令，如（D10）＝ K25　（D12）＝ K100，则该触点的状态是（　　）。

—[D<　D10　D12]—

A．ON　　B．OFF　　C．不能确定

（76）如图触点比较指令，当 C5=C200 时，则该触点的状态是（　　）。

—[=　C5　C2CC]—

A．ON　　B．OFF　　C．不能确定

（77）如图梯形图程序，当计数器计数至 K50 和 K80 时，Y0 的状态分别是（　　）。

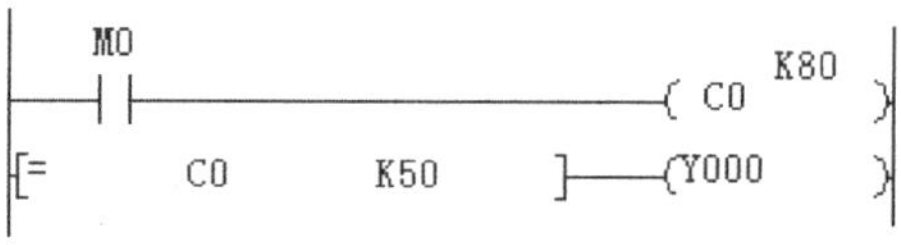

```
 M0                          K80
─┤├──────────────────────( C0    )
[=   C0    K50 ]─────────( Y000  )
```

A．OFF,ON　　B．OFF,OFF　　C．ON,OFF　　D．ON,ON

（78）如图触点比较指令，当（D0）=B1100100100000000，（D2）=B01100000010011000 时，触点的状态是（　　）。

—[>　D0　D2]—

A．ON　　B．OFF　　C．不能确定

（79）下面哪个是 32 位触点比较指令的编程软件输入（　　）。

A．LD= D10　D20　　B．= D10　D20

C．D= D10　D20　　D．LDD=　D10　D20

（80）如图梯形图程序，程序执行后，（D20）＝（　　）。

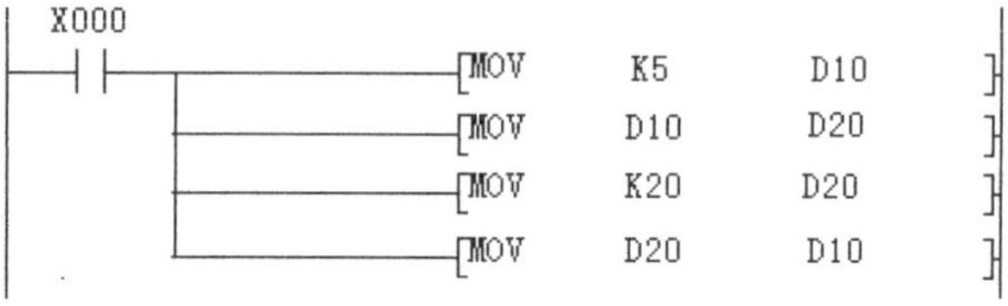

```
 X000
─┤├──┬──────────[MOV  K5   D10 ]
     ├──────────[MOV  D10  D20 ]
     ├──────────[MOV  K20  D20 ]
     └──────────[MOV  D20  D10 ]
```

A．K5　　B．K10　　C．K15　　D．K20

（81）执行指令 MOV　D100　D200 的功能是（　　）。

A．把 D100 的数和 D200 的数进行交换

B．把 D100 的数读出送到 D200 中去

C．把 D100 的数写入 D200 中去

D．把 D100 的数传送到 D200 中去，D100 变为 0

（82）执行指令 MOV　D5　K4M0，（D5）＝ K275。执行后，MO, M5, M8 的状态是（　　）。

A．ON,OFF,ON　　B．ON,ON,ON　　C．ON,OFF,OFF　　D．ON,ON,OFF

（83）执行指令 MOV　K0　T4，执行后（　　）。

A．定时器 T4 当前值为 0　　B．定时器 T4 的触点复位

C．定时器 T4 的当前值为 0，且触点复位　　D．定时器 T4 的设定值变为 0

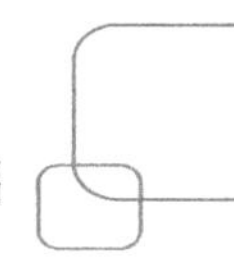

（84）当驱动条件成立时，哪个指令执行后，D0 的值是变化的？（　　）

A．MOV　T2　D0　　　　　　B．MOV　K25　D0

C．MOVP　T5　D0　　　　　　D．MOV　K100　C0

（85）如图程序执行后，它的功能是（　　）。

```
 X000
──┤├──┬────────[MOV   K5    D10  ]
      ├────────[MOV   K10   D20  ]
      ├────────[MOV   K20   D20  ]
      └────────[MOV   K20   D10  ]
```

A．将 D10 的数传送到 D20　　　　　　B．将 D20 的数传送到 D10

C．将 D10 的数和 D20 的数进行交换

（86）下面不能执行的比较指令是（　　）。

A．CMP　K100　D2　D0　　　　　　B．CMP　D0　D2　M10

C．CMP　D10　S10　M0　　　　　　D．CMP　K4X0　D100　D0.5

（87）执行指令 CMP　K100　D2　M0，（D2）=K99 后，哪个位元件状态为 ON？（　　）

A．M0　　　　B．M1　　　　C．M2

（88）如图（D10）= K65　（D0）= K55，执行指令 CMP　K50　D0　D10.3 后，（D10）=（　　）

A．H0049　　　　B．H0051　　　　C．H0061　　　　D．H0079

（89）组合位元件 K4M10 中，仅 M17 为“1”，其余均为“0”，且（D10）= K128，则执行比较指令 CMP　D10　K4M10　Y0 后，输出为 ON 的是（　　）。

A．Y2　　　　B．Y1　　　　C．Y0　　　　D．都不为 ON

（90）如下图程序，当定时器计时到 K20 时，输出为 ON 的是（　　）。

```
 X000                                   K20
──┤├──┬──────────────────────────────(T1    )
      ├──────[CMP    T1     K15     M0      ]
      │ M0
      ├──┤├──────────────────────────(Y000  )
      │ M1
      ├──┤├──────────────────────────(Y001  )
      │ M2
      └──┤├──────────────────────────(Y002  )
```

A．YO　　　　B．Y1　　　　C．Y2　　　　D．都不为 ON

（91）下面不能执行的区间复位指令是（　　）。

A．ZRST　M0　S5　　　　　　B．ZRST　M10　M20

C．ZRST　C180　C231　　　　　　D．ZRST　Y5　Y1

（92）执行指令 ZRST　M20　M24 后，复位的位元件是（　　）。

A．M20，M24　　　　B．M21～M23　　　　C．M20～M24　　　　D．M20～M23

（93）执行指令 ZRST　D5　D2 后，被清零的数据寄存器是（　　）。

A．D5　　　　B．D2　　　　C．D5，D2　　　　D．D2～D5

（94）执行指令 ZRST　T0　T2 后，完成的功能是（　　）。

A．T0～T2 的当前值为 0，触点复位　　　　B．T0～T2 的当前值为 0，触点不复位

C．T0～T2 的设定值为 0，触点复位　　D．T0～T2 的设定值为 0，触点不复位

（95）执行指令 MOV　K0　T2 后，完成的功能是（　　）。

A．T0～T2 的当前值为 0，触点复位　　B．T0～T2 的当前值为 0，触点不复位

C．T0～T2 的设定值为 0，触点复位　　D．T0～T2 的设定值为 0，触点不复位

（96）如图程序，开机后，Y0 的状态是（　　）。

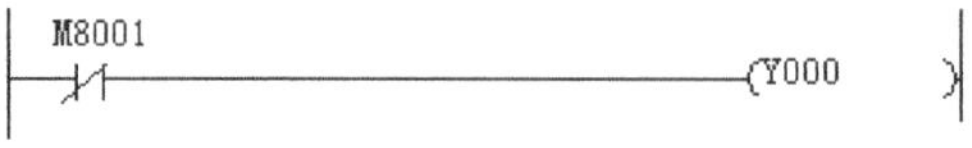

M8001　—(Y000)—

A．闪烁　　B．常 ON　　C．常 OFF

（97）特殊辅助继电器 M8003 的动作是（　　）。

A．开机后，仅接通一个扫描周期　　B．开机后，一直接通

C．开机后，一直断开　　D．开机后，仅断开一个扫描周期

（98）特殊辅助继电器 M8014 是（　　）。

A．10ms 时钟脉　　B．100ms 时钟脉冲

C．1s 时钟脉冲　　D．1min 时钟脉冲

（99）特殊辅助继电器 M8034 被驱动后，（　　）。

A．输出 Y 的触点 OFF，PLC 停止运行

B．输出 Y 的触点 OFF，PLC 仍在运行

C．刷新 I/O 映像区，不刷新锁存电路

D．不刷新 I/O 映像区，不刷新锁存电路

（100）特殊数据寄存器 D8000 存储值是（　　）。

A．程序的扫描周期值　　B．程序的扫描周期监视值

C．监视定时器的当前值　　D．监视定时器的设定值

第 4 章　定时器和计数器

学习指导：

定时器（T）和计数器（C）是两个非常重要的编程元件，是 PLC 应用必不可少的环节，有了它们，PLC 的应用从单纯的组合逻辑控制扩展到复杂的时序逻辑控制，也使梯形图程序从单调乏味而变得丰富多彩、绚丽多姿。通过定时器和计数器的应用，可大大地提高程序设计水平。

4.1 节要点

如果你是电工，懂得继电控制线路，则时间继电器可以不看。

定时器学习重点：

（1）编号与其类型之间的关系。

（2）定时时间值的设定方法。

（3）触点动作的时序。

（4）启动和复位的方式。

（5）当前值的含义和应用

了解定时时间值的外部设备设定方法，该方法可能在某些情况下会用到。

4.2 节要点

如果你是电工，懂得继电控制线路，则预置数计数器可以不看。

计数器学习重点：

（1）编号与其类型之间的关系。

（2）16 位加计数器和 32 位双向计数器计数方式和触点动作的时序。

（3）复位方式。

（4）当前值的含义和应用。

本章开始一步一步地由简单到复杂，循序渐进地讲解梯形图程序编制。

希望对本章所举例的程序都能够看懂并在仿真软件或 PLC 上进行运行验证，观察是否满足控制要求。注意有些程序软件仿真会显示错误结果，必须连接 PLC 运行后才能显示正确结果。

希望认真完成每一个程序设计习题，并且软件仿真或 PLC 监控验证所设计程序是否满足控制要求，如不满足，则不断修改，直到满足控制要求为止。

程序设计因人而异，满足同一控制要求的程序有多种设计思路，对初学者来说，凡是能满足控制要求的程序就是好程序，不要去追求什么程序的优化和最优程序。

当逐个设计程序时，你慢慢会感到对梯形图程序设计不再像以前那样无从下手了。如果是，你成功了，继续往下学；如果不是，学习还未成功，同志还需努力，请再重复学习本章内容。

4.1 定　时　器

4.1.1 时间继电器

1. 时间继电器的类型与作用

在继电控制线路中，如要用到时间控制，就必须用到时间继电器，时间继电器是一种利用电磁原理或机械动作原理实现触点延时接通或断开的自动控制电器，是从其得到输入信号（线圈通电或断电）起，经过一段时间后触点才动作的继电器。

根据结构不同，时间继电器按照工作原理可分为电磁式、空气阻尼式、电动式和电子式等几种。电磁式时间继电器一般只用于直流电路，且只能做直流断电延时操作。空气阻尼式时间继电器是利用空气阻尼的原理工作的，其结构简单、延时范围大、寿命长且价格低廉，在对延时时间精度要求不高的场合获得广泛应用。电动式时间继电器是由微型同步电动机拖动减速机构，经机械机构获得触点延时动作的，主要用于精度高、误差小且较少动作的场合。上面三种类型的时间继电器目前都逐渐被电子式时间继电器所替代。电子式时间继电器是由电子电路来实现延时动作的。根据电路结构的不同分为阻容（RC）电路充放电式和脉冲电路分频计数式两大类。电子式时间继电器具有适用范围广、延时精度高、调节方便、寿命长等一系列优点，被广泛应用于继电控制线路中。

时间继电器的触点有三种类型：瞬时动作触点、通电延时触点和断电延时触点，其电气文字符号及图形符号见表 4.1-1.

表 4.1-1　时间继电器触点符号

类　型	文　字	符　号	功　能
瞬时动作	KT		与线圈同时动作
通电延时		或	通电延时，断电瞬时
断电延时		或	通电瞬时，断电延时

了解时间继电器的控制组成及其工作时序图对学习定时器很有帮助。在控制线路中，时间继电器是需要驱动的，当驱动条件成立时（线圈得电）其触点要发生变化。触点不同，变化也不同。

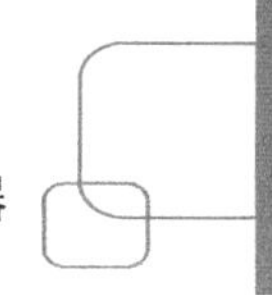

1）瞬时动作触点

瞬时动作触点和继电器触点一样，当线圈得电或失电时，触点动作，其时序如图 4.1-1 所示。

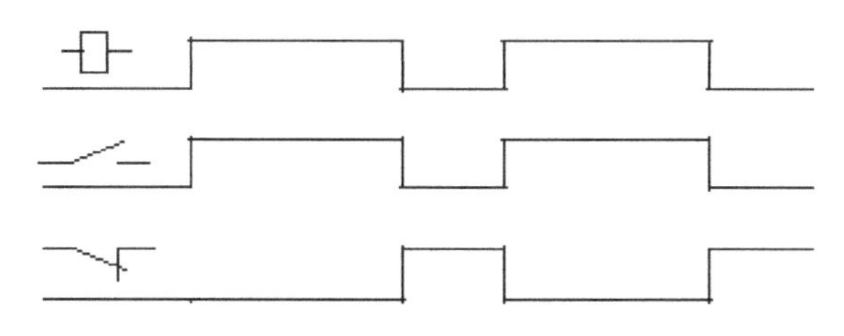

图 4.1-1　瞬时动作触点时序图

2）通电延时动作触点

通电延时动作触点在线圈通电 t 后（设定的延时时间）动作，但当线圈断电时，触点不会延时动作，而是马上动作，恢复常态，其时序如图 4.1-2 所示。

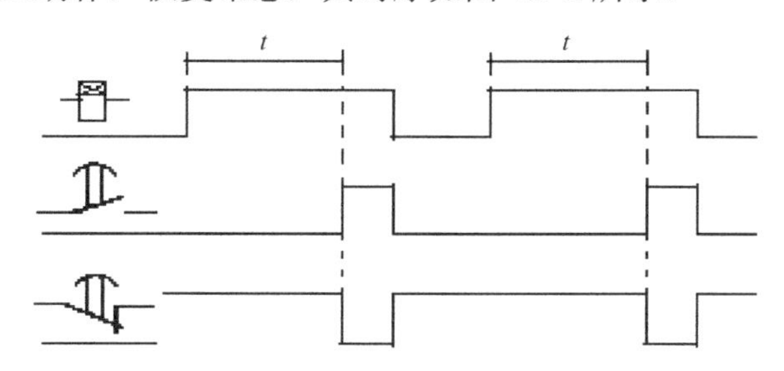

图 4.1-2　通电延时 t 动作触点时序图

3）断电延时动作触点

断电延时动作触点在线圈得电时，瞬时动作，而在线圈断电时，并不马上动作。延时 t（设定延时时间）动作，其时序如图 4.1-3 所示。

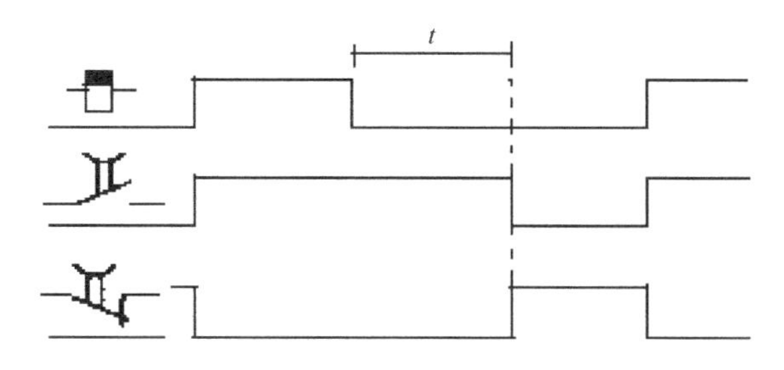

图 4.1-3　断电延时 t 动作触点时序图

不论哪种类型的时间继电器，其在电路图上的文字符号均为 KT，线圈和触点的图形符号是有区别的。瞬时动作触点符号和普通继电器符号一样，而通电延时和断电延时符号的区别在最上面半圆的开口方向，开口指向触点为通电延时，开口背向触点为断电延时。

2．OMRON 时间继电器 H3BA-N8H

OMRON 固态定时器是一种常用的时间继电器，现以 H3BA-N8H 为例说明时间继电器的应用。H3BA-N8H 时间继电器，其定时时间为 0.05s-300h，范围相当宽。有 A,H 两种工作模式选择、四种时间单位选择和四种量程选择。安装在面板上时，有三种安装方式供用户选择。H3BA-N8H 采用 8 孔插座连接，对外连接方便、可靠。图 4.1-4 为 H3BA-N8H 外形图。

图 4.1-4　时间继电器 H3BA-N8H 外形图

图 4.1-5（a）为操作面板图，各部分功能均已在图中说明。工作模式有 A，H 两种模式，A 模式为有二组延时触点供用户使用，H 模式为有一组延时触点和一组瞬时触点供用户使用。量程调节有 0～1.2，0～3，0～12 和 0～30 四种选择，时间单位有秒、分、小时和 10h 四种选择。延时时间的设置应先选择相应的时间单位，再选择一定的量程，这样可使时间误差在合理的范围内。

图 4.1-5（b）为插座端子配置图，可以看出，每一组触点含有常开、常闭两个触点，但这两个触点有一个公共端，如果同时要用，注意电路的连接方式。

●H3BA-N

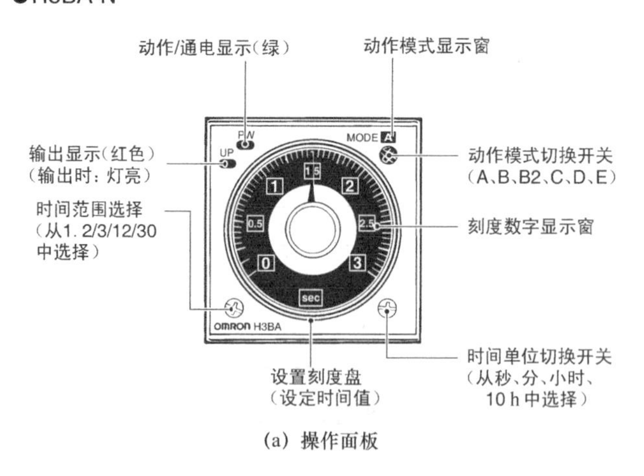

(a) 操作面板

图 4.1-5　时间继电器 H3BA-N8H 操作面板及端子配置图

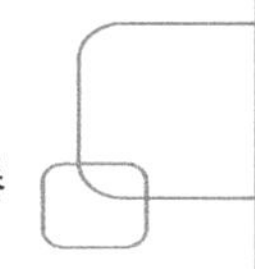

●H3BA-N8H

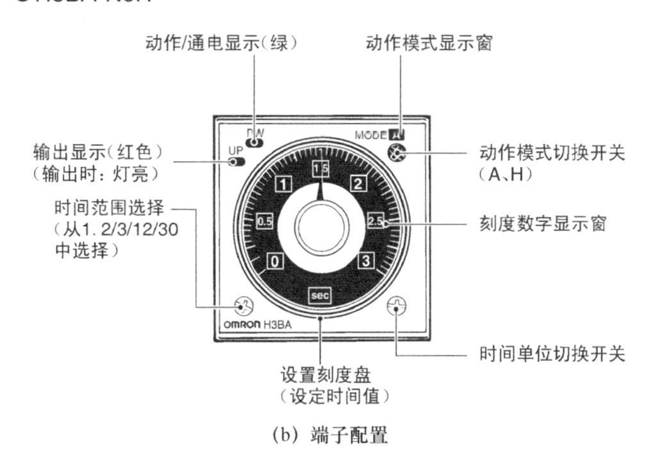

(b) 端子配置

图 4.1-5　时间继电器 H3BA-N8H 操作面板及端子配置图（续）

3．时间继电器在继电控制线路图中的应用

关于时间继电器在继电控制线路图中的应用，下面以星-三角转换启动为例说明。图 4.1-6（a）为电动机星-三角启动主电路图。图中 KM1 为主接触器，KM2 为星形启动接触器，KM3 为三角形接法接触器。启动时，由 KM1，KM2 将电动机接成星形启动，经过一定的延迟时间后，启动结束，KM2 失电，由 KM1，KM3 保持电动机按三角形接法运行。

图 4.1-6（b）为电动机星-三角启动控制电路图之一。按下 SB3 启动按钮，KM1，KT，KM2 得电吸合，电动机处于星形接法启动。当时间继电器 KT 的延时时间到，其常闭触点 KT 动作，断开 KM2，KM2 常闭触点复位，而 KT 的常开触点闭合，使 KM3 得电自锁保持，电动机由星形接法转换成三角形接法运行。这个控制电路的优点是电动机运行后，时间继电器 KT 运行时不带电，缺点是存在触点竞争现象，工作不是非常可靠。如图所示，当延时时间到，其常闭触点断开 KM2，同时，其常开触点又与复位的 KM2 常闭触点使 KM3 通电，KM3 通电又使其常闭触点动断，使 KT 失电，KT 失电又使其常开触点复位。这时，如果 KM3 常开触点已经动合自锁，则运行正常，但如果 KM3 常开触点动作比 KT 常开触点慢，即 KM3 常开触点还未到位，而 KT 常开触点已断开，则 KM3 不能正常通电，电动机不能在三角形接法下运行。换句话说，电路能否正常运行取决于 KM3 的通电时间和其常开触点闭合时间的竞争，如果 KM3 的通电时间长于触点闭合时间，则控制电路正常工作，反之，则不能正常工作。

图 4.1-6（c）为改进后的控制电路，不存在触点竞争问题，且 KT 在运行时也不带电，读者可自行分析其工作过程。

时间继电器在继电控制电路中起了重要的时序控制作用，它的使用特点如下：

1）一个时间继电器所有的延时触点，不管处于电路何处，都是同时动作的（并行工作）。

2）时间继电器的触点是有限的，如需扩展，则需增加中间继电器。

3）时间继电器的值设定后一般不再改变，而计时过程的当前值不能被利用。

4）阻容式继电器时间精度较差，数显式继电器时间精度较高，但时间范围受到限制。

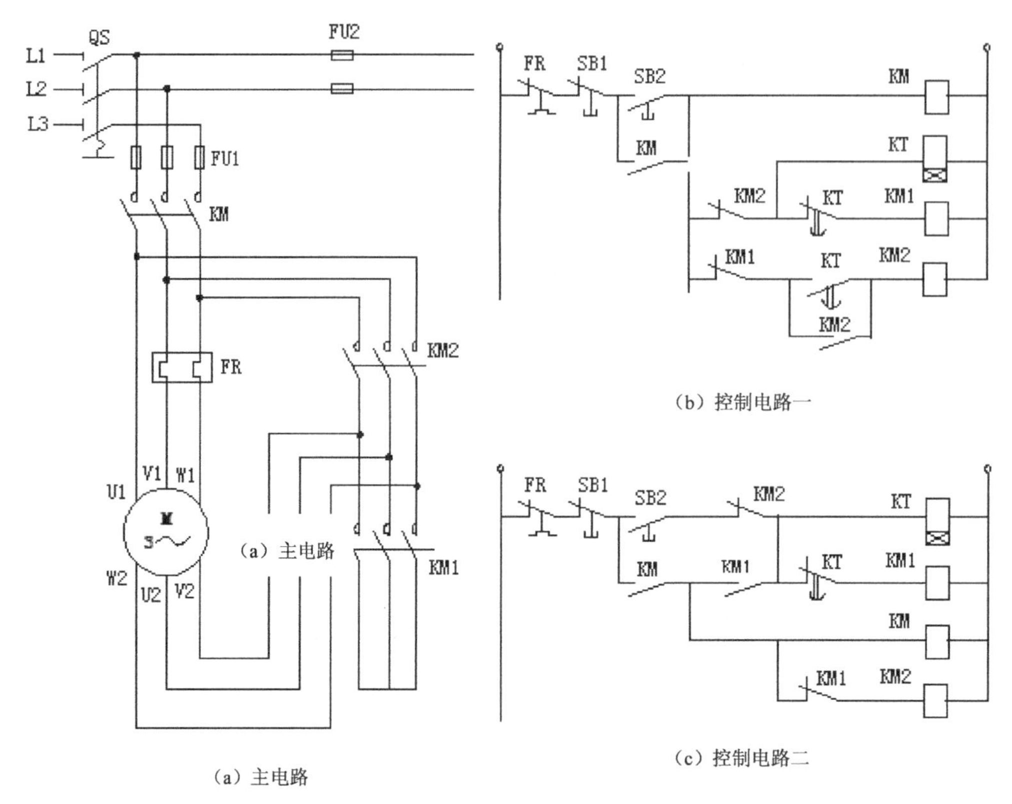

图 4.1-6　电动机星-三角启动主电路控制电路

【试试，你行的】

（1）你用过时间继电器吗？如用过，请写出它的型号、时间调节范围，它有几组触点？是什么性质的触点？

（2）试举一例，说明时间继电器在继电控制电路中的应用。

（3）时间继电器的线圈和其触点是同时动作的吗？时间继电器的延时触点分布在控制线路的不同地方，它们是同时动作的吗？

4.1.2　三菱 FX_{3U} PLC 内部定时器

1. 定时器结构与工作原理

在 PLC 中，软元件定时器 T 相当于继电控制系统中的时间继电器，但是它的功能是由电子电路来完成的，图 4.1-7 为 PLC 内部通用型定时器电路结构原理图。由图中可知，定时器由寄存器（存储设定值）、计数器（对时钟脉冲进行计数）和比较器组成，其工作原理如下所述。

当驱动信号成立（ON）时，与门打开，时钟脉冲进入计数器输入端，同时，驱动信号经过非门关闭计数器复位端，比较器进行比较，当 T 和 K 相等时，比较器输出一个信号，使该定时器的常开、常闭触点的内部元件映像寄存器状态发生变化，即输出触点动作，常开变常闭，常闭变常开。

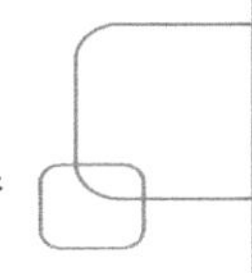

当驱动信号断开时，与门禁止时钟脉冲输入，非门则向计数器发出复位信号，计数器当前值复位为 0，同时，定时器的输出触点也同时复位。

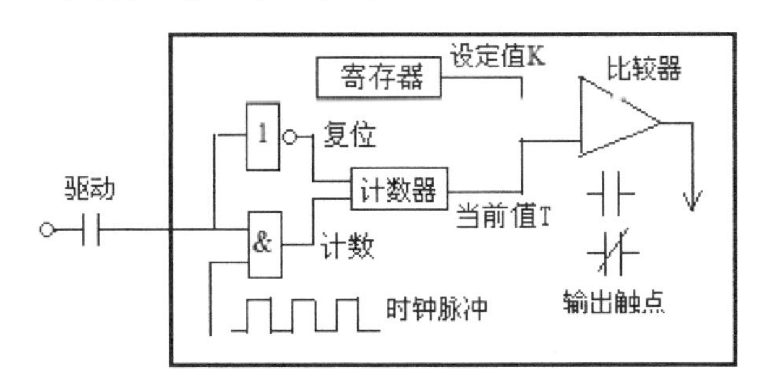

图 4.1-7　通用型定时器结构原理图

图 4.1-8 为积算型定时器结构原理图。比较一下图 4.1-7，仅在非门单独设置了复位信号输入。通用型定时器中的复位信号是由驱动信号产生的，在积算型定时器中，当驱动信号断开时，仅停止计数，因为没有复位信号，故计数器当前值未被复位，仍然保留，待到下一次驱动信号再次成立时，计数器的当前值会在上一次所保留的数值上累加，当累加到设定值 K 时，比较器才输出信号，使定时器输出触点动作。

如要使定时器复位，必须驱动复位信号才行。因此，积算型定时器的启动与复位是分开的，而通用型定时器的启动与复位是同一个信号。

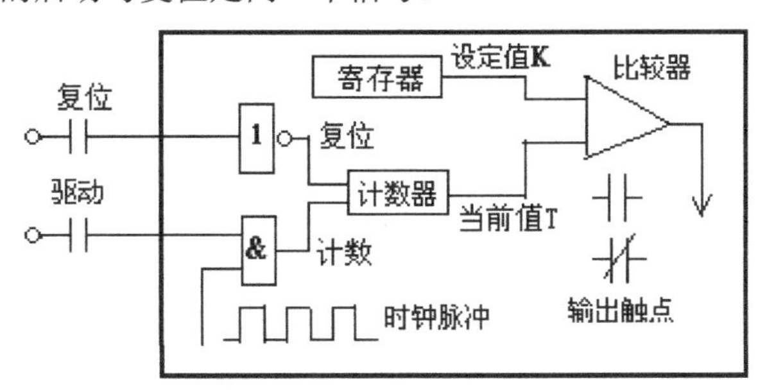

图 4.1-8　积算型定时器结构原理图

2．定时器性质与使用

1）定时器性质

通过对内部定时器的工作原理分析，可以获得下面一些关于定时器的基本性质：

（1）定时器是 PLC 中的一个较为特殊的软元件，它的当前值和设定值表示数据寄存器结构，因此，是一个字元件。而它的线圈和输出触点却是一个位元件。触点可以作为驱动条件控制电路的通断。

（2）定时器是通过对时钟脉冲计数来进行时间设定的，因此，定时器的定时时间是由时钟脉冲的周期 T 和时钟脉冲个数（由设定值 K 决定）的乘积来决定的，即

$$定时时间 = TK$$

定时器的定时精度则与时间脉冲的周期 T 有关，周期 T 越小，定时的精度越高。

（3）定时器输出触点是内部元件映像寄存器状态，和普通的位元件一样，可以对常开、

常闭触点无限次使用。

（4）定时器只有通电延时触点，没有瞬时和断电延时触点。

（5）在 PLC 控制中，定时器是按照位元件线圈来处理的，它需要驱动，驱动到达设定时间后，如不进行复位，则不能被反复使用。

（6）在程序中，定时器的线圈和输出触点的动作是按照扫描方式顺序动作的（串行方式），而时间继电器的线圈和触点是同时动作的（并行方式）。

2）定时器使用

在三菱 FX 系列 PLC 中，定时器的符号表示如图 4.1-9 所示。图中，T 为定时器符号，10 为编址，而 T10 则表示某个定时器的编号。K20 为定时器的设定值，注意，不是定时时间设定，而 T10 K20 则表示定时器线圈。

定时器的编号是按照十进制来编址的，编址同时也表示了定时器的时钟脉冲周期 T，即计时时间单位。例如，T0～T199 为 100ms 定时器。凡编址在这个范围的定时器其计时单位均为 100ms。

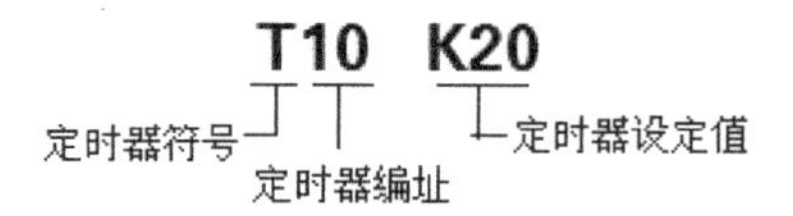

图 4.1-9　定时器符号图示

每个定时器有一个设定定时时间的寄存器（16 位），一个对时钟脉冲进行计数的当前值计数器（16 位）和一个用来存储其输出触点的映像寄存器（1 位）。这三个量使用同一地址编号的定时器符号，而在 PLC 的梯形图程序中，它们出现在不同的位置则表示不同的含义。以 T10 为例，当 T10 为（T10 K20）时，是作为定时器线圈处理的，如图 4.1-10（a）所示，而定时器的启动和复位均对该线圈而言。当 T10 作为一个操作数出现在功能指令中时，T10 是作为定时器的当前值处理的，这时 T10 的值是变化的，定时器启动后，当前值便在不断变化，最大为其设定值，如图 4.1-10（b）所示。当 T10 为常开、常闭触点的符号时，这时触点按照定时器的输出触点处理，当定时器计时时间到达设定时间后，触点发生动作，并随其线圈复位而复位，如图 4.1-10（c）所示。

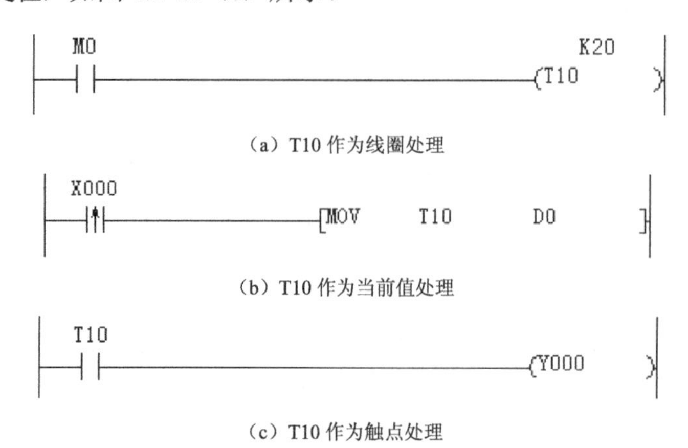

图 4.1-10　定时器符号在梯形图中的含义

对定时器，重点关心的是它的启动、触点动作和复位方式，我们把它称作定时器的三要素。启动是指定时器线圈开始工作的时刻，触点动作时间则是指定时器触点动作的时序，复位则是指定时器使当前值为 0 和触点恢复原态的动作。掌握定时器三要素对分析时序控制是很有帮助的。

3．三菱 FX_{3U} PLC 内部定时器

1）通用型定时器 T0～T511（不含 T246～T255）

三菱 FX2N PLC 的内部定时器分为通用型定时器和累加型定时器。通用型定时器又叫非积算型定时器或常规定时器，根据计数时钟脉冲不同又分为 100ms 定时器、10ms 定时器和 1ms 定时器，其区别由定时器编址来决定，如表 4.1-2 所示。

表 4.1-2　通用型时定时器

时 钟 脉 冲	定时器编址	定时值取值范围	定 时 时 间
100ms	T0～T199，200 点	1-32 767	0.1～3276.7s
10ms	T200～T245，46 点		0.01～327.67s
1ms	T256～T511，256 点		0.001～32.767s

通用型定时器的启动和复位都是由驱动信号决定的，当驱动信号接通时，定时器被启动，当驱动信号断开时，定时器立即复位。在定时器被启动后，如果计时时间未达到设定值，定时器被复位，则该次计时无效，定时器当前值清零。当计时时间到达设定值后，当前值不再变化，相应定时器触点发生动作，其梯形图程序和时序可用图 4.1-11 表示。

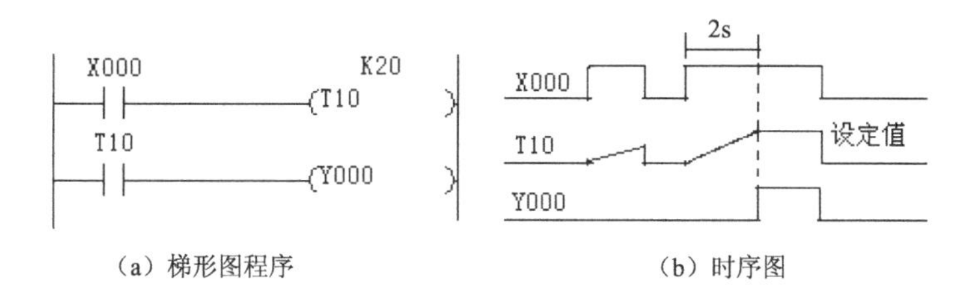

图 4.1-11　通用型定时器时序图

2）累加型定时器 T246-T255

累加型定时器又称积算型定时器、断电保持型定时器，它和通用型定时器的区别在于累加型定时器在定时的过程中，如果驱动条件不成立或停电引起计时停止时，累加型定时器能保持计时当前值，等到驱动条件成立或复电后，计时会在原计时基础上继续进行，当累加时间到达设定值时，定时器触点动作。

累加型定时器根据计数时钟脉冲不同又分为 100ms 定时器和 1ms 定时器，其区别由定时器编址来决定，如表 4.1-3 所示。

表 4.1-3　累加型时定时器

时 钟 脉 冲	定时器编号	定时值取值范围	定 时 时 间
1ms	T246～T249，4 点	1-32 767	0.001～32.767s
100ms	T250～T255，6 点		0. 1～3276.7s

累加型定时器不因驱动信号断开或停电而复位，因此三菱 FX PLC 规定了累加型定时器只能用 RST 指令进行强制复位，图 4.1-12 为累加型定时器梯形图及其时序图。

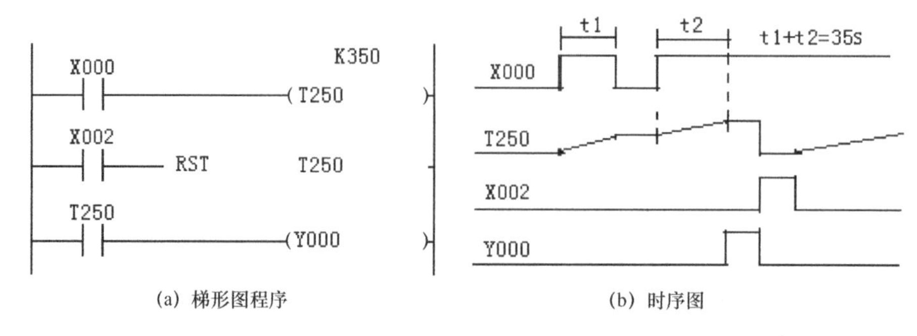

图 4.1-12　累加型定时器时序图

4. 在子程序中指定定时器 T192～T199

在子程序和中断子程序中，如果用到定时器，可使用 T192～T199 定时器，这种定时器在执行子程序或执行 END 指令的时候进行计时。如果计时达到设定值，也是在执行子程序或是执行 END 指令的时候，输出触点才动作。而一般通用定时器，仅在执行子程序时才进行计时，如果不执行子程序则会停止计时。因此，如果子程序执行是有条件的，在子程序中使用非指定的定时器，则会发生计时的误差。另外，在子程序中，使用了 1ms 累加型定时器，则它到达设定值后，在最初调用子程序指令处触点动作。

上面的指定定时器应用可用图 4.1-13 梯形图程序说明。在程序中，如果 X0 接通，同时 X1，X2 均接通，这时，T0 和 T192 均启动计时，如果在计时的过程中断开 X0，则会发现 T0 已停止计时，而 T192 则继续计时，甚至断开 X2，T192 仍然计时。与是否执行调用子程序指令和其驱动条件是否成立均无关，这样就保证了定时器执行定时时间的准确性。

在子程序中定时器的复位是在执行子程序且其驱动条件断开时进行，如果不再执行子程序，即使条件断开，也不会进行复位。

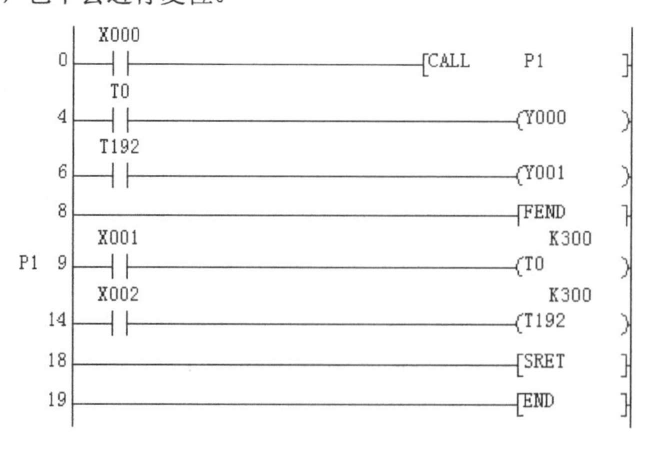

图 4.1-13　子程序中定时器应用

5. 定时器的定时误差

定时器的定时误差是指设定定时时间到达与触点实际动作之间的时间差，这个误差与

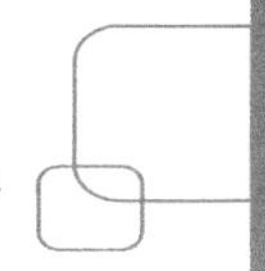

PLC 的扫描周期 T 和时钟脉冲的切入点有关。

由 PLC 扫描工作原理可知，当线圈被驱动时，其相应的触点要等到程序扫描到该行时才会动作。定时器也不例外，此外，定时器还有一个特点，当计时到达时，要等到程序扫描到定时器线圈行，定时器才进行当前值刷新，确认计时到达设定值，在这以后，扫描到相应的触点行后，触点才动作。

PLC 扫描工作对定时器定时精度的影响可以从图 4.1-14 中分析得到。定时器 T0 从第 1 次扫描其线圈行（图中刷新点）时计时开始，假设扫描到第 n 行时，计时时间到，这时，计时时间到可落在 a 点，也可落在 b 点，下面对 a、b 点分别进行分析。

如落在 a 点，程序扫描到线圈行，当前值刷新确认计时到。扫描到触点 T0-2 处，触点 T0-2 动作，而 T0-1 则在第 n+1 行扫描到才动作。因此，触点动作与计时到之间误差不会超过 1 个扫描周期。

如落在 b 点，因为在线圈行后面，故要等到第 n+1 行和扫描到刷新点时才被确认。触点 T0-2 则在动作点 c 动作，而触点 T0-1 则要到第 n+2 行 f 点时才动作。因此，从计时到 b 点到 T0-1 动作点 f 之间的最大误差可达到 2 个扫描周期。上面分析说明，触点在编程时，应尽可能避免放在其线圈的前面，而尽可能放在线圈的后面。这样，可以减少定时误差，提高定时精度。

此外，如果定时器的设定值为 0，则在下一个扫描周期内，当前值才被刷新确认，以后的触点才动作。

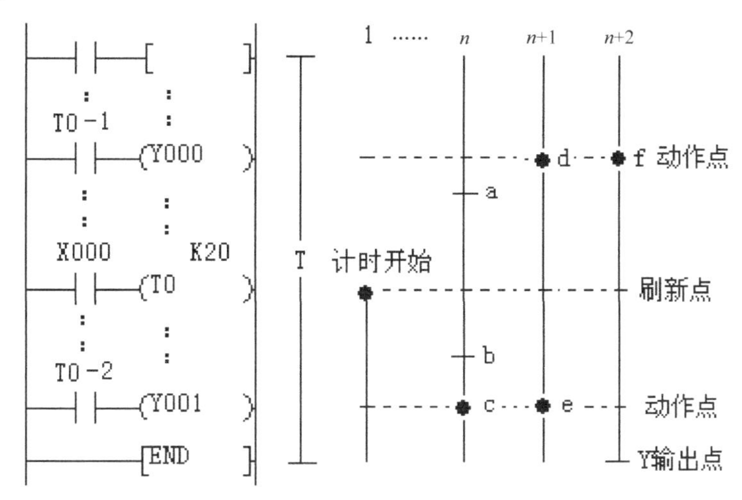

图 4.1-14　扫描周期 T 对定时精度的影响

关于时钟脉冲切入点的误差可参阅图 4.1-15。定时器开始计时点如果正好落在时钟脉冲的中部，而第 2 次计数则在下一周期的上升沿，这样，在第 1 个计数脉冲中会产生最大为 50ms 的负差。

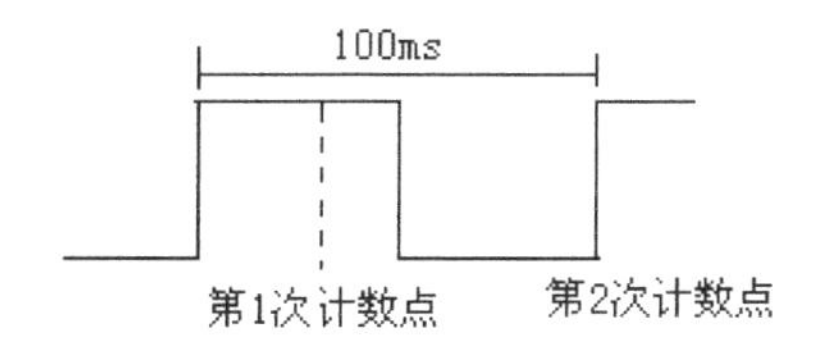

图 4.1-15　时钟脉冲对定时精度的影响

【试试，你行的】

（1）根据图 4.1-7，简述 PLC 内部通用型定时器的结构和工作原理。

（2）图 P4.1-1 为一段定时器应用控制程序，试回答：

① 当 X0 接通后，延迟多长时间 Y0 才驱动。

② 当 X0 接通后，延迟多长时间 Y10 才驱动。

③ 程序中哪个是定时器线圈表示？哪个是定时器当前值表示？哪个是其触点表示？

④ 如何才能使定时器复位？复位后，定时器的哪些地方发生了变化？是如何变化的？

```
 X000                                   K500
─┤ ├──────────────────────────────────(T200    )

[=   T200  K250  ]────────[SET      Y000      ]
 T200
─┤ ├──────────────────────────────────(Y010    )
```

图 P4.1-1

（3）下面是五个定时器符号表示，指出它们各自设定的定时时间是多少？

T150　K25，　T220　K50，　T248　K100，

T254　K200，　T256　K300，

（4）某电工在设计定时器控制时，想在定时器断电后又上电时，定时的时间能在原来计时的时间上继续进行，下面有三个定时器，他应选择哪个定时器？

T244　T254　T264

（5）试叙述下面定时器的复位方式。

T180　K100 ，　T252　K300，

（6）如果在子程序和中断子程序中使用定时器，应使用哪几个编号的定时器，为什么？

（7）定时器的定时时间误差的含义是什么？它与哪些因素有关？如果一个定时器的定时时间为 100ms，程序的扫描时间是 40ms，那么当线圈被驱动时，其触点动作时间最大误差是多少？

4.1.3 定时器定时时间设定

1. 定时时间的直接设定

定时器定时时间的设定就是指其定时时间软元件直接用十进制常数指定（不可以用十六进制数指定，也不可以用小数指定），梯形图程序如图 4.1-16 所示。.

直接设定的优点是简洁明了，一看就知道定时时间是多少。缺点是如果定时时间是不确定的，需要改变定时值，则必须修改程序才能完成。对某些对定时值需要根据控制条件变化的动态控制就不能满足随时修改的要求。这时，就用到定时值的间接设定。

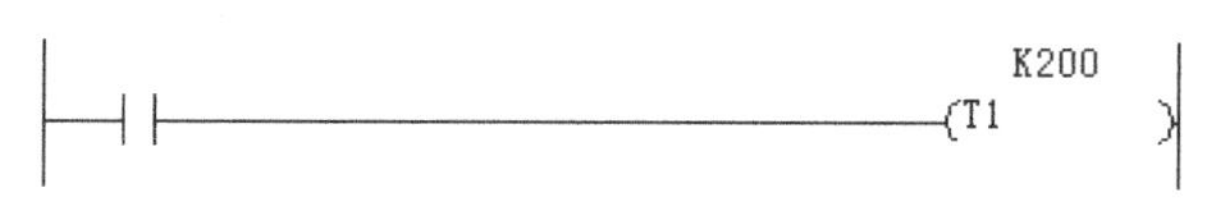

图 4.1-16　定时时间的直接设定

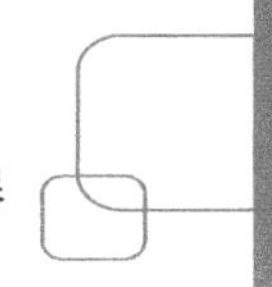

2. 定时时间的间接设定

定时器的定时时间间接设定是指把定时时间元件指定为一个数据存储单元（D 或 R 数据寄存器），而该数据存储单元所存储的二进制数据值则为定时器的定时设定值。那么只要变化数据存储单元的存储内容，就改变了定时器的定时设定值。梯形图程序如图 4.1-17 所示。

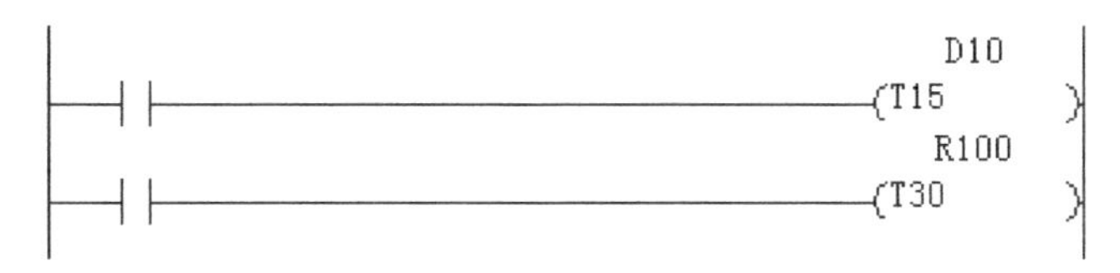

图 4.1-17　定时时间的间接设定

【例 4.1-1】 试说明定时器 T0 D0 的定时时间设定值，（D0）=K200。

解：T0 为 100ms 时钟脉冲定时器，则定时值=100ms×200=20000ms=20s。

间接指定只能是 D 或 R 寄存器，不能为 S、V、Z 或 ER 寄存器，也不可以为组合位元件。寄存器的数据是按 BIN 数来处理的，如果是负数，则定时器设定值自动为 0。如为 32 位寄存器数，则定时器设定值按指定数据低 16 位处理。

【例 4.1-2】 试说明下面梯形图中定时器 T 的定时时间设定值。

解：（1）如图 4.1-18 所示梯形图中 T2 的定时时间设定值，（D0）=H0FF03，按照 BIN 数约定，这是一个负数，所以 T2 的定时值为 0。

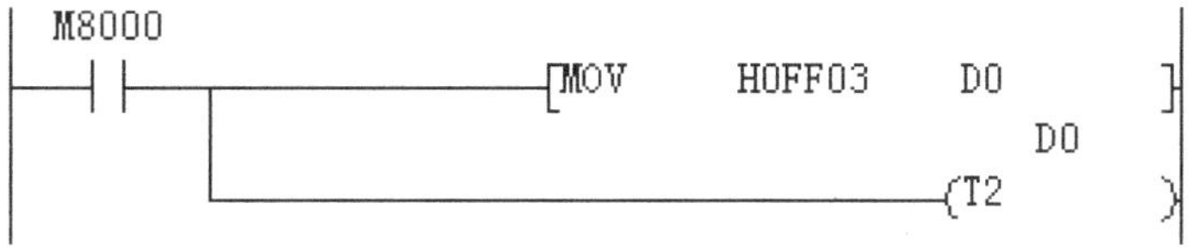

```
M8000
──┤├──┬──────────[MOV   H0FF03   D0  ]
      │                         D0
      └──────────(T2                 )
```

图 4.1-18　例 4.1-2（1）梯形图

（2）如图 4.1-19 所示梯形图中，（D1，D0）是按照双字输入的，但对 T0 来说，它只认 D1 的值，（D1）=H0032=K50，而 T10 只认 D0 值，（D0）=H000A=K10，所以 T0 的定时设定值为 5s，而 T10 为 1s。

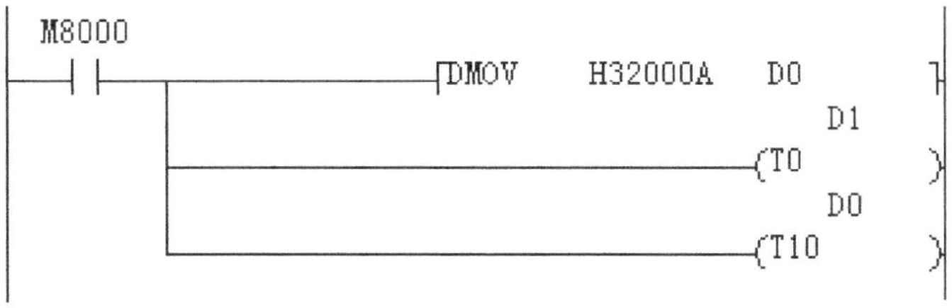

```
M8000
──┤├──┬──────────[DMOV  H32000A  D0  ]
      │                         D1
      ├──────────(T0                 )
      │                         D0
      └──────────(T10                )
```

图 4.1-19　例 4.1-2（2）梯形图

间接指定也可以用变址方式指定，如图 4.3-20 所示。这时，定时时间设定值由变址后的寄存器数据内容所确定。

【例 4.1-3】 试说明图 4.1-20 中各个定时器的定时时间设定值。

```
                                         K100V0
──┤ ├──────────────────────────────────(T10      )
                                         D0Z0
──┤ ├──────────────────────────────────(T20      )
                                         K100V0
──┤ ├──────────────────────────────────(T30      )
```

图 4.1-20　定时时间变址方式指定

解：(1）假设（V0）=K-10，这是一个立即数变址，其变址后的数值为 K100+（V0）=K100-K10=K90，T10 的定时设定值为 9s。

(2）假设（Z0）=K20，（D0）=K100，（D20）=K50，这是一个典型的变址寻址，变址后的寄存器地址是 0+K20=K20，即 D20。D20 的内存值为 K50，所以 T20 的定时设定值为 5s。

3．定时时间的外部设定

定时时间的间接设定可以在程序中改变寄存器的值来完成，更多情况是通过 PLC 的外部设备进行人机对话来修正间接设定寄存器的值。

1）外接开关

当触摸屏没有普及时，早期的 PLC 是通过外部开关的组态来间接指定定时器的定时时间值。当控制设备比较简单，设定时间精度要求不高时，这些方法至今仍采用。

(1）外接按钮输入

在 PLC 的三个输入端口 X0，X1，X2 分别接三个按钮，设计如图 4.1-21 所示的梯形图程序，则可通过按钮来间接设定定时器的定时时间值。

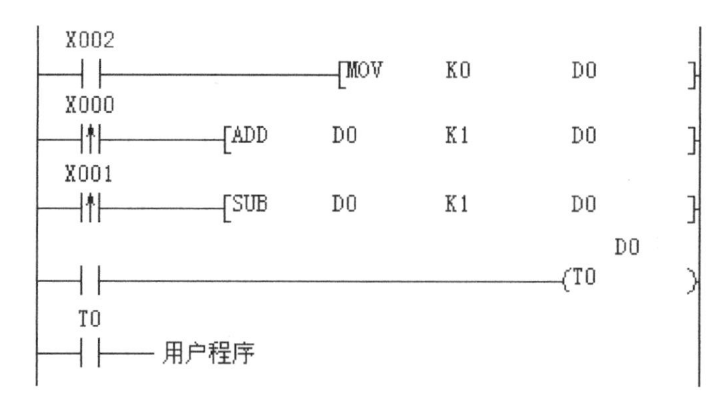

图 4.1-21　按钮输入梯形图程序

按钮 X2 为定时时间间接设定寄存器 D0 的清零按钮，每次设定时，都必须先按清零按钮，以保证定时时间设定从 0 开始。按钮 X0 为加按钮，每按一次，定时时间增加 0.1s。按钮 X1 为减按钮，每按一次定时时间减少 0.1s。这样，通过这两个按钮的动作次数可以基本估计定时时间的多少。程序中，ADD 为加法指令，SUB 为减法指令。如果要按一次增加 1s 或减少 1s，则把这两个指令中 K1 改成 K10 即可。以上说明是针对 100ms 定时器 T0-T199 而言。

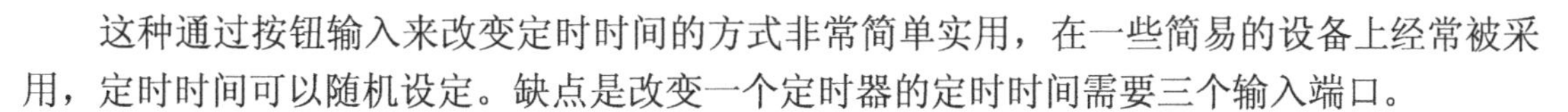

这种通过按钮输入来改变定时时间的方式非常简单实用，在一些简易的设备上经常被采用，定时时间可以随机设定。缺点是改变一个定时器的定时时间需要三个输入端口。

利用功能指令 TTMR，则可以用一个按钮很方便地对多个定时器的定时时间进行修改。详细讲述参看 4.1.4 节定时器指令 TTMR 的内容。

（2）外接开关输入

在 PLC 的输入端口 X0、X1 接两个开关，这样 X0，X1 可以形成四种不同的组态，如图 4.1-22 所示。这四种组态可以对应四个定时时间设定值。这样，操作人员只要控制开关的组态，就间接指定了定时时间设定值。梯形图程序如图 4.1-23 所示。

这种方式简单可靠，成本低廉。在一些简易的 PLC 控制设备上常被采用，其缺点是如时间设定较多，要增加输入端口，而且时间设定也是固定的，不能随机任意设定。

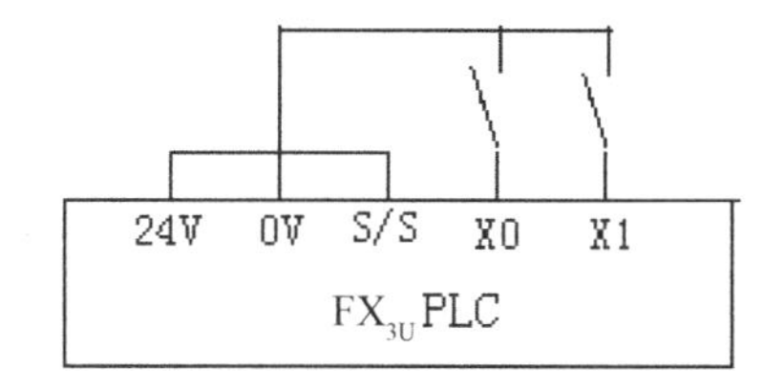

图 4.1-22　外接开关接线图

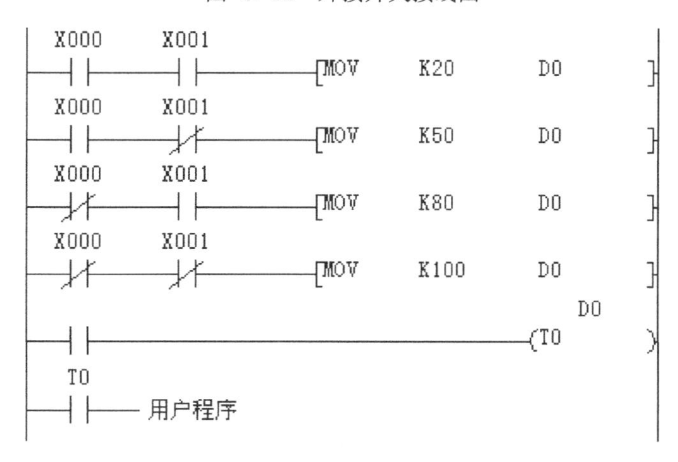

图 4.1-23　开关输入梯形图程序

（3）外接拨码开关输入

拨码开关是一组独立的开关，把它们与输入端口顺序连接时，可以组成一组 *N* 位二进制数（*N* 为开关的个数），PLC 可以通过指令将该 *N* 位二进制读入内存，二进制数的值由开关的通断状态组合确定，这是 PLC 早期人机对话的方式。

图 4.1-24 是一个 8 位拨码开关及接入 PLC 的电路图。组合位元件 K2X0 组成一个二进制数，其变化范围为 0～128。梯形图程序如图 4.1-25 所示。通过指令将 K2X0 所表示的二进制数传送到 D0，将 D0 指定为定时器的设定值，就等于改变了定时器定时时间设定值。

这种方式与上一种方式相比其优点是程序设计简单，可以进行动态设定，缺点是占用较多的输入端口，人机对话功能差，不经过计算，根本看不出输入端口的开关组态代表什么数值。

上述两种利用开关组态改变定时器的时间设定值的方法，几乎适用于所有品牌的 PLC。在早期 PLC 的简单控制设备中，得到了比较广泛的应用。

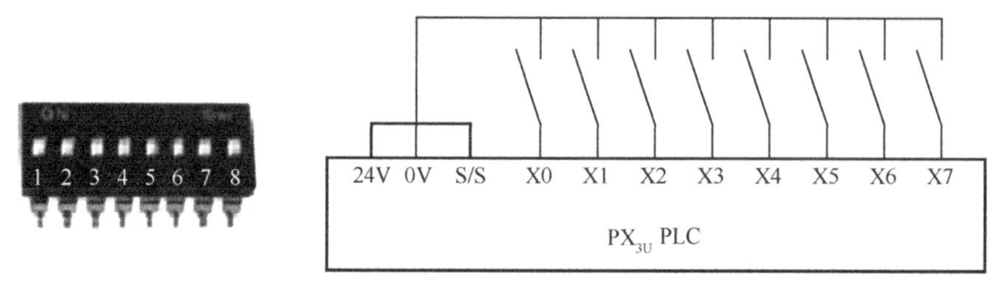

(a) 拨码开关　　(b) 拨码开关接线图

图 4.1-24　拨码开关输入

```
M8000
─┤ ├──────────────[MOV    K2X000    D0 ]
                                    D0
─┤ ├──────────────────────────(T0      )
 T0
─┤ ├── 用户程序
```

图 4.1-25　拨码开关输入梯形图程序

2）外接数字开关

数字开关是一个 4 位拨码开关组合，占用 4 个输入端口。 图 4.1-26 为一个二位数字开关接线图，图 4.1-26（a）为数字开关外形图，拨动它会显示一个十进制数（0～9），数字开关把这个十进制数用 8421 BCD 编码的状态组合送入 PLC。

图 4.1-26（b）为一个二位数字开关接线图，占用 8 个输入口，其输入的数值为 0～99。图 4.1-27 为数字开关输入梯形图程序。程序中用了功能指令 BIN，它的功能是将 8421 BCD 编码转换成二进制数，关于功能指令 BIN 的详细讲解请参看《三菱 FX_{2N} PLC 功能指令》一书 10.2.1 节二进制与 BCD 转换指令。

这种方式的最大特点是人机对话非常清晰，数字开关所显示的是人们非常熟悉的十进制数。

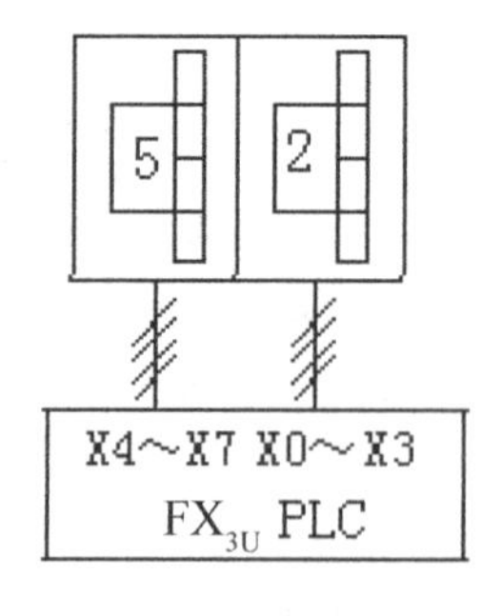

(a) 数字开关　　(b) 数字开关接线图

图 4.1-26　数字开关输入

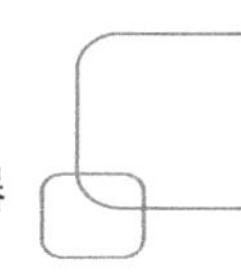


```
M8000
──┤├──────────────[BIN    K2X000    D0  ]
                                       D0
──┤├──────────────────────────────(T0   )
T0
──┤├─── 用户程序
```

图 4.1-27　数字开关输入梯形图程序

3）外接按键输入

外部按键输入是指在 PLC 的输入端口接入 11 个按键开关（带复位）和 1 个开关，它们组成了一个小型的键盘，定时器定时时间的设定和修改操作均通过这个小型的键盘进行，如图 4.1-28 所示。

这种输入方式是通过三菱 FX 系列 PLC 的功能指令 TKY 来实现的，TKY 为 10 键输入指令，其功能及应用详细说明请参阅《三菱 FX_{2N} PLC 功能指令详解》一书 11.2.1 节 10 键输入指令 TKY。注意，这个指令仅三菱 FX_{2N} PLC 及 FX3 系列 PLC 才有，FX_{1S}/FX_{1N} /FX_{1NC} 都没有这个功能指令。

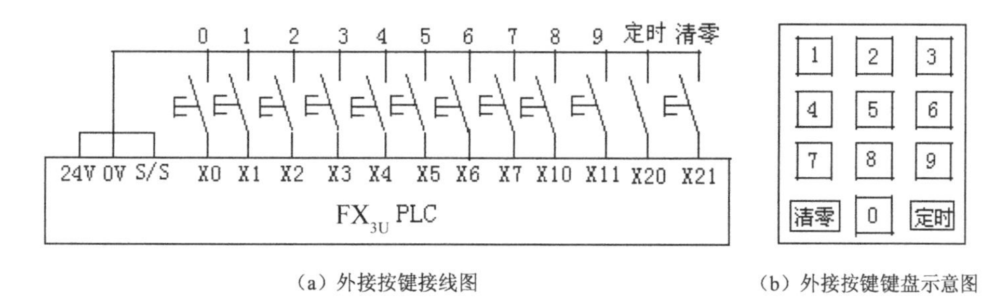

（a）外接按键接线图　　（b）外接按键键盘示意图

图 4.1-28　外接按键输入

外部按键输入梯形图程序见图 4.1-29。程序中，X0～X11 为数字键，对应于数字 0～9。X21 为清零键，X20 为定时键。该键为 ON 时，输入定时值，输入完毕仍为 OFF。Y10 为数字键输入确定信号输出，如外接蜂鸣器，则数字键按一次响一下，没按，不响，响两声表示连续按了两次。

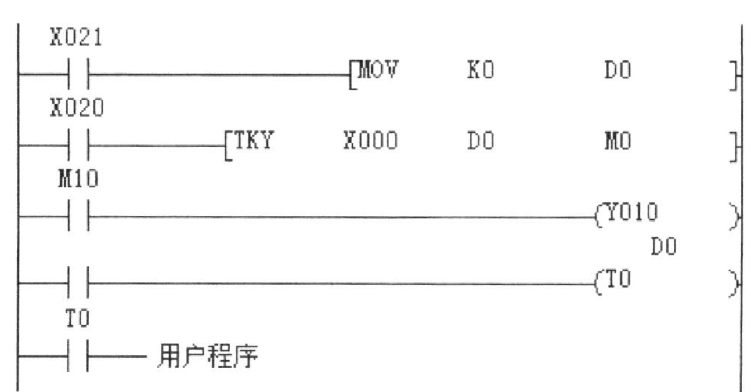

图 4.1-29　外接按键输入梯形图程序

下面对定时时间设定的键盘操作进行简要说明，假如定时器设定值为 5800，操作步骤如下：

（1）按“清零”键，对D0清零。

（2）按下“定时”开关（ON），用数字键分四次输入“5800”，输入完毕后，松开“定时”开关（OFF），这时，定时值5800已送D0，启动用户程序工作。

TKY指令输入最多为四位十进制数，不超过四位输入时，则按实际输入十进制值送入，例如，输入50两位数，松开定时键，则输入为50。超过四位输入时，则以先按先出，后按后出的规定进行溢出处理。例如，输入2103后在按下5，则十进制数变成1035，第一位2被溢出，以后均如此办理，输入最大数为9999。如同时有多个按键按下，先按下的键有效。

4）外置模拟电位器

三菱电机为模仿数字式时间继电器的定时时间调节，开发了 FX_{2N}-8AV-BD 模拟电位器功能扩展板，如图4.1-30（a）所示。使用时直接安装在 FX_{2N} 系列PLC基本单元的数据线接口上。板上有8个小型电位器VR0~VR7，位置编号如图4.1-30（b）所示。转动电位器旋钮，就好像调节数字式时间继电器的电位器一样，可以控制PLC内部定时器的定时时间。

模拟电位器VR0~VR7的数值由PLC通过指令VRRD和VRSC读到数据寄存器D中。

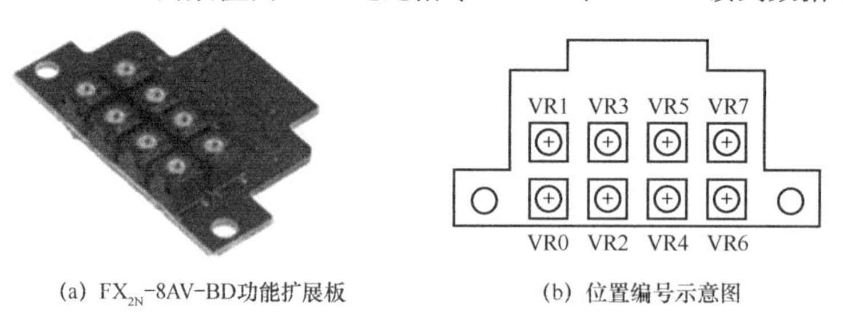

(a) FX_{2N}-8AV-BD功能扩展板　(b) 位置编号示意图

图4.1-30　外置模拟电位器

外置模拟电位器仅适用于 FX_{1S}/FX_{1N}/FX_{2N} 系列PLC，不适用于FX3系列PLC，因此，这里不详述。关于功能指令VRRD和VRSC的功能解读及应用请参看《三菱 FX_{2N} PLC功能指令应用详解》一书11.3节模拟电位器指令。

5）文本显示器和触摸屏

文本显示器和触摸屏是目前最常用的显示定时器定时时间的方式。

文本显示器，又名终端显示器，显示模块，是一种单纯以文字呈现的人机互动系统。文本显示器表面带有按键和显示屏，通过按键可以对PLC内部软元件进行修改和监视，诊断PLC错误，也可以在文本显示器的界面上显示用户信息（告警、计时、计数等），这样，不但大大提高了操作的方便性，而且能够显著提高工作效率，是成本低廉，简单易用的人机界面，在一些小型简易的设备上常用来代替触摸屏。图4.1-31为三菱 FX_{3U}-7MD 显示模块和信捷OP文本显示器。文本显示器可以直接安装在PLC的面板上，也可以通过延长电缆安装在配电柜的柜体表面或方便操作的任意地方。

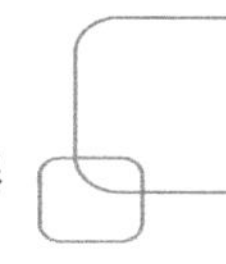

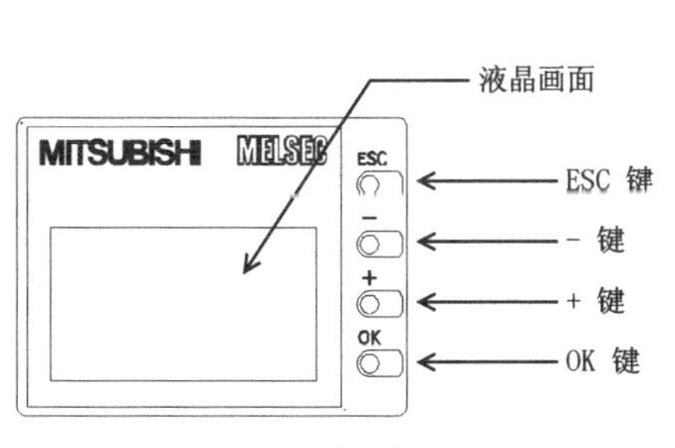

（a）FX_{3U}-7MD 显示模块

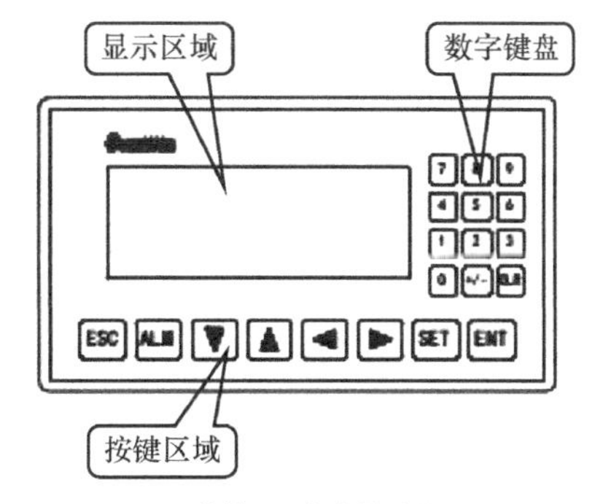

（b）信捷 OP 文本显示器

图 4.1-31　三菱 FX_{3U}-7MD 显示模块和信捷 OP 文本显示器操作面板图

触摸屏又称人机界面（HMI），是进行人机对话的重要的选件，是工业控制系统极其重要的组成部分。工控人员可以通过触摸屏和 PLC 之间进行各种信息的传递和交换，可以将 PLC 中的各种位元件、字元件用指示灯、按钮、文字注释、图形动画等易被人们识别的手段显示出来。除了显示功能外，触摸屏还可进行报警及记录、数据采集和显示文档手册等功能，还可以实现程序列表编辑，梯形图监视和直接与变频器、温控器进行通信控制功能。三菱触摸屏还开发了 FA 透明传输功能，即计算机中的软件可以通过 USB 连接到触摸屏，并通过触摸屏访问 PLC 或其他设备。

图 4.1-32 为三菱触摸屏及威伦触摸屏外形图。

（a）三菱触摸屏

（b）威伦触摸屏

图 4.1-32　三菱触摸屏及威伦触摸屏外形图

【试试，你行的】

（1）指出下面的定时器哪些定时时间可直接设定？哪些是定时时间可间接设定？

T0　K250，　　T1　D0，　　T3　R100.

（2）指出下面的定时器定时时间是多少？

① T0　K250，　　T235　K400，　　T350　K500

② T0　D0　　（D0）＝K5400，

T190　D11　　（D11，D10）＝H04058002

T250　D2　　（D3，D2）＝H04058002

③ T10　D5V1

（V1）=K5，　（D5）＝K200，　（D10）=K100

（D15）=K500，　（D20）=K40

（3）书上介绍了多种利用外部设备改变定时器设定时间的方法，如果有相应条件（有PLC 和相应的外部设备）的话，请按照书上所举例的程序（图 4.1-23，4.1-25， 4.1-27，4.1-28）进行测试，看是否能改变定时器的设定时间。

（4）当外接开关输入时，参照图 4.1-22，如果 X0 导通，X1 断开时，定时器 T0 设定时间是多少？

（5）如图 4.1-24 所示 8 位拨码开关输入，如果拨码开关从 X0 到 X7 的顺序为 10110010（其中 1 表示开关闭合，0 表示开关断开），试问定时器 T0 的设定时间是多少？

4.1.4　时间控制功能指令与内部时钟

1．定时器指令 TTMR

1）指令格式

TTMR　D　n　　　　16 位连续执行型

2）可用软元件

可用软元件如表 4.1-4 所示。

表 4.1-4　TTMR 指令可用软元件

操作数	字元件											常数	
	KnX	KnY	KnM	KnS	T	C	D	R	U□\G□	V	Z	K	H
D.							●	●					
n							●	●				●	●

操作数内容与取值见表 4.1-5。

表 4.1-5　TTMR 指令操作数内容与取值

操 作 数	内容与取值
D	保存驱动为 ON 时间的存储器地址，占用两个点
n	时间计时的倍率或其存储器地址，n=k0～k2

3）梯形图表示

指令梯形图如图 4.1-33 所示。

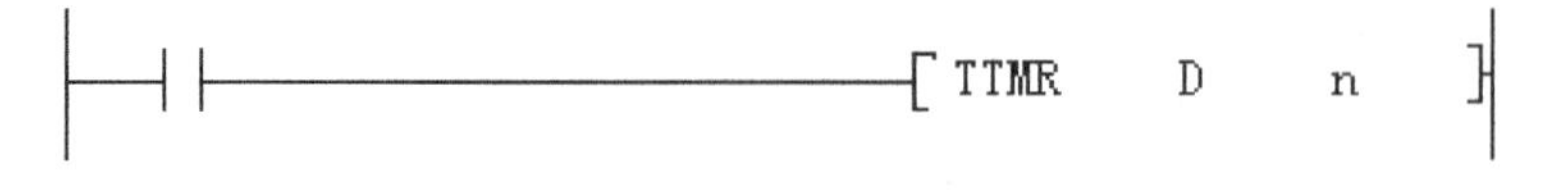

图 4.1-33　TTMR 指令梯形图

4）指令功能与应用

● 指令功能

TTMR 指令的操作功能：在驱动条件为 ON 时，测量驱动条件闭合的时间，其测量时的

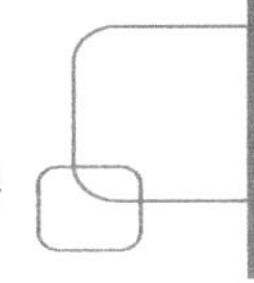

当前值存储在 D+1，而测量结果存储于 D 中。

指令的执行可以用图 4.1-34 来说明，当 X10 为 ON 时，开始对其计时，当 X10 为 OFF 时，计时结束。计时结果存储在 D 中，而当前值存储单元 D+1，则复位为 0。当又开始时，X10 为 ON，D 从 0 开始计时。

计时单位为秒，但其计时精度与 *n* 设定有关，表 4.1-6 表示 *n* 与精度的关系。

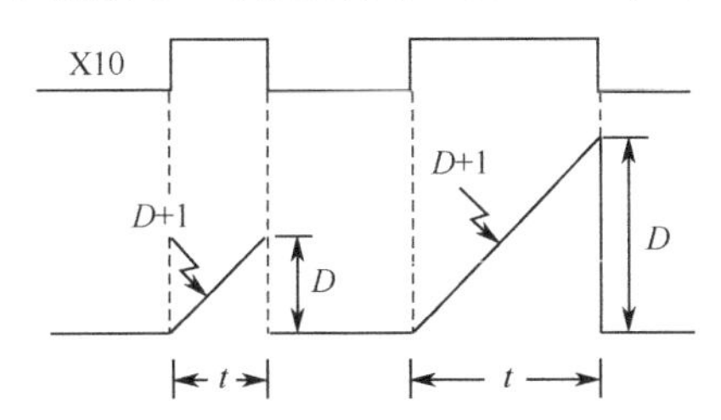

图 4.1-34　TTMR 指令功能示意图

表 4.1-6　*n* 与计时精度关系

n	计时精度/s	计时值 *D*
K0	1	*t*×1
K1	0.1	*t*×10
K2	0.01	*t*×100

● 指令应用

【例 4.1-4】利用 TTMR 指令，可以对 X0 的多次闭合时间进行累加统计，梯形图程序如图 4.1-35 所示。多次闭合时间进行累加统计结果存 D10。ADD 为加法指令，当源址操作数和终址操作数使用同一个软元件时，变成了累加求和。

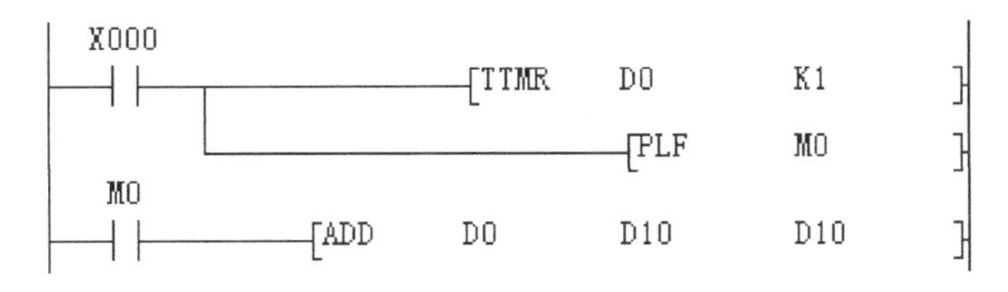

图 4.1-35　按钮闭合时间累加统计程序梯形图

【例 4.1-5】 利用 TTMR 指令，可以很方便地修改 PLC 中多个定时器的设定值，图 4.1-36 为对 10 个定时器 T0~T9 进行修改的程序。

BIN 指令从 X13～X10 外接一位数字开关输入，要选择的定时器编号送变址寄存器 Z0，X0 为修正值按钮，由于 T0~T9 为 100ms 计数器，所以在示数定时器指令中为 K1，这时，D10 的值为按 100ms 精度的计时值。如 *n* 为 K0，则应乘以 10 后再写入定时器设定值。由于定时值的大小与按钮为 ON 的时间有关，而按钮为 ON 的时间很难掌握，所以这种方法定时的精度较差，一般不采用，用来学习一下程序设计技巧。

2. 计时器指令 HOUR

1）指令格式

HOUR　S　D1　D2　　　　16 位连续执行型

DHOUR　S　D1　D2　　　　32 位连续执行型

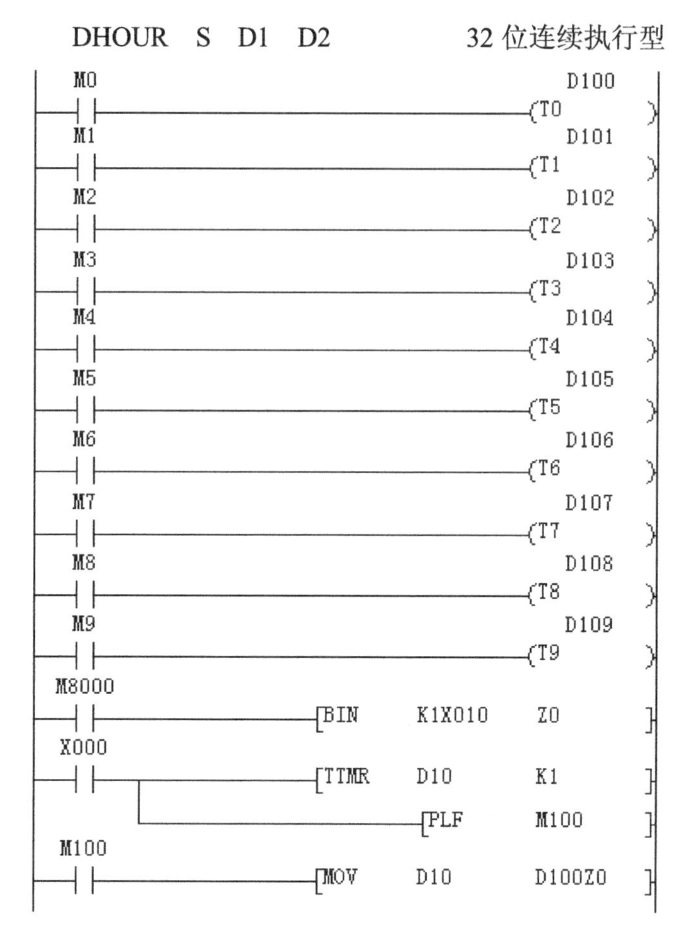

图 4.1-36　多个定时器设定值修改程序梯形图

2）可用软元件

可用软元件如表 4.1-7 所示。

表 4.1-7　HOUR 指令可用软元件

操作数	位元件				字元件											常数	
	Y	M	S	U□b	KnX	KnY	KnM	KnS	T	C	D	R	U□\G□	V	Z	K	H
S					●	●	●	●	●	●	●	●	●	●	●	●	●
D1											●	●					
D2	●	●	●	●													

操作数内容与取值见表 4.1-8。

表 4.1-8　HOUR 指令操作数内容与取值

操作数	内容与取值
S	检测 D2 为 ON 的时间设定数据或其存储字元件地址（单位：时）
D1	时间运行当前值存储地址（单位：时）
D2	输出为 ON 的位元件地址

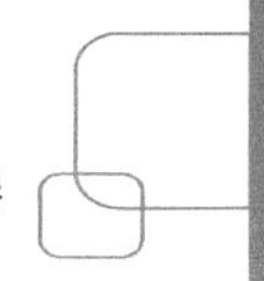

3）梯形图表示

指令梯形图如图4.1-37所示。

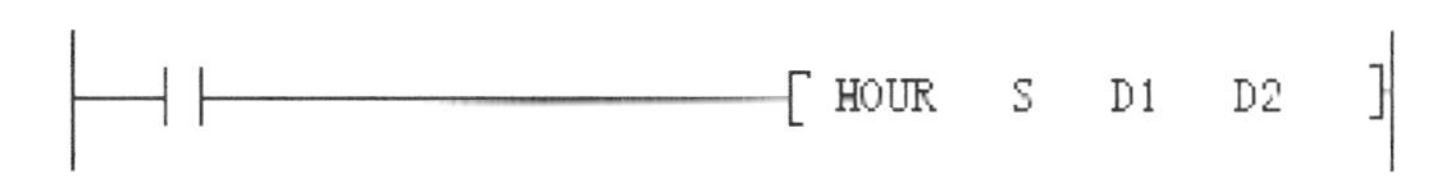

图4.1-37　HOUR指令梯形图

4）指令功能与应用

● 指令功能

HOUR指令的操作功能：当驱动条件成立时，对驱动条件闭合的时间进行累加检测，当累加时间超过了S所设定的时间，D2输出为ON。

TTMR指令和HOUR指令都是对设定开关闭合时间进行检测的指令，但它们的功能和应用仍然有很大的差别。

● 指令应用

HOUR指令实际上是一个以小时为单位的计时器，它针对驱动触点闭合的时间进行计时，计时的当前值占用两个存储单元，其中D存计时时间小时数，不满1h的计时时间以秒为单位存储在D+1。指令要求D，D+1均为停电保持寄存器（D200~D7999）。这样，在断开电源后，计时数据仍然得到保存，而再次通电后，仍然可以继续计时。TTMR指令也对驱动触点闭合时间进行计时，但不能直接进行累加，两个指令的时间单位也相差很多。

指令应用说明如图4.1-38所示，以16位运算HOUR指令为例。

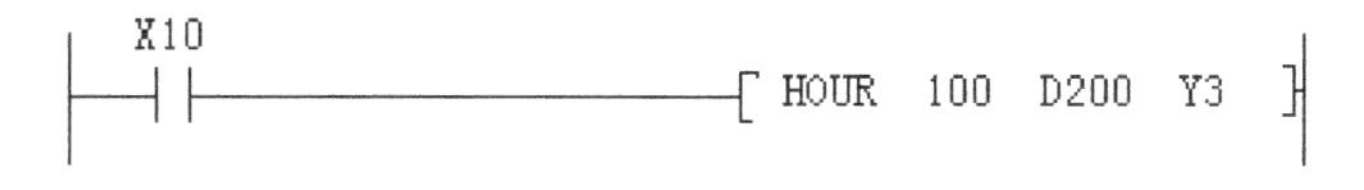

图4.1-38　HOUR指令应用梯形图

指令执行功能是当X10闭合的时间达到100h零1s时，Y3输出为ON。

如果X10的闭合时间超过了100h，则计时器当前值仍继续计时，直到达到最大值32 767h或X10断开为止。停止计时后，如果需要重新开始测量，必须清除D200，D201的当前值，并使Y3复位。

【例4.1-6】 某控制场合，需要两台电动机轮流工作，以有效地保护电动机，延长使用寿命。现有两台电动机，其运行控制是1#电动机运行24h后，自动切换到2#电动机运行，2#电动机运行24h后，自动切换到1#电动机运行，如此反复循环，试编制控制程序。

控制程序梯形图见图4.1-39。

3．特殊定时器指令STMR

1）指令格式

STMR　S　m　D　　　　16位连续执行型

2）可用软元件

可用软元件如表4.1-9所示。

```
X000      M0
─┤├──┬──┤/├──┬──[HOUR   K24   D0   M10]
     │        └──────────────(Y000)
     │    M0
     └──┤├───┬──[HOUR   K24   D2   M11]
              └──────────────(Y001)
M10
─┤├──┬──────────────[SET   M0]
     ├──────[ZRST   D0   D1]
     └──────────────[RST   M10]
M11
─┤├──┬──────────────[RST   M10]
     ├──────[ZRST   D2   D3]
     └──────────────[RST   M11]
```

图 4.1-39　例 4.1-6 程序梯形图

表 4.1-9　STMR 指令可用软元件

操作数	位元件				字元件											常数	
	Y	M	S	U□b	KnX	KnY	KnM	KnS	T	C	D	R	U□\G□	V	Z	K	H
S									●								
D1											●	●				●	●
D2	●	●	●	●													

操作数内容与取值见表 4.1-10。

表 4.1-10　STMR 指令操作数内容与取值

操作数	内容与取值
S	指令使用的定时器编号，S=T0~T199（100ms 定时器）
M	定时器的设定值或其存储器地址，*m*=1~32767
D	输出位元件起始地址。占用 4 个点

3）梯形图表示

指令梯形图如图 4.1-40 所示。

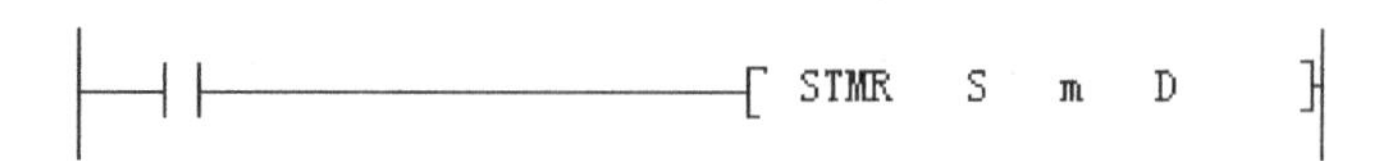

图 4.1-40　STMR 指令梯形图

4）指令功能与应用

● 指令功能

STMR 指令的操作功能：在驱动条件成立时，可以获得以 S 所指定的定时器定时值 m 为参考的断电延时断开、单脉冲、通电延时断开和通电延时接通断电延时断开等 4 种辅助继电器输出触点。

FX 系列 PLC 内部定时器的触点均为通电延时动作，但在实际应用中，也需要其他方式的触点，例如，断电延时断开触点、通电延时断开触点等，遇到这种情况常常自编程序解决。STMR 指令则是一个可以同时输出以上几种定时触点的多路输出功能指令。

STMR 指令的执行功能可以由图 4.1-41 所示的时序图说明。虚线左侧部分是驱动条件接通时间大于定时器定时时间的时序图，而虚线右侧部分则是驱动条件接通时间小于定时器定时时间的时序图。可以看出除 M1 为一单脉冲定时器输出外，其余 M0，M2，M3 均可作为定时器的延时触点使用。

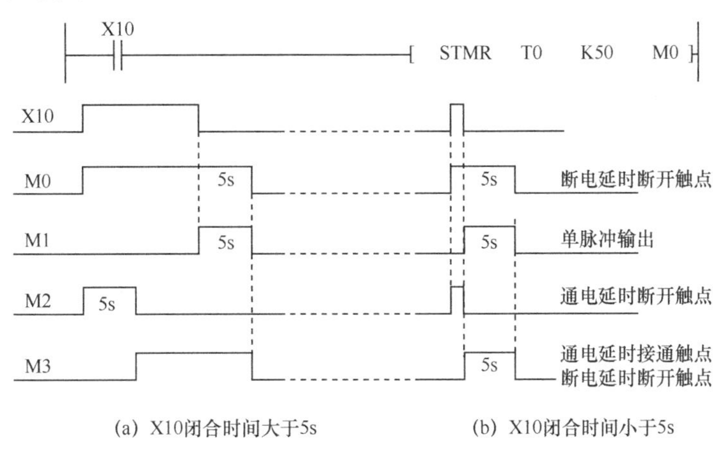

图 4.1-41　STME 指令常开触点输出时序图

利用 M3 的常闭触点与 X0 串联作为指令的驱动，可以得到 M1 和 M2 轮流输出的闪烁程序，如图 4.1-42 所示。闪烁时间为 2s，X0 断开时，闪烁停止。

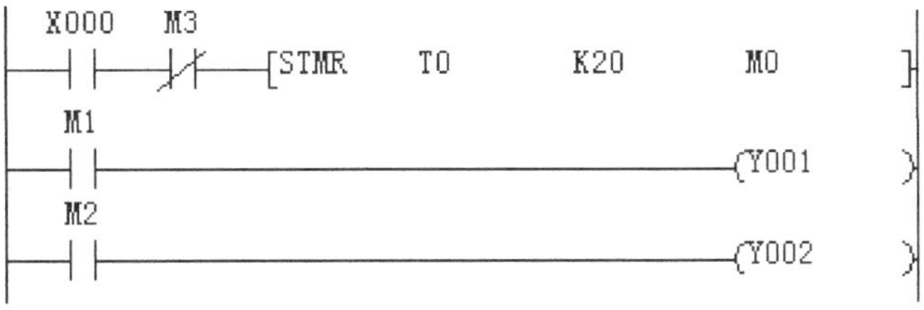

```
X000   M3
─┤ ├──┤/├──[STMR   T0   K20   M0 ]
M1
─┤ ├──────────────────(Y001 )
M2
─┤ ├──────────────────(Y002 )
```

图 4.1-42　轮流输出的闪烁程序

● 指令应用

指令中所指定定时器的编号不能在程序中其他地方重复使用，如重复使用，该定时器不能正常工作。指令中占用 4 点位元件也不能在程序中其他控制使用。

当驱动条件断开时，定时器被即时复位。

STMR 指令虽然有多种输出功能，但在实际应用中很少用到。

【例 4.1-7】 利用如图 4.1-42 所示的闪烁程序，可以控制十字路口晚上 11：00 到早晨 6：30 期间无人值班的红绿灯轮流转换。程序中 M8013 为 1s 周期的振荡器，红绿灯转换时间为 50s，红灯亮时每秒闪烁 1 次，而绿灯不闪烁，程序如图 4.1-43 所示。

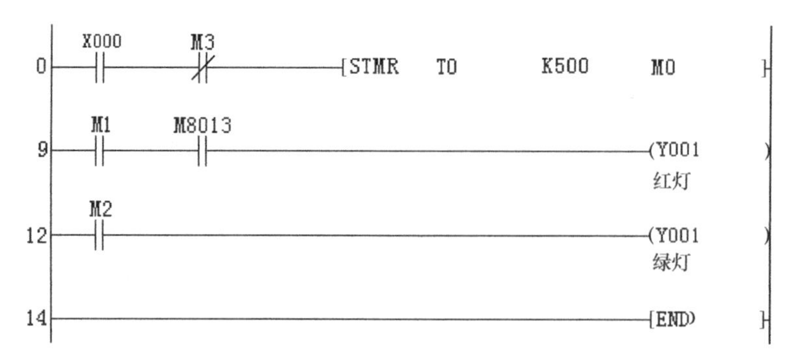

图 4.1-43　红绿灯轮流转换程序

4．内部时钟 M8011~M8014

内部时钟是指 4 个特殊辅助继电器 M8011~M8014，这 4 个继电器的触点按规定的周期自动进行通断操作，相当于发出一系列周期固定占空比为 50%的时钟脉冲信号。

关于内部时钟的详细讲解请参看本书 3.4.3 节常用特殊辅助继电器。

图 4.1-44 是一个单灯闪烁程序，当 X0 接通后，Y1 会每隔 0.5s 亮 0.5s。程序设计简单，易理解，常用来做声光报警程序，X0 为设备的告警输出。

图 4.1-44　单灯闪烁程序

【试试，你行的】

（1）计时指令 TTMR 和 HOUR 都是对驱动触点闭合时间进行计时的指令，但它们在功能和应用上有许多不同，试详细叙述它们的差别。

（2）试详细解读【例 4.1-5】之程序梯形图是如何改变定时器 T0～T9 的设定时间的。

（3）试利用 STMR 指令设计梯形图程序，要求是按下启动按钮后两台电动机同时启动，按停止按钮后，一台立即停止，另一台延迟 10s 后停止。

（4）内部时钟是什么软元件？一共有几个？它们的特点是什么？

（5）如图 P4.1-2 所示梯形图程序，当 X0 闭合时，Y1 会闪烁吗？闪烁的频率是多少？

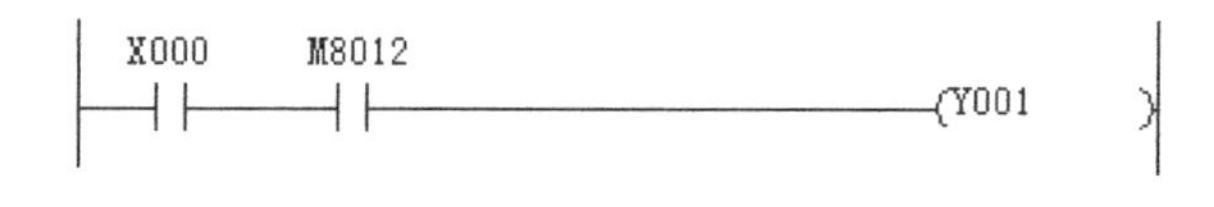

图 P4.1-2

4.1.5　定时器控制程序设计

1．瞬时动作触点

FX PLC 的定时器仅仅是一个带有通电延时触点的时间继电器，它不带有瞬时触点和断

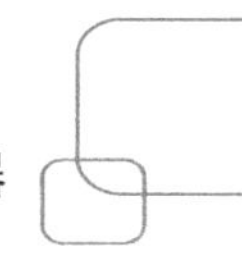

电延时触点，但是可以通过程序来获得。

如果需要与定时器线圈同时动作的瞬时触点，可以在定时器两端并联一个辅助继电器 M，它的触点为定时器的瞬时触点，程序如图 4.1-45 所示。

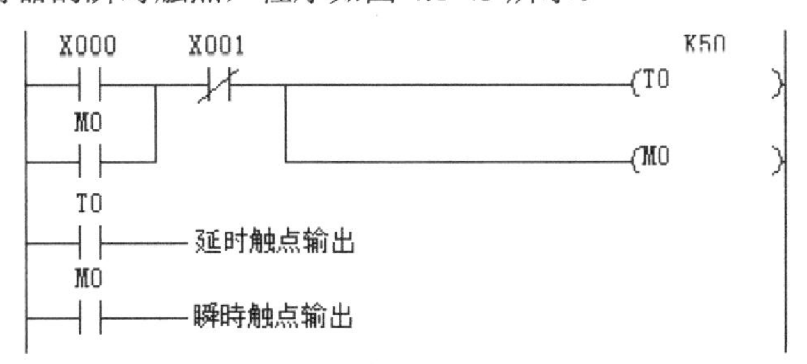

图 4.1-45　瞬时触点程序一

但一般情况下，都设计成如图 4.1-46 所示程序，同样，辅助继电器 M0 的触点为定时器 T2 的瞬时触点。

X000　X001　M0
M0
M0　K50　T0
T0　延时触点输出
M0　瞬时触点输出

图 4.1-46　瞬时触点程序二

2．延时动作

1）通电瞬时接通，断电延时断开

图 4.1-47 为断电延时断开之程序及时序图。当 X1 启动后，M0 驱动，其常闭触点 M0 使定时器 T1 线圈处于断开状态，Y0 一直保持输出驱动。当停止按钮 X2 被按下后，M0 线圈断电，其常闭触点 M0 动合，定时器 T1 线圈通电开始计时，2s 后，其常闭触点 T1 动断，Y0 和定时器 T1 线圈同时断电，Y0 在 X2 按下后延迟 2s 停止。达到了延时断开的目的。

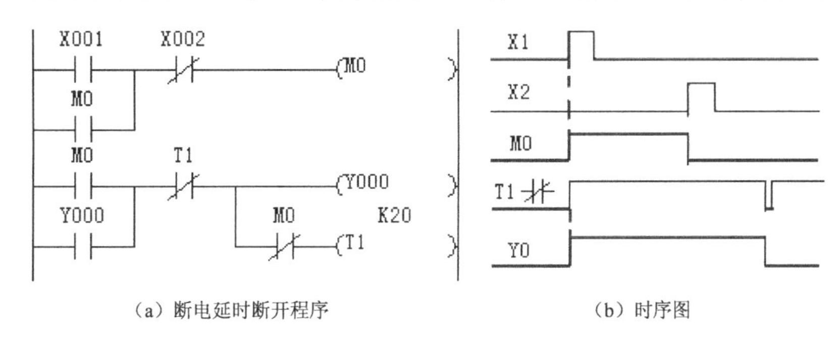

（a）断电延时断开程序　　（b）时序图

图 4.1-47　通电瞬时接通，断电延时断开程序

2）通电延时接通，断电延时断开

图 4.1-48 为一电动机控制程序，要求按下启动按钮 X1，5s 后电动机才启动，按下停止按钮 X2，3s 后电动机才停止。

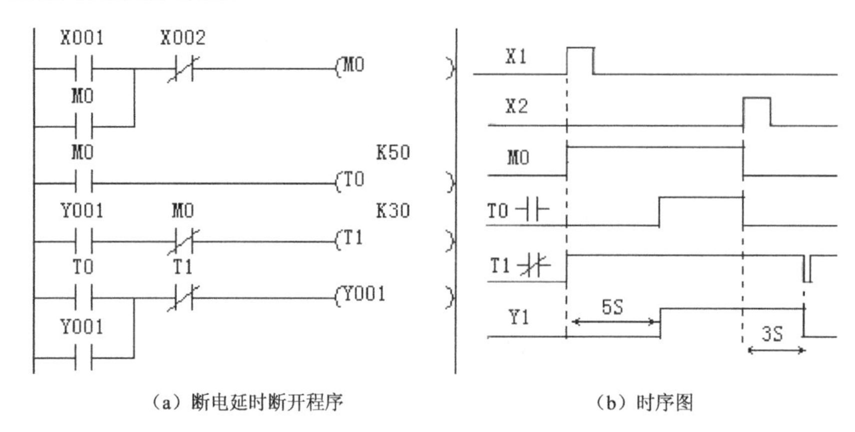

（a）断电延时断开程序　　（b）时序图

图 4.1-48　通电延时接通，断电延时断开程序

3．长时间延时控制

FX 系列 PLC 定时器最长定时时间为 3276.7s。如果需要更长的定时时间，可以采用多个定时器组合的方法来获得，这种方法又称为定时接力。

如图 4.1-49 所示为三个定时器接力的长时间延时控制程序，当 X1 闭合，T1 得电并开始延时（3000s），延时达到 3000s 后，其常开触点闭合使 T2 得电延时（3000s），同样 3000s 后 T3 得电，T3 延迟 1200s 后，其常开触点闭合才使 Y1 闭合，因此，从 X1 闭合到 Y1 闭合总共延时 3000+3000+1200=7200s=120min=2h。

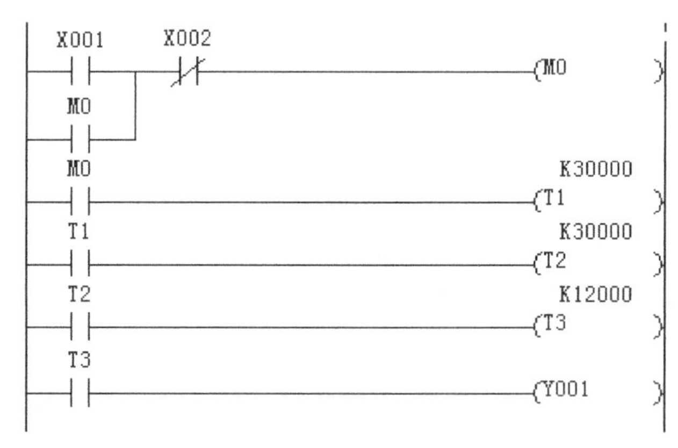

图 4.1-49　长时间延时控制程序

4．脉冲发生电路（振荡电路、闪烁电路）

脉冲发生电路又叫振荡电路或闪烁电路，是一种被广泛应用的实用控制电路。

1）脉冲发生电路

利用两个定时器可以组成一占空比可调的脉冲发生器，如图 4.1-50 所示。脉冲发生电路

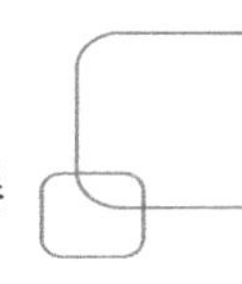

实际上是一个 T0 和 T1 互相控制的反馈电路。开始启动后，T0 闭合，经过 t0 后，其常开触点 T0 闭合，使 T1 闭合。经过 t1 后，T1 的常闭触点动断使 T0 复位，T0 的常开触点又使 T1 断开，T1 的常闭触点使 T0 再次闭合，如此反复，从 T1 的常开触点输出一个振荡脉冲串。

从时序图中可以看出振荡器的振荡周期 T=t0+t1，占空比为 t1/T。调节 T 可以调节脉冲的频率，调节占空比可以调节其通断时间比。

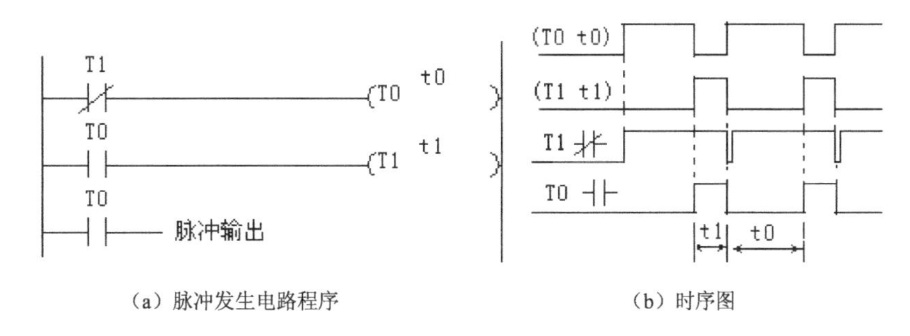

（a）脉冲发生电路程序　　（b）时序图

图 4.1-50　脉冲发生电路程序和时序图

2）灯光闪烁电路

脉冲发生电路常用在灯光闪烁报警电路中，如图 4.1-51 所示为一灯光报警梯形图程序。X1 为报警信号输入，X2 为警灯闪烁停止，Y1 为警灯输出。如果与计数器配合，还可以做到闪烁几次后自动停止。

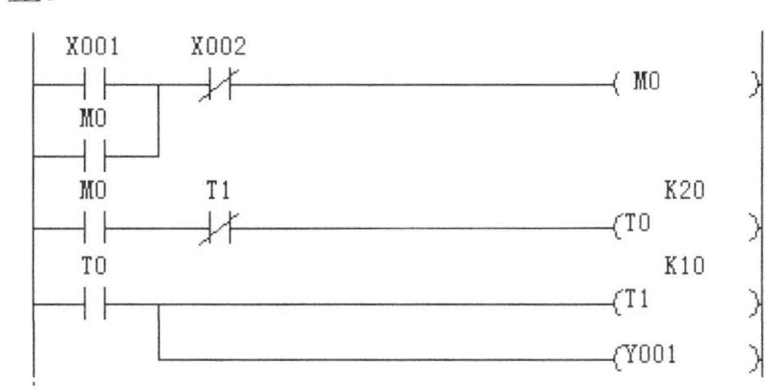

图 4.1-51　灯光闪烁电路程序

4．波形发生电路

1）单稳态电路

在数字电路中，有一种电路叫单稳态触发器，它的特点是在输入端被触发后，其输出会形成一个脉宽为 T 的单脉冲波（所谓暂稳态），如图 4.1-52 所示。图中，假定其脉宽为 5s，那么输入信号 X0 接通的时间无论是大于 5s，还是小于 5s，均只输出一个脉冲波。甚至，在 5s 之内，X0 多次抖动输入均只输出一个脉冲波。单稳态电路常用在定时计数，定时控制和整形中。

图 4.1-53 为单稳态电路的梯形图程序。图中，X0 的上升沿置位 Y0 的同时使 M1 接通一个扫描周期。而 M1 又启动定时器 T10，定时时间到时，其常闭触点使定时器 T10 复位，常开触点使 Y0 复位，这样，输出 Y0 的时间就是定时器 T10 的定时值。这期间，无论 X0 在

5s 内动作几次都不会影响 Y0 的输出。

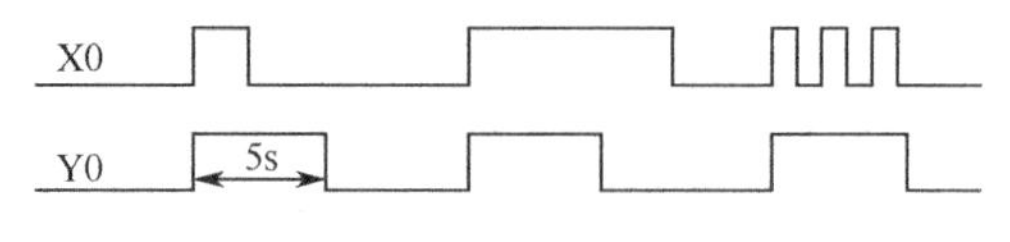

图 4.1-52　单稳态时序图

2）分段循环扫描控制电路

分段循环扫描控制在模拟量控制和通信控制中应用较多，它的主要功能是在不同的时间段分别对对象进行采样、控制和显示等，图 4.1-54 是一个三段循环扫描控制时序图。在 X0 启动后，继电器 M2，M4，M6 轮流接通 *t* 秒钟，周而复始直到停止。

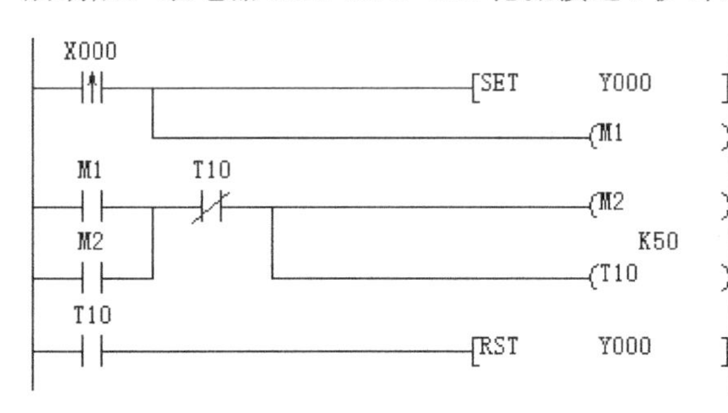

图 4.1-53　单稳态电路的形图程序

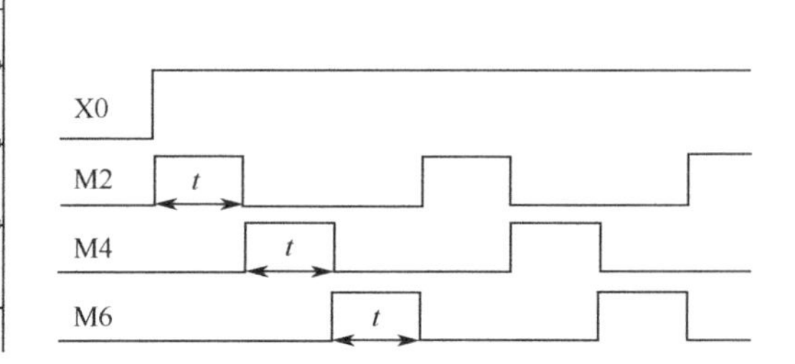

图 4.1-54　三段循环扫描控制时序图

图 4.1-55 为三段循环扫描控制梯形图。图中 X0 为启动，X1 为停止。该程序可以很方便地移植到循环流水灯的控制电路上。

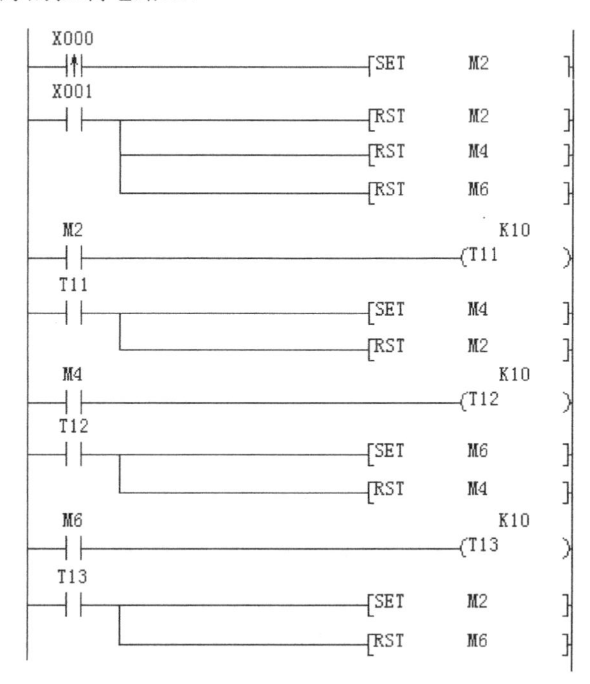

图 4.1-55　三段循环扫描控制梯形图

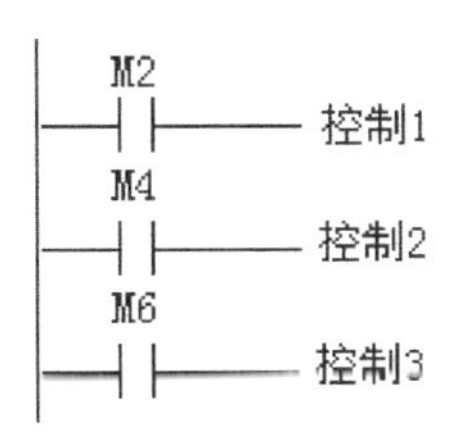

图 4.1-55　三段循环扫描控制梯形图（续）

5．顺序控制电路

在生产控制中，多台电动机按一定顺序启动和停止是经常碰到的，利用通用定时器很容易实现这种控制，试举一例说明。

试设计三台电动机顺序启动、逆序停止程序。控制要求：按下启动按钮 X0 后，1#电动机 Y1 启动，延时 5s 后，2#电动机 Y2 启动，延时 10s 后，3#电动机 Y3 启动。当按下停止按钮 X1 后，三台电动机按 Y3，Y2，Y1 逆序停止，相隔延时均为 3s。

图 4.1-56 为用 4 个定时器编写的梯形图程序。图 4.1-57 为用触点比较指令编写的梯形图程序。读者可比较两个梯形图程序，第二个程序要比第一个程序简洁明了。两个程序都没有考虑在启动过程中，如果按了停止按钮和在停止过程中按了启动按钮的随机情况。如果有上述情况的控制要求，程序必须重新设计。

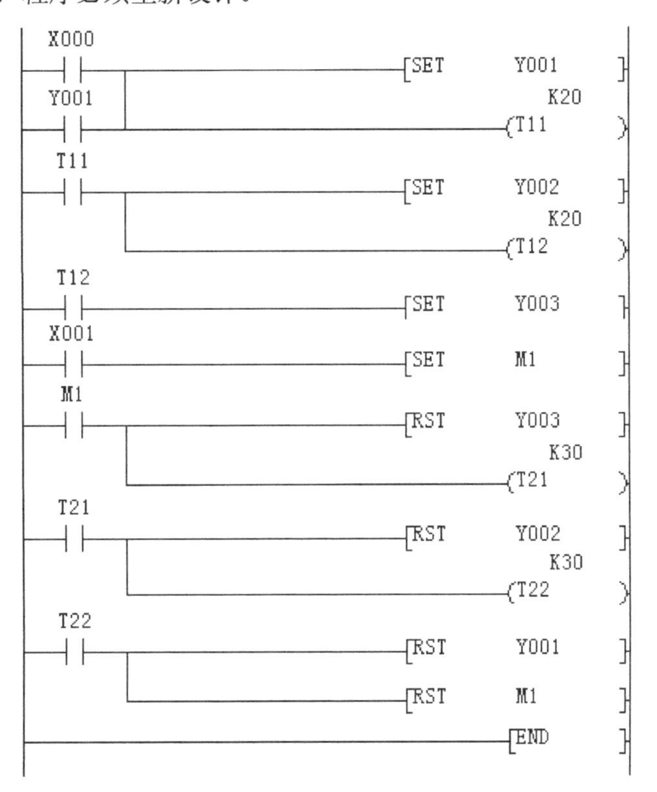

图 4.1-56　三台电动机顺序启动、逆序停止程序一

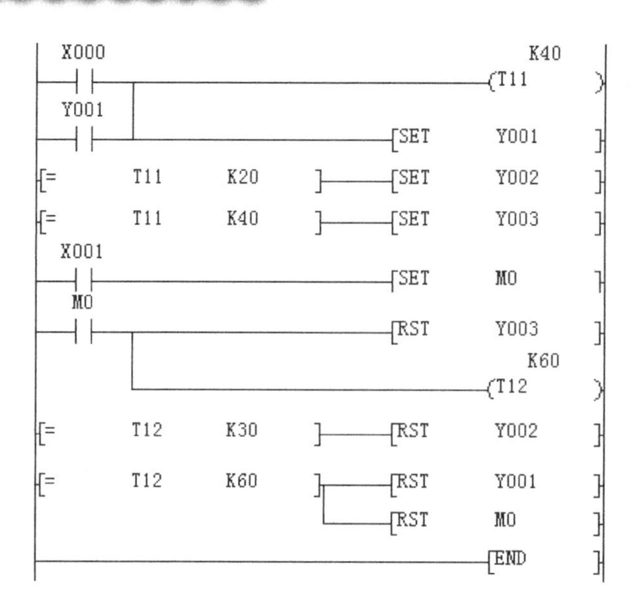

图 4.1-57　三台电动机顺序启动、逆序停止程序二

【试试，你行的】

（1）按启动按钮 X0 后，Y0 输出 20s 后停止。

（2）按启动按钮 X0 后，延时 20s 后 Y0 输出，按停止按钮 X1 后，Y0 停止输出。

（3）按启动按钮 X0 后，延时 20s 后 Y0 输出，Y0 输出延迟 30s 后 Y1 输出，按停止按钮 X1 后，Y0，Y1 输出均停止。

（4）按启动按钮 X0 后，Y0 输出，延迟 50s 后，Y0 停止，Y1 输出，按停止按钮 X1 后，Y0，Y1 输出均停止。

（5）按启动按钮 X0 后，Y0 输出，延迟 20s 后，Y0 停止，Y1 输出，Y1 输出 30s 后，Y1 停止，Y0 输出，如此循环，Y0，Y1 轮流工作，任何时刻按下停止按钮 X1，Y0，Y1 均停止输出。

（6）设计一个灯光闪烁程序，X0 为灯光闪烁启动，Y0 为灯光输出，要求其闪烁频率为 0.5Hz。其中灯亮时间为 1.2s。

（7）设计一个四段循环扫描程序，当按下 X0 启动后，Y0，Y1，Y2，Y3 分别依次循环点亮 1s，2s，3s，4s，直到按下停止按钮 X1 后，循环停止，全部灯熄灭。

（8）设计一个两台电动机顺序启动、顺序停止控制程序，即按下启动按钮 X0，Y1 启动，延时 3s 后，Y2 自行启动；按下停止按钮 X1，Y1 停止，延时 5s 后，Y2 自动停止；若按下急停按钮 X2，电动机立即停止。

（9）设计一个两台电动机顺序启动、逆序停止控制程序，即按下启动按钮 X0，Y1 启动，延时 3s 后，Y2 自行启动；按下停止按钮 X1，Y2 停止，延时 3s 后，Y1 自动停止；若按下急停按钮 X2，电动机立即停止。

（10）设计一个三台电动机顺序启动、顺序停止控制程序，即按下启动按钮 X0，Y1 启动，延时 3s 后，Y2 自行启动；延时 5s 后，Y3 自行启动；按下停止按钮 X1，Y1 停止，延时 4s 后，Y2 自动停止，延时 10s 后，Y3 自动停止。若按下急停按钮 X2，电动机立即停止。

（11）设计一个三台电动机顺序启动、逆序停止控制程序，即按下启动按钮 X0，Y0、Y1、Y2 顺序启动，相隔时间均为 3s。按下停止按钮 X1，Y2、Y1、Y0 逆序停止，相隔时间均为 3s。若按下急停按钮 X2，电动机立即停止。最好设计一个与书上例子不同的程序。

（12）设计一个三台电动机启停控制程序，按下启动按钮 X0，每隔 20min 启动一台，每台运行 2h 后自动停机，运转过程中若按下停止按钮 X1，三台电动机立即停止。

（13）设计一个 4 台电动机启停控制程序，设计要求：

① 顺序启动。按下启动按钮 X0 后，Y0 立即启动，以后每隔 5s 按顺序 Y1，Y2，Y3 延迟启动。

② 逆序停止。按下停止按钮 X1 后，Y3 立即停止，以后每隔 10s 按顺序 Y2，Y1，Y0 延时停止。

③ 在顺序启动过程中，如果按下停止按钮 X1，则启动过程立即结束，并仍按逆序停止方式进行停止。

（14）10 只彩灯，编号为 1～10。按启动按钮 X0 后，按 1，2，3，…，10 顺序每隔 1s 点亮一个灯，全部灯亮，按停止按钮后，全部熄灭。

（15）10 只彩灯，编号为 1～10。按启动按钮 X0 后，按 1，2，3，…，10 顺序依次点亮，全部点亮 1s 后，按照 10，9，8，…，1 顺序依次熄灭。运行中间，任何时候按下停止按钮 X1，所有被点亮灯均熄灭。

（16）10 只彩灯，编号为 1～10。按启动按钮 X0 后，按 1，3，5，7，9 顺序每隔 1s 依次点亮，点亮后，再按 2，4，6，8，10 顺序每隔 1s 依次点亮，全部点亮 1s 后，按照 10，8，…，2，9，7，…，1 顺序依次熄灭。运行中间，任何时候按下停止按钮 X1，所有被点亮灯均熄灭（脑筋急转弯题）。

4.2 计数器

4.2.1 可预置数计数器

在继电控制线路中，计数器是作为一种仪表在电路中使用的，其基本功能是对输入开关量信号进行计数。根据实际计数器的使用情况，把计数器分成两大类，一类为可预置数计数器，这类计数器带有输出触点，使用前，可预先设置需要计数的脉冲信号个数，当输入脉冲信号个数达到预置值时，其输出触点动作。另一类为总和计数器，或计数器，不带有输出触点，纯粹是对输入脉冲信号进行计数。PLC 中的软元件计数器 C 的功能和可预置计数器相同。

下面以日本 OMRON 电子计数器 H7CN 为例介绍可预置数计数器，仅仅是从使用者的角度来介绍的，因而不关心它的内部电路的结构和工作原理，只关心它在继电控制线路中的作用和功能。

H7CN 是一款最常用的电子计数器，采用 4 位数字开关设置可预置计数脉冲，4 位 7 段 LED 显示输入脉冲数。有两个计数输入端 CP1，CP2 和一个复位输入端口 RESET，有一个常开触点输出控制外电路。H7CN 电子计数器外形及端口接线如图 4.2-1 所示。

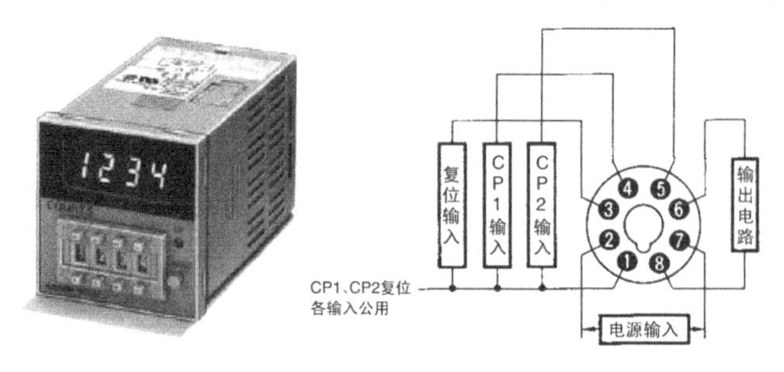

图 4.2-1 H7CN 计数器外形及端口接线图

H7CX 电子计数器的型号较多，但每个型号的功能单一。按其功能可分成可预置计数和总和计数两大类。可预置计数器又按功能分为加计数型、减计数型，运算（加减计数）型，而总和计数器只有加计数型。按所接电源类型有交流输入（AC100～240V）和直流输入（DC12～48V）两种。按脉冲输入方式有触点输入和晶体管输入两种。部分型号的计数器还具有计数停电保持功能，表 4.2-1 列出了部分功能型号的 H7CN 电子计数器产品。用户应根据实际需要选择相应型号的产品。

表 4.2-1 16 位加计数器

类型	功 能	型 号	电 源	输入方式	输出方式	停电保持
可预置数	加计数（UP）	H7CN-XLN	AC，DC	触点	常开触点	AC 无 DC 有
		H7CN-XHN	AC，DC	晶体管		
	减计数（DOWN）	H7CN-YLN	AC，DC	触点		
		H7CN-YHN	AC，DC	晶体管		
	加减计数（UP/DOWN）	H7CN-ALN	AC，DC	触点		
		H7CN-BLN	AC，DC	触点		
计数	计数	H7CN-TXL	AC，DC	触点		
		H7CN-TXH	AC，DC	晶体管		

注：（1）最高计数频率：触点输入为 0Hz，晶体管输入为 5KHz

（2）加减计数器中，H7CN-ALN 为控制输入，H7CN-BLN 为双向输入型。

H7CN 的计数功能如图 4.2-2 所示。加计数从 0 开始计数至预置值，输出触点动作，接通外电路。而减计数则是从预置值开始进行减 1 计数，减至 0 时，输出触点动作。加减法计数从 0 开始按加减控制功能进行加或减计数，只有计数值到达预置计数值时，触点才动作。

H7CN 计数器有两个计数输入端 CP1，CP2，这两个输入端可以单独使用（一个用作计数，另一个为空端），也可以一起使用，此时，脉冲只能由一个输入端输入，而另一个为脉冲输入的控制端。例如，当 CP1 作为脉冲输入端时，如果在计数过程中，从 CP2 输入一个控制信号，则 CP1 的计数会停止。直到 CP2 控制信号消失后，才继续进行计数。反之亦然，这就增加了 H7CN 计数器的控制功能。图 4.2-3 为加计数器禁止功能示意图。注意图中所标注禁止信号的输入和禁止信号的有效电平。减计数器分析和加计数器类似。仅是计数方法不同而已。

■计数功能

●动作概要

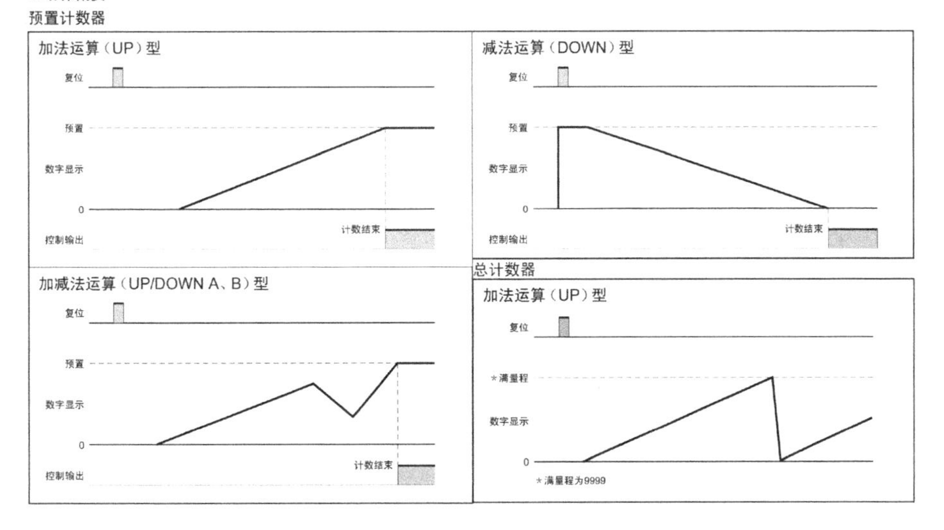

图 4.2-2　H7CN 计数器计数方式示意图

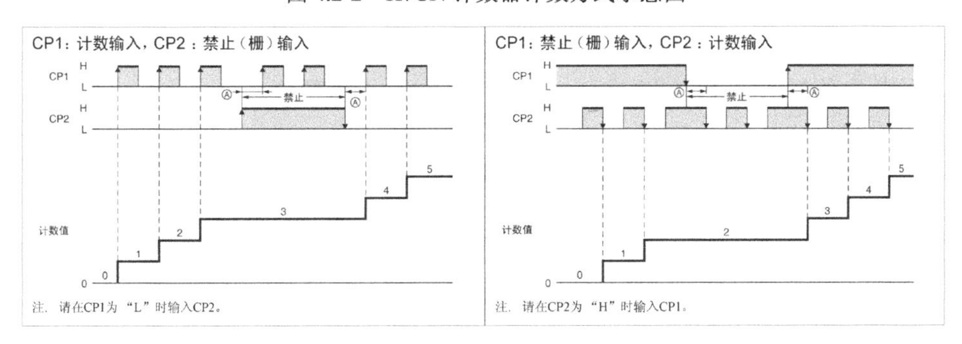

图 4.2-3　H7CN 加计数禁止输入功能示意图

对加减法计数器来说，CP1 和 CP2 都必须接入电路。这时，有两种方式控制加减计数器。一种是控制输入型（也叫指令输入型），CP1 为计数输入，CP2 为加减输入控制端。当 CP2=0 时，对 CP1 进行加计数，当 CP2=1 时，对 CP1 进行减计数，如图 4.2-4 中“UP/DOWN　A 指令输入”图示。另一种为双向输入型（也叫个别输入型）。这时，CP1 为加计数输入，而 CP2 为减计数输入，如图 4.2-4 中“UP/DOWN　B 个别输入”图示。

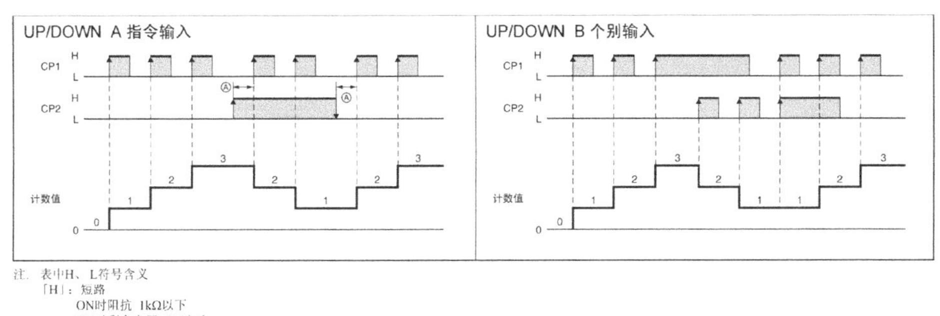

注．表中H、L符号含义
「H」：短路
ON时阻抗 1kΩ以下
ON时剩余电压 2V以下
「L」：开放
OFF时阻抗 100kΩ以上

图 4.2-4　H7CN 加减计数方式功能示意图

H7CN 电子计数器有三种复位方式：电源复位、外部复位和手动复位。电源复位是指电源断开，计数器自动复位。外部复位是指从输入端口输入复位信号（ON），使计数器复位。手动复位是指从计数器面板上手动复位按钮，使计数器复位。复位的含义是计数的数字显示全部消失，数字显示在复位信号结束后（或再上电时）显示复位数值，其输出触点恢复原态。

H7CN 电子计数器的计数值设定方法采用常时读入方式，即在通电中也能改变其设定值。

计数器基本功能是计数功能。在应用时首先要设置预置计数值，计数器对从 CP 输入端的开关量信号进行检测并计数。当计数值到达预置值时，其输出触点动作，达到控制外电路的目的。这时，如果要重新开始计数，则必须进行复位操作，输入复位信号，计数器计数值复位归零，输出触点复位原来状态。由以上分析可知，除了必须了解它的控制电路外，一个计数器的基本参数是预置值、计数当前值、计数方式、触点动作及复位。这也是我们学习 PLC 计数器的切入点。

【试试，你行的】

（1）你用过计数器吗？用计数器做什么？请写出一种你用过的计数器型号，画出它的端口电路图，说明它们在继电控制线路原理图上是如何图示的。

（2）计数器的基本参数是哪几个？试分别说明这些参数的含义。

4.2.2 三菱 FX_{3U} PLC 内部计数器

三菱 FX_{3U} PLC 的内部计数器和内部定时器有许多相似之处，因此，在讲解时，重点讲解其本身的特殊之处，与定时器相似之处仅做一般介绍。

1. 内部计数器的性质与使用

1）内部计数器性质

（1）内部计数器是 PLC 中的一个较为特殊的软元件，它的当前值和预置计数值是数据寄存器结构，因此，是一个字元件，而它的输出触点却是一个位元件，可以作为驱动条件控制电路的通断。

（2）内部计数器输出触点是内部元件映像寄存器状态，和普通的位元件一样，可以对其常开、常闭触点无限次使用。

（3）在 PLC 控制中，内部计数器是按照位元件线圈来处理的，它需要驱动，驱动后当前值到达预置计数值后，其输出触点动作。计数器的复位必须用 RST 指令完成。

（4）在程序中，内部计数器的线圈和输出触点的动作是按照扫描方式顺序动作的（串行方式）。

2）内部计数器使用

在三菱 FX 系列 PLC 中，内部计数器的符号表示如图 4.2-5 所示。图中，C 为内部计数器符号，10 为编址，而 C10 则表示某个内部计数器的编号。K20 为内部计数器的预置计

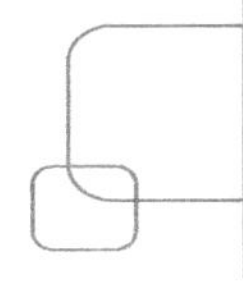

数值。

内部计数器的编号是按照十进制来编址的，编址同时也表示了内部计数器的分类，不同编号的计数器其应用会有很大的差别。

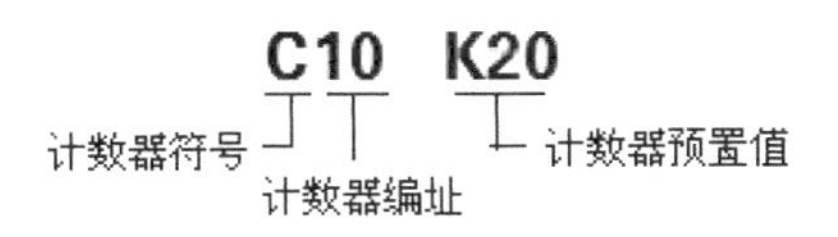

图 4.2-5　内部计数器符号图示

每个内部计数器有一个设定预置计数值的寄存器（16 位或 32 位），一个对计数脉冲进行计数的当前值寄存器（16 位或 32 位）和一个用来存储其输出触点的映像寄存器（1 位），这三个量使用同一地址编号的计数器符号，而在 PLC 的程序中，它们出现在不同的位置则表示不同的含义。以 C10 为例，当 C10 为（C10 K20）时，是作为计数器线圈处理的，如图 4.2-6（a）所示，而计数器的启动和复位均对该线圈而言。当 C10 作为一个操作数出现在功能指令中时，C10 是作为计数器的当前值处理的，这时 C10 的值是变化的，计数器启动后，当前值便在不断变化。如图 4.2-6（b）所示。当 C10 为常开、常闭触点符号时，触点按照计数器的输出触点处理。当计数器当前值到达设定预置计数值后，输出触点动作，如图 4.2-6（c）所示。

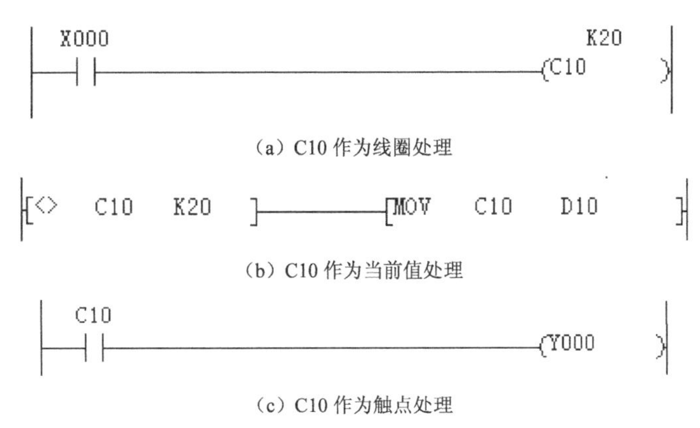

（a）C10 作为线圈处理

（b）C10 作为当前值处理

（c）C10 作为触点处理

图 4.2-6　定时器符号处理梯形图表示

3）计数器预置计数值、触点动作和复位

和定时器不一样，计数器重点关心的是它的预置计数值、触点动作时序和复位，我们把它称作计数器的三要素。启动是指计数器线圈在接收到第一个脉冲上升沿开始计数的时刻即计数开始，此后，随着计数脉冲的不断输入，计数器当前值也跟着变化，当其当前值等于预置计数值时，计数器的触点动作。具体动作过程与计数器类别有关。如果在当前值等于预置计数值后，仍然有计数脉冲输入，则当前值继续变化，直至变化至最大值或进行环形计数。计数器的复位是指在脉冲输入过程中，用 RST 指令进行复位，这时，计数器的当前值会复归为 0，其触点也回到常态。计数器在应用时要求在计数前都要先清零，因为如不清零，则其残留计数值不会自动去除，必然会影响下面的计数。

2. 三菱 FX3U PLC 内部计数器

三菱 FX2N　PLC 内部计数器分为内部信号计数器和高速计数器两大类，内部信号计数器是在执行扫描操作时对内部编程元件 X，Y，M，S，T，C 的信号进行计数，其接通和断开的时间应长于 PLC 的扫描周期。内部信号计数器又分为 16 位加计数器和 32 位加/减计数器两种。而高速计数器则是专门对外部输入的高速脉冲信号（从 X0-X5 输入）进行计数，脉冲信号的周期可以小于扫描周期，高速计数器是以中断方式工作的。

1）16 位加计数器（增量计数器）C0～C199

16 位加计数器又叫 16 位增量计数器，共 200 个，它又分为通用型和断电保持型两种，见表 4.2-2。

表 4.2-2　16 位加计数器类型表

类　型	计数器编址	预置值取值范围
通用型	C0～C99，100 点	1~32 767
断电保持型	C100～C199，100 点	

图 4.2-7 为增量计数器的程序及动作时序图。在梯形图中，X11 为计数脉冲输入，每通断一次为一个脉冲输入，当输入脉冲的个数使计数器当前值变化至等于预置计数值时，其触点 C0 就动作，常开为闭合，驱动 Y0 输出，此后，X11 仍然有计数脉冲输入，计数器的当前值不再变化。X10 为计数器的复位信号，当 X10 闭合时，计数器的当前值复归为 0，其相应触点也复归原态。

在计数器工作过程中，通用型计数器会因断电而自动复位，断电前所计数值会全部丢失。

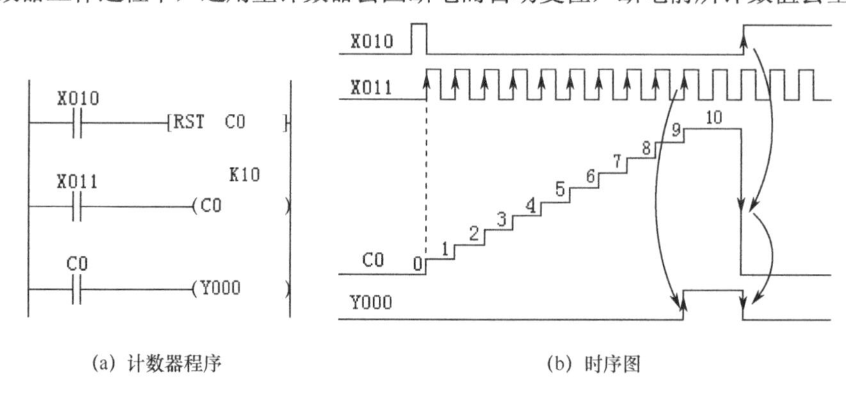

图 4.2-7　增量计数器的程序及触点动作时序图

断电保持型计数器和断电保持型定时器类似，它们能够在断电后保持已经记下来的数值，再次通电后，只要复位信号没有对计数器进行过复位，计数器就在原来的基础上继续计数。断电保持式计数器其他特性和通用型计数器相同。

由 PLC 扫描工作原理可知，PLC 是批量进行输入状态刷新的，一个扫描周期仅刷新一次，刷新后的输入状态被置于映像存储区，供程序执行时取用。

计数器输入脉冲信号的频率不能过高，如果在一个扫描周期内输入的脉冲信号多过 1 个时，其余的脉冲信号则不会被计数器进行计数。这样，会产生计数不准确问题，因此，对计

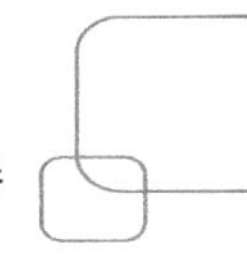

数器输入脉冲的频率是有一定要求的。一般要求脉冲信号的周期要大于 2 倍的扫描周期，实际上这已经能满足大部分实际工程的需要。

2）32 位加/减计数器（双向计数器）C200～C234

32 位加/减计数器又叫双向计数器。所谓双向计数器就是它可以由 0 开始增 1 环形计数到预置值，也可以由 0 开始减 1 环形计数到预置值。

32 位加/减计数器一共 35 个，也分为通用型和断电保持型两种，见表 4.2-3。

表 4.2-3　32 位加/减计数器类型表

类　型	计数器编址	预置值取值范围
通用型	C200～C219，20 点	-2 147 483 648～+2 147 483 647
断电保持型	C220～C234，15 点	

32 位计数器的预置值可由常数 K 表示，也可以通过数据寄存器 D 来间接表示。如果用寄存器表示，其预置值为两个元件号相连的寄存器内容。例如，C200　D0 预置值存放在 D1、D0 两个寄存器中，且 D1 为高位，D0 为低位。

那么，双向计数器的方向是如何确定的？双向计数器的计数脉冲只能有一个，其计数方向是由特殊辅助继电器 M82XX 来定义的。M82XX 中的 XX 与计数器 C2XX 相对应，即 C200 由 M8200 定义，C210 由 M8210 定义，等等。方向定义规定 M82XX 为 ON，则 C2XX 为减计数；M82XX 为 OFF，则 C2XX 为加计数，如表 4.2-4 所示。由于 M82XX 的初始状态是断开的，因此默认的 C2XX 都是加计数。只有当 M82XX 置位时，C2XX 才变为减计数。

表 4.2-4　32 位加/减计数器计数方向确定

计　数　器	状态继电器	加/减计数
C200～C234	M8200～M8234	M82XX = OFF：减计数 M82XX = ON：加计数

双向计数器与增量计数器在性能上有很大的差别，主要表现在计数方式和触点动作上。

- 计数方式不同

增量计数器当脉冲输入计数值达到预置值后，即使继续有计数脉冲输入，计数器的当前值仍然为预置值。而双向计数器是一个环形计数器，其当前值变化可用图 4.2-8 来说明。

双向计数器在计数方向确定后，其当前值会随脉冲不断输入而发生变化。当前值等于预置值后，如果继续有脉冲变化，其当前值仍然发生变化。在加计数方向下，会一直增加到最大值+2 147 483 647。这时，如果再增加一次脉冲，当前值马上就会变为-2 147 483 648。如果继续有脉冲输入，当前值则会由-2 147 483 648 变化至-1,0,1，又继续变化至+2 147 483 647，如此循环不断，如图 4.2-8（a）所示，而在减计数方向下，当前值会如图 4.2-8（b）所示进行循环变化。

如果在变化的过程中计数方向发生变化，则当前值马上按新的方向变化。

- 触点动作不同

增量计数器的当前值增加到预置值后，其触点动作。动作后直到对计数器断电或复位，其触点才恢复常态，这是典型的计数功能，其预置值就是要求计数的脉冲个数（在实际控制中，代表被计数物体的数量），初学者很容易理解掌握和应用。

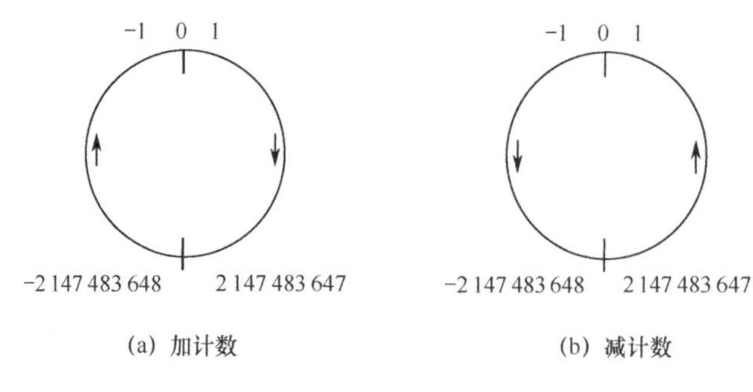

(a) 加计数　　　(b) 减计数

图 4.2-8　双向计数器循环计数示意图

而双向计数器则不同，它是一个环形计数器，其预置值可以为正值，也可以为负值，因此，这个预置值仅是当前值在输入脉冲时发生变化的比较值，而计数器触点的动作与这个比较结果有关。在双向计数过程中，只要当前值等于预置值时，其触点就动作一次。

当预置值为正值时，当前值会在加计数方式和减计数方式下分别等于预置值，在这两种情况下，计数器的触点都会动作，如图 4.2-9 所示。图中，双向计数器 C200 的预置值为 K3。由时序图可以看出，开始计数后，当前值等于预置值时，C200 常开触点动合。当计数到 K5 时，改变计数方向。当前值由 K5 以减计数方式变化，变化至 K3 时，其 C200 常开触点动断，恢复原态。注意，这个 C200 常开触点复位并不是 RST 指令所致，而是在计数过程中发生的，应用时要特别注意。

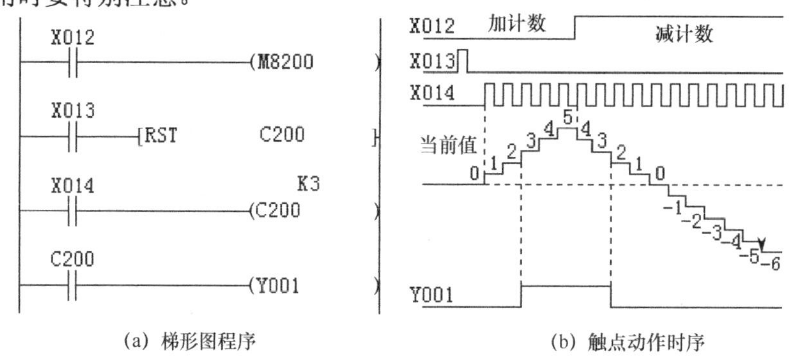

(a) 梯形图程序　　　(b) 触点动作时序

图 4.2-9　双向计数器程序和触点动作时序图（预置值为正值）

同样，当预置值为负值时，当前值也会在减计数方式和加计数方式下两次等于预置值，这两种情况，计数器触点都会动作，如图 4.2-10 所示。图中，当计数器 C200 在减计数方式下等于 K-5 时，其触点动作，恢复原态（OFF），见图中 c 点。而 C200 在加计数方式下等于 K-5 时，触点动合（ON），见图中 b 点。至于图中 a 点是减计数方式等于 K-5，因为 C200 触点此时就处于原态（OFF）中，所以 Y1 仍然维持原态。

由上面两个例子可以得出下面的结论：双向计数器的当前值在加计数到达其预置值，则其常开触点动作为 ON，而当前值在减计数到达其预置值时，其常开触点动作，恢复原态 OFF。

不论是在加计数方式还是在减计数方式。如果给双向计数器发出 RST 信号、计数器的当前值马上复归为 0，其触点也恢复原态。

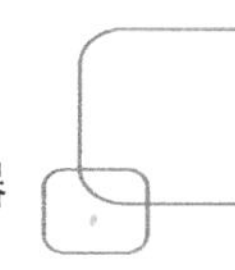

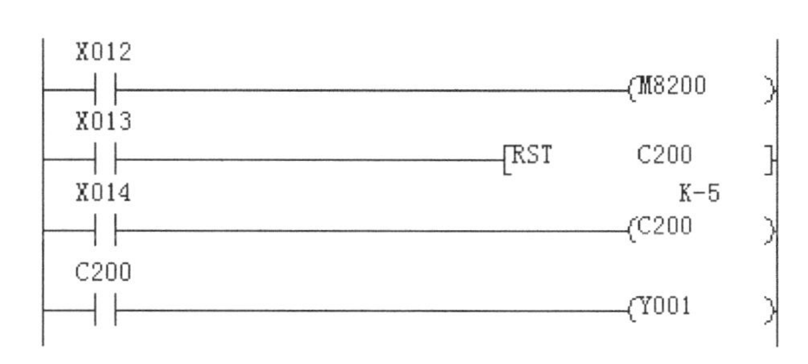

（a）梯形图程序

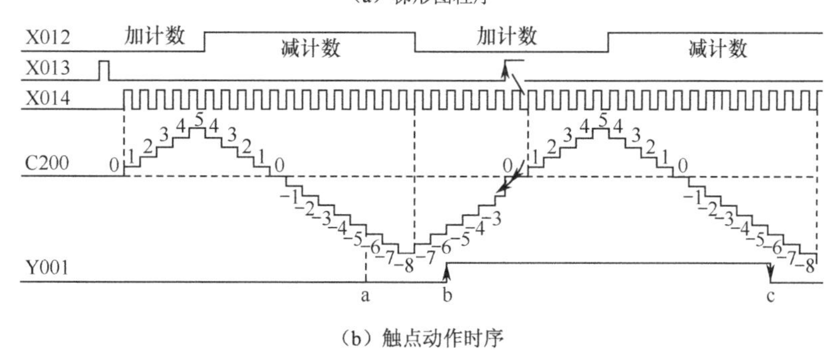

（b）触点动作时序

图 4.2-10　双向计数器程序和触点动作时序图（预置值为负值）

3）高速计数器

PLC 内部信号计数器要求 X 断开和接通一次的时间应大于 PLC 的扫描时间，否则就会产生计数丢步现象，这么低的速度限制了 PLC 在高速处理范围里的应用，例如，编码器脉冲输入测速、定位等，而高速计数器则在这些地方得到了应用。

三菱 FX PLC 的高速计数器共 21 个，其编号为 C235~C255，在实际使用时，高速计数器的类型有下面 4 种：

（1）1 相无启动、无复位高速计数器 C235~C240。

（2）1 相带启动、带复位高速计数器 C241~C245。

（3）1 相 2 输入（双向）高速计数器 C246~C250。

（4）2 相输入（A-B 相）高速计数器 C251~C255。

高速计数器均为 32 位双向计数器，与内部信号计数器不同的是，高速计数器信号只能由对应的信号输入端口 X 输入。表 4.2-5 列出了各个高速计数器对应的信号输入端口编号及端口功能表。

表 4.2-5　高速计数器类型表

类　型	计 数 器	X0	X1	X2	X3	X4	X5	X6	X7
1 相单输入 无启动 无复位	C235	U/D							
	C236		U/D						
	C237			U/D					
	C238				U/D				
	C239					U/D			
	C240						U/D		

续表

类　型	计 数 器	X0	X1	X2	X3	X4	X5	X6	X7
1相单输入带启动带复位	C241	U/D	R						
	C242			U/D	R				
	C243					U/D	R		
	C244	U/D	R					S	
	C245			U/D	R				S
1相双输入（双向）	C246	U	D						
	C247	U	D	R					
	C248				U	D	R		
	C249	U	D	R				S	
	C250				U	D	R		S
2相输入（A-B相）	C251	A	B						
	C252	A	B	R					
	C253				A	B	R		
	C254	A	B	R				S	
	C255				A	B	R		S

注：U为加计数输入，D为减计数输入，A为A相输入，B为B相输入，R为复位输入，S为启动输入。

高速计数器除了只能由对应的信号输入端口 X 输入计数器脉冲外，还有一些特点也是和内部信号计数器不相同的。

（1）高速计数器能对高速脉冲信号计数，这是因为高速计数器的工作方式是中断工作方式，中断工作方式与 PLC 的扫描周期无关，所以高速计数器能对频率较高的脉冲信号进行计数。但是，即使高速计数器能对高速脉冲信号计数，速度也是有限制的。

（2）高速计数器只能与输入端口 X0~X7 配合使用，也就是说，高速计数器只能与 PLC 基本单元的输入端口配合使用。其中，X6、X7 只能用作启动/复位信号输入，不能用作计数器输入，所以实际上仅有 6 个高速计数器输入端口。

（3）6 个高速输入端口也不是由高速计数器任意选择的，一旦某个高速计数器占用了某个输入口，便不能再让其他的高速计数器占用。例如，C235 占用了 X0 口，则 C241，C244，C246，C247，C249，C251，C254 就不能再使用。因此，虽然高速计数器有 21 个，但最多只能同时使用 6 个

（4）所有高速计数器均为停电保持型，其当前值和触点状态在停电时都会保持停电之前的状态，也可以利用参数设定变为非停电保持型。如果高速计数器不作为高速计数器使用，可作为一般 32 位数据寄存器。

（5）高速计数器有停电保持功能，但其触点只有在计数脉冲输入时才能动作，如果无计数信号输入，即使满足触点动作条件，其触点也不会动作。

（6）作为高速计数器的高速输入信号，建议使用电子开关信号，而不要使用机械开关触点信号，由于机械触点的振动会引起信号输入误差，从而影响正确计数。

本书不对高速计数器进行详尽讲解，读者如需了解请参看《三菱 FX_{2N} PLC 功能指令应用详解》12.1 节三菱 FX2N PLC 内部高速计数器。

3．内部计数器应用

1）计数器预置计数值设定

和定时器一样，计数器预置计数值的设定有直接设定和间接设定两种方式，间接设定可

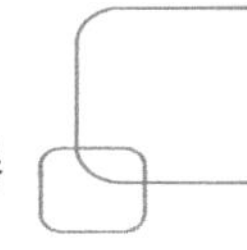

以利用外部人机对话设备对预置值进行修改。可以说，凡是定时器定时时间设置的方式均适用于计数器预置数的设定，这里不再阐述，读者参看 4.1.3。

2）计数器过程中计数当前值变化的影响

在计数器计数过程中，如果通过指令改变了计数器的当前值，则会对计数过程产生一定的影响。

如图 4.2-11 所示，当 X2 启动计数器 C0 后，如果在计数的过程中，利用 X0 改变了其当前值。如果当前值小于其预置值，则当前值马上变为更改后的当前值，并继续计数下去，直到等于预置值且触点动作为止。如果当前值等于或大于预置值，则当前值马上变化为预置值，且触点也马上动作。

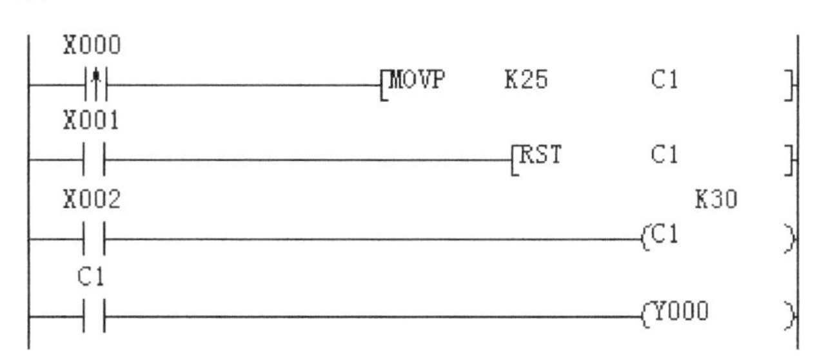

图 4.2-11　计数当前值变化影响梯形图程序

上面讨论的是增量计数器情况，对于双向计数器来说，在加计数方式下，即使当前值改变大于预置值，则当前值会在更改后的当前值继续计数下去，但其触点不会动作。触点动作的时间仍按其原有的规定执行。

【试试，你行的】

（1）计数器和定时器都是 PLC 中的特殊软元件，试列表写出它们的共同点和不同点。

（2）试给下面的计数器分类，指出它们各属于哪种类型的计数器。

C12　K50，　　C230　K50，　　C97　K100，　　C160, K100

C208，　K100，　C225，K300，　　C125　K300，

（3）下面有三组计数器，试说明每组中两个计数器的共同点和不同点。

1）C28　K50，　C128, K100

2）C212　K500，　　C222　K500

3）C88　K400，　　C232　K1000

（4）如图 4.2-7 所示梯形图程序，当 X011 输入为图 P4.2-1 之 A,B 两种脉冲波形时，计数器 C0 都能计数吗？为什么？

A

B

图 P4.2-1

（5）某程序扫描周期为 120ms，程序用了对输入端口进行计数的计数器 C0。如果从 X0

输入频率为 20Hz 的脉冲波，请问脉冲输入 3s 后，计数器 C0 的当前值是多少？为什么？

（6）如图 P4.2-2 所示梯形图程序，试回答。

① 当从 X1 端口输入第 40 个脉冲时，C0 的当前值是多少？

② 如果当 X1 端口输入第 15 个脉冲时，X3 有信号输入，这时，C0 的当前值是多少？为什么？

③ 当 C0 计数到多少脉冲时，Y10 有输出？在什么情况下，Y10 的输出会被取消？

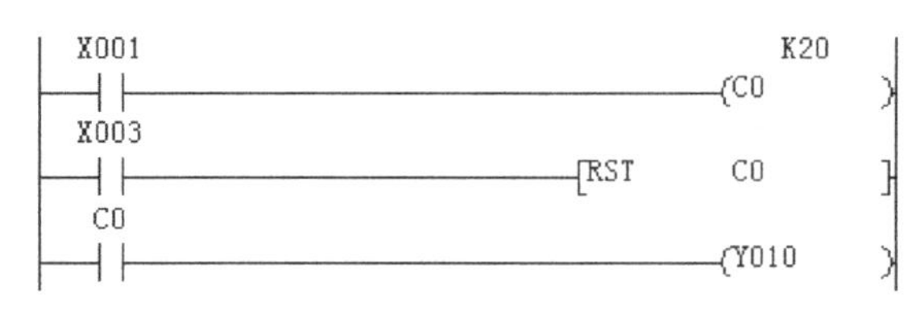

图 P4.2-2

（7）双向计数器是一个环形计数器，试说明它的计数方式，这种计数方式体现在计数器的哪个参数上？

（8）如图 P4.2-3 梯形图程序，试回答。

① C200 在什么情况下加计数？什么情况下减计数？

② C200 的预置值为 K-20，是负数，那么在什么情况下，C200 的触点才动作？

③ Y1 什么时候才有输出，什么时候输出会取消？

④ 在计数过程中发生断电，当再次上电后，C200 的当前值是多少？为什么？

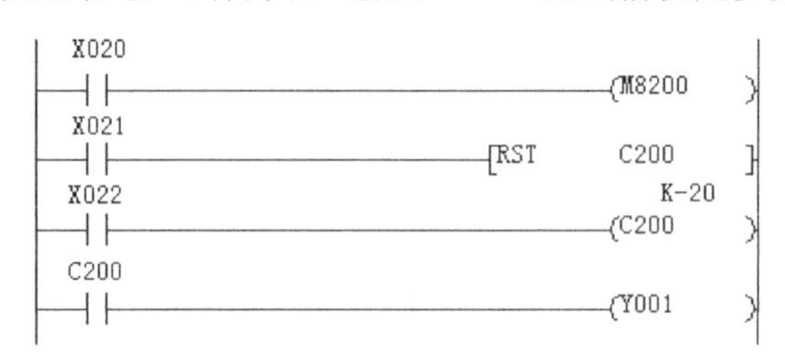

图 P4.2-3

（9）计数器预置计数值的设定有哪两种方式？详述不同类型计数器预置计数值的含义。

（10）如图 P4.2-4 所示梯形图程序，试回答：

① 如果（D10）=K35，当 C1 计数到 K30 时，按下 X0，计数器 C1 的当前值和触点动作如何改变？

② 如果（D10）=K55，问题同 1。

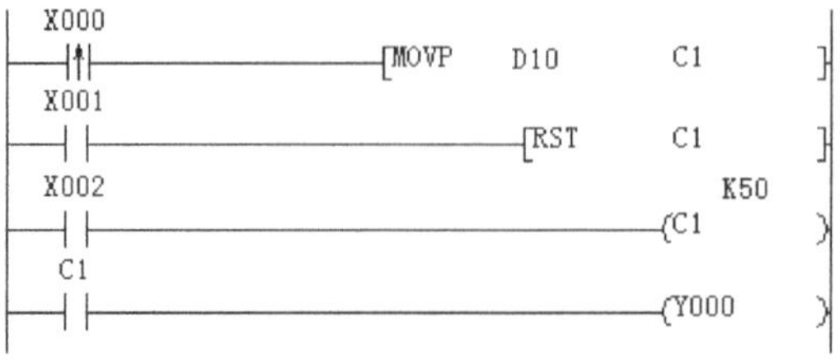

图 P4.2-4

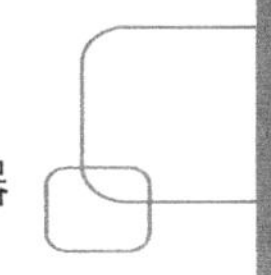

4.2.3 计数器控制程序设计

1. 循环计数

定时器和计数器常用其自身的触点对本定时器、计数器进行复位，一般称为自复位。图 4.2-12 为定时器自复位的梯形图，当 T0 计时到达 5s 时，其自身的常闭触点 T0 动作，使 T0 失电复位。如果 X0 长时导通，则 T0 进行循环计时，每隔 5s，Y0 有一个短暂的输出。

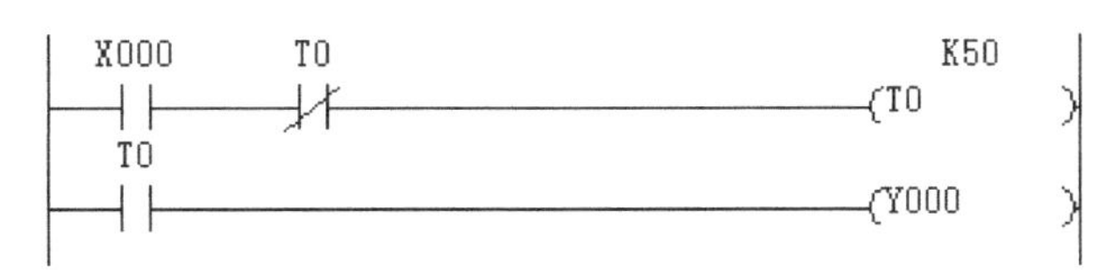

图 4.2-12　定时器自复位

同样，当计数器进行自复位时，变成了循环计数器，其程序和时序图见图 4.2-13。计数器 C0 计数输入达到其预置值时，其后的常开触点 C0 的动作，驱动 Y0 输出。而到下一扫描周期时，其前的常开触点 C0 动作，C0 复位，其后的常开触点 C0 动作，Y0 关断。可以看出，在循环计数中，Y0 每次仅接通一个扫描周期。

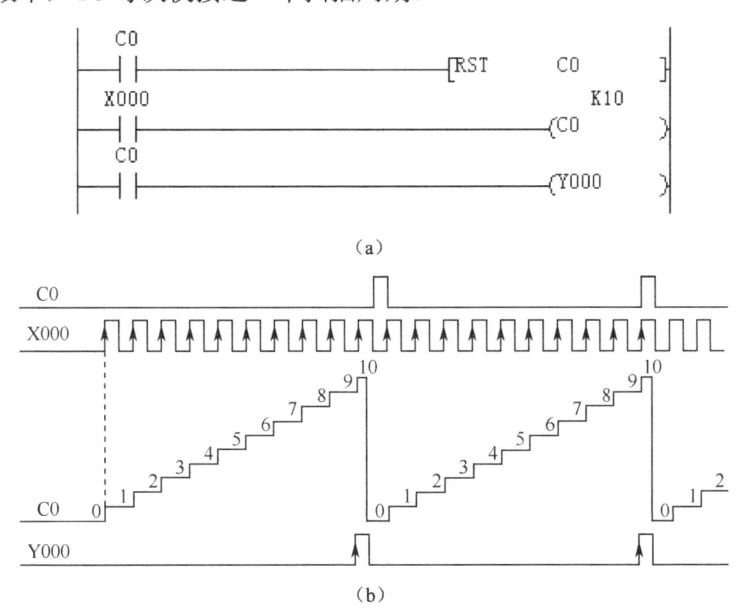

图 4.2-13　循环计数器程序和时序图

2. 单按钮控制电动机启停（双稳态电路）

在数字电子技术中，有一种电路叫双稳态电路（又叫二分频电路），它只有两种状态，并且这两种状态交替出现，后一种状态永远是对前一种状态的否定。把它用在继电控制电路中，称为单按钮控制电动机启停。按下按钮，启动；再按一下按钮，停止。如此反复循环，其时序如图 4.2-14 所示。

按钮
电动机

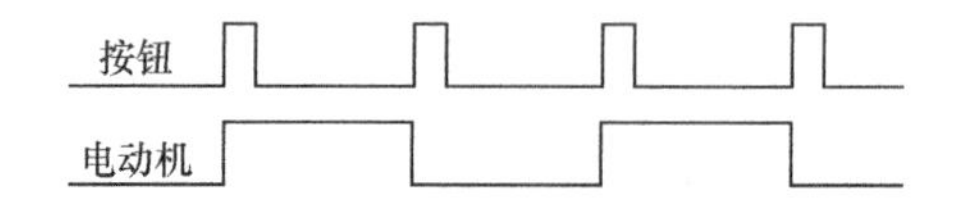

图 4.2-14　双稳态电路时序图

在 PLC 中，利用计数器就可以设计出双稳态电路的梯形图程序。图 4.2-15 和图 4.2-16 为采用 2 个计数器设计的双稳态电路程序，读者可自行分析工作过程。

X000
K1
(C0
K2
(C0
C0
C1
(Y000
Y000
C1
[ZRST C0 C1

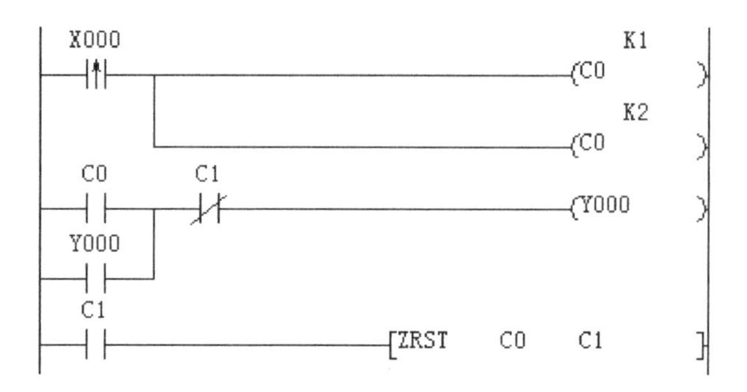

图 4.2-15　单按钮控制电动机启停程序一

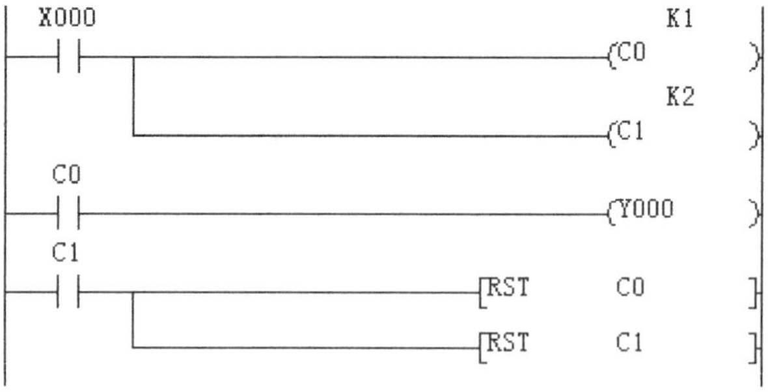

X000
K1
(C0
K2
(C1
C0
(Y000
C1
[RST C0
[RST C1

图 4.2-16　单按钮控制电动机启停程序二

3．长时间延时控制

1）计数器-内部时钟相结合延时时间控制

利用计数器和内部时钟相结合可以设计出非常简单的延时电路，图 4.2-17 为一延时 20h 的延时控制程序。图中，M8014 是单位为分钟的内部时钟，可见其延时时间为 1min×1200=1200min=20h。

M8014
C0
K1201
(C0
C0
(Y000

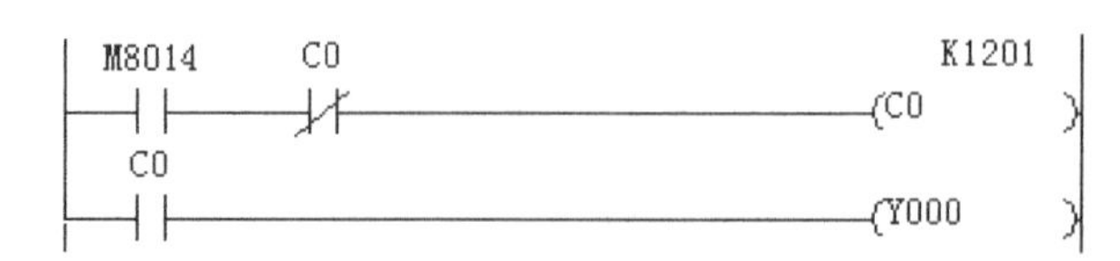

图 4.2-17　计数器-内部时钟相结合延时时间控制

2）定时器-计数器相结合长延时时间控制

前面我们介绍了利用定时器接力的方法来获得长延时时间控制，如图 4.2-18 所示是利用定时器和计数器相结合的办法来获得同样结果的梯形图程序。

图中，当 T1 的延时时间 60s 到，它的常开触点使计数器计数一次，而常闭触点动断后，使其自己复位，复位后，T1 的当前值为 0，其常闭触点又闭合，使 T1 又重新开始计时，每一次延时计数器累加一次，直到累加到 120 后，才使 Y0 闭合，则整个延时时间为 100ms×600×120=7200s=2h。

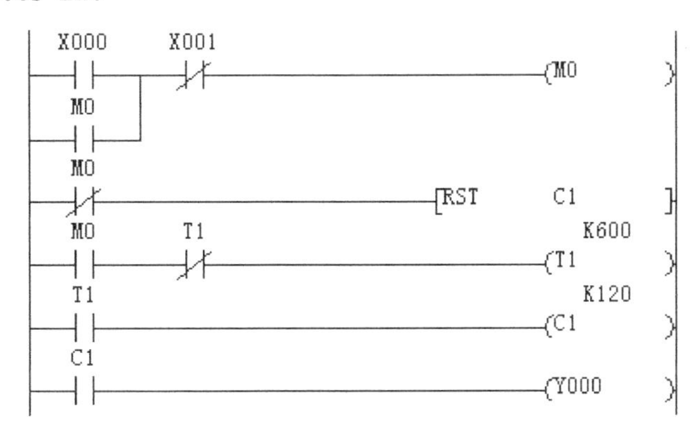

图 4.2-18　定时器-计数器相结合长延时时间控制

3）24h 时钟控制

利用内部时钟 M8013 和三个计数器可以组成一个标准的 24h 时钟，梯形图程序如图 4.2-19 所示。

图中，巧妙地使用了 PLC 内部 1s 时钟脉冲继电器 M8013，程序开始后，由 M8013 对 C0 进行计数，一次一秒，到 60 次，即 60s 后，对 C1 计数（1 分 1 次）同时，复位 C0。同样，对 C2 计数（1h1 次）同时复位 C1，而到达 24h 时，利用 C2 的常开触点对自己复位，计数又从头开始。

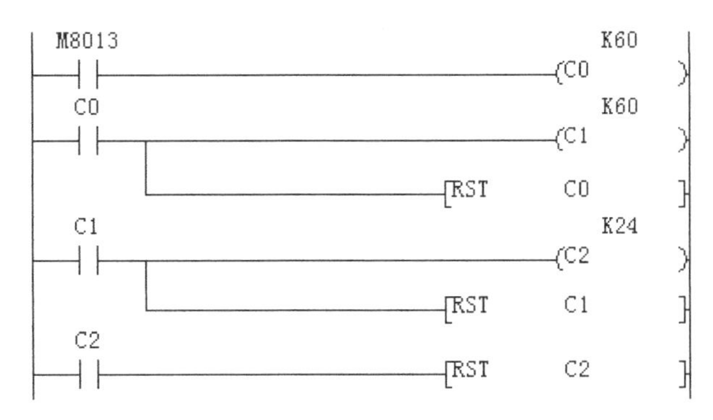

图 4.2-19　24h 时钟控制程序

4．灯光闪烁电路

在灯光闪烁报警电路中，如果与计数器配合，还可以做到闪烁几次后自动停止，图 4.2-20 为灯光报警闪烁 5 次后自动停止梯形图程序。

程序是在原定时器闪烁程序上添加了计数器 C0，当输出 Y0 闪烁时，同时 C0 计数，当闪烁 5 次后，在第 6 次的上升沿对 M0 复位，停止闪烁。同时也给计数器 CO 复位，为下次报警闪烁计数准备。

```
X001
-|↑|-----------------------------[SET    M0  ]
 M0        T1                         K20
-| |------|/|--------------------(T0         )
 T0                                   K20
-| |-------+---------------------(T1         )
           |
           +---------------------(Y000       )
           |                          K6
           +---------------------(C0         )
 C0
-| |-------+---------------------[RST    C0  ]
           |
           +---------------------[RST    M0  ]
```

图 4.2-20　灯光闪烁报警电路控制程序

5．顺序控制

利用计数器的当前值进行顺序控制也是计数器的基本应用之一。图 4.2-21 为顺序控制程序样例，第一次按 X0，Y0 输出；第二次按 X0，Y1 输出；第三次按 X0，Y2 输出，做到了 Y0，Y1，Y2 顺序输出。

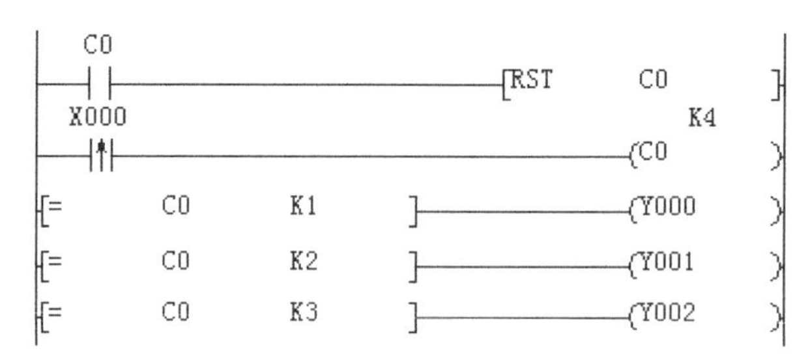

图 4.2-21　顺序控制程序

利用上面的程序设计思想，很容易把它移植到各种各样彩灯控制程序上。图 4.2-22 是一个五个流水灯程序。图中，按下启动按钮 X0 后，M0 导通，其常开触点驱动计数器 C0 对内部时钟 M8013 进行计数。每计数 5 次（也就是 5s 时间），顺序点亮 Y0，Y1，Y2，Y3，Y4，每点亮一个灯，前一个灯就熄灭。全部点亮一遍后，又自动从头开始，如此循环不断，所以，称为流水灯，直到按下停止按钮 X1，流水灯停止工作。程序中利用了 ZRST 指令，ZRST 为区间复位指令，其功能操作是驱动条件成立时，把 Y0 到 Y4 之间的所有输出复位，这一条梯形图程序是不能少的。否则，在某个灯点亮后，按下停止按钮 X1，该灯应处于 SET 状态，不会自动熄灭。

6．库存产品数量监控

双向计数器常用在库存产品数的监控上，监控程序如图 4.2-23 所示。X0 为出库检测光电传感器，X1 为入库检测光电传感器，用停电保持双向计数器 C220 对库存产品进行计数。其当前值为库存产品的实际数量，转存至（D11，D10）中，用于在触摸屏上显示。当库存产品达到上限值 K40000 或库存产品为 0 时，Y0 输出闪烁报警信号。X10 为 C220 复位按钮，可满足一些特殊场合的计数，例如当日的库存量，特殊物品的库存量等。当然，在这种情况下，如还需要库存产品的实际数量，要修改程序满足要求。

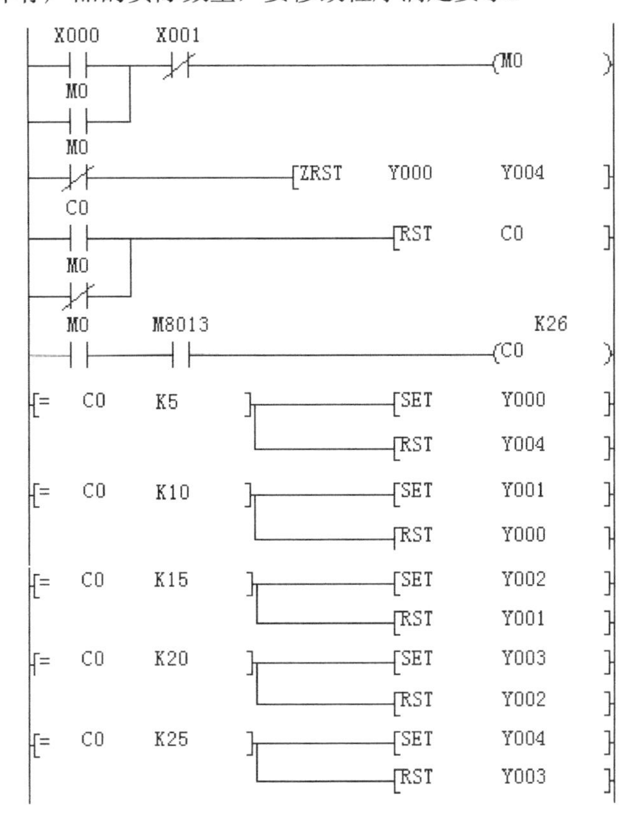

图 4.2-22　五个流水灯控制程序

该程序稍加改进就可以移植到停车场车辆计数。

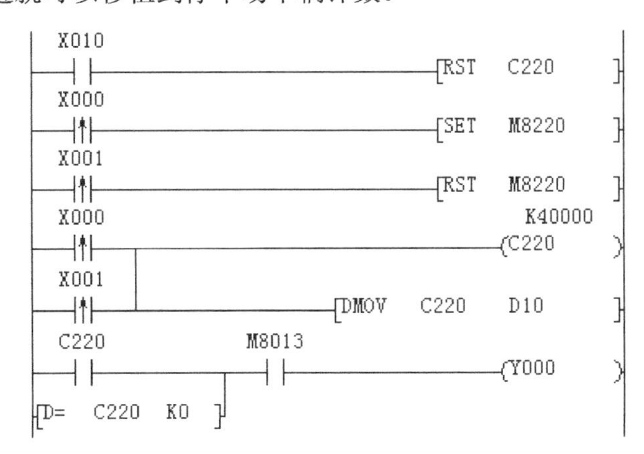

图 4.2-23　库存产品数监控程序

【试试，你行的】

（1）设计一个按钮 X0 控制一盏灯 Y0 的程序，按 3 次灯亮，再按 3 次灯灭。

（2）某生产线要求：按启动按钮 X0 后，输送带 Y0 开始输送产品，产品经传感器 X2 检测达到 10 个后，输送带停止工作，打包机 Y1 开始打包。打包结束，打包完成传感器 X3 发出信号，又重新开始输送、计数和打包。如发生停电，希望停电又上电时，能继续完成计数工作。试设计梯形图程序。

（3）阅读并分析图 P4.2-5 梯形图程序，并说明该程序执行功能。

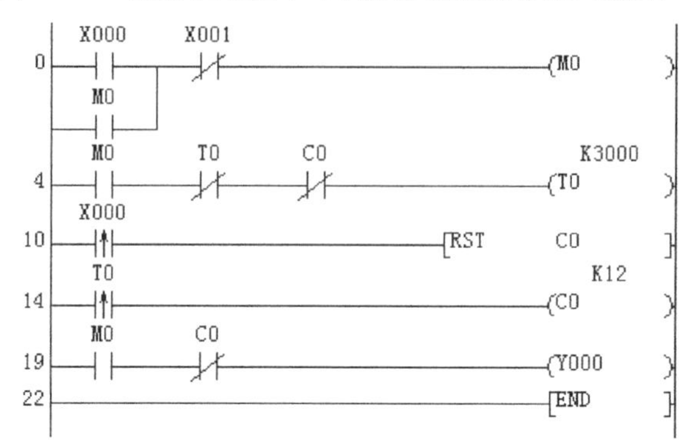

图 P4.2-5

（4）阅读并分析图 P4.2-6 梯形图程序，说明其执行功能。

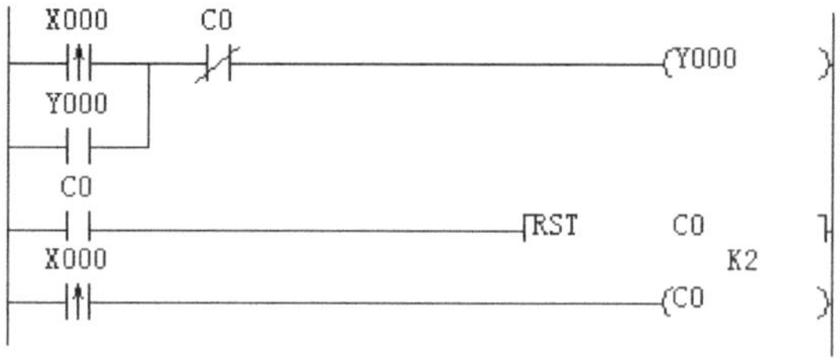

图 P4.2-6

（5）设计一个按启动按钮 X0，电动机 Y0 启动，启动后运行 5h 后自动停止的程序。

（6）利用计数器设计一个输出 Y0 亮 2s 灭 2s 的闪烁程序。

（7）设计一个流水彩灯程序，按下启动按钮 X0 后，8 个彩灯按顺序分别点亮 1s，循环 3 次后停止。

（8）设计一个循环程序，按下启动按钮 X0 后，Y0 亮 20s 后，Y0 停止，Y1 闪烁 20s（每秒闪烁一次）。如此 Y0，Y1 按上述要求循环进行，直到按下停止按钮 X1（不能用 STMR 指令）。

（9）设计一个利用 16 位加计数器计数满 K23456 次后 Y0 输出的程序。

（10）设计一个利用 16 位加计数器计数满 K123456 次后 Y0 输出的程序。

本章水平测试

（1）时间继电器的触点有（　　）。

A．瞬时动作　　B．通电延时

C．通电延时，断电延时　　D．断电延时

（2）定时器和计数器是一个特殊软元件，它是（　　）。

A．位元件　　B．字元件　　C．位元件和字元件　　D．都不是

（3）一个定时器的触点动作是（　　）。

A．瞬时动作　　B．常开触点延时接通

C．常闭触点延时断开　　D．常开、常闭触点延时动作

（4）定时器 T35　K100 的定时时间值是（　　）。

A．100ms　　B．1s　　C．10s　　D．100s

（5）定时器 T256　K200 的定时时间值是（　　）。

A．0.2ms　　B．20ms　　C．0.2s　　D．2s

（6）定时器 T28　K150 的计时器当前值可以是（　　）。

A．K100　　B．K200　　C．K150　　D．K300

（7）当驱动条件断开时，定时器马上复位的是（　　）。

A．T247　　B．T253　　C．T280　　D．T244

（8）使定时器 T248　K510 复位的条件是（　　）。

A．断电　　B．断开驱动条件

C．执行 RST 指令　　D．把 K0 送到当前值，当前值变为 0

（9）在子程序和中断子程序中可以使用的定时器是（　　）。

A．T191　　B．T183　　C．T197　　D．T200

（10）定时器的定时误差与下面因素有关（　　）。

A．定时器在程序中的位置　　B．程序扫描

C．定时器时钟脉冲切入时间　　D．设定值的大小

（11）定时器的设定正确的是（　　）。

A．T10　H50　　B．T10　K-50　　C．T10　K500　　D．T10　K40000

（12）如果（D0）=B0010010001010100，则 T0 D0 的定时时间是（　　）。

A．9300s　　B．930s　　C．93s　　D．9.3s

（13）如果（D0）= K100　（Z0）= K5　（D5）= K100　（D20）= K50，定时器 T10 D0Z0 的定时时间是（　　）。

A．1s　　B．0.5s　　C．10s　　D．5s

（14）可以测量驱动条件闭合时间的指令有（　　）。

A．HOUR　　B．STMR　　C．MOV　　D．TTMR

（15）下面四句话，错误的是（　　）。

A．内部时钟在 PLC 断电后是不工作的

B．内部时钟必须在驱动后才开始工作

C．内部时钟必须在程序中使用到才工作

D．内部时钟只有常开触点，没有常闭触点

（16）阅读如图所示程序，Y0 闪烁的周期是（　　）。

A．0.1s　　B．0.01s　　C．1s　　D．0.5s

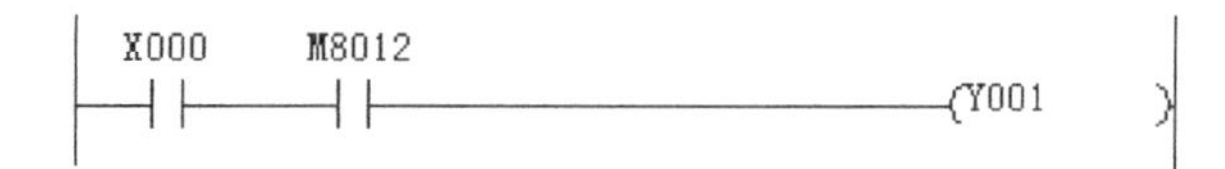

(17）阅读如图所示程序，当X0闭合时，Y0的状态是（　　）。

A．周期为1s闪烁　　B．周期为2s闪烁

C．周期为0.5s闪烁　　D．不闪烁

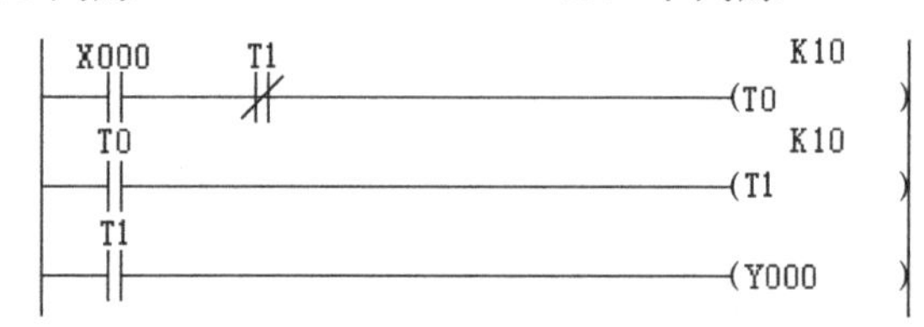

(18）阅读如图所示程序，当X0闭合时，Y0的状态是（　　）。

A．周期为1s闪烁　　B．周期为2s闪烁

C．周期为0.5s闪烁　　D．不闪烁

(19）如图所示程序，X0与Y1的时序图是（　　）。

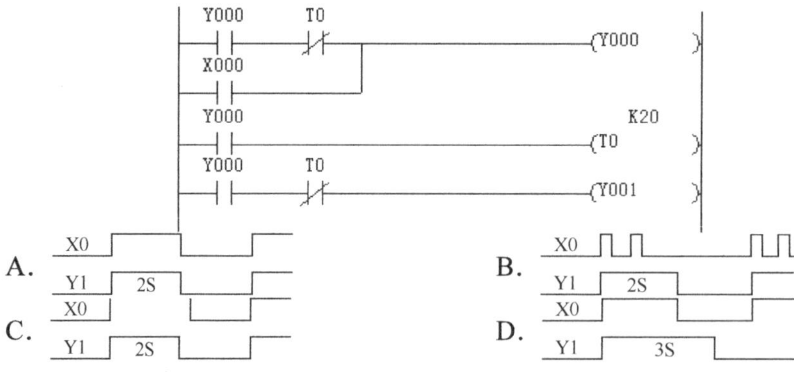

(20）如图所示时序图，完成这种时序功能的称为（　　）。

A．延时断开电路　　B．单稳态电路　　C．双稳态电路　　D．以上都不是

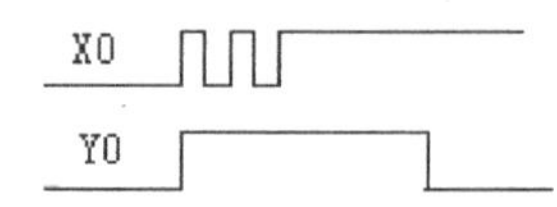

(21）阅读如图所示程序，X0按下后，延时（　　）后Y0输出。

A．1s　　B．2s　　C．3s　　D．以上都不是

(22）预置数计数器的预置数含义是（　　）。

A．计数到达预置数后，停止计数
B．计数到达预置数后，输出触点动作
C．计数到达预置数后，计数器电源断开
D．计数到达预置数后，自动复位

（23）在梯形图程序中 C10 表示（　　）。

A．线圈　　B．当前值　　C．编址　　D．触点

（24）计数器 C35 的复位方式有（　　）。

A．RST 指令　　B．断开驱动条件　　C．使当前值为 0　　D．断开电源

（25）计数器 C125 计数到 K100 时突然断电，再上电后，计数器的当前值是（　　）。

A．KO　　B．K99　　C．K100　　D．不确定

（26）计数器 C215 为加计数时，相应特殊继电器（　　）。

A．M8015 为 ON　　B．M8015 为 OFF　　C．M8215 为 OFF　　D．M8215 为 ON

（27）当计数器计数脉冲个数等于预置计数值时，当前值不再变化的计数器有（　　）。

A．C85　　B．C210　　C．C190　　D．C225

（28）计数器 C218　K50，当计数脉冲 K89 减计数至 K50 时，其相应触点动作是（　　）。

A．常开触点动合　　B．常开触点动断　　C．常闭触点动断　　D．常闭触点动合

（29）阅读如图所示程序，不考虑扫描周期影响，当 X0 闭合，Y0 经过多少时间后有输出（　　）。

A．10s　　B．20s　　C．22s　　D．120s

```
X000    T20    C0               K100
                                (T20)
T20                             K120
                                (C0)
X001
                         [RST    C0]
C0
                                (Y000)
```

（30）如图所示程序，X0 与 Y0 的时序关系是（　　）。

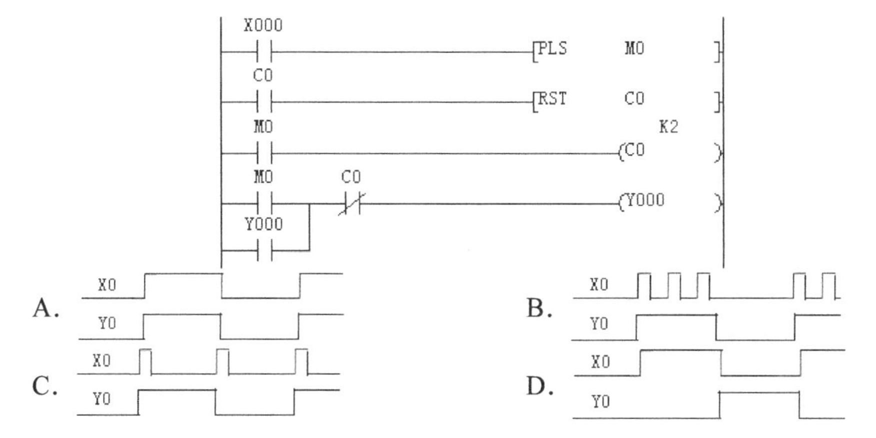

第5章　程序编制入门

学习指导：

5.1 节要点

- 初学者对几个 PLC 梯形图编程的知识不是很了解，也不太留意去学习这些知识，但它们的确对程序设计有较大的影响。初学者在这方面产生了错误，往往花了很多时间都找不到原因。这些知识主要有三点：梯形图扫描工作方式，输入端口开关信号的接入方式和双线圈。
- PLC 采用循环扫描工作方式，每个扫描周期都按顺序把每一行梯形图执行一次，并集中对 I/O 进行处理。这种分时串行处理方式使线圈输出和触点动作发生了时间差，该时间差最大可达到一个扫描周期，在这个时间差中，该位元件状态发生变化，其动作就按新的状态处理了。这种方式给梯形图设计带来了很多麻烦。
- 由继电控制转向学习 PLC 控制时，分析方法一定要及时转变，从并行转向串行。不可以总是用继电控制分析方法（并行）去思考梯形图的运行（串行），这样很容易钻牛角尖而影响学习进度。
- 梯形图设计对输入端口开关信号的接入方式没有要求。在 PLC 输入端，既可接入常开开关信号完成控制任务，也可接入常闭开关信号完成控制任务，但外接开关是常开还是常闭，在梯形图中处理方式是不一样的。
- 在实际应用中，如果某些输入信号只能接入常闭开关信号，可以先按输入为常开开关信号来设计，然后将梯形图中相应的输入继电器触点改成相反即可，即常开改常闭、常闭改常开。
- 什么叫双线圈？在梯形图程序中，如果一个位元件的线圈被驱动两次或两次以上，就称为双线圈。根据驱动所用的指令不同，双线圈在程序中又分为三种结构，两种执行。
- 双线圈输出不存在编程语法错误。编程软件可以接受双线圈输出，但由于两个线圈的驱动互有影响，在程序结构复杂时，会得不到程序设计时所预想的结果，导致控制失误。因此，在梯形图程序中，应避免出现双线圈输出设计，特别是输出继电器 Y 的双线圈输出设计。
- 双线圈驱动不存在双线圈输出驱动互相影响的情况，双线圈驱动是一种正常的编程。
- 在设计梯形图程序前，要先对 PLC 的 I/O 口地址进行分配，这是一项必须要做的工作。完成了 I/O 地址分配，才能在程序中正确使用 I/O 端口编程。

5.2 节要点

- 在实际工程应用中，PLC 应用程序是由一些典型的控制环节和基本的单元电路所组成，如果能够理解并熟练掌握这些典型的控制环节和基本电路的程序设计原理、设计方法和编程技巧，在编制大型程序时，就能够驾轻就熟，缩短编程时间。对初学者来说，通过学习这些典型控制环节和基本单元电路的程序，可以比较快地掌握程序设计的方法和技巧。在本节中，向读者介绍一些典型的控制环节应用程序，同时也适当地对设计思想和程序分析进行简短的说明。

- 必须说明，这些程序都是经过验证的实用程序，但是读者如果想应用这些程序，还是需要根据自己的实际工程控制工况进行适当修改和补充，不要生搬硬套。

5.3 节要点

- 本节仅举了三个案例，但分析非常详细，读者可从中学习编程思路及程序设计方法。一个控制要求可以用多种思路去设计，不同的程序都可以完成同一个控制要求，初学者不要去追求编程技巧、最优设计，只要能完成控制要求的程序就是好程序。编程技巧，最优设计是通过长期积累自然形成的。
- 单按钮控制程序应用了许多功能指令，对初学者有一定的难度，但这也是一个学习功能指令的机会。有兴趣的读者可以一边学习功能指令（是迟早要学的），一边学习程序设计技巧。

5.4 节要点

- 继电控制电路经过长期的使用和考验，已被证明是一个能完成控制要求的控制电路。因此，将继电控制电路图经过适当变换，可设计出具有相同控制功能的梯形图。一般把这种方法称为“移植法”或“转换法”，显然这是一个适合电气技术人员特别是电工的捷径。
- 对于初学 PLC 的人特别是电工来说，通过继电控制电路图切入梯形图的确是学习梯形图设计的一个快捷方法，这样可以加深对梯形图的理解，也会加快用梯形图来编制程序的学习过程。
- “转换法”有一定的方法和步骤，易懂易学，其重点是结合继电控制原理对梯形图按规则进行整理。特别是一些结构复杂的继电控制电路图，不经过多次练习是难以掌握的。
- 利用“转换法”转换后的梯形图不能马上使用，必须进一步进行逻辑控制分析和现场调试，确定无误后才能使用。
- PLC 在结构、工作原理上都和继电控制系统截然不同，因而它们之间必定存在许多差异。初学者可以通过继电控制电路图切入梯形图，但一旦入了门，则必须完全离开继电控制电路图，用 PLC 串行工作的思维方式去理解、阅读和设计梯形图程序。

5.5 节要点

- 本节内容是老生常谈，没有兴趣的读者可以不看，但 5.5.2 节 PLC 用户程序设计还是值得一读。
- 任何一个控制系统都是为了实现对被控对象的工艺要求，并提高生产效率和保证产品质量。PLC 控制系统和其他控制系统一样，都必须遵循一定的设计原则、设计步骤和设计内容。

- PLC 控制系统设计分为单机设计、群机（生产线）设计和过程控制设计。单机设计指 PLC 仅用于单台设备的控制系统，这是目前应用最广泛的控制系统，相对简单，大都为开关量逻辑控制。对初学 PLC 的人来说，单机设计是一个很好的 PLC 控制系统设计的切入口。
- 什么是算法？算法就是解决问题的思路。在 PLC 程序设计中（其他程序设计也一样）算法不但是一种思路，还应该是解决问题的具体步骤，而 PLC 程序则是应用指令完成算法的具体体现和成果，所以，一般来说，设计程序前先要思考算法。
- PLC 用户程序的设计方法很多。除了上面所介绍的转换技术法外，比较通用的是程序流程图设计法，其他还有组合逻辑控制设计法，步进顺控设计法和经验设计法等。其中步进顺控设计法程序设计思路非常清晰、容易理解和掌握，不需要过多过深的知识。对初学者来说，最容易接受、学习和掌握的是梯形图程序设计方法，它也是在开关量控制中应用最多的设计方法。
- PLC 控制系统设计并安装完毕后，必须先经过调试后才能正式投入运行。调试的目的是观察运行结果是否与控制要求一致。PLC 程序的调试可以分为模拟调试和现场调试两个调试过程。

5.1 编程入门须知

5.1.1 扫描对梯形图程序的影响

1. 扫描与扫描周期

在 1.2.3 节 PLC 工作原理中，曾经说明 PLC 采用循环扫描工作方式，它周而复始地依一定的顺序来完成 PLC 所承担的系统管理工作和应用程序的执行。PLC 有两种工作模式，即 RUN/STOP 模式，这两种模式的扫描过程是不相同的。PLC 在 STOP 模式时，仅完成内部处理和通信处理工作，而在 RUN 工作模式时，要执行从内部处理到输出刷新处理五个阶段的工作，用户程序执行处理必须在 RUN 模式下进行。

PLC 在 RUN 工作模式时，执行一次从内部处理到输出处理五个阶段扫描操作所需要的时间称为扫描周期，其中，内部处理和通信处理的时间很短，仅 1~4ms 左右，扫描时间主要集中在用户程序的执行处理上，因此，很多资料中把一个扫描周期定义为执行一次用户程序三个阶段的时间。

一个 PLC 的扫描周期长短主要和用户程序的容量、CPU 的主频、指令的执行及用户程序的结构有关。用户程序容量大，表示其程序步多，执行时间就要长。而指令的执行速度与 CPU 的主频有关，主频越高，则指令的执行时间就越短，同样的程序容量其扫描周期也短。

扫描周期长短还与指令的执行和用户程序的结构有关。对基本指令来说，其 ON 和 OFF 状态的执行时间基本是一致的，但对功能指令来说，执行（ON）和不执行（OFF）的时间相差很大，例如，加法指令 ADD，如果驱动条件断开，指令不执行，其执行时间仅为

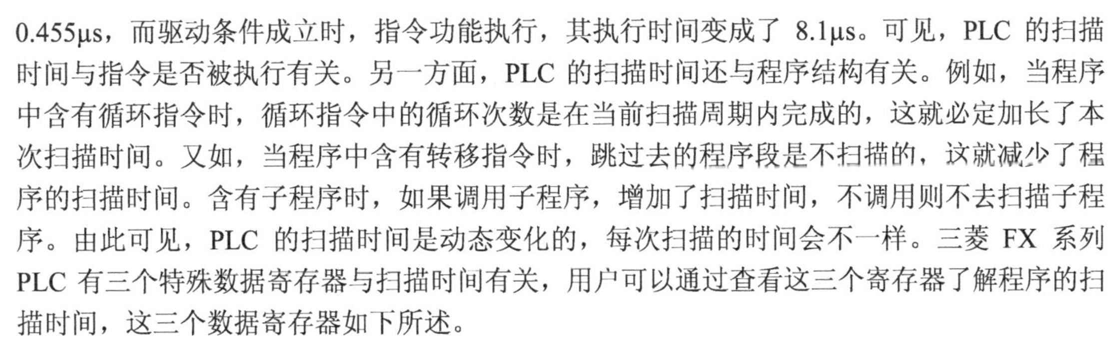

0.455μs，而驱动条件成立时，指令功能执行，其执行时间变成了 8.1μs。可见，PLC 的扫描时间与指令是否被执行有关。另一方面，PLC 的扫描时间还与程序结构有关。例如，当程序中含有循环指令时，循环指令中的循环次数是在当前扫描周期内完成的，这就必定加长了本次扫描时间。又如，当程序中含有转移指令时，跳过去的程序段是不扫描的，这就减少了程序的扫描时间。含有子程序时，如果调用子程序，增加了扫描时间，不调用则不去扫描子程序。由此可见，PLC 的扫描时间是动态变化的，每次扫描的时间会不一样。三菱 FX 系列 PLC 有三个特殊数据寄存器与扫描时间有关，用户可以通过查看这三个寄存器了解程序的扫描时间，这三个数据寄存器如下所述。

D8010：本周期当前扫描时间。

D8011：扫描时间最小值。

D8012：扫描时间最大值。

一般 PLC 应用程序扫描周期应在 100ms 以内。如果扫描周期超过 200ms，这样的程序不建议采用，但是在程序中下面一些情况会使程序的扫描周期超过 200ms。

（1）循环程序运行时间过长或死循环。看门狗最早就是为这类程序设计的。

（2）过多的中断服务程序和过多的子程序调用会延长程序运行周期。

（3）当采用定位、凸轮开关、链接。在模拟量等较多特殊扩展设备的系统中，PLC 会执行缓冲存储器的初始化而延长运行周期时间。

（4）执行多个 FROM/TO 指令，传送多个缓冲存储区数据会使 PLC 的运行周期延长。

（5）多个高速计数器同时对高频进行计数时，运行周期会延长。

FX 系列 PLC 的看门狗设定值为 200ms，一旦超过 200ms，看门狗就会出错，然后 CPU 出错，LED 灯亮并停止所有输出。

在上述情况中，有一些程序是异常的（如死循环），但大多数控制程序是正常的运行周期时间较长（远超过 200ms）的程序。为了使这类正常程序能够正常运行，一般采用了两种办法解决。

一是改变监视定时器 D8000 的设定值。二是利用看门狗指令 WDT 对监视定时器不断刷新，让其当前值在不到 200ms 时复位为 0，又重新开始计时，从而达到在分段计时时不超过 200ms 的目的。关于指令 WDT 的功能及使用可参看拙著《三菱 FX_{2N} PLC 功能指令应用详解》一书 12.3.3 节。

2. 扫描对梯形图程序的影响

PLC 采用循环扫描工作方式，每个扫描周期都按顺序把每一行梯形图执行一次，并集中对 I/O 进行处理。这种方式与继电控制并行工作方式相比，至少带来了两个好处。其一是每行梯形图都进行了扫描，保证了控制的实时性；其二是较好的抗干扰性，因为在一个扫描周期中，I/O 的处理仅占很少时间（几毫秒），大部分时间在执行用户程序，这期间外部信号是不会采集进来的。

PLC 的工作原理是采用循环扫描工作方式，在每一个扫描周期内，对用户程序执行分三个阶段：输入集中采样、用户程序运行和输出集中刷新。

在用户程序运行阶段，PLC 总是按由上而下的顺序依次扫描用户程序（梯形图）。在扫描每一条梯形图时，根据逻辑运算的结果，刷新位元件线圈在系统 RAM 存储区中或输出线圈 Y 在 I/O 映像区中对应位的状态；或者确定是否要执行该梯形图所规定的功能指令。因此在用户程序执行过程中，只有输入点 X 在 I/O 映像区内的状态不会发生变化，而输出点 Y 在 I/O 映像区和其他位元件在系统 RAM 存储区内的状态和数据都有可能发生变化，这种变化会马上直接影响其下面的梯形图相应触点和数据，但对排在其上面的触点和数据要等到下一个扫描周期才会影响到。

当扫描用户程序结束后，PLC 就进入输出刷新。在此期间，PLC 按照 I/O 映像区内对应的状态和数据集中刷新所有的输出锁存存储区，然后传送到各相应的输出端子，再经输出电路驱动相应的实际负载。在下一个扫描周期内，输出端子的状态是不会变化的，但程序中输出点 Y 是在变化的。输出 Y 的变化并不马上送到输出端口，仅是改变 I/O 映像区中的状态，PLC 仅用最后的 Y 状态去刷新输出锁存区。初学者对这种循环扫描的工作方式一定要理解，它涉及很多 PLC 梯形图程序问题。图 5.1-1 是对循环扫描工作的图示说明，三个环节处理的要点见表 5.1-1。

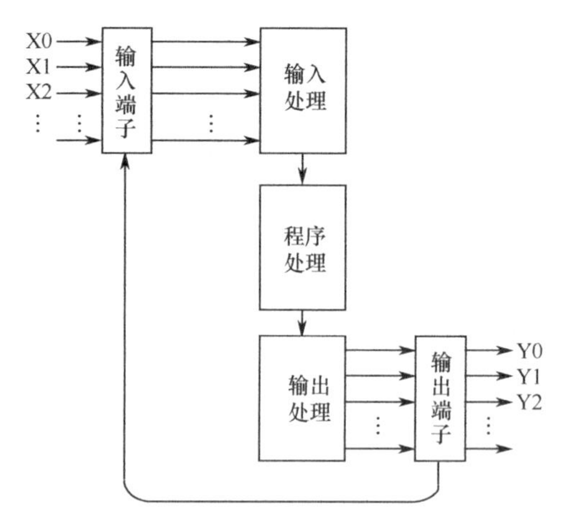

图 5.1-1　PLC 循环扫描工作原理

表 5.1-1　循环扫描工作三个环节处理

名　称	说　明
输入集中采样	PLC 以扫描方式依次读入所有输入状态，并将它们存入 I/O 映像区。本周期内，输入状态在用户程序运行和输出刷新阶段不会发生变化
用户程序运行	PLC 总是按由上而下的顺序依次扫描用户程序，在用户程序执行过程中，程序执行结果（含 Y）在本扫描周期内对排在下面的梯形图起作用；相反，对排在上面的梯形图，只能到下一个扫描周期起作用
输出刷新	PLC 按照 I/O 映像区内对应的状态在 END 指令后集中刷新输出锁存电路，然后传送到输出端口，再经输出电路驱动相应的实际负载。输出端口的状态要保存一个扫描周期

PLC 采用的循环扫描工作是一种分时串行处理方式，与继电控制系统的并行处理方式是完全不同的。在继电控制线路中，系统是按并行方式工作的。例如，某个继电器通电时，它的触点是和线圈通电同时动作的，如果有多个触点分配在不同的支路，则在不同支路上的触点也是和线圈通电同时动作的。也就是说，线圈通电和触点动作是同时发生的，这就称为并行工作。因此，在继电控制电气原理图上，一条支路所关心的只是它的逻辑控制条件和控制对象，至于它在电气原理图上的位置是没有关系的。一个启保停控制支路可以放在最前面，

也可放在最后面。而 PLC 循环扫描工作则不同，它是一种串行方式工作。在程序执行区，PLC 每次仅扫描一个程序行，然后再扫描下一个程序行。当一个程序行扫描到某个位元件线圈有输出时，它的触点要等扫描到触点所在行才发生动作。线圈输出和触点动作发生了时间差，这就是串行工作的特点。这种时间差最大可达到一个扫描周期，在这个时间差中，还不能发生该位元件状态发生变化的情况，如果发生，其动作就按新的状态处理了。下面举一例给予说明。

图 5.1-2 是继电控制原理图与梯形图比较说明，图 5.1-2（a）为继电控制原理图，当 SA 闭合时，KA1～KA3 线圈是同时动作的。而 SA 控制 KA4 的支路位置放在哪里都一样。把继电控制换成梯形图，图 5.1-2（b）是一种设计。根据 PLC 的循环扫描工作原理，Y1～Y4 均在同一扫描周期里被驱动输出。因此，可以认为，它的效果是与继电控制一样的。再看图 5.1-2（c），把程序行进行了调换，当 X0 为 ON 时，线圈 Y0 输出，但其触点在它前面，因此，要等到第 2 个扫描才动作，驱动 Y1 输出，同理，Y3 要等到第 3 个扫描周期才接通，而 Y4 要等到第 4 个扫描周期才接通。经过 4 个扫描周期，Y1～Y4 才接通，达到和继电控制线路一样的效果。而且，在这 4 个扫描周期内，X0 不能断开，一断开，结果完全不同。

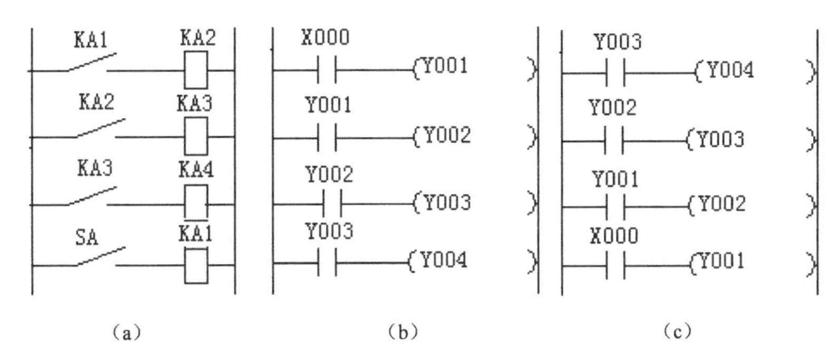

图 5.1-2 并行处理与串行处理

通过分析比较，读者可以从中理解串行工作与并行工作的不同。另外，也可以看到，采用串行工作的梯形图程序的运行结果与继电控制电路并行运行的结果有所区别，如果串行工作所占用的时间对运行来说可忽略，那么两者就没有区别，如图 5.1-2（b）所示。更重要的是，这个例子告诉读者，用梯形图程序处理同一问题，如果同样的若干条梯形图，其排列顺序不同，则执行结果会完全不同。同时，还给梯形图设计带来了很多麻烦，例如双线圈问题就是。

这就给梯形图设计多增加了一层考虑。

举这个例子的目的是告诉广大从事电工的读者朋友，当由继电控制转向学习 PLC 控制时，分析方法一定要及时转变，从并行转向串行。不可以总是用继电控制分析方法（并行）去思考梯形图的运行（串行）。这样，很容易钻牛角尖而影响学习进度。

3. 对一个扫描周期的理解

“一个扫描周期”经常出现在各种资料中，通常的说明是执行一次从内部处理到输出处理的扫描操作所需要的时间，有的则说从程序 0 行开始扫描到 END 指令所需要的时间，这两种说法在时间上前一种说法比较完整，后一种说法则是针对用户程序执行而言。

“仅接通一个扫描周期”这也是各种资料中经常出现的一种说法。在第 3 章中讲到脉冲边沿操作指令时，曾经指出，脉冲边沿操作指令是执行仅接通一个扫描周期功能操作的指令，并在表 3.3-8 中列出了与脉冲边沿操作相同的指令类型。这类指令均为“仅接通一个扫描周期”的指令。但是，这里接通了一个扫描周期是指从指令开始接通时的一个扫描周期。在程序中是指从脉冲边沿操作指令开始到其上一行程序结束，现以图 5.1-3 进行说明。图中，X0 为脉冲边沿操作常开触点。如果 X0 在外电路上接通，不管其接通多长时间，在程序中仅接通一个扫描周期。这一个扫描周期指当 X0 接通后，程序第一次扫描到第 8 步时开始计算，到 END 指令又循环扫描到第 2 步程序行完成为止。第 2 次扫描到 X0 时，它已呈现断开状态（与 X0 实际接通、断开无关）。根据上述说明，读者可分析一下，仅当 X0 接通后，程序运行后各个位元件的状态和数据寄存器的内容是多少。

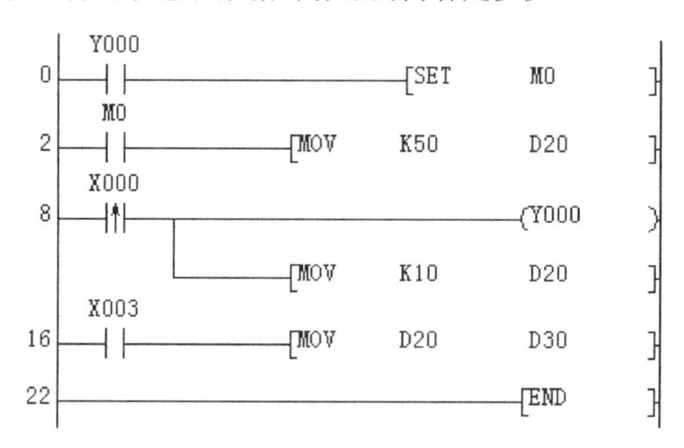

图 5.1-3　一个扫描周期说明

【试试，你行的】

（1）什么是 PLC 的扫描周期？PLC 在一个扫描周期里主要完成哪些处理工作？

（2）PLC 扫描周期的长短与哪些因素有关？

（3）有人说，PLC 的每一次扫描时间都是相同的，是固定的，这话对吗？为什么？

（4）一个程序的扫描时间超过 200ms，程序可用吗？为什么？

（5）继电控制系统工作与 PLC 控制系统工作的区别是什么？

（6）如图 P5.1-1 所示程序经过几个扫描周期后 Y4 才为 ON？

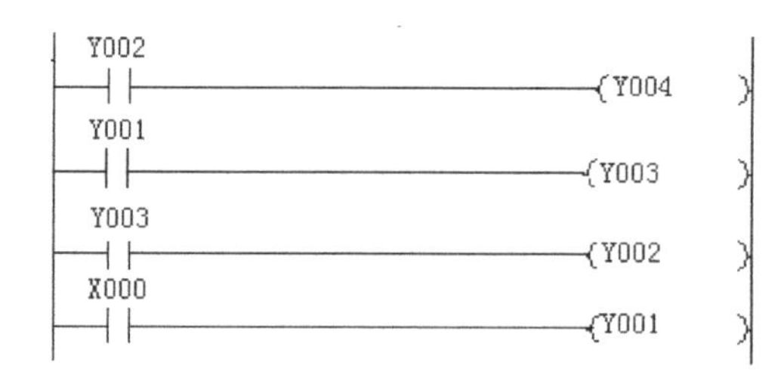

图 P5.1-1

（7）如图 5.1-3 所示梯形图程序，当 X0 接通后，程序中各个位元件状态和数据寄存器的内容是多少？

5.1.2　常开和常闭的接入

程序中输入继电器 X 的触点是由外部连接的端口开关量信号控制，当外部端口开关 ON 时，程序中其相应的触点动作，常开动合，常闭动断，反之亦然。这就是说，程序中常开常闭触点的处理是基于端口开关为常开状态接入的，但是，在实际生产控制中，许多信号需要按常闭状态接入端口，例如紧急停止信号，机床往返运动的限位保护信号等。这时，梯形图中其相应的常开常闭触点是如何处理呢？现举限位保护开关为例说明。限位保护是指当设备发生故障时，在一定的位置安装一限位开关，这个开关常以常闭触点形式接入控制电路，这是因为常闭触点断开比常开触点闭合响应快。图 5.1-4（a）为限位开关接入 PLC 的 X 端口接线图。控制时限位开关被碰到断开后，切断控制输出并报警。图 5.1-4（b）和图 5.1-4（c）为其在梯形图中触点的两种处理方式。先看图 5.1-4（b），端口开关 X 现为 ON，因此其常开触点闭合，Y0 被驱动报警。但是这和控制要求是不相符的，控制要求为 X0 被碰撞快速断开后，Y0 被驱动输出告警。再看图 5.1-4（c），这时，梯形图中以常闭触点处理。当外接开关 X0 闭合接入时，视为端口信号为 ON，其常闭触点是动断的，因此，在 X0 没有被碰撞时，Y0 是不被驱动的。而当 X0 被碰撞断开后，其常闭触点动作闭合，Y0 被驱动输出报警。因此，图 5.1-4（c）的梯形图处理是符合控制要求的。从分析可以看出，外接开关是常开还是常闭在梯形图中处理是不同的。

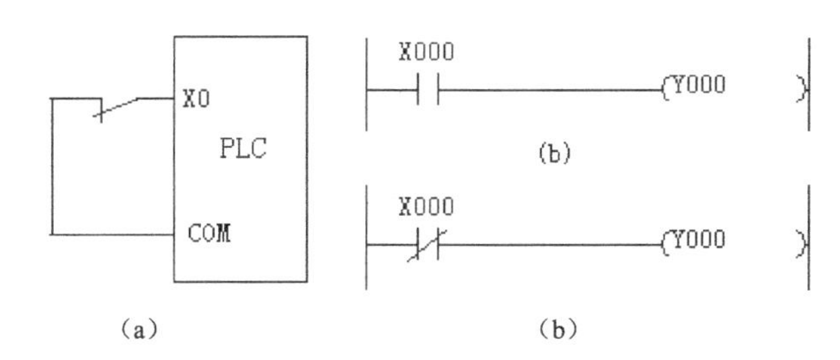

图 5.1-4　常闭触点接入的梯形图说明

但在梯形图中，一个常开触点符号如果外接常开开关，则它是常开的，如果外接的是常闭开关，则它又看作闭合，如图 5.1-5 所示。从这一点来看，梯形图设计远比继电控制设计灵活。在 PLC 输入端，既可接入常开开关信号完成控制任务，也可接入常闭开关信号完成控制任务，而在继电控制线路中，常开就是常开，常闭就是常闭。

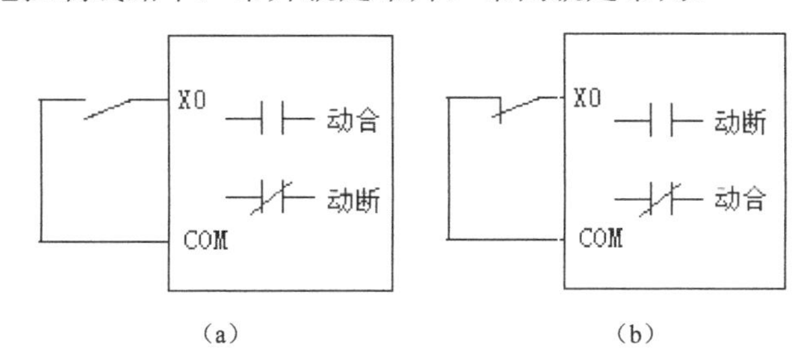

图 5.1-5　常开和常闭开关信号接入梯形图触点动作说明

现以启保停电路为例说明外接不同形式的开关时，梯形图触点形式处理的不同。图 5.1-6 为外接两个常开开关信号的梯形图程序，其中 X0 为启动信号，X1 为停止信号。停止信号为常开接入，这一点已经和继电控制线路的常闭接入不一样了，而梯形图形式则和继电控制线路一致。如果把启动和停止信号均换成常闭接入，如图 5.1-7 所示，其相应的梯形图程序发生了变化。启动信号 X0 的常开触点变成了常闭，停止信号 X1 的常闭触点变成了常开，梯形图程序同样可以控制输出 Y0 的启停。

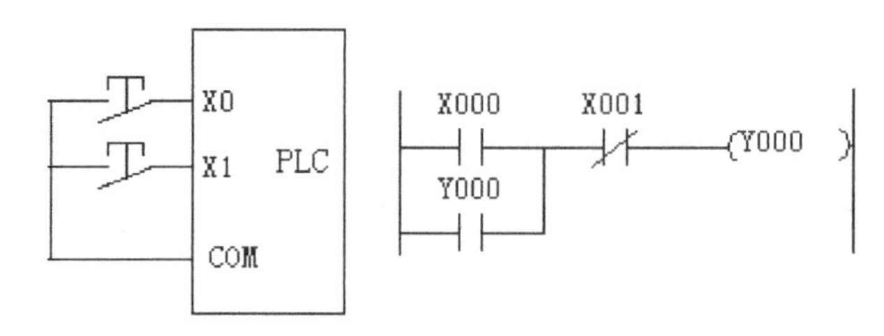

图 5.1-6　外接两个常开开关信号之梯形图程序

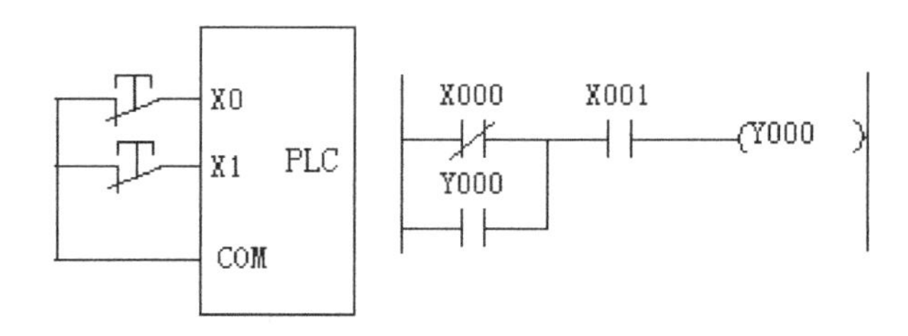

图 5.1-7　外接两个常闭开关信号之梯形图程序

以上分析说明，梯形图设计对输入端口开关信号的接入方式没有要求。接入怎样的开关信号，就设计相对应的梯形图程序。

从这一点来看，梯形图设计远比继电控制设计灵活，但在实际应用中，也带来了很多不便。在设计和分析梯形图中的常开和常闭触点时，还必须先了解配线图上是接入常开开关信号还是常闭开关信号，初学者常常在这一点上花费很多时间。如果统一规定接入信号均为常开触点信号，则设计和分析就要方便很多。本书中就按这种方法处理，以后，梯形图中涉及输入继电器 X 的常开触点与常闭触点，在没有特殊说明情况下均按接入信号为常开开关信号来理解。

在实际应用中，如果某些输入信号只能接入常闭开关信号，可以先按输入为常开开关信号来设计，然后将梯形图中相应的输入继电器触点改成相反的即可，即常开改常闭，常闭改常开。

【试试，你行的】

（1）端口开关信号以常开和常闭接入在梯形图中表示有什么不同？

（2）如图 P5.1-2 所示，X0 为启动按钮，X1 为停止按钮，试设计启保停梯形图程序。

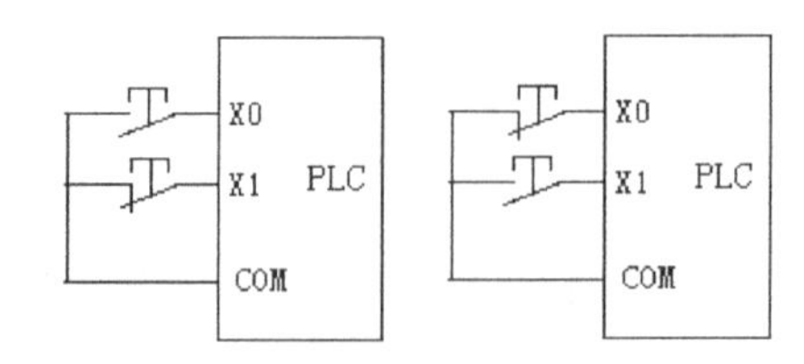

图 P5.1-2

5.1.3　双线圈输出与双线圈驱动

1．位元件输出执行和双线圈

位元件的驱动输出在梯形图中是由线圈输出指令 OUT 和功能指令的操作来完成的，但两种指令的执行有很大的区别，

1）OUT 指令执行

不管驱动条件是否成立，OUT 指令都要执行输出。驱动条件成立，则输出执行为 ON（下面用 1 表示），驱动条件不成立，则输出执行为 OFF（下面用 0 表示）。

2）功能指令执行

位元件也经常作为功能指令的操作数进行驱动，例如 SET Y0、RST Y0、MOV K10 K4Y0 等。同样，这些功能指令均有驱动条件，功能指令仅当驱动条件成立时，才执行指令的操作功能。其执行结果会送到 I/O 映像区或 RAM 存储区中去保存，而驱动条件不成立时，执行的结果仍然保持不变，直到通过执行新的指令操作得到新的执行结果为止。

什么叫双线圈？在梯形图程序中，如果一个位元件的线圈被驱动两次或两次以上，就叫双线圈。根据驱动所用的指令不同，双线圈在程序中又分为三种结构。

（1）用 OUT 指令驱动同一个位元件两次或两次以上。

（2）用 OUT 指令和功能指令驱动同一个位元件两次或两次以上。

（3）用两个功能指令驱动同一个位元件两次或两次以上。

上面三种结构，第（1）种和第（2）种称为双线圈输出，第（3）种称为双线圈驱动。在程序中这两种情况执行的结果是不同的，下面分别给予讨论。

2．双线圈输出

所谓双线圈输出是指位元件在编程中用 OUT 指令驱动了两次或两次以上，或者用 OUT 指令和功能指令驱动了两次或两次以上，程序如图 5.1-8 所示。

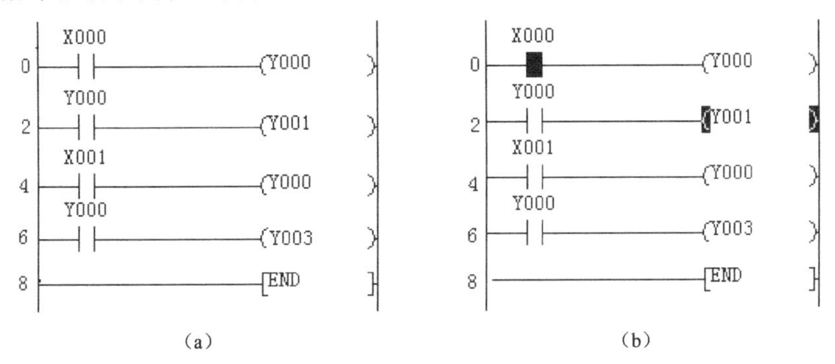

图 5.1-8　双线圈输出程序例 1

图 5.1-8（a）为 Y0 用 OUT 指令驱动了两次，是一种典型的双线圈输出。这种程序设计的本意是：如果输入采样为 X0 接通，X1 断开，则 Y0，Y1，Y3 均为 1；如果输入采样为 X0 断开，X1 接通，则 Y0，Y3 均为 1。那么程序运行结果是不是这样呢？实际上不是，图 5.1-8（b）是实际运行监控结果，当 X0 接通、X1 断开时，Y0，Y3 均为 0，仅 Y1=1。而且发生了一个初学者感到奇怪的现象，X0 接通，Y0 没有输出；Y0 常开触点没接通，Y1 却有输出，这种现象只能通过 OUT 指令的执行特性和程序的扫描执行过程来说明。

当 X0 接通时，第 0 行，Y0=1，执行结果马上影响第 2 行，Y0 触点动合，Y1=1。到第 4 行，由于 X1 断开，但 OUT 指令仍然得到执行，使 Y0=0，执行结果马上影响第 6 行，Y0 触点不动作，使 Y3=0。由扫描原理可知，输出 Y 的状态是以 I/O 映像区中最后的状态在 END 指令执行后统一刷新送到输出锁存存储区中，然后传送到各相应的输出端子，所以，结果是 Y1=1，Y0=Y3=0。正是 OUT 指令的这种执行特性和梯形图的扫描，才产生了所谓的双线圈问题。

再来看看图 5.1-9（a），图中 Y0 用 OUT 指令和 SET 指令分别驱动了一次，这是另一种形式的双线圈输出。这种程序会不会同样存在线圈驱动互有影响而得不到预想得结果呢？假定 X1 接通，X0 断开，希望得到 Y0=Y1=Y2=1 的输出结果，但实际上，X1 接通后，SET Y0 指令使 Y0=1，到第 6 行，Y2=1，重新扫描原第 0 行，执行 OUT 指令，Y0=0，到第 2 行，Y1=0。这就是为什么实际运行结果却是 Y0=Y2=1，Y1=0。当 X1 断开后，Y0 应该保持置 1 状态，但实际监控结果却是 Y0=Y1=Y2=0。为什么？因为，虽然 X1 断开后，Y0 保持置 1 状态。但再次扫描到首行时，由于 X0 断开，OUT 指令执行使 Y0 的状态由 1 变为 0，相当于执行了一条 RST Y0 指令，Y0=0，使 Y1=0，如果这时 X1 已断开，则 SET Y0 指令得不到执行，而又使 Y2=0，程序执行的最后结果是 Y0=Y1=Y2=0。在含有 OUT 指令输出的双线圈输出中，由于 OUT 指令执行的特性会使输出状态互相影响而导致程序运行后得不到预期的输出结果。

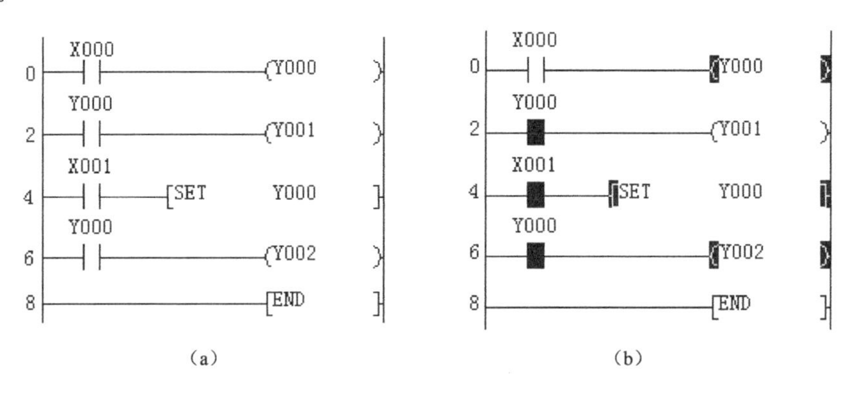

图 5.1-9　双线圈输出程序例 2

对图 5.1-8 和图 5.1-9 的双线圈程序分析可以得出这样的结论：双线圈输出不存在编程语法错误。编程软件可以接受双线圈输出，但由于两个线圈的驱动互有影响，在程序结构复杂时，会得不到程序设计所预想的结果，导致控制失误。因此，在梯形图程序中，应避免出现

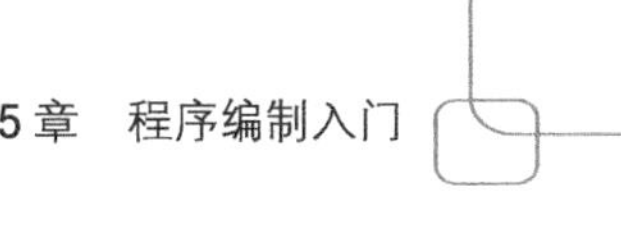

双线圈输出设计，特别是输出继电器 Y 的双线圈输出设计。

但也有例外，如果双线圈输出并不在同一扫描周期内，则不会产生双线圈输出问题。如利用条件转移指令 CJ 设计的手动、自动程序。由于手动和自动程序不会在同一扫描周期被执行，因此，在这两个程序段可以允许有相同的线圈输出，并不构成双线圈输出。类似的还有 STL 指令步进程序 SFC 梯形图。在步进程序中，由于一定时间仅在一个状态被激活，因此，在一个状态里不能出现双线圈输出，而在不同的状态可以有相同的线圈输出，这不叫作双线圈输出。但也要注意，两个相邻状态也不能出现相同线圈的输出。

3．双线圈驱动

在梯形图程序中，如果相同的位元件输出仅出现在功能指令的操作数中，而且在一个扫描周期内出现在两个或两个以上的功能指令，则称为双线圈驱动，以示与双线圈输出的区别。

双线圈驱动属于指令的操作与驱动，关于功能指令的执行已在上面给予说明。由于功能指令仅在驱动条件成立时才执行，而当驱动条件断开后，执行结果仍然被保存，直到下一条功能指令改变执行结果为止。因此，双线圈驱动不存在双线圈输出那种输出驱动互相影响的情况，双线圈驱动是一种正常的编程。

在双线圈驱动中，如果多个功能指令驱动一个线圈，线圈的状态则以最后一个执行的功能指令的操作结果为准。图 5.1-10 为一个多次用 SET，RST 指令对 Y0 进行操作的程序。Y0 的状态决定于最后执行的 SET、RST 指令，而与指令在梯形图中的位置无关。如果同时有几个指令被执行，如先接通 X0，又接通 X2，再接通 X1，则 Y0 的状态由最接近 END 的功能指令执行结果决定，图中，为 X2 所驱动的 SET Y0 指令最接近 END 指令，所以 Y0=1。而不是最后执行的 X1 所驱动的 RST Y0 指令。

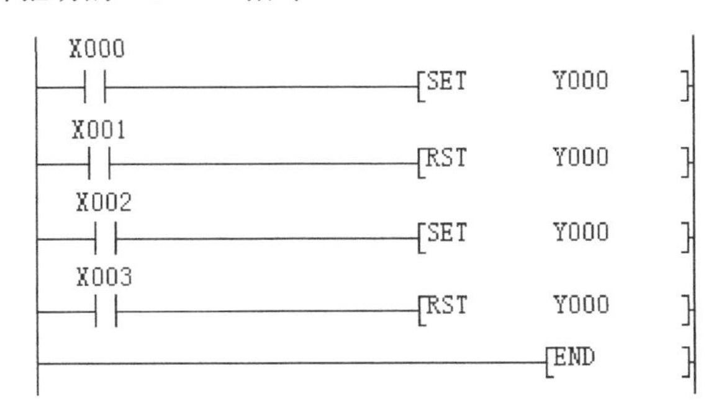

图 5.1-10　SET、RST 双线圈驱动

【试试，你行的】

（1）线圈输出指令 OUT 和功能指令的执行有什么不同？

（2）什么叫双线圈输出？在梯形图程序中，双线圈输出有几种结构？

（3）为什么一个线圈不能用 OUT 指令输出两次或两次以上？能举例说明吗？

（4）图 P5.1-3 梯形图程序接通电源后，各个输出线圈 Y0,Y1 和 Y2 的状态是什么？

```
      Y000
0 ──┤ ├──────────────────[SET    Y001   ]
      Y002
2 ──┤ ├──────────────────[SET    Y000   ]
      M8002
4 ──┤ ├──────────────────────(Y000     )
      Y000
6 ──┤ ├──────────────────────(Y002     )
8 ───────────────────────────[END      ]
```

图 P5.1-3

（5）在 STL 步进指令 SFC 程序中，如果在状态 S21 中出现两次使用 OUT 指令输出 Y0，算不算双线圈？如果在状态 S23 和 S25 中都用了 OUT 指令输出 Y2，算不算双线圈？为什么？

（6）什么叫双线圈驱动？为什么双线圈驱动是一种正常的编程？

（7）如图 P5.1-4 所示梯形图程序，请回答：

① 如果顺序先后按下按钮 X0、X2 和 X3 后，Y0，Y1，Y2，Y3 的输出状态是什么？

② 如果同时按下按钮 X0、X2 和 X3 后，Y0，Y1，Y2，Y3 的输出状态是什么？

```
   X000
──┤ ├──────────────────[SET    Y000   ]
   X001
──┤ ├──────────────────[RST    Y003   ]
   X002
──┤ ├──────────[MOV    K10    K2Y000  ]
   X003
──┤ ├──────────────────[RST    Y001   ]
───────────────────────────[END       ]
```

图 P5.1-4

5.1.4 I/O 地址分配表与 PLC 端口接线图

1. I/O 地址分配表

PLC 最初是满足继电控制系统的缺陷和现代社会对制造业的要求而出现的，从继电控制电气原理图到 PLC 梯形图，尽管它们之间有许多相似的地方，但有更多的不同之处。其中一个不同之处是在电气原理图上可以很清楚地看出控制元器件的图示符号、名称及控制功能，以及执行元器件的图示符号、名称和执行功能。但在梯形图上，看到的只是输入和输出端口的地址编号，看不到它们是什么器件，完成什么操作功能，执行什么样的控制功能。

也就是说，当应用 PLC 代替继电控制时，所有的输入器件必须接到输入口 X 上，所有被驱动的负载必须接到输出口 Y 上，因此，必须对这些接入和接出进行接口进行说明，这样，才能在分析梯形图时知道接口表示哪一个动作，它在梯形图中所起作用是否与设计相符。这样，就引出了梯形图的 PLC 控制 I/O 口地址分配问题。PLC 控制 I/O 地址分配不论是分析程序和编制程序都非常重要。如果通过分析别人的程序时，不知道 I/O 地址分配，是无法理解程序的，同样。在设计梯形图程序前，要先对 PLC 的 I/O 口地址进行分配，这是一项必须要做的工作。完成了 I/O 地址分配，才能在程序中正确使用 I/O 端口编程。

把 I/O 地址分配编成表格形式，称为 I/O 地址分配表。目前，对 I/O 地址分配表没有统一的格式，这里提供两种格式供读者参考。一种比较简单，适用于较短的程序，见表 5.1-2。另外一种是将输入和输出地址分配分开填写，如表 5.1-3 和表 5.1-4 所示，对输入的接入状态进行了说明，对输出的外接电源性质进行了说明。

表 5.1-2　I/O 地址分配表格式一

输　入				输　出			
序号	名称符号	端口地址	功能	序号	名称符号	端口地址	功能
1	按钮 SB1	X0	启动	1	接触器 KM1	Y0	电动机正转
2	按钮 SB2	X1	停止	2	接触器 KM2	Y1	电动机反转
3	开关 SQ	X2	限位	3			

表 5.1-3　I/O 地址分配表格式二（输入端口）

序号	名　称	符　号	端 口 地 址	功　能	接 入 状 态
1	按钮	SB1	X0	启动	常开
2	按钮	SB2	X1	停止	常开
3	开关	SQ	X2	限位	常闭

表 5.1-4　I/O 地址分配表格式二（输出端口）

序号	名　称	符　号	端 口 地 址	功　能	说　明
1	接触器	KM1	Y0	电动机正转	AC220V
2	接触器	KM2	Y1	电动机反转	AC220V
3	电磁阀	YV	Y2	汽缸	AC220V

对一些大型复杂的梯形图程序，除了编写 I/O 地址分配表外，还需要针对某些辅助继电器 M、数据寄存器 D、定时器 T 和计时器 C 做地址分配说明。

如果 PLC 控制系统使用了触摸屏，还必须编写触摸屏对象/PLC 软元件地址对照表，其格式见表 5.1-5。

表 5.1-5　触摸屏对象/PLC 软元件对照表

触摸屏对象说明	PLC 对应软元件	说　明
启动	M0	主轴电动机运行
停止	M1	主轴电动机停止
手动　-　自动	M10	手动/自动切换开关
搅拌时间	D0	搅拌时间当前值
搅拌转速	D10	搅拌机速度
电源	M50	电源指示灯

I/O 地址分配表在 PLC 控制系统设计中是必不可少的设计步骤，但是，在一些简单的程序中，如果使用的 I/O 端口数很少，也可以不设计 I/O 地址分配表，直接在程序中对端口进行注释说明。特别是在书籍、资料中这样处理能节省大量篇幅。本书采用这种方式对程序进行说明。除个别案例外，不再列出 I/O 地址分配表。图 5.1-11 为注释说明样例。

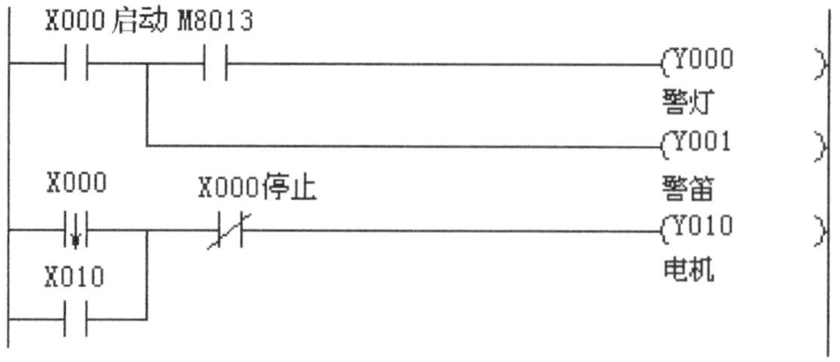

X000启动 M8013
Y000
警灯
Y001
警笛
X000
X000停止
Y010
电机
X010

图 5.1-11　程序注释样例

2. PLC 端口接线图

掌握 PLC 控制系统的外部接线操作也是学习 PLC 的一个重要内容，相比于继电控制电气原理图，含有 PLC 等智能设备的电气控制图要简单得多。图 5.1-12 为用 PLC 控制的电动机点动及正反转的电气控制电路图。

L1L2L3
QS
KM1
KM2
FR
PE
M
3~
FU2
~220V
FX3U PLC
L
N
SB1
点动
X000
SB2
启动
X001
SB3
停止
X002
FR
热元件
X003
S/S
0V
24V
Y000
Y001
KM2
KM1
KM1
KM2
正转
反转
~380V

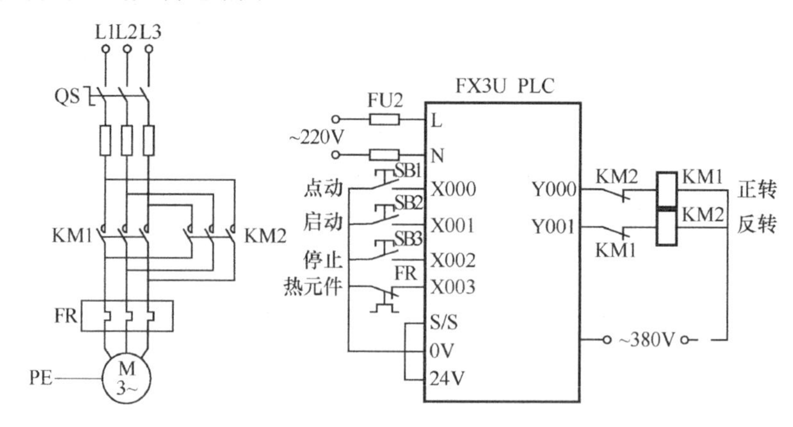

图 5.1-12　电动机点动及正反转的电气控制电路图

图中，主电路与继电控制电气图中的主电路是一样的，而 PLC 控制电路与继电控制电路差别很大。PLC 的控制电路实际上是一个接线图，它标明了在 PLC 的输入、输出端口各接入什么元器件，并在旁边注明了其简单功能。从接线图上看不出其控制原理，而且，端口接线也非常有规律。例如，不论什么样的无源开关，总是一端接输入端口，一端接公共端（对 FX3U 系列 PLC 来说，就是电源的正端或电源的负端）。输出也是一样，端口经过负载接到电源的一端，而电源的另一端则接到公共端。因此，对电工来说，PLC 的端口接线比继电控制电路简单得多。端口的接线是根据 I/O 地址分配表确定的，只要有 I/O 地址分配表，就能直接进行端口接线。很多书籍、资料上对每一个 PLC 梯形图程序都画出其 I/O 地址分配表和 PLC 接线图。编者认为，如果是针对广大电工而编写的书籍，完全可省去 PLC 接线图，以节省篇幅。当然，如果是复杂的 PLC 控制系统，例如，含有多个智能控制设备（变频器、伺服或步进驱动器、各种控制模块等），还要画出 PLC 的端口接线和 PLC 与各种智能设备的端口连接图。本书是为广大电工编写的入门书，基本上只涉及开关量控制，因此，在讲解梯形图程序时，除个别案例外，一般不画出 PLC 端口接线图，具体可由读者自己去完成。

输入端口为开关量端口，连接元器件分无源开关元器件，有源开关元器件和脉冲信号元器件。无源开关元器件有按钮、旋钮、各种操作开关、限位开关、拨码开关、数字开关、继电器（接触器）和各种物理量控制继电器触点等。有源开关元器件有接近开关、光电开关、绝对式编码器等。脉冲信号元器件有增量式编码器、各种测速码盘等能够产生高速脉冲的设备。关于这些元器件的特性和与 PLC 的连接，读者可参看本书 1.3 节 PLC 外部设备知识和 2.2 节 I/O 端口与连接。

输出端口也是开关量端口，主要向外发出开关量信号和脉冲信号、数字量信号，用于控制继电器、接触器、电磁阀等电感性负载和指示灯等阻性负载，而输出脉冲信号则用来连接步进电机驱动器或伺服驱动器，构成定位控制系统。数字量信号可以连接打印机、数码管等外部设备和元器件。

【试试，你行的】

（1）设计梯形图程序时必须有 I/O 地址分配表吗？为什么？

（2）I/O 地址分配表应包括哪些端口信息？

（3）以你自己的实践体会说明 PLC 端口接线的特点。

5.2　常用典型编程环节梯形图

5.2.1　启保停程序

启保停程序电工比较熟悉，本书在第 3 章已做过介绍，这里再介绍几个典型程序。

1．停止优先与启动优先

普通的启保停电路均为停止优先，程序如图 5.2-1（a）所示。所谓停止优先就是在任何情况下，只要按下停止按钮，输出立即停止。这种控制方式经常用于需要紧急停止的场合，有些控制场合，例如消防水泵的启动，则需要启动优先，即在任何情况下，只要按下启动按钮，则输出马上执行，程序如图 5.2-1（b）所示。

启保停程序是最基本、最常用的控制程序。可以这样说，所有的逻辑驱动条件都可以看成是启保停程序的扩展。而且，启保停电路仅仅使用与触点和线圈有关的指令，而这类指令是任何一个品牌的 PLC 必须具有的，因此，这是一个通用的程序。

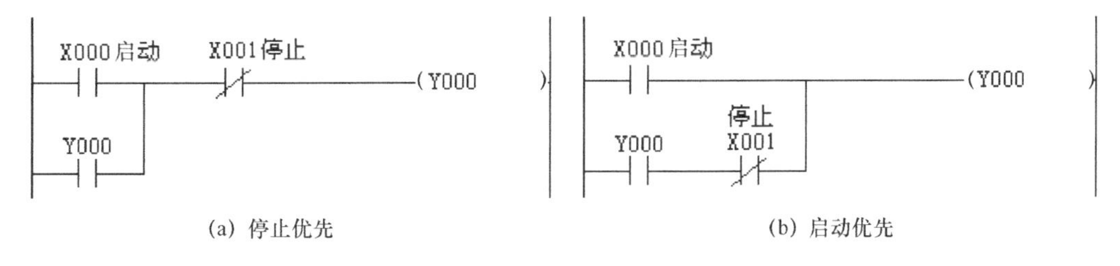

(a) 停止优先　　(b) 启动优先

图 5.2-1　停止优先与启动优先梯形图程序

2. 点动加连动运行控制

点动加连动控制是最常用的控制功能，图 5.2-2（a）为从继电控制线路移植的经过改造后的梯形图程序。在继电控制线路中，点动是采用复合按钮实现的，利用复合按钮的先断后合的功能实现点动。如果照样移植，则由于梯形图的扫描方式工作原理，是不能完成点动功能的。图（b）为模拟先断后合功能的梯形图程序，当 X2 断开时，M2 比 Y0 后断，其常闭触点阻止了 Y0 线圈的自锁通路。

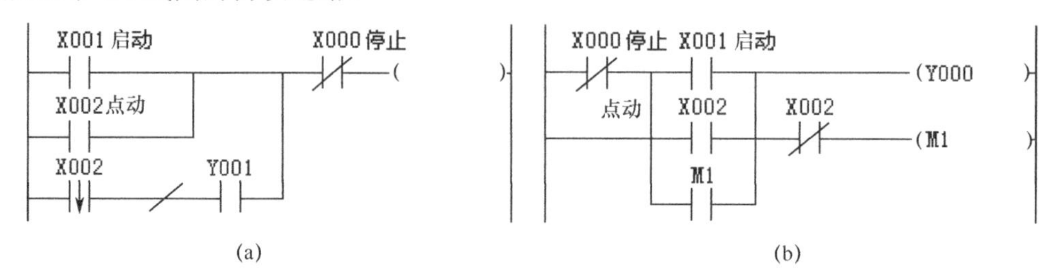

图 5.2-2　点动加连动运行梯形图程序

3. 单按钮控制启停

在计数器的讲解中，已经介绍了两个用计数器设计的单按钮控制启停的程序。这里再介绍两个单按钮控制程序，图 5.2-3（a）也是利用计数器功能设计的。配合应用触点比较指令，程序非常简洁易理解。图（b）是利用启保停电路原理设计的，X0 为启动、M2 为停止。第 1 次按下 X0，M2 由于 Y0 常开触点断开不被驱动，而第 2 次按下 X0，M2 则被驱动，其常闭触点断开使 Y0 停止，完成了单按钮控制功能。

单按钮控制的实际意义是少用一个按钮，节省了输入端口。单按钮控制启保停程序设计有许多，初学者可以通过对单按钮控制程序的分析学到很多指令应用知识，编程思路和程序设计技巧。因此，编者将单按钮程序整理了一下，在 5.3 节介绍给读者参考。

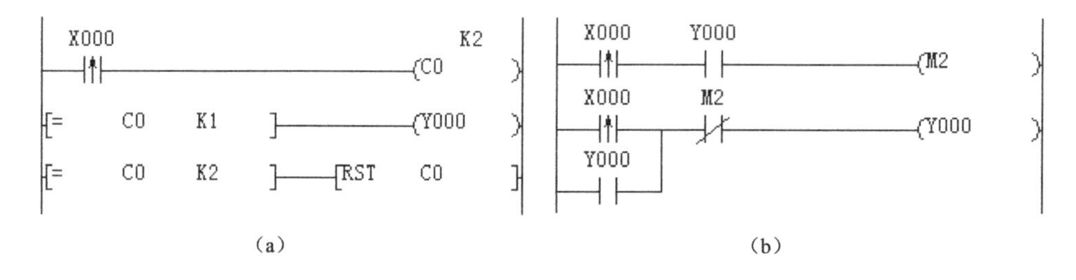

图 5.2-3　单按钮控制启停梯形图程序

4. 多点启停运行控制

多点启停指在不同的地方都可以控制同一个输出的启停。例如，电气柜和设备均可控制该设备的运行。这样，在发生紧急情况下，可以就近紧急停止，其程序设计原则为“启动并联，停止串联”，图 5.2-4（a）为三点控制梯形图程序。

图 5.2-4（b）为三点控制另一种设计的梯形图程序。这种设计的优点是在任一点启动，启动和停止按钮均有一条公共线。由四线变成了三线，从而节省引线。

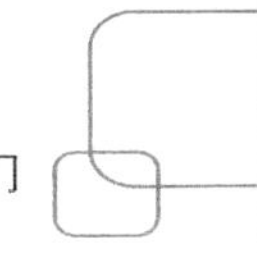

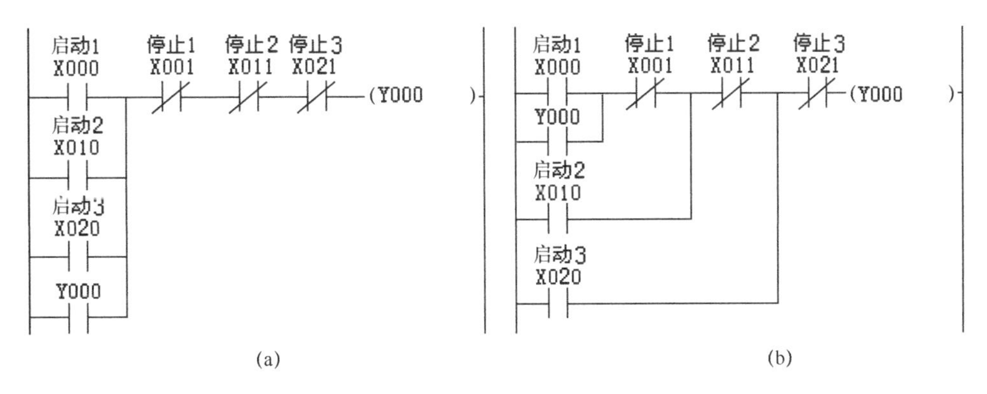

图 5.2-4　多点启停运行控制梯形图程序

【试试，你行的】

（1）什么叫启保停程序的停止优先？试写出停止优先的梯形图程序。

（2）什么叫启保停程序的启动优先？试写出启动优先的梯形图程序。

（3）图 P5.2-1 为点动加连动运行控制梯形图程序，试说明它为什么不能完成点动功能。

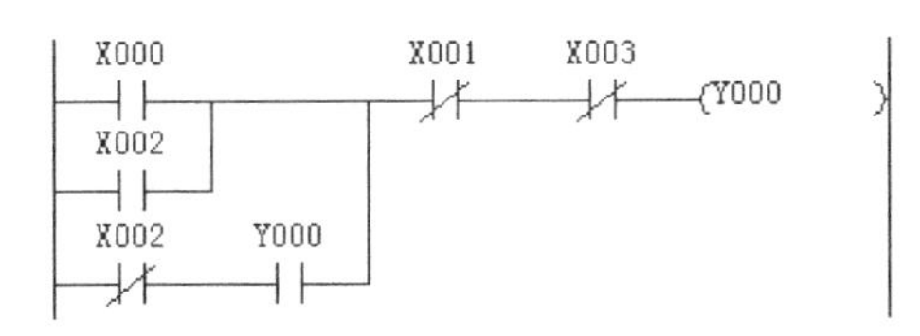

图 P5.2-1

（4）多点启动，停止运行控制的设计原则是什么？根据你的工作体会，这种应用的缺陷是什么？

5.2.2　自锁、连锁和互锁

1．连锁

用两个（或多个）触点控制一个输出的程序称为连锁程序，也叫触点串联程序。连锁功能就是“一票否决”功能，在多个串联触点中，只要有一个触点断开，输出就断开。在实际的控制程序中，用得相当多。例如，机床在工作时，一般先启动润滑系统，再启动主轴系统，如果润滑系统没有启动，主轴系统便不能启动。这时，要将润滑系统启动信号与主轴系统启动信号一起串接控制主轴运行，如图 5.2-5 所示。

X000 启动　X001 停止　Y000 润滑　(Y001 主轴)
Y001

图 5.2-5　连锁

2．互锁

互锁是连锁的扩展应用。当两个（或多个）输出之间存在不能同时运行的情况时，采用相互之间进行连锁的方法来解决。也就是说，利用一个程序行的运行信号作为其他程序行的连锁触点，相互之间进行运行控制，这就叫互锁。互锁的各方在实际运行时要按控制要求去进行运行状态的转换，这种转换有以下几种方式，其梯形图程序也不一样。

1）运行中转换

运行中转换为直接转换方式，梯形图程序见图 5.2-6，当要从输出 Y1 转换到 Y2 运行时，直接按下启动 2 按钮即可，不需要先停止 Y1 的运行。

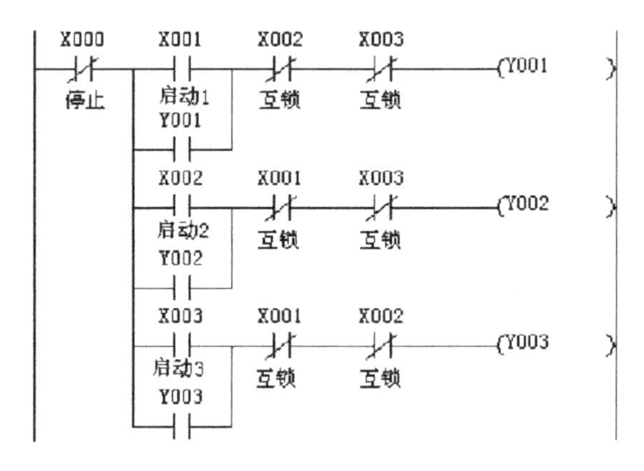

图 5.2-6　运行中转换互锁梯形图程序

2）停止后转换

图 5.2-7 为先停止后转换的梯形图程序，从输出 Y1 转换到 Y2 运行，先按下停止按钮 X0，停止 Y1 的输出后，再按下启动 2 按钮，才能转换到 Y2 运行。对比一下图 5.2-6 和图 5.2-7 的程序，就会发现它们之间的不同点在于互锁的软元件不同。一个用控制触点进行互锁，一个用输出触点进行互锁。用控制触点进行互锁，先直接断开当前运行的输出，然后马上启动新的输出，而用输出触点进行互锁，前一个运行输出不停止，后一个运行因被互锁不可能接通，必须使前一个运行输出停止，取消互锁功能后，才能启动下一个输出。

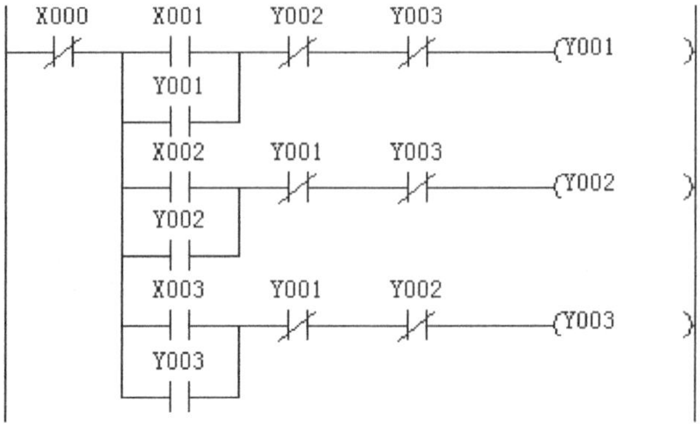

图 5.2-7　停止后转换互锁梯形图程序

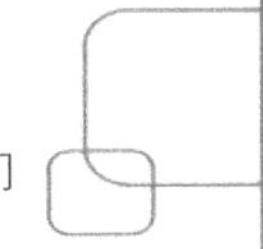

这种程序经常用在抢答器上，互锁各方只要有一方输出为 ON，其余各方均被封锁，它具有“先到先得，后到不得”的功能，所以又称为优先电路。

3）电动机正反转控制

在生产实际控制中，上述两种互锁转换方式经常被一起使用，例如，在电动机正反转控制的设备中，既要求能直接转换，又要求正反转接触器，必须一个先断开，另一个才能接通。如图 5.2-8 所示为一台电动机控制的工作台往复运动工作示意图，当工作台碰到正转限位开关 X4 时，自动进行反转。同样，碰到反转限位开关 X3 时，自动进行正转。而正反转极限开关为安全保护装置，均以常闭触点接入，其控制梯形图程序如图 5.2-9 所示。

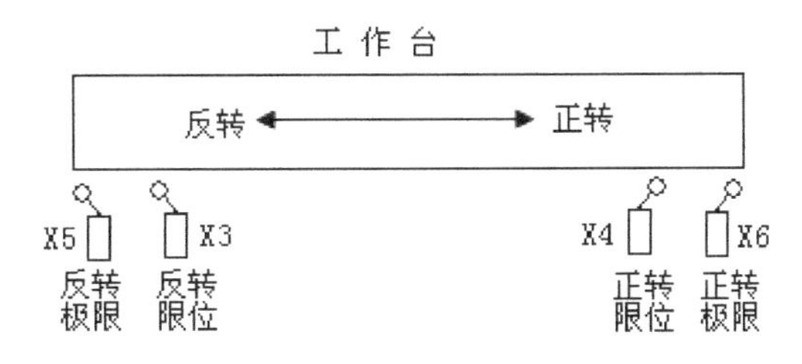

图 5.2-8　工作台往复运动工作示意图

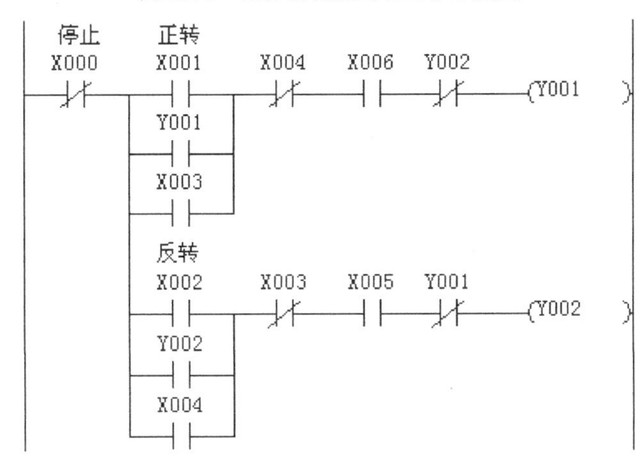

图 5.2-9　电动机正反转控制梯形图程序

正反转控制接触器，绝对不允许它们同时接通，否则，会发生严重短路事故。对这种控制要求，不但要在程序中加入互锁环节，还要在硬件电路上加入互锁环节。

【试试，你行的】

（1）什么叫自锁？自锁的功能是什么？

（2）什么叫连锁？连锁的特点是什么？试举几个工作中碰到的连锁控制实例。

（3）什么叫互锁？互锁的特点是什么？举例说明实际工作中的互锁控制。

（4）如图 P5.2-2 所示，试在图中各个触点旁注明它们是自锁，连锁还是互锁。

（5）试设计一个三方互锁的梯形图程序。

图 P5.2-2

5.2.3 顺序控制

顺序控制是最常见的控制方式，在第 4 章中，曾以定时器和计数器为例介绍了定时和计数顺序控制程序，此外还有动作状态顺序控制。就是用上一个输出状态去控制下一个输出状态，再用下一个状态的控制点去结束上一个状态的完成。动作控制根据控制功能又分为单周期顺序控制和循环顺序控制。

1. 定时顺序控制

当顺序控制涉及按时间逐步推进时，就采用定时顺序控制程序。这时用定时器的常开触点作为连锁信号，用其常闭触点作为上一输出结束信号。图 5.2-10 为三个输出顺序动作的梯形图程序，仅需顺序启动，不需要结束输出，去掉常闭触点即可。

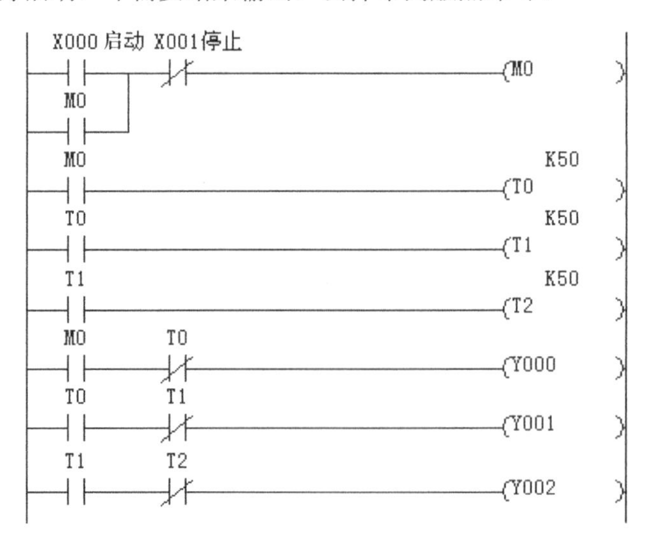

图 5.2-10　定时顺序控制梯形图程序

2. 计数顺序控制

顺序控制也可以通过计数信号进行。图 5.2-11 为三个输出的顺序控制，触点比较指令在这里作为驱动条件按计数控制顺序输出的动作。程序非常简洁，易于理解。

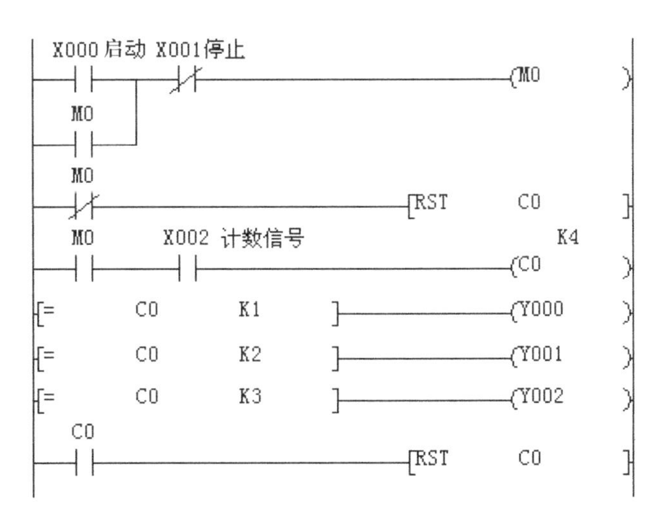

图 5.2-11　计数顺序控制梯形图程序

3．单周期顺序控制

当一个生产线上的多个工序顺序完成后，就结束工作，这就是单周期工作，又叫半自动工作。在单周期工作中，常常是用一个开关量信号作为一个输出动作的结束和下一个输出动作的开始，最后一个开关量既是最后一个动作的结束信号，也是单周期工作的结束信号。图 5.2-12 为单周期控制梯形图程序。图中 X2，X3，X4 分别为输出 Y0，Y1，Y2 动作结束开关量信号输入端口。在 Y0 的驱动条件中，串入了 Y1，Y2 的常闭触点，目的是在一个周期的顺序工作没有完成时，不允许再次启动 Y0。

这种动作顺序控制也可以插入定时或计数控制，这时开关量信号和定时器及计数器触点信号都可以为下一个输出的启动信号和上一个输出的结束信号。

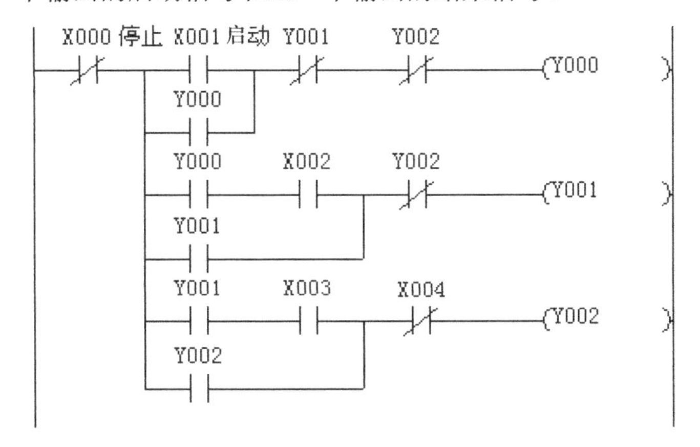

图 5.2-12　单周期顺序控制梯形图程序

4．循环顺序控制

如果单周期程序结束后并不停止，而是重新启动第一个动作的控制，就变成了循环顺序控制，又称全自动工作。对全自动控制，如果在运行中间按下停止按钮，则一般都要求运行不马上停止，而且继续工作直到完成一个单周期后才停止。

图 5.2-13 为满足上述全自动工作要求的梯形图程序。从图中可知，程序的基本结构和单周期工作一样，增加了两个状态标志位，自动工作标志 M0 和自动停止标志 M1。循环启动是通过 M0 与 Y2 和 X4 串联条件进行的。这时，已发出动作 Y2（最后一个动作）的结束信号 X4，且 Y2 已停止运行。当按下停止按钮 X0 时，虽然切断了自动工作 M0 常闭触点 M1 的通路，但由于还未运行到最后动作 Y2 及未发出动作 Y2 的结束信号，自动工作通过自保持（M0）和自动保持（由 Y2 常闭和 X4 常闭并联组成）仍然接通，直到发出动作 Y2 的结束信号 X4 和动作 Y2 结束才能停止自动工作标志 M0。M0 的停止使循环启动控制不能再次启动 Y0，从而保证了按下停止按钮后，仍然继续运行到最后一个动作结束后才停止循环工作运行。

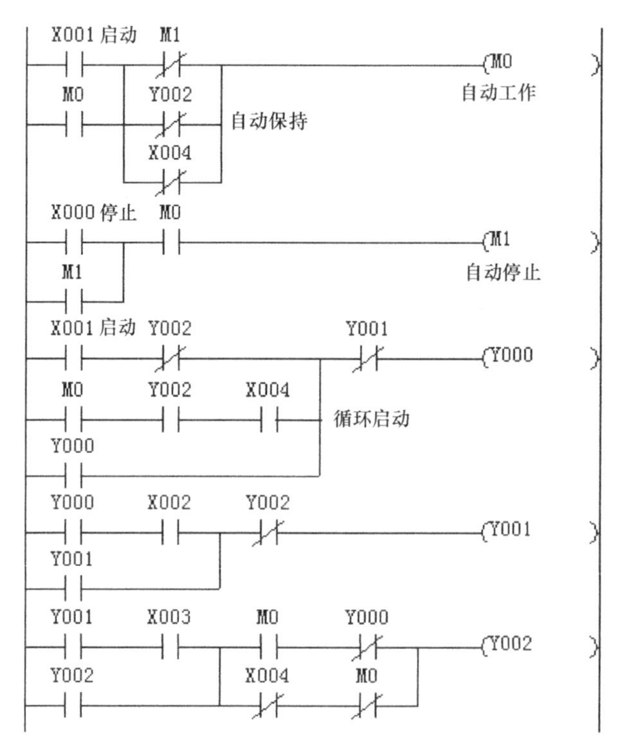

图 5.2-13　循环顺序控制梯形图程序

对初学者来说，掌握顺序控制程序设计非常重要。这是因为在生产实际中，逻辑开关量控制系统绝大部分都是顺序控制系统。在一定的时间 PLC 只能做一步工作，就这样一步一步地完成全部工作。为此，三菱 PLC 专门开发了用于顺序控制的指令——步进指令 STL。利用这个指令和其相应编程方法就非常容易设计顺序控制程序，用户不需过多思考步序转换，只需专心考虑每一步的控制动作。而且，这种 STL 步进指令顺序控程序设计简单易学，一般初学 PLC 的人都会很快掌握。关于三菱 STL 步进指令顺控程序的设计在本书第 6 章进行了详尽的讲解，希望读者能重点掌握这种方法的学习。

【试试，你行的】

（1）3 组彩灯相隔 5s 依次点亮，各点亮 10s 后熄灭，循环一次结束，时序见图 P5.2-3，试用定时器设计梯形图程序。

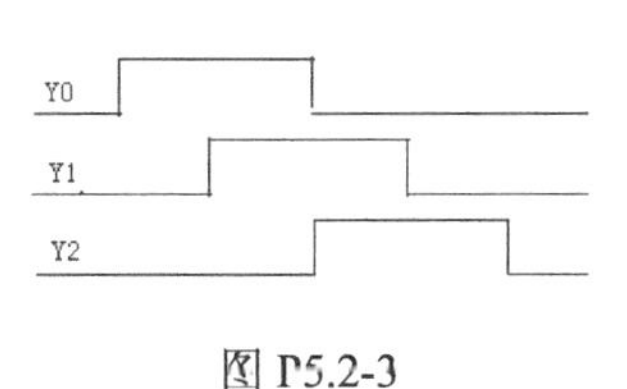

图 P5.2-3

（2）同题 1，要求循环往复，时序见图 P5.2-4，直到按下停止按钮。

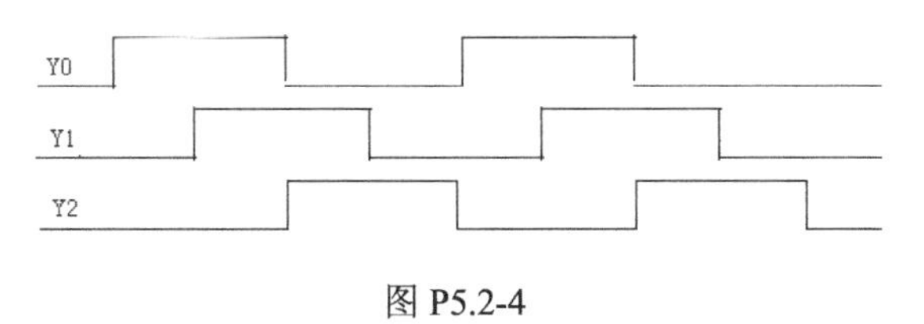

图 P5.2-4

（3）同题 1，试用计数器完成程序设计（提示：设计 5s 时钟脉冲，利用脉冲对计数器计数，根据计数结果完成控制要求）。

（4）同题 3，要求循环往复，仍用计数器完成程序设计。

（5）输出 Y0，Y1，Y2 时序如图 P5.2-5 所示，请按照如图 5.2-11 所示单周期顺序控制梯形图程序设计顺序空梯形图程序。

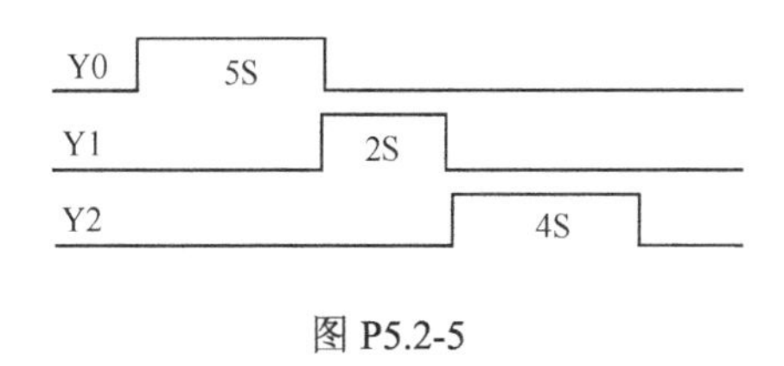

图 P5.2-5

（6）同题 5，要求循环往复，设计梯形图程序。

5.2.4 停止与报警

1．暂时停止与紧急停止

“停止”功能是所有控制系统所必须具备的。停止的处理分成两类，一类是暂时停止，这种停止通常是控制过程所要求的正常停止。例如，一个工作周期后的暂停，工作过程中的工件装卸和检测工艺流程的检查等暂停，PLC 的读写操作停止，等等；另一类为紧急停止。这是非正常的停止，但也是控制过程中所要求的。当控制过程因违规操作、设备故障、干扰等意外发生了，如不能及时停止，轻则会发生产品质量事故，重则会发生设备人身安全事故时，必须马上停止所有的输出或断电保护。

在继电控制系统中，这两种处理方式区别很清楚，有的采用部分电路启保停控制的停止按钮作为部分电路的暂停控制，而把断开全部控制电路电源的停止按钮作为紧急停止按钮，也有的统一采用断电保护方式进行。但在 PLC 控制系统中，其处理方式可以有所区别。在 PLC 控制系统中，暂停一般在 PLC 控制程序中设计，而紧急停止可以由外部电路进行处理，可以由 PLC 控制程序进行处理，也可以两者结合进行。

1）外部电路处理紧急停止

在外部设计启保停电路，利用继电器触点控制 PLC 的供电电源和 PLC 输出负载电源的通断，达到紧急停止的目的。控制电路如图 5.2-14 所示。

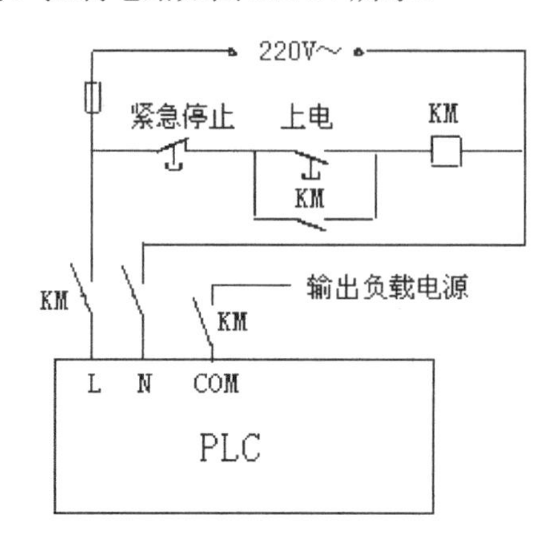

图 5.2-14　控制电路

2）PLC 内部程序处理紧急停止

PLC 内部有两个特殊继电器，它们的状态与 PLC 的停止功能有关，见表 5.2-1。

表 5.2-1　与停止相关的特殊辅助继电器

编　　号	名　　称	功能和用途
M8034	禁止输出	该继电器接通后，PLC 的所在输出触点在执行 END 指令后断开
M8040	禁止转移	该继电器接通后，禁止在所有状态之间的转移，但激活状态内的程序仍然运行，输出仍然执行

禁止输出特殊辅助继电器 M8034 的功能是 M8034 为 ON 时，则执行 END 指令后，所有输出均停止输出，但程序仍然在运行中，不断地改变输出在映像区中的状态。当 M8034 一旦为 OFF 时，则执行 END 指令后，把映像区中的输出状态立刻送输出锁存区中，并执行输出。

特殊状态辅助继电器 M8040 为步进指令 STL 顺序控制程序的状态转移暂停继电器，其功能和在程序中的使用请参看 6.2 节步进指令 STL 和步进梯形图中的说明。

图 5.2-15 为利用 M8034 设计的紧急停止控制梯形图程序。程序中控制输入可以是端口开关量信号也可以是内部位元件常开触点。但必须注意，如果采用开关量信号输入。不能采用能自动复位的开关元器件作为紧急停止信号。

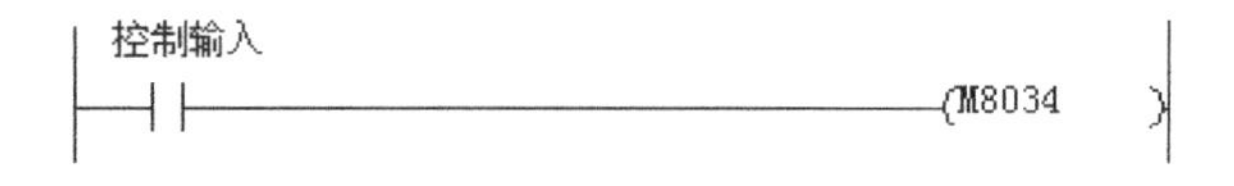

图 5.2-15　M8034 紧急停止梯形图程序

最后，必须向读者提醒，紧急停止是停止所有的输出，这在某些控制系统中必须要结合设备运行综合考虑。如果某些执行元件在某种条件下（如高速）紧急停止会发生重大事故，则执行紧急停止的同时，必须在这些执行元件上加装安全防护措施，以避免因紧急停止而带来重大的设备人身事故。

2．报警

故障报警程序是 PLC 工业控制程序中一个非常重要的组成部分，工业控制系统中的故障是多种多样的，有些在程序设计时已分析考虑到，而有些直到故障出现才知道还有这样的故障。

最常用的报警方式是限位报警，这种报警方式是当被控制量超过所规定的范围时，通过机械、气动、液动和电子电路带动一个机械开关或电磁继电器，并通过它的触点的动作去完成报警处理功能及报警信号的输出。

在控制系统中，故障报警是必须设计的环节，标准的故障报警是声、光报警，声是警笛，光是警灯。除故障报警外，还有一种预警程序也会经常碰到，即设备在启动前或停止前发出声光报警信号，表明设备即将启动或停止。其目的是警告人们退出相关的场所，进入安全地带。报警停止后才直接启动或停止设备。

1）故障报警

故障报警程序按故障点多少分为单故障报警程序和多故障报警程序两种。关于警笛和警灯的处理方式则根据要求设计相应的程序。

- 单故障报警程序

其程序设计要求如下：

① 发生故障后，声、光一齐报警。

② 声、光报警后，在故障未排除时，可以停止声、光报警，如警笛停止，警灯变常亮或熄灭。

③ 每次使用前，可以对报警器材进行检测，看是否能正常工作。

单故障报警程序见图 5.2-16。图中，T0、T1 组成了占空比为 50%、周期为 2s 的闪烁电路，用于警灯闪烁报警。M0 为暂停标志。程序比较简单，读者可自行分析。故障信号 X0 必须发生故障一直为 ON，故障解除后才为 OFF。

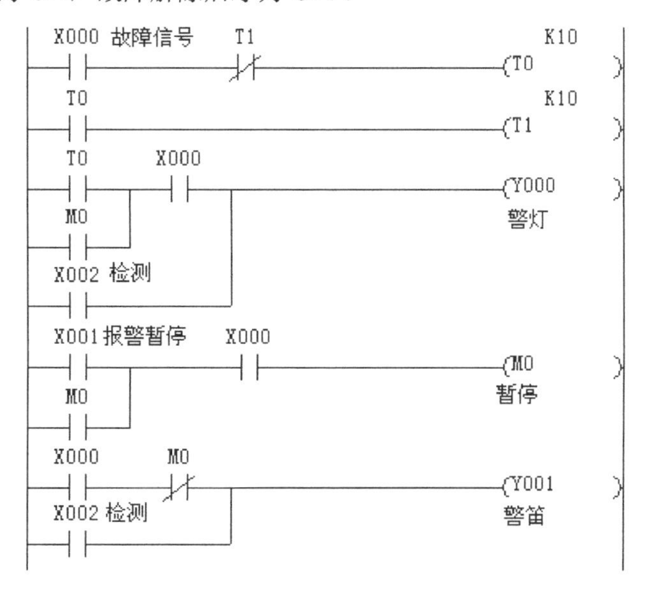

图 5.2-16　单故障报警梯形图程序

● 多故障报警程序

多点故障时，每点故障均应有相应警灯显示，而警笛则合用一个，图 5.2-17 是一个两点故障的报警程序。仔细分析一下梯形图程序，细心的读者可能已经看出，警灯 1 和警灯 2 的梯形图逻辑关系是一样的，只是 I/O 端口不一样，照此分析，读者会很容易设计出 3 个点、4 个点甚至更多点故障的报警程序。

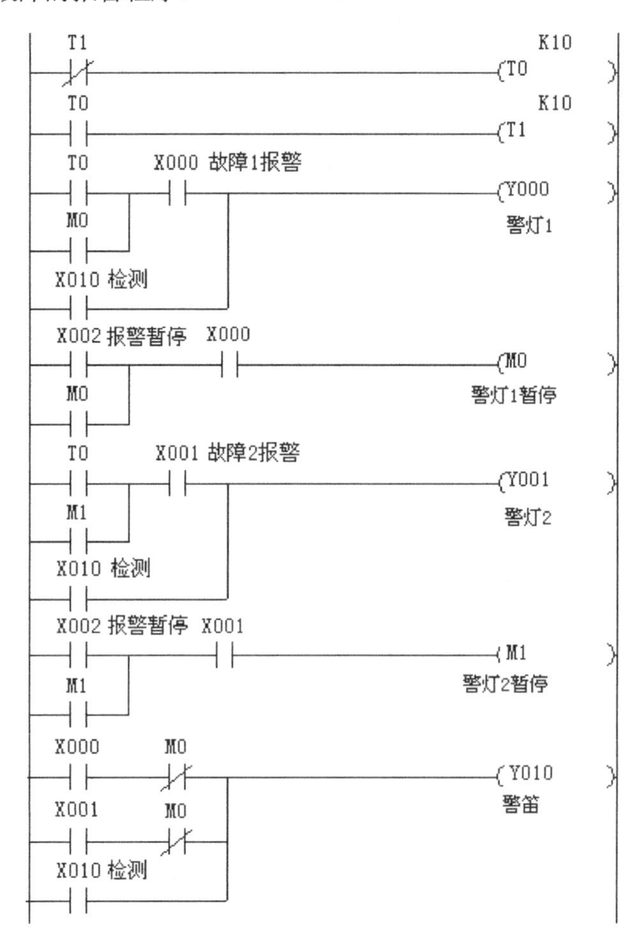

图 5.2-17　两点故障的报警梯形图程序

2）设备预警

设备预警也有不同的控制要求，有的要求定时预警，有的要求随机预警。现分别举例说明。

● 延时预警

延时预警程序设计要求：按下启动按钮后，程序先自动报警一定时间，在此时间内，警灯、警笛均要求输出，达到时间后，启动设备运行，并停止警灯、警笛输出。图 5.2-18 为延迟预警梯形图程序。这个电路的本质是先启动一个输出，经过设定时间延迟后输出，再启动另一个输出运行。可以很方便地根据这个原理把它移植到电动机的星-三角降压启动或自耦变压器降压启动控制中。

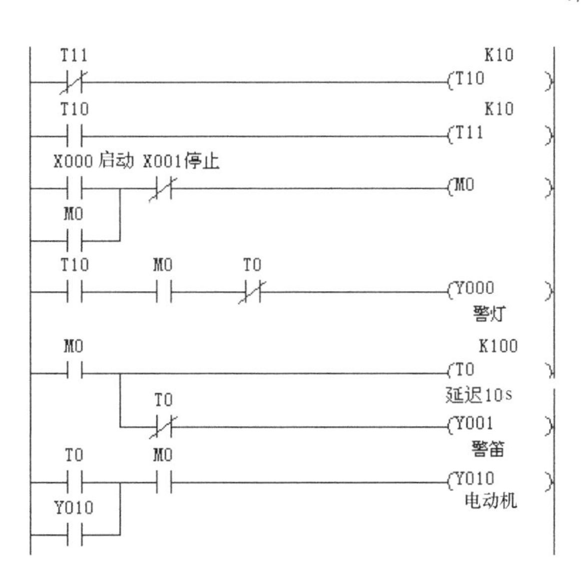

图 5.2-18 延迟预警梯形图程序

● 随机预警

随机预警程序设计要求：按下启动按钮后，开始预警，松开启动按钮，预警结束，设备开始运行。预警时间由操作者控制。这种方式更加安全和人性化。

图 5.2-19 为随机预警梯形图程序。图中用了 1s 时钟 M8013 代替定时器闪烁电路，程序简洁易懂。当 X0 松开后，其下降沿启动 Y10，正好满足控制要求。

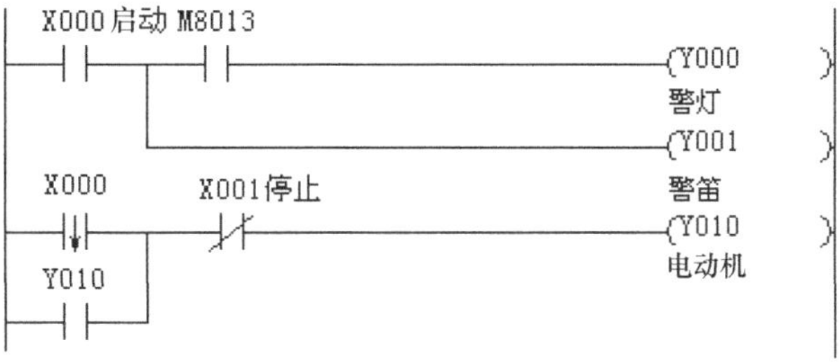

图 5.2-19 随机启动预警梯形图程序

这个程序的缺点是停止时没有预警，如果希望停止时也能预警，梯形图程序见图 5.2-20。图 5.2-20（a）为两个按钮控制的启动、停止预警程序，图 5.2-20（b）为用单按钮控制的启动、停止预警程序。

（a） （b）

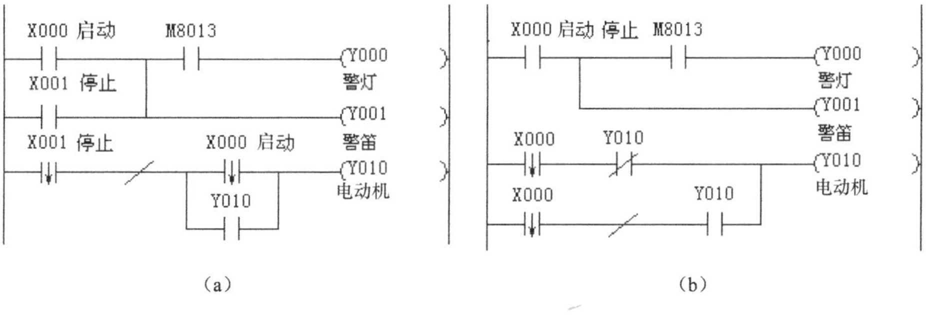

图 5.2-20 随机启动、停止预警梯形图程序

3）非限位报警

限位报警一般是控制系统本身的要求，也是程序设计必须考虑的问题，但在实际控制系统中，有些故障虽然不是经常发生，却存在发生的可能。而且故障的原因大都是因为系统外部的原因所产生，例如，机械、气动及液动的硬故障都不发生在限位值上，而是发生在过程中。有些虽发生在限位上，但由于限位开关的失灵而不能报警或者虽发生在限位处，但由于被控制量的波动，经常会瞬时限位，如仍用限位报警方式会引起频繁报警。

当发生上述情况时，一般都采用时间作为故障的判别条件。即在一定的时间段内，如果应该检查到信号而未检测到，或者检测到的时间超过规定值，则立刻给出报警信号。如图 5.2-21 所示，某输送带输送物件，当机械手把物件 A 放到输送带上时，输送带开始前进，期间输送时间为 5s。如果因小车机械等故障，物件 A 在输送带运行中停止前进，要求给予报警。

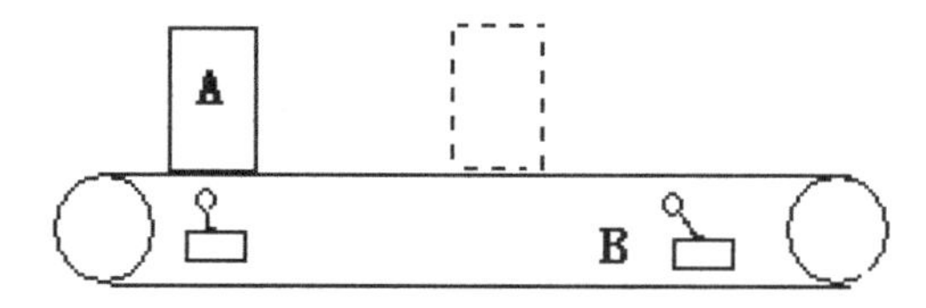

图 5.2-21　非限位报警示例

分析：小车在中间发生故障时，因故障位置不能确定，所以不能设置限位开关报警。这时，可在 B 点设置一信号开关，小车开动后，启动定时器工作，如果在 5s 内未停止定时器的计时，表示小车未按时到达 B 点，发生故障启动报警输出（当然，如果小车无故障，而信号开关失灵也一样报警），梯形图程序见图 5.2-22。

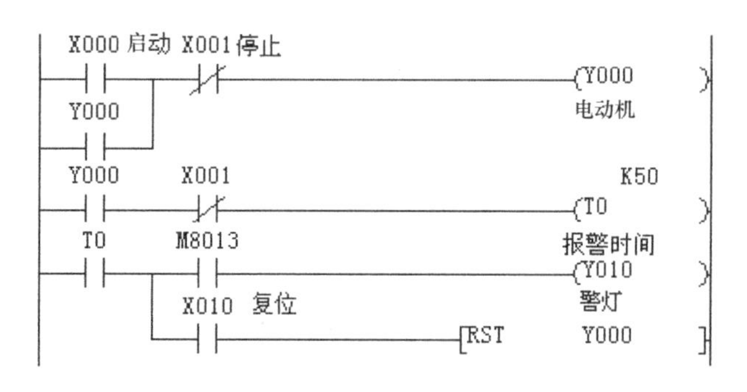

图 5.2-22　小车报警程序梯形图

FX_{3u} PLC 为上述定时报警功能专门开发了一个功能指令——信号报警设置指令 ANS。利用 ANS 指令编制报警程序则简单得多。如果也设置了声光报警信号，在 PLC 的报警程序中，同样也设置声光信号解除复位按钮，如图 5.2-22 中 X10 完成声光信号复位。针对 ANS 指令中的报警专用状态继电器 S900～S999 的复位，FX_{3u} PLC 又开发了与 ANS 指令配套使用的信号报警复位指令 ANR。

关于报警指令 ANS 和信号报警复位指令 ANR 的功能和使用请参看拙著《三菱 FX_{2N} PLC 功能指令应用详解》一书 10.5 节。

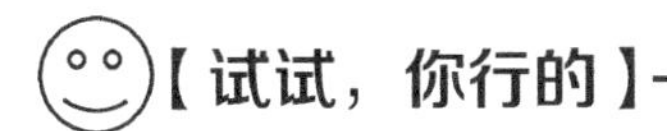

（1）停止分哪两种情况？在你所接触的设备继电控制电路中是如何处理这两种停止的？试举例说明。

（2）三菱 FX 系列 PLC 在程序中是如何处理紧急停止的？

（3）执行紧急停止处理，如何考虑外部设备及人身安全？

（4）如图 P5.2-6 所示，如果 X0 接入的是一个复位按钮，程序能起到紧急停止作用吗？为什么？

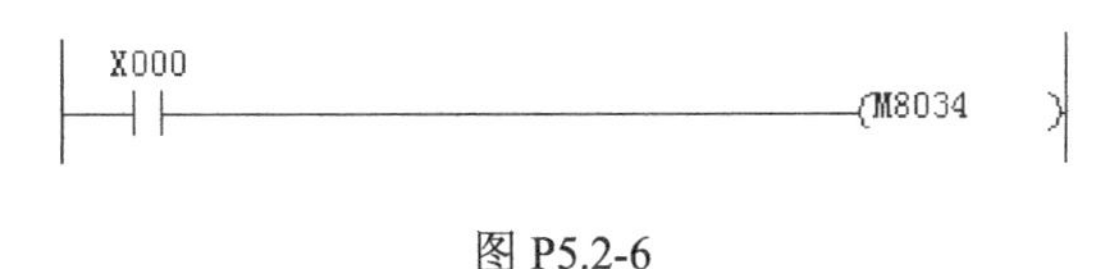

图 P5.2-6

（5）什么叫设备预警？设备预警有哪两种方式？这两种方式的区别在哪里？

（6）设计预警控制程序，用两个按钮控制电动机正反转，按下按钮后，警笛报警，松开按钮，报警停止。

（7）设计一个报警程序，控制要求：

① 发生故障后（故障信号输入 X0），警笛（Y1）和警灯（Y0）发生报警信号。警灯每秒闪烁一次，警笛长鸣。

② 排除故障时，按信号停止按钮 X1，则警笛停止鸣叫，警灯变常灭。

③ 每次开机前，可使用检测按钮 X2 对警灯、警笛是否正常进行检测。

（8）设计有三个故障点的报警程序，控制要求：

① 每个故障点均有相应警灯报警。

② 三个故障点共用一个警笛。

③ 报警的声、光控制均与题 7 相同。

（9）设计一个报警程序，当报警信号 X0 成立时，实现报警，要求如下：警笛 Y1 鸣叫，为一长音（响 2s），一短音（响 0.5s）；警灯 Y0 以 1Hz 的频率闪烁，当按下停止按钮 X1 后，停止报警。

（10）设计一个报警程序，当报警信号 X0 成立时，实现报警，要求如下：警笛 Y1 鸣叫，频率为 2Hz；警灯 Y0 以 1Hz 的频率闪烁；10s 后，若没有按下停止按钮 X1，则警笛鸣叫频率变为 5Hz，警灯以 10Hz 的频率闪烁。当按下停止按钮 X1 后，停止报警。

5.2.5　有用的小程序

有用的小程序是指完成一个特定的控制功能或提供一种程序设计思路的程序段。读者应学会在应用的过程不断地收集或记录这样的小程序，既能提高程序设计水平，又像一个程序设计资料库，随时可取出来移植应用到其他程序设计中。

本书仅举几例说明，供读者参考。

1．开机常 ON 和开机常 OFF

特殊辅助继电器 M8000 为开机常 ON,M8000 为开机常 OFF。如果所使用的 PLC 中没有这两个辅助继电器，可以用基本指令设计程序替代。如图 5.2-23 所示，图中 M1 相当于 M8000 或 M8001。

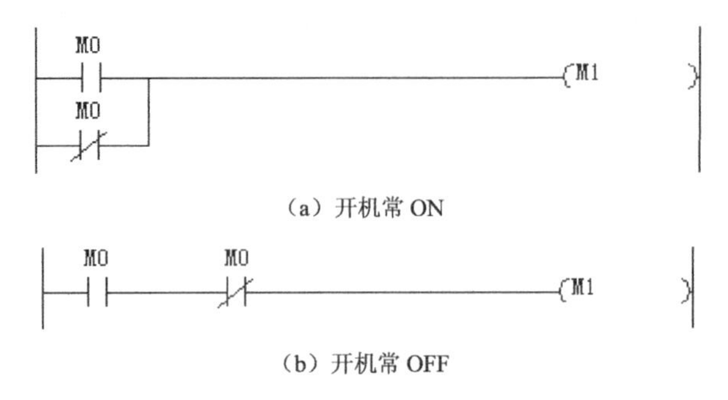

（a）开机常 ON

（b）开机常 OFF

图 5.2-23　开机常 ON 和开机常 OFF

2．执行一个扫描周期之 M0

特殊辅助继电器 M8002 为开机脉冲，开机后仅接通一个扫描周期。也可用 PLS 指令和边沿检测指令完成功能。图 5.2-24 为用基本指令设计的 M0 仅接通一个扫描周期的程序。

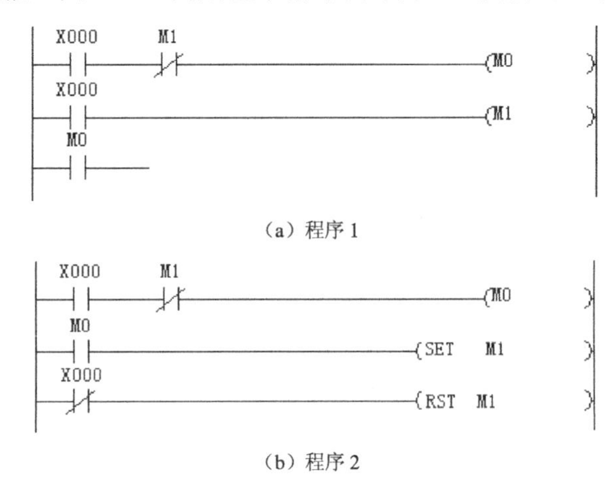

（a）程序 1

（b）程序 2

图 5.2-24　执行一个扫描周期之 M0

3．集中和分散控制

集中和分散控制是经常用的一个控制方式，既可以集中控制（集中启动，集中停止），也可以各个单机分别单独启动和停止。图 5.2-25 为一种集中分散控制设计程序。

图中 X2 为选择开关，以其触点为集中控制和分散控制的连锁触点。当 X2 断开时，为集中控制；当 X2 闭合时，为单机分散控制。X3 为集中控制启动，X1 为总停止和集中控制停止。X10 和 X11 为单机 1 的启动与停止。X12 和 X13 为单机 2 的启动与停止。

4．停电后再供电禁止输出

在某些生产场合，停电（特别是突然断电）后，在恢复供电前，必须对设备进行逐一检查，使其满足开机工况。因此，希望设计停电后再供电禁止输出功能，直到设备检查完，按下复位按钮后，恢复输出功能。图 5.2-26 为停电后再供电禁止输出梯形图程序。程序一开始使 M0 置位，其常闭触点在输出 Y0 中起连锁作用，仅在按下复位按钮 X0，M0 复位后，Y0 才会存输出。

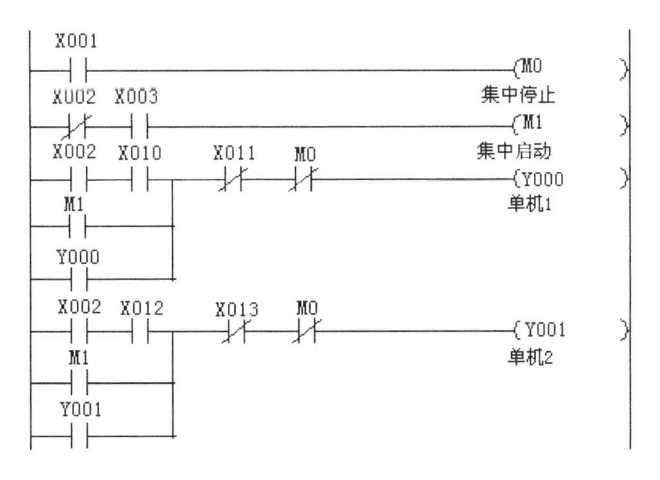

图 5.2-25　集中分散控制

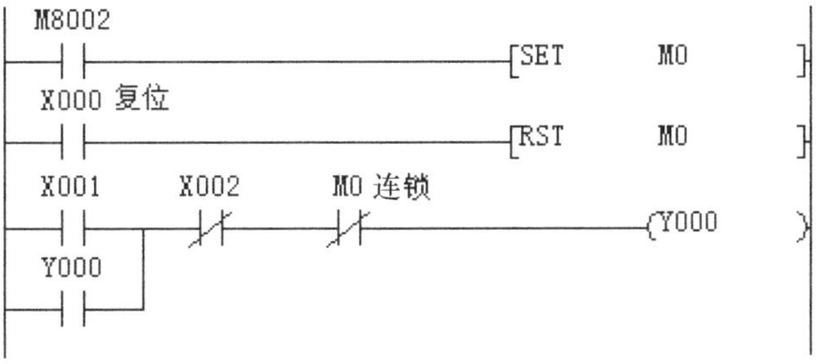

图 5.2-26　停电后再供电禁止输出

5. 点动计时控制

点动计时控制是输入点动信号后，输出仅接通设定的时间，时序如图 5.2-27（a）所示。程序见图 5.2-27（b）和图 5.2-27（c）。

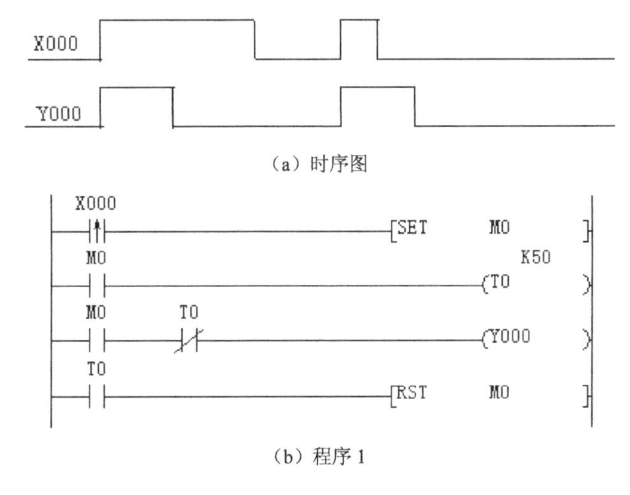

（b）程序 1

图 5.2-27　点动计时控制

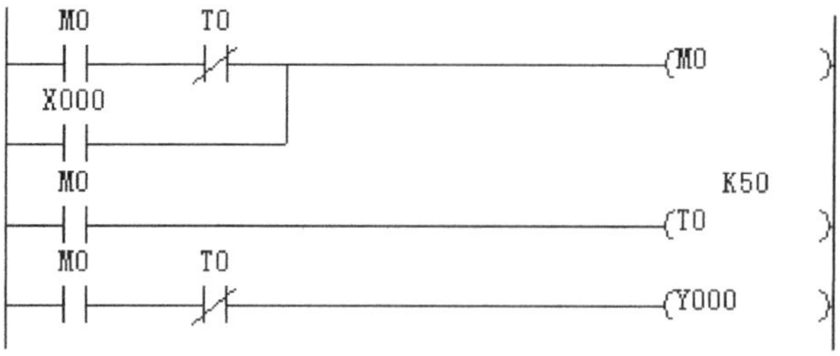

（c）程序 2

图 5.2-27　点动计时控制（续）

6．输出通电延时与断电延时

PLC 定时器只有通电延时功能，通过设计程序可以完成断电延时功能。要求一个设备在按下启动开关后能够延时启动，断开启动开关后，能够延时停止，这在多条输送带接力输送中经常碰到。图 5.2-28 所示的两个程序都可以完成这个功能。

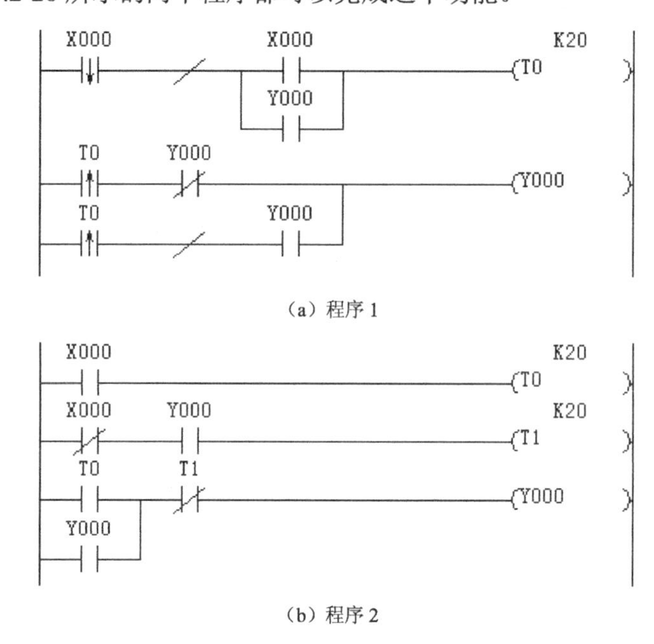

图 5.2-28　输出通电延时与断电延时

7．自动/手动切换

在工业控制中，经常会碰到对一台设备进行自动/手动切换操作控制。这时，手动控制常用来调试和检测，自动控制则用于生产。图 5.2-29 是利用条件转移指令 CJ 设计的自动/手动切换操作梯形图程序。CJ 指令的功能是当驱动条件成立时，转移到标号所示的程序行开始往下执行。如果驱动条件不成立，则从指令的下一行程序往下执行。如图所示，当 X0 闭合时，其常开触点 X0 闭合，程序转移到标号为 P1 的自动程序段执行，执行到 END 指令后，又重新扫描执行。如果 X0 断开，则其常开触点断开，程序从下一行（手动程序段）往下执行。执行到指令 CJ P2 时，常闭触点闭合，驱动条件成立，程序就能转移到标号为 P2

的程序段（即 END 指令）执行。

自动/手动切换也可以用 SFC 程序的分支选择法设计和调用子程序法设计。

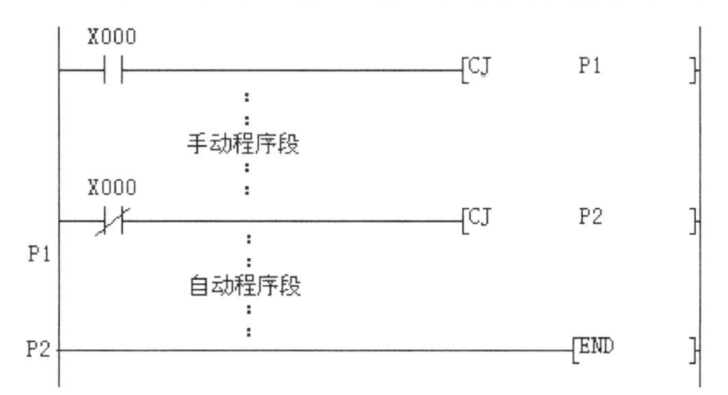

图 5.2-29　自动/手动程序的切换

8．2 台电动机的切换启动

两台电动机，第 1 台启动后定时停止，并自动切换到第 2 台电动机启动，程序如图 5.2-30 所示。

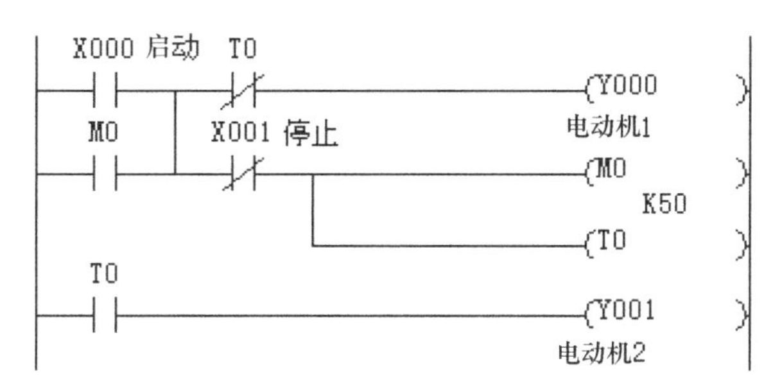

图 5.2-30　2 台电动机的切换启动

【试试，你行的】

（1）你有收集小程序的习惯吗？你是如何收集的？

（2）你收集小程序的目的是什么？对提高程序设计水平有帮助吗？

（3）你希望提供一些怎样的小程序？可以把需求发到邮箱 ljc1350284@163.com。

5.3　程序设计示例

5.3.1　六工位小车控制

1．控制要求

某处有一电动小车，供六个加工点使用，电动车在六个工位之间运行，每个工位均有一个到位行程开关 SQ 和呼叫按钮 SB。具体控制要求：送料车开始可以在六个工位中的任一工位上停止并压下相应的行程开关。PLC 启动，任一工位呼叫后，电动小车均能驶向并停止在该工位上，图 5.3-1 为电动小车工作示意图。

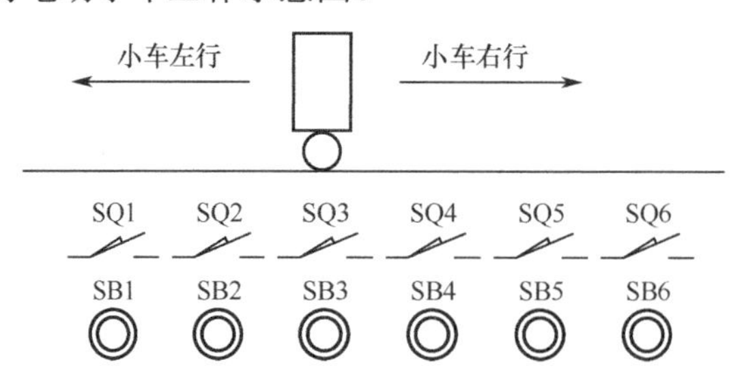

图 5.3-1 电动小车工作示意图

2. 电动小车运行分析

假定小车停在三号工位（SQ3 闭合），如果其右边工位呼叫，则小车必须右行，而其左边工位呼叫，小车必须左行。如果六号工位呼叫（SB6 闭合），则小车右行，到达六号工位碰到 SQ6 停止。这是一个“启保停”程序，小车左行、右行两个控制方式分别由 Y1（右行）和 Y2（左行）输出执行，则梯形图程序如图 5.3-2 所示。

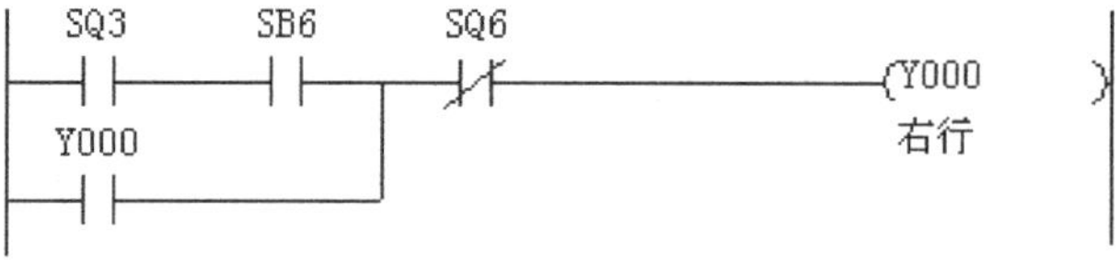

图 5.3-2 电动小车工作梯形图程序

实际上，小车起始是任意的，当六号工位呼叫时，凡停在一至五号工位均要右行。给出六号工位呼叫小车右行的呼叫程序块，如图 5.3-3（a）所示。同样，五号工位呼叫时，凡停在一至四号工位均要右行。也一样可以给小车右行的呼叫程序块，如图 5.3-3（b）所示。因此可很快写出四号，三号及二号工位呼叫右行程序块，这五个程序块结构是一样的，仅仅是小车停止点的数量不同，如图 5.3-3（c），5.3-3（d）和 5.3-3（e）所示。

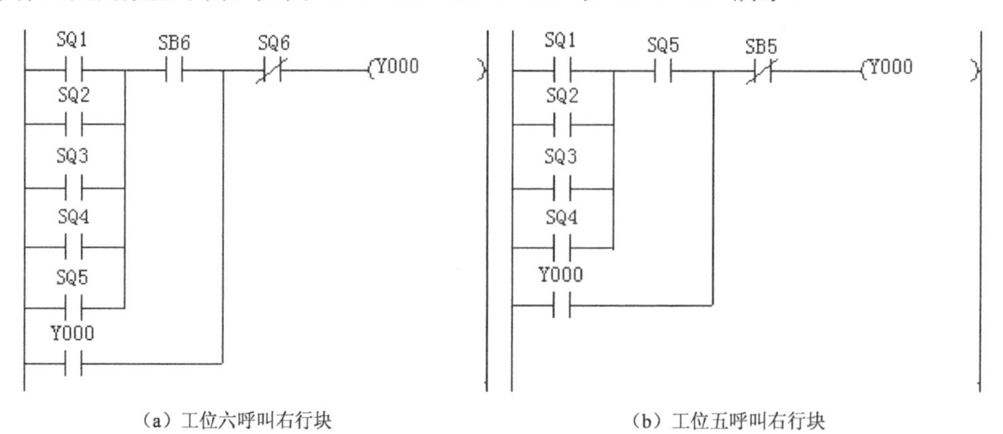

（a）工位六呼叫右行块　（b）工位五呼叫右行块

图 5.3-3 电动小车各工位呼叫右行梯形图程序

（c）工位四呼叫右行块

（d）工位三呼叫右行块

（e）工位二呼叫右行块

图 5.3-3　电动小车各工位呼叫右行梯形图程序（续）

如果把这五个呼叫右行程序连接起来，就是小车右行程序块，但是，Y0 被输出了 5 次，出现了双线圈问题。解决的办法是每个工位的呼叫右行用一个辅助继电器 M 作为其状态标志。该状态为 ON，表示小车右行，该状态为 OFF，表示小车右行停止。这个 5 个状态不论哪一个为 ON，小车都必须右行。它们之间是“或”关系，梯形图上是并联结构。如果用 M2～M6 表示小车右行工位二到工位六的状态，则小车右行输出 Y0 的梯形图程序如图 5.3-4 所示。把图 5.3-3 和图 5.3-4 组合在一起，就是完整的小车右行程序段。

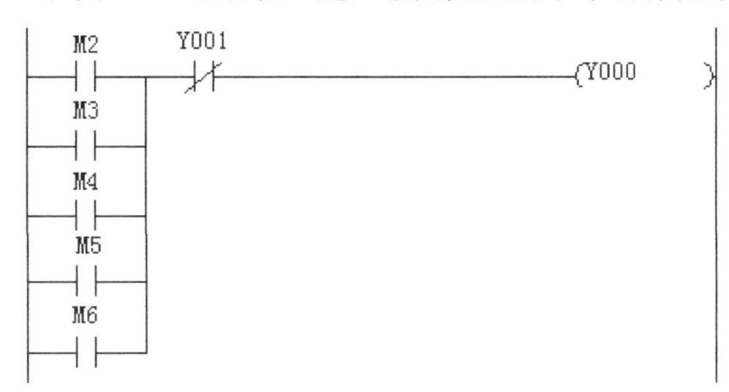

图 5.3-4　电动小车右行输出 Y0 的梯形图程序

有了右行程序块的编程思想，就不难编制小车左行的呼叫程序块，同样也是五个，如果把 M12～M16 作为小车左行各个工位的呼叫状态标志，也同样可编制出小车左行 Y1 的梯形图程序。小车左行的各个工位呼叫程序块及完整的小车左行程序段留给读者去思考完成。

按理说，按照上述编程思路设计出的六工位小车呼叫程序已经完成了用户控制要求，但在实际运用中，还必须考虑小车运行安全及其他现场的问题。例如，程序虽然可行，但没有安全控制，希望小车在操作人员现场检查全部准备工作都已完成后才能开始呼叫，因此，还必须给程序添加启动控制，即只有在操作人员发出启动信号后，才能开始呼叫。启动信号可作为所有呼叫程序块的连锁条件加入，但这样程序步较多，而采用主控指令比较方便。启动梯形图程序如图 5.3-5 所示。

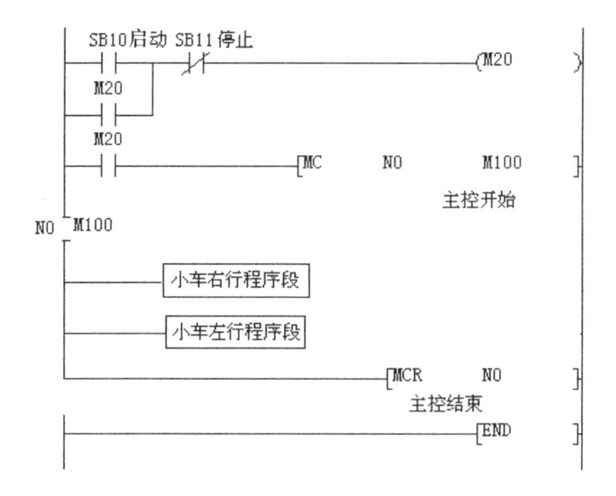

图 5.3-5 六工位小车控制梯形图程序结构

3. I/O 地址分配表及梯形图程序

I/O 地址分配见表 5.3-1，梯形图程序见图 5.3-6。

表 5.3-1 I/O 地址分配表

输入				输出			
序号	名称符号	端口地址	功能	序号	名称符号	端口地址	功能
1	按钮 SB7	X0	启动	1	接触器 KM1	Y0	小车右行
2	按钮 SB8	X10	停止	2	接触器 KM2	Y1	小车左行
3	按钮 SB1～SB6	X1～X6	工位 1～工位 6 呼叫				
4	开关 SQ1～SQ6	X11～X16	工位 1～工位 6 开关				

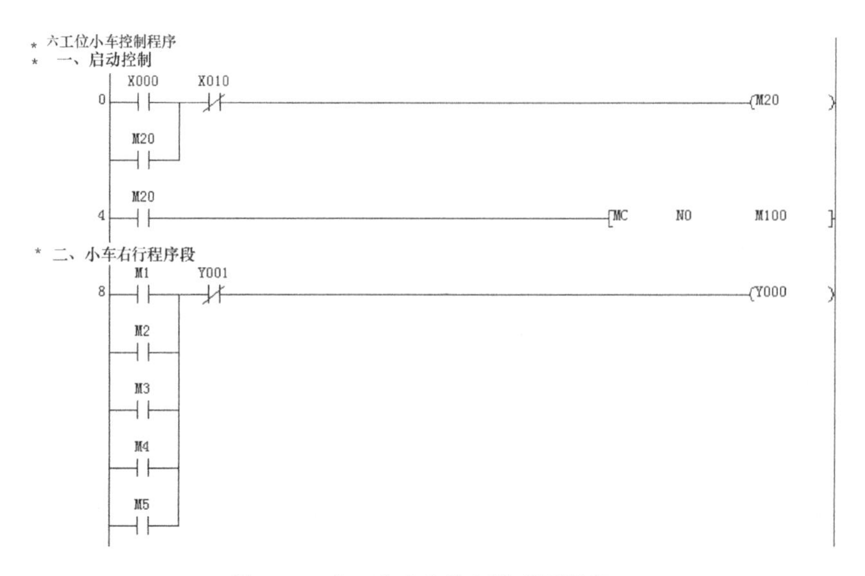

图 5.3-6 六工位小车控制梯形图程序一

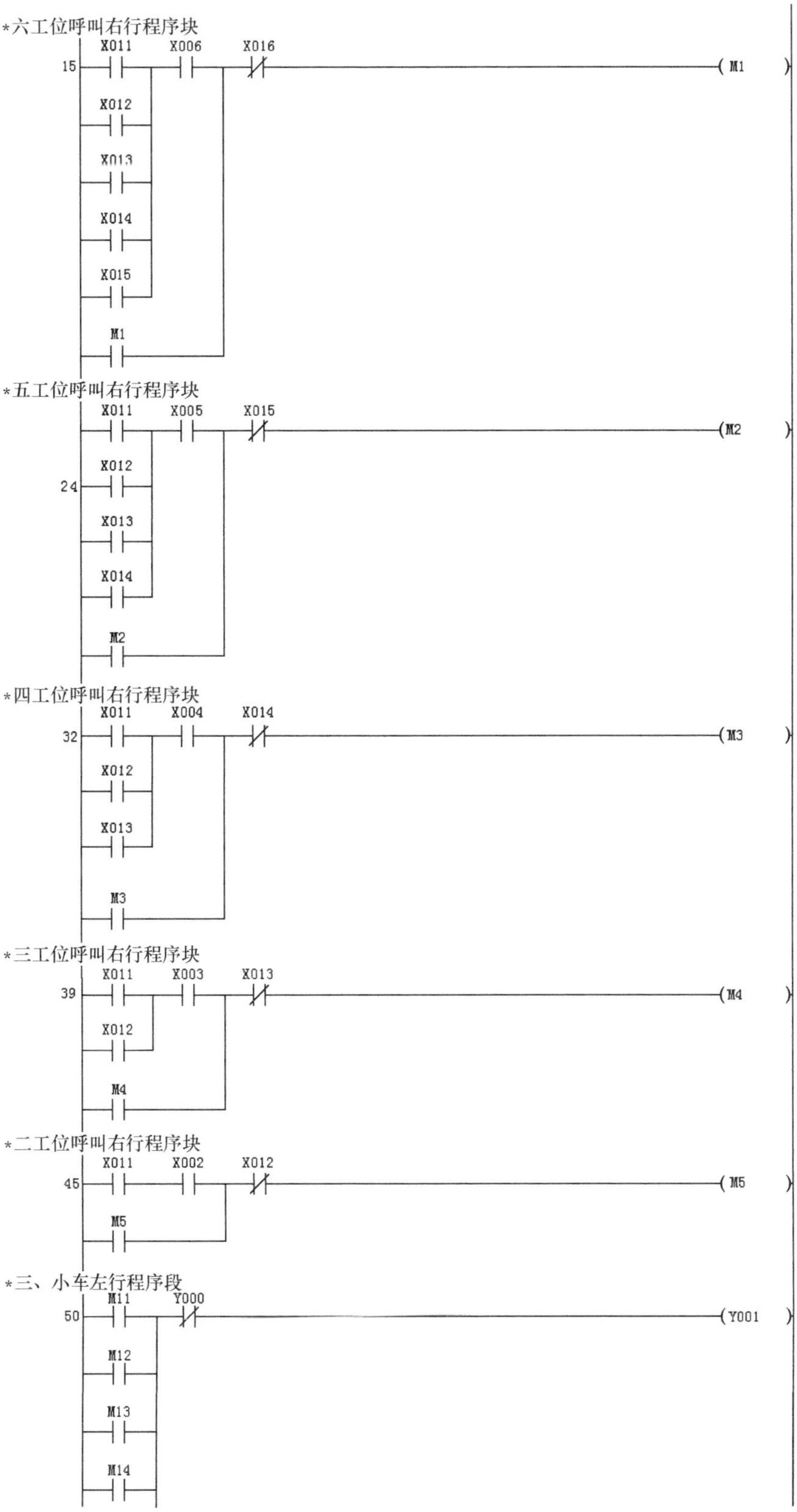

*六工位呼叫右行程序块

15 X011 X006 X016 (M1) | X012 | X013 | X014 | X015 | M1

*五工位呼叫右行程序块

24 X011 X005 X015 (M2) | X012 | X013 | X014 | M2

*四工位呼叫右行程序块

32 X011 X004 X014 (M3) | X012 | X013 | M3

*三工位呼叫右行程序块

39 X011 X003 X013 (M4) | X012 | M4

*二工位呼叫右行程序块

45 X011 X002 X012 (M5) | M5

*三、小车左行程序段

50 M11 Y000 (Y001) | M12 | M13 | M14

图 5.3-6　六工位小车控制梯形图程序一（续）

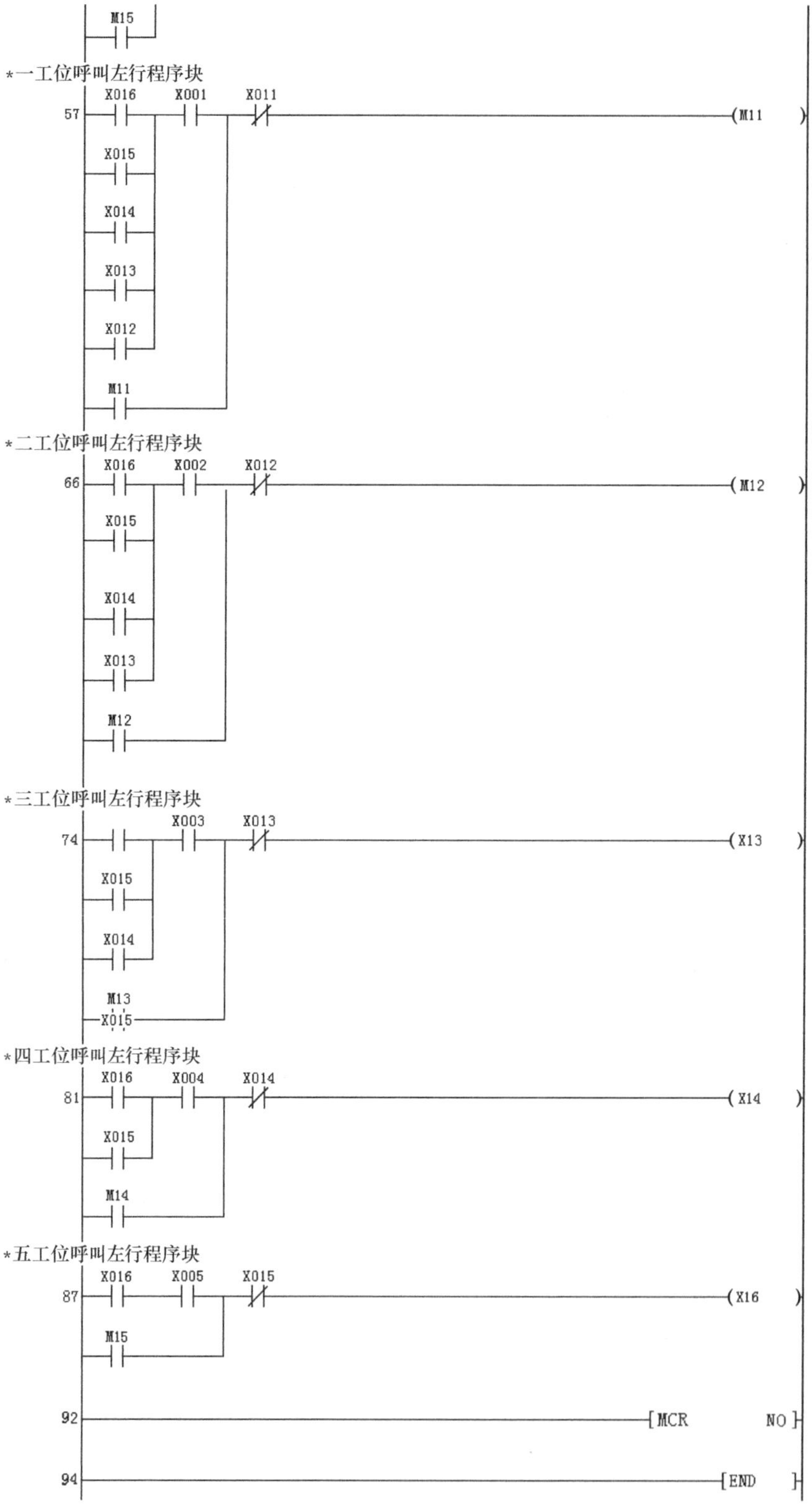

M15

*一工位呼叫左行程序块

57 X016 X001 X011 (M11)
X015
X014
X013
X012
M11

*二工位呼叫左行程序块

66 X016 X002 X012 (M12)
X015
X014
X013
M12

*三工位呼叫左行程序块

74 X003 X013 (X13)
X015
X014
M13
X015

*四工位呼叫左行程序块

81 X016 X004 X014 (X14)
X015
M14

*五工位呼叫左行程序块

87 X016 X005 X015 (X16)
M15

92 [MCR N0]

94 [END]

图 5.3-6　六工位小车控制梯形图程序一（续）

图 5.3-6 所示的六工位小车运行控制程序的特点是思路非常清晰，特别适合初学者学习程序编辑，它采用的仅仅是与触点和线圈有关的指令，而这类指令是任何 PLC 必须具有的。因此，这是一个通用的程序。其缺点是程序较长，占用一定的内存。图 5.3-7 为改进后的程序，I/O 地址分配表和表 5.3-1 一样。该程序设置了 6 个辅助继电器，代表 6 个点的呼叫标志位。在小车左行、右行程序块中，巧妙地利用了小车停止点的开关状态，分别对左、右行进行连锁控制。例如，当小车停在 4 号位，则 X14 被小车压住，其常闭触点断开，这时，只有 M5，M6 进行呼叫才能接通右行 Y0，而只有 M1，M2，M3 呼叫才能接通左行 Y1。相比图 5.3-6 程序，程序容量减少近一半。当然，这样的程序初学者不会一下子想到。

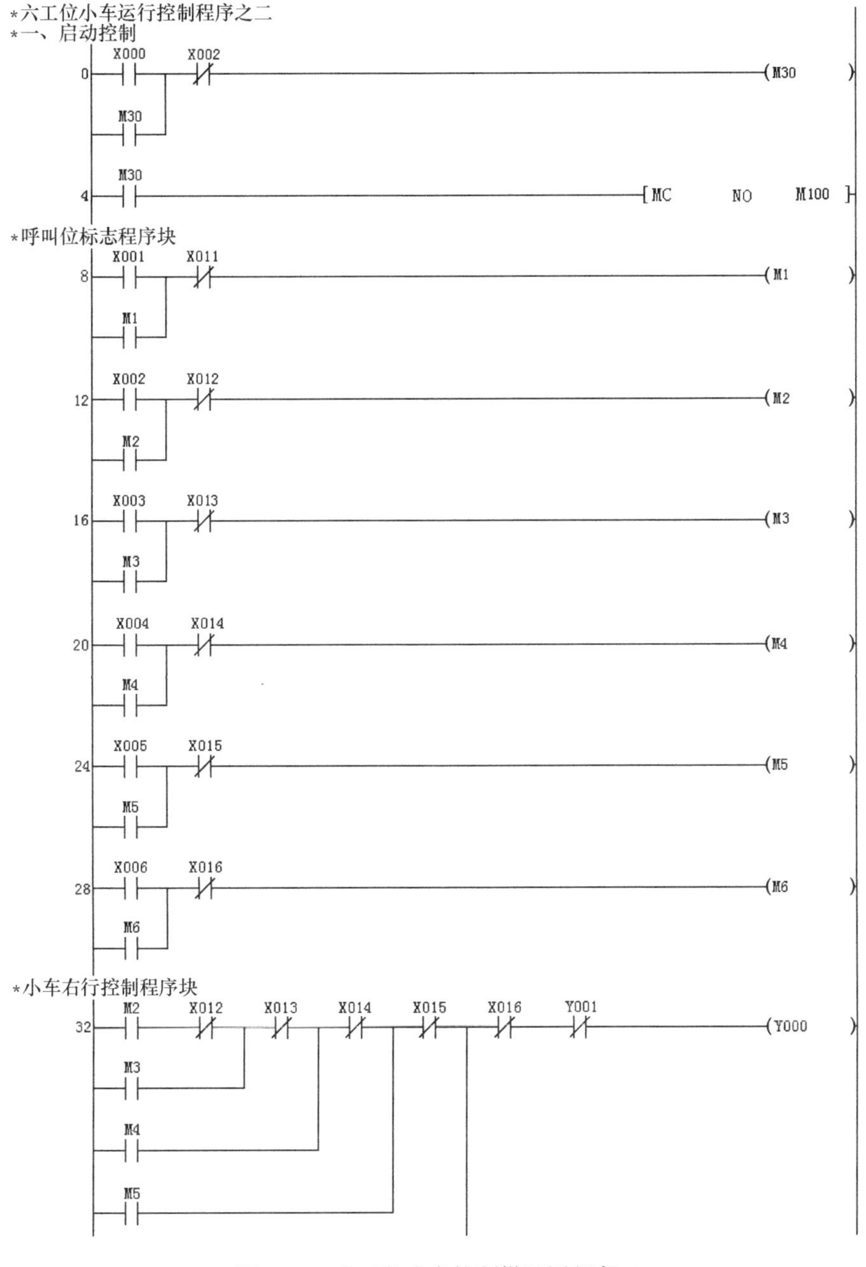

图 5.3-7　六工位小车控制梯形图程序二

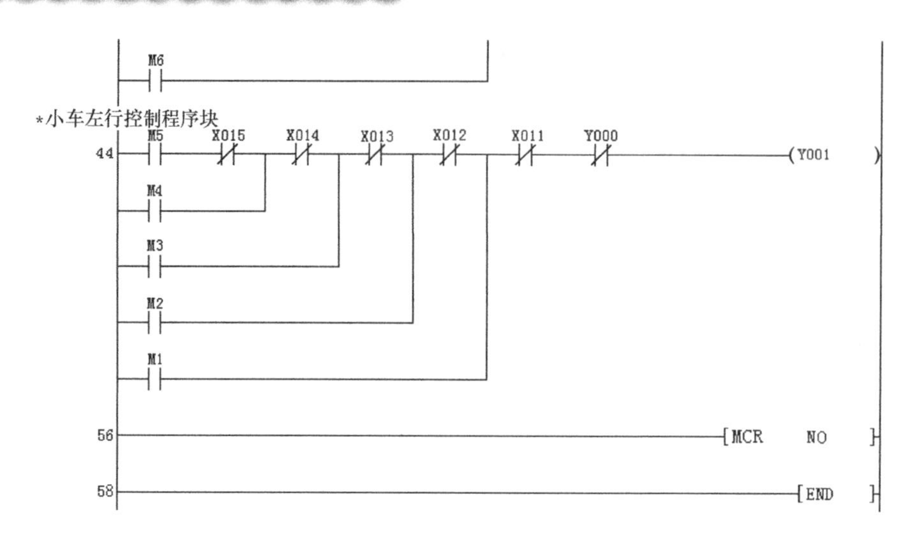

图 5.3-7 六工位小车控制梯形图程序二（续）

4．用功能指令设计的六工位小车运行控制程序

1）利用 MOV 指令和比较指令 CMP 设计实例一

应用功能指令也可以设计六工位小车运行控制程序。和基本指令设计不同，应用功能指令的设计思路是：将呼叫输入（X0～X5）和停止位输入（X10～X15）分别用组合位元件 K2X0 和 K2X10 作为位置编码输入（其高位 X7，X6 和 X17，X16 均认为是 0），然后比较其编码值，决定运行方向。

如 K2X0=*m*，K2X10=*n*，则有 *m*>*n* 呼叫值>停止值，小车右行；*m*<*n* 呼叫值<停止值，小车左行。*m*=*n* 呼叫值=停止值，小车停在原地呼叫或行至呼叫位置。

程序设计有三个问题需要解决：

（1）一开始未按呼叫，K2X0=0，该值会进入比较指令 CMP 而使小车误动作，故必须进行连锁处理。

（2）小车行走时，如在两个位置开关之间，则 K2X10=0，这在右行时没有问题，但在左行时，就会出现 *m*>*n* 情况，这时小车会在该位置来去摆动行走。因此，必须对这种情况进行连锁处理。

（3）为防止小车到位后误动其他位置行程开关而引起小车行走，所以当小车到位后，同时将 D0 清零，使系统处于等待状态。

利用 MOV 指令和比较指令 CMP 设计梯形图程序如图 5.3-8 所示，其 I/O 地址分配见表 5.3-2。

表 5.3-2 I/O 地址分配表

输入				输出			
序	名称符号	端口地址	功能	序	名称符号	端口地址	功能
1	按钮 SB7	X20	启动	1	接触器 KM1	Y0	小车右行
2	按钮 SB8	X21	停止	2	接触器 KM2	Y1	小车左行
3	按钮 SB1～SB6	X0～X5	工位 1～工位 6 呼叫				
4	开关 SQ1～SQ6	X10～X15	工位 1～工位 6 开关				

```
*六工位小车控制程序之三
*启动程序
        X006      X007
 0 |----| |---+----|/|--------------------------------------------(M0        )
    |  M0      |
    |---| |----+
*输入呼叫点编码
        X000       M0
 4 |----| |---+----| |------------------------------[MOV     K2X000    D0      ]
    |  X001    |
    |---| |----+
    |  X002    |
    |---| |----+
    |  X003    |
    |---| |----+
    |  X004    |
    |---| |----+
    |  X005    |
    |---| |----+
*未呼叫，停止比较。
16 |[ =          D0        K0  ]------------------------------------(M10       )
*小车行至两开关之间，不比较。
22 |[ =      K2X010        K0  ]------------------------------------(M11       )
*比较程序块
                                        *<将呼叫码与停止码比较          >
         M0          M10        M11
28 |----| |----+----|/|--------|/|------------[CMP     D0      K2X010     M20 ]
               |                        *<呼叫码大于停止码，小车右行。  >
               |     M20        Y001
               +----| |--------|/|---------------------------------(Y000      )
               |                        *<呼叫码小于停止码，小车左行。  >
               |     M22        Y000
               +----| |--------|/|---------------------------------(Y001      )
*呼叫码等于停止码，小车停止，并将呼叫码清零。
        M21
47 |----| |-------------------------------------[MOV      K0        D0      ]

53 |----------------------------------------------------------------[END       ]
```

图 5.3-8　用 MOV 指令和比较指令 CMP 设计控制梯形图程序一

2）利用 MOV 指令和比较指令 CMP 设计实例二

同样是利用 MOV 指令和 CMP 指令，图 5.3-9 所示小车控制程序是直接对呼叫信号进行编码（K1～K7）。相比之下，这个程序初学者易理解，但占用内存多一些。

```
*六工位控制运行程序之四
*启动程序
0    X000  X010                                   (M0)
     M0
*停止清零程序块
4    X010                                [ZRST  D0   D1 ]
                                         [ZRST  M20  M22]
*呼叫码输入程序块
15   M0   X001                           [MOV  K1  D1]
          X002                           [MOV  K2  D1]
          X003                           [MOV  K3  D1]
          X004                           [MOV  K4  D1]
          X005                           [MOV  K5  D1]
          X000                           [MOV  K6  D0]
*停止码输入程序块
58   M0   X001                           [MOV  K1  D1]
          X002                           [MOV  K2  D1]
          X003                           [MOV  K3  D1]
          X004                           [MOV  K4  D1]
          X005                           [MOV  K5  D1]
          X006                           [MOV  K6  D1]
*未呼叫，未到位不比较
101  [<>  D0  K0]  X010                           (M10)
108  [<>  D1  K0]  X010                           (M11)
*比较程序块
115  M0   M10   M11                [CMP  D0  D1  M20]
                           *<呼叫码大于停止码，小车右行。>
125  M20  Y001                                    (Y000)
                           *<呼叫码小于停止码，小车左行。>
128  M22  Y000                                    (Y001)
131                                               [END]
```

图 5.3-9　用 MOV 指令和比较指令 CMP 设计控制梯形图程序二

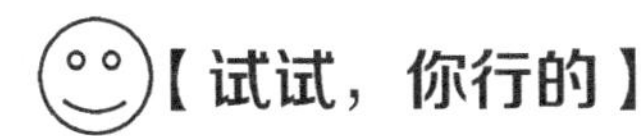

（1）如图 P5.3-1 所示，图中 A 为装料处、B、C 为卸料处。小车运行控制要求如下：

① 小车运行一个工作循环为小车启动后，左行至 A 处装料，装料完毕，右行至 B 处卸料，卸料完毕，又自动左行至 A 处装料，装料完毕，又右行至 C 处卸料。卸料完毕，工作结束，等待第 2 次启动。

② 小车装料时间为 100s，卸料时间为 80s。

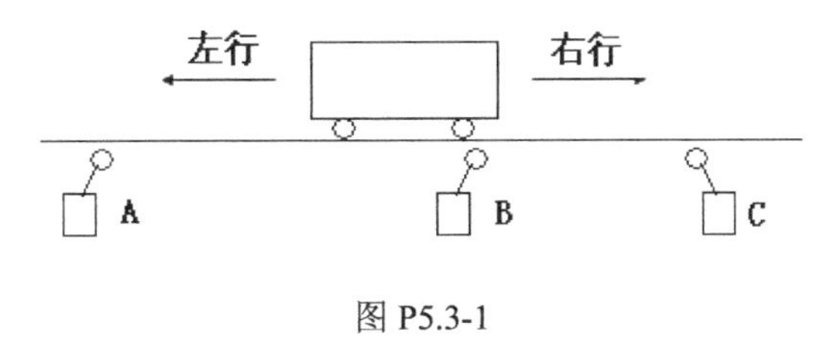

图 P5.3-1

（2）将小车运行扩充至 4 处卸料，如图 P5.3-2 所示。小车运行控制要求同上题，即小车启动后按照左行 A 装料—右行 B 卸料—左行 A 装料—右行 C 卸料—左行 A 装料—右行 D 卸料—左行 A 装料—右行 E 卸料工作，设计小车运行控制梯形图程序。

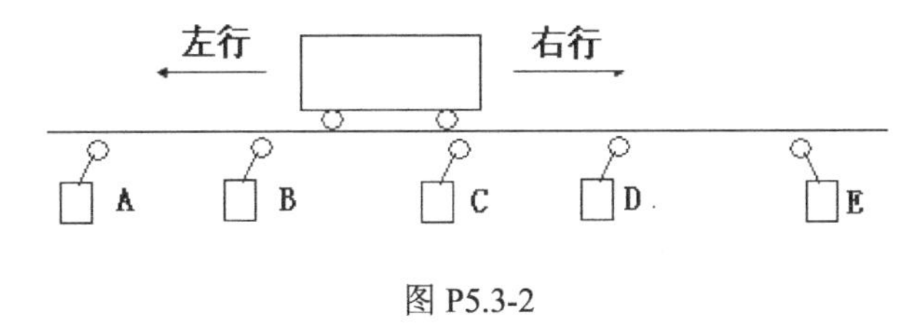

图 P5.3-2

5.3.2　饮料自动售货机控制

1．控制要求

饮料自动售货机中出售两种饮料，一种为橙汁，一种为咖啡。橙汁 12 元一杯，咖啡 15 元一杯。控制要求如下：

（1）顾客可向售货机投入 1 元，5 元，10 元三种硬币。

（2）投入币值超过 12 元时，橙汁指示灯亮，当投入币值超过 15 元时，咖啡指示灯亮。

（3）顾客按下橙汁按钮排出橙汁一杯（定时 8s），且橙汁指示灯闪烁。

（4）顾客按下咖啡按钮排出咖啡 1 杯（定时 8s），且咖啡指示灯闪烁。

（5）如投入硬币总值超过所购买饮料金额时，找钱执行机构动作，找出多余的钱。

2．I/O 地址分配表

饮料自动售货机控制 I/O 地址分配表见表 5.3-3。

表 5.3-3　饮料自动售货机控制 I/O 地址分配表

输入				输出			
序号	名称符号	端口地址	功能	序号	名称符号	端口地址	功能
1	按钮 SB1	X0	出汽水	1	电磁阀 YV1	Y0	出汽水
2	按钮 SB2	X1	出咖啡	2	电磁阀 YV2	Y1	出咖啡
3	开关 SQ1	X2	1 元检测	3	电磁阀 YV3	Y2	找钱
4	开关 SQ2	X3	5 元检测	4	指示灯 HL1	Y3	橙汁灯
5	开关 SQ3	X4	10 元检测	5	指示灯 HL2	Y4	咖啡灯

3. 饮料自动售货机控制分析与程序设计

对一些复杂一点的控制程序，可以把它切割成一些小程序段分别进行设计，然后再连接成一个完整程序进行调试。在调试中发现问题，再进行修改，直到完全满足控制要求为止。

对饮料自动售货机来说，可以把它分成投币设计、指示灯显示、出货控制和找钱等几个小程序段。下面进行说明。

1）投币总计程序

相对来说，这段程序比较简单，三个投币口均用加法指令向一个寄存器进后累加，梯形图程序如图 5.3-10 所示。

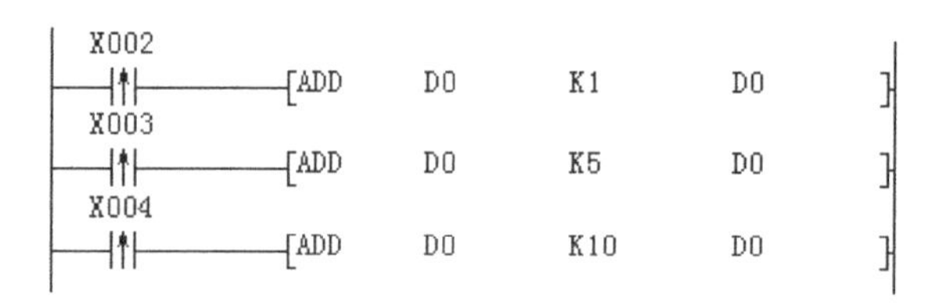

图 5.3-10　投币梯形图程序

2）指示灯显示程序

对一个输出线圈来说，程序设计的要点是根据控制要求设计其驱动条件逻辑关系式。表 5.3-4 列出了指示灯的驱动条件逻辑关系控制分析。

表 5.3-4　指示灯显示控制分析

控制要求	条件	橙汁灯（Y3）	咖啡灯（Y4）
投币总值超过 12 元	A	ON	OFF
投币总值超过 15 元	B	ON	ON
橙汁出货	M8013	闪烁	ON
咖啡出货	M8013	ON	闪烁
出货完毕	C	OFF	OFF

由表中分析可以得到逻辑关系式为：

$$Y3=(A+B)\cdot M8013$$

$$Y4=B\cdot M8013$$

满足条件 A、B 可用触点比较指令，但控制要求在出货时灯才闪烁，不出货时灯仅亮而不闪烁。这时，可在 M8013 并联出货输出常闭触点，未出货时，短路 M8013，出货时，变成常开触点，M8013 控制指示灯闪烁。这样设计的指示灯显示梯形图程序如图 5.3-11 所示，至于出货完毕停止显示，则在程序完成后，通过对投资总计清零解决。

3）出货程序

出货程序也比较简单，是一个启保停程序。出货同时，启动一个定时 8s 定时器。时间到，切断出货阀门。为保证出货是在投币满足后进行，用投币指示灯作为出货按钮的连锁条件，出货梯形图程序如图 5.3-12 所示。

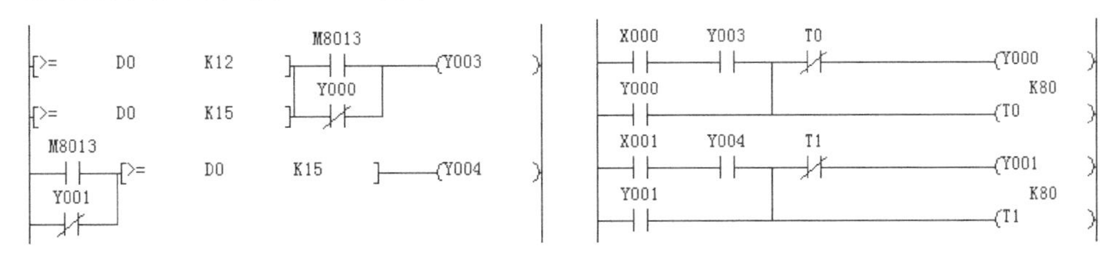

[>= D0 K12]
M8013
Y003
Y000
[>= D0 K15]
M8013
[>= D0 K15]
Y004
Y001

图 5.3-11　指示灯显示梯形图程序

X000
Y003
T0
Y000
Y000
K80
T0
X001
Y004
T1
Y001
Y001
K80
T1

图 5.3-12　出货梯形图程序

4）找钱程序

找钱程序编程思路：先将投币总值与标定价格进行相减比较，看有没有余数，有余数，启动找钱机构找钱，没有余数，不启动找钱机构。找钱与出货同时进行，梯形图程序如图 5.3-13 所示。

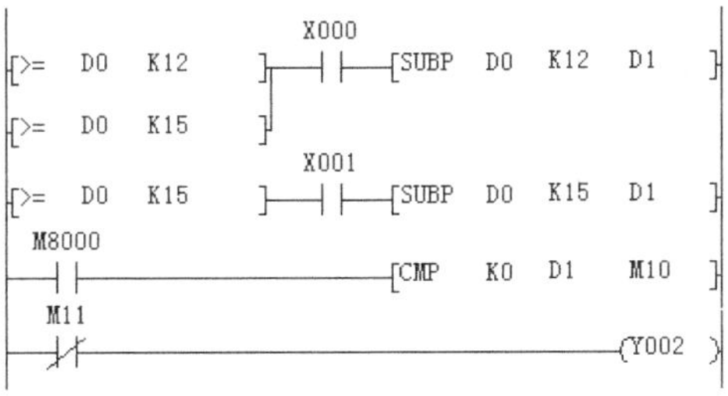

[>= D0 K12]
X000
[SUBP D0 K12 D1]
[>= D0 K15]
X001
[>= D0 K15]
[SUBP D0 K15 D1]
M8000
[CMP K0 D1 M10]
M11
Y002

图 5.3-13　找钱梯形图程序

饮料自动售货机梯形图程序如图 5.3-14 所示。

* 饮料自动售货机程序
* 投币总计程序段
X002
0
[ADD D0 K1 D0]
X003
9
[ADD D0 K5 D0]
X004
18
[ADD D0 K10 D0]
* 指示灯程序段
* <橙汁灯
27
[>= D0 K12]
M8013
Y003
Y000
[>= D0 K15]
* <咖啡灯
M8013
41
[>= D0 K15]
Y004
Y001
* 出货程序段
* <出橙汁
X000
Y003
T0
49
Y000
Y000
K80
T0

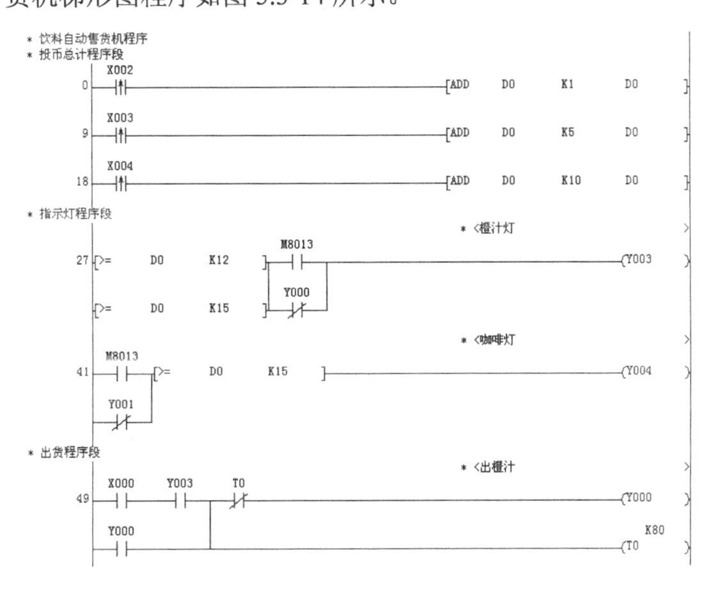

图 5.3-14　饮料自动售货机梯形图程序

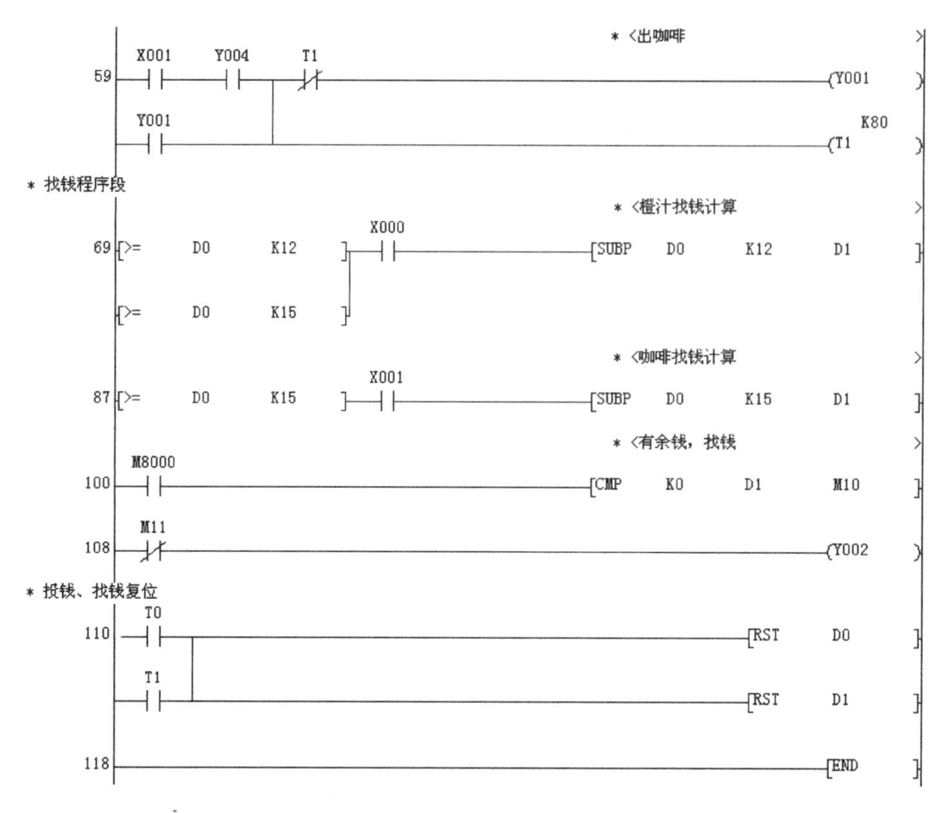

图 5.3-14 饮料自动售货机梯形图程序（续）

【试试，你行的】

（1）设计一个三组知识竞赛抢答器，控制要求如下：

① 三组进行竞赛抢答，一组为小学生，一组为中学生，一组为大学生。抢答时，小学生组有两个按钮，任意按下一个均可抢得，中学生组只要按下一个按钮，而大学生组必须按下两个按钮后才能抢得。

② 主持人按下开始按钮后，竞赛开始，优先抢得组铃响及灯亮。由主持人关闭铃声及灯，然后开始回答。

③ 若出现两组及三组同时按下按钮的情况，则由主持人来决定哪组回答。

（2）设计一个三组抢答器程序，控制要求如下：

① 三组主持人设有开始按钮和复位按钮各一个，各组仅设抢答按钮一个。主持人有灯光和响铃表示，各组仅有灯光显示，灯光和响铃信号组合含义如表所示。

主持人灯光	主持人响铃	分组灯光	含义
ON	ON	ON	违规
ON	ON	OFF	无人应答或超时
OFF	ON	ON	正常应答

② 主持人出题并按下开始按钮后，开始抢答，如分组提前抢答则为违规，并给出违规信号。

③ 开始抢答后，10s 内无人应答，则给出无人应答信号。

④ 如 10s 里有人抢答，给出正常应答信号。抢答必须在按下抢答按钮后 30s 内回答，如到时还没答完，给出抢答超时信号。

⑤ 一题回答完毕，主持人按下复位按钮，抢答器恢复原态，准备下一次抢答。

5.3.3　单按钮控制电动机启停 *N* 种程序分析

在数字电子技术中，有一种电路叫双稳态电路（又叫二分频电路），它只有两种状态，并且这两种状态交替出现，后一种状态是对前一种状态的否定。把它用在继电控制电路中，称为单按钮控制电动机启停。按下按钮，启动；再按一下按钮，停止，如此反复循环，其时序如图 5.3-15 所示。

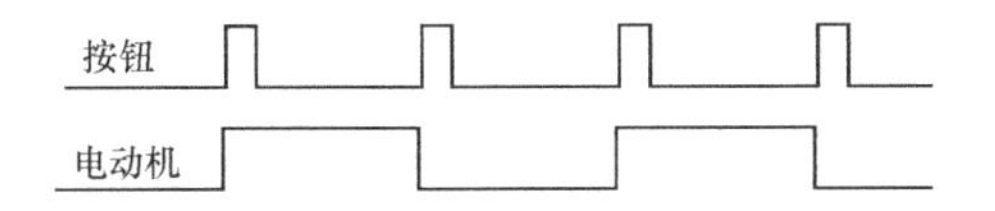

图 5.3-15　双稳态电路时序图

在第 4 章中介绍了利用计数器设计的双稳态电路梯形图程序，如图 5.3-16 和图 5.3-17 所示。

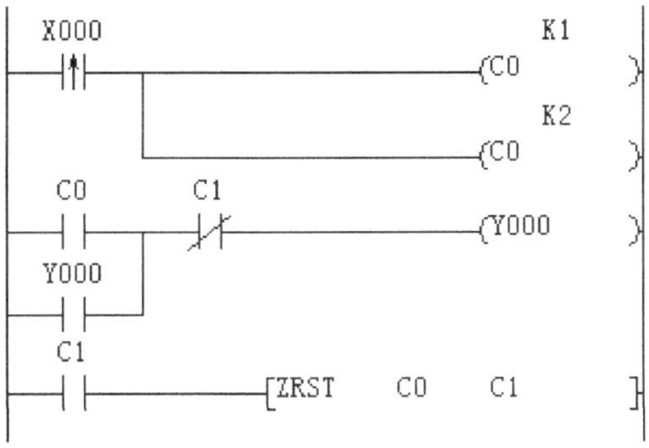

图 5.3-16　单按钮控制程序 1

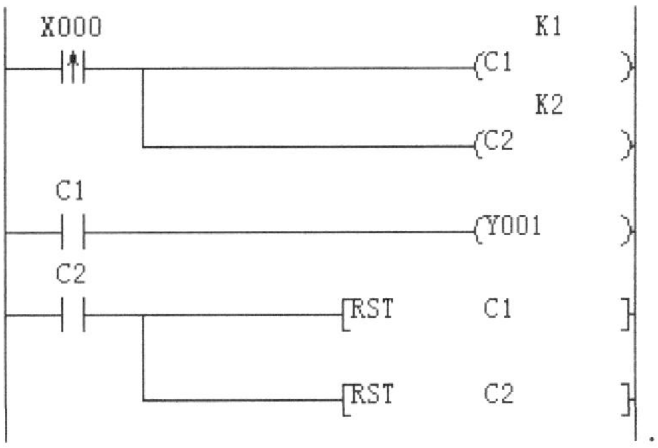

图 5.3-17　单按钮控制程序 2

单按钮控制的实际意义是少用一个按钮，节省了输入端口。单按钮控制程序设计有许多方法，初学者可以通过对单按钮控制程序的分析学到很多指令应用知识、编程思路和程序设计技巧。因此，编者将单按钮程序整理了一下，将多种设计方法的编程思路和设计技巧进行适当的说明，希望读者能从中学到一点知识。

1. 启保停法

启保停法是由双计数器设计的单按钮控制程序启发而来，其编程思路如图 5.3-18 所示。图中，C0 的常开触点和 C1 的常闭触点组成了一个启保停电路。当 SB 按第一次时，线圈 A 接通（或短暂接通），按第 2 次时，线圈 B 接通（或短暂接通），且程序又复归原来状态。

图 5.3-19～图 5.3-24 为用启保停法设计的单按钮控制程序。

程序 3 为程序 1 的改进，直接用 X0 作为启动按钮，少用了一个计数器。

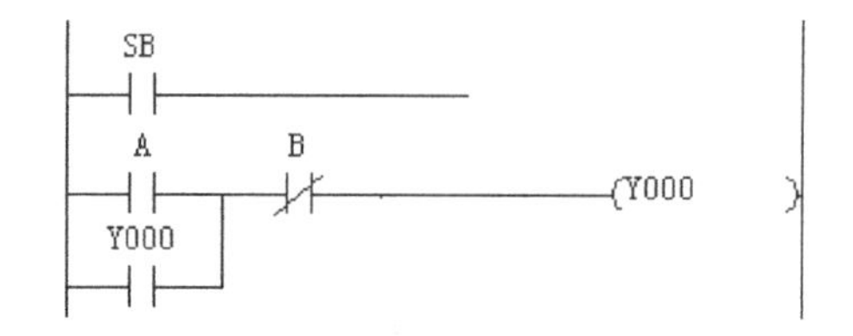

图 5.3-18　启保停法编程思路

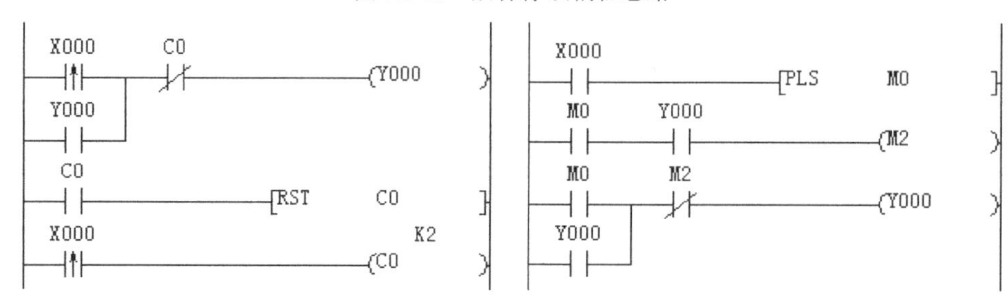

图 5.3-19　单按钮控制程序 3

图 5.3-20　单按钮控制程序 4

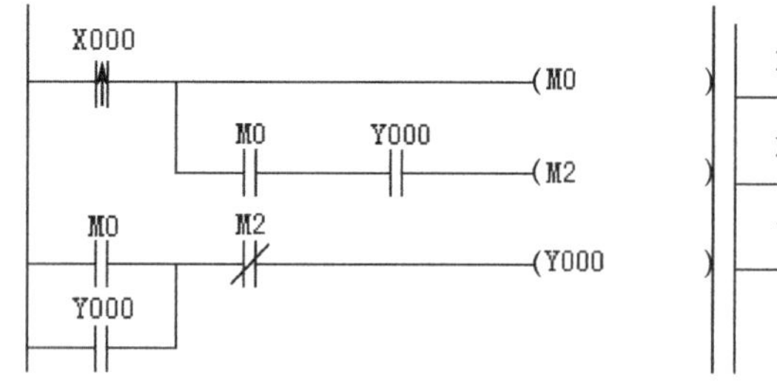

图 5.3-21　单按钮控制程序 5

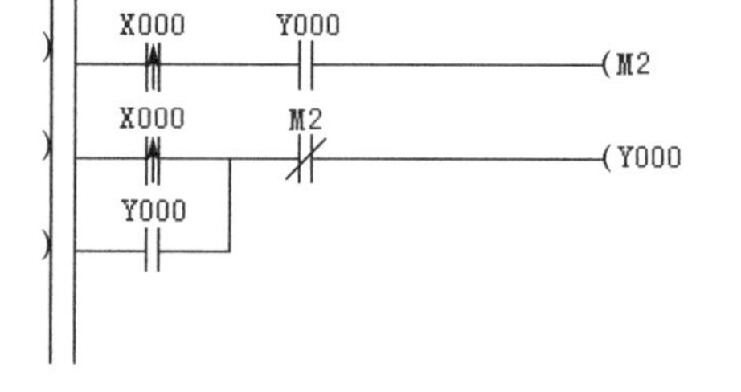

图 5.3-22　单按钮控制程序 6

图 5.3-23　单按钮控制程序 7

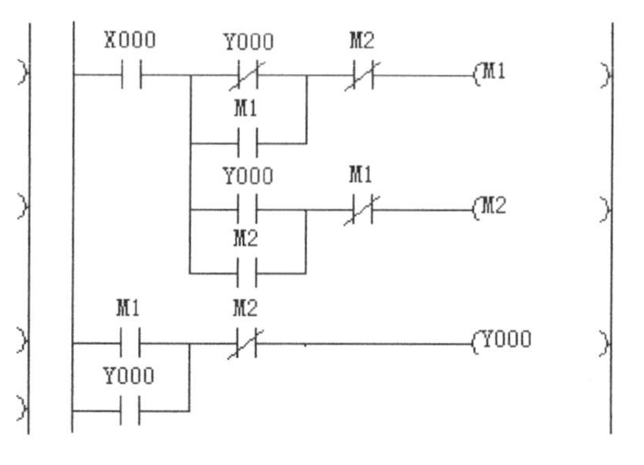

图 5.3-24　单按钮控制程序 8

程序 4～程序 6 实际上为同一程序的不断改进，以程序 6 为最好。这三个程序有一个共同特点，即均用 X0 仅执行一个周期的脉冲边沿检测指令。如果用普通的触点指令行不行，为什么？这个问题留给读者去思考。

程序 8 是程序 7 的改进，很明显没有必要增加 M3。程序 7 和程序 8 没有用到计数器，也没有用到脉冲边沿检测指令，全部是普通的触点和线圈。因此，完全可以移植到继电控制电气原理图中去，成为继电控制线路的单按钮控制电气原理图，读者可以一试。

2．A、B 控制法

程序 2 的编程思想：当计数器为 1 时，Y0 输出，而当计数器为 2 时，复位计数器（相当于取消 Y0 的输出）。把这种思路扩展到功能指令上，则有如图 5.3-25 所示的编程思路。图中，SB 每按一次，数据寄存器 D 加 1，加到 2 时，对数据寄存器 D 清零，重新开始。进一步扩展思路，不一定是 1、2，其他的数 A、B 也行。

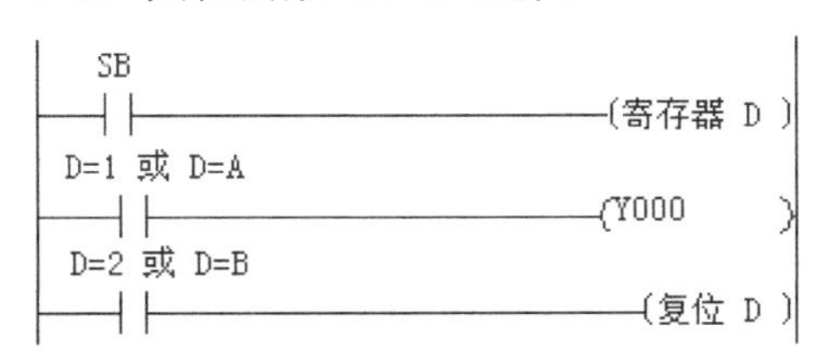

图 5.3-25　1、2 控制法编程思路

能够完成上述 1、2 控制的指令有加一指令 INC 和加法指令 ADD，见程序 9（图 5.3-26）和程序 10（图 5.3-27）。而减一指令 DEC 和减法指令 SUB 则是变为-1，-2 控制，见程序 11（图 5.3-28）和程序 12（图 5.3-29）。

程序 13 为程序 2 的改进。程序 14 是利用异或指令 WXOR 完成控制，第 1 次异或结果为 1，Y0 有输出，第 2 次则同为 0，Y0 无输出，见程序 13（图 5.3-30）和程序 14（图 5.3-31）。

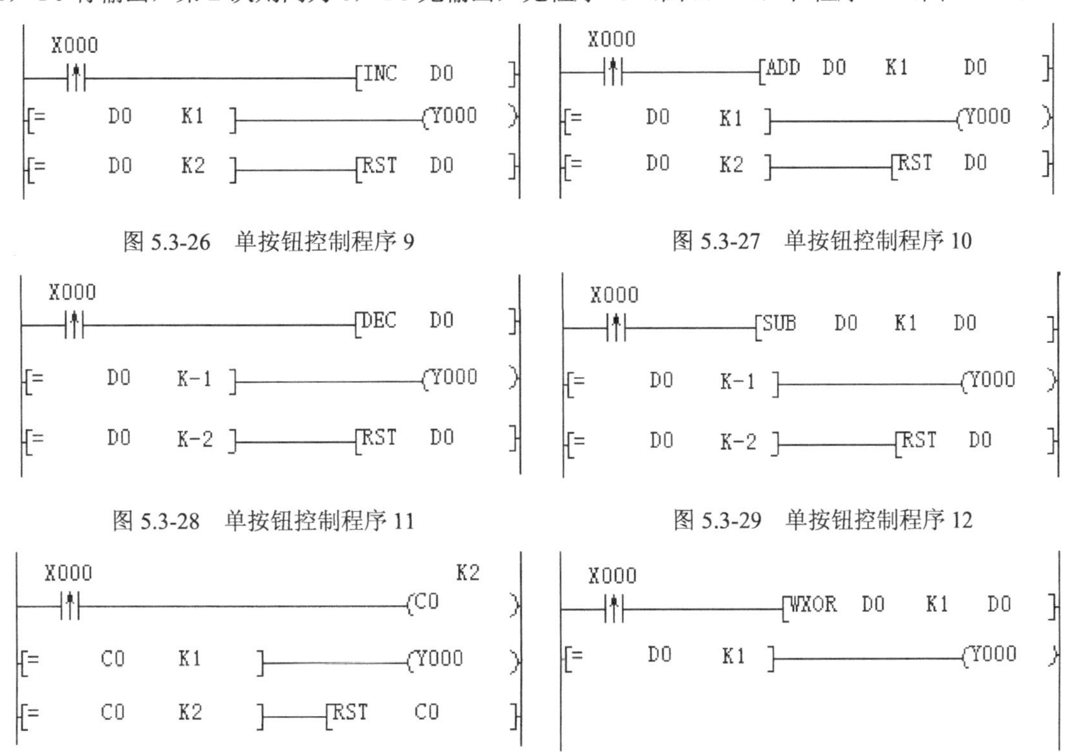

图 5.3-26　单按钮控制程序 9

图 5.3-27　单按钮控制程序 10

图 5.3-28　单按钮控制程序 11

图 5.3-29　单按钮控制程序 12

图 5.3-30　单按钮控制程序 13

图 5.3-31　单按钮控制程序 14

3．0、1 转换法

程序 14 又给了新的启发，如果用触点比较指令替换普通的触点。那么，只要按钮 SB

的动作使触点 A 不断地在 ON/OFF（1 或 0）之间转换，实际上也控制了 Y0 的状态交替变化，如图 5.3-32 所示。

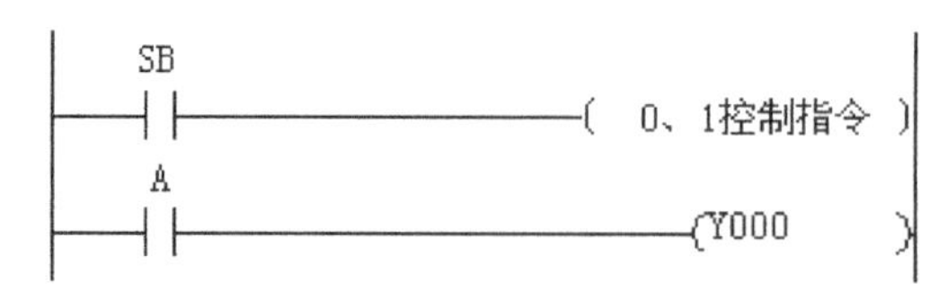

图 5.3-32　0、1 转换法编程思路

对 FX3 系列 PLC 来说，特殊位元件——字元件位指定 D□·b 可以作为 A 使用。只要通过指令使某个数据寄存器 D 的某个二进制位 b 的变化不停地在 1 和 0 之间变化就可以。例如，数据寄存器 D0 的 b0 位，在按钮控制下按 1、0 重复变化就行。程序 15 到程序 19（图 5.3-33～图 5.3-37）说明了用加 1 指令 INC，加法指令 ADD，减 1 指令 DEC，减法指令 SUB 和异或指令都可以完成这种控制功能，请读者自行分析其完成过程。

对程序 20（图 5.3-38）来说，用的是求补指令，正数的补码是负数 b15=1，负数的补码是正数，b15=0，这样，按钮每动作一次，D0·F 反复在 1 和 0 之间变化。因此，一开始只要把一个正数（任意正数，不一定是 K5）送进 D0 即可。

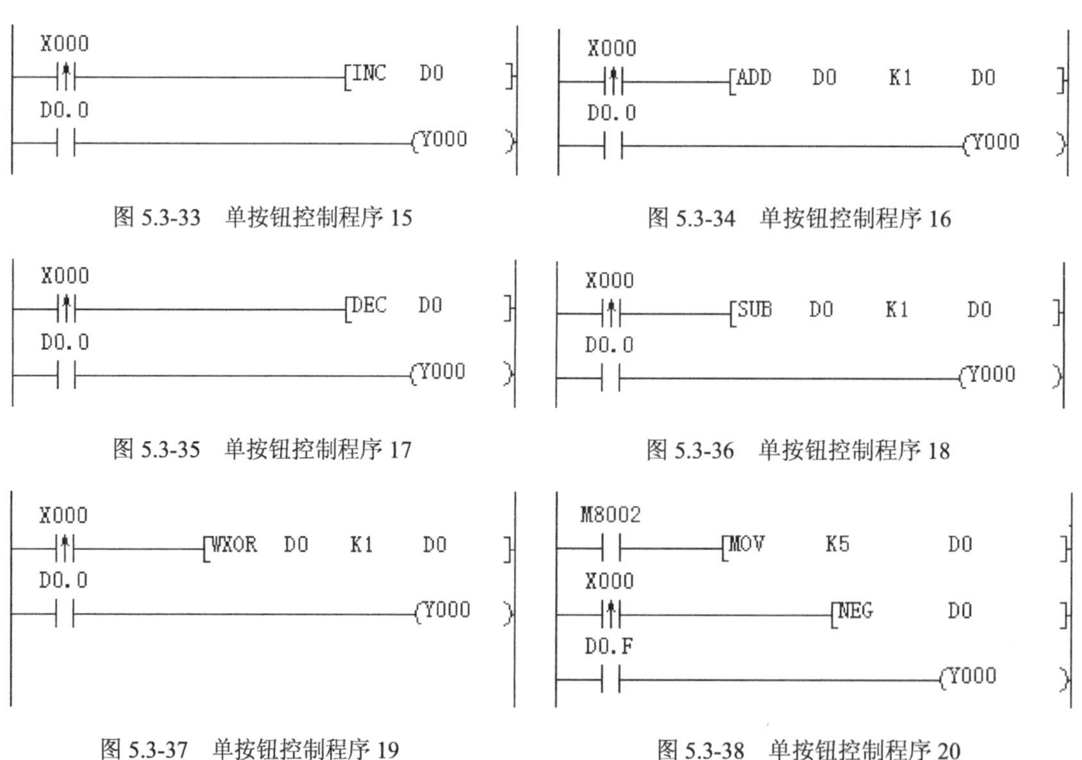

图 5.3-33　单按钮控制程序 15

图 5.3-34　单按钮控制程序 16

图 5.3-35　单按钮控制程序 17

图 5.3-36　单按钮控制程序 18

图 5.3-37　单按钮控制程序 19

图 5.3-38　单按钮控制程序 20

对 FX1S/FX1N/FX2N 系列 PLC 来说，它们没有位元件 D□·b，这时可用位元件 M 替代 D□·b，用组合位元件 K4M0 代替数据寄存器 D0，程序 21 到程序 26（图 5.3-39～图 5.3-44）为用 M0 和 K4M0 编制的单按钮程序。可以看出，所用指令完全与用位元件 D0·0 相同。

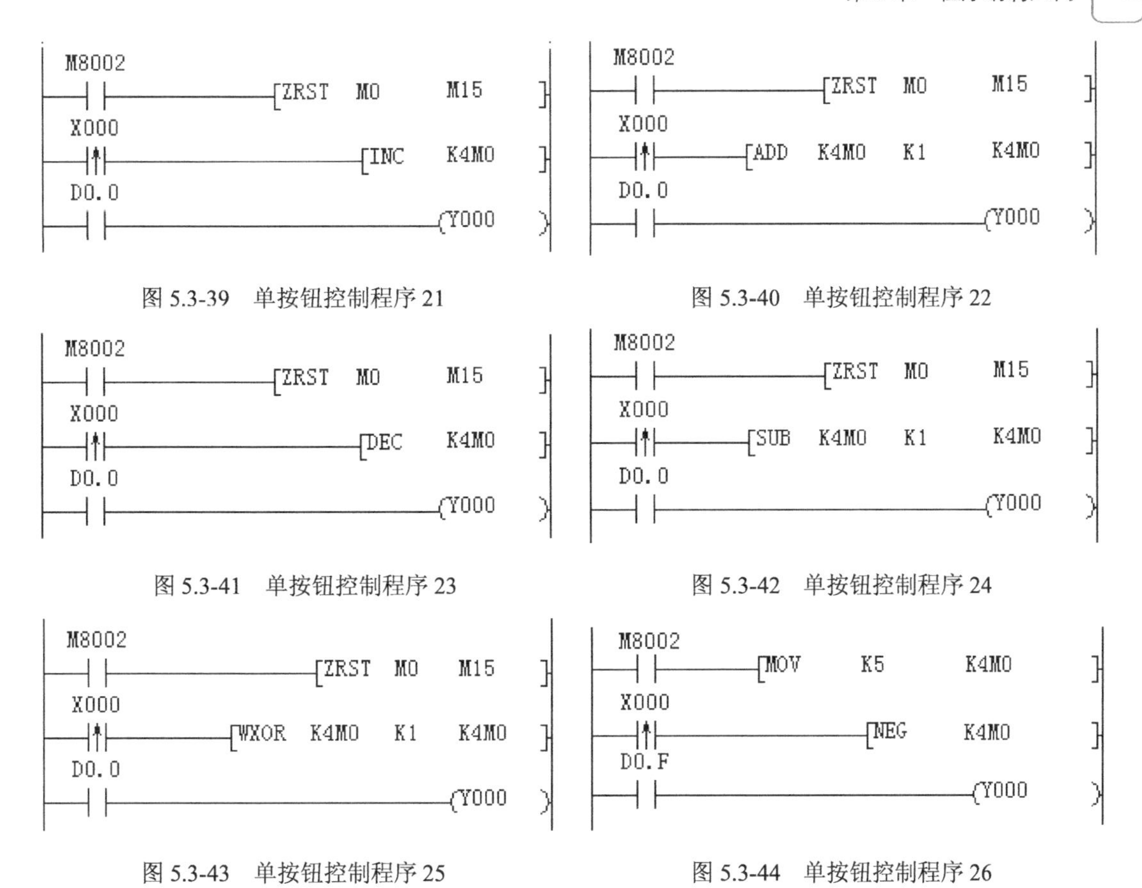

图 5.3-39　单按钮控制程序 21　　图 5.3-40　单按钮控制程序 22

图 5.3-41　单按钮控制程序 23　　图 5.3-42　单按钮控制程序 24

图 5.3-43　单按钮控制程序 25　　图 5.3-44　单按钮控制程序 26

4．时序逻辑法

有一种编程思路是从单按钮控制的逻辑关系入手来设计控制程序的。这时，必须从时序图写出其真值表，再由真值表列出逻辑表达式。图 5.3-45 为单按钮控制的时序图和根据时序图列出的真值表。由真值表列出的逻辑表达式为：

$$Yn+1 = X \cdot \overline{Yn} + Yn \cdot \overline{X}$$

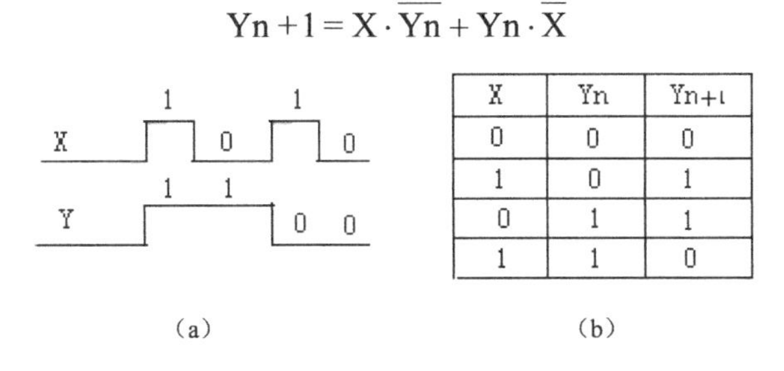

X	Yn	Yn+1
0	0	0
1	0	1
0	1	1
1	1	0

（a）　　（b）

图 5.3-45　单按钮控制时序图和真值表

根据逻辑表达式设计的梯形图程序如图 5.3-46 所示。把这个梯形图程序写入 PLC 中，执行时，会发现当 X0 按下松开后，Y0 的状态是不确定的。因此，这个程序虽然符合逻辑关系，但不能用，为什么？这是因为在实际操作中，按钮按下的时间远大于程序扫描时间，程序每扫描一次。Y0 的状态就变化一次。按钮松开的时间是随机的，则 Y0 的最后状态也是随机的。改进的方法是让按钮每次按下仅执行一个扫描周期。图 5.3-47 为利用

PLS 指令编写的控制程序，不管 X0 接通多长时间，M1 仅执行一个扫描周期，这就保证了 Y0 的状态是确定的。程序 28（图 5.3-48）是直接利用脉冲边沿检测指令和取反指令编制的。一个上升沿常开触点与一个取反指令 INV 串联，其效果就等于一个上升沿常闭触点。程序 29（图 5.3-49）和程序 30（图 5.3-50）是一个程序的不同编制方式，M1 和 M2 的梯形图结构使 M1 仅执行一个扫描周期。

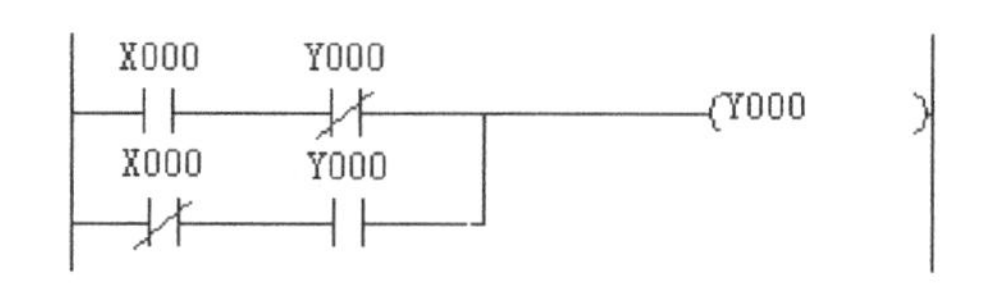

图 5.3-46　按逻辑表达式设计单按钮控制梯形图程序

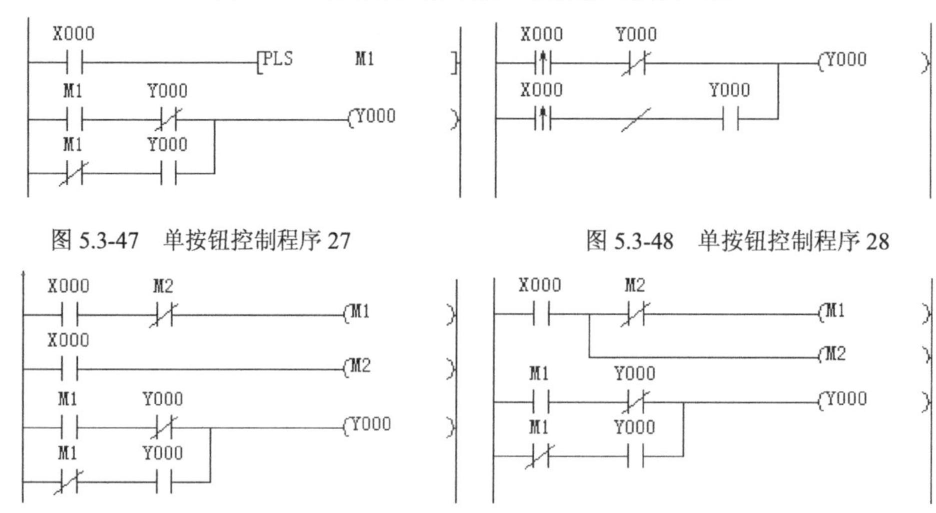

图 5.3-47　单按钮控制程序 27　　图 5.3-48　单按钮控制程序 28

图 5.3-49　单按钮控制程序 29　　图 5.3-50　单按钮控制程序 30

5．移位法

移位法的编程思路是利用移位指令控制一个位元件，使之按 1、0 反复变化去控制输出 Y0 的 ON/OFF 变化。因此，这种方法实际上也是 0、1 转换法的扩展。

移位法有两种方式，一是利用位左移指令 SFTL 去控制位元件的变化，见程序 31（图 5.3-51）和程序 32（图 5.3-52）。二是利用进位循环指令 ROL，通过进位标志位 M8022 的变化去控制输出 Y0 的变化，见程序 33（图 5.3-53）到程序 34（图 5.3-54）。需要说明的是：在程序 34、35（图 5.3-55）和 36（图 5.3-56）中，HXXX 表示为配合指令 ROL，可以有多个不同的组合。例如，当 ROL 指令左移 2 位时，可以是 H4444，也可以是 HCCCC，H6666，HEEEE 等。限于篇幅，不再对程序进行详细说明。

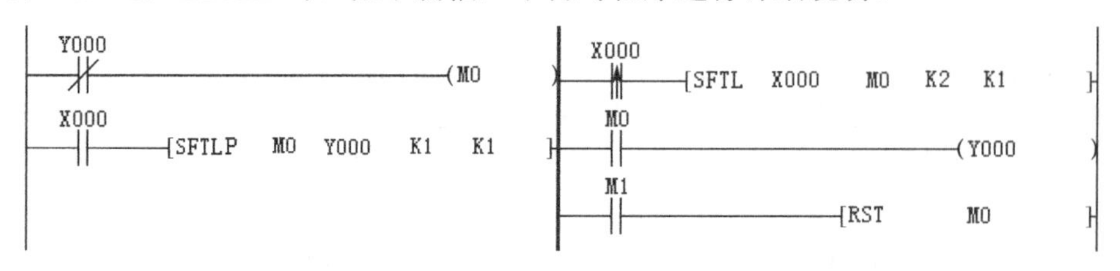

图 5.3-51　单按钮控制程序 31　　图 5.3-52　单按钮控制程序 32

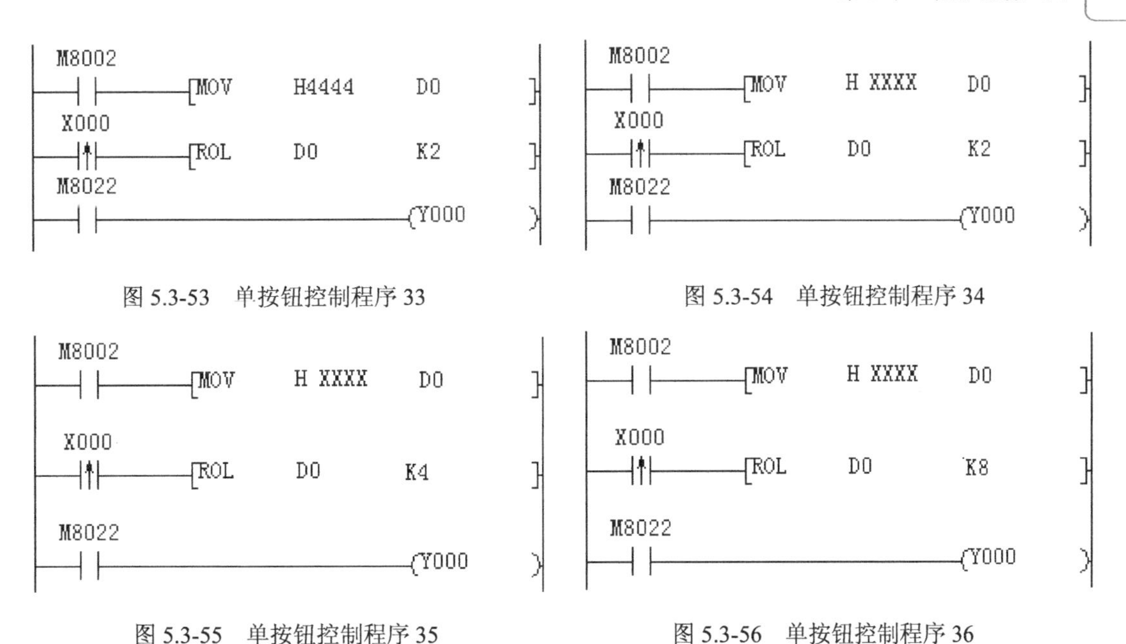

图 5.3-53　单按钮控制程序 33

图 5.3-54　单按钮控制程序 34

图 5.3-55　单按钮控制程序 35

图 5.3-56　单按钮控制程序 36

6．其他

程序 37（图 5.3-57）和程序 38（图 5.3-58）是用一个计数器的设计方法。程序 39（图 5.3-59）和程序 40（图 5.3-60）是利用 SET/RST 指令的设计方法。程序 41（图 5.3-61）和程序 42（图 5.3-62）是直接利用功能指令的设计方法，其中 ALT 指令是专为单按钮控制设计的功能指令。以上程序的分析说明均留给读者去完成，程序 43（图 5.3-63）为利用 STL 步进指令设计的 SFC 程序。

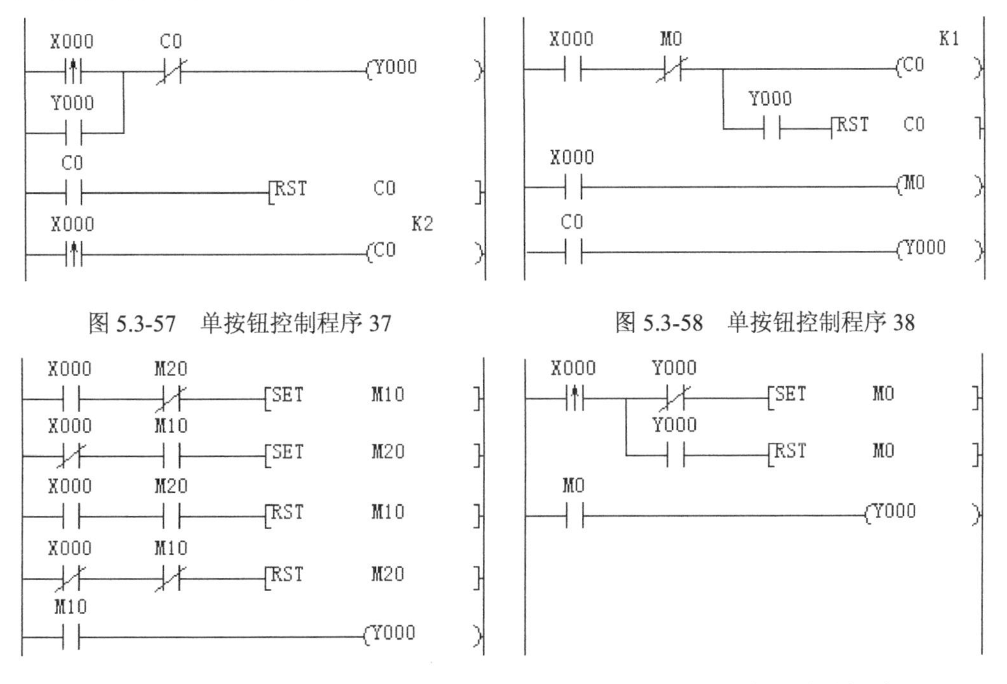

图 5.3-57　单按钮控制程序 37

图 5.3-58　单按钮控制程序 38

图 5.3-59　单按钮控制程序 39

图 5.3-60　单按钮控制程序 40

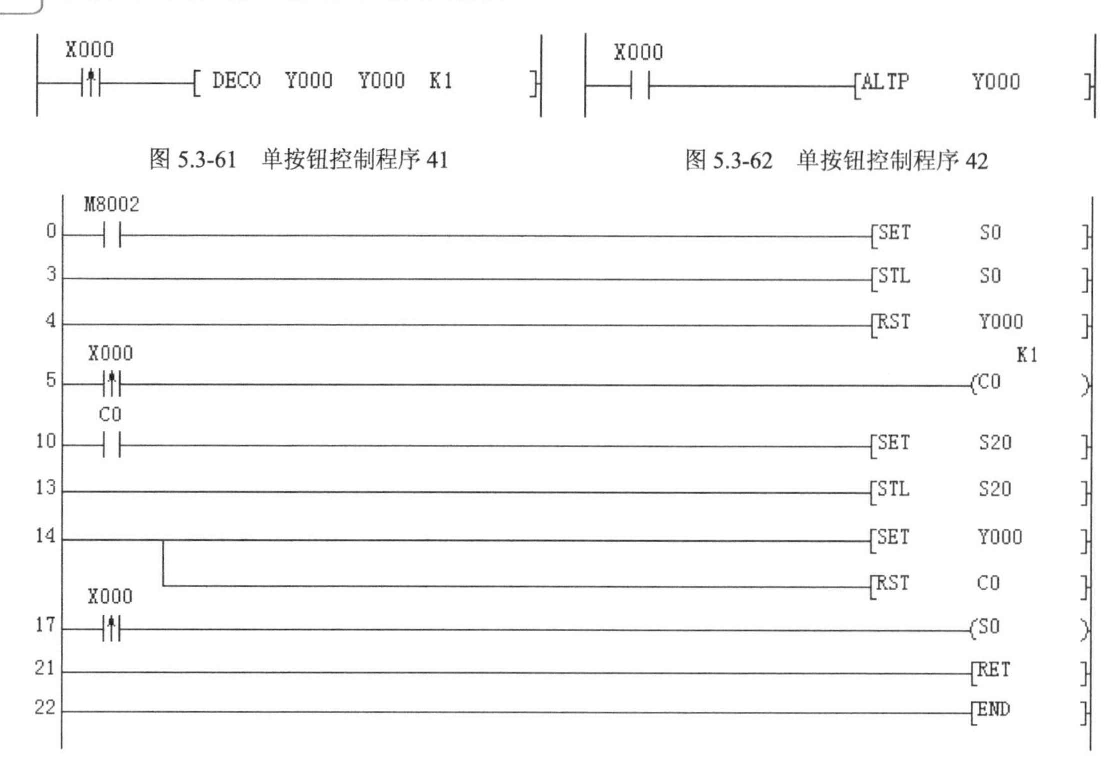

图 5.3-61　单按钮控制程序 41

图 5.3-62　单按钮控制程序 42

图 5.3-63　单按钮控制程序 43

【试试，你行的】

（1）用单按钮控制两台电动机，按一下 A 启动，再按一下 B 启动；按一下 A 停止，再按一下 B 停止。

（2）用单按钮控制彩灯循环，8 组 HL1～HL8 用一个按钮控制。按一下，彩灯从 HL1 到 HL8 每隔 1s 顺序点亮，再按一下，彩灯 HL8～HL1 每隔 1s 逆序熄灭。

5.4　从继电控制原理图到梯形图

5.4.1　继电控制原理图与梯形图

PLC 原本就是代替原有的继电接触控制开发出的数字电子产品，PLC 的编程语言有多种，而梯形图是中小型 PLC 最常用的编程语言之一。

梯形图语言的优点非常突出，形象、直观、易学、实用，电气人员容易接受，是目前所有 PLC 都具备的编程语言，是用得最多的一种 PLC 编程语言，也是要求所有学习 PLC 控制技术的人员必须熟练掌握的语言。

梯形图源自继电控制系统电气原理图。也可以说，梯形图是在电气控制原理图上对常用

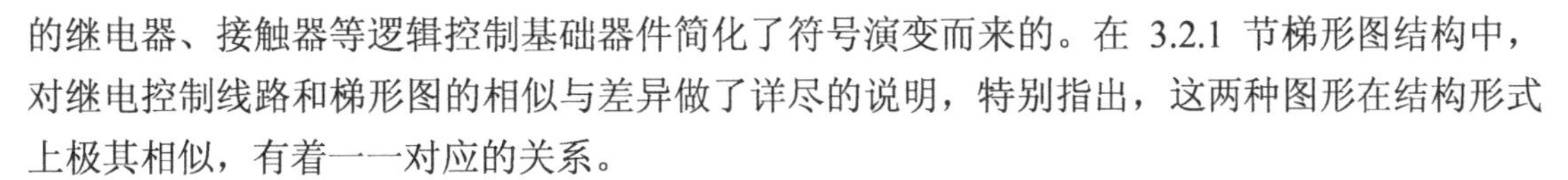

的继电器、接触器等逻辑控制基础器件简化了符号演变而来的。在 3.2.1 节梯形图结构中，对继电控制线路和梯形图的相似与差异做了详尽的说明，特别指出，这两种图形在结构形式上极其相似，有着一一对应的关系。

它们的相似之处：

（1）在图形结构上非常相似。两边都有两条竖直线，两条竖直线之间由左到右是输出与输入之间的控制关系，而全部图形就是由这些输出，输入控制关系依次由上到下排列组成。

（2）它们的输出和输入之间都是开关量逻辑控制关系，因此，梯形图的分析方法基本上和继电控制电路图类似。

（3）继电控制线路和梯形图的对应关系如表 5.4-1 所示。

表 5.4-1　继电控制线路和梯形图的对应关系

逻 辑 关 系	继电控制线路	梯　形　图
A	A	A
$\overline{A}$	A	A
A·B	A　B	A　B
A+B	A B	A B

由表 5.4-1 可以看出，通过一一对应关系，根据原有的继电控制电路图来设计梯形图显然是一个适合电气技术人员特别是电工的捷径。这是因为原有的继电控制电路经过长期的使用和考验，已被证明是一个能完成控制要求的控制电路，而梯形图与继电控制电路图有很多相似之处。因此，可以将继电控制电路图经过适当变换，设计出具有相同控制功能的梯形图。一般把这种方法称为“移植法”或“转换法”。

对于初学 PLC 的人特别是电工来说，对继电控制线路比较熟悉，通过继电控制电路图切入梯形图的确是学习梯形图设计的一个快捷方法。可以从简单到复杂，多找一些继电控制电路图，然后根据梯形图的一些要求，把它们改画成梯形图，比较它们的差异，这样可以加深对梯形图的理解，也会加快用梯形图来编制程序的学习过程。

“转换法”设计在改造继电控制系统的设备时，对原有设备的控制面板，外部特性和操作风格均没有较大的改动，这对现有的继电控制系统的设备改造是非常有利的。

但是，由于 PLC 在结构上，工作原理上都和继电控制系统截然不同，因而它们之间必定存在着许多差异。初学者可以通过继电控制电路图切入梯形图，但一旦入了门，则必须完全离开继电控制电路图，用 PLC 串行工作的思维方式去理解、阅读和设计梯形图程序。

【试试，你行的】

（1）根据学习的体会，说明继电控制电路图和梯形图在分析上有哪些相同之处。

（2）继电控制电路图与梯形图最大的区别是什么？

5.4.2 转换法梯形图设计

1. 转换法的准备工作

在应用转换法将继电控制电路图改变为梯形图之前，下面的准备工作是必不可少的。

（1）了解所改造设备的工艺过程和机械设备的动作流程，分析并掌握设备的继电控制电路图的工作原理。

（2）根据原有的电气元器件明细表仔细分析各个元器件的动作原理及在控制电路中的功能。对主令电器（各种按钮、旋钮、无源和有源开关等）来说，它们将接入 PLC 输入端口的开关量信号，必须详细了解它们在 PLC 所占用的端口数和外部接入的状态（指常开或常闭）。对各种负载电器（各种电磁线圈，报警元器件和执行元件等）来说，它们将是接到 PLC 输出端口的负载。必须详细了解它们的使用条件（电压，功率，交流，直流等）和它们在控制系统中的作用。

（3）根据（1）和（2）绘制 PLC 的 I/O 地址分配表。在 I/O 地址分配表中，不但要列出各个端口的编号、功能和输入端口外部接入的状态，还要列出其在继电控制电路图中的代号（文字符号表示）。

2. 转换法具体步骤

完成了上述准备工作后，就可以按以下步骤进行继电控制电路图到梯形图的转换了。

1）图形符号替换

保持原有的继电控制电路图结构不变，根据表 5.4-1，将继电控制电路图中的各个主令电器的开关触点图形符号改为相应的梯形图触点图形符号，开关的代号仍然保持不变，变换后的图形称为代号梯形图。

2）图形元件代号替换

根据准备工作中的 I/O 地址分配表，将代号梯形图中所有继电控制电路图中的代号用 I/O 地址表中相应的 PLC 输入端口编址和输出端口编址表示。变换后的图形就是未经整理的替换梯形图。

3）PLC 输入开关信号的修改

在继电控制电路图上，实际开关的常态是常开就常开，接入是常闭就常闭。如果想把常闭的开关用常开接入，电路图的结构势必要发生改变。而在梯形图上，常开常闭触点的处理是基于端口开关为常开状态接入的。一个常开触点符号，如果外接常开开关，则它是常开的，如果外接的是一个常闭开关，则它又看作闭合。因此，当继电控制电路图上的常闭触点转换为梯形图上的触点时，必须要考虑到它在 PLC 输入端口上的接法。如果是常开接入，则转换后仍为常闭触点。如果是以常闭触点接入，则梯形图上应转换成常开触点。读者可参看 5.1.2 节常开和常闭的接入介绍。

4）梯形图规则整理

由上面三个步骤转换后替换梯形图，其图形结构仍然和继电控制电路图一样，但梯形图编程在结构上有一些基本规则，例如，触点不能接在线圈的右边，线圈也不能直接与左母线相连，必须通过触点连接（见 3.2.2 节所述）。而在继电控制电路则不存在这些规则，因此，必须对转换后的梯形图进行规则整理，转换成符合规则的梯形图。当然，经过上面 4 个步骤转换后的梯形图还必须通过调试，确定无误后才能使用。

现举一例说明转换法的转换过程，图 5.4-1（a）为电动机运行继电控制电路图，其元件明细和对应的 I/O 地址分配见表 5.4-2。

表 5.4-2　元件明细和 I/O 地址分配表

元件明细				I/O 地址分配		
符号	名称	功能	规格	地址	功能	接入状态
SB1	停止按钮	电动机停止	复位按钮	X0	停止	常开
SB2	启动按钮	电动机启动	复位按钮	X1	启动	常开
FR	热继电器	过流保护	常闭触点	X2	保护	常闭
KM	交流接触器	电动机	220V～	Y0	电动机	

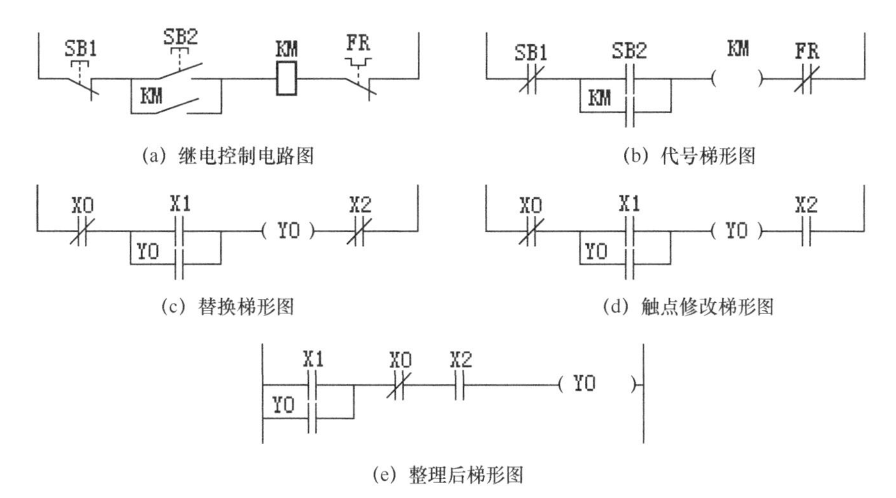

(a) 继电控制电路图　(b) 代号梯形图

(c) 替换梯形图　(d) 触点修改梯形图

(e) 整理后梯形图

图 5.4-1　转换法的转换过程

第一步，将继电控制电路图中所有的电气元器件图示符号转换成梯形图的触点符号，转换中，保持其符号性质不变，转换后如图 5.4-1（b）所示。

第二步，将图 5.4-1（b）中所有电气元器件的文字标示符号转换成 I/O 地址分配表中对应的 PLC 端口编址，如图 5.4-1（c）所示。

第三步，对图 5.4-1（a）中常闭触点的修改。SB1 为停止按钮在继电控制电路图上为常闭接入，改为 PLC 端口为 X0 常开接入。这时，梯形图中仍为常闭触点。FR 为热继电器过流保护触点，在继电控制电路图上为常闭接入。保护触点用常闭比常开更快一些，所以在 PLC 端口仍然保持为 X2 常闭接入。这时，其所对应的梯形图中触点应由常闭改变常开，即 X2 为常开触点，改动后的梯形图触点符号如图 5.4-1（d）所示。

第四步，对图 5.4-1（d）按 PLC 梯形图规则进行整理，整理后为继电控制电路图用转换法转换后的梯形图，如图 5.4-1（e）所示。

3．转换法注意事项

梯形图不但在结构上和继电控制上存在很多差异，而且在元器件处理和外部电路的接线上都存在很多差异。因此，除了一些较为简单的组合逻辑继电控制电路转换成梯形图后在电路结构和元件位置上基本保持一致外，稍微复杂一些的继电控制电路图转换后的梯形图都会有很大的差异。

下面是利用转换法设计梯形图的一些注意事项。

1）定时器

继电控制电路中的时间继电器与梯形图中的定时器相对应，但必须注意，时间继电器有瞬时、通电延时和断电延时等触点，而定时器只有通电延时触点。转换时，瞬时触点可用与定时器并联的辅助继电器 M 代替，如图 5.4-2 所示，而断电延时触点必须设计程序来完成。

图 5.4-2　定时器瞬时触点

2）计数器

继电控制电路中的计数器与梯形图中的计数器相对应，但要注意，要根据继电控制电路图中计数器的使用功能选择梯形图中相应的编址计数器，例如，有加减计数功能必须选择 C200-C234。

3）减少 PLC 的 I/O 点

PLC 的价格与 I/O 点有关，因此，在转换时，应尽量减少 PLC 的 I/O 点数。例如，在继电控制电路图中，某些开关信号经过串并联组合单独控制某一线圈，则在 PLC 梯形图中，这些开关信号的串并联电路应置于 PLC 外部电路中。又如，有些保护信号仍然置于外电路中，不需要每个开关信号都占用 PLC 的输入点。

4）结构改变

继电控制电路图的设计原则是尽量减少所使用的触点个数，因为这意味着成本的降低，但这往往会使某些线圈的控制电路互相交织，如果按实际转换会完全不符合梯形图规则，这些必须根据相应的逻辑控制关系改变继电控制电路图的电路结构。梯形图设计首要问题是设计思路清楚，设计的梯形图容易阅读和理解，并不在意多用几个触点，因为这不会增加硬件成本，只是在输入程序时多花一些时间。

5）输出电路的考虑

PLC 输出端口对驱动负载的电源是有一定要求的，如果继电控制中负载的电压不符合要求，必须更换符合要求的负载电器，或设计外部中间继电器进行转换。

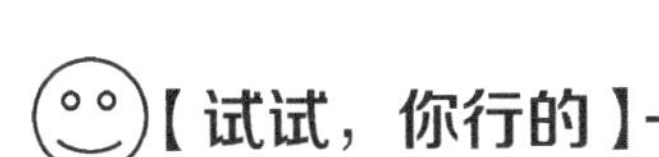

（1）转换法梯形图设计的准备工作有哪些？你认为这些准备工作中，哪一点最重要？

（2）在转换法的具体步骤中，为什么要对输入开关信号的触点进行修改，修改的原则是什么？

（3）为什么转换后的梯形图还要进行整理？整理后的梯形图能马上投入使用吗？为什么？

（4）试说明转换法的具体步骤及每一步的具体操作内容。

（5）利用转换法设计梯形图时，时间继电器的三种触点（瞬时，通电延时，断电延时）是如何处理的？

（6）是不是继电控制电路图中所有的开关量信号都必须占用 PLC 的输入端口？为什么？举例说明。

5.4.3　转换法梯形图设计举例

1．自动往复循环控制电路

自动往复循环控制电路是生产机械上常用的一种继电控制电路，如图 5.4-3（a）所示为机床工作台运动示意图，当工作左行时碰到行程开关 SQ1，马上停止运行，并改变为右行，右行时碰到行程开关 SQ2 时，马上停止运行，改变为左行，如此工作台在 SQ1 和 SQ2 之间往复循环运行，直到按下停止按钮。SQ3，SQ4 为限位保护行程开关，当工作台发生意外时，碰到 SQ3 或 SQ4 后立即停止运行，其继电控制电路结构如图 5.4-3（b）所示。表 5.4-3 为继电控制元件明细及 PLC 控制 I/O 地址分配表。

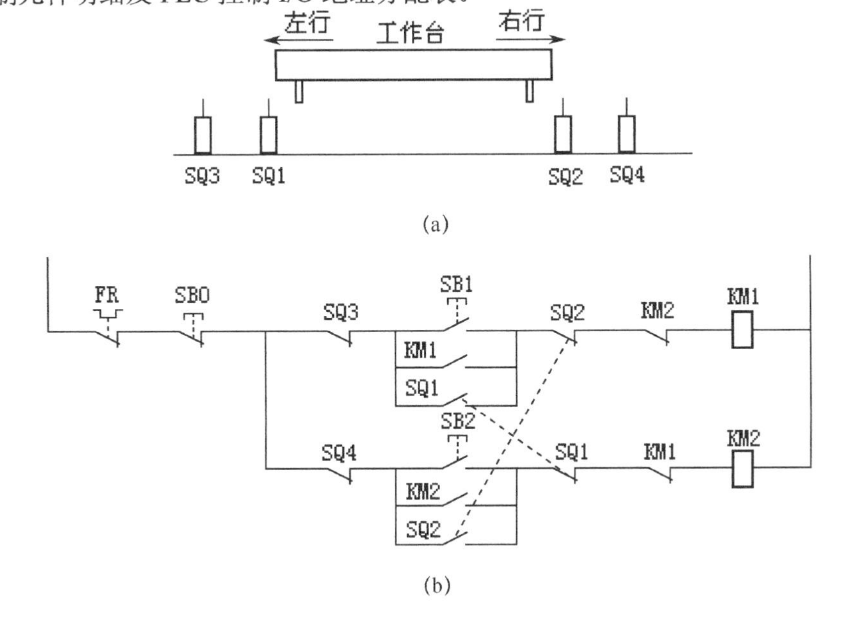

图 5.4-3　自动往复循环继电控制电路

表 5.4-3　元件明细和 I/O 地址分配表

元件明细				I/O 地址分配	
符　号	名　称	功　能	规　格	地　址	接入状态
SB0	停止按钮	电动机停止	复位按钮	X0	常开
SB1	启动按钮	电动机左行	复位按钮	X1	常开
SB2	启动按钮	电动机右行	复位按钮	X2	常开
SQ1	行程开关	左行变右行	一组常开常闭	X3	常闭
SQ2	行程开关	右行变左行	一组常开常闭	X4	常闭
SQ3	行程开关	左行限位	一组常闭	X5	常闭
SQ4	行程开关	右行限位	一组常闭	X6	常闭
KM1	交流接触器	电动机左行	220V～	Y0	
KM2	交流接触器	电动机右行	220V～	Y1	
FR	热继电器	过流保护	常闭触点	置 PLC 外电路	

按照上述转换法步骤，把继电控制电路图转换成 PLC 控制梯形图，如图 5.4-4 所示。现对转换过程中的一些问题进行说明。

（1）在替换梯形图中，热继电器触点 FR 并没有替换，FR 转换时有两种处理方法，一是把 FR 触点作为 PLC 的一个输入信号接入 PLC 输入端口，二是把 FR 仍然保留在 PLC 外部电路，在外部电路中直接保护主电路的交流接触器。本例采用第二种方法。所以 FR 不需要替换。

（2）替换梯形图转换为触点修改梯形图时，停止按钮 X0 为常开接入，所以梯形图中仍然为常闭。而位置及限位开关 X3、X4、X5、X6 仍然保留常闭接入，在梯形图中，其常开触点改为常闭，常闭触点改为常开。对 X3 和 X4 来说，在继电控制电路图中，它们是一组联动的常开、常闭触点，为两个开关信号，而在 PLC 中，触点可以无限使用，因此，X3 和 X4 仅接入一个常闭触点即可，不需要接入联动的两个开关信号。

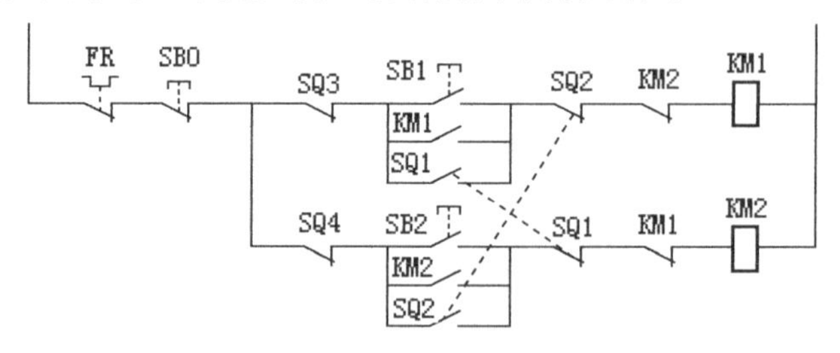

(a) 继电控制电路结构

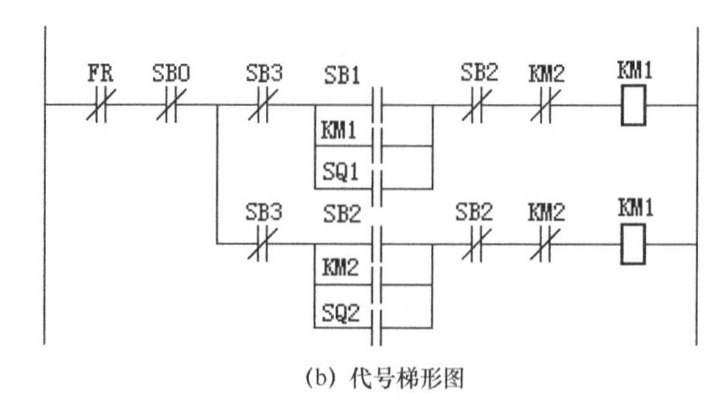

(b) 代号梯形图

图 5.4-4　自动往复循环控制电路转换图示

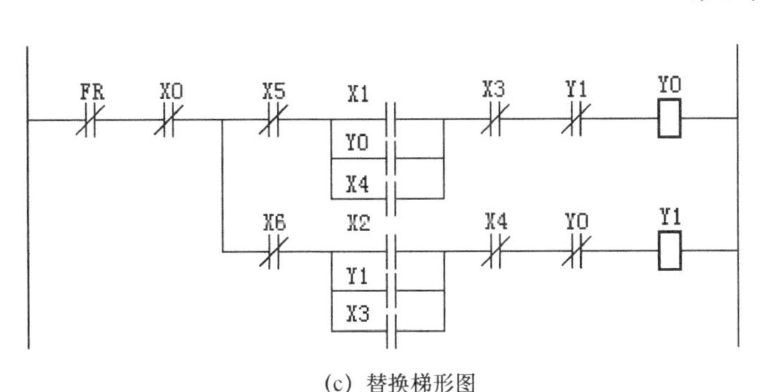

（c）替换梯形图

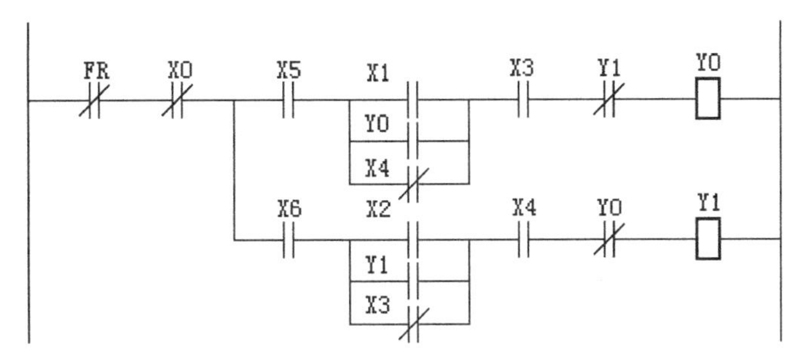

（d）触点修改梯形图

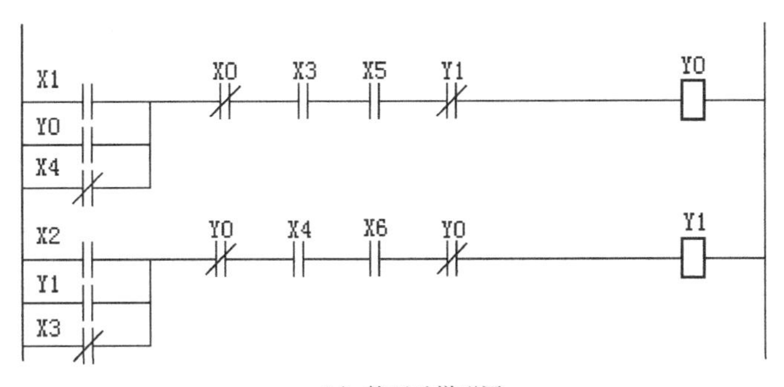

（e）整理后梯形图

图 5.4-4　自动往复循环控制电路转换图示（续）

自动往复循环控制电路的转换案例有着典型的意义，分析一下其继电控制电路图，可以看出，电路的每一个负载都有其各自独立的开关量逻辑组合。在其开关量组合中，也仅仅是一些简单的串并联组合，因此，转换后的代号梯形图在结构上与继电控制电路图基本一样。最后经过适当的整理就是可用的梯形图。初学者多做这类练习，可以增强对梯形图规则的认识。

如图 5.4-5（a）所示为一常见的继电控制电路结构，替换后梯形图如图 5.4-5（b）所示。触点 E 在垂直支路上，这是梯形图规则所不允许的。处理的方法是按照驱动 Y 输出的条件分解成多条并联支路。例如 A、B 通，Y 有输出。这是一条支路；A、E、D 通，Y 也有输出，这又是一条支路。照此分析，一共有 4 条支路能使 Y 有输出，整理后的梯形图见图 5.4-5（c）。

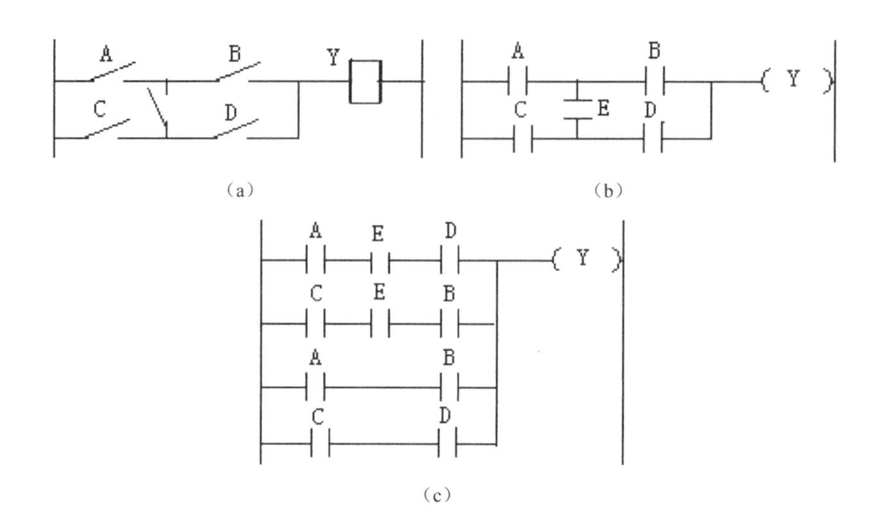

图 5.4-5　继电控制电路结构梯形图整理图示

2．T68 型卧式镗床继电控制电路的梯形图转换

本节介绍 T68 型卧式镗床的 PLC 控制改造，即将原来的继电控制电路改造成 PLC 控制的梯形图程序。

1）继电控制线路介绍

机床的继电控制线路由主电路、控制电路、照明电路和冷却泵电路组成。一般来说，在设备改造中，为节省 PLC 的 I/O 点数，照明电路、冷却泵电路等均按原继电控制电路处理，主电路及机床的接线结构都不变，仅对控制电路进行 PLC 改造。

T68 型卧式镗床的拖动电动机有两台，见主电路图 5.4-6。M1 为主轴电动机，用来驱动镗轴和工作台、镗头架等进给运动。M1 是双速异步电动机，其低速由 KM4 吸合、KM5 释放控制，高速由 KM5 吸合、KM4 释放控制。为满足工作需要，设有电气制动环节，主轴能迅速停止。制动环节由 KM1，KM2，KM3 和速度继电器 KS 组成，制动的工作原理是：当电动机正向转动时，KM1，KM3，KM4 吸合，按下停止按钮后，KM1，KM3 断开，KM2，KM4 吸合，并接入限流电阻 R，当电动机转速下降至低速时，KS 动作，KM2，KM4 断开停止。可见，这是一种反接制动控制。M2 是快速移动电动机，用来调整各个方向的快速移动。

图 5.4-7 为 T68 型卧式镗床的控制电路图。T68 型卧式镗床主要控制要求：主电动机 M1 正/反转点动控制，M1 正/反转低速运行控制，M1 正/反转高速运行控制，M1 停车反接制动控制，M1 运行中变速控制和 M2 的正/反向快速移动控制等。对控制电路完成各个控制要求的具体分析，本书不阐述，仅结合梯形图，对部分电路进行一些补充说明。

表 5.4-4 为元件明细表和 I/O 地址分配表。

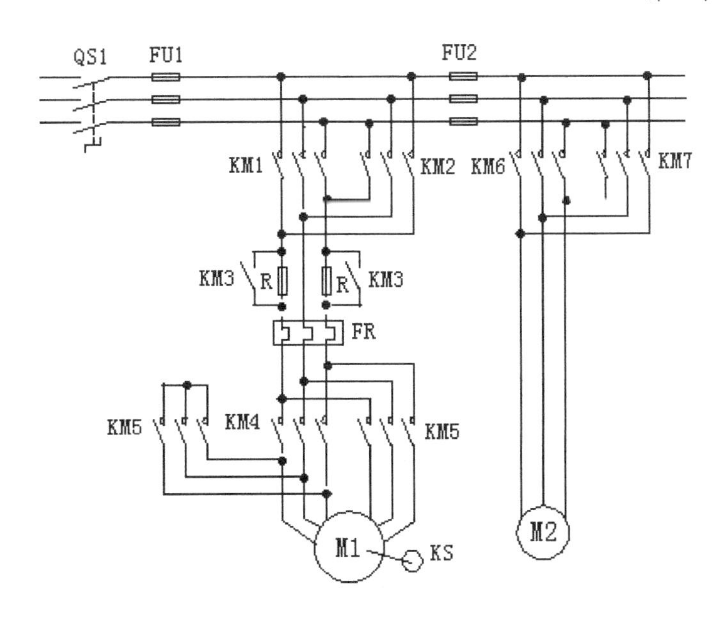

图 5.4-6　T68 型卧式镗床主电路

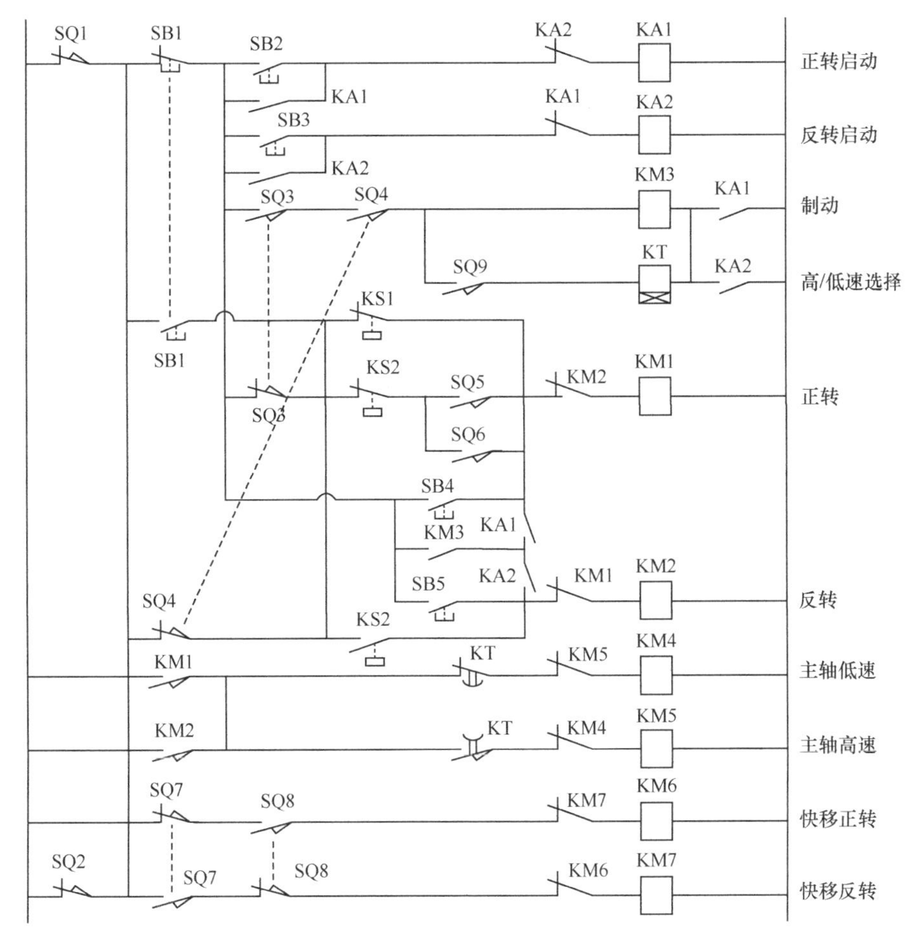

图 5.4-7　T68 型卧式镗床继电控制电路

表 5.4-4　元件明细和 I/O 地址分配表

元件明细				I/O 地址分配	
符　号	名　称	功　能	规　格	地　址	接入状态
SB1	停止按钮	停止	复位按钮	X0	常闭
SB2	启动按钮	M1 正转运行	复位按钮	X1	常开
SB3	启动按钮	M1 反转运行	复位按钮	X2	常开
SB4	启动按钮	M1 正转点动	复位按钮	X3	常开
SB5	启动按钮	M1 反转点动	复位按钮	X4	常开
SQ1	行程开关	主轴进刀与工作台连锁	一组常闭	X5	常闭
SQ2	行程开关	主轴进刀与工作台连锁	一组常闭	X6	常闭
SQ3	行程开关	主轴速度变换与制动停止	一组常开	X7	常开
SQ4	行程开关	进给速度换与制动停止	一组常开	X10	常开
SQ5	行程开关	主轴变速冲动控制	一组常开	X11	常开
SQ6	行程开关	进给变速冲动控制	一组常开	X12	常开
SQ7	行程开关	M2 快速移动正转	一组常闭	X13	常闭
SQ8	行程开关	M2 快速移动反转	一组常闭	X14	常闭
SQ9	行程开关	主轴高/低速选择	一组常开	X15	常开
KS1	继电器开关	速度继电器反转触头	一组常开	X16	常开
KS2	继电器开关	速度继电器正转触头	一组常开	X17	常开
KM1	交流接触器	M1 正转运行	220V～	Y0	
KM2	交流接触器	M1 反转运行	220V～	Y1	
KM3	交流接触器	M1 制动	220V～	Y2	
KM4	交流接触器	M1 低速	220V～	Y3	
KM5	交流接触器	M1 高速	220V～	Y4	
KM6	交流接触器	M2 快速正转	220V～	Y5	
KM7	交流接触器	M2 快速反转	220V～	Y6	
K1	中间继电器	M1 正转运行		M10	
K2	中间继电器	M1 反转运行		M11	
KT	时间继电器	主轴高速延迟		T0	
FR	热继电器	过流保护	常闭触点	置 PLC 外电路	

2）元件明细和 I/O 地址分配表

3）从继电控制电路图到触点修改梯形图

图 5.4-8 为从继电控制电路图到触点修改梯形图的 4 个步骤的图示。对于转换的过程，希望读者按照上述转换具体步骤自己做一遍，掌握复杂的继电控制电路转换成 PLC 梯形图的方法。

触点修改梯形图主要针对 SQ1，SQ2，SQ7，SQ8 和停止按钮 SB1 在外电路中仍然保持常闭触点接入，所以在替换梯形图中，这几个元件的触点在触点修改梯形图中均把常开改成常闭，常闭改成常开。

4）梯形图规则整理

图 5.4-8 所得到触点修改梯形图在结构上仍然和继电控制电路图一样，很多地方不符合 PLC 梯形图的规则，还必须按照梯形图规则进行整理。一个复杂的继电控制电路图转换成符合要求的 PLC 梯形图，就不像上面所介绍的自动往复循环控制那么简单了。复杂的继电控制电路图在结构上存在互相交叉影响的逻辑关系，例如，本例中的输出 Y0 和 Y1。这时候，必须结合控制实际情况进行分析和处理，才能得正确的 PLC 梯形图。

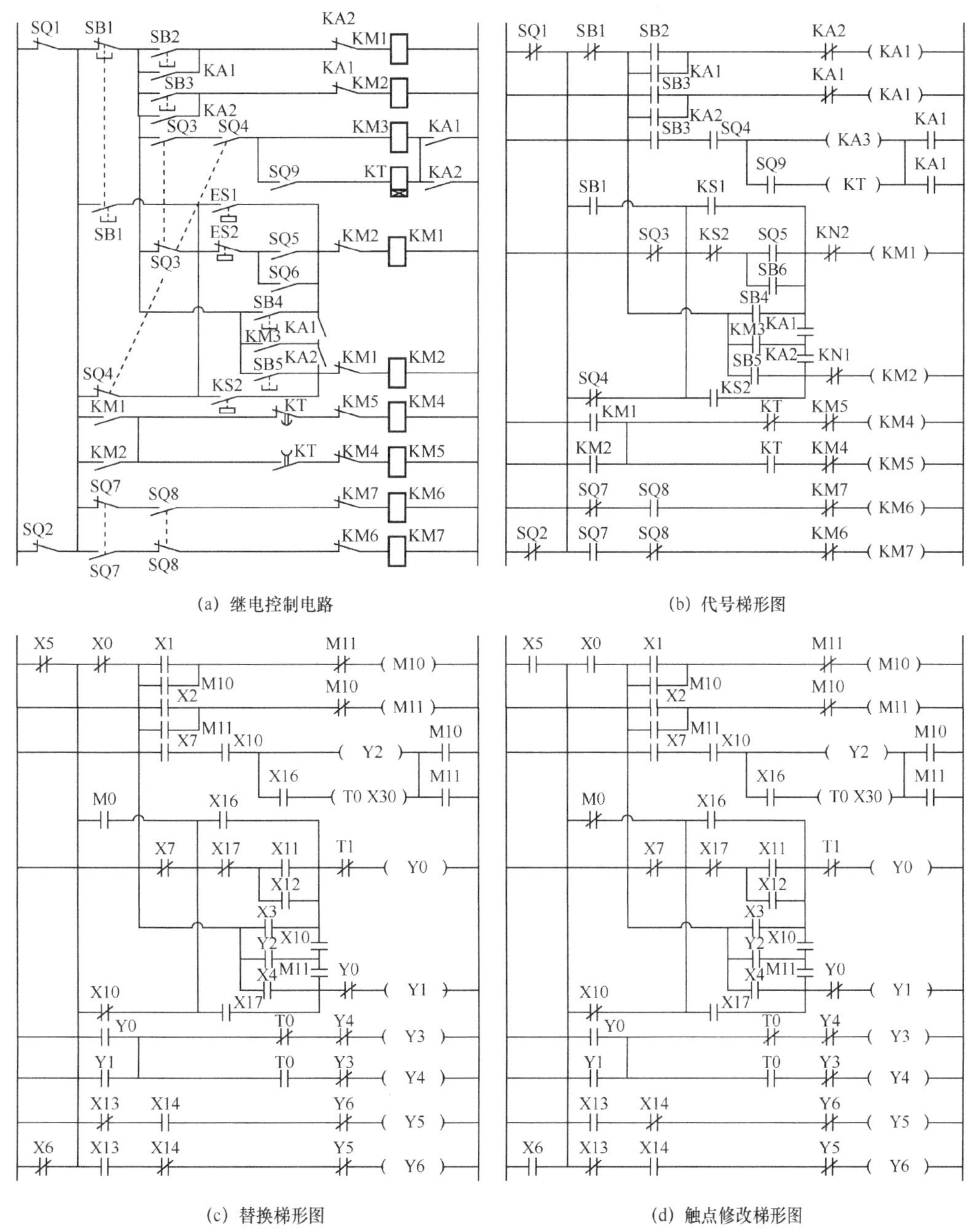

(a) 继电控制电路　　(b) 代号梯形图

(c) 替换梯形图　　(d) 触点修改梯形图

图 5.4-8　从继电控制电路到触点修改梯形图

将复杂继电控制电路图转换为梯形图时，一个重要的方法是根据控制环节把触点修改后的梯形图分解为几个部分。先处理简单逻辑关系部分的梯形图，再处理相互交叉复杂的梯形图。下面就按这个思路对T68型镗床触点修改后的梯形图进行规则的整理转换。

● 连锁保护开关X5（SQ1），X6（SQ2）

为保证主轴进给和工作台进给不能同时进行，T68 型镗床设置了两个连锁保护行程开关SQ1 和 SQ2。SQ1 和 SQ2 常闭并联接入控制电路。当主轴进给和工作台进给同时选择时，SQ1 和 SQ2 同时按下，常闭触点断开，将控制电路切断，两种进给都不能进行，实现了连锁保护功能。在梯形图中，对这种连锁保护处理有两种方法。一种见图 5.4-9（a），占用两个输入点；一种是在外电路并联，占用一个点，梯形图如图 5.4-9（b）所示。把连锁结果用一个辅助继电器代替，然后把这个辅助继电器触点串入各个控制梯形图中，能使梯形图程序简洁清楚，这种方法称为信号中继。

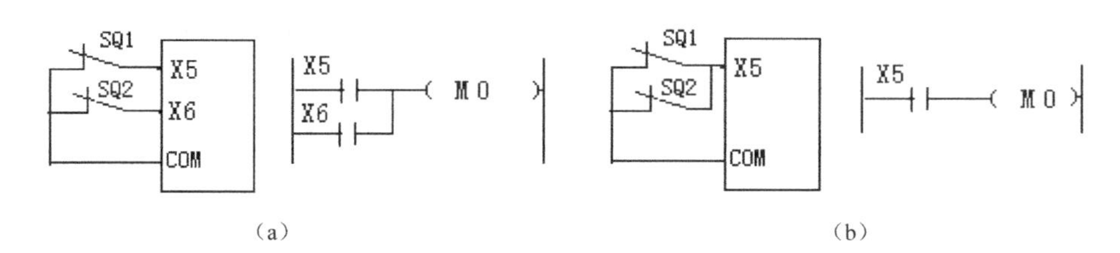

（a）　　（b）

图 5.4-9　连锁保护处理

● 主轴正/反转运行启动控制M10，M11

主轴正/反转启动控制采用辅助继电器 M10，M11 作为信号中继，控制梯形图比较简单，如图 5.4-10（a）所示，转换整理后梯形图见图 5.4-10（b），图中M0为连锁保护信号。

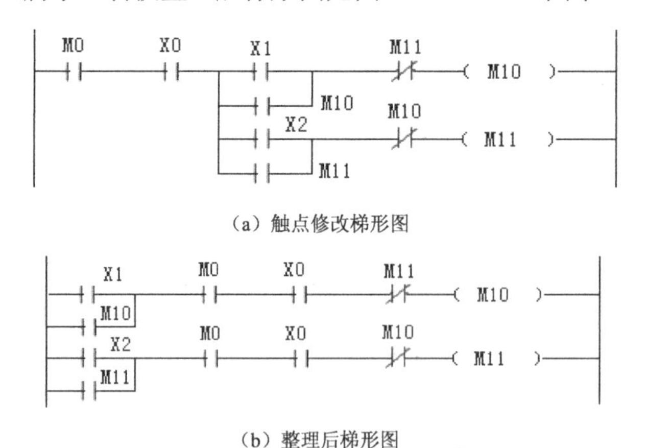

（a）触点修改梯形图

（b）整理后梯形图

图 5.4-10　主轴正/反转运行启动控制

● 主轴正/反转停止刹车控制Y2（KM3）和高速延时定时器T0（KT）

刹车触点修改后梯形图及整理后梯形图见图 5.4-11。不论是正转还是反转，运行刹车控制 Y2（KM3）都必须驱动，其触点短路限流电阻使主轴电动机在全压下低速启动。X15（SQ9）为高/低速选择开关，低速时断开，高速时接通定时器T0。

● 主轴高/低速控制Y3（KM4）、Y4（KM5）

触点修改后梯形图及整理后梯形图见图 5.4-12。当速度选择低速时，X15（SQ9）断开，主轴正/反转均处于低速 Y3（KM4）运行。当速度选择高速时，X15（SQ9）闭合，接通定时器 TO，主轴仍然先以低速运行，待定时器延时 3s 后，才断开低速 Y3（KM4）接通 Y4（KM5）高速运行。

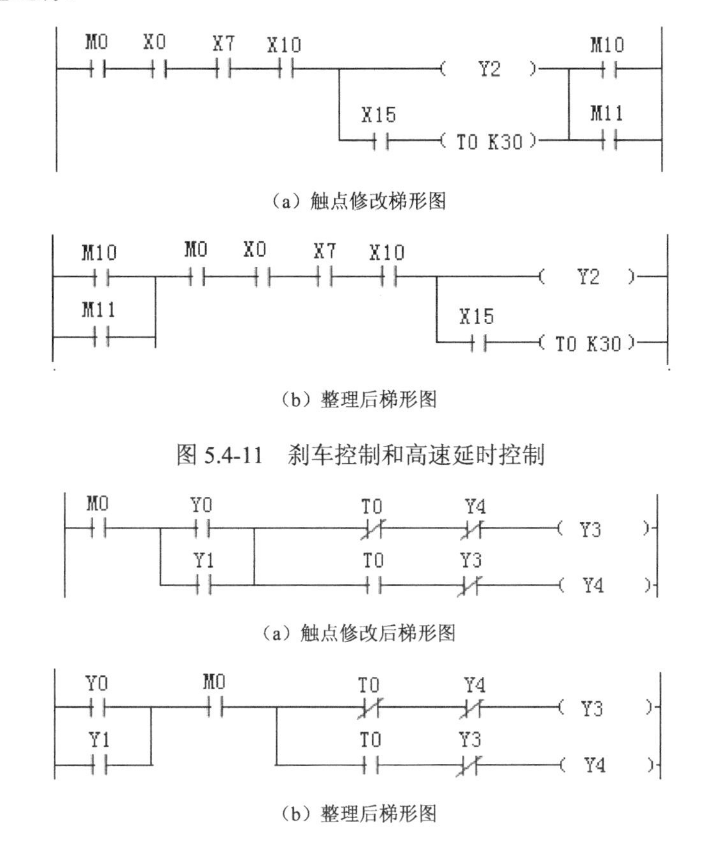

（a）触点修改梯形图

（b）整理后梯形图

图 5.4-11　刹车控制和高速延时控制

（a）触点修改后梯形图

（b）整理后梯形图

图 5.4-12　主轴高/低速控制

● 快速移动控制 Y5（KM6），Y6（KM7）

机床各部件均可通过电动机 M2 进行正向或反向快速移动。触点修改后梯形图及整理后梯形图见图 5.4-13。快速移动是由快速操作手柄操作控制。X14（SQ8）为正向快速启动开关，X13（SQ7）为反向快速移动启动开关。当快速手柄转向“正向”位置时，SQ8 动作外接常闭触点断开，梯形图常闭触点闭合。启动 Y5（KM6）正向快速移动，若需停止，将快速手柄转向中间位置“停止”即可，所以，梯形图中没有停止操作的触点。

● 主轴正/反转控制 Y0（KM1），Y1（KM2）

触点修改后梯形图见图 5.4-14，这个梯形图比较复杂，Y0 和 Y1 的驱动条件交叉在一起，还在竖线方向上出现了触点，初学者不知从何下手进行整理。碰到这样的复杂梯形图（多数机床设备都会存在），整理的思路是先了解梯形图完成的控制功能，然后根据继电控制图的控制原理对梯形图进行分解，将它分解成各个输出线圈的逻辑控制梯形图，最后才对每个输出线圈梯形图进行整理。

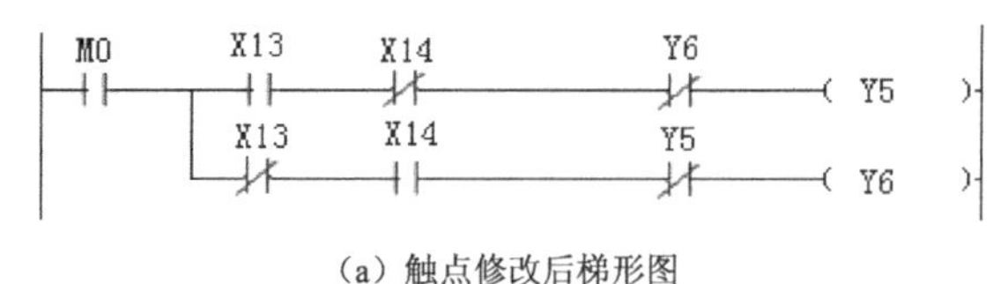

（a）触点修改后梯形图

（b）整理后梯形图

图 5.4-13　快速移动控制

具体到图 5.4-14 来说，由继电控制电路图可知，它所完成的功能是主轴 M1 正/反转点动控制、正/反转运行控制、正/反转停止制动控制、变速控制和正/反锁连锁控制。下面就根据继电控制电路图的工作原理对正转 Y0（KM1）和 Y1（KM2）分别进行分解处理。

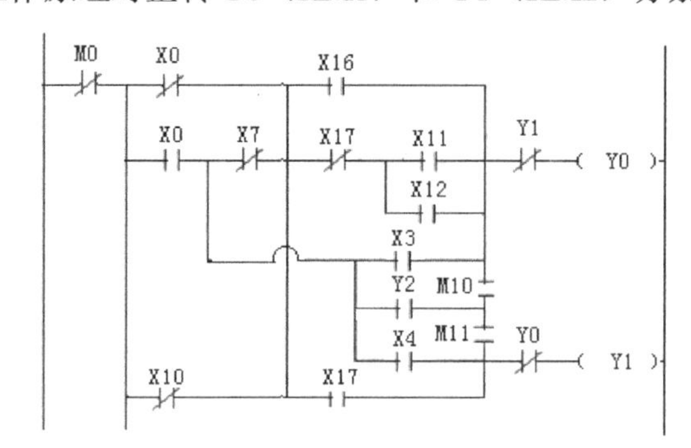

图 5.4-14　主轴正/反转控制触点修改后梯形图

① 正转 Y0（KM2）

当应用正转运行或正转点动时，反转点动按钮 X4（SB5）和反转运行中继 M11 均为断开的。当正转运行后，虽然正向速度继电器常开触点 X17（KS2）是闭合的。但 Y0 的常闭触点断开，所以 X17 的常开触点也不起作用。这样，X4，M11，X17 常开触点，Y0 常闭触点连同反转线圈 Y1 均可从正转梯形图中去除，得到分解后主轴正转 Y0 的触点修改后梯形图，如图 5.4-15（a）所示。

图中，X17 常闭触点和 X11，X12 并联的串联支路在整理时会带来很多不方便，而且这也是一个独立的支路，故用信号中继 M1 替代，如图 5.4-15（b）所示。稍加整理就得到主轴正转 Y0（KM1）的逻辑控制梯形图，如图 5.4-15（c）所示。

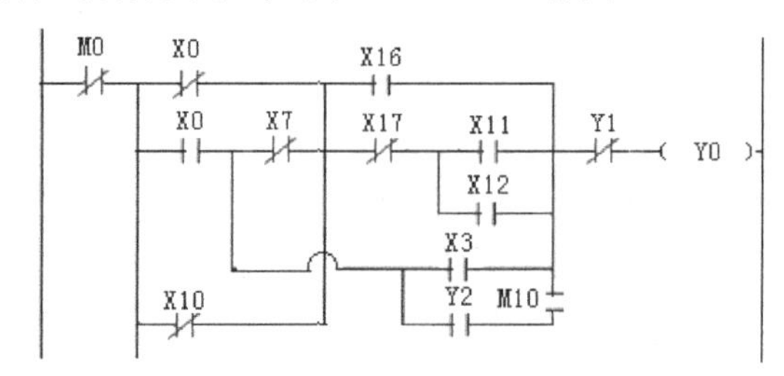

（a）分解后 Y0 触点修改后梯形图

图 5.4-15　主轴正转控制梯形图

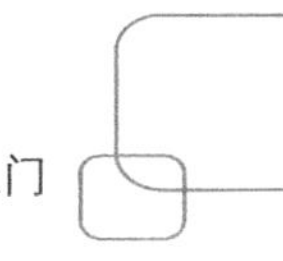

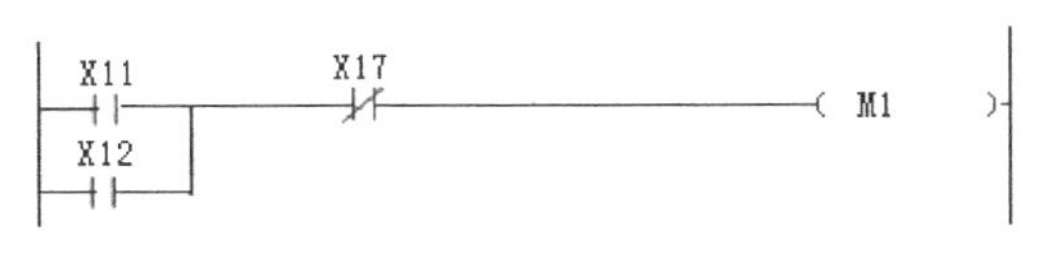

（b）M1 信号中继梯形图

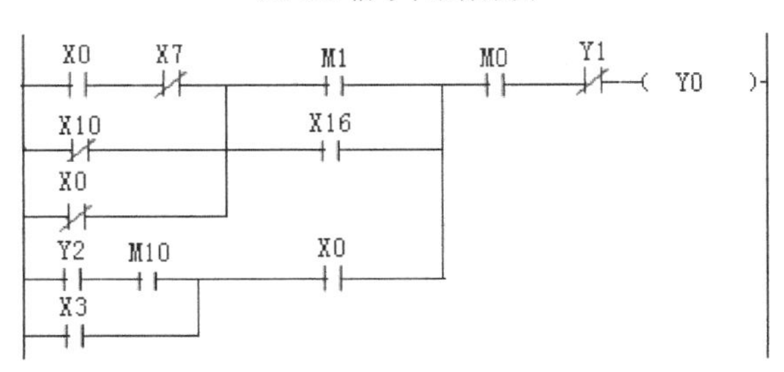

（c）整理后梯形图

图 5.4-15　主轴正转控制梯形图（续）

② 反转 Y1

按照正转的分析方法，反转时，正转点动按钮 X3（SB4）正反转运行信号 M10 均是断开的，它们连同输出 Y0、连锁常闭触点 Y1 均可从图中去除，去除后，发现常开触点 X16，常闭触点 X17 及常开触点 X11，X12 与反转输出 Y1 不存在任何关联，所以也可从图中除去。常闭触点 X7（SQ3）为主轴正转变速用，反转时不起控制作用，从图中除去。最后得到 M1 反转 Y0 的逻辑控制梯形图，如图 5.4-16（a）所示。稍加整理，就得反转 Y1 输出之梯形图程序，如图 5.4-16（b）所示。

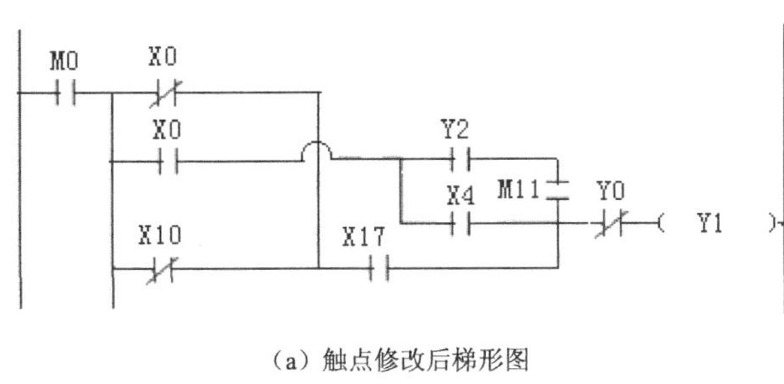

（a）触点修改后梯形图

（b）整理后梯形图

图 5.4-16　主轴反转控制梯形图

将上面各部分梯形图按照继电控制电路图的顺序连接在一起。就是利用转换法移植的 T68 型镗床 PLC 控制梯形图，见图 5.4-17。

利用转换法完成的梯形图程序并不是唯一的，不同的人对继电控制电路的处理方法不同，有不同的转换程序。

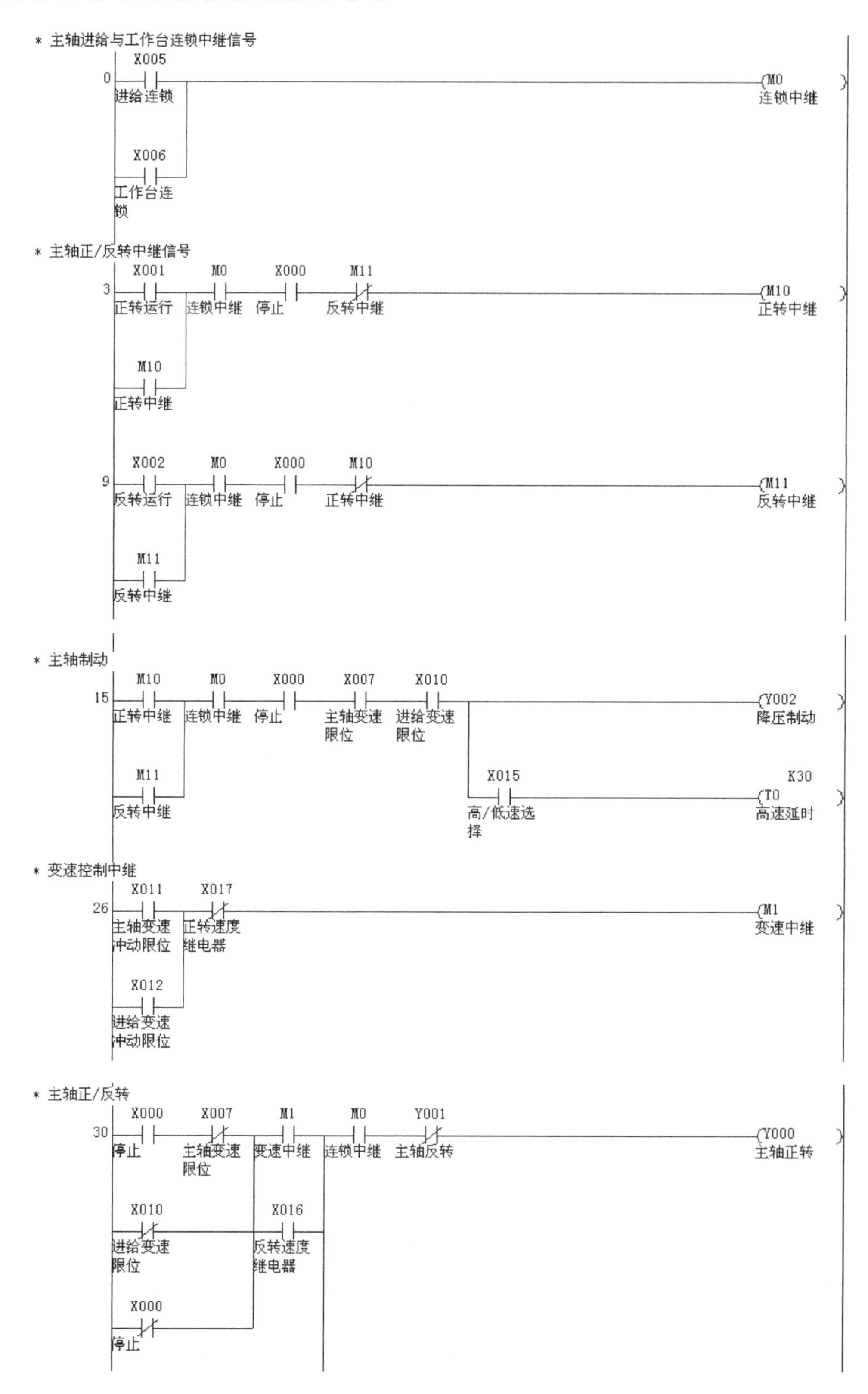

图 5.4-17　T68 型镗床 PLC 控制梯形图

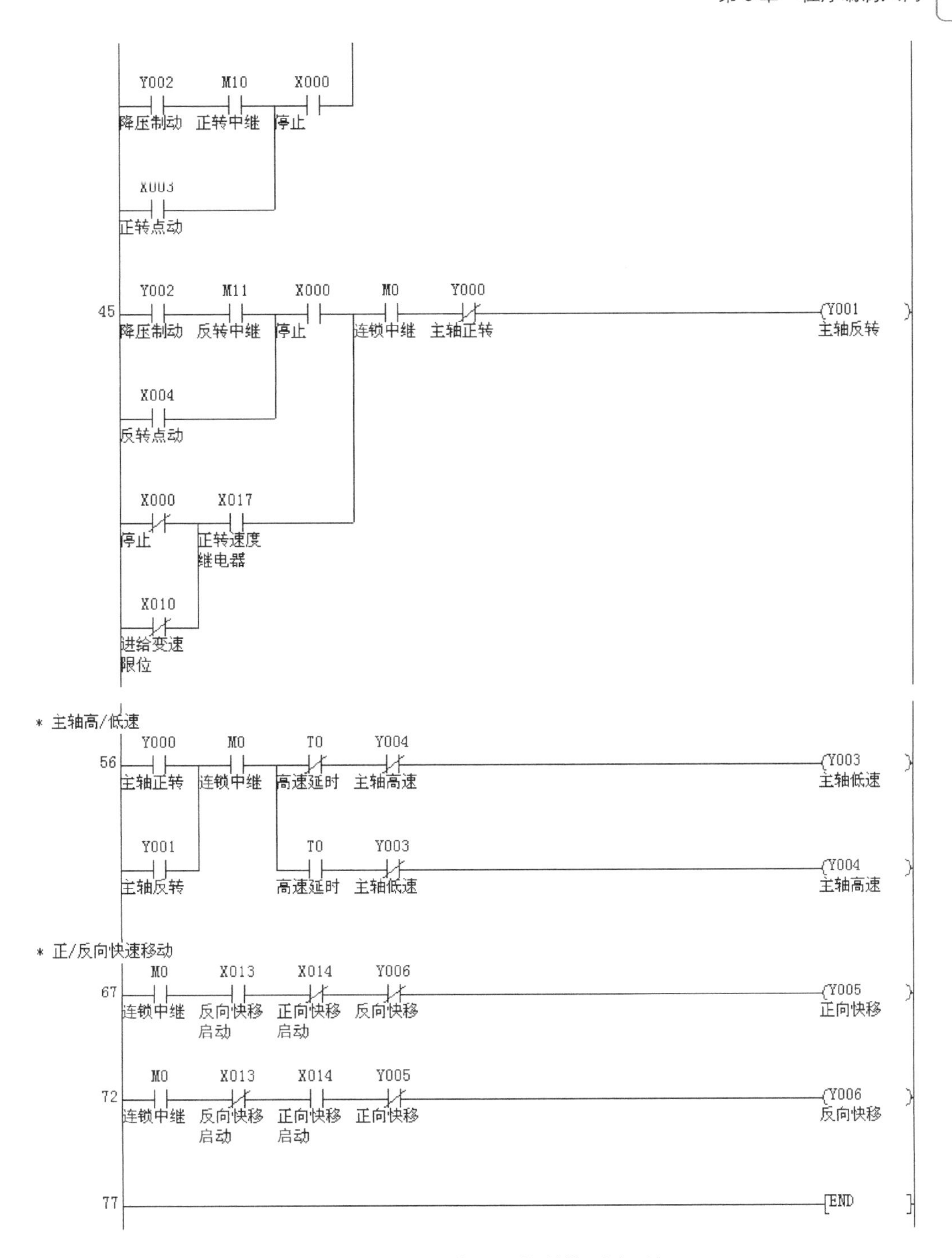

图 5.4-17　T68 型镗床 PLC 控制梯形图（续）

5）控制功能的逻辑分析

梯形图程序完成后，不能马上应用到设备上去，还必须进行各种控制功能的逻辑分析，看是否能满足控制要求。逻辑分析无误后，就可以下载到 PLC 中去进行现场调试了，调试过程中如果发现不能满足控制要求，发生误动作或出现没有想到的新问题时，必须对程序进行补充和修改，直到准确无误后，才能投入生产使用。

下面就以主轴正转控制功能为例，说明从继电控制系统改造都为 PLC 控制系统后的梯形图逻辑分析方法和过程。

● 主轴正转点动控制

在图 5.4-18 步序 30 的梯级中，X3（SB4）按下后，通过图中粗线驱动 Y0（KM1），Y0 触点又在步序 56 梯级中通过粗线驱动 Y3（KM4）。主轴通过 KM1，电阻 R 和 KM4 低速运转。松开 X3（SB4），Y0（KM1）释放，Y3（KM4）释放运转停止，这是正转点动。

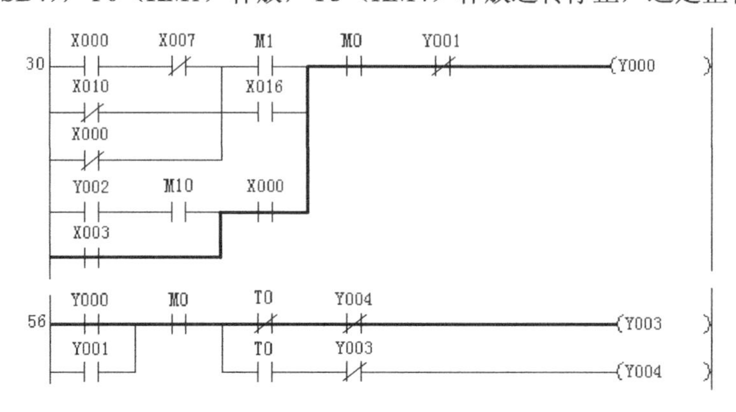

图 5.4-18　主轴正转点动控制

● 主轴正转运行控制

在图 5.4-19 中， 按下正转启动按钮 X1（SB2），步序 3 梯级中粗线驱动 M10。在步序 15 梯级中，X0 是常闭接入，而 X7，X10 虽是常开接入，但变速操作手柄在推进位置上，X7，X10 处于闭合状态。因此，M10 通过粗线驱动 Y2（KM3），在步序 30 梯级中，Y2 常开触点通过粗线驱动 Y0（KM1），Y0 触点又在步序 56 梯级中粗线驱动 Y3（KM4）。KM1，KM3 和 KM4 被驱动，主轴低速正转运行。

如果希望主轴高速运行，则速度选择开关 X15（SQ9）闭合，计时开始，当低速运转 3s 后，在步序 56 梯级中，定时器常闭触点断开 Y3（KM4），常开触点接通 Y4（KM5）。KM1，KM3，KM5 被驱动，主轴转为高速运行。

● 正转停止，反接制动控制

制动控制逻辑分析相对复杂一些，关键是速度继电器触点的动作。速度继电器的触点当上升到一定转速时，触点在力的作用下动作，使常开触点闭合，而常闭触点断开。当下降到一定转速时，其触头在力的作用下复位。

制动控制要分成三步来分析，第一步是主轴正转停止，见图 5.4-20。当按下停止按钮 X0 后，步序 3 梯级 M10 释放，在步序 15 梯级中，M10 的释放导致 Y2（KM3）的释放。在步序 30 梯级中，虽然 Y0 有三条可驱动支路，但 X16 为反转速度继电器触点，常开状态，而 M1 由于在步序 26 梯级中，正转速度继电器 X17 在正转中为断开状态，也处于释放中，这样 Y2 的释放通过粗线必然导致 Y0（KM1）的释放。在步序 56 的梯级中，Y0 的释放通过粗线又导致 Y3（KM4）的释放。KM1，KM3 和 KM4 的释放使电动机断开电源在惯性下仍然正向转动。

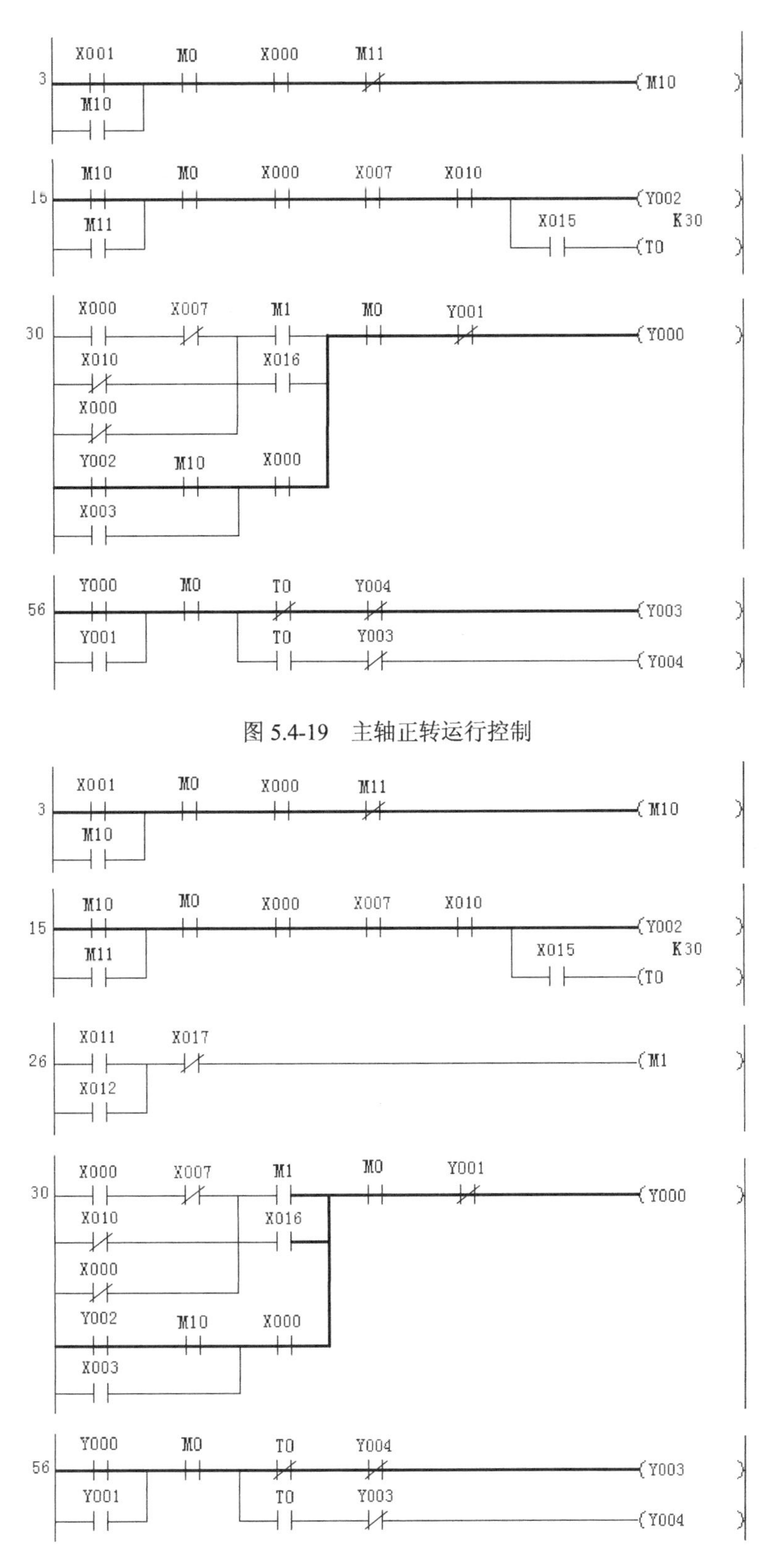

图 5.4-19　主轴正转运行控制

图 5.4-20　主轴正转停止控制

第二步是电动机反向通电制动。当停止按钮 X0 按下后，其常闭触点动作复位，在步序 45 梯级中，X0 与 X17（此时，由于电动机仍惯性正向运转，且转速未下降到触点动作点，故 X17 仍为常闭，通过粗线使 Y1（KM2）驱动，在步序 56 梯级中，Y1 通过粗线使 Y3（KM4）驱动。电动机便通过 KM2，限流电阻 R 和 KM4 接通电源，进行反接制动，见图 5.4-21。

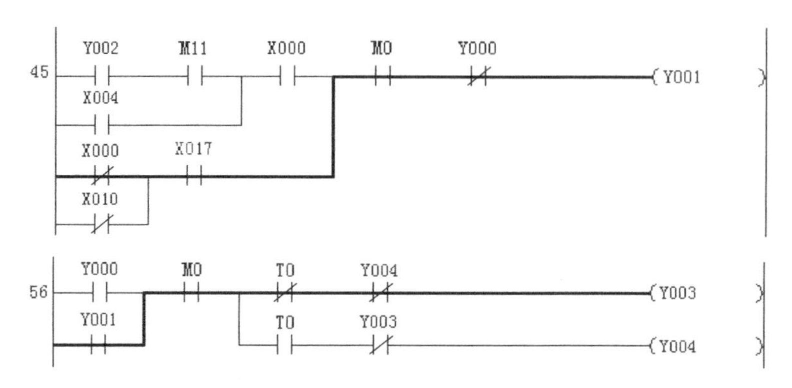

图 5.4-21　主轴正转反接制动控制

第三步是制动完成，电动机停止运行。由于接入反接电源，电动机转速下降很快。转速下降到复位转速时，正转速度继电器常开触点 X17 复位断开，导致 Y1（KM2）释放，Y1 释放又导致 Y3（KM4）的释放，KM2，KM4 的释放，制动完成。电动机断电停止运行。

读者可仿此对反转控制进行逻辑控制分析。

【试试，你行的】

（1）将图 P5.4-1 所示继电控制电路图转换成梯形图。

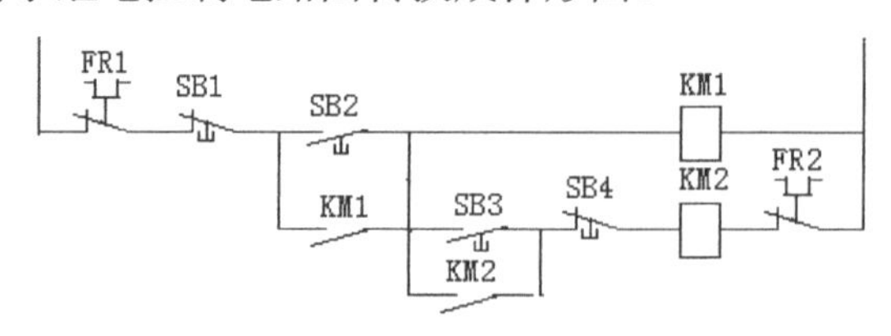

图 P5.4-1

（2）将图 P5.4-2 所示继电控制电路图转换成梯形图。

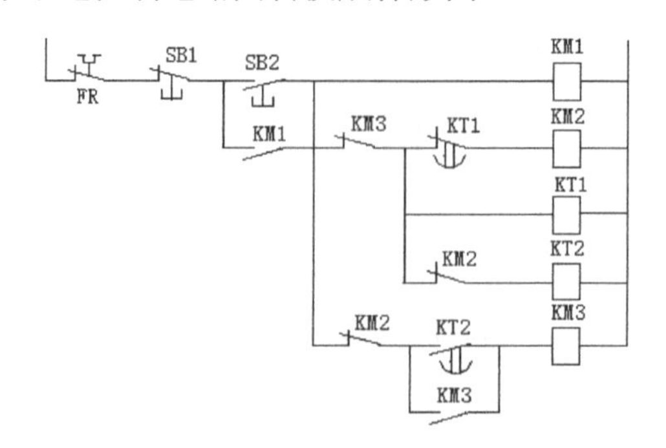

图 P5.4-2

（3）如图 P5.4-3 所示。这是电动机正/反向限流启动反接制动继电控制电路图。控制要求：按下正转启动按钮 SB2，正转接触器 KM1 闭合，通过限流电阻 R 低速启动，当转速到达一定速度时，速度继电器 KS1 闭合，接触器 KM3 闭合，短路限流电阻 R，电动机以全压正常运转。正转时，按下停止按钮 SB1，KM1、KM3 断开，电动机断开电源，但仍惯性运转，此时，KM2 接通，通过限流电阻 R 进行反接制动，当电动机转速快速下降到设定转速时，KS1 断开，使 KM2 断开，反接制动结束，电动机停止运行。电动机反向启动与制动停机过程与正转时相同，不再阐述。SB3 为反向启动按钮，KS2 为反转速度继电器。具体的继电控制过程分析留给读者自己去完成。要求：

① 列写元件明细及 PLC 的 I/O 地址分配表。

② 根据转换法的 4 个步骤分别画出各个步骤之梯形图。

③ 根据整理后的梯形图说明反转启动和制动停止的逻辑分析过程。

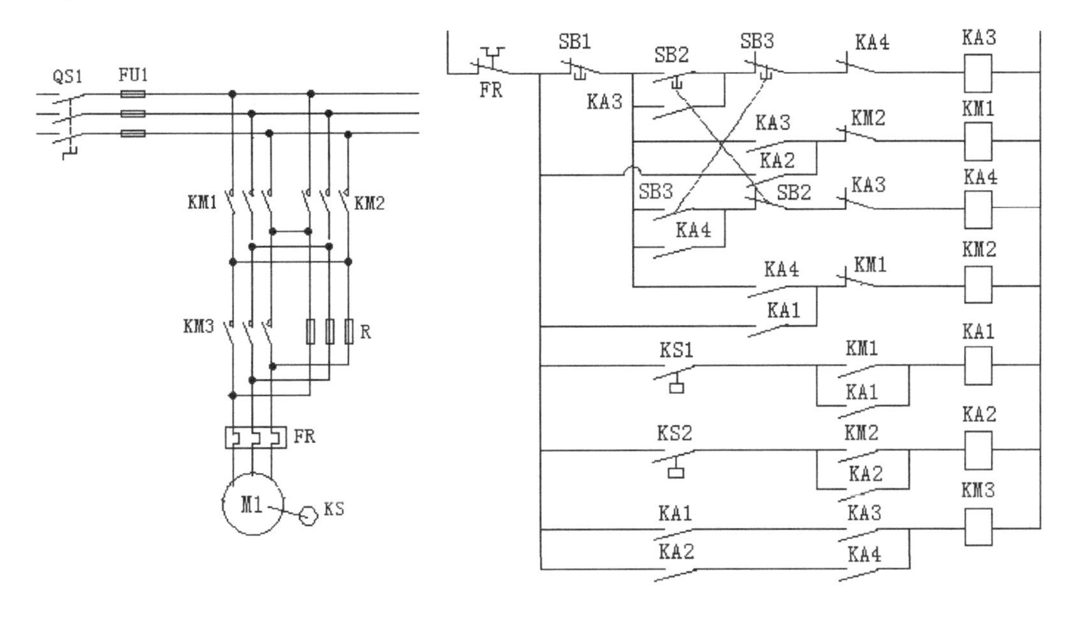

图 P5.4-3

5.5　PLC 控制系统设计简述

5.5.1　PLC 控制系统设计原则与步骤

任何一个控制系统都是为了实现对被控对象的工艺要求，并提高生产效率和保证产品质量。PLC 自动化控制系统和其他控制系统一样，都必须遵循一定的设计原则、设计步骤和设计内容。

PLC 控制系统设计分为单机设计、群机（生产线）设计和过程控制设计。单机设计指 PLC 仅用于单台设备的控制系统，这是目前应用最广泛的控制系统设计，控制系统相对比较简单，大都为开关量逻辑控制。对初学 PLC 的人来说，单机设计是一个很好的 PLC 控制系统设计的切入口。群机设计涉及多台设备之间的互动关系，比单机要复杂一些。而过程控制则是一个生产系统过程的控制、控制系统大而复杂，涉及的 PLC 应用知识面相当广，一般来说，不是一个人所能单独完成的。下面对 PLC 控制系统的设计讨论主要针对单机和群机设计而言。

1. PLC 控制系统设计原则

PLC 控制系统以实现控制对象的自动化要求为前提，以保证系统安全为准则，以提高生产效率和产品质量为宗旨，因而在设计中要遵循以下原则：

（1）最大限度地满足被控对象的要求。

充分发挥 PLC 的控制功能，最大限度地满足被控对象的控制要求，是设计 PLC 控制系统的首要前提，也是设计中最重要的一条原则。

（2）确保控制系统、操作人员及生产设备的安全。

保证 PLC 控制系统能够长期安全、可靠、稳定运行，是设计系统的重要原则。设计必须考虑正常情况下安全可靠，还必须考虑非正常情况下（如突然断电，突然断电再上电，人工操纵错误等）也能安全可靠。

（3）力求简单、经济、实用、可靠且维护方便。

投入产出比是衡量控制系统的一个重要指标。因此，在满足控制要求的前提下，在保证安全、可靠和稳定运行的原则下，应注意系统设计尽可能降低工程成本、使用成本和维护成本，不要盲目地追求高指标和高度自动化。

（4）留有适当的发展余地。

由于技术不断地发展，控制系统要求也会发生改变。因此，考虑生产的发展和工艺的更改，对所采用的 PLC、I/O 模块、内存容量都要适当留有余地。

2. PLC 控制系统设计步骤和内容

PLC 控制系统设计步骤如下所述。

1）分析控制要求

这一点是最重要的一步，是全部设计的基础。在设计控制系统时，首先要深入了解、详细分析、认真研究被控对象（设备、生产线或者生产过程）的工艺流程、工艺参数及控制任务。在许多情况下，客户提供的控制要求都比较简单、抽象，许多意外情况的紧急处理和一般情况下所要完成的操作处理可能没有提及。例如，应具备的操作方式（手动、自动、半自动、断续等）、各种保护（断电、过载、误操作等）、PLC 与其他智能设备（变频器，温控仪等）之间的关系，各种显示方式（指示灯、文本显示、触摸屏等）等，这都需要 PLC 控制系统设计人员去补充。

在分析控制要求时，PLC 控制系统设计人员必须与工艺、机械等方面的工程技术人员和现场操作人员密切配合，共同解决设计中出现的问题。某些控制要求，如果单纯用 PLC 控制系统去解决，可能难度较大，成本较高，而结合机械机构及装置则可事半功倍。同样，也不要追求现场操作越简单越好，适当地操作手段同样会简化 PLC 控制系统的设计。

如果改造旧设备，还要仔细阅读原使用说明书和电器原理图等技术资料，要详细了解被控对象的全部功能，如机械部件的动作顺序、动作条件和必要的保护。设备内部的机械、气动、液压、仪表及电气系统之间的关系，有哪些控制方式、需要显示哪些物理量和显示方式等。

对控制要求进行详细了解分析是做好 PLC 控制系统的第一步，且是最重要的一步。做好这一步，下面的工作将变得比较容易且反复较少，能够做到一步到位。

2）确定 PLC 控制系统的硬件结构组成

在充分对控制要求分析的基础上，就要确定 PLC 控制系统的硬件组成及元器件的选择。

首先是选择合适的 PLC，一般情况是根据 PLC 的输入量、输出量的点数和类型来确定 PLC 的型号和相应特殊模块。

确定系统输入元件（按钮、行程开关、传感有源开关、传感器、变送器等）和输出元件(接触器、继电器、电磁阀、指示灯、电铃、各种控制板等)的品牌、型号。在选择这些元器件时，一定要以控制系统的可靠性、稳定性和安全性为主，在保证上述三性的前提下，能满足要求且价格较低就是最好的，具体的选择方法可以参考有关手册资料。

3）PLC 的用户程序设计

用户程序设计又称 PLC 软件系统设计。上面的两个步骤基本上都是为用户程序设计准备的。关于用户程序设计的进一步说明见 5.5.2 节 PLC 用户程序设计。

4）PLC 控制系统的调试

当 PLC 控制系统程序设计完毕后，并不能马上投入运行，还需要经过模拟调试和现场调试，这是非常重要的一个环节。任何环节的设计很难说不经过调试就能使用，只要通过调试才能发现用户程序和外部控制回路的矛盾之处。只有通过调试才能最后确定用户程序和外部控制回路的正确性。关于 PLC 控制系统的调试详见 5.5.3 节。待调试中出现的问题解决后才能正式投入运行。

5）编写技术文件

PLC 控制系统交付使用并稳定运行一段时间后，可以根据最终结果整理出完整的技术文件，并提供给客户，以便在今后使用。一般来说，技术文件包括以下内容。

控制系统的使用说明书。

控制系统电气原理图（含系统所使用的所有电气元器件的随机文件)。

完整的梯形图文件（I/O 地址分配表、PLC 配线图、带注释的梯形图程序)。

其他说明文件。

【试试，你行的】

（1）试叙述 PLC 系统设计原则。

（2）试叙述 PLC 系统设计步骤和内容。

5.5.2 PLC 用户程序设计

1. 程序设计前期准备工作

在正式进行用户程序设计前，首先要做一些前期准备工作，包括绘制 I/O 地址分配表，绘出 PLC 配线图，画出全部控制系统的电气原理图。

PLC 用户程序的设计方法很多，除了上面所介绍的转换技术法外，比较通用的是程序流程图设计法，其他还有组合逻辑控制设计法，步进顺控设计法和经验设计法等。但这些方法都具有一定的局限性，程序设计因人而异，即使采用同一种编程方法，所设计的用户程序也会相差很大。因此，初学者追求的是有自己的思路，根据自己的思路所设计的程序完全能满足控制要求，不要去追求什么程序设计技巧、最优程序，等等。

2. 程序设计的算法和程序流程图设计法

什么是算法，算法就是解决问题的思路。不管是工程控制还是数据处理，在设计程序前，总是要对问题进行分析，并找出解决问题的方法步骤，这个方法步骤就是算法。例如，黑板上有十个数，要找出最大值，有人说我一眼就看出某数是最大的数，这个“一眼看出”不是算法。有人说我是一个数一个数进行比较，比较时总是保留大的数，舍去小的数，最后那个数就是最大的数，这种一一比较的方法就是算法。因此，在 PLC 程序设计中（其他程序设计也一样），算法不但是一种思路，还应该是解决问题的具体步骤，而 PLC 程序则是应用指令完成算法的具体体现和成果。所以，一般来说，设计程序前先要思考算法，正如写文章前先要构想文章的大纲一样。

算法是解决问题的思路，不同的人可能思路会不完全相同。也就说，一个问题的思路可能有多种，形成的算法也会有多种。同一个问题有多种算法，有多种程序设计都是正常的，不要轻易说别人设计的程序不对。

一个问题可以有多种算法，但这多种算法还是可以比较的，比较的标准涉及对算法进行评价和优化的问题。具体来说，一个算法如果使用较少的硬件资源，执行时间较短，这种算法就较好。

PLC 是解决实际控制任务的，而针对控制任务的算法是解决问题的前提，可以说，对 PLC 的硬件知识，编程知识的学习都是有限的，而对算法的学习则是无形的、无限的。算法不但涉及 PLC 知识，还涉及控制任务的相关工艺工程知识、大量的数学、物理等专业基础知识，试想一个连方程是什么都不知道的人，能有解一次方程的算法吗?

有了算法，还必须用 PLC 指令编写成 PLC 程序。在编写程序前，首先要把算法表示出来。

算法的表示方法很多，最重要的是表达方式能表示算法的步骤，以便程序设计时，能很

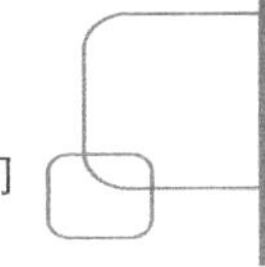

快地根据算法的步骤编写出程序。这里介绍一种常用的算法表示方法——程序流程图。在高级语言里，程序流程图又叫程序框图，用框图来表示执行的内容和程序的流转，用带箭头的连线表示程序执行的步骤和流程。图 5.5-1 表示了程序流程图中的两种组成图框——运算框和转移框。

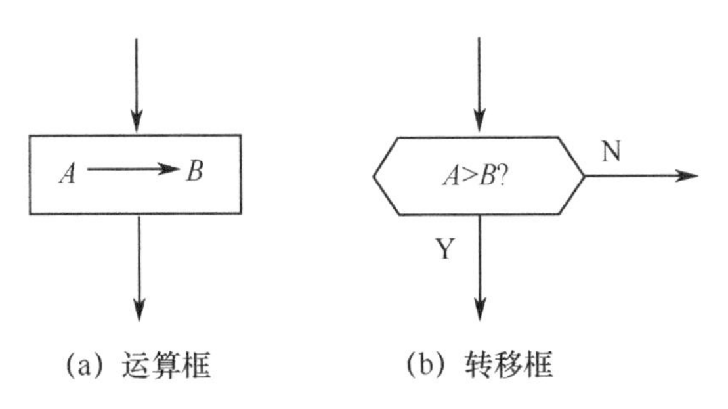

图 5.5-1　程序流程框图

运算框表示算法在该步骤要执行的内容，转移框则表示程序到这一步要根据框中所表示的运算结果进行程序转移。如图中若 $A>B$ 则转向 Y，$A\leqslant B$ 则转向 N。连线箭头表示算法的步骤流程，每一个算法都可以先画出由运算框和转移框所组成的程序框图，然后，根据程序框图选用适当的指令编制出梯形图程序。

3．组合逻辑控制设计法

逻辑设计法是将数字电子技术中的数字电路逻辑设计方法移植到 PLC 梯形图程序设计中。梯形图和继电控制线路一样，其输出线圈和输入触点均是只有两种状态的元件，因此，用变量取值为“0”和“1”的逻辑代数也完全适用于 PLC 梯形图的设计。这就是梯形图逻辑设计法的依据。逻辑设计法有很大的局限性，它仅适用于组合逻辑控制系统。

什么是组合逻辑控制？当逻辑控制的输出状态仅仅取决于输入的当前值状态，而与输入、输出的以前状态无关的逻辑控制称为组合逻辑控制。组合逻辑控制的特点是输出状态仅与当前输入状态有关，其结果是唯一的，且其转换马上实现。其逻辑表达式简单易懂，根据逻辑表达式可直接设计出梯形图，逻辑设计法不适用于时序逻辑控制。

组合逻辑控制设计方法的步骤：

（1）根据控制要求，明确哪些是输出变量，哪些是输入变量。

（2）根据控制要求，绘制输入、输出关系的真值表。真值表必须考虑输入变量的全部状态组合。

（3）根据真值表写出输出与输入关系之逻辑代数表达式。

（4）根据逻辑代数表达式直接设计梯形图程序。

可以看出，这种设计法的另一个局限是必须掌握一定的数字电路和逻辑代数知识，这对于没有系统学习过这些知识的人员来说，有一定的困难。

4．步进顺序控制设计法

在工业控制中，除了模拟量控制之外，大部分控制都是一种顺序控制。所谓顺序控制，就是按照生产预先规定的顺序，在各个输入信号的作用下，根据内部状态和时间的顺序，在生产过程中各个执行机构自动、有序地进行操作。

将逻辑控制看成顺序控制的基本思路：逻辑控制系统在一定的时间内只能完成一定的控制任务。这样，就可以把一个工作周期内的控制任务划分成若干个时间连续、顺序相连的工作段，而在某个工作段，只关心该工作段的控制任务和什么情况下该工作段结束，然后转移到下一个工作段就行了。

三菱 FX 系列 PLC 专门为顺序控制开发了步进指令 STL，利用步进指令 STL 可以非常方便地设计顺序控制程序。在本书第 6 章专门对 STL 步进指令顺序控制程序进行了详细讲解，这里不再阐述。

步进顺序控设计法的优点：程序设计思路非常清晰、容易理解和掌握，不需要过多过深的知识。对初学者来说，是最容易接受、学习和掌握的梯形图程序设计方法。

5. 经验法

经验设计法是指用设计继电控制电气原理图的经验方法来设计比较简单的开关量逻辑控制梯形图，即在掌握一些基本环节设计的基础上，充分理解实际的控制要求，将实际控制要求分解为各个基本环节所能解决的小任务，然后，根据控制要求不断地修改自己的设计，直到达到符合控制要求的梯形图为止。这就如同小学生作文，先阅读优秀范文，再模仿范文写作，最后达到独立写作的目的。学习 PLC 程序设计也一样，可以先尽可能多地收集一些典型的小程序加以学习，然后模仿编写或对典型程序加以改动后移植到自己的程序中，最后经过不断修改变成自己独立完成的程序。

经验法没有普通的规律可循，设计所用的时间、设计质量均与设计者经验有很大的关系，具有很大的试探性和随意性，所设计的程序是因人而异，不具有唯一性。经验法是初学者特别是电工技术人员学习 PLC 程序设计比较好的切入点。经验法要求设计者对基本设计环节（启保停、延时、自锁、连锁与互锁等）能够理解、掌握和运用。经验法的另一个特点是程序可能要经过多次反复调试、修改才能完成，而实际上这种反复调试修改也给设计者积累了经验。

【试试，你行的】

（1）PLC 用户程序有哪些设计方法？你经常习惯使用的是哪一种设计方法？

（2）某设备面板上有 A，B，C，D 4 个按钮，代表设备启动后的 4 种运动。任意顺序按下按钮，如 A，D，B，C。启动后，该设备按 A，D，B，C 顺序运动一次。

① 思考解决该控制程序的算法，并说明该算法的关键是什么。

② 画出算法的程序流程图。

③ 根据流程图设计 PLC 梯形图程序。

（3）试用组合逻辑控制法设计由 A，B，C 三地控制一盏灯的梯形图程序。控制要求：任一处拨动开关（向上或向下），灯的状态应发生改变，并设定为三处开关同时在向下位置时，灯是熄灭状态。

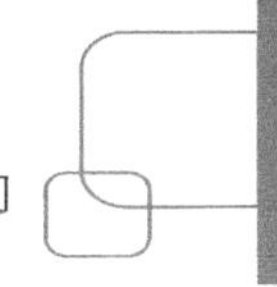

5.5.3　PLC 用户程序调试

PLC 控制系统设计并安装完毕后，必须先经过调试后才能正式投入运行。调试的目的是观察运行结果是否与控制要求一致，PLC 程序的调试可以分为模拟调试和现场调试两个调试过程。

1．模拟调试

模拟调试主要是对 PLC 的程序进行调试。模拟调试是指 PLC 接上按钮开关进行程序运行。各输出量的通 / 断状态用 PLC 上有关的发光二极管来显示，一般不用接 PLC 实际的负载（如接触器、电磁阀等)。可以根据功能表图，在适当的时候用开关或按钮来模拟实际的反馈信号，如限位开关触点的接通和断开。在调试中，如果定时器和计数器的设定值过大，可以先将它们减小，待调试结束后再写入它们的实际设定值，以便节省调试时间。模拟调试给我们带来了极大的方便。进行模拟调试必须先拟定好调试步骤和应该出现的模拟结果，在调试中进行比较分析。如何做好程序调试也是 PLC 的一门技术，它能帮助我们解决很多问题。

有些资料把在仿真软件上仿真也叫模拟调试，但这种方法局限性相当大，只能针对响应要求较低的一些开关量逻辑控制程序。初学者可以把它作为程序设计练习的一种手段，不能把它用作调试。

2．现场调试

在完成模拟调试后，将 PLC 安装在控制现场进行联机调试，在此之前首先对 PLC 外部接线进行仔细检查，这个环节很重要，外部接线一定要准确无误。也可以用事先编写好的试验程序对外部接线做扫描通电检查来查找接线故障。不过，为了安全考虑，最好将主电路断开。当确认接线无误后再连接主电路，将模拟调试好的程序送入用户存储器进行调试。现场调试主要的目的是调试系统采用的各种元器件所暴露出的问题，例如，元器件的响应速度、安装位置、接线等。经过调试无误后，可正式进入试运行阶段，在试运行中注意控制系统的可靠性、稳定性和安全性，它会暴露出程序设计中没有设想到的许多问题。直到这些问题全部解决，PLC 控制系统设计才算结束。初次进行现场调试时，应将所有的电动机负载断开，以避免出现预料不到的安全问题。

现场调试可分为手动单步调试和自动运行调试两步。单步调试是指用人工按照系统要求顺序控制各个开关的动作，确认系统的动作是否符合系统要求。仅在单步调试准确无误后，才能进行自动运行调试。自动运行调试也可以分段进行，待每段运行均符合控制要求后，再进行全系统自动运行调试。

现场调试还必须针对异常情况进行测试。例如突然断电，断电后又马上上电，开关故障，机械故障和人为误操作等。控制系统应在这些异常情况下都能正常地保护人身及设备安全。

【试试，你行的】

（1）PLC 的调试分为哪两种？

（2）模拟调试的特点是什么？它主要调试什么？它与编程软件上的仿真有什么区别？

（3）现场调试主要调试什么？现场调试首先要做好哪些工作？

（4）现场调试又分为哪两步进行？先调试哪一步？后调试哪一步？

（5）现场调试还必须针对什么情况进行测试？

本章水平测试

1．当 PLC 工作在 RUN 模式时，其一次扫描执行的工作是（　　）。

A．从内部处理到通信处理　　B．从内部处理到输出刷新处理

C．从输入刷新处理到输出刷新处理　　D．用户执行处理

2．扫描周期的定义是（　　）。

A．执行从内部处理到输出刷新处理所需时间

B．执行从输入刷新到输出刷新所需时间

C．执行用户程序所需时间

D．以上都不是

3．扫描周期的长短与下面哪个因素有关（　　）。

A．用户程序容量　B．输入端口的多少　C．指令是否执行　D．CPU 主频

4．当程序中含有循环指令时，本次的扫描周期会（　　）。

A．延长　B．缩短　C．不变

5．PLC 每次扫描的时间是（　　）。

A．不变　B．不一样　C．固定为 200ms

6．一般 PLC 应用程序扫描周期应（　　）。

A．不超过 100ms　B．不超过 50ms　C．不超过 200ms　D．不超过 500ms

7．当一个程序行扫描到某位元件有输出时，它的触点（　　）。

A．在本扫描周期内马上动作　　B．在下一扫描周期动作

C．扫描到该触点时才动作

8．如图所示梯形图程序，当 X0 闭合时，输出 Y 驱动的顺序是（　　）。

```
  Y000
|--| |------(Y003   )|
  X000
|--| |------(Y000   )|
  Y001
|--| |------(Y002   )|
  Y003
|--| |------(Y001   )|
```

A．Y0，Y1，Y2，Y3　　B．Y0，Y3，Y2，Y1

C．Y0，Y2，Y3，Y1　　D．Y0，Y3，Y1，Y2

9．如图所示梯形图程序，当 X0 闭合时，有输出的是（　　）。

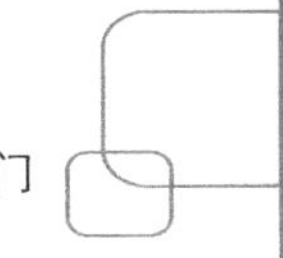

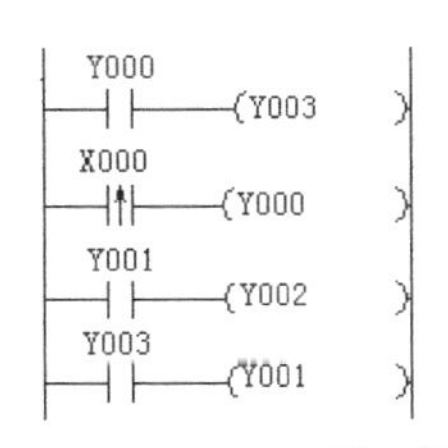

A．Y0，Y3　　　　B．Y0，Y3，Y1

C．Y0，Y3，Y2，Y1　　　　D．没有输出

10．接通一个扫描周期的含义是（　　）。

A．执行一次从程序 0 行到 END 指令的扫描时间

B．从执行指令开始到执行指令上一程序行的一次扫描时间

C．执行一次从内部处理到输出处理的扫描时间

11．如果输入端口 XO 接入一个常闭触点，下面的梯形图中使输出 Y0 常 ON 的是（　　）。

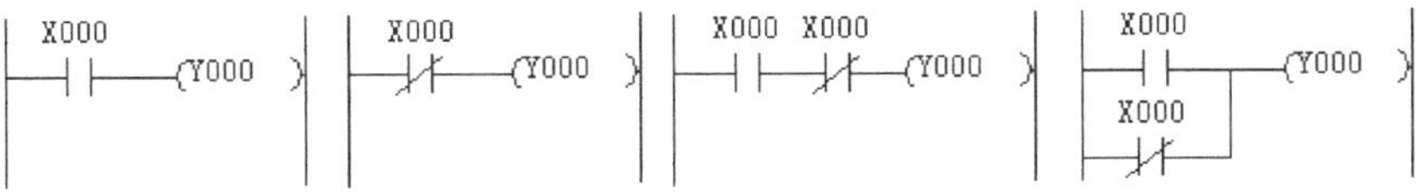

A　　　　B　　　　C　　　　D

12．如图所示为启保停梯形图程序，端口 X0，X1 分别接入的开关状态是（　　）。

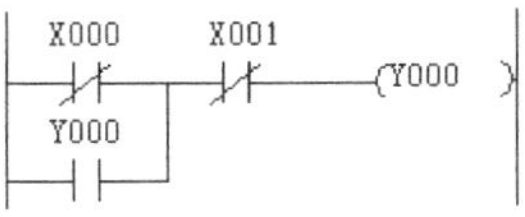

A．502 常开，常闭　　　　B．510 常开，常开

C．508 常闭，常开　　　　D．505 常闭，常闭

13．在计算在梯形图中，双线圈是指（　　）。

A．在梯形图中，驱动了两个位元件线圈

B．在一个梯级程序中，驱动了两次同一位元件线圈

C．在梯形图中，驱动了两次或两次以上同一位元件线圈

D．在功能指令中，驱动了两次同一位元件线圈

14．下面图中，哪个为双线圈输出？（　　）

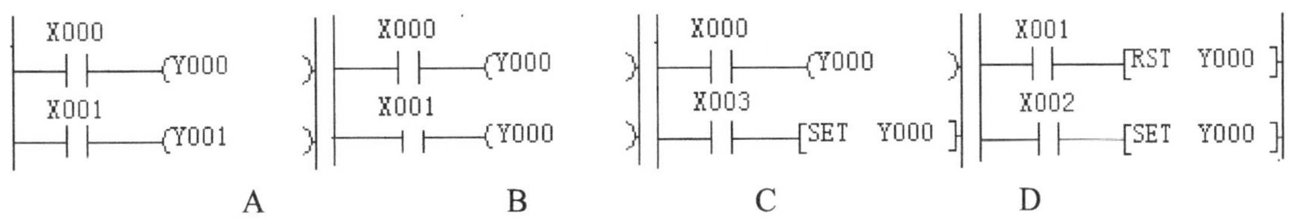

A　　　　B　　　　C　　　　D

15．如图所示梯形图程序，设输出 ON 为 1，输出 OFF 为 0，程序执行后，Y2，Y1 的输出状态是（　　）。

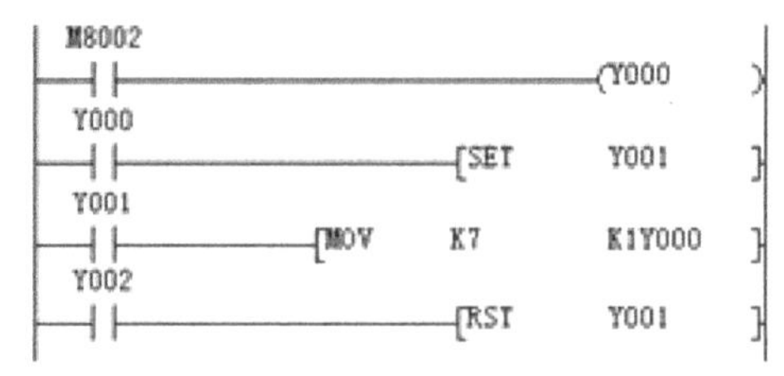

A．1，1　　B．1，0　　C．0，1　　D．0，0

16．如图所示梯形图程序，当 X2，X3 同时闭合时，Y3，Y1 的输出状态是（　　）。

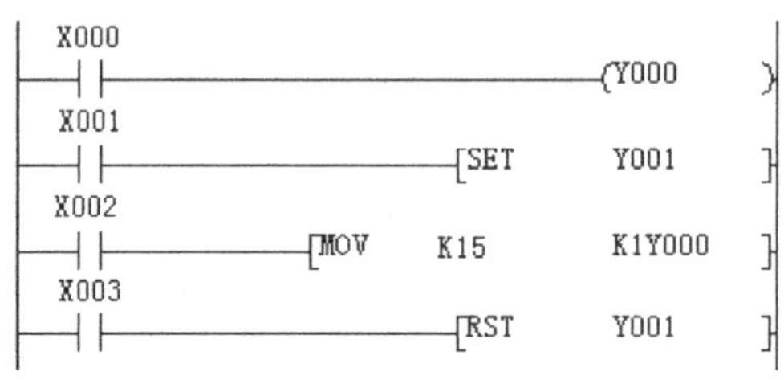

A．1，1　　B．1，0　　C．0，1　　D．0，0

17．启保停电路的停止优先是指（　　）。

A．按下停止按钮，所有输出立即停止　　B．按下停止按钮，输出立即停止

C．按下启动按钮，输出立即启动　　D．按下启动按钮，所有输出立即启动

18．A 是多点启动、停止同一个输出的设计原则是（　　）。

A．启动串联，停止串联　　B．启动并联，停止并联

C．启动并联，停止串联　　D．启动串联，停止并联

19．如图所示为工作台自动往复梯形图程序，其中，表示自锁的触点是（　　）。

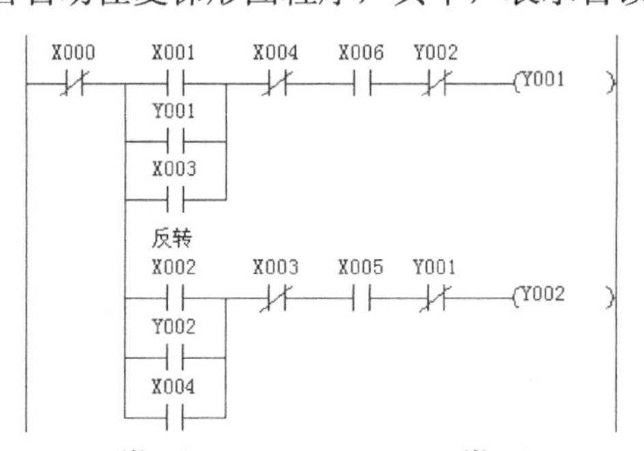

A．常开　　B．常开　　C．常开　　D．常开

20．同 19 题图，表示连锁的是（　　）。

A．X4 常闭　　B．X6 常开　　C．X3 常闭　　D．X5 常开

21．同 19 题图，表示互锁的是（　　）。

A．Y1 常闭，Y2 常闭　　B．X5 常开，X6 常开

C．X1 常闭，X4 常闭　　D．X3 常开，X4 常开

22．在 PLC 控制系统中，紧急停止可以由（　　）。

A．PLC 外部电路处理　　B．PLC 程序处理

C．外部电路和程序一起处理　　D．必须由程序处理

23．M8034 为禁止输出继电器，它的功能是（　　）。

A．禁止当前输出，程序仍在运行　　B．禁止所有输出，程序停止运行

C．禁止所有输出，程序仍在运行　　　D．禁止当前输出，程序停止运行

24．对于如图所示程序，当 X0 按下松开后，所有输出能紧急停止吗？（　　）。

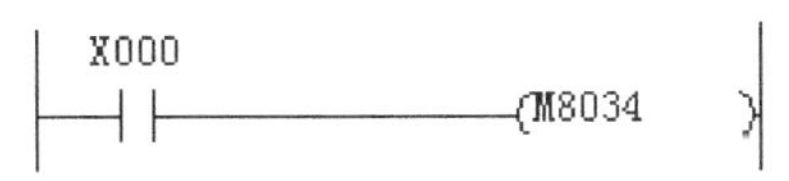

A．能　　　B．不能　　　C．视具体情况决定。

25．继电控制电路图和梯形图结构上相似之处有（　　）。

A．两条竖直线之间从左到右是输出与输入之间的控制关系

B．输出和输入之间都是组合逻辑控制关系

C．输出和输入之间都是开关量逻辑控制关系

D．常开和常闭触点有完全的对应关系

26．下面说法对的是（　　）。

A．继电控制电路图上支路位置可以任意顺序排列

B．梯形图上的梯级可以任意顺序排列

C．继电控制电路图上的常开触点在梯形图上对应的只能是常开触点

D．梯形图上的常闭触点在继电控制电路图可能是常开，也可能是常闭

27．如图所示为继电控制电路图上的触点连接，在梯形图中与其相对应的是（　　）。

A.　　　B.　　　C.　　　D.

28．转换法的第 2 步是图形代号替换，其工作是（　　）。

A．继电控制电路图结构不变，改触点图形符号为梯形图触点符号

B．继电控制电路结构不变，改触点代号为梯形图的端口地址标号

C．代号梯形图不变，将继电控制电路中图形代号用梯形图的端口地址代替

29．在转换法中，需要对触点的转换进行修改的是（　　）。

A．继电控制电路图中，同一触点开关信号在二次及以上地方出现

B．继电控制电路图中，不占用 PLC 输入输出端口的触点开关信号

C．在 PLC 端口上，触点开关信号的接入状态不同

D．触点开关信号在梯形图上位置发生了变化

30．下图中，哪一个辅助继电器为定时器的瞬时触点？（　）

A．M0　　　B．M1　　　C．M2　　　D．M3

第6章　步进指令与顺序控制程序设计

学习指导：

这一章的学习特别重要。因为在工业控制中，除了模拟量控制系统外，大部分的控制系统都属于顺序控制系统。特别是非标单机设备，基本上都可以看作顺序控制系统。利用本章所学习的知识，初学者很容易上手设计 PLC 顺序控制系统。顺序控制对 PLC 的推广应用起了重要作用。

6.1 节要点

- 这一节主要介绍被国际电工委员会（IEC）确定位居首位的 PLC 编程语言——顺序功能图（SFC）的基本知识。
- SFC 是描述控制系统控制流程功能和特性的一种图形语言。它并不涉及所描述控制功能的具体技术，是一种通用的技术语言，很容易被初学者接受，也可以供不同专业之间的人员进行技术交流。
- SFC 与 PLC 的品牌无关，任何品牌的 PLC 都有符合 SFC 标准的指令和梯形图编制方法。因此，这里学习的是一种标准，而后面学习的三菱 FX 系列 PLC 的 STL 步进指令顺控程序则是这种标准的一种体现。
- SFC 梯形图不是只有利用步进指令一种编程方法，也可以采用启保停电路和置位复位等方法编程，对这两种方法了解即可，重点还是要掌握 STL 步进指令 SFC 梯形图编程方法。

6.2 节要点

- 各种品牌的 PLC 都开发了与顺控程序有关的指令。在这类指令中，三菱 FX 系列 PLC 的步进指令 STL 是设计得最好、最具有特色的。使用 STL 指令，可以很方便地从 SFC 直接写出梯形图程序。易于学习理解、易于实际应用、可以节省大量的设计时间。
- 在 GX Developer 编程软件中，SFC 功能图可以有三种不同的编程方法。

  （1）一边看 SFC 功能图，一边编辑 STL 指令步进梯形图。

  （2）在 GX Developer 编程软件的 SFC 块图程序编程界面编辑 SFC 图形程序。

  （3）一边看 SFC 功能图，一边编辑指令表程序。
- 初学者往往会碰到学哪种方法好的问题。编者的意见是，初学者开始学习时，先学习梯形图程序的编辑，这是因为梯形图程序比较适用于单流程和简单分支流程的程序，通过梯形图程序的编辑可以了解 STL 指令步进梯形图的结构和编程规则，这些编制规则也适用于 SFC 块图的编辑。然后再学习 SFC 块图的编辑，并熟练掌握 SFC 块图的编辑方法。而在以后的实际应用中则应以 SFC 块图为主编辑 SFC 程序。因此，掌握 SFC 块图程编辑是学习重点。

- 一边看 SFC 功能图，一边编辑 STL 指令步进梯形图，这是本节学习的内容，它并不难学，关键是要掌握从 STC 功能图到梯形图转换的规则，掌握了它们之间的转换规则，就可以做到边看边编，一气呵成。
- 在 GX Developer 编程软件的 SFC 块图程序编程界面编辑 SFC 图形程序将在第 8 章详细介绍。
- 单操作继电器这一节，初学者可先不看，以后用到时再看。
- 步进指令 SFC 编程应用注意提供了在 STL 指令步进梯形图编制过程中一些常见问题的处理规则，这些规则也适用于 SFC 块图的编辑。

6.3 节要点

- 在应用中，最重要的是工步划分和 SFC 的编制。根据控制要求，把控制过程分解为顺序控制的各个工步。根据分解的工步，画出 SFC 功能图。
- 工步可按动作顺序进行划分，也可按工艺流程的时间进行划分。工步的划分可先从整个系统的功能入手，先划分几个大的工步，然后对每个大的工步再划分更详细的工步。
- SFC 程序的调试有单步调试、单周期调试和自动循环调试，其中最重要的是单步调试。

本节通过众多实例使读者全面掌握 SFC 程序的设计。所有例子都同时画出了 SFC 块图编辑的图形，供读者在练习时参考。因此，要求读者在学习前先去学习第 8 章编程软件中 SFC 块图编辑，有大致了解后，再来学习案例，并通过案例同时掌握 SFC 块图的编辑。

6.4 节要点

- 三菱 FXPLC 的状态初始化指令 IST 就是生产商为多种方式控制系统开发的一种方便指令。IST 指令和步进指令 STL 结合使用，使用户不必去考虑这些初始化状态的激活和多种方式之间的切换，专心设计手动、原点回归和自动程序，简化设计工作，节省大量时间。
- IST 指令是一个应用指令宏，使用时对 PLC 外部电路的连接和内部软元件都有一定的要求，应用 IST 指令必须要有满足指令所要求的外部接线规定，内部软元件应用条件才能达到 IST 指令所代表的多方式控制的功能。

6.1　顺序控制与顺序功能图

6.1.1　顺序控制

在工业控制中，除了模拟量控制之外，大部分控制都是顺序控制。所谓顺序控制，就是按照生产预先规定的顺序，在各个输入信号的作用下，根据内部状态和时间的顺序，在生产过程中各个执行机构自动、有序地进行操作。

在工业控制特别是开关量逻辑控制中，往往是通过输出与输入的逻辑控制关系来设计程序的。这种设计方法与个人经验有很大关系。经验少的人没有方法可循，程序设计有很大的试探性和随意性。经验多的人可以采用时序图设计法，即根据整个控制过程的逻辑时序图写出逻辑关系，再对逻辑关系进行化简，然后根据逻辑关系式设计程序。这种方法在控制系统较为简单时尚可行。但控制系统一旦复杂一些，输入、输出较多时，有时候连时序图都很难画出，这种设计方法称之为经验设计法。经验设计法没有一套固定的方法和步骤可以遵循。对不同控制系统，没有一种通用的容易掌握的设计方法。在设计复杂梯形图时，要用大量的中间单元来完成互锁、连锁、记忆等功能。设计时往往会遗漏一些应该考虑的问题。修改某一局部电路时，会对其他部分产生意想不到影响。用经验法设计出的梯形图一般很难阅读。别人看不懂，时间长了自己也看不懂。因此，用经验设计法来设计较为复杂的顺序控制是不适宜的，而顺序控制设计法却解决了复杂顺序控制系统程序设计问题。

将逻辑控制看成顺序控制的基本思路：逻辑控制系统在一定的时间内只能完成一定的控制任务。这样，就可以把一个工作周期内的控制任务划分成若干个时间连续、顺序相连的工作段。而在某个工作段，只要关心该工作段的控制任务和什么情况下该工作段结束，转移到下一个工作段就行了。

因此，在顺序控制中，生产过程是按照顺序，一步一步连续完成的。这样，就将一个较复杂的生产过程分解成为若干个工作步骤，每一步对应生产过程中的一个控制任务。即一个工步或一个状态，且每个工作步骤往下进行都需要一定的条件，也需要一定的方向。这就是转移条件和转移方向。

下面以电动机星-三角降压为例说明，表 6.1-1 为其基本元件及功能。图 6.1-1 表示了星-三角降压启动的顺序控制过程，

表 6.1-1　星-三角降压启动基本元件及功能

符　号	名　称	功能说明
SB1	启动信号	启动星–三角降压启动
SB2	停止信号	停止电动机运转
KM1	主接触器	
KM2	星形启动接触器	KM1、KM2 接通为星形启动
KM3	三角形运转接触器	KM1、KM3 接通为三角形运转
SJ	启动时间控制信号	控制星三角转换时间

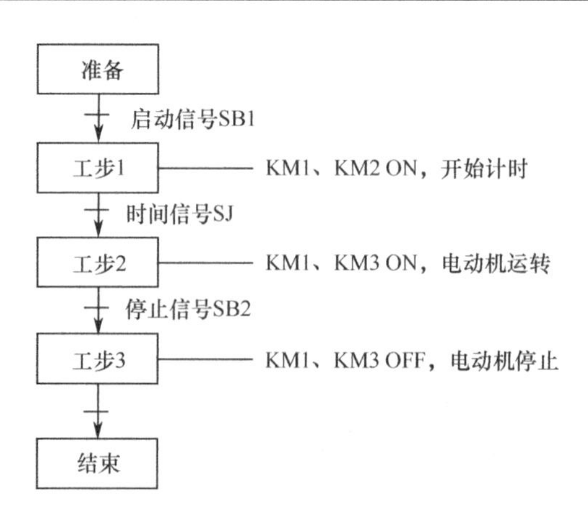

图 6.1-1　星-三角降压启动顺序控制说明

从图 6.1-1 可以看出，每个方框表示一个工步（准备和结束也算作工步）。工步之间用带箭头的直线相连，箭头方向表示工步转移方向，直线旁边为工步之间转移条件，而在每个工步方框的右边写出了该工步应完成的控制任务。

这种用图形来表示顺序控制过程的图形称为控制流程图，也称为顺序控制状态流程图，而顺序功能图就是在状态流程图的基础上发展起来并成为顺序控制的首位编程语言。

【试试，你行的】

（1）什么是顺序控制？顺序控制的特点是什么？试举一例说明。

（2）将逻辑控制看成顺序控制的基本思路是什么？

6.1.2　顺序功能图（SFC）

1．概述

绝大多数逻辑控制系统（包括运动量控制）都可以看成是顺序控制系统，而如何方便、高效地设计顺序控制系统则摆到了工程技术人员的面前。在继电控制系统中，顺序控制是由硬件电路来完成的。早期的继电器式步进选择器，穿孔带式程控器及后来的电子式环形计数器、二极管矩阵板都是硬件电路，其顺序控制设计方法被 PLC 的设计人员所继承。PLC 是一种通过软件设计来完成各种工业控制的控制设备。如何通过梯形图程序来方便、高效地完成顺序控制设计是 PLC 设计人员的一个重要思考。为此，PLC 的设计者专门开发了供设计顺序控制程序用的顺序功能图，为顺序控制设计提供了方便快捷的设计方法。

顺序功能图（Sequential Function Chart）又称状态转移图或功能表图，它是描述控制系统的控制流程功能和特性的一种图形语言。它并不涉及所描述的控制功能的具体技术，是一种通用的技术语言，很容易被初学者所接受，也可以供不同专业之间的人员进行技术交流使用。

顺序功能图已被国际电工委员会（IEC）在 1994 年 5 月公布的“IEC 可编程序控制器标准 IEC1131”中确定为 PLC 的居首位的编程语言。用 SFC 编制的程序可以称之为 SFC 程序。SFC 虽然是居首位的 PLC 编程语言，但目前仅仅作为组织编程的工具使用，SFC 程序不能为 PLC 所执行。因此，还需要其他编程语言（主要是梯形图）将 SFC 程序转换成 PLC 可执行的程序。在这方面，三菱 FX 系列 PLC 的步进指令 STL 是最好的设计，用 STL 指令可以非常方便地（一边看 SFC，一边写出梯形图）把 SFC 程序转换成梯形图程序。同时，三菱编程软件 GX Developer 和 GX WORK2 都为 SFC 程序专门开发了 SFC 块图编辑功能。SFC 块图就是 SFC 程序的图形体现。只要按照所画出的 SFC 流程，根据 SFC 块图的编辑要求，可以很快地在 SFC 块图界面上编制出和 SFC 程序一样的图形程序。这个 SFC 块图图形程序可以利用软件马上转换成相应的梯形图程序，也可以直接下载到 PLC 中去执行。

2．SFC 的组成

SFC 是用状态元件描述工步状态的工艺流程图。它通常由步（初始步、活动步、一般步）、有向连线、转移条件、转移方向及命令和动作组成。

1）步（状态）

SFC 中的步是指控制系统的一个工作状态，为顺序相连的阶段中的一个阶段。SFC 就由这些顺序相连的步所组成。在三菱 FX PLC 中，把步称为“状态”，即一个步就是一个工作状态，下面就以“状态”术语代替“步”进行分析。

状态又分为“初始状态”和“激活状态”（也即“初始步”和“活动步”）。

- 初始状态

系统的初始状态为系统等待启动命令而相对静止的状态。初始状态可以有命令与动作，也可以没有命令和动作。在 SFC 中，初始状态用双线矩形框表示，如图 6.1-2 所示。

- 状态

状态即步，除初始状态以外的状态均为一般性状态。每一个状态相当于控制系统的一个阶段。状态用单线矩形框表示，如图 6.1-2 所示。状态框（包括初始状态框）中都有一个表示该状态的元件编号，称之为状态元件。状态元件可以按状态顺序连续编号，也可以不连续编号。

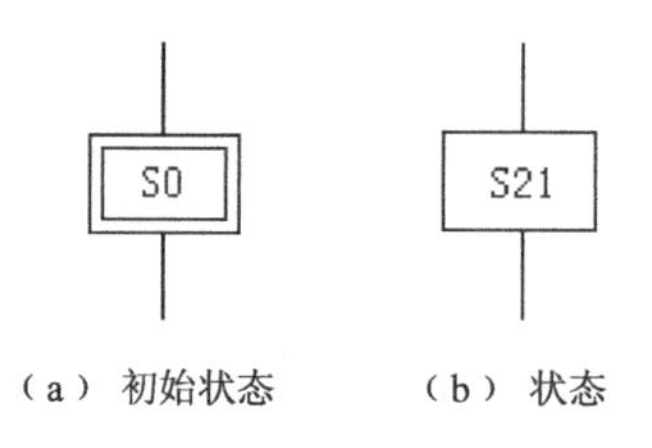

图 6.1-2　初始状态与状态

- 活动状态

在 SFC 中，如果某一个状态被激活，则这个状态为活动状态，又称活动步。状态被激活的含义：该状态的所有命令与动作均会得到执行，而未被激活的状态中的命令与动作均不能得到执行。在 SFC 中，被激活的状态有一个或几个，当下一个状态被激活时，前一个激活状态一定要关闭。整个顺序控制就是这样逐个状态被顺序激活从而完成全部控制任务。

2）与状态对应的命令和动作

命令是指控制要求，而动作是指完成控制要求的程序。与状态对应则是指每一个状态中所发生的命令和动作。在 SFC 中，命令和动作是用相应的文字和符号（包括梯形图程序行）写在状态矩形框的旁边，并用直线与状态框相连。

状态内的动作有两种情况，一种称之为非保持性，其动作仅在本状态内有效，没有连续性，当本状态变为非激活状态时，动作全部 OFF；另一种称之为保持性，其动作有连续性，它会把动作结果延续到后面的状态中去。例如“启动电动机运转并保持”则为保持型命令和动作，它要求在该状态中启动电动机，并把这种结果延续到后面的状态中去。而“启动电动机”可以认为其非保持性指令，它仅仅指在该状态中启动电动机，如果该状态被关闭，则电动机也会停止运转。命令和动作的说明中应对这种区分有清楚的表示。

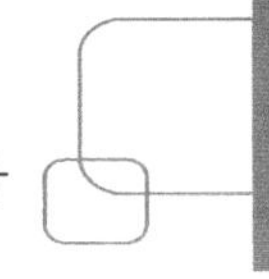

3）有向连线

有向连线是状态与状态之间的连接线，它表示了 SFC 各个状态之间成为活动状态的先后顺序，如图 6.1-2 状态方框所示的上、下直线。一般活动状态的进展方向习惯从上到下，因此，这两个方向上有向连线箭头可以省略。如果不是上述方向，例如，发生跳转、循环等，必须用带箭头的有向连线表示转移方向。当顺序控制系统太复杂时，会产生中断的有向连线，这时，必须在中断处注明其转移方向。

4）转移与转移条件

两个状态之间用有向连线相连，与有向连线相垂直的短画线表示转移，转移将相连的两个状态隔开。状态活动情况的进展是由转移条件的实现来完成的，并与控制过程的发展相对应。状态与状态之间的转移必须条件满足时才能进行，转移条件可以是信号、信号的逻辑组合等。在 SFC 中，转移条件常用图形符号或逻辑代数表达式标注在短画线旁边，如表 6.1-2 所示。

表 6.1-2　转移条件图形符号或逻辑代数表达式

转 移 条 件	图形符号标注	逻辑代数表达式标注	对应梯形图
常开	X1	X1	X1
常闭	$\overline{X1}$	$\overline{X1}$	X1
与	X2 X3	X2 · X3	X2　X3
或	X2　X3	X2+X3	X2 X3
组合	X2　$\overline{X2}$ X3　X4	(X2 · X3)+(X2 · X4)	X2　X3 $\overline{X2}$　X4

状态、有向连线、转移和转移条件是 SFC 的基本要素，一个 SFC 就是由这些基本元素构成，见图 6.1-3。

3. SFC 程序的特点

通过上面的介绍和分析可知，SFC 程序与其他 PLC 程序最大的区别是 SFC 程序在执行过程中，始终只有一个状态（即活动状态）的命令和动作得到执行，而其他状态的命令和动作均无效。这一点给程序设计带来了很大的方便，编程人员只要根据时序确定程序步，并考虑各步的命令和动作及步与步之间的转移条件，便可以完成程序设计。完全不需要像梯形图那样考虑各个输入、输出之间的连锁、互锁关系，也不需要考虑双线圈、程序扫描等所产生的程序执行问题。这种程序设计方法对设计人员的需求极低，很容易上手，使初学者感到 PLC 学习和应用并不难，对 PLC 的普及和推广非常有利。

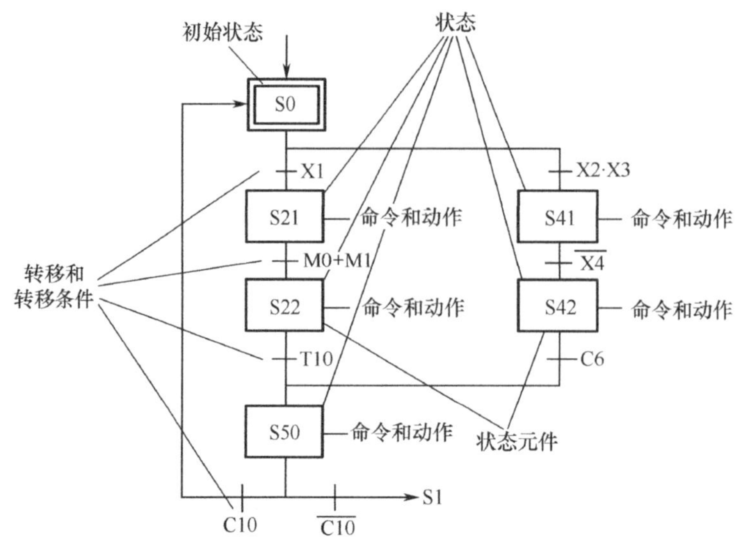

图 6.1-3　SFC 组成结构图

【试试，你行的】

（1）SFC 的基本要素是什么？

（2）什么是 SFC 的状态、初始状态和活动状态？活动的状态的特点是什么？

（3）SFC 的状态的动作有哪两种？它们的区别在哪里？

（4）有向连线的含义是什么？

（5）试将图 P6.1-1 之转移条件用梯形图表示。

（6）说明图 P6.1-2 中从哪个状态转移到哪个状态？转移条件是什么？

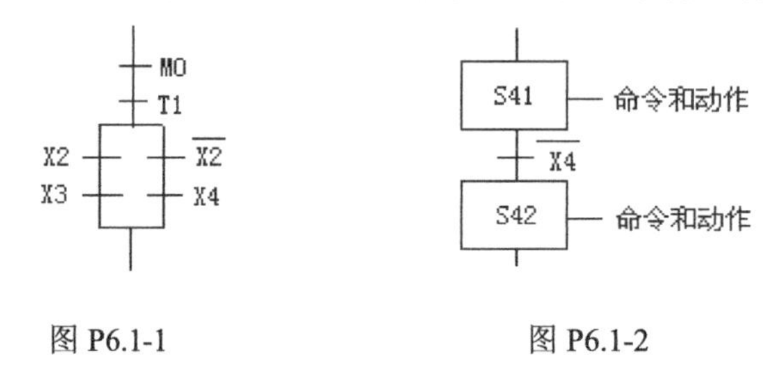

图 P6.1-1　　图 P6.1-2

（7）SFC 程序执行的特点是什么？它与梯形图程序有什么不同？

6.1.3　SFC 的基本结构

SFC 按其流程可分为单流程 SFC 和分支 SFC 两大类结构，分支 SFC 又有选择性分支、并列性分支和流程跳转、循环等。

1．单流程结构

当 SFC 仅有一个通道时，称为单流程结构。单流程的特点是从初始状态开始，每一个状态后面只有一个转移，每一个转移后面只有一个状态，如图 6.1-4 所示。

在单流程 SFC 中，由初始状态 S0 开始，按上下顺序依次将各个状态激活，但在整个控制周期内，除转移瞬间外，只能有一个状态处于激活状态。也就是只有一个状态是工作状态。其中的命令和动作正在被执行。不允许出现两个或两个以上状态同时被激活，单流程 SFC 只能有一个初始状态。

单流程结构是最简单的 SFC，容易理解也容易编写。

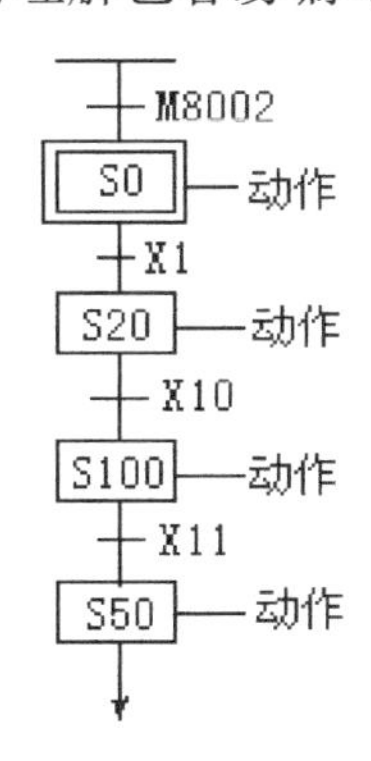

图 6.1-4　单流程 SFC

2. 选择性分支与汇合

当 SFC 有两个或两个以上的流程通道时，便称之为分支。根据分支的性质不同，有选择性分支和并行性分支。

选择性分支含义是，当由单流程向分支转移时，根据转移条件成立与否只能向其中一个流程进行转移。它是一种多选 1 的过程，如图 6.1-5 所示。状态 S20 只能向 S21，S50，S40 三个状态中之一转移。

多个流程向单流程进行合并的结构称汇合。同样，汇合也有选择性汇合和并行性汇合之分。

选择性汇合是指当分支流程向单一流程合并时，只有一个符合转移条件的分支转换到单流程的状态。如图 6.1-6 所示，S20，S50，S40 三个状态只能有一个向 S21 转移。

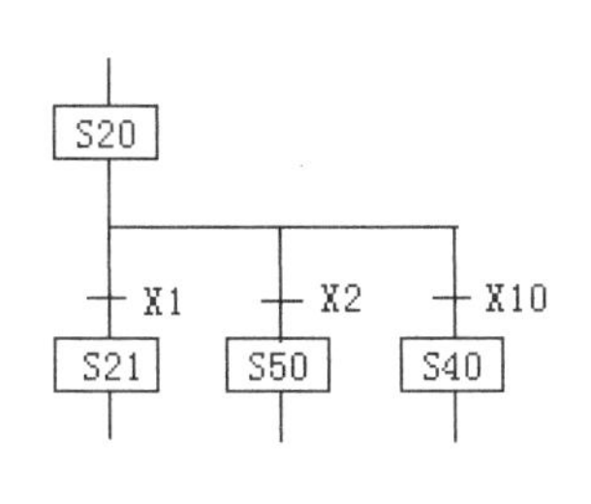

图 6.1-5　选择性分支

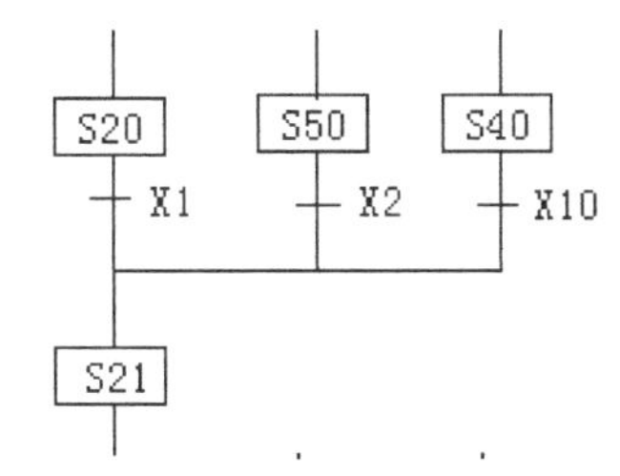

图 6.1-6　选择性分支汇合

3. 并行性分支与汇合

并行性分支为单流程向多分支流程转移时，多分支的转移条件均相同。一旦转移条件成立，则同时激活各个分支流程。在编制 SFC 时，为了区别选择性分支与并行分支，规定了选择性分支用单线表示，且各个分支均有其转移条件，而并行性分支用双线表示，只允许有一个条件。并行性分支如图 6.1-7 所示，当 X1 为 ON 时，状态 S20 同时向 S21，S50，S40

转移，S21，S50，S40 同时被激活，同时执行其命令和动作。

并行性分支的各个分支流程向单流程合并称并行性汇合。当每个流程都完成且转移条件成立时，单流程状态被激活。如图 6.1-8 所示，当 S20，S50，S40 三个状态动作均结束，且转移条件 X2 成立时，激活状态 S21。

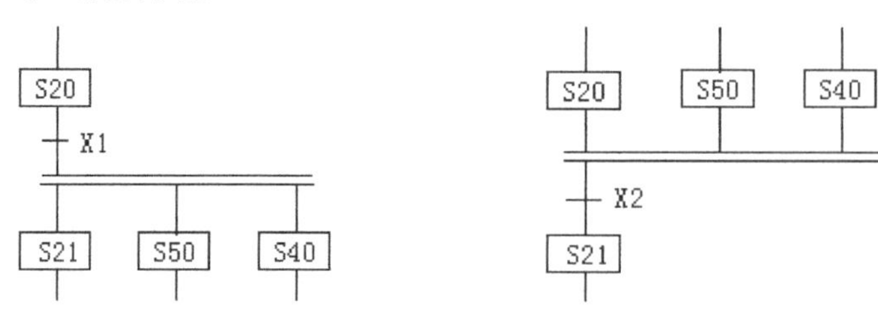

图 6.1-7　并行性分支　　　　图 6.1-8　并行性分支汇合

SFC 程序中分支和分支汇合是两个独立的概念，一般来说，在一个 SFC 程序流程中，当单流程向多流程转移时，就形成了分支。而形成分支后，仅仅又发生所形成的分支流程向一个单流程转移时，才称为汇合。也就是说，某些控制要求可能会形成有分支而无汇合的流程，这种情况也是正常的 SFC 程序。通常，把有分支也有汇合的分支流程称为选择性分支或并行性分支 SFC 程序，而把有分支没有汇合的分支流程称为分支，对某些特殊性的分支有一定的叫法，例如，跳转、分离、重复、循环等。

4. 跳转、重复和循环

SFC 除了上述几种类型外，还存在一些非连续性的状态转移类型。

1）跳转与分离

当 SFC 中某一状态在转移条件成立时，跳过下面的若干状态进行转移，这是一种特殊的转移，它与分支不同的是它仍然在本流程里转移。如图 6.1-9 所示，如果转移条件 X1=OFF，X2=ON，则状态 S20 直接跳转到状态 S40 去执行转移激活，而 S21，S50 则不再被顺序激活。

如果跳转发生在两个 SFC 程序流程之间，则称为分离。这时，跳转的转移已不在本流程内，跳转到另外一个流程的某个状态，如图 6.1-10 所示。

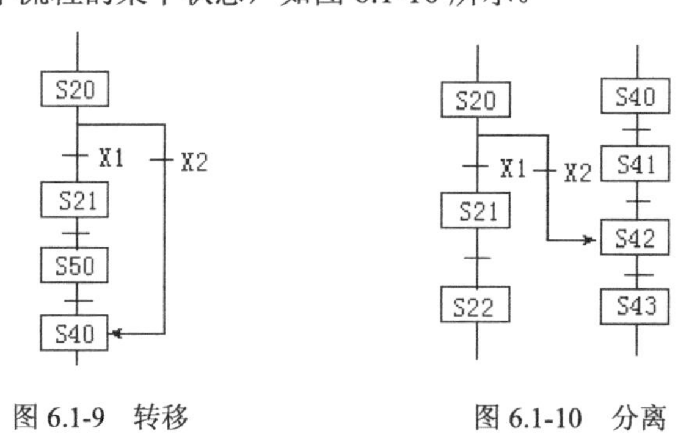

图 6.1-9　转移　　　　图 6.1-10　分离

2）重复与复位

重复就是反复执行流程中的某几个状态动作，实际上这是一种向前的跳转。重复的次数由转换条件确定，如图 6.1-11 所示。如果只是向本状态重复，称为复位，如图 6.1-12 所示。

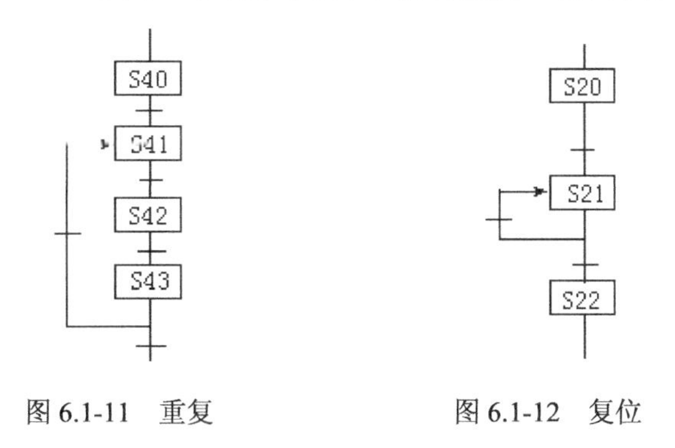

图 6.1-11 重复　　图 6.1-12 复位

3）循环

在 SFC 流程结束后，又回到了流程的初始状态，则为系统的循环。回到初始状态有两种可能，一种是自动开始一个新的工作周期；另一种可能是进入等待状态，等待指令才开始新的工作周期。具体由初始状态的动作所决定，循环如图 6.1-13 所示。

上面介绍的 SFC 结构仅是一些基本的结构形式。一般而言，除了比较简单的控制系统可以直接采用基本结构编制 SFC 外，稍微复杂一些的控制系统都需要将不同的基本结构组合在一起，才能组成一个完整地 SFC。

5. SFC 程序编写注意

SFC 在编程时需要注意以下几点：

（1）在 SFC 中，必须有初始状态，一个 SFC 程序流程必须有一个初始状态，它必须位于 SFC 的最前面，它是 SFC 程序在 PLC 启动后能够立即生效的基本状态，也是系统返回停止位置的状态。初学者在画 SFC 时容易忽略这一点。

（2）状态与状态之间不能直接相连，必须有转移将它们隔开，如图 6.1-14 所示。

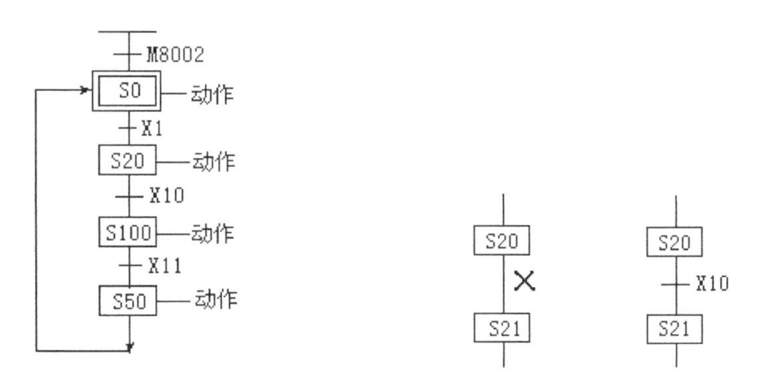

图 6.1-13 循环　　图 6.1-14 状态与状态之间的连接

（3）转移与转移之间不能直接相连，必须用状态将它们隔开，这种情况多发生在一个状态向分支发生转移或分支向一个状态转移时。如图 6.1-15 所示为两个分支情况，由于每个支路都需要不同的转移条件。发生了转移与转移直接相连的情况[图 6.1-15(a)]，这时，可采用合并转移条件的方法解决，如图 6.1-15（b）所示。

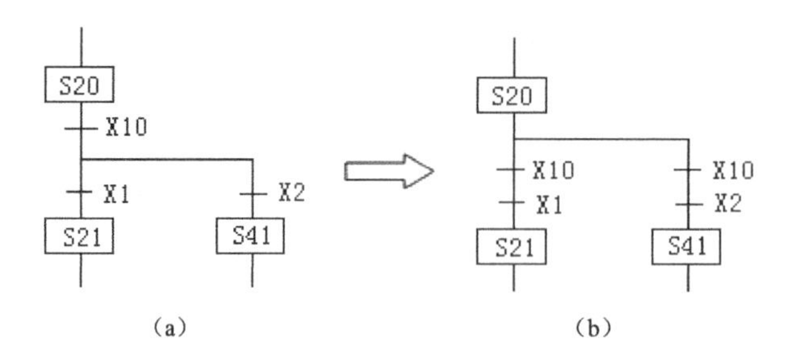

图 6.1-15　转换条件合并之间的连接

转移与转移之间直接相连的另外一种情况多发生在分支汇合向分支转移时，如图 6.1-16 所示。这时应在汇合和分支间插入空状态解决，如图 6.1-17 所示。所谓空状态是指该状态中不存在命令和动作，仅存在转移条件与转移。这是一种人为对转移条件进行隔离的措施。空状态的加入必须符合上面所述的选择性分支与汇合，并行性分支与汇合的转移条件。

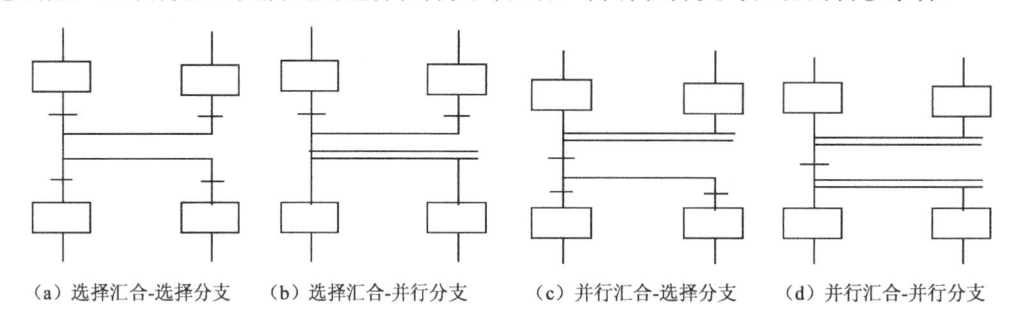

图 6.1-16　分支汇合-分支转移

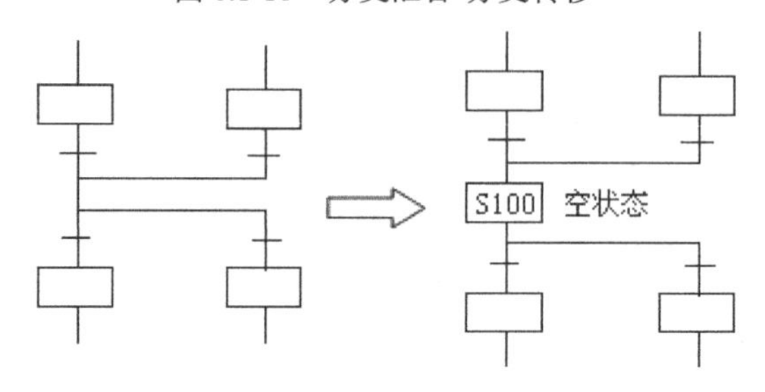

图 6.1-17　插入空状态的连接

(4) 在 SFC 中，某些正确的分支流程会得不到执行或执行要等待动作出现，应注意避免。

如图 6.1-18 所示，在并行分支后出现了有选择性分支或在选择性分支后出现了并行性汇合，程序都不能被执行。

图 6.1-19 为流程发生交叉的 SFC 程序。图 6.1-19 (a) 中在 a 处发生交叉，SFC 不允许发生流程交叉，但如果修改图 6.1-19 (b)，可得到执行。

如图 6.1-20 所示 SFC 混合分支流程，都可以编程并执行，但在实际运行中，会等候动作状态出现，使程序不能继续运行。如图 6.1-19 (a) 所示，如果执行 B 流程，不会出现等候状态，但如果选择了 A 流程，当执行到 S22 时，由于是并行性汇合，它必须等候 S40 被激活后才能往下转移，而 S40 又是不可能被激活的，这就出现了在并行汇合处长期等候状态发生，使程序不能往下转移。因此，应尽量避免出现这种存在等候状态的混合分支的 SFC 流程。同样，在图（b）中，也存在类似情况，读者可自行分析。

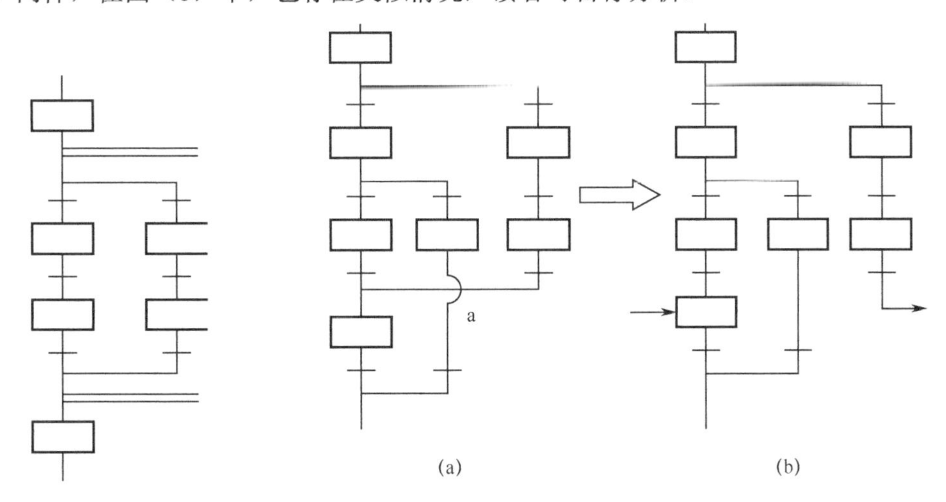

图 6.1-18　不被执行 SFC 程序　　　　图 6.1-19　流程交叉 SFC 程序

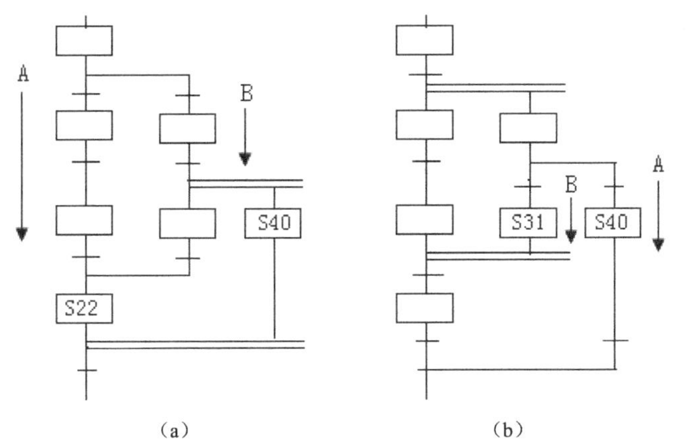

图 6.1-20　等候执行 SFC 程序

【试试，你行的】

（1）SFC 的分支结构有哪两种，每种的含义是什么？试各举一控制实例说明。

（2）图 P6.1-3 中，哪个图形是选择性分支？哪个图形是并行性分支？

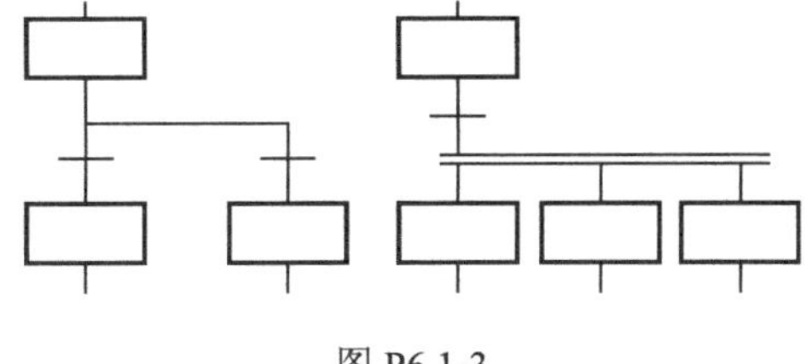

图 P6.1-3

（3）试叙述在 SFC 中跳转、分离、重复、复位和循环的动作含义。

（4）SFC 编程时要注意哪几点？

（5）试画出图 6.1-16 之（b），（c），（d）的插入空状态的 SFC 图。

6.1.4　SFC 的梯形图编程方法

1．编程原则

如前所述，SFC 虽然是居首位的 PLC 编程语言，但目前仅仅作为组织编程的工具使用，不能为 PLC 所执行，因此，还需要其他编程语言（主要是梯形图）将它转换成 PLC 可执行的程序。根据 SFC 设计梯形图的方法，称为 SFC 的编程方法。SFC 是由一个状态一个状态顺序组合而成，各个状态的不同点就是在各自的状态中所执行的命令和动作不同，其他的控制是相同的。因此，只要能设计出针对一个状态的控制梯形图，就能完成 SFC 对梯形图的转换。下面结合图 6.1-21 对一个状态的控制要求进行说明。

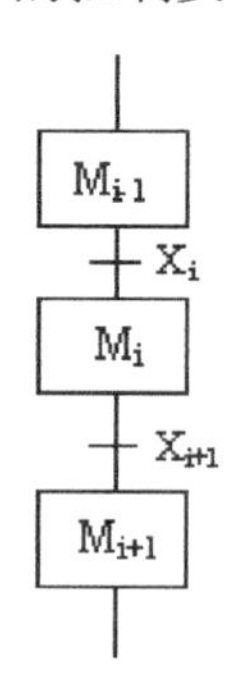

图 6.1-21　SFC 图

图 6.1-21 是一个顺序相连的三个状态的 SFC，用辅助继电器 M 表示状态的编号，当某个状态被激活时，其辅助继电器为 ON，取 M_i 状态来说明状态的控制要求。

（1）M_i 被激活的条件是它的前步 M_{i-1} 为激活状态（活动步）且转移条件 X_i=ON。当 M_i 激活后，前步 M_{i-1} 变为非激活状态。

（2）通常，转移条件 X_i 大都为短信号，因此，M_i 被激活后，能够自保持一段时间以保证状态内控制命令和动作的完成。

（3）当转移条件 X_{i+1} 成立，M_{i+1} 状态被激活后，M_i 应马上变为非激活状态（非活动步）。

以上三点为 SFC 中各个状态（初始状态除外）控制要求的共同点，即状态的梯形图编程的原则。

目前，常用 SFC 的编程方法有三种，一是应用启保停电路进行编程，二是应用置位/复位指令进行编程，三是应用 PLC 特有的 STL 步进顺控指令进行编程。不管哪种编程方法，均必须满足上面编程三原则的控制要求。

在三种编程方法中，提倡应用 STL 步进指令法，下面对前面两种方法只作一般性介绍（仅用单流程结构说明），重点放在 STL 步进指令法的介绍（见 6.2 节）。如想进一步了解启保停电路和置位/复位指令进行 SFC 梯形图编程，可参阅相关书籍和资料。

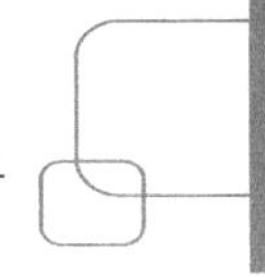

2. 应用启保停电路的 SFC 编程方法

启保停电路是最基本的梯形图电路，它仅仅使用基本的逻辑指令，而任何一种品牌的 PLC 指令系统都会有这些指令。因此，这种编程方法是通用的编程方法，可用于任一品牌任一型号的 PLC。

根据编程三原则设计的 SFC 状态控制梯形图如图 6.1-22 所示，图中已经把三原则的应用一并说明清楚。

对初始状态来说，如果仍按照一般状态编程，当 PLC 开始运行后，由于全部状态都处于非激活状态，初始状态不能激活，这样整个系统将无法工作。因此，对初始状态 M0 来说，应在其转移激活条件电路上并联启动脉冲 M8002，如图 6.1-23 所示。这样，一开机 M0 就被激活，系统进入工作状态。图中 Mn 为最终状态，X1 为转移条件。

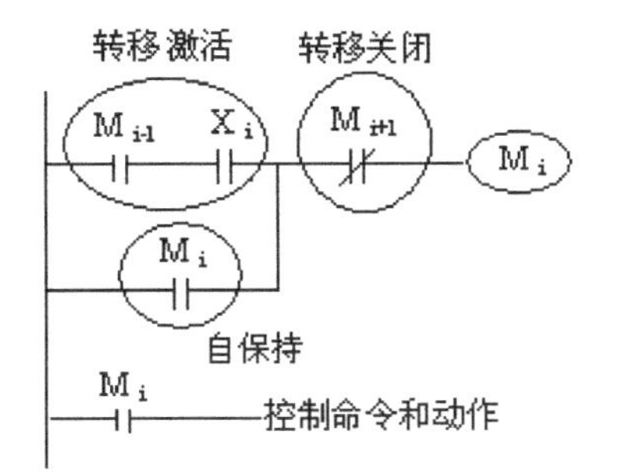

图 6.1-22　启保停电路的 SFC 状态梯形图

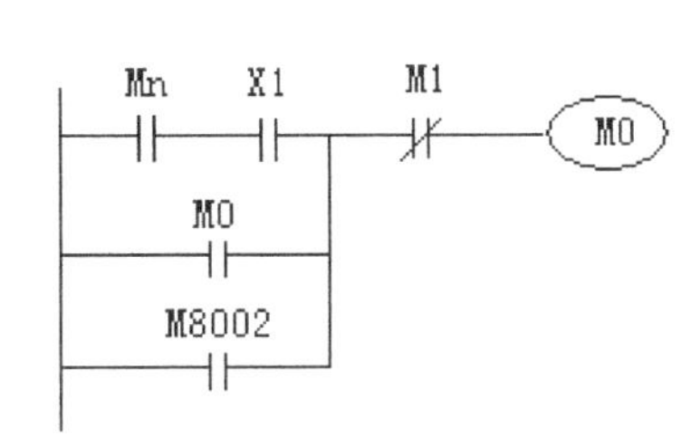

图 6.1-23　启保停电路的初始状态梯形图

【例 6.1-1】 试根据图 6.1-24 所示 SFC 编制应用启保停电路之 SFC 梯形图程序。

梯形图程序见图 6.1-25。

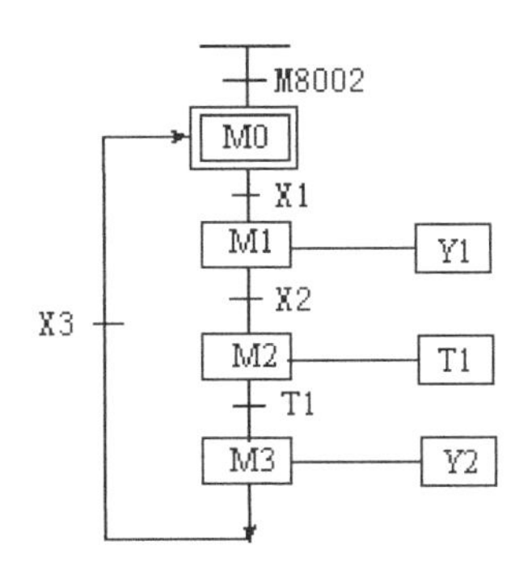

图 6.1-24　例 1 SFC

3. 应用置位/复位指令的 SFC 编程方法

如果用指令 SET 在激活条件成立时激活本状态并维持其状态内控制命令和动作的完成，用指令 RST 将前步状态变为非激活状态，这就是置位/复位指令 SFC 的编程方法。这种编程方法与转移之间有着严格的对应关系。用它编制复杂的 SFC 时，更能显示出它的优越性。图 6.1-26 为这种方法的单流程状态梯形图。同样，初始状态也必须用 M8002 来激活。

```
      M3      X003     M1
0  ---| |------| |--+---|/|----------------------(M0    )
      X000          |
   ---| |-----------+
      M8002         |
   ---| |-----------+

      M0      X001     M2
6  ---| |------| |--+---|/|----------------------(M1    )
      M1            |
   ---| |-----------+

      M1      X002     M3
11 ---| |------| |--+---|/|----------------------(M2    )
      M2            |
   ---| |-----------+

      M2      T1       M0
16 ---| |------| |--+---|/|----------------------(M3    )
      M3            |
   ---| |-----------+

      M1
21 ---| |----------------------------------------(Y001  )

      M2                                               K50
23 ---| |----------------------------------------(T1    )

      M3
27 ---| |----------------------------------------(Y002  )

29 ----------------------------------------------[END   ]
```

图 6.1-25　例 1 程序梯形图

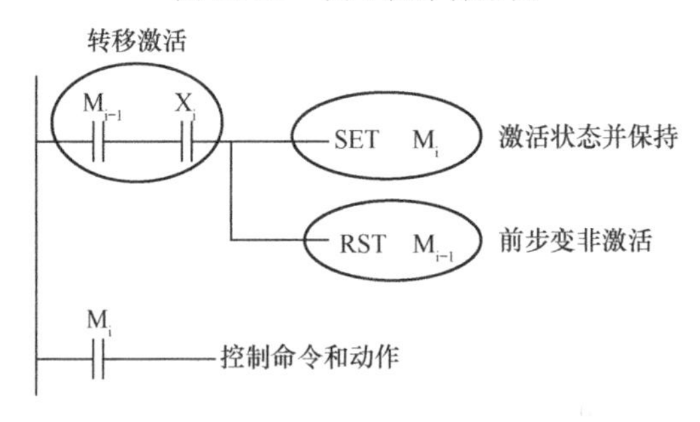

图 6.1-26　置位/复位的 SFC 状态梯形图

【例 6.2-2】 如图 6.1-27（a）所示为两条输送带顺序相连，为了防止物料在 2 号带上堆积，要求 2 号带启动 5s 后，1 号带开始运行。停机的顺序和启动的顺序相反，1 号带停止 5s 后，2 号带才停止。试画出 SFC 和用置位/复位编程方法编制程序的梯形图。

SFC 见图 6.1-27（b），程序梯形图见图 6.1-28。

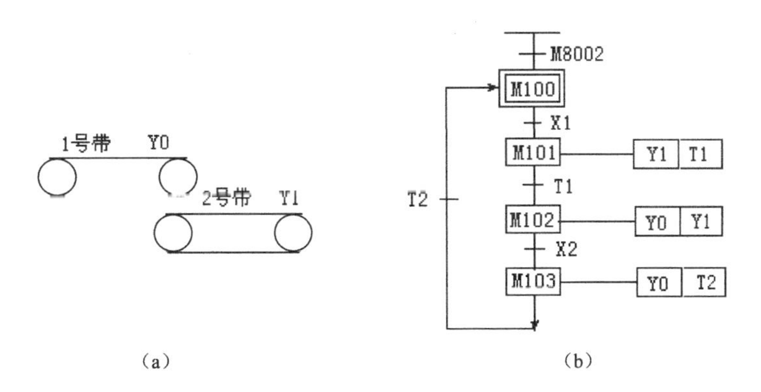

图 6.1-27　例 2 示意图和 SFC

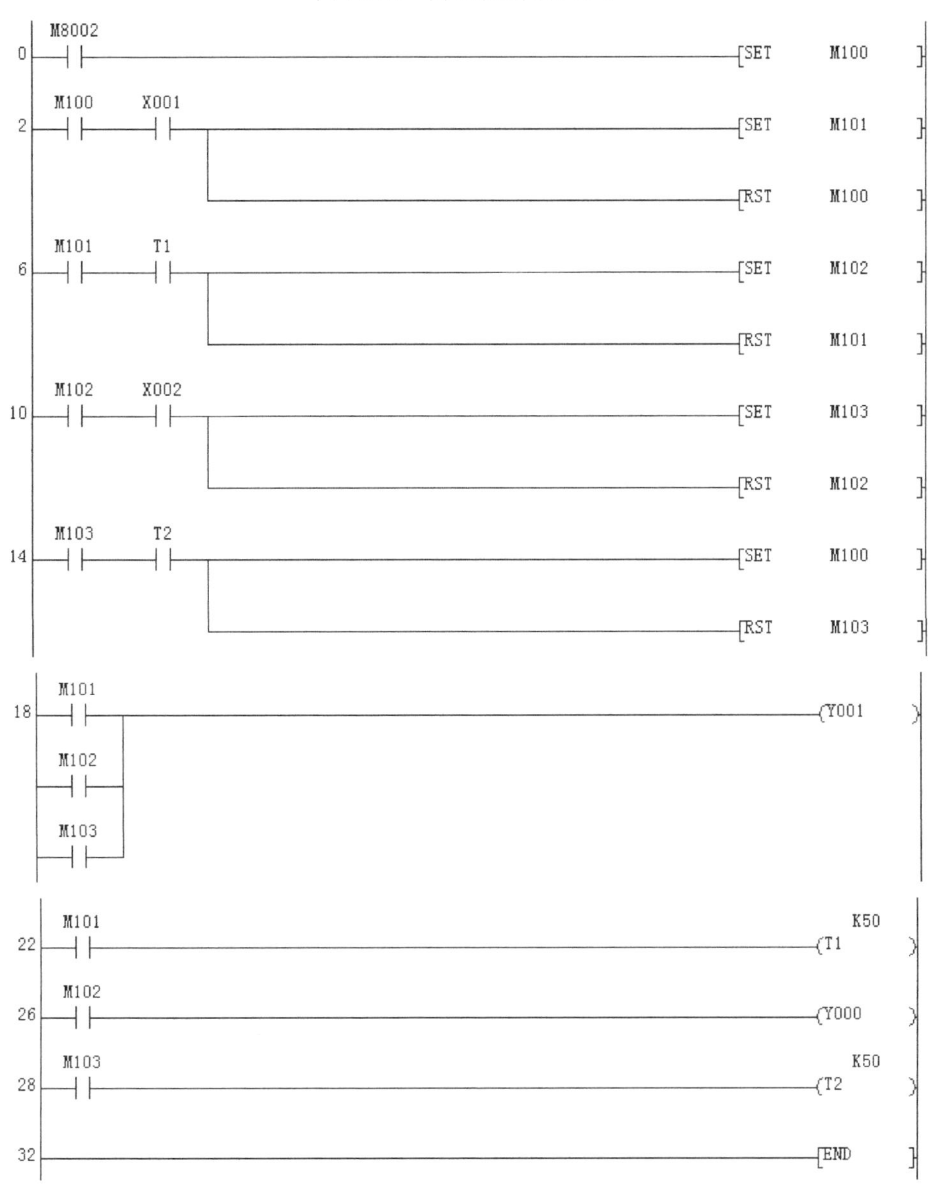

图 6.1-28　例 2 程序梯形图

【试试，你行的】

（1）试用置位-复位指令法的SFC编程方法编写【例6.1-1】之梯形图程序。
（2）试用启保停电路的SFC编程方法编写【例6.1-2】之梯形图程序。

6.2 步进指令STL和步进梯形图

6.2.1 SFC功能图在GX编程软件中的编程方法

如前所述，SFC虽然是居首位的PLC编程语言，但目前仅仅作为组织编程的工具使用，不能为PLC所执行，因此，还需要其他编程语言（主要是梯形图）将它转换成PLC可执行的程序。在GX Developer编程软件中，SFC功能图可以有三种不同的编程方法，如图6.2-1所示。

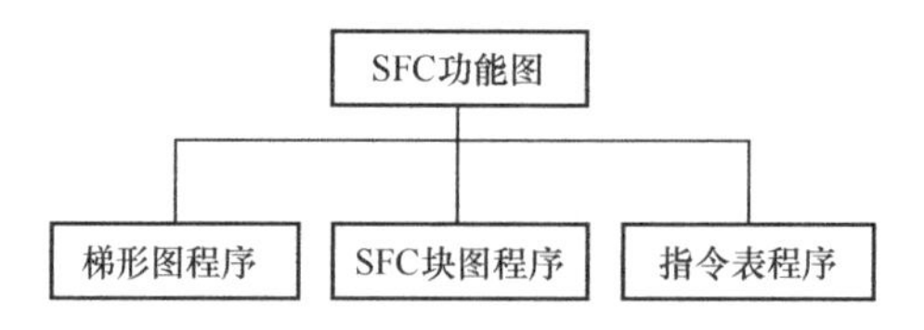

图6.2-1 GX软件中SFC编程方法

（1）梯形图程序。这是最通用的SFC编程方法，在GX Developer编程软件中，在梯形图编程界面，可以一边看SFC功能图，一边编辑STL指令步进梯形图。这是三菱FX系列PLC的一个非常优秀的SFC编程特点，易学、易理解、易用。本章主要介绍这种编程方法。

（2）SFC块图程序。这是一种类似于功能图的图形程序，在GX Developer编程软件的SFC块图程序编程界面编辑，本书第8章详细介绍了这种方法，它使了解SFC程序的流程非常直观、简洁、方便，梯形图程序则做不到这一点。SFC块图是按照SFC编程语言标准开发的，因此，SFC块图的编辑必须符合SFC编程流程标准的各种规定。这一点是和直接用STL指令编制步进梯形图有区别的。例如，在步进梯形图可以不加空操作，而在SFC块图的编辑中，在某些情况下，必须要加空操作才符合SFC编程语言的规定。

在GX Developer编程软件中，梯形图程序和SFC块图程序互相之间可以进行转换。一般来说，SFC块图均能转换成步进梯形图，但步进梯形图如果存在不符合SFC块图标准的情况，则不能转换成SFC块图。

（3）指令语句表程序。它是由一条条指令组成的程序，目前没有人采用这种方法编辑程序。在GX Developer编程软件中，指令语句表程序和梯形图程序互相之间可以进行转换，而在GX Work2编程软件中，已经取消了这种转换。

在三种编程方法中，指令语句表已经淘汰，梯形图程序和SFC块图程序都在使用。在GX Developer编程软件中，这两种方法编辑的SFC程序都可以直接下载到PLC中去。但这两种方法还是有区别的。直接编辑梯形图要求编程人员熟练掌握 SFC 功能图和 STL 指令步进梯形图之间的对应关系，这样才能正确地一边看 SFC 功能图，一边编辑 STL 指令步进梯形图。而 SFC 块图编辑则要求编程人员熟练掌握 SFC 图形编程的各种规定和 GX 软件 SFC 块图的编辑方法，才能编辑出符合要求的图形程序。初学者往往会碰到学哪种方法好的问题。编者的意见是，初学者开始学习时，先学习梯形图程序的编辑，这是因为梯形图程序比较适用于单流程和简单分支流程的程序，通过梯形图程序的编辑可以了解 STL 指令步进梯形图的结构和编程规则，这些规则也适用于 SFC 块图的编辑，然后再学习 SFC 块图的编辑，并熟练掌握 SFC 块图的编辑方法，而在以后的实际应用中则应以 SFC 块图程序为主编辑 SFC 程序。因此，掌握 SFC 块图程序编辑是学习重点。

在这一节中，重点介绍 STL 指令步进梯形图的编辑，而在第 8 章中，详细讲解 GX Developer 编程软件中 SFC 块图程序的编辑。

【试试，你行的】

（1）三菱 SFC 功能图在 GX　Developer 编程软件中有哪三种编程方法？

（2）步进梯形图程序和 SFC 块图程序有什么不同？应该先学习哪一种编程方法？为什么？

6.2.2　步进指令 STL 与状态元件 S

为方便顺控系统的梯形图程序设计，各种品牌的 PLC 都开发了与 SFC 有关的指令。在这类指令中，三菱 FX 系列 PLC 的步进指令 STL 是设计得最好、最具有特色的。使用 STL 指令，可以很方便地从 SFC 程序直接写出梯形图程序，程序编制十分直观、有序，初学者易于学习理解、易于实际应用，可以节省大量的设计时间。同时，也非常方便工控人员阅读和交流。

1．步进指令 STL

步进指令 STL 又叫步进梯形指令。STL 指令必须和状态继电器 S 一起组成一个常开触点。为与一般继电器触点相区别，称为 STL 触点。STL 触点在梯形图中的表示因编程软件的不同而不同，三菱的三代编程软件 STL 触点的表示如图 6.2-2 所示。

早期的软件 FXGP 中用空心的常开触点格式表示，见图 6.2-2（a）。GX 软件直接用与母线相连的 STL 指令表示，见图 6.2-2（b）。而在三菱综合软件 GX Works2 中，有两种表示方式，一种与 GX 软件相同，另一种可变为以触点格式显示，见图 6.2-2（c）。

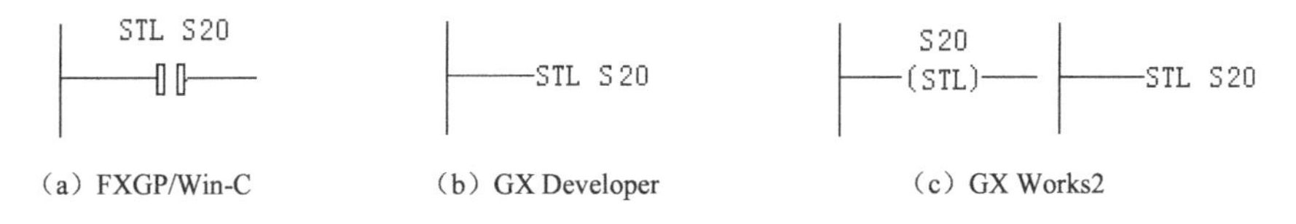

（a）FXGP/Win-C　（b）GX Developer　（c）GX Works2

图 6.2-2　STL 触点在梯形图中表示

本书在梯形图中采用的是 GX Developer 编程软件表示的方法，见图 6.2-2（b），但编者感到理解和阅读指令步进梯形图，用触点格式表示比用直接与母线相连的指令表示容易理解和阅读。图 6.2-3 为一个状态的 SFC 功能图的两种软件梯形图表示方式的对比图示。

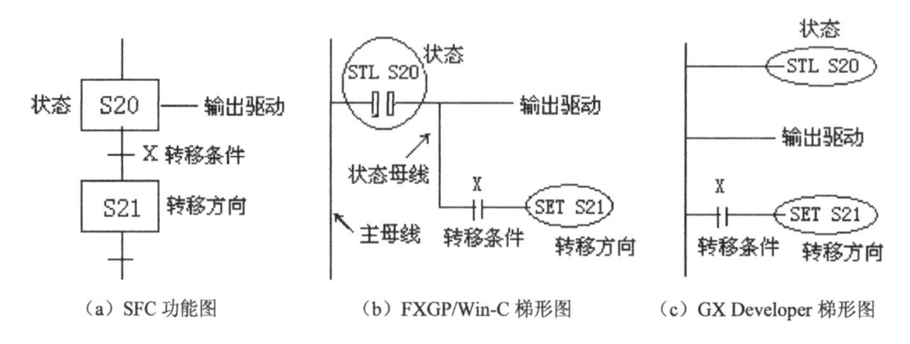

（a）SFC 功能图　（b）FXGP/Win-C 梯形图　（c）GX Developer 梯形图

图 6.2-3　SFC 功能图与其对应 STL 指令梯形图表示

早期的 FXGP/Win-c 编程软件 STL 指令生成的是一个空心的常开触点，称为 STL 触点。STL 触点一边和主母线相连，一边生成状态母线。与状态母线相连的是完成控制命令和动作（下称输出驱动）的梯形图程序，最后一行梯形图程序是转移条件和转移方向。转移条件为转移方向的驱动，转移方向固定由 SET 或 OUT 指令表示，其操作数 S21 表示转移的状态是 S21。因此，一个 STL 触点就表示了 SFC 控制流程中的一个状态（或一步），整个顺序控制就是由许多 STL 触点组成，控制流程就是在这些 STL 触点所表示的状态中一步一步地完成。

PLC 不执行处于断开状态的 STL 触点与状态母线相连的驱动程序和转移程序。在没有并行性分支时，整个顺序控制只能有一个 STL 触点接通，因此使用 STL 指令可以显著缩短用户程序的执行时间，提高 PLC 的输入、输出响应速度。

STL 指令执行过程：如果 STL 触点闭合（也就是状态被激活），其状态母线上的梯形图处于工作状态，输出驱动得到执行。当转移条件成立时，使下一个 STL 触点闭合（激活下个状态）。同时，自动地断开自身的 STL 触点（变为非激活状态）。

在 GX Developer 编程软件中，取消了空心触点，也取消了状态母线，而用直接与母线相连的 STL 指令表示状态。状态里的输出驱动和转移条件、转移方向梯形图程序都直接与母线相连。显然，这种表示方法不如 FXGP/Win-c 编程软件容易理解。但由于 FXGP/Win-c 编程软件已基本淘汰，所以，读者要从上述讲解去掌握 GX Developer 编程软件的 SFC 梯形图程序的编制。下面均以 GX Developer 编程软件 SFC 梯形图为例讲解。

由于不需要考虑把前一状态变为非激活状态的编程，STL 触点的操作就是如图 6.2-2 所示的三个操作内容：输出驱动、转移条件和转移方向，这三个操作被称为 STL 指令三要素。在某些状态中，输出驱动操作可以没有（称空操作）。在某些情况下，转移条件也可以没有，这时，STL 触点本身就是转移条件，即 STL 触点直接与表示转移方向的 STL 或 OUT 指令相连，梯形图程序如图 6.2-4 所示。

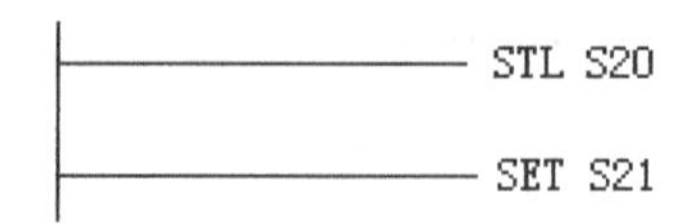

图 6.2-4　空操作、无转移条件 STL 指令梯形图

2. 步进返回指令 RET

RET 指令为步进返回指令，它的出现表示 SFC 流程的结束，SFC 程序返回普通的梯形图程序。一个 SFC 控制流程仅需一条 RET 指令，放在最后一个 STL 触点梯形图程序的最后一行，如图 6.2-5 所示。

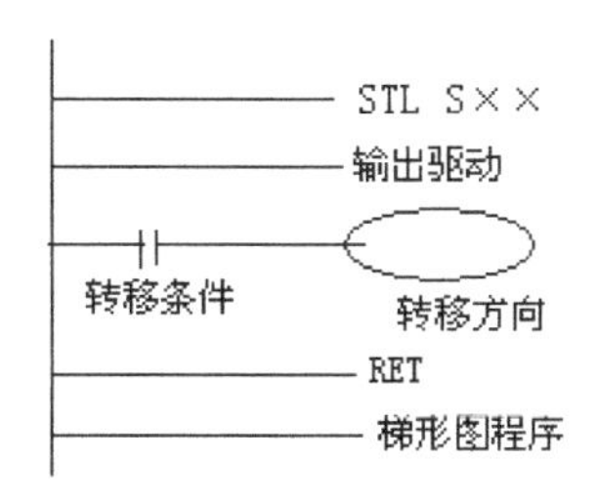

图 6.2-5　RET 指令图示说明

RET 指令可以在程序中多次编写。如果程序中有几个 SFC 块程序流程，则每个 SFC 块流程都必须有 RET 指令。当梯形图块和 SFC 块混在一起的时候，分别在每个 SFC 块的最后编写 RET 指令。如果没有编写 RET 指令，程序会出错并停止运行。

3. 状态继电器 S

状态继电器 S 是三菱 FX PLC 专门用来编制 SFC 程序一种编程元件，它与步进指令 STL 配合使用，就成为 SFC 程序控制中的状态标志。

FX 系列 PLC 状态元件见表 6.2-1。

表 6.2-1　FX PLC 状态元件表

型　号	初始状态用	ITS 指令用	通　用	报　警　用
FX_{1S}	S0～S9	S10～S19	S20～S127 （全部为停电保持型）	—
FX_{1N}	S0～S9	S10～S19	S20～S899 （S10～S127 为停电保持型）	S900～S999
FX_{2N}	S0～S9	S10～S19	S20～S899 （S500～S899 为停电保持型）	S900～S999
FX_{3U}	S0～S9	S10～S19	S20～S4095 （S500～S4095 为停电保持型）	S900～S999

S0～S9 规定为初始状态专用状态元件，S10～S19 为功能指令 IST 应用时回归原点的专用状态元件（有关 IST 指令详见 6.4 节），S900～S999 供信号报警或外部故障诊断用。状态继电器也分为非停电保持型和停电保持型两种，FX_{1S} 中均为停电保持型，而 FX_{1N}、FX_{2N} 和 FX_{3U} 分为两种，但是其停电保持区的范围可以通过 PLC 参数进行设定，表中为 PLC 出厂时的设定。普通用状态继电器在电源断开后都会自动复位变为 OFF 状态，但停电保持型能记住停电前一刻的 ON/OFF 状态，因此，当再次得电后，能记住停电前的状态继续运行。状态继电器也和辅助继电器一样，有无数个常开、常闭触点，在不作为 STL 触点时，一样可在梯形图程序中使用。

4. 相关特殊辅助继电器

在 SFC 控制中，经常会用到一些特殊辅助继电器，见表 6.2-2。

表 6.2-2　特殊辅助继电器

编　号	名　称	功能和用途
M8000	RUN 运行	PLC 运行中接通，可作为驱动程序的输入条件或作为 PLC 运行状态显示
M8002	初始脉冲	在 PLC 接通瞬间，接通一个扫描周期。用于程序的初始化或 SFC 的初始状态激活
M8040	禁止转移	该继电器接通后，禁止在所有状态之间的转移，但激活状态内的程序仍然运行，输出仍然执行，所以输出等不会自动断开
M8046	STL 动作	任一状态激活时，M8046 自动接通。用于避免与其他流程同时启动或用于工序的动作标志
M8047	STL 监视有效	该继电器接通，编程功能可自动读出正在工作中的状态元件编号并加以显示

【试试，你行的】

（1）三菱 FX PLC 用于顺序控制的指令是什么？
（2）步进指令 STL 在 GX 编程软件中是如何表示的？
（3）STL 指令状态中的操作三要素是什么？
（4）在 STL 指令状态中，如果没有转移条件行不行？这时，要进行状态转移怎么办？
（5）步进返回指令 RET 的功能是什么？它用在什么地方？
（6）S 是状态继电器，在 STL 指令步进程序中，它起什么作用？哪些状态继电器规定为初始状态专用状态元件？

6.2.3　GX 编程软件中 STL 指令步进程序梯形图编程方法

下面通过一一对比的方法来介绍如何从 SFC 功能图直接编辑成 STL 指令步进梯形图的方法，重点是掌握 SFC 功能图和 STL 指令步进程序梯形图之间的联系及其规律。

1. 一个状态 STL 指令步进程序梯形图编程

一个状态 STL 指令步进程序梯形图编程如图 6.2-6 所示。图中，与母线相连的指令 STL S 表示状态开始（其功能相当于步进触点），在其下面则是该状态内的输出驱动和转移梯形图。

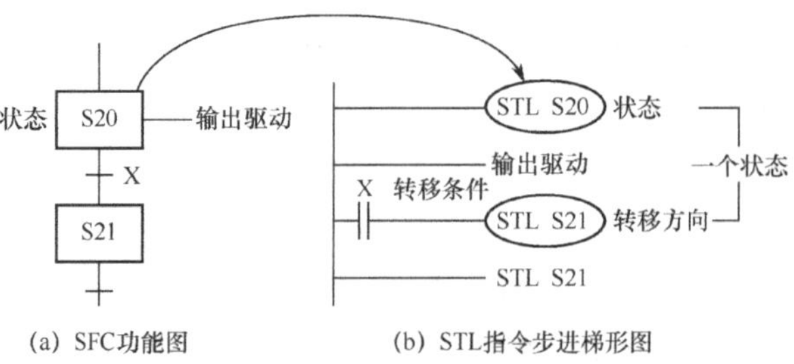

图 6.2-6　一个状态 STL 指令梯形图

在梯形图中，梯形图顺序是不能颠倒的，输出驱动程序在前，而转移条件及转移方向程序一定放在最后。如果输出驱动程序放在转移程序行后面，则得不到执行。

2．初始状态的 STL 指令步进梯形图编程方法

初始状态是 SFC 必备状态。在 STL 指令步进程序编程中，初始状态的状态元件一定为 S0～S9，不可为其他编号的状态元件。初始状态在 PLC 运行 SFC 时一定要用步进程序梯形图以外的程序激活（一般用 M8002 激活）。初始状态一定在步进程序梯形图的最前面，如图 6.2-7 所示。初始状态可以有驱动，也可以没有驱动。可以有转移条件，也可以没有转移条件。

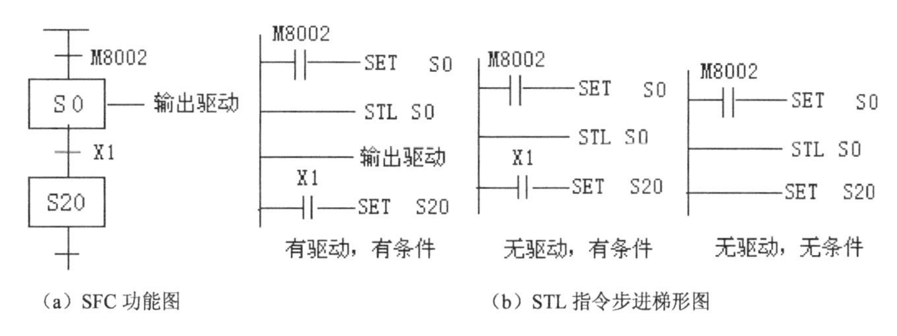

（a）SFC 功能图　　（b）STL 指令步进梯形图

图 6.2-7　初始状态 STL 指令梯形图

3．单流程结构的 STL 指令步进梯形图编程方法

单流程结构如图 6.2-8 所示。编程时，状态元件的编号可以顺序连续，也可以不连续，建议顺序连续，但是转移方向必须指向与本状态相连的下一个状态。在 SFC 中，初始状态以外的一般状态都必须在 SFC 中通过其他状态驱动，不能被 SFC 以外的程序驱动。

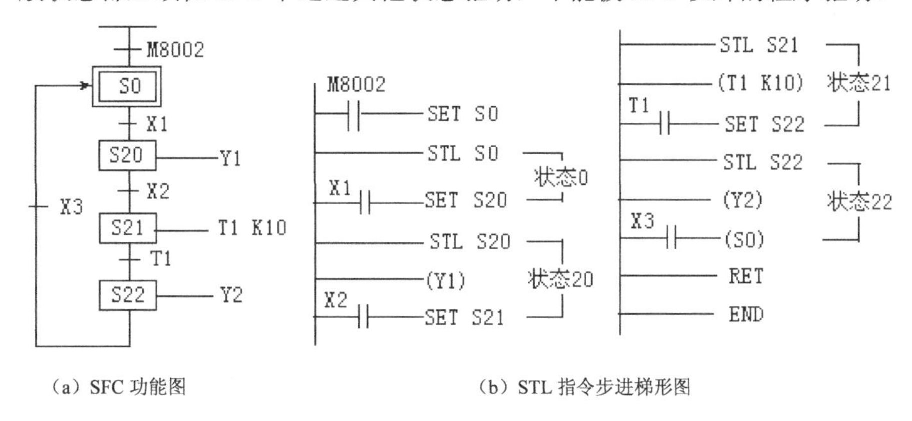

（a）SFC 功能图　　（b）STL 指令步进梯形图

图 6.2-8　单流程结构的步进梯形图编程

图中，在最后一个状态触点 STL S22 内，循环回初始状态不是用 SET 指令而是用 OUT 指令，其原因说明见后。仔细对比一下 SFC 和梯形图，就会发现步进指令梯形图编写很有规律。每一个状态都是以 STL S××指令开始，以转移梯形图结束，一个状态接一个状态。一边看 SFC，就可以一边写出步进指令的梯形图。

4．结束状态的 STL 指令步进梯形图编程方法

步进指令程序的最后一个状态编号为结束状态（图 6.2-8 中的 STL S22）。通常，为构成 PLC 程序的循环工作，在最后一个状态内应设置返回初始状态或工作周期起始状态的循环转

移。这时，不能用 SET 指令，而用 OUT 指令进行方向转移（见图 6.2-8），同时必须编制 RET 指令，表示 SFC 状态流程结束（见图 6.2-8）。

5．选择分支与汇合的步进梯形图编程

图 6.2-9 表示一个三条选择性分支流程的编程。由梯形图可知，如果 S20 为激活状态，则转移条件 X1 成立时，状态 S21 被激活；X2 成立时，S50 被激活；X10 成立则 S40 被激活。如果分支流程增加，就再并联上相应分支支路即可。对应关系十分清晰，程序编制非常方便。必须注意，选择性分支每一条支路都必须有一个转移条件，不能有相同的转移条件。

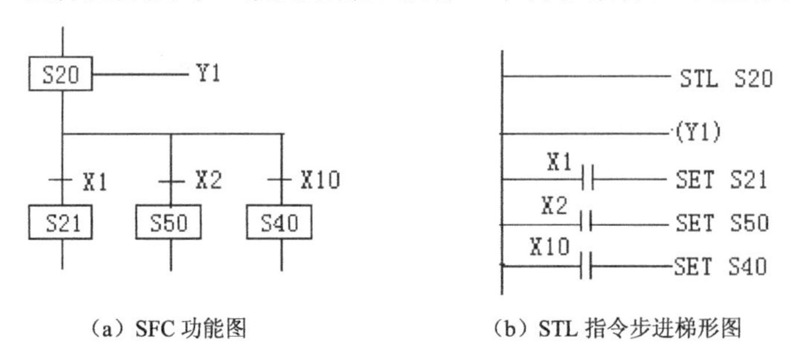

（a）SFC 功能图　　（b）STL 指令步进梯形图

图 6.2-9　选择性分支步进梯形图编程

选择性汇合的编程方法见图 6.2-10，这是一个由三条分支流程组成的选择性分支的汇合。三条分支中，总有一个状态处于激活状态，当该状态转移条件成立时，都会使状态 S50 被激活，这一点从梯形图中可以看出。

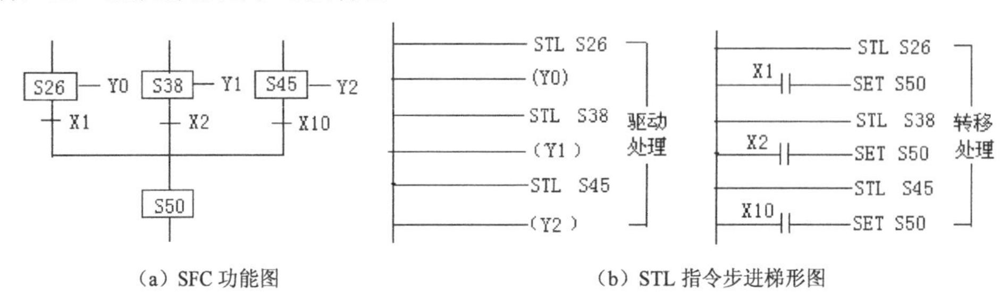

（a）SFC 功能图　　（b）STL 指令步进梯形图

图 6.2-10　选择性汇合步进梯形图编程

SFC 出现分支后，步进梯形图是按照由上到下，由左到右的顺序编程的，因此，图中 S26、S38、S45 不是相邻状态。

图 6.2-10 中 STL 指令梯形图是一种处理方式，它把驱动处理和转移处理分开编辑。编者的习惯是按流程顺序进行编辑，见下例。

【例 6.2-1】 图 6.2-11 为有两条分支的选择性分支 SFC 功能图及其 STL 指令步进程序梯形图。两条分支分别为流程 A 和流程 B。在编辑梯形图时，按照流程从上到下，从左到右的顺序编辑。其程序执行与分开驱动处理、转移处理的图 6.2-10 之梯形图是一样的，但分流程编辑显然比上一种方法条理清楚，阅读方便，容易理解，便于检查。读者可以根据自己对知识的学习和思维习惯掌握 STL 指令步进程序的编辑方法。

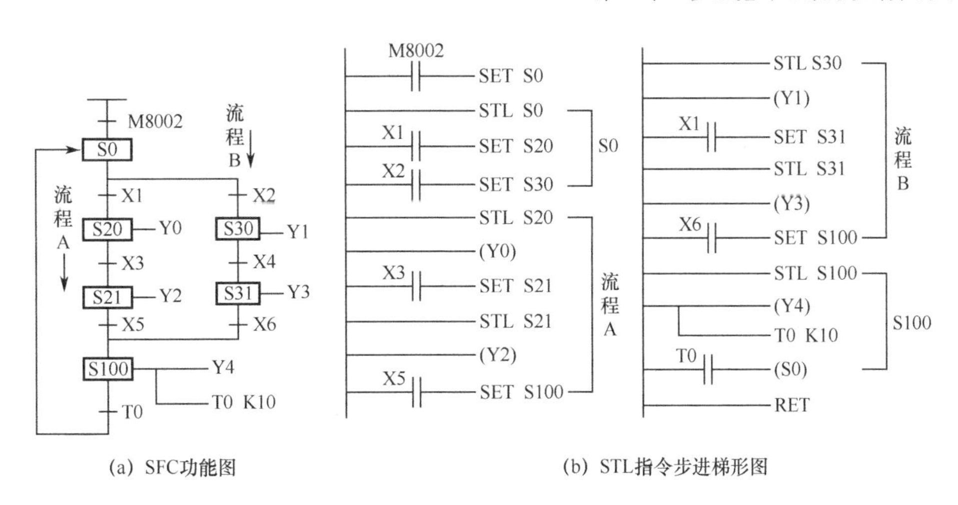

(a) SFC功能图　　　　(b) STL指令步进梯形图

图 6.2-11　选择性分支步进梯形图编程

6．并行性分支与汇合的步进梯形图编程

如图 6.2-12 所示为并行性分支流程梯形图编程方法，当转移条件 X1 成立时，三条分支流程 S21、S50、S40 同时被激活。在梯形图中 X1 接通时，S21、S50、S40 同时被置位激活，而 S20 变为非激活状态。

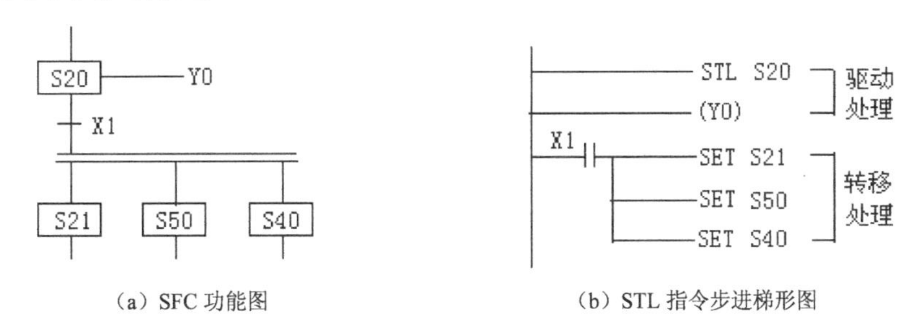

(a) SFC 功能图　　　　(b) STL 指令步进梯形图

图 6.2-12　并行性分支步进梯形图编程

图 6.2-13 为并行性分支汇合的编程方法。并行性分支汇合必须等全部支路流程动作完成且 S20、S50、S40 处于激活状态，转移条件 X2 成立时，才汇合到状态 S21。

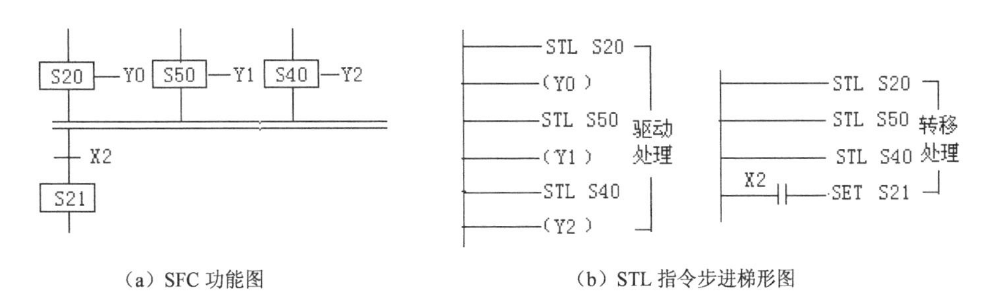

(a) SFC 功能图　　　　(b) STL 指令步进梯形图

图 6.2-13　并行性汇合步进梯形图编程

【例 6.2-2】 图 6.2-14 为并行性分支的 SFC 功能图及其 STL 指令步进程序梯形图。在并行汇合处程序行 STL　S21 和 STL　S31 不能缺少。

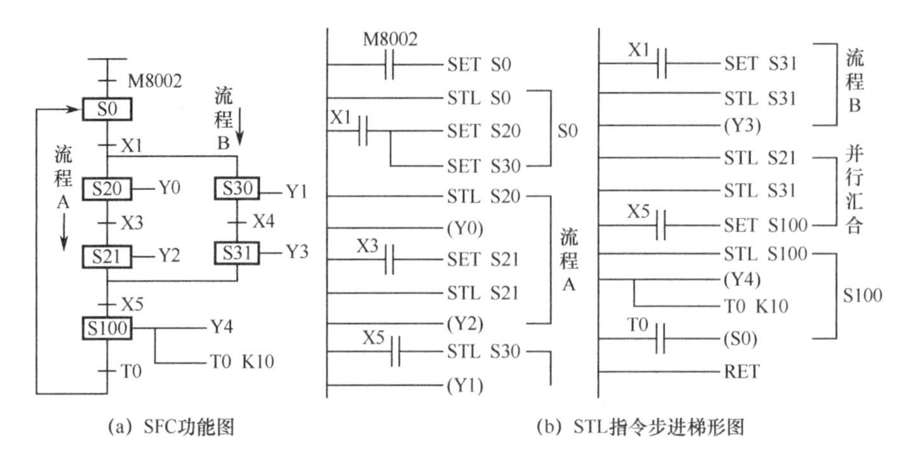

(a) SFC功能图　　(b) STL指令步进梯形图

图 6.2-14　并行性分支步进梯形图编程

7．混合性分支与汇合的步进梯形图编程

图 6.2-15 为一混合分支 SFC 功能图及其 STL 指令步进程序梯形图。

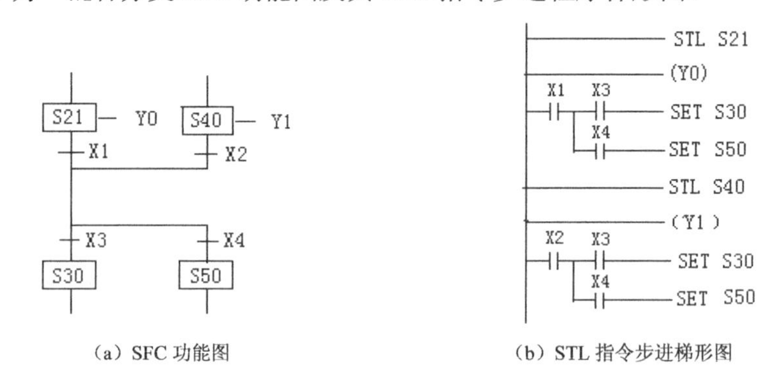

(a) SFC 功能图　　(b) STL 指令步进梯形图

图 6.2-15　混合性分支与汇合步进梯形图编程

8．跳转、重复、分离和循环的步进梯形图编程

步进指令梯形图对程序转移方向可以用 SET 指令，也可用 OUT 指令，它们具有相同的功能，都会将原来的激活状态复位并使新的激活状态 STL 触点接通。但它们在具体应用上有所区别，SET 指令用于相连状态（下一个状态）的转移，而 OUT 指令则用于非相连状态（跳转，循环，分离）的转移，而对自身重复转移则用 RST 指令，如图 6.2-16 所示。

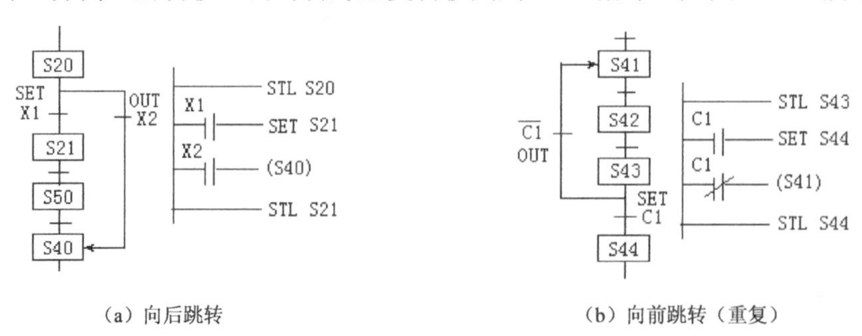

(a) 向后跳转　　(b) 向前跳转（重复）

图 6.2-16　转移方向 OUT、RST 指令应用

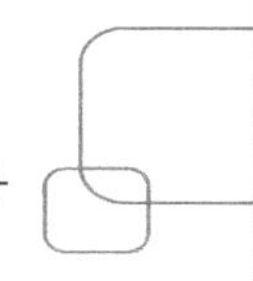

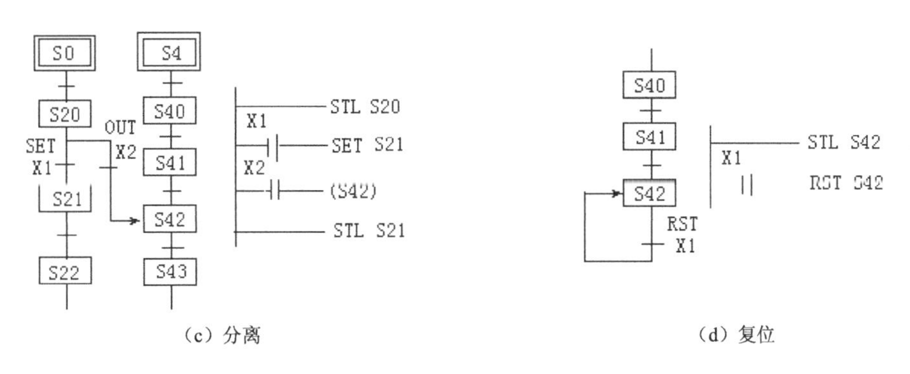

（c）分离　　　　（d）复位

图 6.2-16　转移方向 OUT、RST 指令应用（续）

但在实际使用中，在使用 OUT 指令进行转移的地方，使用 SET 指令也一样可以进行转移，不会产生错误。

9. 步进梯形图的执行

PLC 在扫描 STL 步进指令程序梯形图时，当扫描到激活状态的 STL 触点，同时扫描并执行其所驱动的电路块中的指令。而对于处于断开状态的 STL 触点驱动的电路块中的指令，并不扫描与执行。当没有并行序列时，只有一个 STL 触点接通，因此使用 STL 指令可以显著缩短用户程序的执行时间，提高 PLC 的输入、输出响应速度。

【试试，你行的】

试根据下面的 SFC 功能图，边看边编出相对应的 STL 指令梯形图程序。

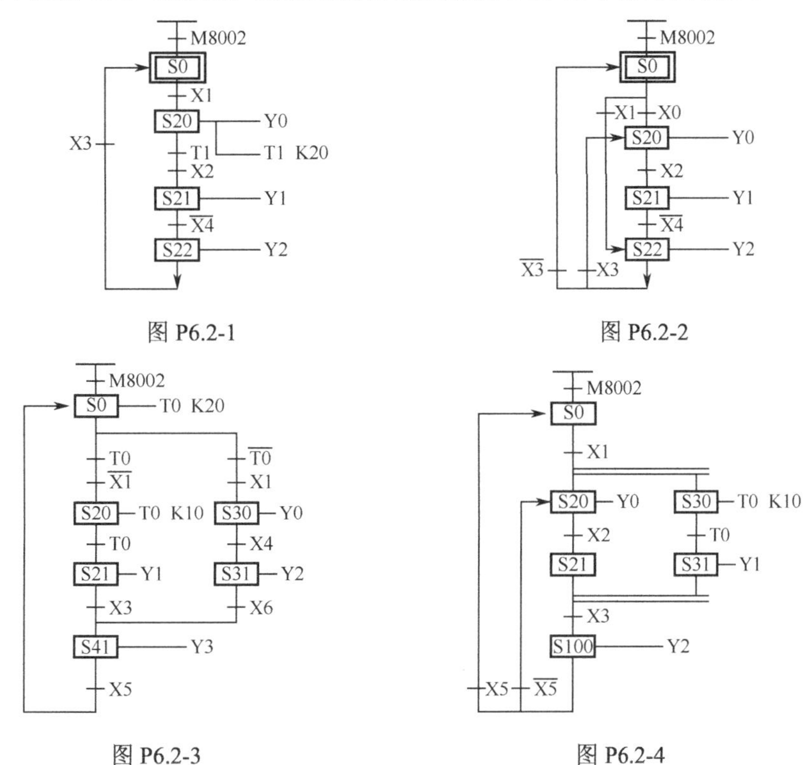

图 P6.2-1　　图 P6.2-2

图 P6.2-3　　图 P6.2-4

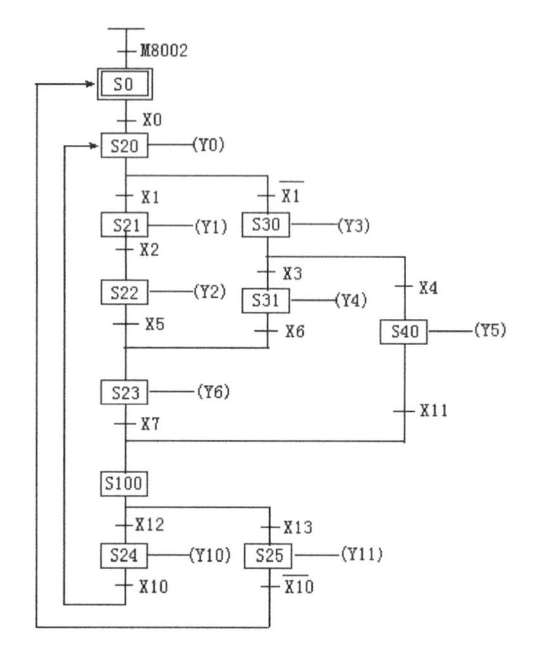

图 P6.2-5

6.2.4 单操作继电器步进梯形图的编程应用

在 PLC 辅助继电器中，除了特殊辅助继电器 M8000～M8511 外。辅助继电器 M2800～M3071 为边沿检测一次有效继电器，又称为单操作标志继电器。这些继电器的工作特点是：当继电器被接通后，其普通触点和其他继电器触点一样，均发生动作，但其边沿检测触点仅在后面的第一个触点有效（一次有效）。

现以图 6.2-17 程序说明。图 6.2-17（a）中，当 X0 闭合驱动 M2800 时，其后面的第一个上升沿触点会产生一个扫描周期的接通，驱动 Y0 输出，但第二个上升沿触点无效，Y1 无驱动输出，其常规触点闭合驱动，Y2 输出。当 X0 断开时，Y0 仍然保持接通，但 Y2 随 M2800 断开而断开。M2800 的下降沿触点产生一个扫描周期的接通，但仅是第一个下降沿触点驱动 Y10 输出，而其后的第二个下降沿触点无效，Y11 无驱动输出，相应的时序图见图 6.2-17（b）。

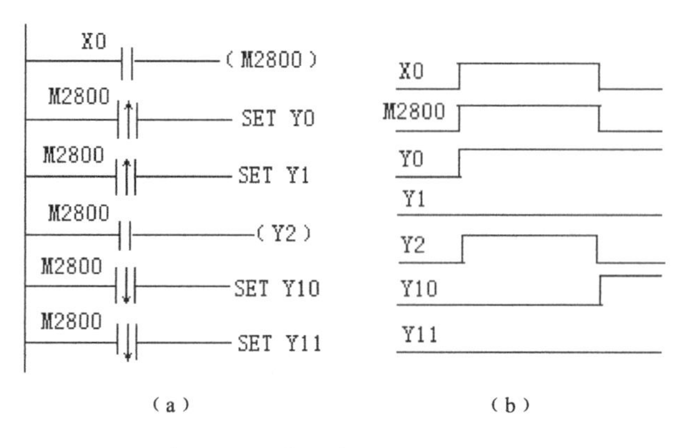

图 6.2-17　单操作继电器工作特点

利用 M2800 的这个特点，把它应用到步进指令 SFC 中，就可以编制只利用一个信号（例如按钮）对控制进行单步操作的梯形图程序。所谓单步操作是指每按一次按钮，进行一次状态转移，控制流程前进一步，这种程序对顺序控制的设备调试十分有用。程序如图 6.2-18 所示，读者可自行分析其工作过程。可能读者会问，不用 M2800 而用其他位元件（例如 M0）也可以啊，因为每次只有一个状态处于激活状态，但实际上步进指令在进行状态转移过程中，有一个扫描周期的时间是两种状态都处于激活状态，这样，用 M2800 则仅第一个 M2800 触点有效，下一个状态虽然在一个扫描周期内也处于激活状态，但 M2800 触点无效，不会再激活下面状态。

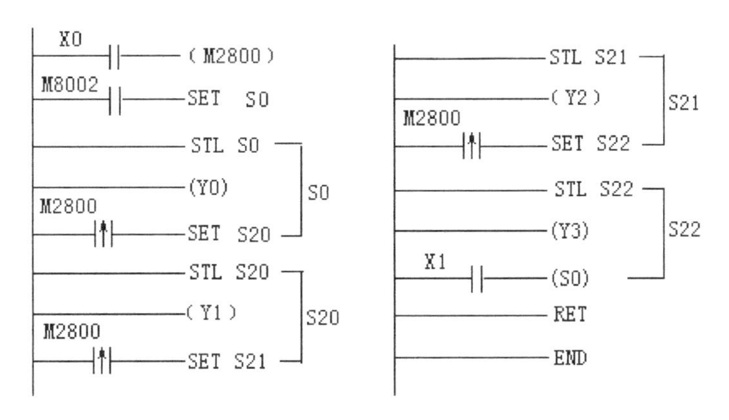

图 6.2-18　STL 指令单操作继电器单步运行程序

6.2.5　步进指令 STL 编程应用

1．初始状态

每一个 SFC 程序流程必须有一个初始状态，初始状态为 SFC 程序流程中等待启动命令而相对静止的状态。初始状态可以有命令与动作，也可以没有命令和动作。SFC 程序的初始状态一般设计成等待系统启动和启动前初始化。图 6.2-19（a）为等待状态的梯形图，程序进入初始状态 S0 后，X0 为启动命令，仅当 X0 接通后，程序才进入下一状态 S20 开始运行。在一些周期性动作的循环中，S0 也是单周期动作返回的状态，而 S20 则为全自动动作返回的状态，如图 6.2-19（b）所示。

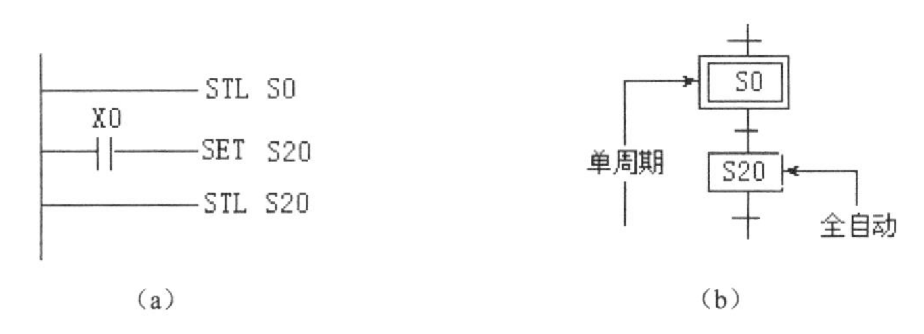

图 6.2-19　初状态用于等待启动命令

很多系统要求在工作前进行一次回原点、清零等初始化操作，这时，初始状态的动作就是等待这些动作完成后，自动进入下一状态开始工作。梯形图 6.2-20 中 Y0 为完成初始化原点回归后显示，其常开触点闭合自动进入下一状态S20。

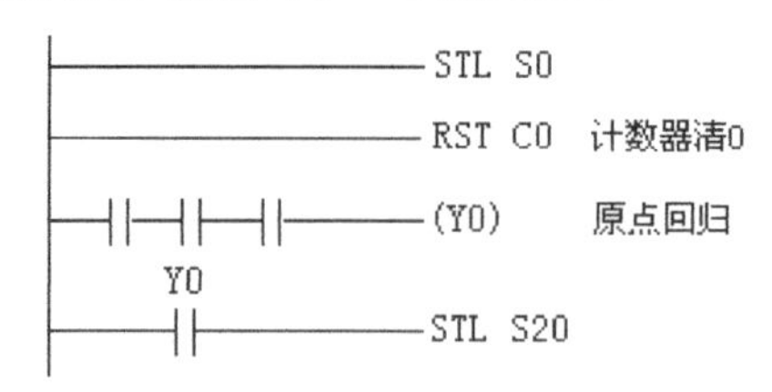

图 6.2-20 初状态用于初始化

进入初始状态有两种方式，一种是利用 M8002 开机后立刻进入初始状态，这种方式一般适用于仅有 SFC 程序的梯形图情况。另一种是满足某种条件后才进入初始状态，当用户程序中既有SFC程序，也有梯形图程序时用这种方式。

2．输出驱动的保持性

在 6.1.2 中曾经介绍过，状态内的动作分保持型和非保持型两种，并要求对这种区分要有清楚的表示。步进指令梯形图内当驱动输出时，如果用 SET 指令则为保持型的动作，即使发生状态转移，输出仍然会保持为 ON，直到使用 RST 指令使其复位。如果用 OUT 指令驱动则为非保持性的动作，一旦发生状态转移，输出随着本状态的复位而 OFF。如图 6.2-21 所示，Y0 为非保持型输出，状态发生转移，马上自动复位为 OFF，而 Y1 为保持型输出，其输出ON状态一直会延续到以后的状态中。

3．状态转移的动作时间

步进指令在进行状态转移过程中，有一个扫描周期的时间是两种状态都处于激活状态。因此，对某些不能同时接通的输出，除了在硬件电路上设置互锁环节外，在步进梯形图上也应设置互锁环节，如图6.2-22所示。

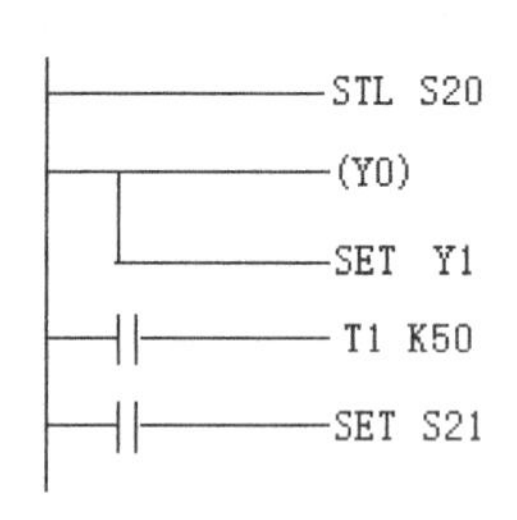

图 6.2-21 保持性与非保持性输出驱动

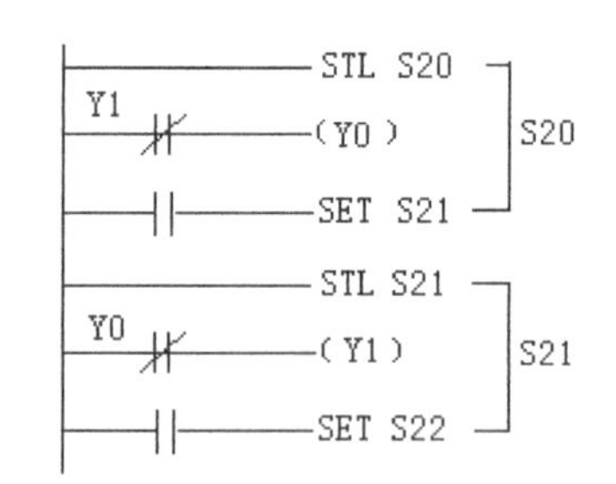

图 6.2-22 输出的互锁

4．双线圈处理

由于步进梯形图工作过程中只有一个状态被激活（并行性分支除外），因此可以在不同的状态中使用同样编号的输出线圈，而在普通梯形图中，因为双线圈的处理动作复杂，极易出现输出错误，故不可采用双线圈编程。在步进梯形图中，只要是在不同的状态中，可以应用双线圈编程，这一点给 SFC 设计带来了极大的方便。但是同一元件的线圈不能在可能同

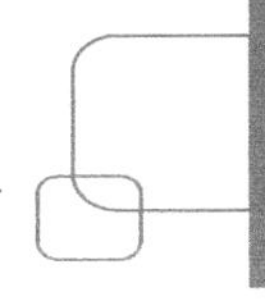

时为活动步的状态内出现。因此，如果是在同一状态内编程，仍然不可以使用双线圈，同时，在并行序列的顺序功能图中，也不可以使用双线圈，应特别注意这一问题。

对定时器计数器来说，也可以和输出线圈一样处理。在不同的状态中对同一编号定时器计数器进行编程。但是，由于相邻两个状态在一个扫描周期内会同时接通，如在相邻两个状态使用同一编号定时器计数器，则状态转移时，定时器计数器线圈不能断开，使当前值复位而发生错误，所以，同一编号的定时器计数器不能在相邻状态中出现，如图 6.2-23 所示。

5. 输出驱动的序列

在状态内，输出有直接驱动（无触点驱动）和有触点驱动两种，步进梯形图编程规定，无触点驱动输出应先编程，一旦有触点驱动输出编程后，则其后不能再对无触点驱动输出编程，同时还规定，无触点驱动输出只能第一个与母线相连，第二个及以后均只能按图 6.2-24 的方式编辑梯形图程序。

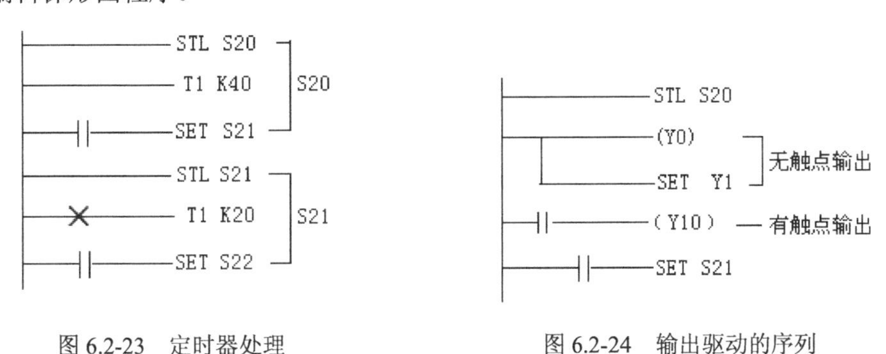

图 6.2-23　定时器处理　　　　图 6.2-24　输出驱动的序列

6. 分支数目的限定

当状态转移产生分支（选择性分支、并行性分支或分离状态的转移）时，STL 指令规定一个初始状态下分支不得多于 8 条。如果在分支状态流程中又产生新的分支，则每个初始状态下的分支总和不能超过 16 条。

7. 状态内可以处理的基本指令

状态内可以处理的基本指令见表 6.2-3。

在中断程序与子程序内，不能使用 STL 触点。在状态内部可以使用跳转指令，但因其动作过于复杂，建议不要使用。

表 6.2-3　状态内可以处理的基本指令

状　态		LD/LDI/LDP/LDF AND/ANI/ANDP/ANDF OR/ORI/ORP/ORF INV/OUT/SET/RTT PLS/PLF	ANB/ORB/MPB MRD/MPP	MC/MCR
初始状态/一般状态		可以使用	可以使用	不可以使用
分支、汇合状态	驱动处理	可以使用	可以使用	不可以使用
	转移处理	可以使用	不可以使用	不可以使用

8．停电保持

在许多机械设备中，控制要求在失电再得电后能够继续失电前的状态运行，或希望在运转中能停止工作以备检测，调换工具等，再启动运行时也能继续以前的状态运转。这时，状态元件要使用停电保持型状态元件。

9．停止的处理

在步进指令 STL 指令顺序控制中，停止的处理是利用特殊继电器 M8040 完成的。当 M8040 为 ON 时，禁止在所有状态之间的转移，但激活状态内的程序仍然运行，输出仍然执行。当 M8040 为 OFF 时，状态之间的转移又开始得到执行。因此，控制 M8040 的状态，就等于控制程序的运行和停止。

图 6.2-25 为梯形块编辑的顺序控制中任意状态停止梯形图程序。

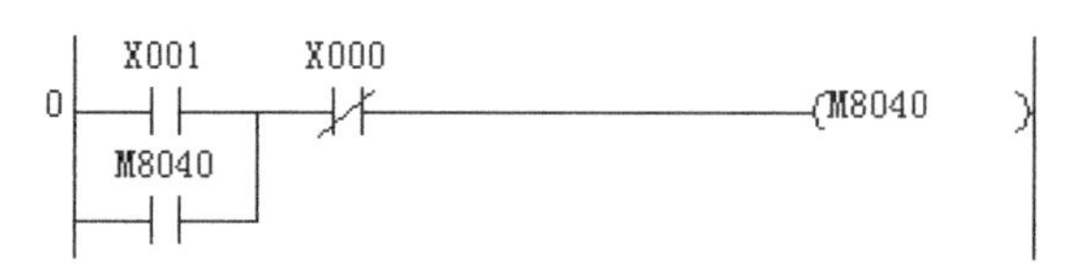

图 6.2-25　SFC 程序停止转移处理方式一

图中，按下按钮 X01，M8040 驱动，SFC 块中正在运行的状态继续运行，输出也得到执行，但转移条件成立时，不能发生转移。直到按下按钮 X0 又开始下一状态继续运行。M8040 常用来对 STL 指令步进程序进行单步操作调试，详细讲解见 6.3.1 节所述。

也可以利用 6.2-26 梯形图程序随时停止 SFC 的运行，停止后，程序回到初始状态，等待下一次启动。

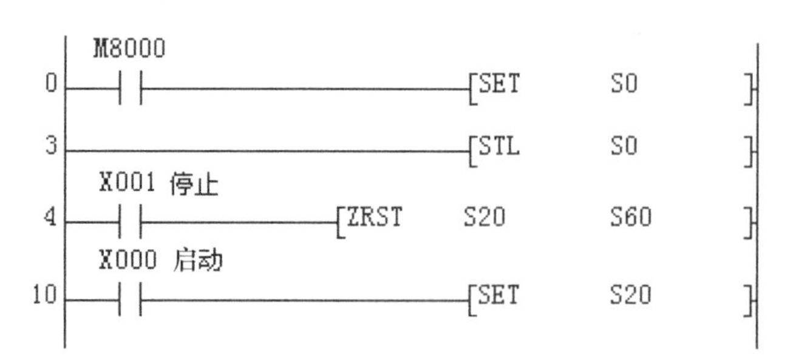

图 6.2-26　SFC 程序停止转移处理方式二

如果仅仅希望停止时，某些输出得到执行，某些输出得到禁止，则可编制如图 6.2-27 所示梯形图程序。当 X10 按下后，相关状态（图中为 S30）中的 Y10 仍然被输出，而 M100 常闭触点驱动的 Y15，M50，T10 均得不到执行，被禁止输出。

在 PLC 中也可以利用这两个特殊继电器实现紧急停止功能，而不需要在每一个状态中添加停止转移分支流程。PLC 实现紧急停止仅是断开所有的输出触点，并不能断开 PLC 电源，这一点必须注意。图 6.2-28 为在梯形图编辑的紧急停止处理程序。

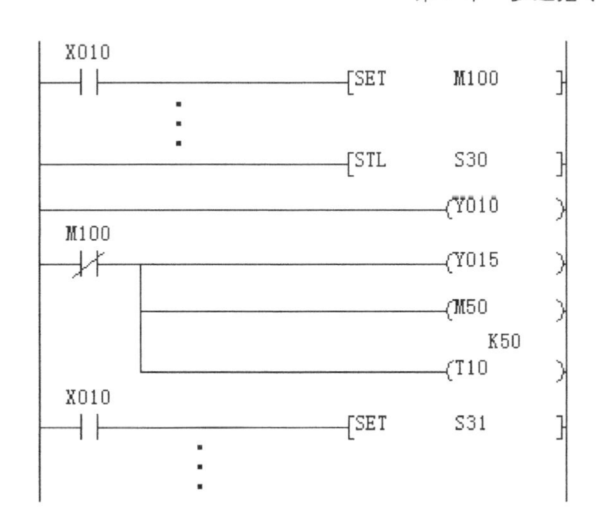

图 6.2-27　SFC 程序停止转移处理方三

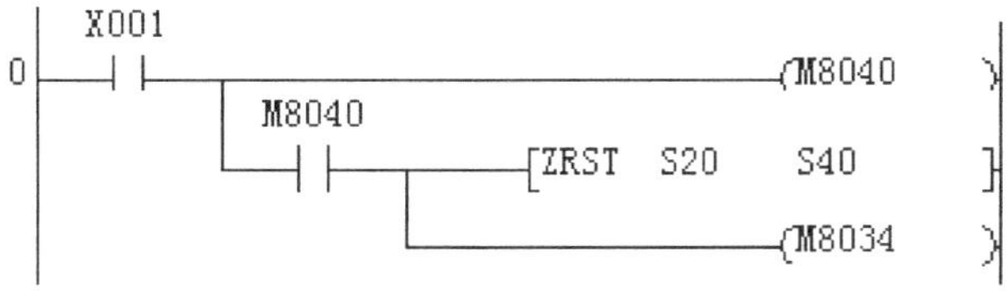

图 6.2-28　SFC 程序紧急停止处理方式

当执行到某状态时，按下 X1，当前状态仍然运行并执行输出，同时接通 M8034，所有输出被禁止。ZRST 指令对程序中使用的所有状态继电器复位（例如 S20～S40）。复位的目的是当需要重新运行时，能从最初状态开始运行。

最后，必须向读者提醒，紧急停止是停止所有的输出。在某些控制系统中，必须结合设备运行综合考虑。如果某些执行元件在某种条件下（如高速）紧急停止会发生重大事故，则执行紧急停止的同时，必须在这些执行元件上加装安全防护措施，以避免因紧急停止带来重大的设备人身事故。

【试试，你行的】

（1）图 P6.2-6，图 P6.2-7 均有两个 STL 指令步进梯形图程序，试指出哪个程序是错的？为什么？

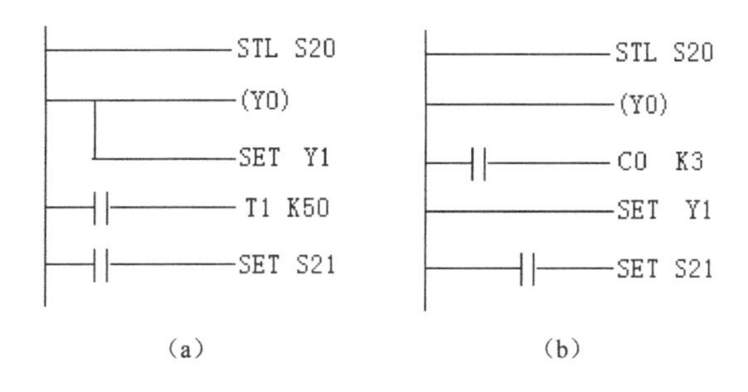

（a）　（b）

图 P6.2-6

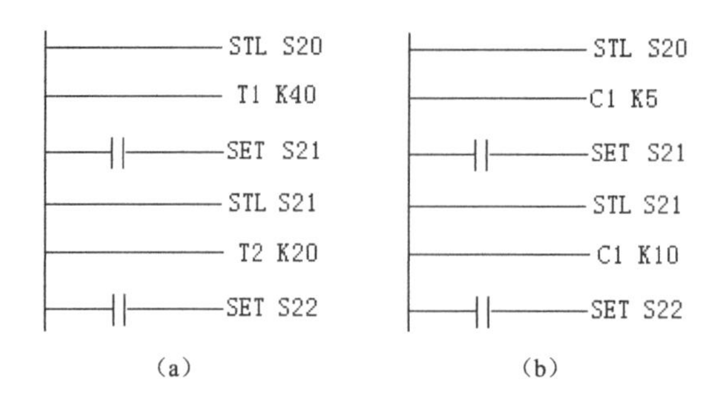

图 P6.2-7

（2）小王希望在 S20 中驱动 Y10，并在以后的状态中保持 Y10 的输出，他编了如图 P6.2-8 所示程序，程序对吗？为什么？

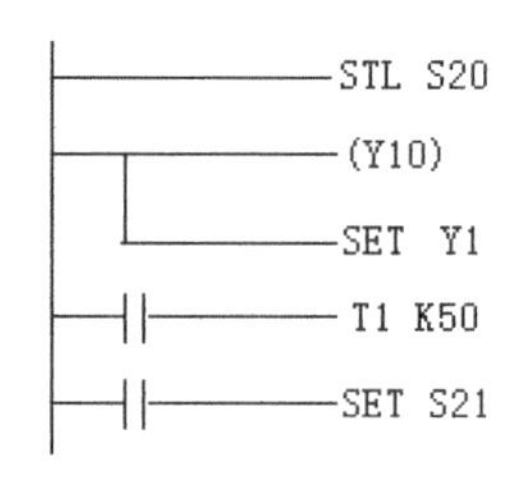

图 P6.2-8

（3）在 STL 指令步进梯形图中，能否出现双线圈？为什么？在什么情况下不可以出现双线圈？

6.3 SFC 步进顺控程序编程实例

6.3.1 SFC 程序编程步骤与调试

1. 含有 SFC 程序的梯形图结构

当梯形图程序中含有 STL 指令编制的步进梯形图时，全部梯形图就由梯形图程序和 SFC 程序所组成。由 STL 指令编制的 SFC 程序是一种特殊的梯形图，它的特点是以初始状态为开始，以 RET 指令为结束并按照一定规则编辑的梯形图，其中间不能插入非 STL 触点程序的梯形图。把梯形图中 SFC 程序称为 SFC 块，而把除 SFC 块以外的程序称为梯形图块，那么，梯形图程序就是由 SFC 块和梯形图块组成，如图 6.3-1（a）所示。

一般来说，许多单机设备的控制系统梯形图就是由一个 SFC 程序和相应的梯形图所组成。当控制系统较为复杂时，梯形图程序中可以有多个 SFC 程序块，它们在程序中的位置不一定非要紧紧相连，中间也可以有梯形图块，这就是通常的含有 SFC 程序块的梯形图结构，如图 6.3-1（b）所示。

一个梯形图中的 SFC 程序块不能超过 10 块。

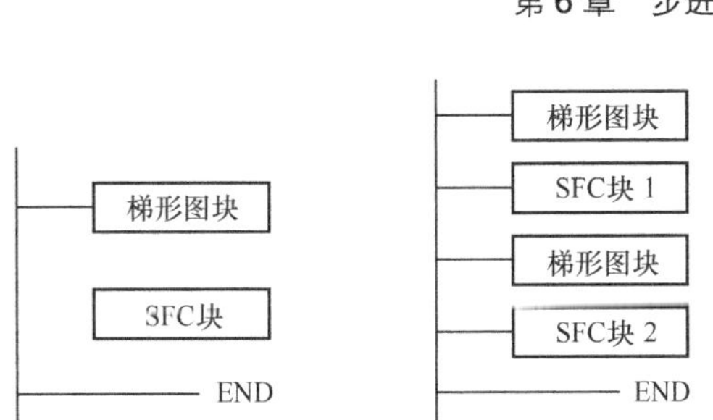

图 6.3-1　含有 SFC 程序的梯形图结构 1

具有多个 SFC 块的步进梯形图要按各个 SFC 块分开编写。每个 SFC 块都有各自的初始状态，以初始状态开始，以 RET 指令结束。一个 SFC 块的流程全部编写结束后，再对另一个 SFC 块的流程进行编写。编程时必须注意，各个 SFC 块的 STL 触点编号是唯一的，不能重复使用，但 SFC 块之间可以进行分离转移，如图 6.3-2（a）所示。而且，一个块的 STL 触点可以作为另一个块的转移条件和内置梯形图的驱动条件，如图 6.3-2（b）所示。图中 S5 块的 STL 触点 S41 为 S21 的转移条件。同样，S0 块中的 STL 触点 S20 为 S5 块中 S41 状态中的驱动条件。

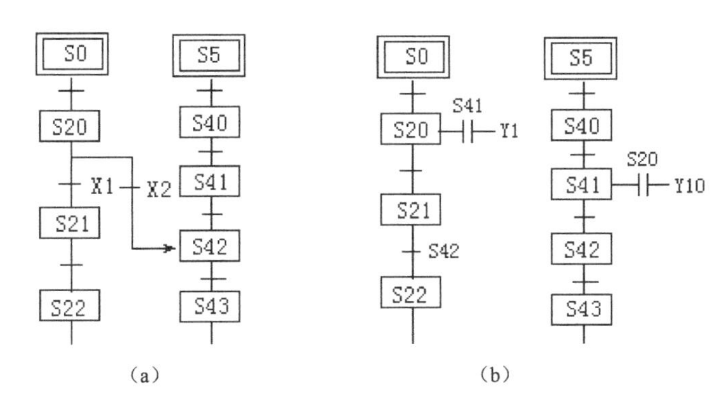

图 6.3-2　含有 SFC 程序的梯形图结构 2

程序运行后，所有梯形图块和 SFC 块程序都会被扫描，因此，只要 SFC 块被激活，SFC 块就在运行中。多个 SFC 块同时被激活，同时在运行，各自完成各自的顺序控制要求。这一点对程序设计和应用带来了很大的方便。例如，一个复杂的逻辑开关量控制系统，可以根据控制要求，分解成多个 SFC 块程序进行编制。在应用上，可以用一个 PLC 控制多台设备的 SFC 程序（当然，PLC 的 I/O 点要够用）。每一台设备是一个 SFC 块，完成自己的顺序控制要求。

2. SFC 程序编程步骤

应用 STL 指令编制顺序控制程序时，一般需要以下几个步骤：

（1）分析工艺控制过程。

（2）根据控制要求，把控制过程分解为顺序控制的各个工步。

（3）根据分解的工步，画出顺序控制功能图（SFC）。

（4）列出 I/O 地址分配表（含重要编程元件功能表）。

（5）画出 PLC 电路接线图。

（6）根据 SFC 直接编辑梯形图或编辑 SFC 块图。

（7）输入程序到 PLC，进行调试。

其中，最重要的是工步划分和 SFC 编制。通常，在单机设备中，工步是根据动作的顺序来划分，也就是说在一个工作周期内依据动作的先后顺序来划分。对生产流水线来说，除按动作顺序进行划分外，也可按工艺流程的时间进行划分。工步的划分可先从整个系统的功能入手，先划分几个大的工步，然后对每个大的工步再划分更详细的工步。

在编制 SFC 时，建议先用文字描述各个状态工步的内容和转移条件，画出控制流程图，然后再画出 SFC 功能图，再根据 I/O 地址分配进行置换，这样可以减少错误发生，缩短查错时间。

SFC 的编制重点是每个状态工步所执行的驱动输出和转移条件的实现。驱动输出必须要从整个系统出发考虑，在该段时间内的所有驱动输出不能有遗漏。对于一些在整个工作周期都在工作的输出（例如主电机运转），可以在梯形图块中安排，不要在 SFC 块中设计。转移条件一般为开关量器件（各种有源、无源开关），但根据控制要求也可用定时器、计数器触点作为转移条件，如转移条件是较复杂的逻辑组合时，可采用如图 6.3-3 所示的方式处理。

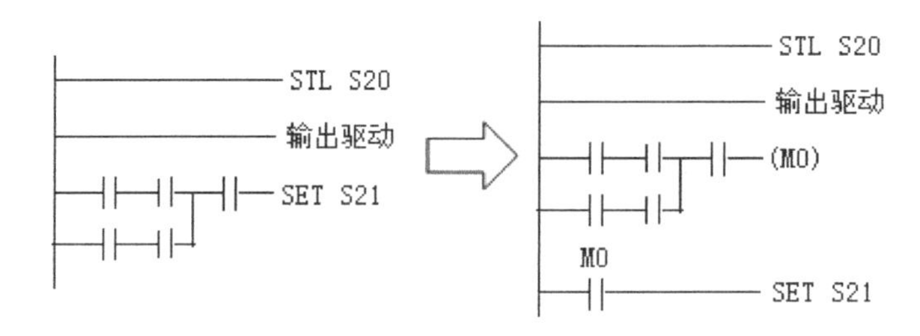

图 6.3-3　复杂的逻辑组合转移条件处理方式

3. SFC 程序调试

SFC 程序的调试分单步调试、单周期调试和自动循环调试，其中最重要的是单步调试。所谓单步调试就是指每按一次按钮，进行一次状态转移，控制流程前进一步。这种程序对顺序控制的设备调试十分有用，单步调试可以对 SFC 的每一个状态步内的驱动和转移条件进行单独调试，这也是 SFC 程序的一个重要特点。

简单的单步调试可以在仿真软件上进行，利用仿真软件上的软元件强制功能进行条件转移，观察每个状态中驱动输出状态，但是这种单步调试主要是测试顺序动作是否符合控制要求。而对现场的开关状态，一般都采取现场单步调试，这样调试结果可靠。无差错后，就可投入试运行。

现场调试主要调试两个内容，一是现场的各种作为转移条件的开关是否完好，安装是否到位，灵敏度是否符合要求，接线是否正确，是否有意外情况发生，等等。二是每个状态的驱动输出是否能够完成控制要求的动作和顺序。现场调试主要是人工手动各种开关，观察是否进行转移，控制动作是否到位，等等。有时候还要设想一些故障，看看发生故障后会发生什么情况。

单步调试可利用 6.2.4 节单操作继电器在步进梯形图的编程应用所讲的 M2800～M3071

单操作边沿检测继电器来进行。利用 M2800 的特点，把它应用到步进指令 SFC 中，就可以编写只利用一个信号（例如按钮）对控制进行单步操作的梯形图程序。程序如图 6.3-4 所示，这个程序用 M2800 代替了所有转移条件开关信号，因此，这种调试只能调试顺序控制，不能对作为转移条件的开关进行调试，而且，调试完毕后，还要重新完善程序，用实际转移开关信号代替 M2800，才能下载到 PLC 中作为用户程序应用。

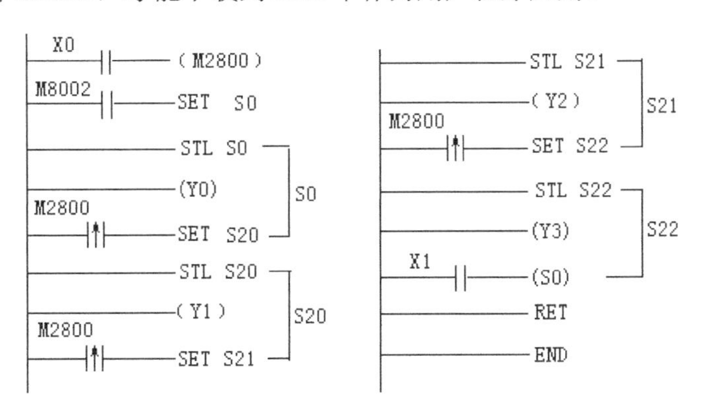

图 6.3-4 STL 指令单操作继电器单步运行编程

但一般采用 M8040 进行单步调试。M8040 为禁止转移特殊继电器，当 M8040 为 ON 时，禁止状态转移，但激活状态里的程序仍在继续运行，输出仍然执行。M8040 为 OFF 时，禁止状态转移功能失效。利用 M8040 进行单步调试的梯形图程序见图 6.3-5，程序必须置于 SFC 程序的前面，X0 为带自锁的按钮，按下为禁止状态转移，松开后为状态转移。M8040 主要用于 SFC 程序的暂停中，如果用于单步调试，和 M2800 一样，只能调试顺序控制，不能调试作为转移条件的开关状态。但如果 SFC 顺序的全部转移条件均由定时器或计数器触点控制，例如，循环流水灯控制，音乐喷泉控制等，用 M8040 可以完整地进行单步调试。

如 SFC 程序中有分支和转移，则每个分支的每一个状态都要进行单步调试，每个转移条件也都要进行调试。

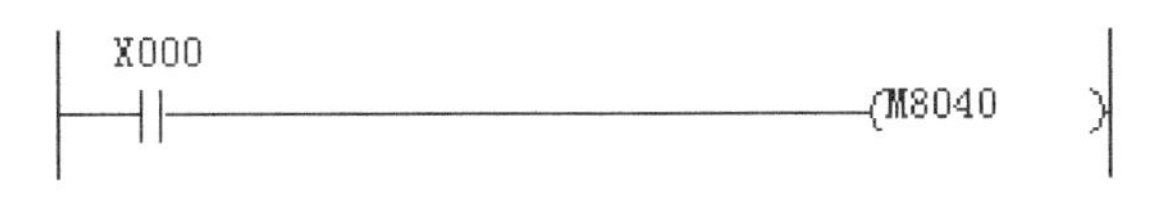

图 6.3-5 M8040 单步操作处理方式

当单步调试完成，并在单步调试中所发现的问题均得到解决后，才可进行单周期调试。在进行单周期调试时，应在初始状态中设置手动启动条件，这样，当 SFC 程序执行完单周期后返回初始状态，会停止且等待启动。如果 SFC 程序存在分支和转移，同样，在进行单周期调试时，相关的分支和转移都要单周期调试一次，以保证正式运行时，在任何情况下都不会出错。

经过单步调试和单周期调试后，一般都可以进入正式运行。

【试试，你行的】

（1）在 SFC 程序编制中，最重要的是哪个步骤？

（2）SFC 程序的调试有哪几种方式？最重要是什么调试？

（3）M8040 是一个什么功能的继电器？如果 M8040 为 ON，则 SFC 程序会发生什么变化？如何利用 M8040 来对 SFC 程序进行单步调试？

6.3.2 SFC 程序编程实例

本节通过众多实例使读者全面掌握 SFC 程序的设计。6.3.1 节重点是讲直接从 SFC 功能图编制 STL 指令步进梯形图。本节则是从 SFC 块图编辑方式来考虑 SFC 程序的设计，因此，要求读者必须掌握 GX Developer 编程软件中 SFC 块图的编辑。所有例子都同时画出了 SFC 块图的编辑图形，供读者在练习时参考。除个别例子外，其余例子均不提供 STL 指令步进梯形图。建议读者在完成 SFC 块图的编辑后，将其转换成 STL 指令步进梯形图。与 SFC 块图进行对比学习，可以更进一步掌握直接编制 STL 指令步进梯形图的方法。

在例题讲解中没有涉及梯形图块的设计，这一点留给读者自己去完成。

【例 6.3-1】 深孔钻床进行深孔钻削时，为便于排屑和冷却，需要不断地从人工件中退出钻头，再次钻削直到钻孔完成，图 6.3-6 为三次退刀，三次钻削示意图。

钻头的进刀和退刀是由电动机正反转完成的。因此，除了在硬件上采取互锁措施外，在程序内也必须设计互锁环节。

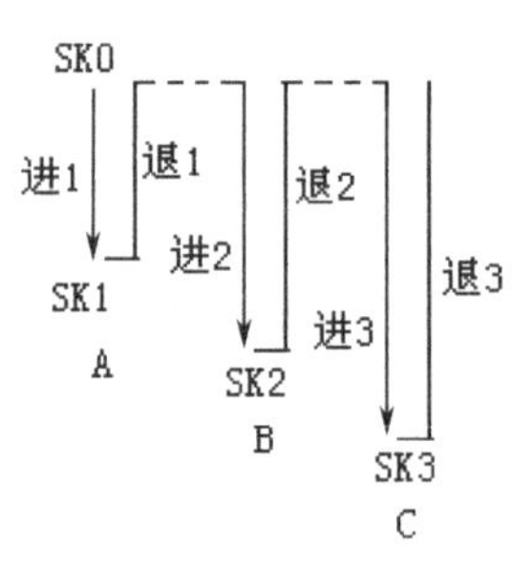

图 6.3-6　深孔钻削示意图

I/O 地址分配见表 6.3-1。

表 6.3-1　I/O 地址分配表

输　入		输　出	
功　能	接口地址	控制作用	接口地址
启动按钮	X0	钻头前进	Y1
停止按钮	X1	钻头后退	Y2
起始位置行程开关	X2		
A 处退刀行程开关	X3		
B 处退刀行程开关	X4		
C 处退刀行程开关	X5		

分析：由示意图分析可知，这是一个单流程 SFC 控制，在草拟 SFC 功能图时，重点是步的划分和步与步之间的转移条件。一般来说，把同一时间段内所完成的动作都放在一步中，如果动作发生了变化，引起发生变化的条件就是转移条件。例中，当钻头正转钻削

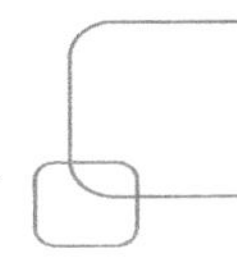

时，到 A 处必须反转退回，这就是两步，而引起变化的是 A 处行开关 SK1，即未 SK1 动作就是转移条件。类推分析就可以画出本题的 SFC 功能图和 GX 软件 SFC 块图编辑，如图 6.3-7 所示。

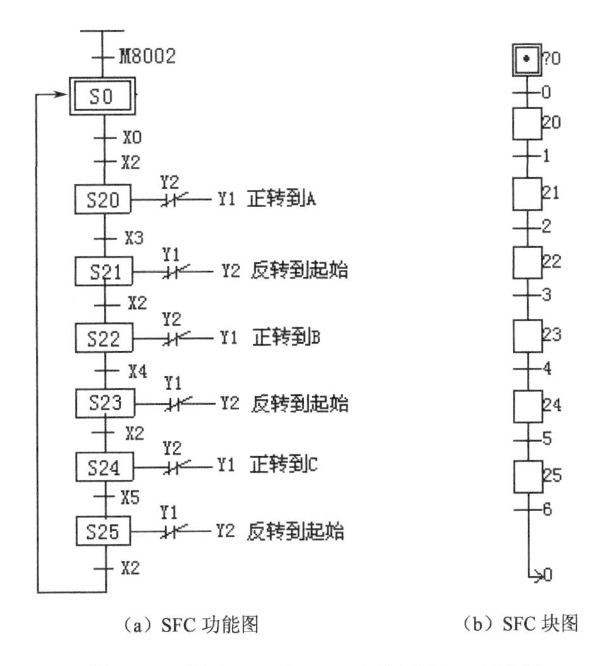

（a）SFC 功能图　　（b）SFC 块图

图 6.3-7 【例 6.3-1】SFC 功能图和 SFC 块图

【例 6.3-2】 图 6.3-8 为一运料小车运行示意图。

1）控制要求

（1）小车处于右端，并压下右限位开关，按下启动按钮后，小车左行，运行至左限位开关处，料斗门打开，料斗给小车上料，10s 后，上料完毕。料斗门关闭，小车右行，行至右限位处，小车门打开卸料 15s，小车门关闭。此为小车一次装料、卸料工作周期。

（2）要求控制运料小车运行有下面两种工作方式。

① 自动运行方式：启动后，小车自动按运行要求连续往复运动。

② 单周期运行方式：启动后，小车仅运行一次，停在右限位处等待下一次启动命令。

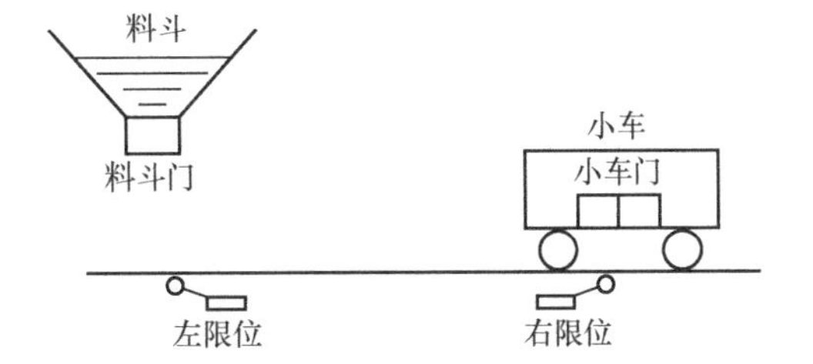

图 6.3-8　运料小车运行示意图

2）I/O 地址分配

I/O 地址分配见表 6.3-2。

表 6.3-2　I/O 地址分配表

输　　入		输　　出	
功　　能	接口地址	控制作用	接口地址
启动按钮	X0	料斗门电磁铁	Y1
停止按钮	X1	小车门电磁铁	Y2
左限位开关	X2	小车左行电动机（正转）	Y3
右限位开关	X3	小车右行电动机（反转）	Y4
工作方式选择	X4		

3）SFC 功能图和 GX 软件 SFC 块图编辑

分析：这也是一个单流程程序，不同的是，在流程的最后出现了选择性分支，两种工作方式的选择由工作方式选择开关 X4 的状态决定，由控制要求可知，当选择单周期工作方式时，流程应转向初始状态，等待启动命令。选择自动工作方式时，直接转向运行开始状态，进行下一个周期的工作。对许多自动化单机设备来讲，这是一种典型 SFC 编程方法。

SFC 功能图和 GX 软件 SFC 块图如图 6.3-9 所示。

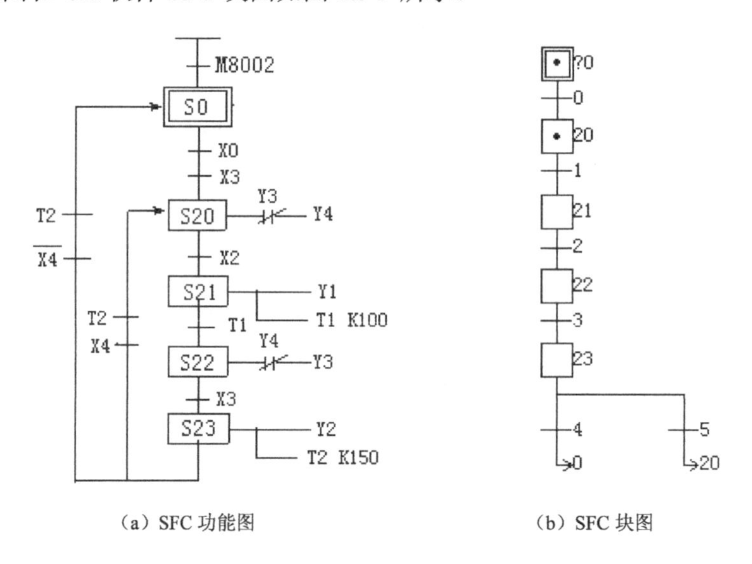

（a）SFC 功能图　　（b）SFC 块图

图 6.3-9 【例 6.3-2】SFC 功能图和 SFC 块图

【例 6.3-3】 4 台电动机的顺序启动和逆序停止。

1）控制要求

（1）按下启动按钮，4 台电动机 M1,M2,M3 和 M4 按每隔 3s 时间顺序启动，按下停止按钮，按 M4，M3，M2，M1 的顺序每隔 1s 时间分别停止。

（2）如在启动过程中按下停止按钮，电动机仍然按逆序停止。

2）I/O 地址分配

I/O 地址分配见表 6.3-3。

表 6.3-3　I/O 地址分配表

输　入		输　出	
功　能	接口地址	控制作用	接口地址
启动按钮	X0	电动机 M1	Y0
仃止按钮	X1	电动机 M2	Y1
		电动机 M3	Y2
		电动机 M4	Y3

3）SFC 功能图和 GX 软件 SFC 块图编辑

分析：这是一个具有跳转的单流程程序。在 M2 启动后，如果按下停止按钮 X1，则流程会跳转到停止 M2 运转的状态继续往下运行。因此，在 M2 启动状态下面就会有两个分支，但这两个分支没有共同的汇合，因此，不是选择性分支，是一个跳转分支。

SFC 功能图和 GX 软件 SFC 块图如图 6.3-10 所示。

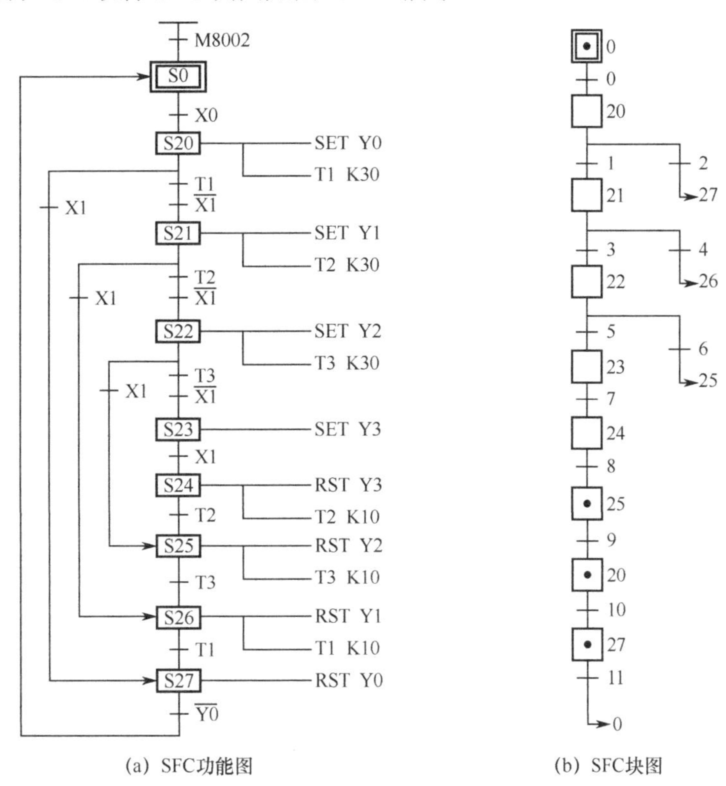

图 6.3-10 【例 6.3-3】SFC 功能图和 SFC 块图

【例 6.3-4】 许多公共场所均采用自动门，当人靠近时，门会自动打开，而在 2s 内检测到无人时，门自动关闭。

1）控制要求

（1）感应器（X0）检测到有人时，Y0 驱动电动机高速开门。
（2）当开门后碰到减速开关（X1）时，变为 Y1 减速开门。

（3）减速后，碰到限位开关（X2）时，Y1 停止。

（4）开始计时，如在 2s 里 X0 感应到无人时，则驱动 Y2 高速关门。

（5）在关门过程中，碰到减速开关 X3 后，驱动 Y3 减速关门，减速后，碰到限位开关 X4 后，停止关门。

（6）无论是在高速还是低速关门过程中，当 X0 感应到有人时，均停止关门，延时 1s 后转为高速开门。

2）I/O 地址分配

I/O 地址分配见表 6.3-4。

表 6.3-4　I/O 地址分配表

输　入		输　出	
功　能	接口地址	控制作用	接口地址
检测传感器	X0	高速开门	Y0
开门减速开关	X1	低速开门	Y1
开门限位开关	X2	高速关门	Y2
关门减速开关	X3	低速关门	Y3
关门限位开关	X4		

3）SFC 功能图和 GX 软件 SFC 块图

分析：这也是一个具有跳转的单流程程序，它的跳转特点是有两个状态共用一个跳转条件，即无论是高速关门（S23）还是低速关门（S24）时，如果感应到有人时（X0），均会停止关门转向延时 1s（S25）。

SFC 功能图和 GX 软件 SFC 块图如图 6.3-11 所示。

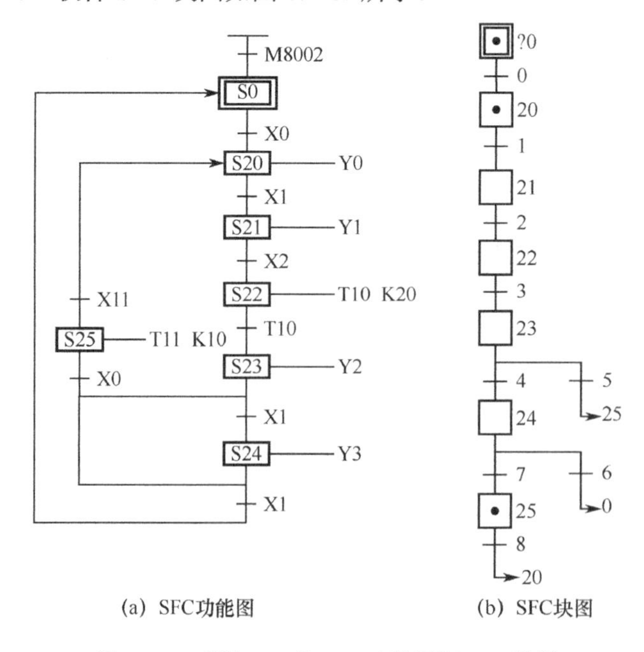

(a) SFC功能图　　(b) SFC块图

图 6.3-11 【例 6.3-4】SFC 功能图和 SFC 块图

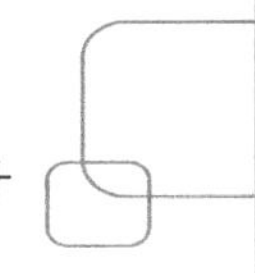

【例 6.3-5】 图 6.3-12 为一大小球分拣控制系统工作示意图，各部件功能说明如下：

（1）CY1 为电磁滑筒，CY2 为机械横臂。电磁铁 Y1 可在电磁滑筒 CY1 上上下滑动，CY1 可在机械横臂 CY2 上左右移动。

（2）图中黑点为原点位置。所谓原点是指系统从这里开始工作。工作一个周期（分拣一个球）后仍然要回到该位置等待下次动作。

（3）X2 为大小球检测开关。如是大球，则电磁铁下降时不碰到 X2，X2 不动作；如是小球，则电磁铁下降后会碰到 X2，X2 动作。

（4）X0 为球检测传感开关。只要盘中有球，不管大球小球，它都会感应动作。

（5）X3 为上限开关，是电磁铁 Y1 在电磁滑筒内上升的极限位置。X1 为左限开关，是电磁滑筒在横臂上向左移动的极限位置。当这两个开关都动作时，表示系统正处于原点位置，原点显示 Y7 灯亮。

（6）电磁铁 Y1 在电磁滑筒内滑动下限由时间控制。当电磁铁开始下滑时，滑动 2s 表示已经到达吸球位置（小球）。如果是大球，则会压住大球零点几秒时间。

（7）电磁铁 Y1 在吸球和放球时都需要 1s 时间完成。

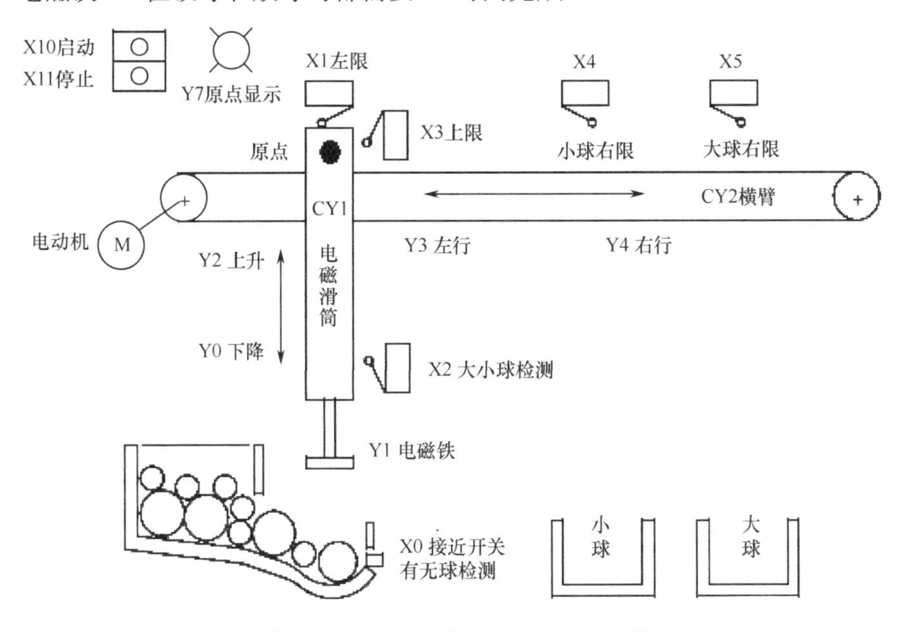

图 6.3-12　大小球检测分拣系统示意图

控制要求：当系统处于原点位置时，按下启动按钮 X10 后，系统自动进行大小球分拣工作，其动作过程是电磁铁 Y1 下降，吸住大球（或小球）后上升，到达上限位置后，电动机启动，带动电磁滑筒右移，当电磁滑筒右移碰到大球右限开关（或小球右限开关）时，停止移动。电磁铁下降，碰到大小球检测开关 X2 时，电磁铁释放大球（或小球）到大球箱（或小球箱），释放完毕，电磁铁上升，电磁滑筒左行，碰到左限开关 X1 后停止。如果这时 X0 检测到有球，则自动重复上述分拣动作。

系统在工作时，如按下停止按钮 X11，则系统应完成一个工作周期后才停止工作。

分析：这是一个典型的选择性分支流程。X2 是否动作是大小球分支的条件。因此，控制流程可根据 X2 的动作作为分支流程的分支点。当电磁滑筒右行碰到大小球右限开关时，以后的动作是一致的（下滑—释放—上升—左移开关），因此，大小球右限开关是分支流程的汇合点。图中，已经把所有开关位置、功能及所用的输入、输出口地址一一列出，这里就不再重新列出 I/O 地址分配表了。

根据控制要求和分析所画出的 SFC 功能图和 GX 软件 SFC 块图如图 6.3-13 所示。

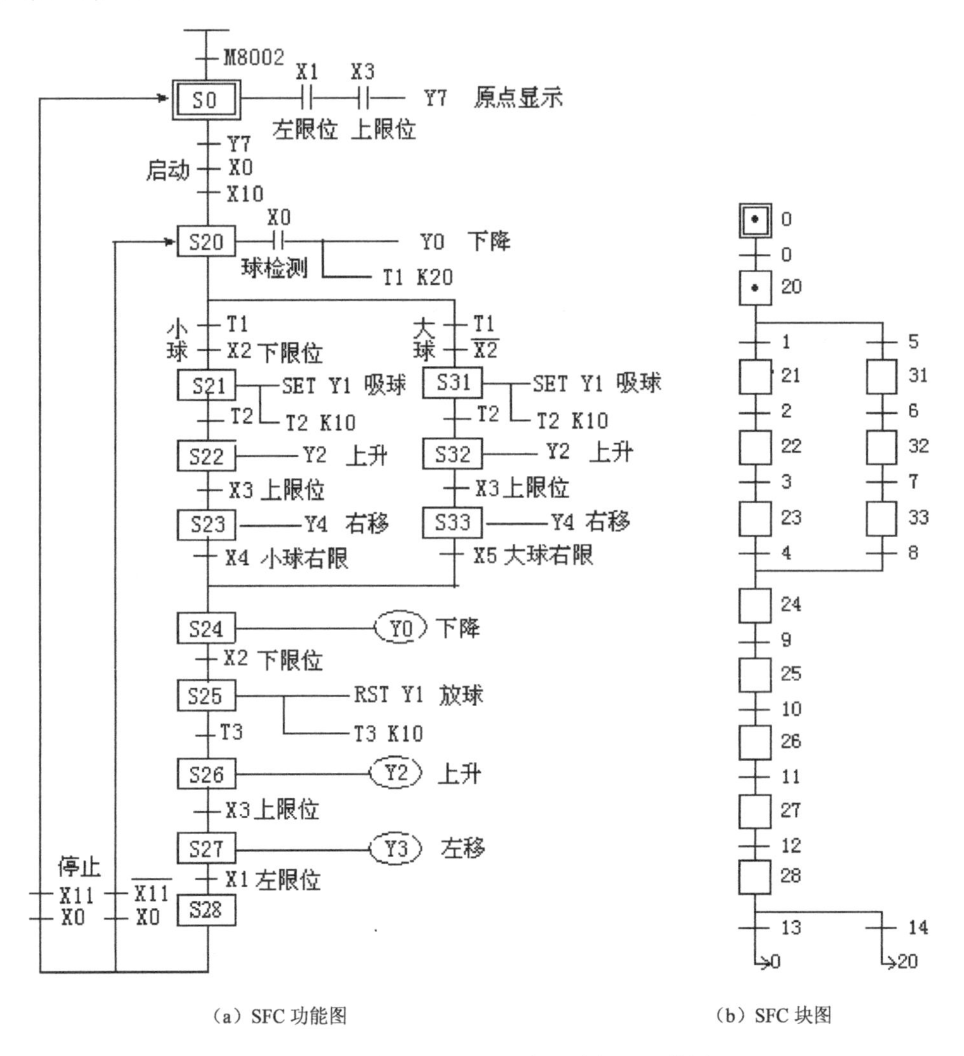

图 6.3-13 【例 6.3-5】SFC 功能图和 SFC 块图

【例 6.3-6】 某双头钻床加工圆盘工件上六个均匀分布的孔，如图 6.3-14 所示。按下启动按钮后，工件首先被夹紧，当夹紧压力达到规定压力后（压力继电器 X1 为 ON）。大小钻头开始下行钻孔。各自钻孔到位后（由各自下限开关设定），钻头上行，上行到位（由各自的上限开关设定）后，工件旋转 120°，旋转结束后，又开始钻第 2 对孔，3 对孔都钻完后，松开工件，系统返回，等待下一次加工。

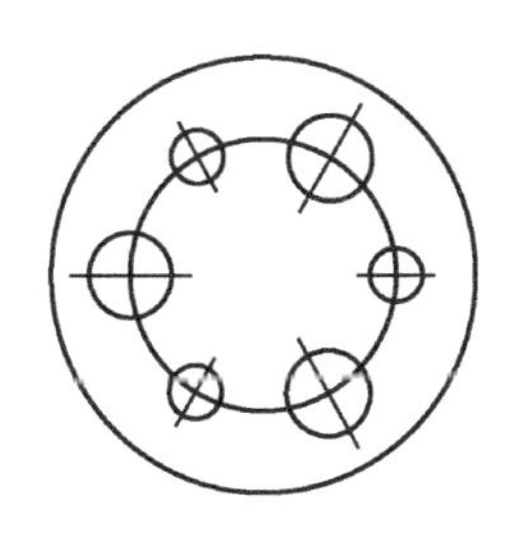

图 6.3-14　大小球检测分拣系统 SFC

I/O 地址分配见表 6.3-5。

表 6.3-5　I/O 地址分配表

输　入		输　出	
功　能	接口地址	控制作用	接口地址
启动按钮	X0	工件夹紧	Y0
夹紧压力继电器	X1	大钻下行	Y1
大钻上限开关	X2	大钻上行	Y2
大钻下限开关	X3	小钻下行	Y3
小钻上限开关	X4	小钻上行	Y4
小钻下限开关	X5	工件旋转	Y5
工件旋转限位开关	X6	工件松开	Y6
工件松开到位开关	X7		

分析：钻床启动后，大钻和小钻是同时下行开始钻孔，因此，这是一个典型的并行性分支，由于钻孔速度和钻孔深度不同，大小钻并不同时完成钻孔工作。仅当大小钻上限开关 X4，X5 动作时，并行分支才并行汇合到下一个状态。对于这种有条件汇合的并行汇合，一般有两种处理方法。一是直接用分支条件组合作为汇合后的转移条件转入下一状态，如图 6.3-15（a）所示。二是在分支最后加空状态，以空状态的状态开关作为转移条件转入下一状态，如图 6.3-15（b）所示。

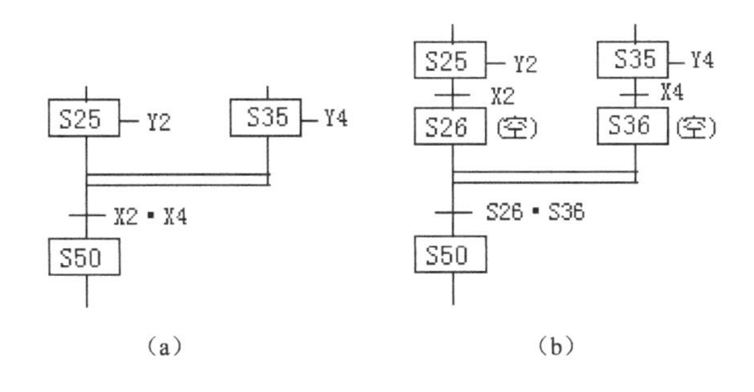

图 6.3-15　有条件并行汇合处理方法

在控制要求中，工件经过三次钻孔完毕才完成加工，为此，设计一个计数器，设定值为 3，计数 3 次表示加工结束。

根据控制要求和分析所画出的 SFC 功能图和 GX 软件 SFC 块图如图 6.3-16 所示。

【例 6.3-7】 图 6.3-17 为一圆盘工作台工作加工示意图，圆盘工作台有三个工位，按下启动按钮后，三个工位同时对工件进行加工，一个工件要经过三个工位的顺序加工后才算加工好。因此，这是一个流水作业的机械加工设备，这种设备的控制流程在半自动生产设备中具有典型意义。

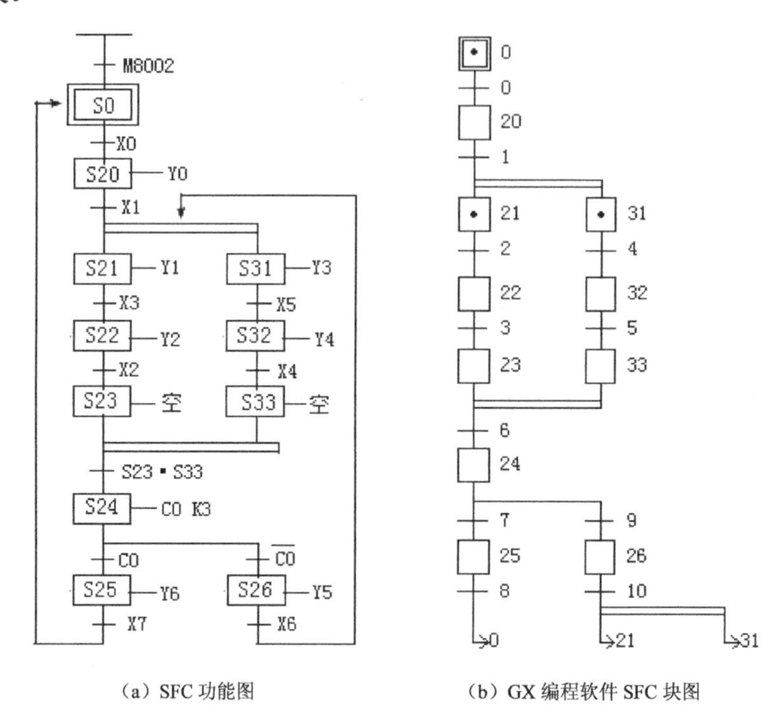

（a）SFC 功能图　　（b）GX 编程软件 SFC 块图

图 6.3-16 【例 6.3-6】SFC 功能图和 SFC 块图

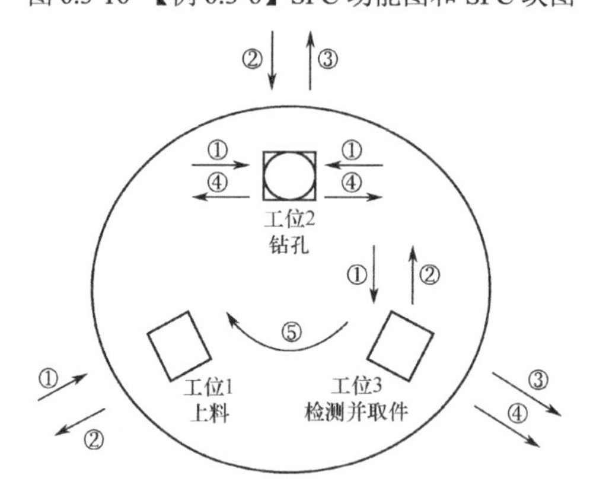

图 6.3-17 圆工作台控制示意图

其控制过程可用下面的流程表示。

（1）
工位 1：① 推料杆推进工件，上料到位。
② 推料杆退出，上料退出到位，等待。
工位 2：① 夹紧工件，夹紧到位。
② 钻头下降到钻孔，钻孔到位。
③ 钻头上升，上升到位。
④ 松开工件，松开到位，等待。
工位 3：① 测量头下降检测，检测到位或检测时间到位。

② 测量头升起，升起到位。

③ 检测到位，推料杆推出正品工件，工件到位，推料杆返回，等待。

④ 检测时间到位，人工取下废品工件，人工复位，等待。

（2）工作台转动 120°，旋转到位。

这也是一个典型的并行性分支流程的控制系统。根据控制流程和分析所画出的 SFC 见图 6.3-18。由 SFC 图可以看出，这是一个并行分支和选择分支的混合 SFC 控制。三个工位同时对工件加工，为并行分支。在工位 3 中，根据工位是否合格进行选择性分支，当工件合格（检测到位）时，工件自动由推料杆推出，当工件不合格（检测不到位且过了 2s 后），工件必须由人工取出。

输出地址分配见表 6.3-6。

表 6.3-6　圆盘工作台输出地址分配

接口地址	控制作用	接口地址	控制作用
上料电磁阀	Y1	检测头升起	Y6
夹紧电磁阀	Y2	工作台旋转	Y7
钻头进给	Y3	废品指示	Y10
钻头升起	Y4	卸料电磁阀	Y11
检测头下降	Y5		

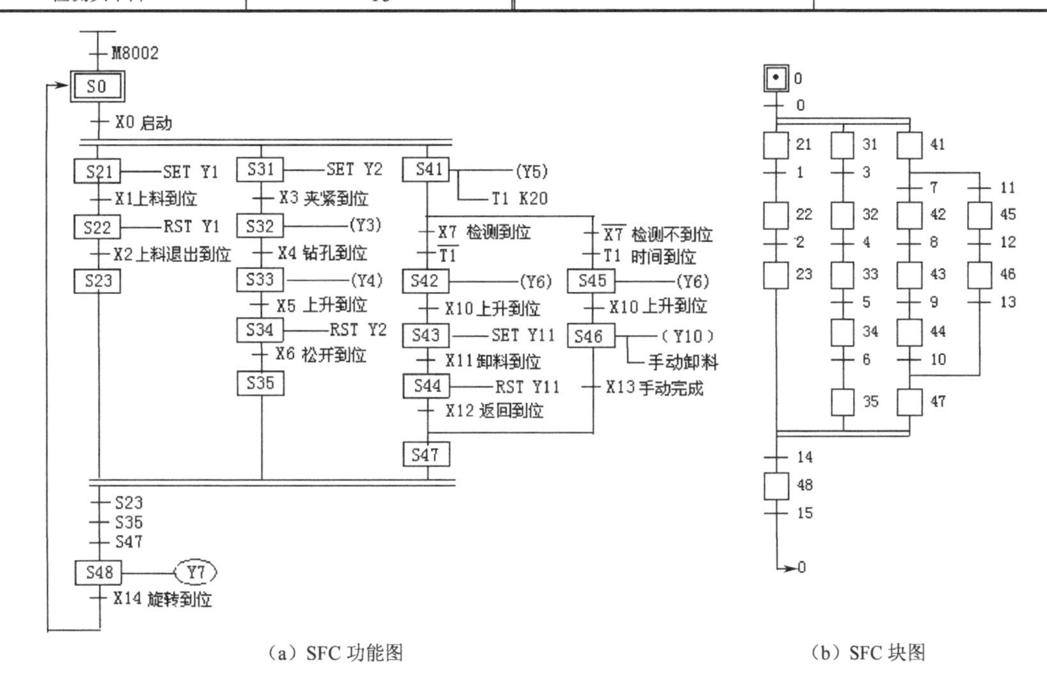

图 6.3-18 【例 6.3-7】SFC 功能图和 SFC 块图

【例 6.3-8】 对初学者来说，交通信号灯控制是一个很好的综合练习题。

1）控制要求

（1）信号灯分自动、手动两种控制，由 X0 状态决定。

（2）控制信号灯分交通信号灯（红，黄，绿三色）和人行道信号灯（红，绿两种）。

（3）手动控制在紧急情况下强行控制南北方向和东西方向信号灯，由人工拨动X1决定。

（4）信号灯分白天和晚上两种控制方式，白天指7：00到23：00，晚上指23：00到7：00。在梯形图中由D8015（PLC时钟的小时值存储器）的值决定。

（5）信号灯白天控制除手动外均为周期性循环操作，其时序如图6.3-20所示。在时序图中，绿灯的闪烁频率为1次/s。交通信号绿灯是在亮35s后，3s闪烁3次停止，而人行信号绿灯是在亮35s后，5s闪烁5次停止。

（6）晚上控制要求所有红灯、绿灯均停止亮，只有黄灯轮流闪烁，频率为1次/s，即0.5s南北黄灯亮，0.5s东西黄灯亮。

根据控制要求画出的交通信号灯控制时序图如图6.3-19所示。

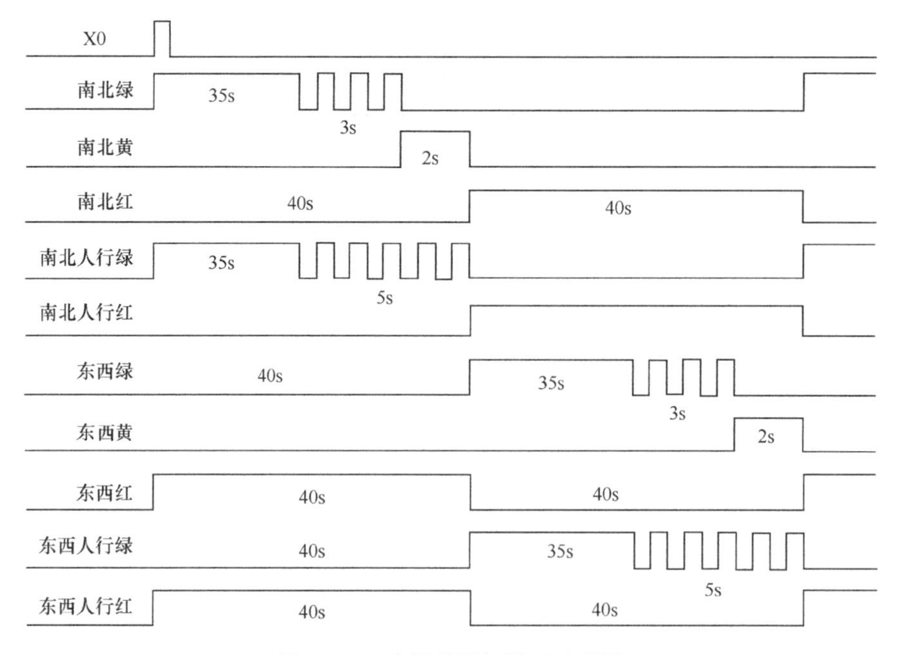

图6.3-19　交通信号灯控制时序图

2）I/O地址分配

I/O地址分配见表6.3-7。

表6.3-7　I/O地址分配表

输　入		输　出			
功　能	接口地址	控制作用	接口地址	控制作用	接口地址
手动/自动选择	X0	南北绿	Y0	东西绿	Y10
手动东西/南北选择	X1	南北黄	Y1	东西黄	Y11
		南北红	Y2	东西红	Y12
		南北人行绿	Y3	东西人行绿	Y13
		南北人行红	Y4	东西人行红	Y14

3）SFC功能图和GX软件SFC块图

（1）一进入SFC程序，有一个选择性分支，即自动/手动控制。

（2）自动控制有一个选择性分支，即白天/晚上选择。手动控制也有一个选择性分支，即东西/南北选择。

（3）信号灯的白天控制要求南北方向与东西方向的交通信号灯和人行信号灯同时工作，因此，这是一种并行性分支控制。由时序图可知，共 4 个并行分支：南北交通信号，南北人行信号、东西交通信号和东西人行信号。根据以上分析画出的并行分支 SFC 功能图如图 6.3-20 所示。

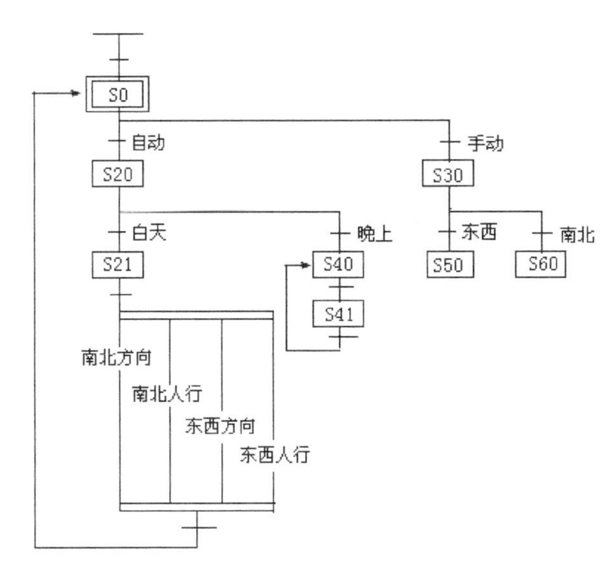

图 6.3-20 【例 6.3-8】SFC 功能图

（4）根据时序图可以很快画出，信号灯白天控制的并行分支，如图 6.3-21 所示，注意：此功能图仅是根据时序图画出的示意图。真正的每个并列分支的程序步与状态编号必须按实际编写的 SFC 功能图决定。

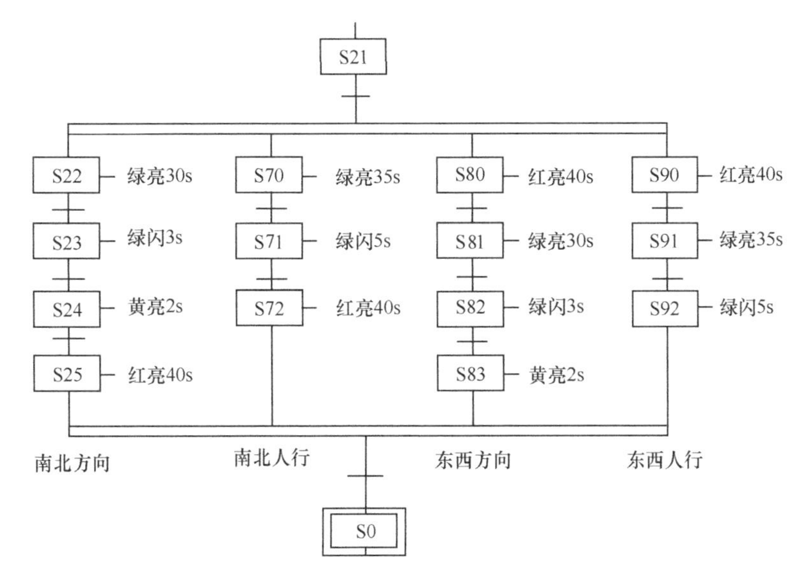

图 6.3-21　信号灯白天控制 SFC 功能图

【例 6.3-9】 第 5 章曾经以一个 6 工位料车运行为例，详细介绍了利用基本指令编制开关量逻辑控制程序的分析过程。这里还是利用同样的例子详细讲解 SFC 程序的设计过程，包括状态的划分，动作的实现，转移条件的确立等，目的是通过 SFC 程序设计过程的分析，使读者掌握一些较难的 SFC 程序编制知识和分析方法。

1）控制要求

某处有一电动小车，供 8 个加工点使用，电动车在 8 个工位之间运行，每个工位均有一个到位行程开关和呼叫按钮。具体控制要求：送料车开始可以在 8 个工位中的任一工位上停止并压下相应的到位行程开关。启动后，任一工位呼叫，电动小车均能驶向该工位并停止在该工位上，图 6.3-22 为电动小车工作示意图。

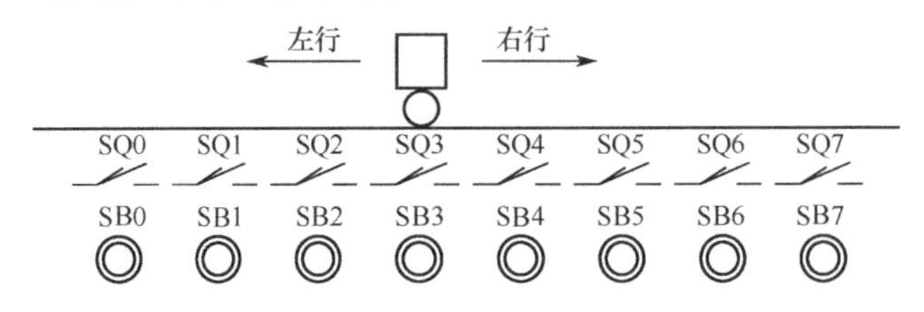

图 6.3-22　电动小车工作示意图

2）I/O 地址分配

I/O 地址分配见表 6.3-8。

表 6.3-8　I/O 地址分配表

输入				输出	
控制作用	接口地址	控制作用	接口地址	功能	接口地址
行程开关	X0	呼叫按钮	X10	左行（正转）	Y1
行程开关	X1	呼叫按钮	X11	右行（反转）	Y2
行程开关	X2	呼叫按钮	X12		
行程开关	X3	呼叫按钮	X13		
行程开关	X4	呼叫按钮	X14		
行程开关	X5	呼叫按钮	X15		
行程开关	X6	呼叫按钮	X16		
行程开关	X7	呼叫按钮	X17		

3）SFC 功能图设计分析

（1）基本 SFC 功能图的确立。

本题 SFC 功能图状态的划分比较简单，由控制要求可知，料车运行的过程状态顺序为待命—左行（右行）—停止，画出其基本 SFC 功能图如图 6.3-23（a）所示。

分析一下动作的过程，由于呼叫位置是随机的，有三种可能：在小车的左边、右边和在小车停止位置，必须排除在小车停止位置这种可能，SFC 功能图变为图（b）。

（2）内置梯形图和转移条件的设计。

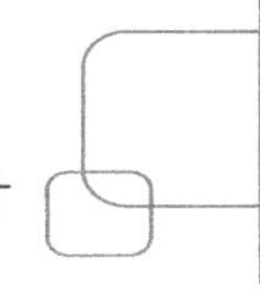

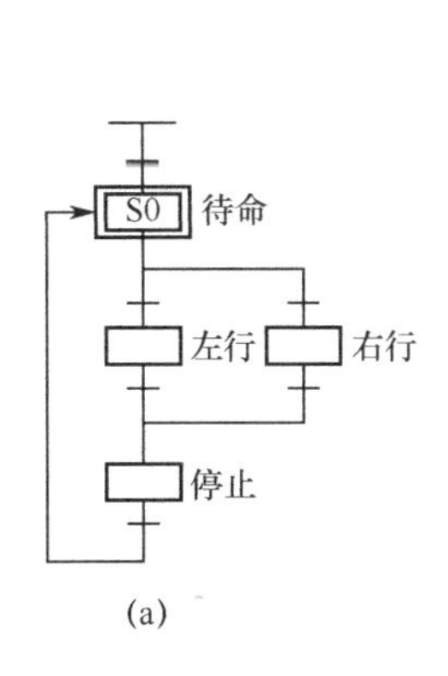

(a)

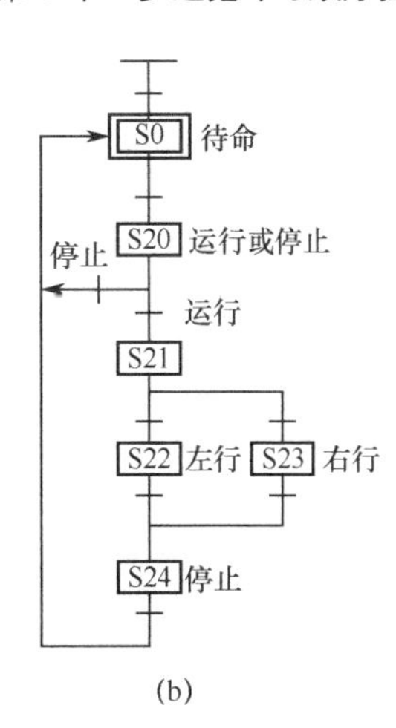

(b)

图 6.3-23 【例 6.3-9】SFC 功能图

本题的难点在于状态内置梯形图和转移条件的设计。难在小车停止点和呼叫点都是随机的。因此，如何识别小车停止点位置和呼叫点位置是首先要解决的问题，编者采取编码的方法来解决这个难点。当然，方法不是唯一的，还有其他很多方法可以解决。

所谓编码的方法就是给每一个停止点和呼叫点一个唯一的识别码，通过判断识别码就可以知道是哪个停止点和呼叫点。在小车运行过程中，如果行程开关 SQ 接通为“1”，呼叫按钮按下为“1”，小车停止点和呼叫点为“1”的点是唯一的。例如，小车停在 SQ3 处，则只能 SQ3=1，其余 SQ 均为 0。同样，如果在 SB6 处呼叫，则只能 SB6=1，其余 SB 均为 0，这样，把 8 个停止点输入状态和 8 个呼叫点输入状态用组合位元件输入内存 D 中，那么根据 D 的二进制数值就可以判断停止点和呼叫点的位置，其对应关系见表 6.3-9。

表 6.3-9　停止点和呼叫点的位置编码表

停止点	SQ0	SQ1	SQ2	SQ3	SQ4	SQ5	SQ6	SQ7
输入	X0	X1	X2	X3	X4	X5	X6	X7
呼叫点	SB0	SB1	SB2	SB3	SB4	SB5	SB6	SB7
输入	X10	X11	X12	X13	X14	X15	X16	X17
二进制值	K1	K2	K4	K8	K16	K32	K64	K128

根据上述编码设计的等待状态 S0 所完成的动作梯形图如图 6.3-24 所示。

取得停止点和呼叫点的编码后，先排除在停止点的呼叫，如果停止点编码和呼叫点编码相等的话，表示在停止点呼叫，程序流程应转回到等待状态（S0）去再次等待。如果不等，表示有呼叫，应转移到下面状态去判断左行还是右行，则状态 S20 应为空状态，仅存在两个转移条件。有呼叫后，下一个状态应该是判断小车左行还是右行。根据小车工作示意图所表示的停止点开关 SQ 和呼叫点按钮的相对位置关系可以看出，如果小车右行，则相应呼叫点编码应大于停止点编码，即 D10>D0，反之，如果 D10<D0，则小车左行。注意，这里编码是按照表 6.3-10 的端口接入的，不能有错。状态 S21 也是空状态，仅存在两个分支的转移条件。SFC 功能图如图 6.3-25 所示。

表 6.3-10 I/O 地址表

输入		输出	
功 能	接口地址	控制作用	接口地址
启动	X0	输送带电机	Y0
停止	X1	灌装电磁阀	Y1
灌装光电开关	X2	装箱指示灯	Y2
计数光电开关	X3		

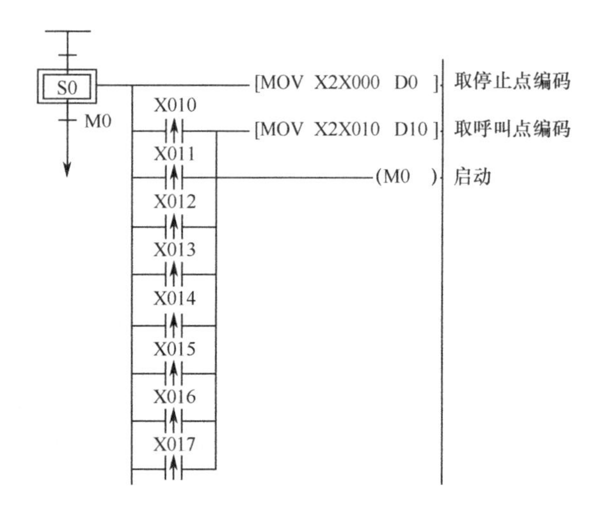

图 6.3-24 S0 所完成的动作梯形图

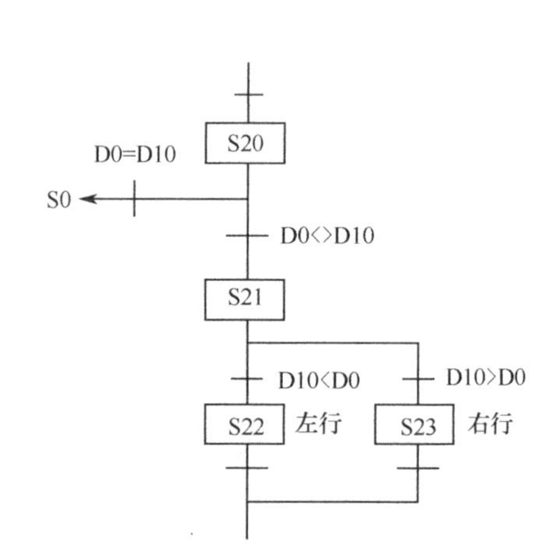

图 6.3-25 小车左行右行 SFC 功能图

小车运行后，如何才能到达相应位置上停下来，这是本题的第二个难点。由控制条件可知，使小车停止的信号也是相应位置上的停止点行程开关。这也是运行状态（S22，S23）的转移条件，编者采用变址操作解决这个难点。如果转移条件为 X0V0，那么只要改变 V0 的值，就等于改变 X 端口的地址。例如（V0）=K5，则 X0V0=X5 端口。而 V0 的赋值可以根据呼叫点的值（D10）进行。例如，如果在 SB6 呼叫小车，则小车应在 SQ6 停止点停下。SQ6 相对应的端口是 X6，那么只要给 V0 赋值 6，即 X0V0=X6。赋值程序比较简单，如图 6.3-26 所示，该程序可以放在状态 S20 进行初始化。

```
[=  D10  K1    ]----[MOV  K0  V0  ]
[=  D10  K2    ]----[MOV  K1  V0  ]
[=  D10  K4    ]----[MOV  K2  V0  ]
[=  D10  K8    ]----[MOV  K3  V0  ]
[=  D10  K16   ]----[MOV  K4  V0  ]
[=  D10  K32   ]----[MOV  K5  V0  ]
[=  D10  K64   ]----[MOV  K6  V0  ]
[=  D10  K128  ]----[MOV  K7  V0  ]
```

图 6.3-26 变址 V0 赋值梯形图程序

最后，画出 SFC 功能图和 SFC 块图，如图 6.3-27 所示。STL 指令步进梯形图程序如

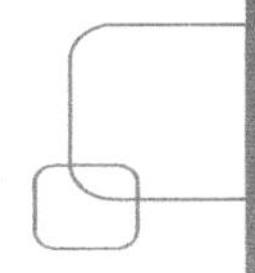

图 6.3-28 所示。

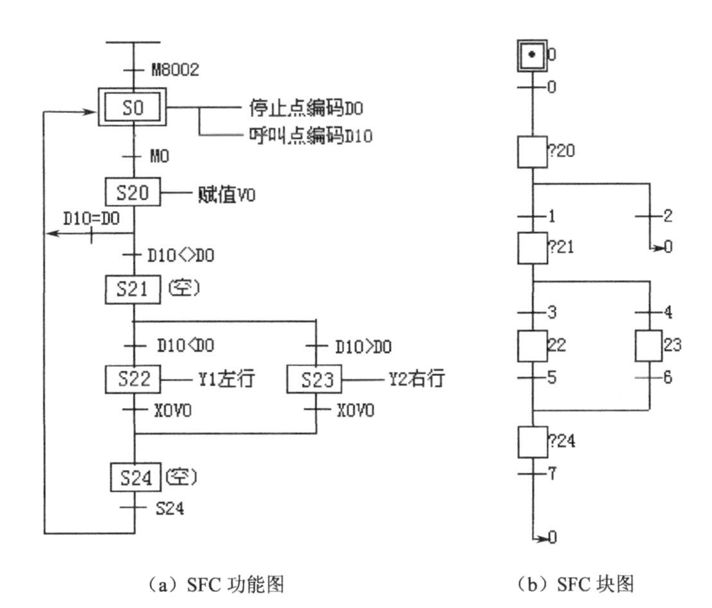

（a）SFC 功能图　　（b）SFC 块图

图 6.3-27 【例 6.3-9】SFC 功能图和 SFC 块图

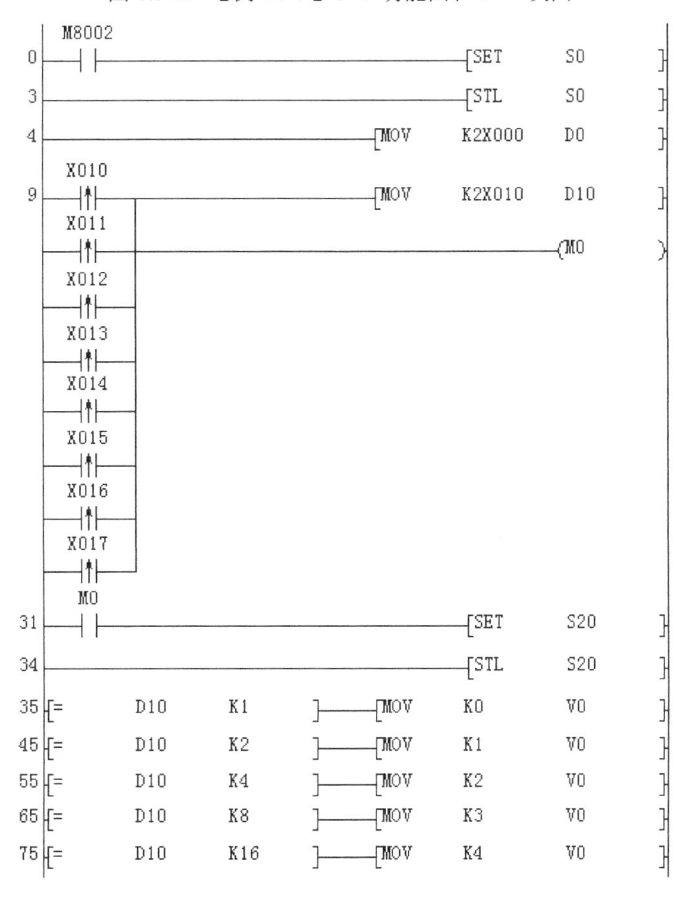

图 6.3-28　STL 指令步进梯形图

```
85  [=    D10   K32   ]----[MOV   K5    V0   ]
95  [=    D10   K64   ]----[MOV   K6    V0   ]
105 [=    D10   K128  ]----[MOV   K7    V0   ]
115 [<>   D0    D10   ]----------[SET   S21  ]
122 [=    D0    D10   ]--------------(S0     )
129 ---------------------------[STL   S21  ]
130 [>    D10   D0    ]----------[SET   S22  ]
137 [<    D10   D0    ]----------[SET   S23  ]
144 ---------------------------[STL   S22  ]
145 -------------------------------(Y001   )
146 ---------------------------[STL   S23  ]
147 -------------------------------(Y002   )
148 ---------------------------[STL   S22  ]
     X000V0
149 --| |----------------------[SET   S24  ]

154 ---------------------------[STL   S23  ]
     X000V0
155 --| |----------------------[SET   S24  ]
160 ---------------------------[STL   S24  ]
     S24
161 --| |--------------------------(S0     )
164 -------------------------------[RET    ]
165 -------------------------------[END    ]
```

图 6.3-28　STL 指令步进梯形图（续）

【例 6.3-10】 啤酒灌装生产线示意如图 6.3-29 所示。

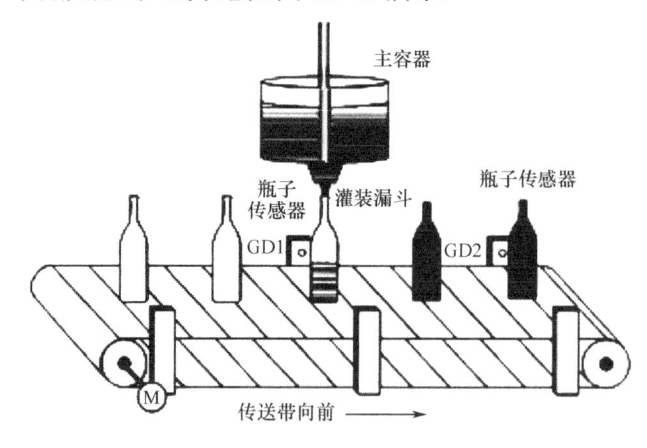

图 6.3-29　啤酒灌装生产线示意图

1）控制要求

（1）啤酒灌装生产线以全自动模式运行，按下启动按钮后，传送带开始前进，当瓶子传感器检测到空瓶传送到灌装工位时，传送带停止运行，灌装阀门打开，开始瓶子灌装，灌装 3s 后，灌装阀门自动关闭，生产线又自动启动向前运动。

（2）计数传感器完成装箱计数功能，计数传感器每检测到连续 6 个满瓶通过时，输出指示灯亮 1s，表示瓶子装满一箱。

（3）按下停止按钮后，生产线停止运行。

2）I/O 地址分配

I/O 地址分配见表 6.3-10。

3）SFC 功能图和 GX 软件 SFC 块图

分析：在这个例子中，用了两个传感器，是灌装传感器 GD1 和计数传感器 GD2，程序必须在使用两个传感器的基础上进行设计。

初学者往往容易将灌装和计数在一个 SFC 流程中处理，结果使 SFC 程序编制产生困难。仔细分析一下控制要求，就会发现，灌装和计数是两个没有相互关系的独立动作，因此，在设计 SFC 程序时，可以将它们设计成两个互相独立的 SFC 块，也可以设计成一个 SFC 程序的两个并列的分支程序。编者采用同一个 SFC 程序并列的分支程序设计。

SFC 功能图和 GX 软件 SFC 块图如图 6.3-30 所示。

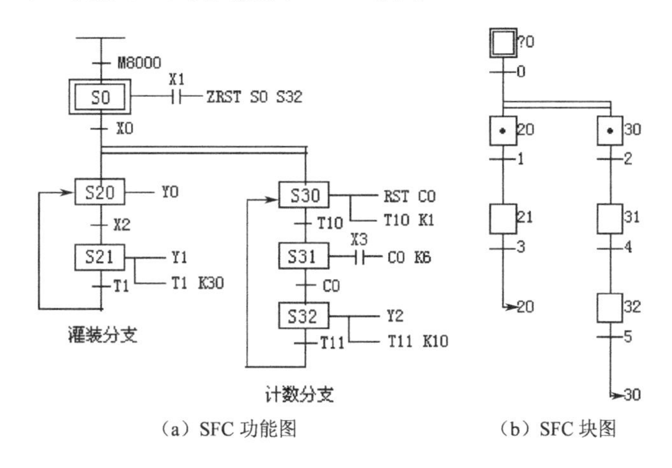

（a）SFC 功能图　　（b）SFC 块图

图 6.3-30　SFC 功能图和 SFC 块图

【例 6.3-11】 有 10 个数，分别存在 D0～D9 存储器中，试找出其中最大数存在 D100 中。

分析：这是一道数据处理例题，它完全可以用普通梯形图程序编制。数据处理题的关键在于算法，即如何通过现有的指令找出解决问题的途径。算法和控制要求一样，它也可以分解成一步一步解析的过程，所以也可以采用 SFC 程序来设计。本题的算法可以通过流程图来说明，见图 6.3-31（a），根据流程图画出的 SFC 功能图见图 6.3-31（b），相应的 GX Developer 编程软件的 SFC 块图见图 6.3-31（c）。STL 指令步进梯形图见图 6.3-32。

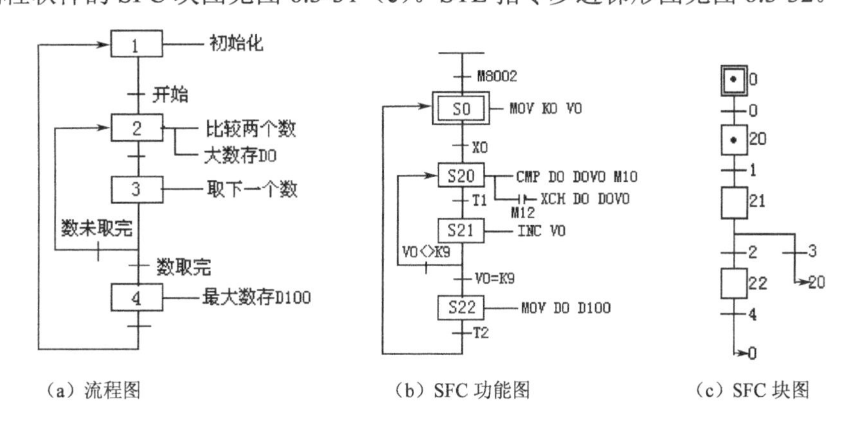

（a）流程图　　（b）SFC 功能图　　（c）SFC 块图

图 6.3-31　【例 6.3-11】SFC 功能图和 SFC 块图

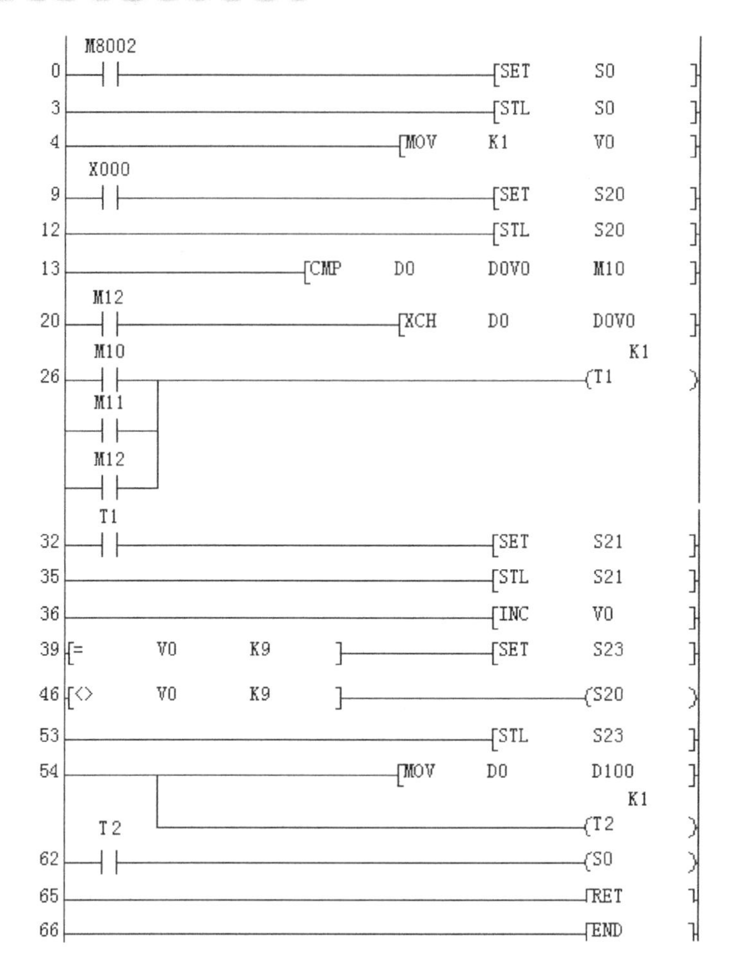

图 6.3-32 【例 6.3-11】步进梯形图

【试试，你行的】

（1）电镀生产线工艺流程如图 P6.3-1 所示，控制要求：

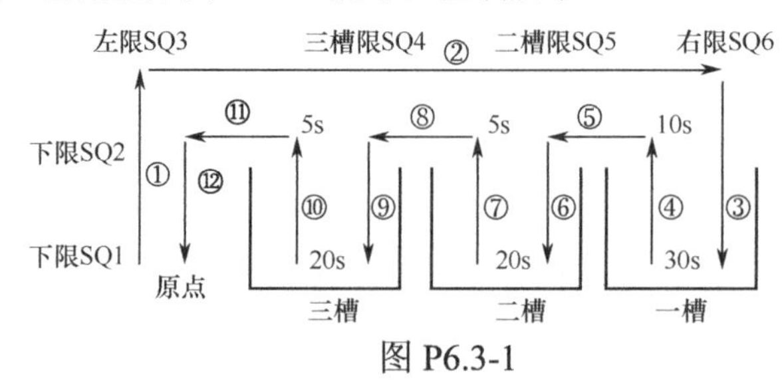

图 P6.3-1

① 工件启动后按照图中①～⑫工艺流程进行顺序动作。

② 工件必须在原点启动，原点的标志是左限 SQ3 和下限 SQ1 闭合，且原点指示灯亮。

③ 工序转换时，均以限位开关 SQ 为信号，例如工件下行时，以下限开关 SQ1 为信号转换到下一工序，又如从一槽转移到二槽，以二槽限位开关 SQ5 为信号，依此类推。

④ 图中所标时间均为流程中箭头所示工序完成后必须停留的时间，例如 30s 表示工序③工件进入一槽后停留的时间，10s 表示工序④工件退出一槽后的停留时间，依此类推。

⑤ 所有的停留时间必须有相应的指示灯指示。

⑥ 按下 SB1，生产线启动，按下 SB2，生产线随时停止。

要求列出 I/O 地址分配表，画出 SFC 功能图，并根据 SFC 功能图编制 GX 软件 SFC 块图。如果有兴趣，请用非 SFC 程序法设计梯形图。

（2）如图 P6.3-2 所示为一压铸机工作控制示意图，控制要求如下：

① 装好压铸材料后，按下启动按钮 X0，冲头下行将压铸材料压紧。

② 压力继电器 X2 动作，并延时 10s 后，冲头上行。

③ 冲头上行至 X3 处，模具下行。

④ 模具下行至 X5 处，操作工人取走压铸品。

⑤ 操作工人按下按钮 X6，模具上行至 X4 处停止，系统回到初始状态。

⑥ 随时按下停止按钮 X7，系统停止运行。

要求列出 I/O 地址分配表，画出 SFC 功能图，并根据 SFC 功能图编制 GX 软件 SFC 块图。如果有兴趣，请用非 SFC 程序法设计梯形图。

（3）如图 P6.3-3 所示为某动力滑头工作示意图，其工作过程如下：

① 启动后，左滑台前进至 X2 处停止。

② 5s 后，右滑台前进至 X4 处停止。

③ 10s 后，左右滑台同时后退至 X1、X3 处停止。

④ （1）～（3）为一工作循环，每一个循环工作都需按启动按钮开始。

⑤ 随时按下停止按钮，系统停止运行。

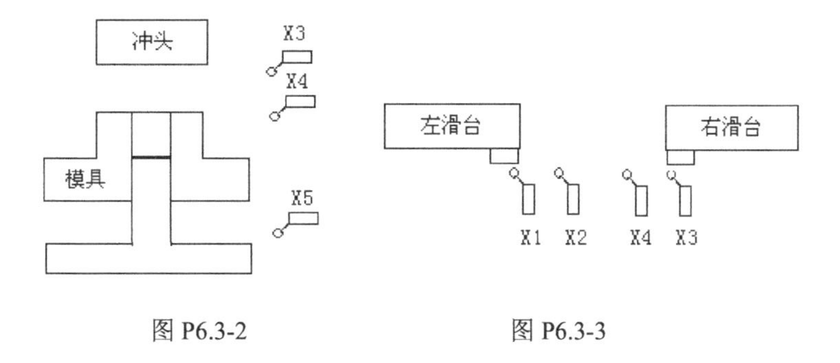

图 P6.3-2　　　　图 P6.3-3

要求列出 I/O 地址分配表，画出 SFC 功能图，并根据 SFC 功能图编制 GX 软件 SFC 块图。如果有兴趣，请用非 SFC 程序法设计梯形图。

（4）循环彩灯控制要求：

① 合上开关 SK，5 个彩灯依次按间隔 3s 点亮。

② 彩灯全面点亮后，维持 5s，然后全部熄灭。

③ 全部熄灭 2s 后，自动重复下一次循环。

④ 重复循环满 10 次后，让彩灯全部熄灭时间延长至 10s。

⑤ 再重复上述（1）～（4）循环。

⑥ 断开开关 SK，彩灯全部熄灭。

要求列出 I/O 地址分配表，画出 SFC 功能图，并根据 SFC 功能图编制 GX 软件 SFC 块图。如果有兴趣，请用非 SFC 程序法设计梯形图。

（5）有 A、B、C 三组喷泉，控制要求如下：

① A组先喷5s。

② A组停，B.C组同时喷5s。

③ A.B组停，C组喷5s。

④ C组停，A.B组同时喷5s。

⑤ A.B.C组同时喷5s，停2s，反复三次。

⑥ A.B.C组同时喷10s。

要求列出I/O地址分配表，画出SFC功能图，并根据SFC功能图编制GX软件SFC块图。如果有兴趣，请用非SFC程序法设计梯形图。

（6）图P6.3-4为机械手工作示意图，夹头在滑筒里上下滑动，滑筒在滑臂里左右移动。机械手的功能是将工件从A处移到B处。控制要求：

① 开始工作时，夹头在原始位置（X1=ON,X3=ON）。

② 启动后，按图P6.3-4所示动作顺序把工件从A处移到B处，然后，夹头回到原点处停止。

③ 滑筒和滑臂的动作由图示限位开关限位，夹头夹紧工件（Y5=ON）后，延时2s表示夹紧完成。同样，夹头松开工件（Y5=OFF）后，延时2s表示松开完成。

要求列出I/O地址分配表，画出SFC功能图，并根据SFC功能图编制GX软件SFC块图。如果有兴趣，请用非SFC程序法设计梯形图。

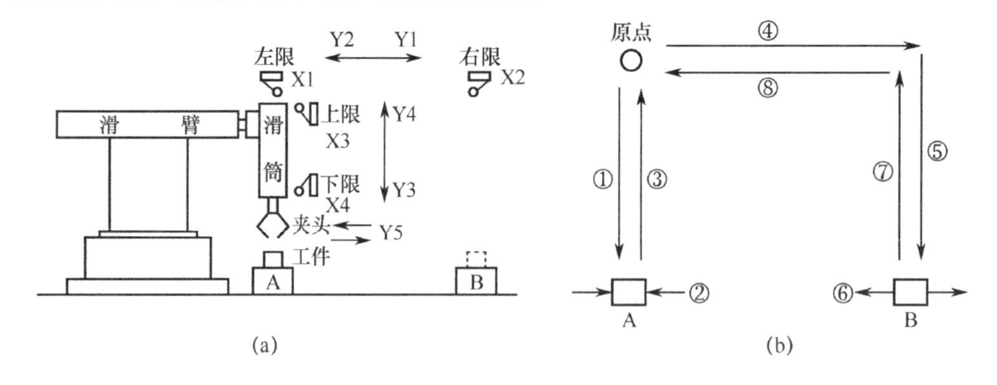

图 P6.3-4

（7）如图P6.3-5所示为三相异步电动机运转试验台主电路控制电路示意图，试验项目有：

① 电动机为星形接法。

启动后，电动机直接以星形启动运转，当达到一定转速时，速度继电器触动动作，常开动合，常闭动断，继续运转 10s 后，电动机进行反接制动。反接制动后，当电动机下降到10 0r/min以下时，速度继电器触动动作，常开动断，常闭动合，电动机停止运行。

② 电动机为三角形接法。

启动后，电动机接法为星形启动。经过5s后，电动机换接成三角形运行。以下速度继电器动作及反制动过程与电动机为星形接法相同。

表 P6.3-1 说明了接触器 KM1～KM4 的动作与电动机 M 运转之间的关系，供读者参考。要求列出I/O地址分配表，画出SFC功能图，并根据SFC功能图编制GX软件SFC块图。如果有兴趣，请用非SFC程序法设计梯形图。

表 P6.3-1　KM 动作与电动机 M 关系

KM1	KM2	KM3	KM4	M
闭合	断开	断开	闭合	星形正转
断开	闭合	断开	闭合	星形反转
闭合	断开	闭合	断开	三角形正转
断开	闭合	闭合	断开	三角形反转

（8）图 P6.3-6 为剪板机的工作示意图，其工作过程如下：工作前，压钳和剪刀均处于原点位置（X0=ON,X1=0N），板材开始送料，送料到位后（X3=0N）停止；压钳下行压紧板材，当压力到位时（X4=0N），剪刀下行，对板材进行剪切。在 a 点剪断板材后，压钳和剪刀同时上升，到达原点后，板材又开始送料，如此自动连续操作，直到剪断 I0 块工件后停止。

要求列出 I/O 地址分配表，画出 SFC 功能图，并根据 SFC 功能图编制 GX 软件 SFC 块图。如果有兴趣，请用非 SFC 程序法设计梯形图。

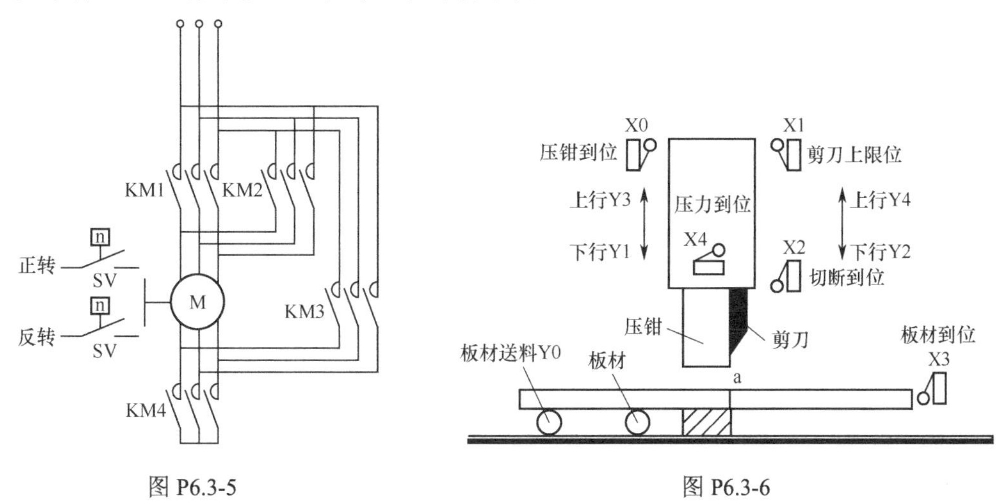

图 P6.3-5　　　　图 P6.3-6

（9）图 P6.3-7 为一圆盘工作台控制示意图。工作台上均匀分布 8 个工位，每个工位下方都有一表示该工位位置的接近开关。工作台上方有一工箱，供各工位使用。工箱里有一磁钢（图中黑点），当工箱位于某一工位时，该工位下方接近开关动作，表示工箱停止在该工位上。工作台工位的旁边有一呼叫按钮。控制要求：工箱可以任意停止在某工位上。当任一工位呼叫按钮呼叫时，工箱应沿最短距离转向该工位，到达呼叫工位时自动停止。

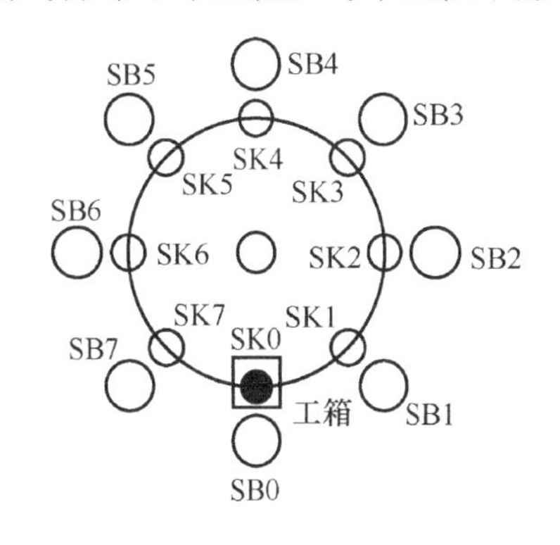

图 P6.3-7

所谓最短距离是指工箱停于 SK0 位置，当 SB3 呼叫时，工箱应逆时针转向 SK3；而当 SB5 呼叫时，工箱应顺时针转向 SK5。

提示：本题的难点在于如何判断工箱是顺时针还是逆时针转动，给位置开关和呼叫按钮分别进行编码，并对呼叫编码和位置编码进行减法运算，根据运算结果来判断是正转还是反转。

要求列出I/O地址分配表，画出SFC功能图，并根据SFC功能图编制GX软件SFC块图。如果有兴趣，请用非SFC程序法设计梯形图。

（10）有100个数，放在D0～D99共100个存储器中，求这100个数的和，结果存放在D100中。

要求画出SFC功能图，并根据SFC功能图编制GX软件SFC块图。如果有兴趣，请用非SFC程序法设计梯形图。

6.4 状态初始化指令IST

6.4.1 多种工作方式SFC的编程

1. 自动化设备的多种工作方式

在工业生产中，有很多生产设备是根据某种特定要求设计制造的，例如，动力头，机械手、各式各样的非标设备和生产线专用机械等，这些工业专机设备是机械、电动、气动、液压和电气控制相结合的一体化产品，它们的共同特点是自动化程度高，半自动化或全自动化地完成特定的控制任务，无须人工干预。从控制的角度来看，它们基本上都属于顺序控制系统，有的是单流程顺序控制，有的是有分支的顺序控制，因此，都可以成为PLC的应用控制对象。

在工作方式上，它们也有控制的共同点，这些共同点可以通过如图6.4-1所示的钻孔动力头控制进行说明。

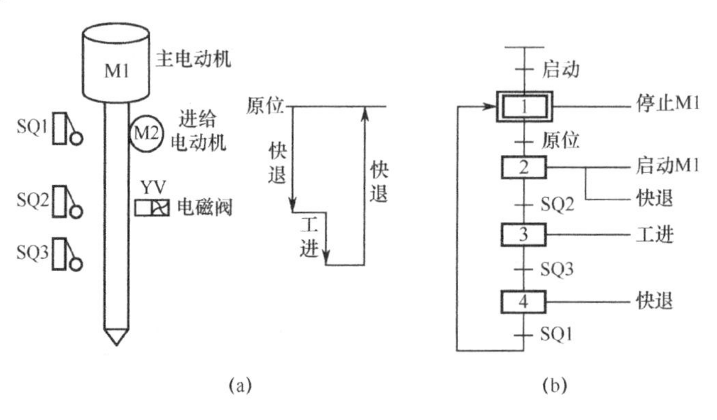

图6.4-1 钻孔动力头控制示意图及流程图

图中，M1为主电动机，M2为钻头快进快退电动机，YV为钻头工进电磁阀，其控制原理与控制流程要求见图（a），顺序控制流程见图（b），控制流程比较简单，不再详细说明。

钻孔动力头虽然简单，但却可以说明以它为代表的工业自动化专用生产设备的控制方式，下面分别给予介绍。

1）原点回归工作方式

原点是指设备的最初机械位置，一般的设备都是从原点开始作为一个控制周期的出发点，在实际生产中，如果发生了断电等特殊情况，控制可能会停留在中途位置，等到再来电时，也需要一个回原点的控制方式。

在机械设备中，原点大多以位置的开关信号表示，有的还要考虑到执行元件的状态情况，例如，压力等模拟量参数是否达到，各执行器是否处于复位状态等。

在本例中，原点是指钻孔起始位置，这时钻杆应没有任何进给，限位开关 SQ1 受压闭合。很明显，如果设备在三维空间运动，原点至少有三个方向的限位开关。

如果设备不处于原点位置，则必须通过回原点的程序使设备回到原点位置。

2）手动工作方式

手动工作方式是指用手按动按钮使控制流程中各个执行器负载能单独接通和断开。

在自动设备中，手动方式也是不可缺少的一种工作方式。在正式生产前，可以手动试试各个负载是否能正常工作。在部分设备中，中途停止时，可以用手动方式继续完成一个周期的工作，等等。

在本例中，手动是指对主电动机 M1、进给电动机 M2 和工步进给电磁阀 YV 的控制。单独手动时，除了试验负载是否正常工作外，还要试验是否能完成控制动作要求。

3）单步运行工作方式

单步运行是指在顺序控制中，每按动一次按钮，控制运行就前进一个状态工步。在正常生产中，这是没有必要的工作方式，但对设备进行调试却是非常必要的。单步运行时主要是观察控制顺序是否正常，每一个状况工步内的动作是否符合要求，状态能否正确转移等。

4）单周期运行工作方式

单周期是指仅运行一个工作周期，例如，本例中如果一个工件钻孔完毕，必须用人工进行装卸，则只能运行一个周期回到原位等待启动指令，所以单周期运行是一种半自动工作方式。在单周期运行期间，若中途按下停止按钮，则停止运行，如再启动按钮，应从断开处继续运行，直到完成一个周期工作为止。

5）自动运行工作方式

如果把半自动运行工作方式中人工装卸料换成由设备自动进行装卸料（当然要增加设备，还要改变控制流程），就变成了反复循环运行的自动工作方式。和半自动不一样，若在中途按动停止按钮，则会继续完成一个工作周期回到原点才停止。

这里，是用钻孔动力头为例来说明自动化生产设备的五种工作方式。实际上并不是所有自动化设备都需要多种工作方式，简单设备仅需要半自动或全自动工作方式。

2. 多种工作方式的编程

如果一个负载系统要求上述五种工作方式，那么如何对这五种工作方式编程，并把它们融合到程序中是程序编制的难点。

分析一下这五种工作方式的控制要求，就会发现单步、单周期和自动工作方式的控制过程是一样的，都是系统运行控制，只不过控制方式不同而已。因此，实际上需要编程的是手动程序、原点回归程序、自动程序和用于它们之间切换的公用程序，如果利用 SFC 对多控制方式系统进行编程，则其程序结构如图 6.4-2 所示。

图中 X10~X14 为五种工作方式的选择开关，这五个选择开关是互为相斥的，每次只能有一个为 ON，在外部硬件上是用波段开关来保证五个选择中不可能有两个或两个以上同时为 ON。

手动程序比较简单，它是用于负载相对应的按钮来单独控制各个负载的动作，设计中为了保证系统的安全运行，必须增加一些互相之间的互锁和连锁。

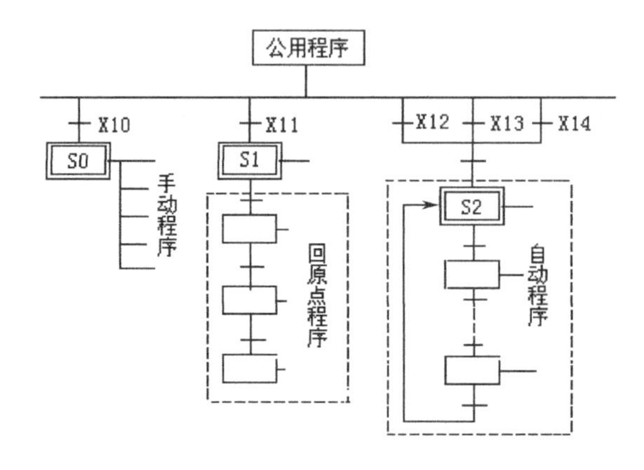

图 6.4-2　多种工作方式程序结构

原点回归程序也比较简单，只要按顺序进行位置方向上的回归即可。设计中必须注意，如果回归动作是双向动作（左右行、上下行、前后行等）中的一个，必须先停止相反方向运动，才进行回归运动。注意回归原点后，必须发出信号，表示原点位置条件满足，并为进入自动程序段做好准备。

自动程序的设计则比较复杂。当然，再复杂的程序也可以设计，但由于复杂所耗费的设计时间和精力则相当多，能不能就这种多方式控制系统开发出一种通用简便的设计方法，这是众多 PLC 生产商和广大用户所关心的问题。

三菱 FXPLC 的状态初始化指令 IST 就是生产商为多种方式控制系统开发的一种方便指令。IST 指令和步进指令 STL 结合使用，专门用来自动设置具有多种工作方式控制系统的初始状态和相关特殊辅助继电器状态，用户不必考虑这些初始化状态的激活和多种方式之间的切换，专心设计手动、原点回归和自动程序，简化了设计工作，节省了大量时间。

和其他功能指令不同，IST 指令是一个应用指令宏，所谓“宏”是指带有一定条件的简化。因此，应用 IST 指令必须要有满足指令所要求的外部接线规定，内部软元件应用条件才能完成 IST 指令所代表的多方式控制。

【试试，你行的】

1．工业自动化专用设备有哪几种工作方式？每种工作方式的功能和特点是什么？

2．三菱 FX PLC 为适应多种工作方式系统开发的一种专用功能指令是什么？应用该指令有什么条件？

6.4.2　状态初始化指令 IST

1. 指令格式

FNC 60：　IST　　　　　　　　程序步：7

可用软元件如表 6.4-1 所示。

表 6.4-1　IST 指令可用软元件

操作数	位元件					字元件、常数								
	X	Y	M	S	D□.b									
s.	●	●	●		●									
D1.				●										
D2.				●										

梯形图如图 6.4-3 所示。

图 6.4-3　IST 指令梯形图

操作数内容与取值见表 6.4-2。

表 6.4-2　IST 指令操作数内容与取值

操　作　数	内容与取值
S	多种工作方式的选择开关输入位元件起始地址
D1	自动程序 SFC 中的最小状态元件编号
D2	自动程序 SFC 中的最大状态元件编号（D1<D2）

解读：在驱动条件成立时，在规定的多种方式输入情况下，指令完成对多种工作方式控制系统的初始化状态和特殊辅助继电器的自动设置。

2. 指令功能和 PLC 外部接线

IST 指令是一个应用指令宏，使用时对 PLC 外部电路的连接和内部软元件都有一定的要求，现以图 6.4-4 所示指令应用梯形图进行说明。

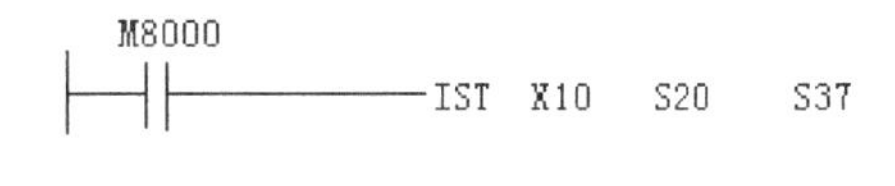

图 6.4-4　IST 指令应用梯形图

源址操作数 X10 规定了占用 PLC 的输入口是以 X10 为起始地址的连续 8 个点，即占用 X10～X17，这 8 个口的功能分配规定如表 6.4-3 所示。

表 6.4-3　IST 指令 PLC 源址规定功能表

源　址	应　用　例	规定开关功能	源　址	应　用　例	规定开关功能
S	X10	手动	S+4	X14	自动
S+1	X11	原点回归	S+5	X15	原点回归启动
S+2	X12	单步	S+6	X16	自动启动
S+3	X13	单周期	S+7	X17	停止

为保证 X10～X14 不同时为 ON，必须使用波段开关，PLC 的外部接线如图 6.4-5 所示。由图中可以看出，X10～X14 使用波段开关接入，X15～X17 为按钮接入，但它们所表

示的操作功能已由 IST 指令规定，不可随意变动。其余的输入口为手动操作负载按钮和输入开关及其他，它们的地址可任意分配，一旦分配好，则梯形图程序必须按照分配地址编程。

IST 指令的外部接线及操作都是规定的，因此，只要是应用 IST 指令给多方式控制系统编程，其控制面板设计也是一致的，如图 6.4-6 所示。

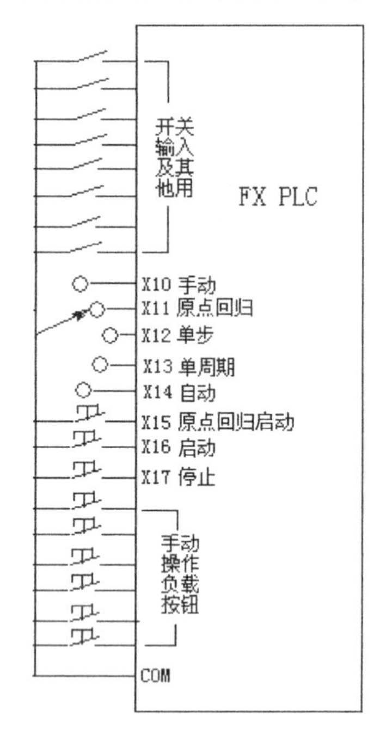

图 6.4-5　IST 指令外部接线图

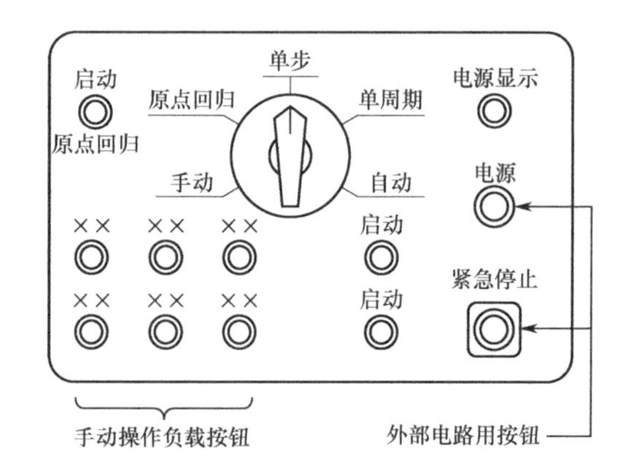

图 6.4-6　IST 指令控制面板图

操作面板上各按钮的操作及工作内容见表 6.4-4。

表 6.4-4　面板操作及工作内容

选择开关位置	操作按钮	工 作 内 容
手动	手动操作	手动操作相应负载动作
原点回归	原点回归启动	做原点回归工作
单步	启动	每按动一次启动按钮，顺序前进一个工步
单周期	启动	工作一个周期后结束在原点位置
	停止	中途按下停止按钮，停止在该工步，再次启动后会在刚才停止的工步继续运行，直到一个周期结束，在原点停止
自动	启动	进行自动连续运行
	停止	按下停止按钮，运行一个周期 后才结束运行，停止在原点位置
任意	电源	接通 PLC 电源
	紧急停止	断开 PLC 电源

注：电源和紧急停止的电路可参考图 6.2-25。

3. 软元件应用和程序结构

IST 指令对编程软元件的使用也有相应的规定。表 6.4-5 表示了状态元件的使用规定和特殊辅助继电器的使用功能。

表 6.4-5　IST 指令软元件指定及功能表

<table>
<tr><th colspan="2">状 态 元 件</th><th colspan="3">特殊辅助继电器</th></tr>
<tr><th>编　号</th><th>指 定 功 能</th><th>编　号</th><th>功　能</th><th>注</th></tr>
<tr><td>S0</td><td>手动方式初始状态元件</td><td>M8040</td><td>状态转移禁止</td><td rowspan="3">IST 指令自动控制</td></tr>
<tr><td>S1</td><td>原点回归方式初始状态元件</td><td>M8041</td><td>自动方式开始状态转移</td></tr>
<tr><td>S2</td><td>自动方式初始状态元件</td><td>M8042</td><td>启动脉冲</td></tr>
<tr><td>S3-S9</td><td>其他流程初始状态元件</td><td>M8043</td><td>原点回归方式结束</td><td rowspan="3">用户程序驱动</td></tr>
<tr><td>S10-S19</td><td>原点回归方式专用状态元件</td><td>M8044</td><td>原点标志</td></tr>
<tr><td rowspan="2">S20-S899</td><td rowspan="2">自动方式及其他流程用状态元件</td><td>M8045</td><td>禁止所有输出复位</td></tr>
<tr><td>M8047</td><td>STL 监控有效</td><td>IST 指令自动控制</td></tr>
</table>

由表 6.4-5 可以看出，对于状态元件的使用必须符合下面要求。

（1）S0，S1，S2 规定了手动、原回归和自动三种方式 SFC 对应的初始状态元件，不能为其他流程所用。

（2）在原点回归的 SFC 中，状态元件只能使用 S10～S19，而 S10～S19 也不能为其他流程 SFC 所用。

（3）S20 以后的状态元件，由 IST 指令的终址 D1 和 D2 确定自动方式 SFC 的最小编号和最大编号状态元件。

在特殊辅助继电器中，IST 指令自动控制是指这些继电器的 ON/OFF 处理是 IST 指令自动执行的，用户程序驱动是指用户根据需要可以进行 ON/OFF。这一点在下面的程序中给予说明。

使用 IST 指令用于多种方式控制系统时，由于初始化状态的激活，各种工作方式之间的切换都是由指令自动完成的，因此，只要编写公用程序、手动方式程序、原点回归程序和自动运行程序即可，而这些程序编写都有一定的规律可循。

1）公用程序（梯形图块程序）

公用程序为驱动原点标志 M8044（含义是确保开始运行前在原点位置，并作为自动方式的运行条件），输入 IST 指令，程序如图 6.4-7 所示。

2）手动和原点回归程序

手动方式和原点回归方式程序见图 6.4-8。

在原点回归方式程序中，必须使用状态 S10～S19。原点回归结束后，驱动 M8043，并执行 S1X 状态自复位。

如果无原点回归方式，则不需要编程，但是在运行自动程序前，需要先将 M8043 置位一次。

3）自动程序

自动程序见图 6.4-9。在自动程序中利用 M8044 和 M8041 作为状态转移条件。因此，如果系统位置不在原点，即使在单步/单周期/自动方式下按下启动按钮，程序也不运行。

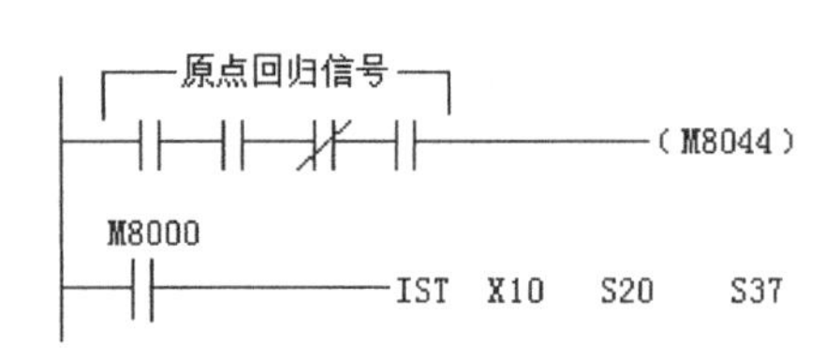

图 6.4-7　IST 指令公用程序

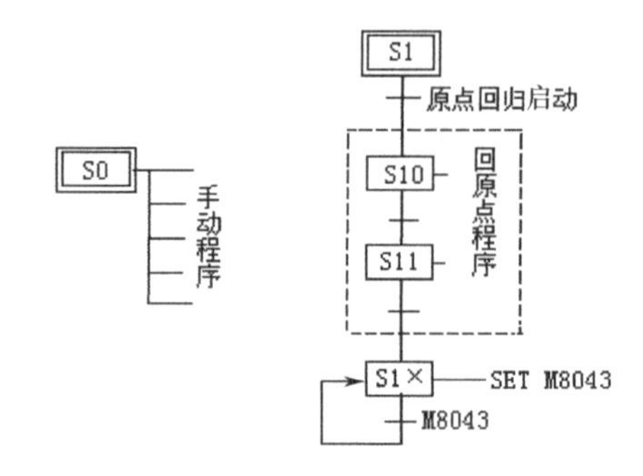

图 6.4-8　IST 指令手动和原点回归程序

4）程序结构

在上述程序设计好后，IST 指令对整体程序的结构也有一定的要求。整体程序是上述四个程序的依次叠加，注意 IST 指令必须安排在程序开始的地方，而 SFC 程序必须放在它的后面。在程序中，IST 指令只能使用一次。

整体程序结构顺序见图 6.4-10。梯形图程序见图 6.4-11。由梯形图程序可见，它是 4 个程序的依次叠加，没有操作方式选择程序，没有手动/原点回归/自动方式的转换程序。只要严格按照指令的外部接线和内部软元件的使用规定，就不需要进行以上程序的设计。这为程序设计提供了极大的方便，故三菱称它为“方便指令”。

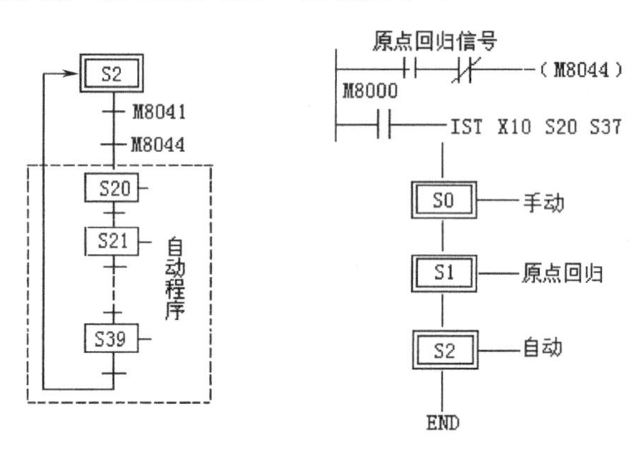

图 6.4-9　IST 指令自动程序　　　图 6.4-10　IST 指令程序结构

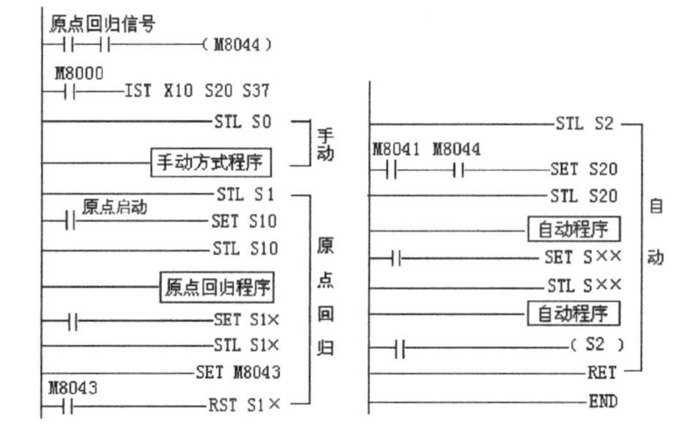

图 6.4-11　多方式控制梯形图程序

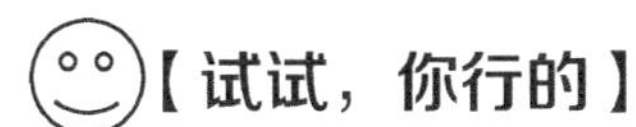

（1）梯形图中 IST 指令应用如图 P6.4-1 所示。

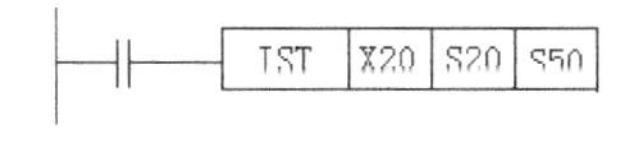

图 P6.4-1

试回答下面问题。

① 原点回归工作方式应从哪个输入端口接入？自动工作方式应从哪个端口接入？

② 如果将 X0，X1 定义为启动，停止输入端口对吗？为什么？

③ 试叙述从 X26 接入的按钮操作功能有哪些？

（2）某人编了一个 IST 指令顺控程序，如图 P6.4-2 所示，试指出其中的编写错误，为什么？

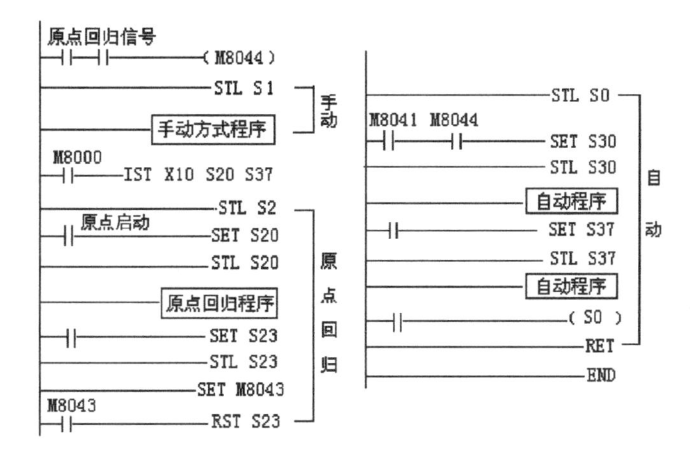

图 P6.4-2

6.4.3　IST 指令应用处理

1．空工作方式的处理

在实际应用中，某些设备并不都需要五种工作方式，如果仍然应用 IST 指令进行控制，则应将不需要的工作方式的控制输入断开，但是该控制输入接口不能再做它用。例如，如果 X10～X14 为五种工作方式的输入接口，实际中不需要手动操作和原点回归这两种工作方式，则将 X10，X11 两个输入口断开，但 X10，X11 已经被 IST 指令所占用，不能再做其他用途。

2．不连续地址的应用

IST 指令对源址 S 所表示的是 8 个连续编号的输入地址。如果这样的分配在实际设计中存在困难，也可以使用不连续的 8 个输入地址。这时，应把 IST 指令的源址 S 指定为辅助继电器 M，如 M0～M7，M10～M17 等，并在公用程序中用相应的不连续地址分配输入去驱动继电器 M，梯形图程序见图 6.4-12（a），其外部接线见图 6.4-12（b）。

注意，IST 指令中源址为 M0，M0～M7 的功能定义按指令规定执行，见表 6.4-3。

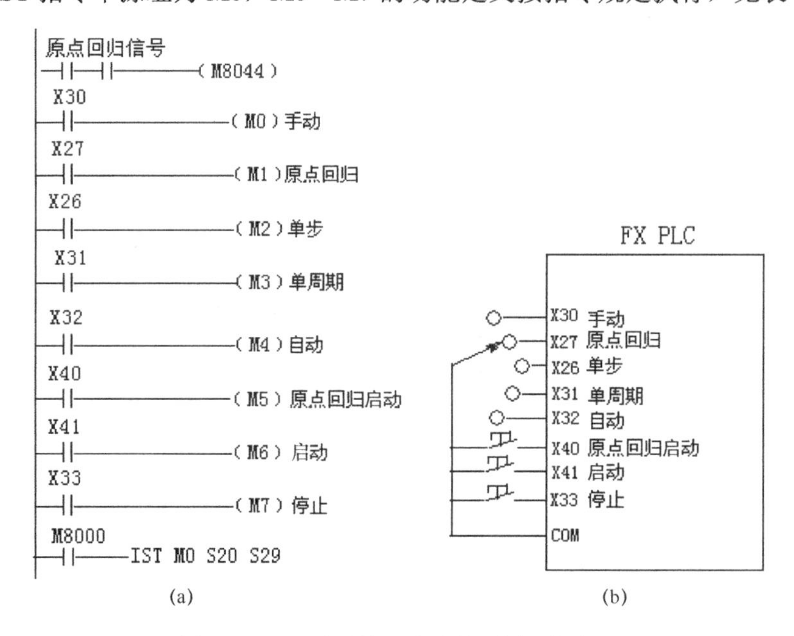

图 6.4-12　不连续输入地址梯形图和接线图

图 6.4-13 为仅有原点回归方式和自动方式的例子，且原点回归启动和自动方式启动合二为一，更为简便，图 6.4-14 为仅有手动/自动方式的例子。

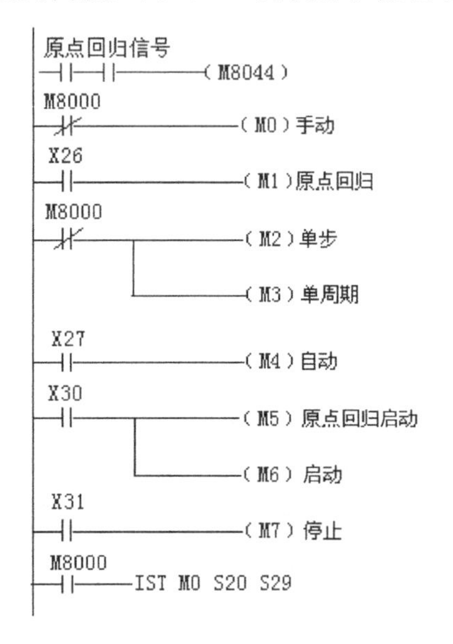

图 6.4-13　仅有原点回归和自动方式梯形图

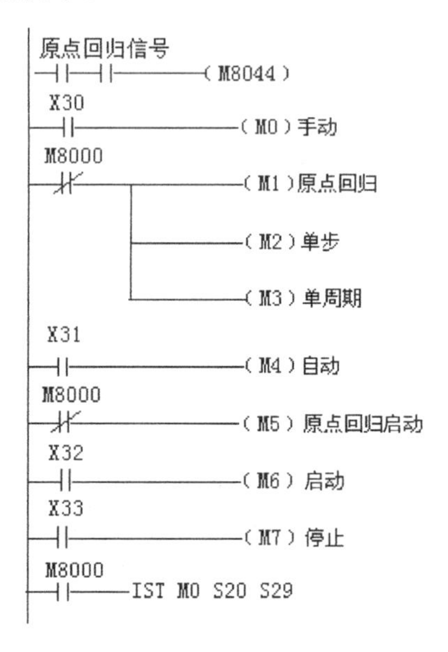

图 6.4-14　仅有手动/自动方式梯形图

3．特殊辅助继电器 M8043 的使用

M8043 是原点回归结束后需置位的特殊辅助继电器，由用户完成置 ON 动作，所以在原点回归程序最终状态时将 M8043 置 ON，然后利用其触点复位最终状态。如果原点回归完成

M8053 不置 ON，则在各种工作方式之间进行切换时所有输出都变为 OFF。因此，只有在原点回归工作完成之后并对 M8043 置 ON，才可以进行其他方式的运行。

M8043 置 ON 后，在设备运行过程中，可以随意在单步/单周期/自动方式内进行切换，也可以在手动/原点回归/自动方式之间进行切换。但为安全起见，再对所有输出复位一次，切换后的方式设置才有效。

在某些控制系统中，不需要原点回归方式，也不设计原点回归程序，这时，必须在手动和自动运行前设计将 M8043 置 ON 一次的程序。

【试试，你行的】

（1）某人应用 IST 指令时，由于不需要原点回归，他将原点回归输入接口 X31 用于告警信号开关量输入，你认为行吗？为什么？

（2）特殊辅助继电器 M8043 的作用是什么？在 IST 指令程序中应如何使用它？

6.4.4　状态初始化指令 IST 应用实例

在 6.3.2 节中，曾讲解了大小球分拣控制系统作为选择性分支 SFC 编程，这里仍然以该例说明 IST 指令的程序编制，图 6.4-15 为一大小球分拣控制系统工作示意图。

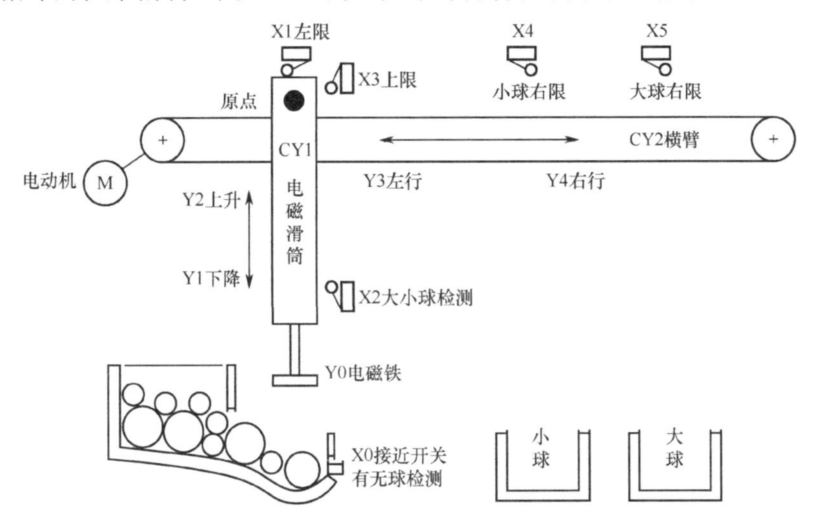

图 6.4-15　大小球检测分拣系统示意图

（1）CY1 为电磁滑筒，CY2 为机械横臂。电磁铁 Y12 可在电磁滑筒 CY1 内上下滑动，CY1 可在机械横臂 CY2 上左右移动。

（2）图中黑点为原点位置。工作一个周期（分拣一个球）后仍然要回到该位置等待下次动作。

（3）X2 为大小球检测开关。如是大球，则电磁铁下降时不能碰到 X2，X2 不动作；如是小球，则电磁铁下降后会碰到 X2，X2 动作。

（4）X0 为球检测传感开关。只要盘中有球，不管大球小球，它都会感应动作。

（5）X3 为上限开关，是电磁铁 Y1 在电磁滑筒内上升的极限位置。X1 为左限开关，是电磁滑筒在横臂上向左移动的极限位置。当这两个开关都动作时，表示系统正处于原点位置，原点显示Y7灯亮。

（6）电磁铁Y1在电磁滑筒内滑动下限由时间控制。当电磁铁开始下滑时，滑动2s表示已经到达吸球位置（小球）。如果是大球，则会压住大球零点几秒时间。

（7）电磁铁Y1在吸球和放球时都需要1s时间完成。

1. 控制要求

（1）铁球有大小两种，要求系统能自动识别大小球，并检出后分别放到相应的大小容器中。

（2）要求有五种工作方式。

① 手动方式：能够在操作面板上使电磁铁Y1在电磁滑筒CY1内上下滑动，电磁滑筒在机械横臂上左右移动，电磁铁的吸球和放球单独操作。

② 原点回归工作方式：按下原点回归按钮，系统能自动回到原点位置。原点位置条件是电磁铁位于电磁滑筒最上方，电磁滑筒位于机械横臂最左方和电磁铁处于放球状态。

③ 单步工作方式：从原点位置开始，按一次启动按钮，系统就转换到下一步，完成该步的任务后，自动停止工作并停留在该步，再按一次按钮又转换到下一步，直到回到原点位置。

④ 单周期工作方式：按下启动按钮后，系统从原点位置出发，完成一次分拣任务，并回到原点位置。如果在运行过程中按下停止按钮，运行马上停止，再次启动，应从停止地方继续运行，直到完成一次分拣任务。

⑤ 自动工作方式：按下启动按钮后，系统从原点位置出发，自动循环进行大小球分拣工作，直到按下停止按钮。运行中任意时间按下停止按钮，系统会把一次分拣任务全部完成，停在原点位置。

（3）在单步/单周期/自动方式中，如果检测传感开关检测到无球时则系统不工作，处于待命状态。

2. I/O地址分配

I/0地址分配见表6.4-6。

表6.4-6　大小球检测分拣系统I/O地址分配表

输入				输出	
地址	功能	地址	功能	地址	功能
X0	检测开关	X14	自动	Y0	电磁铁吸放
X1	左限开关	X15	原点回归启动	Y1	电磁铁下降
X2	下限开关	X16	启动	Y2	电磁铁上升
X3	上限开关	X17	停止	Y3	电磁滑筒左行
X4	小球右限开关	X20	手动吸球	Y4	电磁滑筒右行
X5	大球右限开关	X21	手动放球		
X10	手动	X22	手动下降		
X11	原点回归	X23	手动上升		
X12	单步	X24	手动左行		
X13	单周期	X25	手动右行		

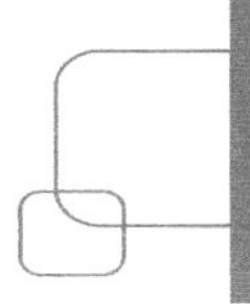

3．梯形图程序

1）公用程序

公用程序如图 6.4-16 所示。

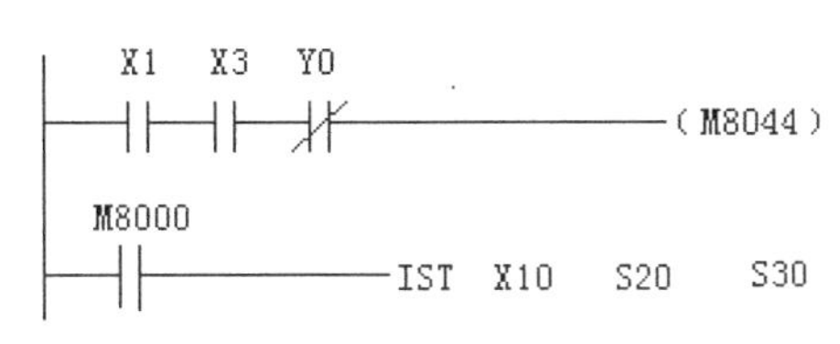

图 6.4-16　公用程序

2）手动程序

手动程序 SFC 及梯形图见图 6.4-17。在左行、右行中连锁了 X3，保证了电磁铁升起后才能进行手动左行、右行，以防止电磁铁在低位移动碰到物体。

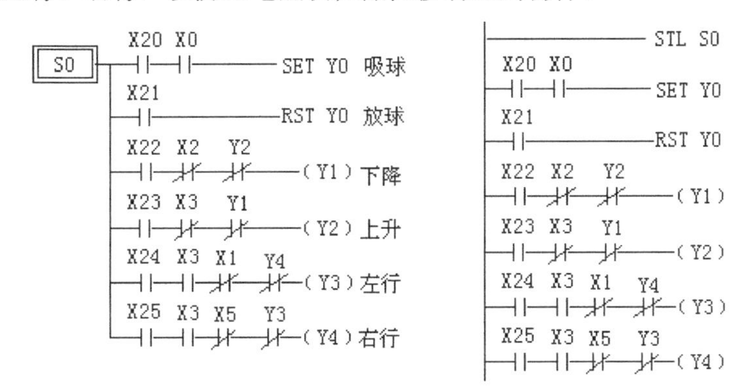

图 6.4-17　手动程序

3）原点回归程序

原点回归程序 SFC 及梯形图见图 6.4-18。

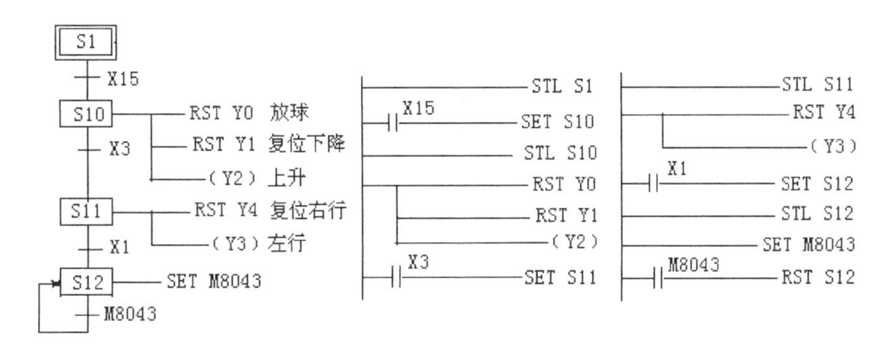

图 6.4-18　原点回归程序

4）自动程序

自动程序 SFC 见图 6.4-19。

S2
M8041
M8044
X0
S20
Y1 下降
T1 K20
小球
T1
X2
大球
T1
X2
S21
SET Y0 吸球
T2 K10
T2
S22
Y2 上升
X3
S23
Y4 右移
X4
S24
SET Y0 吸球
T2 K10
T2
S25
Y2 上升
X3
S26
Y4 右移
X5
S27
Y1 下降
X2
S28
RST Y0 放球
T3 K10
T3
S29
Y2 上升
X3
S30
Y3 左移
X1

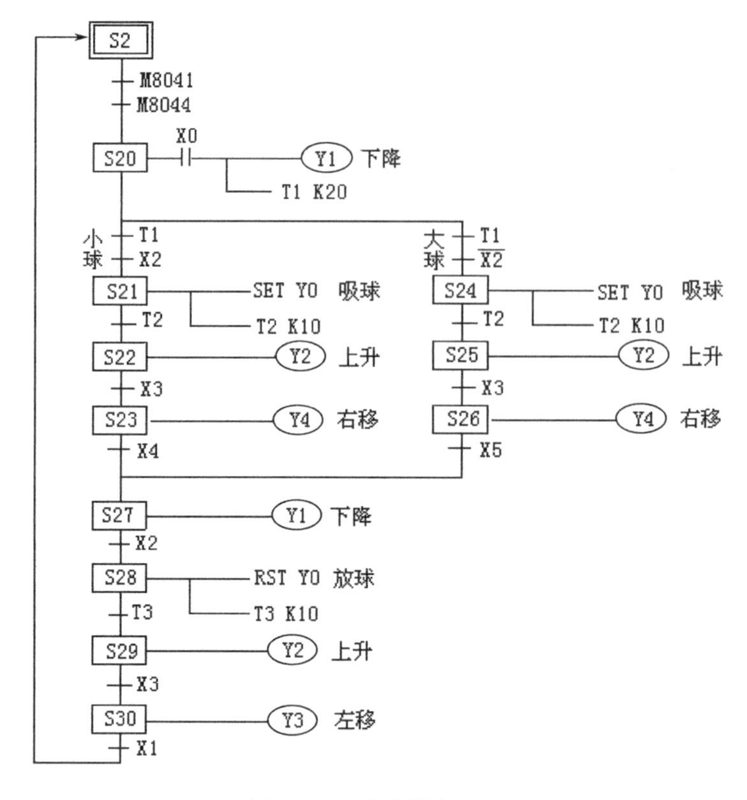

图 6.4-19　自动程序 SFC

将公用程序、手动程序、原点回归程序和自动程序按顺序进行叠加，就是一个完整的IST 指令多方式控制大小球分拣系统的梯形图程序，梯形图程序见图 6.4-20。

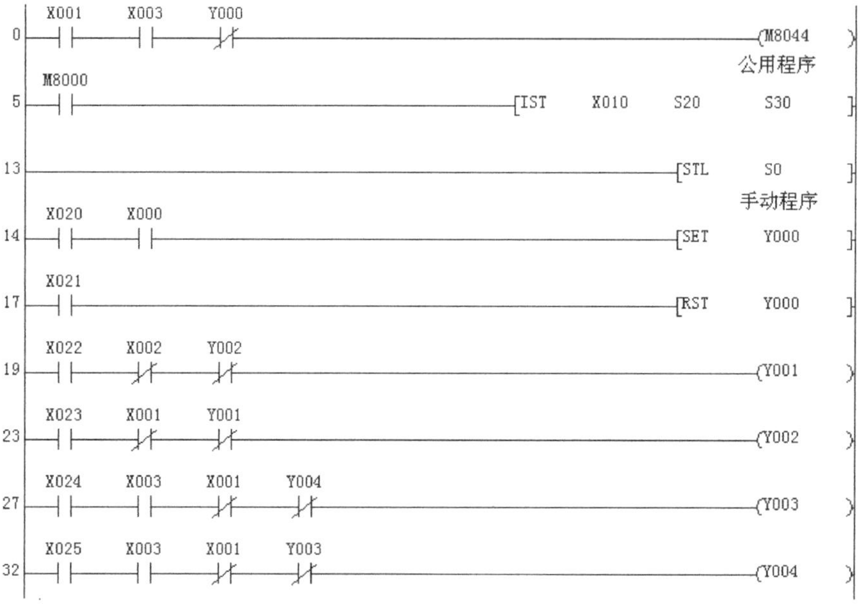

0 X001 X003 Y000 M8044
公用程序
5 M8000 IST X010 S20 S30
13 STL S0
手动程序
14 X020 X000 SET Y000
17 X021 RST Y000
19 X022 X002 Y002 Y001
23 X023 X001 Y001 Y002
27 X024 X003 X001 Y004 Y003
32 X025 X003 X001 Y003 Y004

图 6.4-20　自动程序梯形图

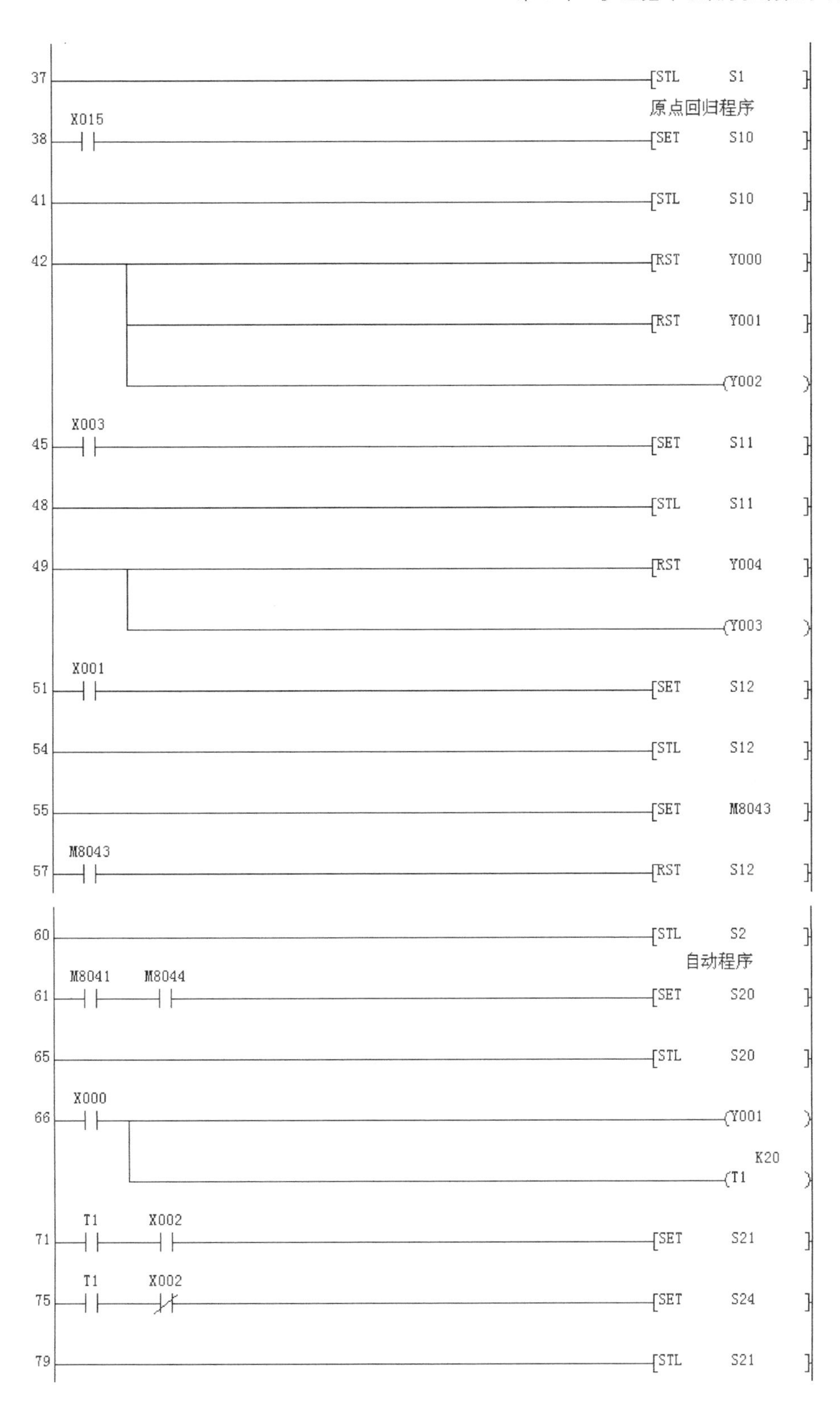

图 6.4-20　自动程序梯形图（续）

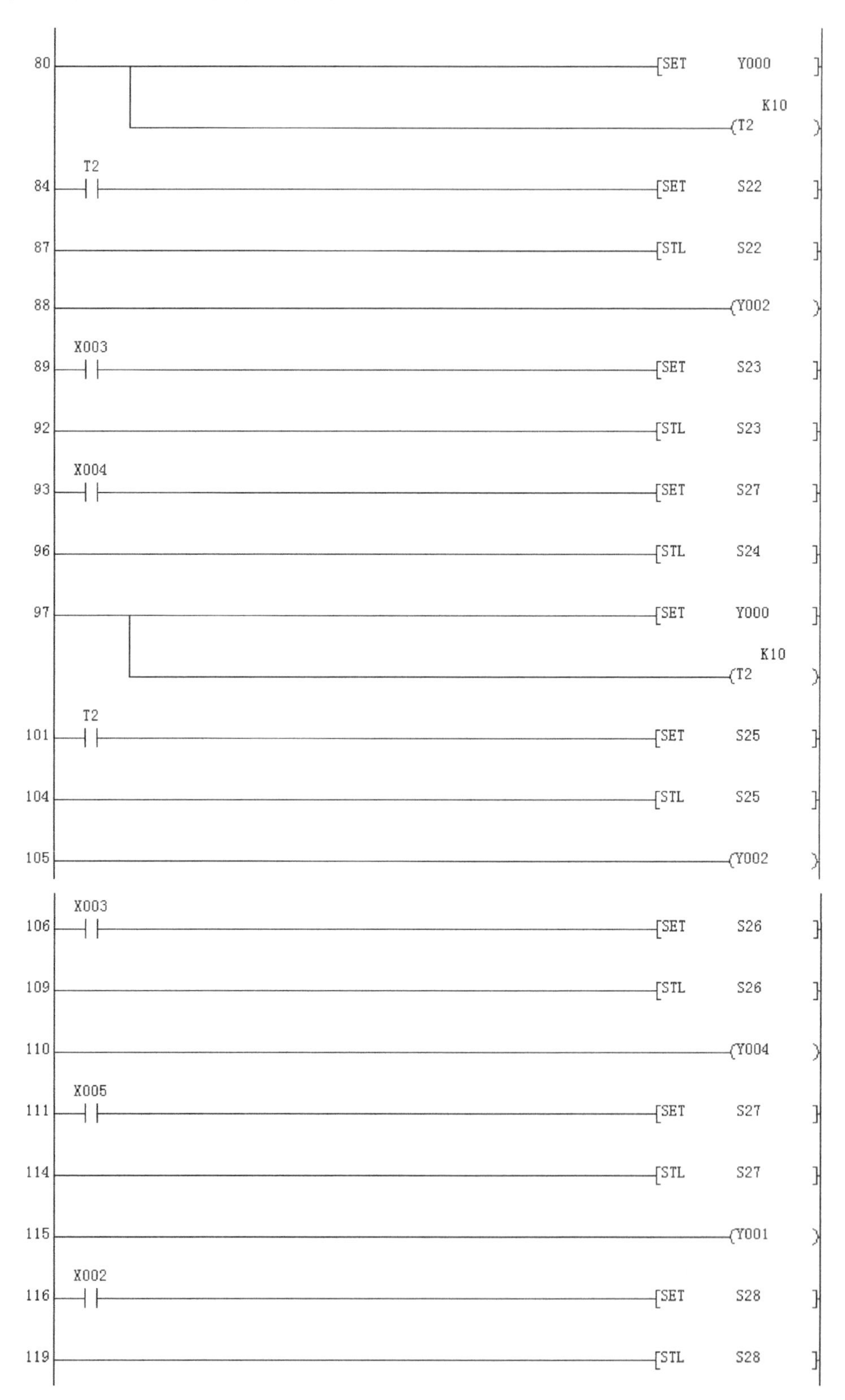

图 6.4-20　自动程序梯形图（续）

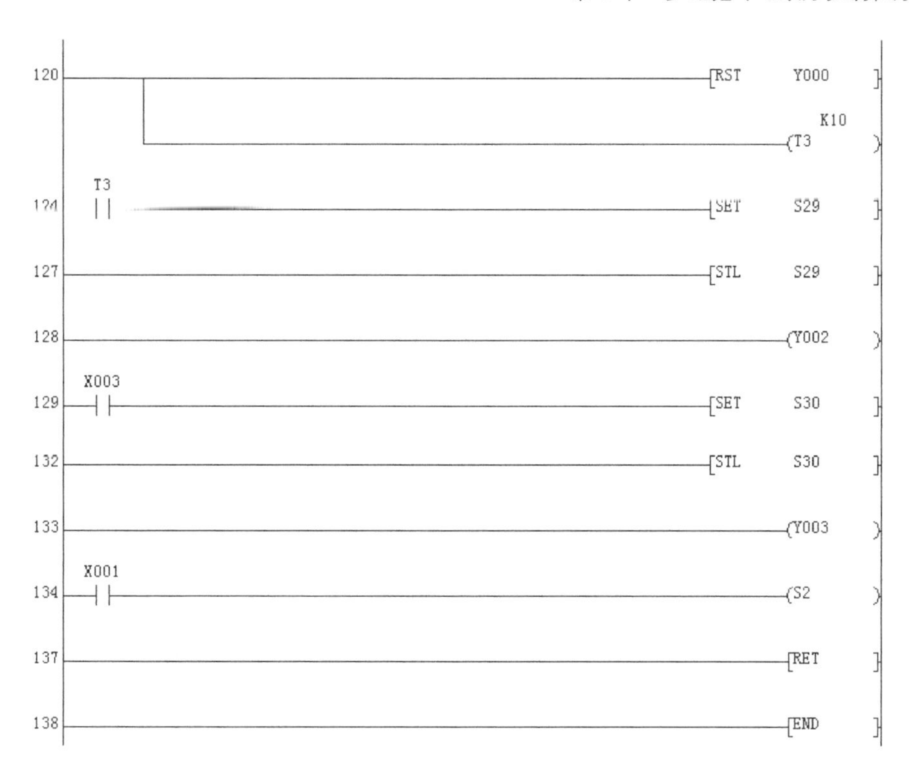

图 6.4-20　自动程序梯形图（续）

【试试，你行的】

图 P6.4-3（a）为机械手工作示意图。夹头在滑筒里上下滑动，滑筒在滑臂里左右移动，机械手的功能是将工件从 A 处移到 B 处，控制要求：

（1）开始工作时，夹头在原始位置（X1=ON,X3=ON）。

（2）启动后，按图 P6.4-3（b）所示动作顺序把工件从 A 处移到 B 处，然后，夹头回到原点处停止。

（3）滑筒和滑臂的动作由图示限位开关限位，夹头夹紧工件（Y5=ON）后，延时 2s 表示夹紧完成。同样，夹头松开工件（Y5=OFF）后，延时 2s 表示松开完成。

要求编写具有 5 种工作方式的 IST 指令构成的梯形图程序。

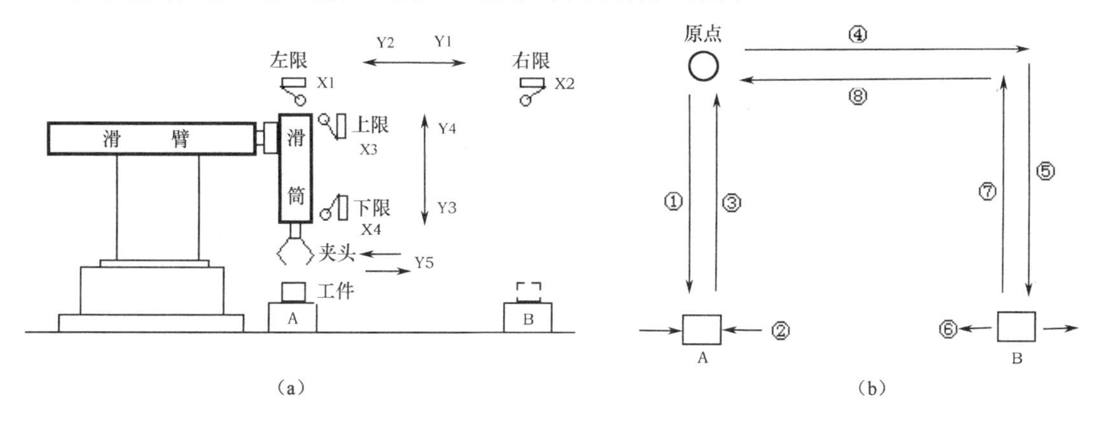

图 P6.4-3

本章水平测试

1．顺序功能图是 PLC 的一种（　　）。

A．交流工具　　B．编程语言　　C．流程图　　D．梯形图程序

2．SFC 的基本要素有（　　）。

A．有向连线　　B．命令和动作

C．状态　　D．转移和转移条件

3．SFC 中的状态有（　　）。

A．初始状态　　B．结束状态　　C．一般状态　　D．激活状态

4．1 SFC 状态内的动作（　　）。

A．一定是保持型的　　B．一定是非保持型的

C．以上两种选一种　　D．以上两种都不是

5．在 SFC 中，有向连线是（　　）。

A．状态和状态之间的连接线

B．状态和转移条件之间的连接线

C．转移条件和转移条件之间连接线

6．在 SFC 中，构成转移条件的是（　　）。

A．开关量信号　　B．组合逻辑开关信号

C．状态开关信号　　D．模拟量信号

7．试写出如图所示之转移条件逻辑表达式（　　）。

A．$M0+X1+\overline{X2}$　　B．$M0\cdot(X1+\overline{X2})$　　C．$M0\cdot X1\cdot\overline{X2}$　　D．$M0\cdot(X1+X2)$

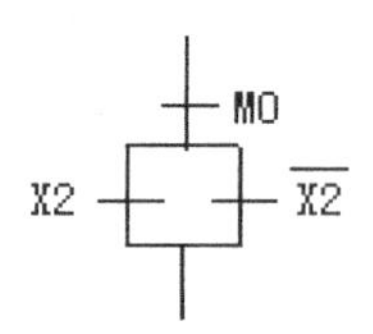

8．如图所示，单流程结构 SFC 是（　　）。

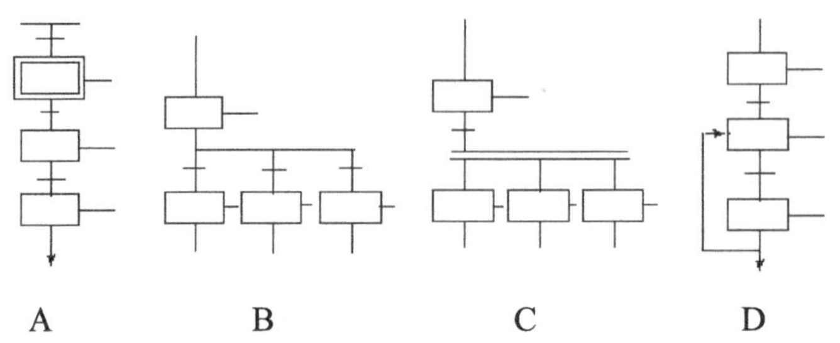

A　　B　　C　　D

9．如题 8 图，并行分支结构 SFC 是（　　）。

10．如题 8 图，选择分支结构 SFC 是（　　）。

11．如图所示是两个 SFC，发生 SFC 跳转转移的是（　　）。

A．从 S21 转移到 S42　　　　B．从 S23 转移到 S21
C．从 S40 转移到 S42　　　　D．从 S20 转移到 S23

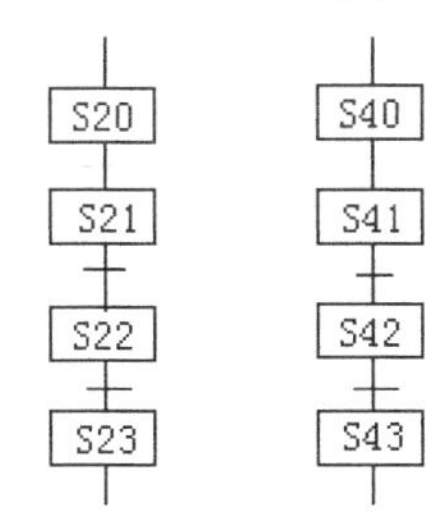

12．如题 11 图，发生 SFC 分离转移的是（　　）。
A．从 S42 转移到 S22　　　　B．从 S21 转移到 S23
C．从 S43 转移到 S40　　　　D．从 S23 转移到 S40

13．如题 11 图，发生 SFC 重复转移的是（　　）。
A．从 S23 转移到 S20　　　　B．从 S42 转移到 S42
C．从 S20 转移到 S40　　　　D．从 S42 转移到 S41

14．在 SFC 中，发生 SFC 重复转移的是（　　）。
A．从任一状态返回初始状态　　　　B．从初始状态转移到任一状态
C．从任一状态转移到任一状态　　　　D．从流程结束返回到初始状态

15．一个 SFC 程序流程中，初始状态的含义是（　　）。
A．等待启动命令状态　　　　B．电动机开始运转的状态
C．程序流程的第 1 个状态　　　　D．系统循环转换状态

16．下图中，错误的 SFC 结构图是（　　）。

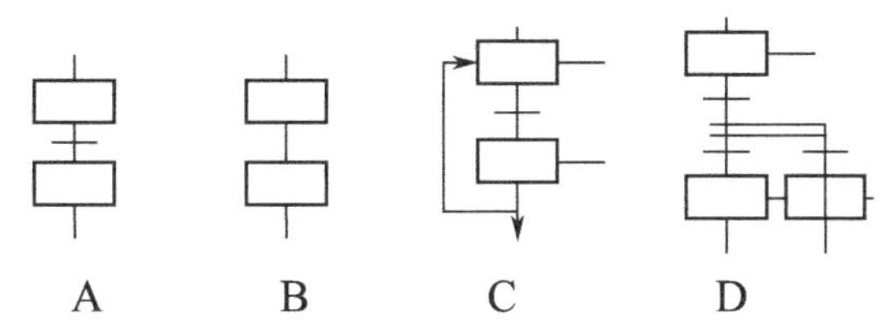

17．下图中，错误的 SFC 结构图是（　　）。

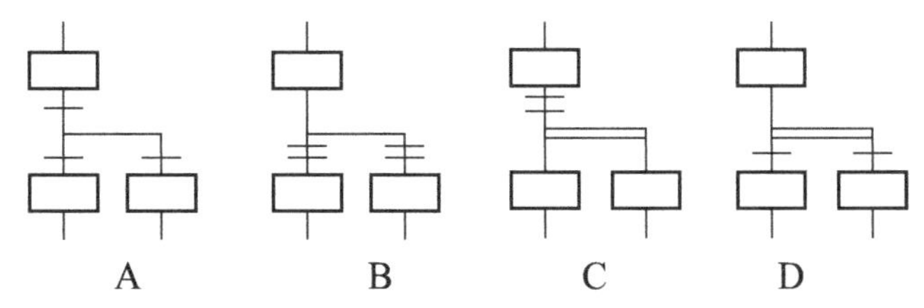

18．在 SFC 图中，当分支汇合直接向分支转换时，应在它们之间加（　　）。
A．激活状态　　　B．初始状态　　　C．空状态

19．F 是 SFC 的梯形图编程方法有（　　）。
A．启保停电路法　　　　B．调用子程序法
C．SET/RST 指令法　　　　D．专用步进指令编程法

20．在 SFC 中，如果下一个状态被激活后，则上一个状态（　　）。
A．不会关闭　　　B．会关闭　　　C．随实际情况决定是否关闭

21．三菱 FX 系列 PLC 应用于 SFC 编程的指令是（　　）。

A．SRET　　B．RET　　C．STL　　D．STMR

22．在下面梯形图中，哪个是 GX Developer 编程软件 STL 指令的梯形图表示？（　　）

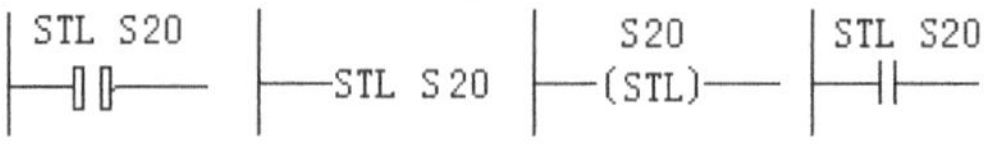

A：STL S20
B：STL S20
C：S20 (STL)
D：STL S20

A　　B　　C　　D

23．在三菱 FX 系列 PLC 中，与 SL 指令配套的软元件是（　　）。

A．M　　B．Z　　C．S　　D．V

24．步进返回指令 RET 在 SFC 程序中的位置是（　　）。

A．END 指令前　　B．SFC 程序流程最后

C．SFC 程序任一位置　　D．初始状态后

25．三菱 PLC 的 STL 指令步进梯形图初始状态用软元件是（　　）。

A．S20　　B．S10～S19　　C．S0～S9　　D．任意 S

26　可以和初始状态 S5 相连的状态软元件是（　　）。

A．S35　　B．S20　　C．S50　　D．S100

27．如图所示 STL 指令步进梯形图，错误的是（　　）。

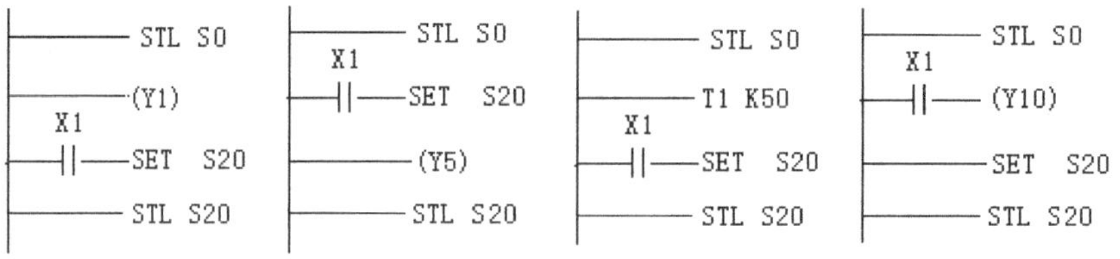

A：STL S0 / (Y1) / X1 SET S20 / STL S20
B：STL S0 / X1 SET S20 / (Y5) / STL S20
C：STL S0 / T1 K50 / X1 SET S20 / STL S20
D：STL S0 / X1 (Y10) / SET S20 / STL S20

A　　B　　C　　D

28．如图所示选择性分支 STL 指令步进梯形图，错误的是（　　）。

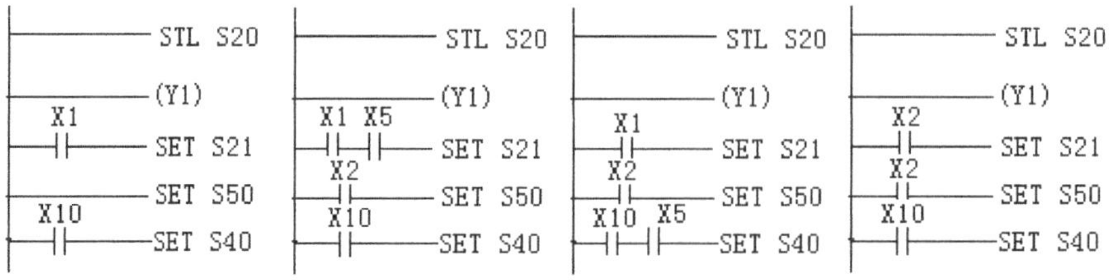

A：STL S20 / (Y1) / X1 SET S21 / SET S50 / X10 SET S40
B：STL S20 / (Y1) / X1 X5 SET S21 / X2 SET S50 / X10 SET S40
C：STL S20 / (Y1) / X1 SET S21 / X2 SET S50 / X10 X5 SET S40
D：STL S20 / (Y1) / X2 SET S21 / X2 SET S50 / X10 SET S40

A　　B　　C　　D

29．如图所示并行性分支 STL 指令步进梯形图，正确的是（　　）

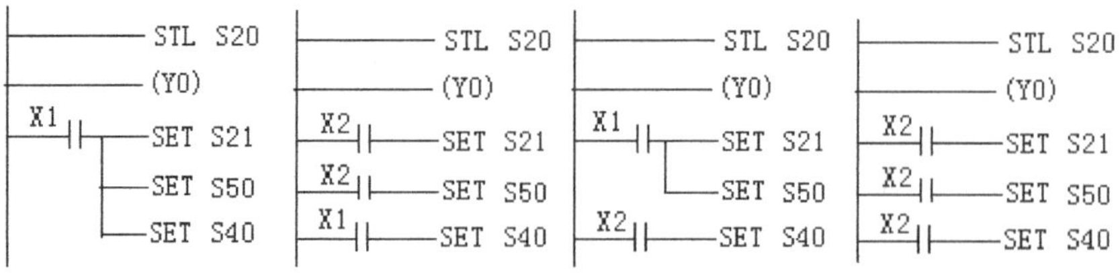

A：STL S20 / (Y0) / X1 SET S21 / SET S50 / SET S40
B：STL S20 / (Y0) / X2 SET S21 / X2 SET S50 / X1 SET S40
C：STL S20 / (Y0) / X1 SET S21 / SET S50 / X2 SET S40
D：STL S20 / (Y0) / X2 SET S21 / X2 SET S50 / X2 SET S40

A　　B　　C　　D

30．在状态中，应用 OUT　YO,则（　　）。

A．Y0 驱动后一直保持输出　　B．Y0 驱动后保持到 RST Y0

C．Y0 仅在本状态中保持　　D．YO 仅在本状态和下以状态中保持

31．在状态中，应用 SET Y0 则（　　）。

A．Y0 驱动后一直保持输出　　B．Y0 驱动后保持到 RST　Y0

C．Y0 仅在本状态中保持　　D．YO 仅在本状态和下以状态中保持

32．如图所示 SFC 功能图中，驱动输出的是（　　）。

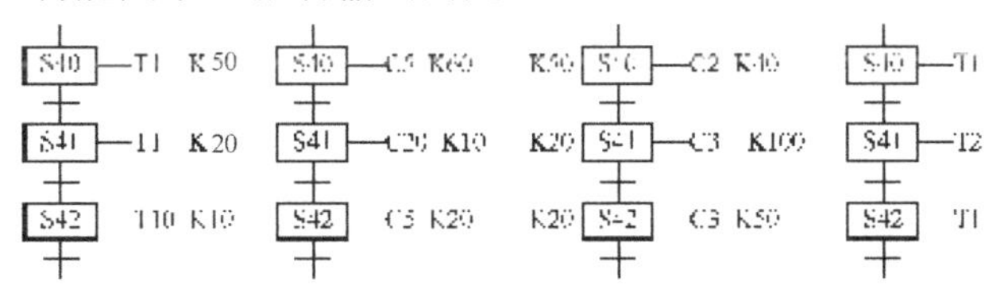

33．如图所示 SFC 功能图中，不符合规则的流程是（　　）。

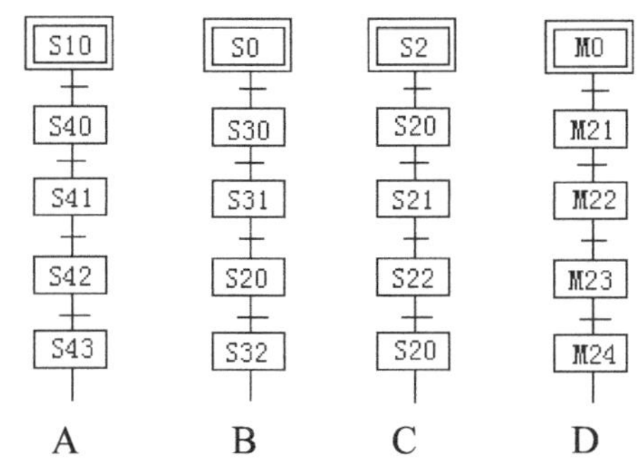

34．特殊辅助继电器 M8040 为 ON 时，则（　　）。

A．停止程序运行　　B．停止状态转移

C．停止输出执行　　D．停止程序运行和输出执行

35．特殊辅助继电器 M8034 为 ON 后，则（　　）。

A．停止程序运行　　B．停止状态转移

C．停止输出执行　　D．停止程序运行和输出执行

36．在步进梯形图中，不能出现双线圈的情况是（　　）。

A．不同状态中　B．相邻状态中　C．并行状态中　D．选择分支中

37．在步进梯形图中，同编址的定时器或计数器不能出现的情况是（　　）。

A．不同状态中　B．相邻状态中　C．并行状态中　D．选择分支中

38．一个状态所产生的分支数目是（　　）。

A．不多于 5 条　B．不多于 10 条　C．不多于 8 条　D．不多于 20 条

39．一个初始状态下所产生的分支总数是（　　）。

A．不多于 8 条　B．不多于 10 条　C．不多于 16 条　D．不多于 20 条

40．在一个梯形图程序中，可以（　　）。

A．只有一个 SFC 块　　B．有多个 SFC 块

C．只有一个梯形图块　　D．有多个梯形图块

41．一个梯形图中，SFC 程序块（　　）。

A．不能超过 10 个　B．不能超过 8 个　C．不能超过 5 个　D．没有限制

42．含有 SFC 块的梯形图程序，其（　　）。

A．任何时候只有一个状态被激活

B．任何时候只有两个状态同时被激活

C．任何时候可以有限个状态同时被激活

D．任何时候同时激活状态没有限制

43．在编制 SFC 程序时，最重要的是（　　）。

A．状态元件确定　　B．顺序功能图的绘制

C．工步的划分　　D．I/O 地址分配表的确定

44．SFC 程序调试时，最重要的调试是（　　）。

A．单周期调试　　B．单步调试　　C．自动循环调试

45．一个接 45．SFC 程序现场调试时，主要调试内容是（　　）。

A．转移条件的开关是否满足要求　　B．PLC 的电源是否正确

C．每个状态的动作是否正确　　D．动作顺序是否满足控制要求

46．三菱为自动化设备多种控制方式开发的方便指令是（　　）。

A．IST　　B．ABSD　　C．INCD　　D．ROTC

47．应用 IST 指令必须满足的条件是（　　）。

A．操作面板按标准设计　　B．外部接线按规定接线

C．状态元件按规定使用　　D．程序设计按规定设计

48．应用指令 IST　X20　S20　S50，单步操作方式应从（　　）端口接入。

A．X20　　B．X23　　C．X22　　D．X24

49．应用指令 IST　X50　S20　S40，原点回归操作方式应从（　　）端口接入。

A．X54　　B．X53　　C．X52　　D．X51

50．应用 IST 指令编制 SFC 程序时，自动方式的 SFC 程序初始状态软元件是（　　）。

A．S2　　B．S1　　C．S0　　D．S5

第7章　编程软件 GX Developer 的使用

学习指导：

（1）GX Developer 是三菱 PLC 的新版编程软件，它能够进行 FX 系列、Q/QnA 系列、A 系列（包括运动控制 CPU）PLC 的梯形图、指令表和 SFC 等编程。

（2）在梯形图编程窗口进行梯形图程序编辑是一种操作，这和所有其他软件一样，只要掌握其操作，就可以照样把别人的梯形图草图在编程窗口编辑出来。这和懂不懂 PLC，懂不懂梯形图中的含义完全没有关系，而任何操作只能是勤学多练，熟能生巧，没有什么捷径和窍门。

（3）GX 软件的功能操作有三种途径：菜单、工具图标和键盘快捷键。有一些功能通过这三种途径操作都可以实现。因此，对于初学者来说，常常会产生掌握哪一种操作比较好的问题。以编者看来，一种操作只要熟练了都好。但对这三种操作应有所了解。一般来说，菜单操作是基本操作，所有功能均可通过菜单完成。快捷键操作所完成的功能比菜单少，但比工具图标稍多。快捷键众多，许多要双键齐按，难以记忆。而工具图标虽然完成功能比快捷键少一些，但因在工具栏内，使用十分方便，比较起来，容易掌握和应用。特别是梯形图程序编辑，使用工具图标，适当结合快捷键，很快学会。

（4）GX 软件的功能可分成三部分：梯形图程序编辑、梯形图程序辅助操作和梯形图程序仿真。对初学者来说，重点是掌握梯形图程序编辑，对必需的相关辅助操作也应学会。

- 程序的写入/读出操作是初学者必须掌握的功能操作。
- 程序的监控操作是初学者学习三菱 FX 系列 PLC 必须掌握的功能操作。一般程序设计有问题时，监视功能通过监视元件的状态进行分析，能找出程序问题所在，这对提高初学者编程水平非常有用。程序的监控操作必须连接 PLC 进行。
- 加密操作既是对知识产权的一种保护措施，也是对自己劳动成果的一种尊重，但是密码一定要保存好，丢了、忘了，麻烦就大了。

（5）关于仿真的学习说明如下：

- 安装仿真软件后，利用计算机就可以实现不带 PLC 的离线模拟调试，不但可以实现对 CPU 的模拟，还可以实现对软元件存储器的模拟和对特殊功能模块缓冲存储器的模拟。
- 仿真是一个非常好的学习工具，初学者通过仿真可以验证自己程序编得是否正确，考察别人的程序是否如其所说。更重要的是通过对程序的仿真可以发现错误所在，从而进一步对程序进行修正，这种不断仿真的过程可以使初学者在较短的时间内提高程序编制能力。
- 仿真软件 GX Simulation 7.0 目前没有汉化，仍然是英文版，这一点会给部分读者带来一定的困难。但是编者认为，如果熟悉了 GX Simulation 6.0 仿真软件的操作，学会 GX Simulation 7.0 的操作并不是很难，而且，操作也不是很多，几个英文单词多用了也会理解它的含义。编者相信，大多数读者都会克服这一点困难，很快学会用好仿真软件。

- 一般来说，对于开关量逻辑控制，比较适合仿真，但对于模拟量，定位和通信控制来说，不太适合仿真，因为存在许多不能仿真的指令（未支持指令），使用时务必注意。
- 仿真软件虽然能够模拟PLC运行进行模拟调试，但毕竟和实际的PLC运行有差别，它不能确保被模拟程序完全正确，更不能保证实际程序运行的正确操作。因此，在用仿真软件对梯形图程序进行模拟调试后，在实际运行程序前，要首先连接PLC，再进行一次实际情况的调试操作，确保无误后，才投入真正的生产运行。请读者务必注意。

（6）本章和第8章均为软件操作的讲解，因此，不再编写水平测试题。

7.1　GX Developer编程软件安装和界面

7.1.1　概述

1. 手持编程器

手持编程器（Handy Programming Panel，HPP）又称便携式编程器或简易编程器。在早期的PLC编程中，由于PC价格较高，且体积大，而手持编程器体积小，方便携带，易操作，所以在生产现场得到了广泛的使用。

FX系列使用的手持编程器有FX-10P和FX-20P两种，这两种编程器的使用方法基本相同，不同的是FX-10P的液晶显示屏只有2行×16字符，且离开PLC后程序不能保存。而FX-20P的显示屏为4行×16字符，在PLC上连接1h以上，程序可以保持3d。

FX-20P编程器操作面板及与PLC连接如图7.1-1所示，它适用于所有FX系列PLC，对FX_{3U}，FX_{3UC}来说，仅为FX_{2N}的功能范围。它有联机（在线）和脱机（离线）两种工作方式。在联机方式下，它对PLC具有如下操作功能。

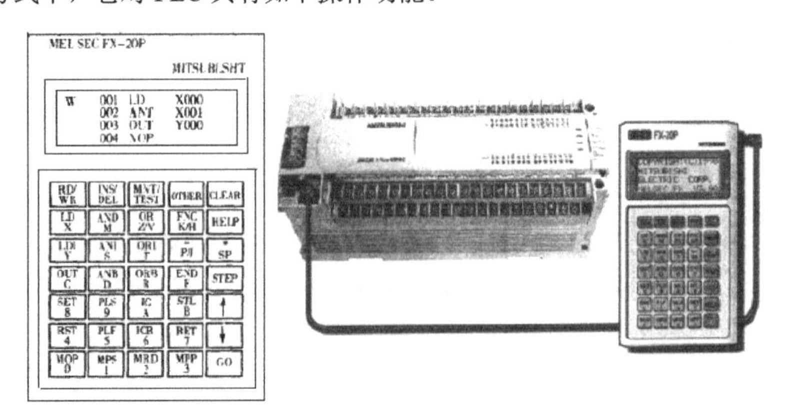

图7.1-1　FX-20P操作面板及与PLC连接

（1）程序输入。可先将 PLC 内部程序全部清除，然后用编程器将用户程序写入 PLC 的 RAM。

（2）程序读出。可将 PLC 内的用户程序在没有密码保护或解码后上传到编程器中。

（3）监控。在 PLC 运行时，可以监视 PLC 内的程序运行状况，PLC 的位软元件的 ON/OFF 状态及字元件的实时数值。

（4）赋值。可以强制对位元件进行 ON/OFF 状态设置及对字元件内容进行赋值。

（5）编程。利用操作面板上各种功能键对用户程序进行指令语句表输入。

手持编程器的优点是体积小，携带方便和监控数据反应速度快。但是由于其显示屏太小，不能监控梯形图的运行，监控的范围也有限，不能满足程序调试的高要求。随着计算机特别是笔记本计算机的价格下调和越来越普及，目前，无论是编程还是现场调试都已被编程软件代替。新一代的工控人员连手持编程器的实物都可能没有见过。但是作为一个工控技术人员，如果有机会能够掌握手持编程器的使用等于多了一个工具。

2．编程软件

相比于手持编程器，在计算机上用编程软件对 PLC 进行编程操作，除了体积稍大以外，具有手持编程器不可比拟的强大功能。不同品牌的 PLC 都有各自开发的编程软件，不能混用。

三菱 PLC 的计算机编程软件有小型机 FX 专用的 SWOPC-FXGP/WIN-C 编程软件和适用于大型机（Q 系列）、中型机（A 系列）及小型机（FX 系列）的 GX Developer 编程软件两种。

FXGP/WIN-C 是三菱公司早期专门为 FX 系列 PLC 开发的编程软件，它占用空间小，功能较强。该软件可以采用三种编程语言（指令表、梯形图和 SFC）编程，相互之间可以转换。可以在程序中加入中、英文注释，可以对梯形图，元件进行监控，可以强制位元件 ON/OFF，还可以改变字元件的当前值等。而且还具有程序和监控结果的打印功能。在 GX 编程软件未推出之前，是在 FX 系列 PLC 上广泛应用的编程软件。

GX Developer 是三菱 PLC 的新版编程软件，它能够进行 FX 系列、Q/QnA 系列、A 系列（包括运动控制 CPU）PLC 的梯形图，指令表和 SFC 等编程。使用 GX 可以读取 FXGP/WIN-C 格式（FXGP 格式）的文件，也可以将程序存储于 FXGP 格式文件，完全实现了 FXGP/WIN-C 的兼容。但是使用 FXGP/WIN-C 则无法读取或存储于 GX 文件。因此，GX 编程软件有取代 FXGP/WIN-C 的趋势。

与 FXGP/WIN-C 相比，GX Developer 编程软件的主要特点如下所述。

（1）GX 软件可以采用标号编程，功能块编程，宏编程等多种方式编程，还可以将 Excel、Word 等常用文字表格软件编辑的文字与表格复制、粘贴到 PLC 程序中，使用非常方便。

（2）把三菱公司开发的 GX Simulator 仿真软件和 GX Develope 编程软件装在一个软件包时，GX 软件不仅具有编程功能，还具有仿真功能，能在脱机（无 PLC）状态下对程序进行调试。这对初学者学习 PLC 的编程帮助很大。

（3）GX 软件在 FXGP/WIN-C 的基础上新增了回路监视、软件同时监视，软件登录监视等多种功能，可以进行 PLC 的 CPU 诊断、CC-link 网络诊断。

在这一章中，主要介绍 GX 软件的梯形图程序编辑功能、仿真功能和一些基本功能的使用。对不熟悉软件使用的读者能基本学会软件的使用。更多的功能希望读者在实际应用中逐步学习，逐步掌握和应用。

【试试，你行的】

（1）你使用过手持编程器吗？为什么手持编程器会被淘汰？

（2）你用过三菱编程软件 FXGP/WIN—C 吗？如果用过，能说出它与 GX Developer 编程软件有什么不同吗？

（3）GX Developer 编程软件能够读取 FXGP/WIN—C 编程软件的程序吗？

7.1.2 编程软件 GX Developer 的安装和启动

1. 安装环境

运行 GX Developer 编程软件的计算机最低配置如下所述。

CPU：奔腾 133MHz 以上，推荐奔腾 300MHz 以上。

内存：32MB 以上，推荐 64MB 以上。

硬盘、CD-ROM：安装运行均需 150MB 以上，需要 CD-ROM 驱动器用于安装。

显示器：分辨率 800×600 点以上，16 位以上。

操作系统：Windows 95，98，NT，2000，Me, XP。

2. 安装说明

编程软件 GX Developer 和仿真软件 GX Simulator 的版本在不断升级，对 FX_{3U} 系列 PLC 来说，仿真软件必须使用 GX Simulator 7.0，GX Simulator 6.0 不能仿真 FX_{3U} 系列 PLC。仿真软件是作为 GX Developer 8.86 的插件安装的。所以，编程软件必须先安装 GX Developer 8.86，再安装仿真软件 GX Simulator 7.0。

3. 软件安装

安装前，最好将 GX Developer 8.86 编程软件和仿真软件 GX Simulator 7.0 放到一个文件夹下。例如文件夹名“三菱编程仿真软件”，如图 7.1-2 所示。这样做仅仅是为了安装方便，不是必需的。

图 7.1-2 文件夹“三菱编程仿真软件”

打开文件夹“GX 8.86 编程软件”，如图 7.1-3 所示。

图中【EnvMEL】文件夹是对三菱软件的环境安装，【SETUP】图标是三菱软件的正式安装包。

安装三菱编程软件时，首先进行环境安装，具体操作为：双击【EnvMEL】文件夹，弹出图 7.1-4 画面后，单击【SETUP.EXE】文件进行环境安装。

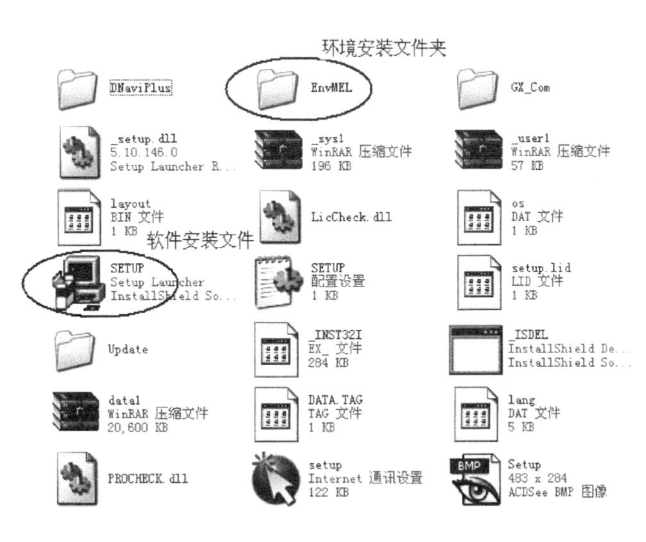

图 7.1-3　GX 8.86 编程软件

图 7.1-4　环境安装画面

注意，在安装过程中，“监视专用”不能打钩，其他两个地方可以打钩，如图 7.1-5 所示。

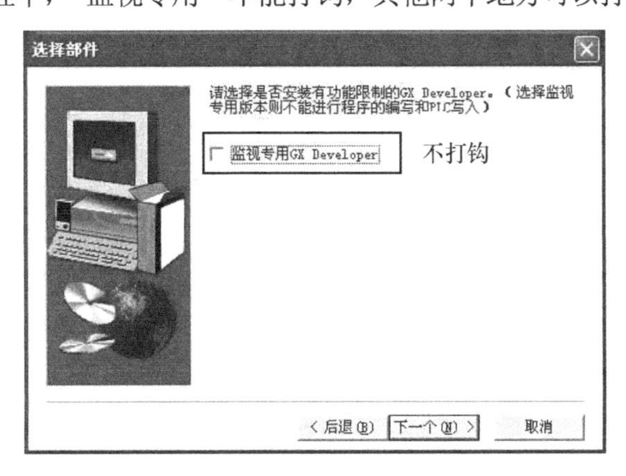

图 7.1-5　　监视专用画面

环境安装完成后，回到图 7.1-3 画面，双击【SETUP.EXE】图标，对 GX 编程软件进行安装。安装完成，即编程软件 GX Developer 8.86 安装结束。

必须先安装编程软件 GX Developer 8.86 后，才可以再安装仿真软件 GX Simulator 7.0。

打开文件夹“GX S7.0 仿真软件”，如图 7.1-6 所示。

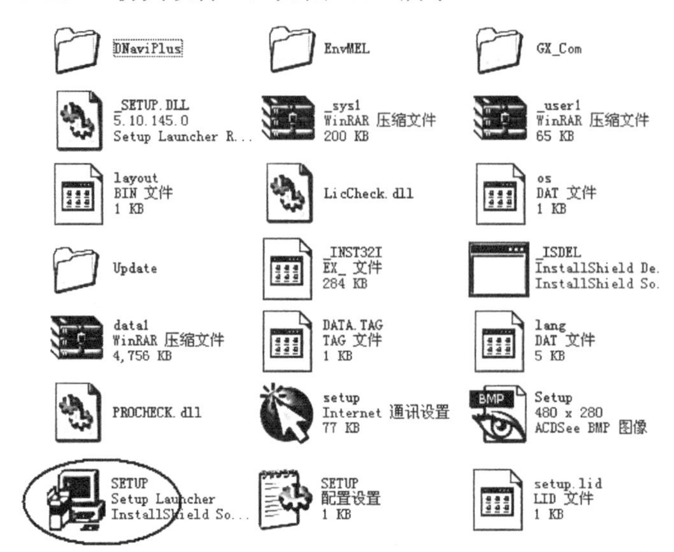

图 7.1-6　GX S7.0 仿真软件

双击【SETUP.EXE】图标，对 GX S7.0 仿真软件进行安装。安装完成，即编程软件与仿真软件安装结束。

安装好编程软件和仿真软件后，在桌面或者开始菜单中并没有仿真软件的图标，因为仿真软件被集成到编程软件 GX Developer 中了，其实这个仿真软件相当于编程软件的一个插件。

4. 软件启动

安装完成后，必须对软件进行启动才能使用，软件启动的方式有三种。

1）*桌面图标启动*

单击桌面软件图标，如图 7.1-7 所示，这是最常用的启动方式，对经常使用软件的人来说，这种方式最好用。

2）*使用计算机【开始】菜单启动*

当桌面没有 GX 图标时，可以连续单击 Windows 的【开始】/【程序】/【MELSOFT 应用程序】/GX Developer 图标来启动 GX 软件，如图 7.1-8 所示。

图 7.1-7　桌面图标

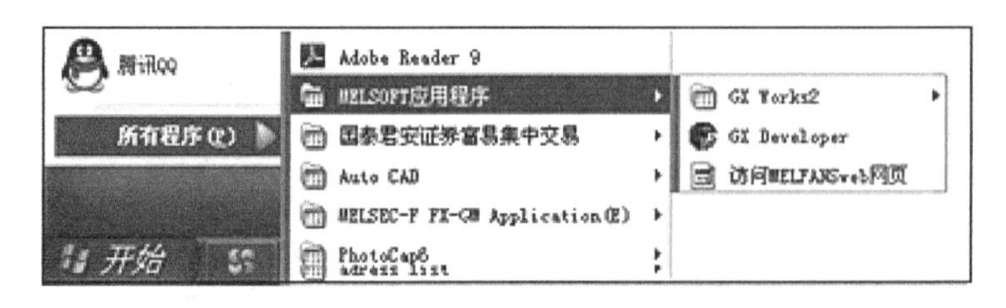

图 7.1-8　【开始】菜单

3）打开 GX 项目文件夹启动

如果计算机中已保存有通过 GX 软件生成的工程项目文件夹，则可以直接双击文件夹中的图标启动 GX 软件，启动的同时，该工程项目的梯形图程序或 SFC 块图程序也同时被读出。

在三种方式中，读者可以根据自己的操作习惯选用前两种方式中的一种，第三种方式一般用于打开已有 GX 软件程序文件，不作为启动用。

5. 编程软件 GX Works2 简介

GX Works2 是三菱电机新一代 PLC 控制集成软件，具有简单工程（Simple Project）和结构化工程（Structured Project）两种编程方式，支持梯形图、指令表、SFC、 ST 及结构化梯形图等编程语言，可实现程序编辑、参数设定、网络设定、程序监控、调试及在线更改，智能功能模块设置等功能，适用于 Q、QnU、L、FX 等系列可编程控制器，兼容 GX Developer 软件，支持三菱电机工控产品 iQ Platform 综合管理软件 iQ Works，具有系统标签功能，可实现 PLC 数据与人机界面 HMI、运动控制器的数据共享。

【试试，你行的】

（1）说明 FX3U PLC 的编程软件 GX Developer 和仿真软件的安装版本。安装时，这两个软件一定要放到一个文件夹中吗？

（2）下面哪个是正确的安装顺序？

A. 先安装仿真软件，再安装编程软件

B. 先安装编程软件，再安装仿真软件

C. 没有什么顺序，先安后安哪个都行

（3）编程软件安装时，必须先进行环境安装，双击

A. Update 文件夹　　　B. EnvMEL 文件夹

C. GX—Com 文件夹　　D. Manval 文件夹

（4）试说明编程软件的启动方式。哪种方式一般不作为软件启动用。

7.1.3 编程界面

单击桌面图标，启动 GX 软件后，出现如图 7.1-9 所示之编辑界面，其中“程序编辑窗口”是灰色的，它表示软件虽已打开，但未进入编程状态，必须创建一个新工程，或引入一个 GX 程序文件后才变成白色，进入编程状态。关于创建新工程详见后述。

GX 软件的编程界面分 6 部分：标题栏、菜单栏、快捷工具栏、工程数据列表、程序编辑窗口和状态栏。

1. 标题栏

标题栏是当前 GX 程序说明，如果创建新工程，则标题栏显示如图 7.1-9 所示，仅表明工程未设置。如果是已创建好工程并保存在计算机中，则标题栏显示 GX 程序文件存储的位

置路径，如图 7.1-10 所示。图 7.1-10 标题栏说明名为“4.1.5 顺序启动”的梯形图文件存储在 G 盘/【FX3U】文件夹/【GX 程序】文件夹中。梯形图程序为 39 程序步。

MELSOFT系列 GX Developer 工程未设置 - [梯形图(写入) MAIN 1 步]
标题栏
工程(F) 编辑(E) 查找/替换(S) 变换(C) 显示(V) 在线(O) 诊断(D) 工具(T) 窗口(W) 帮助(H)
菜单栏
快捷工具栏
程序
工程未设置
程序
软元件注释
参数
软元件内存
工程数据列表
工程
END
程序编辑窗口
状态栏
查找指令。
FX3U(C)
本站
改写

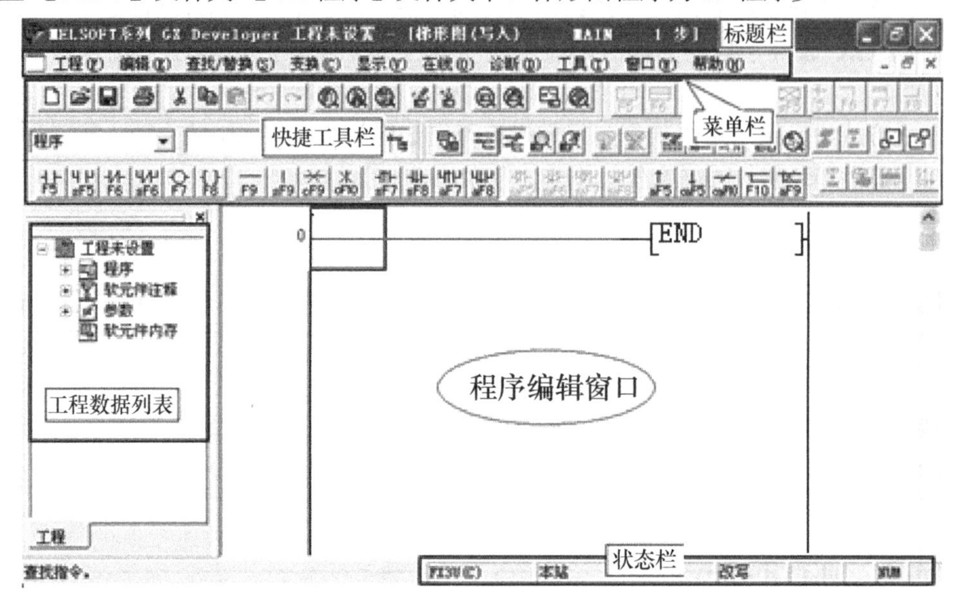

图 7.1-9 编程界面

单击标题栏左侧 GX 图标或单击右侧图标，可以对编程窗口进行调整和关闭等操作。

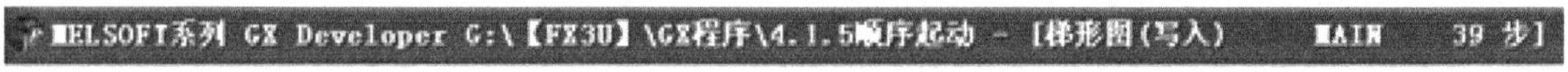

MELSOFT系列 GX Developer G:\【FX3U】\GX程序\4.1.5顺序起动 - [梯形图(写入) MAIN 39 步]

图 7.1-10 标题栏

2. 菜单栏

标题栏下面是菜单栏。GX 软件中共有 10 个主菜单，如图 7.1-11 所示。菜单集中了 GX 软件的所有操作。选择每个主菜单，出现其相应的下一级子菜单。子菜单显示的是 GX 软件的操作功能。在子菜单功能项最右边标有“▼”，单击后又出现该项目的二级下拉子菜单。而标有“…”的项目单击后，会出现相应的对话框。GX 软件的功能就是单击主菜单、一级子菜单、二级子菜单的操作完成的。

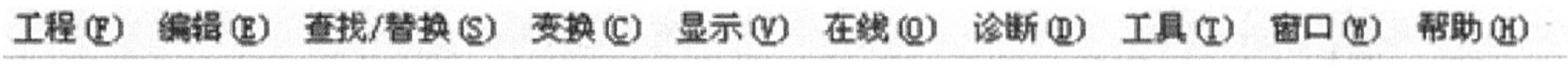

工程(F) 编辑(E) 查找/替换(S) 变换(C) 显示(V) 在线(O) 诊断(D) 工具(T) 窗口(W) 帮助(H)

图 7.1-11 菜单栏

当打开一级子菜单和二级子菜单时，会发现有些子菜单功能项是灰色的，说明该功能项在当前界面不可用。仅在当前界面满足功能项使用条件时，该功能项才变为黑色。

下面对本书的操作顺序进行说明，GX 软件在完成一种操作功能时，会通过顺序选择菜单来完成，不同的资料对这种顺序单击操作的描述也不相同，多数采用箭头或斜线来表示。例如，单击主菜单【显示】，在下拉一级子菜单中单击【注释显示形式】，在下拉二级子菜单中，单击【4×8 字符】，如图 7.1-12 所示。本书采用【显示】/【注释显示形式】/【4×8 字符】来描述这个操作的顺序。在以后的讲解中，均采用这种描述方式来说明，希读者注意。

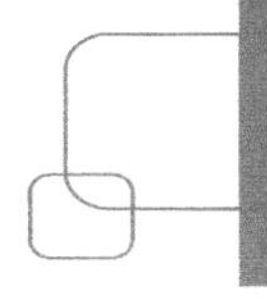

3．工具图标栏

（1）工具图标栏是用图标的形式来简化通过菜单实现的软件常用功能。在梯形图编辑过程中，只要单击这些图标就能更加快捷地完成功能操作。在实际使用中，大部分工控人员已习惯用图标来完成梯形图编辑操作。因此，用菜单来完成梯形图编辑已很少人使用，本书主要以工具图标形式为主讲解梯形图编辑。

（2）工具栏中的图标分成标准、数据切换、梯形图符号、程序、注释、软元件内存、SFC、SFC 符号和 ST 九类。这些工具条可以通过菜单操作进行显示或隐藏，选择了的工具条则在工具栏内显示，没有选择的工具条不在工具栏内显示，称之为隐藏。用户可以根据编辑需要只显示常用工具条。

工具条显示操作：选择菜单【显示】/【工具条】，出现【工具条】对话框，如图 7.1-13 所示。在对话框上，单击要显示的工具条，确定后，相应的工具条便显示在工具栏里。

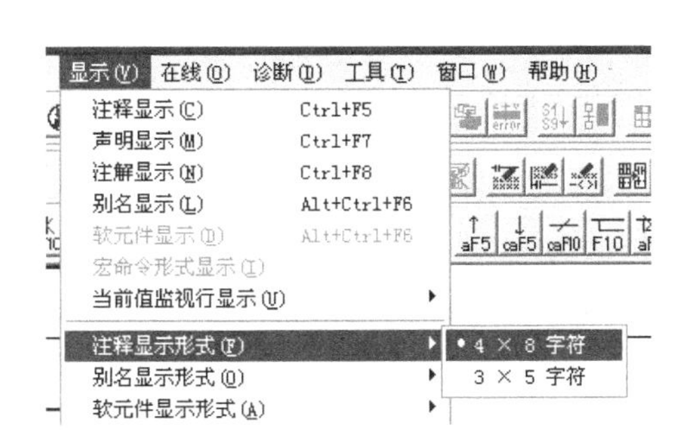

图 7.1-12　二级子菜单

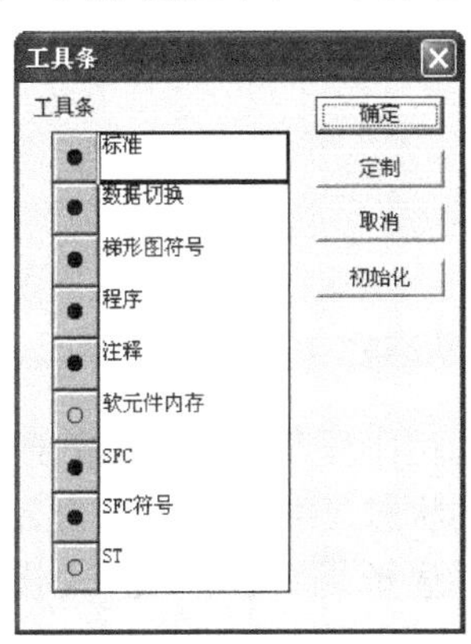

图 7.1-13　【工具条】对话框

（3）工具栏内工具条上图标有亮色的，有灰色的。灰色的表示该图标在当前的编程界面上不能用。只有出现相应的编程界面，图标自然会变为亮色。这是一种软件保护措施，避免用户随意单击图标而发生错误。

（4）用户将鼠标光标移动到图标上时，GX 软件会自动出现图标功能的简单提示。部分图标还在下方标有“F5”，“SF6”等字母符号，这些符号表示通过按下键盘上相应符号的键也同样完成图标的功能。“F5”表示键盘上“F5”，“SF6”表示同时按下“Shift”和“F6”键。

关于工具栏图标的功能应用，这里不介绍。在用到的时候再给予详细说明。

4．程序编辑窗口

程序编辑窗口是 GX 软件编辑程序的窗口。可以说，GX 软件的所有操作都是为这个窗口服务的。程序编辑区有两种窗口：梯形图编辑窗口和 SFC 块图编辑窗口。这两种窗口的画面是不一样的，如图 7.1-14 所示。关于 SFC 块图窗口的说明及 SFC 块图的编辑将在第 8 章中详细讲解。

梯形图窗口如图 7.1-9 所示。图上有两条竖线，分别表示梯形图的左右母线。有一条横线，表示梯形图的一个梯级，横线前面的“0”表示该级梯形图的步序起始编号。横线上还有一个蓝色的方框，称之为光标，它表示所需要编辑的当前位置，可用鼠标移动它。当鼠标的光标移动到梯级的某位置时，单击左键，光标随后移动到该位置上。横线的最后是一个END 指令，这是 GX 软件自动生成的。编辑梯形图时，它会自动下移，保持在梯形图的最后一个梯级上。

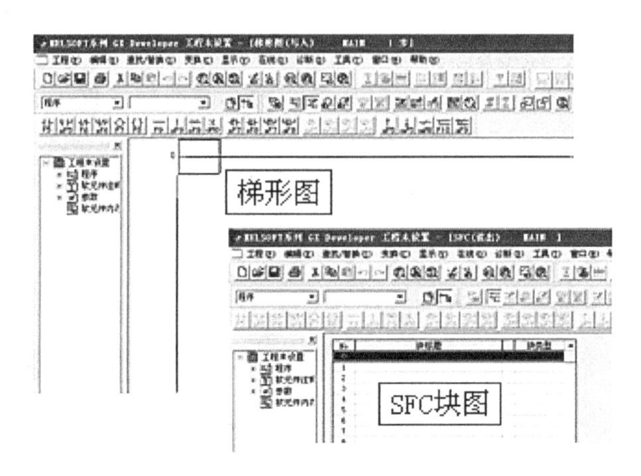

图 7.1-14　两种程序编辑区

5．状态栏

状态栏在程序编辑区的底部（见图 7.4-15），用来显示 GX 软件的状态信息。例如，光标位置的状态（准备完毕）、显示 PLC 的型号、链接目标 CPU（本站）等。

通过选择菜单【显示】/【状态条】可以切换状态栏显示或隐藏。

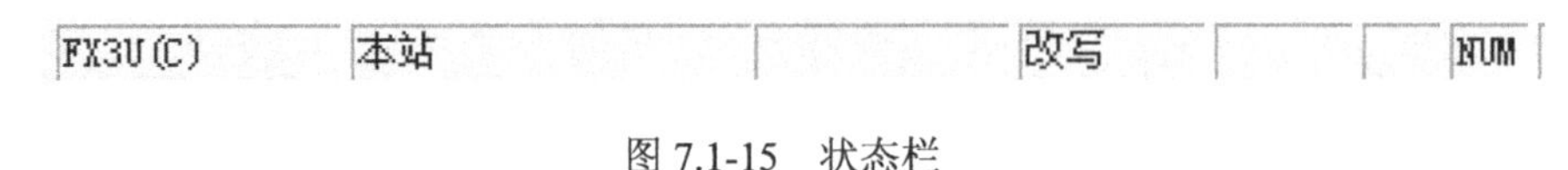

图 7.1-15　状态栏

6．工程数据列表

在程序编辑窗口左边是工程数据列表（又称工程栏），它是将当前程序编辑窗口中的梯形图程序（或 SFC 块图程序）以表格的方式显示不同类型的数据，其详细说明见 7.1.4 节工程数据列表。

【试试，你行的】

（1）编程界面由哪几部分组成？
（2）如果想知道当前编辑窗口梯形图程序的工程名称，应在哪里查看？
（3）菜单的功能是什么？什么是子菜单？
（4）如果菜单中的文字是灰色的，说明什么问题？
（5）菜单操作描述为【显示】/【触点数设置】/【11 触点】，试在编程软件上练习该操作。
（6）工具图标的功能是什么？它们一共分成几大类？
（7）请在 GX 软件上对工具条的显示/隐藏进行操作。
（8）工具图标灰色表示什么含义？它会变为亮色吗？什么情况下变为亮色？

（9）程序编辑区有哪两种编辑窗口？编辑窗口的不同是如何确定的？

（10）如果想要了解当前梯形图程序是针对哪种 PLC 型号的，应在哪里观察？

7.1.4　工程数据列表

工程数据列表是将当前程序编辑窗口程序及其相关的数据集中以表格的形式呈现，它是以树状形式进行切换的，包含工程程序名、程序、软元件注释、参数和软元件内存。

1. 工程栏显示/隐藏切换操作

有三种方式可以工程栏进行显示/隐藏操作。

（1）单击工具图标进行切换，图标位置如图 7.1-16 所示。

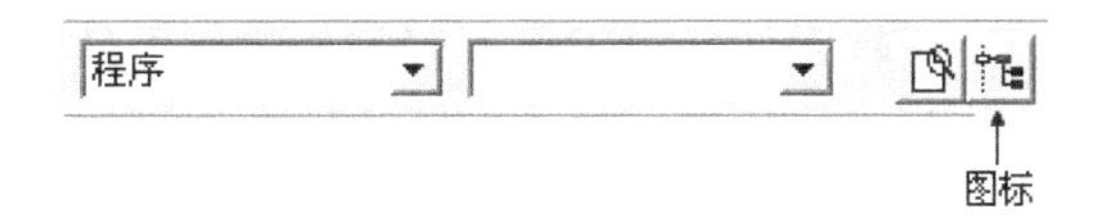

图 7.1-16　工程栏显示/隐藏切换图标

（2）选择菜单【显示】/【工程数据列表】进行切换。

（3）通过键盘按键【Alt+0】进行切换。

同一种功能用几种（两种以上）方式操作都可以，这是 GX 软件的特点。至于哪种方式简便，则因人而异，哪种方式练习多了都会很方便。读者一开始就要养成自己的操作习惯。目前，在三种方式中，已很少人采用菜单操作，较多人通过工具图标或键盘操作。

在以后讲解 GX 软件的功能操作时，为节省篇幅，编者只介绍其中一种操作方式（图标或键盘或菜单），其余的方式则不再说明，读者自己可以自学掌握。这一点希望引起读者注意。

2. 工程程序名

如图 7.1-17 所示，“4.1.5 顺序启动”为当前工程程序名。

3. 程序

当前编程窗口中的程序在【程序】/【MAIN】中保存。当编辑窗口显示的是其他内容时，通过双击【MAIN】可以转换到程序编辑界面。显示程序的类型为保存程序的类型（梯形图或 SFC 块图程序）。

读者可以单击鼠标右键，对【程序】进行新建、复制、删除、改变数据名、改变程序类型和排序等操作，如图 7.1-18 所示。

右击鼠标所出现的菜单操作可以对工程栏内任一对象进行。

4. 软元件注释

软元件注释是对当前程序所使用的软元件进行的应用功能描述，可注释的软元件是 X,Y,M,S,T,C,D 和 R。每个软元件的注释内容不能超过 32 个字符。软元件注释也可在编程界面上直接通过【注释编辑】操作进行，但这里是集中操作，更为方便。

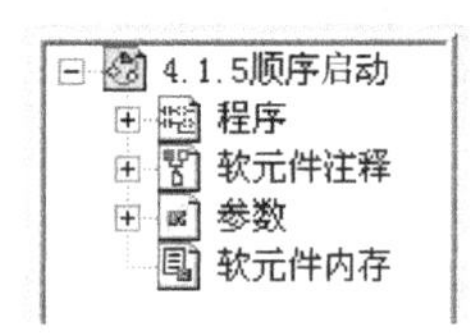

图 7.1-17　工程程序名

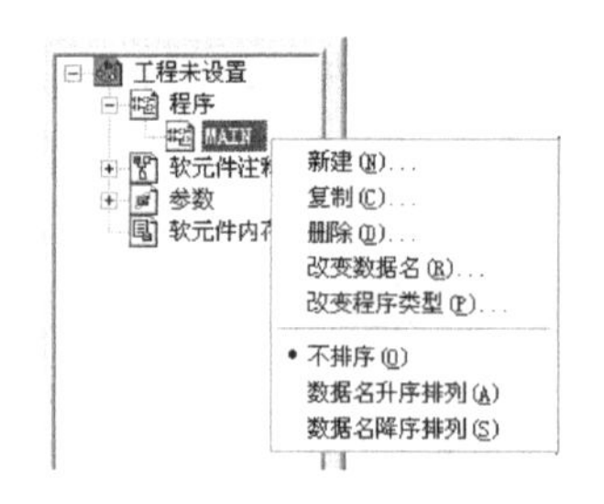

图 7.1-18 【程序】的操作

软元件注释后，会在程序中所有该元件的位置上出现注释内容。同样，在编程界面上通过【注释编辑】操作对软元件注释的内容也会出现在软元件注释表上。

软元件注释的操作是单击【软元件注释】/【COMMENT】后，在编程界面出现如图 7.1-19 所示之软元件注释表。读者在表中填写注释内容，如 Y0 为电动机，Y1 为进水电磁线，Y2 为出水电磁线等。在软元件名中输入不同类型的软元件，单击【显示】就可以对不同的软元件注释。注释完毕后，则所注释的内容便出现在程序的梯形图中。

图 7.1-19 【软元件注释】的操作

5. 参数

参数是指 PLC 参数设置。单击【参数】/【PLC 参数】，出现如图 7.1-20 所示对话框。该对话框由 7 个选项卡组成。单击对话框上红色选项卡名称，出现相应的选项卡对话框。参数设置分两种情况：未设置或默认值设置。选项卡字体颜色为红色。如参数被设置，则字体变成蓝色。

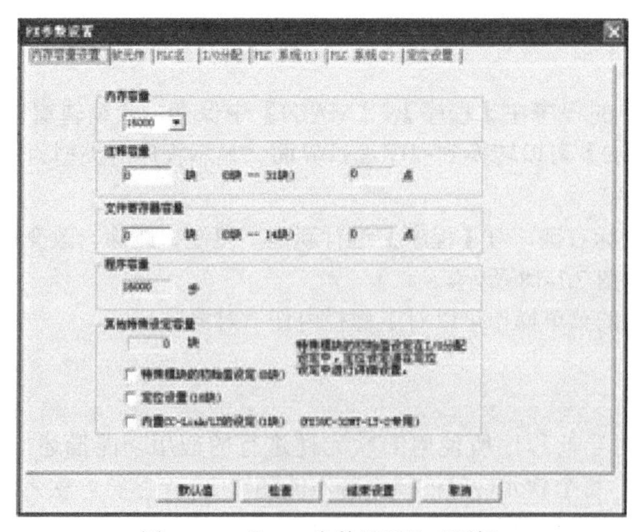

图 7.1-20 【PLC 参数设置】对话框

在实际应用中，PLC 参数是根据需要设置的，并不是每一张选项卡都必须设置。读者应根据控制程序要求来设置。如果应该设置的参数而未设置，或设置不正确，则程序运行时会发生错误。选项卡的内容会随所选用 FX 系列 PLC 的型号不同而变化，图中显示的是 FX_{3U} 系列 PLC 的选项卡。如为 FX_{2N} 系列 PLC，则选项卡中会没有【定位控制】这张选项卡。

对话框底部有 4 个按钮，分别说明如下。

【默认值】 按下后，把该选项卡所有参数都成批地复原为出厂默认状态。

【检查】 参数设置后按下，检查本选项卡参数设置是否正确，如有错，会弹出对话框，告之设置有错。

【结束设置】 所有参数设置无误后按下，确定被设置的参数并结束 PLC 参数设置，对话框消失。

【取消】 按下后，所有已设定项目都被取消，同时结束参数设置，对话框消失。

1)【内存容量设置】

【内存容量设置】选项卡参数见图 7.1-20，主要是对 PLC 的存储器容量进行分配设置，其中内存容量是指 PCL 存储器容量的总和。实际应用时，应把这个总容量分配给注释容量、文件寄存器容量、程序容量和其他设定特殊容量。四个容量之和为内存容量。如何分配应根据实际需要，如没有程序注释，容量设为 0，如有注释，则必须设置，如果为 0 或设置过少，则当程序写入 PLC 中时，就会发生错误。

【文件寄存器容量】是用于存储大量的 PLC 应用程序需要用到的专用数据寄存器，例如采集数据、统计计算数据、产品标准数据、数表、多组控制参数等。如果程序中用到，则必须分配一定的容量。【其他特殊设定容量】是指使用了特殊功能模块、定位控制和内置 CC-Link/LT 设定时所占用的内存容量，没有占用时则不勾选。勾选后则在相应的选项卡中进行设置。

如何分配存储容量？一般来说，不用就不分配，用到就分配。分配出了问题（容量过小），就进行调整，直到程序运行不出现错误为止。

2)【软元件】

【软元件】选项卡对话框如图 7.1-21 所示。该选项卡主要用来设定软元件的锁存范围，即停电保持软元件的范围。

3)【PLC 名】

【PLC 名】选项卡对话框如图 7.1-22 所示。在标题中设置有关 PLC 型号、程序说明等注释，也可不设置。

4)【I/O 分配】

【I/O 分配】选项卡对话框如图 7.1-23 所示。该选项卡主要用来设置在程序中所用到的输入/输出口的起始/结束编址。

如果在【内存容量设置】选项卡中勾选了【特殊模块的初始值设定（8 块）】，那么，在这个选项卡中就会出现【特殊模块设置】对话栏。对特殊模块的缓冲存储器地址取值。

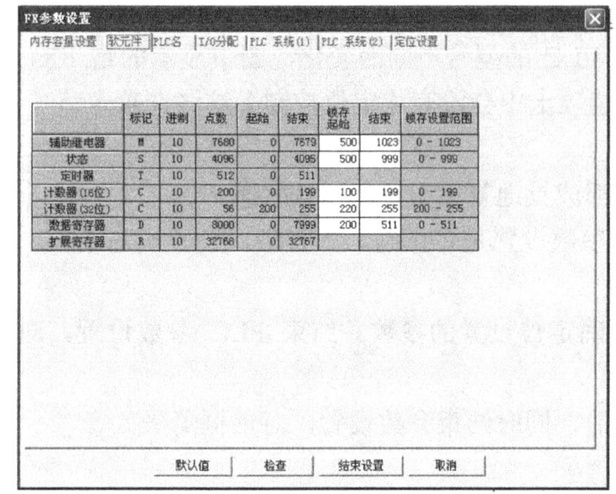

图 7.1-21 【软元件】选项卡对话框

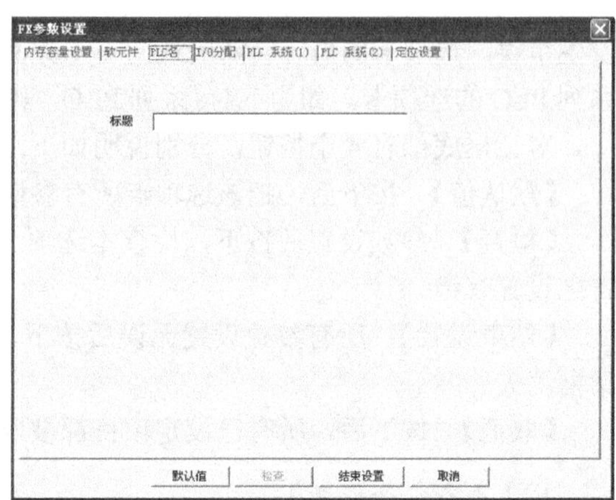

图 7.1-22 【PLC 名】选项卡对话框

5)【PLC 系统(1)】

【PLC 系统(1)】选项卡对话框如图 7.1-24 所示，该选项卡有三栏：

(1)【电池不足模式】 当 PLC 无存储备份电池时，勾选此项。

(2)【调制解调器初始化】 当 PLC 远程访问时调制解调器的初始化指令。

(3)【运行端子输入】 将 PLC 的外部输入端口 X 作为外部 RUN/STOP 模式 RUN 端子的 X 编址，关于外部 RUN/STOP 模式的使用，参看本书 3.4.3 节中相关叙述。

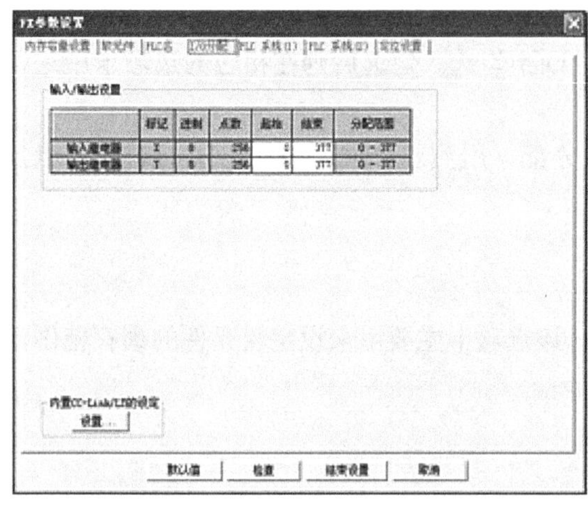

图 7.1-23 【I/O 分配】选项卡对话框

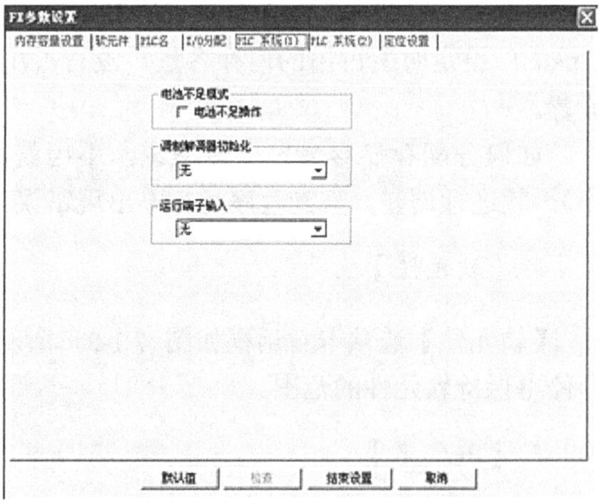

图 7.1-24 【PLC 系统(1)】选项卡对话框

6)【PLC 系统(2)】

【PLC 系统(2)】选项卡对话框如图 7.1-25 所示。该选项卡是关于通信参数的设置，勾选【通信设置操作】后才能对表中的参数进行设置。关于通信参数的具体设置说明可参看拙著《PLC 模拟量与通信控制应用实践》一书，这里不详述。

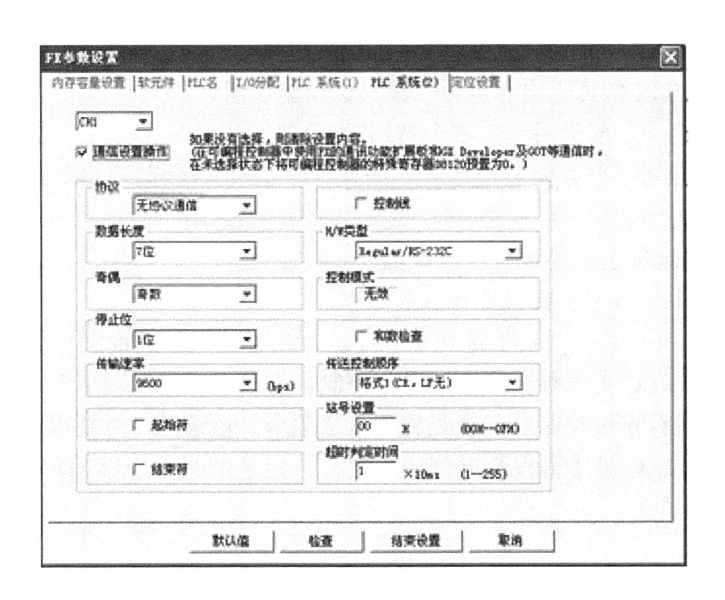

图 7.1-25 【PLC 系统（2）】选项卡对话框

7)【定位位置】

【定位位置】选项卡对话框如图 7.1-26 所示。当 PLC 用于定位控制时，可以在这里集中对定位控制指令所用的各种速度、位置参数进行设置。关于定位位置参数的具体设置说明可参看拙著《三菱 FX 系列 PLC 定位控制应用技术》一书，这里不详述。

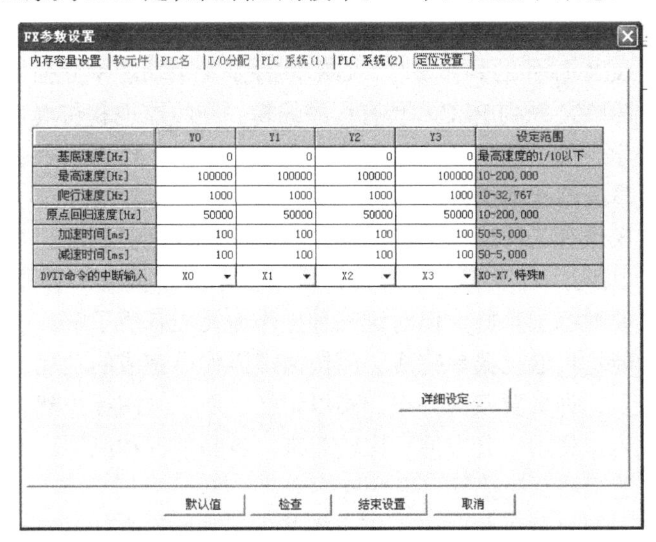

	Y0	Y1	Y2	Y3	设定范围
基底速度[Hz]	0	0	0	0	最高速度的1/10以下
最高速度[Hz]	100000	100000	100000	100000	10-200,000
爬行速度[Hz]	1000	1000	1000	1000	10-32,767
原点回归速度[Hz]	50000	50000	50000	50000	10-200,000
加速时间[ms]	100	100	100	100	50-5,000
减速时间[ms]	100	100	100	100	50-5,000
DVIT命令的中断输入	X0	X1	X2	X3	X0-X7，特殊M

图 7.1-26 【定位位置】选项卡对话框

【试试，你行的】

（1）试用三种方法对工程栏进行显示/隐藏操作，哪种方法最方便记忆？

（2）软元件注释的功能是什么？在编程界面对软元件进行的注释会出现在注释表上吗？

（3）参数由几个选项卡组成？说出这几个选项卡的名称。

（4）在实际应用中，是不是每张选项卡都要设置？为什么？

（5）不同型号的PLC其选项卡是否一致？试举例说明。

（6）参数设置完毕，应最后单击哪个按钮？

（7）内容容量是指哪些存储容量之和？如果程序上没有注释，可以设置【注释容量】为0吗？

（8）【软元件】选项卡主要设置什么参数？

（9）【I/O分配】选项卡主要设置什么参数？

（10）试叙述【PLC系统（1）】选项卡中【运行端子输入】的设置功能和含义。

（11）如果要求PLC实现对变频器的通信控制，应设置哪张选项卡？

（12）当PLC进行定位控制时，应设置哪张选项卡，该选项卡主要设置什么参数？

（13）学到这里，你对【工程数据列表】栏有一定了解吗？能够简单说一下其包含的内容吗？

7.2　梯形图程序编辑

7.2.1　创建新工程及工程操作

1. 操作讲解

从本节开始学习GX软件的具体操作。GX软件是一个功能十分强大的编辑软件，适合三菱Q系列、A系列和FX系列PLC，具有程序编辑、在线监视和仿真等功能。对初学者来说，并不需要马上去学全部功能的操作，因此，在这一章中，仅向读者讲解一些最基本的操作，也就是读者必须掌握的基本操作。

GX软件的功能操作有三种途径：菜单、工具图标和键盘快捷键。有一些功能通过这三种途径操作都可以，因此，对于初学者来说，常常会产生掌握哪一种操作途径比较好的问题。以编者看来，只要熟练了都好，但对这三种操作途径应有所了解。一般来说，菜单操作是基本操作，所有功能均可通过菜单完成。而快捷键操作所完成的功能比菜单少，但比工具图标稍多。快捷键众多，许多要双键齐按，难以记忆。而工具图标虽然完成功能比快捷键少一些，但因在工具栏内，使用十分方便，比较起来，容易掌握和应用。特别是梯形图程序编辑，使用工具图标，适当结合快捷键，很快就学会。

本书在讲解GX软件功能的操作时，仅介绍其中一种操作方法，对其余两种不说明，请读者谅解。关于工具图标和快捷键的操作功能对比见表7.2-1。

先举例给予说明操作方法的讲解表示：例如，在编辑一份新的梯形图程序时，必须首先要【创建新工程】，三种方法操作表示如下所述。

（1）用菜单方法表示是：选择菜单【工程】/【创建新工程】。

（2）用工具图标方法表示是：单击图标🗋。

（3）用快捷键方法表示是：按键【Ctrl+N】，+号表示同时按下两个键。

上面三种操作，不论哪一种操作，随后会出现【创建新工程】对话框。希望读者在阅读本章及第 8 章时注意，到时不再另说明。

表 7.2-1　SFC 块基本图形工具图标

快捷键		工具按钮	功能			内容
Alt + F4		—	关闭			关闭活动的窗口
Ctrl + F6		—	下一个窗口			打开下一个窗口
Ctrl + N			工程	创建新工程		创建新的工程
Ctrl + O			工程	打开工程		打开已存在的工程
Ctrl + S			工程	另存工程为		对工程进行替换保存
Ctrl + P			工程	打印		对工程进行打印
Ctrl + Z			编辑	撤销		返回到上一次的操作
Ctrl + X			编辑	剪切		剪切所选内容
Ctrl + C			编辑	复制		复制所选内容
Ctrl + V			编辑	粘贴		将剪贴板的内容复制到光标所在位置
Ctrl + A		—	编辑	全选		选择全部的编辑对象
Shift + Ins		—	编辑	行插入		在光标位置插入行
Shift + Del		—	编辑	行删除		将光标位置的行删除
Ctrl + Ins		—	编辑	列插入		在光标位置插入列
Ctrl + Del		—	编辑	列删除		将光标位置的列删除
Shift + F2			编辑	读出模式		变为读出模式
F2			编辑	写入模式		变为写入模式
GPPA GPPQ	F5		编辑	梯形图标记	常开触点	在光标位置插入常开触点
MEDOC	1		编辑	梯形图标记	常开触点	在光标位置插入常开触点
GPPA	Shift + F5		编辑	梯形图标记	常闭触点	在光标位置插入常闭触点
GPPQ	F6		编辑	梯形图标记	常闭触点	在光标位置插入常闭触点
MEDOC	2		编辑	梯形图标记	常闭触点	在光标位置插入常闭触点
GPPA	F6		编辑	梯形图标记	并联常开触点	在光标位置插入并联常开触点
GPPQ	Shift + F5		编辑	梯形图标记	并联常开触点	在光标位置插入并联常开触点
MEDOC	3		编辑	梯形图标记	并联常开触点	在光标位置插入并联常开触点
GPPA GPPQ	Shift + F6		编辑	梯形图标记	并联常闭触点	在光标位置插入并联常闭触点
MEDOC	4		编辑	梯形图标记	并联常闭触点	在光标位置插入并联常闭触点
GPPA GPPQ	F7		编辑	梯形图标记	线圈	在光标位置插入线圈
MEDOC	7		编辑	梯形图标记	线圈	在光标位置插入线圈
GPPA GPPQ	F8		编辑	梯形图标记	应用指令	在光标位置插入应用指令
MEDOC	8		编辑	梯形图标记	应用指令	在光标位置插入应用指令

续表

快捷键		工具按钮	功能			内容
GPPA	F10		编辑	梯形图标记	竖线	在光标位置插入竖线
GPPQ	Shift + F9					
MEDOC	5					
GPPA GPPQ	F9				横线	在光标位置插入横线
MEDOC	6					
GPPA GPPQ	Ctrl + F10				竖线删除	将光标位置竖线删除
MEDOC	0					
GPPA GPPQ	Ctrl + F9				横线删除	将光标位置横线删除
MEDOC	9					
Shift + F7					上升沿脉冲	在光标位置插入上升沿脉冲
Shift + F8					下降沿脉冲	在光标位置插入下降沿脉冲
Alt + F7					并联上升沿脉冲	在光标位置插入并联上升沿脉冲
Alt + F8					并联下降沿脉冲	在光标位置插入并联下降沿脉冲
Ctrl + Alt + F10					运算结果取反	将光标位置运算结果取反
Alt + F5					取运算结果的脉冲上升沿	在光标位置取运算结果的脉冲上升沿
Ctrl + Alt + F5					取运算结果的脉冲下降沿	在光标位置取运算结果的脉冲下降沿
GPPA	Alt + F10				画线写入	将画线写入
GPPQ MEDOC	F10					
Alt + F9					画线删除	将画线删除
Ctrl + F		—	查找		软元件查找	对软元件进行查找
Ctrl + H		—			软元件替换	对软元件进行替换
F4			替换变换		变换	对程序进行变换
Ctrl + Alt + F4					变换（编辑中的全部程序）	对编辑中的所有程序进行批量变换
Shift + F4		—			变换（运行中写入）	将程序变换后写入运行中的 CPU 中
Ctrl + F5		—	显示		注释显示	对注释的显示/隐藏进行切换
Ctrl + F7		—			声明显示	对声明的显示/隐藏进行切换
Ctrl + F8		—			注解显示	对注解的显示/隐藏进行切换
Ctrl + Alt + F6		—			机器名显示	对机器名的显示/隐藏进行切换
Alt + 0					工程数据列表	对工程数据列表的显示/隐藏进行切换
Alt + F1					梯形图/列表显示切换	对梯形图画面/列表画面进行切换
F3			在线	监视	监视模式	执行梯形图监视
Ctrl + F3		—			监视开始（全画面）	对打开的所有程序的梯形图进行监视
Shift + F3					监视（写入模式）	变为梯形图监视写入模式

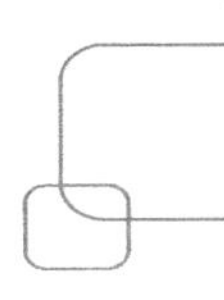

续表

快 捷 键	工具按钮	功　能			内　容
F3		在线	监视	监视开始	开始（重新开始）梯形图监视
Alt + F3				监视停止	停止梯形图监视
Ctrl + Alt + F3	—			监视停止（全画面）	停止对打开的所有程序的梯形图的监视
Alt + 1			调试	软元件测试	对软元件的强制 ON/OFF、当前值进行变更
Alt + 2				跳跃执行	对进行了范围设置的顺控程序进行跳跃运行
Alt + 3				部分执行	执行部分顺控程序
Alt + 4				步执行	对可编程控制器 CPU 进行步执行
Alt + 6	—		远程操作		执行远程操作

2. 创建新工程

GX 软件规定，在编辑一个程序（也叫工程）前，必须对工程的属性进行设置，这些设置是在【创建新工程】对话框中完成的。单击 按钮，出现如图 7.2-1 所示对话框。按图中 1、2、3、4、5 顺序操作，创建工程结束，进入程序编辑窗口。如果勾选【生成和程序同名的软元件内存数据】，新建工程时会同时生成和工程同名的软元件内存数据。【标签设定】是灰色的，说明当前的【PLC 系列】不可使用。【工程名设定】也是灰色的，但在勾选【设置工程名】后，变成了黑色的。这时，可以填写【驱动器/路径】，【工程名】等属性。编者的习惯是在这里不对这些属性填写，在【保存工程】操作中填写。

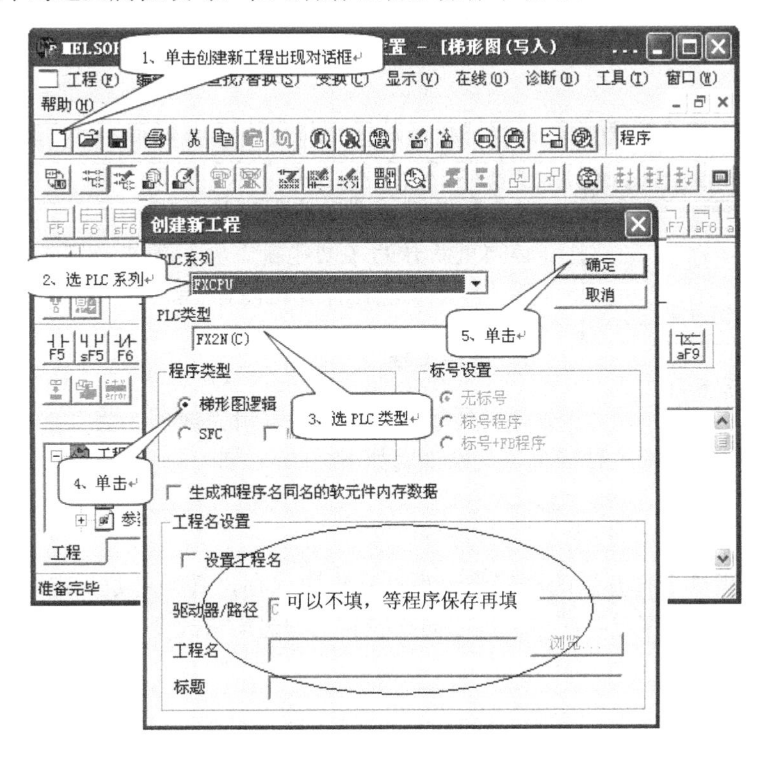

图 7.2-1 【创建新工程】图示

3. 打开工程

【打开工程】是指打开保存在计算机硬盘中的 GX 软件程序文件，其操作是单击图标，出现如图 7.2-2 所示【打开工程】对话框，然后，在【驱动器/路径】和【工程名】栏内填写需要打开的工程路径与工程名，单击【打开】按钮，这时，针对当前编程窗口的程序性质不同出现不同的对话框。如当前程序为“工程未设置”则出现【是否保存工程？】对话框，如当前程序为已存储程序，则出现【是否退出工程？】对话框，如图 7.2-2 所示。单击【是（Y）】或【否（N）】按钮后，则相应的内存梯形图程序或 SFC 块列表出现在编辑窗口。注意，这时在【标题栏】里同时显示路径和程序名。当然，路径和工程名也可通过函数索引得到。

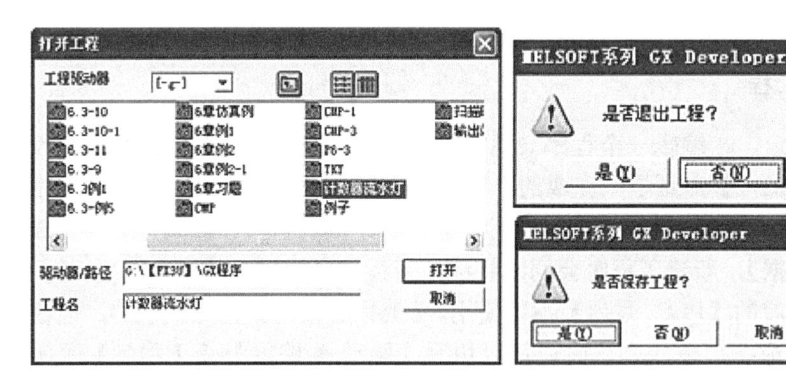

图 7.2-2 【打开工程】对话框

4. 关闭工程

关闭工程指关闭当前编程窗口的程序，其操作是单击【工程】/【关闭工程】菜单，出现如图 7.2-3 所示之“是否退出工程？”提示。单击【是（Y）】按钮，则当前程序被关闭，界面变为灰色。这时，必须重新开始【创建新工程】操作，进入编程窗口。关闭后，程序仍然在计算机内存中。

图 7.2-3 提示窗口

5. 保存工程

保存工程指程序编辑完成后，将其保存在计算机硬盘中。工程进行存盘处理有三种情况，分别说明如下：

1）已保存程序

已保存程序指对于打开后的程序修改后进行再次保存，其操作是单击图标，修改后的程序已代替原来的程序保存起来，程序的路径和工程名均未改变。

2）创建新工程

对于新工程，其操作是单击图标，出现如图 7.2-4 所示之【工程另存为】对话框。这时，必须填写路径和工程名才能保存。填写后，单击【保存】按钮，出现“新建工程吗？”

提示，单击【是（Y）】按钮，程序就被保存到计算机硬盘相应的文件夹中。同时，标题栏已由原来的“工程未设置”变为程序保存路径了。当然，路径也可以通过逐级索引得到，但工程名必须填写。

路径的填写格式是【盘符】/【文件夹】/…/【文件夹】。图中，名为“单按钮控制之二”的 GX 程序存储在 G 盘的文件夹【FX3U】的【GX 程序】下的文件夹【单按钮控制】中。

3）工程另存为

【工程另存为】的含义是将当前编程窗口的程序另外存储，这时，路径或工程名应与当前程序有所区别（其中一项有别或两项都有别），其操作是选择菜单【工程】/【另存工程为】，出现如图 7.2-4 所示之【工程另存为】对话框，填写路径和工程名才能保存，路径也可以通过逐级索引得到。

6. 删除工程

【删除工程】是指把已存储在硬盘中的 GX 程序删除，删除的程序不再存在。其操作是选择菜单【工程】/【删除工程】，出现如图 7.2-5 所示之【删除工程】对话框，输入要删除程序的路径和工程名，单击【删除】按钮，再次确认后，程序被删除，但不能删除已经打开的程序。

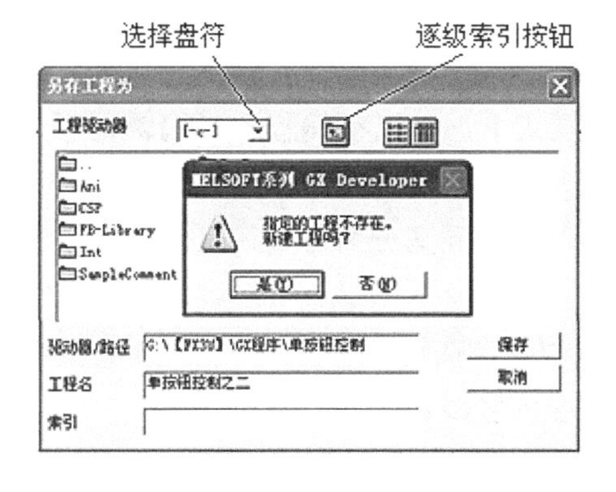

图 7.2-4 【工程另存为】对话框

图 7.2-5 【删除工程】对话框

【试试，你行的】

（1）【创建新工程】对话框是完成什么设置的？

（2）试练习利用【创建新工程】对话框进入梯形图编辑窗口后，动手编制一个简单的“启保停”梯形图程序，然后利用这个程序练习【关闭工程】、【保存工程】、【删除工程】等对工程的操作。

7.2.2　梯形图程序输入

在梯形图编程窗口进行梯形图程序编辑是一种操作，这和所有其他软件一样，只要掌握其操作，就可以把别人给你的梯形图草图一模一样地在编程窗口编辑出来，这和你懂不懂PLC、懂不懂梯形图中的含义完全没有关系。任何操作只能是勤学多练，熟能生巧，没有什么捷径和窍门。

1. 写入与读出模式

先介绍一下与程序编辑状态有关的工具图标。在工具条中，有一个【程序】工具条，它的工具图标较多，大都与程序有关，其中涉及程序编辑状态的工具图标如图 7.2-6 所示。

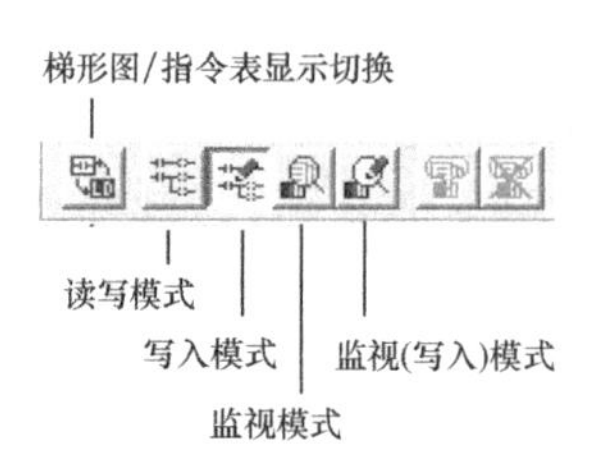

图 7.2-6 【程序状态】图标

1）梯形图/指令表显示切换

GX 软件中的编程窗口可以显示两种用编程语言编制的程序：梯形图程序和指令语句表程序。单击图标，可对这两种编程语言所表示的程序进行切换。

2）写入模式

单击图标，编程窗口为写入状态。在写入模式下，可以在编程窗口编辑程序，创建新工程，对程序进行修改、删除、插入、注释等编辑操作。如欲将编辑程序写入 PLC 中，必须在该状态下进行。【写入模式】中根据编辑操作的不同又分为【写入（修改）模式】和【写入（插入）模式】两种。

写入（修改）模式也是编程窗口打开后的默认模式，在写入（修改）模式下，光标是一个周线为蓝色的正方形光标，而梯形图的母线是完整的竖线。

3）读出模式

单击图标，编程窗口为读出模式。在这种模式下，不能对程序进行任何编辑操作。只能查看程序和对软元件进行查找。如欲将 PLC 中的程序上传到编程软件中，必须在该状态下进行。

在读出模式下，光标是一个蓝色的光块，梯形图的母线也是不完整的。

4）监视模式和监视（写入）模式

监视的含义是对梯形图的触点及线圈的状态进行在线监控，不管是程序在运行中还是停止运行中。监视模式只能在线监控，而监视（写入）模式不但可以在线监控，还可以在线对程序进行编辑操作和写入 PLC 中，这给程序调试带来了很大的方便。

有关程序的监控操作将在 7.3 节给予说明。

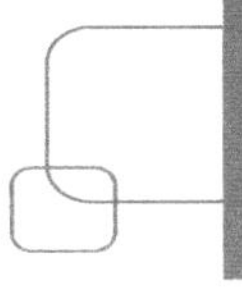

2. 梯形图输入

全部梯形图都由一些图形符号、指令和它们之间的连线所组成。只要在相应的位置输入正确的符号、指令或连线即可，在写入模式下，梯形图编辑的顺序是先把光标移动到需要输入的相应位置上，然后，再输入符号、指令。不管是下面所述哪一种输入，都会出现同样的【梯形图输入】对话框，如图 7.2-7 所示。

- 触点符号输入：该栏中可以单击，出现触点符号下拉菜单，读者可以从中单击选择所需符号。这是一种梯形图触点符号操作方式，本书不采用这种方式。
- 软元件、指令输入：该栏必须通过键盘输入正确的软元件和指令。

【梯形图输入】对话框完成后，可以单击【确定】按钮完成本次操作，也可以通过按下键盘上的回车键【Enter】完成本次操作。

如果软元件、指令输入有误，则会出现如图 7.2-8 所示【指令帮助】对话框，读者可以通过它查看错在哪里，但对初学者不是很好用。编者建议如发生输入错误，仔细检查输入，一般都会发现错误所在。有些错误，犯了几次，也就记住了。

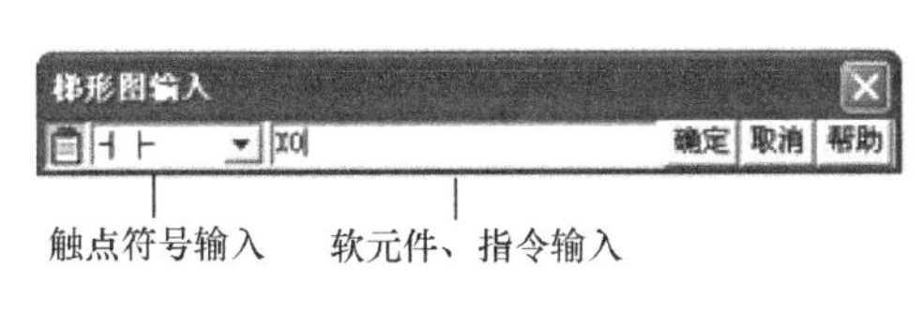

图 7.2-7 【梯形图输入】对话框

图 7.2-8 【指令帮助】对话框

1）触点输入

在工具条中，有一个【梯形图符号】工具条，它的图标主要表示梯形图的触点、线圈、指令符号和画线，其中关于触点的工具图标如图 7.2-9 所示。图标所表示触点的含义在图中已标明。

触点输入操作是单击触点图标/【键盘输入软元件】/【Enter】。例如，输入常开触点 X0 操作为单击图标 F5（出现【梯形图输入】对话框）/【X0】/【Enter】。

2）线圈和指令输入

线圈和指令组成了梯形图的输出，它们的位置紧连右母线。【梯形图符号】工具条里有两个工具图标为线圈和指令的图标，如图 7.2-10 所示。

线圈是指软元件 Y、M、S、D□·b 和 T、C 的输出，它们的输入操作是单击图标/【键盘输入软元件】/【Enter】。例如，输入 Y10 的操作为单击图标 F7/【Y10】/【Enter】。其中，定时器 T 和计数器 C 作为线圈输入时，编址和设定值之间必须留有空格，如图 7.2-11 所示。

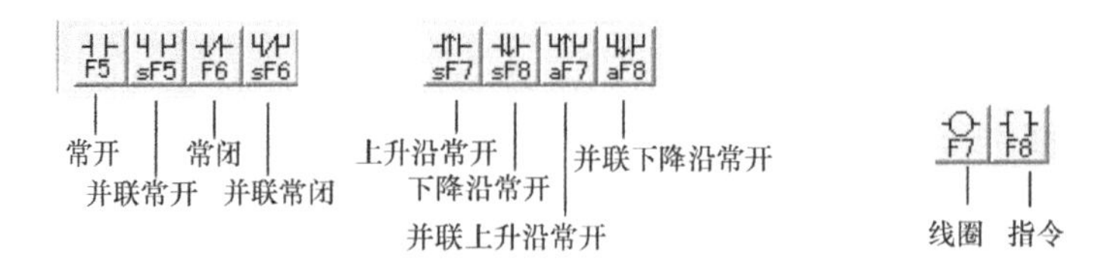

图 7.2-9　常用触点图标　　　　图 7.2-10　线圈、指令图标

指令是指带有助记符的指令，包括功能指令和部分基本指令。其操作是键盘输入指令（出现【梯形图输入】对话框）/【Enter】。例如，要输入 SET　M10，直接从键盘输入【SET M10】/【Enter】k 就行，不需要单击图标。

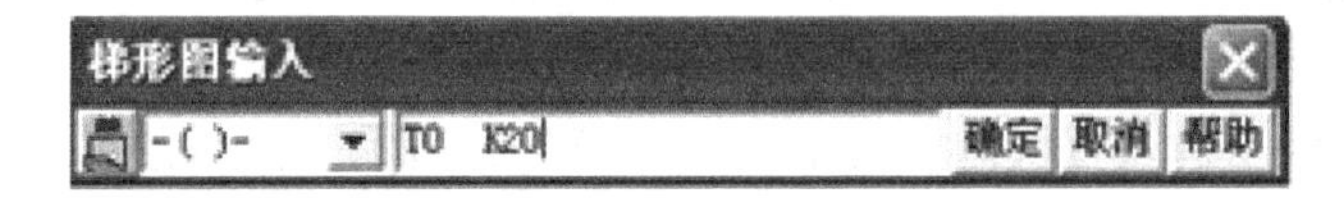

图 7.2-11　定时器线圈输入

3）触点比较指令输入

触点比较指令的讲解见 3.4.1 节。触点比较指令输入比较特殊，主要是它的输入和梯形图上有些差异。触点比较指令的输入和指令输入一样，即【键盘输入指令】/【Enter】。但其位置是在触点输入位置上，而不是指令的位置上。触点输入指令输入时必须含有助记符，但在梯形图上显示时，却没有助记符。

32 位在比较符号前加 D 表示。比较符号大于等于不能输入≥，应分别输入＞＝。同样，小于等于应分别输入＜＝。

16 位触点比较指令输入和梯形图显示见图 7.2-12，32 位输入和梯形图表示见图 7.2-13。

（a）输入　　　　（b）梯形图显示

图 7.2-12　16 位触点比较指令输入和梯形图

（a）输入　　　　（b）梯形图显示

图 7.2-13　32 位触点比较指令输入和梯形图

4）特殊指令输入

特殊指令是指 1NV，MEP，MET，它们的功能说明详见 3.3.4 节。在【梯形图符号】工具条中，有三个图标表示这些指令在梯形图上的图示，如图 7.2-14 所示。

这三个指令的操作是单击图标/【Enter】。例如，在相应位置上输入 INV 指令，单击 caF10 /【Enter】，光标位置上出现该指令的符号，一条 45°的斜线。也可按指令操作进行，即

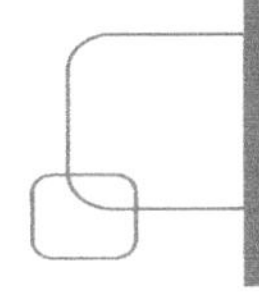

【INV】/【Enter】。

5）主控指令的编程软件编辑

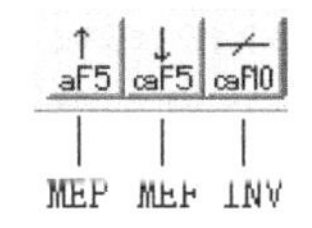

图 7.2-14　INV、MEP、MEF 指令图标

在 GX Developer 编程软件上进行主控指令编辑时应在图 7.2-15（a）【写入模式】下进行，编辑软件会自动转换成图 7.2-15（b）的形式写入 PLC。如果编辑完成后单击【读出模式】快捷图标，就会出现图（b）之梯形图。这时，在主控指令 MC 下面的左母线上出现了一个标为 N0　M10 的触点。

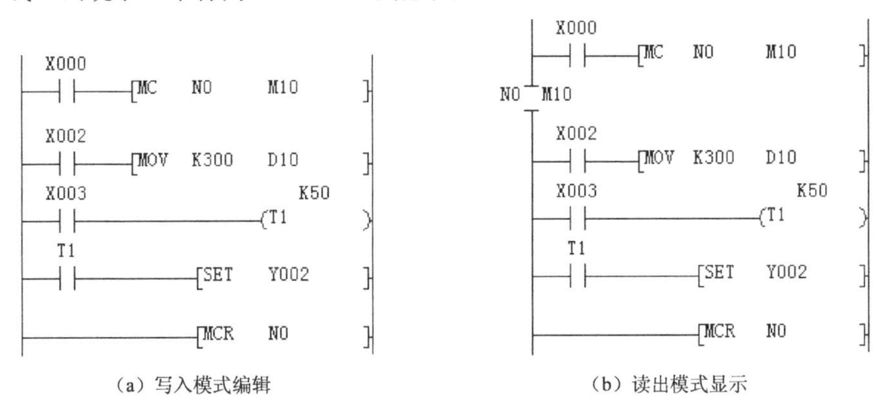

（a）写入模式编辑　　（b）读出模式显示

图 7.2-15　主控指令的写入模式编辑和读出模式显示

6）电路块与堆栈指令输入

电路块指令（ANB，ORB）和堆栈指令（MPS，MRD，MPP）主要应用在指令语句表程序中。而在梯形图程序中，这些指令没有任何的触点、符号表示，所以，在梯形图中，不存在这些指令的输入。

7）指针标号的输入

当程序发生转移时，要在入口地址输入标号，FX 系列 PLC 中允许使用两种标号。一种为 P 标号，称指针 P，用于跳转和子程序调用转移去的入口地址。另一种为 I 标号，称中断指针 I，专用于中断服务子程序的入口地址。标号必须在转移去的梯形图梯级的左母线的外侧输入，如图 7.2-16（b）所示。其操作是，首先将光标置于转移去的梯形图梯级的母线外侧，如图 7.2-16（a）所示，【键盘输入标号】/【Enter】。注意：输入指针标号时，必须退出画线状态，如下所述。

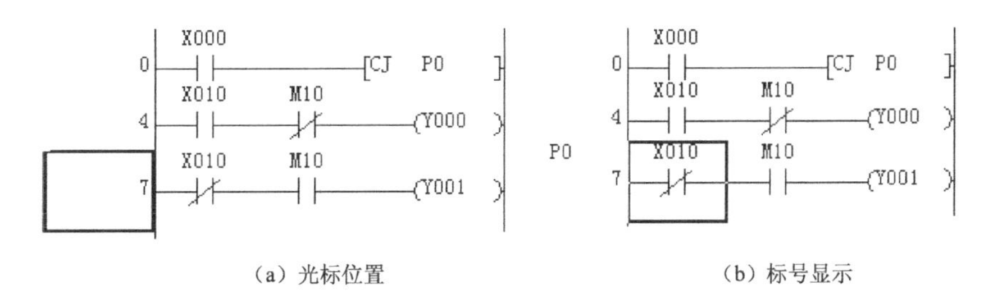

（a）光标位置　　（b）标号显示

图 7.2-16　指针标号的输入

3. 画线操作

如果梯形图的梯级含有分支时，分支连线必须使用画线操作才能解决，如图 7.2-17 中黑圈所示分支竖直线。另外，如果删除触点后，梯形图上留下的悬空白也必须使用画线输入把空白补上。

【梯形图符号】工具条中，有关画线的图标如图 7.2-18 所示。图标分成两组，都可以完成画线和画线删除功能。两组操作说明如下：

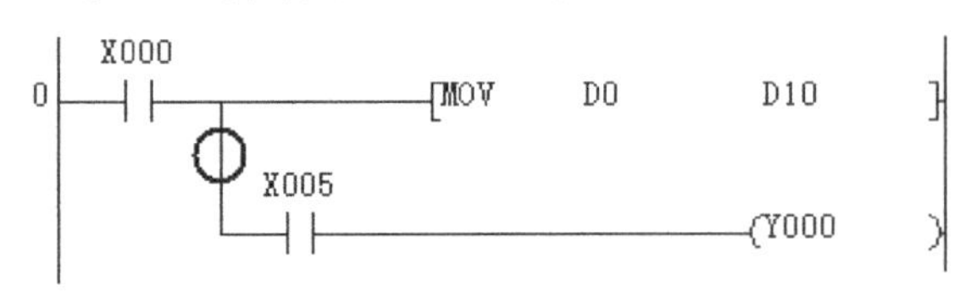

图 7.2-17　画线输入图示

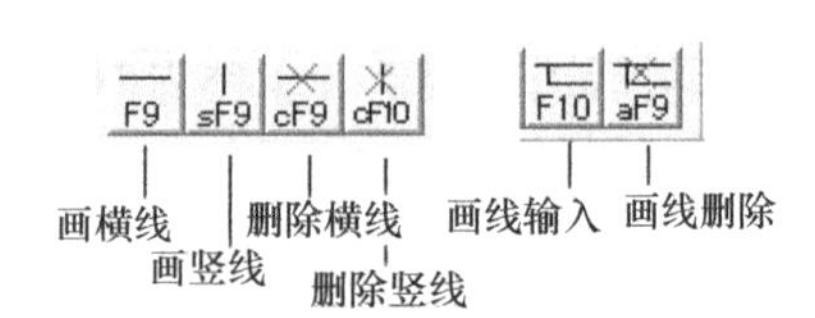

图 7.2-18　画线输入图标

1）对话框画线操作

该组有 4 个图标，分别对横线和竖线进行画线和删除操作。单击图标 F9 后，会出现如图 7.2-19 所示【横线输入】对话框。在窗口处输入数量 2，表示要画 2 个单位长度的横线，光标的宽度为 1 个单位长度。按下【Enter】键后，梯形图出现从光标当前位置开始的 2 个单位长度的横线，光标移至横线最后。如果不写输入数量，则默认为一个单位长度横线。要删除不必要的横线，单击删除横线图标 cF9，出现【横线删除】对话框，输入要删除横线长度后，按下【Enter】键，则从光标当前位置开始的 N 个横线长度被删除，而光标仍然停留在原来位置上。竖线的画线和删除操作一样。

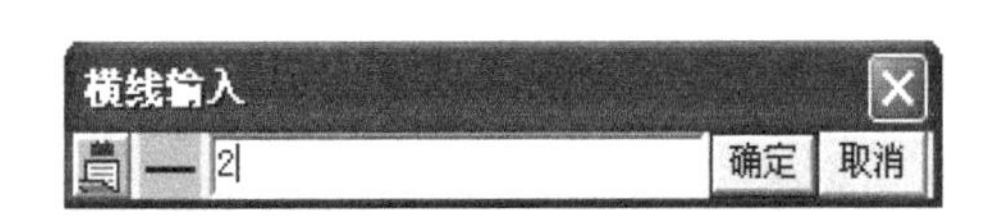

图 7.2-19 【横线输入】对话框

2）拖动光标画线操作

该组只有两个图标，通过拖动光标进行画线和删除。单击图标后，图标会下凹，表示窗口处于拖动画线状态。这时，按下鼠标左键，在窗口中拖动光标时，会随着光标的拖动留下横线或竖线。再次单击图标，退出画线状态。删除画线亦然。

4. 梯形图程序输入注意事项

1）窗口显示画面调整

编程窗口梯形图显示画面的大小可以通过菜单进行调整。操作方法：选择菜单【显示】/【放大/缩小】后，出现【放大/缩小】对话框，勾选倍率，单击【确定】按钮，窗口梯形图按照所勾选倍率显示，通常，多数人都选择 75%倍率。倍率越小，编程窗口所显示的梯形图行数越多，字符也越小。读者可根据自己的需要进行勾选。

2）输入行数限制

GX 软件规定，梯形图上一个梯级的程序行数不能超过 24 行（含梯级本身和分支），超

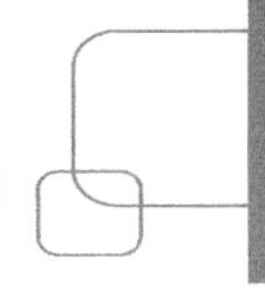

过不能进行编译，如果实际情况程序行确实超过 24，可分成两个梯级编辑。关于梯级程序行概念见 3.2.1 节。

3）输入触点限制

GX 软件规定，一个梯级行上显示的触点不能超过 11 个+1 个线圈。通过选择菜单也可以调整为 9 个触点+1 个线圈。调整操作：选择菜单【显示】/【触点数设置】/【9 触点】或【11 触点】。分支行上的触点数则会少一些，具体由其分支画线位置确定。

4）梯级的换行

对不带分支行的梯级行来说，如果触点数大于 11 个，或输入指令显示位置不够时，软件会自动换行，如图 7.2-20（a）、（b）所示。图中，上一行【K0 →】为换行源，下一行【K0 →】为换行目标。K0 为换行符，GX 软件会按顺序自动选择换行符 K0～K99，并规定换行之间不能插入其他梯形图。因此，在写入（插入）模式下含有分支的梯级行和分支行都不能进行自动换行。在写入（修改）模式下，可以进行自动换行，但必须有足够的换行空间位置，如图 7.2-20（c）所示。关于写入（修改）和写入（插入）模式见后面的说明。

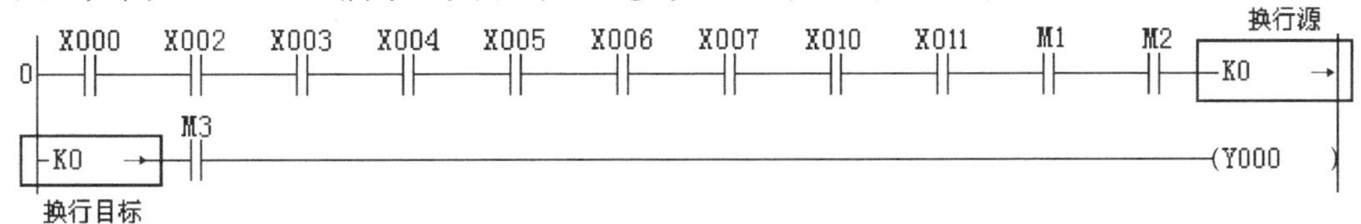

(a) 触点多于11个自动换行

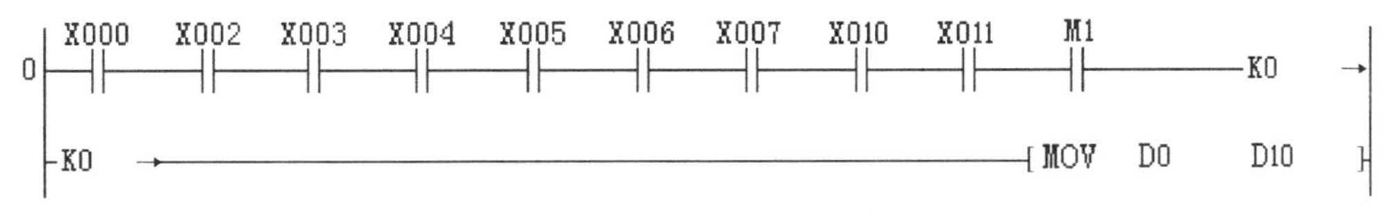

(b) 指令位置不够自动换行

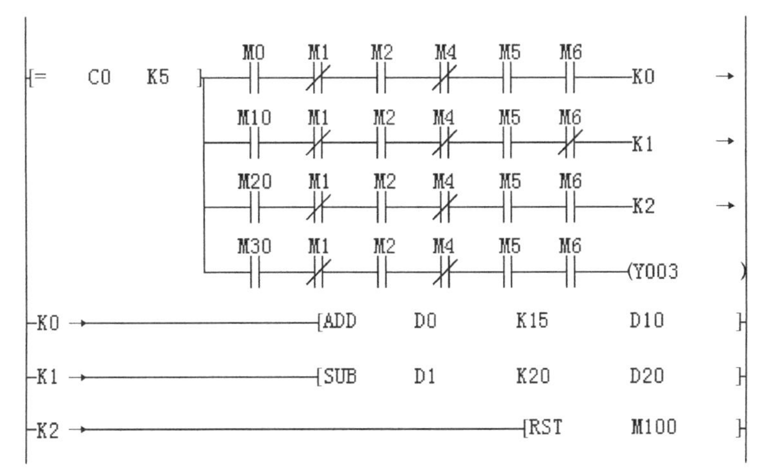

(c) 多分支梯级自动换行

图 7.2-20　梯级的自动换行

【试试，你行的】

（1）试在 GX 软件的编程界面上编辑如下梯形图程序（说明，程序仅供练习用，不存在实际意义）。

```
0     X000         [D>=   D0    K500 ]                          (Y000    )
      Y000
12    X001                X002                                  [CALL  P1 ]
      M0         M1
21    X002       M2                                                 K500
                                                                (T0      )
                 M2       M3                                        K1000
                                                                (T0      )
                          M3        M4
                                             [MOV   D10    D12 ]
                                    M4
                                             [MOV   D12    D10 ]
P1    X003
50                                                              (Y001    )
53                                                              [END     ]
```

图 P7.2-1

（2）试在编程界面上用两种方法完成梯形图程序的画线操作。

（3）试在梯形图程序编辑窗口上练习以下操作：

①把窗口画面调整到 75%。

②一个梯级行上显示触点数最多为 11 个。

（4）GX 软件规定：一个梯级的程序行数不能超过多少行？

7.2.3　梯形图程序编辑

1．变换

梯形图程序在编辑中（创建、修改、插入、删除）的程序行是灰色的，表示程序编辑未完成。当编辑完成后，必须通过变换（编译）操作来完成编辑工作。变换操作一方面检查程序是否有错，另一方面把程序变换成可以下载的形式，变换后程序行变成白色。

工具条【程序】里有两个变换图标。程序行编辑完成后，只要单击变换图标，就完成了变换操作。变换图标见图 7.2-21，两个图标的应用说明如下：

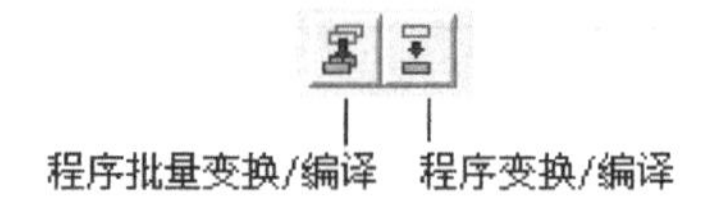

图 7.2-21　变换图标

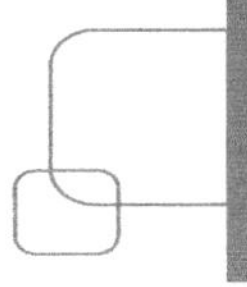

1）程序变换

程序变换是指梯形图程序的变换，可以编辑一行程序变换一次，也可全部程序编辑完成后，集中变换一次。在梯形图程序窗口应用。

2）程序批量变换

程序批量变换主要应用在 SFC 块图程序窗口和 Q 系列 PLC 中，在 SFC 块图编程窗口，程序分梯形图块和 SFC 块，SFC 块有内置梯形图。所有梯形图程序均采用【程序变换】图标进行变换，SFC 块图程序全部完成后必须用【程序批量变换】进行一次总变换。在第 8 章中有详细说明。

2．修改

修改是用新的触点、线圈或指令直接替代原有的。

1）触点的修改

触点的修改操作：将光标移动到需要修改的触点位置上，直接输入新的触点即可。但如果用触点比较指令来修改普通的触点，这种操作不行，会提示【编辑的位置不合适】，这时，应使用插入的方式来修改。

2）线圈或指令的修改

输出线圈或指令的修改操作：把光标移动到驱动条件的最后，输入新的线圈或指令。如图 7.2-22 所示。注意，不要把光标移动至线圈或指令位置上，那样会产生自动换行。

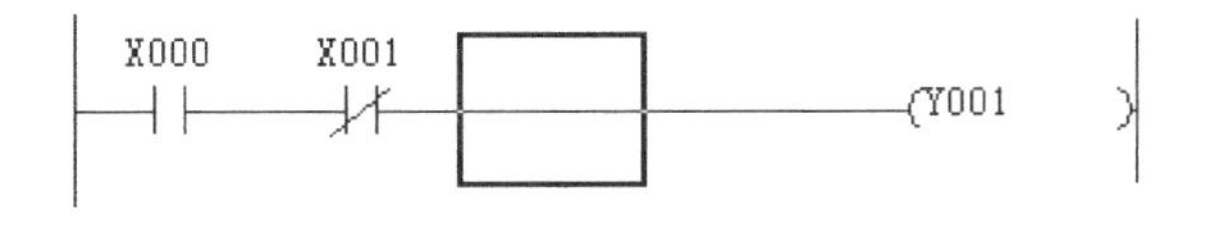

图 7.2-22　线圈或指令的修改

3．插入

GX 软件程序编辑有两种模式：【读出模式】和【写入模式】。在【写入模式】下进行程序编辑的各种操作。【写入模式】中根据编辑操作的不同分为【写入（修改）模式】和【写入（插入）模式】两种，其中，程序的插入操作必须在【写入（插入）模式】下编辑，其余的操作可以在【写入（修改）模式】下编辑。

这两种模式的切换操作：编辑窗口置于【写入模式】下，按一下【Insert】键，窗口变为【写入（插入）模式】，这时光标是紫色的。再按一下【Insert】键，窗口回到【写入（修改）模式】，光标又变为蓝色。下面所叙述的插入操作均是窗口在【写入（插入）模式】进行的，不再进行说明。

1）触点的插入

将紫色光标置于要插入位置的下一个触点位置，如图 7.2-23（a）所示。欲在 X1 之前插入常开触点 M10，其操作是单击图标 F5 /【M10】/【Enter】变换后，梯形图为 7.2-23（b）

所示。常开触点 M10 已经插到 X1 前面。插入后如果超过一行的容量，软件会自动换行。

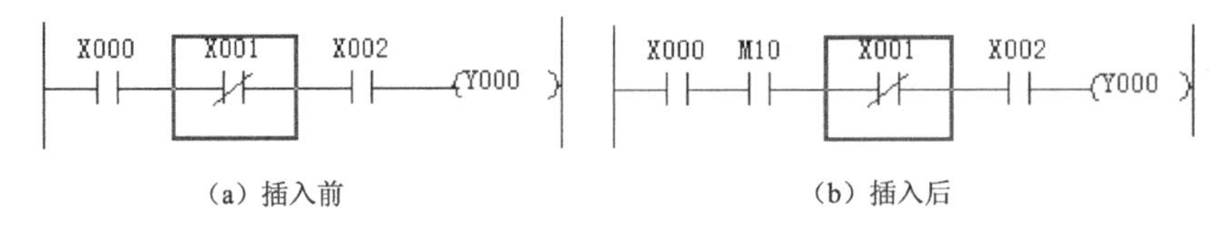

(a) 插入前　　(b) 插入后

图 7.2-23　触点的插入

2）分支行线圈或指令的插入

如图 7.2-24（a）所示，想在输入 Y0 和指令 MOV　H31　D11 之间插入一条输出指令 MOV　H30　D10 的分支行。其操作是：紫色光标移动到常开触点 X10 位置，输入【MOV　H30　D10】/【Enter】，输出指令已经插入 Y0 和 MOV　H31　D11 之间，如图 7.2-24（b）所示。分支行是在两个分支程序之间插入。分支的竖线与紫色光标的左线对齐。例如，紫色光标在 M10 位置，则其插入指令（MOV　H00　D0），如图 7.2-24（c）所示。

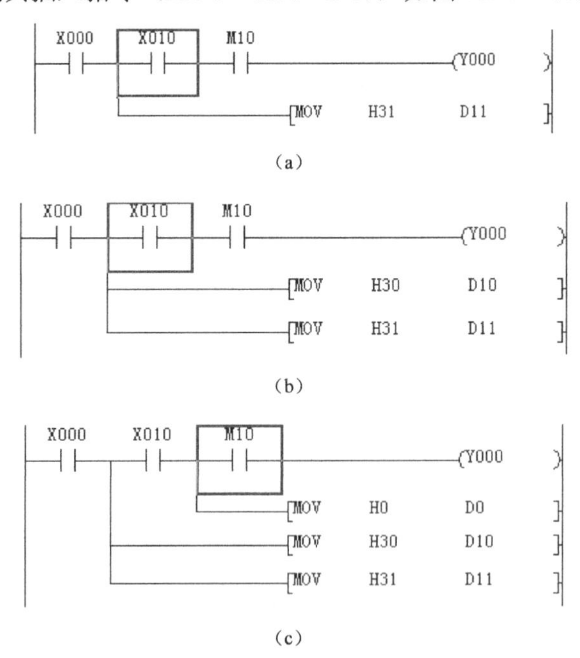

图 7.2-24　分支行线圈或指令的插入

3）行插入

如果要插入整行程序，将光标移动到要插入行的下一行程序上，其操作单击鼠标右键，出现菜单，单击【行插入】，则在上方出现一灰色的空白行，如图 7.2-25 所示。在空白行上编辑插入的整行程序。

4．删除

1）触点删除

将光标置于要删除的触点位置，按下【Delete】键，触点删除，删除后，触点位置上连

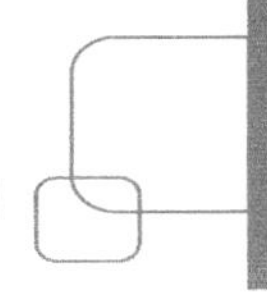

线会变成空白，这时，要用画线操作补上这段连线。

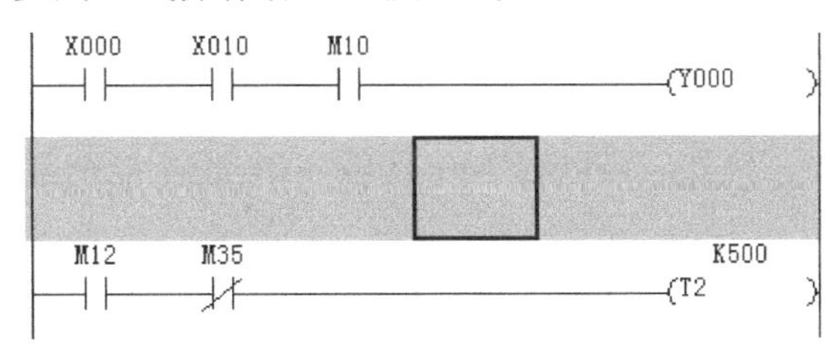

图 7.2-25　行插入

2）行删除

如果要删除整行，把光标置于删除行任一位置上，单击鼠标右键，出现菜单，选择【行删除】，则该行程序已被删除。

3）普通触点修改为触点比较指令

前面说过，如果用触点比较指令修改普通触点时，会出现提示【编辑的位置不合适】，这时，可用插入加删除的方法解决，步骤如下：

（1）将编程窗口置于【写入（插入）模式】，在所要修改的触点位置插入触点比较指令，插入后，触点比较指令会出现在修改触点前，见图 7.2-26（b）。

（2）删除被修改的触点，见图 7.2-26（c）。

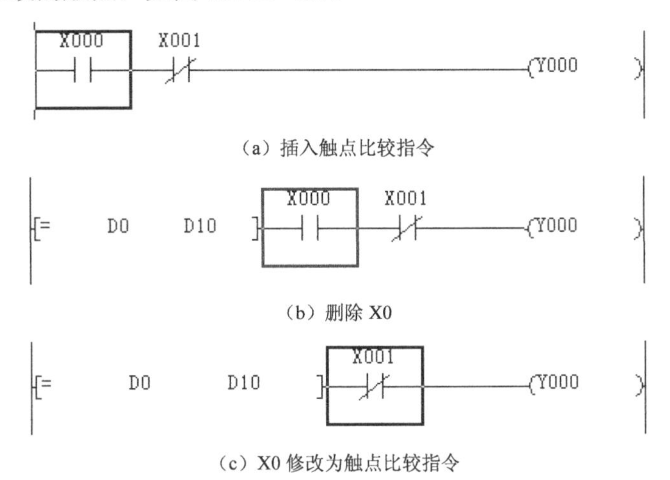

图 7.2-26　普通触点修改为触点比较指令

5. 查找与替换

GX 软件为用户提供了查找和替换功能。本书对其操作不详细说明。仅简单介绍，读者可自学其功能操作。

（1）查找功能：可以查找软元件、指令、字符串和触点线圈在梯形图程序中的位置。还可以快速查找程序步位置。可以从起始位置开始查找，也可以从光标所在位置向上或向下查找。查找时是按顺序逐步显示查找对象在梯形图中的位置，查找完毕会出现查找结束对话框。

（2）替换功能：替换是指用新的变量代替原有的变量，在梯形图所存位置上一次替换成功，替换功能又分下面几种。

编程元件替换：也称为地址修改替换，它可以一次性修改一个或连续多个指令编程元件。但不能改变指令功能，例如，可以用 M0 代替 X0，但不能把常开触点 X0 变成常闭触点 M0。

指令替换：指令替换操作可以用新的逻辑指令替换原有的逻辑指令，它可以一次性修改指令操作码和指令的操作数。指令替换操作一次只能改变一条逻辑指令的指令操作码与操作数，不能对连续多个编程元件的常开/常闭触点进行成批互换。例如，可以将常开触点 X0 一次性修改为常闭触点 M0，但不能一次性将常开触点 X0，X1 改为常闭触点 M0，M1。

常开常闭触点互换：它可以将一个或连续多个操作数的常开/常闭触点进行一次性互换，但只能改变指令的操作码（常开或常闭）不能改变操作地址。

【试试，你行的】

（1）梯形图程序编辑包含哪些操作？

（2）当梯形图程序编辑完成后，应单击图 P7.2-2 中哪个图标进行变换？

图 P7.2-2

（3）利用插入模式，在图 P7.2-3 中的触点 X10 和 M10 之间插入常开触点 M15。

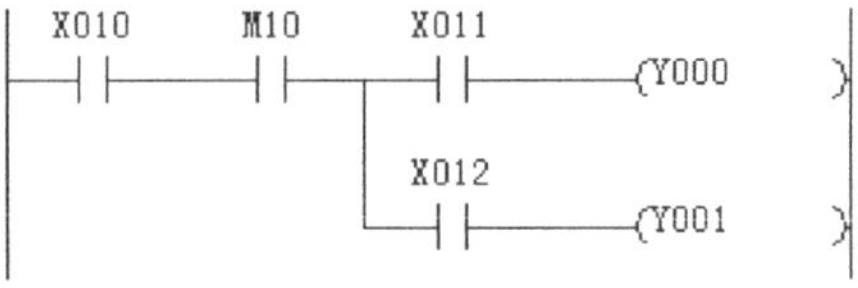

X010 M10 X011 (Y000)
X012 (Y001)

图 P7.2-3

（4）利用插入模式，在图 P7.2-4 的触点 X1 和 X2 之间插入输出指令为 ADD D0 D2 D4 的分支行。

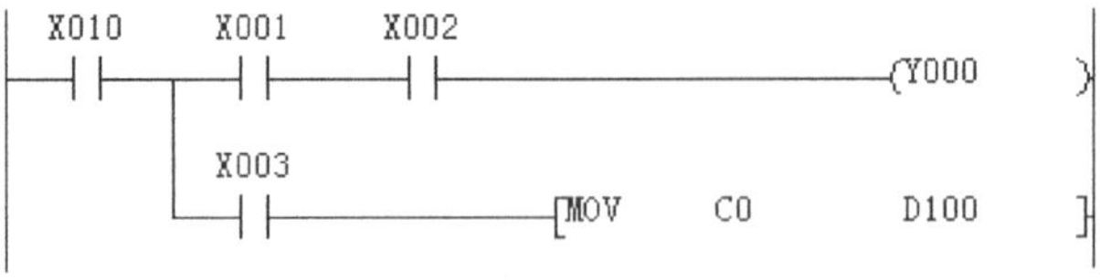

X010 X001 X002 (Y000)
X003 [MOV C0 D100]

图 P7.2-4

（5）把图 P7.2-4 中的触点 X10 修改为触点比较指令【 >= D0 D10】。

7.2.4 梯形图程序注释

梯形图程序完成后，如果不加注释，那么过一段时间，连程序设计者都会看不明白。这是因为梯形图程序的可读性较差。加上程序编制因人而异，完成同样的控制要求有许多不同的程序编制方法。给程序加上注释，可以增加程序的可读性，方便交流和对程序进行修改。

GX 软件有三种注释，它们是注释编辑、声明编辑和注解编辑。其中，声明编辑又分为外围行间声明和外围 PI 声明，它们出现在梯形图的位置是不同的，如图 7.2-27 所示。

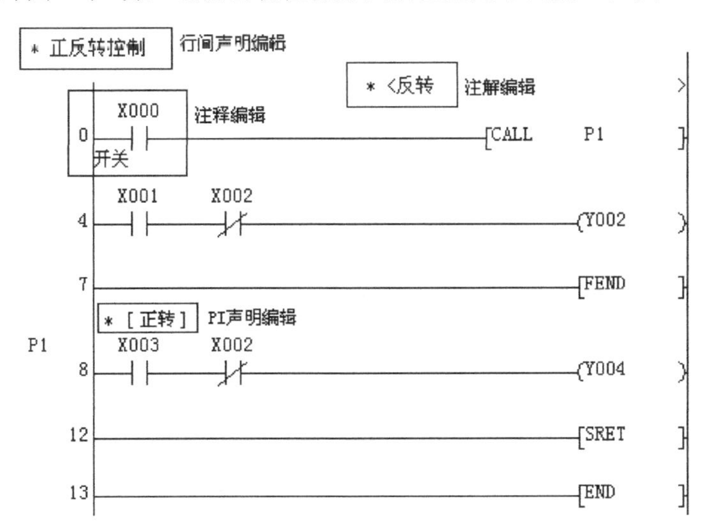

图 7.2-27　程序注释在梯形图中的位置

1. 注释图标

【程序】工具条中有三个图标是用来进行注释操作的，如图 7.2-28 所示。

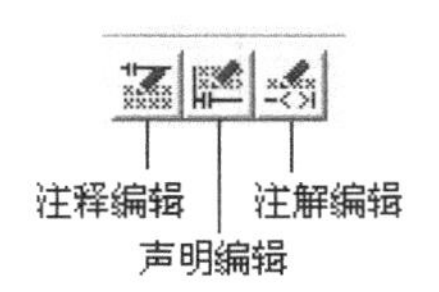

图 7.2-28　注释图标

（1）注释编辑：这是对梯形图中的触点和输出线圈添加注释，又称软元件注释。软元件注释是随着 PLC 的梯形图程序一起写入 PLC 中去。因此，要占用 PLC 的内存。读者如果希望给软元件加注释，必须先在【工程栏】/【参数】/【PLC 参数】/【内存容量设置】中设置一定的注释容量。

（2）声明编辑：这是对梯形图中某一行程序或某一段程序进行说明注释。它又分为外围声明和嵌入式声明两种，嵌入式声明是随着程序一起写入 PLC 中，要占用一定的内存，而外围声明则不写入 PLC，不占用内存，在显示上，外围声明注释是带有 * 号的，如图 7.2-27 中所示。FX 系列 PLC 无嵌入式声明。

（3）注解编辑：这是对梯形图中输出线圈或功能指令进行说明注释。注解编辑也分外围注解和嵌入式注解两种，FX 系列 PLC 无嵌入式注解。

不论哪种注释的编辑操作，都必须在退出画线状态下进行。

2. 注释编辑（软元件注释）操作

如图 7.2-29 所示为一个启保停梯形图，以它为例介绍三种注释的操作。

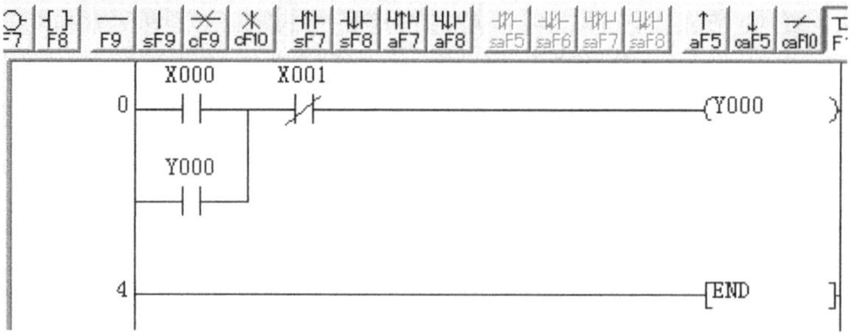

图 7.2-29　程序注释例图

1）软元件注释（注释编辑）操作

软元件注释操作方法如下：单击【注释编辑】图标，将梯形图之间的行距拉开。把光标移到要注释的软元件触点 X000 处，双击光标，出现如图 7.2-30 所示注释对话框，输入“启动”，单击【确定】按钮。这时会出现程序行为灰色状态，单击图标，程序完成变换。同样操作，给 X001 常闭触点加注释“停止”。操作完成后，所加注释出现在相应软元件下方，如图 7.2-31 所示。

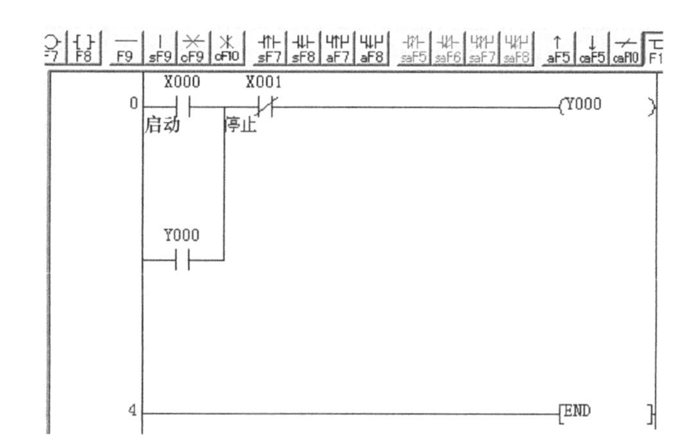

图 7.2-30　注释对话框

图 7.2-31　软元件注释

2）软元件注释行距调整

软元件注释打开后，梯形图之间的行与行距离被拉开，两行梯形图之间留有很大的空间，这个空间是用来注释的，GX 软件规定，一个软元件的注释最多 16 个汉字。在很多情况下，注释并不多，不需要预留这么大的空间。这时，可对行距进行调整，其操作是选择菜单【显示】/【软元件注释行数】/【1～4 行】选择。GX 软件行距的默认值为 4 行。

3）批量表软元件注释

对于编程元件的注释，GX　Developer 还设计了专门的批量表注释，其操作是在工程数据列表栏内，单击【软元件注释】/【COMMENT】，出现批量表。这时，可在【注释】栏内编辑软元件名相应的内容，例如“X000 启动”，“X001 停止”。照此操作，一次性把所有需要注释的编程元件注释完。回到梯形图画面，就会发现，在触点和输出线圈处都出现了所有注释的内容。同样，在梯形图所进行的软元件注释也同时被复制到批量表中。

关于批量表注释，读者可参看 7.1.4 节工程数据列表。

3．声明编辑操作

声明编辑操作如下：单击【声明编辑】图标，将光标放在要编辑行的行首母线内，双击光标，出现如图 7.2-32 所示【行间声明输入】对话框，输入“启保停控制”，单击【确定】按钮。声明文字加到相应的行首。这时程序行为灰色状态，单击图标，程序完成变换。编辑好的声明如图 7.2-33 所示。

图 7.2-32 【行间声明输入】对话框

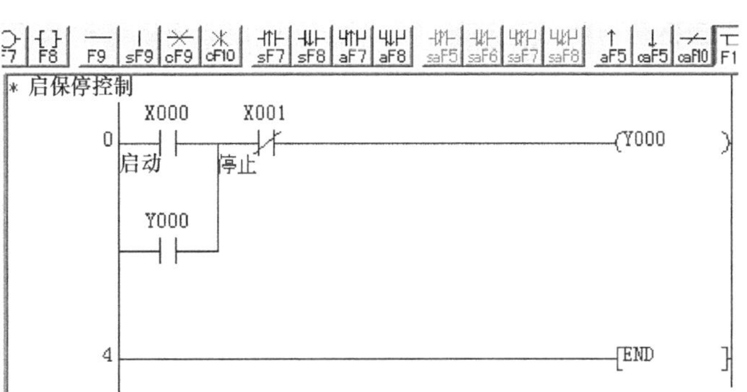

图 7.2-33　声明编辑

4．注解编辑操作

注解编辑操作如下：单击【注解编辑】图标，将光标放在要注解输出线圈或功能指令处，双击光标，出现如图 7.2-34 所示【输入注解】对话框，输入“1#电动机”，单击【确定】按钮。注解文字加到相应的行上方。这时程序行为灰色状态，单击图标，程序完成变换。编辑好的注解如图 7.2-35 所示。

图 7.2-34 【输入注解】对话框

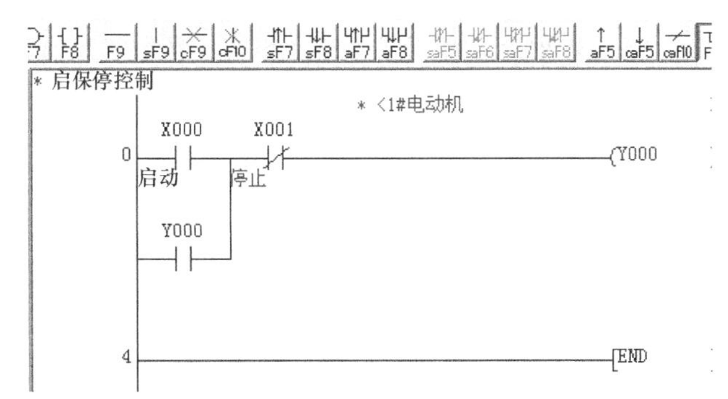

图 7.2-35　注解编辑

5．注释、声明、注解的修改和删除操作

1）软元件注释的修改和删除

软元件注释的修改和删除操作与其编辑操作过程一样。

单击【注释编辑】图标，把光标移到要注释的软元件触点处，双击光标，出现注释对话框，该对话框中会显示原来的注释内容，在对话框中进行修改或删除，修改或删除完毕。单击【正确】按钮。修改后的注释出现在程序汇总，如删除，则程序原有的注释消失。这时程序行为灰色状态，单击图标，程序完成变换，软元件注释的修改或删除完成。

软元件注释的修改也可在工程数据列表的软元件注释批量表中统一操作处理。

2）声明、注解的修改和删除

单击【声明编辑】图标或【注解编辑】图标，用鼠标单击要修改和删除的声明或注解处，例如图 7.2-35 中的"启保停控制"或"*<1#电动机>"处，单击鼠标左键。蓝色光标会框住声明或注解处。再双击光标，会出现【行间声明输入】对话框或【输入注解】对话框，对话框会显示原来声明或注解的内容，直接在对话框中进行修改即可。修改完毕，单击【确定】按钮，则修改后的声明或注解会出现在程序中。这时程序行为灰色状态，单击图标，程序完成变换。声明、注解的修改完成。

如为删除操作，用鼠标单击要删除的声明或注解处，直接按【Delete】键即可。

6．注释、声明、注解的显示/隐藏操作

在 GX 软件中，梯形图程序注释可以显示在梯形图上，也可以不显示（隐藏），其切换操作是选择菜单【显示】，出现如图 7.2-36 所示之下拉菜单。在菜单的前三项为程序的注释、声明和注解的显示/隐藏切换操作选项，如前面勾选，表示显示；前面不勾选，为隐藏。GX 软件的默认值为勾选。如注释完毕后，不想显示，则单击前三项即可。

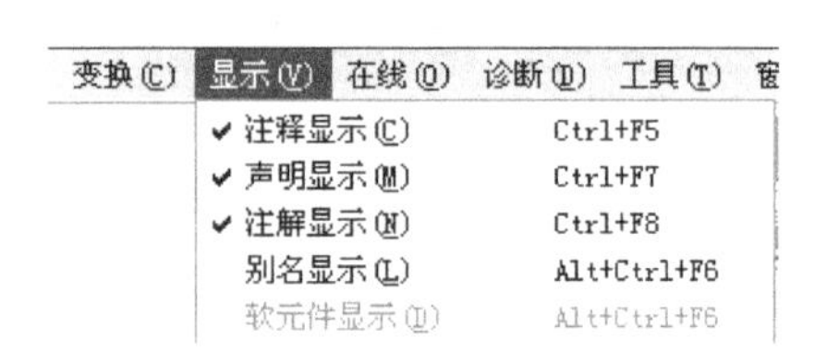

图 7.2-36 【显示】下拉菜单

【试试，你行的】

（1）GX 软件对梯形图程序注释有几种方式？试说明每种方式的注释含义？

（2）请使用 GX 软件的三种注释操作完成如图 P7.2-5 所示的梯形图程序编辑。

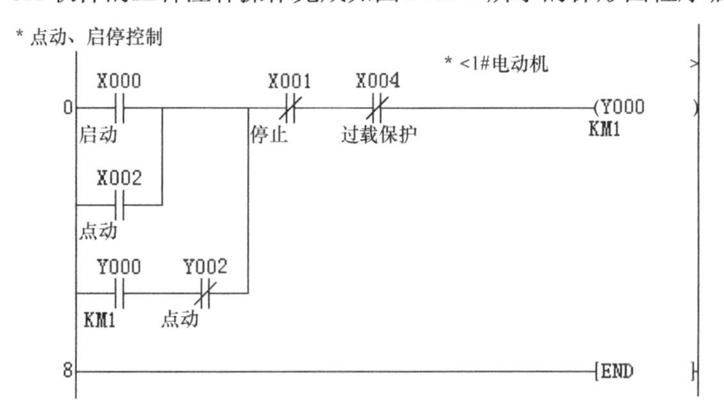

图 P7.2-5

（3）完成图 P7.2-5 的梯形图程序编辑后，发现梯形图行间距离太大，请通过软件操作将

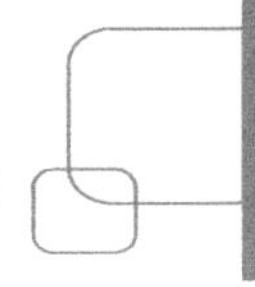

行间距离缩小。

（4）软元件注释还有一种批量表注释方式，试叙述该注释的方法。

（5）三种注释方式中，哪一种方式需要存储容量，为什么？存储容量在哪里分配？

（6）梯形图的注释能够隐藏不显示吗？如何操作？

7.3　程序读/写、监控和加密

7.3.1　通信传输设置

本节介绍的程序读/写、监控和加密操作均为在线操作，即计算机必须与 PLC 连接后才能发生的操作。因此，本节所讲内容必须在计算机与 PLC 连接后才能学习。

在学习操作前，先讲解计算机与 PLC 的正确连接即通信传输设置问题。

1. PLC 与计算机（PC）的通信连接

连接计算机与 PLC 的通信线叫编程电缆，可自制，也可以购买成品，一般都是购买成品。目前在市场上销售编程电缆的生产厂家相当多，有原装进口的，有国产的。价格也相差甚远，有的相差几倍到十几倍。编者建议购买国产有品质保证的产品，下面介绍的是四川德阳四星电子生产的编程电缆成品。价格虽然贵一些，但品质有保证。

根据计算机通信接口标准不同，目前，常用的是下面两种编程电缆。

1）SC-09 编程电缆

SC-09 编程电缆为 RS-232 接口（俗称 COM 口）到 RS-422 接口的转换电缆，适用于三菱 A 系列和 FX 系列 PLC，支持所有通信协议，用于计算机与 PLC 的编程通信和各种上位机监控软件，并可替代三菱通信模块 FX-232AW（或 FX-232AWC），该电缆的 RS-422 端口和 RS-232 端口均内置± 15kV ESD 保护电路，可带电插拔。四星电子的 SC-09 采用镀锡网状屏蔽电缆和金属外壳插头并带有接地线。红色，带通信指示灯。

SC-09 编程电缆有三条线：一是 MD8M 圆口，与 PLC 上编程口相连；二是 DB9 串口，与计算机连接；三是一条小线为接地线，如图 7.3-1 所示。

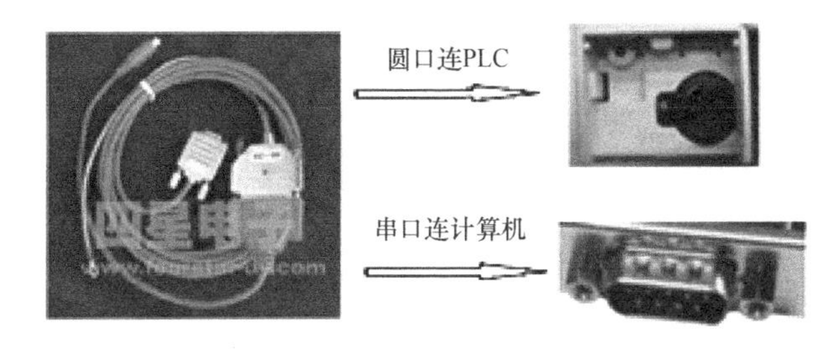

图 7.3-1　SC-09 编程电缆

2）USB-SC09-FX编程电缆

目前，笔记本计算机均为USB接口，不带有DB9串口，这时，必须使用USB-SCO9-FX编程电缆。USB-SC09-FX是通过USB接口提供串行连接及RS-422信号转换的编程电缆，在计算机的驱动程序控制下，将USB接口仿真成传统串口（俗称COM口），从而使用现有的各种编程软件、通信软件和监控软件等应用软件。本电缆的工作电源取USB端口，不再由PLC的编程口供电，转换盒上的双色发光二极管指示数据的收发状态。USB-SC09-FX编程电缆适用于三菱编程口，为MD 8F圆形插座的FX系列PLC，并可替代FX-232AW通信模块，支持最大通信距离2km。

USB-SC09-FX编程电缆外形和连接如图7.3-2所示。

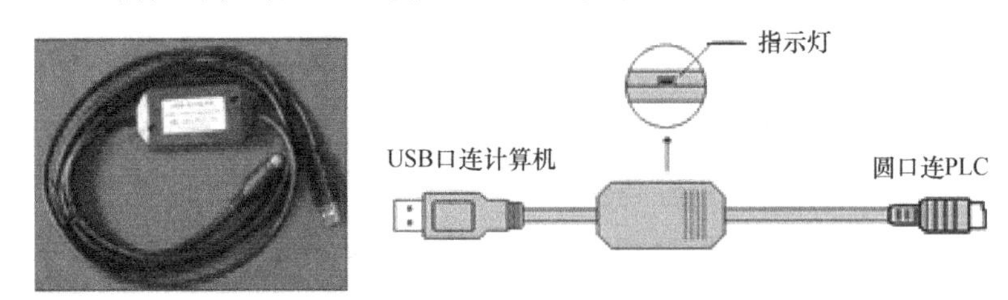

图7.3-2　USB-SC09-FX编程电缆外形和连接图

USB-SC09-FX编程电缆需要安装USB设备驱动程序才能使用，这些驱动程序在随产品发售的光盘上，安装方法请看驱动程序光盘上的说明文档，此处不再赘述。

驱动程序安装完成后，在Windows的设备管理器中将出现USB-SC09-FX编程电缆对应的COM口，只需在编程软件或其他应用软件中选择该COM口即可，其他通信参数使用默认设置，接下来的使用同传统的RS-232口编程电缆完全相同。

2. 通信端口传输设置

当用编程电缆把计算机与PLC连接好后，还必须分别对双方通信端口参数进行正确设置，才算完成PLC与计算机的通信连接。

1）计算机的串行通信端口传输设置

计算机的串行通信端口参数设置主要是查询连接PLC的其串口编号。其操作是右键单击桌面【我的计算机】/【设备管理器】/【端口（COM和LPT）】/【通信端口】，查看其后是COM1还是COM2等，并记下其端口编号。

2）PLC通信端口传输设置

查看过计算机的通信端口设置编号后，还必须对PLC上的串口通信编号进行设置操作，目的是对计算机与PLC的通信进行测试，保证两者的通信正常后才能进行一系列的在线操作。

在GX软件上，通信端口传输设置的操作是选择菜单【在线】/【传输设置（C）…】，出现【传输设置】对话框，双击图中【串行】图标，出现【PC I/F串口详细设置】对话框，如图7.3-3所示。

一般用串口通信线连接计算机和PLC时，计算机串口编号都是“COM1”，而PLC系统默认情况下也是“COM1”，所以不需要更改【PC I/F 串口详细设置】对话框中【COM 端口】设置就可以直接与 PLC 通信。

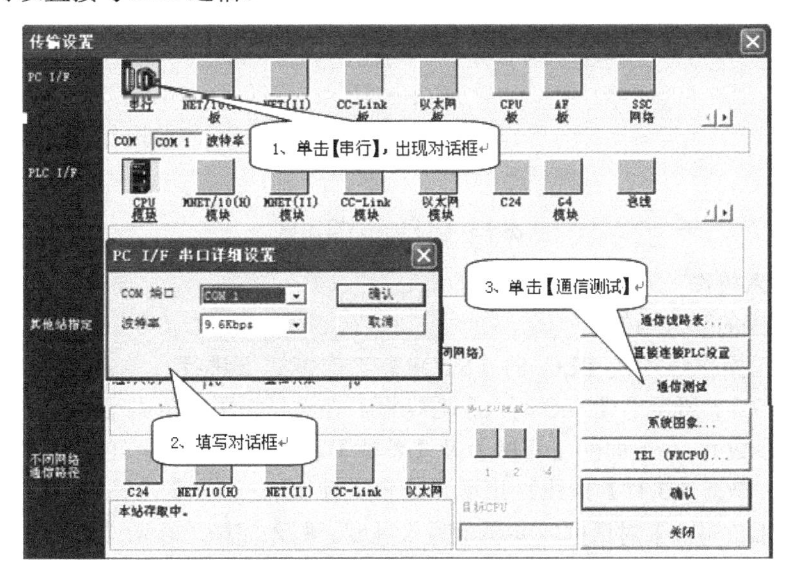

图 7.3-3 【传输设置】与【PC I/F 串口详细设置】对话框

当使用 USB 通信线连接计算机和 PLC 时，首先要运行 USB 驱动程序，这时计算机侧的 COM 口不是 COM1，在计算机属性的设备管理器中，查看所连接的 USB 串口编号，然后在图 7.3-3 所示的【COM 端口】中选择与计算机 USB 口编号一致。【波特率】一般选 9.6kb/s 或更高一些。单击【确认】按钮，至此通信端口传输设置已经完成。

串口设置正确后，在图中有一个【通信测试】按钮，单击此按钮，对计算机和 PLC 的通信进行测试，若出现【与 FX PLC 连接成功】对话框，则说明测试成功，可以与 PLC 进行通信。若出现【不能与 PLC 通信，可能原因……】对话框，则说明测试不成功，计算机和 PLC 不能建立通信。这时，必须按照对话框中所说明的原因一一进行排查，确认 PLC 电源有没有接通，电缆有没有正确连接等事项，找到原因，排除故障后，再一次进行通信测试，直到单击【通信测试】后，显示连接成功。

通信测试连接成功后，单击【确认】按钮，则会回到编程窗口。

【试试，你行的】

（1）台式计算机和笔记本计算机应分别使用哪种型号的编程电缆？

（2）是不是使用编程电缆将计算机和 PLC 连接后，它们之间马上就可以进行程序写入 PLC 操作了？为什么？

（3）条件许可的话，请根据书上所讲，练习通信设置操作。

7.3.2　程序读/写操作

1. 程序读/写图标

在【标准】工具条内，有两个程序读/写的工具图标，如图 7.3-4 所示，其中【PLC 写入】是把编程窗口已经编辑的程序下载到 PLC 的存储区中去，而【PLC 读出】则是把 PLC 中的用户程序读取到 GX 软件的当前编程窗口，程序的读/写操作也可以通过选择菜单【在线】，在下拉菜单中单击【PLC 读取】或【PLC 写入】完成。

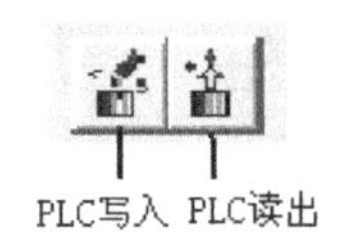

图 7.3-4　程序读/写图标

2．程序写入操作

1）完整程序的写入操作

程序的写入操作必须在 PLC 的【STOP】工作模式下进行。单击【PLC 写入】图标，出现如图 7.3-5 所示之【PLC 写入】对话框。在对话框中，单击【参数+程序】(表示写入程序全部和参数)，在下面的【程序】及【参数】框内会自动打上红色“√”，说明程序及参数已选中了。单击【执行】按钮，出现【是否执行 PLC 写入】对话框，单击【是（Y)】按钮，出现【PLC 写入】对话框，并显示写入进度。写入完毕，显示【已完成】对话框，单击【确定】按钮，写入成功。若串口选择错误，或电缆连接有问题等，在选择【是否执行 PLC 写入】后，会显示 PLC 连接有问题，此时要检查线路，排查故障，确认连接正确后，再次进行写入操作。最后，单击【关闭】按钮，写入操作完成。

在【文件选择】选项卡中，如单击【选择所有】则软元件注释也被勾选。此时，应给【软元件注释】设置一定的存储容量，否则，程序不能写入，选项卡【软元件数据】和【程序共用】FX 系列 PLC 不能用。

如果 PLC 中原有的用户程序已经加密，对程序的写入操作必须先单击【登录关键字】按钮并输入了正确的关键字后才能进行。

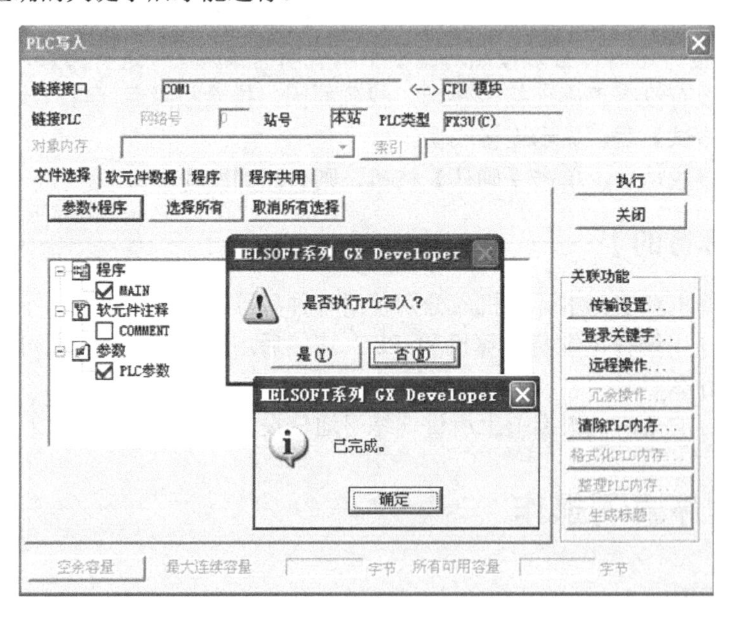

图 7.3-5　【PLC 写入】对话框

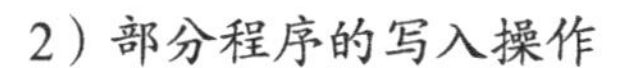

2）部分程序的写入操作

在某些情况下，仅需要把部分修改过的程序写入 PLC 中，这时可采用部分程序写入操作。

单击【参数+程序】，再单击【程序】选项卡，出现如图 7.2-6 所示之对话框。在【指定范围】栏的下拉菜单中选择【步范围】，然后在【开始】和【结束】栏内填入需要写入到 PLC 的部分程序的梯形图开始梯级的步序号和结束梯级的步序号。单击【执行】按钮，部分梯形图程序被写入 PLC 中。

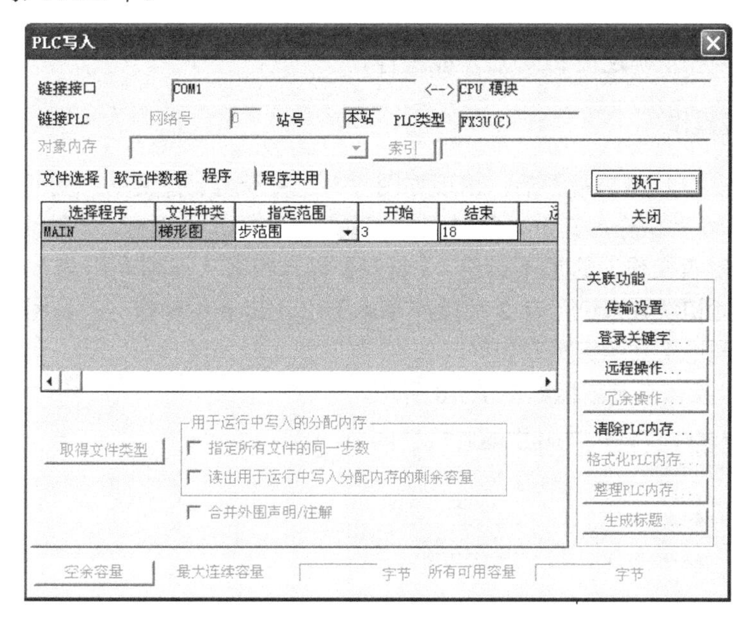

图 7.3-6 【PLC 写入】对话框

3. 程序读取操作

程序的读取操作和写入操作很相似，读者可自行操作学习掌握，这里不再赘述。注意，程序读取只能读取完整程序，不能读取部分程序。

如果 PLC 中原有的用户程序已经加密，则读写操作前必须输入正确的登录关键字（密码）后，才能进行读/写操作，读者务必注意。

【试试，你行的】

（1）图 P7.3-1 中，哪个是写入图标，哪个是读出图标？

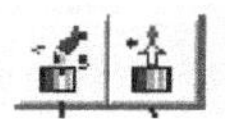

图 P7.3-1

（2）将 PLC 正确连接到计算机上，在 GX 软件上编辑一般梯形图程序，练习程序的写入和读出操作。

7.3.3 程序在线监视操作

GX 软件具有程序运行监视功能（一般也叫监控），它可以在程序运行时监视位元件的 ON/OFF 状态，监视 T 和 C 的当前值，监视数据寄存器的存储值，等等。还可以在没有外接开关的情况下，通过强制软元件 ON/OFF 状态进行仿真运行。监视功能对我们分析错误的程序非常有用。一般程序设计有问题时，通过监视元件的状态进行分析，能找出程序问题所在。程序运行监视功能是学习三菱 FX 系列 PLC 必须掌握的知识。

在线监视必须在正确连接 PLC 后才能进行。

1. 在线监视操作

选择菜单【在线】/【监视】后，出现如图 7.3-7 所示之下拉菜单。从下拉菜单中可以看出，【监视】共有 6 种操作，其中 4 种操作都有其相对应的工具图标，2 种没有。当然，6 种操作均可以通过键盘操作，这里不讨论。【监视】操作很多人习惯利用菜单，也有很多人习惯用工具图标。对初学者来说，有 2 种操作基本不用，其余 4 种都有工具图标对应。因此，编者建议，还是利用工具图标操作为好。

4 种常用监控操作工具图标如图 7.3-8 所示。

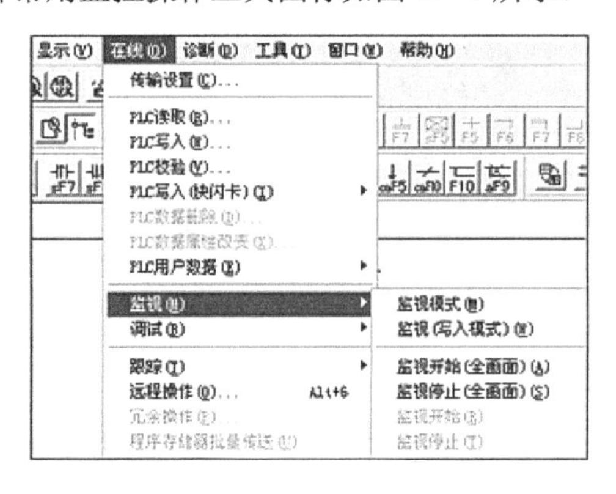

图 7.3-7 【监视】菜单

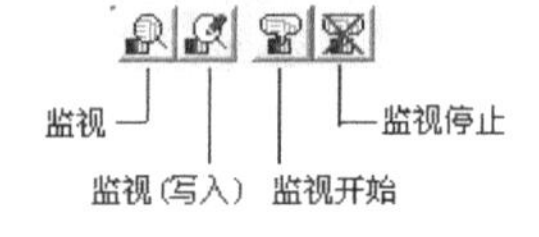

图 7.3-8 监视图标

6 种监视操作功能说明如下：

1)【监视模式】

【监视模式】表示软件进入了监控状态，同时也开始对程序进行监视。单击图标后，会出现表示进入监控状态的对话框。对话框中，会显示程序扫描时间，表示程序正在被监视的闪烁信号，如图 7.3-9 所示。

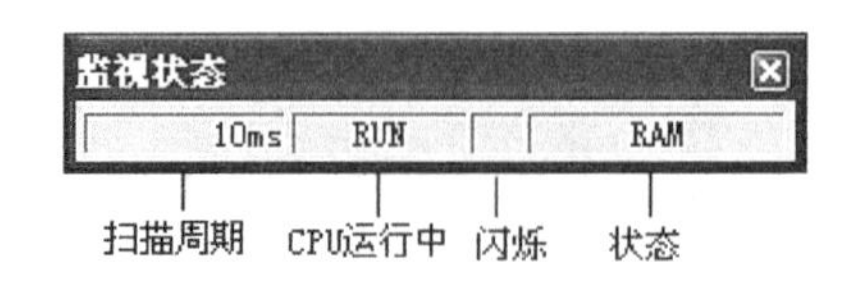

图 7.3-9 【监视状态】对话框

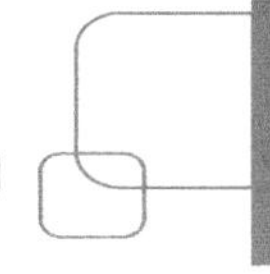

2)【监视停止】和【监视开始】

程序在被监视中，如果想停止监视，单击【监视停止】工具图标，则程序监视停止，【监视状态】对话框也消失。该图标默认是灰色的，仅当进入监控状态后，变为亮色。但这时，软件并没有退出监视状态，【监视模式】仍然有效。而原来是灰色的【监视开始】图标变为亮色。如果想重新开始监视，则单击【监视开始】即可。由此看出，【监视模式】是软件进入监视状态，开始监视功能。而【监视停止】和【监视开始】则是在监视状态下控制监视功能用。如果要软件退出监视状态，则必须单击【写入模式】图标或【读出模式】图标，读者务必掌握这一点。

3)【监视（写入）模式】

如果在监视过程中发现程序有错，依照常规，必须退出监控状态，对程序进行修改，然后再重新写入 PLC 中（PLC 必须置于 STOP 模式），如果程序要反复进行修改、监视、修改……上述方法非常不方便，而【监视（写入）模式】就解决了反复修改写入的问题。

单击工具图标后，不但软件进入监视状态，程序也开始被监视（这点是和【监视模式】功能一样），而且还增加了在监视状态下直接修改编辑程序，然后又直接把修改后的程序写入 PLC 中。不需要退出监视，重新写入等复杂过程。【监视（写入）模式】给用户带来了极大的方便。

在使用中，【监视模式】和【监视（写入）模式】只使用一个，读者可根据需要选择。

4)【监视停止（全画面）】和【监视开始（全画面）】

这两种操作功能和【监视停止】、【监视开始】一样，只是针对对象不同，当编程界面只有一个编程窗口时，使用后者。而当编程界面有多个编程窗口（即全画面）时，使用这两种操作功能。初学者很少碰到全画面场合，这里，也就不详述了。

2. 梯形图画面监视

程序进入监视后，GX 软件给出了两种监视方式，即梯形图画面监视和软件缓冲内存监视。监视的对象是所有位元件触点的 ON/OFF 状态，所有定时器 T 和计数器 C 触点状态及当前值显示，所有字软元件的当前值显示。

在梯形图监视中，触点、线圈和指令的 ON/OFF 状态表示如图 7.3-10 所示。当触点导通时，触点被涂黑（蓝色）。而当线圈、指令被驱动时，其两边也被涂黑。对指令的被驱动表示仅限于触点比较指令及 SET、RST、PLS、PLF 指令。

OFF

ON

图 7.3-10　梯形图监视状态表示

在监视过程中，所有触点的状态，T、C 和字软元件的当前值都随程序运行结果而不断变化。如果在监视过程中，选择了【监视停止】，监视被停止，但当前显示会被保留。等再次【监视开始】后，监视显示也开始变化。

图 7.3-11 为某一程序梯形图监视画面。对于字软元件所显示的数值，可以用十进制显示，也可用十六进制显示（前面加 H）。两种方式可以通过操作进行切换。其操作是在程序进入监视状态后，选择菜单【在线】/【监视】/【当前值监视切换（十进制)】或【当前值监视切换（十六进制)】进行切换。单击后，返回监视画面，显示已改变。GX 软件默认为十进制显示。

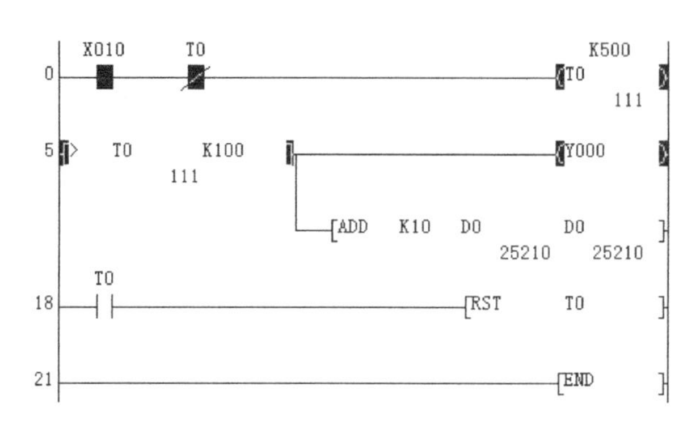

图 7.3-11　梯形图监视画面

3．软元件 / 缓冲内存监视

除了梯形图画面监视外，GX 软件还设置了软元件/缓冲内存监视。与梯形图画面监视相比，软元件/缓冲内存监视是一种集中式监视，即把软元件或缓冲内存集中在一个画面上进行监视。如果编程人员对所设计的程序显示的顺序非常清晰，那么这种集中监视的方式非常容易发现错误。软元件/缓冲内存监视也有三种方式。

1）软元件批量监视

软元件批量监视是把同一类型的软元件按其编址顺序集中在一个画面上进行监视。

软元件批量监视的操作是选择菜单【在线】/【软元件批量】，出现如图 7.3-12 所示的软元件批量监视画面。

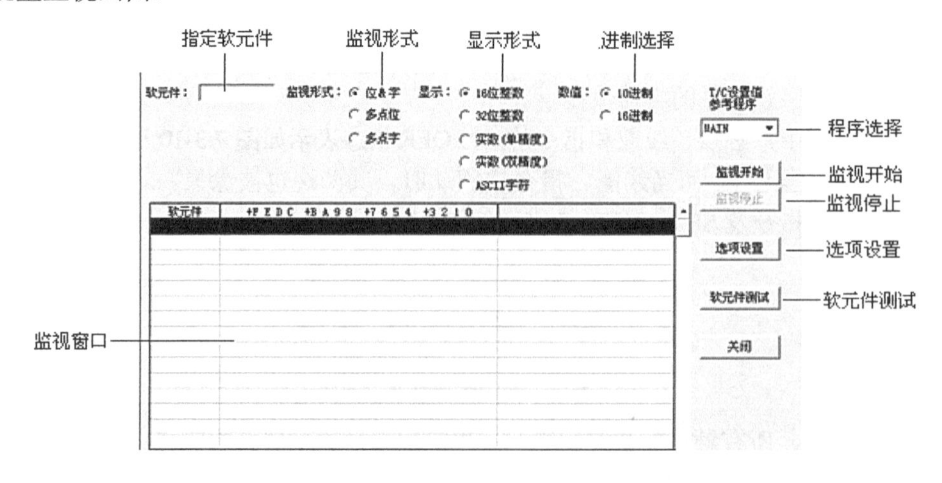

图 7.3-12　软元件批量监视画面

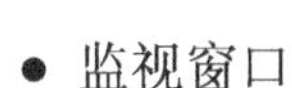

● 监视窗口

指定软元件后，该窗口按软元件编址顺序由小到大显示，软元件监视结果也在窗口显示。根据软元件类型不同，其显示形式也不同，见【选项设置】所述。

● 指定软元件

指定要监视的软元件类型，如果指定的软元件类型不能监视，会弹出对话框告诉用户。指定时，要连带软元件编址一起输入，并且是从该编址开始监视。输入软元件后，必须单击【监视开始】按钮，才能出现监视画面。

● 监视形式

监视形式是对软元件被监视时所表示的形式进行确定。例如，监视位元件时，勾选【位&字】，则每行显示 10 个或 8 个软元件的状态。勾选【多点位】，则每行显示 32 个位元件状态。勾选【多点字】时，则每行可显示 127 个位元件状态，这时每 16 个位元件组成一个字，以字的值来显示。当监视字元件（D 或 R）时，读者可根据上面的说明去理解。字元件的监视既可以对其所表示的数值进行监视，也可以对字中的每个二进制位的状态进行监视。当监视定时器 T 或计数器 C 时，不但可以监视其线圈、触点的变化，也可以对其设定值和当前值的变化进行监视。

● 显示形式

显示形式主要针对字元件，即字元件在显示数值时所表示的形式。

● 进制选择

进制选择是当字元件勾选【16 位整数】或【32 位整数】时显示的进制表示，如勾选【16 进制】，则显示数值前加 H。

● 程序选择

程序选择主要是针对多程序窗口，批量监视 T 或 C 时，指定是显示哪个窗口设置的值。当程序只有一个时，不用选择。

● 选项设置

单击【选项设置】按钮，出现如图 7.3-13 所示对话框。该对话框主要选择显示的排序和显示的点数。

位顺序有两种，按从左到右降序排列显示，勾选【F--0】，适用于字软元件的位监视。勾选【0--F】，按从左到右升序排列显示，适用于位软元件的监视。

点数切换为一行显示的点数。字软元件和 X,Y 位元件的监视会有不同。

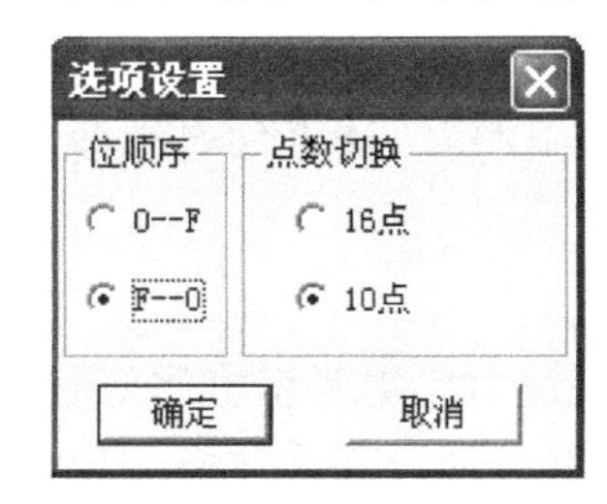

图 7.3-13 【选项设置】对话框

● 软元件测试

强制软元件状态的变化或当前值的变更，其说明和操作见后所述。

2）软元件登录监视

如果想在同一监视窗口监视不同类型或编址不相连的软元件，可使用软元件登录监视方式。

选择菜单【在线】/【监视】/【软元件登录】，出现如图 7.3-14 所示【软元件登录】对话框。【软元件】一栏是空白的。必须通过对话框右侧的【软元件登录】选项把需要监视的软元件通过【软元件登录】对话框输入到监视画面中，其操作是单击对话框右侧【软元件登录】按钮，出现如图 7.3-14 所示的【软元件登录】对话框。这时把需要监视的软元件分别通过对话框送入监视画面。例如，在软元件窗口输入【X10】/【Enter】，X10 被送入监视画面第一行。继续输入【TO】/【Enter】，【DO】/【Enter】，TO,DO 也被分别送入监视画面，全部输入完毕，单击【取消】按钮，对话框消失。最后单击【监视开始】按钮，程序进入监控。这时，监视画面上软元件的属性会随着程序运行而变化。

如果在监视过程中，要删除某个软元件，只要用鼠标单击该软元件行（变为黑色），然后直接单击【删除软元件】按钮即可。单击【删除所有软元件】按钮，则监视画面上的所有软元件被删除。如欲增加监视软元件，通过【软元件登录】操作进行。

软元件	ON/OFF/当前值	设定值	触点	线圈	软元件注释
X010	1				
TO	192	500	0	1	
DO	7428				

T/C设置值、本地标号参考程序

MAIN

监视开始

监视停止

软元件登录

删除软元件

删除所有软元件

软元件测试

关闭

图 7.3-14 【软元件登录】对话框

3）缓冲内存批量监视

这是对 FX 系列 PLC 的特殊功能模块（或单元）的缓冲存储器进行监视的操作。这里涉及许多模拟量控制的知识，不再详细讲解。读者如有需要可参看相关资料、手册和书籍。

4. 监视（写入）模式操作

【监视（写入）模式】是在监视运行中对当前程序进行编辑并再次写入 PLC 中。这对初学者练习程序编制和程序调试都非常方便，其具体操作步骤如下所示。

1）进入【监视（写入）模式】

选择菜单【在线】/【监视】/【监视（写入）模式】，出现如图 7.3-15 所示对话框。对话框中有两个勾选项，均勾选，【运行中写入的设置改为“变换后，对 PLC 进行运行中写入”】

表示程序变为【监视模式】的同时，还可以在运行中写入程序。而【对照 PLC 和 GX Developer 的编辑工程】则是将 GX 软件上的程序与 PLC 中程序进行校验，可以防止运行中两者不一致。因此，运行中写入主要是对当前程序而言。单击【确定】按钮，梯形图画面进入监视（写入）模式。

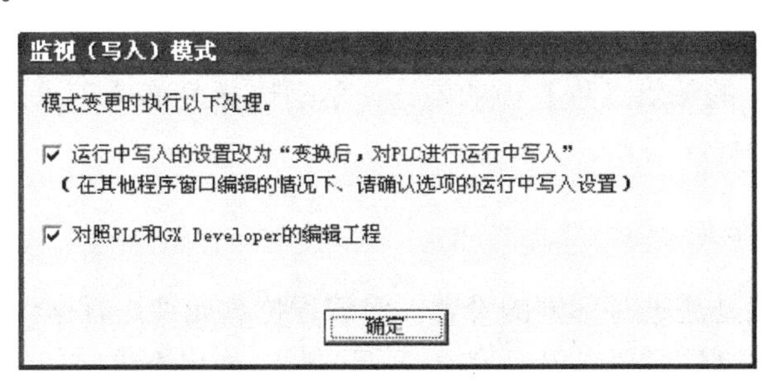

图 7.3-15 【监视（写入）模式】对话框

2）程序编辑

这时，根据监控结果，可直接在梯形图上对其进行修改、删除，添加等编辑，其编辑操作和在【PLC 写入】模式下一样，凡重新编辑过的梯形图都将变为灰色。

3）运行中写入

程序修改编辑完，单击【变换】工具图标，出现如图 7.3-16 所示【写入目标程序】对话框，单击【是】按钮，程序开始运行中写入，在写入的过程中会出现【MAIN 程序写入中处理】对话框。程序写入结束，会出现“运行中写入处理结束”提示，如图 7.3-17 所示，单击【确定】按钮，程序运行中写入结束。

运行中写入过程，既可以在程序运行中进行，也可以在【监视结束】后进行。如在【监视结束】后进行程序修改编辑和程序写入，则写入结束后还要单击【监视开始】按钮进入监控状态。

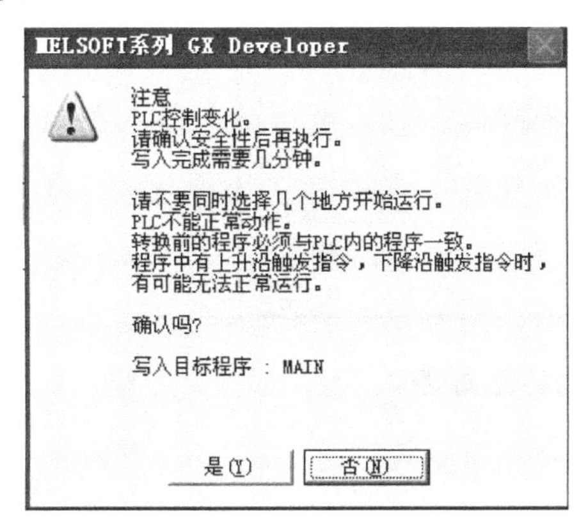

图 7.3-16 【写入目标程序】对话框

图 7.3-17 提示

4）再次运行中写入

如果程序要多次修改，多次写入，只要重复步骤 2 和 3 即可。【监视（写入）模式】对话框仅在第一次进入【监视（写入）模式】时才出现，以后不会重复出现。

5）不是当前程序的监视（写入）

如果监视（写入）时，写入的程序与 PLC 原有的程序完全不相同，按照上面所述操作是不能写入的。如果要写入，则必须在【监视（写入）模式】对话框汇总，取消对【对照 PLC 和 GX Developer 的编辑工程】项的勾选，然后选择菜单【在线】/【PLC 写入】，进行监视（写入）模式下的程序写入。

5．软元件测试操作

软元件测试的功能是通过对话框的设置，对编程位软元件进行强制 ON/OFF 操作和对字软元件的当前值进行强制性变更。PLC 的程序调试时，如果不能按控制要求实际接入外部开关信号的话。则可以通过软元件测试操作进行模拟调试。

软元件测试操作是选择菜单【在线】/【调试】/【软元件测试】，出现如图 7.3-18 所示【软元件测试】对话框。

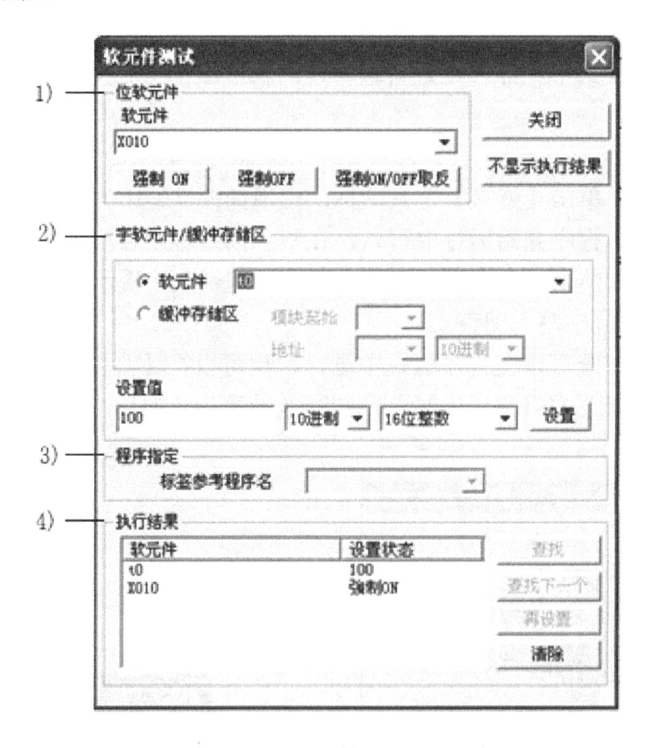

图 7.3-18　【软元件测试】对话框

对话框分四个区域，说明如下：

1）位软元件

该区是对位软元件进行强制操作，通过单击【强制 ON】、【强制 OFF】和【强制 ON/OFF 取反】按钮，对在窗口中输入的位软元件直接进行强制 ON/OFF 操作。按钮【不显示执行结果】为对区域 4）【执行结果】是否显示进行切换操作。

2）字软元件/缓冲存储区

该区是对字软元件或特殊功能模块的缓冲存储区的当前值进行变更。在【软元件】窗口填入指定软元件名，在【设置值】窗口填入需要指定的当前值，然后单击【设置】按钮，完成字软元件当前值变更。

3）程序指定

选择进行软元件测试的标签程序名，该项窗口是灰色的，表示当前程序为非标签程序，不可用。

4）执行结果

所有位软元件和字软元件的强制操作均会在执行结果窗口留下记录，供读者查阅。单击【清除】按钮，所有被记录的操作全部删除。

软元件测试的另一个操作方法：当程序进入监控状态后，在梯形图上将光块移动至需要进行强制操作的触点上，单击鼠标右键，出现下拉菜单，从菜单中选择【软元件测试】，出现【软元件测试】对话框，而该触点名已经显示在对话框窗口上。

【试试，你行的】

（1）什么是程序在线监控？程序监控有哪些功能？程序监控必须在什么情况下才能进行？

（2）图 P7.3-2 是常用的 4 个监控图标，说出它们的名称并回答下面的问题。

① 进入或退出监控状态应单击哪个图标？

② 监控中停止监控应单击哪个图标？

③ 停止监控后又想开始监控应单击哪个图标？

图 P7.3-2

（3）【监视模式】与【监视（写入）模式】的区别是什么？

（4）对字元件所显示的数值默认为哪种进制显示？可以是二进制显示吗？可以为十六进制显示吗？如可以应如何操作？

（5）除了对梯形图程序进行在线监视外，GX 软件还设置了哪些形式的监视方式？它们的特点是什么？

（6）如果想同时观察位元件状态、定时器 T 的实时状态和数据寄存器的内容，应采用哪种监视方式？为什么？

（7）如果想观察连续编址的同一类型软元件的状态，应采用哪种监视方式？

（8）【监视（写入）模式】的主要功能是什么？

（9）在【监视（写入）模式】下，如果要写入的程序和 PLC 中现有的程序完全不同，可以写入吗？

（10）【软元件测试】的操作功能是什么？在什么情况下使用【软元件测试】对话框？

7.3.4 程序加密操作

程序加密是指给输入到 PLC 中去的用户程序设置一把软密码锁。如果想从 PLC 中读出程序，则必须先输入解锁密码，否则不能读出程序。这样做有两层含义：一是对知识产权的保护，尊重程序设计人员所付出的辛勤劳动；二是防止有人无意或恶意对用户程序进行修改，从而造成重大生产事故和人员伤亡。

密码在 FX_{3U} PLC 里称为关键字，关键字的操作有新建、修改、取消和解除四种，其操作必须在 PLC 的【STOP】模式下进行。

一旦程序加密后，务必保存好密码，不能遗忘和丢失。如果没有密码，对 PLC 的很多操作都不能进行，密码可以通过消除 PLC 内存来消除，但这时，所有 PLC 的数据全部同时被清除，包括用户程序。

1．新建关键字（加密）

新建关键字就是给程序设置关键字（密码），其操作步骤是：选择菜单【在线】/【登录关键字】/【新建登录、改变】，出现如图 7.3-19 所示之【新建登录关键字】对话框。在【关键字输入】区域输入【关键字】和【第 2 关键字】。FX3U PLC 设有两层保护密码，其保密程度比 FX_{1S}/FX_{1N}/FX_{2N} 要高一些。密码为 8 个字符，在数字 0～9 和字符 A～F 中选择，如输入的密码不符合要求，软件会自动提示。输入结束，单击【执行】按钮。出现【关键字确认】对话框。再次输入并确认，新建关键字设置完毕。

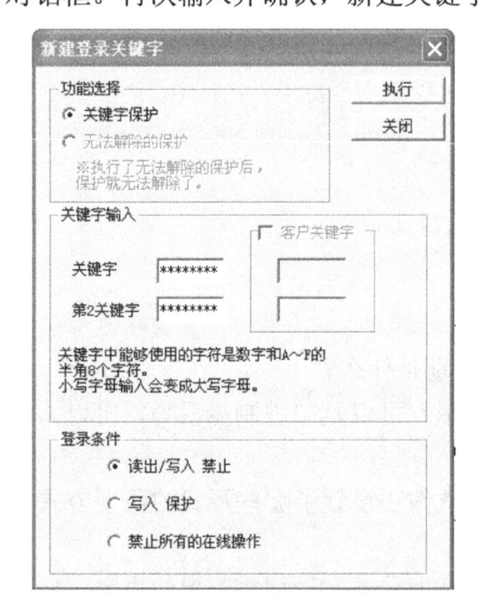

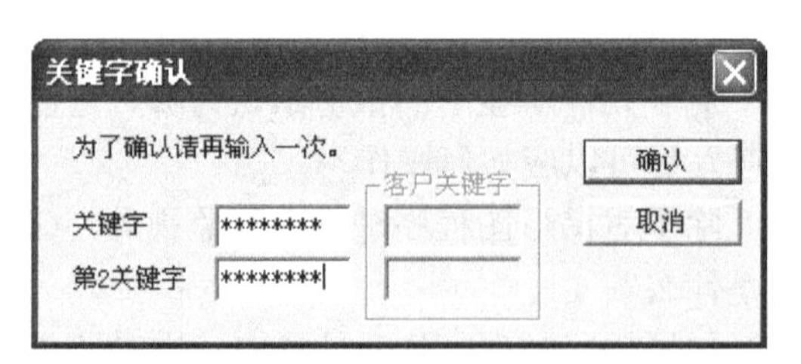

图 7.3-19 【新建登录关键字】和【关键字确认】对话框

当程序设置了关键字后，对程序的写入、读取操作和修改、取消、解除关键字操作都必须在输入了正确的关键字后才能进行。

2．修改关键字（改密）

修改关键字为重新设置密码，其操作和新建关键字一样，只是输入密码后，会要求输入当前密码进行核对，核对无误后，才能完成修改的操作。

3．取消关键字（不加密）

取消关键字是把程序所加的密码去掉。程序本身不再加密。其操作是选择菜单【在线】/【登录关键字】/【取消】，出现如图 7.3-20 所示【取消关键字】对话框，输入程序当前密码，单击【执行】按钮，完成取消密码操作。

4．解除关键字（暂时取消密码）

解除关键字的含义是在 PLC 的当前运行期间暂时解除 PLC 的密码保护，但没有取消密码。当 PLC 退出运行重新上电后，密码保护仍然存在。GX 软件的这个功能在编程、调试和监视中就不需要反复输入密码进行解密操作。

解除关键字的操作是单击【在线】/【登录关键字】/【解除】，出现如图 7.3-21 所示【关键字解除】对话框。对话框内有两个勾选项。分别说明如下：

勾选【关键字解除】并输入 PLC 当前密码，单击【执行】按钮。关键字暂时解除生效，用户可自由对 PLC 进行各种操作。

勾选【关键字保护】，则当前关键字仍然有效。用户在进行 PLC 操作时，如涉及密码保护，必须每次输入密码。

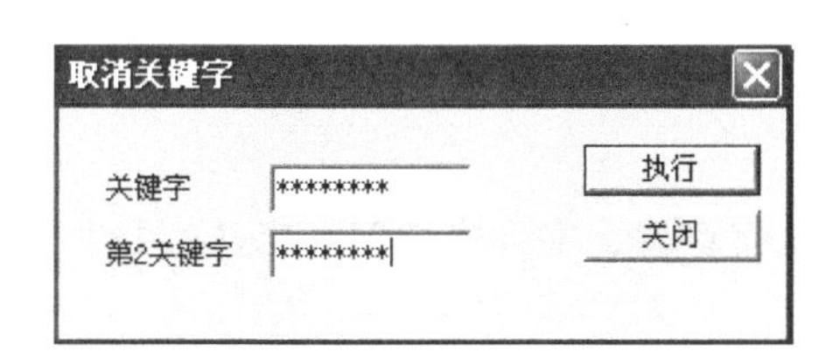

图 7.3-20 【取消关键字】对话框

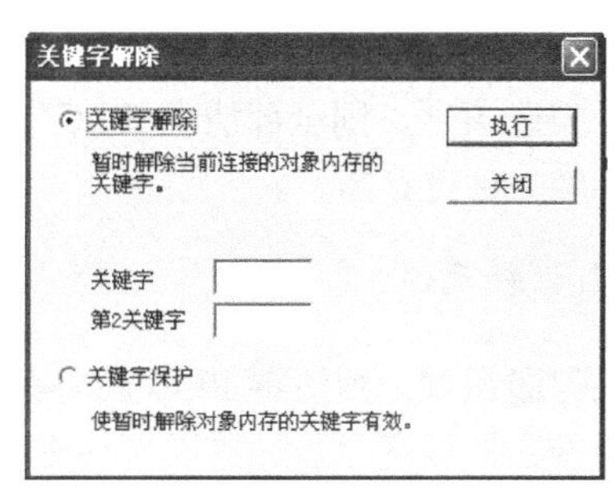

图 7.3-21 【关键字解除】对话框

【试试，你行的】

（1）对程序进行加密的作用是什么？
（2）程序加密后，最为重要的工作是什么？
（3）程序加密后，会影响哪些对程序的操作？
（4）某人设置了下面 4 个密码，哪些是错误的密码？
　　A．A123456G　　B．9821DCBA　　C．ABCDEF2　　D．8899AEBF
（5）连接 PLC，输入程序，试根据本节所述操作对程序进行加密、解密等操作。

7.3.5　程序其他操作

1．清除 PLC 内存

要把 PLC 中原有程序清除，一个方法是写入一个新程序，原有的程序被自动覆盖，这称为存新除旧，但这只能是用新的程序及其相关的数据区代替原有的程序及相关的数据。如果只想把 PLC 的数据清除的话，该方法做不到。GX 软件专门开发了清除 PLC 内存的功能。清除 PLC 内存的操作应在 PLC 处于 STOP 状态下进行，在 RUN 状态下不能清空。

清除 PLC 内存的操作是选择菜单【在线】/【清除 PLC 内存】，出现如图 7.3-22 所示【清除 PLC 内存】对话框。对话框中【数据对象】有三个复选项，根据需要，可勾选其中一项或两项或三项。不同的勾选表示清除 PLC 的内容不同，说明如下。

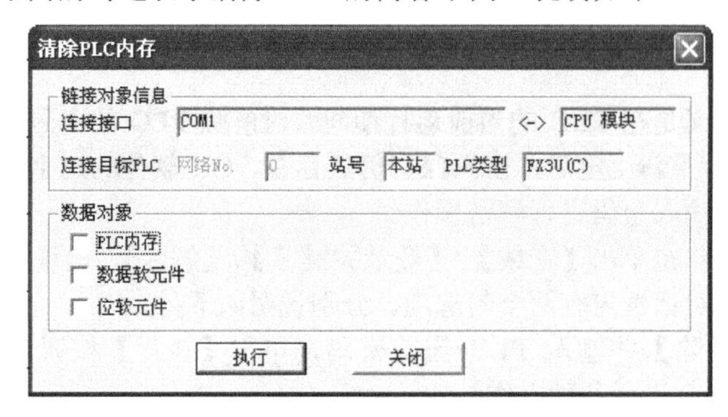

图 7.3-22 【清除 PLC 内存】对话框

1）PLC 内存

如果勾选该项，则全部清空 PLC 内的数据（程序、注释、参数、文件寄存器、软元件内存、扩展文件寄存器）。

2）数据软元件

如果勾选该项，则清零 PLC 的寄存器（数据寄存器、文件寄存器、RAM 文件寄存器、特殊寄存器、扩展寄存器、扩展文件寄存器）。

3）位软元件

如果勾选该项，PLC 位软元件将全部变为 OFF（X、Y、M、S、T、C），此外，T、C 的当前值也将变为 0。

2. PLC 诊断

GX 软件设置了诊断操作，通过诊断操作可以显示 PLC 的 CPU 状态及发生的错误和错误代码，其操作是选择菜单【诊断】/【PLC 诊断】，出现如图 7.3-23 所示之【PLC 诊断】对话框。对话框有四个区域和一个【关闭】按钮。

1）【CPU 面板】

显示连接的可编程控制器 CPU 的状态。指示灯的功能如下所述。

RUN：CPU 处于 RUN 时，绿灯亮。

BATT.V：当内存备份用电池电压过低时，红灯亮。

PROG.E：程序出错时，红灯闪烁。

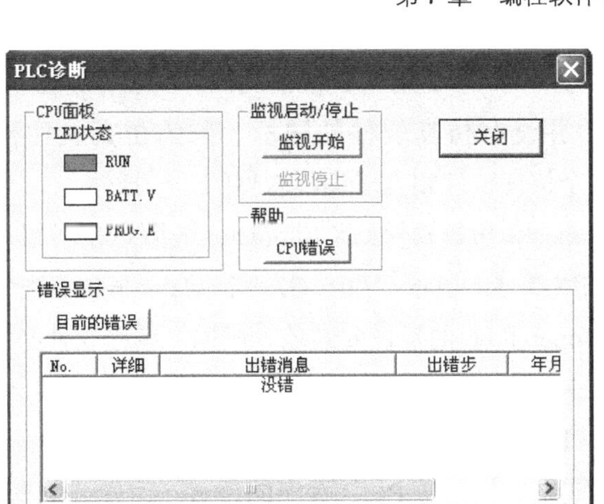

图 7.3-23 【PLC 诊断】对话框

2）【错误显示】

【目前的错误】：单击此按钮，将在窗口显示可编程控制器 CPU 内发生的错误。

窗口中，出错内容指当 M8061，M8064，M8065，M8066 中任一个为 ON 时发生的错误代码和出错信息。出错步指错误所在的程序步。日期时间所显示的是单击【目前的错误】按钮的时间。

3）监视启动/停止

【监视开始】：单击此按钮，开始与 PLC 通信，刷新显示。
【监视停止】：单击此按钮，与 PLC 通信，保持显示。

4）帮助

【CPU 错误】；如当前存在错误，则可以查询出错代码的详细内容。

【试试，你行的】

（1）如何把 PLC 中原有程序清除？
（2）如果只想清除 PLC 数据寄存器的内容，其他保持不变，应如何操作？
（3）PLC 诊断操作可以诊断哪些内容？

7.4　GX Simulator 仿真软件使用

7.4.1　GX Simulator 仿真软件介绍

仿真软件 GX Simulator 是在安装编程软件 GX Developer 时追加的软件包，和 GX

Developer 一起就能够实现不带 PLC 的仿真模拟调试。安装好编程软件和仿真软件后，在桌面或者【开始】菜单中并没有仿真软件的图标。因为仿真软件被集成到编程软件 GX Developer 中了，其实这个仿真软件相当于编程软件的一个插件。

编程软件 GX Developer 和仿真软件 GX Simulator 的版本在不断升级，对 FX_{3U} 系列 PLC 来说，仿真软件必须使用 GX Simulator 7.0，GX Simulator 6.0 不能仿真 FX_{3U} 系列 PLC。仿真软件是作为 GX Developer 8.86 的插件安装的。所以，编程软件必须先安装 GX Developer 8.86，再安装仿真软件 GX Simulator 7.0。

在没有仿真软件时，PLC 调试是通过在线监控来完成的。这时，系统的所有装置必须配备，通过实现模拟操作和监控来完成 PLC 程序的调试。而安装仿真软件后，利用计算机就可以实现不带 PLC 的离线模拟调试，不但可以实现对 CPU 的模拟，还可以实现对软元件存储器的模拟和对特殊功能模块的缓冲存储器的模拟。

GX Simulator 仿真软件的主要功能如下：

（1）仿真软件可以模拟 CPU 程序的运行，对软元件状态或数值进行强制操作。通过软元件列表或时序图方式监控软元件和缓冲存储器的变化，还能够进行对软元件和缓冲存储器的保存、读取操作。

（2）仿真软件增加了 I/O 系统设定功能。通过 I/O 系统设定功能能够模拟外部设备的运行。在以前的调试中，当不连接外部输入/输出模块时，需要另行设计外部设备调试用的调试程序，而 I/O 系统设定功能则可以通过简单的设定就可以模拟发生来自外部的输入。

（3）仿真软件还具有和外部能够进行串行通信的设备进行通信传输格式的确认和软元件内容改变的功能。但这种功能仅对 A 系列 PLC 的 1C 帧和 QnA 系列 PLC 的 3C/4C 帧适用。FX 系列 PLC 不能适用该功能。

GX Simulator 仿真软件启动后，会出现【LADDER LOGIC TEST】（梯形图逻辑测试）对话框。仿真软件的功能是通过该对话框的菜单逐级操作完成的。

GX Simulator 仿真软件运行时，除了能执行自身的各种菜单功能外，还能执行编程软件 GX Developer 上的部分菜单功能。这些功能是程序运行监控、软元件监控、程序跳转部分执行、部分程序执行、SFC 程序步执行、PLC 写入（不能执行监视中写入）、PLC 诊断和远程操作功能。

GX Simulator 仿真软件适用于 A、QnA、Q（A 模式）、Q（Q 模式）、FX 和运动控制卡等系列多种 CPU 的模拟。对不同系列的 CPU，其应用的仿真功能是有差别的，应用时必须注意。本章仅介绍适用于 FX 系列 PLC 的部分常用操作功能。

针对 FX 系列 PLC，应用 GX Simulator 仿真软件模拟调试时应注意以下事项。

（1）仿真软件主要是进行逻辑功能的仿真和测试。有很多功能指令并不能在仿真软件上仿真。这部分指令被称作“未支持指令”。当程序中含有“未支持指令”时，仿真软件能够识别并发出指示。FX 系列 PLC 不支持的指令见表 7.4-2。

表 7.4-1　FX 系列 PLC 不能仿真的未支持指令表

功能号	助记符	名　称	功能号	助记符	名　称
FNC03	IRET	中断返回	FNC87	RS2	串行数据传送 2
FNC04	EI	允许中断	FNC88	PID	PID 控制
FNC05	DI	禁止中断	FNC150	DSZR	DOG 原点回归
FNC06	WDT	看门狗定时器	FNC151	DVIT	中断定位
FNC50	REF	I/O 刷新	FNC152	TBL	表格设定定位
FNC51	REFF	输入刷新	FNC155	ABS	读出 ABS 值
FNC52	MTR	矩阵写入	FNC156	ZRN	原点回归
FNC53	HSCS	比较置位	FNC157	PLSY	可变脉冲输出
FNC54	HSCR	比较复位	FNC158	DRVI	相对定位
FNC55	HSZ	区间比较	FNC159	DRVA	绝对定位
FNC56	SPD	脉冲密度	FNC167	TWR	写入时钟数据
FNC57	PLSY	脉冲输出	FNC176	RD3A	模拟量模块读出
FNC58	PWM	脉宽调制	FNC177	WR3A	模拟量模块写入
FNC59	PLSR	加减速脉冲输出	FNC182	COMRD	读出软元件注释
FNC68	ROTC	旋转工作台控制	FNC184	RND	产生随机数
FNC70	TKY	数字键输入	FNC186	DUTY	产生定时脉冲
FNC71	HKY	十六进制输入	FNC188	CRC	CRC 校验码
FNC72	DSW	数字开关	FNC189	HCMOV	高速计数器传送
FNC73	SEGD	7 段码译码	FNC259	SCL	定坐标
FNC74	SEGL	7 段时分显示	FNC280	HSCT	高速计数器比较
FNC75	ARWS	箭头开关	FNC290	LOADR	读出扩展文件寄存器
FNC77	PR	ASCII 码打印	FNC291	SAVER	成批写入扩展文件寄存器
FNC80	RS	串行数据传送	FNC292	INITR	登录到扩展文件寄存器
FNC81	PRUN	8 进制位传送	FNC293	LOGR	扩展寄存器初始化
FNC84	CCD	CCD 校验码	FNC294	RWER	扩展寄存器删除写入
FNC85	VRRD	模拟电位器数据读	FNC295	INITER	扩展文件寄存器初始化
FNC86	VRSC	模拟电位器开关设定			

（2）当选择不同的 FX 系列 PLC 时，仿真软件不能识别仿真软件支持但该系列 PLC 不支持的指令，例如，FX1S/FX1N 系列 PLC 不支持 SMOV 指令，但该指令能被仿真软件执行，当含有 SMOV 指令的程序不写入 FX1S/FX1N 时，就会发生错误。

（3）仿真软件操作中含有 STOP→运行检查功能，这个功能仅能检查 STL 指令中出现 MC/MCR 指令或 STL 指令程序中设有 RET 指令，而不能检查任何其他错误，因此，在程序仿真前，应用编程软件 GX Developer 对程序进行检查。

（4）仿真软件默认的恒定扫描时间为 100ms，如果因程序过长或计算机性能改变，恒定扫描时间也会随之改变。

（5）仿真软件不支持中断程序的仿真，任何中断生成的程序都不会得到执行。仿真软件也不支持注释。

（6）仿真软件在仿真浮点数运算时，其运算结果与在 PLC 中的实际结果会有差别。

仿真软件虽然能够模拟 PLC 运行进行模拟调试，但毕竟和实际的 PLC 运行有差别，它不能确保被模拟程序的完全正确性，更不能保证实际程序运行的正确操作。因此，在用仿真软件对梯形图程序进行模拟调试后，在实际运行程序前，要首先连接 PLC，再进行一次实际情况的调试操作，确保无误后，才投入真正的生产运行。请读者务必注意。

GX Simulator 的开发给 PLC 程序设计人员带来了极大的方便。当编制出一个梯形图程序时，可以马上利用仿真软件 GX Simulator 对它进行离线仿真测试，直到完全满足设计要求。节省了大量的设备和时间。

GX Simulator 对初学者来说也非常重要，利用它，我们可以检验自己的程序是否正确。可以发现程序的问题所在，可以在不需要 PLC 的情况下很快提高自己的水平和程序设计能力。

【试试，你行的】

（1）对 FX3U 系列 PLC 来说，编程软件和仿真软件的版本应该是：

A．GX Developer 7.0+ GX Simulator 6.0

B．GX Developer 7.0+ GX Simulator 7.0

C．GX Developer 8.86+ GX Simulator 7.0

D．GX Developer 8.86+ GX Simulator 6.0

（2）GX Simulator 仿真软件是不是对所有指令都能够仿真？

（3）GX Simulator 能仿真中断服务程序吗？

7.4.2 启动和【梯形图逻辑测试】对话框

1．启动和退出

仿真软件必须在程序编译后（由灰色转为白色后）才能启动。

启动方法有两种：

1）选择菜单【工具】/【梯形图逻辑测试启动】。

2）单击【梯形图逻辑测试启动/结束】图标，如图 7.4-1 所示。

图 7.4-1 【梯形图逻辑测试启动/结束】图标

单击后会出现如图 7.4-2 所示【梯形图逻辑测试】（LADDER LOGIC TEST）对话框，框中【RUN】【ERROR】均为灰色。同时，出现【写 PLC】窗口，显示程序正在写入仿真软件中，仿真软件是一个独立的软件，如果要仿真某个程序，必须先将程序和相应的参数写入仿真软件中，这个过程是由软件自动地完成的。写入完成后，单击【取消】按钮，仿真软件 GX Simulator 启动成功。

启动成功后，对话框中【RUN】变成黄色，同时，在梯形图中，蓝色光标变成蓝色方块，凡是当前接通的触点均显示蓝色，所有的定时器显示当前计时时间，计数器则显示当前计数值，梯形图程序已进入仿真监控状态。下面就可以对程序进行仿真测试了。

如果要退出仿真状态，退出方法有两种：

（1）选择菜单【工具】/【梯形图逻辑测试启动】。在仿真软件中，【梯形图逻辑测试启动】是勾选的，再次单击，表示取消启动，退出仿真状态。

（2）单击【梯形图逻辑测试启动/结束】图标后，凹下的图标并不马上凸出。要等到完全退出仿真状态后才凸出。不论哪种方式退出，都会出现【停止梯形图逻辑测试】提示框。单击【确定】按钮，退出过程还没有完全结束。直到提示框消失并观察到【读出】图标凹下后，退出过程才结束。这时还要单击【写入图标】，梯形图程序才恢复为程序编辑界面。

退出仿真状态前，可以保存 I/O 系统设定和软元件管理器所设定的数据。如果不保存，所有数据将被删除，关于仿真数据的保存，本书限于篇幅，没有介绍，读者可参看“GX Simulator Version 7 Operating Manual”。

2.【梯形图逻辑测试】（LADDER LOGIC TEST）对话框

在讲解仿真操作前，我们先对【梯形图逻辑测试】（LADDER LOGIC TEST）对话框做一些了解。图 7.4-2 为对话框，各部分表示的内容见表 7.4-2。

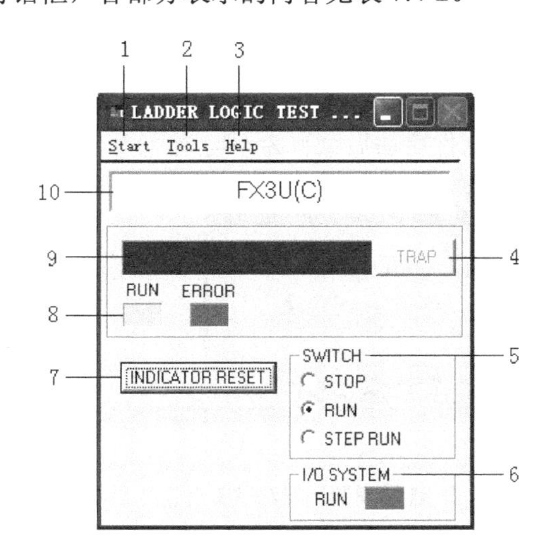

图 7.4-2　【梯形图逻辑测试】对话框

表 7.4-2　【梯形图逻辑测试】对话框各部分表示

序号	名　称	内　容
1	菜单启动	软元件监视，I/O 系统设定，串行通信功能和设备管理
2	工具	执行工具功能
3	帮助	软件版本
4	错误显示按钮	发生错误内容，错误步显示
5	运行状态设定	监控程序运行状态设定
6	I/O 系统设定	现在 I/O 系统设定的内容
7	显示清除	清除 LED 显示
8	运行状态显示	RUN：监控运行中，ERROR:出错
9	错误显示	CPU 运行错误时表示的内容
10	CPU 类型	显示 PLC 的 CPU 类型

现对【梯形图逻辑测试】对话框主要部分进行简单的说明。

1）菜单栏

对话框的菜单栏有三个下拉菜单。

● 仿真功能菜单选择（Start）

下拉菜单有四种仿真功能选择：

【Monitor Function】监控功能。该功能可以通过软元件监控功能【Device Memory Monitor】和时序图监控功能【Timing Chart Display】对所仿真程序的运行进行监控。

【I/O System Settings】I/O 系统设定功能。该功能通过简单画面设定运行条件来模拟外部真实系统的运行。

【Serial Communication Function】串行通行功能。此功能不适用 FX 系列 PLC。

【Device Manager】软元件管理器。此功能不适用 FX 系列 PLC。

● 工具菜单选择（Tools）

工具菜单栏有三种功能选择：保存和读出软元件及缓冲存储器数据，以及【梯形图逻辑测试】对话框显示形式选择，其中前两项功能并不适用 FX 系列 PLC。【梯形图逻辑测试】对话框显示选择如图 7.4-3 所示，如勾选 【Display as minimized next time】，则下次启动仿真软件后，对话框会出现在窗口，然后最小化显示。不勾选，则不会出现，自动为最小化显示。这是一个切换操作。仿真软件启动后默认为不勾选。

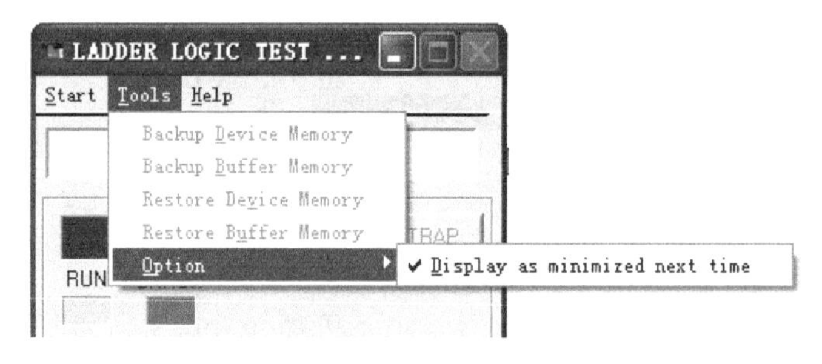

图 7.4-3 【梯形图逻辑测试】对话框显示选择

● 帮助菜单（Help）

该菜单仅显示仿真软件版本及序列号。

2）运行状态设定（SWITH）

用来控制仿真软件的模拟功能的执行状态。【RUN】表示仿真软件在运行中，【STOP】表示停止运行，【STEP RUN】表示 STL 步进顺控程序的步运行控制。控制状态通过点选完成。

3）错误显示

当程序运行发生错误时，首先 LED 指示灯【ERROR】会显示亮色，同时，在错误信息指示 9 里会显示不超过 16 个字符的错误信息。而错误信息按钮会显亮色，单击该按钮则可弹出详细描述错误信息的【ERROR DETAILS】显示框，用户可以从中了解错误信息的详情和所在的程序步。

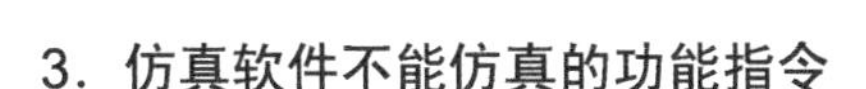

3．仿真软件不能仿真的功能指令

仿真软件主要是进行逻辑功能的仿真和测试，有很多功能指令并不能在仿真软件上进行仿真，这部分指令被称作“未支持指令”。当程序中含有“未支持指令”时，仿真启动后在【梯形图逻辑测试】对话框画面上会出现绿色的【RESTRICTIONS】指示，见图 7.4-4。双击该显示，弹出【LIST OF RESTRICTIONS INSTRUCTIONS】显示框，如图 7.4-5 所示。由显示框中可以获得“未支持指令”所在的程序步及指令助记符等信息。

表 7.4-1 列出了 FX 系列 PLC 所有不能仿真的指令，供读者查阅。

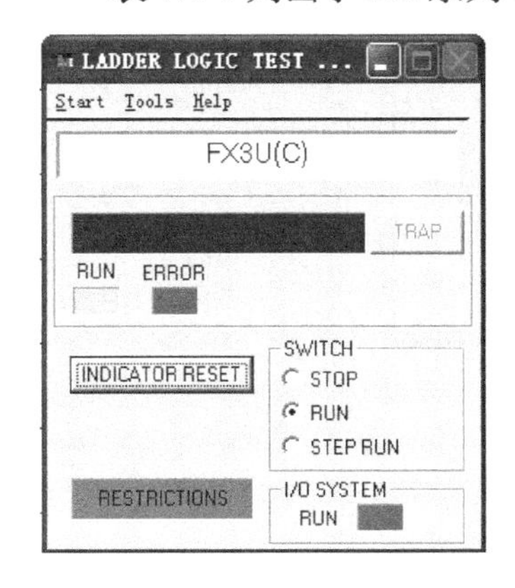

图 7.4-4　【RESTRICTIONS】指示

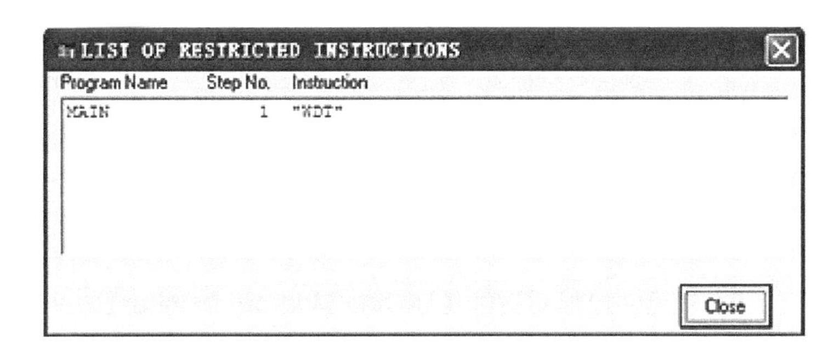

图 7.4-5　【LIST OF RESTRICTIONS TRUCTIONS】显示框

【试试，你行的】

（1）仿真软件有哪四种仿真功能？全部都能适用于 FX 系列 PLC 吗？

（2）仿真软件运行时，有哪几种方式对运行程序进行监控？

（3）仔细分析未支持指令表，看看未支持指令主要集中在哪些范围里的指令。

7.4.3　软元件监控和强制操作

仿真软件启动后，和编程软件一样，可以对内部软元件和特殊功能模块的缓冲存储器进行监控和强制操作。本节仅介绍内部软元件监控及强制操作。对特殊功能模块的缓冲存储器的操作使用不作说明。学习本节时，可参看 7.3.3 节程序在线监视操作。

1．启动软元件监控

启动软元件监控的操作为：打开【梯形图逻辑测试】对话框，选择菜单【Start】/【Monitor Function】/【Device Memory Monitor】，如图 7.4-6 所示。

启动软元件监控后，出现如图 7.4-7 所示【Transfer setup】对话框。这是一个监控对象主站或其他站（Other Station）选择对话框，你会发现其他站是灰色的，表示在 FX_{3U} PLC 的情况下，当前窗口的程序就是主站程序。因此，单击【OK】按钮便进入软元件监控【Device Memory Monitor】对话框。

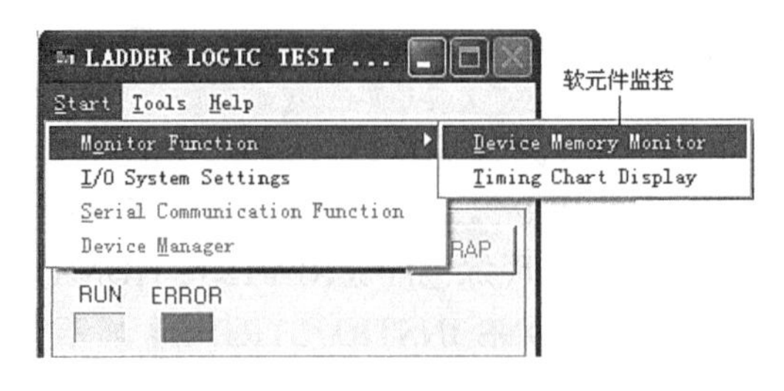

图 7.4-6 启动软元件监控

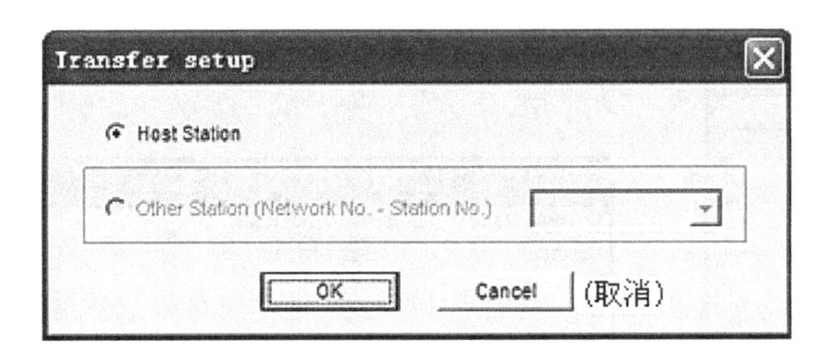

图 7.4-7 【Transfer setup】对话框

2．软元件监控对话框【Device Memory Monitor】

图 7.4-8 所示为软元件监控【Device Memory Monitor】对话框，该对话框是一个综合对话框，软元件监控的三种方式均在对话框画面上监控，不同的方式有不同的监视画面。这三种监控方式如下所述。

软元件批量监控（Device Batch）：把同类型的软元件按其编址顺序集中在一个画面上监控。

缓冲存储器监控（Buffer Memory）：这是对特殊功能模块的缓冲存储器数据进行监控。本书不介绍这种监控方式的操作和使用。

软元件登录监控（Entry Device）：这是把不同类型的软元件集中在一个画面上监控。对于监控软元件较少的程序很有用。

对话框打开后的默认画面是软元件批量监控画面。

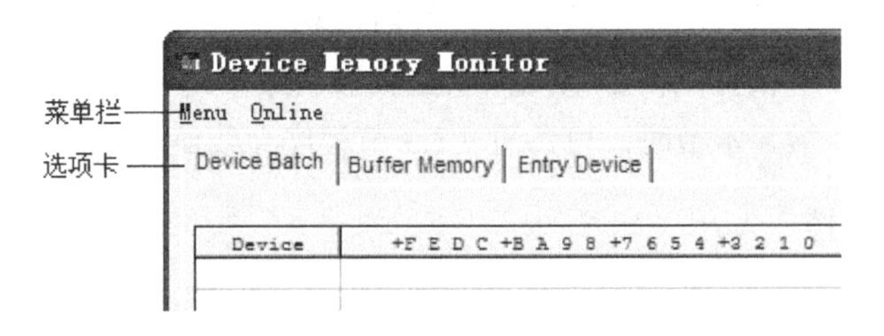

图 7.4-8 【Device Memory Monitor】对话框

三种监控方式可由对话框的菜单栏和选项卡选择。现对菜单栏和选项卡的操作进行说明。

1）菜单栏

菜单栏有两个菜单：监控菜单【Menu】和在线【Online】，如图 7.4-9 所示。

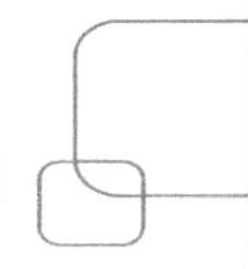

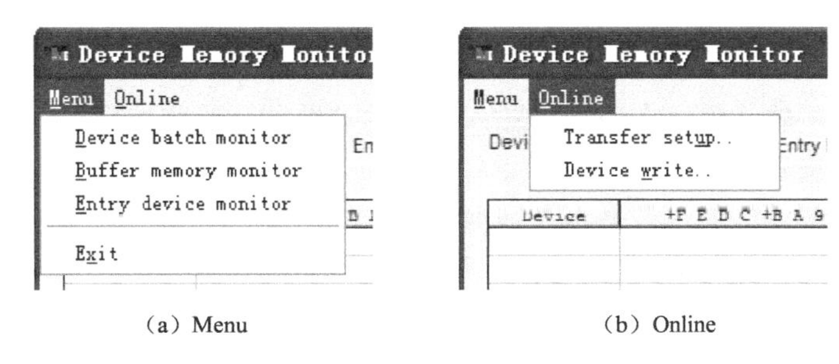

图 7.4-9　两个菜单栏

● 监控菜单（Menu）

从下拉菜单中选择所要监控的方式，单击后，会出现相应的监控画面。单击【Exit】按钮，退出软元件监控对话框。

● 在线（Online）

在线（Online）有两个选项，其中【Transfer setup】为软元件监控站选择，已在前面说明。另一个软元件强制写入（Device write），其功能和操作将在后面说明。

2）选项卡

选项卡能更方便地选择监控方式。只要单击相应的选项卡，对话框马上出现相应的画面，比菜单选择方便很多。

3. 软元件批量监控

单击选项卡【Device Batch】或选择菜单【Menu】/【Device batch monitor】，出现如图 7.4-10 所示对话框，现对图中各部分操作进行如下说明。

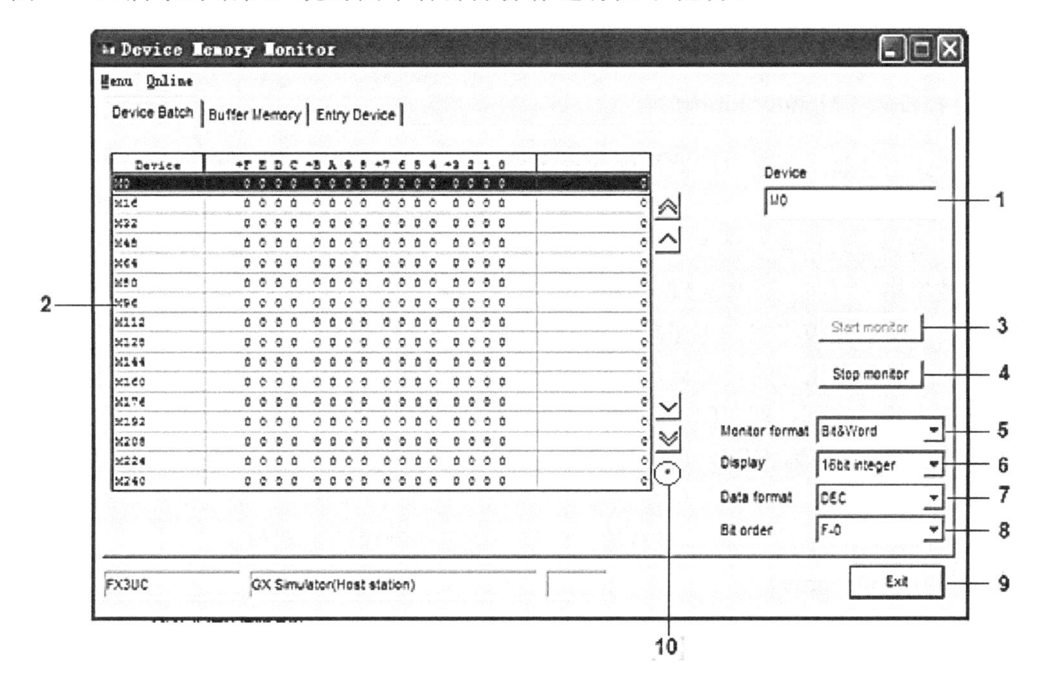

图 7.4-10　软元件批量监控对话框

1）软元件输入（Device）

选择所要监控的软元件，在空白处输入软元件首址。开始监控后，会在画面上从首址开始连续编址显示所选择的软元件。

虽然对软元件的首址并没有规定，但由于位元件是以 16 为一组显示的，所以最好输入位元件的编址是 16 的倍数，如 XO，X10，M0，M16，M64 等。

不接收位元件 D□.b，字元件 P，I，N 和数值 K，H，E，字符串等软元件输入。

2）监控显示画面

监控开始后，在该空间显示软元件的监控状态，称之为显示画面。

显示软元件是根据所输入软元件首址以连续编址的方式一行一行地显示，每行显示的软元件数量和方式由软元件类型（位元件还是字元件）和监控格式决定，详见后面说明。

对软元件来说，其状态显示为“1”表示 ON，“0”表示 OFF。

对计数器 C 来说，16 位计数器（C0～C199）和 32 位计数器（C200 以上）是不连续编址显示的，必须分别输入。

软元件监控对其相关的属性由对话框中 6，7，8 项设置，详见后面说明。

3）监控开始（Start monitor）

输入监控软元件首址后，单击【Start monitor】按钮，进入监控状态，显示画面上出现连续编址的监控软元件。

4）监控停止（Stop monitor）

单击【Stop monitor】按钮，退出监控状态，但监控画面并不消失。如需监控其他软元件，则重新输入软元件首址，再次单击【Start monitor】按钮即可。

5）监控格式（Monitor format）

监控格式指在显示画面中被监控软元件的显示格式。监控格式有 4 种，其中 3 种是针对位元件和字元件的，1 种是针对定时器 T 和计数器 C 的。前 3 种监控格式由下拉菜单选择。定时器 T/计数器监控格式是输入 T 或 C 后自动出现的。4 种监控显示格式说明如下：

● 位或字格式（位 & Word format）

这是最常用的监控格式，也是默认的监控格式。每行显示 16 个二进制位。在这种监控格式中，位元件和字元件的状态显示非常清晰。图 7.4-11 为位元件显示，每行显示 16 个位元件，图中为顺序排列，即“0”为 M0，“F”为 M15，监控时，如显示“1”，即对应的位元件为 ON，“0”对应为 OFF，最右边的空格组合是位元件 K4M 的数据值。图 7.4-12 为字元件显示，每行仅显示一个 16 位数据寄存器的值，数据寄存器的二进制位是由高位到低位排列的（与位元件不同）。同样，最右边的空格为数据寄存器的数据值。

● 位格式（位 format）

这是一种每行显示 32 个二进制位的格式。对位元件来说，一行显示 32 个位元件，如图 7.4-13 所示。对字元件来说，一行显示 2 个 16 位数据寄存器的数据值，其中，“+0”编址小，如 D0，D2，…，而“+1”编址大，D1，D3，…。在这种格式中，不再显示数据值，如图 7.4-14 所示。

Device	+0 1 2 3 +4 5 6 7 +8 9 A B +C D E F	
M0	0 0 0 0 0 0 0 0 0 0 0 0 0 0 0 0	0
M16	0 0 0 0 0 0 0 0 0 0 0 0 0 0 0 0	0
M32	0 0 0 0 0 0 0 0 0 0 0 0 0 0 0 0	0
M48	0 0 0 0 0 0 0 0 0 0 0 0 0 0 0 0	0
M64	0 0 0 0 0 0 0 0 0 0 0 0 0 0 0 0	0

图 7.4-11　位 & Word format 中位元件显示

Device	+F E D C +B A 9 8 +7 6 5 4 +3 2 1 0	
D0	0 0 0 0 0 0 0 0 0 0 0 0 0 0 0 0	0
D1	0 0 0 0 0 0 0 0 0 0 0 0 0 0 0 0	0
D2	0 0 0 0 0 0 0 0 0 0 0 0 0 0 0 0	0
D3	0 0 0 0 0 0 0 0 0 0 0 0 0 0 0 0	0
D4	0 0 0 0 0 0 0 0 0 0 0 0 0 0 0 0	0

图 7.4-12　位 & Word format 中字元件显示

Device	+1 0123 4567 89AB CDEF	+0 0123 4567 89AB CDEF
M0	0000 0000 0000 0000	0000 0000 0000 0000
M32	0000 0000 0000 0000	0000 0000 0000 0000
M64	0000 0000 0000 0000	0000 0000 0000 0000
M96	0000 0000 0000 0000	0000 0000 0000 0000
M128	0000 0000 0000 0000	0000 0000 0000 0000

图 7.4-13　位 format 中位元件显示

Device	+1 FEDC BA98 7654 3210	+0 FEDC BA98 7654 3210
D0	0000 0000 0000 0000	0000 0000 0000 0000
D2	0000 0000 0000 0000	0000 0000 0000 0000
D4	0000 0000 0000 0000	0000 0000 0000 0000
D6	0000 0000 0000 0000	0000 0000 0000 0000
D8	0000 0000 0000 0000	0000 0000 0000 0000

图 7.4-14　位 format 中字元件显示

● 字格式（Word format）

在【Word format】中，不再显示位元件或字元件二进制位的状态，而是显示其数据值。每行显示 128 个二进制位，对位元件来说，每 16 个（或 32 个）位元件组成一个字（或双字），每一行显示 8 个（或 4 个）由组合位元件形成的字（或双字）。对字元件来说，每个（或 2 个）数据寄存器为 1 个字（或双字）。每一行显示 8 个字（或 4 个双字）。上述字和双字的显示画面是不一样的。具体由【Display】选项决定。图 7.4-15 和图 7.4-16 均为单字（16 位 integer）选择下的监控画面。

● T 或 C 格式（Timer/Counter format）

当输入定时器 T 或计数器 C 时，监控开始后，自动出现【Timer/counter format】。监控画面上同时监控 T/C 的触点（Connect），线圈（Coil）和当前值（Current），如图 7.4-17 所示。

Device	+0	+16	+32	+48	+64	+80	+96	+112
M0	0	0	0	0	0	0	0	0
M128	0	0	0	0	0	0	0	0
M256	0	0	0	0	0	0	0	0
M384	0	0	0	0	0	0	0	0
M512	0	0	0	0	0	0	0	0

图 7.4-15　Word format 中位元件显示（16 位 integer）

Device	+0	+1	+2	+3	+4	+5	+6	+7
D0	0	0	0	0	0	0	0	0
D8	0	0	0	0	0	0	0	0
D16	0	0	0	0	0	0	0	0
D24	0	0	0	0	0	0	0	0
D32	0	0	0	0	0	0	0	0

图 7.4-16　Word format 中字元件显示（16 位 integer）

Device	Connect	Coil	Current
T0	0	0	0
T1	0	0	0
T2	0	0	0
T3	0	0	0

图 7.4-17　Timer/Counter format 显示

6）数据显示格式（Display）

当监控格为【位 & word format】或【Word format】时，用来选择字元件的显示格式。在下列菜单中，有 4 种显示选择，16 位整型（16 位 integer）、32 位整型（32 位 integer）、实数（Real number）和 ASCII 码字符显示（ASCII character）。

7）数值显示格式（Data format）

当数据显示格式选择为【16 位 integer】和【32 位 integer】时，用来选择数值的显示方式。仅两选其一，十进制（DEC）或十六进制（HEX）。

8）位排序（位 order）

当监控格式为【位 & word format】或【位 format】时，用来选择对位元件或字元件中二进制位的排序。

【F-0】为从左到右由高位到低位排序，一般选择为字元件的排序，即字元件中二进制位的显示为 b15，b14，…，b1，b0 由高低位排序，与习惯相同。

【0-F】为从左到右由低位到高位排序，一般选择为位元件排序，即 M0，M1，…，M14，M15，当然位元件排序选择由用户决定，根据个人习惯选择。

9）退出（Exit）

单击【Exit】按钮，退出【Device Memory Monitor】。

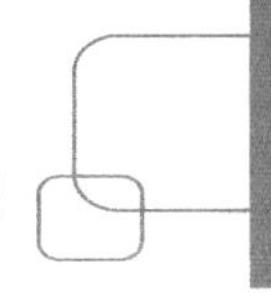

10）监控执行状态显示（Monitor execution status）

在监控之下执行中，该小点会闪烁。这时，单击其上面的箭头可使显示画面的监控软元件滚动显示，单箭头仅滚动 1 行，而双箭头则一次滚动 16 行。

4. 软元件批量监控操作步骤

掌握了软元件批量监控对话框的各项功能含义后，其操作步骤是：

（1）单击选项卡【Device Batch】进入软元件批量监控画面。

（2）输入需监控的软元件首址。

（3）根据监控要求对其属性【Monitor format】、【Display】、【Data format】和【位 order】进行选择。

（4）单击【start monitor】按钮开始监控。

5. 软元件登录监控

如果想在同一监视画面监视不同类型或编址不相连的软元件，可以使用软元件登录监控方式。

单击选项卡【Entry Device】或选择菜单【Menu】/【Entry Device Monitor】，进入软元件登录监控画面，如图 7.4-18 所示，图中各部分操作说明如下。

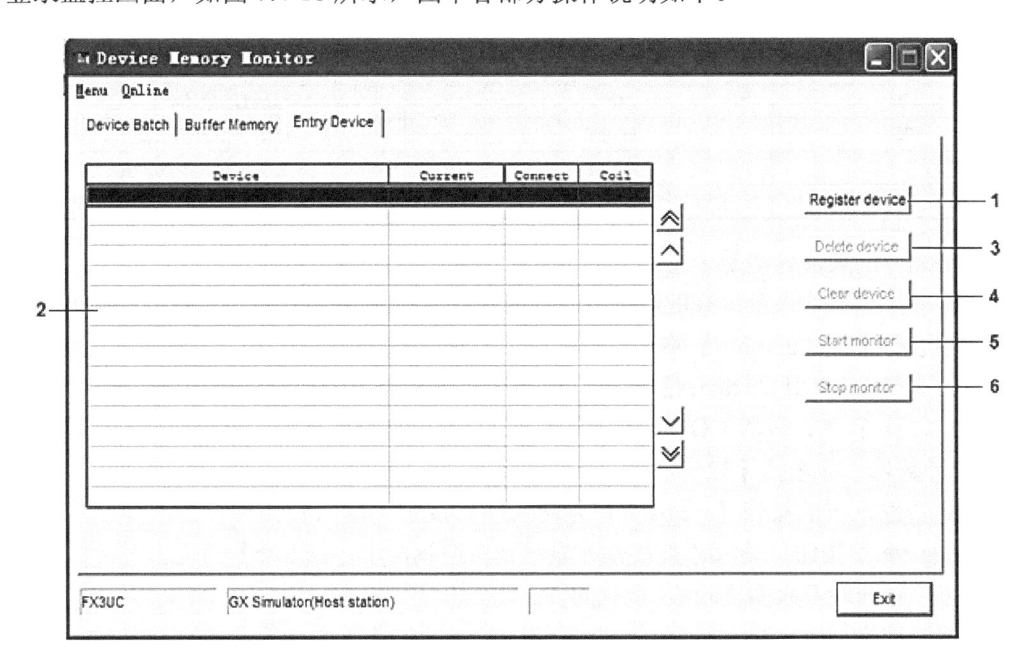

图 7.4-18　软元件登录监控显示

1）软元件登录

不同类型或编址不相连的软元件必须使用软元件登录【Register device】对话框将需监控软元件逐个登录到监控画面上。

单击【Register device】，出现软元件登录【Register device】对话框，如图 7.4-19 所示。

图中，【Device】为软元件类型与编址输入，【Value】为输入字元件时，其数据值监控显示方式，仅为十进制（DEC）或十六进制（HEX）显示。【Display】为输入字元件时，设定其监控显示格式，其含义与软元件批量监控一样，不再赘述。

图 7.4-19　软元件登录【Register device】对话框

关于软元件登录操作的相关说明如下：

（1）软元件登录监控可以对字元件位指定 D□b 和组合位元件 Kn□□进行监控，这一点是软元件批量监控方式中没有的。

（2）监控显示格式是针对字元件而言的，不同的监控显示格式字元件在画面上显示也不同，其对应关系如表 7.4-3 所示。

表 7.4-3　字元件监控显示格式的画面显示对照

监控显示格式	画面显示（Device）	说　明
16 位整型	D0	显示 D0 值（字）
32 位整型	D0（D）	显示 D1,D0 值（双字）
实型	D0（E）	显示实数（小数）值
ASCII 字符	D0（S）	显示 ASCII 码字符

（3）字元件的数值只能是十进制数或十六进制数显示，别无其他。

（4）仅在浮点数输入及运算的情况下，选择【Real number】格式（小数）值，其他形式的输入即使选择【Real number】格式也不能显示实数值。

（5）当选择【ASCII character】格式，如不存 ASCII 码的编码时，则不会显示。

（6）定时器 T 和计数器 CO～C199 均为【16 位 integer】格式，但计数器 C200 及以后均为 32 位计数器，应选择【32 位 integer】格式。

（7）对话框下方的按钮【Register】为输入确认按钮，输入软元件相应选择设定后，必须单击【Register】按钮，输入才被接收并显示到监控画面上，【Close】为退出对话框按钮。

（8）监控画面最多只能登录 64 个软元件。

（9）在监控执行中，状态显示小点会闪烁，其上面的滚动显示箭头操作均和软元件批量监控画面一样，读者可参看上面的介绍。

2）监控显示画面

显示画面远比软元件监控显示画面简单。其中【Device】显示所监控的登录软元件，【Current】显示字元件的值，位元件的状态（1 为 ON，0 为 OFF）及 T 和 C 的当前值【Connect】显示 T 和 C 的触点状态，而【Coil】显示 T 和 C 的线圈状态。

3）其他

剩下的几个按钮比较简单。

【Delete device】删除画面上所选中的登录软元件（黑色所示）。

【Clear device】删除画面上所有登录软元件。

【Start Monitor】监控开始。

【Stop Monitor】监控停止。

【Exit】退出对话框。

6．软元件登录监控操作步骤

软元件登录监控操作的步骤：

（1）单击选项卡【Entry Device】，进入软元件登录监控画面。

（2）反复单击【Register Device】，在软元件登录对话框中逐个输入要监控的软元件。注意，每输入一个软元件，必须单击【Register】按钮进行确认。

（3）单击【Start Monitor】按钮开始监控。

7．软元件强制操作

仿真软件是一种模拟调试，并不连接 PLC。但在调试过程中，一定涉及外部信号的状态改变，这时就必须模拟外部信号的变化进行调试，这种模拟功能是由软元件强制操作来完成的。

软元件强制功能是通过对话框的设置，对编程位软元件进行强制 ON/OFF 操作和对字软元件的当前值进行强制性变更。

有两种方法可以进入软元件强制操作：

（1）选择菜单【Online】/【Device write】。

（2）在监控画面上双击鼠标左键。

不管用哪种方法，都会出现如图 7.4-20 所示软元件强制写入【Device write】对话框。

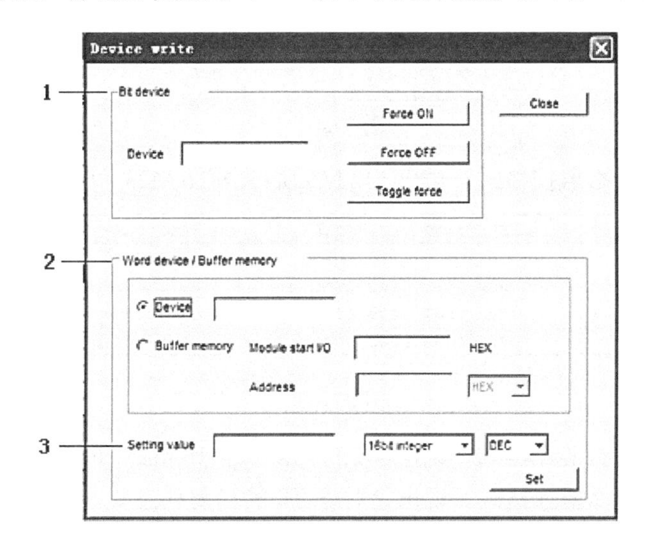

图 7.4-20　软元件强制写入【Device write】对话框

【Device write】对话框分为三部分，说明如下：

1）位元件状态强制

在【Device】处输入需要强制操作的位软元件。单击【Force ON】按钮。该元件强制为ON。单击【Force OFF】按钮，则该元件强制为OFF。而单击【Toggle Force】按钮强制当前软元件状态取反。即ON变OFF，OFF变ON。

2）输入字元件

字元件强制写入是对字元件的当前值进行强制变更。对初学者来说，勾选【Device】，并输入需要强制写入的软元件编址。勾选【Buffer memory】则是对特殊功能模块的缓冲存储器进行强制写入操作。

3）输入字元件强制值

在【Setting value】处输入字元件强制值，并对其属性进行选择（含义可参照软元件批量监控说明），最后单击【Set】按钮确认。

字元件设定值的设定范围是：

【16位整型】-32 768～32 767

【32位整型】-2 147 483 648～2 147 483 647

【试试，你行的】

（1）如果想监控D100-D130的存储内容，应选择哪种监控方式？

（2）如果想同时监控X0,X1,Y0,Y1,T0,T1,CO,C1的状态，应选择哪种监控方式？

（3）图P7.4-1是什么监控格式？说出M2，M5，M9和M14的状态。

Device	+F E D C +B A 9 8 +7 6 5 4 +3 2 1 0	
M0	0 1 0 0 0 0 0 0 0 1 1 0 0 0 0 0	16480
M16	0 0 0 0 0 0 0 0 0 0 0 0 0 0 0 0	0
M32	0 0 0 0 0 0 0 0 0 0 0 0 0 0 0 0	0
M48	0 0 0 0 0 0 0 0 0 0 0 0 0 0 0 0	0
M64	0 0 0 0 0 0 0 0 0 0 0 0 0 0 0 0	0

图P7.4-1

（4）图P7.4-2是什么监控格式？说出M2,M5,M13,,M16,M23和M27的状态。

Device	+1 FEDC BA98 7654 3210	+0 FEDC BA98 7654 3210
M0	0001 0000 1000 0001	0100 0000 0010 0100
M32	0000 0000 0000 0000	0000 0000 0000 0000
M64	0000 0000 0000 0000	0000 0000 0000 0000
M96	0000 0000 0000 0000	0000 0000 0000 0000

图P7.4-2

（5）图P7.4-3是什么监控格式？说出M2,M5,M10,,M16,M25和M28的状态。

（6）图P7.4-4是什么监控格式？说出定时器T0的当前状态？

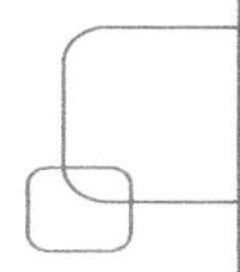

Device	+0	+16	+32	+48	+64	+80	+96	+112
M0	17456	5249	0	0	0	0	0	0
M128	0	0	0	0	0	0	0	0
M256	0	0	0	0	0	0	0	0
M384	0	0	0	0	0	0	0	0

图 P7.4-3

Device	Connect	Coil	Current
T0	0	0	211
T1	0	0	0
T2	0	0	0
T3	0	0	0

图 P7.4-4

（7）试叙述软元件批量监控的操作步骤，并在 GX Simulator 软件上进行练习。

（8）图 P7.4-5 为软元件登录监控画面，试在 GX Simulator 软件上完成图上软元件登录画面的操作。

Device	Current	Connect	Coil
X000			
X001			
M2			
T11			
T12			
D0			
D10(D)			
D20(E)			

图 P7.4-5

（9）图 P7.4-6 为软元件强制对话框，试指出强制位元件在哪里？强制数据寄存器数值在哪里？

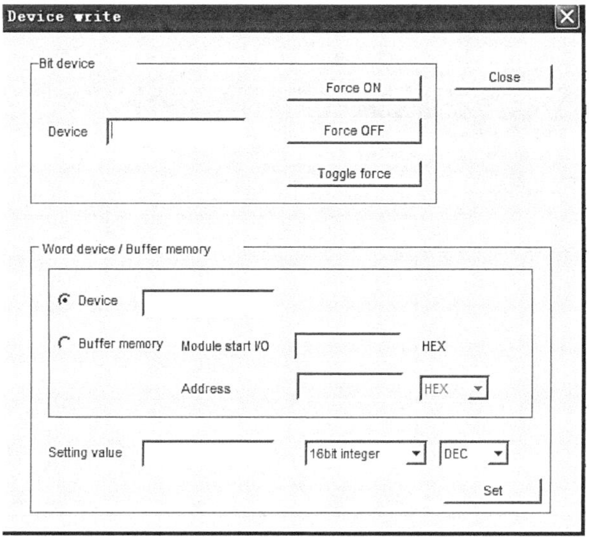

Device write
Bit device
Force ON
Close
Device
Force OFF
Toggle force
Word device / Buffer memory
Device
Buffer memory
Module start I/O
HEX
Address
HEX
Setting value
16bit integer
DEC
Set

图 P7.4-6

7.4.4 时序图监控

仿真软件还提供了另一种监控功能——时序图监控功能。在这种方式下，仿真时通过实时时序图可以很方便地观察各个位软元件之间的时序关系和位软件动作变化时刻，还可以很方便观察到字软元件的数值及数值发生变化的时刻。

1．时序图监控启动

1）启动时序图（Timing Chart Display）监控操作

单击对话框【LADDER LOGIC TEST】菜单【Start】/【Monitor Function】/【Timing Chart Display】，如图 7.4-21 所示，出现如图 7.4-22 所示之时序图监控画面。

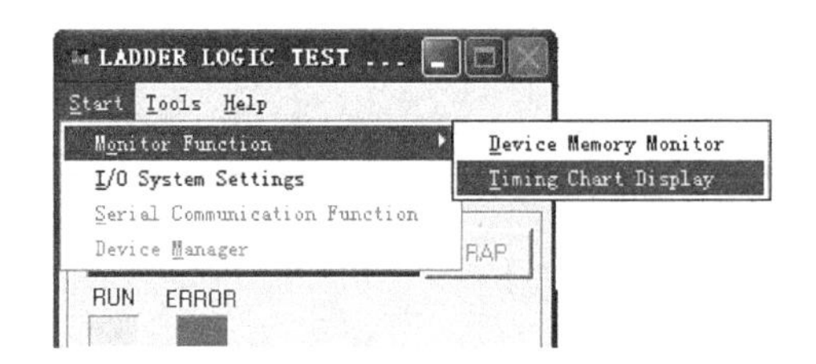

图 7.4-21　启动时序图（Timing Chart Display）监控操作

2）退出时序图监控操作

退出时序图监控操作为选择菜单【File】/【Exit】。

2．时序图画面说明

时序图画面分 9 部分，说明如下：

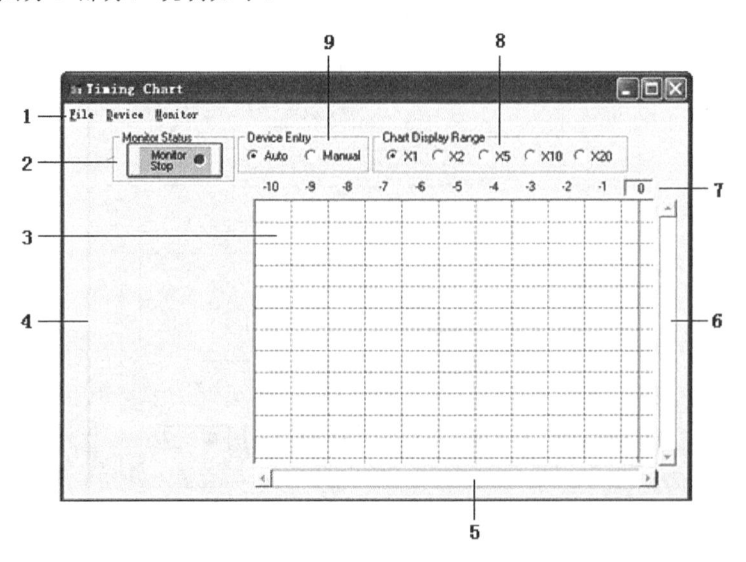

图 7.4-22　时序图监控画面

1）菜单栏

菜单栏共三个菜单，单击后都有下拉子菜单，说明见图 7.4-23。

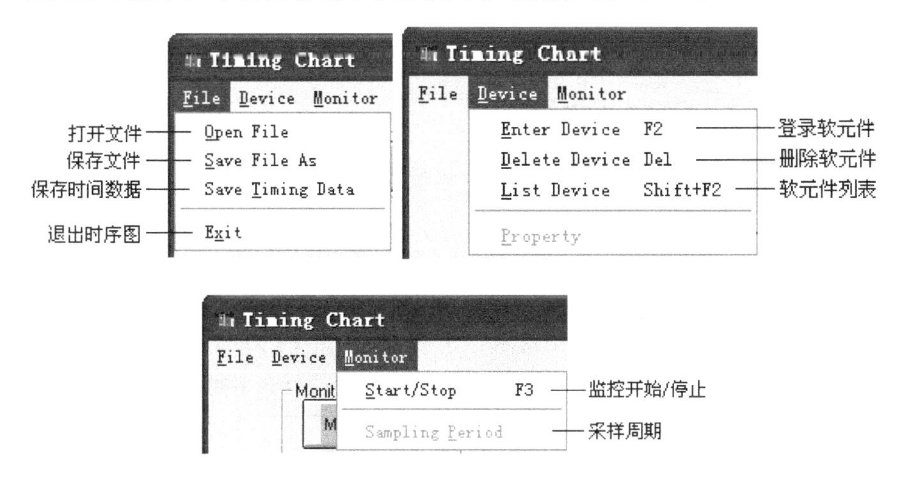

图 7.4-23　菜单栏说明

2）监控状态（Monitor Status）

监控状态显示监控开始/停止操作。指示灯为绿色，说明正在仿真监控中，监控画面上的波形在移动中；指示灯为红色，说明停止监控，波形停止移动。单击可切换当前的监控状态。

监控状态的切换也可通过选择菜单【Monitor】/【Start/Stop】进行。

3）监控显示画面

该区域为监控时序图显示区。显示区可显示 5 个监控软元件的图形，与 5 个所登录的软元件对应。在这里，除了可观察单个软元件的时序图外，还可以观察各个软元件之间的时序对应关系。

4）监控软元件显示区

凡监控软元件均在这里登录显示，仅能同时显示 5 个登录软元件。

5）时间滚动条

该滚动条可以滚动调节图形在显示区的显示范围。滚动条在监控中不能使用，必须停止监控后才能使用。通过操作滚动条，可以了解软元件在当前时间中的波形变化情况。

6）软元件滚动条

通过滚动条操作可以使登录软元件在显示区上滚动显示。

7）时间刻度显示

显示时序图在时间坐标上的单位长度刻度值。即一个时间单位上刻度标注为多少。刻度值标注与图形显示范围调整与采样周期设定有关，详见后述。

8）图形显示范围调整（Chart Display Range）

设定单位时间上的刻度值，有X1，X2，X5，X10和X20供选择。

9）软元件登录方式（Device Entry）

在软元件显示区登录软元件有自动、手动两种方式。关于软元件登录操作，详见后述。

3．时序图说明

时序图是通过图形来了解软元件的变化，因此必须掌握所显示图形的含义和其变化的时间关系，才能判断其变化是否符合控制要求，下面以图7.4-24为例进行说明。

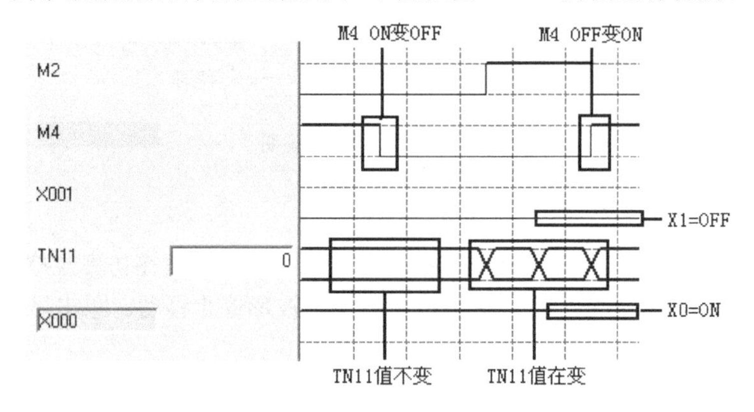

图7.4-24　时序图监控画面

1）时序图显示含义

● 位元件

对位元件来说，所要了解的内容是位元件当前的状态（ON/OFF），位元件动作及动作时间。如是周期变化，包括变化的周期，不同位元件之间变化的时序关系等。

在图7.4-24中，标出了位元件M4从ON变为OFF和从OFF变为ON的变化。同时，还可以看出，当M2从ON变为OFF时，这时M4从OFF变为ON。而M2波形为ON的时间是两个刻度值。X1当前状态为OFF，是一条细线，在低电平处，而X0当前状态为ON，是一条粗线，在高电平处。所有位元件的状态都可以根据上面所述图形说明进行观察。

● 字元件

字元件主要是数据寄存器和定时器或计数器当前值的变化。时序图本身不能说明具体数值大小，但能说明其数值保持不变和数值发生变化的时刻。

当字元件的数值不变时，用两条平行线表示，如图中TN11值不变。当数值发生变化时，两条平行线会发生交叉。发生一次交叉，说明数值在交叉时刻发生了改变，发生多次交叉，说明数值在这段时间一直发生变化。

2）时序图显示范围调整

显示范围的调整是指在时序图的显示区内软元件图形显示范围的调整，这个功能和万用

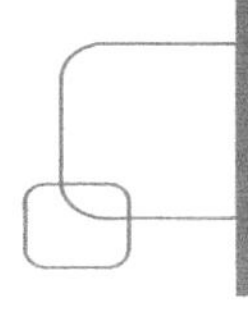

电表的测量范围调整类似。

显示范围的调整使得同样的显示画面，可以观察的图形范围不一样，如图 7.4-25（a）所示为显示范围确定为 X2 时的图形显示。这时，在整个显示区中，可以显示图形在 0～20s 的变化。如果时间单位为 100ms，则可以显示 2s 的图形变化。而图（b）为 X20，则可以显示 20s 的图形变化。显然，同样的画面所观察图形范围扩大了。但由于图形变化的时间是由程序决定的，是不变的。在不同的显示范围里，图形变化周期也随之缩小或放大了。因此，通过显示范围的调整。可以使用户能够比较准确地观察到图形的变化和各种图形之间相互关系。在图（a）中，把显示范围设定为 X2，看不出 M2，M4 和 M6 的脉冲波形和它们之间的时序关系，把显示范围调整为 X20 后，则非常清楚地看出 M2，M4 和 M6 的脉冲波形和它们之间的时序关系，如图（b）所示。

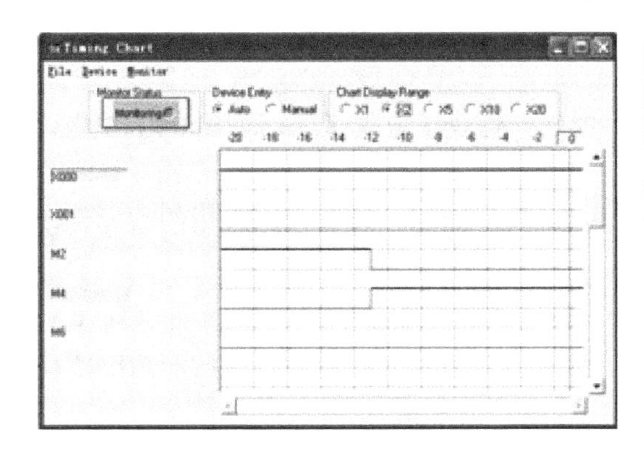

（a）显示范围×2

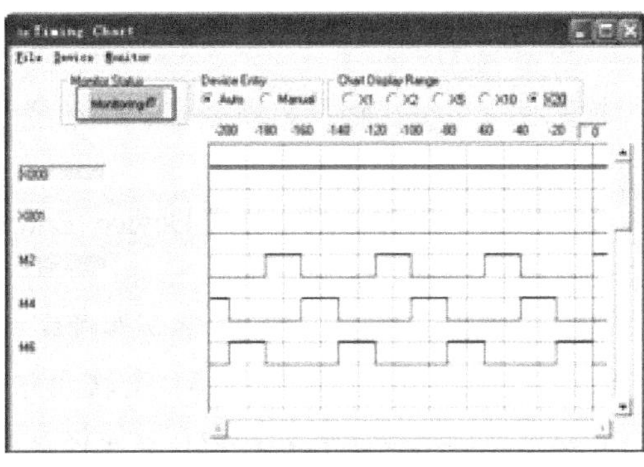

（b）显示范围×20

图 7.4-25　时序图显示范围调整

显示范围的调整由两种操作一起完成。

- 设定采样周期 T（Sampling Period）

先停止监控，【Monitor Status】显示红色。选择菜单【Monitor】/【Sampling Period】后，出现如图 7.4-26 所示采样周期【Set Sampling Period】对话框。对话框之【Data Accumulation Interval】为 1，这是出厂默认值。在这里，可根据图形显示范围的需要重新修改为 1～20 之间的任意数，即采样周期 *T*。*T* 越大，显示的范围也越大。

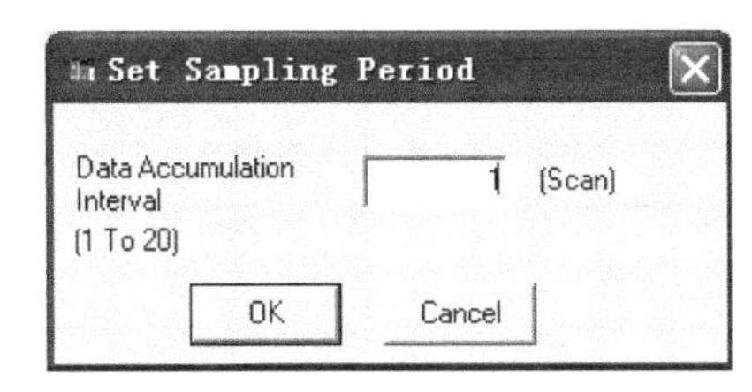

图 7.4-26　采样周期【Set Sampling Period】对话框

- 选择放大倍率 D（Chart Display Range）

在时序图的【Chart Display Range】里选择放大倍率 *D*。*D* 只有 5 种供选择，X1，X2，X5，X10 和 X20。放大倍率 *D* 的勾选与监控状态无关，监控或停止时均可随时选择。

采样周期 *T* 和放大倍率 *D* 确定后，图形显示区的纵坐标单位刻度（即时间单位刻度）

为：单位刻度=$T\times D$。例如采样周期 T 选 12。放大倍率 D 选 5，则每单位刻度为 60。在一般情况下，采样周期都默认为 1，然后直接勾选放大倍率 D，观察周期显示是否能满足要求，不满足再进行调整。

图形的最大显示范围是 1000T。与放大倍率 D 无关。也就是说图形仅能保存当前时间为过去 1000T 内的变化。

4. 软元件登录操作

监控软元件显示区在时序图打开后是空白的，必须把要监控的软元件在这里登录，才能开始监控。软元件登录后，关于软元件的相关编辑操作也在这里进行。下面就软元件登录操作和软元件编辑操作进行说明。

1）软元件登录操作

软元件登录分两种：自动登录和手动登录，由软元件登录方式【Device Entry】决定。

- 自动登录（Auto）

自动登录的操作方式：在【Device Entry】内选择【Auto】，仿真程序应用的软元件便会自动出现在监控软元件显示区。

软元件按位元件，T，C 和字元件顺序排列，每一页面只能显示 5 个软元件（对 FX 系列 PLC 来说），最多只能显示 64 个软元件。要查看所有的软元件可通过拉动右边的滚动条进行。这时，所有登录软元件会在显示区滚动显示。

自动登录的优点是不用逐个登录监控软元件，缺点是并不是所有软元件都需要监控的。

- 手动登录（Manual）

手动登录是指用对话框的方式将需要监控的软元件逐个登录到软元件显示区。手动登录的操作：在【Device Entry】内选择【Manual】，出现如图 7.4-27 所示软元件输入【Device Entry】对话框。

（a）Selection

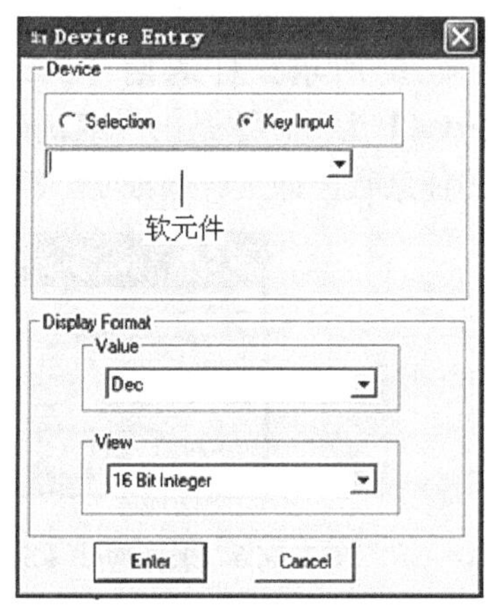

（b）Key Input

图 7.4-27　软元件输入【Device Entry】对话框。

该对话框分两种方式登录软元件。图（a）为【Selection】方式，这种方式是软元件符号和其编址分别输入；单击【Key input】单选按钮出现如图（b）所示之输入对话框，直接输入软元件。两种方式都很方便。执行软元件登录输入后，一定要单击下方的【Enter】按钮进行确认，软元件便出现在显示区，最多也是只能登录 64 个软元件。

手动登录的优点是可以随心所欲地按需要逐个登录，不需要按类型排列，非常方便监控。特别是监控软元件之间的时序关系时，可以把需要监控时序关系的软元件登录在一起进行对比分析。其缺点也是逐个登录，相比自动，费时费力。

对话框的【Display Format】为登录字元件后的显示格式选择，可参看上面所述。

2）软元件图示说明

● 位元件

位元件显示区的显示方式如图 7.4-28（a）所示，如果显示颜色为黄色（图中 X0，X2），则表示该位元件当前状态为 ON。在时序图中，其状态是随程序执行而变化的。

● 定时器 T 和计数器 C

仿真软件将定时器 T/计数器 C 的三个组成分别用三种方式显示，如表 7.4-4 所示。在图 7.4-28（b）中 TS11 为定时器 T11 的触点，而 TC11 为当前值。当线圈 TC11 为 ON 时（为黄色），其当前值变化在 TN11 右面的白色框中显示。

表 7.4-4　定时器 T 和计数器 C 显示符号

	定时器 T	计数器 C
触点	TS	CS
线圈	TC	CC
当前值	TN	CN

● 字元件

字元件的显示如图 7.4-28（c）所示，其右边的方框显示字元件的当前值。双字在字元件后面加（D），如图中 D20（D）。如果显示了双字，也可以同时显示组成双字的两个单字。

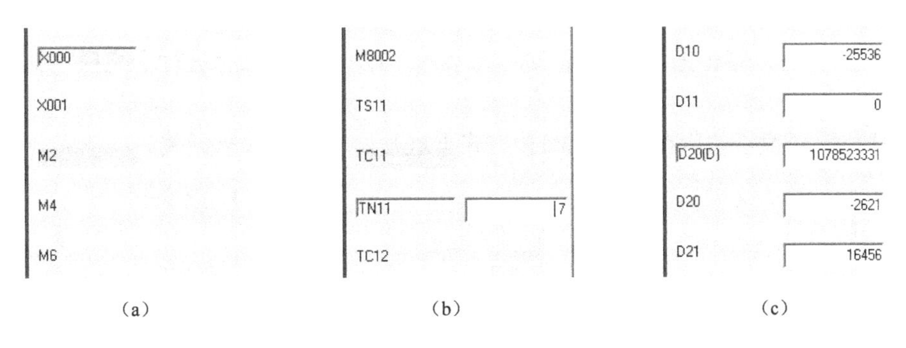

图 7.4-28　软元件显示方式

3）软元件编辑

在软元件显示区，也可以很方便地对软元件进行强制、添加、删除等操作。

● 软元件强制操作

将鼠标点到强制的位元件，然后双击鼠标左键，位元件状态进行 ON/OFF 切换。黄色为ON，白色为 OFF。

对字元件来说，可强制改变其数值，将鼠标点到要修改数值的字元件，然后，直接输入新的数值，输入后，数值变浅黄色，这时，任意单击其他软元件。浅黄色变成白色，表示修改数值得到确认。

强制操作必须在监控启动后才能进行。

● 软元件登录

软元件登录操作为单击任一软元件，然后单击右键，出现如图 7.4-29 所示菜单，单击【Entry Device】，出现对话框【Device Entry】，以下操作步骤与手动操作【Manual】一样。读者可参看软元件登录操作一节，所登录的软元件位置在所单击的软元件之前。软元件登录操作可以很方便地在任意位置添加新的监控软元件。

软元件登录操作在监控中和监控停止时都可以进行。

图 7.4-29　软元件登录操作菜单

● 软元件删除

如果想删除已登录的软元件，则可执行删除操作：单击想要删除的软元件，按一下键盘上的【Delete】键，该软元件从显示区被删除，删除操作在监控中或监控停止状态均可进行。

● 软元件位置移动

在显示区，还可以对软元件显示的位置进行交换移动。即将两个软元件显示的位置进行交换。

操作方式：假定将软元件 M2 和 M6 进行位置交换，单击 M2，并按住鼠标左键，拖动 M2 到 M6 位置后，停止拖动，发现 M2 与 M6 的显示位置已经进行了交换，如图 7.4-30 所示。

软元件位置交换移动应在【Manual】方式下进行，与监控状态无关。

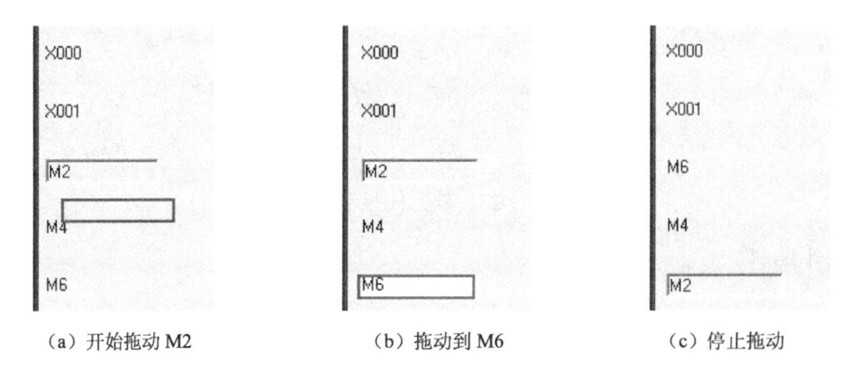

(a) 开始拖动 M2　(b) 拖动到 M6　(c) 停止拖动

图 7.4-30　软元件位置移动

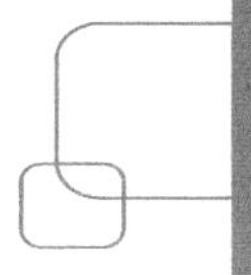

4）软元件编辑综合操作

仿真软件针对软元件的登录、删除和位置移动设计了一个综合操作的对话框，可以很方便地在对话框中完成软元件的上述操作。

将鼠标对准任一软元件，单击右键，出现如图 7.4-29 所示菜单，选择【List Device】。出现软元件列表【Device List】对话框，如图 7.4-31 所示。软元件按其位置顺序显示列表，其左边部分为已经登录的。

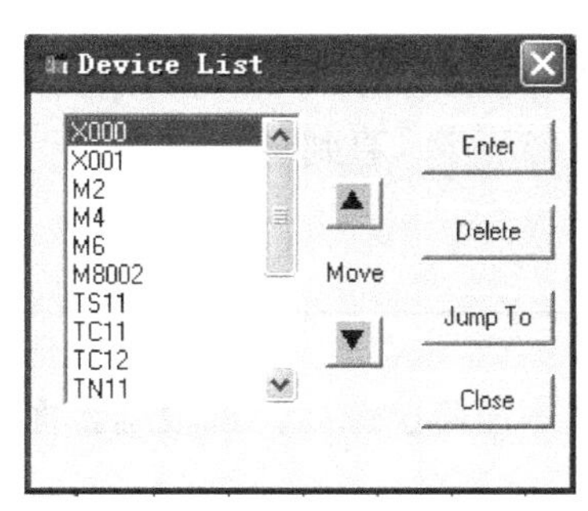

图 7.4-31　软元件列表【Device List】对话框

软元件列表操作必须在登录软元件后进行，对话框说明如下：

●【Enter】软元件登录

首先指定登录软元件在表中的位置，单击表中某一软元件（点中显蓝色），单击【Enter】按钮，出现【Device Entry】对话框。其输入操作与上面所述一样，不再阐述。登录后的软元件显示位置在被选中的软元件的前一位。

●【Delete】软元件删除

当删除某个软元件时，点选该软元件，单击【Delete】按钮，该软元件从列表中消失。也可以删除位置前后顺序相连的一批软元件（批量删除），其操作是在软元件列表中选择前按住左键拖动（往上、往下均可）要删除的批量软元件，当所要删除的批量软元件全部变成蓝色后停止拖动。单击【Delete】按钮，该被选中的软元件全部从列表中消失。

●【Move】移动软元件位置

选择某软元件后，通过▲和▼按钮使被选中的软元件在列表中上下移动。可以随意移动到任意位置，十分方便灵活，但不能同时移动 2 个或更多批量软元件。

●【Jump To】显示位置移动

选择某软元件后，单击【Jump To】按钮，在软元件显示区，被选择的软元件将显示在首位，同时，也将其后顺序排列的软元件一起显示。

5. 时序图监控操作步骤

监控操作按个人习惯，没有什么一定的步骤，下面为一种监控操作流程，仅供读者参考。

（1）在对话框【LADDER LOGIC TEST】中选择菜单【Start】/【Monitor Function】/【Timer Memory Monitor】，出现时序图监控界面【Timer Chart】。

（2）在【Device Entry】中选择自动【Auto】，单击【Monitor Status】启动监控。这时软

元件显示画面出现监控软元件。

（3）鼠标置于软元件显示区并指向某软元件，单击鼠标右键，出现菜单，单击软元件列表【List Device】，出现对话框【Device List】。

（4）在【Device List】对话框中，按照程序监控要求对所要监控的软元件进行登录、删除、位置排序等编辑操作。

（5）回到监控画面，按控制要求进行软元件强制操作。观察时序图画面是否满足监控要求，如果感到画面显示不符合要求，则通过采样周期设定【Set Sampling Period】和选择放大倍率（Chart Display Rage）调整图形显示范围，使之能达到监控要求。

（6）反复操作第（3）～第（5）步，直到所有监控软元件图形或数值清楚为止，根据监控结果对程序进行分析。

【试试，你行的】

（1）如图 P7.4-7 所示为时序图监控画面，试根据画面各部分标志（1～9）回答下面问题。

① 第几部分为时序图监控开始和停止操作？

② 软元件显示在第几部分？如何操作显示软元件？

③ 第 7 部分称为什么？它们的操作功能是什么？

④ 第 6 部分为时间刻度显示，图中标注为 0～10，其标注可以改变吗？标注值改变与什么有关？

⑤ 第 4 部分为图形显示范围调整，如果选择不同范围，则画面上哪一部分显示也会随之变化？

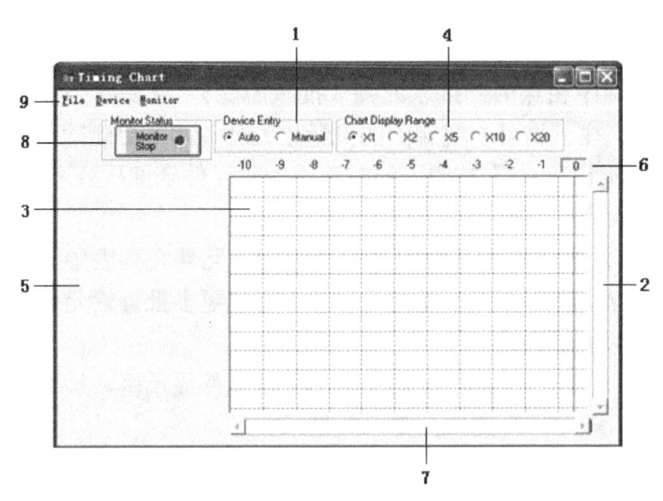

图 P7.4-7

（2）时序图是通过图形来了解软元件的变化。问对位元件和字元件所要了解的内容各是什么？

（3）如图 P7.4-8 所示为某一程序中在时序图监控画面上的图形显示。

① 指出软元件 M2 和 M10 的 OFF→ON 和 ON→OFF 的动作点。

② 指出软元件 T11 当前值发生变化的时间范围。

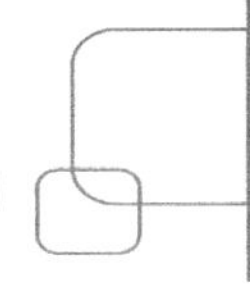

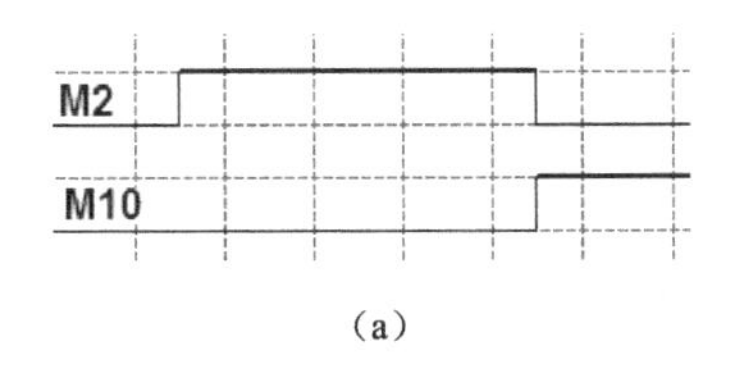

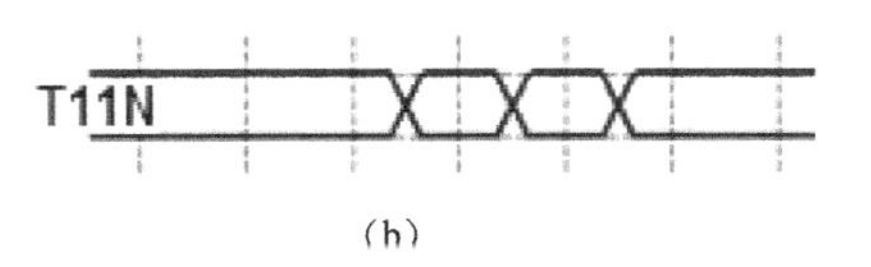

（a）　　　　（b）

图 P7.4-8

（4）图 P7.4-9（a）为时序图监控上软元件显示区的初始画面，试通过直接在软元件显示区上的操作把图（a）的画面变成图（b）的画面。

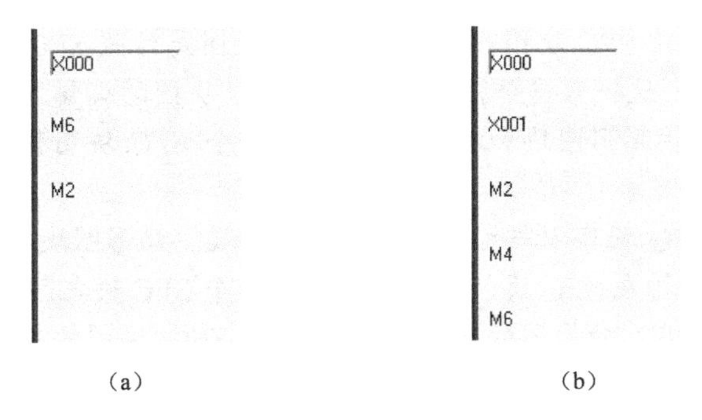

（a）　　　　（b）

图 P7.4-9

（5）图 P7.4-10 为时序图监控的软元件显示画面，试指出哪是定时器的线圈、触点和当前值表示，哪是 16 位数据寄存器表示，哪是 32 位数字寄存器表示。

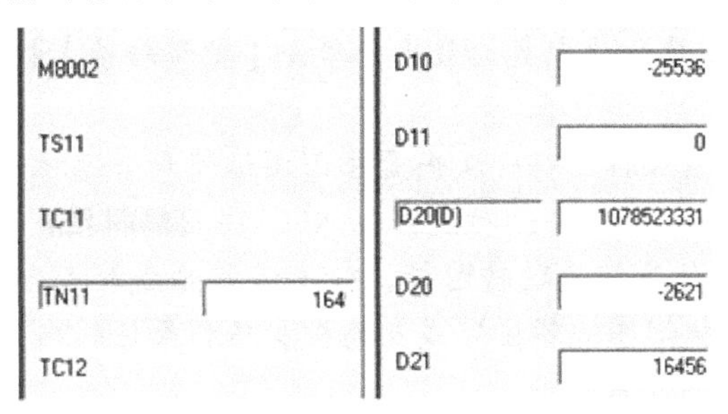

图 P7.4-10

（6）在软元件显示区，通过图 P7.4-11（a）中【Device List】操作，把软元件显示区的显示由图（b）改成图（c）。

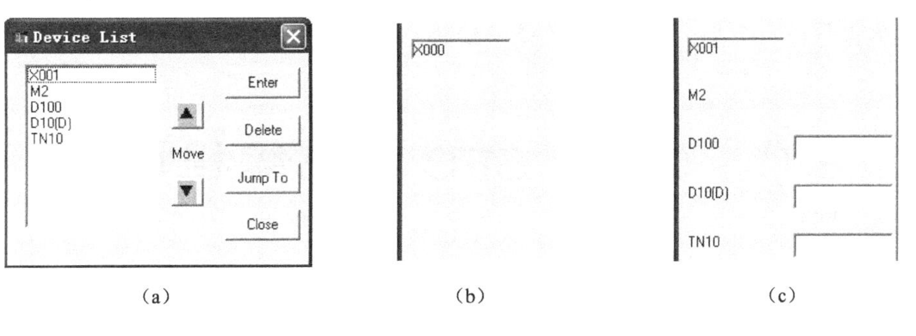

（a）　　　　（b）　　　　（c）

图 P7.4-11

第8章　GX中SFC块图编程

学习指导：

（1）STL指令步进梯形图是三菱专门针对SFC程序开发的，为此三菱在GX软件中专门开发了针对SFC程序的SFC块图程序编辑。SFC块图是仿照SFC功能图设计的，同样具有控制流程清晰等优点。这一章将介绍GX软件中SFC块图的编辑方法。

（2）SFC块图程序由梯形图块和SFC块组成。一个SFC块图程序可以有多个梯形图块和SFC块。

- 梯形图块是在SFC程序中与主母线相连的程序段。梯形图块在SFC块图中的位置可根据程序要求安排在SFC块前、后，也可在两个SFC块之间。
- SFC块是仿照SFC功能图的图形程序，所谓SFC块图的编辑就是SFC块的图形程序编辑，一个SFC块就是一个SFC流程，一个SFC块图程序中可以有多个SFC块。

（3）整个SFC块图程序的编辑就是在【块列表】上选择块类型，然后转入相应的块图编程界面去编辑梯形图块程序或SFC块程序。编辑并转换完成后，又返回【块列表】选择下一个需要编辑的块类型进行编辑。编辑完成后，又回到【块列表】进行选择，如此反复，直到全部梯形图块和SFC块程序完成。最后，单击【批量转换】按钮。一个SFC块图程序的编辑就完成了。

（4）梯形图块的梯形图编辑、SFC块内置梯形图编辑和普通梯形图编辑一样。

（5）SFC块的编辑就是根据SFC功能图在SFC块图编辑区内相应的位置输入相应的图形工具图标（状态框、转移条件或跳转图标，分支流程生成和汇合线画线图标等），然后，根据控制要求分别在内置梯形图编辑区完成状态框和转移条件的内置梯形图编辑并转换。

（6）SFC块图的编辑方式有：

- 按照流程顺序进行编辑操作。它是画出一个SFC图标，输入相应内置梯形图。逐个图标输入，直至完成。
- 不按顺序编辑操作。先画出全部SFC块图程序的图标，再逐个图标输入相应内置梯形图，直至完成。
- 具体操作因人而异，但基本操作是一致的，必须熟练掌握。

8.1　GX中SFC块图编程说明

8.1.1　SFC功能图、STL步进梯形图和SFC块图

在讲解顺序控制时，重点介绍了两种SFC程序的编辑方法。一种是SFC功能图，另一

种是 STL 指令步进梯形图，如图 8.1-1 所示。

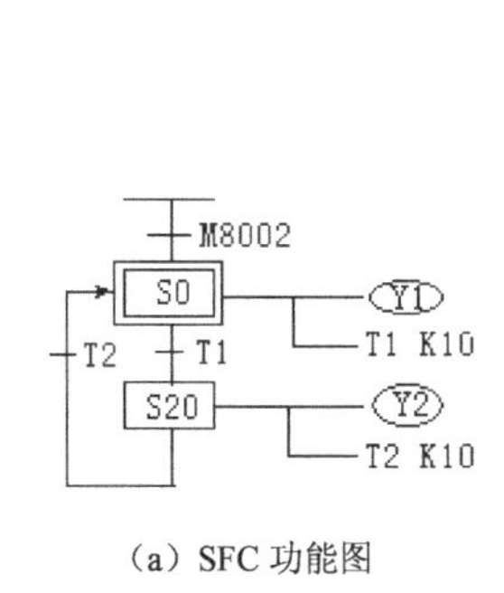

（a）SFC 功能图

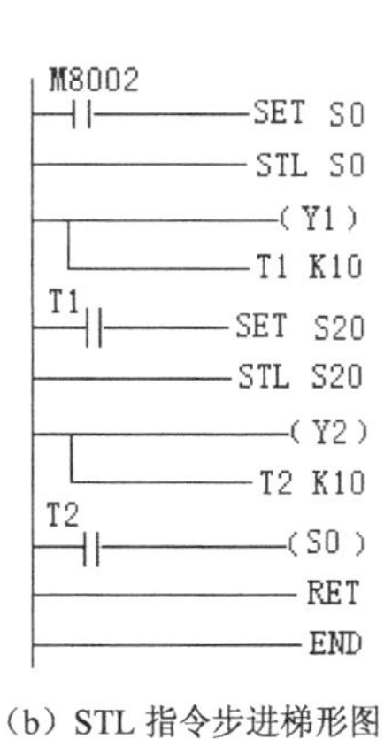

（b）STL 指令步进梯形图

图 8.1-1　SFC 程序编辑方法

SFC 功能图是专门为顺序控制设计的程序语言，它把 SFC 的流程表示得非常清晰、简单，对控制的内容进行了描述，对转移条件也做了清楚指示。但是 SFC 功能图并不能直接在编程软件中编制，它只能作为 PLC 的辅助编程工具，而不是一种独立的编程语言，必须将它转换成其他 PLC 可执行的编程语言 SFC 程序。

STL 指令步进梯形图则是三菱 PLC 专门针对 SFC 程序开发的，它的特点是根据 SFC 功能图，可以马上写出 STL 指令梯形图。而在 GX 软件中，SFC 程序除了 STL 指令步进梯形图外，还有 SFC 图形程序。

SFC 图形程序是仿照 SFC 功能图设计的，同样具有控制流程清晰等优点。在这一章中，将介绍在 GX 软件中 SFC 图形程序（以下简称 SFC 块图）的编辑方法。

1．SFC 功能图和 SFC 块图的比较

SFC 功能图和 SFC 块图从图形上看非常相似，但还是有很大的差别，比较一下它们之间的异同，对加深理解 SFC 块图的编辑非常有帮助。

图 8.1-2 为 SFC 功能图和 SFC 块图的对比，它们之间的相同点是顺序控制的状态（步）都用双框或单框矩形图表示。状态之间的转换都用有向连线表示。转移条件都用与有向连线垂直的短画线表示，不同之处有：

（1）SFC 功能图是一个完整的图形程序，而 SFC 块图则由梯形图块和 SFC 块组成图形程序。

（2）SFC 功能图中明确标出了转移条件，而 SFC 块图则用顺序编号表示，并无具体转移条件。SFC 块图具体转移条件在相应的内置梯形图中编制。

（3）在 SFC 功能图中，命令和动作也已在图中标出，而 SFC 块图则没有。

（4）当发生状态转移时，SFC 功能图用箭头指向状态方框，而 SFC 块是用箭头指向转移状态编号。

理解了这些不同之处，学习 GX 中 SFC 块图编程的重点就是如何在不同之处进行 SFC 块图编辑，完成从 SFC 功能图到 SFC 块图的转换。

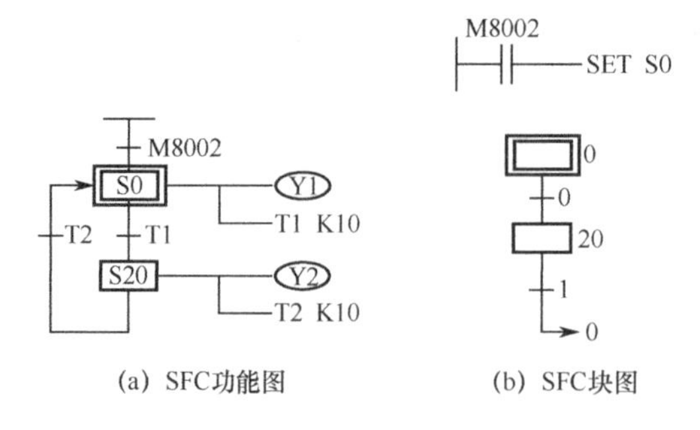

图 8.1-2　SFC 功能图和 SFC 块图

2. SFC 块图结构

首先用图 8.1-3 所示最简单的 SFC 块图对 SFC 块图程序的结构进行简单介绍。SFC 块图程序分成两大块。

1）梯形图块

这是在 SFC 程序中与主母线相连的程序段，例如，在程序开始时用以激活初始状态的程序段，用于紧急停止的程序段或是在 RET 指令后的用户程序段，它们的编辑方法与普通梯形图编辑相同。

在 SFC 块图程序中，可以有多个梯形图块，它们在 SFC 块图程序中的位置可根据程序要求安排，可在 SFC 块前后，也可在两个 SFC 块之间。

2）SFC 块

如图 8.1-4 所示，这是用方框、连线、横线和箭头等表示的 SFC 块，在 SFC 块图程序中，一个 SFC 块表示一个 SFC 流程，一般以其初始状态的状态元件命名。一个 SFC 块图程序最多只能有 10 个 SFC 块。关于 SFC 块的组成说明如下：

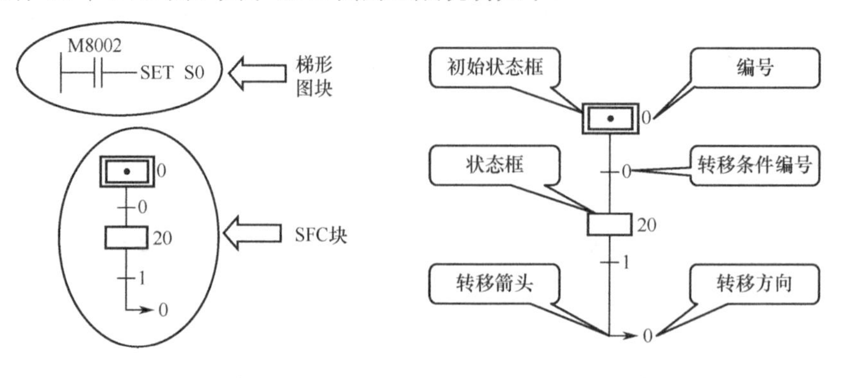

图 8.1-3　SFC 块图　　　　图 8.1-4　SFC 块的结构组成

● 编号

编号指状态元件 S 的编号（步编号），在编辑状态方框时指定。在 SFC 块上是看不到与状态母线相连的有关驱动输出、转移条件和转移方向等梯形图程序的。这些看不到的梯形图程序称为 SFC 内置梯形图。内置梯形图在 SFC 块图程序中另行编制，编制完成后，随同 SFC 块图一起转换成梯形图程序。

● 转移条件编号

在 SFC 块中，与转换横线相随的不是转移条件，而是统一的编号，自上而下，自左向右从编号 0 开始，顺序编制。至于具体的转移条件则在相应的内置梯形图中编制。

● 转移箭头与方向

当发生状态之间的转移时，SFC 块用箭头加方向给予标注。拐弯的箭头表示发生状态转移，箭头所指的编号为所转移的状态编号。图中为条件 1 满足后，转移至状态 S0 执行。

对 SFC 块图的编辑就是生成这些 SFC 图形，对它们进行编号和输入相应的内置梯形图。在 GX 软件上，编辑 SFC 块图程序也必须遵守 SFC 功能图编写的一些注意事项。详见 6.1.3 节顺序功能图的基本结构 3 顺序功能图的编写注意事项。

【试试，你行的】

（1）SFC 块图是由______块和_____块两大块组成的。

（2）一个 SFC 块表示______。一般以_____命名。一个 SFC 块图程序最多有____个 SFC 块。

（3）一个 SFC 块图是由_____、_____和_____组成的。

（4）状态元件的编号是如何设置的？转移条件编号是如何设置的？转移箭头方向指向哪里？

8.1.2　GX 中 SFC 块图程序编程界面与工具图标

1．SFC 编程窗口的启动

启动 GX Develop 编程软件，单击菜单【工程】/【创建新工程】或单击【创建新工程】图标 ，弹出【创建新工程】对话框，如图 8.1-5 所示。按图中 1、2、3、4 顺序进行选择并单击【确定】按钮，启动 SFC 块图程序编程窗口。

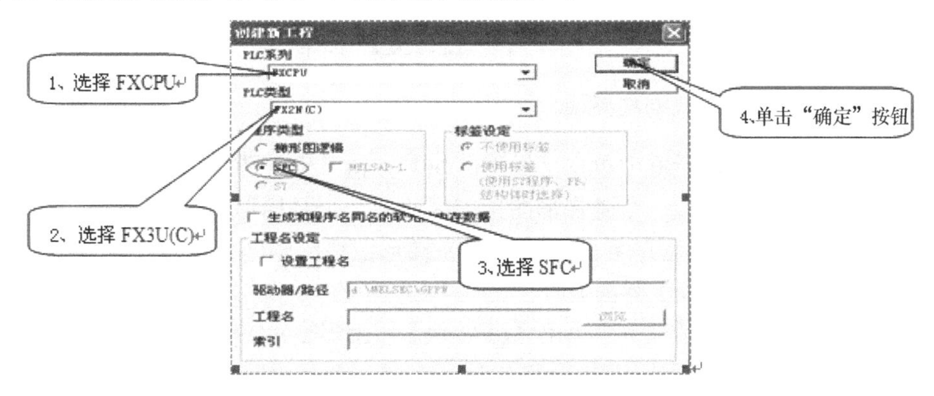

图 8.1-5　【创建新工程】对话框

2．块列表

SFC 块图程序编程窗口被启动后，首先出现的是如图 8.1-6 所示的【块列表】窗口。这是 SFC 块图程序的块列表。相当于 SFC 块图程序中所有编制的梯形图块和 SFC 块的目录。

各个梯形图块和 SFC 块必须按其在程序中的顺序进行排列。

【块列表】中说明了在 SFC 块图程序中所编辑块的类型、顺序（No）和块标题。同时表中还显示各个块是否进行变换的状态。如欲关闭【块列表】窗口，单击右上角黑色关闭按钮。窗口回到 GX 软件未激活状态。

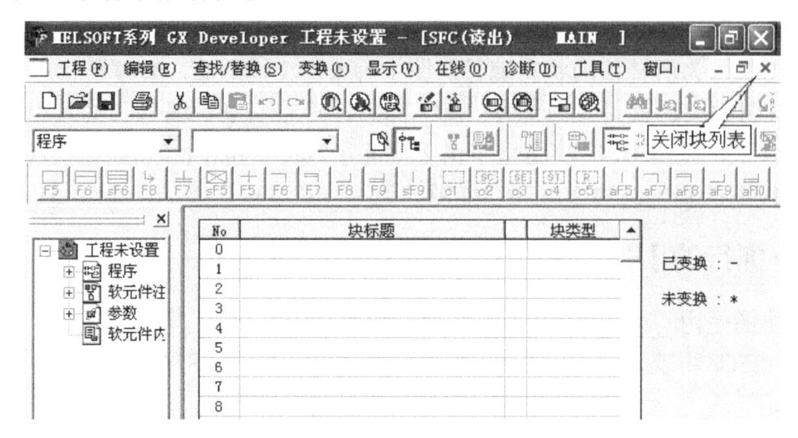

图 8.1-6 【块列表】窗口

【块列表】窗口是进入 SFC 块图程序编程界面的第一画面，但它不是编程界面。如要进行 SFC 块图程序编辑，必须双击第 0 块（或第 *n* 块），弹出【块信息设置】对话框，如图 8.1-7 所示。在【块信息设置】对话框内 ，块标题栏可以根据需要填写，也可以不填。块类型根据需要勾选。单击【执行】按钮，进入梯形图块或 SFC 块编程界面。

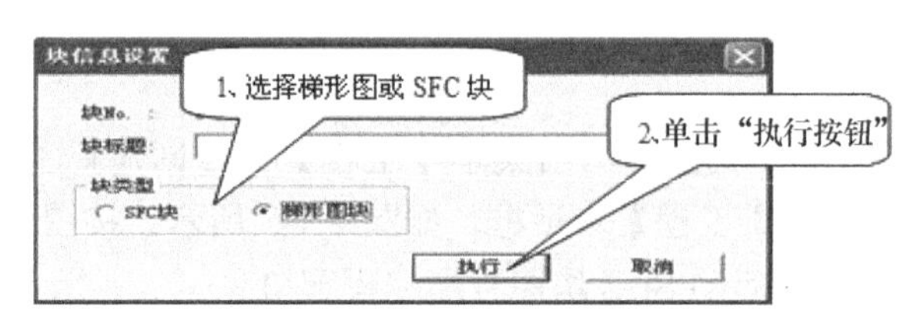

图 8.1-7 【块信息设置】对话框

3. 梯形图块和 SFC 块编程界面

在【块信息设置】对话框中单击【梯形图块】按钮，出现图 8.1-8 所示梯形图块编程界面。该编程界面有两个区：一个是梯形图标志区，另一个是梯形图块编辑区。梯形图块标志“LD”，说明这是梯形图块程序界面，其程序在梯形图块编辑区内编辑。单击右上角黑色关闭按钮，窗口回到【块列表】界面。

在【块信息设置】对话框中中单击【SFC 块】，出现图 8.1-9 所示 SFC 块图编程界面。编程界面也有两个区：一个是 SFC 块图编辑区，另一个是内置梯形图编辑区。SFC 块图编辑区是 SFC 的图形程序编辑区，也是本章主要学习的内容，而内置梯形图编辑区是 SFC 块图程序中各个状态内部和转移条件的梯形图需要编辑的地方。单击右上角黑色关闭按钮，窗口回到【块列表】界面。

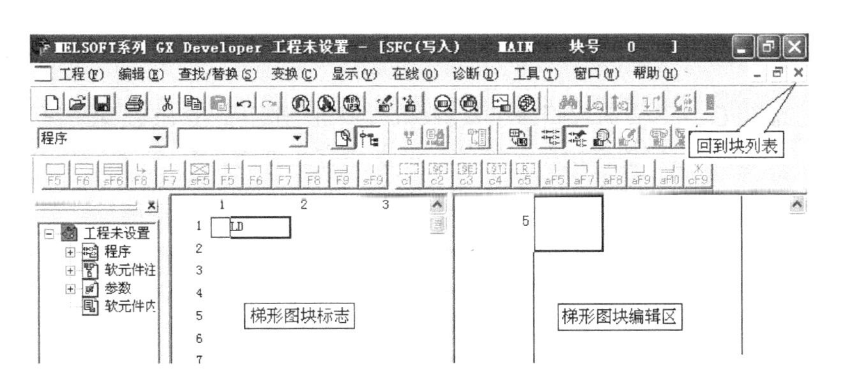

图 8.1-8　梯形图块编程界面

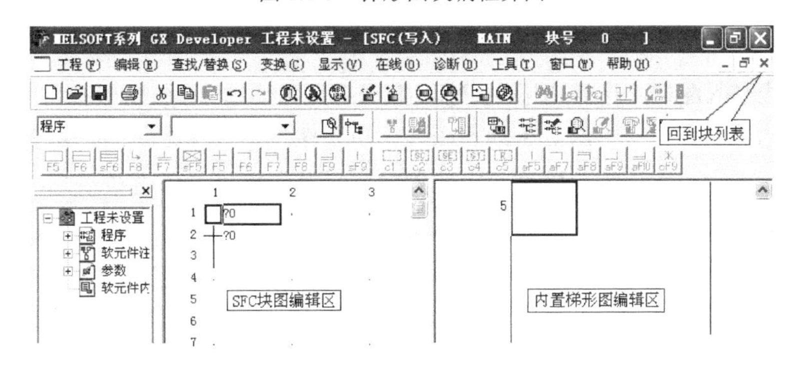

图 8.1-9　SFC 块编程界面

4．SFC 编程图标介绍

SFC 块是图形程序，程序编辑仿照 SFC 功能图的格式全部用工具图标进行，生成 SFC 图形程序后，再对图标进行内置梯形图编写。

工具图标分成三种类型：基本图形工具图标，分支流程画线工具图标和 SFC 块转换图标。

1）基本图形工具图标

基本图形工具图标有三个，见图 8.1-10，其相应操作见表 8.1-1。

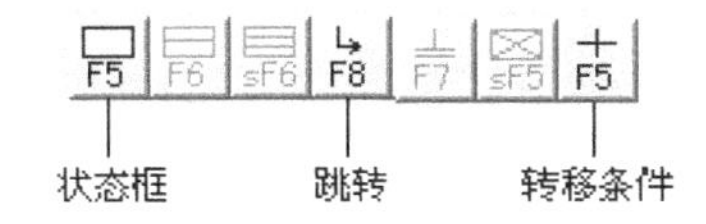

图 8.1-10　SFC 块基本图形工具图标

表 8.1-1　SFC 块基本图形工具图标说明

图标名称	图　标	操　作	备　注
状态框	F5	单击图标，生成状态方框。 单击方框，输入 STEP 编号	初始状态双线方框自动生成
转移条件	F5	单击图标，生成转移条件横线。 单击横线，输入 TR 编号	初始状态转移条件横线自动生成
跳转	F8	单击图标，生成跳转方向箭头。 单击箭头，输入 JUMP 编号	在跳转目标状态方框内生成黑点

2）分支流程画线工具图标

图 8.1-11 为 SFC 块分支流程画线工具图标，图标的作用是在 SFC 编辑区画出分支的各种连线。图标分两类，它们的作用是一样的，但操作方法不同。

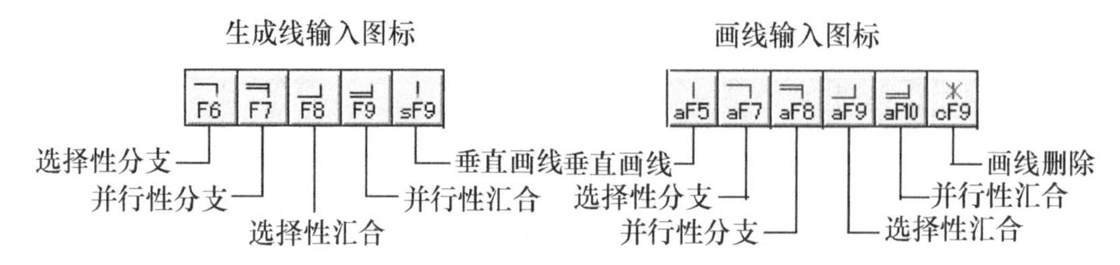

图 8.1-11　SFC 块分支流程画线工具图标

（1）生成线输入图标，这类图标生成指定的长度连线。

（2）画线输入图标，这类图标为动态画线，单击图标后，在指定的位置上按住鼠标左键横向移动，就会画出一条连线，画到一定位置后，松开左键，一条连线被画出，其中【画线删除】图标用于删去已画连线（包括由生成线输入所画连线）。

3）SFC 块转换图标

SFC 块图编辑完成后，必须经过编译，把它转换成梯形图程序，才能下载到 PLC 中去执行。编译图标有两个，即程序转换图标和程序批量转换图标，如图 8.1-12 所示。

程序转换图标用于梯形图块和内置梯形图的编译。在编写内置梯形图时，程序呈灰色，表示未进行编译，单击程序转换图标，程序变白色，表示编译完成。每一个状态框和转移条件横线的内置梯形图程序都要进行转换。

程序批量转换图标用于梯形图块和 SFC 块的整体转换。当全部完成梯形图块和 SFC 块图的编辑程序后，马上单击该图标。过一会儿。两个图标均变成灰色，说明转换完成，SFC 块图程序的 GX 软件编程才算全部完成。

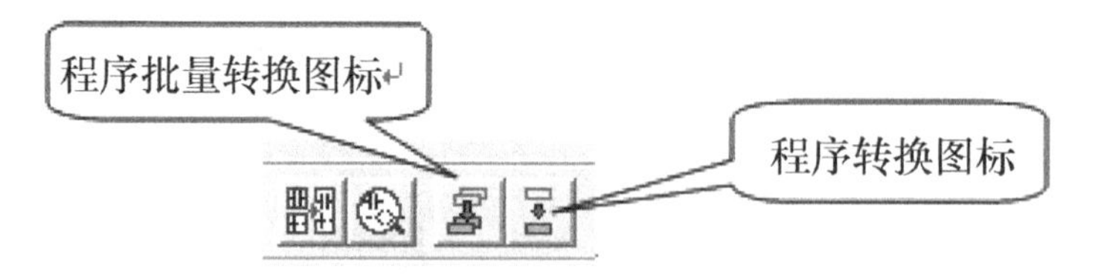

图 8.2-12　程序变换图标

【试试，你行的】

（1）SFC 块图编程图标有几种类型？

（2）基本图形工具图标的功能是什么？

（3）分支流程画线工具图标有哪两类？具体应用有什么不同？

（4）编译图标的作用是什么？程序转换图标用于哪里？程序批量转换图标用于哪里？

8.1.3　SFC 块图单流程程序编辑操作

现以图 8.1-13 所示最简单 SFC 单流程功能图说明在 GX 软件中编辑 SFC 块图程序时，三个基本图形工具图标的操作及 SFC 块图程序的编辑过程。

SFC 块图由一个梯形图块和一个 SFC 块组成，两个块的程序要分别编辑。

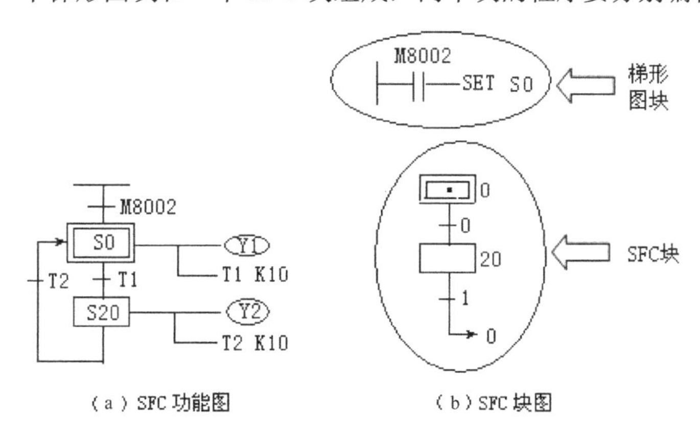

图 8.1-13　SFC 功能图和 SFC 块图

1．梯形图块编辑

在【块列表】窗口双击第 0 块，弹出【块信息设置】对话框，如图 8.1-14 所示。这是梯形图块与 SFC 块的共用对话框，根据要求进行勾选，【块标题】可填可不填。

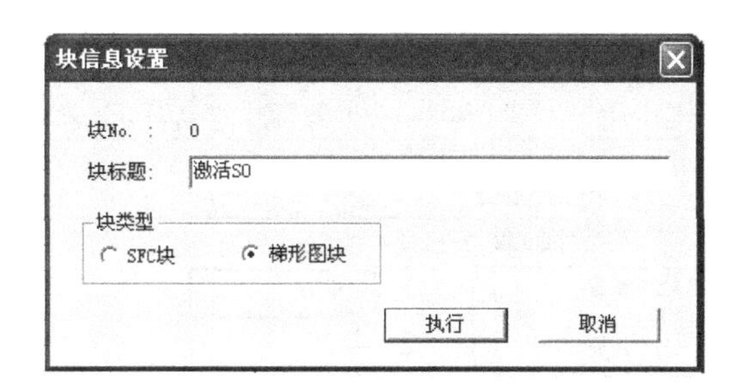

图 8.1-14 【块信息设置】对话框

勾选【梯形图块】，单击【执行】按钮，出现如图 8.1-15 所示之梯形图编辑窗口，在梯形图编辑区内编写梯形图程序。

编辑完毕后，发现该程序块为灰色，说明程序块还未编译。单击【程序转换】图标，程序块变为白色，说明程序编译完成。在以后的梯形图区中编辑的程序块在编辑完成后都要进行程序转换操作。

如需要对梯形图块内梯形图进行注释等操作，可按 GX 软件所说明的方法进行，但仅能进行注释编辑和注解项编辑，不能进行声明编辑。

2．SFC 块编辑

SFC 块编辑包括驱动输出程序编辑、转移条件编辑和程序转移编辑。

1）SFC 块图编辑区

单击右上角黑色关闭按钮，回到【块列表】窗口，双击”1”块，弹出【块信息设置】对话框。在块标题中填入“S0”，表示是以 S0 为初始状态的一个 SFC 控制流程块图。在 SFC 编辑中，一个流程为一个块，以其初始状态编号为块标题，因此，块标题不能空白，但块标题只能填入 S0～S9，最多只能有 10 个 SFC 块。勾选【SFC 块】，单击【执行】按钮，出现 SFC 块图编程界面。

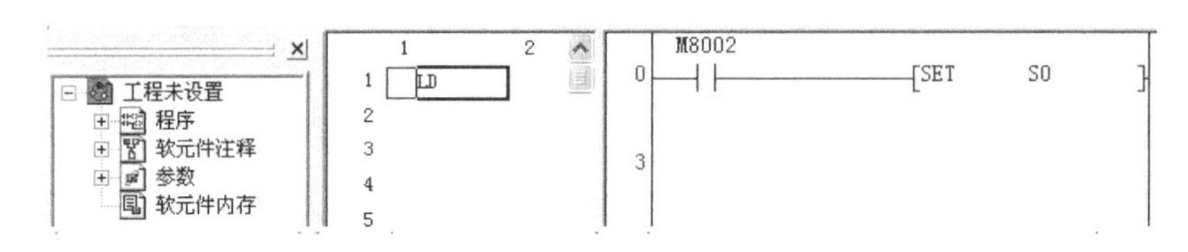

图 8.1-15　梯形图块编辑窗口

编程界面有两个编辑区，先了解一下 SFC 块图编辑区。图 8.1-16 为 SFC 块图编辑区。

在编辑区出现了表示初始状态的双线框及表示状态相连的有向连线，以及表示转换条件的横线。在方框和横线旁有两个“？0”，表示初始状态 S0 内还没有驱动输出梯形图。双线框的左边有一列数字，为双线框所在行位置编号；双线框的上边有一行数字，为双线框所在列位置编号。例如双线方框的位置为 1×1（行×列），横线的位置为 2×1（行×列），等等。在块图编辑区中，所有 SFC 的基本图形工具图标（状态框，转移条件和跳转）都必须在（行×列）的交叉位置上编辑。

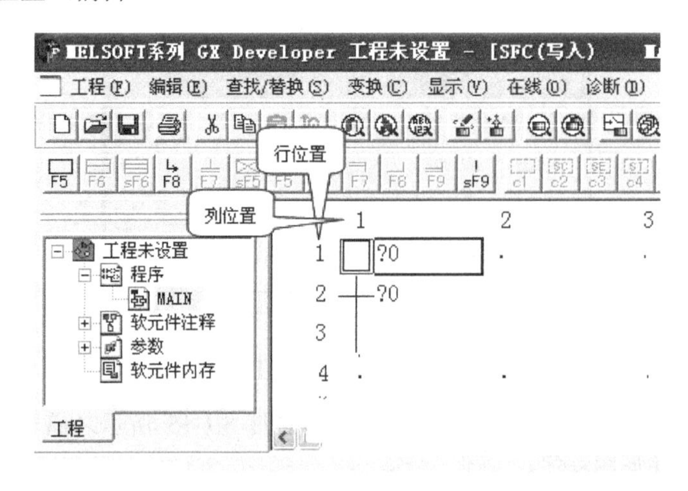

图 8.1-16　SFC 块图编辑区

2）初始状态 S0 的内置梯形图编辑

现对初始状态 S0 进行驱动输出梯形图编辑。

（1）双击双线方框，弹出【SFC 符号输入】对话框，如图 8.1-17 所示。

该对话框是一个综合对话框，它贯穿在全部 SFC 块图的编辑中。在不同的编辑场合，其【图标号】不同。图标后空格填写相应编号或画线长度。表 8.1-2 对【SFC 符号输入】对话框基本图形工具图标及相应编号进行了说明。图中，【注释】空格可填写最多为 32 个字符的关于该状态框的一些简要说明，在全部 SFC 符号输入中，只有【STEP】图标号才能进行注释。注释后的说明并不显示在编程界面上。仅当通过单击菜单【显示】/【步/转移注释显示】操作后，才能显示所输入的注释。如需隐藏注释，取消勾选【步/转移注释显示】即可。

图 8.1-17 【STEP 符号输入】对话框

表 8.1-2　SFC 符号输入基本图形工具图标及编号说明

图标名称	图　标　号	编号成长度	备　　注
状态框	STEP	状态框状态编号	S10～S999，最多 512 个状态框
跳转目标	JUMP	跳转目标状态框编号	显示步属性，区分跳转与自复位
状态转移	TR	转移条件编号	系统按操作顺序自动分配编号

【STEP】图标号表示对状态框进行编号，要求编号与状态框所用状态元件编号相同。现为初始状态 S0，则其编号为 0（注意，不是 S0），单击【确定】按钮，编号完成。

（2）单击双线方框，并将鼠标移入内置梯形图编辑区单击，光标出现在内置梯形图编辑区，现在可对初始状态 S0 的驱动输出进行梯形图编辑，如图 8.1-18 所示。编辑完毕，单击【程序转换】图标，这时，SFC 编辑区对话框旁边的“？”号已经消失，它表示状态 S0 的驱动输出梯形图已经内置。

如果状态为空操作，即无内置梯形图，则无须输入内置梯形图，仍然保留“？”号，继续往下编辑，并不影响 SFC 程序整体转换。

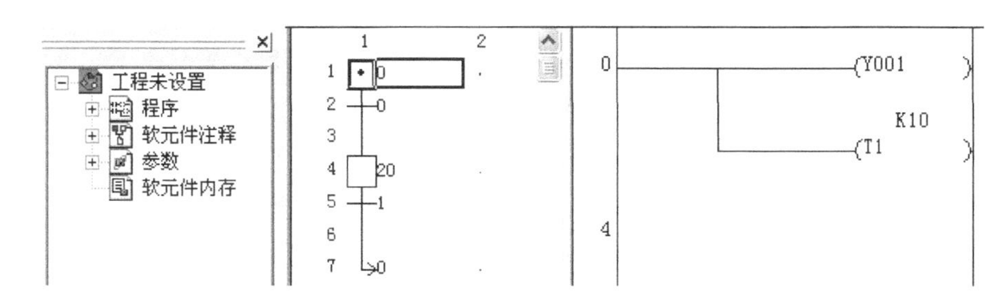

图 8.1-18　初始状态 S0 的内置梯形图编辑

3）初始状态 S0 的转移条件编辑

双击横线，弹出【SFC 符号输入】对话框，如图 8.1-19 所示。这是对转移条件（横线）进行编号的对话框。【TR】图标号表示对转移条件进行编号。转移条件不能像 SFC 功能图上一样，在横线边上标注“X0”等符号。软件会按顺序自动编号为“0，1，2，…”0 表示第 0 个转移条件。单击【确定】按钮，进行转移条件梯形图编辑。

单击横线“？0”，将鼠标移入梯形图编辑区单击，输入 LD　T1；TRAN；如图 8.1-20 所示。单击【程序转换】图标，这时，横线旁边“？”已经消失，说明转移条件输入已经完成。

GX 软件是用“TRAN”代替“SET S××”进行编辑的，可以把“TRAN”看成一个编辑软件转移指令，转移方向由软件自动完成。

图 8.1-19 【SFC 符号输入】对话框

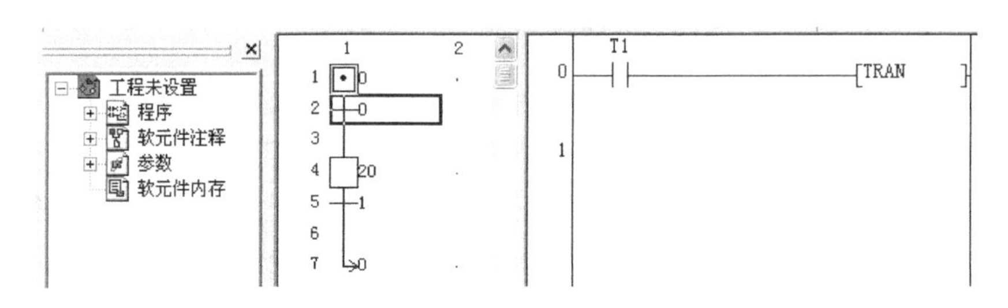

图 8.1-20 初始状态 S0 的转移条件编辑

4）状态 S20 的内置梯形图编辑

将鼠标移到 SFC 块图编辑区位置 4×1 处，单击左键，出现光标，这时，留意一下工具栏内【SFC 符号】工具条，发现仅仅【状态框】和【转移条件】图标是亮色的，说明在这个位置上只能输入状态方框或转移条件图标。在编辑 SFC 图形程序时，工具条只显示允许操作的图标。如果在某个位置发现不能输入想要的图标，说明位置错了。

单击工具栏内状态框图标，弹出 STEP 【SFC 符号输入】对话框，如图 8.1-21 所示。依据初始状态 S0 说明，填入编号“20”，单击【确定】按钮。在位置 4×1 处，出现状态 S20 方框及“？20”。单击状态 20 方框，将鼠标移入梯形图编辑区编辑状态 S20 的内置驱动输出梯形图，单击【程序转换】图标进行转换。

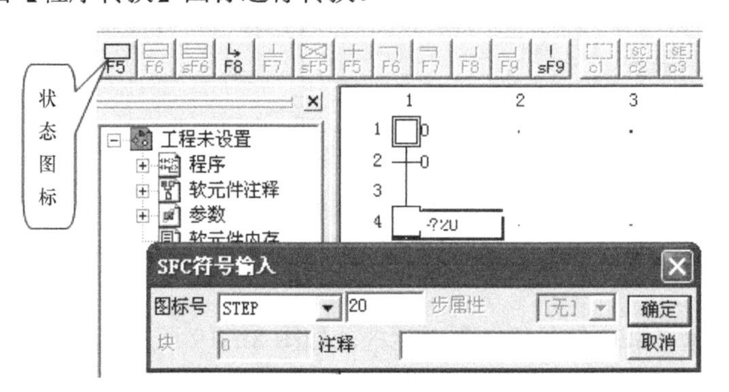

图 8.1-21 状态 S20 编辑

5）状态 S20 的转移条件编辑

光标置于位置 5×1 处，单击工具栏内状态框图标，弹出 TR【SFC 符号输入】对话框，如图 8.1-22 所示，对话框内转移条件编号已自动填上“1”。单击【确定】按钮，将光标移至转移条件 1 处，单击内置梯形图区。输入 LD　T2，TRAN，单击【程序转换】图标，状态 S20 的转换条件输入已经完成。

如果在 SFC 块的图形程序中控制流程存在多个状态，则每一个状态都必须按照状态 S20 的方法顺序编辑各个状态的内置驱动输出梯形图和转移条件内置梯形图。

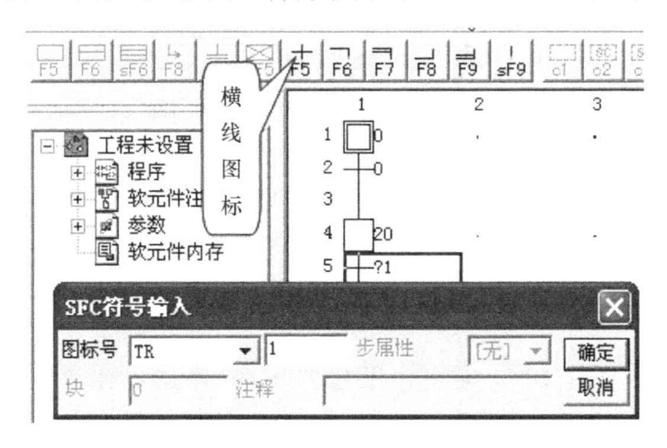

图 8.1-22　状态 S20 转移条件编辑

6）循环跳转编辑

为保证 SFC 控制流程构成 PLC 程序的循环工作，应在最后一个状态设置返回初始状态或工作周期开始状态的循环跳转转移。本例中，状态 S20 已完成一个周期的控制流程，应编辑循环跳转到状态 S0 的 SFC 工作环节。

将光标移到 SFC 编辑区的位置 7×1，单击工具栏内跳转图标，弹出 JUMP 【SFC 符号输入】对话框，如图 8.1-23 所示。图标号【JUMP】表示跳转，其编号应填入跳转转移到所在状态的编号。这里跳转到初始状态 S0，其编号为“0”，填入“0”，不是“S0”。单击【确定】按钮，这时，会看到位置 7×1 有一个转向箭头指向 0。同时，在初始状态 S0 的方框中多了一个小黑点，这说明该状态为跳转的目标状态，这也为阅读 SFC 程序流程提供了方便。至此，SFC 块的图形程序编辑完成。

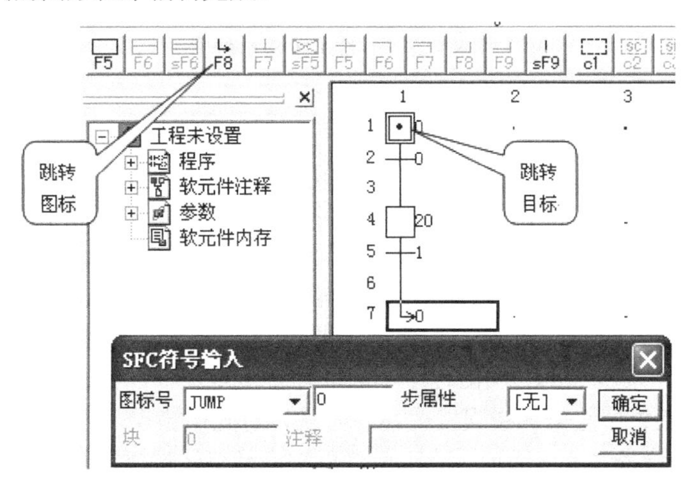

图 8.1-23　循环跳转编辑

7）复位跳转编辑

在 SFC 功能图中，存在一种向自身状态框转移的复位跳转，如图 8.1-24（a）所示。在 SFC 块图编辑中，它是以图 8.1-24（b）的形式出现的。

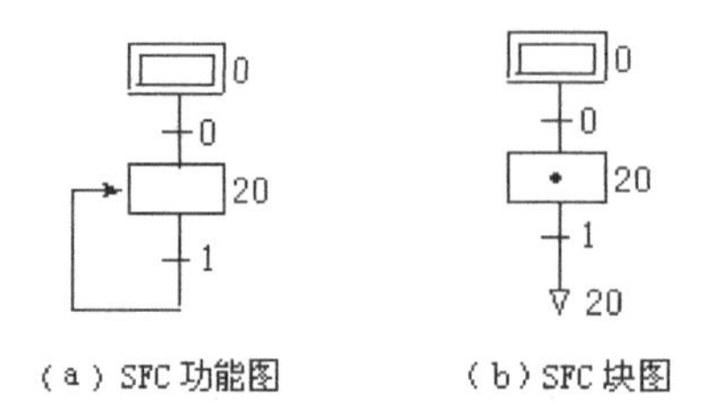

图 8.1-24　复位跳转

其操作如下：将鼠标移到 SFC 编辑区的位置 7×1 单击，出现光标。单击跳转图标，弹出 JUMP 【SFC 符号输入】对话框，如图 8.1-25 所示。编号填写 20，下拉【步属性】菜单选择[R]，单击【确定】按钮，编辑完成。

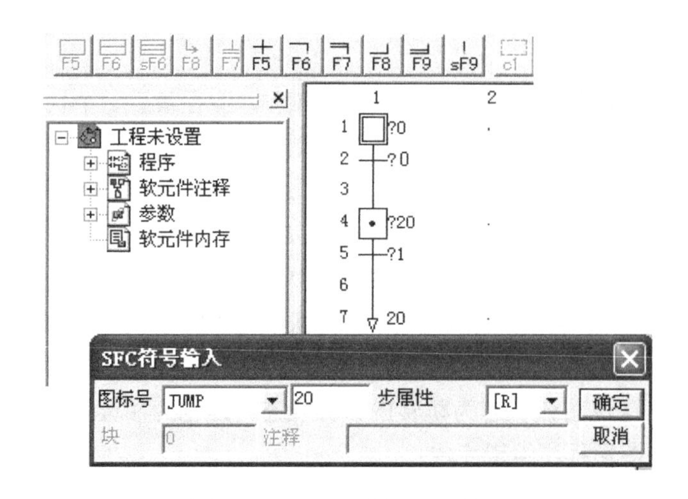

图 8.1-25　复位跳转 SFC 块图

3. SFC 程序整体转换

上面的操作是梯形图块和 SFC 块的程序分别编制的整体 SFC 及其内置梯形图块并未串接在一起，因此，需要在 SFC 中进行 SFC 程序整体转换操作。其操作是按下键盘上的功能键 F4 或单击“程序批量转换”图标，这样 SFC 块图程序的 GX 软件编程才算全部完成。

注意：如果 SFC 程序编辑完成未进行整体转换，一旦离开 SFC 编辑窗口，刚编辑完成的 SFC 及其内置梯形图则前功尽弃，付之流水。

在整体转换时，如果 SFC 块图程序不能进行整体转换时，会跳出【转换出错显示（全块)】对话框，对话框中会告诉错误发生在几号块，有几个错误。同时，光标会停留在其中一个错误处，可以检查并改正错误。改正后，再次进行整体转换，直到全部错误被改正，完成整体转换。

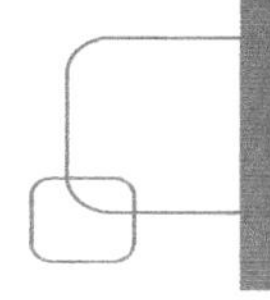

4. SFC 程序编辑要点

上面介绍的虽然是一个最简单的 SFC 块图的编辑操作，但已经比较全面地说明了 SFC 块图的编辑操作流程。下面对这个编辑流程进行说明：

（1）SFC 程序由梯形图块和 SFC 块组成。整个 SFC 程序的编辑就是在【块列表】上选择块图类型，然后转入相应的块图编程界面去编辑梯形图程序或 SFC 块图程序。编辑并转换完成后，又返回【块列表】选择下一个需要编辑的块图类型进行编辑。编辑完成后，又回到【块列表】进行选择，如此反复。直到全部 SFC 程序的块图完成。最后，单击【批量转换】按钮，一个 SFC 程序编辑全部完成。

（2）梯形图块的梯形图编辑和普通梯形图编辑一样，而 SFC 块图的编辑就是根据 SFC 功能图在 SFC 块图编辑区内相应的位置上输入相应的基本图形工具图标和编号（状态框、转移条件或跳转图标），然后，根据控制要求分别在内置梯形图编辑区完成状态框和转移条件的内置梯形图编辑并转换。

举例是按照单流程 SFC 块图程序的顺序进行编辑操作的，它是画出一个 SFC 块图图标，进行一次内置梯形图操作。但实际上不一定按顺序编辑操作。可以先画出全部 SFC 块图程序，然后，再逐个图标输入相应内置梯形图。也可以先画几个 SFC 块图图标，输入几个内置梯形图，再画几个 SFC 块图图标，输入几个内置梯形图，直至完成。具体操作因人而异，但基本操作是一致的，必须熟练掌握。

5. SFC 程序与梯形图程序之间的转换

在 GX 软件中，SFC 图形程序可以和梯形图程序进行互相转换，其操作顺序如图 8.1-26 所示。选择【工程】/【编辑数据】/【改变程序类型】菜单项，出现【改变程序类型】对话框，勾选【梯形图】，单击【确定】按钮，GX 软件开始进行转换。

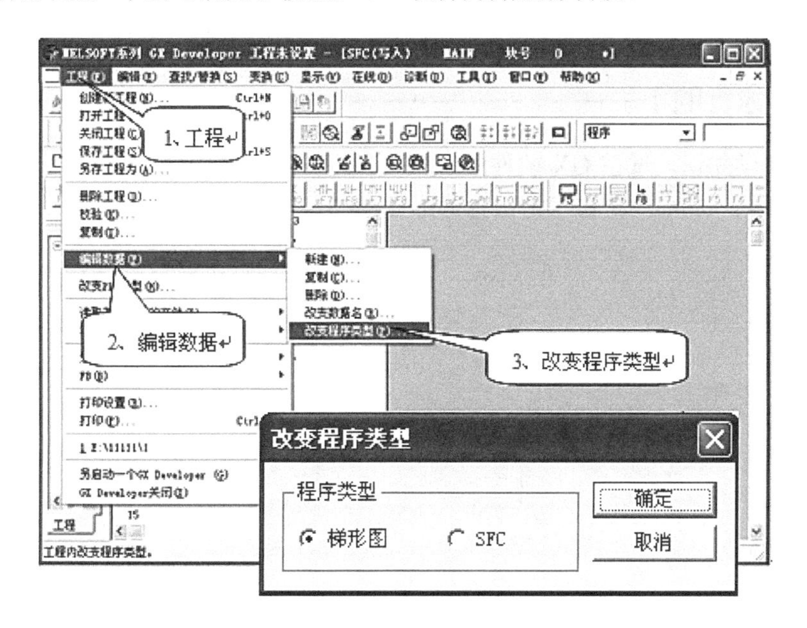

图 8.1-26　SFC 程序转换为梯形图程序操作图示一

转换结束后，界面为灰色，这时可在【工程栏】内双击【程序】/【MAIN】，如图 8.1-27 所示。出现转换后的梯形图程序，仔细观察梯形图，可以发现虽然没有编辑 RET，END 指令，但 GX 软件自动生成 RET，END 指令。

如果想从梯形图转换成 SFC 块图程序，操作方法一样。转换后会发现【块列表】窗口，双击 SFC 块，出现 SFC 块图编程界面和转换后的 SFC 块图图形程序。

所有的 SFC 块图程序均能转换成相应梯形图程序，但当从梯形图向 SFC 块图程序转换时，如果梯形图符合 SFC 块图程序编程要求，转换结束后会在【块例表】中显示梯形图块和 SFC 快，如果梯形图不符合 SFC 块要求，不能转换成 SFC 块图程序，仍然显示为梯形图程序。这是因为 SFC 块图程序的编辑必须符合 SFC 功能图的标准，而用 STL 指令直接编制的梯形图不一定要符合 SFC 块图的标准。

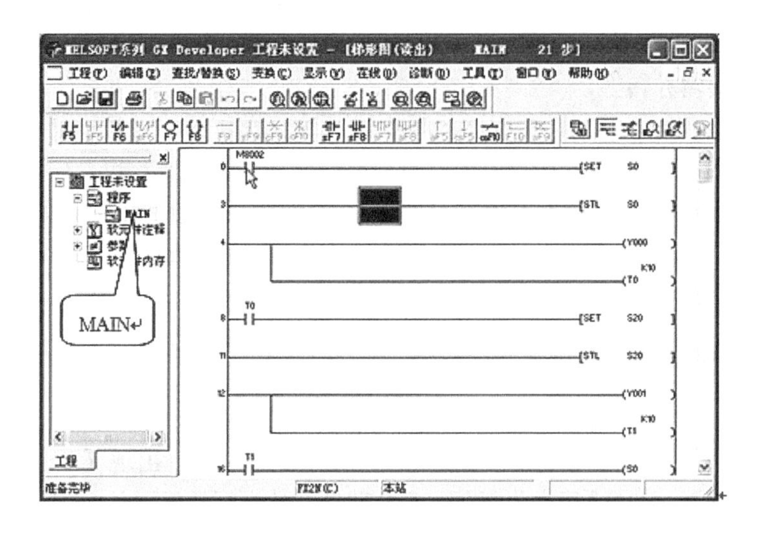

图 8.1-27　SFC 程序转换为梯形图程序操作图示二

【试试，你行的】

根据本节所学知识，试在 GX 软件中 SFC 块图编程界面画出如图 P8.1-1 所示之 SFC 块图程序（不需要输入梯形图块程序和内置梯形图程序）。

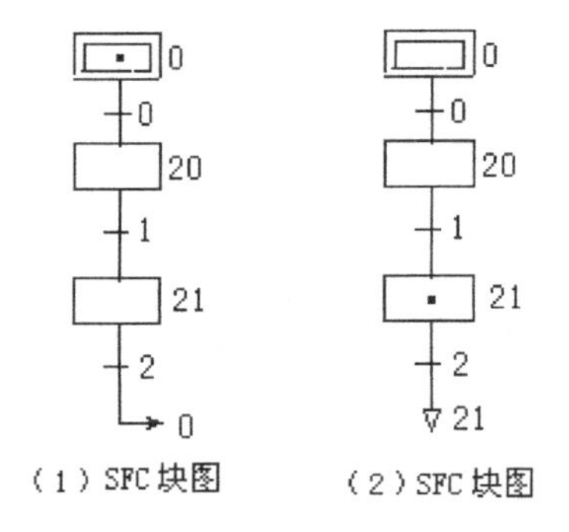

图 P8.1-1

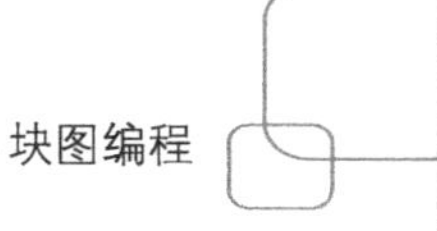

8.1.4　SFC 块图分支流程程序编辑操作

上面介绍的是单流程 SFC 图形程序的编辑操作。除单流程外，SFC 图形程序还存在分支程序流程。如果把每一个分支程序看作单流程的话，那么，分支流程上的操作完全和单流程程序操作一样。就是在相应的流程位置上利用基本图形工具图标输入状态框、转移条件并编辑相应的内置梯形图。因此，在本节中，主要讨论分支程序图形生成及分支程序汇合的操作，对分支流程中状态框、转移条件等操作不再说明。

1. SFC 块图分支流程画线图标

SFC 程序分支有两种：选择性分支和并行性分支。它们在 SFC 块图程序上的表示是不一样的，图 8.1-28 为这两种分支的图形表示。当 SFC 块图由单流程向多流程转移时，图中的分支画线是由分支画线图标完成的。

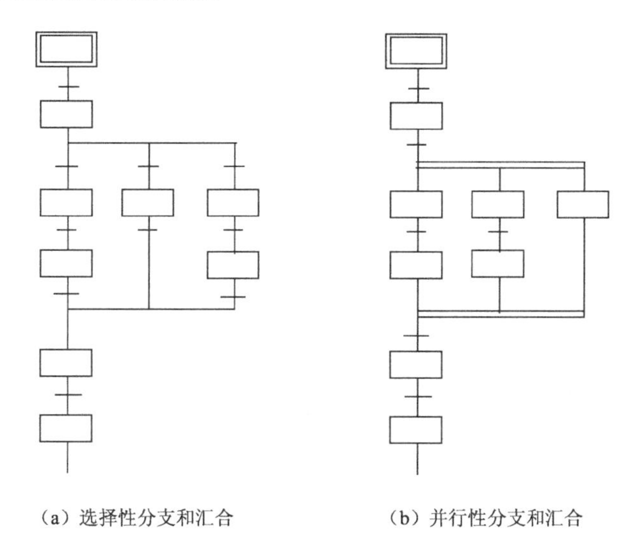

（a）选择性分支和汇合　　（b）并行性分支和汇合

图 8.1-28　SFC 程序分支图形

SFC 程序规定，当 SFC 产生分支时，不论是选择性分支还是并行性分支，其分支数不能超过 8 个。分支中与初始状态对齐的分支称为主流程分支，其他为分支流程。当分支汇合后的状态框必须置于主流程分支后，不能置于分支流程后。

仔细观察一下，就会发现选择性分支和并行性分支的图形是不一样的，它们的结构是符合 SFC 功能图要求的。在 SFC 块图编辑界面上，一个分支占用一列位置。分支的生成线和汇合线都是一条水平的横线。每个分支中状态框的数目不一定相等，可多可少，但至少有一个状态框。如果没有状态框，不叫分支流程而叫转移流程。

SFC 块图分支流程画线工具图标分两类：生成线输入图标和画线输入图标，它们的作用是一样的，都可以在 SFC 块图编辑区画出分支的各种连线，但操作方法不同。

生成线输入图标，其画线长度由对话框设定。画线输入图标为动态画线，单击图标后，在指定的位置上按住鼠标左键横向移动，就会画出一条线，画到一定位置后，松开左键，一条连线被画出。其中【画线删除】图标用于删去已画连线（包括由生成线输入所画连线）。

两种操作都能完成画线，至于掌握哪一种操作因人而异，只要习惯了就好。

本节介绍生成线输入图标操作方法。生成线按分支性质分为选择性分支、并行性分支、选择性汇合和并行性汇合，图标见图 8.1-29。

不论单击哪个图标，都会出现【SFC 符号输入】对话框，如图 8.1-30 所示。这个对话框也是 SFC 基本图形工具图标对话框，但是【图标号】不同。表 8.1-3 对分支画线输入的【图标号】进行了说明，当分支流程为 N 时（$2 \leqslant N \leqslant 8$），【图标号】中的分支数为 $N-1$。分支和汇合的画线单位为一列宽度。

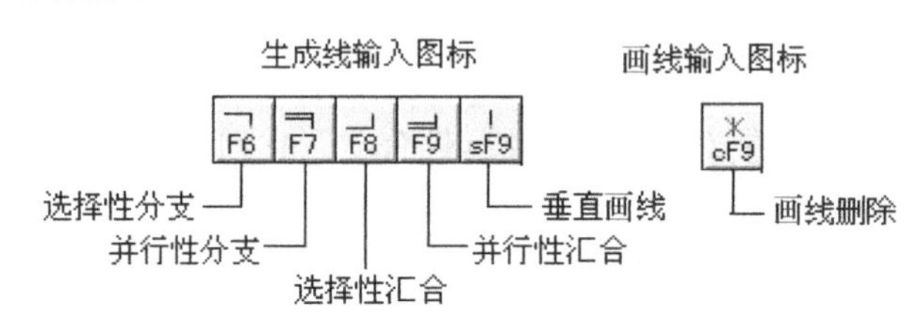

图 8.1-29　图标

图 8.1-30　【SFC 符号输入】对话框

表 8.1-3　分支画线 SFC 符号输入说明

图 标 名 称	图　标　号	编号成长度	备　　注
选择性分支	——D	选择性分支线长度	单位为一列宽度
选择性汇合	——C	选择性汇合线长度	
并行性分支	==D	并行性分支线长度	
并行性汇合	==C	并行性汇合线长度	
垂直画线	|	垂直画线长度	单位为一行高度

除了分支生成与分支汇合的图标外，还经常用到两个图标，一个是【垂直画线】图标 sF9，一个是【画线删除】图标 cF9。【垂直画线】图标用来画垂直线，当某个分支流程中状态框的数目少于其他分支流程时（例如图 8.1-27 中的仅一个状态框的流程），流程会产生垂直线空白，这时，需要单击【垂直画线】图标，画出垂直线。【垂直画线】的单位为一行高度。【垂直画线】为自上而下画垂直线，光标为画线起点。如果画线长度所经过区域存在状态框和转移条件，则会通过对话框询问是否确认要删除这些状态框和转移条件，如图 8.1-31 所示。如果单击【是】按钮，则画线操作完成后，状态框和转移条件全部被删除，如果单击【否】按钮，说明画线长度设置有错，要重新设置。

图 8.1-31　【垂直画线】对话框

【画线删除】图标是对已画的连线进行删除操作，它既删除水平线也删除垂直线，删除操作是随机动态删除。单击【画线删除】图标后，该图标会凹下，这时，按住鼠标左键，拖动光标，则随着光标的移动，连线被删除。【画线删除】只能删除由生成线输入图和【垂直画线】图标所产生的连线，而不能删除由【状态框】、【转移条件】和【跳转】图标自动生成的连线。注意，【画线删除】图标在完成画线操作后必须再次单击，使其退出删除状态。否则，在删除状态下会影响生成线及画垂直线的操作。

2. 分支与汇合画线操作

分支和汇合的画线操作现通过图 8.1-32 所示的 SFC 块图进行说明。

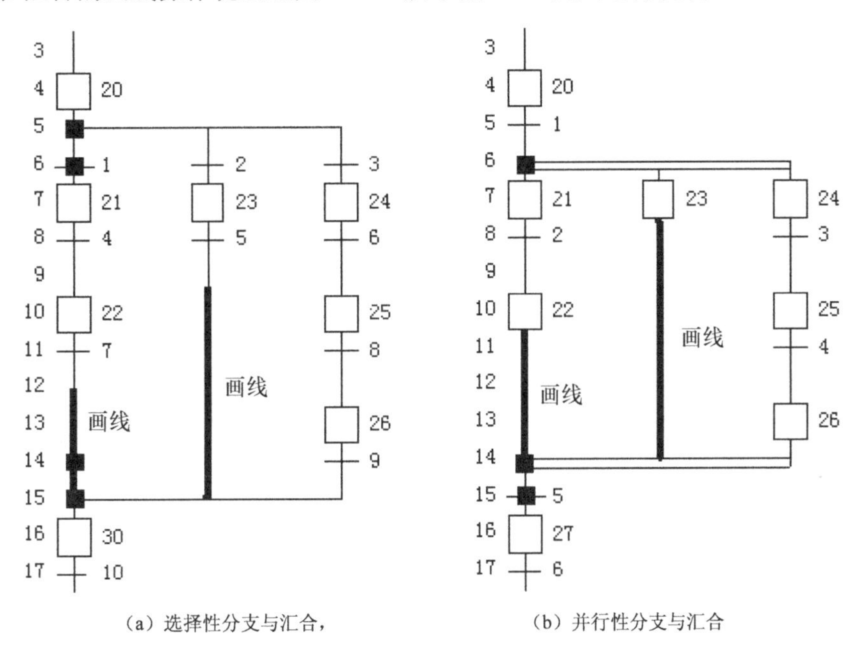

图 8.1-32　分支与汇合画线操作说明书

1）选择性分支与汇合

选择性分支流程 SFC 块图的特点是在分支的两端均有转移条件标示，如图 8.1-32（a）中的 1 和 7、2 和 5、3 和 9 处，它表示由状态框 20 进入分支的条件和分支完成后转移到状态框 30 的条件，所编辑的选择性分支 SFC 块图程序必须满足这个条件。

如果按照图示，在状态框 20 后有三个选择性分支流程，其操作如下：

- 分支生成线操作

在位置 5×1 或 6×1 处（图中标有■处）单击【选择性分支】图标，在【SFC 符号输入】对话框中输入宽度 2，单击【确定】按钮后，出现选择性分支生成线。

说明：GX 软件可以自动测试所选择画线的位置是否正确，如果正确，则画线图标是亮色的，不是则为灰色。生成线是从左到右生成的。如果发现短了，可以在右端继续单击图标延长生成线。

● 画线操作

分支生成线完成后，下一步是在三条分支流程上根据 SFC 功能图要求，输入各自的状态框图和转移条件十字线，并完成相应的内置梯形图编辑。最后，必须单击【垂直画线】图标。在图中粗黑线处把分支流程的垂直线补上。垂直线补至与最长的分支流程对齐。

● 分支汇合线操作

在位置 14×1 或 15×1 处（图中标有■处），单击【选择性汇合】图标，在【SFC 符号】对话框中输入宽度 2，单击【确定】按钮，出现选择性分支汇合线。

说明：选择性分支的每一个分支流程都必须以转移条件十字线为结束，如果有一条分支不是以转移条件十字线为结束，则分支汇合不能生成，出现【编辑位置不适合】对话框。

2）并行性分支与汇合

并行性分支流程 SFC 块图的特点是转移条件只有一个，在产生转移的状态框下面（图 8.1-32（b）中转移条件 1），然后进入并行执行分支。全部并行分支执行完毕后，转移条件成立（图 8.1-32（b）中转移条件 5）。转入主流程状态框，因此并行性分支的两端不能出现转移条件十字线，必须以状态框开始，以状态框结束，如果所形成的分支流程不满足上述条件，则不能产生并行性生成线和并行性汇合线。

● 汇合生成线操作

应先在位置 5×1 处输入转移条件十字线 1，在位置 6×1 处（图中■处）单击【并行性分支】图标，生成并行性分支生成线。

● 画线操作

分支流程中的状态框、转移条件和垂直线的画线操作均和选择性分支相同，不再阐述。

● 并行汇合操作

在位置 14×1 或 15×1 处（图中■处），单击【并行性汇合】图标，生成并行性汇合线。

说明：当分支的最后一个状态框存在转移条件时，一般在其后加一个空操作状态框，以满足 SFC 块图对并行性分支的要求。

【试试，你行的】

试在 GX 软件上完成图 8.1-32 所示两种 SFC 分支流程的编辑（仅要求完成 SFC 块图程序，不要求内置梯形图）。

8.2 GX 中 SFC 块图编程示例

8.2.1 转移流程 SFC 块图程序编制

【例 8.2-1】 4 台电动机的顺序启动和逆序停止。

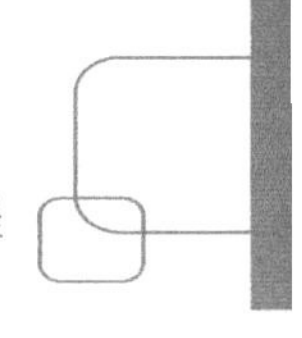

1）控制要求

（1）按下启动按钮，4 台电动机 M1，M2，M3 和 M4 按每隔 3s 时间顺序启动，按下停止按钮，按 M4，M3，M2，M1 的顺序每隔 1s 时间分别停止。

（2）如在启动过程中按下停止按钮，电动机仍然按逆序进行停止。

2）I/O 地址分配

I/O 地址分配见表 8.2-1。

表 8.2-1　I/O 地址分配表

输　入		输　出	
功　能	接口地址	控制作用	接口地址
启动按钮	X0	电动机 M1	Y0
停止按钮	X1	电动机 M2	Y1
		电动机 M3	Y2
		电动机 M4	Y3

根据控制要求，绘制出顺序控制 SFC 功能图，再根据 8.1 节所学知识，先将 SFC 功能图在纸上整理出 SFC 块图，如图 8.2-1 所示。然后，在 GX 软件 SFC 块图的编程界面分别对梯形图块和 SFC 块进行编辑。

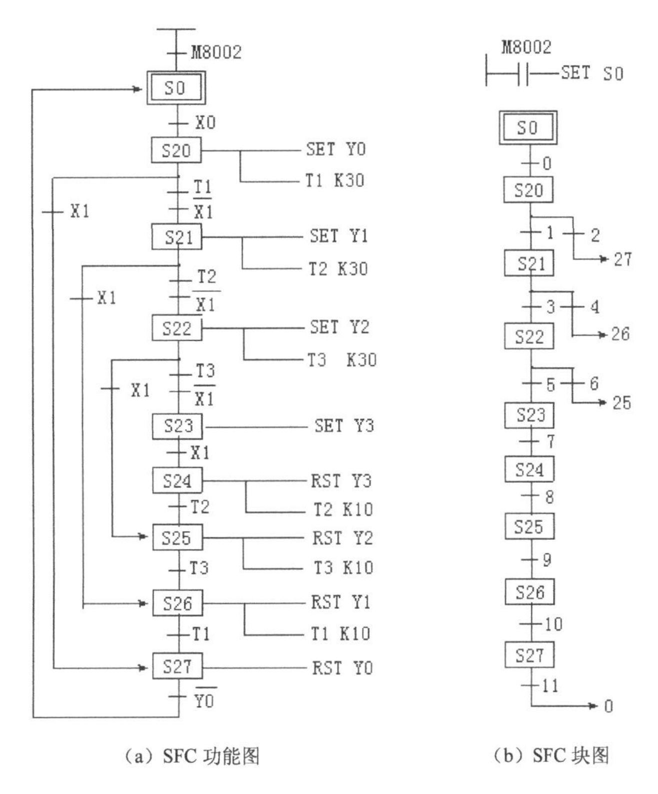

（a）SFC 功能图　　　（b）SFC 块图

图 8.2-1　转移流程 SFC 块图

我们换一种方式来学习 SFC 块图的编辑。先将 SFC 块图的所有流程图形全部画出，然后再输入内置梯形图。

首先，进入 SFC 块图编辑界面，然后再按表 8.2-2 的步骤进行操作。操作完成，形成如图 8.2-2 所示的 SFC 块图画面。图中，各个状态框和转换条件横线都带有问号，表示内置梯形图还未输入。下一步工作就是对每一个状态框和转换条件横线都必须进行内置梯形图输入，其步骤是：

（1）将光标移到状态框或转移条件横线位置处。

（2）单击“梯形图编辑区”。

（3）输入相应的内置梯形图，输入完毕，单击“程序转换”图标进行编译。

（4）重复步骤（1）—（3），直到所有内置梯形图输入完毕。

（5）单击“程序批量转换”图标，进行整体程序转换。转换完成，两个图标均变为灰色。

如果状态框无内置梯形图（即空操作），则无须输入内置梯形图，仍然保留“？”号，继续往下编辑，并不影响 SFC 块图的程序整体转换。

表 8.2-2　例 1 的 SFC 块图编辑步骤

步　骤	光标位置（行 X 列）	操　作	图形结果
1	4×1	单击 F5 输入编号 20	生成状态框 20
2	5×1	单击 F6，输入长度 1	生成转移横线
3	6×1	单击 F5，输入编号 1	生成转移十字线 1
4	6×2	单击 F5，输入编号 2	生成转移十字线 2
5	7×1	单击 F5，输入编号 21	生成状态框 21
6	8×1	单击 F6，输入长度 1	生成转移横线
7	9×1	单击 F5，输入编号 3	生成转移十字线 3
8	9×2	单击 F5，输入编号 4	生成转移十字线 4
9	10×1	单击 F5，输入编号 22	生成状态框 22
10	11×1	单击 F6，输入长度 1	生成转移横线
11	12×1	单击 F5，输入编号 5	生成转移十字线 5
12	12×2	单击 F5，输入编号 6	生成转移十字线 6
13	13×1	单击 F5，输入编号 23	生成状态框 23
14	14×1	单击 F5，输入编号 7	生成转移十字线 7
15	16×1	单击 F5，输入编号 24	生成状态框 24
16	17×1	单击 F5，输入编号 8	生成转移十字线 8
17	19×1	单击 F5，输入编号 25	生成状态框 25
18	20×1	单击 F5，输入编号 9	生成转移十字线 9

（续表）

步　骤	光标位置（行 X 列）	操　作	图形结果
19	22×1	单击 F5，输入编号 26	生成状态框 26
20	23×1	单击 F5，输入编号 10	生成转移十字线 10
21	25×1	单击 F5，输入编号 27	生成状态框 27
22	26×1	单击 F5，输入编号 11	生成转移十字线 11
23	28×1	单击 F8，输入编号 0	生成跳转方向 0
24	7×2	单击 F8，输入编号 27	生成跳转方向 27
25	10×2	单击 F8，输入编号 26	生成跳转方向 26
26	13×2	单击 F8，输入编号 25	生成跳转方向 25

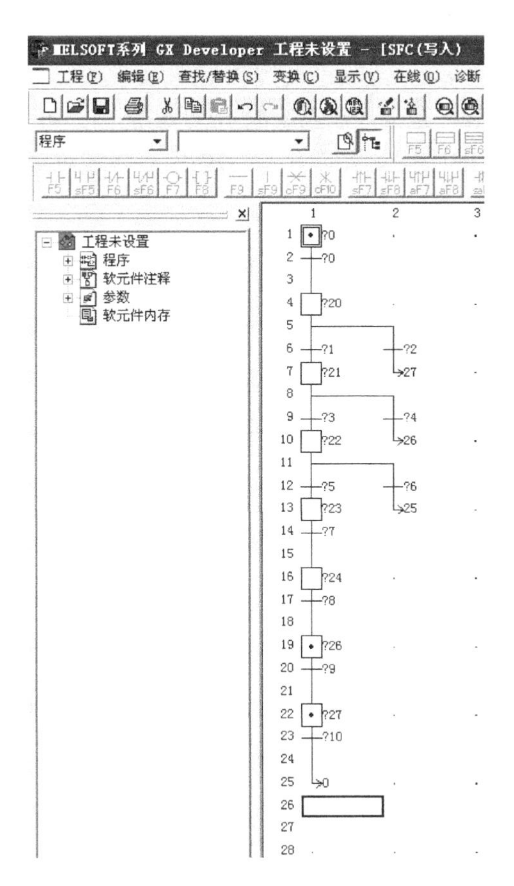

图 8.2-2　例 8.2-1 的 SFC 块图

【试试，你行的】

图 P8.2-1 为含有转移和复位转移的两个 SFC 块图，试用 GX 软件 SFC 块图编程界面编制 SFC 块图程序（不用输入梯形图块程序及内置梯形图程序）。

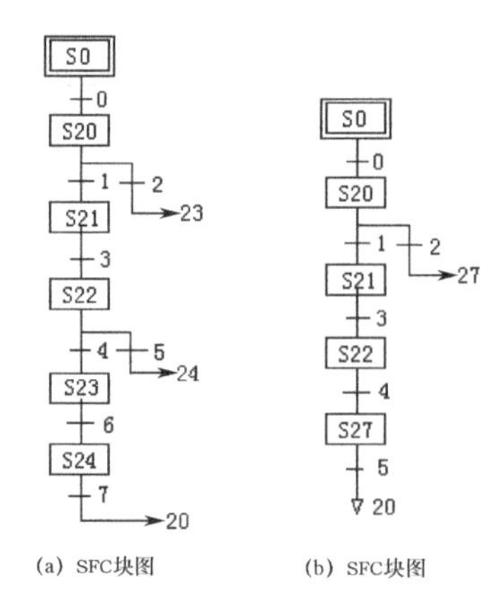

(a) SFC块图　　(b) SFC块图

图 P8.2-1

8.2.2　分支流程 SFC 块图程序编制

【例 8.2-2】 图 8.2-3（a）是某控制系统的 SFC 功能图。可以看出，这是一个含有选择性分支、并行性分支和跳转的比较复杂的 SFC 功能图。通过对该功能图 SFC 块图的编程来学习分支的图形编辑。

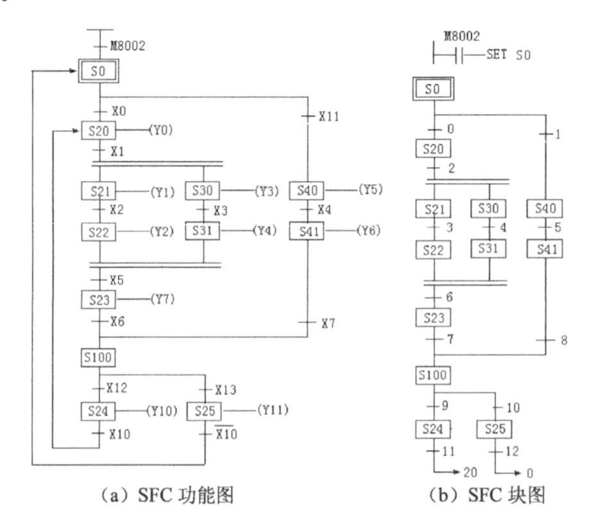

（a）SFC 功能图　　（b）SFC 块图

图 8.2-3　含有分支的 SFC 程序例图

第 1 步是将 SFC 功能图转换成 SFC 块图的形式 8.2-3（b）。

第 2 步是按表 8.2-3 的步骤在 SFC 块图编程界面上将 SFC 块图画出。在操作过程中，重点是掌握分支流程画线图标的应用。SFC 块图见图 8.2-4。

表中画线操作采用的是拖动画线操作，读者可将这种拖动画线操作与定长画线操作比较，看看哪种方便。

第 3 步是对每一个状态框和转换条件横线进行内置梯形图输入。注意，每输入一个内置梯形图都必须单击“程序转换”图标进行编译。

第 4 步是单击“程序批量转换”图标进行整体转换。

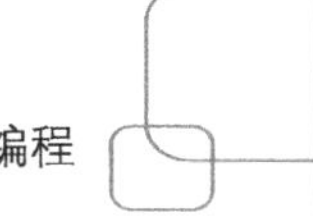

表 8.2-3　分支流程 SFC 块图编辑步骤

步　骤	光标位置	操　作	图形结果
1	2×1	单击 F6，输入长度 2	生成选择分支线
2	3×3	单击 F5，输入编号 1	生成转移十字线 1
3	4×1	单击 F5，输入编号 20	生成状态框 20
4	5×1	单击 F5，输入编号 2	生成转移十字线 2
5	6×1	单击 F7，输入长度 1	生成并行分支线
6	7×1	单击 F5，输入编号 21	生成状态框 21
7	8×1	单击 F5，输入编号 3	生成转移十字线 3
8	10×1	单击 F5，输入编号 22	生成状态框 22
9	7×2	单击 F5，输入编号 30	生成状态框 30
10	8×2	单击 F5，输入编号 4	生成转移十字线 4
11	10×2	单击 F5，输入编号 31	生成状态框 31
12	3×3	单击 aF5，拖动到 7×3	画线
13	7×3	单击 F5，输入编号 40	生成状态框 40
14	8×3	单击 F5，输入编号 5	生成转移十字线 5
15	10×3	单击 F5，输入编号 41	生成状态框 41
16	11×3	单击 F9，输入长度 1	生成并行汇合线
17	12×1	单击 F5，输入编号 6	生成转移十字线 6
18	13×1	单击 F5，输入编号 23	生成状态框 23
19	14×1	单击 F5，输入编号 7	生成转移十字线 7
20	11×3	单击 aF5，拖动到 14×3	画线
21	14×3	单击 F5，输入编号 8	生成转移十字线 8
22	15×1	单击 F8，输入长度 2	生成选择汇合线
23	16×1	单击 F5，输入编号 100	生成状态框 100
24	17×1	单击 F6，输入长度 1	生成选择分支线
25	18×1	单击 F5，输入编号 9	生成转移十字线 9
26	18×2	单击 F5，输入编号 10	生成转移十字线 10
27	19×1	单击 F5，输入编号 24	生成状态框 24

（续表）

步　　骤	光 标 位 置	操　　作	图 形 结 果
28	19×2	单击 F5，输入编号 25	生成状态框 25
29	20×1	单击 F5，输入编号 11	生成转移十字线 11
30	22×1	单击 F8，输入编号 20	生成跳转方向 20
31	20×2	单击 F5，输入编号 12	生成转移十字线 12
32	22×2	单击 F8，输入编号 0	生成跳转方向 0

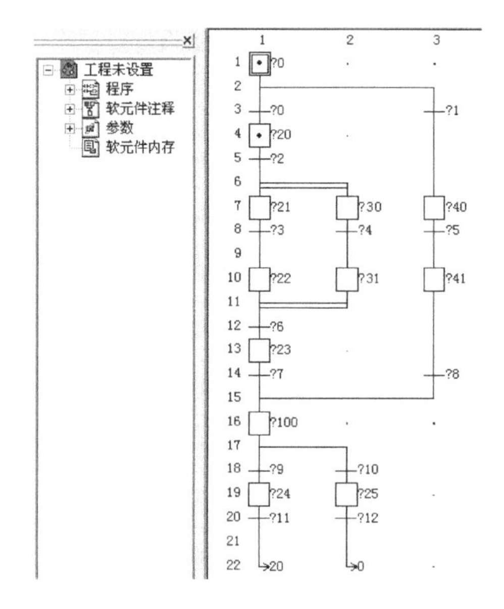

图 8.2-4　例 8.2-2 的 SFC 块图

【试试，你行的】

图 P8.2-2 分别是选择性分支和并行性分支 SFC 块图。试用 GX 软件 SFC 块图编程界面编制 SFC 块图程序（不用输入梯形图程序及内置梯形图程序）。

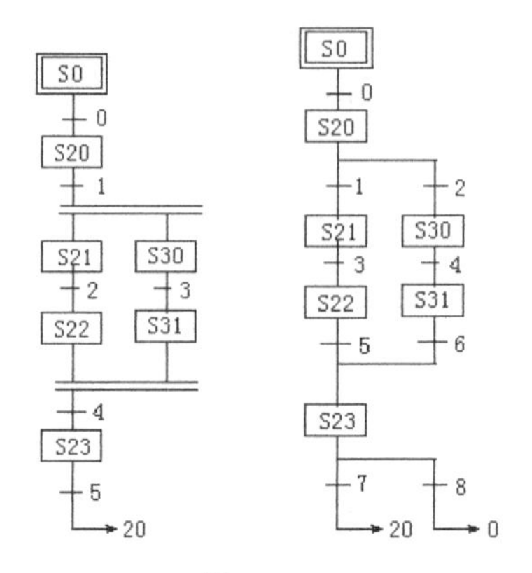

图 P8.2-2

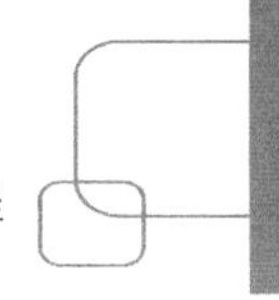

8.3 仿真和监控

8.3.1 SFC 块图程序下载和仿真

1. SFC 块图程序下载

SFC 块图程序编辑完毕，和普通梯形图一样可以直接下载到 PLC 中去，下载的步骤也和梯形图程序一样，操作是当 PLC 和计算机连接正确且 PLC 置于【STOP】模式后，单击菜单【在线】/【PLC 写入】，出现【PLC 写入】对话框，如图 8.3-1 所示。单击【参数+程序】按钮，再单击【执行】按钮，出现【是否执行 PLC 写入？】对话框，单击【是】按钮，程序开始下载到 PLC 中，下载完毕后，单击【PLC 写入】对话框【关闭】按钮，这时，SFC 块图程序已下载到 PLC 中。

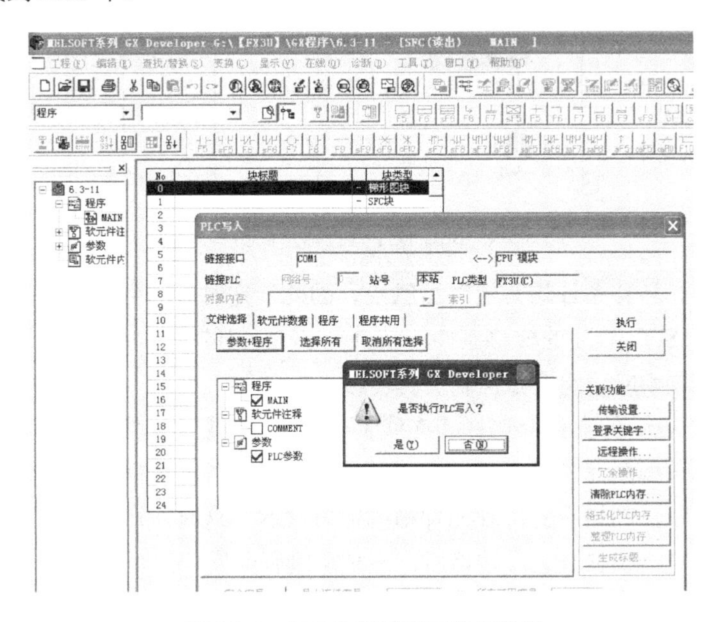

图 8.3-1 SFC 块图程序下载示意图

2. SFC 块图程序仿真

SFC 块图程序编辑完毕，和普通梯形图一样也可以在仿真软件上进行仿真。

现以图 8.3-2 所示闪烁程序为例说明 SFC 程序的仿真过程。闪烁程序的运行结果是程序运行后输出 Y1 和 Y2 轮流显示 1s，直到按下停止按钮 X0 为止。

将闪烁程序以 SFC 块图程序在 GX 软件的 SFC 块图编程界面输入，完成整体转换后。

单击仿真图标，仿真开始后，一个蓝色的方块在初始状态 S0 和状态 S20 轮流跳跃，状态框呈现蓝色，表示这一状态为有效状态，即正在执行中的状态，如图 8.3-3 所示。如果单击某个状态框，则该状态内置梯形图会同步显示在梯形图编辑区。当该状态为有效状态时，状态内各个元件输出情况一目了然，如图 8.3-4 所示。如欲退出仿真，再次单击仿真图标[图标]。

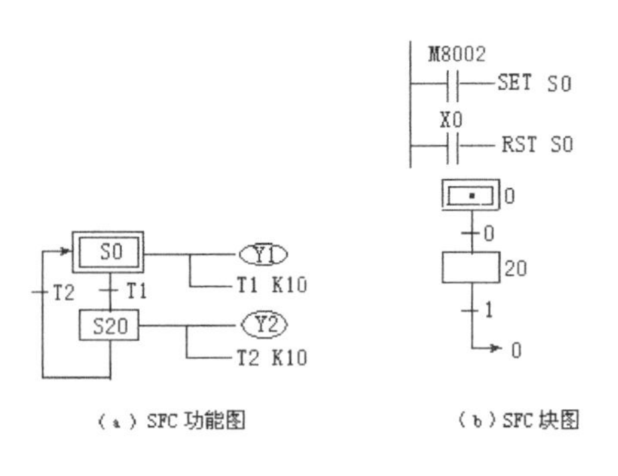

图 8.3-2　闪烁程序

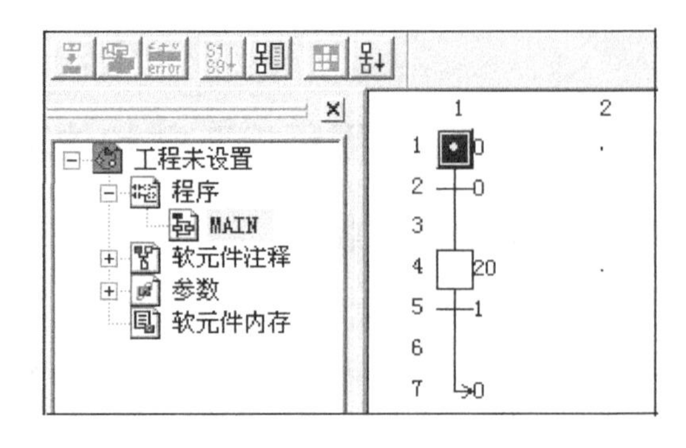

图 8.3-3　SFC 程序仿真画面

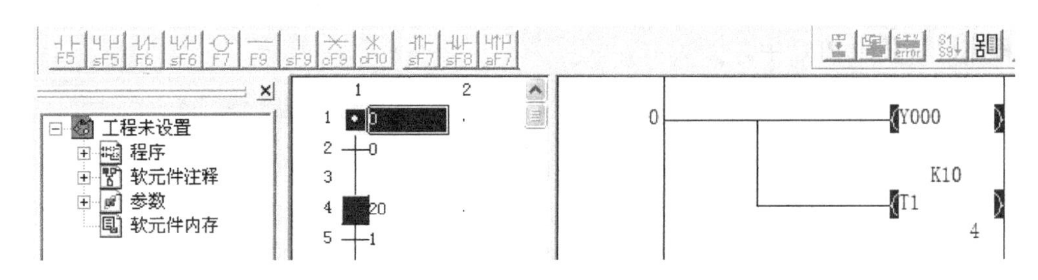

图 8.3-4　SFC 程序内置梯形图仿真画面

在上面程序中，转移条件均为定时器触点，因此，定时时间到，会自动转移到下一个状态中去。但大部分 SFC 程序的转移条件涉及外部 X 端口的输入状态，这时可利用仿真软件软元件测试的强制置 ON 功能进行强制仿真转移。

强制软元件置 ON 的操作：选择【在线】/【调速】/【软元件测试】菜单项，出现【软元件测试】对话框，如图 8.3-5 所示，在对话框的位软元件栏输入需要强制的位软元件，单击【强制 ON】按钮，则相应的位软元件被强制置 ON。这时，可看到，蓝色的方块已跳到强制转移条件的下一个状态框上。转移后，应把刚刚强制置 ON 的位软元件强制置 OFF（单击【强制 OFF】按钮）。如果转移条件是一个各种位软元件的逻辑组合，则必须将整个逻辑组合状态置 ON。

当 SFC 程序含有分支流程，有需要时，可以对各个分支流程（从初始状态框开始到流程结束）进行仿真，仿真的目的是观察一下当流程的全部转移条件满足时，程序是否按照流程中的状态框依次转移执行。对选择性分支来说，则要对每一个分支进行仿真，对并行性分支来说，观察是否所有都在执行。现举一例说明分支流程的仿真操作。

图 8.3-6 为有三个选择性分支 SFC 块图。仿真时，把图中初始状态框的转移条件 0 作为分支流程的仿真启动条件。仿真的步骤是先利用【软元件测试】对话框将要仿真的分支流程上的所有转移条件都强制置 ON，最后强制转移条件 0，蓝色方块会沿着所仿真分支的各个状态框移动。例如，要仿真分支流程 S0→S20→S31→S32→S32→S100→S25→S0，则先将分支上的转移条件 2,5,8,11,13 都置 ON，最后将转移条件 0 置 ON 后，蓝色方块会沿着分支上

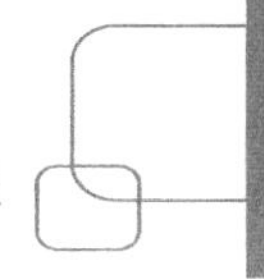

的状态框顺序进行转移，最后回到初始状态 S0。

图 8.3-5　【软元件测试】对话框

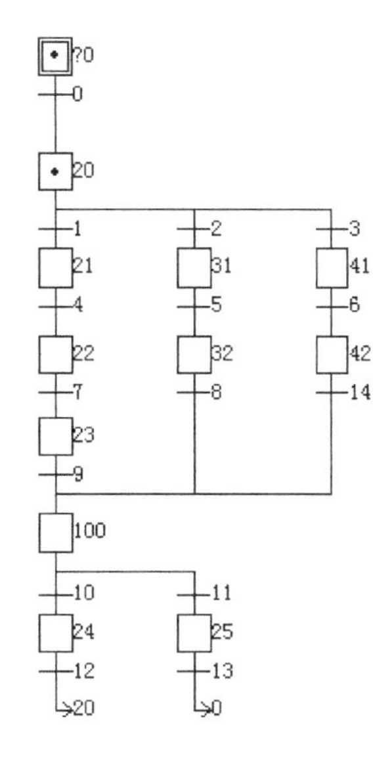

图 8.3-6　分支流程仿真示意图

【试试，你行的】

图 P8.3-1 为混合分支的 SFC 功能图，要求：

（1）在 GX 软件 SFC 块图编程界面上编制完整的 SFC 块图程序，包括梯形图块程序、SFC 块程序和内置梯形图程序。

（2）在 GX 软件上对该 SFC 块图程序进行仿真，观察下面流程是否和 SFC 功能图一样。

流程 1：S0→S20→S30→S40→S100→S25→S0。

流程 2：S0→S20→S30→S31→S23→S100→S24→S20。

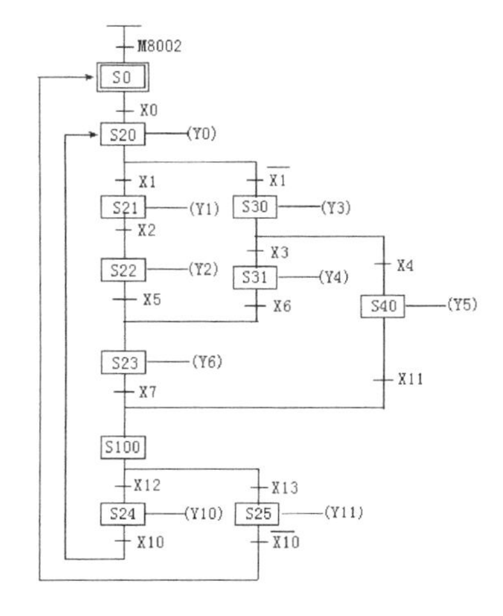

图 P8.3-1

8.3.2　SFC块图程序监控

1．监控操作

SFC 块图程序的监控操作和梯形图程序的监控操作基本一致。监控操作工具图标及其操作功能一样，如图 8.3-7 所示。注意，在 SFC 块图程序的监控中，监视（写入）是灰色的，也就是说，不能使用监视（写入）功能。这是因为 GX 软件规定，在监控期间不能编辑 SFC 块图，而在编辑期间，不能监控 SFC 块图。

2．监控方式

SFC 块图程序进入监控后，GX 软件给出了两种监控方式，SFC 块图画面监视和软件缓冲内存监视。

在 SFC 块图画面监视中，主要是监控状态框的状态，状态框的状态表示如下。

■：状态被激活（活动步）；

□：状态未被激活（非活动步）。

在 SFC 块图画面中，也可打开内置梯形图监控触点、线圈和指令的 ON/OFF 状态，监控定时器和计数器的当前值。监视状态的表示和梯形图程序一样，如图 8.3-8 所示。

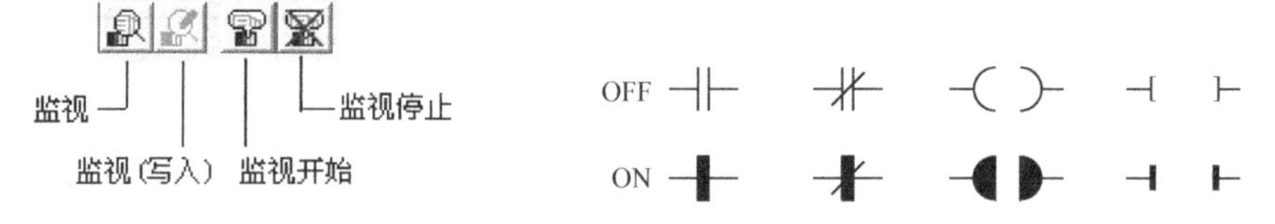

图 8.3-7　监控操作工具图标　　　　图 8.3-8　内置梯形图监视状态表示

除了 SFC 块图画面监视外，GX 软件也设置了软元件/缓冲内存监视。软元件/缓冲内存监视和 7.3.3 节程序监控在线操作一样，读者可参看该节说明，这里不再阐述。

3．自动滚屏监控方式

有时，SFC 块图的图形过长，GX 软件中显示不了所有的画面，这时，活动步蓝色方块会从画面上消失。出现这种情况，可通过手动拖动右边的滚动条，使后面的 SFC 块图出现在 SFC 块图的画面上。此外，也可通过执行自动滚屏功能，将活动步蓝色方块重新显示在画面上。

要执行自动滚屏功能，单击图标，或选择【在线】/【监视】/【自动滚屏　　监视】菜单项。

如果自动滚屏期间打开写入画面或监视写入画面，则自动滚屏监视停止。当监视再开时，自动滚屏监视也会重新开始监视。

【试试，你行的】

练习SFC块图程序的自动滚屏操作。

第 9 章 自动控制技术

学习指导：

很多电工朋友在学习了 PLC 的基础知识后，常常问我“老师，下一步应学习什么？”对这个问题我的回答是“你在实践中应用过 PLC 吗？做过 PLC 控制某台设备的生产过程吗？”“如果你在实践中应用 PLC 去解决生产控制问题了，说明你已经基本掌握 PLC 的基础知识及其应用。如果你还没有真正用 PLC 去解决过生产控制问题，你先要去实践，通过实践掌握 PLC 的许多应用知识，然后才是下一步学什么。”

9.1 节要点

- PLC 是由继电器逻辑控制系统发展而来，初期主要用来代替继电器控制系统，侧重于开关量逻辑控制和顺序控制，但随着计算机技术、微电子技术、大规模集成电路技术和通信技术的发展，PLC 在技术上和功能上发生了很大的变化，而 PLC 控制技术也从开关量逻辑控制延伸到模拟量控制、运动量控制和通信控制。
- 在工业生产控制过程中，特别是在连续型的生产过程中，经常会要求对一些物理量如温度、压力、流量等进行控制。这些物理量都是随时间连续变化的，在控制领域把这些随时间连续变化的物理量称为模拟量。对这些随时间连续变化的物理量的控制称为模拟量控制。
- 运动量控制的主要内容是将预定的目标转变为所期望的机械运动，对被控制的机械进行时间准确的位置控制、速度控制、加速度控制、转矩或力矩控制。运动控制的目标就是位置、速度、加速度、转矩或力矩。上述控制目标中，位置控制是目前应用比较多的运动控制。初学者学习运动控制应该从位置控制入手开始。
- 只要两个系统之间存在信息交换，那么这种交换就是通信。通过对通信技术的应用，可以实现在多个系统之间的数据传送、交换和处理。PLC 通信控制则是指 PLC 与计算机、PLC 和 PLC 之间及 PLC 与外部设备之间的通信系统。PLC 通信的目的就是要将多个远程 PLC、计算机及外部设备进行互联，通过某种共同约定的通信方式和通信协议进行数据信息的传输、处理和交换。

通信控制十分重要，从自动控制技术的延伸中可以看到，工业生产的三大控制系统 PLC、DCS 和 FCS 以及工业 4.0，其控制的核心方式都是通信及通信控制。

- 下一步学什么？下一步就是结合自己的工作需求学习模拟量控制、运动量控制和通信控制。这三种控制学习是各自独立的，不存在先学什么和后学什么的问题，但是它们的共同基础就是 PLC 基础知识和开关量逻辑控制。不论学习哪一种，都必须结合功能指令的学习进行。当然还必须结合实践学，边学边做，边做边学。

9.2 节要点

- 自动控制是一个含义极广的概念，不仅涉及传统的工业生产工程领域，也涉及社会、环境卫生、生物医学等各个非工程领域。这里所叙述的自动控制技术仅指在工业生产过程中的自动控制技术，又称为过程控制技术，工业自动化技术。

- 本章内容是编者参考了众多资料编写的。考虑到读者对象是广大初中以上文化水平的电工朋友，在编写时，尽量用通俗的文字将PLC，DCS和FCS三大控制系统和工业 4.0 的基本知识介绍给读者，比用专业语言的描写存在许多不妥之处，读者如需详细了解三大控制系统和工业4.0的知识，可进一步阅读相关的资料。

9.1 PLC控制技术的延伸

9.1.1 模拟量控制

1. 模拟量与数字量

在工业生产控制过程中，特别是在连续型的生产过程中，经常会要求对一些物理量（如温度、压力、流量等）进行控制。这些物理量都是随时间连续变化的，在控制领域把这些随时间连续变化的物理量称为模拟量。

与模拟量相对的是数字量。数字量又称开关量。在数字量中，只有两种状态，即开和关，而开关随时间的变化是不连续的。像是一个一个的脉冲波形，所以又叫脉冲量，图 9.1-1 表示了模拟量和开关量随时间变化的图示。

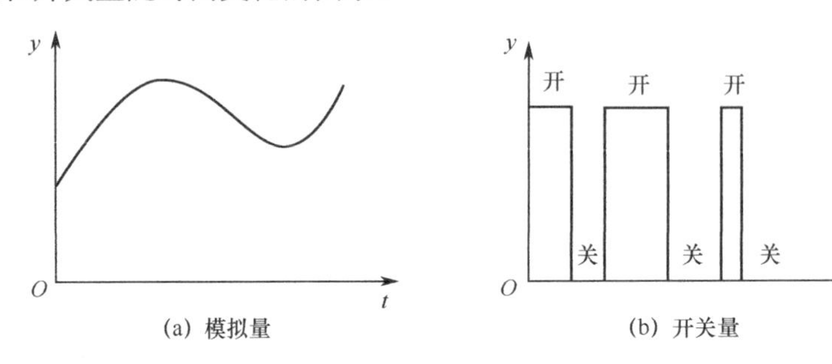

图 9.1-1　模拟量与开关量

2. 数字量如何处理模拟量

模拟量和开关量是完全不同的物理量，它们之间没有多大关联，研究的方法和应用领域也都不相同，但是通过对二进制数和十进制数的研究却把它们联系了起来。一个多位寄存器组（例如十六位寄存器）就可以用来表示一个十六位二进制数。模拟量虽然是连续变化的，但在某个确定的时刻其值是一定的。如果我们按照一定的时间来测量模拟量的大小，并想办法把这个模拟量（十进制数）转换成相应的二进制数，送到寄存器中，而把这个由二进制数所表示的量称为数字量，这样模拟量就和数字量有了联系。图 9.1-2 为模拟量如何变成数字量的图示。

由图中可以看出，数字量的幅值变化与模拟量的变化是大致相同的。因此用数字量的幅值（它们已被存在寄存器中）来处理模拟量是可以得到与模拟量直接被处理时的相同效果。

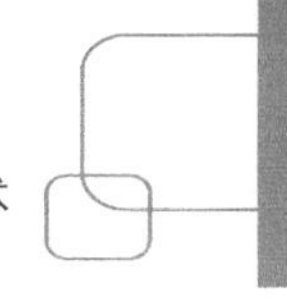

但是，也可以看出，模拟量在时间上取值上都是连续的，而数字量在时间上和取值上都是不连续的（称之为离散的）。因此，数字量仅仅是在某些时间点上等于模拟量的值。

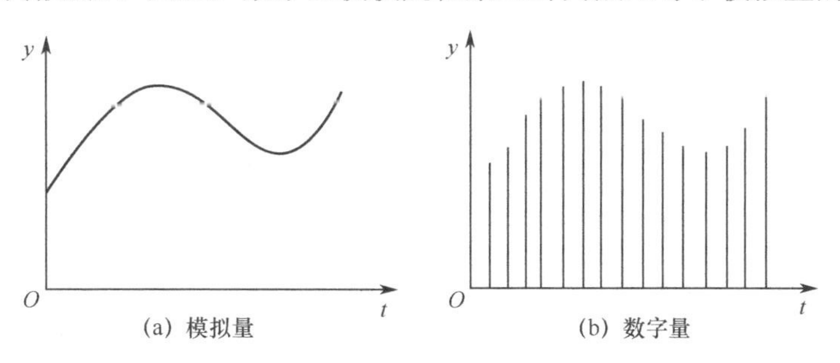

图 9.1-2　模拟量与数字量

3. PLC 模拟量控制系统

PLC 模拟量控制系统组成框图如图 9.1-3 所示。

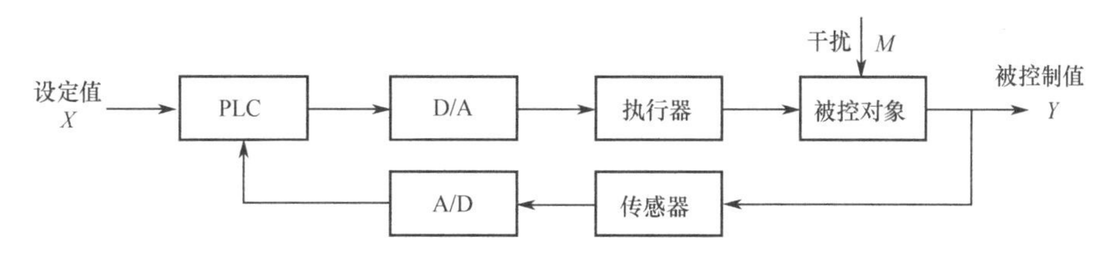

图 9.1-3　PLC 模拟量控制系统组成框图

PLC 模拟量控制的工作原理：现场被控制模拟量通过传感器送到 A/D 转换器，把模拟量转换成数字量，转换后的数字量送到 PLC，PLC 将输入的数字量与设定值进行比较，然后，根据控制要求进行相应的数据处理，并将处理结果送到 D/A 转换器，把数字量又转换成模拟量去控制执行器，执行器通过相应动作控制被控对象的模拟量控制值，使之按控制要求发生变化。

4. 传感器、变送器与执行器

在模拟量控制中，必须将非电物理量（温度、压力、流量、物位等）转化成电量（电压、电流）才能送到控制器去进行控制，这种把非电物理量转化成电量的检测元件叫传感器。

由于传感器输出信号种类繁多，且信号较弱，一般都需要将其适当处理，转化成标准统一的电信号，如 4~20mA 或 0~5V 等，送往控制器或显示记录仪表。这种把电量（非标准）转换成电量（标准）的电路称作变送器。

随着集成技术的发展，人们将传感器和传感器电路、变送器电路及电源等也一起装在传感器内部，变成一个整体装置，这个整体装置也叫变送器。

执行器是在控制系统中接收控制器输出的控制信号，按照一定规律产生某种运动的器件或装置，使生产控制过程按预定的控制要求正常进行。在模拟量控制系统中，执行器由执行机构和调节机构两部分组成。调节机构通过执行元件直接改变生产过程的参数，使生产过程满足预定的要求。执行机构则接收来自控制器的控制信息，把它转换为驱动调节机构的输出（如角位移或直线位移输出），它也采用适当的执行元件，但要求与调节机构不同。

5．模拟量、数字量转换模块 A/D 和 D/A

PLC 是基于计算机技术发展而产生的数字控制型产品，其本身只能处理开关量信号，不能直接处理模拟量信号。要处理模拟量，必须进行适当的转换，把一个连续变化的模拟量转换成在时间上是离散的，但取值上却可以表示模拟量变化的一连串的数字量，这样 PLC 就可以通过对这些数字量的处理来进行模拟量控制了。同样，经过 PLC 处理的数字量也是不能直接送到执行器中，也必须经过转换变成模拟量后才能去控制执行器动作。这种把模拟量转换成数字量的电路称为模数转换器，简称 A/D 转换器；把数字量转换成模拟量的电路称为数模转换器，简称 D/A 转换器。

为方便 PLC 在模拟量控制中的运用，许多 PLC 生产商都开发了与 PLC 配套使用的模拟量控制模块。三菱开发的 FX 系列 PLC 模拟量模块有输入模块、输出模块、输入/输出混合模块及温度控制模块，详见表 2.3-3 所列。

6．PID 控制

模拟量控制从输出值的变化可以分成定值控制系统和随动控制系统。若系统输入量为一定值，要求系统的输出量也保持恒定，此类系统称为定值控制系统。这类控制系统的任务是保证在扰动作用下被控制量始终保持在给定值上，在生产过程中的恒转速控制、恒温控制、恒压控制、恒流量控制、恒液位高度控制等大量的控制系统都属于这一类系统。

在工程实际定值控制系统中应用最为广泛的控制方式为 PID 控制，又称 PID 调节器。PID 控制问世至今已有近 70 年历史，它以其结构简单、稳定性好、工作可靠、调整方便而成为工业控制的主要技术之一，学习模拟量控制必须学习 PID 控制。

PID 控制是由偏差，偏差对时间的积分和偏差对时间的微分叠加而成，它们分别为比例控制（P)、积分作用（I）和微分输出（D)。

比例控制是 PID 控制中最基本的控制，起主导作用。系统一出现误差，比例控制立即产生作用以减少偏差。比例系数越大控制作用越强，但也容易引起系统不稳定。比例控制可减少偏差，但无法消除偏差，控制结果会产生余差。

积分作用与偏差对时间的积分及积分时间有关。加入积分作用后，系统波动加大，动态响应变慢，但却能使系统最终消除余差，使控制精度得到提高。

微分输出与偏差对时间的微分及微分时间有关。它对比例控制起补偿作用，能够抑制超调，减少波动，减少调节时间，使系统保持稳定。

把三种控制规律组合在一起，并根据被控制系统的特性选择合适的比例系数 P，积分时间 I 和微分时间 D，就得到了在模拟量控制中应用最广泛并解决了控制的稳定性、快速性和准确性问题的无静差控制——PID 控制。

PID 控制具有积分，微分等高等数学知识，但其实际应用一般人都能学习掌握，其应用过程易懂易学，并不需要很深的知识，这也是为什么 PID 控制能够在各行各业得到普遍推广应用的原因。

在实际应用中，PID 控制器可以通过两种方式完成。一种是利用电子元件和执行元件组成 PID 控制电路，这种方式称为模拟式控制器，为硬件控制电路；另一种方式是利用数字计算机强大的计算功能，编制 PID 的运算程序，由软件完成 PID 控制功能，这种方式又称为数字式控制器，为软件控制器。

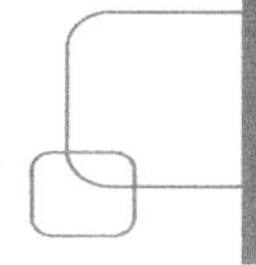

在 PLC 的模拟量控制中，由软件完成 PID 控制功能又有三种方式：应用 PID 功能指令、应用 PID 控制模块和自编程序进行 PID 控制。

目前，很多 PLC 都提供了 PID 控制用的 PID 应用功能指令。PID 指令实际上是一个 PID 控制算法的子程序调用指令。使用者只要根据指令所要求的方式写入设定值、PID 控制参数和被控制量的测定值，PLC 就会自动进行 PID 运算，并把运算结果输出值送到指定的寄存器。在一般情况下，它必须和模拟量输入/输出模块一起使用。

7．如何学习 PLC 模拟量控制

从上面介绍的模拟量控制知识中可以看出，如果要利用 PLC 进行模拟量控制，必须学习和掌握下面的知识。

（1）与模拟量控制相关的功能指令知识。例如，专门为特殊功能模块（含模拟量模块）设计的缓冲存储器读写指令 FROM/TO，专门为功能模块设计的字元件和数据处理指令等。指令的学习必须与实践相结合，不要单纯为学习而学习。

（2）各种物理量传感器与变送器知识。对传感器和变送器，不需要过多学习它的结构、原理，重点要掌握它们的正确使用，例如，使用环境、安装方式、测量精度、标定和与功能模块的连接等。传感器的种类繁多，最好是用到什么学什么，学了什么就记住什么，一点一点地积累知识。

（3）各种模拟量功能模块的知识。主要学习模拟量模块与 PLC 及传感器或变送器的正确连接，模拟量模块的基本性能参数（信号输入类型及范围，分辨率和精度）、输入/输出标定，内部缓冲存储器的内容及其应用，模块的零点和增益的调整等。还要学习模块的应用程序设计知识，一般来说，关于模块本身的应用程序都有规范，按照样例进行模仿并用实践去验证即可。

（4）模拟量控制程序设计知识。在模拟量控制中，经常要根据控制要求对模拟量数据进行数值处理，这就是要求要掌握一定的数学知识，特别是掌握一次方程的知识。同时，还要学习和掌握数值运算的过程及其程序设计。

（5）PID 控制整定知识。在模拟量控制中，一定会碰到定值控制问题，定值控制一定会用到 PID 控制方式。因此，掌握 PID 控制知识是必需的。PID 的理论知识很多，但编者认为，对大多数工控人员来说，理论知识简单了解一下即可。重点是掌握参数 P、I 和 D 的调节意义，对所调节物理量的具体影响表现及在现场参数 P、I 和 D 的整定方法。

读者欲学习模拟量控制知识，可参看电子工业出版社出版的拙著《PLC 模拟量控与通信控制应用实践》一书。该书以三菱 FX_{2N} PLC 为目标机型，介绍了 PLC 在模拟量控制中的应用。重点介绍了模拟量控制基本知识、传感器、变送器和执行器知识、三菱 FX_{2N} 模拟量特殊模块和 PID 控制应用知识。阅读对象是从事工业控制自动化的工厂技术人员，刚毕业的工科院校机电专业学生和广大在生产第一线的初中高级维修电工，适用于一切想通过自学掌握 PLC 模拟量控制和通信控制的人员。

9.1.2 运动量控制

1．运动量控制与定位控制

运动控制又称运动量控制，运动控制是自动化技术和电气拖动技术的融合，它综合了微

电子技术、计算机技术、检测技术、自动化技术和伺服控制技术等学科的最新技术成果，现已广泛应用于国民经济的各个行业。运动控制的主要控制内容是将预定的目标转变为所期望的机械运动，对被控制的机械进行时间准确的位置控制、速度控制、加速度控制、转矩或力矩控制。运动控制的控制目标就是位置、速度、加速度、转矩或力矩。在上述控制目标中，位置控制目前应用比较多。初学者学习运动控制应该从位置控制入手。位置控制又称定位控制、点位控制，本书中统称定位控制。

什么是定位控制，定位控制是指当控制器发出控制指令后，使运动件（例如机床工作台）按指定速度完成指定方向上的指定位移。定位控制应用非常广泛，例如，机床工作台的移动，立体仓库的操作机取货、送货，等等。工件的定长切断、机械手和机器人都是典型的定位控制系统。

一个定位控制系统的核心是运动控制器。运动控制器可以是专用的运动控制卡，从灵活性来说，很多都采用具有通信功能的智能装置，如工控机，PLC 等，其中 PLC 由于其本身具有 I/O 接口功能，能够同时完成逻辑开关量控制、顺序控制、定位控制等。PLC 还可以与触摸屏进行通信，在线修改运动参数。特别是 PLC 使用梯形图编程，初学者可以很容易掌握其编程方法与步骤，学习省时省力。下面所介绍的定位控制均是以 PLC 为运动控制器所构成定位控制系统。

但 PLC 由于其工作方式为循环扫描，决定了它的响应延迟，实时性较差。对复杂的多轴联动、高精度的要求还不太容易实现。因此，主要用于运动过程不是太复杂，运动轨迹相对固定，精度和速度要求不是很高的场合。

2. 定位控制信号处理方式

在定位控制中，不论是步进电动机，还是伺服电机，基本上都是采用脉冲信号控制的。采用脉冲信号作为定位控制信号，其优点是：

（1）系统的精度高，而且精度可以控制。

（2）抗干扰能力强，只要适当提高信号电平，干扰影响就很小。

（3）成本低廉，控制方便，定位控制只要一个能输出高速脉冲的装置即可，调节脉冲频率和输出脉冲数，就可以很方便地控制运动速度和位移，程序编制简单方便。

在定位控制中，用高速脉冲控制运动物体的速度方向和位移时，常用的脉冲控制方式有下面 4 种：

（1）脉冲加方向控制。

（2）正、反向脉冲控制。

（3）双相（A-B）脉冲控制。

（4）差动线驱动脉冲控制

3. PLC 定位控制系统结构组成

以 PLC 为控制器的定位控制系统框图如图 9.1-4 所示。图中，控制器为发出位置控制命令的装置，其主要作用是通过编制程序下达控制指令，使电动机按控制要求完成位移和定位。驱动器又叫放大器，作用是把控制器送来的信号进行功率放大，用于驱动电动机运转，根据控制命令和反馈信号对电动机进行连续速度控制。可以说，驱动器是集功率放大和位置

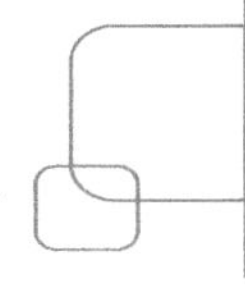

控制为一体的智能装置。图中检测装置是能够直接测量直线位移（或旋转角度）的位置传感器。其目的是将位移信号反馈给控制器，给控制器比较和调节运算的依据。常用的检测装置有光电编码器，旋转复合器，光栅式传感器等，在定位控制中，最常用的是旋转编码器。

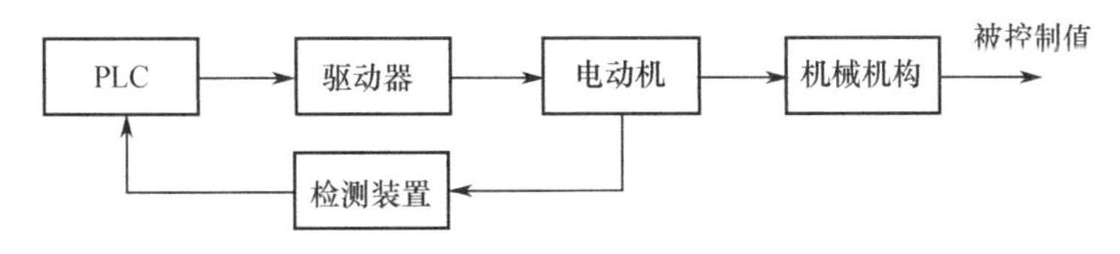

图 9.1-4　PLC 定位控制系统框图

通过输出高速脉冲进行位置控制，这是目前 PLC 进行位置控制比较常用的方式。PLC 的脉冲输出指令和定位指令都是针对这种方法设置和应用的，输出高速脉冲进行位置控制又有三种控制模式。

1）开环控制

当用步进电动机进行位置控制时，由于步进电动机没有反馈元件，因此，控制是一个开环控制，如图 9.1-5 所示。

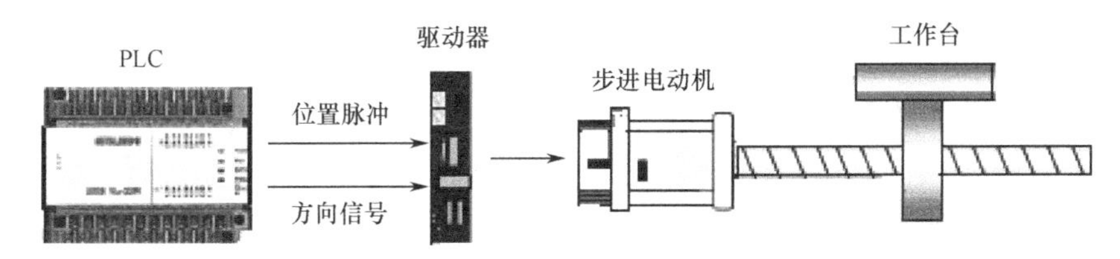

图 9.1-5　开环控制系统图

2）闭环控制

当用伺服电动机做定位控制执行元件时，由于伺服电动机末端都带有一与其同时运动的编码器。当电动机旋转时，编码器就发出表示电动机转动状况（角位移量）的脉冲个数。编码器是伺服系统速度和位置控制的检测和反馈元件。根据反馈方式的不同，伺服定位系统又分为半闭环回路控制和闭环回路控制二种方式。

- 半闭环回路控制

半闭环回路控制如图 9.1-6 所示。

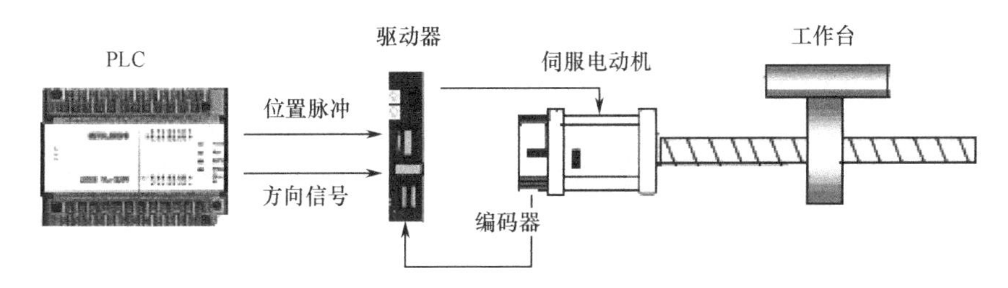

图 9.1-6　半闭环控制系统图

在系统中，PLC 只负责发送高速脉冲命令给伺服驱动器，而驱动器、伺服电动机和编码器组成了一个闭环回路。这种控制方式简单且精度足够（ 已经适合大部分的应用）。为什么叫做半闭环呢？这是因为编码器反馈的不是实际经过传动机构的真正位移量（工作台），而且反馈也不是从输出（工作台）到输入（PLC）的闭环，所以称作半闭环。它的缺点也是因为不能反映实际经过传动机构的真正位移量，所以当机构磨损、老化或不良，就没有办法给予检测或补偿。

● 闭环回路控制

闭环回路控制如图 9.1-7 所示。

在闭环回路控制中，除了装在伺服电动机的编码器位移检测信号直接反馈到伺服驱动器外，还外加位移检测器，装在传动机构位移部件上，真正反映实际位移量，并将此信号反馈到 PLC 内部的高速硬件计数器，这样就可进行更精确的控制，并且可避免上述半闭环回路的缺点。

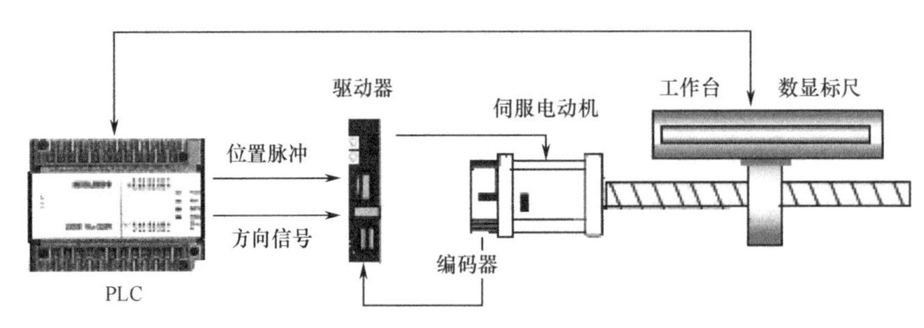

图 9.1-7　闭环控制系统图

4. 光电编码器

光电编码器又称光电角位置传感器，是一种集光、机、电为一体的数字式角度/速度传感器。它采用光电技术将轴、角移动信息转换成数字脉冲信号，与计算机和显示装置连接后可实现动态测量和实时控制。光电编码器具有精度高，测量范围广，体积小，重量轻，使用可靠和易于维护等优点，被广泛应用于交流伺服控制系统中进行位置和速度检测。

编码器按运动部件的运动方式来分，可分为旋转式和直线式两种。由于伺服电动机为旋转运动，可以借助机械机构变换成直线运动，反之亦然。所以，在实际中很少用直线式编码器。

旋转式编码器按脉冲与对应位置（角度）的关系来分有增量式编码器，绝对式编码器和伪绝对式编码器三类。

1）增量式光电编码器

增量式编码器实际上就是一个脉冲发生器。它与普通电子脉冲发生器不同的是，它需要外力带动它转动才能输出脉冲。它的应用也常常与带动它转动的物体有关。如果把它与定位控制执行电动机同轴相连，那么电动机每转一圈，编码器则输出相应的脉冲数（与编码器的分辨率有关，俗称线）。这样，只要计算编码器的输出脉冲个数，就可以推算出电动机转动了多少角位移或工件的直线位移。

增量式编码器的优点是结构简单、响应快、抗干扰能力强、寿命长、可靠性高、适合长距离传输，因此被大量应用在速度检测和定位控制中。

在定位控制中，增量式编码器转动时输出脉冲，通过计数设备来知道其位置，它与编码

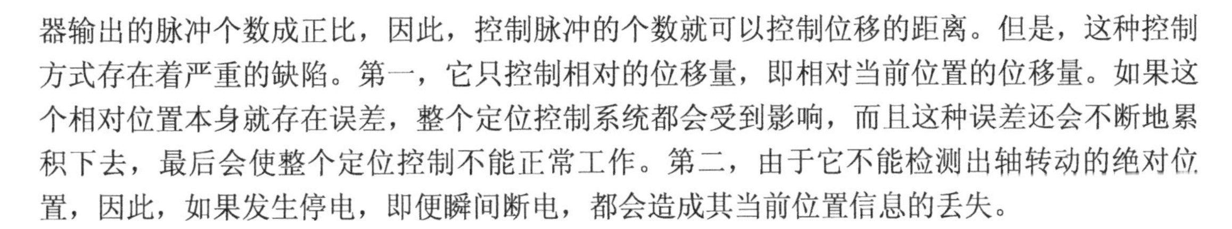

器输出的脉冲个数成正比，因此，控制脉冲的个数就可以控制位移的距离。但是，这种控制方式存在着严重的缺陷。第一，它只控制相对的位移量，即相对当前位置的位移量。如果这个相对位置本身就存在误差，整个定位控制系统都会受到影响，而且这种误差还会不断地累积下去，最后会使整个定位控制不能正常工作。第二，由于它不能检测出轴转动的绝对位置，因此，如果发生停电，即便瞬间断电，都会造成其当前位置信息的丢失。

2）绝对式光电编码器

与增量式编码器不同，绝对式编码器的输出是一个与该角度对应的二进制码，在一周内，每个位置输出代码的读数是唯一的；因此能够输出转轴转动的绝对位置信号。当电源断开时，绝对型编码器并不与实际的位置分离。如果电源再次接通，位置读数仍是当前的，有效的；不像增量编码器那样，会丢失当前位置信息。

绝对式编码器有固定零点，表示位置的信息代码又是唯一的，抗干扰能力强，停电后，位置信息不会丢失，无累积误差等多重优点，在高精度的定位控制中得到了广泛的应用。绝对式编码器的缺点是制造工艺复杂，价格贵。

3）伪绝对式光电编码器

上述采用码制输出的绝对式编码器在欧美伺服控制器系统里比较常用，但在日系伺服控制系统中，大都使用一种称之为伪绝对式的增量编码器。这种伪绝对式编码器的中心码盘仍然为一增量式编码器，在此基础上，仿造多圈绝对式编码器增加了记录中心码盘旋转次数的附加码盘。在具体使用上，则与真正意义上的绝对式编码器有较大的差别。

当伺服系统使用这种伪绝对式编码器时，必须在任何情况下都要保存位置数据（圈数和增量脉冲数）。一旦断电，编码器本身不能反映其位置信息，所以必须在编码电路上增加后备电池和储存器，储存器用来保持位置数据，而后备电池则是保证系统断电后信息不会丢失。同时，在首次开机、电池不及时更换和编码器的传输线断开时，都必须重新进行一次原点回归（对零点脉冲固定）的操作。

了解并掌握编码器的接线和应用对学习 PLC 定位控制十分重要。

5. 步进电动机与步进驱动器

在定位控制中，步进电动机作为执行元件，获得了广泛应用。步进电动机区别于其他电动机的最大特点是可以用脉冲信号直接进行开环控制，系统简单经济，无刷，电动机本体部件少，可靠性高，易维护。步进电动机的缺点是带惯性负载能力较差，存在失步和共振，不能直接使用交直流驱动。

步进电动机运行时，控制系统每发一个脉冲信号，通过驱动器就使步进电动机旋转一个角度（步距角）。若连续输入脉冲信号，则转子就一步一步地转过一个一个角度，故称步进电动机。转子位移（角位移）量与输入脉冲个数严格成正比。只要根据步距角的大小和实际走的步数，知道其初始位置，便可知道步进电动机的最终位置。每输入一个脉冲电动机旋转一个步距角，电动机总的回转角与输入脉冲数成正比例关系，所以控制步进脉冲的个数，可以对电动机精确定位。同样，每输入一个脉冲电动机旋转一个步距角，当步距角大小确定后，电动机旋转一周所需脉冲数是一定的，所以步进电动机的转速与输入脉冲信号的频率成正比。控制步进脉冲信号的频率，可以对电动机精确调速。步进电动机的转速且可在相当宽的范围内进行调节，多台步进电动机同步性能较好，易于启动、停止和变速。

步进电动机作为一种控制用的特种电动机，因其没有累积误差（精度为 100%）而广泛应用于各种开环控制。步进电动机的缺点是控制精度较低，电动机在较高速或大惯量负载时，会造成失步（电动机运转时运转的步数不等于理论上的步数，称之为失步）。特别是步进电动机不能过负载运行，哪怕是瞬间，都会造成失步，严重时停转或不规则原地反复动。

步进电动机不能直接接到交直流电源上，而是通过步进驱动器与控制设备相连接。控制设备发出能够控制速度、位置和转向的脉冲，通过步进驱动器对步进电动机的运行进行控制。

步进电动机控制系统的性能除了与电动机本身的性能有关外，在很大程度上取决于步进驱动器的优劣。

步进驱动器的主要组成结构如图 9.1-8 所示。一般由环形脉冲分配器和脉冲信号放大器组成。

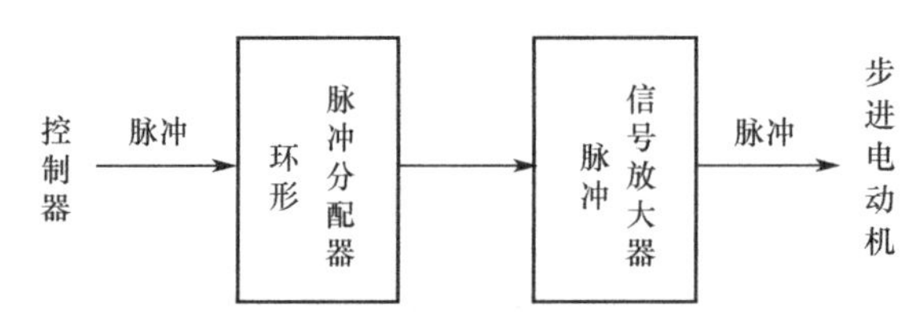

图 9.1-8　步进驱动器组成框图

细分是指步进驱动器的细分步进驱动，也叫步进微动驱动。它是将步进电动机的一个步距角细分为 m 个微小的步距角进行步进运动。m 称之为细分数。细分步进驱动是消除步进电动机低频振动的非常有效手段。细分驱动同时也带来了一个意外效果，提高了电动机的运行分辨率。原来电动机的一个步距角是一个脉冲，有了细分后，变成了一个步距角需要 m 个脉冲。相当于把电动机的脉冲当量提高了 m 倍。显然这在定位控制中，相当于提高了定位的分辨率。

相比于伺服电动机和伺服驱动器，步进电动机和步进驱动器则简单很多。因此，初学者要学习 PLC 定位控制技术，不妨从步进电动机定位控制入手。

6．伺服电动机与伺服驱动器

伺服电动机是一种把输入控制电压信号转变为转轴的角位移或角速度输出的电动机。其转轴的转向与转速随控制电压的方向和大小而改变，并带动控制对象运动，它具有服从信号的要求，故称为伺服电动机或执行电动机。伺服电动机按其使用的电源性质不同，可分为直流伺服电动机和交流伺服电动机两大类。

交流伺服电机是基于计算机技术、电力电子技术和控制理论的突破性发展而出现的。尤其是 20 世纪 80 年代以来，矢量控制技术的不断成熟，极大地推动了交流伺服技术的发展，使交流伺服电机得到了越来越广泛的应用。与直流伺服电机相比，交流伺服电机结构简单，完全克服了直流伺服电机存在的电刷、换向器等机械部分所带来的各种缺陷，加之其过载能力强和转动惯量低等优点，使交流伺服电机已成为定位控制中的主流产品。

交流伺服电机按其工作原理可分为异步感应型交流伺服电机和同步永磁型伺服电机。永

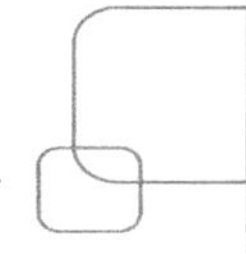

磁交流伺服电机的转子采用永磁体，只要其定子绕组加入电流，即使在转速为零时，仍然能够输出额定转矩，这一功能称为零速伺服锁定功能。另外，如果电动机在运行时停电，感应电动势会在定子绕组中产生一个短路电流，此电流产生转矩为制动转矩，可以使电动机快速制动。这两个特点使得在交流伺服控制系统中，所使用的伺服电机大部分为永磁交流伺服电机。

在交流伺服控制系统中，控制器所发出脉冲信号并不能直接控制伺服电机的运转，而是通过一种装置来控制电动机的运转，这个装置就是交流伺服驱动器，简称伺服驱动器。

伺服驱动器又叫伺服放大器，它的作用是把 PLC 送来的脉冲信号进行转换并功率放大，用于驱动电动机运转，根据控制命令和反馈信号对电动机进行连续速度控制。可以说，驱动器是集功率放大和位置控制为一体的智能装置。伺服驱动器对伺服电机的作用类似于变频器对普通三相交流感应电动机的作用。

变频器是一台主要在传动控制上用于变频调速的通用装置，多数采用模拟量信号作为控制信号。伺服驱动器则是采用脉冲信号（数字量信号）作为控制信号，工作在矢量控制方式上的变频器。由于它工作在矢量控制方式上，矢量控制是以电动机的各项基本参数为依据进行的，在设计时已把相应的电动机基本参数考虑在软件中。所以。一台驱动器只能拖动一台伺服电机。而且驱动器和伺服电机原则上是同一厂家生产的，匹配时必须严格按照厂家手册的规定选配。

伺服驱动器有三种控制方式：位置控制、速度控制和转矩控制，分别对电动机的运行位置、运行速度和输出转矩进行控制。在三种控制方式中，最常用的是位置控制方式。

对伺服电机和伺服驱动器来说，重点是对伺服驱动器的学习。学习伺服驱动器重点在外部接线和动能参数设置。

7．定位控制模块和定位控制单元

PLC 虽然本身有定位控制功能，但由于很多性能受到限制。例如，仅有 2～3 个高速脉冲输出端口，脉冲频率最大为 100kHz，这就满足不了许多生产设备的定位控制要求。为此，PLC 生产厂家都开发了许多与 PLC 相配套的定位控制特殊功能模块（单元），它们与 PLC 结合使用，增强了 PLC 的定位控制能力。三菱电机为 FX 系列 PLC 开发了众多的定位控制模块和定位控制单元，见表 9.1-1。

表 9.1-1　定位控制模块和定位控制单元

名　称	型　号	控制轴数	功能简述
定位控制模块	FX2N-1PG	1 轴	7 种定位运行模式，连接两台以上时，可以对多轴进行独立控制
	FX2N-10PG	1 轴	对 1PG 功能进行强化和提高
定位控制单元	FX2N-10GM	1 轴	可以单独运行控制，1 轴定位专用单元
	FX2N-20GM	2 轴	可以单独运行控制，2 轴定位专用单元，具有直线插补、圆弧插补
角度控制单元	FX2N-1RM-SET	1 轴	可以检测机械转动角度的定位单元。实现动作角度的设定和监视显示
高速脉冲输出适配器	FX_{3U}-2HSY-ADP	2 轴	是为 FX_{3U} PLC 专用的高速脉冲输出适配器，可以连接差动线性接收型的伺服电机，独立 2 轴输出
定位控制模块	FX_{3U}-20SSC-H	2 轴	为 FX_{3U} PLC 开发的高性价比，高精度，耐噪音性能优越的 2 轴输出的定位控制模块

当 PLC 与定位控制模块组成 PLC 定位控制系统时，PLC 起的作用有两个，一是自身作为控制器对外进行 2～3 轴定位控制，二是对多轴的定位控制动作进行协调处理，或对定位控制运动与外部设备动作进行协调控制。

8．FX 系列 PLC 定位控制指令

PLC 作为定位控制器，其具体的定位控制过程是通过设计定位控制程序来实现的。为此，生产厂家为 PLC 开发了专门用于定位控制的脉冲输出指令和定位控制指令，应用这些指令就可以很方便地设计定位控制程序。

三菱电机也专门为 FX 系列 PLC 开发了专用于定位控制用的脉冲输出和定位控制功能指令。这些功能指令是根据 FX 系列 PLC 机型的开发陆续推出的。因此，其适用的 FX 系列 PLC 机型是有区别的。表 9.1-2 列出了 FX 系列所有的脉冲输出指令和定位控制指令及其适用机型。

表 9.1-2　脉冲输出指令和定位控制指令及其适用机型

助 记 符	名　称	FX_{1S}	FX_{1N}	FX_{2N}	FX_{3U}
PLSY	脉冲输出	●	●	●	●
PLSR	带加减速脉冲输出	●	●	●	●
PLSV	可变脉冲输出	●	●		●
ZRN	原点回归	●	●		●
DSZN	带搜索原点回归				●
DRVI	相对定位	●	●		●
DRVA	绝对定位	●	●		●
ABS	ABS 当前值读取	●	●		●
DVIT	中断定位				●
TBL	表格设定定位				●

PLC 能够应用定位控制功能指令的多少也可从程序设计方面看出它的定位控制功能。由表中可以看出 FX_{3U} 所含有的功能指令最多，其定位控制功能也最强，而 FX_{2N} 所含功能指令最少，其定位控制功能最弱。对一些简单的 1 轴或 2 轴的定位控制来说，选择 FX_{1S} 和 FX_{1N} 的性价比最高。

9.1.3　串行异步通信控制

只要两个系统之间存在信息交换，这种交换就是通信。通过对通信技术的应用，可以实现在多个系统之间的数据传送、交换和处理。PLC 通信控制则是指 PLC 与计算机、PLC 和 PLC、PLC 与外部设备之间的通信。PLC 通信的目的就是要将多个远程 PLC、计算机及外部设备进行互连，通过某种共同约定通信方式和通信协议，进行数据信息的传输、处理和交换。

1．串行异步通信

1）并行通信与串行通信

● **并行通信**

并行通信按字（16 位的二进制数）或字节（8 位二进制数）为单位进行传送，字中各

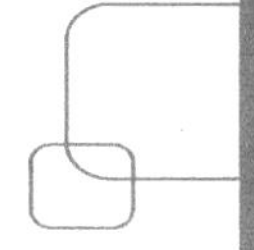

位是同时进行传送的。除了地线外，*n* 位必须要 *n* 根线。其特点是传送速度快、通信线多、成本高。不适宜长距离数据传送。计算机或 PLC 内部总线都是以并行方式传送的，PLC 和扩展模块之间或近距离智能模块之间的数据通信，各个模块之间也是通过总线以并行方式交换数据的。

- **串行通信**

串行通信是以二进制的位为单位的数据传输方式，每次只传送一位，除了地线外，在一个数据传输方向上只需要一根数据线，这根线既作为数据线又作为通信联络控制线，数据和联络信号在这根线上按位进行传送。串行通信需要的信号线少，最少的只需要两三根线，适用于距离较远的场合。计算机和 PLC 都备有通用的串行通信接口，工业控制中一般使用串行通信。串行通信多用于 PLC 与计算机之间、多台 PLC 之间和 PLC 对外围设备的数据通信。

2）串行通信之同步传送和异步传送

- 同步传送

同步通信以字节为单位（一字节由 8 位二进制数组成），每次传送一帧信息，包括 1～2 个同步字符、若干个数据字节（数据包）和校验字符。由于同步通信方式不需要在每个数据字符中加起始位、停止位和奇偶校验位，只需要在数据包（往往很长）之前加一两个同步字符，所以传输效率高，但是对硬件的要求较高，一般用于高速通信。

- 异步传送

异步传送是指在数据传送过程中，发送方可以在任意时刻传送字串（也叫一帧信息），两个字串之间的时间间隔是不固定的。接收端必须时刻做好接收的准备，但在传送一个字串时，所有的比特位是连续发送的。

异步传送速率低，但通信方式简单可靠、成本低、容易实现。异步通信传送附加的非有效信息较多，它的传输效率较低，一般用于低速通信，这种通信方式广泛应用于 PLC 通信系统中。

3）单工、半双工和全双工

在串行通信中，按照数据流的方向可分成三种基本的传送方式：单工、半双工和全双工。

（1）单工通信方式：数据传送始终保持同一方向，如图 9.1-9 所示。

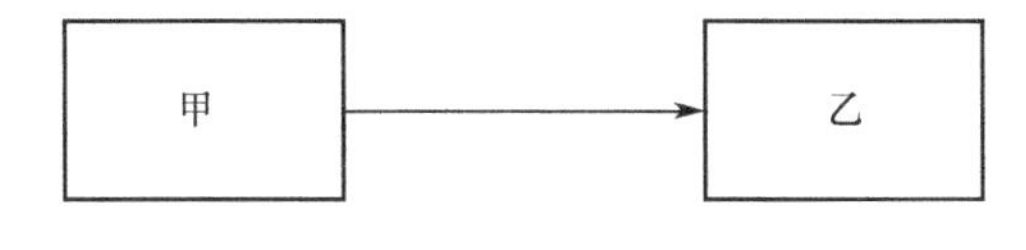

图 9.1-9　单工通信

单工通信，其数据传送是单向的，发送端和接收端的身份是固定的，发送端只能发送，接收端只能接收，如遥控遥测、打印机、条码机等。单工方式在 PLC 通信系统中很少采用。

（2）半双工通信方式：数据传送是双向的，但通信双方不能同时收发数据，某一时刻只能在一个方向上传送，如图 9.1-10 所示。在日常生活中保安所用的对讲机就是半双工通信方式。

（3）全双工通信方式：数据任何时刻都可以在两个方向上传送。当数据的发送和接收分流，分别由两根不同的传输线传送时，通信双方都能在同一时刻进行发送和接收操作，这样的传送方式就是全双工制，如图9.1-11所示。

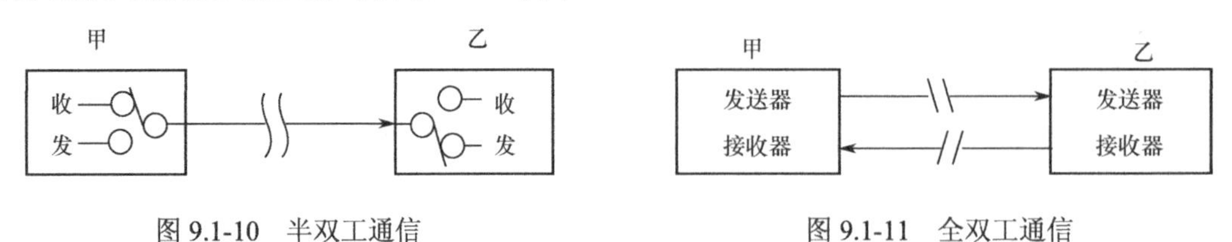

图9.1-10　半双工通信　　　图9.1-11　全双工通信

2．通信协议三要素

通信协议是指双方对数据传送控制的一种约定，又称做通信规程。约定中包括对通信接口，同步方式，通信格式，传送速度，传送介质，传送步骤，数据格式及控制字符定义等一系列内容进行统一规定，通信双方必须同时遵守。通信协议的核心内容是通信接口标准、通信格式（又称通信参数）和数据格式（又称帧信息格式），俗称串行数据通信协议三要素。

1）串行数据通信接口标准

串行数据通信接口标准属于硬件协议，数据通信必须通过硬件设备（发送，接收电路，传输介质等）完成，接口标准对这些硬件设备提供机械、电气、功能性的特性规程，例如，逻辑状态的电平，“0”是几伏，“1”是几伏，信号传输方式，传输速率，传输介质，传输距离等，同时，接口标准定义了传输介质与网络接口的连接方式以及数据发送和接收方式。是点对点还是点对多，用什么连接件，用什么数据线，连接件的引脚定义及通信时的连接方式等，必要时还要对使用接口标准的软件通信协议提出要求。

在串行数据接口标准中，最常用的是RS-232C、RS-422 、RS-485和USB串行接口标准，当两个设备或多个设备之间进行通信，首要条件是它们的硬件电路的通信接口标准必须完全一致。如果接口标准不一致，必须通过电路转换成一致。例如，PC为RS-232C接口标准，PLC为RS-422接口标准，则必须将RS-232C接口标准转换成RS-422接口标准，才能与PLC建立正确通信。

2）通信格式（通信参数）

异步通信的特点：逐个字符传输，一个字符是指由字符编码ASCII码组成的一组二进制数。由七个二进制位组成。每个字符传输时，是一个二进制位按顺序进行传输。目前，大部分字符的传输采用起止式格式。

在串行异步通信中，通信双方必须就一个字符的数据长度、有无校验位，校验方法和停止位的长度及传输速率（波特率）进行统一设置，这样才能保证双方通信的正确。如果不一样，即便一个规定不一样，都不能保证正确通信。一个字符的传输和加上通信速率的统一设置叫作通信格式，又称通信参数。和通信接口标准一样，两个或多个设备之间进行通信，其通信格式必须设置成完全一致，否则不能正确通信。

3）数据格式（帧信息格式）

通信的目的是将信息传送给对方，在串行异步通信中，信息是一帧一帧发送的，每一帧

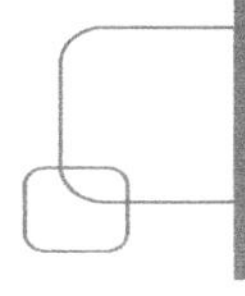

信息是由若干个字符组成的，对帧信息的格式做一个统一的规定，双方发送信息和接收信息必须按照这个格式。这样才能保证信息能正确地被对方理解并执行。这种对一帧信息的格式所作的统一规定称为数据格式，又称为报文、报文格式、信息帧、数据信息帧等。

3. PLC通信控制内容

PLC通信可分为PLC与外部设备之间和PLC与系列设备的通信。前者为PLC作为控制器与外部智能设备如变频器，温控仪，伺服驱动器等设备之间的通信。这也是初学者首先要学会的通信控制，后者指PLC与计算机，PLC与PLC，PLC网络控制系统的通信。

1）PLC与外部设备之间

PLC与外部设备间的通信又可细分为两大类，一是与通用设备之间的通信，例如打印机、条形码阅读器、文本显示器等。二是与各种智能控制设备之间的通信，例如变频器、伺服电机、温控仪等。第一类通信不在我们所讨论的内容之内，我们重点讨论的是PLC与其控制的智能设备之间的通信。

PLC与这些外部设备进行通信控制有很多共同之处，如都采用串行异步通信方式，通信接口都采用RS-485接口标准，都采用Modbus协议或控制设备的专用协议通信。

如图9.1-12所示，PLC与控制设备的通信为1∶N主从式通信方式，PLC是主站，其余皆为从站。主站与任一从站均可单向或双向数据传送，从站与从站之间不能互相通信，如有数据传送则通过主站中转。主站编写通信程序，从站只需设定相关的通信协议参数。

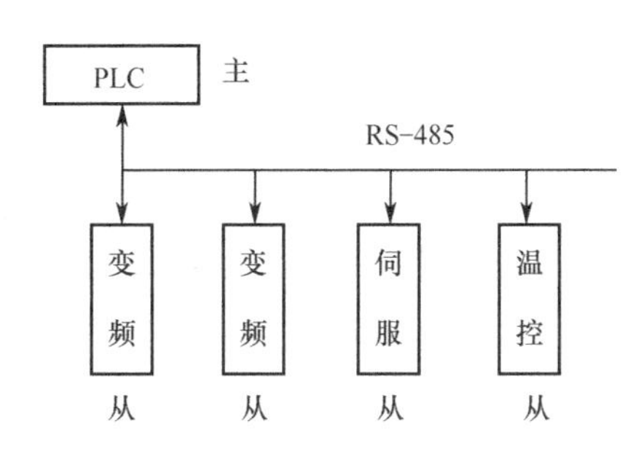

图9.1-12 PLC与控制设备通信示意图

初学者学习通信，最好是从PLC与外部设备（例如变频器）通信开始，PLC与变频器通信控制有两种方式。

（1）直接用厂家开发的变频器控制指令，用户只要在程序中直接使用这些指令就可以对变频器进行读写，控制变频器的运行、修改变频器的参数和读取变频器参数及运行状况，供监控、显示和处理用。但这种方式仅适用于某些特定的变频器，一般为同一PLC品牌的某些型号变频器，而不能对所有变频器实行，更不能对其他品牌变频器应用。

（2）利用PLC的串行通信指令设计通信控制程序。这种方式又称无协议通信或自由口通信。PLC本身只提供通信格式字（即通信参数）的设置，而数据格式及其参数定义均根据变频器通信协议而定。这种方法，则是对所有具有RS-485标准接口的变频器和控制设备均可应用。对三菱FX系列PLC来说，都采用串行通信指令RS，根据变频器的通信协议规定的数据格式设计通信程序，对变频器进行读写，控制变频器的运行、修改变频器的参数，读取变频器参数及运行状况。

2）PLC和PLC之间

PLC与PLC之间的通信主要应用于PLC网络控制系统，可以组成1∶1、N∶N、M∶N等各种控制网络。三菱FX系列多台PLC连网时，有两种通信方式。

● 1∶1 并联连接

在实际通信控制中，1∶1 并联连接指两台同系列 PLC 之间通信，如图 9.1-13 所示。

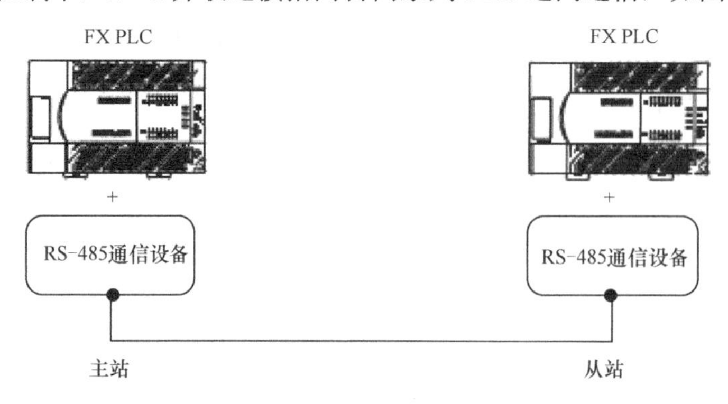

图 9.1-13　PLC 1∶1 主从方式通信

PLC 网络 1∶1 通信方式的优点是在通信过程中不会占用系统的 I/O 点数，而是在辅助继电器 M 和数据寄存器 D 中专门开辟一块地址区域，按照特定的编号分配给 PLC。在通信过程中，两台 PLC 这些特定的地址区域是不断交换信息的，两边数据完全一样。这些状态和数据相互传送的软元件，称之为连接软元件，又叫共享软元件。信息的交换是在连接软元件之间自动进行的。每（70+主站扫描周期）ms 刷新一次。图 9.1-14 表示了两台 PLC 普通模式信息交换的特定区域示意图。

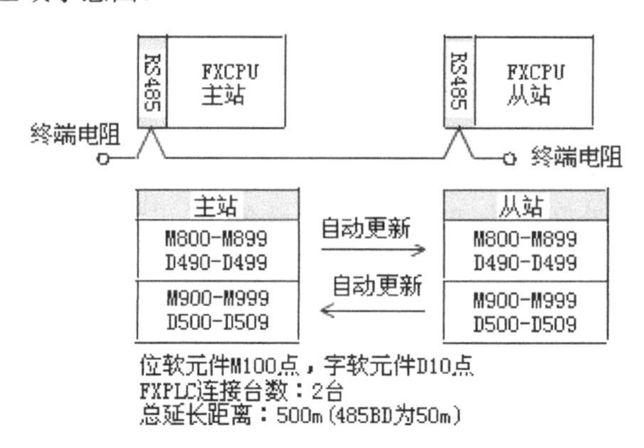

图 9.1-14　PLC 1∶1 主从方式通信普通模式连接软元件

在进行通信控制时，先对自己的连接软元件进行编程控制，另一方则根据相应的连接软元件按照控制要求进行编程处理。因此，两台 PLC 相连接进行通信控制时，双方都要进行程序编制，才能达到控制要求。

● 1∶*N* 主从通信方式

三菱 FX PLC 的网络是 1∶*N* 通信方式。也就是在多台 FX 系列 PLC（最多是 8 台）进行通信连接时，其中有一台是主站，其余为从站。主站和从站之间，从站和从站之间均可进行读写操作，如图 9.1-15 所示。

1∶*N* 主从通信方式的通信原理和 1∶1 并联连接是一样的，都是通过连接软元件共享数据信息。如果某个 PLC 需要发送信息，则通过程序将信息送到连接软元件中，如果某个 PLC 要读取信息，则编写程序从连接软元件中读取即可。

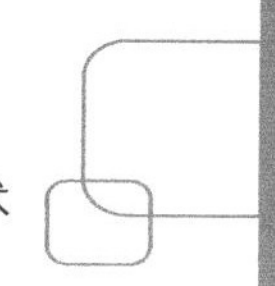

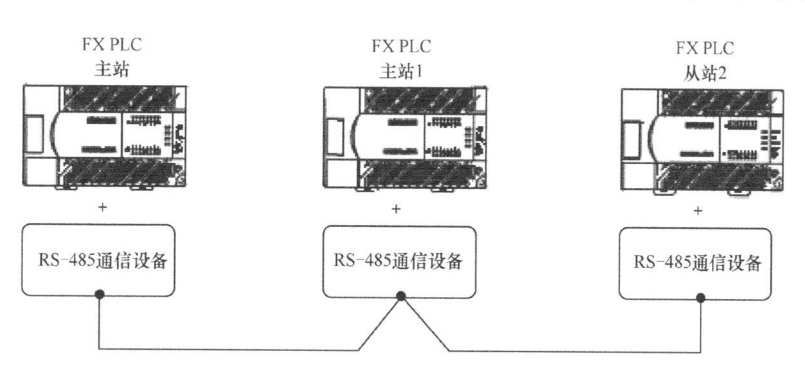

图 9.1-15　PLC 1∶N 主从方式通信

根据所使用从站的数量，PLC 所占用的内存软元件地址会不一样。各台 PLC 共享的数据范围有三种模式可供选择，模式 0 共享每台 PLC 的 4 个数据寄存器，模式 1 共享每个 PLC 的 32 个辅助继电器和 4 个数据寄存器，模式 3 共享每个 PLC 的 64 个辅助继电器和 8 个数据寄存器。

应用时，主站必须编写通信设定程序（主站站号、从站数量、重试次数、监视时间等），而主站和从站则都要编写相应的读写程序。

3）PLC 与计算机

一台计算机与 1～16 台 FX 系列 PLC 相连接，称为计算机连接功能，如图 9.1-16 所示。这时，规定计算机为主站，PLC 为从站，计算机通过安装 PLC 专用的通信软件，并根据 MC（MELSEC）专用协议对 PLC 进行各种数据的读/写操作。

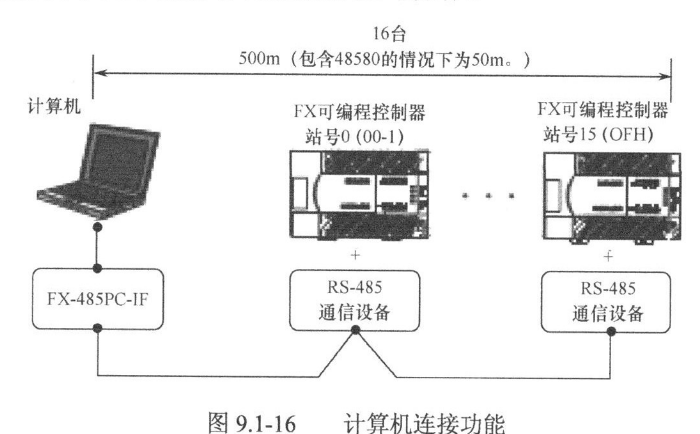

图 9.1-16　计算机连接功能

9.2　自动控制技术的延伸

9.2.1　自动控制技术的发展演变

本节内容是编者参考了众多资料编写的，考虑到读者对象是广大具有初中以上文化水平的电工朋友，在编写时，尽量用通俗的文字将PLC，DCS和FCS三大控制系和工业4.0的基本知识介绍给读者，比起用专业语言的描写一定存在许多不妥之处。读者如需详细了解三大控制系统和工业4.0的知识，可进一步阅读相关的资料。

自动控制是一个含义极广的概念，不仅涉及传统的工业生产工程领域，也涉及社会、环境卫生、生物医学等各个非工程领域。这里所叙述的自动控制技术仅指在工业生产过程中的自动控制技术，又称为过程控制技术，工业自动化技术。

工业自动化技术是21世纪工业生产制造领域中最重要的技术之一，不但可以提高产品质量，也用于提高产品产量，还能节省大量的人工。

在过程控制的发展过程中，其发展过程大致可分为以下几个阶段，每个发展阶段都是对原有的控制系统存在的问题给出的新的解决方案，同时也代表着技术的进步和效能的提高。

1．小规模生产控制系统

早期，由于工业生产规模较小，各类检测控制仪表均处于发展的初级阶段，生产设备以机械设备为主，所用的设备主要是安装在生产现场，具有简单测控功能的基地式仪表，其主要的作用是显示，信息不能互相传送。测控点和控制系统均处于单机或生产线式的封闭状态，不能与外界沟通。操作人员只能通过生产现场的巡检来了解生产过程的运行状态。这种以单机控制为主的系统相对比较简单，称为初级控制系统。

2．模拟仪表控制系统（DDZ电动单元组合仪表）

随着测量技术、电子技术的发展和工业生产规模的不断扩大，操作人员需要了解和掌握更多的现场信息，建立满足要求的操作系统。于是，在20世纪60年代至70年代后期，先后出现了以晶体管和集成电路为核心的气动和电动单元组合式仪表，它们分别以压缩空气和直流电源作为动力，主要用于化工生产和其他行业，其中电动单元组合仪表由8类单元仪表组成，各单元之间使用统一的模拟信号标准（4～20mA，0～5V，1～5V等），在仪表内部实行电压并联传输，外部实行电流传输，以减少传输过程受干扰。根据生产工艺要求，由不同的单元组成不同复杂程度的自动检测系统和自动控制系统。

电动单元组合仪表通常以双绞线作为传输介质，信号被送到集中控制室（仪表室或机房）后，操作人员坐在控制室内可以观察生产流程中各处的生产参数并了解整个生产过程。

用集成电路作为基本元件的电动单元组合仪表采用直流低电压24V集中供电，并与备用蓄电池构成无停电装置，能保证仪表的可靠性和安全性。

图9.2-1　DDZ-Ⅲ型控制仪表

电动单元组合仪表广泛应用于石油、化工、冶金、电力、轻工等工业部门，用于单参数、串级和多参数等自动调节。在电子技术的不同发展阶段，电动单元组合仪表又有不同的形式。中国在20世纪60年代前后研制的电动单元组合仪表采用电子管和磁放大器为主要放大元件，称为DDZ-Ⅰ型仪表。60年代采用晶体管作为主要放大元件，称为DDZ-Ⅱ型仪表。70年代逐渐采用集成电路，称为DDZ-Ⅲ型仪表，如图9.2-1所示。

模拟仪表的很多设计思想，例如，统一的模拟信号标准，集中控制等都被以后发展的控

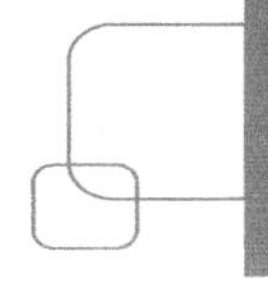

制系统所采纳和延伸。

3. 数字控制系统（PLC 控制系统和 DDC 控制系统）

模拟仪表系统在一定程度上解决了信号传输及集中控制问题，但模拟信号抗干扰能力差，其一对一的连接方式使其系统在速度上和规模上都无法满足大型复杂控制系统的要求，这一问题直到数字控制系统出现才得到解决。

20 世纪 80 年代初，计算机技术、微电子技术和集成电路处理技术得到迅猛的发展，人们考虑用数字信号代替模拟信号，用数字技术代替模拟技术，用数字控制系统来完成模拟控制系统的功能，这一设想随着数字技术的不断发展而得到实现。数字控制器的两种典型产品是可编程序控制器 PLC 和直接数字控制器 DDC。

1）PLC 控制系统

在 PLC 出现以前，工业控制领域是以继电控制器占主导地位的继电控制系统，这是一种以开关量控制为主的控制，这种由继电器构成的控制系统有着明显的缺点：体积大、耗电多、可靠性差、寿命短、运行速度不高。尤其是对生产工艺多变的系统适应性更差，一旦生产任务发生变化，就必须重新设计并改变硬件结构，这就造成了时间和资金的严重浪费。1969 年，出现了第一台以微处理器为核心的带有存储器和 I/O 接口的可编程序控制器（简称 PLC）。PLC 是由继电器逻辑控制系统发展而来，初期主要用来代替继电器控制系统，侧重于开关量逻辑控制和顺序控制。但随着计算机技术、微电子技术、大规模集成电路技术和通信技术的发展，PLC 在技术和功能上发生了很大的变化，已从单一的开关量逻辑控制和顺序控制发展成能够进行模拟量控制、定时/计数控制和步进伺服运动控制，同时还具有相当的数据采集、数据运算和数据处理功能。而通信联网功能，使 PLC 与上位机之间，PLC 与 PLC 之间和 PLC 与智能设备之间能够进行数据信息交换和通信控制。

PLC 通信联网功能的发展构成了 PLC 控制系统。一台计算机加多台 PLC 组成的通信网络，构成了 PLC 控制系统。PLC 控制系统在早期的过程控制领域得到了广泛的应用。PLC 控制系统本身也是一种集中分散控制系统，其基本特征就是集中管理和分散控制。这种控制思想一直延伸到 DCS 和 FCS 控制系统。

尽管后来出现了 DCS 和 FCS，但 PLC 控制系统本身也在不断提高和发展中，现代 PLC 控制系统的发展有两个重要趋势：其一是向小型化方向发展，表现为体积更小、功能更强和价格更低。为提高质量，应用更多面向专业性、整体性发展；其二是向大型化发展，表现为大中型 PLC 向高功能、大容量、智能化、网络化发展，使 PLC 控制系统朝 DCS 的方向发展，使其具有 DCS 系统的一些功能，对大规模、复杂系统进行综合的自动控制。

2）DDC 控制系统（Direct Digital Control）

DDC 是直接数字控制器的简称。如果说 PLC 是微处理器技术在继电控制工业生产商开发的数字控制器，那么，DDC 则是微处理器技术在工业自动化仪表上开发的数字控制器。DDC 和 PLC 的结构基本一样，都是由微处理器、存储器和 I/O 接口组成，但在应用上却存在很大差别，PLC 是一种通用数字控制器，其内部用户程序是由用户根据实际控制要求自行编制，而 DDC 则是一种专用控制器，其用户程序是根据不同的专业应用情况精心编制并固化在内，无须用户进行二次开发编程。可以说，DDC 是一种特殊用途的 PLC，是生产商针对细化市场而设计的PLC产品。目前，DDC控制器主要集中应用在楼宇自动控制系统中。

DDC 控制器可以对楼宇中的冷冻站、热交换设备、空调系统、通风系统、给排水系统、变配电系统、电梯、照明系统等等设备进行监测和控制，可以十分方便地组网，实现分散控制，集中管理。图 9.2-2 是西门子公司为供热专用的 POL638.OO/DH1 型 DDC 控制器。

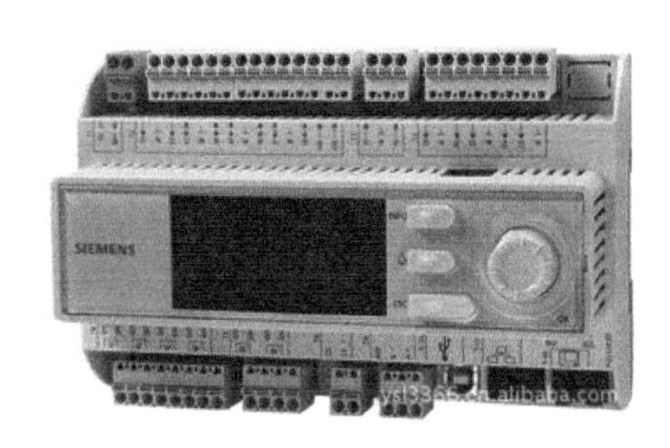

图 9.2-2　西门子 DDC 控制器

DDC 控制器设有通用输入/输出端口，信号类型（开关量输入/输出，模拟量输入/输出）可以通过硬件跳线和上位机软件进行设置。DDC 控制器的工作过程是控制器通过模拟量输入通道和数字量输入通道采集实时数据，并将模拟量信号转变成计算机可接收的数字信号，然后按照一定的控制规律进行运算，最后发出控制信号，并将数字量信号转变成模拟量信号，并通过模拟量输出通道和数字量输出通道直接控制设备的运行。DDC 是专业控制器，因此，DDC 控制器模式必须与实际应用的控制模式一致，用户只要按照规定在输入/输出端口连接相应的开关器件、传感器件和执行元件，DDC 控制器就会对所控制的各种物理量进行自动控制，这样，DDC 控制器代替了多个常规仪表控制的功能。

一台计算机与多台 DDC 控制器进行连网，就组成了 DDC 控制系统。DDC 控制系统也是一种集中分散控制系统，和 PLC 控制系统一样。计算机的功能是集中管理，而 DDC 控制器为分散控制。

9.2.2　DCS 集散控制系统

集散控制系统又称分散控制系统，简称 DCS（Distributed Control System）。

1．DCS 控制系统的产生和特点

DCS 的出现并不是偶然的，PLC 控制系统和 DDC 控制系统也是一种集散系统，但是，由于当时数字计算机价格昂贵，一个系统仅用一台计算机代替控制室的仪表来完成控制系统功能。这样做虽然达到了集中管理分散控制的目的，但一旦计算机出现某种故障，就会造成系统崩溃，所有控制回路瘫痪，生产马上停止的严重局面。换句话说，生产管理和控制的高度集中也带来了危险高度集中的局面，这是工业生产难以接受的。

直到 20 世纪 70 年代开始，计算机技术的突飞猛进和大规模集成电路及微处理器的诞生，使得计算机的性能日渐成熟，价格也大幅下降。人们开始思考能否将“危险也分散”，即原来一台计算机完成的任务，用几台、几十台微型计算机来完成。这样的话，即使一台微型计算机坏了，也不至于整个系统崩溃瘫痪。从而使控制系统的危险也大大降低，这种不但控制分散，危险也分散的设计思想的具体应用使 DCS 系统诞生了。

集散控制系统的实质是利用计算机技术对生产过程进行集中监视、操作、管理和分散控制的一种新型控制技术。它是计算机技术、通信技术、控制技术和 CRT 显示技术（又称 4C 技术）相互渗透发展的产物。采用危险分散、控制分散，而操作和管理集中的基本设计思

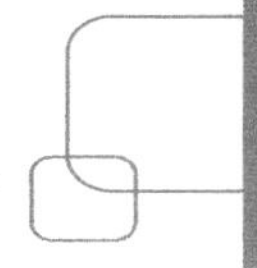

想，分层、分级和合作自治的结构形式，适应现代工业的生产和管理要求。DCS 的出现是工业控制的一个里程碑，它以其先进、可靠、灵活和操作简便的特点，以及其合理的价格被广泛地应用于化工、石油、电力、冶金和造纸等工业领域。

DCS 控制系统指的是一种多机系统，即多台计算机分别控制不同的对象和设备，各自构成子系统，各个子系统之间可以通过通信或网络互联，从整个系统来说，在功能、逻辑、物理以及地位上都是分散的，但是在管理、监测、操作和显示上又是集中的。

DCS 控制系统的特点主要表现在以下 6 个方面。

1）分散性和集中性

DCS 的分散性体现在控制分散、设备分散、功能分散、地域分散和危险分散。分散的目的是为了使危险分散、提高了系统的可靠性和安全性。

DCS 的集中性是指集中监视、集中操作、集中管理和集中显示，而通信网络和分布式数据库是集中性的具体体现。用通信网络把分散的设备构成一个统一的整体，用分布式数据库实现信息集成和信息共享。

2）自治性和协调性

DCS 的自治性是指系统中各台计算机均可独立工作，协调性是指各台计算机用通信网络连在一起，相互传送信息，相互协调工作，实现系统的总体功能。

3）灵活性和扩展性

DCS 硬件采用积木式结构，可灵活地配置成小、中、大各类系统。DCS 软件采用模块式结构，提供各类功能模块，可灵活地组态构成简单、复杂的各类控制系统，还可随时修改控制方案而不需要改变硬件配置。

4）先进性和继承性

DCS 是综合 4C 技术发展的，而 4C 技术的不断发展也促使 DCS 不断发展，处于先进地位。

DCS 的继承性是指当出现新型的 DCS 时，原 DCS 可作为新 DCS 的一个子系统继续工作。两者之间一样可以互相传送信息，不会不兼容，给用户造成损失。

5）半闭可靠性和适应性

DCS 的分散性使系统危险分散，提高了系统可靠性。DCS 采用高性能电子元器件，先进的生产工艺和各种抗干扰技术，使 DCS 能适应各种恶劣环境，其设备分散性可适应不同生产场合的需求，DCS 的集中性各项功能可适应现代化大生产的控制和管理需要。

6）友好性和新颖性

DCS 为操作人员提供了友好的人机界面，而操作员站采用了彩色 CRT 和交互式图形画面。DCS 的新颖性主要表现在采用动态画面、工业电视等现代多媒体技术，图文并茂、形象直观，使操作人员有身临其境之感。

2. DCS 控制系统的结构

图 9.2-3 为一个 DCS 控制系统的典型结构，系统中所有设备分别处于四个不同的层次。自下而上分别是现场控制级、过程控制级、过程管理级和经营管理级。对应这四层结构，分别由四层计算机网络把相应的设备连接在一起，它们是现场网络（Fnet）、控制网络（Cnet）、监控网络（Snet）和管理网络（Mnet）。

现对四个层次进行简单说明。

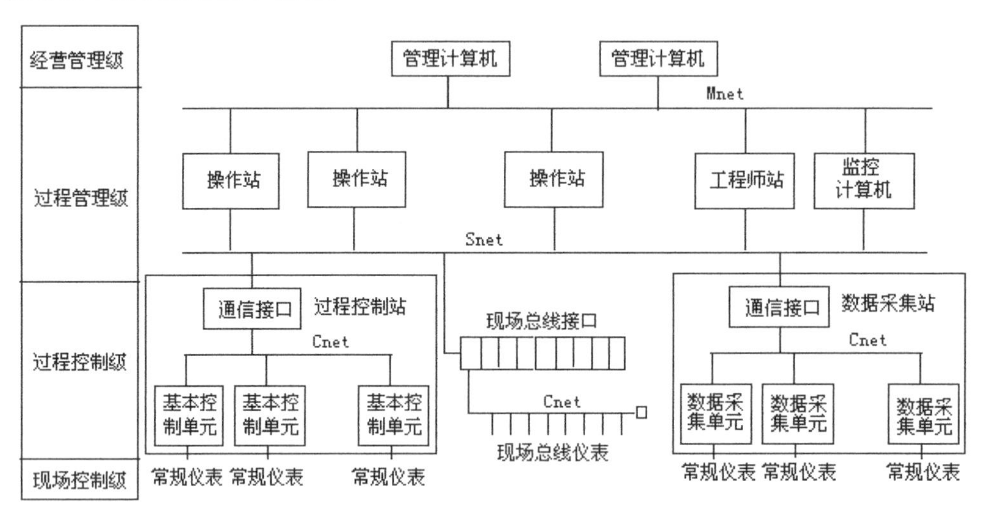

图 9.2-3　西门子 DDC 控制器

1）现场控制权

现场级设备是各类传感器、变送器和执行器，它们将生产过程中的各种物理量信号转换成电信号（例如，4～20mA 的模拟量信号或符合现场总线协议的数字信号），送往过程控制站或数据采集站，实现对生产过程的控制。

如果把 DCS 比作一个工厂管理的话，这一级别的设备相当于工厂的基层员工，其功能就是服从上一级发来的命令，并向上一级反馈执行情况。

2）过程控制级

过程控制级设备主要由过程控制站和数据采集站构成，过程控制站是 DCS 系统的核心部分。它接收现场控制级上传的信号，并按照控制要求进行运算处理，然后将运算结果作为控制信号送回现场执行器。过程控制站应能完成连续控制、顺序控制等控制功能。这个级别相当于车间主任，车间主任主要听取员工反馈的情况，及时下达生产命令。同时，车间主任必须向上一级部门反馈现场生产情况，这个上一级就是过程管理级。

数据采集站主要采集现场控制级信号，并经过一些必要的处理或转换后送到 DCS 的其他部分，主要是监控设备，不直接完成控制部分。

3）过程管理级

过程管理级由操作站、工程师站和监控计算机站组成。这个级别相当于工厂的厂部管理

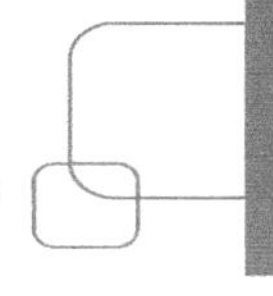

部门，如生产技术科、设备科、财务统计科等。

操作站是 DCS 系统运行人员与 DCS 相互交换信息的人机对话平台，运行人员可以在这个平台上监视和控制整个生产过程，可以随时进行手动或自动的切换，修改给定量，调整控制量，操作现场设备，还可以打印各种数据报表，复制屏幕上的图像曲线等。操作站是由一台较强的、具有图形处理功能的计算机及相应的外部设备组成。

工程师站是为了对 DCS 进行配置、组态、调试、维护的工作站。它的另一个作用是对各种设计文件进行归类管理，工程师站一般由计算机配置一定数量的外部设备组成。

监控计算机站主要任务是对生产过程实现监督控制。主要功能是完成复杂的数据处理和运算，一般由超级微型机和小型机构成。

4）经营管理级

这是 DCS 控制系统的最高层，只有大规模的 DCS 系统才有这一级。它相当于工厂的厂长级的管理层，面向的也是厂长、经理、总工程师等高级行政管理人员。其主要任务是监测企业各部分运行情况，利用历史数据和实时数据预测可能发生的各种情况，从企业全局利益出发辅助企业管理人员进行决策，帮助企业实现其规划目标。

3. DCS 与 PLC 的比较

PLC 和 DCS 都是直接数字控制产品，DCS 的发展离不开 PLC 控制系统集中分散的设计思想，但 DCS 与 PLC 还是存在一定的差别。

DCS 是一种分散式控制系统，PLC 只是一种控制设备。系统能够实现控制设备的功能和协调，而控制设备只能实现本单元的控制功能。因此，PLC 控制系统可以作为独立的控制系统，也可以作为 DCS 的一个子系统。

与 PLC 相比，DCS 的一个最大特点是它的安全性、可靠性。为保证 DCS 控制的设备安全可靠，DCS 在电源、CPU 及网络均采取了双冗余技术，当重要控制单元出现故障时，都会有相关的冗余单元实时无扰地切换为工作单元，保证了整个系统的安全可靠，PLC 控制系统基本上没有冗余的概念，更谈不上冗余控制。一旦出现故障，整个系统都会停止，安全可靠性比 DCS 差一个等级。

DCS 系统所有的 I/O 模块都带有 CPU，可以对采集及输出信号进行品质判断与标定变换，故障带电插拔、随机更换，而 PLC 模块只是简单的转换单元，没有智能芯片，发生故障时相应单元全部瘫痪。

DCS 在整个设计方案、系统软件更新、接口扩展等方面都要比 PLC 功能强，这里不再阐述，读者可参看相关资料。

生产过程控制系统发展的初期，PLC 主要侧重于开关量及顺序控制，而 DCS 主要侧重于模拟量控制和回路调节功能。但随着计算机技术的发展，PLC 的功能也增加了模拟量控制和 PID 闭环调节功能，增加了数据处理、数值运算和与计算机连网功能。PLC 本身也可以构成网络系统，组成分散控制集中管理的集散控制系统，而 DCS 也加强了开关量和顺序控制功能，也可使用梯形图语言等。由此可见，PLC 与 DCS 在发展过程中始终是互相渗透、互为补充的，彼此已越来越接近。实际上，现在高端大型的 PLC 控制系统已经和 DCS 功能差不多，两者都在各自的领域里得到广泛应用。

DCS 在工业控制领域特别是连续控制领域得到越来越多的应用，但 DCS 也存在一些问题急需解决。第一是 DCS 的开放性，这个问题是制约 DCS 发展的一个很大因素。DCS 在形成的过程中，由于受早期计算机技术发展的影响，各个生产厂家都开发了自己的 DCS 系统，而且都对自己的网络协议和系统软件采取了严格的保密措施。这个自成体系的产品结构造成了各个厂家的控制设备不可能很好无缝地接入 DCS 系统，即使在同一种协议下仍然存在不同厂家产品有不同信号传输方式而不能互连的情况，这就影响了 DCS 系统的推广。当然，这种情况已引起生产厂家的重视；第二是价格，目前由 PLC、工控机（IPC）所组成的控制系统都非常低廉，而功能在向 DCS 接近。这就使 DCS 面临的形势很严峻，DCS 必须在降低成本、减少维修费用等方面下工夫，才能应对 PLC 和 IPC 的竞争。

9.2.3 FCS 现场总线控制系统

1. FCS 控制系统的产生和特点

DCS 的功能虽然远优于模拟仪表控制和集中式数字控制系统，但其测量变送仪表及执行机构仍为模拟仪表，因而它是一个模拟数字混合系统。DCS 的产品自成系统、各自为政、互连性和互换性很差，在控制系统网络化的过程中，不能满足系统开放与互连的要求。

为打破系统封闭的格局，提升企业综合自动化管理的水平，就必须设计一种适用于工业环境、性能可靠、协议公开、成本较低的数字通信系统，开发出遵循同一通信标准的多功能现场智能仪表，使不同厂家的现场仪表可以在开发式系统中实现互连和互操作，这样就消除了传统 DCS 采用专用通信网络所造成的系统封闭的缺陷。在开放式通信系统中，可以很方便地实现企业现场仪表之间及生产现场及控制管理网络之间的信息交换。从而实现在更大范围里的信息共享，在信息集成的基础上，企业可以进一步优化生产与操作，提高管理决策水平，这样的控制才能满足用户的需要，现场总线就是在这种实际需求下应运而生的。基于现场总线所组成的过程控制系统为现场总线控制系统（Fieldbus ControlSystem，FCS）。

FCS 控制系统的特点主要表现在以下 6 个方面。

1）控制系统的开放性

开放性是指总线标准、通信协议均是公开的，面向任意的制造商和用户，可供任何用户使用。一个开放的系统可以与任何遵守相同标准的其他设备和系统相连，不同厂家的设备之间可实现信息交换。FCS 就是要致力于建立一个开放的工厂底层网络，构建一个开放的互连系统。

2）全数字化通信

在 FCS 中，现场信号都为数字信号，所有的现场控制设备都采用数字化通信。许多总线在通信介质、信息检验、信息纠错、重复地址检测等方面都有严格的规定，从而确保总线通信快速、完全可靠地进行。

3）互操作性与互换性

互操作性是指来自不同制造厂商的现场设备可以互相通信，统一组态，构成所需的控制

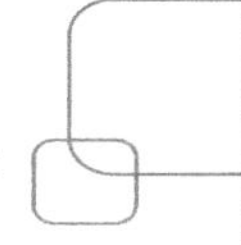

系统；互换性则意味着同生产厂家的性能类似的合并可以进行互换而实现互用。由于现场总线强调遵循公开统一的技术标准，因而有条件实现这种可能。用户可以根据性价比选用不同厂家的产品，通过网络对现场设备统一组态，把不同产品集成在同一系统内，并可在同功能的产品之间进行互换，使用户有了系统集成的主动权。

4）现场仪表的智能化

FCS 将传感器、补偿计算、线性化处理、工程量变换等功能分散到现场仪表中去完成，同时，现场总线仪表本身还具有自诊断功能，可以处理各种参数、运行状态及故障信息，系统可以随时掌握现场设备的运行状态，这在 DCS 中是做不到的。

5）系统结构的高度分散性

全数字、双向传输方式使 FCS 的仪表摆脱了传统仪表功能单一的制约，可以在一个仪表中集中多种功能，甚至做成集检测、运算、控制于一体的变送控制器，把 DCS 控制站的功能分散地分配给现场仪表，构成一种全分布式控制系统的体系结构。

6）对现场环境的适应性

作为工程网络底层的现场总线是专为现场环境设计的，它可以支持双绞线、同轴电缆，光缆、红外线、电力线等，具有较强的抗干扰能力。

FCS 最显著的特征是开放性、分散性和全数字通信。

2. FCS 控制系统的结构

现场总线控制系统由现场智能仪表、监控计算机、网络通信设备、电缆及通信软件和监控组态软件组成。图 9.2-4 为一个 FCS 的基本构成。

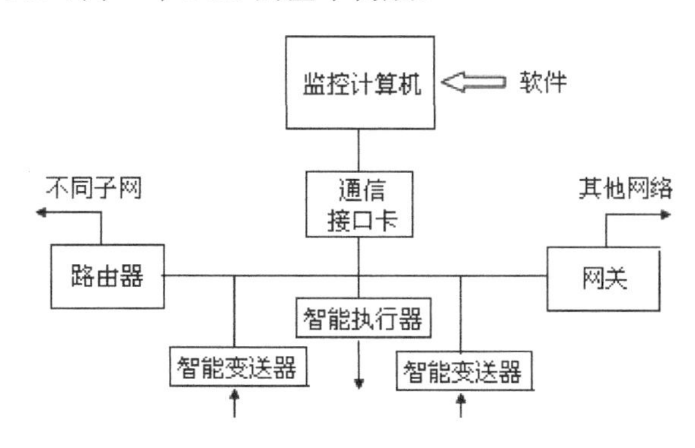

图 9.2-4　FCS 的基本构成简图

1）现场智能仪表

FCS 和 DCS 的一个最大区别是作为现场控制的仪表，DCS 是模拟与数字共用，而 FCS 则全部是数字化智能仪表。数字化智能仪表不但具有测量功能，还具有转换、计算、通信控制等功能。用于过程自动化的这类仪表通常有智能变送器、智能执行器和可编程控制仪表等。

近年来，为适应 FCS 的需要，国际上著名的仪表厂商相继推出了一系列智能变送器仪表，有压力、差压、流量、物位、温度等变送器。它们具有测量精度高、性能稳定等特点，能实现零点与增益校正和非线性补偿等功能。仪表中嵌有现场控制系统所需的各种功能模块，可实现多种控制策略。不少变送器还具有多种总线通信协议，可供用户选用。

智能执行器主要指智能阀门定位器或阀门控制器，将阀门定位器装配在执行机构上，即成为现场执行器。它具有多种功能模块，与现场变送器组合使用，能实现基本的测量控制功能。阀门定位器还可以接收模拟、数字混合信号或符合现场总线通信协议的全数字信号。

可编程控制仪表均具有通信功能，近几年推出符合国际标准协议的 PLC，能方便地连上流行的现场总线，与其他现场仪表实现互操作，并可与上位机进行数据通信。

2）监控计算机

FCS 和 DCS 一样，需要一台或多台监控计算机，以满足现场智能仪表登录、组态、诊断、运行和操作的要求，通过应用程序的人机界面，操作人员可监控生产过程的正常运行。

监控计算机通常使用工业 PC，这类计算机结构紧凑、坚固耐用、工作可靠、抗干扰性能好，可以直接安装在控制柜内或显示操作台上，能满足工业控制的基本要求。

3）网络通信设备

通信设备是现场总线之间及总线与智能仪表之间的直接桥梁。现场总线与监控计算机之间一般用网卡（通信接口卡）或通信控制器连接，它可以连接多个智能节点（智能仪表、计算机）、多条通信链路。这样，一台带有通信接口卡的 PC 及若干现场仪表与通信电缆，就构成了 FCS 最基本的硬件系统。

为了扩展网络系统，通常采用网间互连设备来连接同类或不同类型的网络，如中继器、网桥、路由器、网关等。

中继器是物理层的连接器，起简单的信号放大作用，用于延长传输导线的距离。集线器则是一种特殊的中继器，它作为转接设备将各个网段连接起来。智能集线器还具有网络管理和选择网络路径的功能，已广泛应用于局域网。

网桥是在数据链路层将信息帧进行存储转发，用来连接采用不同数据链路层协议、不同传输速率的子网或网段。

路由器是在网络层对信息帧进行存储和转发，具有更强的路径选择能力，用于异种子网之间的数据传输。

网关是用在传输层及传输层以上转换的协议变换器，用于实现不同通信协议的网络之间，包括使用不同网络操作系统的网络之间的互连。

4）监控系统软件

监控系统软件包括操作系统、网络管理、通信和组态软件等。操作系统一般使用 Window NT，Window CE 等。

网络管理软件的作用是实现网络各节点的安装、删除、测试、诊断，以及对网络数据库的创建、维护等功能。

通信软件的功能是实现计算机监控界面与现场仪表之间的信息交换。通常使用动态数据交换技术 DDE 或过程中的对象链接嵌入技术 OPC 来完成数据通信任务。

组态软件作为用户应用程序的开发工具，具有实时多任务、接口开放、功能多样、组态方便、运行可靠等特点。组态软件一般都提供能生成图形、画面、实时数据库的组态工具。

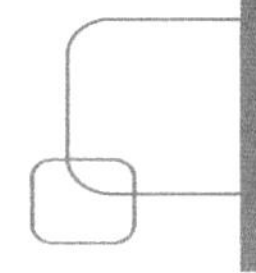

简单实用的编程语言，不同功能的控制组件，以及多种 I/O 设备的驱动程序，使用户能方便地设计人机界面，形象动态地显示系统的运行工况。

由组态软件开发的应用程序可完成数据的采集与输出、数据处理与算法实现、图形显示与人机对话，报警与事件处理、实时数据的查询、存储、报表生成与打印、实时通信以及安全管理等任务。

工控常用的组态软件有 Wincc，iFiX，Intouch，组态王，力控，MCGS 等。

9.2.4　工业 4.0

工业 4.0 是德国提出的一种全新的工业生产的理念。要了解工业 4.0，这就必须从工业 1.0 说起。在蒸汽机未发明之前，所有产品的生产都是手工作坊式的。即完全依靠手工生产制造产品，产品都是单体的生产，不存在大规模生产的方式，蒸汽机的发明完全改变了这种状态，由于有了很大的生产动力，生产机械产生了。产品的生产就由手工、单体的变成规模性、大规模性的生产。因此，蒸汽机的发明是一个工业革命，有人把它叫作工业 1.0。电能的作用和电力的广泛应用是工业的二次革命，有人把它叫作工业 2.0。工业 2.0 实现了电气化生产，但没有实现自动化生产，生产图纸靠人工画图，一人一机，产业工人队伍庞大。更为致命的是生产的一个环节发生变化，就影响全部生产。

随着计算机技术、微电子技术、通信技术、控制技术等电子电力技术的迅猛发展，特别是数据库的诞生，又产生了第三次工业革命，即工业 3.0。说通俗一点，工业 3.0 就是把工业 2.0 的“电气化生产”上升到了“自动化生产”。自动化生产是通过建立设计、制造、检测和试验四大数据库而进行的，也就是说用数据库信息化控制全部生产。通过数字工程师的工作，构建数字信息模型，最后转化为产品，而且都是标准化的产品。工业 3.0 使生产实现了自动化，操作工人的人数大为减少，而数字工程师人数大为上升。数据库的建立也克服了工业 2.0 那种牵一发而动全身的缺陷。要推出新产品，原有的自动化生产线无须做较大的变动，只要适当修改数据库中数据即可。目前，工业 3.0 并没有得到很普及的推广，仅在汽车等行业推广较好。

那么，什么是工业 4.0？德国工业 4.0 的定义是“以信息物理系统为基础的智能化生产”。那么，什么是“信息物理系统”？人体的结构也许是最好的比拟，人体即由“物理”和“信息”两个系统组成，健壮的身体、灵巧的四肢、敏锐的感官，便相当于一个嵌入了无数传感器的“物理系统”，人的大脑和意识，赋予了人思考、社交和活动的能力，构成了一个完备的“信息系统”，控制和操纵肌体这一“物理系统”。用一句话概括，信息物理系统就是把物理设备连接到互联网上，让物理设备具有计算、通信、精确控制、远程协调和自我管理的功能，实现虚拟网络世界和现实物理世界的融合。

下面用一个简单的生产过程场景来说明工业 4.0 的生产过程与特点。

在一个工厂车间里，三个储液容器被悬置在生产线上方，里面分别装着红、黄、蓝三种颜色的液体。顺着下垂到流水线上的软管，液体流入流水线上不断传过来的空塑料瓶里。那么是哪种颜色的液体进入瓶子？如果是混合的，比例如何？应该盖什么颜色的瓶盖？标签上写什么？这一切都将由贴在塑料瓶背面的四方形黏纸—— 一个存储“产品记忆”的电脑芯片来指示设备完成。当储液罐的液面低于某设定位置时，机器人会自动给储液罐加液，当产品完成自动装箱后，机器人会根据箱子上的标签自动把一箱箱送到仓库。产品需要出库时，机器人会根据指令把指定的产品送到指定的输送带上，然后送到运输工具上，全部生产过程看不到一个工人，完全由控制室的数字工程师动动手指来完成。

通过这个例子可以看出，工业 4.0 所带来的生产过程的变化不仅限于工业领域，而是一个社会变革。因为，实现工业 4.0，就必须让生产线上的所有工人全部离岗。也就是工业不再为社会提供大量的就业机会，很多低附加值的操作工可能完全消失。工业 4.0 实现了完全由数字工程师操作的智能化生产，而新的工作岗位，例如，数字工程师被大量需要。因此，有人又把工业 4.0 叫作“无人化生产”和“拇指化生产”。

工业 4.0 不是空穴来风，它的基础是工业 3.0，也就是说，工业 4.0 是在工业 3.0 的基础上发展起来的，因此，工业 4.0 有深厚的理论和技术基础。工业 3.0 是“自动化生产”，则工业 4.0 是“智能化生产”。工业 4.0 是在工业 3.0 的基础上加了一个最重要的能力——实时调整加工数据的能力。用机器人、物联传感器、激光扫描系统加上大数据去完成测试。使用云计算瞬间产生数据模型，和原设计的模型做比对，再通过云计算调整加工数据。

基于这种能力，工业 4.0 具有工业 3.0 所不具备的两大特征：一是“标准化的流水线”将变成“个性化的生产单元”，颠覆了工业制造批量生产的概念，批量生产可以，一件两件也能生产，这就实现了所谓的柔性生产，生产制造厂家可以为消费者提供个性偏好的产品或服务；二是智能生产化可以最大限度地减少公差。提升工业制造的控制能力，打破了工业生产中的关键技术——公差与配合，理论上可以做到与设计数据一模一样。

从工业 4.0 的两大特征可以看出，工业 4.0 完全改变了工业生产的基本概念，即由生产制造体系生产决定产品变成了由产品决定生产制造体系的生产。工业 3.0 仍专注于产品的制造过程，而工业 4.0 关注的是整个产品的生命周期，即从产品的单一设计、制造、扩展到产品的全过程。把产品的原材料供应到物流管理、再到材料入库，从材料仓库的管理到产品的全部制作过程，从产品的成品仓库管理到产品的销售、物流到销售客户的管理，从产品的售后管理到市场的信息反馈等全部实现了一体化的智能管理。完全实现了人、机、物的全面互联。因此，也有人把工业 4.0 理解为全智能化的互联工业。这种工业完全是基于互联网、大数据和智能化来实现的。

工业 4.0 所带来的影响还会从工业生产扩展到许多非生产领域。例如，将来家庭生活自动化不是没有可能的。人在外面，可以用手机由互联网通过安装在家中的摄像头随时看到家中的实时场景，发生紧急情况可以及时报警。通过手机可以控制家中的机器人或物联传感器，随时对家中的各种家用电器进行操作。这样，在下班回家的路上，就可以提前打开空调，回到家中，马上就可以享受到舒适的温度，等等。可以想象，在交通、娱乐、旅行等许多生活领域，如果工业 4.0 得到实现，会是怎样的一个场景。

附录A FX系列PLC特殊辅助继电器一览表

说　明

根据 FX PLC 的系列不同，即使是相同元件地址的特殊软元件，其功能内容也会有所不同，要予以注意。

【M】：触点利用型特殊辅助继电器，由 PLC 自行驱动其线圈，用户只能利用其触点。用户程序中不能出现其线圈，只能使用其触点。

M：线圈驱动型，特殊辅助继电器，用户可以在程序中驱动其线圈，也可以使用它们的触点。

凡未定义及未记录的特殊辅助继电器和特殊数据寄存器，均不能在程序中使用。

表 A-1　PC 状态

代　码	名　　称	功　　能	FX1S	FX1N	FX2N	FX3U
【M8000】	常开触点，运行常闭	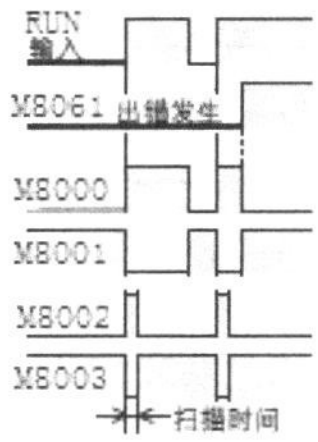	●	●	●	●
【M8001】	常闭触点，运行常开		●	●	●	●
【M8002】	开机闭合脉冲		●	●	●	●
【M8003】	开机断开脉冲		●	●	●	●
【M8004】	出错发生	● FX3U,FX3UC M8060，M8061，M8064，M8065，M8066，M8067 中任意一个为 ON 时接通。 ● FX1S,FX1N,FX2N,FX1NC,FX2NC M8060，M8061，M8063，M8064，M8065，M8066，M8067 中任意一个为 ON 时接通	●	●	●	●
【M8005】	电池电压过低	当电池处于电压异常低时接通	—	—	●	●
【M8006】	电池电压过低锁存	检测出电池电压异常低时置位	—	—	●	●
【M8007】	检测出瞬间停止	检测瞬间停止时，1 个扫描为 ON 即使 M8007 接通，如果电源电压降低的时间在 D8008 时间以内时，可编程控制器的运行继续	—	—	●	●
【M8008】	检测出停电中	检测出瞬间停电时置位，如果电源电压降低的时间超出 D8008 时间，则 M8008 复位，可编程控制器的运行 STOP（M8008=OFF）	—	—	●	●
【M8009】	DC24V 掉电	扩展单元或扩展电源单元的任意一个的 DC24V 掉电时接通	—	—	●	●

表 A-2　特殊辅助继电器

代　码	名 称	功　　能	FX1S	FX1N	FX2N	FX3U
【M8010】		不可以使用	—	—	—	—
【M8011】	10ms 时钟	10ms 周期的 ON/OFF（ON:5ms，OFF:5ms）	●	●	●	●
【M8012】	100ms 时钟	100ms 周期的 ON/OFF（ON:50ms，OFF:50ms）	●	●	●	●

续表

代 码	名 称	功 能	FX1S	FX1N	FX2N	FX3U
【M8013】	1s 时钟	1s 周期的 ON/OFF（ON:500ms，OFF:500ms）	●	●	●	●
【M8014】	1min 时钟	1min 周期的 ON/OFF（ON:30S，OFF:30S）	●	●	●	●
M8015		停止计时以及预置，实时时钟用	●	●	●	●
M8016		时间读出后的显示被停止，实时时钟用	●	●	●	●
M8017		±30s 补偿修正，实时时钟用	●	●	●	●
【M8018】		检测出安装（一直为 ON），实时时钟用	●	●	●	●
M8019		实时时钟（RTC）出错，实时时钟用	●	●	●	●

表 A-3　标志位

代 码	名 称	功 能	FX1S	FX1N	FX2N	FX3U
【M8020】	零位	加减法运算结果为0时接通	●	●	●	●
【M8021】	借位	减法运算结果超过最大的负值时接通	●	●	●	●
M8022	进位	加法运算结果发生进位时，或者移位结果发生溢出时接通	●	●	●	●
【M8023】		不可以使用	—	—	—	—
M8024		指定 BMOV 方向（FNC 15）	—	●	●	●
M8025		HSC 模式（FNC 53-55）	—	—	●	●
M8026		RAMP 模式（FNC 67）	—	—	●	●
M8027		PR 模式（FNC 77）	—	—	●	●
M8028		100ms/10ms 的定时器切换	●	—	—	—
		FROM/TO（FNC 78，79）指令执行过程中允许中断	—	—	●	●
【M8009】	指令执行结束	DSW（FNC 72）等的动作结束时接通	●	●	●	●

表 A-4　PC 模式

代 码	名 称	功 能	FX1S	FX1N	FX2N	FX3U
M8030	电池 LED 灭灯指示	驱动M8030后，即使电池电压低，可编程控制器面板上的LED也不亮灯	—	—	●	●
M8031	非保持内存全部除	驱动该特殊 M 后，Y/M/S/T/C 的 ON/OFF 映像区，以及 T/C/D 特殊 D/R 的当前值被清除。但是程序内存中的文件寄存器（D）、存储器盒中的扩展文件寄存器（ER）不被清除	●	●	●	●
M8032	保持内存全部清除		●	●	●	●
M8033	内存保持停止	从 RUN 到 STOP 时，映像存储区和数据存储区的内容按照原样保持	●	●	●	●
M8034	禁止所有输出	可编程控制器的外部输出触点全部断开	●	●	●	●
M8035	强制 RUN 模式		●	●	●	●
M8036	强制 RUN 指令		●	●	●	●
M8037	强制 STOP 指令		●	●	●	●
【M8038】	参数的设定	通信参数设定的标志位（设定简易 PC 之间的连接用）	●	●	●	●
M8039	恒定扫描模式	M8039 接通后，一直等待到 D8039 中指定的扫描时间到可编程控制器执行这样的循环扫描	●	●	●	●

表 A-5　步进梯形图·信号报警器

代 码	名 称	功 能	FX1S	FX1N	FX2N	FX3U
M8040	禁止转移	驱动M8040时，禁止状态之间的转移	●	●	●	●
【M8041】	转移开始	自动运行时，可以从初始状态开始转移	●	●	●	●
【M8042】	启动脉冲	对应启动输入的脉冲输出	●	●	●	●

续表

代　码	名　　称	功　　能	FX1S	FX1N	FX2N	FX3U
M8043	原点回归结束	在原点回归模式的结束状态中置位	●	●	●	●
M8044	原点条件	在检测出机械原点时驱动	●	●	●	●
M8045	禁止所有输出复位	切换模式时，不执行所有输出的复位	●	●	●	●
【M8046】	STL 状态动作	当 M8047 接通时，S0～S899，S1000～S4095 中任意一个为 ON 则接通	●	●	●	●
M8047	STL 监控有效	驱动了这个特 M 后，D8040-D8047 有效	●	●	●	●
【M8048】	信号报警器动作	当 M8049 接通后，S900～S999 中任意一个为 ON 则接通	—	—	●	●
M8049	信号报警器有效	驱动了这个特 M 时，D8049 有效	—	—	●	●

表 A-6　禁止中断

代　码	名　　称	功　　能	FX1S	FX1N	FX2N	FX3U
M8050	（输入中断）100□禁止	● 禁止输入中断或定时器中断的特 M 接通时即使发生输入中断和定时器中断，由于禁止了相应中断的接收，所以不处理中断程序。 例如，M8050 接通时，由于禁止了中断 100□的接收，所以，即使是在允许中断的程序范围内，也不处理中断程序。 ● 禁止输入中断或定时器中断的特 M 断开时 a）发生输入中断或定时器中断时，接受中断。 b）如果是用E（FNC 04）指令允许中断时，会即刻执行中断程序。但是如用D（FNC 05）指令禁止中断时，一直到用E（FNC 04）指令允许中断为止，等待中断程序的执行	●	●	●	●
M8051	（输入中断）110□禁止		●	●	●	●
M8052	（输入中断）120□禁止		●	●	●	●
M8053	（输入中断）130□禁止		●	●	●	●
M8054	（输入中断）140□禁止		●	●	●	●
M8055	（输入中断）150□禁止		●	●	●	●
M8056	（定时器中断）16□□禁止		—	—	●	●
M8057	（定时器中断）17□□禁止		—	—	●	●
M8058	（定时器中断）18□□禁止		—	—	●	●
M8059	（计数器）禁止	使用 1010～1060 的中断禁止	—	—	●	●

表 A-7　出错检测

代　码	名　　称	功　　能	FX1S	FX1N	FX2N	FX3U
【M8060】		I/O 构成出错	—	—	●	●
【M8061】		PLC 硬件出错	●	●	●	●
【M8062】		PLC/PP 通信出错	—	—	●	—
【M8063】		串行通信出错（通道 1）	●	●	●	●
【M8064】		参数输出	●	●	●	●
【M8065】		语法出错	●	●	●	●
【M8066】		梯形图出错	●	●	●	●
【M8067】		运算出错	●	●	●	●
【M8068】		运程出错锁存	●	●	●	●
【M8069】		I/O 总线检测	—	—	●	●

表 A-8　并联连接

代　码			FX1S	FX1N	FX2N	FX3U
M8070		并联连接　在主站时驱动	●	●	●	●
M8071		并联连接　在子站时驱动	●	●	●	●
【M8072】		并联连接　运行过程中接通	●	●	●	●
【M8073】		并联连接　当 M8070/M8071 设定不良时接通	●	●	●	●

表 A-9　采样跟踪

代　码			FX1S	FX1N	FX2N	FX3U
【M8074】		不可以使用	—	—	—	—
【M8075】		采样跟踪准备开始指令	—	—	•	•
【M8076】		采样跟踪执行开始指令	—	—	•	•
【M8077】		采样跟踪，　执行中监控	—	—	•	•
【M8078】		采样跟踪，　执行结束监控	—	—	•	•
【M8079】		采样跟踪系统区域	—	—	•	•
【M8080】		不可以使用	—	—	—	—
【M8081】			—	—	—	—
【M8082】			—	—	—	—
【M8083】			—	—	—	—
【M8084】			—	—	—	—
【M8085】			—	—	—	—
【M8086】			—	—	—	—
【M8087】			—	—	—	—
【M8088】			—	—	—	—
【M8089】			—	—	—	—

表 A-10　标志位

代　码			FX1S	FX1N	FX2N	FX3U
【M8090】		BKCMP（FNC 194—199）指令 块比较信号	—	—	—	•
M8091		COMRD（FNC 182），BINDA（FNC 26）指令 输出字符数切换信号	—	—	—	•
【M8092】		不可以使用	—	—	—	—
【M8093】			—	—	—	—
【M8094】			—	—	—	—
【M8095】			—	—	—	—
【M8096】			—	—	—	—
【M8097】			—	—	—	—
【M8098】			—	—	—	—

表 A-11　高速环形计数器

代　码	名　　称	功　　能	FX1S	FX1N	FX2N	FX3U
【M8099】		高速环形计数器（0.1ms 单位，16 位）动作	—	—	•	•
【M8100】		不可以使用	—	—	—	—

表 A-12　内存信息

代　码	名　　称	功　　能	FX1S	FX1N	FX2N	FX3U
【M8101】		不可以使用	—	—	—	—
【M8102】			—	—	—	—
【M8103】			—	—	—	—
【M8104】		安装有功能扩展存储器时接通	—	—	•	—
【M8105】		在闪存写入时接通	—	—	—	•
【M8106】		不可以使用	—	—	—	—
【M8107】		软元件注释登录的确认	—	—	—	•
【M8108】		不可以使用	—	—	—	—

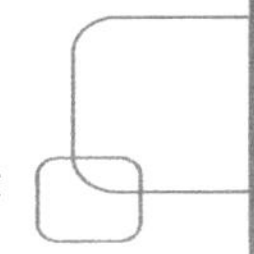

表A-13　输出刷新出错

代　码	名　　称	功　　能	FX1S	FX1N	FX2N	FX3U
【M8109】		输出刷新出错	—	—	•	•
【M8110】		不可以使用	—	—	—	—
【M8111】			—	—	—	—

表A-14　功能扩展板（FX1S·FX1N专用）

代　码	名　　称	功　　能	FX1S	FX1N	FX2N	FX3U
M8112		FX1N-4EX-BD：BXO的输入	•	•	—	—
		FX1N-2AD-BD：通道1的输入模式切换	•	•	—	—
M8113		FX1N-1DA-BD：输出模式的切换	•	•	—	—
		FX1N-4EX-BD：BX1的输入	•	•	—	—
		FX1N-2AD-BD：通道2的输入模式切换	•	•	—	—
M8114		FX1N-4EX-BD：BX2的输入	•	•	—	—
M8115		FX1N-4EX-BD：BX3的输入	•	•	—	—
M8116		FX1N-2EYT-BD：BY0的输出	•	•	—	—
M8117		FX1N-2EYT-BD：BY1的输出	•	•	—	—
【M8118】		不可以使用	—	—	—	—
【M8119】			—	—	—	—

表A-15　RS(FNC 80)·计算机链接（通道1）

代　码	名　　称	功　　能	FX1S	FX1N	FX2N	FX3U
【M8120】		不可以使用	—	—	—	—
【M8121】		RS（FNC 80）指令，发送待机标志位	•	•	•	•
M8122		RS（FNC 80）指令，发送请求	•	•	•	•
M8123		RS（FNC 80）指令，接收结束标志位	•	•	•	•
【M8124】		RS（FNC 80）指令，检测出进位的标志位	•	•	•	•
【M8125】		不可以使用	—	—	—	—
【M8126】		计算机连接（通道1）　全局ON	•	•	•	•
【M8127】		计算机连接（通道1）　下位通信请求（ON Demand）　发送中	•	•	•	•
M8128		计算机连接（通道1）　下位通信请求（ON Demand）　出错标志位	•	•	•	•
M8129		计算机连接（通道1）　下位通信请求（ON Demand）　字/字节的切换 RS（FNC 80）指令　判断超时的标志位	•	•	•	•

表A-16　高速计数器比较·高速表格·定位（定位为FX1S,FX1N,FX1NC用）

代　码	名　　称	功　　能	FX1S	FX1N	FX2N	FX3U
M8130		HSZ（FNC 55）指令　表格比较模式	—	—	•	•
【M8131】		同上的执行结束标志位	—	—	•	•
M8132		HSZ（FNC 55），PLSY（FNC 57）指令　速度模型模式	—	—	•	•
【M8133】		同上的执行结束标志位	—	—	•	•
【M8134】		不可以使用	—	—	—	—
【M8135】			—	—	—	—
【M8136】			—	—	—	—
【M8137】			—	—	—	—
【M8138】		HSCT（FNC 280）指令　指令执行结束标志	—	—	—	•

续表

代 码	名 称	功 能	FX1S	FX1N	FX2N	FX3U
【M8139】		HSCS（FNC 53），HSCR（FNC 54），HSZ（FNC 55），HSCT（FNC 280）指令 高速计数器比较指令执行中	—	—	—	•
M8140		ZRN（FNC 156）指令 CLR 信号输出功能有效	•	•	—	—
【M8141】		不可以使用	—	—	—	—
【M8142】			—	—	—	—
【M8143】			—	—	—	—
【M8144】			—	—	—	—
M8145		（Y000） 停止脉冲输出的指令	•	•	—	—
M8146		（Y001） 停止脉冲输出的指令	•	•	—	—
【M8147】		（Y000） 脉冲输出中的监控（BUSY/READY）	•	•	—	—
【M8148】		（Y001） 脉冲输出中的监控（BUSY/READY）	•	•	—	—
【M8149】		不可以使用	—	—	—	—

表 A-17 变频器通信功能

代 码	名 称	功 能	FX1S	FX1N	FX2N	FX3U
【M8150】		不可以使用	—	—	—	—
【M8151】		变频器通信中（通道 1）	—	—	—	•
【M8152】		变频器通信出错（通道 1）	—	—	—	•
【M8153】		变频器通信出错的锁定（通道 1）	—	—	—	•
【M8154】		IVBWR（FNC 274）指令出错（通道 1）	—	—	—	•
【M8154】		在每个 EXTR（FNC 180）指令中被定义	—	—	•	—
【M8155】		通过 EXTR（FNC 180）指令使用通信端口时	—	—	•	—
【M8156】		变频器通信中（通道 2）	—	—	—	•
【M8156】		EXTR（FNC 180）指令中，发生通信出错或是指令出错	—	—	•	—
【M8157】		变频器通信中（通道 2）	—	—	—	•
		在 EXTR（FNC 180）指令中发生过的通信错误被锁定	—	—	•	—
【M8158】		变频器通信出错的锁存	—	—	—	•
【M8159】		IVBWR（FNC 274）指令错误（通道 2）	—	—	—	•

表 A-18 扩展功能

代 码	名 称	功 能	FX1S	FX1N	FX2N	FX3U
M8160		XCH（FNC 17）的 SWAP 功能	—	—	•	•
M8161		8 位处理模式	•	•	•	•
M8162		高速并联连接模式	•	•	•	•
【M8163】		不可以使用	—	—	—	—
M8164		FROM（FNC 278），TO（FNC 279）指令，传送点数可改变模式	—	—	•	—
M8165		SORT2（FNC 149）指令，降序排列	—	—	—	•
【M8166】		不可以使用	—	—	—	—
M8167		HKY（FNC 71）处理 HEX 数据的功能	—	—	•	•
M8168		SMOV（FNC 13）处理 HEX 数据的功能	—	—	•	•
【M8169】		不可以使用	—	—	—	—

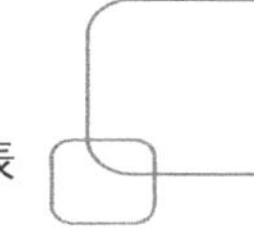

表 A-19　脉冲捕捉

代　码	名　　称	功　　能	FX1S	FX1N	FX2N	FX3U
M8170		输入 XOOO　脉冲捕捉	●	●	●	●
M8171		输入 XOO1　脉冲捕捉	●	●	●	●
M8172		输入 XOO2　脉冲捕捉	●	●	●	●
M8173		输入 XOO3　脉冲捕捉	●	●	●	●
M8174		输入 XOO4　脉冲捕捉	●	●	●	●
M8175		输入 XOO5　脉冲捕捉	●	●	●	●
M8176		输入 XOO6　脉冲捕捉	—	—	●	●
M8177		输入 XOO7　脉冲捕捉	—	—	●	●

表 A-20　通信端口的通道设定

	名　　称	功　　能	FX1S	FX1N	FX2N	FX3U
M8178		并联连接　通道切换（OFF：通道 1　ON：通道 2）	—	—	—	●
M8179		简易 PC 间连接　通道切换	—	—	—	●

表 A-21　简易 PC 间连接

代　码	名　　称	功　　能	FX1S	FX1N	FX2N	FX3U
【M8180】		不可以使用	—	—	—	—
【M8181】			—	—	—	—
【M8182】			—	—	—	—
【M8183】		数据传送顺控出错（主站）	（M504）	●	●	●
【M8184】		数据传送顺控出错（1 号站）	（M505）	●	●	●
【M8185】		数据传送顺控出错（2 号站）	（M506）	●	●	●
【M8186】		数据传送顺控出错（3 号站）	（M507）	●	●	●
【M8187】		数据传送顺控出错（4 号站）	（M508）	●	●	●
【M8188】		数据传送顺控出错（5 号站）	（M509）	●	●	●
【M8189】		数据传送顺控出错（6 号站）	（M510）	●	●	●
【M8190】		数据传送顺控出错（7 号站）	（M511）	●	●	●
【M8191】		数据传送顺控的执行中	（M503）	●	●	●
【M8192】		不可以使用	—	—	—	—
【M8193】			—	—	—	—
【M8194】			—	—	—	—
【M8195】			—	—	—	—
【M8196】			—	—	—	—
【M8197】			—	—	—	—

表 A-22　高速计数器倍增的指定

代　码	名　　称	功　　能	FX1S	FX1N	FX2N	FX3U
M8198		C251，C252，C254 用 1 倍/4 倍的切换	—	—	—	●
M8199		C253，C255，C253（OP）用 1 倍/4 倍的切换。	—	—	—	●

表 A-23　计数器增/减计数的技术方向

代　码	计 数 器	功　　能	FX1S	FX1N	FX2N	FX3U
M8200	C200	MB□□□动作后，与其对应的 C□□□变为递减模式。	—	●	●	●
M8201	C201	● ON：减计数动作	—	●	●	●
M8202	C202	● OFF：增计数动作	—	●	●	●

续表

代 码	计 数 器	功 能	FX1S	FX1N	FX2N	FX3U
M8203	C203		—	●	●	●
M8204	C204		—	●	●	●
M8205	C205		—	●	●	●
M8206	C206		—	●	●	●
M8207	C207		—	●	●	●
M8208	C208		—	●	●	●
M8209	C209		—	●	●	●
M8210	C210		—	●	●	●
M8211	C211		—	●	●	●
M8212	C212		—	●	●	●
M8213	C213		—	●	●	●
M8214	C214		—	●	●	●
M8215	C215		—	●	●	●
M8216	C216		—	●	●	●
M8217	C217		—	●	●	●
M8218	C218		—	●	●	●
M8219	C219		—	●	●	●
M8220	C220		—	●	●	●
M8221	C221		—	●	●	●
M8222	C222		—	●	●	●
M8223	C223		—	●	●	●
M8224	C224		—	●	●	●
M8225	C225		—	●	●	●
M8226	C226		—	●	●	●
M8227	C227		—	●	●	●
M8228	C228		—	●	●	●
M8229	C229		—	●	●	●
M8230	C230		—	●	●	●
M8231	C231		—	●	●	●
M8232	C232		—	●	●	●
M8233	C233		—	●	●	●
M8234	C234		—	●	●	●

表 A-24 高速计数器递增/递减计数器的监控

代 码	计 数 器	功 能	FX1S	FX1N	FX2N	FX3U
【M8246】	C246	单相双输入计数器，双相双输入计数器的 C□□□为递减模式时，与其对应的 M□□□□为 ON。 ● ON：减计数动作 ● OFF：增计数动作	●	●	●	●
【M8247】	C247		●	●	●	●
【M8248】	C248		●	●	●	●
【M8249】	C249		●	●	●	●
【M8250】	C250		●	●	●	●
【M8251】	C251		●	●	●	●
【M8252】	C252		●	●	●	●
【M8253】	C253		●	●	●	●
【M8254】	C254		●	●	●	●
【M8255】	C255		●	●	●	●
【M8256】～【M8257】		不可以使用	—	—	—	—

表 A-25　模拟量特殊适配器

代　码	名　　称	功　　能	FX1S	FX1N	FX2N	FX3U
M8260～M8269		第 1 台的特殊适配器	—	—	—	●
M8270～M8279		第 2 台的特殊适配器	—	—	—	●
M8280～M8289		第 3 台的特殊适配器	—	—	—	●
M8290～M8299		第 4 台的特殊适配器	—	—	—	●

表 A-26　标志位

代　码	名　　称	功　　能	FX1S	FX1N	FX2N	FX3U
【M8290】～【M8299】		不可以使用	—	—	—	—
【M8255】	零位	乘除运算结果为 0 时，置 ON	—	—	—	●
【M8255】		不可以使用	—	—	—	—
【M8255】	进位	除法运算结果溢出时，置 ON	—	—	—	●
【M8290】～【M8299】		不可以使用	—	—	—	—

表 A-27　I/O 未安装指定出错

代　码	名　　称	功　　能	FX1S	FX1N	FX2N	FX3U
【M8316】		I/O 非安装指定出错	—	—	—	●
【M8317】		不可以使用	—	—	—	—
【M8318】		BFM 初始化失败 从 STOP→RUN 时，对于用 BFM 初始化功能指定的特殊扩展模块/单元，发生针对其的 FROM/TO 错误时接通，发生出错的单元号被保存在 D8318 中，BFM 号被保存在 D8319 中	—	—	—	●
【M8219】～ 【M8227】		不可以使用	—	—	—	—
【M8328】		指令不执行	—	—	—	●
【M8329】		指令执行异常结束	—	—	—	●

表 A-28　定时时钟·定位（FX3U）

代　码	名　　称	功　　能	FX1S	FX1N	FX2N	FX3U
【M8330】		DUTY（FNC 186）指令　定时时钟的输出 1	—	—	—	●
【M8331】		DUTY（FNC 186）指令　定时时钟的输出 2	—	—	—	●
【M8332】		DUTY（FNC 186）指令　定时时钟的输出 3	—	—	—	●
【M8333】		DUTY（FNC 186）指令　定时时钟的输出 4	—	—	—	●
【M8334】		DUTY（FNC 186）指令　定时时钟的输出 5	—	—	—	●
【M8335】		不可以使用	—	—	—	—
M8336		DVIT（FNC 151）指令　中断输入指定功能有效	—	—	—	●
【M8337】		不可以使用	—	—	—	—
M8338		PLSY（FNC 157）指令　加减速动作	—	—	—	●
【M8339】		不可以使用	—	—	—	—
【M8340】		（Y000）　脉冲输出中监控（ON:BUSY/OFF:READY）	—	—	—	●
M8341		（Y000）　清除信号输出功能有效	—	—	—	●
M8342		（Y000）　指定原点回归方向	—	—	—	●
M8343		（Y000）正转限位	—	—	—	●
M8344		（Y000）反转限位	—	—	—	●
M8345		（Y000）近点 DOG 信号逻辑反转	—	—	—	●
M8346		（Y000）零点信号逻辑反转	—	—	—	●

续表

代 码	名 称	功 能	FX1S	FX1N	FX2N	FX3U
M8347		（Y000）中断信号逻辑反转	—	—	—	●
【M8348】		（Y000）定位指令驱动中	—	—	—	●
M8349		（Y000）脉冲输出停止指令	—	—	—	●
【M8350】		（Y001）脉冲输出中监控 （ON:BUSY/OFF:READY）	—	—	—	●
M8351		（Y001）清除信号输出功能有效	—	—	—	●
M8352		（Y001）指定原点回归方向	—	—	—	●
M8353		（Y001）正转限位	—	—	—	●
M8354		（Y001）反转限位	—	—	—	●
M8355		（Y001）近点 DOG 信号逻辑反转	—	—	—	●
M8356		（Y001）零点信号逻辑反转	—	—	—	●
M8357		（Y001）中断信号逻辑反转	—	—	—	●
【M8358】		（Y001）定位指令驱动中	—	—	—	●
M8359		（Y001）脉冲输出停止指令	—	—	—	●
【M8360】		（Y002）脉冲输出中监控（ON:BUSY/OFF:READY）	—	—	—	●
M8361		（Y002）清除信号输出功能有效	—	—	—	●
M8362		（Y002）指定原点回归方向	—	—	—	●
M8363		（Y002）正转限位	—	—	—	●
M8364		（Y002）反转限位	—	—	—	●
M8365		（Y002）近点 DOG 信号逻辑反转	—	—	—	●
M8366		（Y002）零点信号逻辑反转	—	—	—	●
M8367		（Y002）中断信号逻辑反转	—	—	—	●
【M8368】		（Y002）定位指令驱动中	—	—	—	●
M8369		（Y002）脉冲输出停止指令	—	—	—	●

表 A-29 定位(FX3U PLC)

代 码	名 称	功 能	FX1S	FX1N	FX2N	FX3U
【M8370】		（Y003）脉冲输出中监控（ON:BUSY/OFF:READY）	—	—	—	●
M8371		（Y003）脉冲输出中监控（ON:BUSY/OFF:READY）	—	—	—	●
M8372		（Y003）指定原点回归方向	—	—	—	●
M8373		（Y003）正转限位	—	—	—	●
M8374		（Y003）反转限位	—	—	—	●
M8375		（Y003）近点 DOG 信号逻辑反转	—	—	—	●
M8376		（Y003）零点信号逻辑反转	—	—	—	●
M8377		（Y003）零点信号逻辑反转	—	—	—	●
【M8378】		（Y003）定位指令驱动中	—	—	—	●
M8379		（Y003）脉冲输出停止指令	—	—	—	●

表 A-30 高速计数器功能

代 码	名 称	功 能	FX1S	FX1N	FX2N	FX3U
【M8380】		C235,C241,C244,C246,C247,C249,C251,C252,C254 的动作状态	—	—	—	●
【M8381】		C236 的动作状态	—	—	—	●
【M8382】		C237，C242，C245 的动作状态	—	—	—	●
【M8383】		C238，C248，C248（OP），C250，C253，C255 的动作状态	—	—	—	●
【M8384】		C239,C243 的动作状态	—	—	—	●
【M8385】		C240 的动作状态	—	—	—	●
【M8386】		C244（OP）的动作状态	—	—	—	●

续表

代　码	名　　称	功　　能	FX1S	FX1N	FX2N	FX3U
【M8387】		C245（OP）的动作状态	—	—	—	●
【M8388】		高速计数器的功能变更用触点	—	—	—	●
M8389		外部复位输入的逻辑切换	—	—	—	●
M8390		C244 用功能切换软元件	—	—	—	●
M8391		C245 用功能切换软元件	—	—	—	●
M8392		C248，C253 用功能切换软元件	—	—	—	●

表 A-31　中断程序

代　码	名　　称	功　　能	FX1S	FX1N	FX2N	FX3U
【M8393】		设定延迟时间用的触点	—	—	—	●
【M8394】		HCMOV（FNC 198）中断程序用驱动触点	—	—	—	●
【M8395】		不可以使用	—	—	—	—
【M8396】			—	—	—	—
【M8397】			—	—	—	—

表 A-32　环形计数器

代　码	名　　称	功　　能	FX1S	FX1N	FX2N	FX3U
M8398		1ms 的环形计数（32 位）动作	—	—	—	●
【M8399】		不可以使用	—	—	—	—

表 A-33　RS2(FNC 87) [通道 1]

代　码	名　　称	功　　能	FX1S	FX1N	FX2N	FX3U
【M8400】		不可以使用	—	—	—	—
【M8401】		RS2（FNC 87）（通道 1）发送待机标志位	—	—	—	●
M8402		RS2（FNC 87）（通道 1）发送请求	—	—	—	●
M8403		RS2（FNC 87）（通道 1）发送结束标志位	—	—	—	●
【M8404】		RS2（FNC 87）（通道 1）检测出进位的标志位	—	—	—	●
【M8405】		RS（FNC 87）（通道 1）数据设定准备就绪（DSR）标志位	—	—	—	●
【M8406】		不可以使用	—	—	—	—
【M8407】			—	—	—	—
【M8408】			—	—	—	—
M8409		RS2（FNC 87）（通道 1）判断超时的标志位	—	—	—	●

表 A-34　RS2(FNC 87) [通道 2]

代　码	名　　称	功　　能	FX1S	FX1N	FX2N	FX3U
【M8410】～【M8420】		不可以使用	—	—	—	—
【M8421】		RS2（FNC 87）（通道 2）发送待机标志位	—	—	—	●
M8422		RS2（FNC 87）（通道 2）发送请求	—	—	—	●
M8423		RS2（FNC 87）（通道 2）发送结束标志位	—	—	—	●
【M8424】		RS2（FNC 87）（通道 2）检测出进位的标志位	—	—	—	●
【M8425】		RS（FNC 87）（通道 2）数据设定准备就绪（DSR）标志位	—	—	—	●
【M8426】		计算机连接（通道 2）全局 ON	—	—	—	●
【M8427】		计算机连接（通道 2）下位通信请求（On Demand）发送中	—	—	—	●
M8428		计算机连接（通道 2）下位通信请求（On Demand）出错标志位	—	—	—	●
M8429		计算机连接（通道 2）下位通信请求（On Demand）字/字节的切换。RS2（FNC 87）（通道 2）判断超时的标志位	—	—	—	●

表 A-35 检测出错

代 码	名 称	功 能	FX1S	FX1N	FX2N	FX3U
【M8430】～【M8437】		不可以使用	—	—	—	—
M8438		串行通信出错（通道 2）	—	—	—	●
【M8439】～【M8448】		不可以使用	—	—	—	—
【M8449】		特殊模块出错标志位	—	—	—	●
【M8450】～【M8459】		不可以使用	—	—	—	—

表 A-36 定位[FX3U·FX3UC]

代 码	名 称	功 能	FX1S	FX1N	FX2N	FX3U
M8460		DVIT（FNC 151）指令（Y000）用户中断输入指令	—	—	—	●
M8461		DVIT（FNC 151）指令（Y001）用户中断输入指令	—	—	—	●
M8462		DVIT（FNC 151）指令（Y002）用户中断输入指令	—	—	—	●
M8463		DVIT（FNC 151）指令（Y003）用户中断输入指令	—	—	—	●
M8464		DSZR（FNC 150）指令，ZRN（FNC 156）指令（YOOO）清除信号软元件指定功能有效	—	—	—	●
M8465		DSZR（FNC 150）指令，ZRN（FNC 156）指令（YOO1）清除信号软元件指定功能有效	—	—	—	●
M8466		DSZR（FNC 150）指令，ZRN（FNC 156）指令（YOO2）清除信号软元件指定功能有效	—	—	—	●
M8467		DSZR（FNC 150）指令，ZRN（FNC 156）指令（YOO3）清除信号软元件指定功能有效	—	—	—	●
【M8468】～【M8511】		不可以使用	—	—	—	—

附录B　FX系列PLC特殊数据寄存器一览表

说　明

根据 FX PLC 的系列不同，即使是相同元件地址号的特殊软元件，其功能也会有所不同，要予以注意。

【D】：ROM 型的特殊数据寄存器，除有说明外，一般不能在程序中对其进行写入操作。

D：RAM 型的特殊数据寄存器，可以在程序中进行写入操作。

凡未定义及未记录的特殊数据寄存器，均不能在程序中使用。

表 B-1　PC 状态

<table>
<tr><th>代　码</th><th>名　称</th><th>功　能</th><th>FX1S</th><th>FX1N</th><th>FX2N</th><th>FX3U</th></tr>
<tr><td>D8000</td><td>看门狗定时器</td><td>初始值如右侧所示（1ms 单位）
（电源 ON 时从系统 ROM 传送过来）
通过程序改写的值，在执行 END、WDT 指令以后生效</td><td>200</td><td>200</td><td>200</td><td>200</td></tr>
<tr><td>【D8001】</td><td>PC 类型
以及系统成本</td><td>2 4 1 0 0 BCD转换值
如右侧　版本 V1.00</td><td>22</td><td>26</td><td>24</td><td>24</td></tr>
<tr><td>【D8002】</td><td>内存容量</td><td>● 2…2 千步
● 4…4 千步
● 8…8 千步
● 16 千步以上时
D8002 为[8]时，在 D8102 中输入[16]，[64]</td><td>2</td><td>8</td><td>4
8</td><td>8</td></tr>
<tr><td>【D8003】</td><td>内存种类</td><td>内置 RAM/E²PROM/EPROM 盒的种类以及存储器保护开关的 ON/OFF 状态。
<table>
<tr><th>内容</th><th>内存的种类</th><th>保护开关</th></tr>
<tr><td>00H</td><td>RAM 存储器盒</td><td>—</td></tr>
<tr><td>01H</td><td>EPROM 存储器盒</td><td>—</td></tr>
<tr><td>02H</td><td>E²PROM 存储器盒
或是快闪存储器盒</td><td>OFF</td></tr>
<tr><td>0AH</td><td>E²PROM 存储器盒
或是快闪存储器盒</td><td>ON</td></tr>
<tr><td>10H</td><td>可编程控制器内置内存</td><td>—</td></tr>
</table></td><td>—</td><td>—</td><td>—</td><td>●</td></tr>
<tr><td>【D8004】</td><td>出错 M 编号</td><td>8 0 6 0 BCD转换值
8060–8068（M8004 ON时）</td><td>●</td><td>●</td><td>●</td><td>●</td></tr>
<tr><td>【D8005】</td><td>电池电压</td><td>3 0 BCD转换值（0.1V单位）
电池电压的当前值（例如：3.0V）</td><td>—</td><td>—</td><td>●</td><td>●</td></tr>
<tr><td>【D8006】</td><td>检测出电池
电压低的等级</td><td>初始值
● FX2N,FX2NC 可编程控制器：3.0V（0.1V 单位）
● FX3U,FX3UC 可编程控制器：2.7V（0.1V 单位）
（电源 ON 时从系统 ROM 传送过来）</td><td>—</td><td>—</td><td>●</td><td>●</td></tr>
</table>

续表

代 码	名 称	功 能	FX1S	FX1N	FX2N	FX3U
【D8007】	检测出瞬时停止	保存 M8007 的动作次数，电源断开时清除	—	—	•	•
【D8008】	检测位停电的时间	初始值 • FX3U,FX2N 可编程控制器：10ms（AC 电源型） • FX2NC,FX3UC 可编程控制器：5ms（DC 电源型）	—	—	•	•
【D8009】	DC24V 掉电单元号	DC24V 掉电的扩展单元，扩展电源单元中的最小输入软元件编号	—	—	•	•

表 B-2 时钟

<table>
<tr><th>代 码</th><th>名 称</th><th>功 能</th><th>FX1S</th><th>FX1N</th><th>FX2N</th><th>FX3U</th></tr>
<tr><td>【D8010】</td><td>扫描当前值</td><td>0 步开始的指令累计执行时间（0.1ms 单位）</td><td colspan="4" rowspan="3">•
在显示值中包含驱动了 M8039 恒定扫描等待时间。</td></tr>
<tr><td>【D8011】</td><td>MIN 扫描时间</td><td>扫描时间的最小值（0.1ms 单位）</td></tr>
<tr><td>【D8012】</td><td>MAX 扫描时间</td><td>扫描时间的最大值（0.1ms 单位）</td></tr>
<tr><td>D8013</td><td>秒</td><td></td><td>•</td><td>•</td><td>•</td><td>•</td></tr>
<tr><td>D8014</td><td>分</td><td>0～59 秒（实时时钟用）</td><td>•</td><td>•</td><td>•</td><td>•</td></tr>
<tr><td>D8015</td><td>小时</td><td>0～59 分（实时时钟用）</td><td>•</td><td>•</td><td>•</td><td>•</td></tr>
<tr><td>D8016</td><td>日</td><td>0～23 小时（实时时钟用）</td><td>•</td><td>•</td><td>•</td><td>•</td></tr>
<tr><td>D8017</td><td>月</td><td>1～31 日（实时时钟用）</td><td>•</td><td>•</td><td>•</td><td>•</td></tr>
<tr><td>D8018</td><td>星期</td><td>1～12 月（实时时钟用）</td><td>•</td><td>•</td><td>•</td><td>•</td></tr>
</table>

表 B-3 输入滤波器

<table>
<tr><th>代 码</th><th>名 称</th><th>功 能</th><th>FX1S</th><th>FX1N</th><th>FX2N</th><th>FX3U</th></tr>
<tr><td>D8020</td><td>输入滤波器的调节</td><td>000—X017（FX3U—16M□为 X000—X007）的输入滤波器值（初始值：10ms）</td><td>•</td><td>•</td><td>•</td><td>•</td></tr>
<tr><td>【D8021】</td><td></td><td rowspan="7">不可以使用</td><td>—</td><td>—</td><td>—</td><td>—</td></tr>
<tr><td>【D8022】</td><td></td><td>—</td><td>—</td><td>—</td><td>—</td></tr>
<tr><td>【D8023】</td><td></td><td>—</td><td>—</td><td>—</td><td>—</td></tr>
<tr><td>【D8024】</td><td></td><td>—</td><td>—</td><td>—</td><td>—</td></tr>
<tr><td>【D8025】</td><td></td><td>—</td><td>—</td><td>—</td><td>—</td></tr>
<tr><td>【D8026】</td><td></td><td>—</td><td>—</td><td>—</td><td>—</td></tr>
<tr><td>【D8027】</td><td></td><td>—</td><td>—</td><td>—</td><td>—</td></tr>
</table>

表 B-4 变址寄存器 ZO,VO

代 码	名 称	功 能	FX1S	FX1N	FX2N	FX3U
【D8028】		ZO（Z）寄存器的内容	•	•	•	•
【D8029】		VO（V）寄存器的内容	•	•	•	•

表 B-5 模拟电位器（FX1S,FX1N）

代 码	名 称	功 能	FX1S	FX1N	FX2N	FX3U
D8030】		模拟电位器 VR1 的值（0～255 的整数值）	•	•	—	—
【D8031】		模拟电位器 VR2 的值（0～255 的整数值）	•	•	—	—

表 B-6 恒定扫描

<table>
<tr><th>代 码</th><th>名 称</th><th>功 能</th><th>FX1S</th><th>FX1N</th><th>FX2N</th><th>FX3U</th></tr>
<tr><td>【D8032】</td><td></td><td rowspan="2">不可以使用</td><td>—</td><td>—</td><td>—</td><td>—</td></tr>
<tr><td>【D8033】</td><td></td><td>—</td><td>—</td><td>—</td><td>—</td></tr>
</table>

续表

代　码	名　　称	功　　能	FX1S	FX1N	FX2N	FX3U
【D8034】		不可以使用	—	—	—	—
【D8035】			—	—	—	—
【D8036】					—	—
【D8037】			—	—	—	—
【D8038】			—	—	—	—
D8039	恒定扫描时间	初始值：0ms（1ms 单位）（电源 ON 时从系统 ROM 传送过来）可以通过程序改写	●	●	●	●

表 B-7　步进梯形图·信号报警器

代　码	名　　称	功　　能	FX1S	FX1N	FX2N	FX3U
【D8040】	ON 状态编号 1	状态 SO～S899、S1000～S4095 中为 ON 状态的最小编号保存到 D8040 中，其次为 ON 的状态编号保存到 D8041 中。 以下依次将运行的状态（最大 8 点）保存到 D8047 为止	●	●	●	●
【D8041】	ON 状态编号 2		●	●	●	●
【D8042】	ON 状态编号 3		●	●	●	●
【D8043】	ON 状态编号 4		●	●	●	●
【D8044】	ON 状态编号 5		●	●	●	●
【D8045】	ON 状态编号 6		●	●	●	●
【D8046】	ON 状态编号 7		●	●	●	●
【D8047】	ON 状态编号 8		●	●	●	●
【D8048】		不可以使用	—	—	—	—
【D8049】	ON 状态最小编号	M8049 为 ON 时，保存信号报警继电器 S900～S999 中为 ON 的状态的最小编号	—	—	●	●
【D8050】～【D8059】		不可以使用	—	—	—	—

表 B-8　出错检测

代　码	名　　称	功　　能	FX1S	FX1N	FX2N	FX3U
【D8060】		I/O 构成出错的未安装 I/O 的起始编号被编程的输入、输出软元件没有被安装时，写入其起始的软元件编号。 (例如) X020未安装时 1 0 2 0　BCD转换值 软元件编号10～337 1：输入X　0：输出Y	—	—	●	●
【D8061】		PC 硬件出错的错误代码编号	●	●	●	●
【D8062】		PC/PP 通信出错的错误代码编号	—	—	●	●
【D8063】		串行通信出错 1（通道 1）的错误代码编号	●	●	●	●
【D8064】		参数出错的错误代码编号	●	●	●	●
【D8065】		语法出错的错误代码编号	●	●	●	●
【D8066】		梯形图出错的错误代码编号	●	●	●	●
【D8067】		运算出错的错误代码编号	●	●	●	●
D8068		发生运算出错的步编号的锁存	●	●	●	●
【D8069】		M8065-7 的产生出错的步编号	●	●	●	●

表 B-9　并联连接

代　码	名　　称	功　　能	FX1S	FX1N	FX2N	FX3U
【D8070】		判断并联连接出错的时间 500ms	—	—	●	●
【D8071】		不可以使用	—	—	—	—
【D8072】			—	—	—	—
【D8073】			—	—	—	—

表 B-10　采样跟踪

代　码	名　　称	功　　能	FX1S	FX1N	FX2N	FX3U
【D8073】		在 A6GPP,A6PHP,A7PHP,计算机中使用了采样跟踪功能时，这些软元件就是被可编程控制器系统占用的区域	—	—	●	●
【D8074】			—	—	●	●
【D8075】			—	—	●	●
【D8076】			—	—	●	●
【D8077】			—	—	●	●
【D8078】			—	—	●	●
【D8079】			—	—	●	●
【D8080】			—	—	●	●
【D8081】			—	—	●	●
【D8082】			—	—	●	●
【D8083】			—	—	●	●
【D8084】			—	—	●	●
【D8085】			—	—	●	●
【D8086】			—	—	●	●
【D8087】			—	—	●	●
【D8088】			—	—	●	●
【D8089】			—	—	●	●
【D8090】			—	—	●	●
【D8091】			—	—	●	●
【D8092】			—	—	●	●
【D8093】			—	—	●	●
【D8094】			—	—	●	●
【D8095】			—	—	●	●
【D8096】			—	—	●	●
【D8097】			—	—	●	●
【D8098】			—	—	●	●

表 B-11　高速环形计数器

代　码	名　　称	功　　能	FX1S	FX1N	FX2N	FX3U
D8099		0～32 767（0.1ms 单位，16 位）的递增动作的环形计数器	—	—	●	●
【D8100】		不可以使用	—	—	—	—

表 B-12　内存信息

代　码	名　　称	功　　能	FX1S	FX1N	FX2N	FX3U
【D8101】	PC 状态以及系统版本	1 6 1 0 0 BCD转换值 FX3U・FX3UC　版本 V1.00	—	—	—	●
【D8102】		2…2 千步　4…4 千步　8…8 千步　16…16 千步 64…64 千步	2	8	4 8 16	16 64
【D8103】		不可以使用	—	—	—	—
【D8104】		功能扩展内存固有的机型代码	—	—	—	●
【D8105】		功能扩展内存的版本	—	—	—	●
【D8106】		不可以使用	—	—	—	—
【D8107】		软元件注释登录数	—	—	—	●
【D8108】		特殊模块的连接台	—	—	—	●

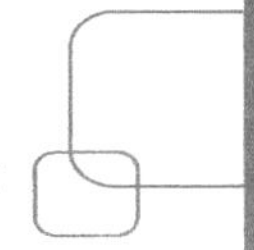

表 B-13　输出刷新出错

代　码	名　　称	功　　能	FX1S	FX1N	FX2N	FX3U
【D8109】		发生输出刷新出错的 Y 编号	—	—	—	●
【D8110】		不可以使用	—	—	—	—
【D8111】			—	—	—	—

表 B-14　功能扩展板　FX1S-FX1N 专用

代　　码	名　　称	功　　能	FX1S	FX1N	FX2N	FX3U
【D8112】		FX1N-2AD-BD：通道 1 的数字值	●	●	—	—
【D8113】		FX1N-2AD-BD：通道 2 的数字值	●	●	—	—
D8114		FX1N-1DA-BD：要输出的数字值	●	●	—	—
【D8115】～【D8119】		不可以使用	—	—	—	—

表 B-15　RS（FNC 80）·计算机链接（通道 1）

代　码	名　　称	功　　能	FX1S	FX1N	FX2N	FX3U
D8120		RS（FNC 80）·计算机连接（通道 1）设定通信格式	●	●	●	●
D8121		计算机连接（通道 1）设定站号	●	●	●	●
【D8122】		RS（FNC 80）指令，发送数据的剩余点数	●	●	●	●
【D8123】		RS（FNC 80）指令，接收点数的监控	●	●	●	●
D8124		RS（FNC 80）指令，报头<初始值：STX>	●	●	●	●
D8125		RS（FNC 80）指令，包尾<初始值：ETX>	●	●	●	●
【D8126】		不可以使用	—	—	—	—
D8127		计算机连接（通道 1）指定下位通信请求（ONDemand）起始编号	●	●	●	●
D8128		计算机连接（通道 1）指定下位通信请求（ONDemand）的数据数	●	●	●	●
D8129		RS（FNC 80）指令·计算机连接（通道 1）设定超时的时间	●	●	●	●

表 B-16　高速计数器比较·高速表格·定位（定位为 FX1S,FX1N,FX1NC 用）

代　码		功　　能	FX1S	FX1N	FX2N	FX3U
【D8130】		HSZ（FNC 55）指令 高速比较表格计数器	—	—	●	●
【D8131】		HSZ（FNC 55），PLSY（FNC 57）指令 速度型表格计数器	—	—	●	●
【D8132】	低位	HSZ（FNC 55），PLSY（FNC 57）指令	—	—	●	●
【D8133】	高位	速度形式频率				
【D8134】	低位	HSZ（FNC 55），PLSY（FNC 57）指令	—	—	●	●
【D8135】	高位	速度形式目标脉冲数				
D8136	低位	PLSY（FNC 57），PLSR（FNC 59）指令	●	●	●	●
D8137	高位	输出到 Y000 和 Y001 的脉冲合计数的累计				
【D8138】		HSCT（FNC 280）指令，表格计数器	—	—	—	●
【D8139】		HSCS（FNC 53），HSCR（FNC 54），HSZ（FNC 55），HSCT（FNC 280）指令，执行中的指令数	—	—	—	●
D8140	低位	PLSY（FNC 57），PLSR（FNC 59）指令输出到 Y000 的脉冲数	●	●	●	●
D8141	高位	的累计或是使用定位指令时的当前值地址				
D8142	低位	PLSY（FNC 57），PLSR（FNC 59）指令输出到	●	●	●	●
D8143	高位	Y001 的脉冲数的累计或是使用定位指令时的当前值地址				
D8144		不可以使用	—	—	—	—

续表

代 码		功 能	FX1S	FX1N	FX2N	FX3U
D8145		ZRN（FNC 156），DRV（FNC 158），DRVA（FNC 159）指令偏差速度，初始值：0	●	●	—	—
D8146	低位	ZRN（FNC 156），DRV（FNC 158）， DRVA（FNC 159）指令最高速度 ● FX1S,FX1N 初始值：100000 FX1NC 初始值：100000	●	●	—	—
D8147	高位					
D8148		ZRN（FNC 156），DRV（FNC 158），DRVA（FNC 159）指令，加减速时间（初始值：100）	●	●	—	—
【D8149】		不可以使用	—	—	—	—

表 B-17　变频器通信功能

代 码	名　称	功　能	FX1S	FX1N	FX2N	FX3U
D8150		变频器通信的响应等待时间（通道 1）	—	—	—	●
【D8151】		变频器通信中的步编号（通道 1），初始值：-1	—	—	—	●
【D8152】		变频器通信的错误代码（通道 1）	—	—	—	●
【D8153】		变频器通信的出错步的锁存（通道 1），初始值：-1	—	—	—	●
【D8154】		IVBWR（FNC 274）指令中发生出错的参数编号（通道 1）初始值：-1	—	—	—	●
		EXTR（FNC 180）指令的响应等待时间	—	—	●	—
D8155		变频器通信的响应等待时间（通道 2）	—	—	—	●
【D8155】		EXTR（FNC 180）指令通信中的步编号			●	—
【D8156】		变频器通信中的步编号（通道 2） 初始值：-1	—	—	—	●
		EXTR（FNC 180）指令的错误代码	—	—	●	—
【D8157】		变频器通信的错误代码（通道 2）	—	—	—	●
【D8157】		EXTR（FNC 180）指令的出错步（锁存）　初始值：-1	—	—	●	—
【D8158】		变频器通信的出错步锁存（通道 2），初始值：-1	—	—	—	●
【D8159】		IVBWR（FNC 274）指令中发生出错的参数编号（通道 2） 初始值：-1	—	—	—	●

表 B-18　显示模块功能（FX1S,FX1N）

代码	名 称	功　能	FX1S	FX1N	FX2N	FX3U
D8158		FX1N-5DM 用　控制软元件（D），初始值：-1	●	●	—	—
D8159		FX1N-5DM 用　控制软元件（M），初始值：-1	●	●	—	—

表 B-19　扩展功能

代 码	名　称	功　能	FX1S	FX1N	FX2N	FX3U
【D8160】		不可以使用	—	—	—	—
【D8161】			—	—	—	—
【D8162】			—	—	—	—
【D8163】			—	—	—	—
D8164		指定 FROM（FNC 78），TO（FNC 79）传送点数	—	—	●	—
【D8165】		不可以使用	—	—	—	—
【D8166】			—	—	—	—
【D8167】			—	—	—	—

续表

<table>
<tr><th>代 码</th><th>名 称</th><th>功 能</th><th>FX1S</th><th>FX1N</th><th>FX2N</th><th>FX3U</th></tr>
<tr><td>【D8168】</td><td></td><td></td><td>—</td><td>—</td><td>—</td><td></td></tr>
<tr><td>【D8169】</td><td></td><td>使用第2密码限制存取的状态
<table>
<tr><th rowspan="2">当前值</th><th rowspan="2">存取的限制状态</th><th colspan="2">程序</th><th rowspan="2">监控</th><th rowspan="2">更改当前值</th></tr>
<tr><th>读出</th><th>读入</th></tr>
<tr><td>H000</td><td>未设定第2密码</td><td>○</td><td>○</td><td>○</td><td>○</td></tr>
<tr><td>H0010</td><td>禁止写入</td><td>○</td><td>×</td><td>○</td><td>○</td></tr>
<tr><td>H0011</td><td>禁止读出/写入</td><td>×</td><td>×</td><td>○</td><td>○</td></tr>
<tr><td>H0012</td><td>禁止所有的在线操作</td><td>×</td><td>×</td><td>×</td><td>×</td></tr>
<tr><td>H0020</td><td>解除密码</td><td>○</td><td>○</td><td>○</td><td>○</td></tr>
</table></td><td>●</td><td>—</td><td>—</td><td>—</td></tr>
</table>

表B-20 简易PC间链接（设定）

代 码	名 称	功 能	FX1S	FX1N	FX2N	FX3U
【D8170】		不可以使用	—	—	—	—
【D8171】			—	—	—	—
【D8172】			—	—	—	—
【D8173】		相应站号的设定状态	●	●	●	●
【D8174】		通信子站的设定状态	●	●	●	●
【D8175】		刷新范围的设定状态	●	●	●	●
D8176		设定相应站号	●	●	●	●
D8177		设定通信的子站数	●	●	●	●
D8178		设定刷新范围	●	●	●	●
D8179		重试的次数	●	●	●	●
D8180		监视时间	●	●	●	●
【D8181】		不可以使用	—	—	—	—

表B-21 变址寄存器Z1～Z7，V1～V7

代 码	名 称	功 能	FX1S	FX1N	FX2N	FX3U
【D8182】		Z1寄存器的内容	●	●	●	●
【D8183】		V1寄存器的内容	●	●	●	●
【D8184】		Z2寄存器的内容	●	●	●	●
【D8185】		V2寄存器的内容	●	●	●	●
【D8186】		Z3寄存器的内容	●	●	●	●
【D8187】		V3寄存器的内容	●	●	●	●
【D8188】		Z4寄存器的内容	●	●	●	●
【D8189】		V4寄存器的内容	●	●	●	●
【D8190】		Z5寄存器的内容	●	●	●	●
【D8191】		V5寄存器的内容	●	●	●	●
【D8192】		Z6寄存器的内容	●	●	●	●
【D8193】		V6寄存器的内容	●	●	●	●
【D8194】		Z7寄存器的内容	●	●	●	●
【D8195】		V7寄存器的内容	●	●	●	●
【D8196】		不可以使用	—	—	—	—
【D8197】			—	—	—	—
【D8198】			—	—	—	—
【D8199】			—	—	—	—

表 B-22　简易 PC 间连接（监控）

代　　码	名　　称	功　　能	FX1S	FX1N	FX2N	FX3U
【D8200】		不可以使用	—	—	—	—
【D8201】		当前的连接扫描时间	(D201)	●	●	●
【D8202】		最大的连接扫描时间	(D202)	●	●	●
【D8203】		数据传送顺控出错计数数（主站）	(D203)	●	●	●
【D8204】		数据传送顺控出错计数数（站 1）	(D204)	●	●	●
【D8205】		数据传送顺控出错计数数（站 2）	(D205)	●	●	●
【D8206】		数据传送顺控出错计数数（站 3）	(D206)	●	●	●
【D8207】		数据传送顺控出错计数数（站 4）	(D207)	●	●	●
【D8208】		数据传送顺控出错计数数（站 5）	(D208)	●	●	●
【D8209】		数据传送顺控出错计数数（站 6）	(D209)	●	●	●
【D8210】		数据传送顺控出错计数数（站 7）	(D2010)	●	●	●
【D8211】		数据传送错误代码（主站）	(D2011)	●	●	●
【D8212】		数据传送错误代码（站 1）	(D2012)	●	●	●
【D8213】		数据传送错误代码（站 2）	(D2013)	●	●	●
【D8214】		数据传送错误代码（站 3）	(D2014)	●	●	●
【D8215】		数据传送错误代码（站 4）	(D2015)	●	●	●
【D8216】		数据传送错误代码（站 5）	(D2016)	●	●	●
【D8217】		数据传送错误代码（站 6）	(D2017)	●	●	●
【D8218】		数据传送错误代码（站 7）	(D2018)	●	●	●
【D8219】～【D8259】		不可以使用	—	—	—	—

表 B-23　模拟量特殊适配器

代　　码	名　　称	功　　能	FX1S	FX1N	FX2N	FX3U
【D8260】～【D8269】		第 1 台的特殊适配器	—	—	—	●
【D8270】～【D8279】		第 2 台的特殊适配器	—	—	—	●
【D8280】～【D8289】		第 3 台的特殊适配器	—	—	—	●
【D8290】～【D8299】		第 4 台的特殊适配器	—	—	—	●

表 B-24　特殊模块（FX3U-7DM）功能

代　码	名　　称	功　　能	FX1S	FX1N	FX2N	FX3U
D8300		显示模块用，控制软元件（D），初始值：K—1	—	—	—	●
D8301		显示模块用，控制软元件（M），初始值：K—1	—	—	—	●
【D8302】		设定显示语言　日语：KO　英语：KO 以外	—	—	—	●
【D8303】		LCD 对比度设定值　初始值：KO	—	—	—	●
【D8304】		不可以使用				
【D8305】			—	—	—	●
【D8306】			—	—	—	●
【D8307】			—	—	—	●
【D8308】			—	—	—	●
【D8309】			—	—	—	—

表 B-25　RND（FNC 184）

代　　码		功　　能	FX1S	FX1N	FX2N	FX3U
【D8310】	低位	RND（FNC 184）生成随机数用的数据 初始值：K1	—	—	—	●
【D8311】	高位		—	—	—	●

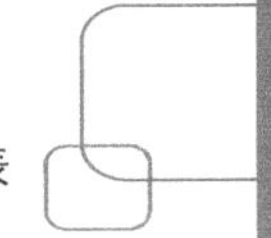

表 B-26　语法·回路·运算·I/O 未安装的指定的出错步编号

代　码		功　能	FX1S	FX1N	FX2N	FX3U
D8312	低位	发生运算出错的步编号的锁存（32 位）	—	—	—	●
D8313	高位		—	—	—	●
【D8314】	低位	M8065-7 的出错步编号（32 位）	—	—	—	●
【D8315】	高位		—	—	—	●
【D8316】	低位	指定（直接/通过变址的间接指定）了未安装的 I/O 编号指令的步编号	—	—	—	●
【D8317】	高位		—	—	—	●
【D8318】		BFM 初始化功能，发生出错的单元号	—	—	—	●
【D8319】		BFM 初始化功能，发生出错的 BFM 号	—	—	—	●
【D8320】～【D8328】		不可以使用	—	—	—	—

表 B-27　定时时钟·定位（FX3U·FX3UC）

代　码		功　能	FX1S	FX1N	FX2N	FX3U
【D8329】		不可以使用	—	—	—	●
【D8330】		DUTY（FNC 186）指令，定时器时钟输出 1 用扫描数的计数器	—	—	—	●
【D8331】		DUTY（FNC 186）指令，定时器时钟输出 2 用扫描数的计数器	—	—	—	●
【D8332】		DUTY（FNC 186）指令，定时器时钟输出 3 用扫描数的计数器	—	—	—	●
【D8333】		DUTY（FNC 186）指令，定时器时钟输出 4 用扫描数的计数器	—	—	—	●
【D8334】		DUTY（FNC 186）指令，定时器时钟输出 5 用扫描数的计数器	—	—	—	●
D8336		DVIT（FNC 151）用中断输入的指定初始值	—	—	—	●
【D8337】～【D8339】		不可以使用	—	—	—	●
D8340	低位	（Y000）当前值寄存器 初始值：0	—	—	—	●
D8341	高位		—	—	—	●
D8342		（Y000）偏差速度，初始值：0	—	—	—	●
D8343	低位	（Y000）最高速度 初始值：100000	—	—	—	●
D8344	高位		—	—	—	●
D8345		（Y000）爬行速度，初始值：1000	—	—	—	●
D8346	低位	（Y000）原点回归速度 初始值：50000	—	—	—	●
D8347	高位		—	—	—	●
D8348		（Y000）加速时间，初始值：100	—	—	—	●
D8349		（Y000）减速时间，初始值：100	—	—	—	●
D8350	低位	（Y001）当前值寄存器 初始值：0	—	—	—	●
D8351	高位		—	—	—	●
D8352		（Y001）偏差速度，初始值：0	—	—	—	●
D8353	低位	（Y001）最高速度 初始值：100000	—	—	—	●
D8354	高位		—	—	—	●
D8355		（Y001）爬行速度，初始值：1000	—	—	—	●
D8356	低位	（Y001）原点回归速度 初始值：50000	—	—	—	●
D8357	高位		—	—	—	●
D8358		（Y001）加速时间，初始值：100	—	—	—	●
D8359		（Y001）减速时间，初始值：100	—	—	—	●
D8360	低位	（Y002）当前值寄存器 初始值：0	—	—	—	●
D8361	高位		—	—	—	●
D8362		（Y002）偏差速度，初始值：0	—	—	—	●
D8363	低位	（Y002）最高速度 初始值：100000	—	—	—	●
D8364	高位		—	—	—	●
D8365		（Y002）爬行速度，初始值：1000	—	—	—	●

续表

代　码		功　能	FX1S	FX1N	FX2N	FX3U
D8366	低位	—	—	—	—	•
D8367	高位	—	—	—	—	•
D8368		（Y002）加速时间，初始值：100	—	—	—	•
D8369		（Y002）减速时间，初始值：100	—	—	—	•
D8370	低位	—	—	—	—	•
D8371	高位	—	—	—	—	•
D8362		（Y003）偏差速度，初始值：0	—	—	—	•
D8373	低位	—	—	—		•
D8374	高位	—	—	—		•
D8375		（Y003）爬行速度，初始值：1000	—	—	—	•
D8376	低位	（Y003）原点回归速度	—	—	—	•
D8377	高位	初始值：50000	—	—	—	•
D8378		（Y003）加速时间，初始值：100	—	—	—	•
D8379		（Y003）减速时间，初始值：100	—	—	—	•
【D8380】～【D8392】		不可以使用	—	—	—	—

表 B-28　中断程序

代　码	名　称	功　能	FX1S	FX1N	FX2N	FX3U
D8393		延迟时间	—	—	—	•
【D8394】		不可以使用	—	—	—	—
【D8395】			—	—	—	—
【D8396】			—	—	—	—
【D8397】			—	—	—	—

表 B-29　环形计数器

代　码		功　能	FX1S	FX1N	FX2N	FX3U
D8398	低位	0～2 147 483 647（1ms 单位）的递增动作的环形计数	—	—	—	•
D8399	高位		—	—	—	•

表 B-30　RS2(FNC 87)（通道 1）

代　码	名　称	功　能	FX1S	FX1N	FX2N	FX3U
D8400		RS2（FNC 87）（通道 1）　设定通信格式	—	—	—	•
【D8401】		不可以使用	—	—	—	—
【D8402】		RS2（FNC 87）（通道 1）　发送数据的剩余点数	—	—	—	•
【D8403】		RS2（FNC 87）（通道 1）　接收点数的监控	—	—	—	•
【D8404】		不可以使用	—	—	—	—
【D8405】		显示通信参数（通道 1）	—	—	—	•
【D8406】		不可以使用	—	—	—	—
【D8407】			—	—	—	—
【D8408】			—	—	—	—
D8409		RS2（FNC 87）（通道 1）　设定超时时间	—	—	—	•
D8410		RS2（FNC 87）（通道 1）　报头 1,2（初始值：STX）	—	—	—	•
D8411		RS2（FNC 87）（通道 1）　报头 3,4	—	—	—	•
D8412		RS2（FNC 87）（通道 1）　报尾 1,2（初始值：ETX）	—	—	—	•
D8413		RS2（FNC 87）（通道 1）　报尾 3,4	—	—	—	•

续表

代　码	名　称	功　能	FX1S	FX1N	FX2N	FX3U
【D8414】		RS2（FNC 87）（通道 1）　接收数据求和（接收数据）	—	—	—	●
【D8415】		RS2（FNC 87）（通道 1）　接收数据求和（计算结果）	—	—	—	●
【D8416】		RS2（FNC 87）（通道 1）　发送数据求和	—	—	—	●
【D8417】		不可以使用	—	—	—	—
【D8418】			—	—	—	—
【D8419】		显示动作模式（通道 1）	—	—	—	●

表 B-31　RS2(FNC 87)（通道 2）计算机连接（通道 2）

代　码	名　称	功　能	FX1S	FX1N	FX2N	FX3U
D8420		RS2（FNC 87）（通道 2）　设定通信格式	—	—	—	●
D8421		计算机链接（通道 2）　设定站号	—	—	—	●
【D8422】		RS2（FNC 87）（通道 2）　发送数据的剩余点数	—	—	—	●
【D8423】		RS2（FNC 87）（通道 2）　接收点数的监控	—	—	—	●
【D8424】		不可以使用	—	—	—	—
【D8425】		显示通信参数（通道 2）	—	—	—	●
【D8426】		不可以使用	—	—	—	—
D8427		计算机连接（通道 2）指定通信求（On　Demand）的起始编号	—	—	—	●
D8428		计算机连接（通道 2）指定通信求（On　Demand）的数据值	—	—	—	●
D8429		RS2（FNC 87）（通道 2）*计算机链接（通道 2）设定超时时间	—	—	—	●
D8430		RS2（FNC 87）（通道 2）报头 1,2（初始值：STX）	—	—	—	●
D8431		RS2（FNC 87）（通道 2）报头 3,4	—	—	—	●
D8432		RS2（FNC 87）（通道 2）报尾 1,2（初始值：ETX）	—	—	—	●
D8433		RS2（FNC 87）（通道 2）报尾 3,4	—	—	—	●
【D8434】		RS2（FNC 87）（通道 2）接收数据求和（接收数据）	—	—	—	●
【D8435】		RS2（FNC 87）（通道 2）接收数据求和（计算结果）	—	—	—	●
【D8436】		RS2（FNC 87）（通道 2）发送数据求和	—	—	—	●
【D8437】		不可以使用	—	—	—	—
【D8438】		串行通信出错 2（通道 2）	—	—	—	●
【D8439】		显示动作模式（通道 2）	—	—	—	●

表 B-32　检测错误

代　码	名　称	功　能	FX1S	FX1N	FX2N	FX3U
【D8440】～【D8448】		不可以使用	—	—	—	—
【D8449】		特殊模块错误代码	—	—	—	●
【D8450】～【D8459】		不可以使用	—	—	—	—

表 B-33　定位（FX3U·FX3UC）

代　码	名 称	功　能	FX1S	FX1N	FX2N	FX3U
【D8460】～【D8463】		不可以使用	—	—	—	—
D8464		DSZR（FNC 150），ZRN（FNC 156）指令（Y000）指定清除信号软元件	—	—	—	●
D8465		DSZR（FNC 150），ZRN（FNC 156）指令（Y001）指定清除信号软元件	—	—	—	●
D8466		DSZR（FNC 150），ZRN（FNC 156）指令（Y002）指定清除信号软元件	—	—	—	●
D8467		DSZR（FNC 150），ZRN（FNC 156）指令（Y003）指定清除信号软元件	—	—	—	●
【D8468】～【D8511】		不可以使用	—	—	—	—

参考文献

[1] 三菱电机．FX_{3U}·FX_{3UC} 系列微型可编程控制器编程手册【基本·应用指令说明书】．2005.
[2] 三菱电机．FX_{3U} 用户手册〔硬件篇〕．2005.
[3] 三菱电机．GX Developer 版本 8 操作手册．2005.
[4] 三菱电机．GX Developer 版本 8 操作手册（SFC 篇）．2005.
[5] 三菱电机．GX Simulator Version 7 Operating Manual．2004.
[6] 李金城．三菱 FX PLC 编程与应用入门．深圳技成培训内部教材，2009.
[7] 李金城．三菱 FX_{2N} PLC 功能指令应用详解．北京：电子工业出版社，2012.
[8] 李金城．PLC 模拟量与通信控制应用实践．北京：电子工业出版社，2011.
[9] 李金城．三菱 FX 系列 PLC 定位控制应用技术．北京：电子工业出版社，2014.
[10] 李金城．工控技术应用数学．北京：电子工业出版社，2014.
[11] 龚仲华．三菱 FX 系列 PLC 应用技术．北京：人民邮电出版社，2010.
[12] 崔龙成．三菱电机小型可编程控制器应用指南．北京：机械工业出版社，2012.
[13] 宋伯生．PLC 编程实用指南．北京：机械工业出版社，2008.
[14] 王阿根．PLC 控制程序精编 108 例．北京：电子工业出版社，2013.

读者调查及征稿

1．您觉得这本书怎么样？有什么不足？还能有什么改进？

2．您在什么行业？从事什么工作？需要哪些方面的图书？

3．您有无写作意向？愿意编写哪方面的图书？

4．其他：

说明：

针对以上调查项目，可通过电子邮件直接联系：bjcwk@163.com　　联系人：陈编辑

欢迎您的反馈和投稿！

电子工业出版社

反侵权盗版声明